KB072929

박재홍 편저

일진사

개정판을 내면서 …

『항공정비사 문제해설』을 출간한 지 수십 년이 지나 수많은 사람들이 이 책으로 공부하였고, 결과 또한 매우 좋아 독자들이 인정하는 Best book이 되었다. 2018년 출제 기준이 대폭 변경되면서 항공정비사 면허시험을 준비하는 수검자들이 혼란스러워 하며 개정판을 요구하게 되었다. 개정판의 구성은 전판과 동일하지만 새로운 출제 기준에 따라 문제를 추가하거나 삭제하였다.

늘 필자의 생각은 항공정비사 면허증 취득을 목표로 공부하는 수험생들이 가장 중요시해야 할 것은 문제를 많이 풀어봐야 한다는 것이다. 그동안 공부하였던 내용의 정리와 암기를 위해서는 문제를 많이 풀어보는 것보다 더 좋은 방법은 없다. 하지만 대부분의 수험생들이 많은 문제를 접하지 못하는 것을 보면서 그동안의 풍부한 실무 경험과 강의 경험을 바탕으로 수험생들이 보다 수월하게 수험준비를 할 수 있도록 다음과 같은 특징으로 이 책을 집필하게 되었다.

첫째, 수년간 출제되었던 기출 문제를 새로 바뀐 출제 기준에 맞춰 체계적으로 정리하였다.

둘째, 문제마다 거의 빠짐없이 해설을 덧붙여 이론적 바탕이 부족한 사람이라 하더라도 공부하는 데 무리가 없도록 하였다.

셋째, 중요한 문제는 비슷한 유형의 문제를 중복되게 실어 암기하는 데 도움이 되도록 하였다.

넷째, 부록으로 실전 테스트를 실어 시험의 흐름을 확실히 파악할 수 있도록 하였다.

심혈을 기울여 엮은 문제집인 만큼 수험생 여러분들이 끈기를 갖고 한 문제 한 문제 마지막 문제까지 풀어 나간다면 확실한 결실을 맺을 수 있을 것이라 확신한다.

끝으로, 이 책 내용 중 미비한 부분은 계속 수정·보완하여 최고의 수험서가 될 수 있도록 최선을 다할 것을 약속드리며, 이 책이 출판되기까지 수고하신 도서출판 **일진사** 여러분께 깊은 감사를 드린다.

저자 박재홍

차 례

제3편 항공 발동기 [예상 문제]

제4편 전자·전기·계기 [예상 문제]

제5편 항공 법규 [예상 문제]

부 록 실전 테스트

항공정비사

PART 1

정비 일반
[예상 문제]

정비 일반

Chapter 01 물리학

1. 동일 고도에서 기온이 같은 경우 습도가 높은 날의 공기 밀도와 건조한 날의 공기 밀도의 관계는?

① 습도가 높아지면 건조한 날의 공기 밀도는 작아진다.
② 습도가 높아지면 건조한 날의 공기 밀도는 높아진다.
③ 습도와 공기 밀도는 비례한다.
④ 상관없다.

해설 습한 공기는 건조한 공기보다 밀도가 낮다. 즉, 같은 부피에서 습한 공기가 더 가볍다. 수증기는 결국 물 분자(H_2O, 분자량 18)인데 이것이 공기의 대부분(99%)을 차지하는 질소 분자(N_2, 분자량 28)와 산소 분자(O_2, 분자량 32)보다 가볍기 때문이다.

2. 인간에게 적절한 습도는?

① 20~60% ② 20~90% ③ 30~80% ④ 30~90%

3. 비행중인 항공기의 날개 상부에 작용하는 힘은?

① 압축력 ② 전단력 ③ 굽힘력 ④ 인장력

해설 비행 중인 비행기는 공기 역학적인 양력이 날개를 들어 올리려는 것처럼 날개에 굽힘력(bending force)을 발생하게 한다. 이 양력의 힘은 실제로 날개 상면의 외판(skin)으로 하여금 압축하게 하고 날개 하면의 외판으로 하여금 인장 상태로 있게 한다. 비행기가 착륙장치를 사용하여 지상에 있을 때, 중력은 날개를 아래 방향으로 휘어지게 하여 결과적으로 날개의 하면을 압축 상태로, 그리고 날개의 상면을 인장상태로 만든다.

4. 음속에 가장 큰 영향을 주는 요소는 무엇인가?

① 기온 ② 밀도 ③ 고도 ④ 기압

정답 1. ① 2. ③ 3. ① 4. ①

해설 음속 $a = \sqrt{\gamma RT}$
여기서, a : 음속, γ : 유체의 비열비, R : 유체의 기체상수, T : 유체의 절대 온도

5. 60파운드 무게를 로프를 이용하여 들어 올리는데 필요한 힘은?

① 12파운드
② 15파운드
③ 20파운드
④ 25파운드

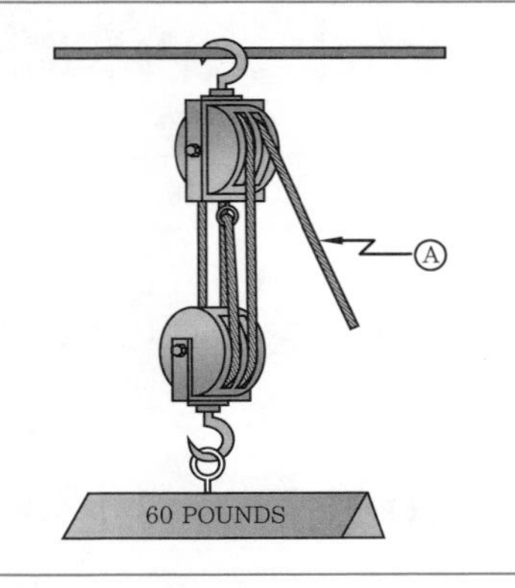

해설 도르래장치는 4개의 로프로 무게를 지지하고 있으므로, 4배의 기계적인 이득을 제공한다. 그러므로 60파운드를 들어올리기 위해서는 로프에 15파운드를 가함으로써 가능하다.

6. 외력이 가해지지 않는 한 움직이고 있는 물체는 움직임을 계속하려는 뉴턴의 운동법칙은?

① 제1법칙 ② 제2법칙 ③ 제3법칙 ④ 제4법칙

해설 뉴턴의 운동법칙
㉠ 제1법칙 : 관성의 법칙으로 이것은 외부에서 힘이 가해지지 않는 한 모든 물체는 자기의 상태를 그대로 유지하려고 하는 것을 말한다. 즉, 정지한 물체는 영원히 정지한 채로 있으려고 하며 운동하던 물체는 일정한 방향으로 등속도 운동을 계속 하려는 성질이 있다.
㉡ 제2법칙 : 가속도의 법칙으로 힘이 가해졌을 때 물체가 얻는 가속도는 가해지는 힘에 비례하고, 물체의 질량에 반비례하는 것이다.
㉢ 제3법칙 : 작용(action)과 반작용(reaction)의 법칙으로 이 법칙은 작용이 있으면 반드시 그와 반대인 반작용이 있음을 말해준다. 즉, 만약 물체에 힘이 가해진다면 이 물체에 가해진 힘과 크기는 똑같고 방향만 반대인 저항이 발생한다.

7. 유체의 물리적 성질에 영향을 미치는 가장 중요한 요소는?

① 밀도 ② 압력 ③ 온도 ④ 체적

해설 온도는 유체의 물리적 성질에 영향을 미치는 가장 주요한 요소이며, 기체의 상태 변화를 결정하는 중요한 역할을 한다. 온도를 측정하는 단위는 섭씨온도, 화씨온도, 절대온도(Kelvin), 그리고 랭킨온도(Rankine)를 사용한다.

정답 5. ② 6. ① 7. ③

Chapter 02 대 기

1. 해면상 표준대기에서 고도 15000m에서의 음속은 얼마인가?(단, 온도는 −56.5℃)

① 약 331.2 m/s　② 약 314 m/s　③ 약 295 m/s　④ 약 272 m/s

해설 11 km 까지 1km 마다 −6.5℃씩 감소하지만 그 이상에서는 −56.5℃로 일정하다.

음속을 구하는 공식은 $a = a_0\sqrt{\frac{273+t}{273}}$ 이므로, 대입하면 $a = 331.2\sqrt{\frac{273-56.5}{273}} \fallingdotseq 295\,\mathrm{m/s}$

여기서, a_0 : 0℃인 공기 중에서의 음속, t : 임의의 고도에서의 온도

2. 다음 설명 중 옳은 것은?

① 속도가 같을 때 고공일수록 음속은 작고, 마하수도 작아진다.
② 속도가 같을 때 고공일수록 음속은 크고, 마하수는 작아진다.
③ 속도가 같을 때 고공일수록 음속은 크고, 마하수는 커진다.
④ 속도가 같을 때 고공일수록 음속은 작고, 마하수는 커진다.

해설 음속은 고도가 높아질수록 작아지므로 마하수는 커지게 된다.

3. 다음 레이놀즈수에 관한 설명 중 틀린 것은?

① 층류로부터 난류로 변하는 레이놀즈수를 임계 레이놀즈수라 한다.
② 흐름의 속도가 크면 레이놀즈수는 작아진다.
③ 흐름의 관성력 대 점성력의 비로서 나타낸다.
④ 레이놀즈수가 작으면 흐름은 층류가 된다.

해설 레이놀즈수(Reynolds Number) : 레이놀즈수는 점성력(마찰력)과 관성력의 비이고, 유체 속에서 운동하는 물체에 작용하는 점성력의 특성을 나타내는 무차원수이다.

$$Re = \frac{\text{관성력}}{\text{점성력}} = \frac{\rho VL}{\mu} = \frac{VL}{\nu}\left(\because\ \nu = \frac{\mu}{\rho}\right)$$

여기서, ρ : 공기의 밀도, V : 대기의 속도, L : 시위의 길이, μ : 점성계수, ν : 동점성계수

레이놀즈수와 흐름의 속도와는 비례하므로 속도가 커지면 레이놀즈수도 따라서 커지게 된다.

정답 1. ③　2. ④　3. ②

4. 기체의 점성계수와 온도와의 관계는 어떻게 되는가?

① 온도가 올라가면 점성계수가 낮아진다. ② 온도에 관계없이 변화가 없다.
③ 온도가 올라가면 점성계수가 높아진다. ④ 온도와 점성계수는 무관하다.

해설 온도에 관계되며, 온도가 높을수록 약간 증가하고, 물체의 레이놀즈수는 같은 형태의 물체라면 길이나 크기가 클수록 커진다.

5. 다음 중 지오퍼텐셜(geopotential) 고도란?

① 중력 가속도가 고도 변화에 따라 일정한 고도를 말한다.
② 중력 가속도가 성층권까지는 일정한 고도를 말한다.
③ 중력 가속도가 고도 변화에 따라 변화는 고도를 말한다.
④ 중력 가속도가 감소하는 고도를 말한다.

해설 고도

㉠ 지오퍼텐셜 고도(geopotential altitude) : 고도가 높아지면 고도에 따라 지구 중력 가속도가 변화함을 고려한 고도
㉡ 기하학적 고도(geometrical altitude) : 지구의 중력 가속도가 일정하다고 가정한 고도

6. 다음 중 최초로 충격파가 발생하는 속도는?

① 아음속 ② 천음속 ③ 극 초음속 ④ 임계 마하수

해설 임계 마하수는 날개 윗면에 충격파가 최초로 생길 때 비행기의 마하수를 말하며, 임계 마하수를 증가시키는 방법은 다음과 같다.

㉠ 얇은 날개를 사용한다.
㉡ 뒤젖힘을 준다.
㉢ 가로세로비를 작게 한다.
㉣ 경계층을 제어한다.

7. 마하각이 30° 이고, 음속이 320m/s일 때 비행기의 속도는 얼마인가?

① 640 m / s ② 330 m / s ③ 440 m / s ④ 240 m / s

해설 마하수 $M.N = \frac{V}{a} = \frac{1}{\sin\theta}$에서

$V = \frac{a}{\sin\theta}$이므로 $V = \frac{320}{\sin 30} = 640\,\mathrm{m/s}$ 여기서, V : 비행속도, a : 음속, θ: 마하각

정답 4. ③ 5. ③ 6. ④ 7. ①

8. 다음 중 와류 발생장치(vortex generator)의 목적은?

① 난류를 층류로 변화시킨다. ② 충격파를 발생시킨다.
③ 층류를 난류로 변화시킨다. ④ 유도항력을 감소시킨다.

해설 와류 발생장치(vortex generator) : 흐름의 떨어짐이 난류 경계층보다 층류 경계층에서 쉽게 발생되므로 난류 경계층이 쉽게 발생되도록 하는 장치를 말한다.

9. 공기가 흐를 때의 현상 중 "천이"에 대한 바른 설명은?

① 익단에서 발생하는 소용돌이 ② 층류가 난류로 변하는 흐름
③ 난류 경계층 속의 층류와 유사한 흐름 ④ 몸체 표면에서의 공기의 떨어짐

해설 천이 : 층류에서 난류로 바뀌는 현상을 천이현상이라고 하며, 천이현상이 일어나는 레이놀즈수를 임계 레이놀즈수라고 한다.

10. 성층권에 대한 올바른 설명은?

① 온도가 증가 ② 온도가 감소
③ 온도의 변화 없음 ④ 온도가 감소하다 증가

해설 성층권 : 평균적으로 고도 변화에 따라 기온 변화가 거의 없는 영역을 성층권이라고 하나 실제로는 많은 관측 자료에 의하여 불규칙한 변화를 하는 것으로 알려져 있다.

11. 음속에 가장 큰 영향을 주는 요소는?

① 기온 ② 밀도 ③ 고도 ④ 기압

해설 음속 $a = \sqrt{\gamma RT}$

여기서, a : 음속, γ : 유체의 비열비, R : 유체의 기체상수, T : 유체의 절대온도

12. 다음은 국제 표준 대기(ISA)에 관한 설명이다. 이 중 틀린 것은?

① 표준 해면 고도에서는 밀도가 0.12492 $kg \cdot s^2/m^4$이다.
② 고도에 관계없이 온도는 항상 −56.5℃로 일정한 기온을 유지한다.
③ 상태 방정식 $P = \rho RT$를 만족시킨다.
④ 해면 고도에서 표준온도는 15℃를 기준으로 한다.

정답 8. ③ 9. ② 10. ③ 11. ① 12. ②

해설 국제 표준 대기 : 국제 민간 항공 기구 (ICAO)에서 설정한 항공기의 설계, 운용에 기준이 되는 다음의 조건들을 만족하는 대기상태를 말한다.

㉠ 건조공기일 것
㉡ 이상 기체상태 방정식($P=\rho RT$)을 만족할 것
㉢ 압력 $P_0 = 760\,\text{mmHg} = 101325\text{Pa}$
㉣ 밀도 $\rho_0 = 1.225\,\text{kg/m}^3 = 0.12492\,\text{kgf}\cdot\text{s}^2/\text{m}^4$
㉤ 온도 $t_0 = 15℃ = 288.16\,\text{K}$
㉥ 중력 가속도 $g_0 = 9.8066\,\text{m/s}^2$
㉦ 고도 11 km 까지는 기온이 일정한 비율 (6.5℃/ km) 로 감소하고, 그 이상의 고도에서는 −56.5℃로 일정한 기온을 유지한다고 가정

13. 다음 중 유체의 흐름에서 정상흐름 (steady flow)과 비정상 흐름 (unsteady flow)을 구별하는 데 관계없는 것은?

① 점성 ② 속도 ③ 밀도 ④ 압력

해설 유체의 흐름

㉠ 정상 흐름 : 유체의 흐름에 있어서 유체에 가하는 압력이 시간이 경과해도 밀도, 압력, 속도 등이 일정한 값을 유지하는 흐름
㉡ 비정상 흐름 : 유체의 흐름에 있어서 유체에 가하는 압력이 시간이 흐름에 따라 밀도, 압력, 속도 등이 계속 변하는 흐름

14. 다음 중 피토 정압관 (pitot static tube)에서 피토 공 (pitot hole)에 걸리는 압력은?

① 정압 ② 동압 ③ 전압 ④ 대기압

해설 피토 정압관

㉠ 일반적으로 항공기에 사용하는 피토 정압관은 피토공과 정압공이 함께 있는 것을 말한다.
㉡ 피토공은 전압 (total pressure) 을 수감하고, 정압공은 정압 (static pressure) 을 수감한다.

15. 확대 단면이 초음속 흐름에서 통로가 넓어지기 시작하는 꼭지점으로 흐르면 어떻게 되는가?

① 팽창파가 발생한다. ② 수직 충격파가 발생한다.
③ 경사 충격파가 발생한다. ④ 충격파가 발생하여 속도가 감소한다.

해설 초음속 흐름 : 좁아지기 시작하는 꼭지점에서는 경사파가 발생하고, 넓어지기 시작하는 꼭지점에서는 팽창파가 발생한다. 팽창파를 거친 후의 흐름은 속도는 더욱 빨라지고, 압력은 감소한다.

정답 13. ① 14. ③ 15. ①

16. 다음 중 날개에 경계층(boundary layer)이 생기는 이유는?

① 날개 표면이 거칠기 때문이다.
② 점성에 의한 영향이다.
③ 공기흐름이 불연속적이기 때문이다.
④ 공기가 비정상적 흐름이기 때문이다.

해설 경계층(boundary layer) : 물체 표면에서 가까운 곳에서는 점성이 공기흐름의 속도에 영향을 끼치고 있으며, 자유 흐름 속도 영역에서는 점성의 영향이 거의 없어지는 데, 이 두 구역을 나누기는 어렵지만 일반적으로 자유 흐름 속도의 99 %에 해당하는 속도에 도달한 곳을 경계로 하여 점성의 영향이 거의 없는 구역과 점성의 영향이 뚜렷한 두 구역으로 구분할 수 있는 데, 점성의 영향이 뚜렷한 벽 가까운 구역의 가상적인 층을 경계층이라 한다.

17. 360 km/h의 속도로 비행하는 항공기의 시위길이가 2.5m이고, 동점성계수가 0.14 cm^2/ s 일 때 레이놀즈수는 얼마인가?

① 1.79×10^7
② 1.55×10^6
③ 1.79×10^8
④ 1.55×10^8

해설 레이놀즈수 $R.N = \frac{\rho VL}{\mu} = \frac{VL}{\nu}$

$R.N = \frac{100 \times 2.5}{0.14 \div 10^4} = 1.79 \times 10^7$ (단위를 맞춰줘야 한다.)

18. 음속에 대한 설명 중 올바른 것은?

① 고도가 증가할수록 빨라진다.
② 온도가 증가할수록 빨라진다.
③ 밀도가 증가할수록 빨라진다.
④ 밀도가 증가할수록 느려진다.

해설 음속 $a = \sqrt{\gamma RT}$

여기서, a : 음속, γ : 유체의 비열비, R : 유체의 기체상수, T : 유체의 절대온도

음속은 절대온도와 비례한다.

19. 다음 중 초음속 항공기의 마하수($M.N$)는 얼마인가?

① 0.75 이하
② $0.75 < M.N < 1.2$
③ $1.20 < M.N < 5.00$
④ 5.00 이상

해설 음속의 분류

㉠ 아음속(subsonic) : 0.75 이하
㉡ 천음속(transonic) : $0.75 < M.N < 1.20$
㉢ 초음속(supersonic) : $1.20 < M.N < 5.00$
㉣ 극초음속(hypersonic) : 5.00 이상

정답 16. ② 17. ① 18. ② 19. ③

20. 마하수(mach number)와 고도와의 관계는 어떻게 되는가?

① 고도가 증가할수록 마하수는 감소한다.
② 고도가 증가할수록 마하수는 증가한다.
③ 고도와 마하수와는 관계가 없다.
④ 고도가 증가하여도 마하수는 일정하다.

해설 고도가 높아질수록 온도가 낮아져 음속이 감소하고, 음속과 마하수는 반비례하므로 마하수는 증가한다.

21. 다음은 날개의 충격파 특성을 설명한 것이다. 틀린 것은?

① 음속 이상일 때 발생한다.
② 충격파 후방의 공기흐름 속도는 급격히 감소한다.
③ 충격파를 지나온 공기 입자의 밀도는 증가한다.
④ 충격파를 지나온 공기 입자의 압력은 감소한다.

해설 충격파(shock wave) : 흐름의 속도가 음속보다 빠르면 공기입자들은 물체에 도달하기 전까지는 물체가 있는 것을 감지하지 못하기 때문에 물체 가까운 곳까지 도달한 후에 흐름의 방향이 급격하게 변하게 되는데 이 변화로 인하여 속도는 감소하고 압력, 밀도, 온도가 불연속적으로 증가하게 되는데, 이 불연속면을 충격파라고 한다.

22. 고도 11km에는 대기가 안정되어 구름이 없고 기온이 낮으며, 공기가 희박하여 제트기의 순항 고도로 적합한데 이는 어느 경계면을 말하는가?

① 대류권계면 ② 성층권계면 ③ 중간권계면 ④ 열권계면

해설 대기권의 구조

㉠ 대류권(평균 11 km 까지) : 고도가 증가할수록 온도, 밀도, 압력이 감소하게 되고, 고도가 1 km 증가할수록 6.5℃씩 감소하게 된다. 10 km 부근(대류권계면)에 제트 기류가 존재하고 대기가 안정되며, 구름이 없고 기온이 낮아 항공기의 순항에 이용된다.
㉡ 성층권(11~50 km) : 평균적으로 고도 변화에 따라 기온의 변화가 거의 없는 영역이다. (−56.5℃로 일정) 대류권과 성층권의 경계면을 대류권계면이라고 한다.
㉢ 중간권(50~80 km) : 높이에 따라 기온이 감소하고, 대기권에서 이곳의 온도가 가장 낮다.
㉣ 열권 : 고도가 올라감에 따라 온도는 높아지지만 공기는 매우 희박해지는 구간이다. 전리층이 존재하고, 전파를 흡수, 반사하는 작용을 하여 통신에 영향을 끼친다. 중간권과 열권의 경계면을 중간권계면이라고 한다.
㉤ 극외권 : 열권 위에 존재하는 구간이고 열권과 극외권의 경계면인 열권계면의 고도는 약 500 km이다.

정답 20. ② 21. ④ 22. ①

23. 공기와 같이 압력을 받거나 흐름의 속도변화로 인하여 압력이 증가되면 밀도가 증가되는 유체를 어떤 유체라 하는가?

① 비압축성 유체 ② 압축성 유체 ③ 정상 유체 ③ 비정상 유체

해설 유체의 분류

㉠ 압축성 유체 : 압력의 변화에 대해 밀도가 변화하는 유체

㉡ 비압축성 유체 : 압력의 변화에도 밀도의 변화가 없는 유체

24. 날개골의 받음각이 증가하여 흐름의 떨어짐 현상이 발생하면 양력과 항력의 변화는?

① 양력과 항력이 모두 증가한다. ② 양력과 항력이 모두 감소한다.
③ 양력은 증가하고 항력은 감소한다. ④ 양력은 감소하고 항력은 증가한다.

해설 경계층 속에서 흐름의 떨어짐이 일어나면 그 곳으로부터 뒤쪽으로 역류현상이 발생하여 후류가 일어나서 와류현상을 나타내고 흐름의 떨어짐으로 인하여 후류가 발생하면 항력과 압력이 높아지고, 운동량의 손실이 크게 발생하여 날개골의 양력은 급격히 감소하게 된다.

25. 고도 1000m에서 공기밀도가 $0.1 kg \cdot s^2/m^4$이고, 비행기의 속도가 720km/h일 때 피토 정압관 입구에서 작용하는 동압은 얼마인가?

① 2000 ② 4000 ③ 5000 ④ 7000

해설 동압(dynamic pressure) $q = \frac{1}{2}\rho V^2$

$q = \frac{1}{2} \times 0.1 \times \left(\frac{720}{3.6}\right)^2 = 2000$ (여기서, 속도는 m/s로 환산하여 계산해야 한다.)

26. 번개가 치고 2초 만에 소리가 들렸다. 번개가 친 곳은 얼마나 떨어진 곳인가?

① 170 m ② 340 m ③ 510 m ④ 680 m

해설 음속은 1초에 약 340m를 진행하는데, 2초 후에 소리를 들었다면 거리는 약 680m가 된다.

27. 어떤 유체가 초음속으로 흐를 때 팽창파가 발생하였다면 팽창파 뒤의 흐름의 마하수(mach number)는 팽창파 앞의 마하수에 비해 어떠한가?

① 크다. ② 작다. ③ 같다. ④ 관계없다.

해설 수직 충격파나 경사 충격파를 거친 뒤의 흐름의 속도는 감소하고 압력은 증가하는 반면, 팽창파를 거친 뒤의 흐름의 속도는 빨라지고 압력은 감소하게 된다.

정답 23. ② 24. ④ 25. ① 26. ④ 27. ①

28. 어떤 고도에서 수평비행하고 있는 비행기의 등가 대기속도를 V, 해면상의 밀도를 ρ_0라고 하면, 이 비행기의 진 대기속도는?

① $V\times(\rho_0/\rho)^2$ ② $V\times\rho/\rho_0$ ③ $V\times\sqrt{\rho_0/\rho}$ ④ $V\times\sqrt{\rho/\rho_0}$

해설 대기속도

㉠ 지시 대기속도(IAS) : 항공기에 설치된 대기속도계의 지시에 있어서 표준 해면밀도를 쓴 계기가 지시하는 속도

$$V_i=\sqrt{\frac{2q}{\rho_0}}$$

㉡ 수정 대기속도(CAS) : IAS에서 피토 정압관의 장착위치와 계기 자체의 오차를 수정한 속도

㉢ 등가 대기속도(EAS) : CAS에서 위치오차와 비행고도에 있어 압축성의 영향을 수정한 속도

$$V_e=V_t\sqrt{\frac{\rho}{\rho_0}}$$

㉣ 진 대기속도(TAS) : EAS에서 고도 변화에 따른 공기밀도를 수정한 속도

$$V_t=V_e\sqrt{\frac{\rho_0}{\rho}}$$

※ 표준 대기상태의 해면상에서는 CAS, EAS와 TAS가 일치한다.
여기서, q : 동압, ρ : 임의의 고도에서의 공기밀도, ρ_0 : 해면상에서의 밀도

29. 마하 콘(mach cone)에 대한 설명으로 맞는 것은?

① 마하 콘은 압축파이다. ② 마하 콘은 팽창파이다.
③ 마하 콘은 수직 충격파이다. ④ 마하 콘은 음파이다.

해설 마하 콘(mach cone) : 비행체의 속도가 빨라질수록 비행체 앞쪽으로 전파되는 교란파들이 밀집된다. 이로 인하여 압력은 상승되고 밀도는 증가되어 압축성 영향이 나타나는 데, 이것에 의하여 발생된 콘 형태의 충격파를 마하 콘이라고 한다.

30. 초음속 공기의 흐름에서 통로가 좁아질 때 일어나는 현상을 맞게 설명한 것은?

① 속도는 증가하고 압력은 감소한다. ② 속도와 압력이 동시에 감소한다.
③ 속도는 감소하고 압력은 증가한다. ④ 속도와 압력이 동시에 증가한다.

해설 흐름의 성질

흐름의 종류	수축 단면	확대 단면
아음속 흐름	속도 증가, 압력 감소	속도 감소, 압력 증가
초음속 흐름	속도 감소, 압력 증가	속도 증가, 압력 감소

정답 28. ③ 29. ① 30. ③

Chapter 03 날개 이론

1. 날개의 붙임각에 대한 설명 중 맞는 것은?

① 날개의 시위와 공기흐름의 방향이 이루는 각이다.
② 날개의 중심선과 공기흐름 방향이 이루는 각이다.
③ 날개 중심선과 수평축이 이루는 각이다.
④ 날개 시위선과 비행기 세로축이 이루는 각이다.

해설 붙임각(취부각) : 기체의 세로축과 날개의 시위선이 이루는 각을 붙임각이라 하며, 비행기가 순항비행을 할 때에 기체가 수평이 되도록 날개에 부착시킨다.

2. 유도항력계수에 대한 설명 중 맞는 것은?

① 양력계수의 제곱에 비례한다.
② 종횡비에 비례한다.
③ 양력계수에 비례한다.
④ 위 모두 맞다.

해설 유도항력계수 $C_{Di} = \frac{{C_L}^2}{\pi e\, AR}$ 이므로, ${C_L}^2$에 비례한다.
여기서, C_{Di} : 유도항력계수, C_L : 양력계수
e : 스팬 효율계수, AR : 가로세로비

3. 다음 중 비행기 날개에 작용하는 항력(drag)에 대한 설명으로 맞는 것은?

① 공기속도에 비례한다.
② 공기속도의 제곱에 비례한다.
③ 공기속도의 3제곱에 비례한다.
④ 공기속도에 반비례한다.

해설 항력(drag)

$D = \frac{1}{2}\rho V^2 S C_D$이므로 속도의 제곱에 비례한다.

여기서, D : 항력, ρ : 공기의 밀도, V : 비행속도 또는 공기의 속도
S : 날개의 면적, C_D : 항력계수

정답 1. ④ 2. ① 3. ②

4. NACA 23012의 숫자가 나타내는 것 중 틀린 것은?

① 최대 캠버의 크기는 시위선 길이의 2 %이다.
② 최대 두께는 시위선의 12 %이다.
③ 평균 캠버선의 뒷부분이 곡선이다.
④ 최대 캠버의 위치는 시위선의 15 %이다.

해설 날개골의 호칭

㉠ 4자 계열 날개골

NACA 2412

2 : 최대 캠버의 크기가 시위의 2 %
4 : 최대 캠버의 위치가 시위의 40 %
12 : 최대 두께가 시위 길이의 12 %

㉡ 5자 계열 날개골

NACA 23012

2 : 최대 캠버의 크기가 시위의 2 %
3 : 최대 캠버의 위치가 시위의 15 %
0 : 평균 캠버선의 뒤쪽 반이 직선이다 (만약 1일 경우는 뒤쪽 반이 곡선임을 뜻한다).
12 : 최대 두께가 시위길이의 12 %

㉢ 6자 계열 날개골

NACA 65_1 − 215

6 : 6자 계열 날개골
5 : 받음각이 0일 때 최소압력이 시위의 50 %에서 발생
1 : 항력 버킷(drag bucket)의 폭이 설계 양력계수를 중심으로 ±0.1
2 : 설계 양력계수가 0.2
15 : 최대 두께가 시위의 15 %

5. 다음 중 가로세로비를 크게 할 경우에 대한 설명으로 잘못된 것은?

① 순항 성능이 좋아진다.
② 활공 성능이 좋아진다.
③ 유도항력이 작아진다.
④ 양항비가 작아진다.

해설 가로세로비가 커지면 활공 성능은 좋아지고 유도항력계수가 작아지므로 유도항력은 감소한다. 또한, 유도항력계수가 작아지면 양항비는 증가한다.

정답 4. ③ 5. ④

6. 가로세로비 (AR, 종횡비)를 올바르게 표현한 것은 어느 것인가? (단, S : 날개면적, b : 날개길이 (span), c : 평균 시위길이)

① $\frac{b^2}{S}$ ② $\frac{b}{S^2}$ ③ $\frac{b}{S}$ ④ $\frac{S}{b}$

해설 가로세로비(aspect ratio) $AR = \frac{b}{c} = \frac{b^2}{S}$

7. 플랩 (flap)을 내리면 어떤 현상이 일어나는가?

① 양력계수 증가, 항력계수 감소
② 양력계수 감소, 항력계수 증가
③ 양력계수, 항력계수 증가
④ 양력계수, 항력계수 감소

해설 날개골의 휘어진 정도를 캠버라 하고, 플랩을 내리면 캠버를 크게 해주는 역할을 하며, 캠버가 커지면 양력과 항력은 증가하고, 실속각은 작아진다.

8. 다음 플랩 (flap) 중 양력계수가 최대인 것은?

① split flap ② slot flap ③ fowler flap ④ double sloted flap

해설 뒷전 플랩의 종류

㉠ 단순 플랩(plain flap) : 날개 뒷전을 단순히 밑으로 굽힌 것으로 소형 저속기에 많이 사용한다. 단, 큰 각도로 굽히게 되면 흐름의 떨어짐이 생기므로 각도가 제한된다. 따라서, 최대 양력계수는 그다지 커지지 않는다.

㉡ 스플릿 플랩(split flap) : 날개 뒷전 밑면의 일부를 내림으로써 날개 윗면의 흐름을 강제적으로 빨아들여 흐름의 떨어짐을 지연시키는 것이다. 이것은 구조가 간단하며 최대 양력계수의 증가는 단순 플랩과 같은 정도이다.

㉢ 슬롯 플랩(slot flap) : 플랩을 내렸을 때에 플랩의 앞에 틈이 생겨 이를 통하여 날개 밑면의 흐름을 윗면으로 올려 뒷전 부분에서 흐름의 떨어짐을 방지하기 위한 것이다. 이것은 플랩을 큰 각도로 내릴 수 있으므로 최대 양력계수가 커진다.

㉣ 파울러 플랩(fowler flap) : 플랩을 내리면 날개 뒷전과 앞전 사이에 틈을 만들면서 밑으로 굽히도록 만들어진 것이다. 이 플랩은 날개면적을 증가시키고 틈의 효과와 캠버 증가의 효과로 다른 플랩들보다 최대 양력계수값이 가장 크게 증가한다.

9. 상반각 효과를 갖기 위한 방법이 아닌 것은?

① 날개에 상반각을 준다.
② 후퇴날개를 사용한다.
③ 날개 장착위치를 높게 한다.
④ 종횡비를 크게 한다.

정답 6. ① 7. ③ 8. ③ 9. ④

해설 기체를 수평으로 놓고 앞에서 보았을 때 날개가 수평을 기준으로 위로 올라간 각을 쳐든 각(상반각)이라고 하고, 아래로 내려간 각을 쳐진 각이라 한다. 상반각을 주게 되면 옆놀이(rolling) 안정성이 좋아지고 반대로 쳐진 각을 주면 옆놀이 안정성이 나빠진다.

10. 타원형 날개의 특징은?

① 설계, 제작이 간단한다. ② 실속이 잘 일어난다.
③ 국부적 실속이 발생한다. ④ 유도항력이 최소이다.

해설 타원형 날개의 특징
㉠ 날개의 길이 방향의 유도속도가 일정하다.
㉡ 유도항력이 최소이다.
㉢ 제작이 어렵고, 빠른 비행기에는 적합하지 않다.
㉣ 실속이 날개길이에 걸쳐서 균일하게 일어난다(일단 실속에 들어가면 회복이 어렵다).

11. 윙렛(winglet) 설치의 목적은 무엇인가?

① 형상항력 감소 ② 유도항력 감소 ③ 간섭항력 감소 ④ 마찰항력 감소

해설 윙렛(winglet) : 작은 날개를 주 날개에 수직 방향으로 붙인 것으로서 비행 중에 날개 끝 와류가 이 장치에 공기력이 작용하게 되는데, 이 공기력은 유도항력을 감소시켜 주는 방향으로 발생하게 된다.

12. 슬롯(slot)의 주된 역할은 무엇인가?

① 방향 조종을 개선한다 ② 세로안정을 돕는다.
③ 저속 시 요잉을 제거한다. ④ 박리를 지연시킨다.

해설 슬롯(slot) : 날개 앞전의 안쪽 밑면에서 윗면으로 만든 틈으로써 밑면의 흐름을 윗면으로 유도하여 흐름의 떨어짐을 지연시킨다.

13. 항공기 날개에 작용하는 양력은?

① 밀도의 제곱에 비례 ② 날개면적의 제곱에 비례
③ 속도 제곱에 비례 ④ 양력계수의 제곱에 비례

해설 양력(lift) $L=\frac{1}{2}\rho V^2 S C_L$ 이므로 속도의 제곱에 비례한다.
여기서, L: 항력, ρ : 공기의 밀도, V : 비행속도 또는 공기의 속도,
S : 날개의 면적, C_L : 양력계수

정답 10. ④ 11. ② 12. ④ 13. ③

14. 날개의 면적이 일정하고 길이가 2배일 때 유도항력은?

① 2배 ② 1/8배 ③ 4배 ④ 1/4배

해설 유도항력(induced drag) $D_i = \frac{1}{2}\rho V^2 S C_{Di}$ 이고, $C_{Di} = \frac{C_L^2}{\pi e AR}$

날개면적이 일정하고 길이가 2배로 증가한다면 종횡비는 4배로 증가하고, 유도항력은 $\frac{1}{4}$ 배 감소한다. (여기서, D_i : 유도항력, ρ : 공기 밀도, V : 비행속도, S : 날개면적, C_{Di} : 유도항력계수, e : 스팬 효율계수, AR : 종횡비, C_L : 양력계수)

15. 유도항력을 줄이기 위한 방법이 아닌 것은?

① 윙렛(wing let)을 설치한다.
② 타원형 날개를 사용한다.
③ 종횡비를 크게 한다.
④ 와류발생기(vortex generator)를 사용한다.

해설 유도항력을 줄이는 방법

㉠ wing let 을 사용 : 작은 날개를 날개 끝부분에 수직으로 붙여 날개 끝 와류로 인하여 발생되는 항력을 줄여준다.

㉡ 타원형 날개 : 현재에는 거의 사용되고 있지 않지만 날개골 중에서 가장 유도항력이 작다.

㉢ $C_{Di} = \frac{{C_L}^2}{\pi e AR}$ 이므로, 유도항력계수는 AR과 반비례하기 때문에 AR이 증가하면 유도항력계수는 작아지므로 유도항력은 감소한다.

16. 종횡비가 7, 시위선의 길이가 2m일 때 면적은 몇 m^2인가?

① 28 ② 14 ③ 16 ④ 20

해설 가로세로비 $AR = \frac{b}{c} = \frac{b^2}{S}$, $7 = \frac{b}{2}$ 이므로, $b = 14$이고,

날개의 면적을 구하려면 $b \times c = 28\,\mathrm{m}^2$

여기서, AR : 종횡비, b : span, c : 시위의 길이

17. 유도항력의 원인은 무엇인가?

① 날개 끝 와류 ② 속박와류
③ 간섭항력 ④ 충격파

정답 14. ④ 15. ④ 16. ① 17. ①

해설 유도항력(induced drag) : 날개가 흐름 속에 있을 때 날개 윗면의 압력은 작고, 아랫면의 압력은 크기 때문에 날개 끝에서 흐름이 날개 아랫면에서 윗면으로 올라가는 와류현상이 생긴다. 이 날개 끝 와류로 인하여 날개에는 내리 흐름이 생기게 되고, 이 내리 흐름으로 인하여 유도항력이 발생한다. 비행기 날개와 같이 날개 끝이 있는 것에는 반드시 유도항력이 발생한다.

18. **조파항력(wave drag)이란 무엇인가?**

① 아음속 흐름에서 존재하는 항력 중의 하나이다.
② 공기흐름이 천음속일 때 발생하는 압력항력을 말한다.
③ 압력항력과 마찰항력을 합한 항력을 말한다.
④ 초음속 흐름에서 충격파로 인하여 발생하는 항력을 말한다.

해설 조파항력(wave drag) : 날개에 초음속 흐름이 형성되면 충격파가 발생하게 되고 이 때문에 발생되는 항력을 조파항력이라 한다.

19. **비행 중 날개의 둘레에 생기는 순환은?**

① 양력을 감소시킨다. ② 양력을 증가시킨다.
③ 저항을 감소시킨다. ④ 저항을 증가시킨다.

해설 비행 중 날개 둘레에 생기는 순환으로 인하여 날개의 윗면과 아랫면의 속도차가 생기고, 이 속도차로 인하여 압력차가 발생하여 양력이 발생된다.

20. **고속 비행기에서 사용되는 층류 날개골(laminar flow airfoil)의 특성 중 옳지 않은 것은 어느 것인가?**

① 속도 증가에 대해서도 항력을 감소시킬 수가 있다.
② 날개 표면의 흐름을 가능한 한 층류 경계층으로 만들 수 있다.
③ 날개 표면의 흐름에서 천이를 앞당길 수 있다.
④ 최소 항력계수를 작게 하는 효과가 있다.

해설 층류 날개골(laminar flow airfoil) : 속도가 빠른 천음속 제트기에 많이 사용되는 날개골로서 속도의 증가에도 항력을 감소시키기 위한 목적으로 만들어졌다. 최대 두께의 위치를 뒤쪽으로 놓아서 앞전 반지름을 작게 함으로써 천이를 늦추어 층류를 오랫동안 유지할 수 있고, 충격파의 발생을 지연시키며 저항을 감소시킬 수 있다. 최대 두께의 위치가 앞전으로부터 40~50 %에 위치하고 날개의 두께비가 작다.

정답 18. ④ 19. ② 20. ③

21. 날개를 설계할 때 항력 발산 마하수를 높게 하기 위한 조건은?
① 두꺼운 날개를 사용하여 표면에서 속도를 증가시킨다.
② 가로세로비가 큰 날개를 사용한다.
③ 날개에 뒤 젖힘각을 준다.
④ 유도항력이 큰 날개골을 사용한다.

해설 항력 발산 마하수를 높게 하기 위한 조건
㉠ 얇은 날개를 사용하여 날개 표면에서의 속도 증가를 줄인다.
㉡ 날개에 뒤 젖힘각을 준다.
㉢ 가로세로비가 작은 날개를 사용한다.
㉣ 경계층을 제어한다.
㉤ 이상의 조건을 잘 조합해서 설계한다.

22. 다음 중 날개에서 최대 양력계수를 크게 할 수 없는 것은?
① 파울러 플랩 ② 드루프 앞전 ③ 스피드 브레이크 ④ 크루거 플랩

해설 고양력 장치 및 고항력 장치
(1) 고양력 장치 : 날개의 양력을 증가시켜 주는 장치로 다음의 것들이 있다.
㉠ 뒷전 플랩
• 단순 플랩(plain flap) • 스플릿 플랩(split flap)
• 슬롯 플랩(slot flap) • 파울러 플랩(fowler flap)
㉡ 앞전 플랩
• 슬롯과 슬랫(slat and slot) • 크루거 플랩(kruger flap)
• 드루프 앞전(droop nose)
㉢ 경계층 제어장치
• 빨아들임 방식 • 불어날림 방식
(2) 고항력 장치 : 항력만을 증가시켜 비행기의 속도를 감소시키기 위한 장치
㉠ 스피드 브레이크 ㉡ 역추력 장치 ㉢ 제동 낙하산

23. 최근 제트 여객기에서는 충격파의 발생으로 인한 항력의 증가를 억제하기 위해 시위의 앞부분에 압력 분포를 뾰족하게 하였다. 이 날개의 형태를 무엇이라고 하는가?
① 층류 날개골 ② 난류 날개골 ③ 피키 날개골 ④ 초임계 날개골

해설 피키 날개골(peaky airfoil) : 음속에 가까운 속도로 비행하는 최근의 제트 여객기에 있어서 충격파의 발생으로 인한 항력의 증가를 억제하기 위해서 시위 앞부분의 압력 분포를 뾰족하게 만든 날개골을 피키 날개골(peaky airfoil)이라고 한다.

정답 21. ③ 22. ③ 23. ③

24. 날개 뒷전에 출발 와류가 생기면 앞전 주위에도 이것과 크기가 같고 방향이 반대인 와류가 생기는 데 무엇이라 하는가?

① 속박와류 ② 날개 끝 와류 ③ 말굽와류 ④ 유도와류

해설 날개가 움직이면 날개 뒷전에 출발 와류가 생겨 날개 주위에도 이것과 크기가 같고 방향이 반대인 와류가 생기는 데 날개 주위에 생기는 이 순환은 항상 날개에 붙어 다니므로 속박와류라 하고, 이 와류로 인하여 날개에 양력이 발생하게 된다.

25. 날개 압력 중심에 대하여 맞는 것은?

① 비행기의 안정성과 날개의 구조 강도상 이동이 작은 것이 좋다.
② 받음각에 관계없이 일정하다.
③ 캠버 길이의 1/4 정도인 곳에 위치한다.
④ 비행기가 급강하 할 때 앞으로 이동한다.

해설 압력 중심(center of pressure) : 날개골에서 흐름 방향에 수직으로 양력이 발생하고, 흐름 방향과 같은 방향으로 항력이 생기는 데 이 양력과 항력이 작용하는 점이다. 이 압력 중심은 받음각이 변화하면 이동하게 되는데 받음각이 클 때는 앞으로(보통 시위길이의 1 / 4) 이동하게 되고, 받음각이 작을 때는 뒤로(보통 시위 길이의 1 / 2) 이동하게 된다. 물론 급강하 시에는 더욱 후퇴하게 된다. 압력 중심의 이동이 크면 비행기의 안정성과 날개의 구조 강도상 좋지 않다.

26. 경계층 제어장치에 대한 설명 중 틀린 것은 어느 것인가?

① 받음각이 클 때 흐름의 떨어짐을 방지하는 방법이다.
② 빨아들임(suction) 방식과 불어날림(blowing) 방식이 있다.
③ 일반적으로 제트 엔진의 압축기에서 빠져 나온 공기(bleed air)를 이용한다.
④ 공기의 흐름을 층류 경계층에서 난류 경계층으로 전환시킨다.

해설 경계층 제어장치

㉠ 최대 양력계수를 증가시키는 방법으로 기본 날개골을 변형시킬 뿐 아니라 받음각이 클 때 흐름의 떨어짐을 직접 방지하는 방법이다.

㉡ 경계층 제어장치에는 날개 윗면에서 흐름을 강제적으로 빨아들이는 빨아들임 방식(suction)과 고압 공기를 날개면 뒤쪽으로 분사하여 경계층을 불어 날리는 불어날림 방식(blowing)이 있다.

㉢ 일반적으로 불어날림 방식이 제트 기관의 압축기에서 빠져 나온 공기(bleed air)를 이용할 수 있어 실용적이다. 특히, 플랩을 내렸을 때 플랩 윗면에 이 고속 공기를 불어 주면 효과는 현저하게 커진다.

정답 24. ① 25. ① 26. ④

27. 흐름의 떨어짐을 방지하기 위하여 날개 윗면에 돌출부를 만들거나 윗면을 거칠게 하여 난류 경계층이 발생하도록 하는 장치는 어느 것인가?

① 와류 발생장치(vortex generator) ② 실속 막이(stall fence)
③ 슬롯(slot) ④ 앞전 플랩(leading edge flap)

해설 와류 발생장치(vortex generator) : 날개 표면에 돌출부를 만들어 고의적으로 난류를 만들어 주는 장치이다.

28. 날개골에 작용하는 공기력 모멘트의 크기에 대한 설명 중 맞는 것은?

① 캠버의 길이에 비례한다. ② 속도에 반비례한다.
③ 면적에 반비례한다. ④ 시위길이에 비례한다.

해설 공기력 모멘트 $M = C_m \frac{1}{2} \rho V^2 S C$ 이므로, 모멘트 값은 시위길이에 비례한다.
여기서, M : 공기력 모멘트, C_m : 모멘트 계수, C : 시위의 길이
V : 공기의 속도, S : 날개의 면적, ρ : 공기밀도

29. 날개길이가 11m, 평균 시위의 길이가 1.8m인 타원 날개에서 양력계수가 0.8일 때 유도항력계수는 얼마인가?

① 0.3 ② 0.03 ③ 0.4 ④ 0.04

해설 유도항력계수 $C_{Di} = \frac{{C_L}^2}{\pi e AR}$, $C_{Di} = \frac{0.8^2}{\pi \times \frac{11}{1.8}} \fallingdotseq 0.03$
여기서, C_{Di} : 유도항력계수, C_L : 양력계수, e : 스팬 효율계수, AR : 가로세로비

30. 받음각이 커지면 풍압 중심은 일반적으로 어떻게 되는가?

① 앞전으로 이동한다. ② 뒷전으로 이동한다.
③ 이동하지 않는다. ④ 앞전으로 이동하다가 뒷전으로 이동한다.

해설 풍압 중심과 공기력 중심
㉠ 풍압 중심(압력 중심, center of pressure) : 날개 윗면에 발생하는 부압과 아랫면에 발생하는 정압의 차이에 의해 날개를 뜨게 하는 양력이 발생하게 된다. 이 압력이 작용하는 합력점이고, 받음각에 따라 움직이게 되는데 받음각이 커지면 앞으로, 작아지면 뒤로 움직인다.
㉡ 공기력 중심(aerodynamic center) : 받음각이 변하더라도 위치가 변하지 않는 기준점을 말하고 대부분의 날개골에 있어서 이 공기력 중심은 앞전에서부터 25 % 뒤쪽에 위치한다.

정답 27. ① 28. ④ 29. ② 30. ①

31. 다음 중 테이퍼비를 구하는 공식은?

① $C_r \times C_t$ ② $\frac{C_r}{C_t}$ ③ $\frac{C_t}{C_r}$ ④ $\frac{1}{C_t}$

해설 테이퍼비(taper ratio) : 날개 뿌리의 시위(C_r)와 날개 끝 시위(C_t)의 비를 말한다.

$$테이퍼비(\lambda) = \frac{C_t}{C_r}$$

32. 비행기의 중심위치가 MAC 25%에 있다면?

① 날개 뿌리부의 시위선의 25 %에 중심이 있다.
② 주날개의 날개폭의 75 %선과 시위선의 25 %선과의 교점에 중심이 있다.
③ 주날개의 중심위치가 시위의 25 %에 있다.
④ 비행기의 중심위치가 동체 앞으로부터 25 %에 있다.

해설 평균 공력시위(MAC : mean aerodynamic chord) : 주날개의 항공 역학적 특성을 대표하는 부분의 시위를 평균 공력시위라고 한다. 무게 중심위치가 평균 공력시위의 25 %라 함은 무게 중심이 MAC의 앞전에서부터 25 %의 위치에 있음을 말한다.

33. 항공기 날개의 sweepback은 다음 중 어떤 효과가 있는가?

① 임계 마하수를 높여준다. ② 임계 마하수를 낮춰준다.
③ 양력을 증가시켜준다. ④ 임계 마하수에 아무런 영향을 주지 않는다.

해설 후퇴날개의 특성

(1) 장 점
㉠ 천음속에서 초음속까지 항력이 적다.
㉡ 충격파 발생이 느려 임계 마하수를 증가시킬 수 있다.
㉢ 후퇴날개 자체에 상반각 효과가 있기 때문에 상반각을 크게 할 필요가 없다.
㉣ 직사각형 날개에 비해 마하 0.8 까지 풍압 중심의 변화가 적다.
㉤ 비행 중 돌풍에 대한 충격이 적다.
㉥ 방향 안정 및 가로 안정이 있다.

(2) 단 점
㉠ 날개 끝 실속이 잘 일어난다.
㉡ 플랩 효과가 적다.
㉢ 뿌리부분에 비틀림 모멘트가 발생한다.
㉣ 직사각형 날개에 비해 양력 발생이 적다.

정답 31. ③ 32. ③ 33. ①

34. 보통 비행기에서 착륙강하 중 갑자기 플랩(flap)을 내리면?

① 기수가 좌로 간다. ② 기수가 위로 올라간다.
③ 속도가 갑자기 떨어진다. ④ 속도가 증가한다.

해설 플랩을 내리면 캠버의 크기가 증가하게 되므로 양력이 증가하여 기수가 올라가게 된다.

35. 상반각 효과를 갖기 위한 방법이 아닌 것은?

① 날개에 상반각을 준다. ② 후퇴날개를 사용한다.
③ 날개 장착위치를 높게 한다. ④ 종횡비를 크게 한다.

해설 상반각 효과
㉠ 후퇴날개는 자체에 상반각 효과가 있어 가로 안정이 좋다.
㉡ 고익기 : 2~3°의 상반각 효과를 갖는다.
㉢ 저익기 : −3~−4° 정도의 상반각 효과를 가지고 있기 때문에 상당한 상반각을 필요로 한다.

36. 항력 발산 마하수에 대해 옳은 것은?

① 임계 마하수보다 크다. ② 임계 마하수보다 작다.
③ 임계 마하수와 같다. ④ 천음속에서 발생한다.

해설 항력 발산 마하수(drag divergence Mach number)
㉠ 마하수가 1 이상 되더라도 충격파가 없는 흐름을 얻을 수 있으므로 임계 마하수에 도달했다 하여 날개의 특성이 달라지는 것은 아니기 때문에 날개골 특성이 크게 달라지는 마하수를 항력 발산 마하수라 한다.
㉡ 항력 발산 마하수는 임계 마하수보다 조금 큰 마하수이고, 날개의 항력이 갑자기 증가하기 시작할 때의 마하수이다.

37. 익단 실속(tip stall)을 방지하기 위한 방법 중 틀린 것은?

① 날개의 테이퍼비(wing taper)를 너무 크게 하지 않는다.
② 날개 끝(wing tip)의 받음각이 적도록 미리 비틀림을 주어 제작한다.
③ 날개 뿌리(wing root) 부근의 익단면에 실속각이 큰 에어포일을 사용한다.
④ 슬롯(slot)을 설치한다.

정답 34. ② 35. ④ 36. ① 37. ③

해설 날개 끝 실속 방지방법

㉠ 날개의 테이퍼비를 너무 크게 하지 않는다.

㉡ 날개 끝으로 감에 따라 받음각이 작아지도록 (wash-out) 하여 실속이 날개 뿌리에서부터 시작하게 한다 (이것을 기하학적 비틀림이라고 한다).

㉢ 날개 끝 부분에 두께비, 앞전 반지름, 캠버 등이 큰 날개골을 사용하여 날개 뿌리보다 실속각을 크게 한다 (이것을 공력적 비틀림이라고 한다).

㉣ 날개 뿌리 부분에 역 캠버를 사용하기도 한다.

㉤ 날개 뿌리에 실속 스트립(strip)을 붙여 받음각이 클 때 흐름을 강제로 떨어지게 하여 날개 끝보다 먼저 실속이 생기도록 한다.

㉥ 날개 끝 부분의 날개 앞전 안쪽에 슬롯 (slot) 을 설치하여 날개 밑면을 통과하는 흐름을 강제로 윗면으로 흐르도록 유도하여 흐름의 떨어짐을 방지한다.

㉦ 경계층 판 (boundary layer fence)을 부착한다.

38. 주날개 상면에 붙이는 경계층 격벽판의 목적은?

① 공기저항 감소 ② 풍압 중심의 전진

③ 양력의 증가 ④ 익단 실속의 지연

해설 경계층 격벽판 (boundary layer fence) : 일반적으로 높이가 15~20 cm이고, 앞전에서부터 뒷전으로 항공기 대칭면에 평행하게 부착을 하여 공기의 흐름이 날개 끝으로 흐르는 것을 방지하여 익단 실속을 방지한다.

39. 날개골 (airfoil)의 효과적인 항력은 플랩이 증가시켜주는 데 그 방법은?

① 에어포일의 캠버를 증가시켜준다.

② 압력 중심의 후방항력을 유도한다.

③ 에어포일의 형상항력을 감소시킨다.

④ 에어포일의 받음각을 크게 해 준다.

해설 플랩으로 캠버를 증가시키면 양력의 발생도 크지만 항력도 커지게 된다.

40. 윙렛 (wing let)에 작용하는 항력은?

① 간섭항력 ② 유도항력 ③ 조파항력 ④ 마찰항력

해설 윙렛(wing let) : 작은 날개를 주날개에 수직 방향으로 붙인 것으로서 비행 중에 날개 끝 와류가 이 장치에 공기력이 작용하게 되는데 이 공기력은 유도항력을 감소시켜 주는 방향으로 발생하게 된다.

정답 38. ④ 39. ① 40. ②

41. 날개의 받음각이 일정 각도 이상이 되면 날개를 지나는 공기의 흐름이 날개 뒷전에서 떨어져 나가는 현상을 무엇이라고 하는가?

① stall ② approach ③ rollout ④ buffet

해설 실속(stall) : 날개의 받음각이 어느 일정한 각도를 넘게 되면 양력계수는 급격히 감소하게 되는데 이러한 현상을 실속(stall)이라고 하고, 날개의 받음각이 너무 커지면 흐름이 날개 윗면을 따라서 흐르지 못하고 흐름이 떨어지게 되면 결과적으로 윗면에 작용하는 양력 발생의 면적이 작아져서 발생한다.

42. 다음 중 주날개의 실속각을 증가시키는 것으로 옳은 것은?

① 탭 ② 스포일러
③ 슬롯 ④ 앞전 밸런스

해설 슬롯(slot) : 날개 앞전의 약간 안쪽 밑면에서 윗면으로 틈을 만들어 큰 받음각일 때 밑면의 흐름을 윗면으로 유도하여 흐름의 떨어짐을 지연시켜 실속각을 증가시키는 역할을 한다.

43. 날개 끝 실속이 잘 일어나는 날개형태는 어느 것인가?

① 타원형 날개 ② 직사각형 날개
③ 뒤젖힘 날개 ④ 앞젖힘 날개

해설 날개골의 특성

㉠ 직사각형 날개 : 날개 뿌리부근에서 먼저 실속이 생긴다.
㉡ 테이퍼 날개 : 테이퍼가 작으면 날개 끝 실속이 생긴다.
㉢ 타원 날개 : 날개 전체에 걸쳐서 실속이 생긴다.
㉣ 뒤젖힘 날개 : 날개 끝 실속이 잘 일어난다.
㉤ 앞젖힘 날개 : 날개 끝 실속이 잘 일어나지 않으며 고속 특성도 좋다.

44. 스포일러(spoiler)를 사용하는 목적으로 맞는 것은?

① 양력을 감소시키기 위해서 ② 실속을 방지하기 위해서
③ 양항비를 증가시키기 위해서 ④ 비행속도를 조절하기 위해서

해설 스포일러(spoiler) : 항력을 증가시키는 보조 조종면으로 항공기가 활주할 때 브레이크의 작용을 보조해 주는 지상 스포일러와 비행 중 도움날개의 조작에 따라 작동되어 항공기의 세로 조종을 보조해주는 공중 스포일러가 있다.

정답 41. ① 42. ③ 43. ③ 44. ①

45. 날개의 충격파에 대한 설명 중 틀린 것은?

① 최초에는 날개 윗면에서 발생하고 속도의 증가에 따라 후방으로 이동한다.
② 충격파 후방의 압력은 급격히 감소한다.
③ 충격파 후방의 공기흐름 속도는 급격히 감소한다.
④ 충격파 후방의 경계층은 박리하여 항력이 증가한다.

해설 충격파(shock wave) : 충격파를 거친 공기의 흐름은 속도는 급격히 감소하고 압력과 밀도는 증가한다.

46. 날개 끝 쪽으로 취부각(붙임각)을 증가시키면?

① wash-in ② wash-out ③ decalage ④ dihedral

해설 wash-in과 wash-out
㉠ wash-in : 날개의 끝으로 갈수록 날개 외측의 붙임각을 크게 꼬아놓은 구조를 말한다.
㉡ wash-out : 날개 끝의 붙임각을 날개 뿌리의 붙임각보다 작게 하는 구조로 기하학적 비틀림이라고 하며 실속이 날개 뿌리에서부터 시작되게 한다.

47. 익면하중이 증가하면 어떤 현상이 일어나는가?

① 절대 상승한도가 높아진다. ② 선회 반지름이 작아진다.
③ 양력과 항력이 동시에 증가한다. ④ 양력과 항력이 동시에 감소한다.

해설 익면하중이 증가하면
㉠ 양·항력이 증가한다. ㉡ 이·착륙속도가 빨라진다.
㉢ 실속속도가 커진다. ㉣ 선회 반지름이 커진다.
㉤ 상승률이 작아지므로 상승한도가 낮다.
㉥ 활공비행 시 침하속도가 커지고, 활공시간이 짧아진다.

48. 최대 양력계수가 큰 항공기일수록 선회 반지름과 착륙속도는 어떻게 되는가?

① 선회반지름이 크고 착륙속도가 작아진다. ② 선회반지름이 크고 착륙속도가 커진다.
③ 선회 반지름이 작고 착륙속도가 작아진다. ④ 선회반지름이 작고 착륙속도는 커진다.

해설 선회 반지름 $R = \frac{2W}{\rho S C_L}$, 속도 $V = \sqrt{\frac{2W}{\rho S C_L}}$
양력계수(C_L)가 커지면 선회 반지름과 이·착륙속도는 작아지게 된다.

정답 45. ② 46. ① 47. ③ 48. ③

49. 받음각이 일정할 때, 양력은 고도의 증가에 따라 어떻게 되겠는가?

① 증가한다. ② 변화하지 않는다. ③ 감소한다. ④ 변화한다.

해설 양력과 공기밀도와는 비례관계에 있으므로 받음각이 일정한 상태에서 고도가 증가한다면 밀도가 감소하여 양력은 감소하게 된다.

50. 파울러 플랩(fowler flap)의 구실은 무엇인가?

① 날개면적의 증대와 캠버(camber)를 증가시킨다.
② 주날개의 캠버(camber)를 증대시킴으로써 양력의 증가를 도모한다.
③ 양력을 증가시키고 항력을 감소시킨다.
④ 착륙 시의 착륙거리를 도모시키기 위한 장치이다.

해설 파울러 플랩(fowler flap) : 플랩을 내리면 날개 뒷전과 플랩 앞전 사이에 틈을 만들면서 밑으로 굽히도록 만들어진 것인데 시위의 길이에 대한 플랩 길이의 비가 슬롯 플랩에 비해 작아지므로 큰 각도로 굽힐 수 없지만 이 플랩은 날개의 면적을 증가시키고, 틈의 효과와 캠버 증가의 효과로 다른 플랩보다 최대 양력계수값이 가장 크게 증가한다.

51. 날개에서 말하는 항력 발산(drag divergence)이란 무엇인가?

① 영각이 큰 점에서 항력이 최대가 되는 현상
② 영각이 작은 점에서 항력이 최대가 되는 현상
③ 마하수가 작은 곳에서 항력이 급격히 작아지고 박리되는 현상
④ 마하수가 큰 곳에서 충격파 때문에 항력이 커지는 현상

해설 ㉠ 항력 발산(drag divergence) : 마하수가 증가함에 따라 항력이 급격히 증가하는 현상을 말한다.

㉡ 항력 발산 마하수(drag divergence Mach number) : 마하수 증가에 따라 항력이 급격히 증가하는 어떤 마하수를 말하며, 날개골 특성이 달라지는 마하수이다.

52. 층류 날개에서 말하는 항력 버킷(drag bucket)이란 무엇인가?

① 받음각이 큰 점에서 항력이 최대가 되는 현상
② 받음각이 작은 점에서 항력이 최대가 되는 현상
③ 받음각이 작은 점에서 항력이 급격히 작아지고 유리하게 되는 상태
④ 받음각이 큰 곳에서 충격 때문에 항력이 급격히 커지는 현상

정답 49. ③ 50. ① 51. ④ 52. ③

해설 항력 버킷(drag bucket) : 6자형 날개골(층류날개)에서 항력이 작아지는 부분을 항력 버킷(drag bucket)이라 하는 데, 이것은 양항극 곡선에서 어떤 양력계수 부근에서 항력계수가 갑자기 작아지는 부분을 말한다.

53. 아음속 흐름에서 날개골의 공기력 중심은 시위길이의 몇 %인가?

① 15 % ② 20 % ③ 25 % ④ 30 %

해설 공기력 중심(aerodynamic center)

㉠ 날개골의 받음각이 변하더라도 모멘트가 일정한 점을 말한다.

㉡ 대부분의 날개골에 있어서 공기력 중심은 앞전에서부터 25 % 뒤쪽에 위치하고, 초음속 날개골에 있어서는 50 % 뒤쪽에 위치한다.

54. 상반각이란 주날개의 코드선과 어느 것과의 각을 말하는가?

① camber ② 수평선 ③ 상대풍 ④ 양력

해설 상반각(쳐든각) : 비행기가 날고 있을 때 어떤 원인으로 인하여 가로로 기울어진 기체를 본래 자세로 되돌리려고 하는 힘을 횡 안정이라고 한다. 이 횡 안정을 좋게 하려면 주날개의 익단을 상방으로 올리는 데, 이 때 상방으로 올린 각을 상반각이라고 하고, 주날개의 코드선과 수평면과 이루는 각도로서 표시된다.

55. 다음 중 형상항력(profile drag)이란 어느 것인가?

① 유도항력 + 조파항력 ② 조파항력 + 압력항력
③ 압력항력 + 마찰항력 ④ 압력항력 + 유도항력

해설 형상항력(profile drag) : 물체의 모양에 따라서 크기가 달라지는 항력이고, 형상항력에는 점성 마찰에 의한 마찰항력과 흐름이 물체 표면에서 떨어져 하류 쪽으로 와류를 발생시키기 때문에 생기는 압력항력이 있다.

마찰항력과 압력항력을 합쳐서 형상항력이라 한다. 이 형상항력은 물체의 모양에 따라서 크기가 달라지는 항력이다.

정답 53. ③ 54. ② 55. ③

Chapter 04 비행 성능

1. 기체 중량이 4000 kg, 날개면적 14 m^2, 선회각도 45° 로 정상선회 시 익면하중은?

① 350 kg /m^2
② 404 kg /m^2
③ 420 kg /m^2
④ 450 kg /m^2

해설 익면하중 : 수평비행하는 항공기의 익면하중 $= \frac{W}{S} = \frac{L}{S}$ 이지만, 선회하는 항공기의 익면하중은 수평면 내에서 선회를 해야 하기 때문에 비행기에 작용하는 수직방향의 힘들도 균형을 이루어야 하므로 $W = L\cos\phi$ 이므로 식을 다시 정리해보면 $L = \frac{W}{\cos\phi}$ 이다. 즉, 익면하중을 구하는 식은 $\frac{W}{S\cos\phi}$ 이고, 주어진 조건을 대입해보면, 익면하중 $= \frac{4000}{14 \cdot \cos 45} \fallingdotseq 404$

여기서, W : 항공기의 무게, L : 양력, S : 날개의 면적, ϕ : 선회각

2. 선회 반지름을 작게 하려면?

① 기체 중량을 크게 한다.
② 선회각을 작게 한다.
③ 선회 속도를 증가시킨다.
④ 날개면적을 크게 한다.

해설 선회 반지름 $R = \frac{V^2}{g\tan\phi}$

여기서, R : 선회 반지름, V : 선회 속도, ϕ : 선회각, g : 중력 가속도

선회 반지름을 작게 하는 방법은 다음과 같다.

㉠ 선회속도를 작게
㉡ 선회각을 크게
㉢ 양력을 크게 : 날개면적이 증가하면 양력 증가

3. 다음 중 잉여마력(여유마력)과 가장 관계가 큰 것은?

① 수평 최대 속도
② 상승률
③ 활공성능
④ 실속속도

정답 1. ② 2. ④ 3. ②

해설 잉여마력(excess horse power) : 잉여마력은 여유마력이라고 하며 이용마력에서 필요마력을 뺀 값으로 비행기의 상승성능을 결정하는 데 중요한 요소가 된다.

$$R.C = \frac{75(P_a - P_r)}{W}$$

여기서, $R.C$: 상승률, P_a : 이용마력, P_r : 필요마력

4. 다음 중 활공각과 양항비의 관계를 옳게 설명한 것은?

① $\tan\theta = \frac{C_L}{C_D}$　② $\tan\theta = \frac{C_D}{C_L}$　③ $\sin\theta = \frac{C_L}{C_D}$　④ $\sin\theta = \frac{C_D}{C_L}$

해설 활공비 $= \frac{L}{h} = \frac{C_L}{C_D} = \frac{1}{\tan\theta} =$ 양항비

여기서, L : 활공거리, h : 활공고도, C_L : 양력계수, C_D : 항력계수, θ : 활공각

5. 비행기 무게가 2300kg인 비행기가 고도 3000m(공기밀도 0.092kg s^2/m^4) 상공을 순항속도 250km/h로 비행을 하고 있다. 이 때 비행기에 작용하는 항력은?(단, 날개면적 S= $95m^2$, 항력계수는 0.024이다.)

① 505.8 kg　② 6555 kg　③ 1010 kg　④ 655.5 kg

해설 항력(drag) $D = \frac{1}{2}\rho V^2 S C_D$

$$D = \frac{1}{2} \times 0.092 \times \left(\frac{250}{3.6}\right)^2 \times 95 \times 0.024 \fallingdotseq 505.8$$

여기서, D : 항력, ρ : 공기밀도, V : 비행속도, S : 날개면적, C_D : 항력계수

6. 비행기 무게가 3000kg이고, 150km/h의 속도로 경사각 30° 로 정상선회를 하고 있을 때 정상선회 시 양력은 얼마인가?

① 2598 kg　② 5196 kg　③ 6000 kg　④ 3464 kg

해설 선회 시의 양력 $L = \frac{W}{\cos\theta}$ 이므로, $L = \frac{3000}{\cos 30} \fallingdotseq 3464$ kg

7. 항공기 중량 7700kg, 날개면적 $60m^2$인 항공기가 해면 고도로 비행 시 최소 속도는?(단, $C_{L\max}$는 1.56, 밀도는 0.125kgf · s^2/m^4)

① 100 km/h　② 115 km/h　③ 130 km/h　④ 145 km/h

정답 4. ② 5. ① 6. ④ 7. ③

해설 최소 속도 $V_{\min} = V_s = \sqrt{\dfrac{2W}{\rho S C_{L\max}}} = \sqrt{\dfrac{(2 \times 7700)}{(0.125 \times 60 \times 1.56)}}$

$\fallingdotseq 36.3\,\text{m/s} \fallingdotseq 130\,\text{km/h}$

8. 수평비행 시 실속속도가 100km/h인 항공기가 경사각 60° 의 정상선회 시 실속속도는?

① 141 km/h ② 107 km/h ③ 114 km/h ④ 121 km/h

해설 선회 시 실속속도 $V_{ts} = \dfrac{V_s}{\sqrt{\cos\phi}} = \dfrac{100}{\sqrt{\cos 60}} \fallingdotseq 141.42$

여기서, V_{ts} : 선회 중의 실속속도, V_s : 수평비행 중의 실속속도

9. 다음 상승한계 중 실용 상승한계란 상승률이 어느 정도를 말하는가?

① 0.5 m/s ② 0 m/s ③ 2.5 m/s ④ 1.0 m/s

해설 상승한계

㉠ 절대 상승한계 : 비행기가 계속 상승하다가 일정 고도에 도달하게 되면 이용마력과 필요마력이 같아지는 고도에 이르게 되는데 이 때 비행기는 더 이상 상승하지 못하게 되며 상승률은 0이 된다. 이 때의 고도를 절대 상승한계라 한다.

㉡ 실용 상승한계 : 상승률이 0.5 m/s가 되는 고도를 말하며 절대 상승한계의 약 80～90 %가 된다.

㉢ 운용 상승한계 : 실제로 비행기가 운용될 수 있는 고도를 말하며 상승률이 2.5 m/s인 고도이다.

10. 비행 중 항력이 추력보다 크면?

① 가속도 운동 ② 감속도 운동 ③ 등속도 운동 ④ 정지

해설 가속도 운동 : $T > D$, 등속도 운동 : $T = D$, 감속도 운동 : $T < D$

여기서, T : 추력, D : 항력

11. 급강하 시 항공기의 속도는?

① 어느 정도까지 증가한 후 더 이상 증가하지 않는다.

② 중력가속도에 따라 계속 증가한다.

③ 지면에 닿을 때까지 계속 증가한다.

④ 지면에 닿을 때까지 계속 감소한다.

정답 8. ① 9. ① 10. ② 11. ①

해설 종극속도 (terminal velocity) : 비행기가 수평상태로부터 급강하로 들어갈 때의 급강하속도는 차차 증가하게 되어 끝에 가서는 어느 일정한 속도에 도달하게 되고, 이 일정한 속도 이상으로는 증가하지 않게 되는데, 이 속도를 종극속도라고 한다.

12. 항공기의 무게가 7000 kg, 날개면적이 25m²인 제트 항공기가 해면상을 900km/h로 비행 시 (수평비행) 추력은 ? (단 , 양항비 : 3.8이다.)

① 1780 kg ② 1800 kg ③ 1810 kg ④ 1842 kg

해설 추력 (thrust) : 항공기가 수평비행을 한다면 양력과 중력이 같으므로

$W=L=\frac{1}{2}\rho V^2 S C_L$이고, 추력과 항력이 같으므로 $T=D=\frac{1}{2}\rho V^2 S C_D$, $T=W\frac{C_D}{C_L}$이 되므로 $T=7000\times\frac{1}{3.8}\fallingdotseq 1842\ \text{kg}$

13. 정상선회 시 원심력과 구심력과의 관계가 올바른 것은 ?

① 원심력과 구심력은 크기는 같아야 하고, 방향은 반대이다.
② 원심력과 구심력은 크기는 같아야 하고, 방향도 같아야 한다.
③ 원심력과 구심력은 크기는 다르고, 방향은 같아야 한다.
④ 원심력과 구심력은 크기는 다르고, 방향도 반대이어야 한다.

해설 원심력과 구심력

㉠ 원심력 : 원운동을 하는 물체에 있어서 관성에 의하여 원운동으로부터 이탈하려는 힘이다.
㉡ 구심력 : 원심력과 방향이 반대로 발생하는 힘으로 어느 물체가 계속해서 원운동을 하기 위해서는 이 두 힘이 균형을 이루어야 한다. 마찬가지로 비행기가 정상선회 비행을 하기 위해서도 이 두 힘이 균형을 이루어야 한다.

14. 상승비행의 조건은 어느 것인가 ?

① 필요마력 = 이용마력 ② 필요마력 > 이용마력
③ 필요마력 < 이용마력 ④ 필요마력 = 잉여마력

해설 상승비행

㉠ 필요마력 : 비행기가 항력을 이기고 앞으로 움직이기 위한 동력
㉡ 이용마력 : 비행기를 가속, 또는 상승시키기 위해 기관으로부터 발생시킬 수 있는 출력
※ 필요마력과 이용마력의 차를 여유마력 또는 잉여마력이라고 하고, 잉여마력만큼 상승을 할 수 있다. 그렇기 때문에 비행기가 상승을 하기 위해서는 이용마력이 필요마력보다 커야 한다.

정답 12. ④ 13. ① 14. ③

15. 다음 상승한계 및 상승시간에 대한 설명 중 틀린 것은?

① 고도가 증가할수록 여유마력이 증가하여 상승율은 증가하게 된다.
② 비행기가 계속 상승하게 되면 이용마력과 필요마력이 같아지는 고도에 이르게 된다.
③ 실용 상승한계는 절대 상승한계의 80~90 %이고, 0.5 m/s 씩 상승을 한다.
④ 상승한계에는 절대 상승한계, 실용 상승한계, 운용 상승한계가 있다.

해설 비행기의 상승성능은 고도의 변화에 의해 영향을 받게 되는데 이것은 고도가 증가함에 따라서 공기의 밀도가 감소하게 되고, 비행기의 엔진은 공기의 밀도가 감소하면 출력은 저하된다.

16. 비행기 속도 200 km/h, 상승각이 6° 일 때 상승률은 약 몇 km/h인가?

① 12 ② 18 ③ 21 ④ 60

해설 상승률 $R.C = V\sin\gamma = \dfrac{75(P_a - R_r)}{W}$

$R.C = 200 \times \sin 6 \fallingdotseq 21$

여기서, $R.C$: 상승률, V : 비행속도, γ : 상승각, P_a : 이용마력, P_r : 필요마력

17. 다음은 순항성능에 대한 설명이다. 틀린 것은?

① 비행기가 어떤 목적지까지 비행하는 경우 이륙, 착륙, 상승, 하강을 제외한 구간을 순항이라 한다.
② 필요마력이 최소인 상태로 비행하는 경우에 연료 소비가 적어지므로 이를 경제속도라 한다.
③ 순항비행 시 연료를 절약하기 위해서는 고속 순항방식이 적합하다.
④ 순항비행 방식에는 고속 순항방식과 장거리 순항방식이 있다.

해설 순항비행 방식

㉠ 장거리 순항방식 : 연료를 소비하는 데 따라 비행기의 무게가 작아지는 것을 고려하여 이에 맞추어 순항속도를 점차 줄여 기본 출력을 감소시킴으로써 경제적으로 비행하는 방식으로 연료 소비량을 절감시키기 위한 유리한 방법
㉡ 고속 순항방식 : 연료를 소비함에 따라 비행기의 무게가 감소되는 것을 고려하여 순항속도를 증가시키는 방법

18. 비행기가 가속도 없는 정상비행인 경우 하중배수는?

① 0 ② 1 ③ 2 ④ 무한대

정답 15. ① 16. ③ 17. ③ 18. ②

해설 하중배수

ng=가속도+g이고, 가속도가 없는 정상비행인 경우에는 $ng=1g$이므로, $n=1$

여기서, n : 하중배수, g : 중력 가속도

19. 비행기의 고도가 높아지면 비행속도가 증가한다. 필요마력은?

① 증가한다. ② 변함없다.

③ 감소한다. ④ 증가하다가 감소한다.

해설 필요마력 : 비행기가 항력을 이기고 앞으로 움직이기 위해 필요한 마력을 말한다.

$P_r=\frac{DV}{75}$이고, $D=\frac{1}{2}\rho V^2 SC_L$이므로 $P_r=\frac{DV}{75}=\frac{1}{150}\rho V^3 SC_L$이다.

따라서, 고공으로 올라갈수록 공기의 밀도는 감소하고, 필요마력과 공기의 밀도는 비례하므로 필요마력도 따라 감소한다.

20. 비행기의 상승비행을 위한 조건은? (단, P_a : 이용마력, P_r : 필요마력)

① $P_a > P_r$ ② $P_a < P_r$

③ $P_a = P_r$ ④ P_a, P_r은 서로 무관하다.

해설 비행기가 상승을 하기 위해서는 이용마력이 필요마력보다 커야 한다.

21. 연료 소비율 8kg/hp-h, 기관 출력 100hp인 기관을 장착한 단발 비행기가 32000kg의 연료를 싣고 비행하고 있다. 항속시간은 얼마인가?

① 10시간 ② 20시간 ③ 30시간 ④ 40시간

해설 항속시간$=\frac{\text{연료 탑재량(kgf)}}{\text{초당 연료 소비량(kgf/s)}}$이고,

초당 연료 소비량$=\frac{\text{기관 출력}\times\text{시간당 연료 소비율}}{3600}=\frac{8\times 100}{3600}=0.22$

항속시간$=\frac{32000}{0.22}\fallingdotseq 145454$초$\fallingdotseq 40$시간

22. 다발 비행기가 이륙 중 1개의 발동기에 고장이 생겼다. 타당한 것은 무엇인가?

① V_1, V_2에 상관없이 이륙한다.

② V_1, V_2에 불구하고 이륙을 중지한다.

③ V_1 이상이면 이륙한다.

④ V_1, V_2의 중간속도에서 활주로가 반 이상 남았을 경우에는 이륙한다.

정답 19. ③ 20. ① 21. ④ 22. ③

해설 속도의 정의

㉠ 이륙 결정속도(V_1) : V_1 이하에서 하나의 엔진이 고장났을 경우는 이륙을 중지하고, 이상인 경우는 고장이 나더라도 이륙을 계속한다.

㉡ 로테이션 속도(V_R) : T류의 터빈항공기에 사용되는 속도로 기수의 상승을 시작할 때의 속도이다.

㉢ 안전 이륙속도(V_2) : 이륙해서 상승으로의 전환 조작을 안전히 계속할 수 있는 속도이고, 왕복 항공기와 터빈 항공기에 따라 속도가 다르다.

㉣ 초과 금지속도(V_{N_E}) : 이 속도를 넘는 속도에서는 기체의 안전을 보장할 수 없는 속도

㉤ 설계 순항속도(V_C) : 설계상의 순항속도이다.

㉥ 설계 운동속도(V_A) : 플랩 올림상태에서 설계 무게에 대한 실속속도로 정하며 이 속도 이하에서는 항공기가 운용에 의해 속도가 변하더라도 구조상 안전하다.

23. 활공기가 고도 1000m에서 20km의 수평 활공거리를 활공하고자 할 때 양항비는?

① 0.5 ② 2 ③ 20 ④ 50

해설 양항비

$$\text{활공비} = \frac{L}{h} = \frac{C_L}{C_D} = \frac{1}{\tan\theta} = \text{양항비} = \frac{20}{1} = 20$$

여기서, L : 활공거리, h : 활공고도, C_L : 양력계수, C_D : 항력계수, θ : 활공각

24. 비행기에서 양력에 관계하지 않고 비행을 방해하는 모든 항력을 무엇이라 하는가?

① 압력항력 ② 유도항력 ③ 형상항력 ④ 유해항력

해설 비행기의 항력은 다음과 같이 나타낼 수 있다.

D(전체항력)$= D_p$(유해항력)$+ D_i$(유도항력)

㉠ 유해항력 : 양력을 발생시키지 않고 비행기의 운동을 방해하는 항력을 통틀어 말한다.

㉡ 유도항력 : 유한 날개에서 날개 끝에서 생기는 와류 때문에 발생하는 항력을 일컫는다.

25. 다음 중 피스톤 엔진의 연료 소비율이란 무엇인가?

① 기관 출력의 1마력당 1시간에 소비하는 연료 소비량을 말한다.
② 기관 출력의 1마력당 1분간에 소비하는 연료 소비량을 말한다.
③ 기관 출력의 1마력당 1초간에 소비하는 연료 소비량을 말한다.
④ 기관 출력의 1마력당 10분간에 소비하는 연료 소비량을 말한다.

정답 23. ③ 24. ④ 25. ①

해설 연료 소비율이란 피스톤 엔진, 터빈 엔진 등이 1시간에 단위 동력당 소비하는 연료의 중량을 말한다.

㉠ 피스톤 엔진 : 1시간에 1마력당 소비하는 연료 중량

㉡ 가스 터빈 엔진 : 1시간에 추력 1kg당 소비하는 연료 중량

26. **비행기가 수평비행 중 등속도 비행을 하기 위해서는?**

① 항력이 양력보다 커야 한다.
② 양력과 항력이 같아야 한다.
③ 항력과 추력이 같아야 한다.
④ 양력과 무게가 같아야 한다.

해설 수평 등속도 비행하기 위한 조건

㉠ 추력과 항력이 같아야 등속도 비행이 가능하다. ($T = D$)

㉡ 양력과 중력이 같아야 수평비행이 가능하다. ($L = W$)

27. **다음 이륙거리에 대한 설명 중 틀린 것은?**

① 이륙거리란 지상 활주거리에 상승거리를 합한 것이다.
② 이륙거리란 프로펠러기는 10.7 m, 제트기는 15 m 까지의 장애물 고도까지 도달할 때까지의 거리이다.
③ 이륙거리를 짧게 하기 위해서는 정풍으로 이륙을 한다.
④ 고양력 장치를 사용하면 양력이 증가하여 이륙거리가 짧아진다.

해설 이륙거리

(1) 이륙거리를 짧게 하는 방법

㉠ 비행기의 무게를 가볍게 한다.

㉡ 추진력을 좋게 한다.

㉢ 항력이 작은 활주자세로 이륙해야 한다.

㉣ 맞바람을 받아 이륙한다.

㉤ 고양력 장치를 이용한다.

(2) 비행기의 실제적인 이륙거리는 지상 활주거리에 상승거리를 합한 것인데, 이러한 안전한 상태의 고도를 장애물 고도라 한다.

㉠ 프로펠러기의 장애물 고도 : 15 m (50 ft)

㉡ 제트기의 장애물 고도 : 10.7 m (35 ft)

정답 26. ③ 27. ②

28. 스핀(spin) 현상에 대한 설명으로 틀린 것은?

① 자동 회전과 수직강하의 합이다.
② 받음각이 실속각보다 클 때 발생을 한다.
③ 수직 수핀이 수평 수핀보다 더 위험성이 있다.
④ 스핀 운동에서 탈출하려면 조종간을 반대로 밀어서 받음각을 감소시켜 급강하로 들어가서 회복을 해야 한다.

해설 스핀(spin)

㉠ 스핀(spin) : 자동 회전과 수직강하가 조합된 비행
㉡ 자동 회전(auto rotation) : 받음각이 실속각보다 클 경우 날개 한쪽 끝에 교란을 주면 회전하게 되고, 회전이 점점 빨라져 일정하게 계속하여 회전하는 현상
㉢ 스핀 탈출방법 : 조종간을 반대로 밀어 받음각을 감소시켜 급강하 상태로 들어간 후 회복 시켜야 한다.
㉣ 수평 스핀 : 수직 스핀의 상태에서 기수가 들린 형태로 수평 자세가 되면서 회전속도가 빨라지고, 회전 반지름이 작아져서 회복이 불가능한 상태에 이르게 하는 스핀이다.

29. 무게가 3000kg인 비행기가 해발고도에서 상승률이 5m/s일 때 얼마의 여유마력이 필요한가?

① 400마력 ② 200마력 ③ 300마력 ④ 100마력

해설 상승률 $(R.C) = \dfrac{75 \times \text{여유마력}}{W}$, 여유마력 $= \dfrac{\text{상승률} \times W}{75} = \dfrac{5 \times 3000}{75} = 200\ \text{Hp}$

30. 어떤 항공기가 5000m 상공에서 360km/h로 비행을 하고 있다. 날개면적은 30m^2이고, 양력계수가 0.03일 때 필요마력은? (단, 공기밀도는 $0.075\text{kg}\cdot\text{s}^2/\text{m}^4$이다.)

① 450마력 ② 350마력 ③ 150마력 ④ 600마력

해설 필요마력 $P_r = \dfrac{DV}{75} = \dfrac{1}{150}\rho V^3 S C_L = \dfrac{1}{150} 0.075 \times \left(\dfrac{360}{3.6}\right)^3 \times 30 \times 0.03 = 450\ \text{HP}$

31. 비행기의 상승성능을 좋게 하는 방법으로 옳은 것은?

① 필요마력을 이용마력과 같게 한다.
② 필요마력을 이용마력보다 크게 한다.
③ 이용마력을 필요마력보다 크게 한다.
④ 프로펠러 효율을 작게 한다.

정답 28. ③ 29. ② 30. ① 31. ③

해설 상승성능을 좋게 하는 방법

㉠ 잉여마력이 커야 한다(즉, 필요마력보다 이용마력이 커야 한다).

㉡ 중량이 작아야 한다.

㉢ 프로펠러 효율이 좋아야 한다.

32. $V-n$ 선도는 무엇인가?

① 비행기 속도와 양력 관계　② 비행기 속도와 항력관 계

③ 비행기 속도와 추력 관계　④ 비행기 속도와 하중배수 관계

해설 속도-하중배수($V-n$) 선도 : 속도와 하중배수를 직교 좌표축으로 하여 항공기의 속도에 대한 제한 하중배수를 나타내어, 항공기의 안전한 비행 범위를 정해주는 도표이다. 속도-하중배수 선도는 크게 두 가지 목적을 가진다. 그 하나는 하중에 대하여 구조상 안전하게 설계, 제작해야 한다는 내용이고, 다른 하나는 항공기 사용자에 대한 지시로서, 항공기가 구조상 안전하게 운항하기 위하여 비행범위를 제시하는 데 있다. 따라서, 속도-하중배수 선도에 지시한 비행범위 내에서는 구조상 안전하며, 이 선도에서 벗어나는 비행상태에서는 구조상 안전을 보장할 수 없음을 뜻한다.

33. 비행기가 상승선회 시 양력의 수직 분력과 중량과의 관계는?

① 양력의 수직분력 > 중량　② 양력의 수직분력 < 중량

③ 양력의 수직분력 = 중량　④ 양력의 수직분력과 중량은 관계가 없다.

해설 비행기가 상승을 하기 위해서는 양력이 중량보다 커야 한다.

34. 마하각이 30° 이고, 음속이 320m/s 시 속도는?

① 640 m/s　② 330 m/s

③ 440 m/s　④ 240 m/s

해설 마하수(M_a) $=\dfrac{1}{\sin\theta}$ 이므로 $M_a=\dfrac{1}{\sin 30}=2$, 다시 $M_a=\dfrac{V}{C}$에 조건을 대입하면

$2=\dfrac{V}{320}$　$\therefore V=640\ \text{m/s}$

35. 비행기의 실속속도와 고도와의 관계는 어떻게 되는가?

① 고도가 높아지면 실속속도가 커진다.　② 저 고도에서는 실속속도가 커진다.

③ 저 고도에서는 실속속도가 작다.　④ 고도에 관계없이 일정하다.

정답 32. ④　33. ①　34. ①　35. ①

해설 실속속도 $V_S = \sqrt{\dfrac{2W}{\rho C_{L\max} S}}$ 에서 고도가 높아지면 공기밀도가 작아지므로 실속속도는 커지게 된다.

36. 공기의 흐름이 날개에서 떨어지면서 발생되는 후류가 날개나 꼬리날개를 진동시켜 발생되는 현상을 무엇이라고 하는가?

① stall ② approach ③ roll–out ④ buffet

해설 버핏(buffet) : 일반적으로 비행기의 조종간을 당겨 기수를 들어 실속속도에 접근하게 되면 비행기가 흔들리는 현상인 버핏이 일어난다. 이것은 흐름이 날개에서 떨어지면서 발생되는 후류가 날개나 꼬리날개를 진동시켜 발생되는 현상으로서 이러한 현상이 일어나면 실속이 일어나는 징조이고, 승강키의 효율이 감소하고 조종간에 의해 조종이 불가능해지는 기수 내림 (nose down) 현상이 나타난다.

37. 버핏(buffet)의 효과로 인한 항공기의 효율 저하를 미리 알기 위하여 항공기에 장착한 system을 무엇이라고 하는가?

① take–off warning system ② stall warning system
③ sanding warning system ④ spoiler warning system

해설 실속 경보장치(stall warning system) : 항공기에서 발생되는 양력은 어느 이상 증가하다가 아주 급격히 감소하기 때문에 실속 경보장치(stall warning system)를 설치하도록 규정되어 있다.

38. 급강하로부터 항공기를 들어올릴 때 동체에 걸리는 원심력을 바르게 설명한 것은?

① 기체의 중량에 반비례한다. ② 속도 자승에 비례한다.
③ 중력가속도에 비례한다. ④ 선회반지름에 비례한다.

해설 급강하를 하다가 상승할 때의 원심력($C.F$)은 $\dfrac{WV^2}{gR}$ 이다.
식에서 알 수 있듯이 원심력은 기체 중량과 속도의 자승에 비례하고 선회반지름에 반비례한다.

39. 다음 중 임계점 속도(critical engine failure speed)를 나타낸 것은?

① V_2 ② V_1
③ V_{nc} ④ V_F

정답 36. ④ 37. ② 38. ② 39. ②

해설 항공기가 이륙 활주 중에 어떤 속도에서 임계 발동기가 정지했을 때 나머지 엔진을 정지시켜서 보통의 제어장치를 사용하여 완전히 정지할 때까지 요하는 거리를 가속 정지거리라고 하고, 임계 발동기 정지속도가 커지면 가속 정지거리는 길어지고 이륙거리는 짧게 되는데, 그래프를 그렸을 때 이 두 속도가 만나는 점의 속도를 임계점 속도(critical engine failure speed, V_1) 또는 단념속도(refusal speed)라고 한다.

40. 선회 비행 시 외측으로 외활(skid)하는 이유는?

① 경사각은 작고, 원심력이 구심력보다 클 때
② 경사각은 크고, 원심력이 구심력보다 클 때
③ 경사각은 작고, 원심력보다 구심력이 클 때
④ 경사각은 크고, 원심력보다 구심력이 클 때

해설 정상선회 시 원심력과 구심력과의 관계는 구심력($L\sin\phi$) = 원심력$\left(\dfrac{WV^2}{gR}\right)$이어야 하고, 선회 시 바깥쪽으로 밀리는 이유는 원심력이 구심력보다 크거나 경사각이 작을 때이다.

41. 활공기의 침하속도가 최소로 되기 위해서는?

① $\dfrac{C_L^{\frac{3}{2}}}{C_D}$가 최대일 경우
② $\dfrac{C_L}{C_D}$가 최대일 경우
③ $\dfrac{C_L^{\frac{1}{2}}}{C_D}$가 최대일 경우
④ $\dfrac{C_L}{C_D}$가 최소일 경우

해설 활공각은 양항비에 의해서 결정되고 최소의 활공각을 얻으려면 최대의 양항비로 비행을 해야 하지만 양항비가 최대라고 해서 최소의 침하속도를 얻을 수 있는 것은 아니다. 비행기의 무게가 정해지면 최소 침하속도는 필요마력이 최소일 때 얻을 수 있다. 최소 필요마력은 $\dfrac{C_L^{\frac{3}{2}}}{C_D}$이 최대일 때 구해진다.

42. 슬랫(slat)을 항공기의 날개의 앞전에 부착하는 목적은 무엇인가?

① 실속속도를 줄이기 위해서이다.
② 플랩이 작동이 안될 시 비상용으로 사용한다.
③ 강하 제동이나 속도 제동으로서 이용하기 위함이다.
④ 이륙 시 속력을 증가시키기 위함이다.

정답 40. ① 41. ① 42. ①

해설 고양력 장치를 장착하는 주목적은 최대 양력계수값을 크게 하여 실속속도를 작게 함으로써 이륙과 착륙 시 비행기의 성능을 향상시키기 위한 것이다. 비행기는 실속속도가 작을수록 착륙속도가 작아져서 착륙 시 충격을 작게 하고 활주거리를 짧게 한다.

43. 왕복기관 항공기의 항속거리를 최대로 하는 조건에서 틀린 것은?

① 양항비를 최대로
② 추력효율을 크게
③ 연료 적재를 많이
④ 비연료 소비율을 크게

해설 비행기가 최대의 항속거리를 얻으려면

㉠ 양항비가 최대인 받음각으로 비행할 것
㉡ 연료 소비율을 최소로 할 것
㉢ 추력효율(η)를 최대로 할 것
㉣ $\dfrac{W_0}{W_1}$비를 최대로 할 것(즉, 연료를 많이 적재할 것)

여기서, W_0 : 최초의 이륙무게, W_f : 연료무게+oil 무게, W_1 : $W_0 - W_f$

44. 프로펠러 비행기의 항속거리를 크게 하는 방법이 틀린 것은?

① 프로펠러 효율을 크게 한다.
② 연료 소비율을 크게 한다.
③ 양항비가 최대인 받음각으로 비행한다.
④ 가로세로비를 크게 한다.

해설 프로펠러 항공기의 항속거리를 크게 하기 위한 조건

㉠ 프로펠러 효율을 크게 한다.
㉡ 연료 소비율을 작게 한다.
㉢ 양항비가 최대인 받음각으로 비행한다.
㉣ 연료를 많이 실을 수 있어야 한다.

45. 프로펠러 항공기에서 최대 항속거리를 얻을 수 있는 조건은?

① 양항비가 최대인 받음각으로 비행
② 유해항력이 유도항력의 1/2로 되는 받음각으로 비행
③ 형상항력이 유도항력의 3배로 되는 받음각으로 비행
④ 형상항력이 유도항력과 같도록 비행

해설 문제 44번 참조

정답 43. ④ 44. ② 45. ①

정비 일반

Chapter 05

비행기의 안정과 조종

1. 정적안정과 동적안정에 대한 설명 중 맞는 것은?

① 정적안정이 (+)이면, 동적안정은 반드시 (+)이다.
② 정적안정이 (−)이면, 동적안정은 반드시 (+)이다.
③ 동적안정이 (+)이면, 정적안정은 반드시 (+)이다.
④ 동적안정이 (−)이면, 정적안정은 반드시 (−)이다.

해설 안정(stability)

㉠ 정적안정 : 평형상태로부터 벗어난 뒤에 어떤 형태로든 움직여서 원래의 평형상태로 되돌아가려는 비행기의 초기 경향
㉡ 동적안정 : 평형상태로부터 벗어난 뒤에 시간이 지남에 따라 진폭이 감소되는 경향

2. 물체가 평형상태를 벗어난 뒤 다시 원래 평형상태로 되돌아오려는 성질은?

① 동적안정
② 정적안정
③ 동적 불안정
④ 정적 불안정

해설 문제 1번 참조

3. 다음 중 도살 핀(dorsal fin)의 효과는?

① 가로 안정성을 증가시킨다.
② 방향 안정성을 증가시킨다.
③ 세로 안정성을 증가시킨다.
④ 수직 안정성을 증가시킨다.

해설 도살 핀(dorsal fin) : 수직 꼬리날개가 실속하는 큰 옆미끄럼각에서도 방향 안정을 유지하는 강력한 효과를 얻는다. 비행기에 도살 핀을 장착하면 다음의 두 가지 방법으로 큰 옆미끄럼각에서 방향 안정성을 증가시킨다.

㉠ 큰 옆미끄럼각에서의 동체의 안정성의 증가
㉡ 수직 꼬리날개의 유효 가로세로비를 감소시켜 실속각의 증가

정답 1. ③ 2. ② 3. ②

4. **항공기의 이륙 시 승강타(elevator)의 조작은?**

① 중립위치에서 아래로 내린다.
② 중립위치에서 위로 올린다.
③ 중립위치에서 고정시킨다.
④ 중립위치에서 아래로 내린 후 다시 위로 올린다.

해설 승강타(elevator)

㉠ 이륙 시 또는 상승 시 : 위로 올린다. (up)
㉡ 하강 시 : 아래로 내린다. (down)

5. **방향키만 조종하거나 옆미끄럼 운동을 할 때 빗놀이와 동시에 옆놀이가 일어나는 현상은 어느 것인가?**

① 관성 커플링 ② 날개 드롭 ③ 수퍼 실속 ④ 공력 커플링

해설 커플링(coupling)

㉠ 공력 커플링 : 방향키만을 조종하거나 옆미끄럼 운동을 하였을 때 빗놀이와 동시에 옆놀이 운동이 생기는 현상
㉡ 관성 커플링 : 비행기가 고속으로 비행할 때 공기 역학적인 힘과 관성력이 상호 영향을 준 결과로 만들어진 자연스런 현상

6. **항공기의 방향 안정성을 위한 것은?**

① 수직 안정판 ② 수평 안정판
③ 주날개의 상반각 ④ 주날개의 붙임각

해설 비행기의 방향 안정에 영향을 끼치는 요소

㉠ 수직 꼬리날개 : 방향 안정 유지
㉡ 동체, 기관 등에 의한 영향 : 방향 안정에 불안정한 영향을 끼치는 가장 큰 요소
㉢ 추력 효과 : 프로펠러 회전면이나 제트 기관 흡입구가 무게 중심의 앞에 위치했을 때 불안정을 유발
㉣ 도살 핀 : 방향 안정 유지

7. **피치 업(pitch up)이 발생할 수 있는 원인이 아닌 것은?**

① 뒤젖힘 날개의 날개 끝 실속 ② 뒤젖힘 날개의 비틀림
③ 승강키 효율의 증대 ④ 날개 풍압 중심의 앞으로 이동

정답 4. ② 5. ④ 6. ① 7. ③

해설 피치 업(pitch up) : 비행기가 하강비행을 하는 동안 조종간을 당겨 기수를 올리려고 할 때, 받음각과 각속도가 특정 값을 넘게 되면 예상한 정도 이상으로 기수가 올라가는 현상으로 피치 업이 발생하는 원인은 다음과 같다.
㉠ 뒤젖힘 날개의 날개 끝 실속
㉡ 날개의 풍압 중심이 앞으로 이동
㉢ 승강키 효율의 감소

8. 다음 중 실속의 종류에 해당하지 않는 것은?
① 완전실속 ② 부분실속
③ 정상실속 ④ 특별실속

해설 실속 비행
㉠ 부분실속 : 실속의 징조를 느끼거나 경보 장치가 울리면 회복하기 위하여 바로 승강키를 풀어주어 회복시켜야 한다.
㉡ 정상실속 : 확실한 실속 징조가 생긴 다음 기수가 강하게 내려간 후에 회복하는 경우이다.
㉢ 완전실속 : 비행기가 완전히 실속할 때까지 조종간을 당기는 경우이다.

9. 더치 롤(dutch roll)이란 무엇인가?
① 정적 세로 안정 ② 정적 가로 안정
③ 가로 방향 불안정 ④ 가로 방향 안정

해설 더치 롤(dutch roll) : 가로 방향 불안정을 더치 롤이라고 하며, 가로 진동과 방향 진동이 결합된 것으로서, 대개 동적으로는 안정하지만 진동하는 성질 때문에 문제가 된다.

10. 다음 중 턱 언더(tuck under)란 무엇인가?
① 수평비행 중 속도가 증가하면 자연히 기수가 밑으로 내려가는 현상
② 수평비행 중 속도가 증가하면 갑자기 한쪽 날개가 내려가는 현상
③ 수평 꼬리날개에 충격파가 발생하고 승강키의 효율이 떨어지는 현상
④ 고속 비행 시 날개가 비틀려져 보조날개의 효율이 떨어지는 현상

해설 턱 언더(tuck under) : 저속 비행 시 수평비행이나 하강비행을 할 때 속도를 증가시키면 기수가 올라가려는 경향이 커지게 되는데 속도가 음속에 가까운 속도로 비행하게 되면 속도를 증가시킬 때 기수가 오히려 내려가는 경향이 생기게 되는데 이러한 경향을 턱 언더라고 한다. 이러한 현상은 조종사에 의해 수정이 어렵기 때문에 마하 트리머나 피치트림 보상기를 설치하여 자동적으로 턱 언더 현상을 수정할 수 있게 한다.

정답 8. ④ 9. ③ 10. ①

11. 조종면 중 차동 조종장치(differential control system)를 이용한 조종면은?

① 승강키 ② 방향키
③ 플랩 ④ 도움날개

해설 차동 도움날개 : 항공기에서 올림과 내림의 작동 범위가 서로 다른 차동 도움날개를 사용하는 것은 도움날개 사용 시 유도항력의 크기가 다르기 때문에 발생하는 역 빗놀이(adverse yaw)를 작게 하기 위한 것이다.

12. 다음 중 차동 보조날개의 사용목적은?

① yawing force를 제거하는 데 도움이 된다.
② 실속각을 방지한다.
③ 활공각을 증대한다.
④ 항공기 중량 초과를 조정한다.

해설 차동 보조날개를 사용하는 목적은 도움 날개의 역효과 때문이다.

참고 도움날개의 역효과(aileron reversal) : 보조날개를 조종하면 보조날개 부분에 큰 공기력이 작용하게 되어 기체는 옆놀이 운동을 시작하게 되고 조종면이 날개의 뒷부분에 붙어 있어 주날개의 강성이 작으면 보조날개를 아무리 작동하더라도 주날개가 비틀어지고 공기력은 발생하지 못하게 되어 주날개의 받음각이 오히려 반대로 되어 반대로 기울어지게 되는 역효과가 나타나는 현상이다.

13. 보조날개에 주로 사용되는 조종력 경감장치로 양쪽 힌지 모멘트가 서로 상쇄되도록 하여 조종력을 경감시키는 장치는?

① 내부 밸런스 ② 프리즈 밸런스
③ 앞전 밸런스 ④ 혼 밸런스

해설 공력 평형장치

㉠ 앞전 밸런스(leading edge balance) : 조종면의 앞전을 길게 하여 조종력을 감소시킨다.
㉡ 혼 밸런스(horn balance) : 밸런스 역할을 하는 조종면을 플랩의 일부분에 집중시킨 밸런스이다. 밸런스 부분이 앞전까지 뻗쳐 나온 것을 비보호 혼(unshielded horn)이라고 하고, 앞에 고정면을 가지는 것을 보호 혼(shielded horn)이라고 한다.
㉢ 내부 밸런스(internal balance) : 플랩의 앞전이 밀폐되어 있어서 플랩의 아래 윗면의 압력차에 의해서 앞전 밸런스와 같을 역할을 하도록 되어 있다.
㉣ 프리즈 밸런스(frise balance) : 도움날개(보조날개)에 주로 사용되고, 연동되는 도움날개에서 발생되는 힌지 모멘트가 서로 상쇄되도록 하여 조종력을 감소시키는 장치이다.

정답 11. ④ 12. ① 13. ②

14. 비행기의 3축 운동과 조종면과의 관계가 바르게 연결된 것은?

① 보조날개와 yawing
② 방향타와 pitching
③ 보조날개와 rolling
④ 승강타와 rolling

해설 조종면과 3축 운동

축	운동	조종면	안정
세로축, X축, 종축	옆놀이(rolling)	보조날개(aileron)	가로 안정
가로축, Y축, 횡축	키놀이(pitching)	승강키(elevator)	세로 안정
수직축, Z축	빗놀이(yawing)	방향타 (rudder)	방향 안정

15. 다음 탭(tab) 중에서 조종력을 0으로 맞추어주는 것은?

① 밸런스 탭
② 트림 탭
③ 서보 탭
④ 스프링 탭

해설 탭(tab) : 조종면의 뒷전 부분에 부착시키는 작은 플랩의 일종으로서 조종면 뒷전 부분의 압력 분포를 변화시키는 역할을 하여 힌지 모멘트에 변화를 생기게 하는 역할을 하고 다음과 같은 종류가 있다.

㉠ 트림 탭(trim tab) : 조종면의 힌지 모멘트를 감소시켜 조종사의 조종력을 '0'으로 조정해 준다. 조종사가 임의로 탭의 위치를 조절할 수 있다.

㉡ 평형 탭(balance tab) : 조종면이 움직이는 반대 방향으로 움직일 수 있도록 연결되어 탭에 작용하는 공기력으로 인하여 조종면이 반대로 움직이게 되어 있다.

㉢ 서보 탭(servo tab) : 조종석의 조종장치와 직접 연결되어 탭만 작동시켜 조종면을 움직이도록 되어 있다.

㉣ 스프링 탭(spring tab) : 혼과 조종면 사이에 스프링을 설치하여 탭의 작용를 배가시키도록 한 장치이다. 스프링의 장력으로 조종력을 조절할 수 있다.

16. 승강타의 트림 탭을 올리면 항공기는 어떤 운동을 하게 되는가?

① 옆놀이 운동을 한다.
② 우회전을 한다.
③ 좌회전을 한다.
④ 기수는 내려간다.

해설 트림 탭을 올리면 승강타는 내려오게 되므로 기수는 내려가게 된다.

정답 14. ③ 15. ② 16. ④

17. 동적 세로 안정에 영향을 주는 요소가 아닌 것은?

① 키놀이 자세와 받음각 ② 비행속도

③ 조종간의 자유 시 승강키 변위 ④ 공기밀도

해설 세로 안정

㉠ 정적 세로 안정 : 돌풍 등의 외부 영향을 받아 키놀이 모멘트가 변화된 경우 비행기가 평형상태로 되돌아가려는 초기 경향이고 비행기의 받음각과 키놀이 모멘트의 관계에 의존한다.

㉡ 동적 세로 안정 : 외부의 영향을 받아 키놀이 모멘트가 변화된 경우 비행기에 나타나는 시간에 따른 진폭변위에 관계된 것이고, 비행기의 키놀이 자세, 받음각, 비행속도, 조종간 자유 시 승강키의 변위에 관계된다.

18. 비행기의 세로 안정에서의 평형 점(trim point)이란?

① $C_M = 0$ ② $C_M > 0$ ③ $C_M < 0$ ④ $C_M \leq 0$

해설 세로 안정에서 평형 점이란 키놀이 모멘트 계수(C_M)가 0일 때를 말한다.

19. 매스 밸런스(mass balance)의 역할은?

① 조타력 경감 ② 강도 증가

③ 조종력 경감 ④ 진동 방지

해설 조종면의 평형상태가 맞지 않은 상태에서 비행 시 조종면에 발생하는 불규칙한 진동을 플러터라 하는 데 과소 평형상태가 주원인이다. 플러터(flutter)를 방지하기 위해서는 날개 및 조종면의 효율을 높이는 것과 평형 중량(mass balance) 을 설치하는 것인데, 특히 평형 중량의 효과가 더 크다.

20. 오늘날 항공기의 weight와 balance를 고려하는 가장 중요한 이유는 무엇인가?

① 비행 시의 효율성 때문에 ② 소음을 줄이기 위해서

③ 안전을 위해서 ④ payload를 늘이기 위해서

해설 항공기의 무게와 평형조절

㉠ 근본 목적은 안전에 있으며, 이차적인 목적은 가장 효과적인 비행을 수행하는 데 있다.

㉡ 부적절한 하중은 상승한계, 기동성, 상승률, 속도, 연료 소비율의 면에서 항공기의 효율을 저하시키며, 출발에서부터 실패의 요인이 될 수도 있다.

정답 17. ④ 18. ① 19. ④ 20. ③

21. 최소 조종속도는 무엇에 의해 결정되는가?

① 임계 발동기의 고장　② 플랩의 내림속도
③ 강착장치의 내림속도　④ 주날개의 효율

해설 쌍발 이상의 다발기에 대하여 정해진 법률상의 속도로 이륙속도의 최솟값을 정하기 위한 것이다. 즉, 이륙활주 중 및 비행 중에 임계 발동기가 작동하지 못하게 되었다고 가정하고 나머지 발동기로서 비대칭 추력 또는 출력으로 방향 유지가 가능한 최소의 속도이다.

22. 조종면의 플러터(flutter)를 방지하기 위한 방법 중 틀린 것은?

① 평형 중량을 장착한다.
② 조종면의 강성을 높인다.
③ 조종계통의 유격을 크게 한다.
④ 기계적으로 작동하는 조종면을 만든다.

해설 플러터(flutter) 방지방법
㉠ 날개 앞전에 납 등의 추(counter weight)를 부착한다.
㉡ 조종면 조종장치의 강성을 크게 한다.
㉢ 조종면의 힌지축과 조종계통의 유격을 적게 한다(플러터가 발생하면 속도를 줄인다).

23. 어떤 비행기의 방향키 앞전부분(힌지 전방)에 돌출(over hang)로 설계되어 있다. 그 이유는 다음 중 어느 것인가?

① 방향키가 받는 기류를 정류시킨다.　② 조종면의 가동 범위를 넓혀준다.
③ 조타력을 경감시킨다.　④ 방향 안정을 좋게 한다.

해설 앞전부분에 오버 행(over hang)을 시키는 이유는 앞쪽으로 뻗쳐 나온 부분은 공기흐름에 노출되기 때문에 큰 부압을 형성하여 압력차에 의하여 조타력을 경감시킨다.

24. 무게중심을 구할 때 기준선은 어떻게 잡는가?

① 동체 앞전　② 동체 뒷전
③ L/G　④ 아무 곳이나 상관없다.

해설 기준선 : 항공기가 수평비행을 할 때 평형을 유지하기 위하여 세로축에 임의로 정한 수직선을 말하는 데 그 위치는 일정하지 않고 일반적으로 기체의 앞부분이나 방화벽을 기준으로 하는 경우가 많다.

정답 21. ① 22. ③ 23. ③ 24. ④

25. NLG = 2500kg, MLG = 10000kg, NLG와 MLG의 거리는 5m일 때 C.G는 어디에 위치하는가?

① NLG 로부터 4 m ② NLG 로부터 5 m
③ NLG 로부터 6 m ④ NLG 로부터 7 m

해설 $C.G = \frac{총모멘트}{총무게}$ (여기서, 총모멘트 = 힘×거리)

기준점이 정해져 있지 않으므로 기준점을 임의로(기준점은 임의로 정해도 무방하므로) NLG 후방 1m 지점으로 정하고 기준점 전방을 (−)로, 후방을 (+)로 한 후 (이것도 반대로 해도 무방하다) 식에 대입하면

$$C.G = \frac{-(1 \times 2500) + (4 \times 10000)}{2500 + 10000} = 3$$

NLG 1m 후방을 기준점으로 잡았으므로 무게 중심은 NLG로부터 4 m 후방에 위치한다.

26. 다음 중 주 조종면(primary flight surface)이 아닌 것은?

① aileron ② spoiler ③ elevator ④ rudder

해설 조종면

㉠ 주 조종면 : 도움날개(aileron), 승강키(elevator), 방향키(rudder)
㉡ 부 조종면 : 조종면에서 주 조종면을 제외한 보조 조종계통에 속하는 모든 조종면을 부 조종면이라고 하고, 탭(tab), 플랩(flap), 스포일러(spoiler) 등이 있다.

27. 다음 중 부 조종면(secondary flight surface)이 아닌 것은?

① flap ② spoiler
③ elevator ④ horizontal stabilizer

해설 우리가 통상 알고 있는 부 조종면은 플랩, 탭, 스포일러인데 요즘에 사용하고 있는 가변식 수평안정판을 부 조종면에 포함시키기도 한다.

28. 제트기에서 수평 꼬리날개가 높은 위치에 있는 경우가 있다. 그 이유는?

① 세로안정의 감쇄 효과를 높이기 위하여 ② 빗놀이 모멘트 계수를 줄이기 위하여
③ 더치 롤(dutch roll)을 방지하기 위해 ④ 날개의 후류에 의한 영향을 적게 하기 위해

해설 높은 위치에 수평 꼬리날개를 장착하게 되면 동체와 날개 후류의 영향을 받지 않으므로 수평 꼬리날개의 성능이 좋고, 무게 경감에 도움이 된다.

정답 25. ① 26. ② 27. ③ 28. ④

29. zero fuel weight란 무엇을 말하는가?

① basic operation weight + 가득 찬 승객과 화물의 중량
② 연료와 오일의 무게를 뺀 적재한 항공기의 최대 중량
③ gross weight + 연료, 승객, 화물
④ basic weight + 오일, 승무원, 승무원의 짐

해설 영 연료 무게 : 항공기의 무게에서 탑재된 연료와 윤활유의 무게를 뺀 것이다. 이 무게는 큰 날개의 강도상 중요한 영향을 끼치는 데 보통 비행기에서 연료 탱크가 날개 속에 들어 있기 때문이다.

30. 조종간을 왼쪽으로 돌리고, 뒤로 당기면 우측 도움날개와 승강키는?

① 우측 도움날개는 내려가고, 승강키는 올라간다.
② 우측 도움날개는 올라가고, 승강키는 내려간다.
③ 우측 도움날개는 내려가고, 승강키는 내려간다.
④ 우측 도움날개는 가만히 있고, 승강키는 올라간다.

해설 조종간을 왼쪽으로 돌리면 좌측 도움날개는 올라가고 우측 도움날개는 내려가 왼쪽으로 선회하게 되며, 뒤로 당기면 승강키는 올라가 항공기는 상승하게 된다.

31. 다음 중 감항류별 제한 하중배수가 틀린 것은 어느 것인가?

① A류 : 6
② U류 : 4.4
③ N류 : 2.25~3.8
④ T류 : 2

해설 감항류별 제한 하중배수
㉠ 곡기 비행기(A) : 6 이상
㉡ 실용 비행기(U) : 4.4
㉢ 보통 비행기(N) : 2.25~3.8
㉣ 수송기(T) : 2.5 이상

32. 주날개에서 발생한 충격파가 소용돌이(vortex)가 되어 꼬리날개에 부딪쳐 발생하는 진동은 어느 것인가?

① 저속 버핏
② 고속 버핏
③ 플러터
④ 더치 롤

해설 버핏(buffet) : 흐름의 떨어짐의 후류의 영향으로 날개나 꼬리날개가 진동하는 현상
㉠ 저속 버핏 : 저속에서 실속했을 경우 날개가 와류에 의해서 진동하는 현상
㉡ 고속 버핏 : 충격파에 의해서 기체가 진동하는 현상

정답 29. ② 30. ① 31. ④ 32. ②

정비 일반

Chapter 06 회전날개 항공기의 비행원리

1. 오토 자이로가 헬리콥터와 다른 점은 무엇인가?

① 적은 거리에서 이·착륙이 불가능하다. ② 전진비행을 할 수 없다.
③ 공중 정지비행을 할 수 없다. ④ 상승비행을 할 수 없다.

해설 오토 자이로 : 스페인의 시에르바가 개발하였고, 비행원리는 앞으로 전진시키기 위해 보통의 비행기와 같이 기수에 프로펠러를 장착하고, 이것을 공중에 부양하는 양력은 기체의 위쪽에 회전날개를 장착하여 비행기의 전진에 따라 발생되는 추력으로 자전하여 얻어지게 되므로 공중 정지비행을 할 수 없다.

2. 헬리콥터에서 주회전날개가 상하운동을 할 수 있도록 설치되어 있는 힌지는?

① 플래핑 힌지(flapping hinge)
② 리드-래그 힌지(lead lag hinge)
③ 페더링 힌지(feathering hinge)
④ 안티-토크 로터(anti torque rotor)

해설 힌지의 종류

㉠ 플래핑 힌지(flapping hinge) : 회전날개 깃이 위, 아래로 자유롭게 움직일 수 있도록 한 힌지
㉡ 리드-래그 힌지(lead lag hinge) : 회전날개가 회전할 때 회전면 내에서 앞, 뒤 방향으로 움직일 수 있도록 한 힌지
㉢ 페더링 힌지(feathering hinge) : 회전날개 깃의 피치를 변화시킬 수 있도록 한 힌지

3. 헬리콥터에서 주 회전날개의 피치를 동시에 크게 하거나 작게 해서 기체를 수직으로 상승, 하강시키는 제어간은?

① 사이클릭 피치 조절 레버 ② 콜렉티브 피치 조절 레버
③ 페달 ④ 페달과 꼬리날개

정답 1. ③ 2. ① 3. ②

해설 헬리콥터의 조종

㉠ 동시 피치 조종간(collective pitch control lever) : 회전날개의 피치를 변화시켜 헬리콥터가 상승 또는 하강하도록 조종한다.

㉡ 주기적 피치 조종간(cyclic pitch control lever) : 회전 경사판의 각도를 조정하여 앞뒤, 좌우로 이동하도록 조종한다.

㉢ 방향 조종 페달(directional control pedal) : 꼬리 회전날개의 피치를 변화시켜 방향을 조종한다.

4. 헬리콥터의 전진 비행 시 로터 블레이드의 피치가 가장 크게 되는 위치는?

① 조종사의 우측
② 조종사의 좌측
③ 조종사의 전방
④ 조종사의 후방

해설 전진하는 깃과 후퇴하는 깃의 양력 불평형을 감쇄하기 위하여 약 270° 근처에서 피치가 가장 크게 한다.

5. 회전날개 항공기가 평형상태(trim state)에 있다면 어떤 상태를 말하는가?

① 모든 힘의 합이 0이다.
② 모든 모멘트의 합이 0이다.
③ 모든 힘의 합이 0이고 모멘트의 합은 1이다.
④ 모든 힘과 모멘트의 합은 0이다.

해설 항공기에 작용하는 모든 외력과 외부 모멘트의 합이 각각 0이 되는 상태를 평형상태라고 한다.

6. 헬리콥터의 초과금지 속도는 얼마인가?

① 최대 전진속도의 90 % 이하
② 최대 전진속도의 90~100 % 사이
③ 최대 전진속도의 100~115 % 사이
④ 최대 전진속도의 115 % 이상

해설 회전익 항공기에서도 고정익 항공기와 마찬가지로 이용마력과 필요마력이 같을 때 수평최대속도가 된다. 회전익 항공기에서는 다음의 세 가지 원인에 의해 최대속도 부근에서 필요마력이 급상승하며, 비행기와 같은 빠른 속도를 얻을 수 없고, 대개 300 km/h 정도가 속도의 한계가 된다.

㉠ 후퇴하는 깃의 날개 끝 실속
㉡ 후퇴하는 깃뿌리의 역풍 범위
㉢ 전진하는 깃 끝의 마하수 영향

정답 4. ② 5. ④ 6. ①

7. 자동회전(auto rotation)에 필요한 것은?

① 프리 런 휠 ② 조종간
③ 회전판 ④ 플래핑 힌지와 위밍

해설 자동회전(auto rotation) : 헬리콥터 엔진이 고장났을 때 엔진과 회전날개 사이의 프리 휠 장치(free wheel unit)가 회전날개를 자유롭게 회전하게 하고 헬리콥터는 하강하면서 회전날개의 회전수가 감소하기 시작하여 일정한 상태에서 더 이상 회전수가 감소하지 않고 일정한 하강률이 되어 안전하게 착륙하게 된다. 자동회전이란, 회전날개 축에 토크가 작용하지 않는 상태에서도 일정한 회전수를 유지하는 것을 말한다.

8. 헬리콥터가 수평비행 중 동체에 가해지는 저항은 어느 것인가?

① 유도저항만 있다.
② 형상저항만 있다.
③ 유도저항+압력저항
④ 유도저항+형상저항

해설 헬리콥터의 동체 항력은 대체로 어느 정도의 양의 받음각에서 최소가 되고, 이 받음각에서 양(+) 또는 음(−)의 받음각의 방향으로 변화하게 되면 동체와 수평 꼬리날개의 양력 증가에 따라 유도항력이 발생하게 되고, 로터 블레이드 및 물체의 표면과 유체의 마찰에 의한 것과 물체에 후미에서 흐름이 박리하여 와류가 발생하는 것으로 인해 일어나는 것을 합쳐 형상항력이라고 한다.

9. 회전날개의 반지름을 R이라고 했을 때 지면 효과를 현저하게 느끼는 경우는?

① 회전날개 허브의 높이가 지면으로부터 $\frac{1}{2}R$ 일 때
② 회전날개 허브의 높이가 지면으로부터 $\frac{1}{4}R$ 일 때
③ 회전날개 허브의 높이가 지면으로부터 R 일 때
④ 회전날개 허브의 높이가 지면으로부터 R^2 일 때

해설 지면 효과(ground effect)

㉠ 헬리콥터도 고정날개 항공기와 마찬가지로 이·착륙 시 지면과 거리가 가까워지면 양력이 더욱 커지는 현상이 발생하는 데 이러한 현상을 지면 효과라고 한다.
㉡ 회전면의 고도가 회전날개의 지름보다 더 크면 지면 효과는 없어지며, 고도가 회전날개의 반지름 정도에 있을 때 추력 증가는 5~10% 정도이다.

정답 7. ① 8. ④ 9. ③

10. 헬리콥터에서 주 회전날개의 리드 각(lead angle)이 최대가 되는 경우는?

① 회전날개가 정지되었을 때 ② 자동회전일 때
③ 고회전 저출력일 때 ④ 저회전 고출력일 때

해설 진행각(lead angle) : 로터 정지 시는 회전축의 회전수가 감소하고 블레이드는 자신의 관성력을 가지고 있으므로 2~3° 리드하고 자동회전 시에는 블레이드 자신에는 거의 리드 또는 래그는 없으나, 회전축이 전동계통의 마찰이나 테일 로터의 가동을 위해 에너지를 빼앗기 때문에 1° 정도 리드하게 된다.

11. 헬리콥터에서 주 회전날개의 코닝각(conning angle)을 결정하는 요소는 무엇인가?

① 원심력의 크기 ② 양력의 크기
③ 원심력과 양력과의 합력 방향 ④ 합력의 크기

해설 회전날개의 깃은 양력이 깃 뿌리에 만드는 모멘트와 원심력이 만드는 모멘트가 평형이 될 때까지 위로 들려 회전면을 밑면으로 하는 뒤집어진 원추 모양을 만들게 된다. 여기서 회전날개의 회전면을 회전 원판(rotor disk), 또는 날개 끝 경로면(tip path plane)이라 하고, 이 회전면과 원추의 모서리가 이루는 각을 코닝각(coning angle) 또는 원추각이라 한다.

12. 다음 중 고주파수 진동의 설명 중 맞는 것은?

① 회전날개의 깃 수만큼 발생한다.
② 기관이나 동력구동장치에 의해 발생한다.
③ 회전날개의 불평형에 의해 발생한다.
④ 피치 지연에 의해 발생한다.

해설 헬리콥터 진동

(1) 저주파수 진동
㉠ 1회 진동 : 주회전날개의 헤드나 회전날개 깃이 불평형 되었을 때 발생하는 진동이다.
㉡ 2/3회 진동 : 회전날개의 감쇠장치가 원활하게 작동되지 않기 때문에 발생하는 진동이다.
㉢ 가로방향 횡 진동 : 회전날개의 회전수가 너무 낮아 회전날개의 자체 하중을 지탱할 정도의 양력을 발생시키지 못하는 경우에 궤도를 벗어남으로써 발생한다.
㉣ 꼬리진동 : 회전날개에 의해 교란된 공기흐름이 헬리콥터의 꼬리 회전날개에 영향을 끼침으로써 발생하는 진동이다.

(2) 중간 주파수 진동 : 주 회전날개가 1회전할 때 회전날개의 깃 수만큼 발생하는 진동이며, 전진 비행 시 진동효과가 커진다.

(3) 고주파수 진동 : 기관이나 동력 구동장치에 의해 발생하는 진동이다.

정답 10. ① 11. ③ 12. ②

13. 헬리콥터의 주 회전날개의 날개골(airfoil)을 결정하는 데 필요한 조건이 아닌 것은 다음 중 어느 것인가?

① 받음각의 변화에 공력 중심의 변화가 적어야 한다.
② 큰 양력을 발생시켜야 한다.
③ 양항비가 커야 한다.
④ 피치 모멘트가 커야 한다.

해설 주 회전날개의 에어포일 결정요소
㉠ 받음각의 변화에 따른 공력 중심의 변화가 적어야 한다.
㉡ 양항비가 커야 한다.
㉢ 실속을 잘 일으키지 않고, 양력 발생이 커야 한다.
㉣ 피치 모멘트가 작아야 한다.
㉤ 충격파 발생으로 항력이 급격히 증가하는 데 이 항력의 증가속도가 가능한 높아야 한다.

14. 헬리콥터가 지면 효과를 잃어버리는 대기속도는 얼마인가?

① 5 knot 이상 ② 10 knot 이상
③ 15 knot 이상 ④ 20 knot 이상

해설 10 knot 이상이 되면 지면과 기체 사이에 압축이 되지 않는다.

15. 다음 중 회전날개 헬리콥터의 종류가 아닌 것은 어느 것인가?

① 단일 회전날개 헬리콥터 ② 동축 역회전식 회전날개 헬리콥터
③ 병렬식 회전날개 헬리콥터 ④ 직·병렬식 회전날개 헬리콥터

해설 회전날개 헬리콥터의 종류
㉠ 단일 회전날개 헬리콥터 ㉡ 동축 역회전식 회전날개 헬리콥터
㉢ 병렬식 회전날개 헬리콥터 ㉣ 직렬식 회전날개 헬리콥터
㉤ 제트 반동 회전날개 헬리콥터

16. 헬리콥터의 하중이 3000 kgf, 양력이 1500 kgf, 항력이 750 kgf, 기관의 출력이 600HP 일 때 마력하중은 얼마인가?

① 2 ② 3 ③ 4 ④ 5

해설 헬리콥터의 마력하중 $= \frac{W}{HP} = \frac{3000}{600} = 5$

정답 13. ④ 14. ② 15. ④ 16. ④

정비 일반

Chapter 07

항공기 도면

1. 도면의 종류 중 서로 다른 부품들 사이의 상호관계를 보여주는 것은?

① 상세도 ② 조립도
③ 설치도 ④ 단면도

해설 도면의 종류

㉠ 상세도 : 만들고자 하는 단일 부품을 제작할 수 있도록 선, 주석, 기호, 설계명세서 등을 이용하여 그 부품의 크기, 모양, 재료 및 제작방법 등을 상세하게 표시한다. 부품이 비교적 간단하고 소형일 경우에는 여러 개의 상세도를 도면 한 장에 그릴 수도 있다.

㉡ 조립도 : 2개 이상의 부품으로 구성된 물체를 표시한다. 조립도는 보통 물체를 크기와 모양으로 나타낸다. 이 도면의 주목적은 서로 다른 부품들 사이의 상호관계를 보여주는 것이다. 조립도는 일반적으로 여러 부품의 상세도로 이루어지기 때문에 상세도보다 더 복잡하다.

㉢ 설치도(장착도) : 부품들이 항공기에 장착되었을 때의 최종적인 위치에 관한 정보를 나타내는 도면이다. 이 도면은 특정한 부품과 다른 부품과의 상호 위치에 대한 치수나 공장에서 다음 공정에 필요한 기준치수를 표시하고 있다.

㉣ 단면도 : 물체의 한 부분을 절단하고 그 절단면의 모양과 구조를 보여주기 위한 도면이다. 절단 부품이나 부분은 단면선(해칭)을 이용하여 표시한다. 단면도는 물체의 보이지 않는 내부 구조나 모양을 나타낼 때 적합하다.

2. 부품목록(bill of material)에 포함되는 내용이 아닌 것은?

① 부품의 제작에 사용되는 재료
② 부품 가격
③ 요구되는 수량
④ 부품 또는 재료의 출처

해설 부품목록 : 부분품이나 어떤 시스템을 조립하는 데 필요한 재료 또는 구성품의 목록을 종종 도면에 표시한다. 이 목록은 보통 부품번호, 부품명칭, 부품의 제작에 사용되는 재료, 요구되는 수량, 그리고 부품 또는 재료의 출처 등을 목록으로 만들어 표로 기재한다.

정답 1. ② 2. ②

3. 도면의 표제란(title blocks)에 포함되는 내용이 아닌 것은?

① 부품자재　　② 도면번호
③ 부품 또는 조립품의 명칭　　④ 회사명

해설 도면을 다른 도면과 구별하기 위한 방법이 필요한데, 이 방법으로 표제란이 사용된다. 표제란은 도면번호와 도면에 관련되는 다른 정보, 그리고 그것을 나타내는 목적 등으로 구성된다. 표제란은 눈에 잘 띄는 장소에 나타내며, 보통 도면의 오른쪽 아래에 많이 나타낸다. 때로는 표제란을 도면 하단의 전체에 걸쳐 좁고 긴 형태로 나타내기도 한다. 비록 표제란의 배치는 표준 형식을 따르지 않더라도, 반드시 다음 사항들은 명시되어 있어야 한다.

1. 도면을 철할 때 구별하고, 다른 도면과 혼동하는 것을 막기 위한 도면번호
2. 부품 또는 조립품의 명칭
3. 도면의 축척(scale)
4. 제도 날짜
5. 회사명
6. 제도자, 확인자, 인가자 등의 이름

4. 각 구성품에 대한 항공기에서의 위치를 나타내지는 않지만, 계통 내에서의 다른 구성품과 관계되는 상대적인 위치를 표시한 것은?

① 설치도(installation diagrams)　　② 블록 다이어그램(block diagrams)
③ 배선도(wiring diagrams)　　④ 계통도(schematic diagrams)

해설 다이어그램은 하나의 조립품 또는 시스템에 대하여 여러 가지 부분을 가리키거나 작동원리 또는 방법을 도형으로 나타내는 방법이다. 다이어그램은 여러 가지 유형이 있지만, 항공정비사의 정비작업과 관련된 다이어그램의 종류는 네 가지 유형으로 나눠진다. 설치도, 계통도, 블록 다이어그램, 배선도로 분류할 수 있다.

㉠ 설치도(installation diagrams) : 시스템을 구성하고 있는 각 구성품을 식별하고, 항공기에서의 위치를 표시한다.
㉡ 계통도(schematic diagrams) : 각 구성품에 대한 항공기에서의 위치를 나타내지는 않지만, 계통 내에서의 다른 구성품과 관계되는 상대적인 위치를 표시한다.
㉢ 블록 다이어그램(block diagrams) : 아주 복잡한 시스템에서 구성품을 간략하게 표현할 때는 블록 다이어그램을 이용한다. 각 구성품은 사각형 블록으로 간략하게 그리며, 계통 작동 시에 접속되는 다른 구성품 블록과는 선으로 연결된다.
㉣ 배선도(wiring diagrams) : 항공기에 사용되는 모든 전기기기와 장치들에 대한 전기배선과 회로 부품을 기호화하여 나타낸 그림이다. 이 그림은 비교적 간단한 회로라고 할지라도 매우 복잡할 수 있다.

정답 3. ① 4. ④

5. 부품의 수리 또는 교체를 위한 스케치 진행과정이 바른 것은?

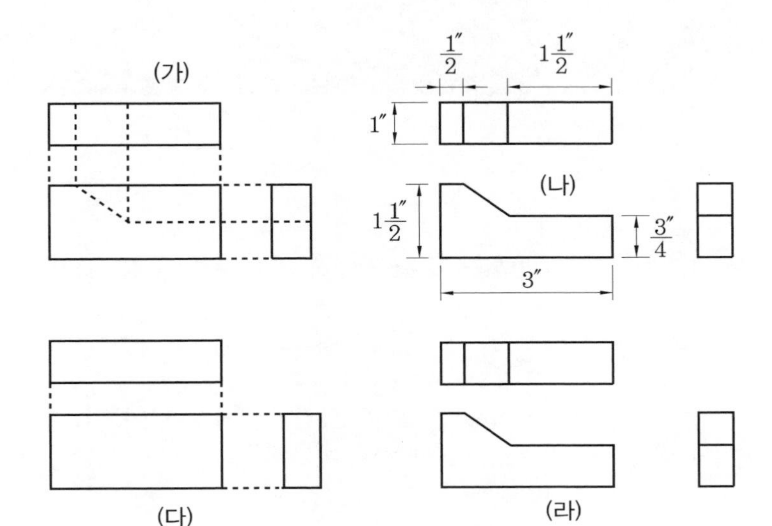

① (다) → (가) → (라) → (나)
② (라) → (나) → (다) → (가)
③ (가) → (다) → (라) → (나)
④ (나) → (라) → (가) → (다)

6. 항공기 위치 표시 방법 중 버턱 라인(buttock line)이란?

① 항공기의 전방에서 테일 콘까지 연장되는 평행하게 측정
② 수직 중심선에서 평행하게 좌, 우측의 너비를 측정
③ 항공기의 동체의 수평면으로부터 수직으로 높이를 측정
④ 날개의 후방 빔에서 수직하게 밖으로부터 안쪽 가장자리를 측정

해설 위치 표시 방법

㉠ 동체 스테이션(body station) : 기준선을 '0'으로 동체 전, 후방을 따라 위치한다. 이 기준선은 동체 전방 또는 동체 전방 근처의 면으로부터 모든 수평 거리가 측정이 가능한 상상의 수직면이다.
㉡ 버턱 라인(buttock line) : 동체 중심선의 오른쪽이나 왼쪽으로 평행한 거리를 측정한 폭을 말한다.
㉢ 워터 라인(water line) : 워터 라인 '0'으로부터 상부의 수직거리를 측정한 높이를 말한다.

정답 5. ① 6. ②

Chapter 08 항공기 중량 및 평형관리

1. 중량 측정을 위한 항공기에 사용되는 기준선(datum line)은 누가 정하는가?

① 항공정비사 ② 국토부 감독관
③ 인가받은 수리공장 ④ 항공기 제작사

해설 항공기 제작사는 기준선(datum line)을 날개의 앞전이나 쉽게 식별할 수 있는 무게 중심에서 특정 거리가 떨어진 곳에 정하기도 하는데, 일반적으로 항공기 전방의 특정한 거리에 정한다.

2. empty weight 2100lb, empty weight C.G +32.5인 항공기가 다음과 같이 개조되었을 때의 empty weight C.G의 위치는?

(1) 위치 +73에 있는 two seats (18 lb/seat)를 장탈
(2) 위치 +95에 radio equipment 장착으로 35 lb 증가
(3) 위치 +77에 기체 수리 작업으로 17 lb 증가
(4) 위치 +74.5에 seat와 seat belt 장착으로 25 lb 증가

① +30.44 ② +34.01 ③ +33.68 ④ +34.65

해설 무게 중심(C.G) $= \frac{\text{총모멘트}}{\text{총무게}}$ (여기서, 모멘트=힘×거리)

품목	무게	거리	모멘트
aircraft	2100	32.5	68250
seats (remove)	−36	73	−2628
radio equipment	35	95	3325
기체 수리	17	77	1309
seat와 seat belt	25	74.5	1862.5
total	2141	33.68	72118.5

정답 1. ④ 2. ③

3. 항공기의 총모멘트가 81307499 kg · cm이고, 총무게가 94495 kg일 때 항공기의 무게 중심은 어디에 있는가?

① 560.4 cm ② 660.4 cm ③ 760.4 cm ④ 860.4 cm

해설 무게 중심 (C.G) $= \frac{\text{총모멘트}}{\text{총무게}} = \frac{81307499}{94495} = 860.4\ \text{cm}$

4. 항공기 중량을 측정하는 이유는?

① 자중과 무게 중심을 알기 위해서 ② 자중과 총무게를 알기 위해서
③ 유상하중과 총무게를 알기 위해서 ④ 유상하중과 무게 중심을 알기 위해서

해설 항공기의 중량을 측정하는 이유는 자중과 무게 중심을 찾기 위함이다. 기장은 항공기의 적재중량과 무게 중심이 어디에 있는지 알아야 한다. 운항관리사는 자중과 자중 무게 중심을 알아야 유상하중, 연료량 등을 산출할 수 있다.

5. 평형추(ballast)에 관한 설명 중 틀린 것은?

① 평형추는 평형을 얻기 위하여 항공기에 사용된다.
② 무게 중심 한계 이내로 무게 중심이 위치하도록, 최소한의 중량으로 가능한 전방에서 가까운 곳에 둔다.
③ 영구적 평형추는 장비 제거 또는 추가 장착에 대한 보상 중량으로 장착되어 오랜 기간 동안 항공기에 남아 있는 평형추이다.
④ 임시 평형추 또는 제거가 가능한 평형추는 변화하는 탑재 상태에 부합하기 위해 사용한다.

해설 평형추는 평형을 얻기 위하여 항공기에 사용된다. 보통 무게 중심 한계 이내로 무게 중심이 위치하도록 최소한의 중량으로 가능한 전방에서 먼 곳에 둔다. 영구적 평형추는 장비 제거 또는 추가 장착에 대한 보상 중량으로 장착되어 오랜 기간 동안 항공기에 남아 있는 평형추이다. 그것은 일반적으로 항공기 구조물에 볼트로 체결된 납봉이나 판(lead bar, lead plate)이다. 빨간색으로 "PERMANENT 평형추 – DO NOT REMOVE"라 명기되어 있다. 영구 평형추의 장착은 항공기 자중의 증가를 초래하고, 유용하중을 감소시킨다. 임시 평형추 또는 제거가 가능한 평형추는 변화하는 탑재 상태에 부합하기 위해 사용한다. 일반적으로 납탄 주머니, 모래주머니 등이다. 임시 평형추는 "평형추 xx LBS. REMOVE REQUIRES WEIGHT AND BALANCE CHECK."라 명기되어 있고 수하물실에 싣는 것이 보통이다. 평형추는 항상 인가된 장소에 위치하여야 하고, 적정하게 고정되어야 한다. 영구 평형추를 항공기의 구조물에 장착하려면 그 장소가 사전에 승인된 평형추 장착을 위해 설계된 곳이어야 한다. 대개조 사항으로 감항당국의 승인을 받아야 한다. 임시 평형추는 항공기가 난기류나 비정상적 비행 상태에서 쏟아지거나 이동되지 않게 고정한다.

정답 3. ④ 4. ① 5. ②

6. 제작회사에서 제작했다가 항공정비사가 수정·보완하는 것은?

① 항공기 중량과 평형보고서
② 항공기 설계 명세서
③ 항공기 운용한계
④ 항공기 형식증명 자료집

해설 항공기 중량 측정, 자중 무게 중심을 산출하기 위해서는 항공기에 관한 중량과 평형 정보가 기록된 문서를 알아야 한다.

㉠ 항공기 설계 명세서(aircraft specifications) : 항공기 설계 명세서에는 장비 목록, 장착 위치, 거리 등이 명기되어 있고, 감항당국에서 인증하는 것으로 첫 번째 항공기에 적용된다.

㉡ 항공기 운용한계(aircraft operating limitations) : 항공기 운용한계는 항공기 제작사가 제공한다.

㉢ 항공기 비행 매뉴얼(aircraft flight manual) : 항공기 비행 매뉴얼은 항공기 제작사가 제공한다.

㉣ 항공기 중량과 평형보고서(aircraft weight and balance report) : 항공기 중량과 평형보고서는 초도에는 항공기 제작사에서 측정하여 제공하고, 항공기 사용자(정비사)가 주기적으로 측정하여 발행한다.

㉤ 항공기 형식증명 자료집(aircraft type certificate data sheet) : 항공기 형식증명 자료집은 항공기에 장착된 장비들의 중량과 거리 등의 목록으로 항공기 제작사 감항당국이 인가한 것이다. 형식증명 자료집에서 찾아볼 수 있는 중요한 중량과 평형 정보는 다음과 같은 것들이 있다.

1. 무게 중심 범위(C.G range)
2. 최대 중량(maximum weight)
3. 수평 도구(leveling means)
4. 좌석의 수와 설치 위치(location)
5. 수하물 탑재량(baggage capacity)
6. 연료 탑재량(fuel capacity)
7. 기준선 장소(datum location)
8. 엔진마력(engine horsepower)
9. 오일 용량(oil capacity)
10. 자중에서 연료의 양
11. 자중에서 오일의 양

7. 항공기의 무게 중심을 맞추기 위해 사용하는 모래주머니, 납 등을 무엇이라 하는가?

① 테어 웨이트(tare weight)
② 밸러스트(ballast)
③ 웨이트(weight)
④ 카운터 웨이트(counter weight)

해설 밸러스트(ballast)는 요구되는 무게 중심을 평형을 얻기 위해 또는 장착 장비의 제거 또는 장착에서 오는 무게의 보상을 위해 설치하는 모래주머니, 납판, 납봉을 말한다.

정답 6. ① 7. ②

항공기 재료, 공정, 하드웨어

1. 항공기 기체에 많이 쓰이는 합금의 종류가 아닌 것은?

① 알루미늄 합금
② 탄소 합금
③ 티타늄 합금
④ 마그네슘 합금

해설 합금의 종류

㉠ 알루미늄 합금 : 공업용 순수 알루미늄은 전성이 두 번째, 연성은 여섯 번째 등급에 위치하며, 내식성도 우수한 흰색 광택을 띠는 금속이다. 여러 가지 다른 금속을 첨가한 알루미늄 합금은 항공기 구조재로 많이 사용되고 있다.

㉡ 마그네슘 합금 : 마그네슘은 세상에서 가장 가벼운 구조금속으로 알루미늄의 2/3에 해당하는 무게를 가지며 은(silver)과 같이 흰색을 띤다. 마그네슘은 순수한 상태에서는 구조재로서의 충분한 강도를 가지지 못하지만 아연, 알루미늄, 망간 등을 첨가하여 합금으로 만들면 일반적인 금속 중 중량에 대비하여 가장 높은 강도를 가지는 합금이다. 무게를 감소시키기 위하여 항공기 부품으로 사용되고 있다.

㉢ 티타늄 합금 : 티탄은 비중이 4.5로서 강의 1/2 수준이며 용융 온도는 1668℃이다. 티탄 합금으로 제조하면 합금강과 비슷한 정도의 강도를 가지며 스테인리스강과 같이 내식성이 우수하고 약 500℃ 정도의 고온에서도 충분한 강도를 유지할 수 있다. 티탄 합금은 항공기 재료 중에서 비강도가 우수하므로 항공기 이외에 로켓과 가스 터빈 기관용 재료로 널리 이용하고 있다. 티탄 합금은 인성과 피로 강도가 우수하고 고온 산화에 대한 저항성이 높다. 순수 티탄은 다른 티탄 합금에 비해 강도는 떨어지나 연성과 내식성이 우수하고 용접성이 좋아서 바닥 패널이나 방화벽 등에 사용된다.

㉣ 구리 합금 : 구리는 가장 널리 분포되어 있는 금속 중의 하나이다. 구리는 붉은 갈색을 띤 금속으로서 은(Ag) 다음으로 우수한 전기전도도를 갖는다. 구조재로 사용하기에는 너무 무겁기 때문에 제한되지만, 높은 전기전도도와 열전도성 같은 뛰어난 장점이 있기 때문에 관련분야에서는 우선적으로 사용하고 있다. 항공기에서 구리는 버스 바(bus bar), 접지선(bonding), 전기계통의 안전결선(lock-wire) 등에 주로 사용된다.

정답 1. ②

2. 변형을 일으켰던 하중을 제거하였을 때, 물체가 원래 형태로 되돌아가게 하는 금속의 성질은?

① 전성 ② 연성 ③ 탄성 ④ 인성

해설 항공기 정비에 있어서 일차적으로 고려되는 것은 금속이나 그 합금의 경도, 전성, 연성, 탄성, 인성, 밀도, 취성, 가용성, 전도성, 수축 및 팽창 등과 같은 일반적인 성질들이다.

㉠ 경도(hardness) : 마모, 침투, 절삭, 영구 변형 등에 저항할 수 있는 금속의 능력을 말한다. 금속은 냉간 가공함으로써 경도를 증가시킬 수 있고, 강과 일부 알루미늄 합금의 경우는 열처리함으로써 경도를 증가시킬 수 있다.

㉡ 강도(strength) : 재료의 가장 중요한 성질 중 하나가 강도이다. 강도는 변형에 저항하려는 재료의 능력이다. 또한, 강도는 외력에 대항하여 파괴되지 않고 응력(stress)에 견디는 재료의 성질이다.

㉢ 밀도(density) : 재료의 밀도는 단위 체적당 질량을 의미한다. 항공기 작업에서, 재료의 밀도는 실제 제작하기 전에 부품의 무게를 계산할 수 있기 때문에 유용하게 사용된다.

㉣ 전성(malleability) : 균열이나 절단 또는 다른 어떤 해로운 영향을 남기지 않고 단조, 압연, 압출 등과 같은 가공법으로 판재처럼 넓게 펴는 것이 가능하다면 이 금속은 가연성(전성)이 좋다고 말한다.

㉤ 연성(ductility) : 연성은 끊어지지 않고 영구적으로 잡아 늘리거나 굽히거나 또는 비틀어 꼬는 것이 가능하게 하는 금속의 성질이다. 이것은 철사(wire)나 튜브(tubing)를 만드는 데 필요한 금속의 본질적인 성질이다. 연성이 우수한 금속은 가공성과 내충격성 때문에 항공기에서 광범위하게 사용된다.

㉥ 탄성(elasticity) : 변형을 일으켰던 하중을 제거하였을 때 물체가 원래 형태로 되돌아가게 하는 금속의 성질을 탄성이라고 한다. 가해진 하중이 제거된 후에도 부품이 영구적으로 변형되어 있다면, 대단히 바람직하지 못한 결과를 낳게 되므로 이 성질은 매우 중요하다.

㉦ 인성(toughness) : 인성이 큰 재료는 찢어짐이나 전단에 잘 견디고, 파괴됨 없이 늘리거나 변형시킬 수 있다. 인성은 항공기 금속으로서 갖추어야할 성질 중 하나이다.

㉧ 취성(brittleness) : 취성은 약간 굽히거나 변형시키면 깨져버리는 금속의 성질이다. 취성이 큰 금속은 형태의 변화 없이 깨지거나 균열이 발생하는 경향이 있다. 구조용 금속은 가끔 충격하중을 받을 수 있기 때문에 취성이 큰 것은 바람직하지 못하다. 주철, 주조 알루미늄, 그리고 초경 합금(hard steel)은 깨지기 쉬운 금속에 속한다.

㉨ 가용성(fusibility) : 가용성은 열에 의해 고체에서 액체로 변하는 금속의 성질이다.

㉩ 전도성(conductivity) : 전도성은 금속 열이나 전기를 전달하는 성질이다. 용접에서는 용융에 필요한 열을 적절히 조절해야 하기 때문에 금속의 열전도성이 매우 중요하다. 항공기에서는 전파간섭을 방지하기 위해, 전기전도성을 고려한 본딩(bonding : 전기적인 접합)을 할 것인지 검토하여야 한다.

㉪ 열팽창(thermal expansion) : 열팽창은 가열 또는 냉각에 의해서 금속이 수축하거나 팽창하는 물리적인 크기의 변화를 의미한다.

정답 2. ③

3. 저탄소강의 평균 탄소 함유량은?

① 탄소를 0.1~0.3 % 함유한 탄소강을 말한다.
② 탄소를 0.3~0.5 % 함유한 탄소강을 말한다.
③ 탄소를 0.4~0.7 % 함유한 탄소강을 말한다.
④ 탄소를 0.7~1.7 % 함유한 탄소강을 말한다.

해설 탄소강의 분류

㉠ 저탄소강 : 탄소를 0.1~0.3 % 함유한 강으로 연강이라고도 한다. 저탄소강은 전성이 양호하여 절삭 가공성이 요구되는 구조용 볼트, 너트, 핀 등에 사용한다.
㉡ 중탄소강 : 탄소를 0.3~0.6 % 함유한 강으로 탄소량이 증가하면 강도와 경도는 증대하지만 연신율은 저하한다. 일반적으로 차축, 크랭크 축 등의 제조에 이용된다.
㉢ 고탄소강 : 탄소를 0.6~1.2 % 함유한 강으로 강도, 경도가 매우 크며 전단이나 마멸에 강한 강이다.

4. 다음 합금강 중에서 탄소를 가장 많이 함유하고 있는 것은?

① SAE 1050
② SAE 3140
③ SAE 2015
④ SAE 2130

해설 철강 재료의 식별법

SAE 1025

여기서, SAE : 미국 자동차기술인협회 규격
1 : 합금강의 종류 (탄소강)
0 : 합금원소의 합금량 (5대 기본 원소 이외의 합금원소가 없음)
25 : 탄소의 평균 함유량 (탄소 0.25 % 함유)

SAE (AISI)에서 정한 철강 재료의 분류 방법

합금번호	종류	합금번호	종류
1XXX	탄소강	4XXX	몰리브덴강
13XX	망간강	41XX	크롬-몰리브덴강
2XXX	니켈강	43XX	니켈-크롬-몰리브덴강
23XX	니켈 3 % 함유 강	5XXX	크롬강
3XXX	니켈-크롬강	6XXX	크롬-바나듐강

정답 3. ① 4. ①

5. 강에 탄소의 함유량이 2% 이상일 경우를 무엇이라 하는가?

① 연철 ② 순철 ③ 주철 ④ 강철

해설 주철은 탄소 함유량이 2.0~6.67%인 철과 탄소의 합금으로써 용선로나 전기로에서 제조하는데, 용융온도가 낮고 유동성이 좋기 때문에 복잡한 형상이라도 주조하기 쉽고, 또 값이 싸기 때문에 공업용 기계 부품을 제조하는 데 많이 사용되어 왔으나, 메짐성이 있고 단련이 되지 않는 결점이 있다.

6. 경화로 인해 발생하는 취성을 감소시키고 강 내부에 일정한 물리적 성질을 부여하기 위한 처리 과정으로 항상 경화 후에 실시하는 것은?

① 표면경화 ② 뜨임 ③ 풀림 ④ 불림

해설 철강재료의 열처리

㉠ 경화(hardening) : 대부분의 강에서 경화처리는 상임계점 바로 위의 온도까지 강을 가열하고, 요구되는 시간 동안 유지한 다음, 고온의 강을 기름, 물 또는 소금물 안에 빠르게 담가서 냉각시키는 과정이다. 비록 대부분 강은 경화처리를 위해 빠르게 냉각시켜야 하지만, 약간은 정지공기 중에서 냉각시키는 것도 있다. 경화는 강의 경도와 강도를 증가시키지만, 연성은 감소시킨다. 순철, 연철, 그리고 탄소 함유량이 아주 적은 저탄소강은 경화 원소를 포함하고 있지 않기 때문에 열처리에 의해 뚜렷한 정도로 경화되지 않는다. 주철은 경화될 수는 있지만 열처리를 제한한다. 주철을 빠르게 냉각하면 단단하고 부서지기 쉬운 백주철이 되며, 서서히 냉각하면 연하지만 충격에 잘 깨지는 회주철이 된다.

㉡ 뜨임(tempering) : 뜨임은 경화로 인해 발생하는 취성을 감소시키고 강 내부에 일정한 물리적 성질을 부여하기 위한 처리과정이다. 뜨임처리는 항상 경화 후에 실시한다. 뜨임은 취성을 감소시키는 것 이외에도 강을 연하게 한다.

㉢ 풀림(annealing) : 풀림처리는 강을 내부응력이나 잔류변형을 제거하고 미세한 입자구조, 연화, 연성 금속으로 만들어 준다. 풀림 상태일 때 강은 가장 낮은 강도를 갖는다. 일반적으로 풀림처리는 경화와는 반대이다.

㉣ 불림(normalizing) : 강의 불림은 열처리, 용접, 주조, 성형 또는 기계로 가공 등에 의해 발생한 내부응력을 제거하기 위한 처리과정이다. 만약 이 응력을 제거하지 않는다면 강은 손상될 수 있다. 항공기에는 좋은 물리적 성질 때문에 불림처리 상태의 강은 자주 사용하지만, 풀림처리 상태의 강은 거의 사용하지 않는다.

7. 항공기 수리와 정비를 위해 적절한 대체 금속을 선정할 때 필요조건이 아닌 것은?

① 원래 강도 유지 ② 원래 외형 유지 ③ 원래 무게 유지 ④ 원래 가격 유지

정답 5. ③ 6. ② 7. ④

해설 항공기 수리와 정비를 위해 적절한 대체 금속을 찾기 위해서는 구조수리교범을 참조하는 것이 매우 중요하다. 항공기제작사들은 각각의 항공기에 대한 고유의 하중 요구조건을 만족시킨다는 전제 하에 구조부재를 설계한다. 구조가 거의 비슷하더라도 이들 부재를 수리하는 방법은 다른 항공기와 아주 다를 수 있다.

대체 금속을 선정할 때, 다음 네 가지 필요조건을 명심하여야 한다.

1. 가장 중요한 것으로 구조물의 원래 강도를 유지할 것
2. 외형 또는 공기역학적인 매끄러움을 유지할 것
3. 원래의 무게를 유지할 것 또는 가능한 추가되는 무게를 최소로 유지할 것
4. 금속 원래의 내식성을 유지할 것

8. 표면경화 처리방법이 아닌 것은?

① 침탄법 ② 질화법 ③ 시안화법 ④ 열처리법

해설 표면경화는 단단한 내마모성 표면과 강인한 코어(core)로 된 케이스(case)를 만들기 위한 열처리이다. 표면경화는 내마모성 표면과 동시에 내부는 가해지는 하중에 견딜 만큼 충분한 인성을 가져야 하는 제품을 만들고자 할 때 이상적이다. 표면경화에 적합한 강은 저탄소강과 저합금강이다. 만약 고탄소강을 표면경화 처리하면, 경도가 내부까지 스며들어 취성이 증가된다. 표면경화는 금속표면은 침투한 탄소나 질소 함유량에 의해 화학적으로 변하지만, 내부는 화학적으로 아무런 영향을 받지 않는다. 열처리하였을 때 표면은 경화되지만, 내부는 강인한 상태가 유지된다. 표면경화의 일반적인 방법은 침탄법(carburizing), 질화법(nitriding), 시안화법(cyaniding) 등이 있다.

㉠ 침탄법(carburizing) : 저탄소강 표면에 탄소를 침투시켜서 표면을 경화시키는 방법이다. 그러므로 침탄된 강의 표면은 고탄소강이 되고 내부는 저탄소강 상태를 유지한다. 침탄처리한 강을 열처리하면 표면은 단단해지지만 심층은 유연하면서도 강인한 상태로 남아있게 된다.

㉡ 질화법(nitriding) : 질화되기 전에 일정한 물리적 성질을 얻기 위해 열처리한다는 점에서 다른 표면경화법과 다르다. 즉, 부품은 질화되기 전에 경화되고 뜨임처리 된다. 대부분의 강은 질화될 수 있지만, 특수 합금일 때 더 좋은 결과가 나타난다. 이 특수 합금 중 하나가 알루미늄(aluminum)을 합금원소로 함유하고 있는 질화강이다.

㉢ 시안화법(cyaniding) : 시안화염을 주성분으로 한 염욕에 강을 가열한 후 담그면 침탄과 질화가 동시에 된다.

9. 다음 리벳 중 열처리 후 냉장 보관해야 하는 것은?

① 1100, 2017 ② 2017, 5056
③ 2017, 2024 ④ 7075, 2017

정답 8. ④ 9. ③

해설 2017과 2024 리벳은 고강도 리벳으로써 높은 하중을 받는 알루미늄 합금 구조물을 체결할 때 적합하다. 이 리벳은 제작사로부터 열처리된 상태로 구입하며, 상온에서는 시효경화 특성이 있기 때문에 리벳 작업에는 부적당하다. 따라서 사용하기 전에 재열처리를 해야 한다. 2017 리벳은 담금질 후 약 1시간이면 매우 단단해져서 리벳 작업하기 어렵다. 2024 리벳은 담금질 후 약 10분이면 경화된다. 이들 합금을 사용하기 위해서는 가끔 재열처리를 해야 하지만, 재료의 입자간 부식을 방지하기 위해 재열처리하기 전에 먼저 양극산화처리를 해야 한다. 만약 이 리벳을 담금질 후 즉시 32 °F 이하의 온도로 냉장고에 보관한다면, 보관하는 며칠 동안은 작업할 수 있을 정도로 충분한 연질이 유지된다.

10. 알클래드 (alclad) 알루미늄을 올바르게 설명한 것은?

① 아연으로써 알루미늄 합금의 양면을 약 5.5 % 정도의 깊이로 입힌 것이다.
② 아연으로써 알루미늄 합금의 양면을 약 3 % 정도의 깊이로 입힌 것이다.
③ 순수 알루미늄으로써 알루미늄 합금의 양면을 약 5.5 % 정도의 깊이로 입힌 것이다.
④ 순수 알루미늄으로써 알루미늄 합금의 양면을 약 3 % 정도의 깊이로 입힌 것이다.

해설 알클래드 (alclad) 또는 순수 클래드 (pureclad)라는 용어는 코어 (core) 알루미늄 합금판재 양쪽에 약 5.5 % 정도 두께로 순수한 알루미늄 피복을 입힌 판재를 가리키는 말이다. 순수한 알루미늄 코팅 (coating)은 어떤 부식성 물질의 접촉으로부터 부식을 방지하고 긁힘이나 또 다른 어떤 마모의 원인으로부터 코어 금속을 보호하는 역할을 한다.

11. 항공기 기체 재료로 사용되는 비금속 재료 중 플라스틱에 관한 사항이다. 다음 중 열경화성 수지가 아닌 것은?

① 폴리염화비닐　　② 폴리아미드 수지
③ 에폭시 수지　　④ 페놀 수지

해설 항공기의 조종실 캐노피 (canopy), 윈드실드 (windshield), 창문, 기타 투명한 곳에는 투명 플라스틱 재료가 사용되며, 열에 대한 반응에 따라 다음 두 가지 종류로 구분된다. 한 가지는 열가소성 수지 (thermoplastic)이고 다른 한 가지는 열경화성 수지 (thermosetting)이다.

㉠ 열가소성 수지는 가열하면 연해지고 냉각시키면 딱딱해진다. 이 재료는 유연해질 때까지 가열시킨 다음 원하는 모양으로 성형하고, 다시 냉각시키면 그 모양이 유지된다. 같은 플라스틱 재료를 가지고 재료의 화학적 손상을 일으키지 않고도 여러 차례 성형하는 것이 가능하다. 폴리에틸렌, 폴리스티렌, 폴리염화비닐 등이 여기에 속한다.

㉡ 열경화성 수지는 열을 가하면 연화되지 않고 경화된다. 이 플라스틱은 완전히 경화된 상태에서 다시 열을 가하더라도 다시 다른 모양으로 성형할 수 없다. 에폭시 (epoxy) 수지, 폴리아미드 수지 (polyimid resin), 페놀 수지 (phenolic resin), 폴리에스테르 수지 (polyester resin) 등이 열경화성 수지에 속한다.

정답 10. ③　11. ①

12. 복합재료에 대한 설명 중 아닌 것은?

① 일반적으로 보강재와 모재로 구성된다.
② 보강재는 모재에 의해 접합되거나 둘러싸여 있으며, 섬유, 휘스커 또는 미립자로 만들어 진다.
③ 모재는 액체인 수지(resin)가 일반적이며, 보강재를 접착하고 보호하는 역할을 담당한다.
④ 결합용 부품이나 파스너(fastener)를 사용하지 않아도 되므로 제작이 쉽고 구조가 단순해지나, 수리가 어렵다.

해설 복합재료는 항공용으로 개발되었지만, 지금은 자동차, 운동기구, 선박 뿐만 아니라 방위산업을 포함한 다른 많은 산업분야에서도 사용되고 있다. 복합재료(composite)는 서로 다른 재료나 물질을 인위적으로 혼합한 혼합물로 정의한다. 이 정의에서처럼 강도, 연성, 전도성 또는 다른 어떤 특성을 향상시키기 위해 서로 다른 금속으로 만든 몇몇의 합금은 너무도 일반화되었다. 복합재료는 일반적으로 보강재(reinforcement)와 모재(matrix)로 구성된다. 보강재는 모재에 의해 접합되거나 둘러싸여 있으며, 섬유(fiber), 휘스커(whisker) 또는 미립자(particle)로 만들어진다. 모재는 액체인 수지(resin)가 일반적이며, 보강재를 접착하고 보호하는 역할을 담당한다.

13. 항공기에 복합재료를 사용하는 주된 이유는?

① 금속보다 저렴하기 때문에
② 박리에 대한 탐지가 쉽기 때문에
③ 금속보다 가볍기 때문에
④ 열에 강하기 때문에

해설 복합재료의 장점 및 단점
복합재료는 아주 많은 장점을 가지고 있으며, 다음은 그 중 일부이다.

1. 중량당 강도비가 높다.
2. 섬유 간의 응력 전달은 화학결합에 의해 이루어진다.
3. 강성과 밀도비가 강 또는 알루미늄의 3.5~5배이다.
4. 금속보다 수명이 길다.
5. 내식성이 매우 크다.
6. 인장강도는 강 또는 알루미늄의 4~6배이다.
7. 복잡한 형태나 공기역학적 곡률 형태의 제작이 가능하다.
8. 결합용 부품(joint)이나 파스너(fastener)를 사용하지 않아도 되므로 제작이 쉽고 구조가 단순해진다.
9. 손쉽게 수리할 수 있다.

정답 12. ④ 13. ③

복합재료의 단점은 다음과 같다.

1. 박리 (delamination, 들뜸 현상)에 대한 탐지와 검사방법이 어렵다.
2. 새로운 제작 방법에 대한 축적된 설계 자료 (design database)가 부족하다.
3. 비용 (cost)이 비싸다.
4. 공정 설비 구축에 많은 예산이 든다.
5. 제작방법의 표준화된 시스템이 부족하다.
6. 재료, 과정 및 기술이 다양하다.
7. 수리 지식과 경험에 대한 정보가 부족하다.
8. 생산품이 종종 독성 (toxic)과 위험성을 가지기도 한다.
9. 제작과 수리에 대한 표준화된 방법이 부족하다.

14. 복합재료의 강화재로 사용되는 소재가 아닌 것은?

① 탄소 섬유　② 아라미드 섬유
③ 에폭시 섬유　④ 유리 섬유

해설 강화재의 종류

㉠ 유리 섬유 (glass fiber) : 내열성과 내화학성이 우수하고 값이 저렴하여 강화 섬유로써 가장 많이 사용되고 있다. 그러나 다른 강화 섬유보다 기계적 강도가 낮아 일반적으로 레이돔이나 객실 내부 구조물 등과 같은 2차 구조물에 사용한다. 유리 섬유의 형태는 밝은 흰색의 천으로 식별할 수 있고 첨단 복합 소재 중 가장 경제적인 강화재이다.

㉡ 탄소 섬유 (carbon/graphite fiber) : 열팽창 계수가 작기 때문에 사용 온도의 변동이 있더라도 치수 안정성이 우수하다. 그러므로 정밀성이 필요한 항공 우주용 구조물에 이용되고 있다. 또 강도와 강성이 높아 날개와 동체 등과 같은 1차 구조부의 제작에 쓰인다. 그러나 탄소 섬유는 알루미늄과 직접 접촉할 경우에 부식의 문제점이 있기 때문에 특별한 부식 방지 처리가 필요하다. 탄소 섬유는 검은색 천으로 식별할 수 있다.

㉢ 아라미드 섬유 (aramid fiber) : 다른 강화 섬유에 비하여 압축 강도나 열적 특성은 나쁘지만 높은 인장 강도와 유연성을 가지고 있으며 비중이 작기 때문에 높은 응력과 진동을 받는 항공기의 부품에 가장 이상적이다. 또 항공기 구조물의 경량화에도 적합한 소재이다. 아라미드 섬유는 노란색 천으로 식별이 가능하다.

㉣ 보론 섬유 (boron fiber) : 양호한 압축 강도, 인성 및 높은 경도를 가지고 있다. 그러나 작업할 때 위험성이 있고 값이 비싸기 때문에 민간 항공기에는 잘 사용되지 않고 일부 전투기에 사용되고 있다. 많은 민간 항공기 제작사들은 보론 대신 탄소 섬유와 아라미드 섬유를 이용한 혼합 복합 소재를 사용하고 있다.

㉤ 세라믹 섬유 (ceramic fiber) : 높은 온도의 적용이 요구되는 곳에 사용된다. 이 형태의 복합 소재는 온도가 1200 ℃에 도달할 때까지도 대부분의 강도와 유연성을 유지한다.

정답 14. ③

15. 허니컴(honeycomb) 구조 재질에 대한 설명 중 틀린 것은?

① 항공기 구조물에 사용된 허니컴 구조 재질은 대부분 알루미늄, 유리 섬유, 케블러 또는 탄소 섬유가 이용된다.
② 탄소 섬유 면재는 알루미늄 재질을 부식시키기 때문에 알루미늄 허니컴 코어 재질과 함께 사용할 수 없다.
③ 티타늄과 강재는 고온 구조 부위에만 특별하게 사용되고 있다.
④ 일반적으로 면재는 충격 현상에 대한 내구성이 매우 강하다.

해설 스포일러 및 기타 많은 조종면의 면재는 보통 3겹 또는 4겹으로 매우 얇다. 실제 항공기 운영 경험을 보면 일반적으로 면재는 충격 현상에 대한 내구성이 매우 약하다.

16. 합성고무에 대한 설명 중 틀린 것은?

① 부틸은 가스 침투에 높은 저항력을 갖는 탄화수소 고무이다.
② 부나-S는 열에 대한 저항성은 약하나 유연성이 좋다.
③ 부나-N은 금속과 접촉해서 사용될 때 내마모성과 절단 특성이 우수하다.
④ 네오프렌은 오존, 햇빛, 시효에 대한 특별한 저항성을 가지고 있다.

해설 합성고무는 여러 종류로 만들어지고 있으며, 각각 요구되는 성질을 부여하기 위하여 여러 가지 재료를 합성해서 만든다. 가장 널리 사용되는 것으로는 부틸(butyl), 부나(buna), 네오프렌(neoprene) 등이 있다.

㉠ 부틸(butyl) : 가스 침투에 높은 저항력을 갖는 탄화수소 고무이다. 이 고무는 노화에 대한 저항성도 있지만 물리적인 특성은 천연고무보다 상당히 적다. 부틸은 에스테르 유압유(skydrol), 실리콘 유체, 가스 케톤(ketone), 아세톤 등과 같은 곳에 사용한다.

㉡ 부나(buna)-S : 천연고무와 같이 방수 특성을 가지며, 어느 정도 우수한 시효 특성을 가지고 있다. 열에 대한 저항성은 강하나 유연성은 부족하다. 부나-S는 천연고무의 대용품으로 타이어나 튜브에 일반적으로 사용한다.

㉢ 부나-N : 탄화수소나 다른 솔벤트에 대한 저항력은 우수하지만 낮은 온도의 솔벤트에는 저항력이 약하다. 균열이나 태양광, 오존에 대해 좋은 저항성을 가지고 있다. 또한, 금속과 접촉해서 사용될 때 내마모성과 절단 특성이 우수하다. 오일 호스나 가솔린 호스, 탱크 내벽(tank lining), 개스킷(gasket) 및 실(seal)에 사용된다.

㉣ 네오프렌(neoprene, 합성고무의 일종) : 천연고무보다 더 거칠게 취급할 수 있고 더 우수한 저온 특성을 가지고 있다. 오일(oil)에 대해 우수한 저항성을 갖는다. 비록 비방향족 가솔린 계통(nonaromatic gasoline system)에는 좋은 재료이지만 방향족 가솔린 계통(aromatic gasoline system)에는 저항력이 약하다. 네오프렌은 주로 기밀용 실, 창문틀(window channel), 완충 패드(bumper pad), 오일 호스, 카뷰레터 다이어프램(carburetor diaphragm)에 주로 사용한다.

정답 ●─● 15. ④ 16. ②

17. 실란트(sealant)의 양생에 대한 설명 중 틀린 것은?

① 실란트의 양생(curing)은 온도가 60 ℉ 이하일 때 가장 늦다.

② 실란트 양생을 위한 가장 이상적인 조건은 상대습도가 50 %이고 온도는 77 ℉일 때이다.

③ 실란트의 양생은 온도를 증가시키면 촉진되므로, 가능한 높은 온도로 가열한다.

④ 실란트 양생을 촉진하기 위한 열은 적외선 램프나 가열한 공기를 이용해서 가한다.

해설 혼합된 실란트의 작업 가능 시간은 30분부터 4시간까지인데, 실란트의 종류에 따라 다르다. 그러므로 혼합된 실란트는 가능한 빨리 사용해야 하며, 그렇지 않으면 냉동고에 보관한다. 혼합된 실란트의 양생률(curing rate)은 온도와 습도에 따라 변한다. 실란트의 양생(curing)은 온도가 60 ℉ 이하일 때 가장 늦다. 대부분 실란트 양생을 위한 가장 이상적인 조건은 상대습도가 50 %이고 온도는 77 ℉일 때이다. 양생은 온도를 증가시키면 촉진되지만, 양생하는 동안 언제라도 온도가 120 ℉을 초과해서는 안 된다. 열은 적외선 램프나 가열한 공기를 이용해서 가한다. 만약 가열한 공기를 사용한다면, 공기로부터 습기와 불순물을 여과해서 적절히 제거시켜야 한다.

18. 항공기용 스크루에 사용되는 free fit의 나사의 등급은?

① 1등급 ② 2등급

③ 3등급 ④ 4등급

해설 나사의 등급 : 나사는 끼워 맞춤의 등급으로도 구분한다. 나사의 등급은 제작과정에 적용되는 허용공차를 제한한다. 등급 1은 헐거운 끼워 맞춤(loose fit), 등급 2는 느슨한 끼워 맞춤(free fit), 등급 3은 중간 끼워 맞춤(medium fit), 그리고 등급 4는 밀착 끼워 맞춤(close fit)이다. 항공기용 볼트는 대개 등급 3인 중간 끼워 맞춤으로 제작한다. 너트(nut)를 볼트에 조립할 때 등급 4는 너트를 돌리기 위해 렌치(wrench)를 사용해야 하지만, 등급 1은 맨손으로도 쉽게 돌아간다. 일반적으로 항공기용 스크루는 조립이 용이하도록 등급 2인 나사산으로 제작한다.

19. 볼트의 부품번호가 AN 3 DD H 5 A에서 3은 무엇을 뜻하는가?

① 볼트의 길이가 3/16인치이다.

② 볼트의 지름이 3/8인치이다.

③ 볼트의 길이가 3/8인치이다.

④ 볼트의 지름이 3/16인치이다.

정답 17. ③ 18. ② 19. ④

해설 볼트의 식별 기호

AN : 규격 (미 공군, 해군 규격)
3 : 볼트 지름이 3/16인치
DD : 볼트의 재질로 2024 알루미늄 합금을 나타냄 (AD : 2017, D : 2017)
H : 볼트 머리에 안전 결선을 위한 구멍 유무 (H : 구멍 유, 무 표시 : 구멍 무)
5 : 볼트 길이가 5/8인치
A : 볼트 생크에 코터 핀을 할 수 있는 구멍 유무 (A : 구멍 무, 무 표시 : 구멍 유)

20. 클레비스 (clevis) 볼트는 항공기의 어느 부분에 사용하는가?

① 인장력과 전단력이 작용하는 부분　② 착륙장치 부분
③ 외부 인장력이 작용하는 부분　④ 전단력만 작용하는 부분

해설 클레비스 볼트의 머리는 둥글고 일반적인 스크루 드라이버 (screw driver) 또는 십자 스크루 드라이버를 사용해서 풀거나 잠글 수 있도록 홈이 파져 있다. 이 종류의 볼트는 인장하중은 작용하지 않고 오직 전단하중만이 작용하는 곳에 사용된다. 이것은 종종 조종계통에서 기계적인 핀 (pin)처럼 사용하기도 한다.

21. 일반 볼트보다 정밀하게 가공되어 심한 반복 운동이나 진동이 작용하는 곳에 사용하는 볼트는?

① 정밀 공차 볼트　② 표준 육각 볼트
③ 인터널 렌칭 볼트　④ 드릴 헤드 볼트

해설 정밀 공차 볼트는 일반 볼트보다 정밀하게 가공된 볼트로써 심한 반복 운동과 진동 받는 부분에 사용한다. 볼트를 제자리에 넣기 위해서는 12~14온스 (ounce) 정도의 쇠망치로 쳐야 원하는 위치까지 집어넣을 수 있다.

22. 볼트 머리의 SPEC의 의미는 무엇인가?

① 특수 볼트　② 정밀공차 볼트　③ 내식강 볼트　④ 알루미늄 합금 볼트

해설 볼트 머리 기호의 식별

1. 알루미늄 합금 볼트 : 쌍 대시 (- -)
2. 내식강 볼트 : 대시 (-)
3. 특수 볼트 : SPEC 또는 S
4. 정밀공차 볼트 : △
5. 합금강 볼트 : +, *
6. 열처리 볼트 : R

정답 20. ④　21. ①　22. ①

23. 고정 볼트(lock bolt)가 주로 사용되는 곳은 어느 곳인가?
① 엔진 마운트 볼트로서 사용된다.
② 날개 연결부 및 탱크 장착부 등 외피 판과 기타 주 구조부의 접합에 사용된다.
③ 전단 하중만 작용하고 인장 하중이 작용하지 않는 곳에 사용된다.
④ 모두 맞다.

해설 고정 볼트(lock bolt)는 고강도 볼트와 리벳의 특징을 결합시킨 것처럼 보이지만, 양쪽을 능가하는 장점을 가지고 있다. 고정 볼트는 일반적으로 날개 연결부(wing-splice fitting), 착륙장치(landing gear) 연결부, 연료 탱크(fuel cell), 동체의 세로대(longeron), 빔(beam), 외피(skin), 기타 주 구조부의 접합에 사용된다. 전통적인 리벳(rivet)이나 볼트보다 더 쉽고 빠르게 장착할 수 있으며, 고정 와셔(lock-washer), 코터 핀(cotter pin), 특수 너트 등을 필요로 하지 않는다. 리벳과 같이 고정 볼트를 장착하기 위해 에어 해머(pneumatic hammer) 또는 풀 건(pull gun)이 필요하며, 한번 장착하면 제자리에 단단하게 영구적으로 고정된다. 고정 볼트는 보통 풀(pull)형, 스텀프(stump)형, 블라인드(blind)형으로 세 가지 종류가 사용된다.

24. 비자동 고정 너트(non-self locking nut)의 설명 중 틀린 것은?
① 평 너트는 고정 와셔(lock washer)와 함께 사용한다.
② 전단 캐슬 너트(castellated shear nut)는 주로 전단 응력만 작용하는 곳에 사용한다.
③ 캐슬 너트는 코터 핀을 사용한다.
④ 나비 너트는 자주 장탈·장착하는 곳엔 사용하지 않는다.

해설 비자동 고정 너트(non-self locking nut)

㉠ 캐슬 너트(castle nut) : 생크에 구멍이 있는 볼트에 사용하며 코터 핀(cotter pin)으로 고정한다.

㉡ 전단 캐슬 너트(castellated shear nut) : 캐슬 너트(castle nut)보다 얇고 약하며 주로 전단 응력만 작용하는 곳에 사용한다.

㉢ 평 너트(plain nut) : 큰 인장 하중을 받는 곳에 사용하며, 잼 너트(jam nut)나 고정 와셔(lock washer) 등 보조 풀림 방지 장치가 필요하다.

㉣ 잼 너트(jam nut) : 체크 너트(check nut)라고도 하며, 평 너트나 세트 스크루(set screw) 끝 부분의 나사가 난 로드(rod)에 장착하는 너트로 풀림 방지용 너트로 쓰인다.

㉤ 나비 너트(wing nut) : 맨 손으로 죌 수 있을 정도의 죔이 요구되는 부분에서 빈번하게 장탈·장착하는 곳에 사용된다.

정답 23. ② 24. ④

25. 볼트, 너트의 인장력을 분산시키며 그립 길이를 조절하는 기계요소는?

① 스크루(screw) ② 핀(pin)

③ 와셔(washer) ④ 캐슬 전단 너트(castellated shear nut)

해설 항공기에 사용되는 와셔는 볼트 머리 및 너트 쪽에 사용되며 구조부나 부품의 표면을 보호하거나 볼트나 너트의 느슨함을 방지하거나 특수한 부품을 장착하는 등 각각의 사용 목적에 따라 분류하여 사용한다.

㉠ 평 와셔 : 구조물이나 장착 부품의 조이는 힘을 분산, 평준화하고 볼트나 너트 장착 시 코터 핀 구멍 등의 위치 조정용으로 사용된다. 또한 볼트나 너트를 조일 때에 구조물, 장착 부품을 보호하며 조임 면에 대한 부식을 방지한다.

㉡ 고정 와셔 : 자동 고정 너트나 코터 핀 안전결선을 사용할 수 없는 곳에 볼트, 너트, 스크루의 풀림 방지를 위해 사용한다.

㉢ 고강도 카운트 성크 와셔 : 인터널 렌칭 볼트와 같이 사용되며, 볼트 머리와 생크 사이의 큰 라운드에 대해 구조물이나 부품의 파손을 방지함과 동시에 조임 면에 대해 평평한 면을 갖게 한다.

26. 리벳 머리를 보고 알 수 있는 것은?

① 리벳 직경 ② 재료 종류

③ 머리 모양 ④ 재질의 강도

해설 리벳 머리에는 리벳의 재질을 나타내는 기호가 표시가 되어 있다.

1100 : 무 표시

2117 : 리벳 머리 중심에 오목한 점

2017 : 리벳 머리 중심에 볼록한 점

2024 : 리벳 머리에 돌출된 두 개의 대시(dash)

5056 : 리벳 머리 중심에 돌출된 + 표시

27. 다음 턴 버클(turn buckle)에 대한 설명 중 맞는 것은?

① 조종 케이블의 장력은 온도에 따라 자동 유지된다.

② 조타면을 고정시킨다.

③ 항공기를 지상과 묶는다.

④ 조종 케이블의 장력을 조절한다.

해설 턴 버클은 조종 케이블의 장력을 조절하는 부품으로써 턴 버클 배럴(barrel)과 터미널 엔드(terminal end)로 구성되어 있다.

정답 25. ③ 26. ② 27. ④

28. 턴 로크 파스너(turn lock fastener)의 설명 중 틀린 것은?

① 점검 창을 신속하게 장탈할 수 있다.
② 쥬스 파스너 머리에는 몸체 종류, 머리 지름이 표시되어 있다.
③ 종류에는 쥬스 파스너, 캠 로크 파스너, 에어 로크 파스너가 있다.
④ 항공기 날개 상부 표면에 점검 창을 장착한다.

해설 턴 로크 파스너(turn lock fastener)는 정비와 검사를 목적으로 점검 창을 신속하고 용이하게 장탈하거나 장착할 수 있도록 만들어진 부품으로 1/4회전시키면 풀리고, 1/4회전시키면 조여지게 되어 있다.

㉠ 쥬스 파스너(dzus fastener) : 스터드(stud), 그로밋(grommet), 리셉터클(receptacle)로 구성되어 있다. 스터드는 세 가지 머리 모양이 있는데, 나비형(wing), 플러시형(flush), 타원형(oval) 등이다. 스터드의 머리에 몸통 지름, 길이, 머리형을 표시함으로써 식별하거나 구분한다. 지름은 항상 1/16인치 단위로 나타낸다. 스터드의 길이는 1/100인치 단위로 나타내며, 스터드 머리에서부터 스프링 구멍 아래까지의 거리이다.

㉡ 캠 로크 파스너(cam lock fastener) : 스터드(stud), 그로밋(grommet), 리셉터클(receptacle)로 구성되어 있다. 캠 로크 파스너는 다양한 모양으로 설계되고 만들어진다. 가장 널리 사용되는 것으로는 일선 정비용으로 2600, 2700, 40S51, 4002 계열이고, 중정비용(heavy-duty line)으로 응력 패널형(stressed panel type) 파스너가 있다. 후자는 구조 하중을 받치고 있는 응력 패널에 사용한다. 캠 로크 파스너는 항공기 카울링(cowling)과 페어링(fairing)을 장착할 때 사용한다. 스터드와 그로밋은 장착 위치와 부품의 두께에 따라 평형, 오목형(dimpled), 접시머리형 또는 카운터 보어 홀(counter-bored hole) 중 한 가지로 장착한다.

㉢ 에어 로크 파스너(air lock fastener) : 스터드, 크로스 핀(cross pin), 리셉터클로 구성되어 있다. 장착할 스터드의 정확한 길이를 결정하기 위해서는 에어로크 파스너로 부착시키고자 하는 부품의 전체 두께를 알아야만 한다. 각각의 스터드로 안전하게 부착시킬 수 있는 부품의 전체 두께를 스터드의 머리에 새겨 넣었으며, 0.040, 0.070, 0.190인치 등 1/1,000인치 단위로 표시한다. 스터드는 플러시(flush)형, 타원(oval)형, 나비형(wing type)의 세 종류로 제조한다.

29. 주 조종면에 쓰이는 케이블의 굵기는?

① 1×7 케이블
② 7×7 케이블
③ 1×19 케이블
④ 7×19 케이블

해설 7×19 케이블은 충분한 유연성이 있고, 특히 작은 지름의 풀리(pulley)에 의해 구부러져 있을 때에는 굽힘 응력에 대한 피로에 잘 견디는 특성이 있다. 초가요성 케이블이라 하며 케이블 지름이 3/8인치 이상으로 주 조종계통에 사용된다.

정답 28. ② 29. ④

30. 블라인드 리벳(blind rivet)에 대한 설명 중 틀린 것은?

① 구조물의 양쪽에 접근 불가능한 곳에 사용된다.
② 강도를 받지 않는 비구조 부분에 널리 사용된다.
③ 버킹 바의 사용이 불가능한 곳에 사용된다.
④ 솔리드 생크 리벳보다 중량이다.

해설 항공기에는 리벳 작업을 위해 구조물이나 부품의 양쪽에서 접근하는 것이 불가능하거나, 버킹 바(bucking bar)의 사용이 불가능한 곳이 많이 있다. 또한, 항공기 내부 장식, 바닥(flooring), 제빙 부츠(deicing boots)와 같이 강도가 큰 솔리드 생크 리벳을 사용하지 않아도 될 비구조 부분도 많이 있다. 이런 곳에 사용하기 위해 특수 리벳이 개발되었다. 이런 리벳은 사용 목적을 만족시킴에도 불구하고 솔리드 생크 리벳보다 경량이다. 이런 리벳은 몇몇 제조사에서 생산하고 있으며, 독특한 특성을 가지고 있어서 특수한 장착 공구나 특수한 장착절차를 필요로 한다. 이런 이유에서 특수 리벳이라고 부른다. 이 리벳들은 때로는 숍 헤드(shop head)를 볼 수 없는 장소에서 사용되기 때문에, "블라인드 리벳(blind rivet)"이라고도 부른다.

31. 턴 버클이 안전하게 잠겨진 상태를 설명한 것으로 옳은 것은?

① 나사가 3개 이상 보여서는 안 된다.
② 나사가 전혀 나오지 않게 잠겨야 한다.
③ 케이블을 장착하고 턴 버클을 2회만 잠그면 된다.
④ 배럴 중앙부에 양측에서 결합된 부분이 서로 닿도록 잠가야 한다.

해설 턴 버클(turn buckle)이 안전하게 잠겨진 것을 확인하기 위한 검사 방법은 나사산이 3개 이상 배럴 밖으로 나와 있으면 안 된다. 턴 버클이 적절히 조절된 후에는 생크 주위로 와이어를 5~6회(최소 4회) 감아 안전결선을 한다.

32. 케이블이 절단되었는지 확인하는 방법은?

① 현미경으로 자세히 관찰한다.
② 헝겊으로 케이블을 감싸서 닦으며 확인한다.
③ 돋보기를 이용하여 검사한다.
④ 눈으로 케이블을 검사한다,

해설 케이블 검사방법

1. 케이블의 와이어에 부식, 마멸, 잘림 등이 없는지 검사한다.
2. 와이어의 잘린 선을 검사할 때는 헝겊으로 케이블을 감싸서 다치지 않도록 주의하여 검사한다.
3. 풀리나 페어리드와 접촉하는 부분을 세밀히 검사한다.
4. 7×19 케이블은 1인치당 6가닥 이상, 7×7 케이블은 1인치당 3가닥 이상이 절단되면 교환한다.

정답 30. ④ 31. ① 32. ②

33. **안전결선(safety wire)에 대한 설명 중 옳지 않은 것은?**

① 넓은 간격으로 있는 볼트를 복선식으로 안전결선 할 때, 연속으로 할 수 있는 최대 수는 3개이다.

② 밀접한 간격으로 있는 볼트를 안전결선 할 때, 연속으로 안전결선 할 수 있는 와이어의 최대 길이는 24인치이다.

③ 안전작업 와이어 구멍을 적당한 위치로 맞추기 위해 조이거나 토크(torque) 작업이 완료된 너트를 풀어서 맞춘다.

④ 와이어는 만약 볼트나 스크루가 풀어지려 할 때, 와이어에 가해진 힘이 조이려는 방향으로 향하도록 배열시킨다.

해설 머리에 구멍이 있는 볼트, 스크루 또는 다른 부품이 함께 모여 있을 때, 개별적으로 안전결선 하는 것보다는 연속으로 하는 것이 더욱 편리하다. 함께 안전결선하게 되는 너트, 볼트 또는 스크루의 수는 상황에 따라 다르다. 넓은 간격으로 있는 볼트를 복선식으로 안전결선 할 때, 연속으로 할 수 있는 최대 수는 3개이다. 밀접한 간격으로 있는 볼트를 안전결선 할 때, 연속으로 안전결선 할 수 있는 와이어의 최대 길이는 24인치이다. 와이어는 만약 볼트나 스크루가 풀어지려 할 때, 와이어에 가해진 힘이 조이려는 방향으로 향하도록 배열시킨다. 안전결선 하고자 하는 부품은 안전결선 작업을 시도하기 전에 규정된 토크 범위 내에서 구멍이 적당한 위치에 오도록 조절한다. 안전작업 와이어구멍을 적당한 위치로 맞추기 위해 과도하게 조이거나 토크(torque)작업이 완료된 너트를 풀어서는 절대로 안 된다.

정답 33. ③

정비 일반

Chapter 10

항공기 세척과 부식 방지처리

1. 부식의 양상에 대한 설명 중 맞는 것은?

① 알루미늄은 검정가루 형태의 부착물로 나타난다.
② 구리는 녹색을 띤 피막 형태로 나타난다.
③ 철 금속에서는 회색 가루 형태의 부착물로 나타난다.
④ 마그네슘은 불그스레한 부식의 형태로 나타난다.

해설 부식의 양상은 금속의 종류에 따라 차이가 있다. 알루미늄 합금과 마그네슘의 표면에서는 움푹 팸 (pitting), 표면의 긁힘 (etching) 형태로 나타나고 가끔 회색 또는 흰색 가루 모양의 파우더 형태의 부착물로 나타난다. 구리와 구리 합금 재료는 녹색을 띤 피막 형태로 나타나며, 철금속에서는 녹처럼 보이는 불그스레한 부식의 형태로 나타난다. 부식의 형태가 나타나는 부분의 부착물들을 제거하면 움푹 패인 형태를 확인할 수 있는데 그 부식의 흔적은 구성품의 취약한 부분으로 남아 있으며 결국 파단의 형태로 진전될 수 있다.

2. 알루미늄 부식현상으로 맞는 것은?

① 흰색 가루가 발생한다.
② 녹색 피막이 발생한다.
③ 검정색 피막이 발생한다.
④ 붉은색 피막이 발생한다.

해설 문제 1번 참조

3. 알루미늄을 전기 도금한 금속 표면에 생긴 조그마한 손상은 어떻게 처리하는가?

① 불림 처리한다.
② 연화 처리를 한다.
③ 화학적 처리한다.
④ 담금질한다.

해설 부식의 제거
㉠ 기계적인 방법 : 연마제, 와이어 브러시, 연삭기 등을 사용하여 제거하는 방법
㉡ 화학적 방법 : 화학 약품 처리를 하여 제거하는 방법

정답 1. ② 2. ① 3. ③

4. 부식의 형태에서 이질금속 간 부식(galvanic corrosion)을 올바르게 설명한 것은 어느 것인가?

① 인장 응력과 부식이 동시에 작용하여 일어나는 것이다.
② 서로 다른 두 금속이 접촉할 때 습기로 인하여 외부 회로가 생겨서 일어나는 부식이다.
③ 알루미늄 합금이나 마그네슘 합금 그리고 스테인리스강의 표면에 발생하는 보통 부식이다.
④ 세척용 화학용품 등의 화학작용에 의하여 생기는 부식이다.

해설 부식의 종류

㉠ 표면 부식(surface corrosion) : 제품 전체의 표면에서 발생하여 부식 생성물인 침전물을 보이고 홈이 나타나는 부식이다. 또 부식이 표면 피막 밑으로 진행됨으로써 피막과 침전물의 식별이 곤란한 경우도 있는데 이러한 부식은 페인트나 도금층이 벗겨지게 하는 원인이 되기도 한다.

㉡ 이질금속 간 부식(galvanic corrosion) : 서로 다른 두 가지의 금속이 접촉되어 있는 상태에서 발생하는 부식이다. 따라서 이질 금속을 사용할 경우에 금속 사이에 절연 물질을 끼우거나 도장처리를 하여 부식을 방지하도록 해야 한다.

그룹 Ⅰ	마그네슘과 마그네슘 합금, 알루미늄 합금 1100, 5052, 5056, 6063, 5356, 6061
그룹 Ⅱ	카드뮴, 아연, 알루미늄과 알루미늄 합금(그룹 Ⅰ의 알루미늄 합금을 포함한다.)
그룹 Ⅲ	철, 납, 주석 이것들의 합금(내식강은 제외)
그룹 Ⅳ	크롬, 니켈, 티타늄, 은, 내식강, 그래파이트, 구리와 구리 합금, 텅스텐

같은 그룹 내의 금속끼리는 부식이 잘 일어나지 않는다. 그러나 다른 그룹끼리 접촉 시 부식이 발생한다.

㉢ 입자 간 부식(intergranular corrosion) : 금속 재료의 결정 입계에서 합금 성분의 불균일한 분포로 인하여 발생하는 부식으로 알루미늄 합금, 강력 볼트용 강, 스테인리스강 등에서 발생한다. 합금 성분의 불균일성은 응고 과정, 가열과 냉각, 용접 등에 의해서 발생할 수 있다. 재료 내부에서 주로 발생하므로 기계적 성질을 저하시키는 원인이 되며 심한 경우에는 표면에 돌기가 나타나고 파괴까지 진행될 수가 있다.

㉣ 응력 부식(stress corrosion) : 강한 인장 응력과 부식 환경 조건이 재료 내에 복합적으로 작용하여 발생하는 부식이다. 주로 발생하는 금속 재료는 알루미늄 합금, 스테인리스강, 고강도 철강 재료이다.

㉤ 마찰 부식(fretting corrosion) : 서로 밀착된 부품 사이에서 아주 작은 진동이 발생하는 경우에 접촉 표면에 홈이 발생하는 부식이다.

정답 4. ②

5. 강한 인장 응력과 적당한 부식 조건과의 복합적인 영향으로 발생하는 부식은 무엇인가?

① 표면 부식 ② 입자 간 부식
③ 응력 부식 ④ 마찰 부식

해설 문제 4번 참조

6. 부식방지 처리방식에서 양극 산화 처리(anodizing)를 올바르게 설명한 것은?

① 어떤 고체 재료의 표면상에 용융 금속을 분사하는 방법이다.
② 알루미늄이나 그 합금 재료의 표면상에 산화 피막을 인공적으로 생성시키는 것이다.
③ 알로다인을 사용하여 부식 저항을 증가시키는 간단한 화학처리이다.
④ 화학적, 전기적 방식에 의해 금속을 도금하는 것이다.

해설 양극 산화 처리(anodizing) : 금속 표면에 내식성이 있는 산화 피막을 형성시키는 방법을 말하며 황산, 크롬산 등의 전해액에 담그면 양극에 발생하는 산소에 의해 양극의 금속 표면이 수산화물 또는 산화물로 변화되고 고착되어 부식에 대한 저항성을 증가시킨다. 그리고 알루미늄 합금에 이 처리를 실시하면 페인트칠을 하기 좋은 표면으로 된다.

정답 5. ③ 6. ②

정비 일반

Chapter 11 유체 라인과 피팅

1. 튜브 절단기로 튜브 절단 시 교환할 튜브보다 굽힐 때 길이 변화를 고려하여 몇 % 더 길게 절단해야 하는가?

① 5 % ② 10 % ③ 15 % ④ 20 %

해설 새 튜브를 자를 때에는 교환할 튜브보다 약 10% 더 길게 잘라야 한다. 이것은 튜브를 구부릴 때 길이가 변화하기 때문이다.

2. 배관을 구부릴 때 바깥지름이 원래 관의 지름에 비해 어느 것보다 적으면 안 되는가?

① 45 % ② 50 % ③ 75 % ④ 90 %

해설 굽힘에 있어 미소한 평평해짐은 무시하나 만곡 부분에서 처음 바깥지름의 75% 보다 작아져서는 안 된다.

3. 알루미늄 튜브의 플레어(flare) 종류 중 이중 플레어(double flare)의 장점은?

① 싱글 플레어보다 밀폐 성능이 나쁘다. ② 전단력으로 인해 손상되기 쉽다.
③ 제작이 쉽다. ④ 전단력으로 인한 손상이 적다.

해설 더블 플레어는 싱글 플레어보다 더 매끈하고 동심이어서 훨씬 밀폐 성능이 좋고 토크의 전단 작용에 대한 저항력이 크다.

4. 튜브와 호스에 대한 설명 중 틀린 것은?

① 튜브의 바깥지름은 분수로 나타낸다. ② 호스는 안지름으로 나타낸다.
③ 진동이 많은 곳에는 튜브를 사용한다. ④ 움직이는 부분에 호스를 사용한다.

해설 튜브의 호칭 치수는 바깥지름(분수)×두께(소수)로 나타내고 상대운동을 하지 않는 두 지점 사이의 배관에 사용된다. 호스의 호칭 치수는 안지름으로 나타내며, 1/16인치 단위의 크기로 나타내고 운동 부분이나 진동이 심한 부분에 사용한다.

정답 1. ② 2. ③ 3. ④ 4. ③

5. 그림과 같은 식별 테이프가 붙어있는 항공기 계통은?

BREATHING

BREATHING

① 산소 계통
② 유압 계통
③ 연료 계통
④ 전기 계통

해설 유체 라인의 식별표시

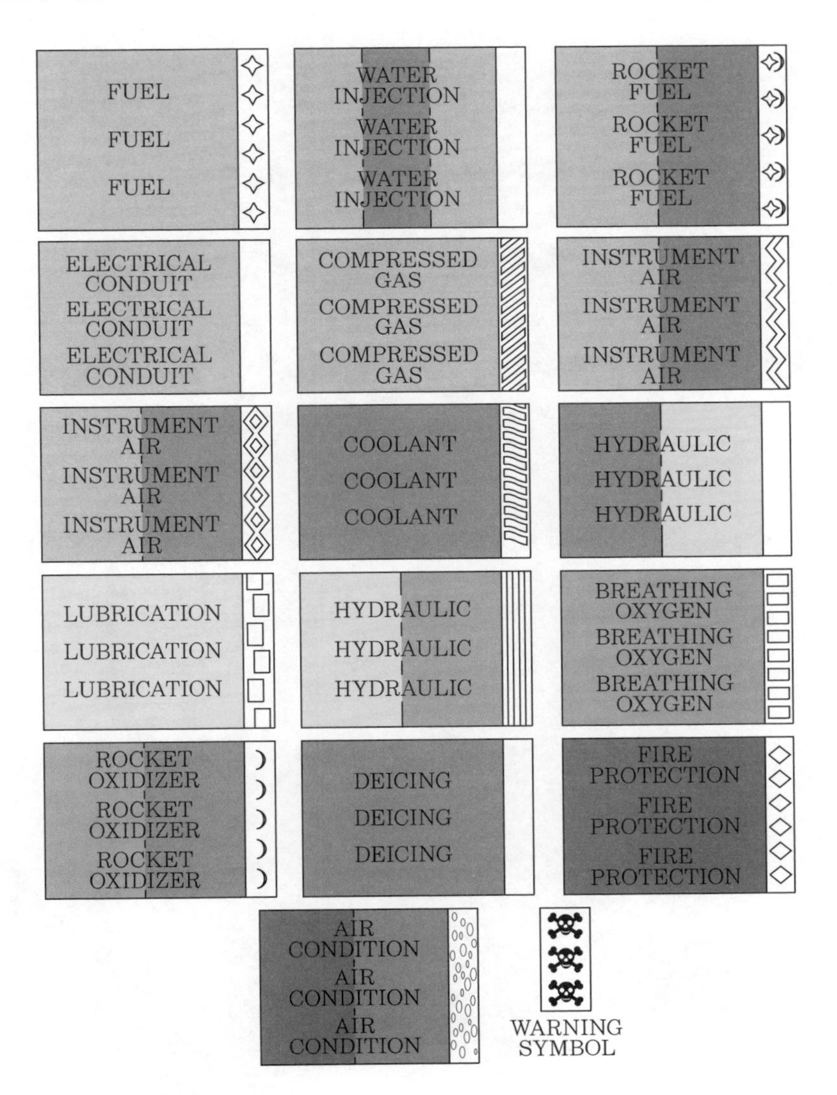

정답 5. ①

6. 호스 장착 상태로 맞는 것은?

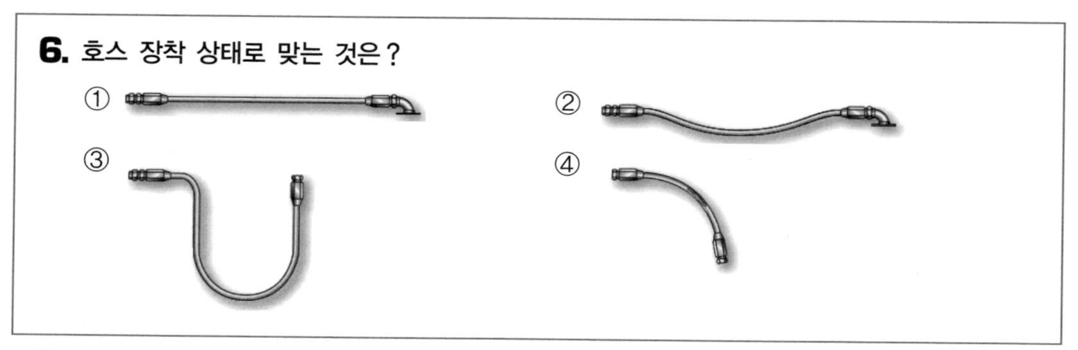

해설 호스의 장착 방법

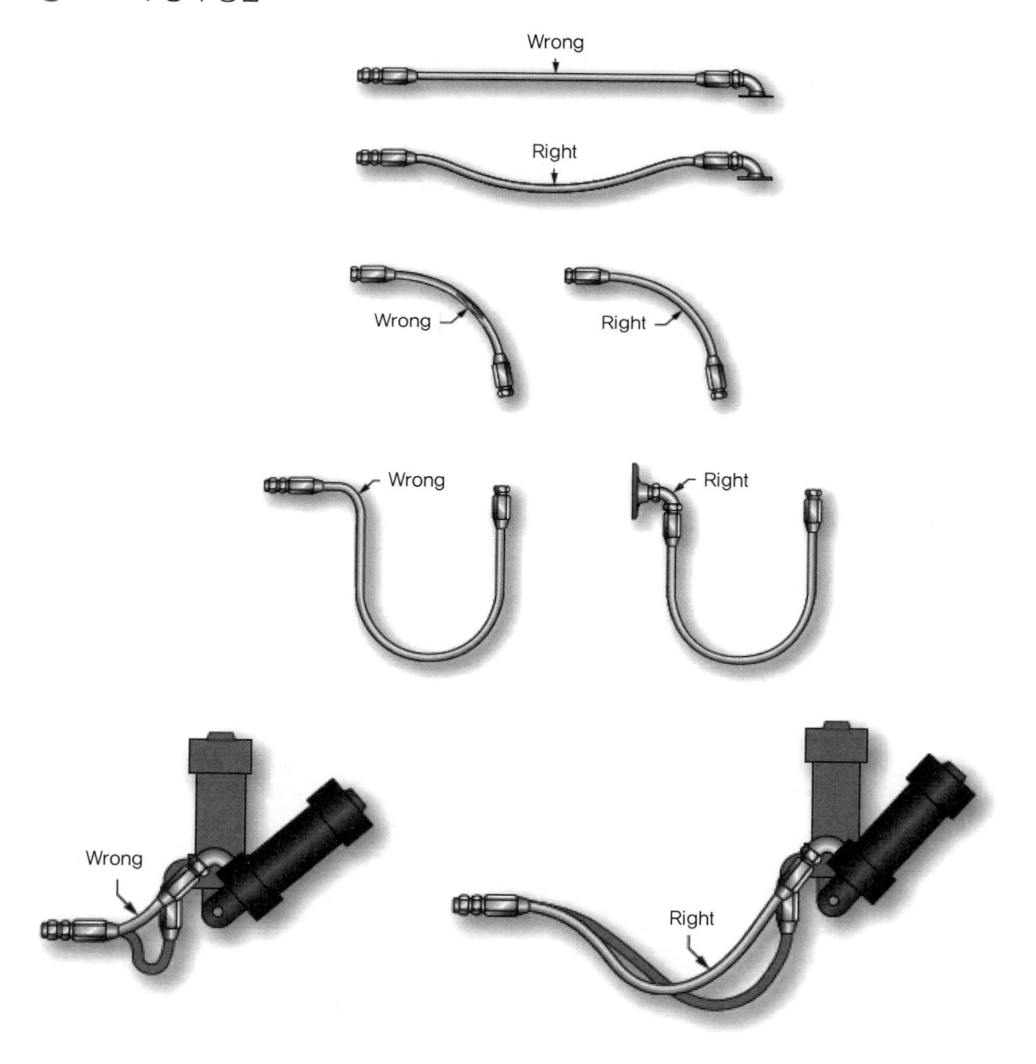

정답 6. ②

㉠ 느슨함(slack) : 호스 어셈블리는 호스에 기계적인 로드(load)가 발생할 경우 일반적으로 장착하면 안 된다. 연성 호스를 장착할 때는 압력을 가하고 발생할 수 있는 길이 변화를 보상하기 위한 총길이의 5~8%의 튜브 길이의 여유 길이, 느슨함을 제공하여야 한다. 연성 호스에 압력이 가해지면 길이가 수축하고 지름이 확장된다.

㉡ 휨(flex) : 호스 어셈블리가 심한 진동 또는 휨을 받을 때 휘지 않는 피팅(rigid fitting) 사이에 충분한 느슨함이 있어야 한다. 엔드 피팅에서 휨이 발생하지 않도록 호스를 장착하여야 한다. 호스는 적어도 엔드 피팅으로부터 호스 지름의 2배 정도는 직선을 이루고 있어야 한다.

㉢ 꼬임(twisting) : 호스의 파열 가능성을 피하거나 장착된 너트의 풀림을 방지하기 위해 호스를 꼬임 현상 없이 장착해야만 한다. 한쪽 끝이나 양쪽 끝에 스위블(swivel)을 사용한다면 꼬임 스트레스를 경감시킬 수 있을 것이다. 꼬임은 호스의 표면에 길이 방향으로 표시된 라인의 상태를 보고 결정할 수 있다. 이 라인은 호스의 주면을 휘감지 않아야 한다.

㉣ 굽힘(bending) : 호스 어셈블리에서 급격한 굽힘을 피하기 위해 엘보 피팅, 엘보 타입 엔드 피팅과 호스, 적당한 굽힘 반지름을 사용한다. 급격한 굽힘은 휘어지는 호스의 파열 압력을 호스의 정격값 이하로 감소시킬 것이다.

㉤ 간격(clearance) : 호스 어셈블리는 모든 작동 조건에서 다른 튜브, 장비와 인접한 구조물에 닿지 않아야 한다. 연성 호스는 작동 조건에서 조금은 유동적으로 움직일 수 있도록 장착되어 있으며 적어도 24 inch마다 클램프 등과 같은 지지대를 장착하여 고정되어져야 한다. 가능하다면 좀 더 촘촘하게 고정시키는 것을 권고한다.

정비 일반

Chapter 12 일반 공구와 측정 공구

1. 해머와 같은 목적으로 사용되며 타격 부위에 손상을 주지 않아야 할 작업에 사용되는 공구는?
① 탭(tap) ② 맬릿(mallet) ③ 스패너(spanner) ④ 리머(reamer)

해설 맬릿(mallet) : 히코리나무(hickory), 생가죽 또는 고무로 머리가 만들어졌으며 얇은 금속 판재 끝부분의 급격한 구김 또는 찍힘 등이 발생하지 않도록 가공하는 데 편리하다.

2. 원통 모양 부품의 표면에 손상을 주지 않고 돌리기 위하여 사용하는 공구는?
① 스트랩 렌치(strap wrench)
② 조절 렌치(adjustable wrench)
③ 소켓 렌치(socket wrench)
④ 크로우 풋 렌치(crow foot wrench)

해설 튜브, 호스, 피팅, 라운드 또는 불규칙한 모양의 부품들은 가능하면 약하게 조립되고, 기능을 충분하게 유지할 수 있어야 한다. 플라이어 또는 다른 그리핑 공구(gripping tool)는 부품을 쉽게 고장낼 수 있다. 공간 안에서 부품을 잡아주는 그립이 필요하거나 제거를 손쉽게 하기 위해 회전시키는 것이 필요하다면 플라스틱으로 쌓여진 천으로 만들어진 스트랩 렌치를 사용한다.

3. 일반적인 스크루 드라이버는 최소한 스크루 홈의 몇 % 이상 채워지지 않으면 안되는가?
① 65% ② 75% ③ 85% ④ 95%

해설 일반적으로 스크루 드라이버를 사용할 때에는 스크루를 돌려주기에 편리하도록 헤드에 딱 맞는 가장 큰 스크루 드라이버를 선택하도록 한다. 일반적인 스크루 드라이버는 적어도 스크루 홈의 75%를 채우도록 한다. 만약 스크루 드라이버의 크기 선택을 잘못한다면 스크루 헤드의 홈을 자르거나 갉아먹어 스크루를 쓸모없게 만든다. 스크루 드라이버 블레이드(blade)의 부적당한 크기는 사용 시 미끄러짐이 발생하고 인접한 구조물 부분의 손상을 유발한다.

정답 1. ② 2. ① 3. ②

4. 마이크로미터(micrometer)의 종류에 속하지 않는 것은?

① 깊이 측정 마이크로미터 ② 나사산 마이크로미터
③ 외측 마이크로미터 ④ 다이얼 게이지

해설 마이크로미터(micrometer) : 외측 마이크로미터, 내측 마이크로미터, 깊이 측정 마이크로미터, 나사산 마이크로미터 등 네 가지 종류의 마이크로미터가 있다. 마이크로미터는 0~1/2 inch, 0~1 inch, 1~2 inch, 2~3 inch, 3~4 inch, 4~5 inch 또는 5~6 inch 등 다양한 사이즈 안에서 하나를 선택해서 사용 가능하다. 다이얼 게이지 사용의 대표적 예는 축의 굽힘이나 튀어나온 정도를 측정하는 것이다.

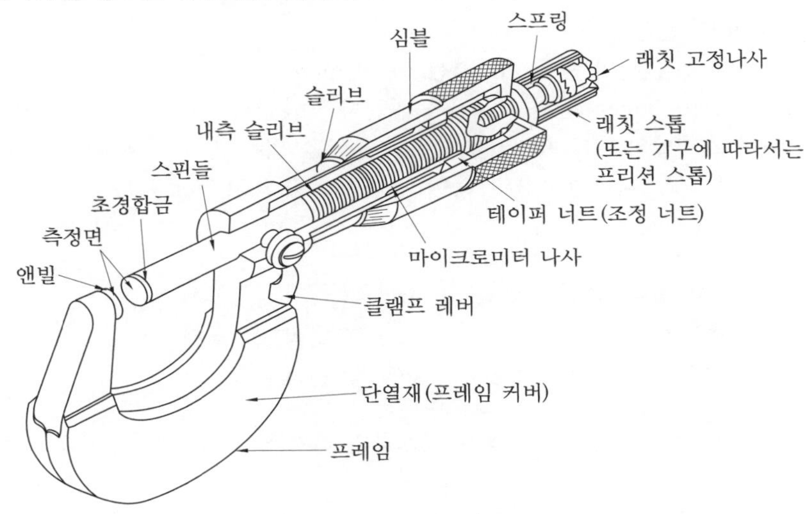

5. 마이크로미터를 좋은 상태로 유지하고 측정값의 정확도를 높이려면 다음을 준수해야 하는데 가장 관계가 먼 것은?

① 마이크로미터를 보관할 때에는 앤빌과 스핀들 사이가 맞닿게 하여 흔들림을 방지한다.
② 마이크로미터 스크루는 블록 게이지를 사용하여 정기적으로 점검한다.
③ 마이크로미터 스핀들을 돌릴 때 무리한 힘을 가하지 않는다.
④ 마이크로미터 심블을 잡고 프레임을 돌리면 스크루가 마멸되므로 주의한다.

해설 마이크로미터(micrometer) 취급 시 주의사항

1. 온도 변화에 민감하므로 측정 장소의 온도가 일정해야 한다.
2. 스핀들을 돌릴 때 무리하게 힘을 가해서는 안 된다.
3. 바닥에 떨어뜨려서는 안 된다.
4. 사용 후에는 항상 깨끗이 닦아 나무상자에 보관해야 하고, 앤빌과 스핀들이 서로 밀착되지 않도록 하여야 한다.

정답 4. ④ 5. ①

6. 측정범위가 0~1inch인 마이크로미터의 측정값은 얼마인가?

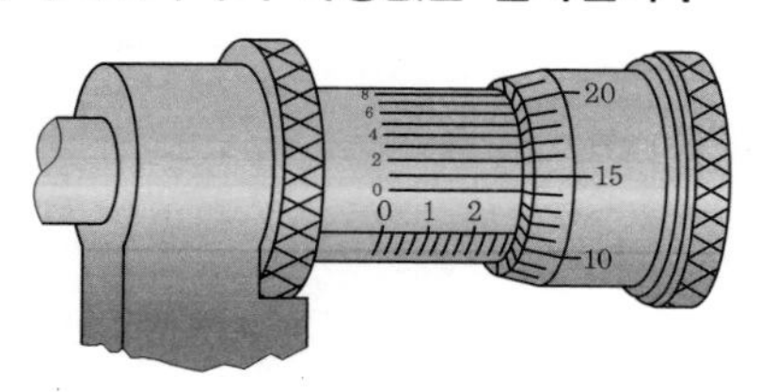

① 0.2911 ② 0.2901
③ 0.2851 ④ 0.2886

해설 마이크로미터의 눈금 읽기

1. 슬리브의 눈금을 읽는다. 여기서는 0.275 inch
2. 심블의 1/1000 inch 단위의 눈금을 읽는다. 여기서는 10을 지나서 0.010 inch
3. 버니어 스케일의 1/10000 inch 단위의 눈금을 읽는다. 여기서는 1로서 0.0001 inch
4. 측정값을 모두 더하면 0.275+0.010+0.0001=0.2851 inch

7. 다음 중 버니어 캘리퍼스로 측정할 수 없는 것은?

① 안지름 측정 ② 바깥지름 측정
③ 깊이 측정 ④ 편심 측정

해설 버니어 캘리퍼스는 측정하고자 하는 측정물의 안지름, 바깥지름, 깊이를 측정한다.

8. 다이얼 게이지로 측정할 수 없는 것은?

① 평면이나 원통의 고른 상태 ② 나사의 지름
③ 기어의 흔들림 ④ 축의 편심 상태

해설 다이얼 게이지 사용의 대표적 예는 축의 굽힘이나 튀어나온 정도를 측정하는 것이다. 만약 굽힘이 의심된다면 그 부품은 기계 가공된 한 쌍의 V-블록 위에 올려져 회전시킬 수 있다. 다이얼 게이지가 테이블 스탠드에 기계적으로 고정되어 있고 게이지의 프로브가 측정물의 표면에 가볍게 접촉하도록 위치시킨다. 다이얼 게이지의 바깥쪽 링을 바늘이 '0'을 가리킬 때까지 회전시켜 zero 세트시킨다. 측정물을 V-블록 위에서 회전시키면서 굽힘 정도나 튀어나온 정도를 다이얼에 있는 바늘의 흔들림으로 확인한다. 흔들림의 정도가 측정물의 튀어나온 정도가 된다. 또 다른 다이얼 게이지의 일반적인 사용법은 브레이크 디스크처럼 회전 부품의 휨을 점검하는 것이다. 경우에 따라 브레이크가 항공기에 장착된 상태에서 구조부의 움직이지 않는 부분에 다이얼 게이지의 베이스를 고정시켜서 수행될 수 있다.

정답 6. ③ 7. ④ 8. ②

정비 일반

Chapter 13 안전, 지상 취급과 서비스 작업

1. 물질안전보건자료(MSDS)의 설명 중 틀린 것은?

① Material Safety Data Sheet의 약어이다.

② MSDS란 화학물질의 유해, 위험성, 구성 성분의 명칭 및 함유량, 응급조치요령, 취급방법 등을 설명해 주는 자료를 말한다.

③ 작업장에서 사용하는 화학물질을 담은 용기 및 포장에는 경고표지를 부착하여야 하며, 경고표지에 들어갈 내용은 명칭, 그림문자, 신호어, 유해 · 위험문구, 예방조치 문구 및 공급자 정보 등이 포함되어야 한다.

④ 화학물질을 소분용기에 덜어서 사용하는 경우 소분용기에 경고표지를 부착하지 않아도 되며, 작업공정별 관리요령을 준수하면서 작업하여야 한다.

해설 MSDS는 Material Safety Data Sheet의 약어로 우리말로는 '물질안전보건자료'라고 한다. 우리가 의약품을 구입하면 그 성분 및 함량, 효능, 부작용 등을 알려주는 설명서가 있듯이 화학제품의 안전한 사용을 위한 정보자료가 바로 MSDS라 할 수 있다.

화학물질을 취급하는 작업장에서는 화학물질별로 한글로 작성된 MSDS를 구비하여 작업자가 쉽게 볼 수 있는 장소에 게시하거나 비치하여야 하며, MSDS를 참고하여 화학물질을 취급하는 작업공정별로 관리요령을 게시하여야 한다. 또한, 작업장에서 사용하는 화학물질을 담은 용기 및 포장에는 경고표지를 부착하여야 하며, 경고표지에 들어갈 내용은 명칭, 그림문자, 신호어, 유해 · 위험문구, 예방조치 문구 및 공급자 정보 등이 포함되어야 한다.

아울러, 화학물질을 취급하는 작업자는 사용하는 화학물질에 대하여 취급하기 전에 해당 화학물질의 유해성 · 위험성, 취급상의 주의사항, 적절한 보호구 및 사고 발생 시 대처방법 등에 대한 MSDS 교육을 반드시 이수하여야 하고, 화학물질을 소분용기에 덜어서 사용하는 경우 소분용기에 경고표지를 부착하여야 하며, 작업공정별 관리요령을 준수하면서 작업하여야 한다.

또한, 화학물질을 취급하기 전에 MSDS에서 제시한 적절한 개인보호구를 착용하여야 하고, 화학물질 취급으로 건강 이상이 발생하는 경우에는 사업주에게 즉시 보고하여 조치를 받아야 한다.

정답 1. ④

2. 전기가 원인이 되어 일어나는 화재는 어디에 속하는가?

① A급 화재　　② B급 화재
③ C급 화재　　④ D급 화재

해설 화재의 분류

㉠ A급 화재(class A fires) : A급 화재는 연소 후 재를 남기는 화재로서 나무, 섬유 및 종이 등과 같은 인화성 물질에서 발생하는 화재이다.

㉡ B급 화재(class B fires) : B급 화재는 가연성 액체 또는 인화성 액체인 그리스(grease), 솔벤트(solvent), 페인트(paint) 등의 가연성 석유제품에서 발생하는 화재이다.

㉢ C급 화재(class C fires) : C급 화재는 전기에 의한 화재로서 전선 및 전기장치 등에서 발생하는 화재이다.

㉣ D급 화재(class D fires) : D급 화재는 활성금속에 의한 화재로 정의된다. 일반적으로 D급 화재는 마그네슘(magnesium) 또는 항공기 휠(wheel)과 제동장치에 연루되거나 작업장에서 부적절한 용접작업 등에 의해 발생한다.

3. B급 화재에 사용이 바람직하지 못한 소화기는?

① 물 소화기　　② 이산화탄소 소화기
③ 할로겐화탄화수소 소화기　　④ 분말 소화기

해설 소화기의 종류

㉠ 물 소화기(water extinguisher) : A급 화재에 가장 적합하다. 물은 연소에 필요한 산소를 차단하고, 가연물을 냉각시킨다. 대부분 석유제품은 물에 뜨기 때문에 B급 화재에 물 소화기 사용은 바람직하지 않다. 전기적인 화재에 물 소화기를 사용할 경우에는 세심한 주의가 요구된다. D급 화재에 물 소화기를 사용해서는 절대로 안 된다. 금속은 매우 높은 고온에서 연소하므로 물의 냉각효과는 금속의 폭발을 유발할 수 있다.

㉡ 이산화탄소(CO_2, carbon dioxide, extinguisher) 소화기 : 가스의 질식작용에 의하여 소화되기 때문에 A급, B급 및 C급 화재에 사용한다. 또한 물 소화기처럼 이산화탄소는 가연물을 냉각시킨다. D급 화재에는 이산화탄소 소화기를 절대로 사용해서는 안 된다. 물 소화기처럼 이산화탄소(CO_2)의 냉각효과는 고온 금속의 폭발을 유발하기 때문이다.

㉢ 할로겐화탄화수소(halogenated hydrocarbon) 소화기 : B급과 C급 화재에 가장 효과적이다. 일부 A급 화재와 D급 화재에도 사용할 수 있지만 효과적이지는 못하다.

㉣ 분말 소화기 : B급 화재와 C급 화재에도 사용 가능하지만 D급 화재에 가장 효과적이다. 중탄산칼륨나트륨, 인산염 등을 화학적으로 특수 처리하여 분말 형태로 소화 용기에 넣어 가압 상태에서 보관되어 있으므로 소화기 사용 후 잔류분말이 민감한 전자 장비 등에 손상을 줄 수 있기 때문에 금속화재를 제외한 항공기 사용에는 권고되지 않는다.

정답 2. ③　3. ①

4. 항공기가 계류 시 바람이 불 때 가능한 작업은?

① lifting ② jacking ③ leveling ④ mooring

해설 항공기가 계류 시 갑작스런 강풍으로부터 파손을 방지하기 위하여 로프 등으로 고정시키는 것을 mooring이라 한다.

5. 항공기 견인작업 시 틀린 것은?

① 항공기 제동장치는 긴급한 경우를 제외하고 견인하는 동안에 절대로 작동시키지 말아야 한다.
② 비상시 제동장치 작동을 위한 유자격자를 조종석에 배치한다.
③ 주변이 복잡할 때 양날개 끝에 한 명씩 배치한다.
④ 견인작업 완료 후 토 바(tow bar)를 제거하고 앞바퀴에 고임목을 설치한다.

해설 견인작업 시 주의사항

1. 최소 인원은 5명 이상으로 구성한다. (조종실, 날개 감시자 2명, 토잉카 운전자, 토잉 총책임자) (후방감시자는 급회전이 요구되거나 항공기가 후방으로 진행할 경우에 배치)
2. 견인차(towing vehicle)는 규정속도를 준수한다.
3. 유자격자만이 항공기 견인 팀(towing team)을 지휘한다.
4. 견인차(towing vehicle) 운전자는 안전한 방식으로 차량을 운전하고, 감시자의 비상 정지 지시에 따라야 한다. 견인 감독자는 날개 감시자(wing walker)를 배치하고, 날개 감시자는 항공기의 경로에 있는 장해물로부터 적절한 여유 공간을 확보할 수 있는 위치에서 각 날개 끝에 배치되어야 한다. 후방 감시자는 급회전이 요구되거나 항공기가 후방으로 진행할 경우에 배치한다.
5. 유자격자가 조종실의 좌석에 앉아서 항공기 견인을 감시하고 필요 시 제동장치를 작동한다.
6. 항공기에 배치된 사람은 토 바(tow bar)가 항공기에 부착되어 있을 때 앞바퀴를 조향시키거나 돌려서는 안 된다.
7. 여하한 일이 있어도 항공기의 앞바퀴와 견인차 사이에서 걷거나 타고 가는 행위는 어느 누구든지 허락해서는 안 될 뿐만 아니라 이동하는 항공기의 외부에 올라타거나 또는 견인차에 타서도 안 된다.
8. 견인작업 중에 발생 가능한 사람의 상해와 항공기 손상을 피하기 위해 출입구는 닫아야 하며, 사다리는 접어 넣고, 기어다운 잠금이 장치되어야 한다.
9. 안전성을 증가시키기 위해 항공기 제동장치는 긴급한 경우를 제외하고 견인하는 동안에 절대로 작동시키지 말아야 한다.
10. 견인작업 완료 후에는 안전을 위해 앞바퀴에 고임목을 하고 토 바(tow bar)를 제거한다.
11. 고임목은 반드시 주기된 항공기의 주 착륙장치의 앞쪽과 뒤쪽에 고여야 한다.

정답 4. ④ 5. ④

6. 항공기 유도신호 중 비상 정지는 어느 것인가?

①

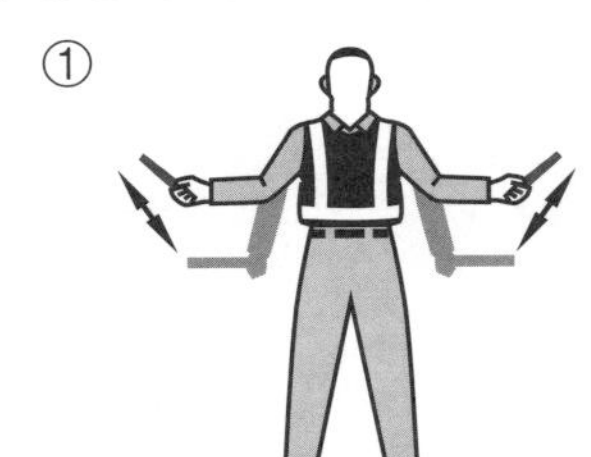

②

③

④

해설 항공기 유도신호

1. 서행

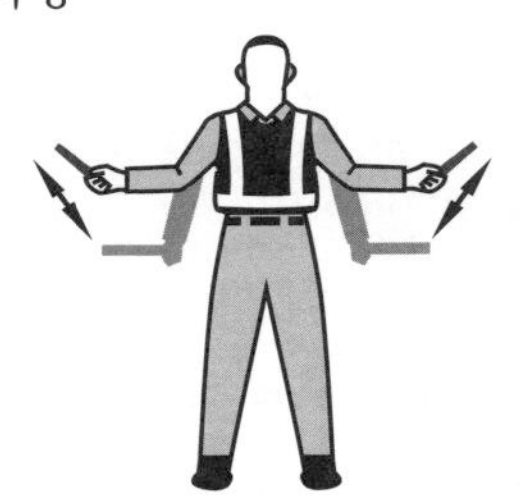

2. 정지

3. 비상 정지

4. 엔진 정지

정답 6. ③

정비 일반

Chapter 14

검사 원리

1. 항공기 부품을 확인하는 데 사용되는 도해 목록은?

① AMM ② O/M ③ IPC ④ SRM

해설 항공기 기술도서

㉠ 항공기 정비 매뉴얼(Aircraft Maintenance Manual, AMM) : 항공기에 장착된 모든 계통과 장비품의 정비를 위한 사용 설명서를 포함하고 있다. 장착된 장비품과 부품, 계통이 장착되어 있는 오버홀을 제외한 정비할 내용이 기술되어 있다.

㉡ 오버홀 매뉴얼(Overhaul Manual, O/M) : 항공기에서 장탈된 장품이나 부품에 대해 수행하는 정상적인 수리작업을 포함하여, 서술적인 오버홀 작업 정보와 상세한 단계별 오버홀 지침이 기술되어 있다. 오버홀이 오히려 비경제적인 스위치, 계전기(relay) 같은 간단하고 고가가 아닌 항목은 오버홀 매뉴얼에 포함되지 않는다.

㉢ 구조 수리 매뉴얼(Structural Repair Manual, SRM) : 1, 2차 구조물을 수리하기 위한 해당 구조물의 제작사 정보와 특별한 수리지침을 기술하고 있다. 외피, 프레임, 리브, 스트링거의 수리 방법, 필요 자재, 대체 자재, 특이한 수리 기법도 제시되어 있다.

㉣ 부품 도해 목록(Illustrated Parts Catalog, IPC) : 분해 순서로서 구조와 장비품의 구성 부품 내역을 기술하고 있다. 또한 항공기 제작사에 의해서 제작된 모든 부품과 장비품에 대한 분해조립도와 상세한 단면도가 제시되어 있다.

2. 다음 중 초음파 검사의 특징이 아닌 것은?

① 소모품이 없어 비용이 들지 않는다. ② 표준 시편이 필요 없다.
③ 위해 요소가 없다. ④ 균열과 같은 평면 검사에 적합하다.

해설 초음파 검사의 특징

㉠ 소모품이 거의 없으므로 검사비가 싸다.
㉡ 균열과 같은 평면적인 결함 검사에 적합하다.
㉢ 검사 대상물의 한쪽 면만 노출되면 검사가 가능하다.
㉣ 판독이 객관적이고, 재료의 표면 상태 및 잔류 응력에 영향을 받는다.
㉤ 검사 표준 시험편이 필요하다.

정답 1. ③ 2. ②

3. 다음 중 비파괴 검사의 특징으로 틀린 것은?
① 자분 탐상 검사는 자성체에만 가능하다.
② 초음파 검사는 표면 및 내부 결함 검출이 가능하다.
③ 육안 검사는 가장 빠르고 경제적인 비파괴 검사 방법이다.
④ 형광 침투 검사는 내부의 균열을 발견할 수 있다.

해설 비파괴 검사(non-destructive inspection)라 함은 검사 대상 재료나 구조물이 요구하는 강도를 유지하고 있는지 또는 내부 결함이 없는지를 검사하기 위하여 그 재료를 파괴하지 않고 물리적 성질을 이용하여 검사하는 방법을 말하며, 다음과 같은 종류가 있다.

㉠ 육안 검사(visual inspection) : 가장 오래된 비파괴 검사 방법으로서 결함이 계속해서 진행되기 전에 빠르고 경제적으로 탐지하는 방법이다. 육안 검사의 신뢰성은 검사자의 능력과 경험에 달려 있다. 눈으로 식별할 수 없는 결함을 찾는 검사에는 확대경이나 보어스코프(bore scope)를 사용한다.

㉡ 침투 탐상 검사(liquid penetrant inspection) : 육안 검사로 발견할 수 없는 작은 균열이나 결함을 발견하는 것이다. 금속, 비금속의 표면 결함 검사에 적용되고 검사 비용이 적게 든다. 주물과 같이 거친 다공성 표면의 검사에는 적합하지 못하다.

㉢ 자분 탐상 검사(magnetic particle inspection) : 표면이나 표면 바로 아래의 결함을 발견하는 데 사용하며 반드시 자성을 띤 금속 재료에만 사용이 가능하며 자력선 방향의 수직 방향의 결함을 검출하기가 좋다. 또한 검사 비용이 저렴하고 검사원의 높은 숙련이 필요 없다. 그러나 비자성체에는 적용이 불가하고 자성체에만 적용되는 단점이 있다.

㉣ 와전류 검사(eddy current inspection) : 변화하는 자기장 내에 도체를 놓으면 도체 표면에 와전류가 발생하는데 이 와전류를 이용한 검사 방법으로 철 및 비철 금속으로 된 부품 등의 결함 검출에 적용된다. 와전류 검사는 항공기 주요 파스너(fastener) 구멍 내부의 균열 검사를 하는 데 많이 이용된다.

㉤ 초음파 검사(ultrasonic inspection) : 고주파 음속 파장을 이용하여 부품의 불연속 부위를 찾아내는 방법으로 높은 주파수의 파장을 검사하고자 하는 부품을 통해 지나게 하고 역전류 검출판을 통해서 반응 모양의 변화를 조사하여 불연속, 흠집, 튀어나온 상태 등을 검사한다. 초음파 검사는 소모품이 거의 없으므로 검사비가 싸고 균열과 같은 평면적인 결함을 검출하는 데 적합하다. 검사 대상물의 한쪽 면만 노출되면 검사가 가능하다. 초음파 검사는 표면 결함부터 상당히 깊은 내부의 결함까지 검사가 가능하다.

㉥ 방사선 검사(radio graphic inspection) : 기체 구조부에 쉽게 접근할 수 없는 곳이나 결함 가능성이 있는 구조 부분을 검사할 때 사용된다. 그러나 방사선 검사는 검사 비용이 많이 들고 방사선의 위험 때문에 안전 관리에 문제가 있으며 제품의 형상이 복잡한 경우에는 검사하기 어려운 단점이 있다. 표면 및 내부의 결함 검사가 가능하다.

정답 3. ④

Chapter 15 인적 요인

1. 다음 중 SHELL 모델에 대한 설명으로 맞지 않는 것은?

① KLM 항공사의 기장 출신 Frank Hawkins가 조종사와 항공기 운항 사이에 상호작용하는 요소들의 관계를 표현한 모델이다.
② SHELL 모델은 인간과 제반 관련 요인들 간의 최적화를 강조한다.
③ SHELL 모델은 제반 관련 요인들 간의 관계를 위계적으로 설명하고 있다.
④ SHELL 모델은 미국의 심리학 교수인 Elwyn Edward가 고안한 SHELL 모델에 기반을 두고 있다.

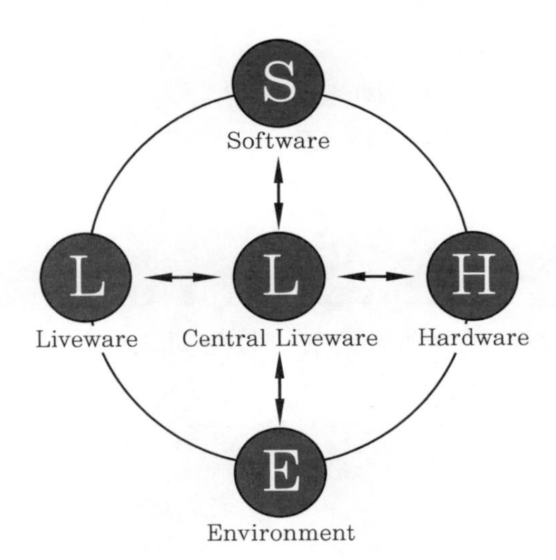

항공 분야를 포함한 여러 산업 분야에서 재해로부터 인명과 재산을 보호하고 업무의 능률과 효율성 극대화를 통한 생산성 향상을 위하여 인적 요인 분야의 개발과 활용이 주요 현안으로 대두된 가운데 1972년 미국의 심리학 교수인 Elwyn Edward는 승무원과 항공기 기기 사이에 상호작용 관계를 종합적이고 체계적으로 표시하는 도표인 SHEL 모델을 고안하였는데 인간의 인체기관 능력 및 한계에 대한 인식과 함께 인간과 기기 시스템 및 주변환경과의 부조화를 해소하는 것이 필수적이라는 점을 주장하였으나 그의 이론은 크

정답 1. ④

게 인정을 받지 못했다. 이어서 1975년 네덜란드 KLM 항공의 조종사 출신인 Frank Hawkins 박사는 Elwyn Edward가 고안한 SHEL 모델을 수정하여 새로운 SHELL 모델을 사용하였는데 이는 항공기 승무원의 업무와 관련하여 이 모델을 적용해보면 중앙에 있는 "L"은 라이브웨어(Liveware)의 약자로서 인간, 즉 운항승무원을 뜻하고(관제 부문에서는 항공관제사, 정비부문에서는 항공정비사 등 각 부문에서 업무를 주도적으로 수행하는 사람을 의미함) 아래 부분의 "L"역시 Liveware의 약자로서 인간을 의미하는데 업무에 직접 관여하면서 업무를 주도적으로 수행하는 인간과의 관계를 나타낸다.

또한 "H"는 Hardware의 약자로서 항공기 운항과 관련하여 승무원이 조작하는 모든 장비 장치류를 나타내는 것이며 "S"는 Software의 약자로서 항공기 운항과 관련한 법규나 비행절차, checklist, 기호, 최근 점차 늘어나는 컴퓨터 프로그램 등이 이에 해당된다. "E"는 Environment의 약자로서 주변 환경과 조종실 내 조명, 습도, 온도, 기압, 산소농도, 소음, 시차 등을 나타내며 이러한 각각의 요소는 직무 수행 과정에서 제 기능과 역할을 발휘할 수 있도록 항시 최적의 상태와 조화가 이루어져야 한다. 운항 승무원을 중심으로 한 주변의 모든 요소들은 항공기 운항과 직접적인 관련성을 가지고 있으므로 조종실 업무의 능률성과 효율성 및 안전성을 확보하기 위해 승무원은 이러한 요소들을 업무에 적용 시 상호 관련성을 최적의 상태로 유지하면서 직무를 수행해야 하는 것이다.

2. SHELL 모델 중 Hardware가 의미하는 것은?

① 항공법규 ② 조종실 내 조명 ③ 각종 계기 ④ 항공정비사

해설 문제 1번 참조

3. SHELL 모델 중 가운데 위치하여 중요한 역할을 하며 인간과 관련된 요소는?

① Hardware ② Software ③ Environment ④ Liveware

해설 문제 1번 참조

4. Frank. H. Hawkins의 SHELL 모델에 해당하는 것은?

① 인간 – 인간(Liveware–Liveware)
② 환경 – 소프트웨어(Environment–Software)
③ 소프트웨어 – 기기(Software–Hardware)
④ 환경 – 기기(Environment–Hardware)

해설 문제 1번 참조

정답 2. ③ 3. ④ 4. ①

5. SHELL 모델에서 Software에 해당하는 것은?

① 항공생리 ② 항공심리 ③ 항공적성 ④ 항공법규

해설 문제 1번 참조

6. SHELL에서 항공사의 규정, 절차, 교범 및 Checklist는 어디에 해당되는가?

① Hardware ② Software ③ Environment ④ Liveware

해설 문제 1번 참조

7. SHELL 모델에서 인간 중심사회에서 융통성을 발휘하는 등의 가장 중심이 되는 것은?

① Hardware ② Software ③ Environment ④ Liveware

해설 문제 1번 참조

8. 더티 도즌(dirty dozen)의 12가지 요인에 속하지 않는 것은?

① 의사소통의 결여 ② 자만심 ③ 자기주장의 충만 ④ 관행

해설 1980년대 후반과 1990년대 초반에 대다수의 정비와 관련된 항공사고와 준사고가 집중됨에 따라 캐나다 감항당국(Transport Canada)에서는 효율적이고 안전한 작업 수행을 저해하는 정비 오류를 유발할 수 있는 12개의 인적 요인들을 밝혀냈다. 더티 도즌(dirty dozen)의 12가지 요인은 항공정비 분야의 인적 오류를 논함에 있어 항공 산업에서 아주 유용하게 활용할 수 있는 도구이다.

1. 의사소통의 결여(lack of communication)
2. 자만심(complacency)
3. 지식의 결여(lack of knowledge)
4. 주의 산만(distraction)
5. 팀워크의 결여(lack of teamwork)
6. 피로(fatigue)
7. 제자원의 부족(lack of resources)
8. 압박(pressure)
9. 자기주장의 결여(lack of assertiveness)
10. 스트레스(stress)
11. 인식의 결여(lack of awareness)
12. 관행(norms)

정답 5. ④ 6. ② 7. ④ 8. ③

9. 스트레스 받는 요인이 아닌 것은?

① 새로운 아이디어 개발　　② 일상의 골칫거리
③ 심리적 탈진　　④ 대인관계 폭력

해설 스트레스 유발 요인
㉠ 주요 생활 사건 : 배우자의 사망, 결혼 혹은 이혼, 실직과 같은 일은 인간의 삶에 큰 영향을 미치는 주요한 생활 사건이다.
㉡ 일상의 골칫거리 : 사람들은 교통체증, 지각, 소지품 분실, 친구나 가족과의 다툼과 같은 일상의 사소한 일에서도 스트레스를 경험한다.
㉢ 좌절 : 좌절은 어떤 일이 자신의 뜻이나 기대대로 전개되지 않을 때 느끼는 감정으로 스트레스를 유발하는 주요 요인이다.
㉣ 심리적 탈진(psychological burnout) : 심리적 탈진은 강도 높은 대인관계 서비스업에 종사하는 사람에게서 많이 나타난다.
㉤ 대인관계 폭력 : 타인에게 신체적 혹은 정신적으로 폭력을 당하면 매우 강한 강도의 스트레스를 경험하게 된다.

10. 심리적 스트레스 요인과 관련이 없는 것은?

① 직무관련 스트레스　　② 재정적인 문제
③ 수면 부족　　④ 대인관계의 문제

해설 스트레스의 원인은 스트레스 요인과 관련이 있으며, 물리적, 심리적 그리고 생리적인 스트레스 요인으로 분류된다.
(1) 물리적 스트레스 요인은 개인의 작업부하에 따라 더해지며, 작업 환경을 불편하게 만든다.
㉠ 온도(temperature) : 격납고 내부의 높은 온도는 몸을 뜨겁게 하여 땀과 심장박동을 증가시킨다. 반면에 낮은 온도는 몸의 면역력과 저항력이 떨어져서 감기에 걸리기 쉽다.
㉡ 소음(noise) : 인근의 항공기 이·착륙으로 인해 소음 수준이 높은 격납고는 정비사의 주의와 집중을 어렵게 할 수 있다.
㉢ 조명(lighting) : 작업장의 어두운 조명은 기술 자료와 매뉴얼을 읽기 힘들게 만든다. 마찬가지로 어두운 조명으로 항공기 기내에서 작업하는 것은 무언가를 놓치거나 부적절하게 수리하는 경향을 증가시킨다.
㉣ 협소한 공간(confined spaces) : 좁은 작업 공간은 정비사를 장기간 비정상적인 자세로 만들어서 올바른 작업 수행을 아주 어렵게 한다.
(2) 심리적 스트레스 요인은 가족의 사망이나 질병, 직무에 대한 걱정, 가족, 동료, 상사와의 원만하지 않은 대인관계 및 재정적인 근심 등과 같은 정서적 요인과 관련이 있다.

정답 9. ① 10. ③

㉠ 직무관련 스트레스 요인 : 정비작업을 수행하는 동안 수리 또는 관련된 일을 제 시간에 마쳐야 한다는 초조와 불안 등의 지나친 우려는 작업의 성능과 속도를 저해할 수 있다.
㉡ 재정적인 문제 : 임박한 파산, 경기침체, 대출, 저당 등은 스트레스 요인이 될 수 있는 재정적인 문제에 대한 몇 가지 예이다.
㉢ 부부 사이의 문제 : 이혼과 갈등관계는 제대로 작업을 수행하는 능력을 방해할 수 있다.
㉣ 대인관계의 문제 : 오해 또는 경쟁 및 중상모략 등으로 인한 상사와 동료들과의 문제는 적대적인 작업 환경의 원인이 될 수 있다.

(3) 생리적인 스트레스 요인들은 피로, 허약한 몸 상태, 배고픔 및 질병을 포함한다.
㉠ 허약한 몸 상태 : 아프거나 건강이 좋지 않을 때 일하려고 노력하는 것은 질병을 이기기 위한 더 많은 에너지가 소모되기 때문에 보다 적은 에너지로 필수적인 직무를 수행하게 된다.
㉡ 적절한 식사 : 충분한 식사를 하지 않거나, 영양가 없는 음식은 낮은 에너지를 발생시키고, 두통 및 떨림과 같은 증상을 유발할 수 있다.
㉢ 수면 부족 : 피로한 정비사는 오랜 시간 동안 기준에 맞춰 작업하는 것이 불가능하여 수리를 대충하고 누락시키는 중요한 실수를 할 수 있다.
㉣ 모순된 교대 근무 계획 : 신체의 생물학적 주기에 있어서 수면 패턴을 바꾸는 것은 작업 수행 능력을 저하시킬 수 있다.

11. 항공 분야에서의 인적 요인(human factor)은?
① 항공기의 성능을 극대화하기 위한 것이다.
② 인간의 능력과 주변 제요소와의 상호관계를 최적화하기 위한 것이다.
③ 항공기 사고 발생 시보다 정확한 원인을 규명하기 위한 것이다.
④ 인체의 생리 및 심리가 행동에 미치는 원인을 규명하기 위한 것이다.

해설 인적 요인이란 인체기관이나 생리 및 심리 등 인간본질에 대한 능력과 그 한계, 그리고 변화 등 인간 과학적 제요소를 인식하고 주변의 요소와 상호작용 시 관계를 체적화하여 행동의 능률성과 효율성 그리고 인간성을 도모하는 것을 말한다.

12. 작업 수행 능력에 있어 인간이 기계보다 우월한 점은 어느 것인가?
① 반응의 속도가 빠르다.
② 돌발적인 사태에 직면해서 임기응변의 대처를 할 수 있다.
③ 인간과 다른 기계에 대한 감시능력이 뛰어나다.
④ 고장탐구를 신속히 할 수 있다.

정답 11. ② 12. ②

해설 인간과 기계의 차이

㉠ 기계가 인간보다 우월한 점

1. 반응속도 : 인간보다 10만 배 빠름
2. 정확한 반복
3. 대량의 저장된 정보를 신속하게 찾아내어 처리
4. 인간 및 기계에 대한 감시와 경보 기능
5. 신속한 고장검색
6. 강력한 힘과 마모된 부분 교환 가능
7. 인간이 감지 못하는 특수 자극에 대한 높은 감수성
8. 작업의 질적 양적 균일성
9. 감정적 반응이 없음

㉡ 인간이 기계보다 우월한 점

1. 잡다한 방해물이 섞여 있는 중에 필요한 신호를 가려내는 능력
2. 예기치 않은 사태에 신속하게 대처하는 능력
3. 상황의 발생 원인을 추정하는 능력
4. 응용과 창조성
5. 집중 능력
6. 적응 능력
7. 효율성

PART 2

항공 기체
[예상 문제]

Chapter 01

기체의 구조

1. 항공기 기본 골격에 결함이 발생하여도 구조적 설계하중의 강도를 유지시킬 수 있는 구조를 무엇이라 하는가?

① safe-life 구조 ② fail-safe 구조
③ fatigue-resistance 구조 ④ double 구조

해설 페일 세이프 구조는 한 구조물이 여러 개의 구조요소로 결합되어 있어 어느 부분이 피로파괴가 일어나거나 일부분이 파괴되어도 나머지 구조가 작용하는 하중을 견딜 수 있게 한다. 치명적인 파괴나 과도한 변형을 가져오지 않게 함으로써 항공기 구조상 위험이나 파손을 보완할 수 있는 구조를 말한다.

㉠ 다경로 하중구조(redundant structure) : 여러 개의 부재를 통하여 하중이 전달되도록 하는 구조이다. 어느 하나의 부재의 손상이 다른 부재에 영향을 끼치지 않고 비록 한 부재가 파손되더라도 요구하는 하중을 다른 부재가 담당할 수 있도록 되어 있다.

㉡ 이중구조(double structure) : 하나의 큰 부재 대신 2개의 작은 부재를 결합하여 하나의 부재와 같은 강도를 가지게 한다. 어느 부분의 손상이 부재 전체의 파손에 이르는 것을 예방할 수 있는 구조이다.

㉢ 대치구조(back-up structure) : 하나의 부재가 전체의 하중을 지탱하고 있을 경우 이 부재가 파손될 것을 대비하여 준비된 예비적인 부재를 가지고 있는 구조이다.

㉣ 하중 경감구조(load dropping structure) : 하중의 전달을 두 개의 부재를 통하여 전달하다가 하나의 부재가 파손되기 시작하면 변형이 크게 일어난다. 이 때 주변의 다른 부재로 하중을 전달시켜 파괴가 시작된 부재의 완전한 파괴를 방지할 수 있는 구조이다.

2. 페일 세이프(fail safe) 구조에 대한 설명 중 맞는 것은?

① 종류에는 하중 경감구조, 다경로 하중구조, 대치구조, 샌드위치 구조가 있다.
② 어느 부분이 파괴되더라도 나머지 구조가 하중을 담당하여 위험을 방지한다.
③ 대부분 트러스형 항공기에 사용된다.
④ 2차 구조로서 파괴가 되더라도 안전에 지장을 주지 않는 구조이다.

해설 문제 1번 참조

정답 1. ② 2. ②

3. 페일 세이프 구조에서 이중(double) 구조의 설명은 어느 것인가?

① 많은 부재로 되어 있고 각각의 부재는 하중을 고르게 분담하도록 되어 있는 구조
② 하나의 큰 부재를 사용하는 대신 2개 이상의 작은 부재를 결합하여 1개의 부재와 같은 또는 그 이상의 강도를 지닌 구조
③ 규정된 하중은 좌측 부재에서 담당하고, 우측 부재는 좌측 부재가 파괴되었을 때 그 부재를 대신하는 구조
④ 단단한 보강재를 대어 해당 양 이상의 하중을 이 보강재가 분담하는 구조

해설 문제 1번 참조

4. 페일 세이프 구조에서 다경로 하중(redundant) 구조의 설명으로 바른 것은?

① 하나의 부재가 파괴되어도 다른 많은 부재가 하중을 분담하여 담당한다.
② 부재에 균열이 생겨도 다른 하나의 부재가 그 부재를 대신한다.
③ 2개 이상의 부재를 결합하여 하나의 부재보다 강도를 크게 하여 균열은 하나의 부재로 방지한다.
④ 보강재를 대어 할당량 이상의 하중에 견딜 수 있게 되어 있다.

해설 문제 1번 참조

5. 항공기 기체는 무엇으로 구성되어 있는가?

① 날개, 착륙장치, 동체, 꼬리 날개부, 동력장치로 구성되어 있다.
② 동체, 날개, 동력장치, 장비장치로 구성되어 있다.
③ 날개, 동체, 꼬리 날개부, 착륙장치, 각종 장비 계통으로 구성되어 있다.
④ 날개, 동체, 꼬리 날개부, 착륙장치, 엔진 장착부로 구성되어 있다.

해설 항공기 기체의 구조는 동체(fuselage), 날개(wing), 꼬리 날개(tail wing, empennage), 착륙장치(landing gear), 엔진 마운트 및 나셀(engine mount & nacelle)로 구성되어 있다.

6. 항공기 기체의 구조를 크게 2가지로 분류하면?

① pratt & warren truss
② monocoque & semimonocoque
③ truss & semimonocoque
④ cantilever & warren truss

해설 항공기 구조형식을 하중 담당 정도에 따라 1차 구조와 2차 구조로 나눈다. 또, 구조 부재의 하중 담당형태에 따라 트러스(truss) 구조와 세미－모노코크(semi-monocoque) 구조 또

정답 3. ② 4. ① 5. ④ 6. ③

는 모노코크(monocoque) 구조로 나눈다. 1차 구조는 항공기 기체의 중요한 하중을 담당하는 구조 부분으로 날개의 날개보(spar), 리브(rib), 외피(skin), 그리고 동체의 벌크헤드(bulkhead), 프레임(frame), 세로지(stringer) 등이 이에 속한다. 비행 중 이 부분의 파손은 심각한 결과를 가져오게 하는 부분이다. 2차 구조는 비교적 적은 하중을 담당하는 구조 부분으로 이 부분의 파손은 즉시 사고가 일어나기보다는 적절한 조치와 뒤처리 여하에 따라 사고를 방지할 수 있는 구조부분이다. 2개의 날개보를 가지는 날개의 앞전부분이 2차 구조에 속하며, 이 부분의 파손은 항공 역학적인 성능 저하를 초래하지만 곧 바로 사고와 연결되지는 않는다.

7. 트러스(truss)형 구조에 대한 다음 설명 중 옳지 못한 것은?

① 제작이 쉽고 비용이 저렴하다.
② 내부 공간마련이 어렵다.
③ 경비행기에 사용된다.
④ 외피가 항공기에 작용하는 하중의 일부를 담당한다.

해설 트러스 구조는 목재 또는 강관으로 트러스(truss)를 이루고 그 위에 천 또는 얇은 합판이나 금속판으로 외피를 씌운 구조를 말한다. 트러스 구조에서는 항공기에 작용하는 모든 하중을 이 구조의 뼈대를 이루고 있는 트러스가 담당한다. 외피는 항공 역학적 외형을 유지하여 양력 및 항력 등의 공기력을 발생시킨다. 트러스 구조는 구조가 간단하고 설계와 제작이 용이하여 초기의 항공기 구조에 많이 이용되었으며 현대에도 간단한 경항공기에는 쓰이고 있다. 그러나 트러스 구조는 항공기의 원래 목적인 승객 및 화물을 수송할 수 있는 공간 마련이 어렵고 외부를 유선형으로 만들기가 어려운 단점이 있다.

8. 기체구조 형식 중 모노코크(monocoque)에 대한 설명으로 옳은 것은?

① 주구성 부재가 링, 벌크헤드, 세로지 등으로 되어 있다.
② 주 하중을 벌크헤드가 담당한다.
③ 외피가 대부분의 하중을 담당한다.
④ 외피의 두께가 얇은 편이다.

해설 트러스 구조의 단점을 해소할 수 있는 구조형식은 원통 형태로 만들어진 구조인데 이를 채택하면 항공기 동체에서 공간 마련이 매우 용이하고 넓은 공간을 확보할 수 있다. 이 원통형 구조에 작용하는 모든 하중은 외피가 받아야 하는데 이러한 구조를 모노코크(monocoque) 구조라 한다. 그러나 모노코크 구조는 하중을 담당하는 골격이 없으므로 작은 손상에도 구조 전체에 영향을 줄 수 있다. 따라서, 작용하는 하중 전체를 외피가 담당하기 위해서는 두꺼운 외피를 사용해야 하지만 무게가 너무 무거워져 항공기 기체 구조로는 적합하지 못하다. 구성 부재는 외피, 벌크헤드, 정형재로 되어 있다.

정답 7. ④ 8. ③

9. 다음 중 모노코크(monocoque) 구조에 해당하는 것은?

① 외피(skin)만으로 이루어진 구조
② 강관의 기본골격에 알루미늄을 씌운 구조
③ 강관의 기본구조에 우포를 씌운 구조
④ 강도부재를 접합하여 만든 구조

해설 문제 8번 참조

10. 다음 중 모노코크(monocoque) 형식의 항공기 구조의 응력은 주로 무엇에 의하여 전달되는가?

① 외피(skin), 세로지(stringer), 정형재(former)
② 외피(skin), 세로지(stringer), 세로대(longeron)
③ 외피(skin)
④ 세로지(stringer)

해설 문제 8번 참조

11. 다음 모노코크(monocoque) 구조에서 항공 역학적인 힘을 대부분 담당하는 부재는 어느 것인가?

① 뼈대(frame)
② 외피(skin)
③ 세로지(stringer)
④ 정형재(former)

해설 문제 8번 참조

12. 세미-모노코크(semi-monocoque) 설명 중 옳지 않은 것은?

① 금속제 항공기는 대부분이다.
② 구조가 복잡하다.
③ 공간 마련이 쉽다.
④ 정역학적으로 정정이다.

해설 모노코크 구조의 단점을 보완하기 위하여 모노코크 구조에 뼈대를 이용한 세미-모노코크 구조가 고안되었다. 세미-모노코크 구조는 모노코크 구조와 달리 하중의 일부만 외피가 담당하게 한다. 나머지 하중은 뼈대가 담당하게 하여 기체의 무게를 모노코크에 비해 줄일 수 있다. 현대 항공기의 대부분이 채택하고 있는 구조 형식으로 정역학적으로 부정정 구조물이다. 세로부재(길이방향)로 세로대(longeron), 세로지(stringer)가 있으며, 수직부재(횡방향)로는 링(ring), 벌크헤드(bulkhead), 뼈대(frame), 정형재(former)가 있다.

정답 9. ① 10. ③ 11. ② 12. ④

13. **세미 – 모노코크(semi-monocoque) 구조에 대한 설명으로 맞는 것은?**

① 공간 확보가 어렵다.
② 외피는 기하학적인 외형만 유지한다.
③ 외피가 전단응력을 담당하고 있다.
④ 힘은 골격만 받는다.

해설 외피는 동체에 작용하는 전단응력을 담당하고 때로는 세로지(stringer)와 함께 인장 및 압축응력을 담당한다.

14. **세미 – 모노코크 구조에 대한 설명 중 맞는 것은?**

① 동체에 작용하는 일부분의 하중을 외피가 담당한다.
② 동체에 작용하는 대부분의 하중을 벌크헤드가 담당한다.
③ 벌크헤드, 뼈대, 날개보, 세로지 등으로 구성되며 전반적인 정비가 용이하다.
④ 벌크헤드, 링, 세로지, 세로대 등으로 구성되어 있으며 부분적으로 정비가 용이하다.

해설 문제 12, 13번 참조

15. **동체 구조에서 세미 – 모노코크를 올바르게 설명한 것은?**

① 구조부가 삼각형을 이루는 기체의 뼈대가 하중을 담당하고 표피는 항공 역학적인 요구를 만족하는 기하학적 형태만을 유지하는 구조이다.
② 골격과 외피가 공히 하중을 담당하는 구조로서 외피는 주로 전단응력을, 골격은 인장, 압축, 굽힘 등 모든 하중을 담당하는 구조이다.
③ 하중의 대부분을 표피가 담당하며, 내부에 보강재가 없이 표피만으로 되어 있는 구조이다.
④ 동체의 내부 공간을 확보하기 위해 세로대 및 세로지를 이용한 구조이다.

해설 문제 12, 13번 참조

16. **다음 세미 – 모노코크 구조의 특징 중 맞는 것은?**

① 동체구조일 경우 공간 마련이 어렵다.
② 외피는 항공 역학적인 특성만 이용한다.
③ 외피는 구조재에서 전달되는 전단응력을 담당한다.
④ 뼈대가 항공기의 전단하중을 담당한다.

해설 문제 12, 13번 참조

정답 13. ③ 14. ① 15. ② 16. ③

17. 횡방향 및 길이방향의 부재로 구성된 구조로 발생되는 응력의 일부분을 외피가 담당하는 구조는 어느 것인가?

① 트러스 구조 ② 모노코크 구조
③ 세미-모노코크 구조 ④ 샌드위치 구조

해설 문제 12번 참조

18. 세미-모노코크 구조에서 세로방향의 구조로만 구성된 것은?

① 스파와 리브 ② 세로대와 세로지
③ 벌크헤드와 링 ④ 리브와 정형재

해설 문제 12번 참조

19. 동체에 받는 하중을 스킨으로 전달하며 비틀림 응력과 좌굴을 방지하는 부재는?

① 벌크헤드(bulkhead) ② 세로대(longeron)
③ 날개보(spar) ④ 외피(skin)

해설 벌크헤드(bulkhead)는 동체 앞, 뒤에 하나씩 있는데 이것은 여압실 동체에서 객실 내의 압력을 유지하기 위하여 밀폐하는 격벽판(pressure bulkhead)으로 이용되기도 한다. 동체 중간의 필요한 부분에 링(ring)과 같은 형식으로 배치하여 날개, 착륙장치 등의 장착부를 마련해주는 역할도 한다. 또, 동체가 비틀림에 의해 변형되는 것을 막아 주며 프레임, 링 등과 함께 집중하중을 받는 부분으로부터 동체의 외피로 확산시키는 일도 한다.

20. 여압실 내에서 비틀림 응력에 의한 좌굴현상을 방지하기 위해 동체 앞, 뒤로 1개씩 설치한 구조재는 무엇인가?

① 정형재(former) ② 세로지(stringer)
③ 세로대(longeron) ④ 벌크헤드(bulkhead)

해설 문제 19번 참조

21. 다음 부재 중 동체에 작용하는 전단하중을 담당하는 부재는?

① 세로지(stringer) ② 벌크헤드(bulkhead)
③ 외피(skin) ④ 세로대(longeron)

정답 17. ③ 18. ② 19. ① 20. ④ 21. ③

해설 외피는 동체에 작용하는 전단응력을 담당하고 때로는 세로지(stringer)와 함께 인장 및 압축응력을 담당한다.

22. 기체구조 중 외피가 주로 담당하는 응력은?
① 굽힘력 ② 비틀림력 ③ 전단력 ④ 인장력

해설 문제 21번 참조

23. 세로대(longeron)란 무엇인가?
① 가벼운 금속에 강성을 증가시키기 위하여 플랜지를 첨가시킨 것
② 동체, 낫셀의 전, 후 방향에 사용되는 강력한 부재
③ 엔진, 연료탱크로부터 분리시키기 위한 수직 칸막이
④ 주 날개의 날개보(spar)를 강화시키기 위한 종 방향의 부재

해설 세로대란 세로방향(길이방향)의 주 구조재로 동체의 길이방향에 연속적으로 붙여지며 세로지와 함께 동체에 작용하는 굽힘 모멘트에 의한 인장응력과 압축응력에 충분한 강도를 가지게 하기 위하여 부재의 단면이 L, Z, T, N, H자 모양으로 되어 있다.

24. 다음 중 동체에 쓰이는 부재가 아닌 것은?
① 벌크헤드 ② 세로지 ③ 리브 ④ 세로대

해설 세로부재(길이방향)로 세로대(longeron), 세로지(stringer)가 있으며, 수직부재(횡방향)로는 링(ring), 벌크헤드(bulkhead), 뼈대(frame), 정형재(former)로 되어 있다.

25. 다음의 기체구조의 형식에 대한 설명 중 틀린 것은?
① 트러스 구조는 대부분 경비행기의 동체 및 날개의 구조에 사용한다.
② 응력외피 구조는 내부 공간을 크게 할 수 있고 외형을 유선형으로 할 수 있다.
③ 샌드위치 구조는 필요한 강도 및 강성을 가지고 있으나 항공기 무게를 증가시킨다.
④ 응력 외피용 구조에는 모노코크형과 세미-모노코크형이 있다.

해설 샌드위치 구조는 두 개의 외판 사이에 가벼운 심재를 넣고 접착제로 접착시킨 구조로 심재(core)의 종류는 벌집형(honeycomb), 파형(wave), 거품형(form) 등이 있다. 보강재를 댄 외피보다 강성 및 강도가 크고 가벼워서 부분적인 좌굴(buckling)이나 피로에 강하며 중량 경감의 효과가 크다. 또한, 음 진동에 잘 견디고 보온 방습성이 우수하나 집중하중에 약하고 손상상태를 파악하기 곤란하며 고온에 약하다.

정답 22. ③ 23. ② 24. ③ 25. ③

26. 세미-모노코크 형식은 다음 무슨 형식에 속하는가?

① 페일 세이프 구조 ② 응력 외피 구조
③ 샌드위치 구조 ④ 트러스 구조

해설 응력 외피 구조는 트러스 구조와 달리 외피도 항공기에 작용하는 하중의 일부를 담당하는 구조이다. 내부 공간을 크게 마련할 수 있고 외형을 유선형으로 할 수 있는 장점이 있다. 응력 외피 구조에는 모노코크 구조와 세미-모노코크 구조가 있다.

27. 테일 스키드(tail skid)란 무엇인가?

① 정전기를 방전하는 방전기
② 뒷바퀴 착륙장치 중 뒷바퀴
③ 동체 꼬리 부분의 파손을 막기 위해 동체 꼬리에 달아 놓은 것
④ 스키식 착륙장치

해설 테일 스키드는 전륜식 착륙장치를 장비한 항공기의 동체 꼬리 하부에 설치한 작은 스키드이다. 테일 스키드는 항공기 이륙 시 너무 높은 각도로 회전할 경우 충격을 흡수하며 구조부의 손상을 방지한다.

28. 여압장치가 작동 중인 항공기가 수평 등속 비행에서 동체가 받는 하중은?

① 인장력 ② 압축력 ③ 전단력 ④ 굽힘력

해설 여압장치가 작동하는 항공기의 동체는 객실 내부에 작용하는 여압력에 의해 길이가 늘어나려고 하므로 동체에는 인장력이 작용한다.

29. 항공기에 인장하중이 작용하는 경우는?

① 착륙 ② 이륙 ③ 정지상태 ④ 수평 비행시

해설 이륙 시에는 관성력이 모두 뒷 방향으로 작용하면서 추력과 평형을 이루므로 동체는 인장력을 받는다.

30. 비행 중인 항공기의 기수를 갑자기 상향시키면 다음과 같은 하중이 작용한다. 틀린 것은 어느 것인가?

① 승강키에 수직하중 ② 동체의 상부에 인장력
③ 동체의 하부에 압축력 ④ 동체의 양측면에 비틀림력

정답 26. ② 27. ③ 28. ① 29. ② 30. ④

해설 비행 중 기수를 갑자기 상향시키면 승강키와 기수 부분에 수직하중이 작용하여 동체 상부에는 인장력이 작용하고 동체 하부에는 압축력이 작용한다.

31. 일반적으로 항공기가 고공으로 올라갈수록 여압실 외부의 압력과 내부의 압력의 차이, 즉 차압은 어떻게 되는가?

① 증가한다. ② 감소한다.
③ 그대로다. ④ 감소하다 증가한다.

해설 항공기가 고공으로 올라갈수록 대기압은 낮아지고 여압실은 일정한 압력을 유지한다면 여압실 외부와 내부의 압력차인 차압은 점차 커지게 된다.

32. 항공기 출입문 중 동체 스킨의 안으로 여는 방식은?

① 플러그 타입 ② 티형
③ 팽창형 ④ 밀폐형

해설 출입문도 여압실의 기밀을 저해하는 요소 중의 하나이며 강도상으로도 동체와 같은 또는 그 이상의 강도를 유지해야 한다. 출입문을 여닫는 방법에는 동체 밖으로 여는 것과 동체 안으로 여는 것이 있는데 동체 안으로 여는 것을 플러그(plug)형 출입문이라 한다. 일반적으로 이 형의 출입문이 많이 사용된다.

33. 날개를 구성하는 구성품으로 옳은 것은?

① 외피(skin), 리브(rib), 세로대(longeron)
② 리브(rib), 날개보(spar), 세로지(stringer)
③ 외피(skin), 날개보(spar), 리브(rib), 벌크헤드(bulkhead)
④ 외피(skin), 날개보(spar), 세로지(stringer), 리브(rib)

해설 날개는 날개보(spar), 리브(rib), 세로지(stringer), 외피(skin), 정형재(former)로 구성된다.

㉠ 날개보(spar)는 날개에 걸리는 굽힘하중을 담당하며 날개의 주 구조 부재이다. I형 날개보는 비행 중 윗면 플랜지는 압축응력을 아랫면 플랜지는 인장응력이 작용하고, 웨브(web)는 전단응력이 작용한다.

㉡ 리브(rib)는 날개의 단면이 공기역학적인 형태를 유지할 수 있도록 날개의 모양을 형성해 주며 날개 외피에 작용하는 하중을 날개보에 전달하는 역할을 한다.

㉢ 세로지(stringer)는 날개의 굽힘강도를 증가시키고 날개의 비틀림에 의한 좌굴(buckling)을 방지하기 위하여 날개의 길이방향에 대해 적당한 간격으로 배치한다. 최근의 항공기에는 두꺼운 판을 깎아내어 세로지와 외피를 일체로 만든 것을 사용하는데 최소의 무게로 높은 강도와 강성을 얻을 수 있다.

정답 31. ① 32. ① 33. ④

㉣ 외피(skin)는 날개의 외형을 형성하는데 앞 날개보와 뒷 날개보 사이의 외피는 날개 구조상 응력이 발생하기 때문에 응력외피라 하며 높은 강도가 요구된다. 비틀림이나 축력의 증가분을 전단흐름 형태로 변환하여 담당한다.

34. 날개구조에서 세미-모노코크에 대한 설명 중 틀린 것은?

① 날개 길이방향으로 굽힘력을 담당하는 주 날개보(spar)와 세로대(longeron)가 있다.
② 날개 길이방향으로 외피의 좌굴을 방지하도록 세로지(stringer)가 있다.
③ 날개 수직방향으로는 리브(rib)와 정형재(former)가 있다.
④ 외피는 전단하중을 담당한다.

해설 문제 33번 참조

35. 날개의 방향으로 날개의 외판을 부착하는 것으로 날개의 굽힘강도를 크게 하는데 작용하는 것은 어느 것인가?

① 외피(skin) ② 날개보(spar) ③ 리브(rib) ④ 세로지(stringer)

해설 문제 33번 참조

36. 여압에 대한 설명 중 틀린 것은?

① 항공기가 고공을 비행하게 되면 공기압력이 낮으므로 가압하여 준다.
② 여압을 제한하는 요소는 기체구조의 강도 때문이다.
③ 여압의 주된 원인은 고공의 온도가 낮기 때문이다.
④ 여압해야 할 공간은 여객실, 조종실, 화물실 등이 있다.

해설 여압은 고도로 비행하는 항공기의 기내 압력을 압축기를 이용하여 증가시켜 탑승자가 정상적으로 호흡할 수 있도록 하는 것으로 여압이 되는 공간을 여압실이라 하며 조종실, 객실, 화물실이 여기에 해당되고 여압실 내의 기압은 일정한 한계 내에서 여압되어야 한다. 즉, 어느 한계 고도 이상에서는 여압실 내부의 압력과 외부의 압력과의 차압은 동체 구조가 견딜 수 있는 정도의 일정한 차압을 유지하도록 되어 있다.

37. 항공기 객실 여압, 즉 객실 고도를 2000 m(8000 ft)로 유지한다. 지상의 기압으로 하지 못하는 이유는 무엇인가?

① 인간에게 가장 적합 ② 동체의 강도 한계
③ 여압 펌프 한계 ④ 엔진의 한계

정답 34. ① 35. ④ 36. ③ 37. ②

해설 문제 36번 참조

38. 비행 시 날개에는 휨이 작용하는데 이 때 날개보(spar)의 웨브(web)에 작용하는 힘은?
① 전단 ② 압축 ③ 인장 ④ 비틀림

해설 I 형 날개보는 비행 중 윗면 플랜지는 압축응력을 아랫면 플랜지는 인장하중이 작용하고 웨브(web)는 전단응력이 작용한다.

39. 날개구조에서 압축응력에 의한 좌굴을 방지하고 휨에 의한 강성을 높이기 위하여 어떤 부재를 설치하는가?
① 세로지 ② 세로대 ③ 외피 ④ 날개보

해설 세로지(stringer)는 날개의 굽힘강도를 증가시키고 날개의 비틀림에 의한 좌굴(buckling)을 방지하기 위하여 날개의 길이방향에 대해 적당한 간격으로 배치한다.

40. 날개 캠버(camber)의 형태를 만들어 내는 날개 시위방향의 구조부재로 에어포일(airfoil)을 유지하는 중요한 기능을 하는 것은?
① spar ② rib ③ stringer ④ torsion box

해설 리브(rib)는 날개의 단면이 공기역학적인 형태를 유지할 수 있도록 날개의 모양을 형성해주며 날개 외피에 작용하는 하중을 날개보에 전달하는 역할을 한다.

41. 날개에 걸리는 굽힘력을 담당하는 것은?
① spar ② rib ③ skin ④ spar web

해설 날개보(spar)는 날개에 걸리는 굽힘하중을 담당하며 날개의 주 구조 부재이다.

42. 인티그럴 탱크(integral tank)의 설명 중 맞는 것은?
① 날개보 사이의 공간을 그대로 사용한다. ② 고무 탱크를 내장한다.
③ 금속 탱크를 내장한다. ④ 밀폐재를 바르지 않는다.

해설 날개의 앞 날개보와 뒷 날개보 사이의 공간은 주로 연료탱크로 사용되는데 이 공간에 연료를 채워 연료탱크로 사용하는 경우와 따로 제작된 연료탱크를 삽입하는 경우가 있다.
㉠ 인티그럴 연료탱크(integral fuel tank)는 날개의 내부 공간을 연료탱크로 사용하는 것으로 앞 날개보와 뒷 날개보 및 외피로 이루어진 공간을 밀폐제를 이용하여 완전히 밀폐시켜 사용하며 여러 개의 탱크로 제작되었다. 장점으로는 무게가 가볍고 구조가 간단하다.

정답 38. ① 39. ① 40. ② 41. ① 42. ①

㉡ 셀형 연료탱크 (cell fuel tank) 는 합성고무 제품의 연료탱크를 날개보 사이의 공간에 장착하여 사용하며 군용기 연료탱크로 사용한다.
㉢ 금속제 연료탱크 (bladder fuel tank) 는 금속 제품의 연료탱크를 날개보 사이의 공간에 내장하여 사용하는 것이다.

43. 다음 연료탱크의 설명 중에서 integral tank의 장점으로 맞는 것은?
① 누설이 없다. ② 화재위험이 없다.
③ 무게가 가볍다. ④ 연료보급 시간이 빠르다.

해설 문제 42번 참조

44. 인티그럴 (integral) 연료탱크에 대하여 옳게 설명한 것은?
① 날개 자체를 밀폐(sealing)해서 제작되었다.
② 날개 안의 구조물에 각각의 공간을 밀폐(sealing)하여 여러 개의 탱크로 제작되었다.
③ 모든 종류의 항공기는 이 형식의 탱크를 사용한다.
④ 항공기 동체 내부에 있는 탱크를 뜻한다.

해설 문제 42번 참조

45. 다음 연료탱크에 대한 설명 중 옳은 것은?
① 인티그럴 연료탱크는 탱크 내부에 금속 제품의 탱크를 내장한 것이다.
② 셀형 연료탱크는 합성고무 제품의 탱크를 내장한 것으로 주로 군용기에 사용된다.
③ 금속제 탱크는 날개보와 외피에 의해 만들어진 공간 그 자체를 연료탱크로 사용한다.
④ 금속제 탱크는 주로 군용기에 사용한다.

해설 문제 42번 참조

46. 비행 중 항공기의 날개에 걸리는 응력에 관해서 바르게 설명한 것은?
① 윗면에는 인장응력이 생기고 아랫면에는 압축응력이 생긴다.
② 윗면에는 압축응력이 생기고 아랫면에는 인장응력이 생긴다.
③ 윗면과 아랫면 모두 다 압축응력이 생긴다.
④ 윗면과 아랫면 모두 다 인장응력이 생긴다.

해설 비행 중 날개에는 양력 발생으로 인해 굽힘력이 작용하는데 상면에는 압축응력이 하면에는 인장응력이 생긴다. 지상에서는 비행 중과 반대 현상이 발생한다.

정답 43. ③ 44. ② 45. ② 46. ②

47. 일반적으로 보조날개는 날개의 끝에 장착되는데 그 이유는?

① 날개의 구조, 강도 때문에
② 익단 실속을 지연시키기 위해
③ 나선 회전을 방지하기 위해
④ 보조날개의 효과를 높이기 위해

해설 보조날개는 좌우가 서로 반대로 작동하고 보조날개의 힌지 모멘트가 조타력이 되어서 비행 중의 기체에 옆놀이 모멘트 (rolling moment) 를 일으킨다. 보조날개는 날개에 장착될 때 길이를 길게 할 수 없다. 스파의 높이도 충분하지 않아 경량, 소형 및 강성이 높은 것을 필요로 하므로 같은 조종력으로 큰 옆놀이 모멘트를 얻기 위해서는 날개 끝에 설치하는 것이 유리하다.

48. 항공기 차동 조종과 관계 있는 것은?

① 트림 탭 ② 보조날개 ③ 방향타 ④ 승강타

해설 도움날개는 왼쪽 도움날개와 오른쪽 도움날개가 작동 시 서로 반대 방향으로 작동되는데 위로 올라가는 범위와 아래로 내려가는 범위가 서로 다른 구조를 차동 조종장치라 한다.

49. 스포일러 (spoiler)의 역할 중 잘못 설명한 것은?

① 양력증가
② 항력증가
③ 브레이크(brake) 작용
④ 도움날개 보조

해설 스포일러 : 대형 항공기에서는 날개 안쪽과 바깥쪽에 설치되어 있다. 비행 중 도움날개 작동 시 양날개 바깥쪽의 공중 스포일러의 일부를 좌우 따로 움직여서 도움날개를 보조하거나 같이 움직여서 비행속도를 감소시킨다. 착륙활주 중 지상 스포일러를 수직에 가깝게 세워 항력을 증가시킴으로써 활주거리를 짧게 하는 브레이크 작용도 하게 된다.

50. 날개 바깥쪽 상면에 부착하여 속도를 감소시키는 스피드 브레이크의 역할과 옆놀이 운동을 발생시키는 것은 어느 것인가?

① 스포일러 ② 보조날개 ③ 플랩 ④ 방향타

해설 문제 49번 참조

51. 경비행기의 날개를 지지하고 있는 strut는 비행 중 어떤 하중을 받는가?

① 압축력 ② 비틀림 ③ 인장력 ④ 굽힘력

해설 비행 중 날개의 지주 (strut) 는 날개에 발생하는 양력과 항공기의 무게에 의해 인장력을 받는다.

정답 47. ④ 48. ② 49. ① 50. ① 51. ③

52. 다음 중 뒷전 플랩의 종류가 아닌 것은?

① 플레인(plain) 플랩 ② 크루거(krueger) 플랩
③ 스플릿(split) 플랩 ④ 파울러(fowler) 플랩

해설 뒷전 플랩은 항공기의 날개의 뒷전에 부착하는 것이다. 이륙거리를 짧게 하기 위하여 양력 계수를 증가시키기 위한 장치로 사용되며 앞전 플랩에 비해 더 복잡하다.

㉠ 플레인 플랩 ㉡ 스플릿 플랩
㉢ 파울러 플랩 ㉣ 단일 슬롯 플랩
㉤ 이중 슬롯 플랩 ㉥ 잽 플랩
㉦ 블로 플랩 ㉧ 블로 제트

53. 터보 제트 항공기의 날개 전연부의 빙결은 무엇으로 방지하는가?

① 엔진 압축기부의 더운 블리드 공기
② 각 날개에 위치한 연소 히터의 더운 공기
③ 전연부의 합성고무 부츠를 전기적 열로
④ 전연부에 공기로 작동되는 팽창 부츠

해설 대부분의 터보 제트 항공기는 날개 앞전의 내부에 설치된 덕트를 통하여 엔진 압축기에서 일부의 더운 공기를 뽑아서 공급함으로써 날개 앞전부분을 가열하는 방법을 이용하고 있다.

54. 항공기에 장착되어 있는 공기식 제빙 부츠는 언제 작동하는가?

① 계속적으로 ② 이륙 전에
③ 얼음이 형성되었다고 생각될 때 ④ 얼음이 얼기 전에

해설 항공기는 고공을 비행하게 되므로 항공기 주변에 얼음이 얼게 된다. 특히, 날개 앞전, 꼬리 날개 앞전, 프로펠러 등에 생성된 얼음은 양력을 감소시키고 항력을 증가하게 하여 항공기의 성능을 저하시키다. 또, 조종실 유리창에 생기는 얼음은 조종사의 시야를 가리게 된다. 이러한 얼음이 얼지 못하도록 미리 가열하여 결빙을 방지하는 것을 방빙(anti-icing)이라 하고, 생성된 얼음을 깨어 제거하는 것을 제빙(de-icing)이라 한다. 방빙장치에는 전열식과 가열 공기식이 있고 제빙장치에는 알코올 분출식과 제빙 부츠식이 있다.

55. 제빙장치(de-icing sys)에서 분배 밸브(distributor valve)의 기능은?

① system에서 oil을 제거한다. ② 계속적으로 de-icing을 조절한다.
③ system 내의 온도를 조절한다. ④ system에 압력을 유지한다.

정답 52. ② 53. ① 54. ③ 55. ②

해설 엔진 압축기에 의해 공급된 압축공기가 압력 조절기에 의하여 작동압력까지 감압되어서 분배 밸브에 공급되면 분배 밸브에 의해서 압축공기가 부츠의 공기방에 공급되면 부츠는 팽창된다. 분배 밸브에 의하여 잠시동안 압력관이 닫혀 있다가 공기 배출관에 연결된 진공관 쪽에 연결되면 부츠는 수축된다. 부츠 안에 흐르는 공기의 압력이 규정값 이하로 되면 다시 분배 밸브의 압력관에 연결된다.

56. 비행 중 최대 휨 모멘트는 날개의 어느 부분에서 발생하는가?

① 날개 뿌리 부분
② 날개 끝 부분
③ 날개 중앙
④ 날개 모든 부분에서 받는 휨 모멘트는 동일

해설 일반적으로 최대 휨 모멘트는 동체와 날개의 연결부인 날개 뿌리 부분에서 발생한다.

57. 우포(fabric)의 등급은 무엇에 의하여 결정되는가?

① 비행기의 중량과 속도
② 비행기의 최고 속도
③ 비행기의 익면하중과 최고 속도
④ 비행기의 중량과 익면하중

58. 연료탱크는 온도 팽창을 고려하여 여유가 있어야 하는데 그 여유로 맞는 것은?

① 20% 이상
② 15% 이상
③ 10% 이상
④ 2% 이상

해설 연료의 열 팽창에 의한 체적의 증가로 인한 탱크의 손상을 막기 위해 연료탱크의 용량은 사용가능 체적보다 2% 크게 설계한다.

59. 연료탱크의 플래퍼 밸브(flapper valve)의 목적은 무엇인가?

① 부압을 방지하기 위하여
② 연료가 승압 펌프까지 정압으로 흐르도록 하기 위하여
③ 압력을 감소하기 위하여
④ 가변 restrictor로서 작동한다.

해설 비행 자세의 변화에 따른 탱크 내의 연료의 유동을 제한하기 위하여 리브의 하부에는 플래퍼 밸브가 장착되어 있는데 이 밸브들은 항상 승압 펌프가 있는 쪽으로 열리도록 되어 있다.

정답 56. ① 57. ③ 58. ④ 59. ②

60. **연료탱크를 용접하기 전에 먼저 해야 할 작업은?**

① 질산과 물 용액으로 세척한다.
② 압축공기로 2시간 동안 깨끗이 한다.
③ 증기나 혹은 더운 물을 1시간 30분 동안 흘러나가게 한다.
④ 냉수로 전체적으로 세척한다.

해설 연료탱크를 수리하기 위해서는 증기로 인한 폭발의 위험성을 제거해야 한다. 이것을 위하여 보급구를 통하여 공기를 불어넣어 연료증기를 배출해야 하는데, 이 환기는 최소 30분 이상 이어야 한다. 다른 방법으로는 뜨거운 물로 탱크 내를 1시간 정도 순환시킨다.

61. **연료탱크에는 벤트 계통이 있다. 그 목적은?**

① 연료탱크 내의 증기를 배출하여 발화 방지
② 연료탱크 내의 압력을 감소시켜 연료의 증발을 방지
③ 연료탱크를 가압하여 송유를 돕는다.
④ 탱크 내외의 압력차를 적게 하여 탱크보호와 연료공급을 돕는다.

해설 벤트 계통은 연료탱크의 상부 여유 부분을 외기와 통기시켜 탱크 내외의 압력차가 생기지 않도록 한다. 탱크 팽창이나 찌그러짐을 막음과 동시에 구조 부분에 불필요한 응력의 발생을 막는다. 또, 연료의 탱크로의 유입 및 탱크로부터의 유출을 쉽게 하여 연료 펌프의 기능을 확보하고 엔진으로의 연료 공급을 확실히 한다.

62. **다음 중 꼬리날개(empennage)는 무엇으로 구성되어 있는가?**

① 플랩(flap), 보조날개(aileron), 승강타(elevator), 수직 핀(vertical fin)
② 방향타(rudder), 수직 안정판(V / S), 승강타(elevator), 수평 안정판(H / S)
③ 플랩(flap), 방향타(rudder), 수평 안정판(H / S), 수직 안정판(V / S)
④ 보조날개(aileron), 플랩(flap), 방향타(rudder), 수평 안정판(H / S)

해설 항공기 꼬리날개는 수직 꼬리날개와 수평 꼬리날개로 구성되어 있다. 수직 꼬리날개는 방향타와 수직 안정판으로 이루어져 있으며, 수평 꼬리날개는 승강키와 수평 안정판으로 이루어져 있다.

63. **다음 중 항공기의 방향 안정성을 확보해주는 것은?**

① 방향키 ② 승강키 ③ 수직 꼬리날개 ④ 수평 꼬리날개

해설 수평 안정판은 항공기의 세로 안정성을 제공하며, 수직 안정판은 항공기의 방향 안정성을 제공한다. 수평 안정판은 대형기의 경우 조종석의 트림(trim) 장치에 의해 작동되도록 되어 있다.

정답 60. ③ 61. ④ 62. ② 63. ③

64. 비행 중 비행기의 세로안정을 위해 마련되어 있으며 대형 고속 제트기의 경우 조종계통의 트림장치에 의해 동작되도록 되어 있는 것은?

① 수직 안정판 ② 방향키 ③ 수평 안정판 ④ 승강키

해설 문제 63번 참조

65. 착륙장치 중 대형기나 소형기를 막론하고 가장 많이 사용하는 것은?

① 세 바퀴식 ② 두 바퀴식 ③ 갈매기 바퀴 ④ T형 바퀴

해설 현대 항공기의 대부분은 주바퀴와 조향바퀴로 구성되어 있는 세 바퀴식을 채택하고 있다.

66. 앞바퀴식 착륙장치에 대한 설명 중 잘못 설명한 것은?

① 이륙 시 저항이 많으나 착륙 성능이 좋다.
② 조종사 시계 양호
③ 빠른 속도에서 브레이크를 사용할 수 있다.
④ 제트기에 주로 사용한다.

해설 앞바퀴식은 세발 자전거와 같은 형태로서 주 바퀴의 앞에 항공기의 방향 조절 기능을 가진 앞바퀴가 설치된 것으로 거의 대부분의 대형 항공기에 사용한다. 앞바퀴식은 뒷바퀴식에 비해 다음과 같은 장점이 있다.

㉠ 동체 후방이 들려 있으므로 이륙 시 공기 저항이 적고 착륙 성능이 좋다.
㉡ 이·착륙 및 지상활주 시 항공기의 자세가 수평이므로 조종사의 시계가 넓고 승객이 안락하다.
㉢ 뒷바퀴형은 브레이크를 밟으면 항공기는 주바퀴를 중심으로 앞으로 기울어져 프로펠러를 손상시킬 위험이 있으나 앞바퀴형은 앞바퀴가 동체 앞부분을 받쳐 주므로 그런 위험이 적다.
㉣ 터보 제트기의 경우 배기가스의 배출을 용이하게 한다.
㉤ 중심이 주 바퀴의 앞에 있으므로 뒷바퀴식에 비하여 지상 전복 (ground loop) 의 위험이 적다.

67. 앞바퀴형의 장점이 아닌 것은?

① 이·착륙 성능이 우수하다.
② 무게가 가볍다.
③ 급 브레이크 시 전복 위험이 적다.
④ 승객에게 안락감을 주고 조종사의 시야가 양호하다.

해설 문제 66번 참조

정답 64. ③ 65. ① 66. ① 67. ②

68. 다음 앞바퀴형 착륙장치에 대한 설명 중 틀린 것은?

① 기어배열은 nose gear와 main gear로 되어 있다.
② 빠른 착륙속도에도 브레이크를 사용할 수 있다.
③ 이·착륙 중에 조종사에게 좋은 시야를 제공한다.
④ 항공기의 무게중심이 main gear 후방으로 움직여 지상 전복의 위험이 있다.

해설 문제 66번 참조

69. 앞바퀴형 항공기에서 무게중심은 어디에 있는가?

① 주바퀴 바로 앞
② 주바퀴와 앞바퀴의 중간 부분
③ 주바퀴 바로 뒤
④ 앞바퀴 바로 뒤

해설 앞바퀴형은 주바퀴 앞에 조향바퀴가 있으며 무게중심은 주바퀴의 바로 앞에 있고 거의 대부분의 항공기에 사용한다. 뒷바퀴형은 동체 꼬리부분에 조향바퀴가 있으며 무게중심은 주바퀴의 바로 뒤에 있고 소형기에 약간 사용한다.

70. 완충장치의 실린더와 피스톤이 상대적으로 회전하는 것을 방지하는 것은?

① torsion link
② strut 내의 유압
③ piston 내의 packing 마찰
④ 실린더 내면의 slot

해설 윗부분은 완충 버팀대(실린더)에 아랫부분은 올레오 피스톤과 축으로 연결되어 피스톤이 과도하게 빠지지 못하게 한다. 완충 스트럿(shock strut)을 중심으로 피스톤이 회전하지 못하게 하는 것을 토션 링크(torsion link) 또는 토크 링크(torque link)라 한다.

71. 윗부분은 완충 버팀대에 아랫부분은 피스톤과 축으로 연결되어 피스톤이 과도하게 빠지지 못하게 하고 바퀴가 정확하게 정렬해 있어 옆으로 돌아가지 못하도록 하는 것은 무엇인가?

① 트러니언 기구
② 업 래치
③ 토크 링크
④ 완충 지지대

해설 문제 70번 참조

㉠ 트러니언(trunnion)은 착륙장치를 동체에 연결하는 부분으로 양끝은 베어링에 의해 지지되며 이를 회전축으로 하여 착륙장치가 펼쳐지거나 접어 들여진다.
㉡ 업 래치(up latch)는 착륙장치가 접어 들여진 후 항공기에 진동이 생겼을 때 착륙장치의 무게로 인하여 착륙장치가 내려지는 것을 방지하는 장치이다.
㉢ 완충 지지대(shock strut)는 착륙 시 항공기의 수직속도 성분에 의한 운동 에너지를 흡수함으로써 충격을 완화시켜 주기 위한 장치이다.

정답 68. ④ 69. ① 70. ① 71. ③

72. landing gear 번지 스프링(bungee spring)의 역할은?
① 랜딩 기어의 down lock 을 돕는다.
② 랜딩 기어의 up lock 을 돕는다.
③ 지상에서의 공진을 방지한다.
④ 랜딩 기어 up 작동을 돕는다.

해설 랜딩 기어가 down lock 된 후 down lock actuator 를 도와 gear 가 down lock 된 상태를 계속 유지하게 한다. 또한, 비상 내림(alternate extension)시 랜딩 기어는 자중에 의해 내려오므로 번지 스프링이 down lock을 시킨다.

73. 경항공기에 사용하는 탄성에 의한 방법으로 충격을 흡수하는 완충장치의 효율은?
① 50 % ② 47 % ③ 75 % ④ 40 %

해설 완충장치는 착륙 시 항공기의 수직속도 성분에 의한 운동 에너지를 흡수함으로써 충격을 완화시켜 주기 위한 장치이다.
㉠ 탄성식 완충장치는 완충효율이 50 %이다.
㉡ 공기 압축식 완충장치는 완충효율이 47 %이다.
㉢ 올레오식 완충장치는 완충효율이 75 % 이상이다.

74. 올레오식 완충장치는 접지 시 충격에 대한 완충효율은?
① 50 % 이상 ② 47 % 이상
③ 75 % 이상 ④ 80 % 이상

해설 문제 73번 참조

75. 착륙장치에 있어 완충장치에 작용하는 하중에 관한 설명 중 옳은 것은?
① 항공기의 최대 착륙중량이 작을수록 크다.
② 항공기의 접지 수직속도가 클수록 크다.
③ 완충장치의 최대 변위량이 클수록 적다.
④ 완충효율이 클수록 크다.

해설 완충장치는 착륙 시 항공기의 수직속도 성분에 의한 운동 에너지를 흡수함으로써 충격을 완화시켜 항공기를 보호하는 장치로 착륙장치가 흡수해야 할 충격은 착륙속도의 자승에 비례하고 질량에 비례한다.

정답 72. ① 73. ① 74. ③ 75. ②

76. 다음 완충장치에 대한 설명 중 틀린 것은?

① 충격에너지를 흡수하는 장치이다.
② 가장 효율이 좋은 것은 공유압식이다.
③ 종류에는 고무 완충식, 평판 스프링식, 공기압축식, 공유압식이 있다.
④ 가장 구조가 간단한 것은 공유압식이다.

해설 문제 73번 참조

77. 올레오 완충장치의 작동원리는?

① 작동유의 압축성으로 완충한다.
② 공기와 작동유의 혼합인 경우 열에너지로 충격을 흡수한다.
③ 공기의 압축성과 작동유가 오리피스를 통해 이동함으로써 충격을 흡수한다.
④ 공기의 압축성과 작동유의 압축성으로 외부의 실린더가 상하운동을 함으로써 완충한다.

해설 올레오식 완충장치는 대부분의 항공기에 사용되며 착륙할 때 실린더의 아래로부터 충격하중이 전달되어 피스톤이 실린더의 위로 움직이게 된다. 이 때 작동유는 움직이는 미터링 핀에 의해서 형성되는 오리피스를 통하여 위 체임버로 밀려들어가게 된다. 그러므로 오리피스에서 유체의 마찰에 의해 에너지가 흡수되고, 또 공기실의 부피를 감소시키게 하는 작동유는 공기를 압축시켜 충격 에너지가 흡수된다.

78. 완충 스트럿에 사용되는 작동유의 형식을 무엇으로 결정하는가?

① 항공기의 최대 전체 무게
② 미터링 핀에 사용되는 금속의 형식
③ 스트럿에 사용되는 실(seal)의 재질
④ 항공기가 올라갈 수 있는 고도

해설 완충 스트럿에는 작동유의 누설을 막기 위한 실(seal)이 사용되는데 다른 종류의 작동유를 사용하게 되면 실(seal)이 손상되어 작동유의 누설이 발생한다.

79. 착륙장치에서 랜딩 기어(landing gear)가 내려가는 동안 조종실 계기판에는 어떤 색의 등이 켜지는가?

① 오렌지색 등 ② 호박색 등
③ 적색 등 ④ 초록색 등

정답 76. ④ 77. ③ 78. ③ 79. ③

해설 착륙장치의 위치를 조종사에게 시각적으로 알려주기 위하여 조종실에 계기가 장착되어 있다.
㉠ landing gear up & lock 되면 조종석에는 아무 등도 들어오지 않는다.
㉡ landing gear 가 작동 중일 때는 붉은색 등(red light)이 들어온다.
㉢ landing gear down & lock되면 초록색 등(green light)이 들어온다.

80. 대형기 착륙장치에서 랜딩 기어가 down & lock 되면 조종실 계기판에 어떤 색의 등이 지시하는가?

① green light ② red light
③ amber light ④ no light

해설 문제 79번 참조

81. 올레오 스트럿(oleo strut)의 적당한 팽창길이를 알아내는 일반적인 방법은 다음 항목 중에서 어느 것인가?

① 스트럿의 노출된 부분의 길이를 측정한다.
② 스트럿의 액량을 측정한다.
③ 프로펠러의 팁 간격을 측정한다.
④ 지면과 날개의 끝 부분과의 간격을 측정한다.

해설 완충 버팀대의 팽창길이를 점검하기 위해서는 완충 버팀대 속의 작동유체의 압력을 측정한다. 규정압력에 해당되는 최대 및 최소 팽창길이를 표시해주는 완충 버팀대 팽창도표를 이용하여 팽창길이가 규정범위에 들어가는가 확인한다. 팽창길이가 규정값에 들지 않을 때에는 압축공기(질소)를 가감하여 맞춘다.

82. 올레오 스트럿(oleo strut)이 밑바닥에 가라앉았을 때 예상되는 원인은 어느 것인가?

① 공기압이 낮다. ② 공기압이 높기 때문이다.
③ 공기압이 충분하기 때문이다. ④ 작동유가 과도하기 때문이다.

해설 문제 81번 참조

83. 지상활주 시 정상상태에 있다가 착륙 시 완충장치의 외부 실린더가 내부 실린더의 스커트를 쳤다. 이것은 어떤 상태를 나타내는가?

① 공기와 작동유가 섞였다. ② 피스톤이 마모되었다.
③ 스프링이 주저앉았다. ④ 작동유량이 적다.

정답 80. ① 81. ① 82. ① 83. ④

해설 착륙할 때 실린더의 아래로부터 충격하중이 전달되어 내부 실린더가 외부 실린더의 위로 움직이게 된다. 이 때 작동유는 움직이는 미터링 핀에 의해서 형성되는 오리피스를 통하여 위 체임버로 밀려들어가게 된다. 그러므로 오리피스에서 유체의 마찰에 의해 에너지가 흡수되고, 또 공기실의 부피를 감소시키게 하는 작동유는 공기를 압축시켜 충격 에너지가 흡수되는데 작동유의 양이 적으면 내부 실린더의 하부 끝과 외부 실린더가 밀려서 부딪치는 상태가 된다.

84. 앞착륙장치에서 불안전한 공진현상을 방지하는 장치는 무엇인가?

① 시미 댐퍼(shimmy damper)
② 테일 스키드(tail skid)
③ 안티 스키드(anti-skid)
④ 퓨즈 플러그(fuse plug)

해설 착륙장치 계통

㉠ 앞착륙장치는 지상활주 중 지면과 타이어 사이의 마찰에 의한 타이어 밑면의 가로축 방향의 변형과 바퀴의 선회축 둘레의 진동과의 합성된 진동이 좌우 방향으로 발생하는데 이러한 진동을 시미(shimmy)라 하고, 이와 같은 시미 현상을 감쇠, 방지하기 위한 장치를 시미 댐퍼(shimmy damper)라 한다.

㉡ 테일 스키드는 전륜식 착륙장치를 장비한 항공기의 동체 꼬리 하부에 설치한 작은 스키드로 항공기 이륙 시 너무 높은 각도로 회전할 경우 충격을 흡수하며 구조부의 손상을 방지한다.

㉢ 안티 스키드 장치는 항공기가 착륙, 접지하여 활주 중에 갑자기 브레이크를 밟으면 바퀴에 제동이 걸려 바퀴는 회전하지 않고 지면과 마찰을 일으키면서 타이어가 미끄러진다. 이 현상을 스키드라 하는데 스키드가 일어나 각 바퀴마다 지상과의 마찰력이 다를 때 타이어는 부분적으로 닳아서 파열되며 타이어가 파열되지 않더라도 바퀴의 제동효율이 떨어진다. 이 스키드 현상을 방지하기 위한 장치가 안티 스키드 장치이다.

㉣ 퓨즈 플러그는 바퀴에 보통 3~4개가 설치되어 있으며 브레이크를 과도하게 사용했을 때 타이어가 과열되어 타이어 내의 공기 압력 및 온도가 지나치게 높아지게 되면 퓨즈 플러그가 녹아 공기 압력을 빠져나가게 하여 타이어가 터지는 것을 방지해 준다.

85. 착륙장치 작동순서 중 옳지 않은 것은?

① 착륙장치를 내릴 때 먼저 착륙조정 레버를 내림 위치에 놓는다.
② 먼저 업 래치가 풀리고 착륙장치가 내려간다.
③ 착륙장치가 내려온 후 다운 래치가 걸려진다.
④ 문을 닫기 위해 착륙장치 조정 레버를 올림 위치로 놓는다.

해설 착륙장치를 작동시키기 위해 착륙장치 조정 레버를 up이나 down에 놓으면 up latch 또는 down latch 가 풀린 후 착륙장치가 작동되어 up lock 또는 down lock이 걸린 후 landing gear door 가 닫힌다. 따라서, 착륙장치 작동 후 door 를 닫기 위해 다시 착륙장치 조정 레버를 작동할 필요가 없다.

정답 84. ① 85. ④

86. 접개 강착장치를 장비한 항공기의 설명 중 옳은 것은?

① 강착장치를 접고 뻗히는 비상장치가 있어야 한다.
② 강착장치를 접는 비상장치가 있어야 한다.
③ 강착장치를 뻗는 비상장치가 있어야 한다.
④ 강착장치를 down lock 시키는 비상장치가 있어야 한다.

해설 항공기에는 유압계통이 고장일 때 착륙장치를 내리기 위한 비상장치가 마련되어 있다. 비상장치가 작동하면 up lock이 풀리고 착륙장치는 자체의 무게에 의해 자유롭게 떨어지거나 펴진 후 번지 스프링(bungee spring)에 의해 down lock이 걸린다.

87. landing gear up, down 시 사용되지 않는 것은?

① steering cylinder ② gear actuator
③ selector valve ④ sequence valve

해설 landing gear control lever를 작동시키면 케이블에 의해 selector valve가 작동되고 selector valve를 통해 sequence valve와 gear actuator에 유압이 공급된다.

88. 다음 중 브레이크의 종류에 해당되지 않는 것은?

① 싱글 디스크 브레이크 ② 멀티플 디스크 브레이크
③ 팽창 튜브식 브레이크 ④ 스플릿식 브레이크

해설 브레이크의 분류
(1) 기능에 따른 분류
㉠ 정상 브레이크 : 평상시 사용
㉡ 파킹 브레이크 : 비행기를 장시간 계류시킬 때 사용
㉢ 비상 및 보조 브레이크 : 주 브레이크가 고장났을 때 사용하는 것으로 주 브레이크와 별도로 마련되었다.
(2) 작동과 구조 형식에 따른 분류
㉠ 팽창 튜브식 : 소형 항공기에 사용
㉡ 싱글 디스크식(단원판식) : 소형 항공기에 사용
㉢ 멀티플 디스크식(다원판형) : 대형 항공기에 사용
㉣ 시그먼트 로터식 : 대형 항공기에 사용

89. 다음 브레이크 장치 중 대형 항공기에 많이 사용하는 브레이크 장치는?

① 팽창 튜브식 ② 싱글 디스크식 ③ 원심력식 ④ 멀티 디스크식

해설 문제 88번 참조

정답 86. ③ 87. ① 88. ④ 89. ④

90. **앞착륙장치에 장착된 센터링 캠(centering cam)의 목적은?**

① 이륙 후 착륙장치를 중립으로 맞춘다.
② 착륙 후 착륙장치를 중립으로 맞춘다.
③ 오염물질을 제거하는데 사용한다.
④ steering 계통 고장시 중립으로 맞춘다.

해설 앞착륙장치 내부에 설치된 센터링 캠은 착륙장치가 지면으로부터 떨어졌을 때 앞착륙장치(nose gear)를 중심으로 오게 해 올리고 내리고 할 때 landing gear wheel well과 부딪쳐 구조의 손상이나 착륙장치의 손상을 방지하기 위해 마련되어 있다.

91. **브레이크 리턴 스프링이 끊어지면 어떤 현상이 일어나는가?**

① 브레이크가 끌린다.
② 페달이 안 밟힌다.
③ 작동이 느려진다.
④ 브레이크의 움직임이 과도하게 된다.

해설 브레이크 압력이 풀리면 리턴 스프링에 의해 회전판과 고정판 사이에 간격을 만들어 제동상태가 풀어지도록 되어 있는데 리턴 스프링이 끊어지면 간격이 없으므로 제동상태가 유지되어 브레이크가 끌리는 현상이 발생되어 브레이크가 과열되는 원인이 되기도 한다.

92. **브레이크 페달에 스펀지(sponge) 현상이 나타난다면?**

① 계통에 공기가 있다.
② 계통에 물이 있다.
③ 브레이크 라이닝이 마모되었다.
④ 페달 장력이 작아졌다.

해설 스펀지(sponge) 현상은 브레이크 장치 계통에 공기가 작동유와 섞여 있을 경우 공기의 압축성 효과로 인하여 브레이크 장치가 작동할 때 푹신푹신하여 제동이 제대로 되지 않는 현상이다. 스펀지 현상이 발생하면 계통에서 공기 빼기(air bleeding)를 해주어야 한다. 공기 빼기는 브레이크 계통에서 작동유를 빼면서 섞여 있는 공기를 제거하는 것이다. 공기가 다 빠지게 되면 더 이상 기포가 발생하지 않는다. 공기 빼기를 하고 나면 페달을 밟았을 때 뻣뻣함을 느낀다.

93. **스펀지 현상이 일어나는 이유는?**

① 계통 내에 유출이 있을 때
② 계통 내에 공기가 있을 때
③ 계통 내에 압력이 높을 때
④ 계통 내에 압력이 낮을 때

해설 문제 92번 참조

정답 90. ① 91. ① 92. ① 93. ②

94. 블리딩할 동안 모든 공기가 제동장치에서 나왔다는 것을 어떻게 결정하는가?

① 제동 로드의 길이 증가로
② 블리딩 게이지의 눈금이 완전히 기울어짐으로써
③ 더 이상의 공기가 유류와 같이 나오지 않고 제동페달이 뻣뻣함으로써
④ 블리딩 등이 꺼짐으로써

해설 문제 92번 참조

95. 브레이크 작동은 이상이 없으나 힘이 미약하다. 그 원인으로 옳은 것은?

① 세척이 제대로 되지 않았다.
② 계통에 공기가 너무 많다.
③ 작동 실린더의 고장이다.
④ 팽창 부츠가 늘어났다.

해설 문제 92번 참조

96. 브레이크(brake) 계통 정비작업에 대한 설명이 잘못된 것은?

① 작동유 누설점검을 할 때는 계통이 작동압력 상태인지 확인한다.
② brake 계통에 공기가 차 있으면 페달을 밟을 때 스펀지 작용을 한다.
③ 파이프 연결 피팅이 느슨하게 풀린 것을 조일 때는 압력이 없는 상태에서 수행한다.
④ 중력방식 bleeding은 brake 계통에 들어간 공기를 리저버 상부에 장착된 밸브를 통해 제거한다.

해설 브레이크 계통 공기빼기 작업은 압력식과 중력식이 있다. 압력식은 브레이크 쪽에서 압력을 가해 리저버 상부의 주입구를 통해 공기 빼기를 하고, 중력식은 페달을 밟아 압력이 걸렸을 때 브레이크 블리드 밸브를 통해 공기 빼기를 한다.

97. 브레이크 드럼의 표면 균열의 허용값은?

① 길이로 1″보다 작아야 하고 드럼의 끝 부분으로 확대되지 않아야 한다.
② 허용한계가 없다.
③ 길이로 1/2″보다 작아야 하고 드럼의 끝 부분으로 확대되지 않아야 한다.
④ 드럼의 끝 부분으로 확대되지 않은 균열

해설 브레이크 드럼의 마찰면에는 때때로 표면에 균열이 나타나는데 이것은 마찰열 때문에 생긴다. 그러나 이러한 균열은 그 길이가 1″까지는 허용되나 1″ 이상 균열이 커지는 경우에는 드럼을 교환해 주어야 한다.

정답 94. ③ 95. ② 96. ④ 97. ①

98. 브레이크 블리딩 작업 시 어떻게 하는가?

① 유류만 뺀다. ② 공기와 유류를 뺀다.
③ 공기만 뺀다. ④ 아무런 조치를 하지 않는다.

해설 브레이크 계통의 공기를 빼기 위해서는 작동유를 빼면서 섞여 있는 공기를 제거한다.

99. 브레이크에 관한 설명 중 옳은 것은 어느 것인가?

① 일반적으로 파킹 브레이크 계통은 정상 브레이크 계통과는 독립적이다.
② 마스터 실린더 내의 유량 부족은 계통 내에 공기를 흡수하는 원인이다.
③ 브레이크 계통의 누출 검사는 최대 운용압력의 1.5배인 압력을 가해 모든 배관의 검사를 한다.
④ 유압 브레이크 계통의 블리딩(bleeding)이란 계통 중의 압력을 빼내는 작업이다.

해설 계통 내에 공기가 들어올 수 있는 원인은 유압 브레이크 라인이 새고 있거나 리저버의 작동유량이 부족한 경우를 생각할 수 있는데 브레이크 계통의 공기 빼기(air bleeding) 방법은 기종에 따라 다르나 일반적으로 계통 내의 공기를 리저버로 모으고 리저버에서 공기를 빼는 방법을 취한다. 이렇게 하면 계통 내에 들어온 공기는 리저버로 되돌아온다.

100. 브레이크 페달을 밟았을 때 리저버 내의 작동유에 거품이 생겼다. 제일 먼저 생각할 수 있는 것은 어느 것인가?

① 차륜 실린더가 고착되어 있다. ② 브레이크 라인이 새고 있다.
③ 리저버 내의 작동유량이 과다하다. ④ 마스터 실린더 내 피스톤에서 새고 있다.

해설 문제 99번 참조

101. 항공기용 바퀴 및 타이어에 대한 설명 중 틀린 것은?

① 바퀴에는 스플릿, 플랜지형, 드롭 센터 고정 플랜지형 등이 있다.
② 일반적으로 튜브리스 타이어를 사용한다.
③ 타이어는 고무, 철사, 인견포로 여러 겹 적층되어 있다.
④ 타이어 안의 공기가 지나치게 높아지면 퓨즈 플러그에서 찬 공기가 들어와 타이어를 냉각시킨다.

해설 바퀴의 종류는 스플릿형, 플랜지형, 드롭 센터 고정 플랜지형이 있다. 항공기에 사용되는 타이어는 고무와 철사 및 인견포를 적층하여 제작하며 일반적으로 튜브리스(tubeless) 타이어를 사용한다.

정답 98. ② 99. ② 100. ② 101. ④

102. 안티 스키드(anti-skid) 장치란 무엇인가?
① 조종계통의 작동유가 누설되는 것을 방지
② 타이어의 한쪽 면만 마모되는 것을 방지
③ 착륙장치를 작동시키는 접개들이 장치
④ 멀티 디스크 브레이크를 말한다.

해설 안티 스키드 장치는 항공기가 착륙, 접지하여 활주 중에 갑자기 브레이크를 밟으면 바퀴에 제동이 걸려 바퀴는 회전하지 않고 지면과 마찰을 일으키면서 타이어가 미끄러진다. 이 현상을 스키드라 하는데 스키드가 일어나 각 바퀴마다 지상과의 마찰력이 다를 때 타이어는 부분적으로 닳아서 파열되며 타이어가 파열되지 않더라도 바퀴의 제동효율이 떨어진다. 이 스키드 현상을 방지하기 위한 장치가 안티 스키드 장치이다. 안티 스키드 감지장치의 회전속도와 바퀴의 회전속도의 차이를 감지하여 안티 스키드 제어 밸브로 하여금 브레이크 계통으로 들어가는 작동유의 압력을 감소시킴으로써 제동력의 감소로 인하여 스키드를 방지한다.

103. 다음 중 안티스 키드(anti-skid) 장치의 기능으로 맞는 것은?
① 제동장치의 과열방지
② 제동효율의 극대화
③ 비행속도의 조정
④ 항공기의 방향조정

해설 문제 102번 참조

104. 안티 스키드 장치를 옳게 설명한 것은?
① 지상활주 중 앞바퀴에 발생하는 불안정한 공진현상을 줄이는 장치
② 바퀴의 마찰력을 균등하게 조절해주는 장치
③ 브레이크 작동유의 유압차를 감지해서 작동한다.
④ 앞바퀴에 부착되어 있다.

해설 문제 102번 참조

105. 항공기 바퀴(wheel)에 장착된 서멀 퓨즈(thermal fuse)의 기능은?
① 휠 어셈블리의 기능을 활성화한다.
② 타이어 홈 분리를 지적해준다.
③ 공기압 검사를 필요 없게 해준다.
④ 특정한 상승온도에서 녹는다.

정답 102. ② 103. ② 104. ② 105. ④

해설 퓨즈 플러그는 바퀴에 보통 3~4개가 설치되어 있다. 브레이크를 과도하게 사용했을 때 타이어가 과열되어 타이어 내의 공기 압력 및 온도가 지나치게 높아지게 되면 퓨즈 플러그가 녹아 공기 압력을 빠져나가게 하여 타이어가 터지는 것을 방지해 준다.

106. 바퀴(wheel)로부터 타이어(tire)까지의 색 표시를 무엇이라 하는가?

① 진동 마크　② 점검 마크
③ 평형 마크　④ 슬립피지(slippage) 마크

해설 바퀴와 타이어 사이의 미끄러짐을 확인하기 위하여 폭 1인치, 길이 2인치 크기의 적색 페인트 마크를 슬립피지 마크라 한다.

107. 다음은 착륙장치의 타이어 수에 따른 분류이다. 이에 속하지 않는 것은?

① 단일식　② 이중식　③ 다발식　④ 보기식

해설 착륙장치의 분류

(1) 사용목적에 따른 분류
- ㉠ 타이어 바퀴형 : 육상에서 사용한다.
- ㉡ 스키형 : 눈 위에서 사용한다.
- ㉢ 플로트형 : 물 위에서 사용한다.

(2) 장착방법에 따른 분류
- ㉠ 고정형 : 날개나 동체에 장착 고정시킨 형식
- ㉡ 접개들이형 : 날개나 동체 안에 접어 올릴 수 있는 형식

(3) 착륙장치 장착위치에 따른 분류
- ㉠ 전륜식 : 주바퀴 앞에 방향전환 기능을 가진 조향바퀴가 있는 형식
- ㉡ 후륜식 : 주바퀴 뒤에 방향전환 기능을 가진 조향바퀴가 있는 형식

(4) 타이어 수에 따른 분류
- ㉠ 단일식 : 타이어가 1개인 방식으로 소형기에 사용한다.
- ㉡ 이중식 : 타이어 2개가 1조인 형식으로 앞바퀴에 적용된다.
- ㉢ 보기식 : 타이어 4개가 1조인 형식으로 주바퀴에 적용된다.

108. 착륙장치에서 바퀴 개수에 따른 분류 중 맞는 것은?

① 테일형　② 보기식　③ 앞바퀴형　④ 뒷바퀴형

해설 문제 107번 참조

정답 106. ④　107. ③　108. ②

109. 타이어의 구조 중에서 마멸을 측정하고 제동효과를 증가시키는 것은?

① 트레드(tread)의 홈 ② 브레이커(breaker)
③ 코어 보디(core body) ④ 차퍼(chafer)

해설 타이어의 구조 및 기능은 다음과 같다.

㉠ 트레드(tread)는 직접 노면과 접하는 부분으로 미끄럼을 방지하고 주행 중 열을 발산, 절손의 확대 방지의 목적으로 여러 모양의 홈이 만들어져 있다. 트레드의 홈은 마멸의 측정 및 제동효과를 증대시킨다.

㉡ 코어 보디(core body)는 타이어의 골격 부분으로 고압 공기에 견디고 하중이나 충격에 따라 변형되어야 하므로 강력한 인견이나 나일론 코드를 겹쳐서 강하게 만든 다음 그 위에 내열성이 강한 우수한 양질의 고무를 입힌다.

㉢ 브레이커(breaker)는 코어 보디와 트레드 사이에 있으며, 외부 충격을 완화시키고 와이어 비드와 연결된 부분에 차퍼를 부착하여 제동장치에서 오는 열을 차단한다.

㉣ 와이어 비드(wire bead)는 비드 와이어라 하며, 양질의 강선이 와이어 비드부의 늘어남을 방지하고 바퀴 플랜지에서 빠지지 않게 한다.

110. 타이어의 손상방지법 중 맞는 것은?

① 느린 택싱(taxing), 최소한의 제동 ② 급격한 코너링(cornering)
③ 오버 인플레이션(over inflation) ④ 언더 인플레이션(under inflation)

해설 항공기 타이어의 가장 심각한 문제는 착륙 시의 강한 충격이 아니고 지상에서 원거리를 운행하는 동안 급격히 타이어 내부 온도가 상승하는 것이다. 항공기 타이어의 과도한 온도 상승을 방지할 수 있는 가장 좋은 방법은 짧은 지상활주, 느린 택싱 속도, 최소한의 제동, 적절한 타이어 인플레이션(inflation) 등이다. 과도한 제동은 트레드 마찰을 증가시키고 급한 코너링은 트레드 마모를 촉진시킨다.

111. 다음 중 타이어 팽창압력의 결정요소가 아닌 것은?

① 타이어 크기 ② 온도 ③ 항공기 무게 ④ 항공기의 속도

해설 타이어에 얼마만큼의 공기를 넣는지는 타이어의 크기, 외기 온도, 비행기의 무게에 의해서 결정된다.

112. 타이어가 과팽창되면 다음 중에서 손상의 원인이 될 수 있는 것은?

① 허브 프림(hub frim) ② 휠 플랜지(wheel flange)
③ 백 플레이트(back plate) ④ 브레이크(brake)

정답 109. ① 110. ① 111. ④ 112. ②

해설 타이어가 과팽창되면 타이어의 와이어 비드 부분이 늘어나려고 하여 바퀴의 휠 플랜지 부분이 손상을 입을 수 있다.

113. 항공기 타이어의 표면에 46×18-20, 32 R2로 표시되어 있다면 이것의 의미는 다음 중 무엇인가?

① 바깥지름 46 in, 폭 18 in, 휠 지름 20 in, 32 ply, 2회 재생
② 바깥지름 46 in, 안지름 18 in, 폭 20 in, 너비 32 in, 2회 재생
③ 바깥지름 46 in, 안지름 18 in, 폭 20 in, 32 ply, 휠 종류
④ 바깥지름 18 in, 폭 46 in, 휠지름 20 in, 2회 재생

해설 고압 타이어는 바깥지름 (인치)×폭 (인치)－휠 지름 (인치), 플라이 수, 재생횟수로 나타낸다.

114. 항공기 트레드 중앙부분의 지나친 마모의 원인은 무엇인가?

① 브레이크의 결함
② 지나친 토 인
③ 부족한 팽창
④ 과도한 팽창

해설 적절한 인플레이션은 적절한 플렉싱(flexing)을 보장하고 온도 상승을 최소로 하며 타이어 수명을 연장시키고 과도한 트레드 마모를 방지한다. 숄더(shoulder) 부분의 과도한 마모는 언더 인플레이션을 나타내고 타이어 트레드의 과도한 마모는 오버 인플레이션을 나타낸다.

115. 타이어 압력검사를 하려면 비행 후 얼마동안 대기해야 하는가?

① 최소 1시간 (고온 기후에서는 2시간)
② 최소 2시간 (고온 기후에서는 3시간)
③ 최소 3시간 (고온 기후에서는 4시간)
④ 최소 4시간 (고온 기후에서는 5시간)

해설 비행이 끝난 직후에는 브레이크의 사용으로 인한 제동열로 인하여 타이어 내부의 공기가 팽창하여 압력이 높아져 있다. 그러므로 정확한 타이어 압력을 측정하기 위해서는 동절기에는 2시간 이상, 하절기에는 3시간 이상 경과 후 압력을 측정하여야 정확한 값을 얻을 수 있다.

116. 타이어 보관방법으로 옳은 것은?

① 건조하고 직사광선은 피할 것
② 습기 찬 곳
③ 산소가 차단된 곳
④ 직사광선이 그대로 들어오는 곳

해설 타이어나 튜브를 보관하는 이상적인 장소는 시원하고 건조하며 상당히 어둡고 공기의 흐름이나 불순물 (먼지) 로부터 격리된 곳이 좋다. 저온 (32°F 이하가 아닐 경우) 의 경우는 문제가 되지 않지만 고온 (80°F 이상일 경우) 은 상당히 해로우므로 피해야 한다.

정답 113. ① 114. ④ 115. ② 116. ①

117. 유압유가 타이어에 묻었을 때 제거하려면?

① 솔벤트 세척 ② 비눗물 세척 ③ 가솔린 세척 ④ 알코올 세척

해설 타이어는 오일, 연료, 유압 작동유 또는 솔벤트 종류와 접촉하지 않게 주의해야 한다. 왜냐하면 이러한 것들은 화학적으로 고무를 손상시키며 타이어 수명을 단축시키므로 비눗물을 이용하여 세척한다.

118. 고양력 장치(high lift device)가 아닌 것은?

① 탭(tab) ② 플랩(flap) ③ 슬랫(slat) ④ 슬롯(slot)

해설 보조 조종면은 사용목적에 따라 크게 두 가지로 나눌 수 있는데 그 하나는 양력을 증가시키는 데 사용되는 조종면이고, 다른 하나는 양력을 감소시키는 데 사용되는 조종면이다. 날개의 양력을 증가시키는 데 사용되는 조종면은 날개 뒷전의 플랩과 앞전의 슬랫과 슬롯이며 양력을 감소시키는 장치로는 스피드 브레이크와 스포일러가 있다.

119. 다음 중 2차 조종면이 아닌 것은?

① 앞전 플랩(leading edge flap) ② 방향타(rudder)
③ 스포일러(spoiler) ④ 슬랫(slat)

해설 조종면은 비행 조종성을 제공하기 위하여 마련된 구조로서 조종면을 움직이면 조종면 주위의 공기흐름을 바꾸어 조종면에 작용하는 힘의 크기와 방향이 바뀌게 되며 이로 인해 항공기의 자세가 변하게 된다. 조종면은 일반적으로 주 조종면과 부 조종면으로 나눌 수 있다.

㉠ 주 조종면은 항공기의 세 가지 운동축에 대한 회전운동을 일으키는 도움날개(aileron), 방향타(rudder) 승강키(elevator)를 말한다.

㉡ 조종면에서 주 조종면을 제외한 보조 조종계통에 속하는 모든 조종면을 부 조종면이라 하며 탭(tab), 플랩(flap), 스포일러(spoiler) 등이 여기에 속한다.

120. 비행기가 비행 중에 오른쪽으로 편향하는 경향이 있다. 이것을 수정하려면 어떻게 하여야 하는가?

① 오른쪽의 보조날개를 내린다. ② 왼쪽의 보조날개를 내린다.
③ 방향타 탭을 오른쪽으로 구부린다. ④ 방향타 탭을 왼쪽으로 구부린다.

해설 비행 중인 항공기가 우측으로 돌아가려고 하면 이를 수정하기 위해서는 방향타를 좌측으로 돌리면 된다. 그러나 탭은 조종면과 반대로 움직이기 때문에 방향타 탭을 우측으로 구부려야 한다.

정답 117. ② 118. ① 119. ② 120. ③

121. 다음 중 옆놀이 모멘트를 발생시키는 조종면은?

① 스포일러(spoiler) ② 승강타(elevator)
③ 방향키(rudder) ④ 도움날개(aileron)

해설 항공기의 세 가지 축에 대한 운동

㉠ 옆놀이(rolling) 운동 : 항공기 동체의 앞과 끝을 연결한 세로축을 중심으로 항공기는 가속, 감속, 등속으로 직선운동을 하거나 회전운동을 말한다. 옆놀이 모멘트를 발생시키는 조종면은 도움날개이다.

㉡ 키놀이(pitching) 운동 : 한쪽 날개 끝에서 다른 쪽 날개 끝까지 연결한 가로축을 중심으로 하는 회전운동을 말한다. 키놀이 모멘트를 발생시키는 조종면은 승강키이다.

㉢ 빗놀이(yawing) 운동 : 항공기의 무게중심에서 세로축과 가로축이 만드는 평면에 수직인 축(수직축)을 중심으로 해서 진행 방향에 대하여 좌우로 하는 회전운동을 말한다. 빗놀이 모멘트를 발생시키는 조종면은 방향타이다.

122. 항공기 수직축에 대한 운동을 무엇이라 하는가?

① 롤링(rolling) ② 피칭(pitching)
③ 요잉(yawing) ④ 사이드 슬립(side slip)

해설 문제 121번 참조

123. 비행기의 무게중심을 지나는 기체의 전후를 연결하는 축은 무슨 축이라 하는가?

① 세로축 ② 가로축 ③ 수직축 ④ 평형축

해설 문제 121번 참조

124. 조종간을 뒤로 당겨서 왼쪽으로 돌리면 오른쪽 도움날개와 승강키의 방향은 어떻게 되는가?

① 도움날개는 위로, 승강키는 아래로 ② 도움날개는 아래로, 승강키는 위로
③ 도움날개는 위로, 승강키도 위로 ④ 도움날개는 아래로, 승강키는 아래로

해설 주 조종면의 작동

㉠ 도움날개(aileron) : 조종간을 좌로 돌리면 좌측 도움날개는 올라가고, 우측 도움날개는 내려가서 항공기가 왼쪽으로 옆놀이 한다.

㉡ 승강키(elevator) : 조종간을 뒤로 당기면 좌, 우가 동시에 올라가 항공기의 기수가 상승한다.

㉢ 방향타(rudder) : 방향타 페달로 작동되며 좌측 방향타 페달을 앞으로 밀면 방향타는 좌측으로 돌아가 항공기 기수는 좌측으로 돌아간다.

정답 121. ④ 122. ③ 123. ① 124. ②

125. 조종간을 앞으로 밀고 오른쪽으로 돌리면 오른쪽 도움날개와 승강키의 방향은?

① 도움날개는 위로, 승강키는 아래로
② 도움날개는 아래로, 승강키는 위로
③ 도움날개는 위로, 승강키도 위로
④ 도움날개는 아래로, 승강키는 아래로

해설 문제 123번 참조

126. 다음 balance tab에 대한 설명 중 맞는 것은?

① 1차 조종면과 연결하고 탭만 조종하여 작동한다.
② 1차 조종면에 연결되어 있지 않고, 2차 조종면만을 움직여서 1차 조종면을 움직인다.
③ 혼과 조종면 사이에 스프링을 설치하고 tab과 조종면이 서로 반대 방향으로 움직인다.
④ 조종면이 움직이는 방향과 반대 방향으로 움직이도록 연결되어 있다.

해설 탭에는 트림 탭, 서보 탭, 밸런스 탭, 스프링 탭이 있다.

㉠ 트림(trim) 탭은 조종면의 힌지 모멘트를 감소시켜 조종사의 조종력을 0으로 조정해 주는 역할을 하며 조종사가 조종석에서 임의로 탭의 위치를 조절할 수 있도록 되어 있다.

㉡ 밸런스(balance) 탭은 조종면이 움직이는 방향과 반대의 방향으로 움직일 수 있도록 기계적으로 연결되어 있다.

㉢ 서보(servo) 탭은 조종석의 조종장치와 직접 연결되어 탭만 작동시켜 조종면을 움직이도록 설계된 것으로 이 탭을 사용하면 조종력이 감소되며 대형 항공기에 주로 사용한다.

㉣ 스프링(spring) 탭은 혼과 조종면 사이에 탭을 설치하여 탭의 작용을 배가시키도록 한 장치이다. 스프링 탭은 스프링의 장력으로서 조종력을 조절할 수 있다.

127. 다음 탭(tab) 중 조종력을 "0"으로 환원하는 것은?

① 스프링 탭 ② 밸런스 탭 ③ 트림 탭 ④ 서보 탭

해설 문제 125번 참조

128. 수동 조종장치(manual flight control system)에 대한 설명 중 맞는 것은 다음 중 어느 것인가?

① 대형 항공기에 사용한다.
② 신뢰성이 좋고 무겁다.
③ 동력이 필요 없다.
④ 컴퓨터 장비를 필요로 한다.

정답 125. ① 126. ④ 127. ③ 128. ③

해설 수동 조종장치는 조종사가 조작하는 조종간 및 방향타 페달을 케이블이나 풀리 또는 로드와 레버를 이용한 링크 기구로 연결되어 조종사가 가하는 힘과 조작범위를 기계적으로 조종면에 전하는 방식이다. 이 장치는 값이 싸고 가공 및 정비가 쉬우며 무게가 가벼우므로 동력원이 필요 없다. 또, 신뢰성이 높다는 등의 장점이 많아 소·중형기에 널리 이용되고 있다. 그러나 항공기가 고속화 및 대형화되어 큰 조종력이 필요해지면서 수동 조종장치에 의한 조종이 한계가 있게 되었다. 수동 조종장치는 케이블 조종계통, 로드 조종계통 및 토크 튜브 조종계통의 세 가지 형식이 이용된다.

129. 수동 조종장치의 장점이 아닌 것은?

① 마찰이 크고 마모가 크다.
② 경량이다.
③ 가격이 싸다.
④ 신뢰성이 높고 기본적인 조종계통에 사용한다.

해설 문제 128번 참조

130. 케이블 조종계통(control cable sys)의 장점이 아닌 것은?

① 경량이다. ② 느슨함이 없다.
③ 장력이 크다. ④ 방향전환이 자유롭다.

해설 케이블 조종계통은 무게가 가볍고 느슨함이 없으며 방향전환이 자유롭고 가격이 싼 장점이 있다. 반면에 마찰이 크고 마멸이 많으며 케이블에 주어져야 할 공간이 필요하고 큰 장력이 필요하며 케이블이 늘어나는 단점도 동시에 가지고 있다.

131. 토크 튜브란 무엇인가?

① 회전운동을 전달하기 위한 강성부재 ② 토크렌치 장력 조절
③ 금속의 부식방지 ④ 토크렌치 사용 시 토크렌치의 손상 방지

해설 항공기 조종계통에 있는 튜브로서 회전력을 이용하여 조종면을 원하는 각도만큼 변위시키는 장치로 보통 플랩 조종계통에 사용되고 주 조종계통에는 거의 사용되지 않는다.

132. 7×19 케이블은 인치당 몇 가닥 이상이 절단되면 교환하여야 하는가?

① 3가닥 ② 4가닥 ③ 5가닥 ④ 6가닥

정답 129. ① 130. ③ 131. ① 132. ④

해설 조종용 케이블의 cut limit는 다음과 같다. 7×19 케이블은 1인치당 6가닥 이상, 7×7 케이블은 1인치당 3가닥 이상이 절단되면 교환한다.

133. 7×7 케이블은 인치당 몇 가닥 이상이 절단되면 교환하여야 하는가?

① 2가닥 ② 3가닥
③ 4가닥 ④ 5가닥

해설 문제 132번 참조

134. 인공 감각장치에 대한 설명 중 틀린 것은?

① 속도를 하나의 요소로서 변화시킨다.
② 조종사의 과대한 조종을 막기 위함이다.
③ 스프링과 유압을 병용한 장치를 사용한다.
④ 조종장치를 중립위치로 유지할 수 없다.

해설 인공 감각장치는 속도를 하나의 변화요소로 간주하고 있으며 감지 스프링에 의한 감각은 주로 저속에서의 기능이나 승강키의 작동에 따라 저항이 증가하고 고속에서는 스프링의 힘만으로는 대처할 수 없기 때문에 유압의 힘을 사용하여 승강키의 과대 조종을 막고 있다. 인공 감각장치는 조종장치를 중립위치로 유지시킬 때도 사용된다.

135. 동력 조종장치에서 조종사에게 조종력의 감각을 느끼게 하는 장치는?

① 수동 비행 조종장치(manual flight control system)
② 자동 비행 조종장치(auto pilot system)
③ 인공 감각장치(artificial feeling device)
④ 플라이 바이 와이어(fly by wire)

해설 인공 감각장치는 동력 조종장치에서 조종사가 동력으로 조종면을 작동할 경우 그 힘을 조종사가 알지 못하므로 인위적으로 조종사에게 감각을 느끼게 하는 장치를 말한다.

136. 자동 조종장치의 개발이 조종사의 육체적, 정신적 피로를 덜어주는데 이 장치의 핵심은 무엇을 이용한 것인가?

① 가역식 조종계통 ② 벨 크랭크
③ 자이로 ④ 조종 휠

정답 133. ② 134. ④ 135. ③ 136. ③

해설 항공기를 장시간 조종하게 되면 육체적, 정신적으로 상당히 피로하게 된다. 따라서, 현대의 항공기는 자동 조종장치가 있어 장거리 비행을 할 때에 설정한 비행상태를 지정해 놓으면 그대로 비행하게 된다. 오늘날의 자동 조종장치는 전자 및 제어 공학의 발달로 그 기능과 신뢰도가 매우 높다. 정적 및 동적 안정성이 있는 비행기는 조종사가 조종장치에서 손을 떼더라도 안전하게 비행하도록 설계되어 있다. 자동 조종장치에는 미리 설정된 방향과 자세로부터 변위를 검출하는 계통과 그 변위를 수정하기 위하여 조종량을 산출하는 서보 앰프(계산기), 조종신호에 따라 작동하는 서보 모터(servo motor)가 있다. 변위를 검출하는 데는 자이로 스코프(gyro scope)를 이용한다.

137. 현용 항공기에 사용하는 케이블의 치수는?

① 1/32~9/32″ ② 1/32~1/4″
③ 1/16~1/8″ ④ 1/32~3/8″

해설 항공기에 사용되는 케이블은 탄소강이나 내식강으로 되어 있으며 지름은 1/32″에서 3/8″까지 있고, 1/32″씩 증가하도록 되어 있다.

138. 조종용 케이블의 지름은 어느 공구로 측정을 하는가?

① 다이얼 게이지(dial gauge) ② 시크니스 게이지(thickness gauge)
③ 버니어 캘리퍼스(vernier calipers) ④ 피치 게이지(pitch gauge)

해설 케이블의 지름은 바깥지름을 측정할 수 있는 버니어 캘리퍼스를 사용하여 측정한다.

139. 1차 조종계통에 사용되는 케이블의 최소 지름은?

① 1/8 인치 ② 1/4 인치 ③ 5/16 인치 ④ 3/16 인치

해설 주 조종면에 사용하는 케이블은 1/8″ 이상, 부 조종면에 사용하는 케이블은 3/32″ 이하를 사용한다.

140. 주 조종면에 쓰이는 케이블의 굵기는?

① 7×7 케이블 ② 7×19 케이블
③ 1×19 케이블 ④ 1×7 케이블

해설 7×19 케이블은 충분한 유연성이 있고, 특히 작은 지름의 풀리에 의해 구부러져 있을 때에는 굽힘응력에 대한 피로에 잘 견디는 특성이 있다. 가요성(flexible) 케이블이라 하며, 케이블은 지름이 1/8″ 이상으로 주 조종계통에 사용된다.

정답 137. ④ 138. ③ 139. ① 140. ②

141. **항공기용 cable의 절단방법은?**

① 기계적인 방법으로 절단
② 토치램프를 사용하여 절단
③ 용접 불꽃으로 절단
④ 튜브 절단기로 절단

해설 항공기에 이용되는 케이블의 재질은 탄소강과 내식강이 있고, 주로 탄소강 케이블이 이용되고 있다. 케이블 절단 시 열을 가하면 기계적 강도와 성질이 변하므로 케이블 커터와 같은 기계적 방법으로 절단한다.

142. **항공기용 조종 케이블의 구조에서 7×19는 무엇을 뜻하며, 주로 어떤 계통에 사용되는지 다음 설명 중 옳은 것은?**

① 7개의 와이어로 된 19개의 strand로 구성되며 전반적인 조종계통에 사용된다.
② 19개의 와이어로 된 7개의 strand로 구성되며 전반적인 조종계통에 사용된다.
③ 7개의 와이어로 된 19개의 strand로 구성되며 트림 탭 조종계통이나 엔진계통에 사용된다.
④ 19개의 와이어로 된 7개의 strand로 구성되고 신축성을 가지고 있으며 주조종계통과 풀리를 통한 작동이 빈번한 곳에 사용된다.

해설 7×19 케이블은 19개의 와이어를 이용하여 1다발을 만들고 그 다발이 7개인 케이블로 충분한 유연성이 있고, 특히 작은 지름의 풀리에 의해 구부러져 있을 때에는 굽힘응력에 대한 피로에 잘 견디는 특성이 있다. 가요성(flexible) 케이블이라 하며, 케이블은 지름이 1/8″ 이상으로 주 조종계통에 사용된다.

143. **7×19 케이블 설명 중 틀린 것은?**

① 탄소강 케이블은 내식강 케이블보다 탄성계수가 높고, 또 피로강도가 높으므로 주로 이용된다.
② 7×19 케이블의 최소 지름은 1/8″이다.
③ non-flexible cable이다.
④ 7×19 케이블은 와이어 19가닥을 한 묶음으로 7개를 꼬은 것이다.

해설 내식성 케이블은 내식성을 가지므로 부식이 발생하기 쉬운 위치에 사용하고 있는데 탄소강 재료와 비교하여 다음과 같은 결점이 있다.

㉠ 케이블의 탄성계수가 낮으므로 케이블에 인장하중이 가해졌을 때 케이블의 신장이 크고 케이블 계통 조종의 확실성이 감소한다.
㉡ 피로강도가 좋지 않으므로 풀리에 의해 구부러져 있는 부분은 반복하여 굽힘응력이 가해지고 피로에 의한 단선이 발생하기 쉽다.

정답 141. ① 142. ④ 143. ③

144. 다음은 조종계통 정비에 대한 설명이다. 틀린 것은 어느 것인가?

① 케이블 손상의 주원인은 풀리나 페어리드 및 케이블 드럼과 접촉에 의한 것이다.
② 케이블 손상은 헝겊을 케이블에 감고 길이방향으로 움직여 보아 알 수 있다.
③ 부식된 케이블은 브러시로 부식을 제거한 후 솔벤트 등으로 깨끗이 세척한다.
④ 케이블 장력은 장력계수의 눈금에 장력환산표를 대조하여 산출한다.

해설 케이블의 세척방법

㉠ 쉽게 닦아낼 수 있는 녹이나 먼지는 마른 헝겊으로 닦는다.
㉡ 케이블 표면에 칠해져 있는 오래된 방부제나 오일로 인한 오물 등은 깨끗한 수건에 케로신을 묻혀서 닦아낸다. 이 경우 케로신이 너무 많으면 케이블 내부의 방부제가 스며나와 와이어 마모나 부식의 원인이 되어 케이블 수명을 단축시킨다.
㉢ 세척한 케이블은 마른 수건으로 닦은 후 방식 처리를 한다.

145. 조종케이블에 터미널 피팅을 연결하는 방법으로 케이블의 강도와 똑같은 정도로 터미널 연결부에 쓰이는 방법은?

① 5단 엮기 이음방법(5 tuck woven cable splice)
② 납땜 이음방법(wrap solder cable splice)
③ 니코 프레스(nico press)
④ 스웨이징 방법(swaging method)

해설 케이블을 터미널 피팅에 연결하는 방법 : 스웨이징 방법, 5단 엮기 이음방법, 납땜 이음방법

㉠ 스웨이징 방법은 터미널 피팅에 케이블을 끼우고 스웨이징 공구나 장비로 압착하는 방법으로 연결부분 케이블 강도는 케이블 강도의 100 % 를 유지하며 가장 일반적으로 많이 사용한다.
㉡ 5단 엮기 이음방법은 부싱이나 딤블을 사용하여 케이블 가닥을 풀어서 엮은 다음 그 위에 와이어를 감아 씌우는 방법으로 7×7, 7×19 케이블이나 지름이 3 / 32″ 이상 케이블에 사용할 수 있다. 연결부분의 강도는 케이블 강도의 75 %이다.
㉢ 납땜 이음방법은 케이블 부싱이나 딤블 위로 구부려 돌린 다음 와이어를 감아 스테아르산의 땜납 용액에 담아 땜납 용액이 케이블 사이에 스며들게 하는 방법으로 케이블 지름이 3 / 32 이하의 가요성 케이블이나 1×19 케이블에 적용되며 접합부분의 강도는 케이블 강도의 90 %이고, 고온부분에는 사용을 금한다.

146. 케이블의 연결방법 중 열을 많이 받는 부분에 사용해서는 안되는 연결방법은?

① 5단 엮기 이음방법
② 랩 솔더 이음방법
③ 니코 프레스
④ 스웨이징 방법

해설 문제 145번 참조

정답 144. ③ 145. ④ 146. ②

147. 다음 케이블 중 5단 엮기 케이블 이음법을 사용할 수 없는 것은?

① 5 / 32인치 ② 2 / 32인치
③ 3 / 32인치 ④ 4 / 32인치

해설 문제 145번 참조

148. 사용 중인 케이블은 녹이 슬거나 먼지 및 오일 등의 오물에 더럽혀지면 세척을 해야 한다. 틀린 것은 어느 것인가?

① 쉽게 닦아낼 수 있는 녹이나 먼지는 마른 헝겊으로 닦아낸다.
② 케이블 표면은 솔벤트나 케로신을 헝겊에 묻혀 닦아낸다.
③ 케이블에 솔벤트나 케로신을 너무 묻히면 케이블 내부의 방부제를 녹여 와이어의 마멸을 일으킨다.
④ 세척한 케이블을 마른 헝겊으로 닦아내면 부식에 대한 방지를 할 필요가 없다.

해설 문제 144번 참조

149. 케이블의 상태는 규정된 상태이어야 하므로 수시로 케이블의 손상상태를 검사한다. 틀린 것은 어느 것인가?

① 케이블의 와이어 잘림, 마멸, 부식 등을 검사한다.
② 와이어의 잘림은 헝겊으로 케이블을 감싸서 다치지 않도록 주의하여 검사한다.
③ 풀리와 페어리드에 닿은 부분을 검사한다.
④ 7×7 케이블은 25.4 mm당 8가닥 이상 잘려 있으면 교환한다.

해설 문제 132번 참조

150. 케이블(cable) 이음작업을 할 때 이음부분은?

① 풀리나 페어리드까지 1 / 2″ 보다 더 가까울 수 없다.
② 풀리나 페어리드까지 1″ 보다 더 가까울 수 없다.
③ 풀리나 페어리드까지 2″ 보다 더 가까울 수 없다.
④ 1차 조종 케이블에는 행할 수 없다.

해설 케이블 안내기구의 2″ 범위 내에는 케이블의 연결기구나 접합기구가 위치하지 않도록 한다. 그렇지 않을 경우 조종 케이블이 이러한 안내기구에 고착될 수 있기 때문이다.

정답 147. ② 148. ④ 149. ④ 150. ③

151. 케이블(cable)의 보증하중 시험과 관계없는 것은?
① 보증하중의 값은 최소 파괴하중의 60~65 %이다.
② 하중은 서서히 또 평균에 걸쳐서 최대값에 달하기까지 적어도 3초 이상 경과시킨다.
③ 규정값에 달하고 나서 스플라이스 피팅은 3초간 그대로 방치한다.
④ 보증하중을 건 후는 한번 더 길이를 점검한다.

해설 케이블의 보증하중 시험
(1) 제작한 케이블 어셈블리의 피팅과 케이블과의 경계에 슬립 마크(slip mark)를 붙여 둔다. 이것은 보증하중을 가했을 때 피팅의 미끄러짐을 검사하기 위한 것이다.
(2) 피팅과 케이블을 전용의 공구, 지그 등을 써서 시험 스탠드에 장착한다.
(3) 보증하중의 값은 최소 파괴하중의 60~65 %이다. 하중은 서서히 또 평균에 걸쳐서 최대값에 달하기까지 적어도 3초 이상 경과시킬 것
(4) 하중이 규정값에 달하고 나서 적어도 다음 시간 그대로 방치한다.
㉠ 엔드 피팅은 5초, 스플라이스 피팅은 3분
㉡ 슬립 미크가 어긋나지 않았나 검사한다. 하중을 다 가하고 나면 평균적으로 또 서서히 하중을 제거한다.
(5) 보증하중을 가한 후에는 다시 한번 케이블 어셈블리의 길이를 점검한다.

152. 다음 턴 버클(turn buckle)에 대한 설명 중 맞는 것은?
① 조종 케이블의 장력은 온도에 따라 자동 유지된다.
② 조타면을 고정시킨다.
③ 항공기를 지상과 묶는다.
④ 조종 케이블의 장력을 조절한다.

해설 턴 버클은 조종 케이블의 장력을 조절하는 부품으로서 턴 버클 배럴(barrel)과 터미널 엔드로 구성되어 있다.

153. 조종 로드(control rod) 끝에 작은 구멍이 있는 목적은?
① 안전결선을 하기 위한 것
② 굽힐 때 내부 공기를 배출하기 위한 것
③ 나사 머리에 윤활유를 공급하기 위한 것
④ 물림상태를 눈으로 점검하기 위한 것

해설 조종 로드 단자(control rod end)는 조종 로드에 있는 검사 구멍에 핀이 들어가지 않을 정도까지 장착되어야 한다.

정답 151. ③ 152. ④ 153. ④

154. 턴 버클 안전결선 방법에서 케이블 지름이 얼마일 때부터 복선식을 하는가?

① 1/16″ ② 3/32″ ③ 1/8″ ④ 5/32″

해설 턴 버클의 안전 고정작업은 안전결선을 이용하는 방법과 클립을 이용하는 방법이 있다. 안전결선을 이용하는 방법에는 복선식과 단선식이 있는데 복선식은 케이블 지름이 1/8″ 이상인 케이블에 단선식은 케이블 지름이 1/8″ 이하인 케이블에 적용된다.

155. 턴 버클이 안전하게 잠겨진 상태를 설명한 것으로 옳은 것은?

① 나사가 3개 이상 보여서는 안된다.
② 나사가 전혀 나오지 않게 잠겨야 한다.
③ 케이블을 장착하고 턴 버클을 2회만 잠그면 된다.
④ 배럴 중앙부에 양측에서 결합된 부분이 서로 닿도록 잠가야 한다.

해설 턴 버클이 안전하게 잠겨진 것을 확인하기 위한 검사방법은 나사산이 3개 이상 배럴 밖으로 나와 있으면 안되며 배럴 검사 구멍에 핀을 꽂아 보아 핀이 들어가면 제대로 체결되지 않은 것이다. 턴 버클 생크 주위로 와이어를 5~6회(최소 4회) 감는다.

156. 다음 중 턴 버클을 검사하는 요령으로 맞는 것은?

① 최소한 2개의 나사산이 나와 있나 확인한다.
② 몸통 양 끝에 나사산이 4개 이상인가를 확인한다.
③ 모든 턴 버클이 safety wire로 되었는가를 확인한다.
④ 턴 버클 몸체 주위를 최소한 4번 이상 safety wire가 감겼나를 확인한다.

해설 문제 155번 참조

157. 기체 케이블(cable)의 장력에 대한 설명 중 맞는 것은?

① 외기 온도가 낮아지면 조종 케이블의 장력은 증가한다.
② 외기 온도가 낮아지면 조종 케이블의 장력은 감소한다.
③ 날씨가 더울 때는 조종 케이블의 장력은 감소한다.
④ 온도에 관계없이 조종 케이블의 장력은 일정하다.

해설 항공기 케이블(탄소강, 내식강)과 기체(알루미늄 합금)의 재질이 다르기 때문에 열팽창계수가 달라 기체는 케이블의 2배 정도로 팽창 또는 수축하므로 여름에는 케이블의 장력이 증가하고, 겨울에는 케이블의 장력이 감소한다.

정답 154. ③ 155. ① 156. ④ 157. ②

158. 턴 버클이 제대로 결합되었는지 알 수 있는 방법은?

① 나사산이 배럴 밖으로 3개 이상 나왔는지 검사
② 나사산이 배럴 밖으로 6개 이상 나왔는지 검사
③ 검사구멍에 핀을 꽂아 들어가면 합격
④ 안전결선을 하면 합격

해설 문제 155번 참조

159. 케이블 조종계통의 턴 버클 배럴에 구멍이 있는 이유는?

① 나사의 체결 정도를 확인하기 위한 구멍이다.
② 케이블 피팅에 윤활유를 공급하기 위한 구멍이다.
③ 안전결선을 하기 위한 구멍이다.
④ 턴 버클을 조절하기 위한 구멍이다.

해설 문제 155번 참조

160. 조종 케이블의 장력을 측정할 때 올바른 방법은 어느 것인가?

① 표준 대기상태에서 실시한다.
② 조종 케이블의 장력은 온도에 따라 변하므로 일정하게 20℃를 유지한다.
③ 장력계를 사용할 때는 조종 케이블 지름을 먼저 측정한다.
④ 측정 장소는 가능한 한 케이블 가까이에서 한다.

해설 케이블 장력 측정 시는 케이블 장력 측정기(cable tensionmeter)가 필요한데 장력 측정기(cable tensionmeter)를 사용하기 위해서는 먼저 케이블의 지름 및 외기 온도를 알아야 한다. 측정 장소는 턴 버클이나 케이블 피팅으로부터 최소한 6″ 이상 떨어져서 측정한다. 측정 후에는 장력의 온도 변화의 보정에 적용되는 케이블 장력 도표에서 해당되는 온도의 장력값을 확인한 후 규정 범위에 들지 않으면 턴 버클을 돌려서 장력을 조절한다.

161. 케이블 장력 조절기(cable tension regulator)의 사용목적은 무엇인가?

① 조종케이블의 장력을 조절한다.
② 조종사가 케이블의 장력을 조절한다.
③ 주 조종면과 부 조종면에 의하여 조절한다.
④ 온도 변화에 관계없이 자동적으로 항상 일정한 케이블 장력을 유지한다.

정답 158. ① 159. ① 160. ③ 161. ④

해설 항공기 케이블(탄소강, 내식강)과 기체(알루미늄 합금)의 재질이 다르기 때문에 열팽창계수가 달라 기체는 케이블의 2배 정도로 팽창 또는 수축하므로 여름에는 케이블의 장력이 증가하고, 겨울에는 케이블의 장력이 감소하므로 이처럼 온도 변화에 관계없이 자동적으로 항상 일정한 장력을 유지하도록 하는 기능을 한다.

162. 케이블 장력 조절기의 역할은?

① 케이블의 일정한 장력 유지　② 고온 시 장력을 작게 한다.
③ 저온 시 장력을 크게 한다.　④ 고온 시 장력을 일정하게 한다.

해설 문제 161번 참조

163. 조종계통 케이블(cable)의 방향을 바꾸어 주는 것은?

① 풀리(pulley)　② 턴 버클(turn buckle)
③ 페어 리드(fair lead)　④ 벨 크랭크(bell crank)

해설 케이블 조종계통에 사용되는 여러 가지 부품의 기능

㉠ 풀리는 케이블을 유도하고 케이블의 방향을 바꾸는 데 사용한다.
㉡ 턴 버클은 케이블의 장력을 조절하기 위해 사용된다.
㉢ 페어 리드는 조종 케이블의 작동 중 최소의 마찰력으로 케이블과 접촉하여 직선운동을 하며 케이블을 3° 이내에서 방향을 유도한다.
㉣ 벨 크랭크는 로드와 케이블의 운동방향을 전환하고자 할 때 사용하며 회전축에 대하여 2개의 암을 가지고 있어 회전운동을 직선운동으로 바꿔준다.

164. 조종 케이블을 3° 이내에서 방향을 바꾸어 주는 것은 어느 것인가?

① 벨 크랭크(bell crank)　② 케이블 드럼(cable drum)
③ 풀리(pulley)　④ 페어 리드(fair lead)

해설 문제 163번 참조

165. 조종계통에서 케이블의 장력을 측정하는 기구는?

① 케이블 장력 조절기　② 턴 버클
③ 케이블 드럼　④ 케이블 텐션 미터

해설 케이블의 장력을 측정하기 위한 장치를 케이블 장력 측정기(cable tensionmeter)라 한다.

정답 162. ① 163. ① 164. ④ 165. ④

166. 조종계통에서 회전축에 대하여 두 개의 암을 가지고 회전운동을 직선운동으로 바꿔주는 장치는 무엇인가?

① 토크 튜브 ② 풀리 ③ 벨 크랭크 ④ 페어 리드

해설 문제 163번 참조

167. 벨 크랭크의 기능은 무엇인가?

① 운동 방향전환 ② 직선 운동
③ 간격유지 ④ 케이블과의 마찰 방지

해설 문제 163번 참조

168. 일반적으로 동익의 정적 평형을 취하기 위해서 어떻게 하는가?

① 동익에 트림 탭을 붙인다. ② 동익의 전연에 평형중량을 붙인다.
③ 동익의 전연에 특별한 커버를 붙인다. ④ 조종간의 길이를 조절한다.

해설 정적 평형이란 어떤 물체가 자체의 무게중심으로 지지되고 있는 경우 정지된 상태를 그대로 유지하려는 경향을 말한다. 조종면을 평형대에 장착했을 때 수평 위치에서 조종면의 뒷전이 내려가는 경우를 과소 평형이라 하고, 조종면의 뒷전이 올라가는 것을 과대 평형이라 한다. 조종면의 뒷전이 무거우면 바람직하지 못한 성능을 가져오게 되므로 일반적으로 허용되지 않으며 효율적인 비행을 하려면 조종면의 앞전이 무거운 과대 평형상태를 유지해야 한다. 대부분의 항공기 제작회사에서는 조종면의 앞전을 무겁게 제작하기 위해서 평형중량(balance weight)을 장착하고 있다.

169. 나셀(nacelle)에 대한 설명 중 틀린 것은?

① 나셀은 정비 시 손쉽게 제거하여 정비한다.
② 나셀의 구조는 스트링거, 벌크헤드, 링, 정형재 등으로 만들어진다.
③ 외피, 카울링, 방화벽, 엔진 마운트로 구성되어 있다.
④ 엔진의 공기 역학적 외형을 유지한다.

해설 나셀(nacelle)은 기체에 장착된 기관을 둘러싸는 부분을 말한다. 나셀은 기관 및 기관과 관련된 각종 장치를 수용하기 위한 공간을 마련해 주어야 하며, 나셀의 바깥면은 공기 역학적으로 저항을 적게 하기 위하여 유선형으로 한다. 그러므로 동체 안에 기관을 장착할 때에는 나셀이 필요 없다. 나셀은 동체 구조와 마찬가지로 외피, 카울링, 구조 부재, 방화벽 그리고 기관 마운트로 구성되어 있다.

정답 166. ③ 167. ① 168. ② 169. ①

170. 조종면의 정적 평형 중 과대 평형이란?
① 물체 자체의 무게중심으로 지지되고 있는 상태
② 조종면을 어느 위치에 올려놓거나 회전 모멘트가 "0"으로 평형되는 상태
③ 조종면을 평형에 위치했을 때 조종면의 뒷전이 밑으로 내려가는 경향
④ 조종면을 평형에 위치했을 때 조종면의 뒷전이 위로 올라가는 경향

해설 문제 168번 참조

171. 조종면의 매스 밸런스(mass balance)의 목적은 무엇인가?
① 조타력의 경감
② 기수 올림 모멘트 방지
③ 키의 성능 향상
④ 조종면의 진동 방지

해설 조종면의 평형상태가 맞지 않은 상태에서 비행 시 조종면에 발생하는 불규칙한 진동을 플러터라 하는데 과소 평형상태가 주원인이다. 플러터(flutter)를 방지하기 위한 방법은 날개 및 조종면의 효율을 높이는 것과 평형중량(mass balance)을 설치하는 것인데, 특히 평형중량의 효과가 더 크다.

172. 플러터(flutter) 현상이 생길 때 이것을 방지하기 위한 방법으로 옳지 못한 것은 다음 중 어느 것인가?
① 밸런스 패널의 바른 위치에 중량을 추가한다.
② 탭이나 보조날개의 내부 적당한 곳에 무게를 추가시킨다.
③ 앞전에 납을 달아 무게를 증가시킨다.
④ 평형을 맞추기 위해 뒷전에 납을 추가한다.

해설 문제 171번 참조

173. 날개에 엔진이 장착될 때 장점은 무엇인가?
① 날개의 공기 역학적 성능을 증가시킨다.
② 날개의 공기 역학적 성능을 감소시킨다.
③ 날개의 날개보에 파일론을 설치하므로 항공기 무게를 감소시킨다.
④ 날개보에 파일론을 설치하지 않으므로 항공기 무게를 감소시킨다.

해설 날개에 기관을 장착하는 경우 가장 큰 단점은 날개의 공기 역학적 성능을 저하시키는 것이고, 장점은 날개의 날개보에 파일론(pylon)을 설치하게 되므로 구조물이 부수적으로 필요하지 않아 항공기의 무게를 감소시킬 수 있다는 것이다.

정답 170. ④ 171. ④ 172. ④ 173. ③

항공 기체

Chapter 02

용접 및 튜브, 호스

1. 모재가 녹지 않고 접합하는 방법은?

① 납땜 ② seam 용접 ③ spot 용접 ④ 가스 용접

해설 용접은 융접, 압접, 납땜 등으로 나눌 수 있다.

㉠ 융접(fusion welding) : 모재의 접합부를 용융상태로 가열하여 접합하거나 용융체(용접봉)를 주입하여 융착시키는 방법으로 열원에 따라 가스 용접, 아크 용접, 테르밋 용접 등이 있다.

㉡ 압접(pressure welding) : 가압 용접이라고도 하며, 접합부를 반용융상태로 만들어 가열 혹은 냉간상태로 하여 이것에 기계적 압력을 가하여 접합하는 방법이다. 가열방법에 따라 가스 압접, 전기저항 압접(점 용접, 심 용접, 버트 용접, 플래시 용접, 쇼트 용접) 등이 있으며, 가열하지 않고 압력만을 가하는 정도로 접합하는 냉간 압접이나 단조에서 행해지고 있는 단접 등도 압접법이다.

㉢ 납땜 : 접합부의 금속보다도 낮은 온도에서 녹는 용가재(납)를 접합부에 유입시켜 접합시키는 방법으로서 모재를 용점까지 가열하지 않는 것이 일반 용접과 다르다.

2. 아크 용접(arc welding)이 아닌 것은?

① 가스 용접(gas welding) ② 미그 용접(mig welding)
③ 티그 용접(tig welding) ④ 플라스마 용접(plasma welding)

해설 교류나 직류를 이용하여 모재와 용접봉 사이에 아크를 발생시키면 3500~6000℃ 정도에 이르는 고온이 발생되는데 이 고온을 이용하여 금속을 용해시켜 접합하는 용접이 아크 용접이다. 종류는 직류 전원 아크 용접, 교류 전원 아크 용접, 텅스텐 불활성 가스 아크 용접, 금속 불활성 가스 아크 용접, 원자수소 용접, 탄산가스 아크 용접, 플라스마 아크 용접 등이 있다.

3. 가스 용접 시 산소통의 색깔은?

① 흑색 ② 적색 ③ 녹색 ④ 백색

정답 1. ① 2. ① 3. ③

해설 용접에 사용되는 산소 용기는 이음매가 없는 강으로 만들어지며 여러 가지 크기가 있다. 일반적으로 용기는 1800 psi에서 200 ft^3 의 산소를 보관하며 산소 용기는 흔히 녹색으로 칠해서 구별한다.

4. 가스 용접 시 산소 호스의 색깔은?

① 흑색 ② 적색 ③ 녹색 ④ 백색

해설 산소 호스의 색깔은 녹색이며, 연결부의 나사는 오른나사이고, 아세틸렌 호스의 색깔은 적색이며, 연결부의 나사는 왼나사이다.

5. 산소-아세틸렌 용접에서 아세틸렌 호스의 색깔은?

① 백색 ② 적색 ③ 녹색 ④ 흑색

해설 문제 4번 참조

6. 다음 중 용접에 의해 수리가 가능한 부품은?

① metalized parts ② brazed parts
③ heat treated parts ④ brace wire

해설 용접해서는 안 되는 부품

㉠ 냉간가공으로 강도 특성을 증가시키는 부품은 용접해서는 안 되는데 케이블이 해당된다.
㉡ 납땜 부품은 납땜 혼합물이 가열된 강의 내부에 침투되어 그 재질을 약하게 하기 때문이다.
㉢ 열처리에 의해서 기계적 성질을 개선한 합금강 부품을 용접해서는 안 되는데 항공기용의 볼트, 턴 버클의 피팅 등이 해당된다.

7. 용접봉을 선택할 때 제일 먼저 고려해야 할 점은?

① 용접봉의 사이즈 ② 용접할 금속의 두께
③ 용접할 금속의 종류 ④ 토치 끝의 사이즈

해설 용접 시 가장 먼저 고려해야 할 사항은 모재의 재질이며, 용접봉 굵기 선택 시, 토치 팁의 선택 시 가장 먼저 고려해야 할 사항은 모재의 두께이다.

8. 가스 용접에서 중성 불꽃의 불꽃심의 색깔은 어느 것인가?

① 청색 ② 황색 ③ 적색 ④ 백색

정답 4. ③ 5. ② 6. ① 7. ③ 8. ④

해설 산소와 아세틸렌을 1 : 1로 혼합시켜 연소시키면 다음과 같은 세 부분의 불꽃이 된다.
㉠ 백심은 가장 안쪽의 불꽃으로 백색이다. 온도는 약 1500℃ 정도이다.
㉡ 속불꽃은 무색에 가깝고 백색 불꽃을 둘러싸며 3200~3500℃ 정도이다.
㉢ 겉불꽃은 약 2000℃ 정도이다.

9. 가스 용접 시 적당한 불꽃의 종류를 표시한 것이다. 틀린 것은?
① 황동－산화 불꽃 ② 경강－중성 불꽃
③ 연강－중성 불꽃 ④ 구리－탄화 불꽃

해설 산소와 아세틸렌의 비율에 따른 불꽃 상태
㉠ 중성 불꽃 : 토치에서 산소와 아세틸렌의 혼합비가 1 : 1일 때의 불꽃으로 이 때 아세틸렌이 완전 연소하기 위해 공기 중에서 1.5의 산소를 얻는다. 연강, 주철, 니크롬강, 구리, 아연 도금 철판, 아연 주강 및 고탄소강의 일반 용접에 사용한다.
㉡ 산화 불꽃 : 아세틸렌보다 산소 양이 많을 때 생기는 불꽃으로 산화성이 강하여 황동, 청동 용접에 사용한다.
㉢ 탄화 불꽃 : 산소보다 아세틸렌 양이 많을 때의 불꽃으로 스테인리스강, 알루미늄, 모넬메탈 등 산화되기 쉬운 금속에 사용한다.

10. 알루미늄 용접 시 불꽃은?
① 중성 불꽃 ② 산화 불꽃 ③ 탄화 불꽃 ④ 표준 불꽃

해설 문제 9번 참조

11. 강관 용접 시 사용되는 불꽃은?
① 중성 불꽃 ② 산화 불꽃
③ 약한 탄화 불꽃 ④ 강한 탄화 불꽃

해설 문제 9번 참조

12. 용접 팁의 크기는 무엇에 의하여 결정되는가?
① 용접될 재질의 종류 ② 요구되는 불꽃의 형
③ 용접될 재질의 두께 ④ 사용되는 작업 압력

해설 토치 팁의 크기는 모재의 두께에 따라 결정되는데 얇은 판에 큰 팁을 사용하면 불꽃의 과도한 열과 높은 압력, 속도 때문에 재료에 구멍이 날 것이다. 두꺼운 판에 작은 팁을 사용하면 용접에 필요한 열을 충분히 얻지 못해 좋은 용접을 기대하기 어렵다.

정답 • 9. ④ 10. ③ 11. ① 12. ③

13. 산소-아세틸렌 용접에서 역류나 역화의 원인이 아닌 것은 어느 것인가?

① 토치의 성능이 불량 시
② 아세틸렌 가스의 공급이 과다할 때
③ 토치 팁에 석회분이 끼었을 때
④ 토치 팁이 과열되었을 때

해설 역류, 역화, 인화의 원인

㉠ 역류(contra flow) : 산소가 아세틸렌 호스 쪽으로 흘러 들어가는 것을 말하며, 팁 끝이 막혔거나 안전기 고장일 때 발생한다.

㉡ 인화(flash back) : 팁 끝이 순간적으로 막혔을 때 가스의 분출이 나빠 불꽃이 혼합선까지 들어가는 것을 말하며, 팁의 분출 소음이 약하게 되고 혼합실 부분이 뜨거워져 때로는 그을음이 분출된다. 불꽃이 보이지 않고 내부까지 진행되면 폭발 사고의 원인이 되므로 즉시 아세틸렌 밸브를 잠가서 혼합선의 불을 끄고 이어서 산소 밸브도 잠근다.

㉢ 역화(back fire) : 불꽃이 팁 안쪽으로 들어가서 순간적으로 폭발음을 내면서 다시 나오거나 꺼져 버리는 현상이다. 가스 유출속도보다 연소가 빠를 때 일어나는데 팁에 물체가 부딪쳐 순간적으로 가스 흐름이 멈출 때, 팁의 구멍은 큰 반면에 가스를 조금씩 내보내어 노즐부의 속도가 늦을 때, 팁이 과열되었을 때, 가스 압력이 아주 낮을 때 발생한다.

14. 아크 용접봉의 피복제 작용 중 맞는 것은?

① 산소, 질소 침입 방지
② 용착금속 냉각속도 증가
③ 용착금속 융합 방지
④ 전기 전도 작용

해설 피복제의 역할

㉠ 아크를 안정시켜 준다.

㉡ 용접물을 외부 공기와 차단시켜 산화를 방지한다.

㉢ 융착금속을 피복하여 급랭에 의한 조직변화를 방지하여 작업효율이 좋아진다.

15. 알루미늄 합금 용접 시 미리 예열을 하는 이유는?

① 수축 방지
② 팽창 효과를 감소시키기 위해서
③ 용접면이 용제를 받아들일 준비를 하기 위해
④ 토치의 성능 향상을 위해

해설 열은 금속을 팽창시키고 냉각은 반대로 금속을 수축한다. 고르지 못한 가열은 고르지 못한 팽창을 일으키고, 또한 고르지 못한 냉각도 고르지 못한 수축을 일으킨다. 이런 상태에서는 금속 내부에 응력이 쌓이게 된다. 이 응력은 반드시 제거해야 하며 그렇지 않으면 금속의 비틀림이나 쭈그러지는 현상이 발생한다. 용접하기 전에 금속을 미리 가열하는 것은 수축과 팽창을 조절하기 위함이다.

정답 13. ② 14. ① 15. ②

16. 알루미늄을 용접하는 경우 용제(flux)를 사용하는 이유는?
① 용접 후 열을 내포하기 위하여
② 산화를 방지하기 위하여
③ 과열로부터 용접봉을 유지하기 위하여
④ 모재의 수축과 팽창을 방지하기 위하여

해설 용제는 용접면에 있는 산화물을 녹여 slag으로서 제거하고, 또한 작업 중에 용접부를 공기와 차단하여 산화작용을 방지하는 역할을 한다. 연강의 용접에는 보통 용제를 사용하지 않는다. 그러나 고탄소강, 주철, 특수강, 구리합금, 경합금 등의 용접에는 용제를 사용한다.

17. 용접 후 금속을 급랭시키면 어떤 현상이 일어나는가?
① 작업시간이 짧아진다.
② 용접속도가 빨라진다.
③ 그 부분에 균열이 생긴다.
④ 별 상관없다.

해설 용접한 후에 금속을 급속히 냉각시키면 취성이 생기고 금속 내부에 응력이 남게 되어 접합 부분에 균열이 생긴다.

18. 스테인리스(stainless) 철판을 납땜하기 곤란한 이유는?
① 니켈이 함유되어 있으므로
② 강한 산화막이 있으므로
③ 경도가 높으므로
④ 재질이 강하므로

해설 스테인리스 철판은 크롬의 강한 산화 피막이 형성되어 있어 보호작용을 하므로 용접이 힘들다.

19. 부드러운 알루미늄 튜브(1100, 3003, 5052)의 어느 치수가 손에 의해 굽혀질 수 있는가?
① 1/4″
② 7/16″
③ 5/16″
④ 5/8″

해설 튜브가 작거나 연한 재질이면 손으로 구부려 성형할 수도 있으나 튜브의 지름이 1/4″ 이상이면 공구없이 손으로 구부리는 것은 비실용적이다.

20. Al tube의 flare 종류 중 double flare의 장점은?
① single flare보다 안전하다.
② 전단력으로 인해 손상되기 쉽다.
③ 제작이 쉽다.
④ 전단력으로 인한 손상이 적다.

정답 16. ② 17. ③ 18. ② 19. ① 20. ④

해설 더블 플레어는 싱글 플레어보다 더 매끈하고 동심이어서 훨씬 밀폐 성능이 좋고 토크의 전단작용에 대한 저항력이 크다.

21. 고압 유압관에 대한 설명 중 틀린 것은?

① 관의 dent 의 허용값은 만곡부분에서 처음 바깥지름의 75 %보다 작아져서는 안 된다.
② 관의 dent 의 허용값은 만곡부분 이외의 기타 부분에서 처음 바깥지름의 20 % 이하는 허용된다.
③ 관의 손상의 깊이는 두께의 10 % 이상의 깊이인 긁힌 손상이나 파인 곳은 만곡부의 힐 위에 손상이 없으면 수공구로 갈아 수리할 수 있다.
④ 가요성 호스의 길이는 5~8 % 의 굴곡여유를 충분히 주어야 한다.

해설 금속 튜브의 검사 및 수리
㉠ 튜브의 긁힘, 찍힘이 두께의 10 % 가 넘을 때 교환
㉡ 플레어 부분에 균열이나 변형이 발생하였을 때는 교환
㉢ dent 가 튜브 지름의 20 % 보다 적고 휘어진 부분이 아니라면 수리
㉣ 굽힘에 있어 미소한 평평해짐은 무시하나 만곡부분에서 처음 바깥지름의 75 % 보다 작아져서는 안 된다.

22. 알루미늄 합금관의 표면에 난 흠집은 어느 정도일 때 수리가 가능한가?

① 튜브 두께의 20 % 이하 ② 1 / 32 inch 이하
③ 1 / 16 inch 이하 ④ 튜브 두께의 10 % 이하

해설 문제 21번 참조

23. 배관을 구부릴 때 바깥지름이 원래 관의 지름에 비해 다음 중 어느 것보다 적으면 안 되는가?

① 45 % ② 50 %
③ 75 % ④ 90 %

해설 문제 21번 참조

24. 튜브와 호스에 대한 설명 중 틀린 것은?

① 튜브의 바깥지름은 분수로 나타낸다. ② 호스는 안지름으로 나타낸다.
③ 진동이 많은 곳에는 튜브를 사용한다. ④ 움직이는 부분에 호스를 사용한다.

정답 21. ③ 22. ④ 23. ③ 24. ③

해설 튜브의 호칭 치수는 바깥지름(분수)×두께(소수)로 나타내고, 상대운동을 하지 않는 두 지점 사이의 배관에 사용된다. 호스의 호칭치수는 안지름으로 나타내며, 1 / 16″ 단위의 크기로 나타내고, 운동부분이나 진동이 심한 부분에 사용한다.

25. 호스 및 튜브에 관한 바른 설명은?

① 알루미늄 튜브는 유압계통의 압력라인으로 흔히 사용된다.
② 고착 방지제로 시스템 액을 사용할 경우 fitting을 시스템 액 속에 완전히 담그면 효과적이다.
③ hose adapter는 좌우의 fitting type은 다르지만 size는 같다.
④ 튜브를 구부린 경우 만곡부분의 찌그러진 부분의 지름이 처음 바깥지름의 75%까지 허용된다.

해설 호스 및 튜브
㉠ 유압계통의 압력 라인으로는 강도가 큰 스테인리스강 튜브가 흔히 사용되고 알루미늄 튜브는 리턴 라인에 주로 사용된다.
㉡ 고착 방지제로 시스템 액을 사용하는 경우에는 실(seal)과 나사에만 바른다.
㉢ 튜브를 구부린 경우 만곡부분의 찌그러진 부분의 지름이 처음 바깥지름의 75% 미만은 사용이 불가하다(즉, 75% 이상 되어야만 사용이 가능하다).

26. 다음 중 튜브의 호칭치수로 맞는 것은?

① 바깥지름(소수)×두께(분수)
② 바깥지름(분수)×두께(소수)
③ 바깥지름(분수)×두께(분수)
④ 바깥지름(소수)×두께(소수)

해설 문제 24번 참조

27. 진동이 많은 부분에서 움직이는 고정된 부품을 연결시키기 위해 항공기의 배관작업에 사용되는 것은 어느 것인가?

① 연성 알루미늄 관
② 내부식성 스틸 튜브
③ 얇은 알루미늄 튜브
④ 연성 호스

해설 문제 24번 참조

28. 테프론(teflon)은 항공기 어느 부분에 사용되는가?

① 장착부분의 심
② 기체의 내장재
③ 금속부분의 코팅용
④ 고압유 호스 재료

정답 25. ③ 26. ② 27. ④ 28. ④

해설 테프론 호스는 항공기 계통의 고온, 고압 작동조건 요구에 맞도록 설계된 플렉시블 호스로 보통 항공기에 쓰이는 연료, 석유나 합성제 윤활유, 알코올 냉각수나 솔벤트 등에 영향을 받지 않는다. 진동과 피로에 매우 강하지만 테프론 호스의 가장 큰 장점은 작동강도가 크다는 점이다.

29. 호스 작업 시 틀린 것은?

① 교환 시 같은 크기 같은 재질로 교환한다.
② 호스가 꼬이지 않게 일직선이 되게 장착한다.
③ 60 cm 간격으로 클램프를 해야 한다.
④ 여유길이가 없을 때는 팽팽하게 연결한다.

해설 호스를 장착 시 주의사항

㉠ 교환하고자 하는 부분과 같은 형태, 크기, 길이의 호스를 사용한다.
㉡ 호스가 꼬이지 않도록 한다.
㉢ 압력이 가해지면 호스가 수축되므로 전체 길이의 5~8% 여유를 준다.
㉣ 호스의 진동을 막기 위해 60 cm 마다 클램프로 고정한다.

30. 고무 호스의 외부에 표시되지 않는 것은?

① 제작공장 ② 종류 식별 ③ 저장시간 ④ 제작년월일

해설 선과 문자로 이루어진 식별 표시는 호스에 인쇄되어 있다. 이 표시부호에는 호스 크기, 제조업자, 제조년월일과 압력 및 온도 한계 등이 표시되어 있다. 표시부호는 호스를 같은 규격으로 추천되는 대체 호스와 교환하는 데 유용하다.

31. O-ring의 설명 중 틀린 것은?

① 가스 누설 방지
② 장착되는 상태에서 압축되지 않으면 안된다.
③ 10% 작은 것을 사용한다.
④ O-ring 의 구분을 위해서 컬러 코드가 있다.

해설 O-ring

㉠ O-ring 실은 작동유, 오일, 연료, 공기 등의 누설을 방지하기 위하여 항공기의 안전상 매우 중요한 역할을 하고 있다.
㉡ O-ring 은 압축되지 않으면 누설의 원인이 된다. 보통 O-ring의 두께는 홈의 깊이보다 약 10% 정도 커지지 않으면 안된다. 그러나 너무 크면 마찰이 크게 되고 O-ring이 손상된다.
㉢ O-ring 은 식별을 위해 컬러 코드가 붙어 있다. 그러나 컬러 코드는 제작사를 표시하는 점(dot)과 재질을 표시하는 스트라이프 (stripe) 를 혼동하여 잘못 보는 일이 있으므로 컬러 코드와 외관에 의해 선정하지 말고 부품번호에 의해 선정해야 한다.

정답 29. ④ 30. ③ 31. ③

항공 기체

Chapter 03 정비작업

1. 다음 안전결선 작업에 대한 사항 중 틀린 것은?

① 안전결선은 감기는 방향이 부품을 죄는 반대 방향이 되도록 한다.
② 안전결선은 한번 사용한 것은 다시 사용하지 못한다.
③ 복선식 안전결선에서 부품 구멍 지름이 0.045인치 이상일 때는 0.032인치 이상의 안전결선을 사용한다.
④ 복선식 안전결선에서 부품 구멍이 0.045인치 이하일 때는 0.020인치인 안전결선을 사용한다.

해설 안전결선(safety wire) 작업

㉠ 안전결선은 한번 사용한 것을 다시 사용해서는 안된다.
㉡ 안전결선은 당기는 방향이 부품을 죄는 방향과 일치하도록 한다.
㉢ 복선식 안전결선에서 부품 구멍 지름이 0.045″ 이상일 때는 최소 지름이 0.032″ 이상의 안전결선을 사용하고, 부품 구멍이 0.045″ 이하일 때는 지름이 0.020″인 안전결선을 사용한다.
㉣ 단선식 안전결선에서는 구멍의 지름이 허용하는 범위 내에서 가장 큰 지름의 안전결선을 사용하는 것이 바람직하다.
㉤ 6″ 이상 떨어져 있는 피팅 또는 파스너에는 와이어를 걸어서는 안된다.
㉥ 비상용 장치에는 단선식(single wire)을 적용해야 한다.
㉦ 안전결선의 꼬임수는 자주 사용되는 0.032″, 0.040″ 지름인 경우 인치당 6~8회의 꼬임이 적당하다.
㉧ 마지막 꼬은 줄 길이는 1 / 4~1 / 2″, 꼬은 수는 3~5번이 적당하다.

2. 볼트와 너트를 체결 시 토크값을 주는 데 관계없는 것은?

① 볼트, 너트의 재질
② 볼트, 너트 나사의 형식
③ 볼트, 너트의 인장력, 전단력
④ 토크 렌치의 길이

해설 토크값은 볼트와 너트의 재질, 사용 구분(인장용, 전단용), 나사의 형식 및 크기에 의해 정해진다.

정답 1. ① 2. ④

3. 특별한 언급이 없다면 항공기에 사용되는 너트와 볼트를 조이는 토크의 크기는 다음 어느 경우인가?

① 나사산에 grease가 전혀 없는 건조 상태
② 나사산에 약간의 oil이 있는 상태
③ 나사산에 충분한 oil이 윤활된 상태
④ 나사산에 건식 윤활제를 사용한 상태

해설 토크에는 dry torque와 wet torque가 있다. dry torque의 경우 오일이나 그리스가 묻어 있으면 너무 조여지게 된다. wet torque에서는 오일이나 그리스를 바르지 않으면 조임력이 약해지므로 주의해야 한다. 토크는 일반적으로 dry torque를 적용하고 wet torque 시에는 정비 교범에 명시된다.

4. 안전결선(safety wire)을 걸 때 주의사항이 아닌 것은?

① 안전결선의 꼬임수는 자주 사용되는 0.032″, 0.040″ 지름인 경우 인치당 6~8회의 꼬임이 적당하다.
② 마지막 꼬은 줄 길이는 1/4~1/2″, 꼬은 수는 3~5번이 적당하다.
③ 비상용 장치에는 double wire 방법을 사용한다.
④ 6″ 이상 떨어져 있는 파스너, 피팅 사이에 와이어를 걸어서는 안 된다.

해설 문제 1번 참조

5. 토크 렌치(torque wrench)의 사용방법 중 틀린 것은?

① 사용 중이던 것을 계속 사용한다.
② 적정 토크의 토크 렌치를 사용한다.
③ 사용 중 다른 작업에 사용한다.
④ 정기적으로 교정되는 측정기이므로 사용 시 유효한 것인지 확인한다.

해설 토크 렌치 사용 시 주의사항

㉠ 토크 렌치는 정기적으로 교정되는 측정기이므로 사용할 때는 유효 기간 이내의 것인가를 확인해야 한다.
㉡ 토크값에 적합한 범위의 토크 렌치를 선택한다.
㉢ 토크 렌치를 용도 이외에 사용해서는 안 된다.
㉣ 떨어뜨리거나 충격을 주지 말아야 한다.
㉤ 토크 렌치를 사용하기 시작했다면 다른 토크 렌치와 교환해서 사용해서는 안 된다.

정답 3. ① 4. ③ 5. ③

6. 암의 길이가 5″(12.7cm)인 토크 렌치에 0.5″(1.27cm)의 어댑터를 연결하여 토크값이 25 in-lbs 되게 볼트를 토크 하였다. 볼트에 실제로 가해진 토크값은 몇 in-lbs인가?

① 25.5　② 26.5　③ 27.5　④ 28.5

해설 토크 렌치에 연장 공구를 사용했을 때 계산식

$T_A = T_W \frac{(L+A)}{L}$ 에서　$T_A = \frac{25(5+0.5)}{5} = \frac{25 \times 5.5}{5} = 27.5 \text{ in-lbs}$

여기서, T_A : 볼트에 실제로 가해진 토크, T_W : 토크 렌치에 지시되는 토크

L : 토크 렌치의 길이, A : 연장 공구의 길이

7. 토크 렌치로 어떤 볼트를 180 in-lbs로 조이려고 한다. 토크 렌치 길이가 10″이고, 토크 렌치에 2″의 어댑터를 직선으로 연결했을 때 토크 렌치가 지시되어야 할 토크값은?

① 180 in-lbs　② 150 in-lbs

③ 210 in-lbs　④ 120 in-lbs

해설 $T_W = \frac{L \times T_A}{L+A}$ 에서　$T_W = \frac{10 \times 180}{10+2} = \frac{1800}{12} = 150 \text{ in-lbs}$

8. 현재 대형 항공기에서 많이 사용되는 작동유는?

① 식물성유　② 합성유　③ 광물성유　④ 동물성유

해설 작동유의 종류

㉠ 식물성유는 피마자 기름과 알코올의 혼합물로 구성되어 있으므로 알코올 냄새가 나고, 색깔은 파란색이다. 구형 항공기에 사용되었던 것으로 부식성과 산화성이 크기 때문에 잘 사용하지 않는다. 이 작동유에는 천연 고무 실이 사용되므로 알코올로 세척이 가능하며 고온에서는 사용할 수 없다.

㉡ 광물성유는 원유로 제조되며 색깔은 붉은색이다. 광물성유의 사용온도 범위는 −54℃에서 71℃인데 인화점이 낮아 과열되면 화재의 위험이 있다. 현재 항공기의 유압계통에는 사용되지 않으나 착륙장치의 완충기나 소형 항공기의 브레이크 계통에 사용되고 있으며, 합성 고무 실을 사용한다.

㉢ 합성유는 여러 종류가 있는데 그 중의 하나가 인산염과 에스테르의 혼합물로서 화학적으로 제조되며 색깔은 자주색이다. 인화점이 높아 내화성이 크므로 대부분의 항공기에 사용되고 사용온도 범위는 −54℃에서 115℃이다. 합성유는 페인트나 고무 제품과 화학작용을 하여 그것을 손상시킬 수 있다. 또, 독성이 있기 때문에 눈에 들어가거나 피부에 접촉되지 않도록 주의해야 한다.

정답 6. ③　7. ②　8. ②

9. 유압 작동 피스톤의 지름이 6″이다. 계통압력이 1000 psi인 경우 피스톤이 받는 힘은 얼마인가?

① 28260 lbs ② 38620 lbs ③ 28500 lbs ④ 38680 lbs

해설 압력 $= \dfrac{\text{힘}}{\text{면적}}$ 에서 힘 = 압력×면적 $= 1000 \times \dfrac{\pi}{4} d^2 = 28260$ lbs

10. 유압계통의 작동 실린더는?

① 유압의 운동에너지를 기계적인 에너지로 바꾼다.
② 유류 흐름을 직선운동으로 바꾼다.
③ 출력 펌프에 의하여 생긴 압력을 흡수한다.
④ 동요하는 유압을 보정한다.

해설 유압 작동기는 가압된 작동유를 받아 기계적인 운동으로 변환시키는 장치로서 운동형태에 따라 직선 운동 작동기와 유압 모터를 사용한 회전운동 작동기로 구분한다.

11. 유압계통에서 압력 조절기(pressure regulator)의 기능은?

① 릴리프 밸브가 이상이 있을 경우 계통을 높은 압력으로부터 보호한다.
② 갑작스런 계통 내의 압력 상승을 방지하고 비상시 최소한 작동 실린더를 제한횟수만큼 작동시킬 수 있는 작동유를 저장한다.
③ 유압계통에서 동력펌프가 작동하지 않을 때 보조적인 기능을 한다.
④ 작동유의 압력을 일정하게 유지시키는 기능을 한다.

해설 유압계통에 사용되는 구성품의 기능

㉠ 압력 조절기(pressure regulator) : 일정 용량식 펌프를 사용하는 유압계통에 필요한 장치로서 불규칙한 배출압력을 규정 범위로 조절하고, 계통에서 압력이 요구되지 않을 때에는 펌프에 부하가 걸리지 않도록 한다.

㉡ 릴리프 밸브(relief valve) : 작동유에 의한 계통 내에 압력을 규정값 이하로 제한하는데 사용되는 것으로서 과도한 압력으로 인하여 계통 내의 관이나 부품이 파손되는 것을 방지하는 장치이다. 종류에는 릴리프 밸브와 온도 릴리프 밸브가 있다.

㉢ 감압 밸브(pressure reducing valve) : 계통의 압력보다 낮은 압력이 필요한 일부 계통을 위하여 설치하는 것으로 일부 계통의 압력을 요구 수준까지 낮추고, 이 계통 내에 갇힌 작동유의 열 팽창에 의한 압력 증가를 막는다.

㉣ 디부스터 밸브(debooster valve) : 브레이크의 작동을 신속하게 하기 위한 밸브로 브레이크를 작동시킬 때 일시적으로 작동유의 공급량을 증가시켜 신속히 제동되도록 하며 브레이크를 풀 때도 작동유의 귀환이 신속하게 이루어지도록 한다.

정답 9. ① 10. ① 11. ④

ⓜ 프라이오리티 밸브(priority valve) : 작동유의 압력이 일정 압력 이하로 떨어지면 유로를 막아 작동기구의 중요도에 따라 우선 필요한 계통만을 작동시키는 기능을 가진 밸브이다.
ⓑ 선택 밸브(selector valve) : 작동 실린더의 운동 방향을 결정하는 밸브이다.
ⓢ 체크 밸브(check valve) : 한쪽 방향으로만 작동유의 흐름을 허용하고 반대 방향의 흐름은 제한하는 밸브이다.
ⓞ 오리피스(orifice) : 흐름률을 제한하므로 흐름 제한기라고도 한다.
ⓙ 오리피스 체크 밸브(orifice check valve) : 오리피스와 체크 밸브의 기능을 합한 것인데 한 방향으로는 정상적으로 작동유가 흐르도록 하고 다른 방향으로는 흐름을 제한한다.
ⓒ 시퀀스 밸브(sequence valve) : 2개 이상의 작동기를 정해진 순서에 따라 작동되도록 유압을 공급하기 위한 밸브로서 타이밍 밸브라고도 한다. 한 작동기의 작동이 끝난 다음에 다른 작동기가 작동되도록 한다.
ⓚ 셔틀 밸브(shuttle valve) : 정상 유압계통에 고장이 생겼을 때 비상계통을 사용할 수 있도록 하는 밸브이다.
ⓣ 흐름 조절기(flow regulator) : 흐름 제어 밸브라고도 하며, 계통의 압력 변화에 관계없이 작동유의 흐름을 일정하게 유지시키는 장치이다.
ⓟ 유압 퓨즈(hydraulic fuse) : 유압계통의 관이나 호스가 파손되거나 기기 내의 실(seal)에 손상이 생겼을 때 과도한 누설을 방지하기 위한 장치이다. 계통이 정상적일 때에는 작동유를 흐르게 하지만 누설로 인하여 규정보다 많은 작동유가 통과할 때에는 퓨즈가 작동되어 흐름을 차단하므로 작동유의 과도한 손실을 막는다.
ⓗ 축압기(accumulator) : 가압된 작동유를 저장하는 저장통으로서 여러 개의 유압 기기가 동시에 사용될 때 동력 펌프를 돕고 동력 펌프가 고장났을 때에는 최소한의 작동 실린더를 제한된 횟수만큼 작동시킬 수 있는 작동유를 저장한다. 또, 유압계통의 서지(surge) 현상을 방지하고 유압계통의 충격적인 압력을 흡수하며 압력 조절기의 개폐 빈도를 줄여 펌프나 압력 조절기의 마멸을 적게 한다.
ⓚⓚ 유압관 분리 밸브(quick disconnect valve) : 유압 펌프 및 브레이크 등과 같이 유압 기기를 장탈할 때 작동유가 외부로 유출되는 것을 최소화하기 위하여 유압 기기에 연결된 유압관에 장착한다.

12. **다음 유압 부품 중 오일이 한 방향으로는 자유롭게 흐르지만 다른 방향으로 유량이 제한되어 흐르도록 된 것은 어느 것인가?**

① 오리피스 체크 밸브(orifice check valve)
② 셔틀 밸브(shuttle valve)
③ 체크 밸브(check valve)
④ 리스트릭터 밸브(restrictor valve)

해설 문제 11번 참조

정답 12. ①

13. 제동장치에서 어느 밸브가 정상장치로부터 비상장치가 분리되지 못하게 하는가?

① 릴리프 밸브(relief valve)
② 시퀀스 밸브(sequence valve)
③ 셔틀 밸브(shuttle valve)
④ 디부스터 밸브(debooster valve)

해설 문제 11번 참조

14. 엔진 작업 시 작동유 누설을 최소로 하기 위한 것은?

① 유압관 분리 밸브(quick disconnect valve)
② 순차 밸브(sequence valve)
③ 릴리프 밸브(relief valve)
④ 배플 체크 밸브(baffle check valve)

해설 문제 11번 참조

15. 축압기에 충전하는 공기는 무엇인가?

① 질소
② 수소
③ 이산화탄소
④ 아르곤

해설 축압기에는 압축성인 건조 공기 또는 질소를 충전한다.

16. 유압계통에서 축압기(accumulator)의 기능은?

① 유압계통에서 동력펌프가 작동하지 않을 때 보조적인 기능을 한다.
② 작동유의 압력을 일정하게 유지하는 기능을 한다.
③ 릴리프 밸브가 이상이 있을 경우 계통을 높은 압력으로부터 보호를 한다.
④ 갑작스런 계통 내의 압력 상승을 방지하고 비상시 최소한 작동 실린더를 제한횟수만큼 작동시킬 수 있는 작동유를 저장한다.

해설 문제 11번 참조

17. 계통에 압력이 없을 때 축압기를 1000 psi까지 충전시켰다. 그 뒤 계통에 3000 psi까지 가압되면 축압기의 압력은 얼마의 압력이 되겠는가?

① 1000 psi
② 2000 psi
③ 3000 psi
④ 4000 psi

정답 13. ③ 14. ① 15. ① 16. ④ 17. ③

해설 축압기는 한쪽에는 압축성인 공기가 들어있고, 다른 한쪽에는 비압축성인 작동유가 작용하는데 가운데는 움직일 수 있는 막으로 나뉘어져 있다. 계통에 압력이 없는 상태에서 축압기에 공기를 충전하면 공기의 압력으로 막이 움직여 작동유를 계통으로 공급되게 함으로써 유압 기기가 작동되도록 한다. 계통의 압력이 충전된 공기의 압력보다 높을 때에는 작동유에 의하여 막이 움직여 공기가 압축되고 작동유가 저장되며 계통 압력과 공기 압력이 같아져서 평형을 이룬다.

18. 다이어프램형 축압기는 어느 정도의 공기압으로 축압기에 공기를 충전시키는가?

① 유압계통의 최대압력의 1 / 3 에 해당되는 압력으로 충전한다.
② 유압계통의 최대압력의 1 / 2 에 해당되는 압력으로 충전한다.
③ 유압계통과 같은 압력으로 충전한다.
④ 무조건 1500 psi 의 압력으로 충전한다.

해설 다이어프램형 축압기는 유압계통의 최대압력의 1 / 3에 해당되는 압력으로 압축공기(질소)를 충전하며, 계통의 압력이 1500 psi 이하인 항공기에 사용한다.

19. 유압계통의 레저버(reservoir)를 가압하는 이유는?

① 기포 제거
② 캐비테이션(cavitation) 방지
③ 서징(surging) 방지
④ 비상연료 저장

해설 고공에서 생기는 거품의 발생을 방지하고, 작동유가 펌프까지 확실하게 공급되도록 레저버 안을 엔진 압축기의 블리드(bleed) 공기를 이용하여 가압한다.

20. ACM에서 온도, 압력을 동시에 낮추는 것은?

① heat exchanger
② turbine bypass valve
③ expansion turbine
④ ram air inlet door

해설 항공기의 pneumatic manifold에서 flow control and shut off valve를 통하여 heat exchanger로 보내지는데 primary core에서 냉각된 공기는 ACM (air cycle machine)의 compressor 를 거치면서 pressure 가 증가한다. compressor에서 방출된 공기는 heat ex-changer 의 secondary core 를 통과하면서 압축으로 인한 열은 상실된다. 공기는 ACM 의 turbine 을 통과하면서 팽창되고 온도는 떨어진다. 그러므로 터빈을 통과한 공기는 저온, 저압의 상태이다.

21. 증기 사이클(vapor cycle)에서 프레온이 충전되었는지 확인하는 방법은?

① 프레온에 공기방울이 보이지 않는다.
② 프레온에 공기방울이 보인다.
③ 사이트 게이지를 본다.
④ 방법이 없다.

정답 18. ① 19. ② 20. ③ 21. ①

해설 냉각장치의 작동 중 점검 창에서 관찰해서 프레온 냉각액이 정상적으로 흐르고 있다면 프레온이 충분히 들어가고 있다고 생각해도 좋다. 만약 점검 창에서 거품이 보이면 장치에 냉각액을 보급할 필요가 있다.

22. 산소계통 작업 시 주의사항으로 틀린 것은?

① 수동조작 밸브는 천천히 열 것
② 반드시 장갑을 착용할 것
③ 개구 분리된 선은 반드시 마개로 막을 것
④ 순수 산소는 먼지나 그리스 등에 닿으면 화재발생 위험이 있으므로 주의할 것

해설 산소계통 작업 시 주의사항
㉠ 오일이나 그리스를 산소와 접촉하지 말 것. 다른 어떤 아주 적은 양의 인화물질이라 할 지라도 폭발할 우려가 있다. 특히 오일, 연료 등
㉡ 유기 물질을 멀리하고, 손이나 공구에 묻은 오일이나 그리스를 깨끗이 닦을 것
㉢ shut off valve는 천천히 열 것
㉣ 산소계통 근처에서 어떤 것을 작동시키기 전에 shut off valve를 닫을 것
㉤ 불꽃, 고온 물질을 멀리하고, 모든 산소계통 부품을 교환 시는 관을 깨끗이 할 것

23. 오일 탱크의 온도 상승에 의한 팽창에 대한 여유 공간은?

① 2% ② 5% ③ 10% ④ 15%

해설 탱크의 용량은 필요한 오일량에 오일의 온도 팽창 및 거품의 집적을 고려해서 탱크 용량의 10%의 팽창공간이 있어야 한다.

24. 윤활유 냉각에 사용되는 유체는 무엇인가?

① 연료 ② 공기 ③ 오일 ④ 작동유

해설 윤활유는 연료를 이용하여 냉각되고 연료를 가열시킨다.

25. 시동 중 흡입계통에서 불이 나면 어떻게 하여야 하는가?

① 시동기로 계속 회전시킨다.
② 시동기로 회전을 중지시킨다.
③ 불을 소화하기 위하여 엔진을 정지시킨다.
④ 바로 엔진을 정지하고 소화장치를 방출시킨다.

정답 22. ② 23. ③ 24. ① 25. ①

해설 시동 중 엔진 내부에 불이 나면 즉시 연료를 차단하고 시동기로 계속 회전시킨다. 만약 외부에 불이 나면 즉시 연료를 차단하고 소화기를 방출하여 불을 끈다.

26. 제 3 종 내화성 재료란 무엇인가?

① 판이나 구조부재로 쓰일 경우 철과 같은 정도의 내화성이 있는 것
② 점화했을 경우 심하게 연소하지 않는 것
③ 판이나 구조부재로 쓰일 경우 알루미늄과 같은 정도의 내화성이 있는 것
④ 발화원을 제거했을 경우 위험한 정도로 연소하지 않는 재료이다.

해설 내화성 재료

㉠ 제 1 종 내화성 재료는 강과 같은 정도 또는 그 이상의 열에 견딜 수 있는 재료이다. 발동기의 방화벽은 제 1 종이다.
㉡ 제 2 종 내화성 재료는 알루미늄 합금과 같은 정도 또는 그 이상의 열에 견딜 수 있는 재료이다. 화물실의 내장은 제 2 종이다.
㉢ 제 3 종 내화성 재료는 발화원을 제거했을 경우에 위험한 정도로 연소하지 않는 재료이다. 객실 내장재는 제 3 종이다.
㉣ 제 4 종 내화성 재료는 점화했을 때 심하게 연소하지 않는 재료이다.

27. 항공기가 hard landing 시 참고하여야 할 M / M chapter 는?

① ATA chapter 5 ② ATA chapter 6
③ ATA chapter 7 ④ ATA chapter 8

해설 hard landing 시에는 ATA chapter 5 를 참고하여 점검한다.

㉠ ATA chapter 5 : time limits / maintenance checks
㉡ ATA chapter 6 : dimensions and areas
㉢ ATA chapter 7 : lifting and shoring
㉣ ATA chapter 8 : leveling and weighing

28. 다음 중 본딩 (bonding)을 하는 목적은?

① 정충전에 의한 무선 방해를 예방한다.
② 작동부분이 비행 중에 떨어져 나가는 것을 방지한다.
③ 볼트가 풀어지는 것을 방지한다.
④ 위 모두 정답이다.

정답 26. ④ 27. ① 28. ①

해설 본딩 와이어는 부재와 부재 간에 전기적 접촉을 확실히 하기 위해 구리선을 넓게 짜서 연결하는 것을 말하며 목적은 다음과 같다.
㉠ 양단간의 전위차를 제거해 줌으로써 정전기 발생을 방지한다.
㉡ 전기회로의 접지회로로서 저 저항을 꾀한다.
㉢ 무선 방해를 감소하고 계기의 지시 오차를 없앤다.
㉣ 화재의 위험성이 있는 항공기 각 부분간의 전위차를 없앤다.

29. 다음 중 본딩 와이어의 역할로 틀린 것은?
① 무선 장해의 감소 ② 정전기 축적의 방지
③ 이종금속간 부식의 방지 ④ 회로 저항의 감소

해설 문제 28번 참조

30. 다음 계측기 중 회전축의 편심도를 측정하는 공구는?
① 버니어 캘리퍼스(vernier calipers) ② 마이크로미터(micrometer)
③ 다이얼 게이지(dial gauge) ④ 깊이 게이지(depth gauge)

해설 측정기구의 용도
㉠ 버니어 캘리퍼스는 바깥지름, 안지름, 깊이를 측정
㉡ 마이크로 미터는 바깥지름, 안지름, 깊이를 측정
㉢ 깊이 게이지는 깊이를 측정
㉣ 다이얼 게이지는 축의 변형이나 편심, 휨, 축단 이동 등을 측정

정답 29. ③ 30. ③

Chapter 04 항공기용 기계요소

1. 특별한 언급 및 요구사항이 없다면 항공기 볼트는 어떠한 방향으로 장착하여야 하는가?

① 상부 또는 후방 ② 상부 또는 전방
③ 하부 또는 전방 ④ 하부 또는 후방

해설 일반적으로 너트가 떨어져도 볼트가 빠지지 않도록 하기 위하여 앞쪽에서 뒤쪽으로, 위에서 아래로, 안쪽에서 바깥으로 장착해야 한다. 회전하는 부품에는 회전하는 방향으로 향하도록 장착한다.

2. 볼트의 접속방법은?

① 위에서 아래로 ② 아래에서 위로
③ 뒤에서 앞으로 ④ 밖에서 안으로

해설 문제 1번 참조

3. 손으로 돌려도 돌아갈 정도의 free fit의 hardware 등급은?

① 1등급 ② 2등급
③ 3등급 ④ 4등급

해설 나사의 등급

㉠ 1등급(class 1) : loose fit 로 강도를 필요로 하지 않는 곳에 사용한다.
㉡ 2등급(class 2) : free fit 로 강도를 필요로 하지 않는 곳에 사용하며, 항공기용 스크루 제작에 사용한다.
㉢ 3등급(class 3) : medium fit 로 강도를 필요로 하는 곳에 사용하며, 항공기용 볼트는 거의 3등급으로 제작된다.
㉣ 4등급(class 4) : close fit 로 너트를 볼트에 끼우기 위해서는 렌치를 사용해야 한다.

정답 1. ② 2. ① 3. ②

4. 다음 클레비스(clevis) 볼트는 항공기의 어느 부분에 사용하는가?

① 인장력과 전단력이 작용하는 부분　② 착륙기어 부분
③ 외부 인장력이 작용하는 부분　④ 전단력이 작용하는 부분

해설 클레비스 볼트는 머리가 둥글고 스크루 드라이버를 사용할 수 있도록 머리에 홈이 파여 있다. 전단하중이 걸리고 인장하중이 작용하지 않는 조종계통에 사용한다.

5. 일반 볼트보다 정밀하게 가공되어 심한 반복운동이나 진동이 작용하는 곳에 사용하는 볼트의 종류는 무엇인가?

① 표준 육각 볼트　② 정밀 공차 볼트
③ 인터널 렌칭 볼트　④ 드릴 헤드 볼트

해설 정밀 공차 볼트는 일반 볼트보다 정밀하게 가공된 볼트로서 심한 반복운동과 진동 받는 부분에 사용한다. 볼트를 제자리에 넣기 위해서는 타격을 가해야만 한다.

6. 심한 반복운동이나 진동작용을 하는 곳과 같이 단단히 조여야 할 곳에 사용하는 볼트는 어느 것인가?

① 육각 머리 볼트　② 드릴 헤드 볼트
③ 정밀 공차 볼트　④ 아이 볼트

해설 문제 5번 참조

7. 다음 중 고정 볼트(lock bolt)가 주로 사용되는 곳은 어느 곳인가?

① 엔진 마운트 볼트로서 사용된다.
② 날개 연결부 및 탱크 장착부 등 외피 판과 기타 주 구조부의 접합에 사용된다.
③ 전단하중만 작용하고 인장하중이 작용하지 않는 곳에 사용된다.
④ 모두 맞다.

해설 고정 볼트는 날개의 연결부, 착륙장치의 연결부와 같은 구조 부분에 사용한다. 재래식 볼트보다 신속하고 간편하게 장착할 수 있고, 와셔나 코터 핀 등을 사용하지 않아도 된다. 종류에는 풀(pull)형, 스텀프(stump)형, 블라인드(blind)형이 있다.

8. 볼트 규격이 AN 12-17에서 볼트의 길이는 얼마인가?

① 3 / 4 inch　② 17 / 8 inch　③ 5 / 16 inch　④ 7 / 8 inch

정답 4. ④ 5. ② 6. ③ 7. ② 8. ②

해설 볼트의 식별기호
㉠ AN : 규격(미 공군, 해군 규격) ㉡ 12 : 볼트 지름이 12 / 16″(3 / 4″)
㉢ 17 : 볼트 길이가 17 / 8″

9. 볼트 머리부분에 새겨진 코드 표시는 무엇을 뜻하는가?
① 볼트 나사형의 표시이다.
② 볼트 나사형과 기본강도를 구분하는 표시이다.
③ 일반적으로 재질을 나타내고 AN형과 특수형을 구분하는 표시이다.
④ 볼트 강도를 표시한다.

해설 볼트의 재질, 용도 등을 식별할 수 있도록 볼트 머리에 표시를 하고 있다.

10. 볼트 머리의 SPEC의 의미는?
① 정밀 공차 볼트 ② 특수 볼트
③ 내식강 볼트 ④ 알루미늄 합금 볼트

해설 볼트 머리 기호의 식별
㉠ 알루미늄 합금 볼트 : 쌍 대시 (– –) ㉡ 내식강 볼트 : 대시 (–)
㉢ 특수 볼트 : SPEC 또는 S ㉣ 정밀 공차 볼트 : △
㉤ 합금강 볼트 : +, * ㉥ 열처리 볼트 : R

11. 볼트 헤드에 R이라는 기호가 새겨져 있다. 무엇을 의미하는가?
① 정밀 공차 볼트 ② 내식강 볼트
③ 알루미늄 합금 볼트 ④ 열처리 볼트

해설 문제 10번 참조

12. 정밀 공차 볼트를 용이하게 식별하기 위하여 볼트 머리에는 어떤 기호로 표시하나?
① 삼각형 ② 일자형 ③ 원형 ④ 사각형

해설 문제 10번 참조

13. 볼트 머리에 + 또는 *가 표시되어 있는 볼트는?
① stainless steel 로 제작된 것이다. ② 알루미늄 합금으로 제작된 것이다.
③ 정밀 공차 볼트이다. ④ 표준 강철 볼트이다.

정답 9. ③ 10. ② 11. ④ 12. ① 13. ④

해설 문제 10번 참조

14. 접시머리 볼트의 그립(grip)의 길이는?

① 전체 길이
② 머리부분을 포함한 나사산까지의 길이
③ 머리부분을 제외한 길이
④ 머리부분의 최대 지름에서 나사산까지의 길이

해설 그립은 볼트의 길이 중에서 나사가 나 있지 않은 부분의 길이로 체결하여야 할 부재의 두께와 일치한다. 접시머리 볼트는 머리 부분이 판재에 들어가므로 머리부분을 포함한 나사산까지의 길이가 그립이 된다.

15. 볼트의 부품번호가 AN 3 DD H 5 A에서 3은 무엇을 뜻하나?

① 볼트의 길이가 3/16″이다.
② 볼트의 지름이 3/8″이다.
③ 볼트의 길이가 3/8″이다.
④ 볼트의 지름이 3/16″이다.

해설 볼트의 식별기호

㉠ AN : 규격(미 공군, 해군 규격)
㉡ 3 : 볼트 지름이 3/16″
㉢ DD : 볼트의 재질로 2024 알루미늄 합금을 나타낸다.(AD : 2117, D : 2017)
㉣ H : 볼트 머리에 안전결선을 위한 구멍 유무(H : 구멍 유, 무 표시 : 구멍 무)
㉤ 5 : 볼트 길이가 5/8″
㉥ A : 볼트 생크에 코터 핀을 할 수 있는 구멍 유무(A : 구멍 무, 무 표시 : 구멍 유)

16. 볼트와 스크루의 차이 중 틀린 것은?

① 스크루의 강도가 더 크다.
② 스크루의 머리에는 스크루 드라이버를 쓸 수 있는 홈이 있다.
③ 볼트는 나사산의 구분이 확실하다.
④ 볼트에 그립이 있다.

해설 볼트와 스크루의 차이점

㉠ 스크루의 재질의 강도가 낮다.
㉡ 스크루는 드라이버를 쓸 수 있도록 머리에 홈이 파여 있으며, 나사가 비교적 헐겁다(스크루는 2등급, 볼트는 3등급).
㉢ 명확한 그립의 길이를 갖고 있지 않다.

정답 14. ② 15. ④ 16. ①

17. 다음 열거한 것 중 옳은 것은?

① 주요 구조부에 1/4″ 보다 작은 지름의 알루미늄 볼트는 사용을 금지한다.
② 카드뮴을 도금한 볼트에 알루미늄 너트를 사용할 수 있다. (단, 수상기의 경우)
③ 아이볼트는 둥글고 보통 스크루 드라이버를 사용하게 되어 있다.
④ 정밀 공차 볼트는 머리에 대시(dash) 기호가 있다.

해설 볼트

㉠ 주요 구조부나 점검을 목적으로 자주 장탈착하는 부분에는 지름이 1/4″ 보다 작은 알루미늄 합금 볼트를 사용할 수 없다.
㉡ 카드뮴 도금 볼트에 알루미늄 너트를 사용하면 이질금속간의 부식이 일어나므로 사용을 금한다.
㉢ 클레비스 볼트는 스크루 드라이버를 사용할 수 있도록 머리에 홈이 파져 있고, 전단력이 작용하고 인장력이 작용하지 않는 조종계통에 사용한다.
㉣ 정밀 공차 볼트는 머리에 삼각형 표시가 있다.

18. 볼트의 취급 중 틀린 것은?

① 높은 토크에는 알루미늄 합금이나 강의 조임부에 관계없이 강의 와셔와 볼트를 사용한다.
② 그립의 길이는 부재의 두께와 같거나 약간 길어야 한다.
③ 인터널 렌칭 볼트에서 와셔는 방향에 관계없이 장착 가능하다.
④ 장착은 앞에서 뒤로, 위에서 아래로, 안쪽에서 바깥쪽으로 장착한다.

해설 볼트의 취급

㉠ 높은 토크에는 알루미늄 합금이나 강의 조임부에 관계없이 강의 와셔와 볼트를 사용한다.
㉡ 그립의 길이는 부재의 두께와 같거나 약간 길어야 한다. 그립 길이의 미세한 조정은 와셔의 삽입으로 가능하다. 특히, 전단력이 걸리는 부재에서는 나사산이 하나라도 부재에 걸려서는 안 된다.
㉢ 인터널 렌칭 볼트는 카운트 싱크 와셔를 사용할 때 와셔의 방향에 주의한다.
㉣ 볼트의 장착은 일반적으로 너트가 떨어져도 볼트가 빠지지 않도록 하기 위하여 앞쪽에서 뒤쪽으로, 위에서 아래로, 안쪽에서 바깥으로 장착해야 한다. 회전하는 부품에는 회전하는 방향으로 향하도록 장착한다.

19. 스크루 표기방법에서 AN 501P-428-6 에서 P가 의미하는 것은?

① 계열 ② 머리 홈 ③ 재질 ④ 지름

정답 17. ① 18. ③ 19. ②

해설 스크루의 식별기호

㉠ AN : 규격(미 공군, 해군 규격)
㉡ 501 : 둥근 납작 머리 스크루 (필리스터 머리 기계 나사)
㉢ P : 머리의 홈 (필립스)
㉣ 428 : 스크루의 지름이 4 / 16″, 나사산의 수가 1″에 28개
㉤ 6 : 스크루의 길이가 6 / 16″

20. 비자동 고정 너트(non-self locking nut)의 설명 중 틀린 것은 ?

① 나비 너트는 자주 장탈, 장착하는 곳엔 사용 안한다.
② 평 너트는 인장하중을 받는 곳에 사용한다.
③ 캐슬 너트는 코터 핀을 사용한다.
④ 평 너트 사용 시 로크 와셔(lock washer)를 사용한다.

해설 비자동 고정 너트

㉠ 캐슬 너트 (castle nut) : 생크에 구멍이 있는 볼트에 사용하며, 코터 핀으로 고정한다.
㉡ 캐슬 전단 너트 (castellated shear nut) : 캐슬 너트보다 얇고 약하며, 주로 전단응력만 작용하는 곳에 사용한다.
㉢ 평 너트 (plain nut) : 큰 인장하중을 받는 곳에 사용하며, 잼 너트나 로크 와셔(lock washer) 등 보조 풀림 방지 장치가 필요하다.
㉣ 잼 너트 (jam nut) : 체크 너트 (check nut) 라고도 하며, 평 너트나 세트 스크루 (set screw) 끝부분의 나사가 난 로드 (rod)에 장착하는 너트로 풀림 방지용 너트로 쓰인다.
㉤ 나비 너트 (wing nut) : 맨손으로 죌 수 있을 정도의 죔이 요구되는 부분에서 빈번하게 장탈·착하는 곳에 사용된다.

21. 평 너트나 로드의 나사산 끝부분에 장착하는 것은 ?

① 잼 너트(jam nut) ② 나비너트(wing nut)
③ 로크 와셔(lock washer) ④ 스프링 와셔(spring washer)

해설 문제 20번 참조

22. 화이버 자동 고정 너트(fiber self-locking nut)의 사용방법에서 옳지 못한 것은 ?

① 다시 사용할 수 있다.
② 너트나 볼트가 회전하는 부분에 사용할 수가 있다.
③ 심한 진동을 받는 부분에 사용된다.
④ 회전하는 부분에 사용할 수 없다.

정답 20. ① 21. ① 22. ②

해설 자동 고정 너트(self locking nut)

(1) 안전을 위한 보조방법이 필요 없고 구조 전체적으로 고정 역할을 한다. 과도한 진동하에서 쉽게 풀리지 않는 긴도를 요하는 연결부에 사용하며 회전하는 부분에는 사용할 수 없다.

㉠ 전 금속형 자동 고정 너트는 금속의 탄성을 이용한 것으로 너트 윗부분에 홈을 파서 구멍의 지름을 적게 한 것으로 심한 진동에도 풀리지 않는다.

㉡ 파이버 고정 너트는 너트 윗부분이 파이버로 된 칼라(collar)를 가지고 있어서 볼트가 이 칼라에 올라오면 아래로 밀어 고정하게 된다. 파이버의 경우 15회, 나일론의 경우 200회 이상 사용을 금지하며 사용 온도 한계가 121℃ 이하에서 제한된 횟수만큼 사용하지만 649℃까지 사용할 수 있는 것도 있다.

(2) 자동 고정 너트를 사용해서는 안 되는 곳

㉠ 자동 고정 너트의 느슨함으로 인해 볼트의 결손이 비행의 안전성에 영향을 주는 곳

㉡ 회전력을 받는 곳(풀리, 벨 크랭크, 레버 등)

㉢ 볼트, 너트, 스크루가 느슨해져 엔진 흡입구 내에 떨어질 우려가 있는 곳

㉣ 정비를 목적으로 수시로 장탈·착하는 점검 창 등

23. AN 310 D−5 너트에서 5는 무엇인가?

① 사용 볼트 지름이 5/32″
② 사용 볼트 지름이 5/16″
③ 평 너트를 표시하는 번호
④ 재료 식별기호번호

해설 너트의 식별기호

㉠ AN : 규격(미 공군, 해군 규격)
㉡ 310 : 너트의 종류(캐슬 너트)
㉢ D : 너트의 재질(알루미늄 합금 2017)
㉣ 5 : 사용 볼트의 지름 5/16″

24. 리브너트(rivnut)를 일반 리벳보다 인치당 더 많은 수를 필요로 하는 이유는?

① 힘든 작업을 좀더 빨리 할 수 있기 때문
② 강도상 안전하게 하기 위하여
③ 시간당 더 많은 양을 장착할 수 없기 때문
④ 더 많이 사용된다면 머리모양이 이음매를 따라 멋있게 보이도록

해설 리브너트는 블라인드 리벳(blind rivet)의 일종으로 장력이 걸리거나 머리에 gap을 유발시키는 곳, 진동 및 소음 발생 지역, 유체의 기밀을 요하는 곳에는 사용을 금해야 하며 일반 솔리드 생크 리벳에 비해 강도가 떨어지므로 비구조용으로 쓰인다.

25. 리브너트(rivnut)가 사용되는 곳은?

① 엔진 마운트를 방화벽에 달 때
② 두꺼운 날개 표피에 리브를 붙일 때
③ 금속면에 우포를 씌울 때
④ 제빙장치를 설치할 때

정답 23. ② 24. ② 25. ④

해설 문제 24번 참조

26. 인터널 렌칭 볼트(internal wrenching bolt)의 용도로 맞는 것은?
① 인장하중과 전단하중이 작용하는 부분에 사용한다.
② 일차 구조부에 사용한다.
③ 이차 구조부에 사용한다.
④ 전단하중이 작용하는 부분에 사용한다.

해설 인터널 렌칭 볼트는 고강도 강으로 만들며, 큰 인장력과 전단력이 작용하는 부분에 사용한다. 볼트 머리에 홈이 파여져 있으므로 "L" wrench를 사용하여 풀거나 조일 수 있다.

27. 일반적으로 항공기용 스크루는 몇 등급인가?
① 1등급 ② 2등급 ③ 3등급 ④ 4등급

해설 문제 16번 참조

28. 다음 중 스크루의 분류에 속하지 않는 것은?
① 기계용 스크루 ② 자동 탭핑 스크루
③ 접시 머리 스크루 ④ 구조용 스크루

해설 스크루의 종류
㉠ 구조용 스크루는 합금강으로 만들어지며, 적당한 열처리가 되어 볼트와 같은 강도를 요하는 구조부에 사용한다. 명확한 그립을 가지고 있으며 머리 모양은 둥근 머리, 와셔 머리, 접시 머리 등으로 되어 있다.
㉡ 기계용 스크루는 일반용 스크루이고, 저탄소강, 황동, 내식강, 알루미늄 합금 등으로 되어 있으며 항공기의 여러 곳에 가장 많이 사용한다.
㉢ 자동 탭핑 스크루는 스스로 암나사를 만들면서 고정되는 스크루로 구조부의 일시적 결합용이나 비구조 부재의 영구 결합용으로 사용한다.

29. 항공기용 볼트에 관한 설명 중 틀린 것은?
① AN 알루미늄 볼트는 머리에 두 개의 대시(−)가 있다.
② AN 표준 강철 볼트는 볼트머리에 삼각형 표시가 있다.
③ 일반적으로 볼트 그립의 길이는 사용되는 재료의 두께와 같아야 한다.
④ 지름이 1/4″ 보다 작은 알루미늄 합금 볼트는 일차 구조물에 사용해서는 안 된다.

정답 26. ① 27. ② 28. ③ 29. ②

해설 AN 표준 강철 볼트는 머리에 +, * 표시가 있다. 삼각형 표시가 있는 볼트는 정밀 공차 볼트이다.

30. 다음 턴 로크 파스너(turn lock fastener)의 설명 중 틀린 것은?
① 점검 창을 신속하게 장탈할 수 있다.
② 응력 패널 파스너 같은 용어로 불린다.
③ 종류에는 쥬스 파스너, 캠 로크 파스너, 에어 로크 파스너가 있다.
④ 항공기 날개 상부 표면에 점검 창을 장착한다.

해설 턴 로크 파스너(turn lock fastener)는 정비와 검사를 목적으로 점검 창을 신속하고, 용이하게 장탈하거나 장착할 수 있도록 만들어진 부품으로 1/4회전시키면 풀리고, 1/4회전시키면 조여지게 되어 있다.
㉠ 쥬스 파스너(dzus fastener) : 스터드(stud), 그로밋(grommet), 리셉터클(receptacle)로 구성되어 있다.
㉡ 캠 로크 파스너(cam lock fastener) : 스터드(stud), 그로밋(grommet), 리셉터클(receptacle)로 구성되어 있다.
㉢ 에어 로크 파스너(air lock fastener) : 스터드(stud), 크로스 핀(cross pin), 리셉터클(receptacle)로 구성되어 있다.

31. 파스너 중 스터드, 크로스 핀, 리셉터클로 구성된 파스너는?
① 캠 로크 파스너 ② 쥬스 파스너
③ 에어 로크 파스너 ④ 볼 로크 파스너

해설 문제 30번 참조

32. 쥬스 파스너는 스터드, 그로밋, 리셉터클로 구성된다. 스터드의 길이는 어떻게 측정하는가?
① 표시된 값의 1/10″로 한다.
② 표시된 값의 1/100″로 한다.
③ 표시된 값의 1/16″로 한다.
④ 표시된 값의 1/1000″로 한다.

해설 쥬스 파스너의 머리에는 지름, 길이, 머리 모양이 표시되어 있다.
㉠ 지름은 표시된 값의 1/16″로 한다.
㉡ 길이는 표시된 값의 1/100″로 한다.
㉢ 머리 모양은 wing, flush, oval 3가지가 있다.

정답 30. ② 31. ③ 32. ②

33. 항공기 카울링(cowling)에 자주 사용되는 쥬스 파스너의 머리에는 무엇이 표시되어 있는가?

① 몸체 지름, 머리 종류, 파스너의 길이 ② 몸체 종류, 머리 지름, 재료
③ 제품의 제조업자 및 종류 ④ 제조업체

해설 문제 32번 참조

34. 와셔의 종류에 따른 사용처로 틀린 것은?

① 평 와셔는 구조부에 쓰이며 힘을 고르게 분산시키고 평준화한다.
② 로크 와셔는 셀프 로킹 너트나 코터 핀과 함께 사용한다.
③ 로크 와셔는 셀프 로킹 너트나 코터 핀과 함께 사용하지 못한다.
④ 고강도 카운트 싱크 와셔는 고장력 하중이 걸리는 곳에 쓰인다.

해설 항공기에 사용되는 와셔는 볼트 머리 및 너트 쪽에 사용되며, 구조부나 부품의 표면을 보호하거나 볼트나 너트의 느슨함을 방지하거나 특수한 부품을 장착하는 등 각각의 사용목적에 따라 분류하여 사용한다.

㉠ 평 와셔는 구조물이나 장착 부품의 조이는 힘을 분산, 평준화하고 볼트나 너트 장착 시 코터 핀 구멍 등의 위치 조정용으로 사용된다. 또한, 볼트나 너트를 조일 때에 구조물, 장착 부품을 보호하며 조임면에 대한 부식을 방지한다.
㉡ 고정 와셔는 자동 고정 너트나 코터 핀 안전결선을 사용할 수 없는 곳에 볼트, 너트, 스크루의 풀림 방지를 위해 사용한다.
㉢ 고강도 카운트 싱크 와셔는 인터널 렌칭 볼트와 같이 사용되며 볼트 머리와 생크 사이의 큰 라운드에 대해 구조물이나 부품의 파손을 방지함과 동시에 조임면에 대해 평평한 면을 갖게 한다.

35. 코터 핀(cotter pin)에 관한 설명 중 맞는 것은?

① 재사용할 수 없다. ② 균열이 없으면 재사용할 수 있다.
③ 2회까지 재사용이 가능하다. ④ 3회까지 재사용이 가능하다.

해설 코터 핀(cotter pin)은 캐슬 너트(castle nut)나 볼트(bolt), 핀(pin), 또는 그 밖의 풀림 방지나 빠져 나오는 것을 방지해야 할 필요가 있는 부품에 사용되는데 한번 사용한 것은 재사용할 수 없다.

36. 구멍이 있는 스터드(stud)에 끼우는 너트(nut)를 고정시키는 데 필요한 것은?

① cotter pin ② safety wire ③ lock washer ④ star washer

정답 33. ① 34. ② 35. ① 36. ①

해설 구멍이 있는 스터드는 캐슬 너트와 함께 장착되어 코터 핀으로 고정된다.

37. 다음 와셔의 취급에 관한 설명 중 틀린 것은?

① 와셔는 사용되는 장소에 따라 적합하게 지정된 부품번호의 와셔를 사용한다.
② 와셔의 사용개수는 최대 3개까지 허용한다.
③ 알루미늄 합금 또는 마그네슘 합금의 구조부에 볼트나 너트를 장착하는 경우 카드뮴 도금된 강 와셔를 사용한다.
④ 기밀을 요하는 장소 및 공기의 흐름에 노출되는 표면에는 로크 와셔를 사용한다.

해설 와셔의 취급

㉠ 와셔가 사용되는 장소에 따라 적합하게 지정된 부품번호의 와셔를 사용한다.
㉡ 와셔의 사용개수는 최대 3개까지 허용한다.
㉢ 와셔는 원칙적으로 볼트와 같은 재질의 것을 사용한다. 알루미늄 합금 또는 마그네슘 합금의 구조부에 볼트나 너트를 장착하는 경우 카드뮴 도금된 탄소강 와셔를 사용한다.
㉣ 고정 와셔는 1차, 2차 구조부 또는 가끔 장탈되거나 부식되기 쉬운 곳에 장착해서는 안된다.
㉤ 기밀을 요하는 장소 및 공기의 흐름에 노출되는 표면에는 로크 와셔를 사용하지 않는다.
㉥ 탭 와셔(tab washer), PLI (preload indicating) 와셔는 재사용할 수 없다.

38. 다음 중 1회 이상 재사용이 가능한 것은?

① 안전결선(safety wire) ② 코터 핀(cotter pin)
③ 스프링 와셔(spring washer) ④ 탭 와셔(tab washer)

해설 안전결선, 코터 핀, 탭 와셔는 한번 사용 후에는 재사용할 수 없다.

39. 응력을 담당하는 구조의 접합에 사용하면 안되고 체결용으로만 사용하는 리벳 지름은?

① 3 / 32″ 이하 ② 5 / 32″ 이하 ③ 5 / 36″ 이하 ④ 7 / 36″ 이하

해설 지름이 3 / 32″ 이하인 리벳은 응력 부위의 구조재에 사용을 하여서는 안 된다.

40. 2장의 두께가 다른 알루미늄 판을 리벳 작업할 때 리벳의 머리는 어느 쪽에 두어야 하는가?

① 두꺼운 판
② 어느 쪽도 무방
③ 적당한 공구를 사용하면 어느 쪽도 무방
④ 얇은 판

정답 37. ④ 38. ③ 39. ① 40. ④

해설 판의 두께가 다른 경우 리벳 머리는 얇은 판 쪽에 두어 얇은 판을 보강해 주어야 한다.

41. rivet은 다음 중 어떤 종류의 하중에 가장 잘 견딜 수 있는가?
① 인장력 ② 전단력 ③ 압축력 ④ 비틀림력

해설 리벳은 전단력에 대해 충분히 견딜 수 있도록 설계되어 있으나 리벳 머리를 떼려고 하는 인장력이 작용하는 곳에는 사용할 수 없다.

42. 양호하게 설계된 리벳 연결부는 다음 중 어떤 하중을 고려한 리벳을 사용하는가?
① 압축하중 ② 전단하중 ③ 인장하중 ④ 굽힘하중

해설 문제 41번 참조

43. 다음 중 둥근 머리 리벳은 어느 것인가?
① AN435 ② AN441 ③ AN442 ④ AN420

해설 리벳의 규격번호
㉠ 둥근 머리 리벳(AN430, AN435, MS20435)
㉡ 납작 머리 리벳(AN441, AN442)
㉢ 접시 머리 리벳(AN420, AN425, AN426)
㉣ 브래지어 머리 리벳(AN455, AN456)
㉤ 유니버설 머리 리벳(AN470, MS20470)

44. AN470 DD 4-7 설명 중 맞는 것은?
① 24 ST 재질로 지름이 4 / 32″, 길이 7 / 16″
② 24 ST 재질로 지름이 4 / 16″, 길이 7 / 32″
③ 17 ST 재질로 지름이 4 / 32″, 길이 7 / 16″
④ 17 ST 재질로 지름이 4 / 16″, 길이 7 / 32

해설 리벳의 식별기호
㉠ AN470 : 유니버설 머리 리벳
㉡ DD : 리벳의 재질(알루미늄 합금 2024)
㉢ 4 : 리벳의 지름 4 / 32″
㉣ 7 : 리벳의 길이 7 / 16″

45. 재질이 2117, 지름 1 / 8″, 길이 3 / 8″의 유니버설 머리 리벳의 표시로 맞는 것은?
① MS 20470 AD 4-6
② MS 20426 AD 6-4
③ MS 20426 DD 4-4
④ MS 20442 D 6-4

정답 41. ② 42. ② 43. ① 44. ① 45. ①

해설 리벳의 식별기호

㉠ MS 20470 : 유니버설 머리 리벳
㉡ AD : 리벳의 재질(알루미늄 합금 2117)
㉢ 4 : 리벳의 지름 4 / 32″(1 / 8″)
㉣ 6 : 리벳의 길이 6 / 16″(3 / 8″)

46. AN 470 AD 3−5 리벳의 부품 번호에서 문자와 숫자를 정확하게 표시한 것은?

① AN 470 : 브래지어 머리 리벳
② 3 : 3 / 16″ 지름
③ AD : 알루미늄 합금 2017T
④ 5 : 5 / 16″ 길이

해설 문제 44번 참조

47. 다음 중 카운터 싱크 리벳이 주로 사용되는 곳은?

① 내부 구조물에 많이 사용되며 두꺼운 판을 접합하는 데 사용된다.
② 항공기 내부 구조의 결합에 사용된다.
③ 항공기 외피용으로 사용된다.
④ 아무 곳에나 사용한다.

해설 리벳의 머리 모양에 따른 분류

㉠ 둥근 머리 리벳은 표면 위로 머리가 많이 튀어 나와 저항이 많으므로 외피용으로 사용하지 못하고 두꺼운 판재나 강도를 필요로 하는 내부 구조물을 접합하는 데 쓰인다.
㉡ 납작 머리 리벳은 둥근 머리 리벳과 마찬가지로 표면에 머리가 돌출되어 저항이 많으므로 외피용으로 사용하지 못하고 내부 구조물 접합에 사용한다.
㉢ 카운트 싱크 리벳은 표면 위로 돌출되는 부분이 없으므로 외피용의 리벳으로 적합하다.
㉣ 브래지어 머리 리벳은 머리의 지름이 큰 대신 높이가 낮아 둥근 머리 리벳에 비하여 표면이 매끈하여 공기에 대한 저항이 적고 리벳 머리 면적이 커 면압이 넓게 분포되므로 얇은 외피 접합에 적합하다.
㉤ 유니버설 머리 리벳은 브래지어 머리 리벳과 비슷하나 머리부분의 강도가 더 강하다. 따라서, 항공기의 외피 및 내부 구조의 접합용으로 많이 사용된다.

48. 다음 중 블라인드 리벳이 아닌 것은?

① 체리 리벳(cherry rivet)
② 헉 리벳(huck rivet)
③ 카운터싱크 리벳(countersink rivet)
④ 체리 맥스 리벳(cherry max rivet)

해설 블라인드 리벳은 버킹 바(bucking bar)를 가까이 댈 수 없는 좁은 장소 또는 어떤 방향에서도 손을 넣을 수 없는 박스 구조에서는 한쪽에서의 작업만으로 리벳팅 할 수 있는 리벳이 필요하다. 이와 같은 조건을 충족하기 위해 개발된 것이 블라인드 리벳으로 종류는 다음과 같다.

정답 46. ④ 47. ③ 48. ③

㉠ pop rivet 은 구조 수리에는 거의 사용하지 않으며 항공기에 제한적으로 사용된다. 항공기를 조립할 때 필요한 구멍을 임시로 고정하기 위해 사용하며 기타 비구조물 작업 시 주로 사용한다.

㉡ friction lock rivet 은 블라인드 리벳의 초기 개발품으로 항공기의 제작 및 수리에 폭넓게 사용되었으나 현재는 더 강한 mechanical lock rivet 으로 주로 대체되었으며 경항공기 수리에는 아직도 사용하고 있다.

㉢ mechanical lock rivet 은 항공기 작동 중에 발생하는 진동에 의해 리벳의 센터 스템이 떨어져 나가는 것을 방지하도록 설계되었으며, friction lock rivet 과 달리 센터 스템이 진동에 의해 빠져 나가지 못하도록 영구적으로 고정되었으며 종류는 다음과 같다.

1. huck lock rivet
2. cherry lock rivet
3. olympic lock rivet
4. cherry max rivet

㉣ 리브너트 (rivnut) 는 생크 안쪽에 나사가 나 있는 곳에 공구를 끼우고 리브너트를 고정하고 돌리면 생크가 압축을 받아 오므라들면서 돌출 부위를 만든다. 주로 날개 앞전에 제빙 부츠 (de-icing boots) 장착시 사용된다.

㉤ 폭발 리벳(explosive rivet)은 생크 속에 화약을 넣고 리벳 머리를 가열된 인두로 가열하여 폭발시켜 리벳작업을 하도록 되어 있는데 연료탱크나 화재의 위험이 있는 곳은 사용을 금한다.

49. 다음 중 블라인드 리벳(blind rivet)이 아닌 것은?

① 체리 리벳　② 리브 너트
③ 폭발 리벳　④ 카운터싱크 리벳

해설 문제 48번 참조

50. 리벳 작업을 하려고 할 때 먼저 드릴로 구멍을 뚫어야 하는데 리벳과 리벳 구멍간의 이상적인 간격은 얼마인가?

① 0.2~0.4″　② 0.02~0.04″
③ 0.002~0.004″　④ 0.0002~0.0004″

해설 리벳 작업을 할 때 리벳 구멍의 크기와 상태는 대단히 중요하다. 리벳 구멍이 너무 작은 경우에는 리벳의 보호 피막을 손상시키게 되며, 너무 큰 경우에는 리벳을 장착하여도 그 공간을 충분히 채우지 못하기 때문에 결합부에 충분한 강도를 보장해 줄 수가 없다. 일반적으로 리벳과 리벳 구멍의 간격은 0.002~0.004″가 적당하다. 그리고 올바른 크기의 리벳 구멍을 뚫기 위해서는 먼저 드릴 작업을 한 다음에 리머(reamer) 작업으로 다듬어 완성한다.

정답 49. ④ 50. ③

51. 리벳 작업 시 리벳 지름의 결정은 어떻게 하는가?

① 접합하여야 할 판재 중에서 얇은 판 두께의 3배 정도
② 접합하여야 할 판재 중에서 양 두께의 3배 정도
③ 접합하여야 할 판재 중에서 두꺼운 판 두께의 3배 정도
④ 접합하여야 할 판 두께의 3배 정도

해설 리벳의 지름은 접합하여야 할 판재 중에서 가장 두꺼운 쪽 판재 두께의 3배 정도가 적당하다.

52. 판금 작업 시 리벳의 지름은 어떻게 정하여 지는가?

① 판의 모양에 따라서 결정한다.
② 리벳 생크의 길이에 따라서 정한다.
③ 판의 두께에 따라서 정한다.
④ 리벳간의 거리에 따라서 정한다.

해설 문제 51번 참조

53. 리벳의 지름과 연관된 것은?

① 판재의 두께 ② 리벳머리 ③ 연거리 ④ 사거리

해설 문제 51번 참조

54. 리벳 지름이 2 mm이고, 판 두께가 1.5 mm인 2개의 판을 접합하려 한다. 다음 리벳의 길이는 얼마인가?

① 3 mm ② 5 mm ③ 6 mm ④ 7 mm

해설 리벳의 길이는 접합할 판재의 두께와 머리를 성형하기 위해 돌출되는 부분의 길이를 합해야 한다. 이 때 돌출되는 부분의 길이는 일반적으로 리벳 지름(d) 의 1.5배로 선정한다. 그 이유는 리벳 작업을 한 다음 성형된 리벳 머리(벅 테일)의 폭이 리벳 지름의 1.5배가 되고, 높이는 리벳 지름의 0.5배가 되도록 하기 위함이다.

$$L = G + 1.5D = (1.5 + 1.5) + 1.5 \times 2 = 6\ \text{mm}$$

55. 다음 리벳의 치수 계산에 대한 설명 중 틀린 것은?

① 리벳 지름은 두꺼운 판 두께의 $3T$이다.
② 리벳간의 피치는 최소 $3D$, 최대 $12D$ 이다.
③ 벅 테일(buck tail)의 높이는 $1D$ 이고, 넓이는 $1.5D$ 이다.
④ 리벳의 길이는 판의 전체 두께와 리벳 지름의 1.5배를 합한 것이다.

정답 51. ③ 52. ③ 53. ① 54. ③ 55. ③

해설 리벳의 배열

㉠ 리벳 피치(리벳 간격)는 같은 열에 있는 리벳 중심과 리벳 중심간의 거리를 말하고, 최소 $3D$~최대 $12D$ 로 하며, 일반적으로 6~$8D$ 가 주로 이용된다.

㉡ 열간간격(횡단 피치)은 열과 열 사이의 거리를 말하며, 일반적으로 리벳 피치의 75 % 정도로서 최소 열간간격은 $2.5D$ 이고, 보통 4.5~$6D$ 이다.

㉢ 연거리는 판재의 모서리와 인접하는 리벳 중심까지의 거리를 말하고, 최소 연거리는 $2D$ 이며, 접시 머리 리벳의 최소 연거리는 $2.5D$ 이고, 최대 연거리는 $4D$ 를 넘어서는 안 된다.

56. 리벳 작업 시 리벳의 길이는 판에서 얼마가 나와야 하는가?

① 1배 ② 1.5배 ③ 2배 ④ 0.5배

해설 문제 54번 참조

57. 리벳 작업 시 벅 테일 머리 크기로 적당한 것은?

① 폭은 지름의 1.5배, 높이는 지름의 0.5배
② 폭은 지름의 2.5배, 높이는 지름의 0.3배
③ 폭은 지름의 2.0배, 높이는 지름의 1.0배
④ 폭은 지름의 3.0배, 높이는 지름의 1.5배

해설 문제 54번 참조

58. 같은 열에 있는 리벳의 중심과 리벳 중심과의 간격을 무엇이라 하는가?

① 리벳 간격 ② 열간 간격 ③ 연거리 ④ 가공거리

해설 문제 55번 참조

59. 단줄 round rivet 작업을 할 때 연거리 및 리벳 간격은?

① 연거리는 rivet 지름의 3배 이상, 간격은 3배 이상
② 연거리는 rivet 지름의 3배 이상, 간격은 2배 이하
③ 연거리는 rivet 지름의 2배 이상, 간격은 3배 이상
④ 연거리는 rivet 지름의 3배 이상, 간격은 3배 이하

해설 문제 55번 참조

정답 56. ② 57. ① 58. ① 59. ③

60. 접시 머리 리벳에서 최소 연거리는 리벳 지름의 몇 배인가?

① 1.5배 ② 2.5배 ③ 3배 ④ 2배

해설 연거리는 판재의 모서리와 인접하는 리벳 중심까지의 거리를 말하고, 최소 연거리는 $2D$ 이며, 접시 머리 리벳의 최소 연거리는 $2.5D$ 이고, 최대 연거리는 $4D$ 를 넘어서는 안 된다.

61. 리벳 작업 시의 drill countersink method를 이용할 때 일반적인 규칙은?

① 금속판이 리벳 머리의 두께보다 얇아야 한다.
② 금속판의 두께가 리벳 머리와 두께가 같을 때가 적당하다.
③ 금속판이 열처리된 것이라야 한다.
④ 금속판이 리벳 머리의 두께보다 더 두꺼울 때만 가능하다.

해설 접시 머리 리벳으로 리벳 작업을 하기 위해서는 부재를 카운터싱크(counter sink) 하거나 딤플링(dimpling)을 하는 두 가지 방법이 있다. 원칙적으로 카운터싱크하여 리벳 작업을 할 수 있는 것은 리벳 머리의 높이보다 결합해야 할 판재 쪽이 두꺼운 경우에만 적용될 수 있다.

62. 리벳 머리가 금속판에 78° 만큼 싱크 각도가 심어지는 카운트 싱크 머리 리벳의 규격번호는 어느 것인가?

① AN420 ② AN425 ③ AN426 ④ AN430

해설 카운트 싱크 리벳의 규격번호

㉠ AN420 : 90° ㉡ AN425 : 78° ㉢ AN426 : 100°

63. 리벳의 머리가 금속판에 90° 싱크 각도로 심어지는 카운터 싱크 머리 리벳의 규격번호는 어느 것인가?

① AN420 ② AN425 ③ AN426 ④ AN430

해설 문제 62번 참조

64. 알루미늄 합금 2024 리벳은 담금질한 후 10~20분 이내에 사용해야 한다. 그렇지 않다면 사용하기 전에 그 리벳은 어떻게 처리해야 하는가?

① 오랜 후에 사용해도 상관없다. ② 10~20분 후에 사용해도 상관없다.
③ 다시 열처리를 해야 한다. ④ 냉각시켜야 한다.

정답 60. ② 61. ④ 62. ② 63. ① 64. ③

해설 알루미늄 합금 2024 리벳은 ice box rivet이라고 하고, 2017보다 강한 강도가 요구되는 곳에 사용하며 상온에서 너무 강해 리벳 작업을 하면 균열이 발생하므로 열처리 후 사용하는데 냉장고에서 보관하고 상온 노출 후 10~20분 이내에 작업을 하여야 한다.

65. 리벳 머리를 보고 알 수 있는 것은?

① 리벳 지름 ② 재료 종류 ③ 머리 모양 ④ 재질의 강도

해설 리벳 머리에는 리벳의 재질을 나타내는 기호가 표시가 되어 있다.

㉠ 1100 : 무표시
㉡ 2117 : 리벳 머리 중심에 오목한 점
㉢ 2017 : 리벳 머리 중심에 볼록한 점
㉣ 2024 : 리벳 머리에 돌출된 두 개의 대시(dash)
㉤ 5056 : 리벳 머리 중심에 돌출된 + 표시

66. 리벳의 머리에 돌출된 십자 표시가 있는 리벳은?

① 2024T ② 2017T ③ 5056T ④ 1100T

해설 문제 65번 참조

67. ice box rivet인 2024는 열처리 후 몇 분 이내에 작업을 해야 하는가?

① 50분 이내 ② 40분 이내 ③ 30분 이내 ④ 60분 이내

해설 문제 64번 참조

68. 2017 리벳을 열처리 후 사용할 때 사용시간은?

① 30분 이내 ② 60분 이내 ③ 10분 이내 ④ 40분 이내

해설 알루미늄 합금 2017 리벳은 ice box rivet이라고 하며, 2117보다 강한 강도가 요구되는 곳에 사용하며 상온에서 너무 강해 리벳 작업을 하면 균열이 발생하므로 열처리 후 사용하는데 냉장고에서 보관하고 상온 노출 후 1시간 후에 50% 경화되며 4일쯤 지나면 100% 경화된다. 냉장고에서 보관하고 냉장고에서 꺼낸 후 1시간 이내에 사용해야 한다.

69. 열처리가 필요 없이 냉간상태에서 그대로 사용할 수 있는 리벳은?

① 2117–T ② 2017–T
③ 2024–T ④ 2024–T(3/16 이상)

정답 65. ② 66. ③ 67. ③ 68. ② 69. ①

해설 알루미늄 합금 2017과 2024는 ice box rivet이기 때문에 사용 전에 열처리를 하여야 한다.

70. 다음 리벳 중 열처리를 필요로 하는 것은?

① 1100, 2017 ② 2017, 5056 ③ 2017, 2024 ④ 7075, 2017

해설 문제 69번 참조

71. 2017, 2024를 icing 하여 사용하는 이유는?

① 입자간 부식방지 ② 시효경화 촉진 ③ 시효경화 지연 ④ 내부응력 제거

해설 알루미늄 합금에 나타나는 특징 중에는 열처리 후 시간이 지남에 따라 합금의 강도와 경도가 증가하는 성질이 있는데 이것을 시효경화라고 한다. 시효경화에는 상온에 그대로 방치하는 상온시효 (자연시효라 함) 와 상온보다 높은 100~200℃ 정도에서 처리하는 인공시효가 있다. 2017과 2024는 시효경화성이 있기 때문에 사용 전에 열처리하여 ice box에 보관하여 시효경화를 지연시킨다.

72. 아이스박스 리벳은 리벳 작업 후 1시간이 경과하면 본래 강도의 75 % 를 회복한다. 나머지 25%는 어떻게 해서 얻어지는가?

① 담금질함으로 ② 뜨거운 공기로 열을 가함으로
③ 소금물에 담금으로 ④ 약 4일 동안 시효경화함으로

해설 문제 68번 참조

73. A17ST의 다른 재질 표시법은?

① DD ② AD ③ A ④ D

해설 리벳의 식별기호

1100	2S	A
2117T	A17ST	AD
2017T	17ST	D
2024T	24ST	DD

74. AA 표식으로서 17ST는?

① 2017T ② 2117T ③ 2024T ④ 5056

정답 70. ③ 71. ③ 72. ④ 73. ② 74. ①

해설 문제 73번 참조

75. 24ST의 다른 재질 표시법은?

① DD ② AD ③ A ④ D

해설 문제 73번 참조

76. 리벳의 보호막에서 크롬산 아연의 색깔은?

① 은색 ② 회색 ③ 황색 ④ 진주색

해설 리벳의 방식 처리법으로는 리벳의 표면에 보호막을 사용한다. 이 보호막에는 크롬산 아연, 메탈 스프레이, 양극 처리 등이 있다. 리벳의 보호막은 색깔로 구별한다.

㉠ 황색은 크롬산 아연을 칠한 리벳이다. ㉡ 진주빛 회색은 양극 처리한 리벳이다.

㉢ 은빛 회색은 금속 분무한 리벳이다.

77. 알루미늄 합금 리벳 중에서 황색은?

① 크롬산 아연 보호 도장을 한 것이다. ② 양극처리를 한 것이다.

③ 금속도료를 도장한 것이다. ④ 니켈 보호 도장된 것이다.

해설 문제 76번 참조

78. 리벳 작업 시 사용되는 버킹 바의 역할은?

① 리벳의 머리를 표시 ② 리벳 재질 표시

③ 머리 크기를 나타냄 ④ 성형 머리를 만듦

해설 버킹 바(bucking bar)는 강철 바로서 특수한 모양과 크기로 리벳 건으로 작업 시에 리벳 생크에 머리(성형 머리)를 형성하는 데 사용이 되도록 되어 있다. 버킹 바의 일반적인 규격은 버킹 바를 사용 시에 사용이 되는 리벳 건의 중량보다 1lb 정도 가벼운 것을 사용하여야 한다.

79. 리벳 제거 시 드릴의 지름은?

① 리벳 생크 지름과 같은 것 ② 리벳 생크 지름보다 1/32″ 적은 것

③ 리벳 생크 지름보다 1/16″ 적은 것 ④ 리벳 생크 지름보다 1/8″ 적은 것

해설 항공기 판금작업에 가장 많이 사용되는 리벳의 지름은 3/32~3/8″이다. 리벳 제거 시에는 리벳 지름보다 한 사이즈 작은 크기(1/32″ 작은 드릴)의 드릴로 머리 높이까지 뚫는다.

정답 75. ① 76. ③ 77. ① 78. ④ 79. ②

80. 리벳을 제거하는 데 사용되는 드릴의 사이즈는?

① 리벳 지름보다 두 사이즈 작은 드릴 ② 리벳 지름보다 한 사이즈 작은 드릴
③ 리벳 지름과 동일한 사이즈의 드릴 ④ 리벳 지름보다 한 사이즈 큰 드릴

해설 문제 79번 참조

81. AN430, AN435, AN425, AN426, AN470과 같은 리벳을 사용하여 리벳 작업할 경우 몇 개의 리벳 세트가 필요한가?

① 1세트 ② 2세트 ③ 3세트 ④ 4세트

해설 리벳의 규격번호
㉠ 둥근 머리 리벳(AN430, AN435, MS20435) ㉡ 납작 머리 리벳(AN441, AN442)
㉢ 접시 머리 리벳(AN420, AN425, AN426) ㉣ 브래지어 머리 리벳(AN455, AN456)
㉤ 유니버설 머리 리벳(AN470, MS20470)

82. 리벳 작업에서 경질재료의 드릴 작업 시 옳은 것은?

① 90° 드릴 날, 고속작업 ② 90° 드릴 날, 저속작업
③ 118° 드릴 날, 고속작업 ④ 118° 드릴 날, 저속작업

해설 재질에 따른 드릴 날의 각도
㉠ 경질재료 또는 얇은 판일 경우 : 118°, 저속, 고압 작업
㉡ 연질재료 또는 두꺼운 판의 경우 : 90°, 고속, 저압 작업
㉢ 재질에 따른 드릴 날의 각도(일반 재질 : 118°, 알루미늄 : 90°, 스테인리스강 : 140°)

83. 드릴로서 구멍을 뚫을 때 고속 회전을 요하는 재료는 어느 것인가?

① 알루미늄 ② 스테인리스강 ③ 티타늄 ④ 열처리된 경질의 금속

해설 문제 82번 참조

84. 스테인리스강을 뚫는 데 요구되는 사항은 어느 것인가?

① 느린 속도와 높은 압력 ② 느린 속도와 낮은 압력
③ 빠른 속도와 낮은 압력 ④ 빠른 속도와 높은 압력

해설 문제 82번 참조

정답 80. ② 81. ③ 82. ④ 83. ① 84. ①

Chapter 05 기체의 수리 및 비파괴 검사

1. 판금작업 시 굽힘을 할 때 구멍을 뚫는 데 쓰이는 홀의 명칭은?

① 라이트닝 홀(lightening hole) ② 파일럿 홀(pilot hole)
③ 릴리프 홀(relief hole) ④ 스톱 홀(stop hole)

해설 판금작업

㉠ 라이트닝 홀(lightening hole) : 중량을 감소시키기 위하여 강도에 영향을 미치지 않고 불필요한 재료를 절단해 내는 구멍을 말한다.

㉡ 파일럿 홀(pilot hole) : 3 / 16″나 그 이상의 큰 구멍의 드릴 작업 시 작은 구멍을 먼저 내고 큰 구멍을 뚫는 것이 효과적인데 큰 구멍을 뚫기 위한 작은 구멍을 말한다.

㉢ 릴리프 홀(relief hole) : 2개 이상의 굽힘이 교차하는 장소는 안쪽 굽힘접선의 교점에 응력이 집중하여 교점에 균열이 일어난다. 따라서, 굽힘가공에 앞서서 응력집중이 일어나는 교점에 응력 제거 구멍을 뚫는 것을 말한다.

㉣ 스톱 홀(stop hole) : 균열 등이 일어난 경우 그 균열의 끝부분에 구멍을 뚫어 더 이상 진전되지 못하도록 하는 것을 말한다.

2. 성형점에서 굴곡접선까지의 거리는?

① B.A(bend allowance) ② S.B(set back)
③ 중립 축(neutral axis) ④ 그립(grip)

해설 판금 성형

㉠ 굽힘 여유(bend allowance) : 판재를 구부릴 때 정확히 수직으로 구부릴 수 없기 때문에 구부러지는 부분에 여유길이가 생기게 되는데 이 여유길이를 말한다.

㉡ 세트 백(set back) : 구부리는 판재에 있어서 바깥면의 굽힘 연장선의 교차점과 굽힘접선과의 거리이다.

㉢ 평판을 구부리면 굴곡의 바깥쪽은 늘어나고 안쪽은 줄어든다. 그러나 이 중간의 어떤 지점에서는 판재를 구부릴 때 늘어나지도 줄어들지도 않는 부분을 중립 축(neutral axis)이라 한다.

3. 두께가 0.051″인 판을 굽힘반지름이 0.125″로서 90° 로 굽히려고 할 때 세트 백($S.B$)은?

① 0.176″ ② 0.125″ ③ 0.051″ ④ 0.017″

정답 1. ③ 2. ② 3. ①

해설 $S.B = K(R+T)$

여기서, K : 굽힘상수(90°로 구부렸을 때는 1이다.), R : 굽힘 반지름

T : 판재의 두께, $S.B = K(R+T) = 0.125 + 0.051 = 0.176''$

4. 판재작업 시 두께가 0.25″의 판재를 굽힘 반지름이 30″로 60° 굽히려고 할 때 굽힘여유 ($B.A$)는?

① 33.53″ ② 32.53″ ③ 31.53″ ④ 30.53″

해설 $B.A = \frac{\theta}{360} 2\pi \left(R + \frac{T}{2}\right)$

여기서, θ : 굽힘 각도, R : 굽힘 반지름, T : 판재의 두께

$$B.A = \frac{\theta}{360} 2\pi \left(R + \frac{T}{2}\right) = \frac{60}{360} 2\pi \left(30 + \frac{0.25}{2}\right) = 31.53''$$

5. 지름이 같은 두 관의 양쪽 끝을 연결하기 위해 한쪽 끝을 주름지게 하여 끼워 넣는 방법은?

① 크림핑(crimping) ② 범핑(bumping)
③ 신장가공(stretching) ④ 접기가공(folding)

해설 판재의 가공

㉠ 크림핑(crimping) 가공은 길이를 짧게 하기 위해 판재를 주름잡는 가공을 말한다.
㉡ 범핑(bumping) 가공은 가운데가 움푹 들어간 구형 면을 가공하는 작업을 말한다.
㉢ 신장가공은 재료의 한쪽 길이를 늘려서 길게 하여 재료를 구부리는 가공을 말한다.
㉣ 수축가공은 재료의 한쪽 길이를 압축시켜 짧게 하여 재료를 구부리는 가공을 말한다.

6. 기체수리 기본 원칙이 아닌 것은?

① 최대 강도 유지 ② 부식 방지 ③ 원형 유지 ④ 최소 무게 유지

해설 구조 수리의 기본 원칙

㉠ 원래의 강도 유지 : 수리재의 재질은 원칙적으로 원 재료와 같은 재료를 사용하지만 다른 경우는 강도와 부식의 영향을 고려해야 한다.
㉡ 원래의 윤곽 유지 : 수리가 된 부분은 원래의 윤곽과 표면의 매끄러움을 유지해야 한다.
㉢ 최소 무게 유지 : 항공기 구조 부재의 수리나 개조 시 대부분의 경우에는 무게가 증가하고 원래의 구조 균형을 깨뜨리게 된다. 따라서, 구조부를 수리할 경우에는 무게 증가를 최소로 하기 위해 패치의 치수를 가능한 한 작게 만들고 필요 이상으로 리벳을 사용하지 않도록 한다.
㉣ 부식에 대한 보호 : 재료의 조성에 따라 금속의 부식 방지를 위해 모든 접촉면에는 정해진 절차에 의하여 방식처리를 해야 한다.

정답 4. ③ 5. ① 6. ①

7. 날개 리브(rib)에 있는 중량 경감 구멍의 목적은 무엇인가?

① 중량 경감과 강도 증가를 가져온다.
② 구멍이 있으므로 가볍고 응력이 직선으로 가도록 한다.
③ 구멍이 있으므로 가볍고 응력집중을 방지한다.
④ 무게 증가와 강도 증가를 가져온다.

해설 중량 경감 구멍은 중량을 감소시키기 위하여 강도에 영향을 미치지 않고 불필요한 재료를 절단해 내는 구멍을 말한다.

8. 릴리프 구멍(relief hole)의 목적은 무엇인가?

① 금속을 가볍게 한다.
② 팽창을 저지한다.
③ 응력집중을 완화해주고 금이 가는 것을 막아준다.
④ 강도를 증가시켜 준다.

해설 릴리프 홀(relief hole)은 2개 이상의 굽힘이 교차하는 장소는 안쪽 굽힘접선의 교점에 응력이 집중하여 교점에 균열이 일어난다. 따라서, 굽힘가공에 앞서서 응력집중이 일어나는 교점에 응력 제거 구멍을 뚫는 것을 말한다.

9. 구조물에서 전단에 의한 파손을 알 수 있는 방법은?

① 리벳의 경사 ② 리벳의 돌출 ③ 금속의 어긋난 정도 ④ 위 사항 모두

10. 도장작업을 할 때 스프레이 건(spray gun)이 도장될 물체와의 효과적인 거리는?

① 4~6″ ② 5~7″ ③ 6~10″ ④ 10~14″

해설 도장작업 : 도장작업 시 거리가 너무 가까우면 페인트 막이 두껍게 되어 페인트가 흐르게 되며 너무 멀면 페인트 막이 얇아 페인팅하는 횟수가 많아져서 도료의 손실을 가져오므로 가장 적절한 거리는 15~25 cm 정도이다.

11. 금속 내부 손상을 발견하기 위한 비파괴 검사는?

① 형광 침투 검사 ② 자기 탐상 검사
③ 초음파 검사 ④ 와류 탐상 검사

정답 7. ③ 8. ③ 9. ④ 10. ③ 11. ③

해설 비파괴 검사방법 중 내부 결함을 검출할 수 있는 검사방법은 초음파 검사와 방사선 검사가 있다.

12. 비파괴 검사를 하는 물체의 균열이 어떤 상태에 있을 때 자분 탐상시험이 사용되는가?

① 전류 방향과 평행할 때
② 전류 방향과 수직할 때
③ 자력선 방향과 평행할 때
④ 자력선 방향으로부터 45도 방향에 있을 때

해설 비파괴 검사 : 비파괴 검사(non-destructive inspection)라 함은 검사 대상 재료나 구조물이 요구하는 강도를 유지하고 있는지, 또는 내부 결함이 없는지를 검사하기 위하여 그 재료를 파괴하지 않고 물리적 성질을 이용하여 검사하는 방법을 말하며, 종류는 다음과 같다.

㉠ 육안검사(visual inspection) : 가장 오래된 비파괴 검사방법으로서 결함이 계속해서 진행되기 전에 빠르고 경제적으로 탐지하는 방법이다. 육안검사의 신뢰성은 검사자의 능력과 경험에 달려 있다. 눈으로 식별할 수 없는 결함을 찾는 검사에는 확대경이나 보어스코프(bore scope)를 사용한다.

㉡ 침투 탐상 검사(liquid penetrant inspection) : 육안검사로 발견할 수 없는 작은 균열이나 결함을 발견하는 것이다. 침투 탐상 검사는 금속, 비금속의 표면 결함 검사에 적용되고 검사 비용이 적게 든다. 주물과 같이 거친 다공성의 표면의 검사에는 적합하지 못하다.

㉢ 자분 탐상 검사(magnetic particle inspection) : 표면이나 표면 바로 아래의 결함을 발견하는 데 사용하고 반드시 자성을 띤 금속 재료에만 사용이 가능하며, 자력선 방향의 수직 방향의 결함을 검출하기가 좋다. 또한, 검사 비용이 저렴하고 검사원의 높은 숙련이 필요 없다. 그러나 비자성체에는 적용이 불가하고 자성체에만 적용되는 단점이 있다.

㉣ 와전류 검사(eddy current inspection) : 변화하는 자기장 내에 도체를 놓으면 도체 표면에 와전류가 발생하는데 이 와전류를 이용한 검사방법으로 철 및 비철금속으로 된 부품 등의 결함 검출에 적용된다. 와전류 검사는 항공기 주요 파스너(fastener) 구멍 내부의 균열 검사를 하는 데 많이 이용된다.

㉤ 초음파 검사(ultrasonic inspection) : 고주파 음속 파장을 이용하여 부품의 불연속 부위를 찾아내는 방법으로 높은 주파수의 파장을 검사하고자 하는 부품을 통해 지나게 하고 역전류 검출판을 통해서 반응 모양의 변화를 조사하여 불연속, 흠집, 튀어나온 상태 등을 검사한다. 초음파 검사는 소모품이 거의 없으므로 검사비가 싸고, 균열과 같은 평면적인 결함을 검출하는 데 적합하다. 검사 대상물의 한쪽 면만 노출되면 검사가 가능하다. 초음파 검사는 표면 결함부터 상당히 깊은 내부의 결함까지 검사가 가능하다.

㉥ 방사선 검사(radio graphic inspection) : 기체 구조부에 쉽게 접근할 수 없는 곳이나 결함 가능성이 있는 구조 부분을 검사할 때 사용된다. 그러나 방사선 검사는 검사 비용이 많이 들고, 방사선의 위험 때문에 안전관리에 문제가 있으며, 제품의 형상이 복잡한 경우에는 검사하기 어려운 단점이 있다. 방사선 투과검사는 표면 및 내부의 결함 검사가 가능하다.

정답 12. ①

13. 다이 체크(염색 침투 검사)의 결점은?

① 발견해야 할 균열이 부품의 표면에 있어야 한다.
② 검사방법이 복잡하다.
③ 시간이 많이 소요된다.
④ 한 방향의 균열만 있어야 된다.

해설 문제 12번 참조

14. 비자성체 검사에 부적당한 것은?

① X선 검사 ② 와전류 검사
③ 초음파 검사 ④ 자분 탐상 검사

해설 문제 12번 참조

15. X-ray 사용 시 이점은 무엇인가?

① 안전사항이 불필요하다. ② 구조물의 분리가 거의 불필요하다.
③ 간단한 장비로 작동이 된다. ④ 비용이 저렴하다.

해설 문제 12번 참조

16. 자력 탐상 검사의 목적은?

① 표면의 균열 발견 ② 부식방지
③ 외형유지 ④ 금속 내부 깊이 있는 결함 발견

해설 문제 12번 참조

17. 항공기 표피와 같이 도장된 얇은 판재의 균열을 검사할 때 표면 결함에 대한 검출도가 좋은 것은 어느 것인가?

① 염색 침투 검사 ② 형광 침투 검사 ③ 자기 분말 검사 ④ 와전류 검사

해설 염색 침투 검사, 형광 침투 검사, 자기 분말 검사, 와전류 검사는 모두 표면의 결함을 검출하는데 이용되지만 그 중에서 얇은 판재의 균열에 대한 검출도가 좋은 것은 와전류 검사이다.

정답 13. ① 14. ④ 15. ② 16. ① 17. ④

18. 다음 비파괴 검사 중 큰 하중을 받는 알루미늄 합금 구조물의 내부를 검사하는 데 적당한 것은 어느 것인가?

① 형광 침투 검사　② 자분 탐상 검사
③ 색채 침투 검사　④ X-ray 또는 초음파 검사

해설 문제 11번 참조

19. 자분 탐상 검사에서 보자성이란 무엇인가?

① 크리프(creep) 현상
② 자력을 보존하고 유지하려는 성질
③ 자화되려는 시간
④ 탈자되려는 성질

해설 보자성은 자력을 보존하고 유지하려는 성질을 말한다.

20. 주조 제품의 내부 흠집을 발견하는 가장 적합한 방법은?

① 염색 침투 검사　② 초음파 검사
③ 자기 탐상 검사　④ 와전류 검사

해설 내부 결함을 검출할 수 있는 비파괴 검사방법은 초음파 검사와 방사선 검사가 있다.

21. 리머(reamer) 작업이 끝난 후에 리머는 어떻게 빼내어야 하는가?

① 절삭방향으로 돌리면서 부드럽게 빼낸다.
② 절삭 반대 방향으로 돌리면서 부드럽게 빼낸다.
③ 돌리지 말고 곧 바로 부드럽게 뺀다.
④ 절삭유를 친 다음 그대로 뽑아 올린다.

해설 리머(reamer) 사용 시의 주의사항

㉠ 드릴 작업된 구멍을 바르게 하기 위해 리머의 측면에서 압력을 가해서는 안 된다. (보다 큰 치수로 가공될 수 있기 때문이다.)
㉡ 리머가 재료를 통과하면 즉시 정지할 것
㉢ 가공 후 리머를 빼낼 때 절단방향으로 손으로 회전시켜 빼낼 것(그렇지 않다면 cutting edge 가 손상될 수 있다.)

정답 18. ④　19. ②　20. ②　21. ①

Chapter 06

기체재료

1. 전성이란 무엇인가?

① 잡아당겼을 때 길게 연장되는 성질
② 충격에 잘 견디는 성질
③ 외부 힘을 가하여 판이나 박판으로 넓혀지는 성질
④ 재료의 단단한 정도

해설 금속의 성질

㉠ 비중(specific gravity) : 어떤 물질의 무게를 나타내는 경우 물질과 같은 부피의 물의 무게와 비교한 값을 말하며, 비중이 크면 그만큼 무겁다는 것을 의미한다.
㉡ 용융온도(melting temperature) : 금속재료를 용해로에서 가열하면 녹아서 액체상태가 되는데 이 온도를 말한다.
㉢ 강도(strength) : 재료에 정적인 힘이 가해지는 경우, 즉 인장하중, 압축하중, 굽힘하중을 받을 때 이 하중에 견딜 수 있는 정도를 나타낸 것이다.
㉣ 경도(hardness) : 재료의 단단한 정도를 나타낸 것으로 일반적으로 강도가 크면 경도도 높다.
㉤ 전성(malleability) : 퍼짐성이라고도 하며, 얇은 판으로 가공할 수 있는 성질을 말한다.
㉥ 연성(ductility) : 뽑힘성이라고도 하며, 가는 선이나 관으로 가공할 수 있는 성질을 말한다.
㉦ 탄성(elasticity) : 외력에 의하여 재료에 변형을 일으킨 다음 외력을 제거하면 원래의 상태로 되돌아가려는 성질을 말한다.
㉧ 메짐(brittleness) : 굽힘이나 변형이 거의 일어나지 않고 재료가 깨지는 성질을 말하며, 취성이라고도 한다.
㉨ 인성(toughness) : 재료의 질긴 성질을 말한다.
㉩ 전도성(conductivity) : 금속재료에서 열이나 전기가 잘 전달되는 성질을 말한다.
㉪ 소성(plasticity) : 재료가 외력에 의해 탄성한계를 지나 영구 변형되는 성질을 말한다.

2. 형태의 변화를 가져오는 힘을 제거할 때 금속의 원래 형태로 되돌아가려는 성질은?

① 연성 ② 취성 ③ 탄성 ④ 인성

해설 문제 1번 참조

정답 1. ③ 2. ③

3. 합금강의 성분은 무엇인가?
① 철과 탄소의 합금
② 탄소강과 특수원소의 합금
③ 비철금속과 특수원소의 합금
④ 비자성체와 소결 합금강이다.

해설 탄소강에 니켈, 크롬, 망간, 규소, 몰리브덴, 텅스텐, 바나듐 등의 원소를 한 가지 이상 첨가하여 특수한 성질을 가지게 한 강을 특수강 또는 합금강이라 한다.

4. 금속분류에 사용되는 SAE No에 있어 마지막 두 자리는 어떤 것을 나타내는가?
① 강의 형식
② 특수합금 성분의 퍼센트
③ 100 %에 대한 평균 탄소 함유량
④ 합금의 부식에 대한 저항 특성

해설 철강 재료의 식별법

SAE 1025

여기서, SAE : 미국 자동차기술인협회 규격

1 : 합금강의 종류 (탄소강)

0 : 합금원소의 합금량 (5대 기본 원소 이외의 합금원소가 없음)

25 : 탄소의 평균 함유량 (탄소 0.25 % 함유)

SAE (AISI) 에서 정한 철강재료의 분류방법

합금번호	종류	합금번호	종류
1XXX	탄소강	4XXX	몰리브덴강
13XX	망간강	41XX	크롬-몰리브덴강
2XXX	니켈강	43XX	니켈-크롬-몰리브덴강
23XX	니켈 3 % 함유강	5XXX	크롬강
3XXX	니켈-크롬강	6XXX	크롬-바나듐강

5. 다음 합금강 중에서 탄소를 가장 많이 함유하고 있는 것은?
① SAE 1050 ② SAE 3140 ③ SAE 2015 ④ SAE 2130

해설 문제 4번 참조

정답 3. ② 4. ③ 5. ①

6. 저탄소강의 평균 탄소 함유량은?

① 탄소를 0.1~0.3 % 함유한 탄소강을 말한다.
② 탄소를 0.3~0.5 % 함유한 탄소강을 말한다.
③ 탄소를 0.4~0.7 % 함유한 탄소강을 말한다.
④ 탄소를 0.7~1.7 % 함유한 탄소강을 말한다.

해설 탄소강의 분류

㉠ 저탄소강 : 탄소를 0.1~0.3 % 함유한 강으로 연강이라고도 한다. 저탄소강은 전성이 양호하여 절삭 가공성이 요구되는 구조용 볼트, 너트, 핀 등에 사용한다.
㉡ 중탄소강 : 탄소를 0.3~0.6 % 함유한 강으로 탄소량이 증가하면 강도와 경도는 증대하지만 연신율은 저하한다. 일반적으로 차축, 크랭크 축 등의 제조에 이용된다.
㉢ 고탄소강 : 탄소를 0.6~1.2 % 함유한 강으로 강도, 경도가 매우 크며 전단이나 마멸에 강한 강이다.

7. AISI 4130에서 30에 대한 비는 어느 것인가?

① 탄소 0.3 % 포함한다. ② Ni 30 % 포함한다.
③ 탄소 30 % 포함한다. ④ Ni 0.3 % 포함한다.

해설 철강재료의 식별법

AISI 4130

여기서, AISI : 미국 철강협회 규격, 41 : 크롬-몰리브덴강, 30 : 탄소 0.3 % 함유

8. SAE 2330 강이란?

① 탄소강 ② 니켈강 ③ 몰리브덴강 ④ 텅스텐강

해설 문제 4번 참조

9. 철강재료의 식별 표시에 있어서 5는 무슨 강인가?

① 몰리브덴강 ② 탄소강 ③ 니켈-크롬강 ④ 크롬강

해설 문제 4번 참조

10. 상온에서 가장 내식성이 큰 금속은?

① 마그네슘 ② 크롬강 ③ 알루미늄 ④ 티타늄

정답 6. ① 7. ① 8. ② 9. ④ 10. ④

해설 티타늄(titanium) : 티탄은 비중이 4.5로서 강의 1/2 수준이며, 용융온도는 1668℃이다. 티탄 합금으로 제조하면 합금강과 비슷한 정도의 강도를 가지며, 스테인리스강과 같이 내식성이 우수하고, 약 500℃ 정도의 고온에서도 충분한 강도를 유지할 수 있다. 티탄 합금은 항공기 재료 중에서 비강도가 우수하므로 항공기 이외에 로켓과 가스 터빈 기관용 재료로 널리 이용하고 있다. 티탄 합금은 인성과 피로강도가 우수하고, 고온 산화에 대한 저항성이 높다. 순수 티탄은 다른 티탄 합금에 비해 강도는 떨어지나 연성과 내식성이 우수하고 용접성이 좋아서 바닥 패널이나 방화벽 등에 사용된다.

11. 합금 중 녹는점이 높고 피로에 대한 저항성이 뛰어나며 내식성이 우수한 합금은?

① 마그네슘 합금 ② 알루미늄 합금 ③ 티탄 합금 ④ 크롬강

해설 문제 10번 참조

12. 티타늄 합금의 주요 특성이 아닌 것은?

① 알루미늄 합금보다 비중이 크다. ② 내식성이 양호하다.
③ 합금 중 내열성이 우수하다. ④ 내식성이 나쁘다.

해설 문제 10번 참조

13. 경항공기 방화벽(fire wall) 재료로 잘 쓰이는 18-8 스테인리스강(stainless steel)은 어느 것인가?

① 1.8 % 의 탄소와 8 % 의 크롬을 갖는 특수강
② Cr-Mo 강으로 열에 강하다.
③ 1.8 % 의 Cr 과 0.8 % 의 Ni 을 갖는 불수강
④ 18 % 의 Cr 과 8 % 의 Ni 을 갖는 불수강

해설 18-8 스테인리스강(stainless steel) : 오스테나이트형 스테인리스강은 18 % 크롬-스테인리스강에 8 % 니켈을 첨가한 강으로 18-8 스테인리스강이라 한다. 일반적으로 가공성 및 용접성이 양호하고 내식성이 우수하다. 또한 불수강이라 한다.

14. 다음 중 항공기에 사용되는 구조 재료로 알루미늄 합금을 사용하는 이유는?

① 강에 비해 연성이 우수하다. ② 내식성이 뛰어나기 때문이다.
③ 무게당의 강도가 강보다 우수하다. ④ 내마모성이 우수하기 때문이다.

해설 알루미늄 합금이 구조 재료로 많이 사용되는 것은 비강도가 크기 때문이다.

정답 11. ③ 12. ④ 13. ④ 14. ③

15. **알루미늄 합금의 특성 중 틀린 것은?**

① 가공성이 우수하다.
② 시효경화성이 없다.
③ 상온에서 기계적 성질이 좋다.
④ 내식성이 좋다.

해설 알루미늄 합금의 특성
㉠ 전성이 우수하여 성형 가공성이 좋다.
㉡ 상온에서 기계적 성질이 우수하다.
㉢ 합금원소의 조성을 변화시켜 강도와 연신율을 조절할 수 있다.
㉣ 내식성이 양호하다.
㉤ 시효경화성이 있다.

16. **AA 표시법 중 1100의 의미는?**

① 열처리된 알루미늄 합금
② 11 % 의 구리를 함유한 알루미늄
③ 순도 99 % 이상의 알루미늄
④ 아연이 포함된 알루미늄 합금

해설 1100은 순도 99 % 이상의 순수 알루미늄으로 내식성이 우수하다. 전·연성이 풍부하고 가공성이 좋으나 열처리에 의해 경화시킬 수 없다.

17. **Al alloy를 열처리한 후 이전의 강도를 완전히 회복하는 데 소요되는 시간이란?**

① 시효경화
② 가공경화
③ 크리프(creep)
④ 탄성한도

해설 알루미늄 합금의 특징 중에는 열처리 후 시간이 지남에 따라 합금의 강도와 경도가 증가하는 성질이 있는데 이것을 시효경화라 한다. 시효경화에는 상온에 그대로 방치하는 상온시효(자연시효라 함)와 상온보다 높은 100~200℃ 정도에서 처리하는 인공시효가 있다.

18. **알크래드(Alclad) 알루미늄을 올바르게 설명한 것은?**

① 아연으로써 양면을 약 5.5 % 정도의 깊이로 입힌 것이다.
② 아연으로써 양면을 약 3 % 정도의 깊이로 입힌 것이다.
③ 순수 알루미늄으로써 약 3 % 정도의 깊이로 양면을 입힌 것이다.
④ 순수 알루미늄으로써 재료의 양면을 약 5.5 % 정도의 깊이로 입힌 것이다.

해설 2024, 7075 등의 알루미늄 합금은 강도 면에서는 매우 강하나 내식성이 나쁘다. 그러므로 강한 합금 재질에 내식성을 개선시킬 목적으로 알루미늄 합금의 양면에 내식성이 우수한 순수 알루미늄(aluminum)을 약 5.5 % 정도의 두께로 붙여 사용하는데 이것을 알크래드(Alclad)라 한다.

정답 15. ② 16. ③ 17. ① 18. ④

19. 알루미늄 합금판에서 Alclad 란 말은 판의 면을 부식에 대해 어떻게 처리한 것인가?

① 크롬산 아연 처리 ② 전기 도금 처리
③ 카드뮴 피복 ④ 순수 알루미늄 피복

해설 문제 18번 참조

20. 항공기에 표면 처리된 알루미늄 합금(Alclad)이 사용되는 이유는?

① 다른 형태의 알루미늄보다 열처리가 쉽기 때문에
② 비피복된 알루미늄 합금보다 더 강력하기 때문에
③ 비합판 처리된 알루미늄 합금보다 더 강력하기 때문에
④ 다른 형태의 알루미늄보다 더 가볍기 때문에

해설 문제 18번 참조

21. 대기 중에서 알루미늄 합금판의 부식을 방지하기 위한 처리방법은?

① 표면 침탄법(carburizing) ② 알크래드(Alclad)
③ 산화막 피복법(anodizing) ④ 표면 질화법(nitrizing)

해설 부식 방지법

㉠ 양극 산화 처리(anodizing) : 금속 표면에 내식성이 있는 산화 피막을 형성시키는 방법을 말하며, 황산, 크롬산 등의 전해액에 담그면 양극에 발생하는 산소에 의해 양극의 금속 표면이 수산화물 또는 산화물로 변화되어 고착되어 부식에 대한 저항성을 증가시킨다. 그리고 알루미늄 합금에 이 처리를 실시하면 페인트 칠을 하기 좋은 표면으로 된다.

㉡ 도금(plating) 처리 : 철강재료의 표면에 내식성이 양호한 크롬, 아연, 주석 등과 같은 금속을 얇게 도금하는 방법이다. 도금방식으로는 용융금속 방식과 전기도금 방식이 있다.

㉢ 파커라이징(parkerizing) : 철강재료의 부식 방지법으로 흑갈색의 인산염을 철강재료 표면에 형성시키는 방법이다.

㉣ 밴더라이징(banderizing) : 철강재료의 부식 방지법으로 철강재료 표면에 구리를 석출시키는 방법이다.

㉤ 음극 부식 방지법(cathodic protection) : 전기 화학적 방법으로서 부식을 방지하려는 금속재료에 외부로부터 전류를 공급하여 부식되지 않는 부(−) 전위를 띠게 함으로써 부식을 방지하는 방법이다.

22. 대형 항공기 날개 윗면 표피에 사용되는 슈퍼 두랄루민인 7075S는 Al과 무엇의 합금인가?

① 구리(Cu) ② 망간(Mn) ③ 규소(Si) ④ 아연(Zn)

정답 19. ④ 20. ② 21. ③ 22. ④

해설 AA 규격 식별기호

AA 규격 식별기호

합금번호	합금의 종류
1XXX	순도 99% 이상의 순수 알루미늄
2XXX	알루미늄(Al) – 구리(Cu)계 합금
3XXX	알루미늄(Al) – 망간(Mn)계 합금
4XXX	알루미늄(Al) – 규소(Si)계 합금
5XXX	알루미늄(Al) – 마그네슘(Mg)계 합금
6XXX	알루미늄(Al) – 마그네슘(Mg) – 규소(Si)계 합금
7XXX	알루미늄(Al) – 아연(Zn)계 합금

23. 알루미늄 합금 중 3XXX 계열의 주성분은?

① 알루미늄(Al) – 아연(Zn)
② 알루미늄(Al) – 구리(Cu)
③ 알루미늄(Al) – 망간(Mn)
④ 알루미늄(Al) – 규소(Si)

해설 문제 22번 참조

24. 항공기 동체 외피에 많이 사용하는 리벳은?

① 2017 ② 5056 ③ 7075 ④ 2024

해설 알루미늄 합금 2024는 구리 4.4%와 마그네슘 1.5%를 첨가한 합금으로서 초 두랄루민(super duralumin)이라 한다. 파괴에 대한 저항성이 우수하고 피로강도도 양호하여 인장하중이 크게 작용하는 대형 항공기 날개 밑면의 외피나 여압을 받는 동체의 외피, 리벳 등에 사용된다.

25. 내식성이 강해 마그네슘 합금 구조에 주로 사용하는 리벳은 무엇인가?

① 2017 ② 2117 ③ 2024 ④ 5056

해설 5056 리벳은 내식성이 강하므로 마그네슘 합금 구조에 주로 사용되는 리벳이다.

26. 황동의 주성분으로 맞는 것은?

① 구리(Cu) – 아연(Zn)
② 구리(Cu) – 알루미늄(Al)
③ 구리(Cu) – 주석(Sn)
④ 구리(Cu) – 마그네슘(Mg)

정답 23. ③ 24. ④ 25. ④ 26. ①

해설 구리 합금의 종류와 특성

㉠ 황동(brass) : 구리(Cu)에 아연(Zn)을 40 % 이하로 첨가하여 주조성과 가공성을 우수하게 하고 기계적 성질 및 내식성을 향상시킨 합금이다.

㉡ 청동(bronze) : 구리(Cu)와 주석(Sn)이 기본 조성인 합금으로서 강도가 크고 내마멸성이 양호하며 주조성도 양호하여 주조용으로도 사용되고 있다. 그리고 대기와 염분에 대한 부식 저항성이 우수하다.

27. **다음 마그네슘 합금의 특성을 설명한 것 중 옳지 못한 것은?**

① 실용 금속 중 가장 가볍다.
② 절삭성이 나쁘다.
③ 염분에 부식이 심하다.
④ 비중 강도비가 커서 경합금 재료로 적합하다.

해설 마그네슘 합금의 성질 : 마그네슘의 비중은 알루미늄의 2 / 3 정도로서 항공기 재료로 쓰이는 금속 중에서는 가장 가볍고 비강도가 커서 경합금 재료로 적당하다. 마그네슘 합금은 전연성이 풍부하고 절삭성도 좋으나 내열성과 내마멸성이 떨어지므로 항공기 구조 재료로는 적당하지 않다. 그러나 가벼운 주물 제품으로 만들기가 유리하기 때문에 장비품의 하우징(housing) 등에 사용되고 있다. 그러나 마그네슘 합금은 내식성이 좋지 않기 때문에 화학 피막 처리를 하여 사용해야 하며 마그네슘 합금의 미세한 분말은 연소되기가 쉬우므로 취급할 때 주의해야 한다.

28. **항공기에 사용하는 금속 중 가장 가벼운 것은?**

① 알루미늄 ② 티타늄 ③ 구리 ④ 마그네슘

해설 금속의 비중

㉠ 알루미늄 비중 : 2.7
㉡ 티타늄 비중 : 4.5
㉢ 구리 비중 : 8.9
㉣ 마그네슘 비중 : 1.7~2.0

29. **FRP (fiber reinforced plastic)에 사용되고 있는 열경화성 수지는?**

① 페놀 수지 ② 에폭시 수지 ③ 실리콘 수지 ④ 멜라민 수지

해설 에폭시 수지 : 열경화성 수지 중 대표적인 수지로서 성형 후 수축률이 적고, 기계적 성질이 우수하며, 접착강도를 가지고 있으므로 항공기 구조의 접착제나 도료로 사용된다. 또한, 전파 투과성이나 내후성이 우수한 특성 때문에 항공기의 레이돔(radome), 동체 및 날개 등의 구조재용 복합재료의 모재로 사용되고 있다.

정답 27. ② 28. ④ 29. ②

30. 항공기 기체재료로 사용되는 비금속재료 중 수지에 관한 사항이다. 다음 중 열경화성 수지가 아닌 것은?

① 폴리염화비닐(PVC)
② 폴리우레탄
③ 에폭시 수지
④ 페놀 수지

해설 플라스틱에는 크게 나누어 두 가지가 있다.

㉠ 열경화성 수지 : 한번 열을 가해서 성형하면 다시 가열하더라도 연해지거나 용융되지 않는 성질을 가지고 있으며, 종류에는 페놀 수지, 에폭시 수지, 폴리우레탄 등이 있다.

㉡ 열가소성 수지 : 열을 가해서 성형한 다음 다시 가열하면 연해지고 냉각하면 다시 원래의 상태로 굳어지는 성질을 가지고 있으며, 종류에는 폴리염화비닐(PVC), 폴리에틸렌, 나일론 및 폴리메타크릴산메틸 등이 있다.

31. 알루미늄에 잘 대치되는 재료는 무엇인가?

① 티타늄(titanium)
② 마그네슘(magnesium)
③ 철(iron)
④ 강(steel)

해설 마그네슘 합금 : 비중이 알루미늄의 2/3 정도로 실용 금속 중 가장 가볍고 비강도가 강해 경합금 재료로 적당하며 알루미늄과 잘 대치가 된다.

32. 대형 항공기 도장 재료로 사용되는 열경화성 수지는?

① 페놀 수지
② 폴리에틸렌
③ 폴리우레탄
④ 에폭시 수지

해설 문제 29번 참조

33. 항공기에 복합 소재를 사용하는 주된 이유는?

① 금속보다 저렴하기 때문에
② 금속보다 오래 견디기 때문에
③ 금속보다 가볍기 때문에
④ 열에 강하기 때문에

해설 복합재료의 장점

㉠ 무게당 강도 비율이 높고 알루미늄을 복합재료로 대체하면 약 30% 이상의 인장, 압축 강도가 증가하고, 약 20% 이상의 무게 경감 효과가 있다.

㉡ 복잡한 형태나 공기 역학적인 곡선 형태의 제작이 쉽다.

㉢ 일부의 부품과 파스너를 사용하지 않아도 되므로 제작이 단순해지고 비용이 절감된다.

㉣ 유연성이 크고 진동에 강해서 피로응력의 문제를 해결한다.

㉤ 부식이 되지 않고 마멸이 잘 되지 않는다.

정답 30. ① 31. ② 32. ④ 33. ③

34. 가장 이상적인 복합 소재이며, 진동이 많은 곳에 쓰이고, 노란색을 띠는 섬유는?

① 유리 섬유 ② 탄소 섬유
③ 아라미드 섬유 ④ 보론 섬유

해설 강화재의 종류

㉠ 유리 섬유(glass fiber) : 내열성과 내화학성이 우수하고 값이 저렴하여 강화 섬유로서 가장 많이 사용되고 있다. 그러나 다른 강화 섬유보다 기계적 강도가 낮아 일반적으로 레이돔이나 객실 내부 구조물 등과 같은 2차 구조물에 사용한다. 유리 섬유의 형태는 밝은 흰색의 천으로 식별할 수 있고 첨단 복합 소재 중 가장 경제적인 강화재이다.

㉡ 탄소 섬유(carbon / graphite fiber) : 열팽창계수가 작기 때문에 사용온도의 변동이 있더라도 치수 안정성이 우수하다. 그러므로 정밀성이 필요한 항공 우주용 구조물에 이용되고 있다. 또, 강도와 강성이 높아 날개와 동체 등과 같은 1차 구조부의 제작에 쓰인다. 그러나 탄소 섬유는 알루미늄과 직접 접촉할 경우에 부식의 문제점이 있기 때문에 특별한 부식 방지 처리가 필요하다. 탄소 섬유는 검은색 천으로 식별할 수 있다.

㉢ 아라미드 섬유(aramid fiber) : 다른 강화 섬유에 비하여 압축강도나 열적 특성은 나쁘지만 높은 인장강도와 유연성을 가지고 있으며, 비중이 작기 때문에 높은 응력과 진동을 받는 항공기의 부품에 가장 이상적이다. 또, 항공기 구조물의 경량화에도 적합한 소재이다. 아라미드 섬유는 노란색 천으로 식별이 가능하다.

㉣ 보론 섬유(boron fiber) : 양호한 압축강도, 인성 및 높은 경도를 가지고 있다. 그러나 작업할 때 위험성이 있고 값이 비싸기 때문에 민간 항공기에는 잘 사용되지 않고 일부 전투기에 사용되고 있다. 많은 민간 항공기 제작사들은 보론 대신 탄소 섬유와 아라미드 섬유를 이용한 혼합 복합 소재를 사용하고 있다.

㉤ 세라믹 섬유(ceramic) : 높은 온도의 적용이 요구되는 곳에 사용된다. 이 형태의 복합 소재는 온도가 1200℃에 도달할 때까지도 대부분의 강도와 유연성을 유지한다.

35. 샌드위치 구조 형식에서 두 개의 외판 사이에 넣는 부재가 아닌 것은?

① 페일형 ② 파형 ③ 거품형 ④ 벌집형

해설 샌드위치(sandwich) 구조 : 두 개의 외판 사이에 가벼운 심(shim)재를 넣어 접착제로 접착시킨 구조로 심재의 종류는 벌집형(honeycomb), 거품형(form), 파형(wave)이 있다.

36. 샌드위치(sandwich) 구조의 가장 큰 장점은?

① 음 진동에 더욱 잘 견딜 수 있다. ② 비교적 방화성이다.
③ 검사가 필요치 않다. ④ 무겁기 때문에 아주 강하다.

정답 34. ③ 35. ① 36. ①

해설 샌드위치 구조의 특성

(1) 장 점

㉠ 무게에 비해 강도가 크다.
㉡ 음 진동에 잘 견딘다.
㉢ 피로와 굽힘하중에 강하다.
㉣ 보온 방습성이 우수하고 부식 저항이 있다.
㉤ 진동에 대한 감쇠성이 크다.
㉥ 항공기의 무게를 감소시킬 수 있다.

(2) 단 점

㉠ 손상상태를 파악하기 어렵다.
㉡ 집중하중에 약하다.

37. 허니콤(honeycomb) 구조의 이점은 무엇인가?

① 같은 무게의 단일 두께 표피보다 단단하다.
② 같은 강도로 무게가 가벼우며, 부식 저항이 있다.
③ 손상이 쉽게 발견된다.
④ 고온에 저항력이 크다.

해설 문제 36번 참조

38. 허니콤(honeycomb) 구조를 검사 시 판을 두드려서 소리로서 들뜬 부분을 찾아내는 방법은 어느 것인가?

① X선 검사 ② 시각 검사 ③ coin 검사 ④ seal 검사

해설 허니콤(honeycomb) 샌드위치 구조의 검사방법

㉠ 시각 검사 : 층 분리(delamination)를 조사하기 위해 광선을 이용하여 측면에서 본다.
㉡ 촉각에 의한 검사 : 손으로 눌러 층 분리(delamination) 등을 검사한다.
㉢ 습기 검사 : 비금속의 허니콤 패널(panel) 가운데에 수분이 침투되었는가 아닌가를 검사 장비를 사용하여 수분이 있는 부분은 전류가 통하므로 미터의 흔들림에 의하여 수분 침투 여부를 검사할 수 있다.
㉣ 실(seal) 검사 : 코너 실이나 캡 실이 나빠지면 수분이 들어가기 쉬우므로 만져 보거나 확대경을 이용하여 나쁜 상황을 검사한다.
㉤ 금속 링(코인) 검사 : 판을 두드려 소리의 차이에 의해 들뜬 부분을 검사한다.
㉥ X선 검사 : 허니콤 패널 속에 수분의 침투 여부를 검사한다. 물이 있는 부분은 X선의 투과가 나빠지므로 사진의 결과로 그 존재를 알 수 있다.
㉦ 초음파 검사 : 내부 손상을 검사할 때 이 방법을 사용한다.

정답 37. ② 38. ③

항공 기체

열처리 및 부식

1. 미국 재료시험협회(ASTM)에서 규정하고 있는 냉간가공에 대한 열처리 기호는?

① F : 풀림처리 한 것
② H : 가공경화한 것
③ O : 상온시효경화가 진행중인 것
④ W : 주조한 그대로의 것

해설 열처리 식별기호

여기서, F : 주조상태 그대로인 것
O : 풀림처리한 것
H : 냉간가공한 것
W : 담금질한 후 상온시효경화가 진행중인 것
T2 : 풀림처리한 것
T3 : 담금질한 후 냉간가공한 것
T36 : 담금질한 후 단면 수축률 6%로 냉간가공한 것
T4 : 담금질한 후 상온시효가 완료된 것
T6 : 담금질한 후 인공시효 처리한 것

2. 미국 재료시험협회(ASTM)에서 정한 식별기호 중에서 "O"는 무엇을 지시하는가?

① 가공경화
② 풀림처리
③ 주조한 그대로
④ 담금질 후 시효경화

해설 문제 1번 참조

3. 알크래드(Alclad) 2024 T4란?

① 순수 알루미늄을 입힌 알루미늄 합금으로 용액 내에서 열처리한 것이다.
② 순수 알루미늄이다.
③ 알루미늄 합금으로 인공적으로 형성시킨 것이다.
④ 순수 알루미늄 합금을 입힌 것으로 냉간가공한 것이다.

정답 1. ② 2. ② 3. ①

해설 2024, 7075 등의 알루미늄 합금은 강도면에서는 매우 강하나 내식성이 나쁘다. 그러므로 강한 합금 재질에 내식성을 개선시킬 목적으로 알루미늄 합금의 양면에 내식성이 우수한 순수 알루미늄을 약 5.5 % 정도의 두께로 붙여 사용하는데 이것을 알크래드라 한다.

4. Al alloy 7075-T6에서 T6가 의미하는 것은?

① 냉간가공한 것
② 용체화 처리 후 인공시효한 것
③ 용체화 처리 후 자연시효 진행중인 것
④ 용체화 처리 후 냉간가공한 것

해설 문제 1번 참조

5. 알루미늄 합금의 열처리 방법이 아닌 것은?

① 불림처리 ② 고용체화 처리 ③ 인공시효 처리 ④ 풀림처리

해설 알루미늄 합금의 열처리 방법

㉠ 고용체화 처리는 강도와 경도를 증대시키기 위한 열처리이다.

㉡ 인공시효 처리는 고용체화 처리된 재료를 120~200℃ 정도로 가열하여 과포화 성분을 석출시키는 처리이다. 이와 같은 처리 방법을 고온 시효라고도 하는데 알루미늄 합금의 중요 경화방법이다.

㉢ 풀림처리는 고용체화 처리온도와 인공시효 처리온도의 중간온도로 가열하게 되면 석출된 미립자가 응집되고 잔류응력도 제거됨으로써 재질을 연하게 하는 처리이다.

6. 다음 강의 열처리 방법 중 뜨임은 어느 것인가?

① 금속의 기계적 성질을 개선하기 위해 일정온도에서 가열 후 서서히 냉각하는 열처리
② 강에 적당한 강인성을 주거나 내부응력을 제거하기 위한 열처리
③ 기계적 가공 후 생긴 응력을 제거하는 열처리
④ 강의 A1 변태점 이상으로 가열 후 물, 기름 등으로 급랭하는 열처리

해설 문제 10번 참조

7. 강을 담금질한 후 뜨임(tempering) 처리하는 이유는?

① 단단함과 연성을 증가시킨다.
② 연성과 취성을 감소시킨다.
③ 인성을 증가시키고 내부응력을 감소시킨다.
④ 내부응력과 취성을 감소시킨다.

해설 문제 10번 참조

정답 4. ② 5. ① 6. ② 7. ③

8. 금속을 가열한 다음 급속히 냉각시켜 경화시키는 열처리 방법은?

① 불림 ② 풀림 ③ 담금질 ④ 뜨임

해설 철강재료의 열처리

㉠ 담금질(quenching) : 재료의 강도와 경도를 증대시키는 처리로서 강의 A_1 변태점보다 30~50℃ 정도 높은 온도로 가열하여 일정시간 유지시킨 다음에 물과 기름에 담금으로써 급랭이 되도록 하는 조작이다.

㉡ 뜨임(tempering) : 담금질한 재료는 강도와 경도는 우수하나 인성이 나쁘기 때문에 적당한 온도로 재가열하여 재료 내부의 잔류응력을 제거하고 인성을 부여하기 위한 조작이다.

㉢ 풀림(annealing) : 철강재료의 연화, 조직 개선 및 내부응력을 제거하기 위한 처리로서 일정 온도에서 어느 정도의 시간이 경과된 다음 노(furnace)에서 서서히 냉각하는 열처리 방법이다.

㉣ 불림(normalizing) : 강의 열처리, 성형 또는 기계 가공으로 생긴 내부응력을 제거하기 위한 열처리이다.

9. 불림(normalizing)이란 무엇인가?

① 재료의 장력강도를 좋게 하는 방법
② 담금질하여 알루미늄 재질을 좋게 하는 방법
③ 알루미늄 합금을 열처리하지 않고 강하게 하는 방법
④ 작업 시 생긴 응력을 제거시키는 방법

해설 문제 8번 참조

10. 작업 시 생긴 응력을 제거하기 위해 하는 열처리는?

① 풀림 ② 뜨임 ③ 담금질 ④ 불림

해설 문제 8번 참조

11. 성분이 서로 다른 이질금속은 어떤 이유로 접촉시켜서는 안되나?

① 인장강도가 서로 다르다.
② 열팽창계수가 서로 다르다.
③ 접촉점에서 전기 화학 작용으로 부식이 생길 가능성이 있다.
④ 정전기의 발생으로 인해 무전기의 통신을 방해한다.

해설 서로 다른 금속이 접촉하면 접촉면 양쪽에 기전력이 발생하고, 여기에 습기가 있게 되면 전류가 흐르면서 부식이 발생한다.

정답 8. ③ 9. ④ 10. ④ 11. ③

12. 부식의 형태에서 갈바닉(galvanic) 부식을 올바르게 설명한 것은?

① 인장응력과 부식이 동시에 작용하여 일어나는 것이다.
② 서로 다른 두 금속이 접촉할 때 습기로 인하여 외부 회로가 생겨서 일어나는 부식
③ 알루미늄 합금이나 마그네슘 합금 그리고 스테인리스강의 표면에 발생하는 보통 부식
④ 세척용 화학용품 등의 화학작용에 의하여 생기는 부식

해설 부식의 종류

㉠ 표면 부식(surface corrosion) : 제품 전체의 표면에서 발생하여 부식 생성물인 침전물이 보이고 홈이 나타나는 부식이다. 또, 부식이 표면 피막 밑으로 진행됨으로써 피막과 침전물의 식별이 곤란한 경우도 있는데 이러한 부식은 페인트나 도금층이 벗겨지게 하는 원인이 되기도 한다.

㉡ 이질금속간 부식(galvanic corrosion) : 서로 다른 두 가지의 금속이 접촉되어 있는 상태에서 발생하는 부식이다. 따라서, 이질금속을 사용할 경우에 금속간에 절연 물질을 끼우거나 도장 처리를 하여 부식을 방지하도록 해야 한다.

그룹 I	마그네슘과 마그네슘 합금, 알루미늄 합금 1100, 5052, 5056, 6063, 5356, 6061
그룹 II	카드뮴, 아연, 알루미늄과 알루미늄 합금(그룹 I 의 알루미늄 합금을 포함한다.)
그룹 III	철, 납, 주석 이것들의 합금(내식강은 제외)
그룹 IV	크롬, 니켈, 티타늄, 은, 내식강, 그래파이트, 구리와 구리 합금, 텅스텐

같은 그룹 내의 금속끼리는 부식이 잘 일어나지 않는다. 그러나 다른 그룹끼리 접촉 시 부식이 발생한다.

㉢ 공식 부식(pitting corrosion) : 금속 표면에서 일부분의 부식속도가 빨라서 국부적으로 깊은 홈을 발생시키는 부식이다. 주로 알루미늄 합금과 스테인리스강과 같이 산화 피막이 형성되는 금속재료에서 많이 발생한다.

㉣ 입자간 부식(intergranular corrosion) : 금속재료의 결정입계에서 합금성분의 불균일한 분포로 인하여 발생하는 부식으로 알루미늄 합금, 강력 볼트용 강, 스테인리스강 등에서 발생한다. 합금성분의 불균일성은 응고과정, 가열과 냉각, 용접 등에 의해서 발생할 수 있다. 재료 내부에서 주로 발생하므로 기계적 성질을 저하시키는 원인이 되며, 심한 경우에는 표면에 돌기가 나타나고 파괴까지 진행될 수가 있다.

㉤ 응력 부식(stress corrosion) : 강한 인장응력과 부식 환경조건이 재료 내에 복합적으로 작용하여 발생하는 부식이다. 주로 발생하는 금속재료는 알루미늄 합금, 스테인리스강, 고강도 철강재료이다.

㉥ 프레팅 부식(fretting corrosion) : 서로 밀착된 부품 사이에서 아주 작은 진동이 발생하는 경우에 접촉 표면에 홈이 발생하는 부식이다.

정답 12. ②

13. 다음 부식 중에서 합금조직의 불균일성에서 발생하는 부식은 무엇인가?

① 이질금속간의 부식　② 응력 부식
③ 표면 부식　④ 입자간 부식

해설 문제 12번 참조

14. 알루미늄 합금(Al alloy) 입자간 부식의 원인은?

① 서로 다른 두 금속을 접촉시켰을 때　② 과도한 프라이머(primer) 사용 시
③ 부적당한 열처리를 하였을 때　④ 표면 마찰이 심할 때

해설 문제 12번 참조

15. 합금성분의 분포가 고르지 못하여 생기는 부식은?

① 이질금속간의 부식　② 응력 부식
③ 입자간 부식　④ 표면 부식

해설 문제 12번 참조

16. 항공기 금속재료에 발생하는 부식 중에 입자간 부식에 관한 설명으로 맞는 것은 다음 중 어느 것인가?

① 부식된 부위가 부풀어오르며 나뭇결 모양이나 섬유조직의 형태로 나타난다.
② 두 금속 사이 접촉면에 부식 퇴적물이 쌓인다.
③ 금속재료가 인장응력을 받을 때 내부 조직의 변화가 일어나 발생한다.
④ 금속 표면에 존재하는 수분에 의해 발생한다.

해설 입자간 부식은 금속재료의 결정 입계에서 합금성분의 불균일한 분포로 인하여 발생하는 부식으로 부식 부위가 부풀어오르거나 나뭇결, 섬유조직의 형태로 나타난다.

17. 입자간 부식을 탐지하는 방법은 무엇인가?

① 침투 탐상 검사　② 육안 검사
③ 자분 탐상 검사　④ 초음파 검사

해설 입자간 부식은 초기 단계에서 탐지하기 어렵고 초음파 검사 및 와전류 탐상 검사, X-ray 등으로 탐지할 수 있다.

정답 13. ④　14. ③　15. ③　16. ①　17. ④

18. 금속 내부에 생긴 입자간 부식은 어떻게 탐지하는가?
① 금속 표면의 변색을 보고
② 침투 탐상 검사를 하여
③ X-ray 검사를 하여
④ 금속 표면에 나타난 가루를 보고

해설 문제 17번 참조

19. 재료가 서로 밀착되어서 작은 진동이 계속 일어날 때 생기는 부식은?
① 프레팅 부식
② 이질금속간의 부식
③ 응력 부식
④ 입자간 부식

해설 문제 12번 참조

20. 항공기 구조물에 프레팅 부식(fretting corrosion)이 생기는 원인은?
① 이질금속간의 접촉
② 부적당한 열처리
③ 볼트로 결합된 부품 사이의 미세한 움직임
④ 산화 물질로 인한 표면 부식

해설 문제 12번 참조

21. 강한 인장응력과 적당한 부식조건과의 복합적인 영향으로 발생하는 부식은 무엇인가?
① 표면 부식 ② 입간 부식 ③ 응력 부식 ④ 프레팅 부식

해설 문제 12번 참조

22. 부식방지 처리방식에서 양극 처리법(anodizing)을 올바르게 설명한 것은?
① 어떤 고체재료의 표면상에 용융금속을 분사하는 방법이다.
② 알루미늄이나 그 합금재료의 표면상에 수산화물의 피막을 인공적으로 생성시키는 것이다.
③ 알로다인을 사용하여 부식저항을 증가시키는 간단한 화학처리이다.
④ 화학적, 전기적 방식에 의해 금속을 도금하는 것이다.

해설 양극 산화 처리(anodizing) : 금속 표면에 내식성이 있는 산화 피막을 형성시키는 방법을 말한다. 황산, 크롬산 등의 전해액에 담그면 양극에 발생하는 산소에 의해 양극의 금속 표면이 수산화물, 또는 산화물로 변화되어 고착되어 부식에 대한 저항성을 증가시킨다. 그리고 알루미늄 합금에 이 처리를 실시하면 페인트칠을 하기 좋은 표면으로 된다.

정답 18. ③ 19. ① 20. ③ 21. ③ 22. ②

23. 부식을 방지하기 위한 양극화 처리란 무엇인가?

① 금속 표면에 전해질인 산화 피막을 입히는 것
② 금속 표면에 산화 처리하는 것
③ 금속 표면에 도금을 하는 것
④ 금속 표면에 금속 분무로 부품에 용해시켜 밀착시키는 것

해설 문제 22번 참조

24. 다음 중 알루미늄의 부식방지를 위한 표면처리 방식으로 표면에 산화 피막을 형성시켜 부식에 대한 저항을 증가시키고 페인트하기 좋은 표면을 만들 때 쓰이는 처리방식은?

① 양극 산화처리 ② 파커라이징 ③ 도금 ④ 밴더라이징

해설 문제 22번 참조

25. 검은 갈색의 인산염 피막을 형성하여 부식을 방지하는 것은 무슨 방법인가?

① 파커라이징 ② 도금 ③ 양극 산화 처리 ④ 금속의 분무

해설 파커라이징(parkerizing) : 철강재료의 부식 방지법으로 흑갈색의 인산염을 철강재료 표면에 형성시키는 방법이다.

26. 강 제품에는 카드뮴 도금을 하는 것이 많은데 가장 중요한 목적은 무엇인가?

① 표면경화를 위해 ② 외관을 좋게 하기 위해
③ 전기적으로 절연하기 위해 ④ 내식성을 향상시키기 위해

해설 도금(plating) 처리 : 철강재료의 표면에 내식성이 양호한 크롬, 아연, 주석 등과 같은 금속을 얇게 도금하는 방법이다. 도금방식으로는 용융금속 방식과 전기 도금방식이 있다.

27. 알루미늄을 전기 도금한 금속 표면에 생긴 조그마한 손상은 어떻게 처리하는가?

① 불림 처리한다. ② 화학적 처리를 한다.
③ 연화 처리한다. ④ 담금질한다.

해설 부식의 제거

㉠ 기계적인 방법 : 연마제, 와이어 브러시, 연삭기 등을 사용하여 제거하는 방법
㉡ 화학적 방법 : 화학약품 처리를 하여 제거하는 방법

정답 23. ① 24. ① 25. ① 26. ④ 27. ②

28. 다음 열처리 방법 중에서 표면경화법은?

① 풀림 ② 뜨임 ③ 침탄법 ④ 항온 처리

해설 표면경화법 : 철강 부품에서 표면 경도가 보다 큰 것이 필요한 경우 고탄소강을 사용하면 재료의 전체의 경도가 높아지므로 파손되기 쉽다. 이 때 강인한 강재의 표면에 탄화물 또는 질화물 등을 형성시켜 표면을 단단하게 하고 내마멸성을 가지도록 처리하는 것을 말한다.

㉠ 고주파 담금질법 : 고주파를 이용하여 표면을 담금질하여 경화시키는 방법이다.

㉡ 화염 담금질법 : 탄소강 표면에 산소-아세틸렌 화염으로 표면만 가열한 후 급랭하여 표면층만 담금질하는 방법이다.

㉢ 침탄법 : 탄소나 탄화수소계로 구성된 침탄제 속에서 가열하면 강재 표면의 화학변화에 의하여 탄소가 강재 표면에 침투되어 침탄층이 형성되므로 표면이 경화하는 방법이다.

㉣ 질화법 : 암모니아 가스 중에서 500~550℃ 정도의 온도로 20~100시간 정도 가열하여 표면경화시키는 방법이다.

㉤ 침탄 질화법 : 침탄과 질화를 동시에 처리하는 방법이다.

㉥ 금속 침투법 : 강재를 가열하여 아연, 알루미늄, 크롬, 규소 및 붕소 등과 같은 피복 금속을 부착시키는 동시에 합금 피복층을 형성시키는 처리법으로 내식성, 내열성 및 내마멸성을 향상시키는 방법이다.

29. 금속의 어떤 열처리 과정이 강하고 표면의 내마모성이 우수하며 질긴 조직을 만들게 하는가?

① 표면경화 ② 풀림 ③ 뜨임 ④ 불림

해설 문제 28번 참조

30. 부식탐지 방법으로 볼 수 없는 것은?

① 육안 검사 ② 코인 검사 ③ 염색 침투 검사 ④ 초음파 검사

해설 부식 탐지 방법

㉠ 육안 검사 : 부식은 가끔 주의 깊은 육안 검사로 찾아낼 수 있다.

㉡ 염색 침투 검사 : 응력 부식 균열은 상당히 까다로워서 눈으로 식별하기 힘들 때가 있다. 이런 균열은 염색 침투 검사로 발견할 수 있다.

㉢ 초음파 검사 : 최근의 부식 검사에 새로 적용하는 방법이 초음파 에너지를 이용하는 것이다.

㉣ X-ray 검사 : 초음파 검사와 마찬가지로 X-ray 검사도 내부에 손상이 있을 때 구조 외부에서 손상을 확인하는 방법이다.

정답 28. ③ 29. ① 30. ②

항공 기체

Chapter 08

기체 구조의 강도

1. 피로(fatigue)에 대한 내용 중 맞는 것은?

① 큰 하중으로 파괴될 때의 현상
② 반복하중에 의한 파괴현상
③ 구조 설계를 위한 한계
④ 반복하중에 의한 재료의 저항력 감소현상

해설 피로(fatigue) : 여압이 된 항공기 동체와 같이 반복하중을 받는 구조에서는 정하중에서의 재료의 극한 강도보다 낮은 응력상태에서 파단되는데 이것을 피로 파괴라 하고 이와 같이 반복하중에 의하여 재료의 저항력이 감소하는 현상을 피로라 한다

2. 같은 하중이 작용할 때 계속 반복되는 시간의 흐름에 따라 재료가 변형하는 것은?

① 피로(fatigue) ② 크리프(creep) ③ 니크(nick) ④ 크랙(crack)

해설 크리프(creep) : 일정한 응력을 받는 재료가 일정한 온도에서 시간이 경과함에 따라 하중이 일정하더라도 변형률이 변화하는 현상을 말한다.

3. 좌굴(buckling) 현상은 어떤 하중을 받는 곳에서 발생하는가?

① 압축하중 ② 인장하중 ③ 전단하중 ④ 비틀림 하중

해설 축 압축력에 의하여 굽힘이 되어 파괴되는 현상을 좌굴(buckling)이라 하고, 이 때 하중의 크기를 좌굴하중 또는 임계하중이라 한다.

4. 응력-변형률 곡선에서 응력을 제거하면 변형률도 제거되어 원래의 상태로 돌아오게 되는데 재료의 이와 같은 성질을 무엇이라 하는가?

① 소성 ② 탄성 ③ 항복 ④ 항복점

해설 응력이 제거되면 변형률도 제거되어 원래의 상태로 돌아오는 성질을 탄성이라 한다.

정답 1. ④ 2. ② 3. ① 4. ②

5. 재료의 피로현상, 피로시험으로 아무리 반복하중을 작용시키더라도 파괴가 일어나지 않는 한도는?

① 좌굴한도 ② 피로한도 ③ 파괴한도 ④ 응력한도

해설 재료의 응력이 피로한도 이하일 때는 이론적으로 이 재료는 아무리 반복하중을 작용시킨다 하더라도 파괴가 일어나지 않는다.

6. 구조상의 최대 하중으로 기체의 영구 변형이 일어나더라도 파괴되지 않는 하중은?

① 한계하중 ② 돌풍하중 ③ 극한하중 ④ 최고하중

해설 구조가 받을 수 있는 최대 하중으로 기체의 영구 변형이 일어나더라도 파괴되지 않는 하중을 한계하중이라 한다.

7. 설계하중에 대하여 옳은 것은?

① 설계하중 = 한계하중
② 설계하중 = 한계하중 + 안전계수
③ 설계하중 = 한계하중×안전계수
④ 설계하중 = 안전계수

해설 일반적으로 항공기는 한계하중보다 큰 하중에서 견딜 수 있도록 설계해야 하는데 이것을 설계하중 또는 극한하중이라 하고, 설계하중은 한계하중에 안전계수를 곱하여 나타낸다.

8. 항공기의 일반적인 구조물의 경우 안전계수는?

① 1 ② 1.5 ③ 2 ④ 2.5

해설 안전계수

㉠ 일반 구조물 : 1.5
㉡ 주물 : 1.25~2.0 이내
㉢ 결합부 (fitting) : 1.15 이하
㉣ 힌지(hinge) 면압 : 6.67 이하
㉤ 조종계통 힌지(hinge), 로드 (rod) : 3.33 이하

9. 항공기에 작용하는 하중을 모두 포함하는 것은?

① 인장력, 압축력, 비틀림력, 전단력, 굽힘력
② 압축력, 전단력, 비틀림력, 굽힘력
③ 비틀림력, 전단력, 굽힘력, 인장력
④ 전단력, 굽힘력, 인장력, 압축력

해설 비행 중 항공기에 작용하는 하중은 양력, 추력, 자중 및 관성력 등이 있으며 인장, 압축, 굽힘, 전단 및 비틀림 하중의 형태로 전달된다.

정답 5. ② 6. ① 7. ③ 8. ② 9. ①

10. 항공기 구조부에 작용하는 하중 중 인장력과 압축력을 동시에 받는 하중은?

① 인장력 ② 압축력
③ 굽힘력 ④ 비틀림

해설 굽힘력은 재료를 꺾으려고 하는 하중으로 한쪽은 인장력을, 다른 한쪽은 압축력을 받는다.

11. 단발 프로펠러 항공기에서 프로펠러의 회전에 의해 동체가 받는 응력은?

① 전단력 ② 압축력
③ 비틀림력 ④ 굽힘력

해설 프로펠러 항공기의 동체는 프로펠러의 회전 방향과 반대 방향으로 비틀림력이 작용한다.

12. 항공기가 착륙할 때 발생하는 관성력의 방향은?

① 항공기 뒤쪽 ② 진행 방향과 무관
③ 양력 발생 방향 ④ 항공기 앞쪽

해설 관성력은 항공기의 가·감속 시 발생하는데 가속 시는 항공기 뒤쪽으로, 감속 시에는 앞쪽으로 작용한다.

13. 중량 측정을 위해 지상에 있는 항공기 leveling에 사용되는 기준점 위치는 다음 중 누가 설정하는가?

① 항공정비사 ② 교통부 감독관
③ 인가 받은 수리공장 ④ 항공기 제작사

해설 기준선(datum line) : 항공기 무게중심의 계산 및 장비 등의 세로축 위치 표시를 위한 기준선을 의미한다. 항공기 세로축에 직각인 가상의 수직 평면을 말하며, 항공기 제작사에서 정한다.

14. 운항 자기 무게(operating empty weight)에 포함되지 않는 무게는 무엇인가?

① 연료 ② 승무원
③ 장비품 ④ 식료품

해설 운항 자기 무게는 자기 무게에 운항에 필요한 승무원, 장비품, 식료품을 포함한 무게로서 승객, 화물, 연료 및 윤활유를 포함하지 않은 무게이다.

정답 10. ③ 11. ③ 12. ④ 13. ④ 14. ①

15. 다음 중 운항 자기 무게(operating empty weight)에 속하는 것은?

① 유압계통의 작동유의 무게
② 연료 계통의 사용 가능한 연료의 무게
③ 승객의 무게
④ 화물의 무게

해설 문제 14번 참조

16. 항공기 자기 무게에 포함되지 않는 것은?

① 기체구조 무게
② 동력장치 무게
③ 배출 불가능한 잔여 연료 무게
④ 유효 하중

해설 항공기 자기 무게에는 항공기 기체구조, 동력장치, 필요 장비의 무게에 사용 불가능한 연료, 배출 불가능한 윤활유, 기관 내의 냉각액의 전부, 유압계통 작동유의 무게가 포함되며 승객, 화물 등의 유상 하중, 사용 가능한 연료, 배출 가능한 윤활유의 무게를 포함하지 않은 상태에서의 무게이다.

17. 항공기의 무게중심을 맞추기 위해 사용하는 모래주머니, 납 등을 무엇이라 하는가?

① 테어 웨이트(tare weight)
② 밸러스트(ballast)
③ 웨이트(weight)
④ 카운트 웨이트(count weight)

해설 밸러스트(ballast) : 요구되는 무게중심의 평형을 얻기 위해, 또는 장착 장비의 제거, 또는 장착에서 오는 무게의 보상을 위해 설치하는 모래주머니, 납판, 납봉을 말한다.

18. station number의 단위는 무엇인가?

① 인치
② 미터
③ 피트
④ 피트, 인치

해설 station number에 사용되는 단위는 인치를 사용한다.

19. 항공기 위치 표시방법 중 버톡 라인(buttock line)이란?

① 항공기의 전방에서 테일 콘까지 연장되는 선을 평행하게 측정
② 수직 중심선에서 평행하게 좌, 우측의 너비를 측정
③ 항공기의 동체의 수평면으로부터 수직으로 높이를 측정
④ 날개의 후방 빔에서 수직하게 밖으로부터 안쪽 가장자리를 측정

정답 15. ① 16. ④ 17. ② 18. ① 19. ②

해설 위치 표시방법

㉠ 동체 스테이션(body station) : 기준선을 0으로 동체 전, 후방을 따라 위치한다. 이 기준선은 동체 전방 또는 동체 전방 근처의 면으로부터 모든 수평거리가 측정이 가능한 상상의 수직면이다.

㉡ 버톡 라인(buttock line) : 동체 중심선의 오른쪽이나 왼쪽으로 평행한 거리를 측정한 폭을 말한다.

㉢ 워터 라인(water line) : 워터 라인 0으로부터 하부로부터 상부의 수직거리를 측정한 높이를 말한다.

20. 용어의 정의로 잘못된 것은 어느 것인가?

① body station은 nose 전방 기준선으로부터 거리를 측정하여 인치로 표시
② buttock line은 동체 세로 중심선으로부터 수평거리를 측정하여 인치로 표시
③ water line은 상부로부터 하부의 수직거리를 측정하여 인치로 표시
④ water line은 하부로부터 상부의 수직거리를 측정하여 인치로 표시

해설 문제 19번 참조

21. 감항유별이 A류에 해당하는 항공기의 제한 하중배수는?

① 6　② 4
③ 3　④ 2

해설 하중배수

㉠ A (곡기) : 6.0~−3.0
㉡ U (실용) : 4.4~−1.76
㉢ N (보통) : 3.8~−1.5
㉣ T (수송) : 2.5~−1.0

22. 감항유별 U류 항공기의 양의 제한 하중배수는?

① 2.5　② 2.0
③ 2.5~3.8　④ 4.4

해설 문제 21번 참조

정답 20. ③　21. ①　22. ④

PART 3

항공 발동기
[예상 문제]

Chapter 01

왕복 기관

1. 1시간당 1마력을 발생시키는 데 소비된 연료량을 무엇이라 하는가?

① 제동 열효율 ② 기계 효율 ③ 지시 효율 ④ 비연료 소비율

해설 왕복 기관의 비연료 소비율이란 1시간당 1마력을 내는 데 소비된 연료의 무게를 말한다.

2. 다음 단위에 대한 설명 중 옳은 것은?

① 1 N은 1 kg의 질량에 1 m/s^2 의 가속도를 발생시키는 데 필요한 힘의 크기를 말한다.
② 비체적이란 단위 질량의 물질이 차지하는 압력을 말한다.
③ 밀도는 단위 비체적의 물질이 차지하는 질량을 말하며 P 로 표시한다.
④ 비체적과 밀도는 정비례한다.

해설 단위와 용어

㉠ 1 kg의 질량이 1 m/s^{2}의 가속도를 받을 때 힘의 단위를 N이라 하고, $1\,N = 1\,kg \times 1\,m/s^2 = 1 kg \cdot m/s^2$으로 표시한다.
㉡ 비체적은 단위 질량당의 체적을 말한다.
㉢ 밀도는 단위 체적당의 질량을 말하며, ρ로 표시한다.
㉣ 비체적과 밀도는 서로 역수 관계에 있다.

3. "에너지는 상호간에 변화가능하고 물체가 갖고 있는 에너지의 총합은 외부 에너지를 교환하지 않는 한 일정하다." 다음 보기 중 이것에 해당하는 법칙은?

① 에너지 보존의 법칙 ② 보일의 법칙
③ 샤를의 법칙 ④ 열역학 제2법칙

해설 열역학 제1법칙은 에너지 보존의 법칙이라고도 하는 데 이 법칙은 에너지 보존과 변환에 관한 내용을 포함하고 있으며, 그 내용을 요약하면 "에너지는 여러 가지 형태로 변환이 가능하나 그 물체가 가지고 있는 에너지의 총합은 외부와 에너지를 교환하지 않는 한 일정하다."라는 것이다.

정답 1. ④ 2. ① 3. ①

4. 다음 보일-샤를의 법칙을 설명한 것 중 맞는 것은?

① 기체의 비체적은 압력에 반비례하고 절대온도에 비례한다.
② 기체의 비체적은 압력에 비례하고 절대온도에 반비례한다.
③ 기체의 온도가 일정할 때 비체적은 압력에 비례한다.
④ 기체의 압력이 일정할 때 비체적은 절대온도에 반비례한다.

해설 보일-샤를의 법칙은 기체의 부피, 압력 및 온도에 관한 서로의 관계를 나타내는 법칙이다.

㉠ 보일의 법칙은 온도가 일정하면 기체의 부피는 압력에 반비례한다는 것이다.

$Pv=C$ 또는 $P_1v_1=P_2v_2$ 여기서, P : 압력, v : 비체적

㉡ 샤를의 법칙은 기체의 부피가 일정할 때에 기체의 압력은 절대온도에 비례한다는 것이다.

$\frac{P}{T}=C$ 또는 $\frac{P_1}{T_1}=\frac{P_2}{T_2}$

5. 이상 기체상태 방정식을 옳게 표현한 것은?

① $Pv=Rv$ ② $PR=Tv$ ③ $v=PRT$ ④ $Pv=RT$

해설 이상 기체상태 방정식이란 비열이 일정한 이상 기체에 대해 압력(P), 비체적(v), 온도(T)의 관계를 나타낸 것이며 다음과 같다.

$Pv=RT$ 또는 $\frac{P_1v_1}{T_1}=\frac{P_2v_2}{T_2}$ 여기서, R은 기체 상수이며, 단위는 kg·m/kg·K이다.

6. 엔진의 출력을 마력으로 나타내었다. 1HP는 다음 어느 것과 같은가?

① 1시간당 33000 ft-lb의 일
② 1분당 33000 ft-lb의 일
③ 1초당 500 ft-lb의 일
④ 760 W

해설 동력의 단위 : 동력의 단위로는 보통 킬로와트(kW)와 마력(HP)을 사용하는 데 이들 사이의 관계는 다음과 같다.

1PS = 75 kg·m/S = 550 1b·ft/S = 746 W

7. 다음 중 기계효율을 나타내는 공식은?

① $bHP=iHP-fHP$
② $\eta_m=\frac{bHP}{iHP}$
③ $\eta_b=\frac{75\times bHP}{J\times F_b\times H_L}$
④ $\eta_{tho}=1-\frac{1}{\varepsilon^{k-1}}$

정답 4. ① 5. ④ 6. ② 7. ②

해설 기계효율은 제동마력과 지시마력의 비를 말하며 η_m 으로 표시된다.

$\eta_m = \dfrac{bHP}{iHP}$ 으로 실제적인 기계효율의 값은 85~95 % 정도이다.

8. 가솔린 엔진의 기본 사이클은 무엇인가?

① 오토 사이클　② 카르노 사이클
③ 브레이턴 사이클　④ 사바테 사이클

해설 기관 사이클

㉠ 오토 사이클 : 열 공급이 정적과정에서 이루어지므로 정적 사이클이라고도 하며, 항공기용 왕복 기관과 같은 전기 점화식 (spark ignition) 내연기관의 기본 사이클이다.

㉡ 브레이턴 사이클 : 가스 터빈 기관의 이상적인 사이클로서 2개의 정압과정과 2개의 단열과정으로 이루어진다.

㉢ 사바테 사이클 : 2개의 단열과정, 2개의 정적과정과 1개의 정압과정으로 구성된 사이클로 정적-정압 사이클 또는 복합 사이클이라고 하며, 고속 디젤 기관의 기본 사이클이다.

㉣ 카르노 사이클 : 열역학 제 2 법칙에서 열을 일로 변환시킬 때 열기관이 필요하다. 이 열기관은 고온의 열원과 저온의 열원 사이에서 작동해야 하는 데 어떤 열기관이 2개의 열원 사이에서 가역적으로 작동한다면 이론적으로 효율이 가장 좋은 사이클을 만들 수 있는 데 이것을 카르노 사이클이라 한다.

9. 왕복 기관을 분류하는 방법 중 현재 가장 많이 사용하는 방식으로 짝지어진 것은?

① 행정수와 냉각방법　② 행정수와 실린더 배열
③ 냉각방법과 실린더 배열　④ 실린더 배열과 사용 연료

해설 왕복 기관의 분류방법

(1) 냉각방법에 의한 분류

㉠ 수랭식 기관 : 물 재킷, 온도 조절장치, 펌프, 연결 파이프와 호스 등으로 구성

㉡ 공랭식 기관 : 냉각 핀, 배플 및 카울 플랩 등으로 구성

(2) 실린더 배열방법에 의한 분류

대향형 기관, 성형기관, V형, 직렬형, X형 등이 있는 데 요즘에는 대향형과 성형이 주로 사용된다.

10. 실린더의 냉각능력과 가장 관계가 깊은 것은?

① 밸브의 각도　② 실린더 냉각 핀의 면적
③ 기관으로 유입되는 공기량　④ 피스톤 링의 수

정답 8. ①　9. ③　10. ②

해설 냉각 핀(cooling fin) : 같은 온도차 및 열 전달 조건에서의 열 전달은 표면적에 비례한다는 원리에 따라 실린더의 바깥면에 얇은 금속 핀을 부착시켜 냉각면적을 넓게 함으로써 열을 대기 중으로 방출하는 역할을 하여 냉각을 촉진시킨다.

11. 배플(baffle)의 목적은 무엇인가?

① 실린더에 난류를 형성시켜 준다.
② 실린더 주위에 와류를 형성시켜 준다.
③ 실린더 주위에 공기의 흐름을 안내한다.
④ 실린더에 흡입공기를 안내한다.

해설 배플(baffle) : 실린더 주위에 설치한 금속판을 말하며, 실린더의 앞부분이나 뒷부분 또는 실린더의 위치에 관계없이 공기가 실린더 주위로 흐르도록 유도하여 냉각효과를 증진시켜 주는 역할을 한다.

12. 카울링(cowling)의 뒤쪽에 열고 닫을 수 있는 문을 설치하여 냉각공기의 양을 조절하여 냉각을 조절하는 부품은 무엇인가?

① 냉각 핀　　② 디플렉터
③ 공기 흡입 덕트　　④ 카울 플랩

해설 카울 플랩(cowl flap) : 실린더의 온도에 따라 열고 닫을 수 있도록 조종석과 기계적 또는 전기적 방법으로 연결되어 있다. 냉각공기의 유량을 조절함으로써 기관의 냉각효과를 조절하는 장치이다. 지상에서 작동 시에는 카울 플랩을 최대한 열고(full open) 사용한다.

13. 지상에서 카울 플랩(cowl flap)의 위치는 어디인가?

① full close　　② full open
③ half open　　④ 작동할 필요 없다.

해설 문제 12번 참조

14. 공랭식 왕복 기관 항공기에서 기관 냉각방법 중 지상에서 카울 플랩(cowl flap)의 위치는 어떻게 해야 되는가?

① 1/3 정도 열어준다.　　② 1/3 정도 닫아준다.
③ 완전히 열어준다.　　④ 완전히 닫아준다.

해설 문제 12번 참조

정답 11. ③ 12. ④ 13. ② 14. ③

15. 수평 대향형 엔진의 장점으로 맞는 것은 어느 것인가?

① 수랭식에 적합하다.
② 열효율이 높다.
③ 진동이 적다.
④ overhead cam 밸브기구 사용이 편리하다.

해설 대향형 기관

㉠ 소형 항공기에 널리 쓰이며 대략 400마력까지 동력을 낼 수 있다.
㉡ 실린더 수는 4개나 6개 등으로 짝수이며 크랭크축 양쪽에 수평으로 마주보게 배열되어 있다.
㉢ 구조가 간단하고 기관의 면적이 좁아 공기저항을 줄일 수 있고 진동이 적다.
㉣ 실린더 수를 많이 할수록 기관의 길이가 길어지게 되므로 큰 마력의 기관에는 적합하지 않다.

16. 다음 중 성형기관의 장점이 아닌 것은 어느 것인가?

① 다른 기관에 비해 실린더 수를 많이 할 수 있다.
② 마력당 무게비가 작다.
③ 전면면적이 작아 항력이 작다.
④ 대형 기관으로 적당하다.

해설 성형기관

㉠ 주로 중형 및 대형 항공기 기관에 많이 사용되며, 장착된 실린더 수에 따라 200~3500마력의 동력을 낼 수 있다.
㉡ 기관당 실린더 수를 많이 할 수 있고 다른 형식에 비하여 마력당 무게비가 작으므로 대형 기관에 적합하다.
㉢ 전면면적이 넓어 공기저항이 크고 실린더 열 수를 증가할 경우 뒷렬의 냉각이 어려운 결점이 있다.

17. 왕복엔진에서 총 배기량이란 무엇인가?

① 크랭크축이 1회전하는 동안 한 개의 피스톤이 배기한 총 용적
② 크랭크축이 2회전하는 동안 한 개의 피스톤이 배기한 총 용적
③ 크랭크축이 1회전하는 동안 전체 피스톤이 배기한 총 용적
④ 크랭크축이 2회전하는 동안 전체 피스톤이 배기한 총 용적

해설 엔진의 총 배기량은 크랭크축이 2회전하는 동안 전체 피스톤이 배기한 총 용적이다.

정답 15. ③ 16. ③ 17. ④

18. 피스톤 단면적 $5in^2$, 행정길이 5in, 기통수 4개인 엔진의 배기량은 얼마인가?

① 20 ② 25 ③ 50 ④ 100

해설 총 배기량 = 실린더 안지름의 단면적 × 행정길이 × 실린더 수

총 배기량 $= 5 \times 5 \times 4 = 100\text{in}^3$

19. 18개의 실린더를 가지고 있는 왕복 기관의 실린더 지름이 0.15 m, 실린더의 길이가 0.2 m, 행정길이가 0.18 m라고 한다면 총 배기량은 몇 m^3인가?

① 0.048 ② 0.054 ③ 0.057 ④ 0.063

해설 총 배기량 = 실린더 안지름의 단면적 × 행정길이 × 실린더 수

단면적 $= \frac{\pi}{4}d^2 = \frac{\pi}{4}0.15^2 = 0.0177\text{m}^2$

배기량 $= 0.0177 \times 0.18 = 0.0032\text{m}^3$

총 배기량 $= 0.0032 \times 18 = 0.0576\text{m}^3$

20. 18기통 성형기관에서 피스톤 지름 6인치, 행정길이 6인치일 때 총 배기량은 얼마인가?

① 3025 in^3 ② 3053 in^3 ③ 4052 in^3 ④ 4520 in^3

해설 총 배기량 = 실린더 안지름의 단면적 × 행정길이 × 실린더 수

단면적 $= \frac{\pi}{4}d^2 = \frac{\pi}{4}6^2 = 28.26\text{in}^2$

배기량 $= 28.26 \times 6 = 169.6\text{in}^3$

총 배기량 $= 169.6 \times 18 = 3053\text{in}^3$

21. R-1650 엔진에서 행정길이가 6인치, 실린더 수가 14개이면 피스톤의 단면적은?

① 19.6 ② 48.2 ③ 117.8 ④ 275.1

해설 총 배기량 = 실린더 안지름의 단면적 × 행정길이 × 실린더 수

$1650 = \frac{\pi}{4}d^2 \times 6 \times 14$이므로 $\frac{\pi d^2}{4} = \frac{1650}{6 \times 14} = 19.64\text{in}^2$

22. 단면적 $15in^2$, 배기량 $540in^3$, 기통 수 6, 압축비가 10일 때 연소실 체적과 행정길이는 얼마인가?

① 9 in^3, 3 in ② 10 in^3, 4 in ③ 9 in^3, 5 in ④ 10 in^3, 6 in

정답 18. ④ 19. ③ 20. ② 21. ① 22. ④

해설 총 배기량 = 실린더 안지름의 단면적 × 행정길이 × 실린더 수

$540 = 15 \times 6 \times$ 행정길이에서 행정길이 $= \frac{540}{15 \times 6} = 6$ in

압축비는 피스톤이 하사점에 있을 때의 실린더 체적과 상사점에 있을 때의 실린더 체적의 비를 말한다.

$\varepsilon = \frac{V_c + V_d}{V_c} = 1 + \frac{V_d}{V_c}$ (ε : 압축비, V_d : 행정 체적, V_c : 연소실 체적)

$\varepsilon = 1 + \frac{V_d}{V_c}$ 에서 $10 = 1 + \frac{15 \times 6}{V_c}$ $\quad V_c = 10\ \text{in}^3$

23. 행정거리와 연소체적과의 관계는?

① 행정거리가 크면 연소체적이 크다.
② 행정거리가 크면 연소체적이 작다.
③ 행정거리가 작으면 연소체적이 작다.
④ 행정거리와 연소체적과는 아무런 관계가 없다.

해설 행정거리는 피스톤이 상사점에서 하사점까지 움직인 거리를 말하며, 압축비는 피스톤이 하사점에 있을 때의 실린더 체적과 상사점에 있을 때의 실린더 체적의 비를 말한다. 즉, 행정거리와 연소실체적은 관계가 없다.

24. 압축비가 7인 오토 기관의 이론 열효율은 얼마인가? (단, 비열비 k = 1.4)

① 45.88 ② 50.28 ③ 54.08 ④ 60.38

해설 왕복 기관의 열효율

$$\eta = 1 - \left(\frac{1}{\gamma}\right)^{k-1} = 1 - \left(\frac{1}{7}\right)^{1.4-1} = 0.54 = 54\,\%$$

25. 왕복엔진에서 압축비가 2일 때 열효율은 얼마인가? (단, 비열비 k = 2)

① 0.5 ② 0.6 ③ 0.7 ④ 0.8

해설 왕복 기관의 열효율

$$\eta = 1 - \left(\frac{1}{\gamma}\right)^{k-1} = 1 - \left(\frac{1}{2}\right)^{2-1} = 0.5 = 50\,\%$$

26. 어떤 기관의 피스톤 지름이 145mm, 행정거리가 155mm, 실린더 수 4, 제동평균 유효압력이 8kg/cm^2, 회전수가 2300rpm일 때 제동마력은?

① 209.2 ② 309.2 ③ 109.2 ④ 509.2

정답 23. ④ 24. ③ 25. ① 26. ①

해설 제동마력 $bHP = \frac{PLANK}{75 \times 2 \times 60} = \frac{PLANK}{9000}$

$P = 8\,\text{kg/cm}^2 = 80000\,\text{kg/m}^2$, $L = 155\,\text{mm} = 0.155\,\text{m}$

$A = \frac{\pi}{4}d^2 = \frac{\pi}{4}0.145^2 = 0.0165\,\text{m}^2$, $N = 2300\,\text{rpm}$, $K = 4$

$$bHP = \frac{PLANK}{9000} = \frac{80000 \times 0.155 \times 0.0165 \times 2300 \times 4}{9000} = 209.3\,\text{PS}$$

27. 피스톤의 지름이 16cm, 행정거리 0.16m, 실린더 수 6, 평균 유효압력 8 kg/cm^2, 2400rpm일 때 제동마력은 얼마인가?

① 409.6 ② 511.6 ③ 611.6 ④ 711.6

해설 제동마력 $bHP = \frac{PLANK}{75 \times 2 \times 60} = \frac{PLANK}{9000}$

$P = 8\,\text{kg/cm}^2 = 80000\,\text{kg/m}^2$, $L = 16\,\text{cm} = 0.16\,\text{m}$

$A = \frac{\pi}{4}d^2 = \frac{\pi}{4}0.16^2 = 0.02\,\text{m}^2$, $N = 2400\,\text{rpm}$, $K = 6$

$$bHP = \frac{PLANK}{9000} = \frac{80000 \times 0.16 \times 0.02 \times 2400 \times 6}{9000} = 409.6\,\text{PS}$$

28. 왕복엔진의 압축비란 무엇을 말하는가?

① $\frac{\text{하사점에서의 체적}}{\text{상사점에서의 체적}}$ ② $\frac{\text{상사점에서의 압력}}{\text{하사점에서의 압력}}$

③ $\frac{\text{상사점에서의 밀도}}{\text{하사점에서의 압력}}$ ④ $\frac{\text{상사점에서의 압력}}{\text{하사점에서의 온도}}$

해설 압축비 : 압축비는 피스톤이 하사점에 있을 때의 실린더 체적과 상사점에 있을 때의 실린더 체적의 비를 말한다.

$$\varepsilon = \frac{V_c + V_d}{V_c} = 1 + \frac{V_d}{V_c}$$

여기서, ε : 압축비, V_d : 행정 체적, V_c : 연소실 체적

29. 왕복 기관에서 압축비란 무엇인가?

① 압축행정과 흡입행정에서의 피스톤 운동거리의 비율이다.
② 연소행정과 배기행정에서의 연소실 압력 비율이다.
③ 하사점과 상사점에서의 실린더 체적의 비율이다.
④ 연소실 내에서의 연료, 공기 비율이다.

해설 문제 28번 참조

정답 27. ① 28. ① 29. ③

30. 6기통 수평 대향형 기관에서 모든 실린더가 다 폭발했다면 크랭크축의 회전각도는?

① 180° ② 360° ③ 540° ④ 720°

해설 4행정기관 : 왕복 기관은 4행정기관으로 크랭크축이 2회전하는 동안에 각각의 실린더는 한 번의 폭발이 일어나는 데 이 때 피스톤이 실린더 속을 왕복운동하고 출력은 커넥팅 로드와 크랭크 기구를 통하여 동력축에 전달된다.

31. 4행정기관에서 크랭크축이 4회전하는 동안에 몇 번의 폭발이 일어나는가?

① 1번 ② 2번 ③ 3번 ④ 4번

해설 문제 30번 참조

32. 4행정 왕복 기관의 점화가 1분에 200번 일어난다. 이 때 크랭크축의 회전속도는?

① 200 rpm ② 400 rpm ③ 800 rpm ④ 1600 rpm

해설 문제 30번 참조

33. 흡입행정에서 밸브가 상사점 전에서 열리는 것을 무엇이라 하는가?

① 밸브 오버랩 ② 밸브 간격 ③ 밸브 지연 ④ 밸브 앞섬

해설 밸브 개폐

㉠ 밸브 앞섬(valve lead) : 흡입밸브가 상사점 전에 열리거나 배기밸브가 하사점 전에 열리는 것

㉡ 밸브 지연(valve lag) : 흡입밸브가 상사점 후에 닫히거나 배기밸브가 상사점 후에 닫히는 것

34. 왕복 기관의 점화시기에 대한 설명 중 맞는 것은?

① 실린더 안의 최고 압력은 상사점 전 10도 근처에서 나타나도록 점화시기를 정한다.

② 전기적인 에너지에 의해 점화되는 순간에 압축 상사점에 오게 한다.

③ 내부 점화시기 조정은 마그네토의 E-gap 위치와 breaker point가 떨어지는 순간을 맞추는 것이다.

④ 외부 점화시기 조정은 점화 진각에서 크랭크축과 캠 축의 각도를 일치시키는 것이다.

해설 점화시기

정답 30. ④ 31. ② 32. ② 33. ④ 34. ③

㉠ 내부 점화시기 조정 : 마그네토의 E−gap 위치와 브레이커 포인터가 열리는 순간을 맞추는 것
㉡ 외부 점화시기 조정 : 기관이 점화 진각에 위치했을 때 크랭크축의 위치와 마그네토 점화 시기를 일치시키는 것

35. 왕복 기관에서 흡입행정이란?

① 흡입밸브가 열리고 배기밸브가 닫힌 후 피스톤이 밑으로 내려가는 경우
② 흡입밸브가 닫히고 배기밸브가 닫힌 후 피스톤이 밑으로 내려가는 경우
③ 흡입밸브, 배기밸브가 모두 닫혀 있고 점화가 발생하는 경우
④ 흡입밸브가 닫히고 배기밸브가 열려 있는 경우

해설 4행정기관

㉠ 흡입행정 : 피스톤이 하사점 방향으로 운동을 할 때에 흡입밸브를 통하여 연료와 공기의 연소 가능한 혼합비의 혼합가스가 실린더 안으로 흡입된다. 흡입밸브는 피스톤이 상사점에 있을 때에 열리고 하사점에 있을 때에 닫히나 실제로는 상사점 전에서 열리고, 하사점 후에서 닫히도록 조절되어 있다.
㉡ 압축행정 : 압축행정에서는 열려 있던 흡입밸브가 닫히고 피스톤이 상사점 방향으로 운동을 하면서 들어와 있는 혼합가스를 압축시킨다. 점화시기는 압축행정 중 상사점 전에서 점화 플러그에 의하여 점화되면서 연소, 폭발하게 된다.
㉢ 팽창행정 : 팽창행정에서는 흡입 및 배기밸브가 다 같이 닫혀 있는 상태에서 압축된 혼합가스가 점화 플러그에 의해 점화되어 폭발하면 크랭크축의 회전 방향이 상사점을 지나 크랭크 각 10° 근처에서 실린더의 압력이 최고가 되면서 피스톤을 하사점으로 미는 큰 힘이 발생한다. 이 때 연소가스의 온도는 급격히 상승하여 실린더 안의 온도는 약 2000℃까지 이르게 된다.
㉣ 배기행정 : 배기행정은 피스톤이 상사점 방향으로 운동을 하면서 배기밸브가 열리고 연소가스가 배기관을 거쳐 실린더 밖으로 배출되는 행정이다. 이론적으로는 피스톤이 하사점에 있을 때 배기밸브가 열리고, 상사점에 있을 때 닫히도록 되어 있으나 실제로 배기밸브는 팽창행정 끝부분인 하사점 전에서 열리고 흡입행정 시작부분인 상사점을 지난 후에 닫히도록 되어 있다.

36. 왕복 기관의 점화시기는 언제인가?

① 압축 상사점 전 ② 흡입 하사점 전 ③ 압축 상사점 후 ④ 흡입 하사점 후

해설 문제 35번 참조

37. 흡기밸브와 배기밸브가 동시에 열려 있는 각도를 무엇이라 하는가?

① 밸브 오버랩 ② 밸브 간격 ③ 밸브 지연 ④ 밸브 앞섬

정답 35. ① 36. ① 37. ①

해설 밸브 오버랩(valve overlap) : 흡입행정 초기에 흡입 및 배기밸브가 동시에 열려 있는 각도
㉠ 체적효율 향상
㉡ 배기가스 완전 배출
㉢ 냉각효과 좋다.
㉣ 저속으로 작동 시는 연소되지 않은 혼합가스의 배출 손실이나 역화를 일으킬 위험이 있다.

38. 밸브 오버랩(valve overlap)되는 시기는 언제인가?
① 흡입과 압축 사이 ② 압축과 폭발 사이
③ 배기와 흡입 사이 ④ 폭발과 배기 사이

해설 문제 37번 참조

39. 밸브 오버랩(valve overlap)의 설명으로 바른 것은?
① 압축행정으로 흡입밸브, 배기밸브 모두 닫혀 있는 상태
② 배기행정으로 흡입밸브, 배기밸브 모두 닫혀 있는 상태
③ 폭발 행정의 하사점에서 흡입밸브, 배기밸브 모두 닫혀 있는 상태
④ 상사점 부근에서 흡입밸브와 배기밸브가 모두 열려 있는 상태

해설 문제 37번 참조

40. 밸브 오버랩(valve overlap)을 두는 목적은 무엇인가?
① 배기밸브의 냉각을 돕는다. ② 압축비를 높인다.
③ 체적효율을 증대시킨다. ④ 킥백을 방지한다.

해설 문제 37번 참조

41. 아래의 밸브 타이밍에서의 피스톤 엔진의 밸브 오버랩은 몇 도인가?

흡입밸브 열림 – 상사점 전 20도, 흡입밸브 닫힘 – 하사점 후 50도
배기밸브 열림 – 하사점 전 60도, 배기밸브 닫힘 – 상사점 후 10도

① 30도 ② 40도 ③ 50도 ④ 60도

해설 밸브 오버랩(valve overlap) : 흡입행정 초기에 흡입 및 배기밸브가 동시에 열려 있는 각도
흡입밸브 열림 + 배기밸브 닫힘 = 20 + 10 = 30도

정답 38. ③ 39. ④ 40. ③ 41. ①

42. 왕복 기관에서 흡입밸브가 너무 빨리 열리면 일어나는 현상은?

① 실린더의 부적당한 소기 ② 과도한 실린더 압력 발생
③ 낮은 오일 압력 ④ 흡입계통으로의 역화

해설 흡입밸브의 열리는 시기를 상사점 전 10~25°로 하는 것은 배기가스가 밖으로 나가는 배출 관성을 이용하여 흡입 효과를 높이기 위한 것이다. 그러나 저속으로 작동할 때에는 연소되지 않은 혼합가스의 배출 손실이나 역화를 일으킬 우려가 있다.

43. 왕복엔진에서 밸브 오버랩(valve overlap)을 사용하는 이유는?

① 실린더의 냉각을 돕기 위해서일 뿐이다.
② 혼합가스를 실린더에 많이 들어오게 하기 위해서이다.
③ 점화를 용이하게 하기 위해서이다.
④ 상기 다 옳다.

해설 문제 37번 참조

44. 왕복 기관 밸브 개폐시기에서 흡입밸브가 상사점 전 30° 에서 열리고, 하사점 후 60° 에서 닫히며, 배기밸브는 하사점 전 60° 에서 열리고, 상사점 후 15° 에서 닫히는 경우 밸브 오버랩은 몇 도인가?

① 30° ② 45° ③ 55° ④ 60°

해설 밸브 오버랩(valve overlap) : 흡입행정 초기에 흡입 및 배기밸브가 동시에 열려 있는 각도
흡입밸브 열림+배기밸브 닫힘=30°+15°=45°

45. 왕복엔진에서 압력이 가장 높을 때는 언제인가?

① 상사점 전 ② 하사점 ③ 상사점 직후 ④ 하사점 후

해설 흡입 및 배기밸브가 다 같이 닫혀 있는 상태에서 압축된 혼합가스가 점화 플러그에 의해 점화되어 폭발하면 크랭크축의 회전방향이 상사점을 지나 크랭크 각 10° 근처에서 실린더의 압력이 최고가 되면서 피스톤을 하사점으로 미는 큰 힘이 발생한다.

46. 피스톤 엔진에서 실린더 내 최대 압력 지점은?

① 점화시기 ② 상사점 직전 ③ 상사점 직후 ④ 하사점

해설 문제 45번 참조

정답 42. ④ 43. ② 44. ② 45. ③ 46. ③

47. 면적이 $60cm^2$, 압력이 $6000kg/m^2$일 때 피스톤에 작용하는 힘은 얼마인가?

① 36 kg ② 360 kg
③ 3600 kg ④ 36000 kg

해설 $F = P \times A$ 여기서, F : 피스톤에 미치는 힘, A : 피스톤의 단면적, P : 압력
$F = P \times A = 60 \times 0.6 = 36\,\text{kg}$

48. 디토네이션(detonation)의 증가는 다음 중 어느 원인에 의하는가?

① 실린더 헤드 온도의 상승 ② 흡기 압력의 증대
③ 연료와 공기 혼합기의 온도 상승 ④ 모두가 정답이다.

해설 비정상 연소

㉠ 디토네이션(detonation) : 실린더 안에서 점화가 시작되어 연소, 폭발하는 과정에서 화염 전파속도에 따라 연소가 진행 중일 때 아직 연소되지 않은 혼합가스가 자연 발화온도에 도달하여 순간적으로 자연 폭발하는 현상으로 디토네이션이 발생하면 실린더 내부의 압력과 온도가 비정상적으로 급상승하여 심한 진동이 발생하며 피스톤, 밸브 또는 커넥팅 로드 등이 손상되는 경우가 있다.

㉡ 조기점화(pre-ignition) : 정상적인 불꽃 점화가 시작되기 전에 비정상적인 원인으로 발생하는 열에 의하여 밸브, 피스톤 또는 점화 플러그와 같은 부분이 과열되어 혼합가스가 점화되는 현상이다.

㉢ 디토네이션이나 조기점화를 방지하기 위해서는 적당한 옥탄가의 연료를 쓰거나 매니폴드 압력 및 실린더 안의 온도를 낮추어 준다.

49. 디토네이션이 일어날 때 제일 먼저 감지할 수 있는 사항은?

① 연료 소모량이 많아진다. ② 연료 소모량이 적어진다.
③ 실린더 온도가 내려간다. ④ 심한 진동이 생긴다.

해설 문제 48번 참조

50. 프로펠러 감속 기어의 이점은 무엇인가?

① 효율 좋은 깃각으로 더 큰 엔진 출력 사용이 가능하다.
② 엔진은 더 높은 프로펠러 rpm으로 더 천천히 운전 가능하다.
③ 더 짧은 프로펠러의 사용이 가능하고 효율이 더 높다.
④ 체적효율이 더 좋아진다.

정답 47. ① 48. ④ 49. ④ 50. ①

해설 프로펠러 감속 기어(reduction gear) : 감속 기어의 목적은 최대 출력을 내기 위하여 고회전할 때 프로펠러가 엔진 출력을 흡수하여 가장 효율 좋은 속도로 회전하게 하는 것이다. 프로펠러는 깃 끝 속도가 표준 해면상태에서 음속에 가깝거나 음속보다 빠르면 효율적인 작용을 할 수가 있다. 프로펠러는 감속 기어를 사용할 때 항상 엔진보다 느리게 회전한다.

51. 디토네이션(detonation)의 방지방법으로 틀린 것은?

① 적당한 옥탄가의 연료를 사용한다. ② 과급기 압력을 내린다.
③ 흡기온도를 높인다. ④ 흡기온도를 내린다.

해설 문제 48번 참조

52. 조기점화(pre-ignition)와 디토네이션(detonation)의 차이점을 설명한 것 중 옳은 것은 어느 것인가?

① 조기점화가 먼저 일어나고 디토네이션이 늦게 일어난다.
② 조기점화가 늦게 일어나고 디토네이션이 먼저 일어난다.
③ 조기점화와 디토네이션이 같이 일어난다.
④ 조기점화와 디토네이션 현상은 서로 상관없이 일어난다.

해설 문제 48번 참조

53. 점화 플러그가 너무 뜨거운 경우에 발생하는 현상은 무엇인가?

① 엔진 파손 ② 점화 플러그가 더러워진다.
③ 조기점화 ④ 콘덴서가 탄다.

해설 문제 48번 참조

54. 기관 실린더(engine cylinder)의 디토네이션(detonation)은 어떤 현상으로 탐지하는가?

① 연료의 소모가 과다하다. ② 오일 소모가 과다하다.
③ 실린더 온도가 상승한다. ④ 기화기를 통한 역화가 발생한다.

해설 문제 48번 참조

55. 다음 왕복 기관의 연소실 모양 중 가장 많이 사용하는 형태는?

① 원통형 ② 반구형 ③ 원뿔형 ④ 돔형

정답 51. ③ 52. ① 53. ③ 54. ③ 55. ②

해설 연소실의 모양 : 실린더 헤드 안쪽의 연소실 모양은 원통형, 반구형 및 원뿔형 등이 있는 데 연소가 잘 이루어지는 반구형이 가장 널리 쓰인다.

56. 항공용 왕복 기관의 실린더 배럴 내부를 표면 경화하는 방법은?

① 질화법 ② 아노다이징 ③ 노멀라이징 ④ 쇼트웰딩

해설 실린더 (cylinder) : 실린더 동체 (cylinder barrel)는 피스톤이 높은 온도와 큰 힘을 받으면서 고속 왕복운동을 하므로 내마멸성 및 내열성이 큰 합금강으로 만든다. 실린더 동체는 강철로 만든 실린더 라이너 (liner)를 끼우고, 실린더 안쪽 면을 경화 처리하기 위해 질화 처리 (nitriding)하고 플랜지 (flange)상에 청색 띠를 둘러 표시하도록 되어 있으나 아무 표시가 없는 것도 질화 처리가 된 것이다. 또는, 표면 마모가 잘 되지 않게 크롬을 도금하기도 하는 데 플랜지상에 오렌지 색 띠를 둘러 표시한다.

57. 다음 중 실린더 내부를 경화시키는 방법은 어느 것인가?

① 니켈 도금 ② 질산염 처리 ③ 카드뮴 도금 ④ 단조

해설 문제 56번 참조

58. 질화에 의해 표면 경화가 되어 있는 부분은 어디인가?

① 피스톤 ② 실린더 배럴 ③ 실린더 헤드 ④ 피스톤 링

해설 문제 56번 참조

59. 실린더 (cylinder)의 플랜지 (flange)에 주황색 색 표시를 하였다면?

① 0.010인치 over size 재가공 ② 0.015인치 over size 재가공
③ 크롬 도금 ④ 0.020인치 over size 재가공

해설 표준 오버 사이즈의 규격과 표시

㉠ 질화 (nitriding) 처리 : 청색
㉡ 크롬 도금 : 주황색
㉢ 0.010인치 over size : 초록색
㉣ 0.015인치 over size : 노란색
㉤ 0.020인치 over size : 빨간색

60. 실린더의 헤드 (head)와 배럴 (barrel)을 접합하는 방법이 아닌 것은?

① 나사 접합 ② 수축 접합
③ 스터드와 너트 접합 ④ 압력 접합

정답 56. ① 57. ② 58. ② 59. ③ 60. ④

해설 실린더 헤드와 배럴의 접합방법
㉠ 나사 접합(threaded joint fit) : 현재 가장 많이 사용
㉡ 수축 접합(shrink fit)
㉢ 스터드와 너트 접합(stud and nut fit)

61. 초크 보어 실린더(choke bore cylinder)의 사용 목적은?
① 연소가스가 압축 링을 지나가는 것을 방지
② 정상 작동온도에서 똑바른 안지름을 유지
③ 과도한 실린더 벽의 마모 방지
④ 오일이 연소실로 들어오는 것을 방지

해설 초크 보어 실린더(choke bore cylinder) : 열팽창을 고려하여 실린더 상사점 부근의 내부 지름이 스커트 끝보다 적게 만들어 정상 작동온도에서 올바른 안지름을 유지하는 실린더를 초크 보어 실린더라 한다.

62. 초크 보어 실린더(choke bore cylinder)를 쓰는 이유는?
① 정상 작동온도에서 실린더가 곧게 되기 위해
② 피스톤 링이 고착되는 것을 방지하기 위해
③ 정상적인 실린더 배럴의 마모를 위해
④ 시동 시 압축압력을 증가시키기 위해

해설 문제 61번 참조

63. 다음 부품 중 가장 단단한 밀착을 요구하는 것은?
① valve guide ② rocker arm bushing
③ spark plug bushing ④ valve seat

해설 밸브 시트(valve seat) : 밸브 페이스(valve face)와 닿는 부분으로 가스 누출을 방지하는 데 수축법(shrinking)으로 장착되며 가장 단단하게 밀착을 요하는 부분이다.

64. 성형기관에서 가장 나중에 장탈해야 하는 실린더는?
① 1번 실린더 ② 상부 실린더
③ 하부 실린더 ④ 마스터 실린더

정답 61. ② 62. ① 63. ④ 64. ④

해설 마스터 실린더(master cylinder) : 주 커넥팅 로드(master connecting rod)가 장착되는 실린더를 마스터 실린더라 하는 데 가장 늦게 장탈하고 장착 시에는 가장 먼저 장착한다. 또한, 주 커넥팅 로드는 크랭크축의 크랭크 핀에 연결되어 정확한 원운동을 한다.

65. 마스터 실린더(master cylinder)는 어느 곳에 장착하는가?
① counter weight ② crank pin ③ crank arm ④ main journal

해설 문제 64번 참조

66. 유압 폐쇄(hydraulic lock)는 다음 중 어떤 곳에서 일어나는가?
① 성형기관의 상부 실린더 ② 성형기관의 하부 실린더
③ 대향형의 좌측 실린더 ④ 대향형의 우측 실린더

해설 유압 폐쇄(hydraulic lock) : 도립형 엔진의 실린더와 성형 엔진의 밑 부분의 실린더에 기관 정지 후 묽어진 오일이나 습기, 응축물 기타의 액체가 중력에 의해 스며 내려와 연소실 내에 갇혀 있다가 다음 시동을 시도할 때 액체의 비압축성으로 피스톤이 멈추고 억지로 시동을 시도하면 엔진에 큰 손상을 일으키는 현상으로 이를 방지하기 위하여 긴 스커트(skirt)로 되어 있는 실린더를 사용하여 유압 폐쇄를 방지하고 오일 소모를 감소시킨다.

67. 성형 엔진 하부 실린더의 유압 폐쇄(hydraulic lock)를 방지하는 것은?
① 오일 제거링을 거꾸로 끼운다. ② 더 긴 실린더 스커트를 사용한다.
③ 여분의 오일 링을 피스톤에 끼운다. ④ 각 실린더에 소기 펌프를 둔다.

해설 문제 66번 참조

68. 다음에서 피스톤 헤드(piston head)의 형식이 아닌 것은?
① 평면형 ② 원형 ③ 오목형 ④ 돔형

해설 피스톤(piston)

㉠ 피스톤은 고온에 노출되기 때문에 열팽창이 작고 열을 빨리 실린더 벽이나 윤활유에 전달해야 한다. 또한, 충격적인 힘을 받으면서 작동되기 때문에 재질이 강하고 무게가 가벼우며 내마멸성이 커야 하므로 가벼우면서도 강도가 큰 알루미늄이 피스톤의 재질로 사용된다.

㉡ 피스톤 헤드의 모양은 평면형(flat type), 컵형(cup type), 오목형(recessed type), 돔형(dome type) 및 반원뿔형(truncated cone type) 등이 있으나 이들 중에서 평면형이 가장 널리 쓰이고 있다.

정답 65. ② 66. ② 67. ② 68. ②

69. 유압 폐쇄를 가진 기관의 시동을 시도하였다면 어떤 결과가 나타나겠는가?

① 엔진의 오일 압력이 낮아진다. ② 엔진에 손상이 온다.
③ 과도한 유압이 생긴다. ④ 오일 라인의 파열

해설 문제 66번 참조

70. 성형기관이 지상에서 정지상태로 어느 정도 있다가 하부 기통 속으로 유체가 축적된 상태에서 시동할 때 그 작동을 멈추게 하고 계속 회전하려는 크랭크축의 힘에 의해 커넥팅 로드 등의 파손을 초래하는 현상은 무엇인가?

① 디토네이션(detonation) ② 조기점화(pre-ignition)
③ 유압 폐쇄(hydraulic lock) ④ 역화(back fire)

해설 문제 66번 참조

71. 피스톤의 안쪽이 움푹 들어가게 만들어져 있다. 그 이유는 무엇인가?

① 무게 감소 ② 체적효율 증가
③ 냉각효과 증가 ④ 팽창계수를 더 좋게 하기 위하여

해설 피스톤의 무게 감소를 위해 안쪽이 움푹 들어가 있다.

72. 왕복 기관의 피스톤이 4개의 피스톤 링을 가지고 있다면 피스톤 링은 어떠한 종류로 구성되어 있는가?

① 2개는 압축 링, 2개는 오일 링 ② 3개는 압축 링, 1개는 오일 링
③ 1개는 압축 링, 3개는 오일 링 ④ 4개는 모두 압축 링

해설 피스톤 링(piston ring)의 구성

㉠ 피스톤 링이 3개인 경우 : 2개는 압축 링, 1개는 오일 링
㉡ 피스톤 링이 4개인 경우 : 2개는 압축 링, 2개는 오일 링
㉢ 피스톤 링이 5개인 경우 : 3개는 압축 링, 2개는 오일 링

73. 피스톤에서 링 홈과 홈 사이의 간격을 무엇이라 하는가?

① groove ② land ③ surface ④ ring land

해설 홈과 홈 사이를 홈 랜드(groove land) 또는 랜드(land)라 한다.

정답 69. ② 70. ③ 71. ① 72. ① 73. ②

74. 피스톤 링(piston ring)의 재질은 무엇인가?
① 회주철 ② 알루미늄 ③ 동 ④ 크롬강

해설 피스톤 링(piston ring)
㉠ 피스톤 링은 실린더 벽에 밀착되어 가스의 누설을 방지하고 피스톤의 열을 실린더 벽에 전달시키는 압축 링과 실린더 벽에 윤활유를 공급하거나 제거하는 역할을 하는 오일 링(control ring과 scraper ring)으로 구분한다.
㉡ 기밀을 하는 압축 링은 피스톤 헤드 쪽에 2~3개가 있고, 실린더 벽에 뿜어진 윤활유를 적당량만 남기고 긁어내리는 오일 링은 압축 링 아래에 1~2개 설치되어 있다.
㉢ 피스톤 링은 마멸에 잘 견디고 고온에서도 기밀을 위한 스프링 작용이 좋으며 열전도율이 좋은 고급 회주철로 만들어져 있다. 또, 압축 링의 표면에 크롬 도금을 하여 내마멸성을 크게 함으로써 수명을 연장시키기도 한다.
㉣ 피스톤 링은 압축가스의 기밀작용, 열전도작용 및 윤활유 조절작용 등을 한다.
㉤ 피스톤 링의 끝은 기관이 작동될 때의 열팽창을 고려하여 링 홈에 링을 끼운 상태에서 끝 간격을 가지도록 해야 한다. 피스톤 링을 장착할 때는 가스의 누설을 방지하기 위하여 끝 간격이 피스톤의 한쪽 방향으로만 일직선으로 배열되지 않도록 해야 한다. 왜냐하면, 끝 간격으로 압력이 누설될 염려가 있기 때문에 보통 360도를 피스톤 링 수로 나눈 각도로 장착하면 된다.
㉥ 크롬 도금된 실린더에는 크롬 도금 피스톤 링을 사용하여서는 아니 된다.

75. 피스톤 링(piston ring)의 종류에 해당되지 않는 것은 어느 것인가?
① 압축 링(compression ring) ② 조절 링(control ring)
③ 스크레이퍼 링(scraper ring) ④ 스프링 링(spring ring)

해설 문제 74번 참조

76. 피스톤 링(piston ring)의 장착목적이 아닌 것은 어느 것인가?
① 연소실의 압력을 밀폐 ② 연소실로 새는 오일의 유입 방지
③ 피스톤의 열을 실린더 벽으로 전달 ④ 실린더 벽의 마모를 방지

해설 문제 74번 참조

77. 다음 중 피스톤 링의 작용이 아닌 것은 무엇인가?
① 마모 작용 ② 열전도 작용 ③ 기밀 작용 ④ 오일 조절 작용

해설 문제 74번 참조

정답 74. ① 75. ④ 76. ④ 77. ①

78. 피스톤 링은 다음 중 어느 방법으로 장착하여야 하는가?

① 모든 링 조인트가 일직선 되게 한다. ② 모든 링 조인트가 서로 엇갈리게 한다.
③ 링 조인트 간격이 없게 장착한다. ④ 링과 홈 사이의 간격이 없게 장착한다.

해설 문제 74번 참조

79. 피스톤 링(piston ring)이 하는 일이 아닌 것은?

① 열전도 ② 기밀 유지
③ 윤활유 조절작용 ④ 커넥팅 로드에 힘을 전달

해설 문제 74번 참조

80. 피스톤 링의 끝 간격을 두는 이유는 무엇인가?

① 열팽창을 고려하여 ② 오일 누설 방지
③ 압력 누설 방지 ④ 장착을 용이하게 하기 위해

해설 문제 74번 참조

81. 크롬 도금된 피스톤 링에 대한 설명 중 맞는 것은?

① 고온 연소가스에 대한 부식을 촉진한다.
② 크롬 도금한 실린더에는 사용할 수가 없다.
③ 피스톤과 실린더 벽 사이에서 열전도를 감소시킨다.
④ 정답이 없다.

해설 크롬 도금된 실린더에 크롬 도금 피스톤 링을 조합하여 사용하면 긁은 흔적을 만들어 흔적이 남기 때문에 같이 사용하는 것을 피해야 한다.

82. 왕복 기관에서 실린더의 압축력이 정상값이 되지 못하는 이유와 관계가 먼 것은?

① 부정확한 밸브 틈새 ② 마멸이나 손상된 피스톤
③ 푸시 로드의 마모 ④ 피스톤 링의 마멸

해설 압축력이 정상이 되지 못하는 이유

㉠ 밸브 시트(valve seat)나 밸브 페이스(valve face)의 접촉 불량
㉡ 피스톤 링의 마멸 또는 손상
㉢ 부정확한 밸브 틈새
㉣ 피스톤 링이나 실린더 벽의 과도한 마모

정답 78. ② 79. ④ 80. ① 81. ② 82. ③

83. 윤활유의 소모량이 많고 스파크 플러그가 더러워지는 경우 고장원인인 것은?

① 피스톤 링의 마모 ② 푸시 로드의 균열
③ 밸브 팁 손상 ④ 과도한 오일의 양

해설 피스톤에 장착되어 있는 피스톤 링이 마모되거나 손상되면 그 틈새로 오일이 연소실로 들어가 연료와 공기의 혼합가스와 함께 연소가 되므로 오일의 소모량이 증가한다.

84. 왕복 기관에서 오일 소모량이 증가하는 이유는 무엇인가?

① 작동이 정상이다. ② 피스톤 링이 깨졌다.
③ 계통압력이 높다. ④ 계통압력이 낮다.

해설 문제 83번 참조

85. 피스톤 링의 간격은 어떻게 측정하는가?

① 만일 적당한 링이 장착되어 있으면 측정할 필요가 없다.
② 링이 피스톤에 장착되어 있을 때 depth gauge로 측정한다.
③ 링 실린더 내부에 장착되어 있을 때 thickness gauge로 측정한다.
④ 링을 적당하게 장착하고 go-no go gauge로 측정한다.

해설 피스톤 링의 간격은 끝 간격과 옆 간격을 측정하는 데 간격을 측정할 수 있는 thickness gauge나 feeler gauge를 이용하여 측정한다.

86. 피스톤 핀의 종류에 속하지 않는 것은?

① 고정식 ② 반 부동식 ③ 평형식 ④ 전 부동식

해설 피스톤 핀(piston pin)

㉠ 피스톤 핀은 피스톤에 작용하는 높은 압력의 힘을 커넥팅 로드에 전달하는 부분으로서 큰 휨 응력에 견딜 수 있는 재료로 만든다.
㉡ 피스톤 핀은 강철 또는 알루미늄 합금으로 만드는 데 내마멸성을 높이기 위하여 표면 경화 처리를 하고 무게를 감소시키기 위하여 속이 비게 만든다.
㉢ 피스톤 핀은 고정식, 반 부동식, 부동식으로 분류하는 데 그 중에서 전 부동식이 가장 많이 사용된다.

87. 왕복 기관의 실린더에 일반적으로 사용하는 밸브의 형태는?

① sleeve type ② poppet type ③ port type ④ check type

정답 83. ① 84. ② 85. ③ 86. ③ 87. ②

해설 밸브(valve)

㉠ 왕복 기관이 작동하는 중 각 행정에 따라 실린더로 혼합가스나 배기가스가 출입하는 것을 제어하는 장치를 밸브라 한다.
㉡ 왕복 기관의 밸브는 대부분 포핏형(poppet type)을 사용하고 있다.
㉢ 왕복 기관의 밸브는 흡입밸브와 배기밸브 두 가지가 있는 데 흡입밸브는 실린더 안으로 들어오는 연료와 공기의 혼합가스를 제어하고, 배기밸브는 연소 폭발된 연소가스를 배출한다.
㉣ 포핏밸브(poppet valve)에는 주로 배기밸브에 사용하는 버섯형(mushroom type)과 흡입밸브에 사용하는 튤립형(tulip type)이 있다.

88. 항공기용 왕복 기관에 가장 많이 사용되는 밸브 페이스(valve face)의 각도는?

① 40°, 45° ② 30°, 45°
③ 30°, 35° ④ 15°, 30°

해설 밸브 페이스(valve face)는 보통 30°나 45°의 각도로 연마되어 있으며 어떤 엔진에서는 흡입밸브 페이스는 30°의 각도로 되어 있고, 배기밸브 페이스는 45°로 되어 있다. 30°각은 공기흐름을 잘하게 하고, 45°각은 밸브로부터 밸브 시트까지 증가된 열의 흐름을 잘되게 한다.

89. 밸브 시트와 밸브 표면과의 각도는 얼마인가?

① 0.5~1.0° ② 1.0~1.5°
③ 1.5~2.0° ④ 2.0~2.5°

해설 정상 작동온도에서 밸브 시트와 밸브 페이스의 접촉을 좋게 하기 위해 밸브 페이스는 밸브 시트의 각도보다 1/4~1° 더 적게 되어 있다.

90. 배기밸브의 내부에 채워진 물질과 역할에 대해서 맞게 짝지워진 것은?

① 암모니아-강도 유지 ② 수은-마모 방지
③ 금속 나트륨-냉각 ④ 실리카겔-부식 방지

해설 배기밸브(exhaust valve)

㉠ 고온에서 작동하며 혼합기의 냉각효과를 받지 못하므로 급속히 열을 방출하게 설계되어 있다.
㉡ 열을 방출하기 위하여 밸브 스템(stem)과 헤드(head)를 비어 있게 하여 빈 공간에 금속 나트륨이 들어 있는 데 금속 나트륨은 200°F 이상이면 녹아서 스템의 공간을 왕복하면서 열을 밸브 가이드를 통하여 실린더 헤드로 방출시킨다.

정답 88. ② 89. ① 90. ③

91. 배기밸브의 밸브 스템(valve stem)과 헤드(head)에서 금속 소듐(metallic sodium)의 작용은 무엇인가?

① 밸브의 파손을 방지한다. ② 배기밸브의 온도를 일정하게 한다.
③ 배기밸브의 냉각을 돕는다. ④ 흡기밸브의 냉각을 돕는다.

해설 문제 90번 참조

92. 밸브의 면(valve face)을 스텔라이트(stellite)라는 물질로 입히는 이유는?

① 무게를 가볍게 하기 위하여 ② 열을 발산시키기 위하여
③ 부식과 마모 저항성을 크게 하기 위하여 ④ 냉각을 쉽게 하기 위하여

해설 흡입 및 배기밸브에서 밸브 시트와 접촉하는 밸브 페이스 부분 및 로커 암(rocker arm)과 접촉하는 끝부분은 고온 부식과 밸브 작동과 관련된 충격 및 마모에 잘 견디도록 하기 위해서 스텔라이트를 입힌다.

93. 밸브의 늘어남을 점검하기 위해 무엇을 사용하는가?

① contour gauge ② valve depth gauge
③ vernier height gauge ④ dial indicator

해설 흡입, 배기밸브의 늘어남 점검은 stretch gauge(contour gauge)로 한다.

94. 7기통 성형기관에서 캠 판은 몇 개의 로브(lobe)를 가지는가?

① 6개 혹은 7개 ② 5개 혹은 6개 ③ 3개 혹은 4개 ④ 4개 혹은 5개

해설 성형기관의 캠 로브 수 $n = \frac{N+(-1)}{2} = \frac{7+(-1)}{2} = 3$ 또는 4
(+ : 같은 방향, − : 반대 방향)

95. 9기통 성형기관에서 같은 방향으로 회전하는 캠 판의 캠 로브 수는 몇 개인가?

① 3개 ② 4개 ③ 5개 ④ 6개

해설 성형기관의 캠 로브 수 $n = \frac{N+1}{2} = \frac{9+1}{2} = 5$

96. 9기통 성형기관에서 캠 로브가 4개인 경우 크랭크축에 대한 캠판의 회전속도는?

① 같은 방향으로 크랭크축 속도의 1/2 ② 같은 방향으로 크랭크축 속도의 1/8
③ 반대 방향으로 크랭크축 속도의 1/2 ④ 반대 방향으로 크랭크축 속도의 1/8

정답 91. ③ 92. ③ 93. ① 94. ③ 95. ③ 96. ④

해설 캠판 속도 $= \frac{1}{\text{로브의 수} \times 2} = \frac{1}{2 \times 4} = \frac{1}{8}$

캠 로브가 4개이므로 크랭크축과 반대 방향으로 회전한다.

97. 밸브 간격(valve clearance)이 적으면 어떤 현상이 발생하는가?

① 빨리 열리고 늦게 닫힌다. ② 밸브 작동시간이 짧다.
③ 늦게 열리고 빨리 닫힌다. ④ 흡입, 배기효율이 좋다.

해설 밸브 간격(valve clearance)

㉠ 밸브 간격은 밸브 스템(valve stem)과 로커 암(rocker arm) 사이의 간격을 말한다.
㉡ 밸브 간격이 규정보다 크면 밸브가 늦게 열리고 빨리 닫힌다.
㉢ 밸브 간격이 규정보다 적으면 밸브가 빨리 열리고 늦게 닫힌다.
㉣ 밸브의 냉간간격은 일반적으로 열간간격보다 적다. 열간간격과 냉간간격의 차이는 실린더가 푸시 로드보다 열팽창이 크기 때문이다. 보통 엔진의 열간간격은 0.070″이고, 냉간간격은 0.010″이다.
㉤ 성형기관의 밸브 간격 조절은 푸시 로드의 힘이 가해지지 않는 압축행정 상사점에서 조절 나사를 돌려서 할 수 있는 데 시계 방향으로 돌리면 간격이 적어지고 반시계 방향으로 돌리면 간격이 커진다.
㉥ 대향형 기관은 유압식 밸브 리프터를 사용하기 때문에 조절하지 않으며 overhaul 시에만 간격을 점검하여 간격이 너무 크면 더 긴 푸시 로드를 사용하고 간격이 너무 적으면 더 짧은 푸시 로드를 사용하여 장착한다.

98. 피스톤 기관에서 밸브 간격이 규정보다 적으면 어떤 현상이 일어나는가?

① 밸브가 빨리 열리고 빨리 닫힌다. ② 밸브가 빨리 열리고 늦게 닫힌다.
③ 밸브가 늦게 열리고 빨리 닫힌다. ④ 밸브가 늦게 열리고 늦게 닫힌다.

해설 문제 97번 참조

99. 밸브가 늦게 열리고 빨리 닫힐 때의 원인은 무엇인가?

① 밸브의 간격이 크다. ② 밸브의 간격이 적다.
③ 밸브 타이밍이 불량하다. ④ 밸브 스프링이 절단되었다.

해설 문제 97번 참조

100. 왕복 기관에서 밸브 조절은 어느 행정에서 행하여야 하는가?

① 흡입행정 ② 압축행정 ③ 배기행정 ④ 임의행정

정답 97. ① 98. ② 99. ① 100. ②

해설 문제 97번 참조

101. 로커 암과 밸브 팁 사이의 간격이 난기 운전 후에 증가하였다. 그 이유는?
① 밸브 시트의 팽창 ② 푸시 로드의 팽창
③ 밸브 스템의 팽창 ④ 실린더 어셈블리의 신장

해설 문제 97번 참조

102. 유압식 밸브 리프트가 있는 항공기의 밸브 간격의 조절은 어떻게 하는가?
① 로커 암 교환 ② 로커 암 조절
③ 푸시 로드 교환 ④ 스템과 로커 암 사이의 심으로 조절

해설 문제 97번 참조

103. 유압식 밸브 리프터를 사용하는 대향형 기관에서 밸브 간극의 조절을 하려면?
① 로커 암의 교환 ② 와셔를 이용 ③ 푸시 로드의 교환 ④ 밸브의 교환

해설 문제 97번 참조

104. 엔진 작동 중 밸브 간격이 가장 정확해지는 시기는 언제인가?
① 시동 즉시 ② 태핏이 팽창할 때
③ 오일이 뜨거워질 때 ④ 정상 작동온도에서

해설 밸브는 정상작동 중에 각 부분이 열팽창에 의해 변화해도 바로 작동이 가능하도록 밸브 작동기구의 중간에 어떤 크기의 간격을 주고 있다.

105. 과도한 밸브 간격(valve clearance)은 밸브에 어떤 결과를 가져오는가?
① 밸브 오버랩(valve overlap)을 증가시킨다.
② 밸브 오버랩(valve overlap)을 감소시킨다.
③ 폭발 행정에서 실린더 압력을 증가시킨다.
④ 밸브 시트(valve seat)를 손상시킨다.

해설 밸브 간격이 규정보다 크게 되면 밸브가 늦게 열리고 빨리 닫히게 되므로 밸브 오버랩의 각도가 적어지는 결과를 가져온다. 또한, 밸브 작동기구의 각 접촉부에서의 충격이 크게 되고 마모를 빠르게 하며 소음도 크게 된다.

정답 101. ④ 102. ③ 103. ③ 104. ④ 105. ②

106. 밸브 간격이 크면 발생하는 현상과 거리가 먼 것은?
① 밸브의 작동시간이 짧게 된다.
② 밸브 작동기구의 충격과 마모가 커진다.
③ 소음이 커진다.
④ 기밀을 나쁘게 하고 푸시 로드에 손상을 준다.

해설 문제 105번 참조

107. 유압 태핏(hydraulic tappet)이 있는 항공기 기관의 밸브 간격은?
① 0.015″ ~ 0.018″ ② 0.000″
③ 0.001″ ~ 0.002″ ④ 0.003″ ~ 0.007″

해설 유압식 밸브 리프터(유압 태핏)
㉠ 열팽창에 의한 변화에 대해 밸브 간격을 항상 0으로 자동 조정한다.
㉡ 밸브 개폐시기를 정확하게 한다.
㉢ 밸브 기구의 마모가 자동적으로 보상되므로 특히 조정을 행하지 않아도 장기간 정규 출력을 유지할 수가 있다.
㉣ 밸브 작동기구의 충격을 없게 하고 소음을 방지한다.
㉤ 밸브 기구의 수명을 길게 한다.

108. 다음 중 크랭크축(crank shaft)의 재질로 맞는 것은?
① 니켈-크롬강 ② 크롬-니켈강
③ 크롬-몰리브덴강 ④ 크롬-니켈-몰리브덴강

해설 보통 크랭크축은 크롬-니켈-몰리브덴의 고강도 합금강을 단조하여 만든다.

109. 크랭크축(crank shaft)의 휨 측정 시 사용하는 공구는?
① axle gauge ② protractor
③ depth gauge ④ dial indicator

해설 측정기구의 용도
㉠ 버니어 캘리퍼스는 바깥지름, 안지름, 깊이를 측정
㉡ 마이크로미터는 바깥지름, 안지름, 깊이를 측정
㉢ 깊이 게이지는 깊이를 측정
㉣ 다이얼 게이지는 축의 변형이나 편심, 휨, 축단 이동 등을 측정

정답 106. ④ 107. ② 108. ④ 109. ④

110. 왕복 기관에서 크랭크 핀이 중공으로 제작된 이유가 아닌 것은?

① 크랭크축의 무게 경감
② 윤활유의 통로 역할
③ 크랭크축의 정적 평형
④ 슬러지 체임버(sludge chamber) 역할

해설 크랭크축(crank shaft)

㉠ 크랭크축은 피스톤 및 커넥팅 로드의 왕복운동을 회전운동으로 바꾸어 프로펠러에 회전 동력을 주는 것으로 주 저널(main journal), 크랭크 핀(crank pin), 크랭크 암(crank arm)의 세 가지 주요 부분으로 이루어진다.

㉡ 주 저널은 주 베어링에 의하여 받쳐져 회전하는 부분이고, 크랭크 암은 주 저널과 크랭크 핀을 연결시키는 부분을 말한다. 크랭크 핀은 커넥팅 로드의 끝 부분이 연결되는 부분이다.

㉢ 크랭크 핀은 무게를 감소시키고 윤활유의 통로 역할을 하며, 불순물의 저장소 역할을 할 수 있도록 가운데 속이 비어 있는 형태의 것으로 만든다.

111. 대형 성형기관에서 추력 베어링(thrust bearing)으로 사용하기에 가장 좋은 것은?

① 마찰 베어링(friction bearing)
② 롤러 베어링(roller bearing)
③ 볼 베어링(ball bearing)
④ 평 베어링(plain bearing)

해설 베어링(bearing)

㉠ 평형 베어링(plain bearing) : 방사상 하중(radial load)을 받도록 설계되어 있으며 저출력 항공기 엔진의 커넥팅 로드, 크랭크축, 캠 축 등에 사용되고 있다.

㉡ 롤러 베어링(roller bearing) : 직선 롤러 베어링은 방사상 하중에만 사용되고 테이퍼 롤러 베어링은 방사상 및 추력하중에 견딜 수 있다. 롤러 베어링은 고출력 항공기 엔진의 크랭크축을 지지하는 데 주 베어링으로 많이 사용된다.

㉢ 볼 베어링(ball bearing) : 다른 형의 베어링보다 마찰이 적다. 대형 성형 엔진과 가스터빈 엔진의 추력 베어링으로 사용된다.

112. 크랭크축에서 다이내믹 댐퍼(dynamic damper)의 목적은 무엇인가?

① 진동 감소
② 기관의 연소효율 증대
③ 오일의 서지(surge) 현상 방지
④ 크랭크축 마멸 방지

해설 다이내믹 댐퍼(dynamic damper)는 크랭크축의 변형이나 비틀림 및 진동을 줄여 주기 위해 사용한다.

113. 크랭크축의 변형이나 비틀림 및 진동을 막아주기 위해 무엇을 사용하는가?

① 카운터 웨이터 ② 다이내믹 댐퍼 ③ 스테이버 밸런스 ④ 밸런스 웨이트

해설 문제 112번 참조

정답 110. ③ 111. ③ 112. ① 113. ②

114. 왕복 기관의 오일 계통에 사용되는 슬러지 체임버(sludge chamber)의 위치는?

① 소기펌프 주위 ② 크랭크축 내의 크랭크 핀
③ 오일 저장 탱크 내 ④ 크랭크축의 크랭크 암

해설 문제 110번 참조

115. 실린더 내에서 작용하는 피스톤의 직선 왕복운동을 크랭크축에 전달하여 회전운동으로 변화시키는 것은 무엇인가?

① connecting rod ② counter weight
③ push rod ④ crank shaft

해설 왕복 기관의 구조

㉠ 커넥팅 로드(connecting rod) : 피스톤의 왕복운동을 크랭크축의 회전운동으로 바꾸어 주기 위하여 힘을 전달하는 부분으로 가볍고 충분한 강도를 가져야 한다. 재질은 고탄소강이나 크롬강이 사용된다.

㉡ 카운터 웨이트(counter weight) : 대향형 기관의 크랭크축이 회전하면서 무게의 평형을 유지하려면 크랭크 핀 반대편에 평형 추(counter weight)를 달아야 하는 데 이 평형 추는 크랭크축에 정적 평형을 주는 일, 즉 회전력이 일정하게 되도록 하는 데 도움을 준다.

㉢ 크랭크축(crank shaft) : 크랭크축은 피스톤 및 커넥팅 로드의 왕복운동을 회전운동으로 바꾸어 프로펠러에 회전 동력을 주는 것이다. 크랭크축은 기관의 모든 동력을 전달받아 출력으로 바꾸어 주는 출력축이므로 강하고 튼튼한 재질이어야 한다. 보통 크랭크축은 크롬-니켈-몰리브덴의 고강도 합금강을 단조하여 만든다.

㉣ 다이내믹 댐퍼(dynamic damper) : 크랭크축의 변형이나 비틀림 및 진동을 줄여 주기 위해 사용한다.

㉤ 크랭크 케이스(crank case) : 기관의 몸체를 이루고 있는 부분으로 프레임(frame)이라고도 하는 데 크랭크축을 주축으로 하여 주위의 여러 가지 부품이나 장비들을 둘러싸거나 장착하게 만든 케이스이다.

116. 성형기관의 크랭크축에 사용하는 베어링은?

① 볼 베어링 ② 롤러 베어링 ③ 평면 베어링 ④ 미끄럼 베어링

해설 문제 111번 참조

117. 다음 중 과급기(supercharger)의 종류에 들지 않는 것은?

① 원심력식 ② 루츠식 ③ 베인식 ④ 기어식

정답 114. ② 115. ① 116. ② 117. ④

해설 과급기(supercharger)

㉠ 흡입 가스를 압축시켜 많은 양의 혼합 가스 또는 공기를 실린더로 밀어 넣어 큰 출력을 내도록 하는 장치이다. 작은 출력의 기관을 장착한 소형 항공기와 고 고도 비행만을 하는 항공기와 소형 기관에는 과급기가 필요 없으므로 특별한 목적 외에는 과급기를 장착하지 않는다. 기관의 출력은 고도가 높아짐에 따라 감소하므로, 과급기를 사용하여 어느 고도까지는 출력의 감소를 작게 하여 비행고도를 높일 수 있다. 또, 항공기 이륙 때의 짧은 시간(1~5분) 동안 최대마력을 증가시키기 위한 방법에도 이용되고 있다. 어떤 경우이거나 과급기를 사용하여 출력증가를 가능하게 하는 것은 매니폴드 압력 증가에 의한 평균 유효 압력의 증가를 가져오기 때문이다.

㉡ 과급기의 종류는 원심식 과급기, 루츠식 과급기 및 베인식 과급기가 있는 데 현재 항공용 왕복 기관의 과급기로는 원심식 과급기가 많이 사용되고 있다.

㉢ 원심식 과급기의 주요 구성품은 구동 기어(driving gear), 임펠러(impeller), 디퓨저(diffuser)로 구성되어 있다.

㉣ 원심식 과급기의 임펠러를 구동시키는 방법에는 크랭크축의 회전력을 기어로 전달받아 기계적 구동방법으로 임펠러를 회전시켜 주는 기계식과 실린더 배기가스 에너지를 이용하여 터빈을 회전시키고 이 터빈과 연결된 임펠러를 구동시키는 배기 터빈식의 두 가지가 이용된다.

118. 왕복 기관의 과급기의 사용목적으로 옳은 것은?

① 출력 증가　② 높은 고도에서의 출력 저하 방지

③ 이륙 시 출력 감소 방지　④ 기관 소음 감소

해설 문제 117번 참조

119. 왕복엔진 과급기에서 디퓨저 베인(diffuser vane)의 역할은 무엇인가?

① 공기속도 증가　② 압력 증가　③ 속도 증가　④ 압력 감소

해설 디퓨저(diffuser)는 속도를 감소시키고 압력을 증가시킨다.

120. 과급기가 없는 기관은 해면에서 흡기압력이 기압계 압력보다도 작다. rpm의 변화 없이 고공으로 상승하면 결과는?

① 공기체적이 감소하므로 출력이 감소한다.

② 공기밀도가 감소하므로 출력이 감소한다.

③ 출력의 변화가 없다.

④ 대기압이 감소되므로 출력이 증가한다.

정답 118. ② 119. ② 120. ②

해설 기관의 출력은 고도가 높아짐에 따라 공기밀도가 낮아져 감소하므로 과급기를 사용하여 어느 고도까지는 출력의 감소를 적게 하여 비행고도를 높일 수 있다.

121. 왕복 기관에서 과급기가 없는 기관의 매니폴드 압력은 대기압과 어떤 관계가 있는가?

① 대기압보다 높다.
② 대기압보다 낮다.
③ 대기압과 같다.
④ 대기압과 관계가 없다.

해설 매니폴드 압력(MAP ; manifold pressure)

㉠ 흡입 매니폴드 안의 압력을 말하며 이것은 기관의 성능에 중요한 영향을 끼친다. 매니폴드 압력은 흡입 매니폴드 안의 적당한 위치에 압력을 감지할 수 있는 수감부를 두고 이 수감부를 통하여 조종석 계기판의 매니폴드 압력계에서 압력을 지시하도록 한다.
㉡ 과급기가 없는 기관의 매니폴드 압력은 대기압보다 항상 낮으나 과급기가 있는 기관에 있어서는 대기압보다 높아질 수 있다.
㉢ 매니폴드 압력은 절대압력을 나타내며 일반적으로 inHg 및 mmHg의 단위를 사용한다.

122. 왕복 기관의 매니폴드 압력이 증가함에 따라서 어떤 현상이 나타나는가?

① 실린더 내의 밀도가 감소한다.
② 실린더 내의 밀도가 증가한다.
③ 혼합가스의 무게가 감소한다.
④ 혼합가스의 부피가 감소한다.

해설 증대된 매니폴드 압력

㉠ 엔진 실린더에 공급되는 혼합기의 무게를 증대시킨다. 일정 온도에서 일정량의 혼합기의 무게는 혼합기의 압력에 의하여 결정된다. 만약 일정량의 가스의 압력이 증가하면 그 가스의 무게는 밀도가 증가하기 때문에 증가한다.
㉡ 압축 압력을 증가시킨다. 특정한 엔진에서 압축비는 일정하다. 그러므로 압축행정 초기에 혼합기의 압력이 크면 압축행정 끝에 혼합기의 압력이 더 커져서 압축 압력은 더 크게 된다.

123. 왕복 기관의 흡입압력이 증가하면 어떤 현상이 발생하는가?

① 충진체적 증가
② 충진체적 감소
③ 충진밀도 증가
④ 연료공기 혼합기 무게 감소

해설 문제 122번 참조

124. 기관의 성능 점검 시 기화기 히터(carburetor heater)를 작동시키면 어떻게 되겠는가?

① 회전수가 급격히 증가한다.
② 연료압력이 동요한다.
③ 회전수와 관계가 없다.
④ 회전수가 조금 떨어진다.

정답 121. ② 122. ② 123. ③ 124. ④

해설 기관이 큰 출력으로 작동할 때에 히터 위치에 놓게 되면 뜨거워진 공기가 들어오기 때문에 공기의 밀도가 감소하므로 디토네이션(detonation)을 일으킬 우려가 있고 기관 출력이 감소하게 된다.

125. 왕복 기관에서 한 개 또는 그 이상의 밸브 스프링을 사용하는 가장 큰 이유는?

① 밸브 간격을 0으로 유지하기 위하여
② 한 개의 밸브 스프링이 빠질 경우에 대비하기 위하여
③ 밸브의 변형을 방지하기 위하여
④ 소음을 감소시키기 위하여

해설 밸브 스프링(valve spring)

㉠ 밸브 스프링은 나선형으로 감겨진 방향이 서로 다르고 스프링의 굵기와 지름이 다른 2개의 스프링을 겹쳐서 사용한다.
㉡ 만일 단 하나의 스프링을 사용한다면 스프링의 자연적인 진동 때문에 파도치는 것과 같은 요동이 밸브에 생기는 데 두 개 이상의 스프링은 엔진이 작동할 동안 스프링 진동을 흡수하여 없앤다.
㉢ 1개의 스프링이 부러지더라도 나머지 1개의 스프링이 제 기능을 할 수 있도록 2중으로 만들어 사용한다.

126. 기화기에 빙결이 생기면 어떤 현상이 일어나는가?

① rpm이 증가한다. ② 흡기압력이 증가한다.
③ 흡기압력이 감소한다. ④ 실린더 헤드 온도에 이상이 발생한다.

해설 기화기를 장비한 엔진에서는 흡입공기 온도가 낮은 경우 벤투리에서 연료 기화로 인한 온도 저하로 인하여 기화기에 결빙을 만들어 혼합기의 흐름을 방해하므로 출력이 감소된다.

127. 흡입장치에서 빙결은 어느 것에 의하여 알 수 있는가?

① 기화기 온도 계기 ② 연료압력의 동요
③ 저연료압력 ④ 출력손실과 흡기압의 감소

해설 문제 126번 참조

128. 항공기용 가솔린의 구비조건이 아닌 것은?

① 발열량이 커야 한다. ② 안전성이 커야 한다.
③ 부식성이 적어야 한다. ④ 안티 노크성이 적어야 한다.

정답 125. ② 126. ③ 127. ④ 128. ④

해설 항공용 가솔린의 구비조건

㉠ 발열량이 커야 한다.
㉡ 기화성이 좋아야 한다.
㉢ 증기 폐쇄(vapor lock)를 잘 일으키지 않아야 한다.
㉣ 안티 노크성(anti-knocking value)이 커야 한다.
㉤ 안전성이 커야 한다.
㉥ 부식성이 적어야 한다.
㉦ 내한성이 커야 한다.

129. 증기 폐쇄의 원인은 다음 중 어느 것인가?

① 불량한 기화기 사용
② 부적당한 연료 공기 혼합비
③ 높은 휘발성 연료 사용
④ 증기 제거장치의 작동 불능

해설 증기 폐쇄(vapor lock)

㉠ 기화성이 너무 좋은 연료를 사용하면 연료 라인을 통하여 흐를 때에 약간의 열만 받아도 증발하여 연료 속에 거품이 생기기 쉽고, 이 거품이 연료 라인에 차게 되면 연료의 흐름을 방해하는 것을 말한다.
㉡ 증기 폐쇄가 발생하면 기관의 작동이 고르지 못하거나 심한 경우에는 기관이 정지하는 현상을 일으킬 수 있다.
㉢ 증기 폐쇄를 없애기 위해서 승압 펌프(boost pump)를 사용하는 데 고 고도에서 승압 펌프를 작동함은 증기 폐쇄를 없애기 위함이다.

130. 증기 폐쇄(vapor lock) 현상이 나타날 때는?

① 연료의 기화성이 좋지 않을 때 나타난다.
② 연료의 기화성이 좋고 연료 파이프에 열을 가했을 때 나타난다.
③ 연료 파이프에 열을 받으면 나타난다.
④ 연료의 압력이 증기압보다 클 때 나타난다.

해설 문제 129번 참조

131. 증기 폐쇄(vapor lock)를 이겨내기 위한 방법은?

① 보다 높은 위치에 장착
② 높은 압력으로 가압
③ 승압 펌프로 가압
④ 고 고도 유지

해설 문제 129번 참조

정답 129. ③ 130. ② 131. ③

132. 다음 중 C.F.R (cooperative fuel research) 기관이 하는 것은?

① 윤활유의 점성 측정
② 윤활유의 내한성 측정
③ 가솔린의 증기 압력 측정
④ 가솔린의 안티 노크성을 측정

해설 C.F.R (cooperative fuel research)

㉠ 가솔린의 안티 노크성을 측정하는 장치로 C.F.R이라는 압축비를 변화시키면서 작동시킬 수 있는 기관이 사용된다.

㉡ C.F.R 기관은 액랭식의 단일 실린더 4행정기관으로서 이 기관을 이용하여 어떤 연료의 안티 노크성을 안티 노크성의 기준이 되는 표준 연료의 안티 노크성과 비교하여 측정하며 옥탄가 또는 퍼포먼스 수로 나타낸다.

133. 다음 중 승압 펌프 (boost pump)의 타입으로 맞는 것은?

① 원심력식
② 베인식
③ 기어식
④ 지로터식

해설 승압 펌프 (boost pump)

㉠ 압력식 연료계통에서 주 연료펌프는 기관이 작동하기 전까지는 작동되지 않는다. 따라서, 시동할 때나 또는 기관 구동 주 연료펌프가 고장일 때와 같은 비상시에는 수동식 펌프나 전기 구동식 승압 펌프가 연료를 충분하게 공급해 주어야 한다. 또한, 이륙, 착륙, 고 고도 시 사용하도록 되어 있다.

㉡ 승압 펌프는 주 연료펌프가 고장일 때도 같은 양의 연료를 공급할 수 있어야 한다. 그리고 이들 승압 펌프는 탱크간에 연료를 이송시키는 데도 사용된다.

㉢ 전기식 승압 펌프의 형식은 대개 원심식이며 연료탱크 밑에 부착한다.

134. 경항공기의 연료 승압 펌프 (boost pump)에 관한 설명 중 옳지 못한 것은?

① 일종의 비상 연료펌프이다.
② 주 연료펌프와 항상 같이 작동한다.
③ 전기식과 수동식 펌프가 있다.
④ 탱크간 연료 이송을 위해 사용된다.

해설 문제 133번 참조

135. 왕복 기관 연료계통에서 승압 펌프 (boost pump)의 기능은?

① 항공기의 평형을 돕기 위하여 탱크들의 연료량을 조절한다.
② 기관의 필요 연료를 선택하거나 차단한다.
③ 연료의 압력을 조절한다.
④ 연료탱크로부터 엔진 구동 펌프까지 연료를 공급한다.

해설 문제 133번 참조

정답 132. ④ 133. ① 134. ② 135. ④

136. 퍼포먼스 수(performance number) 115를 바르게 설명한 것은?

① 이소옥탄으로 운전할 때보다 노킹 없이 출력이 15 % 증가하였다.
② 옥탄가 100은 연료 체적비로 4에틸 납을 15 % 첨가하였다.
③ 옥탄가 100은 연료 질량비로 4에틸 납을 15 % 첨가하였다.
④ 115는 내폭성을 말한다.

해설 퍼포먼스 수(performance number)

㉠ 일정한 압축비에서 흡기관 압력을 증가시키면서 이소옥탄만으로 이루어진 표준 연료로 작동했을 때 노킹을 일으키지 않고 낼 수 있는 최대 출력과 같은 압축비에서 흡기관 압력을 증가시키면서 어떤 시험 연료를 사용하여 노킹을 일으키지 않고 낼 수 있는 최대 출력과의 비를 백분율로 표시한 것이다.

㉡ 일반적으로 퍼포먼스 수는 100 이상의 수치로 나타나게 되며 100 이상의 값은 그 만큼 안티 노크성이 증가된 것이다. 옥탄가는 100 이상은 없으나 퍼포먼스 수는 100 이상 또는 이하의 수로 안티 노크성을 나타낼 수 있다.

㉢ 예들 들면, 같은 기관 작동조건, 같은 기관에서 이소옥탄의 퍼포먼스 수를 100으로 잡고 안티 노크제인 4에틸 납을 섞은 시험 연료로 흡기관 압력을 증가시켜 작동시킨 결과 30 % 더 많은 출력을 냈다면 이 때의 퍼포먼스 수는 130이다.

㉣ 같은 연료를 사용하여 작동하더라도 희박 혼합가스로 작동할 때보다 농후 혼합가스로 작동할 때가 안티 노크성이 크다. 따라서, 옥탄가나 퍼포먼스 수는 작은 값과 큰 값의 두 개로 나타낸다. 예를 들면, 91 / 98, 100 / 130, 115 / 145 등으로 표시한다. 이 때 작은 값은 희박 혼합가스 상태로 작동할 때의 퍼포먼스 수이며, 큰 값은 농후 혼합가스로 작동할 때의 값을 나타낸다.

137. 노킹(knocking) 방지법은 무엇인가?

① 점화시기를 지연시킨다.
② 연소속도를 늦춘다.
③ 연료의 제폭성을 낮춘다.
④ 화염 전파속도를 낮춘다.

해설 노킹(knocking)

㉠ 노킹 현상은 혼합가스를 연소실 안에서 연소시킬 때에 압축비를 너무 크게 할 경우 점화 플러그에 의해서 점화된 혼합가스가 연소하면서 화염면이 정상적으로 전파되다가 나머지 연소되지 않은 미연소가스가 높은 압력으로 압축됨으로써 높은 압력과 높은 온도 때문에 자연 발화를 일으키면서 갑자기 폭발하는 현상을 말한다.

㉡ 노킹이 발생하면 노킹음이 발생하고 실린더 안의 압력과 온도가 비정상적으로 급격하게 올라가며 기관의 출력과 열효율이 떨어지고 때로는 기관을 파손시키는 경우도 발생하게 된다.

㉢ 노킹은 과급 압력이 높거나 흡입공기 온도가 높으면 발생되기 쉬우나 점화시기를 늦추면 발생되지 않는다. 또, 안티 노크성이 큰 연료를 사용하여 방지한다.

정답 136. ① 137. ①

138. 100/130으로 표기되는 연료의 퍼포먼스 수(performance number)의 의미는?
① 100은 희박 혼합가스 상태의 퍼포먼스 수이고, 130은 농후 혼합가스 상태의 퍼포먼스 수이다.
② 100은 농후 혼합가스 상태의 퍼포먼스 수이고, 130은 희박 혼합가스 상태의 퍼포먼스 수이다.
③ 100 / 130은 옥탄가에 대한 퍼포먼스 비율이다.
④ 100은 옥탄가이고, 130은 퍼포먼스 수이다.

해설 문제 136번 참조

139. 혼합가스가 과농후 시 일어나는 현상은 무엇인가?
① 역화(back fire) ② 후화(after fire)
③ 디토네이션(detonation) ④ 조기점화(pre-ignition)

해설 비정상 연소
㉠ 디토네이션(detonation) : 실린더 안에서 점화가 시작되어 연소, 폭발하는 과정에서 화염 전파속도에 따라 연소가 진행 중일 때 아직 연소되지 않은 혼합가스가 자연 발화온도에 도달하여 순간적으로 자연 폭발하는 현상으로 디토네이션이 발생하면 실린더 내부의 압력과 온도가 비정상적으로 급상승하여 피스톤, 밸브 또는 커넥팅 로드 등이 손상되는 경우가 있다.
㉡ 조기점화(pre-ignition) : 정상적인 불꽃 점화가 시작되기 전에 비정상적인 원인으로 발생하는 열에 의하여 밸브, 피스톤 또는 점화 플러그와 같은 부분이 과열되어 혼합가스가 점화되는 현상이다.
㉢ 후화(after fire) : 혼합비가 과농후 상태로 되면 연소속도가 느려져 배기행정이 끝난 다음에도 연소가 진행되어 배기관을 통하여 불꽃이 배출되는 현상을 말한다.
㉣ 역화(back fire) : 아주 희박한 혼합가스는 흡입계통을 통하여 엔진에 역화현상을 일으켜 엔진이 완전히 정지하는 수가 있다. 이 역화는 불꽃의 전파속도가 느리기 때문에 일어나는 데 이 현상은 연료와 공기의 혼합물이 엔진 사이클이 끝났을 때에도 타고 있기 때문에 흡입밸브가 열려서 들어오는 새로운 혼합가스에 불꽃을 붙여 주어 불꽃이 매니폴드나 기화기 안의 혼합가스로까지 인화될 수 있다. 불꽃의 전파속도가 느린 것은 혼합가스가 희박하기 때문이다.

140. 흡입계통에 역화(back fire)가 발생 시 가장 가능한 원인은?
① 너무 농후한 혼합비 때문이다. ② 너무 희박한 혼합비 때문이다.
③ 디리치먼트 밸브의 고장 때문이다. ④ 배기관 냉각이 너무 잘 된다.

해설 문제 139번 참조

정답 138. ① 139. ② 140. ②

141. 역화(back fire)를 설명한 것 중 맞지 않는 것은?

① 과농상태의 혼합비로 연소속도가 느려져 배기관까지 연소하면서 배출된다.
② 혼합비가 과희박상태에서 일어난다.
③ 불꽃이 흡입계통으로 역으로 인화된다.
④ 기화기 내에 혼합기로 인화되어 들어갈 때가 있다.

해설 문제 139번 참조

142. 역화(back fire)의 원인은 무엇인가?

① 과희박 혼합비 ② 과농후 혼합비
③ 연료펌프의 이상 ④ 대기온도의 상승

해설 문제 139번 참조

143. 왕복엔진의 연료펌프로 주로 사용되는 것은 어느 것인가?

① vane type ② gear type ③ centrifugal type ④ piston type

해설 주 연료펌프(engine driven pump)

㉠ 연료탱크의 연료를 기화기 또는 연료조정장치까지 보내주는 역할을 하며, 어떠한 작동하에서도 요구량보다 더 많은 연료를 공급할 수 있어야 한다. 펌프의 윤활은 연료 자체로 한다.
㉡ 연료펌프는 베인식 펌프(vane type pump)가 주로 사용된다.
㉢ 릴리프 밸브(relief valve)는 출구 쪽 압력이 정해 놓은 압력보다 높을 때 연료를 입구쪽으로 되돌려 보내 연료압력을 일정하게 유지하는 역할을 하며 연료압력은 조절 나사로 조절한다.
㉣ 바이패스 밸브(bypass valve)는 기관이 시동할 때나 주 연료펌프가 고장일 때에 기관에 계속적으로 연료를 공급할 수 있는 비상 통로 역할을 한다.
㉤ 벤트 구멍은 고도에 따라 대기압력이 변하더라도 변화된 대기압이 작용하므로 연료펌프 출구의 계기 압력을 일정하게 하는 역할을 한다.

144. 연료펌프의 내부 윤활은 다음 중 어느 것에 의하여 윤활작용을 하는가?

① 엔진 오일 ② 연료
③ 그리스 ④ 별도로 비치된 윤활유

해설 문제 143번 참조

정답 141. ① 142. ① 143. ① 144. ②

145. 연료펌프는 무엇으로 윤활하는가?

① 윤활유 ② 그리스 ③ 연료 ④ 4에틸 납

해설 문제 143번 참조

146. 연료펌프의 릴리프 밸브(relief valve)가 열리면 연료는 어디로 가는가?

① 탱크로 돌아간다. ② 펌프 입구로 간다.
③ 기화기로 간다. ④ 흡기 다기관으로 간다.

해설 문제 143번 참조

147. 왕복 기관에서 연료압력은 어느 곳에서 조절하는가?

① 승압 펌프 ② 엔진 구동 펌프 ③ 기화기 ④ 노즐

해설 문제 143번 참조

148. 연료계통의 주 연료여과기는 주로 어느 곳에 위치하나?

① 연료계통의 화염관과 먼 곳에 ② relief valve 다음
③ 연료계통의 가장 낮은 곳 ④ 연료탱크 다음에

해설 연료여과기(fuel filter)

㉠ 연료여과기는 연료 속에 섞여 있는 수분, 먼지 등을 제거하기 위하여 연료탱크와 기화기 사이에 반드시 장착한다. 여과기는 금속 망으로 되어 있는 스크린이며, 연료는 이 스크린을 통과하면서 불순물이 걸러진다.

㉡ 연료계통 중에서 가장 낮은 곳에 장치하여 불순물이 모일 수 있게 하고, 배출밸브(drain valve)가 마련되어 있어 모여진 불순물이나 수분 등을 배출시킬 수 있는 장치를 함께 가지고 있다.

149. 왕복 기관 시동 시 연료를 농후하게 하여 시동을 쉽게 해주는 장치는 무엇인가?

① 프라이머 계통 ② 기화기 ③ 과급기 ④ 연료펌프

해설 프라이머(primer) : 항공기용 기관을 정지시킬 때에는 연료 공급을 차단하여 정지시키므로 시동 시에는 실린더 안에 연료가 거의 남아 있지 않게 된다. 프라이머는 기관을 시동할 때에 흡입밸브 입구나 실린더 안에 연료탱크로부터 프라이머 펌프를 통하여 직접 연료를 분사시켜 농후한 혼합가스를 만들어줌으로써 시동을 쉽게 하는 장치이다.

정답 145. ③ 146. ② 147. ② 148. ③ 149. ①

150. 전기로 작동하여 연료를 프라이밍(priming)할 때 연료의 압력은 어디에서 얻는가?

① 엔진 구동 펌프 ② 연료 승압 펌프
③ 연료 인젝터 ④ 중력 공급

해설 문제 149번 참조

151. 엔진 시동 시 과도한 프라이밍(priming)을 하면 어떠한 현상이 발생하는가?

① 조기점화 ② 디토네이션
③ 엔진 과열 ④ 실린더 벽의 이상 마모

해설 프라이밍(priming)

㉠ 프라이밍이 부족한 경우에는 발화하지 않고 역화를 일으킨다.
㉡ 프라이밍이 과도한 경우 또는 프라이밍 부족으로 몇 번이나 시동이 반복되면 실린더 내에 액체 연료가 쌓이고 실린더 벽이나 피스톤 링에서 유막을 제거시켜 실린더 벽 손상과 피스톤 고착 발생의 원인이 된다.

152. 경항공기가 고공에 있을 때 연료탱크 벤트 라인(fuel tank vent line)에 얼음이 얼었다. 이 때 예상되는 현상은 무엇인가?

① 농후 혼합기가 된다. ② 희박 혼합기가 된다.
③ 엔진이 정지할 것이다. ④ 엔진과는 관계가 없다.

해설 벤트 계통(vent system) : 벤트 계통은 연료탱크의 상부 여유부분을 외기와 통기시켜 탱크 내외의 압력차가 생기지 않도록 하여 탱크 팽창이나 찌그러짐을 막음과 동시에 구조부분에 불필요한 응력의 발생을 막고 연료의 탱크로의 유입 및 탱크로부터의 유출을 쉽게 하여 연료펌프의 기능을 확보하고 엔진으로의 연료 공급을 확실히 하는 데 벤트 라인이 얼게 되면 부압이 작용하게 되어 연료가 흐르지 못하게 될 것이므로 결국 기관은 정지할 것이다.

153. 연료탱크에 벤트 계통이 있는 목적은?

① 연료탱크 내의 공기를 배출하고 발화를 방지한다.
② 연료탱크 내의 압력을 감소시키고 연료의 증발을 방지한다.
③ 연료탱크를 가압, 송유를 돕는다.
④ 연료탱크 내외의 압력차를 적게 하여 연료 보급이 잘 되도록 한다.

해설 문제 152번 참조

정답 150. ② 151. ④ 152. ③ 153. ④

154. 기화기에서 공기 블리드를 사용하는 이유는?

① 연료를 더 증가시킨다.
② 공기와 연료가 잘 혼합되게 한다.
③ 연료압력을 더 크게 한다.
④ 연료 공기 혼합비를 더 농후하게 한다.

해설 공기 블리드(air bleed) : 벤투리 관에서 연료를 빨아올릴 때에 공기 블리드관 부분에서 공기가 들어올 수 있도록 하면 공기와 연료가 합쳐지는 부분부터는 연료와 공기가 섞여 올라오게 된다. 이와 같이 연료에 공기가 섞여 들어오게 되면 연료 속에 공기 방울들이 섞여 있게 되어 연료의 무게가 조금이라도 가벼워지게 되므로 작은 압력으로도 연료를 흡입할 수 있다. 기화기 벤투리 목 부분의 공기와 혼합이 잘 될 수 있도록 분무가 되게 한 장치를 공기 블리드(air bleed)라 한다.

155. 부자식 기화기에서 부자의 높이 조절은 어떻게 하는가?

① 부자축의 길이를 짧게 또는 길게 한다.
② 부자의 무게를 증감시켜서 조절한다.
③ 니들 밸브 시트에 심(shim)을 추가시킨다.
④ 부자의 피벗 암의 길이를 변경한다.

해설 플로트실의 유면이 너무 높으면 혼합기는 농후하게 되고, 유면이 너무 낮으면 희박하게 된다. 이 유면을 조절하기 위하여 부자 니들 밸브(needle valve) 시트(seat)에 와셔를 끼운다. 만약 유면을 올리려면 시트로부터 와셔를 제거하고 유면을 낮추려면 와셔를 더 넣으면 된다.

156. 부자식 기화기의 부자에 구멍이 뚫렸다면 혼합비에 어떤 영향을 미치겠는가?

① 농후해진다.
② 희박해진다.
③ 혼합비에는 관계가 없고, 다만 연료 소비율이 높아진다.
④ 플로트가 가라앉아 연료 공급이 안된다.

해설 부자에 구멍이 뚫리게 되면 부자 안으로 연료가 들어가 부자가 아래로 내려가면서 니들 밸브(needle valve)가 열리게 되므로 연료가 정상 작동 시보다 더 많이 공급되기 때문에 부자실의 유면이 높아지고 혼합비는 농후해진다.

157. 부자식 기화기의 이코노마이저(economizer)의 형식이 아닌 것은?

① 니들 밸브식
② 에어포트식
③ 피스톤식
④ 매니폴드 압력식

정답 154. ② 155. ③ 156. ① 157. ②

해설 이코노마이저 장치(economizer system)

㉠ 기관의 출력이 순항 출력보다 큰 출력일 때 농후 혼합비를 만들어 주기 위하여 추가적으로 충분한 연료를 공급하는 장치를 말한다.

㉡ 이코노마이저 장치의 종류에는 니들 밸브식, 피스톤식, 매니폴드 압력식 등이 있다.

158. 부자식 기화기의 부자에 구멍이 나면 어떻게 되겠는가?

① 유면이 높아지고 기화기에서 연료가 흘러 넘친다.
② 연료 흐름이 중단된다.
③ 연료가 공기 블리드의 밖으로 흘러나온다.
④ 엔진이 고속에서만 작동이 순조롭지 못하다.

해설 문제 156번 참조

159. 부자식 기화기에서 연료가 넘쳐흐르는 원인은 무엇인가?

① 방출 노즐이 막혔다.
② 주 공기 블리드가 막혔다.
③ 부자면이 너무 낮다.
④ 니들(needle)과 시트(seat)가 새고 있다.

해설 문제 156번 참조

160. 엔진이 정지하고 있을 때 기화기에서 연료가 누설된다면 그 원인이라 할 수 없는 것은 어느 것인가?

① 부자에 구멍이 뚫렸을 때
② 부자에 있는 니들 밸브가 닳았을 때
③ 부자실의 니들 밸브에 오물이 끼었을 때
④ 이코노마이저 밸브가 열렸을 때

해설 문제 156번 참조

161. 부자식 기화기의 특징으로 맞는 것은?

① 분출되는 연료의 기화열에 의한 온도 강하로 기화기가 결빙되기 쉽다.
② 비행 자세의 영향을 받지 않는다.
③ 구조가 복잡하고 무게가 무겁다.
④ 역화의 우려가 전혀 없다.

정답 158. ① 159. ④ 160. ④ 161. ①

해설 부자식 기화기(float type carburetor)

㉠ 구조가 간단하여 소형 항공기에 널리 이용된다.

㉡ 비행 자세의 변화에 따라 플로트실의 연료 유면의 높이가 변하게 되어 기관의 작동이 불규칙하게 변하게 된다.

㉢ 연료가 기화할 때 기화열의 흡수로 기화기 벤투리 부분이 냉각되어 이곳을 지나는 공기 중의 수증기가 얼어붙어 기화기에 결빙이 생긴다.

162. 혼합비 조절장치의 스로틀 레버에서 기관 정지 시 연료를 차단하는 장치는?

① 유량 압력 조절 밸브 ② 차단 밸브

③ 유량 조절 밸브 ④ 압력 밸브

해설 연료 차단 밸브(fuel shut off valve)는 연료탱크로부터 기관으로 연료를 보내주거나 차단하는 역할을 한다.

163. 부자식 기화기에서 주 공기 블리드(main air bleed)가 막히면 어떻게 되는가?

① idle 혼합가스는 농후하게 된다. ② idle 혼합가스는 희박하게 된다.

③ idle 혼합가스는 정상이 될 것이다. ④ 혼합가스는 모든 출력에서 농후하게 된다.

해설 완속장치(idle system)

㉠ 완속장치는 기관이 완속으로 작동되어 주 노즐에서 연료가 분출될 수 없을 때에도 연료가 공급되어 혼합가스를 만들어 주는 것이 완속장치이다.

㉡ 완속작동 중에는 스로틀 밸브가 거의 닫혀 있는 상태이지만 약간의 틈이 있으므로 적은 공기의 흐름에도 속도가 빨라 압력이 낮아지는 벽 부분에 완속장치의 연료 분출 구멍을 만들어 놓으면 완속 작동 시 주 노즐에서는 연료가 분출되지 않고 완속 노즐에서만 연료가 분출되어 혼합가스를 정상적으로 만들어 준다. 완속장치에는 별도의 공기 블리드가 마련되어 있다.

㉢ 완속 시에 주 공기 블리드가 막히더라도 완속장치에는 별도의 공기 블리드가 마련되어 있어 이곳을 통해 공기가 공급되므로 혼합가스는 정상이 될 것이다.

164. 부자식 기화기에서 완속 조절을 하기 위해 주로 사용하는 방법은 무엇인가?

① 완속장치의 연료 공급을 막히게 한다.

② 구멍과 조절할 수 있는 니들 밸브로 한다.

③ 부자실과 기화기 벤투리 통로를 막는다.

④ 스로틀 스톱이나 링케이지(linkage)로 한다.

해설 부자식 기화기가 장착된 기관의 완속속도는 스로틀의 개도를 조절하는 나사를 돌려서 조절

정답 162. ② 163. ③ 164. ④

165. 기화기의 이코노마이저(economizer) 장치의 목적은 무엇인가?
① 고출력 시 연료를 절감한다.
② 스로틀이 갑자기 열렸을 때 추가로 연료를 공급한다.
③ 완속 시 혼합가스를 형성한다.
④ 순항 출력 이상에서 농후 혼합비를 만들어준다.

해설 문제 157번 참조

166. 부자식 기화기의 이코노마이저 장치가 작동하는 시기는 언제인가?
① 저속에서 고속까지 작동
② 순항 이상의 모든 속도에서 작동
③ 저속에서만 작동
④ 저속과 순항에서 작동

해설 문제 157번 참조

167. 부자식 기화기에서 가속장치의 목적은 무엇인가?
① 고출력 고정 시 부가적인 연료를 공급하기 위하여
② 이륙 시 엔진 구동 펌프를 가속하기 위해서
③ 높은 고도에서 혼합가스를 농후하게 하기 위해서
④ 스로틀이 갑자기 열릴 때 부가적인 연료를 공급하기 위하여

해설 가속장치(acceleration system)는 기관의 출력을 빨리 증가시키기 위하여 스로틀 밸브를 갑자기 열어 기관을 가속시킬 때에 스로틀 밸브가 열리면서 공기량은 즉시 증가하지만 공기보다 비중이 큰 연료는 즉시 빨려 나가지 못하므로 이러한 문제점을 보완해 주기 위하여 스로틀 밸브를 갑자기 여는 순간에만 더 많은 연료를 강제적으로 분출시켜 공기량 증가에 적당한 혼합가스가 유지될 수 있도록 한 것이다.

168. 주 미터링 장치의 3가지 기능이 아닌 것은?
① 연료 흐름 조절
② 혼합비 비율 조절
③ 방출 노즐 압력 저하
④ 스로틀 전개 시 공기 유량 조절

해설 주 미터링 장치(main metering system)
㉠ 연료 공기 혼합비를 맞춘다.
㉡ 방출 노즐 압력을 저하시킨다.
㉢ 스로틀 최대 전개 시 공기량을 조절한다.

정답 165. ④ 166. ② 167. ④ 168. ①

169. 압력 분사식 기화기의 장점에서 잘못 설명한 것은?

① 기화기의 결빙이 없다.
② 어떠한 비행 자세에서도 중력과 관성력의 영향이 적다.
③ 구조가 간단하며 널리 사용된다.
④ 연료의 분무가 양호하다.

해설 압력 분사식 기화기(pressure injection type carburetor)

㉠ 기화기의 결빙 현상이 거의 없다.
㉡ 비행자세에 관계없이 정상적으로 작동하고 중력이나 관성에도 거의 영향을 받지 않는다.
㉢ 어떠한 엔진 속도와 하중에도 연료가 정확하게 자동적으로 공급된다.
㉣ 압력하에서 연료를 분무하므로 엔진 작동이 유연하고 경제성이 있다.
㉤ 출력 맞춤이 간단하고 균일하다.
㉥ 연료의 비등과 증기 폐쇄를 방지하는 장치가 마련되어 있다.

170. 압력식 기화기에서 연료압력은 어느 곳에서 측정하는가?

① 연료펌프 ② 기화기 입구 ③ 보조펌프 ④ 기화기 출구

해설 연료압력계는 연료탱크에서 기화기로 공급되는 연료의 압력을 측정하는 것으로 연료압력은 연료펌프 출구와 기화기 사이의 압력을 측정한다.

171. 압력식 기화기의 A와 B실의 다이어프램이 파열되었다면 무슨 일이 일어나겠는가?

① AMC (자동 혼합기 조정장치) 가 압력 변화를 보상하여 혼합기는 정상이 될 것이다.
② 고 rpm에서만 더 농후한 혼합비가 형성된다.
③ 모든 출력에서 더 희박한 혼합비가 형성된다.
④ 모든 출력에서 더 농후한 혼합기가 형성된다.

해설 A와 B 체임버(chamber) 사이의 다이어프램(diaphragm)이 파열되면 A와 B의 압력이 같아지므로 공기 미터링 힘이 작아져서 포핏 밸브 (poppet valve)를 열어주는 힘이 작아 연료의 공급이 줄어들므로 모든 혼합비에서 더 희박하게 된다.

172. 압력 분사식 기화기에서 농후 밸브 (enrichment valve)가 열리는 힘은?

① 공기압 ② 연료압 ③ 전기 모터 ④ 기계적 장치

해설 농후 밸브 (enrichment valve) 는 스로틀을 고출력으로 맞출 때 혼합비를 농후하게 하여 순항 시에 원하는 경제 혼합비에서 최대 출력을 발휘하고 동시에 기관의 냉각을 돕는다.

정답 169. ③ 170. ② 171. ③ 172. ②

173. 압력 분사식 기화기가 장착된 항공기 엔진은 어떻게 시동되는가?
① 혼합기 조종 레버가 idle cut off 위치에 있을 때 primer로
② 혼합기 조종 레버가 auto rich 위치에 있을 때
③ 혼합기 조종 레버가 full rich 위치에 있을 때
④ 혼합기 조종 레버가 full lean 위치에 있을 때 primer로

해설 압력 분사 기화기를 장착한 엔진은 프라이머(primer)로부터 연료를 공급받아 시동되므로 아이들 컷 오프 위치에 혼합기 조종 레버를 두고, 시동 후에는 리치(rich) 위치로 옮긴다.

174. 압력식 기화기의 임팩트 튜브(impact tube)의 역할은 무엇인가?
① 흡입압력을 생성시킨다.
② A chamber에 연결된다.
② C chamber에 연결된다.
③ D chamber에 연결된다.

해설 압력식 기화기에 작용하는 압력
㉠ A chamber : 임팩트 공기 압력(impact air pressure)
㉡ B chamber : 벤투리 흡입 압력(venturi suction pressure)
㉢ C chamber : 미터드 연료압력(metered fuel pressure)
㉣ D chamber : 언미터드 연료압력(unmetered fuel pressure)
㉤ E chamber : 연료펌프 압력(fuel pump pressure)

175. 자동 혼합 조종(AMC ; automatic mixture control) 장치를 장비한 왕복 기관에서 기화기 히터를 사용하면 혼합기는 어떻게 되겠는가?
① 혼합기는 AMC가 혼합기를 바로 잡을 때까지 더 농후해진다.
② 혼합기는 AMC가 혼합기를 바로 잡을 수 없어 더 농후해진다.
③ 혼합기는 AMC가 혼합기를 바로 잡을 때까지 더 희박하게 된다.
④ 혼합기는 AMC가 혼합기를 바로 잡을 수 없어 더 희박해진다.

해설 자동 혼합 조종 장치는 고도가 높아짐에 따라 공기의 밀도가 감소하나 연료 흐름은 감소되지 않아 혼합비가 농후 혼합비 상태로 되는 것을 막아주는 역할을 한다. 기관에서 기화기 히터를 사용하면 공기의 온도가 올라가 밀도가 작아지므로 혼합기가 농후해진다.

176. 기화기 장탈 시 가장 먼저 확인해야 하는 것은?
① 스로틀 레버 ② 초크 밸브 ③ 연료조종장치 ④ 연료 차단장치

해설 연료계통 작업 시에는 제일 먼저 기관으로 연료 흐름을 차단하는 연료 차단 밸브의 위치(닫힘 위치)를 확인한 후 수행한다.

정답 173. ① 174. ② 175. ① 176. ④

177. 자동 혼합 조종장치를 장비하지 않은 기화기에서 기화기 히터를 사용하면 그 결과는?

① 실린더에 연료 공기 혼합기의 체적이 증대
② 흡기 다기관에 연료 공기 혼합기의 무게 감소
③ 흡기 다기관에 연료 공기 혼합기의 무게 증가
④ 실린더의 연료 공기 혼합기의 체적 감소

해설 기화기 히터를 사용하면 공기의 온도가 올라가 밀도가 낮아지므로 기화기로 들어가는 혼합기의 무게가 낮아져 출력은 감소한다.

178. 고도 또는 온도 변화에 따른 보상설비가 없는 기화기를 사용하는 항공기라면 연료와 공기 혼합기는 어떻게 변화하는가?

① 고도 혹은 온도가 증가함에 따라 희박해진다.
② 고도 혹은 온도가 증가함에 따라 농후해진다.
③ 고도가 증가하면 농후해지고 온도가 증가하면 희박해진다.
④ 고도가 증가하면 희박해지고 온도가 증가하면 농후해진다.

해설 문제 175번 참조

179. 왕복 기관 직접 연료 분사장치의 특징이 아닌 것은?

① 역화 발생이 쉽다. ② 시동성이 좋다.
③ 비행 자세의 영향을 받지 않는다. ④ 가속성이 좋다.

해설 직접 연료 분사장치(direct fuel injection system)

㉠ 비행 자세에 의한 영향을 받지 않고, 기화기 결빙의 위험이 거의 없으며 흡입공기의 온도를 낮게 할 수 있으므로 출력 증가에 도움을 준다.
㉡ 연료의 분배가 되므로 혼합가스를 각 실린더로 분배하는 데 있어 분배 불량에 의한 일부 실린더의 과열현상이 없다.
㉢ 흡입계통 내에서는 공기만 존재하므로 역화가 발생할 우려가 없다.
㉣ 시동, 가속 성능이 좋다.
㉤ 연료 분사 펌프, 주 조정장치, 연료 매니폴드 및 분사 노즐로 이루어져 있다.

180. 다음 중 직접 연료 분사장치의 구성요소가 아닌 것은?

① 주 조정장치 ② 연료 분사 펌프 ③ 공기 블리드 ④ 연료 분사 노즐

해설 문제 179번 참조

정답 177. ② 178. ② 179. ① 180. ③

181. 직접 연료 분사장치의 구성품이 아닌 것은?
① 연료 분사 펌프 ② 프라이머 ③ 주 조정장치 ④ 분사 노즐

해설 문제 179번 참조

182. 직접 연료 분사장치에서 연료가 어느 때 실린더로 분사되는가?
① 흡입행정 동안에 ② 압축행정 동안에
③ 계속적으로 ④ 흡입행정과 압축행정 동안에

해설 분사 노즐(injection nozzle) : 실린더 헤드 또는 흡입밸브 부근에 장착되어 있는 데 스프링 힘에 의하여 연료의 흐름을 막고 있다가 흡입행정 시 연료의 분사가 필요할 때에 연료의 압력에 의해 밸브가 열려서 연소실 안으로 직접 연료를 분사한다.

183. 물 분사장치에서 물을 분사할 때 알코올을 섞는 이유는?
① 공기 밀도 증가 ② 연소실 온도 감소
③ 공기 부피 증가 ④ 물이 어는 것을 방지

해설 물 분사장치(anti-detonation injection)
㉠ ADI 장치는 물 대신에 물과 소량의 수용성 오일을 첨가한 알코올을 혼합한 것을 사용한다.
㉡ 알코올은 차가운 기후나 고 고도에서 물의 빙결을 방지하고 오일은 계통 내 부품이 녹스는 것을 방지하는 데 도움이 된다. 물 분사의 사용으로 이륙마력의 8~15% 증가를 허용한다.
㉢ 물 분사는 짧은 활주로나 비상시에 착륙을 시도한 후 복행할 필요가 있을 때 이륙에 필요한 엔진 최대 출력을 내기 위하여 사용한다.
㉣ 혼합기의 물 분사는 엔진이 디토네이션 위험 없이 더 많은 출력을 낼 수 있게 하는 노킹 방지제의 첨가와 같은 효과를 낼 수 있다.
㉤ 물은 혼합기를 냉각하여 더 높은 MAP (manifold pressure)를 사용하게 하고 연료와 공기의 비는 농후 최량 출력 혼합비가 감소하여 연료 소모에 비해 많은 출력을 낼 수 있다.
⑥ 물 분사의 사용으로 이륙마력의 8~15% 증가를 허용한다.

184. 왕복 기관의 물 분사의 사용은 어떻게 함으로써 고출력으로 작동되게 하는가?
① 혼합기를 농후하게 함으로써
② 디토네이션을 억제함으로써
③ 연료의 옥탄가를 높임으로써
④ 흡입 다기관으로 통하는 연료와 공기를 냉각함으로써

해설 문제 183번 참조

정답 181. ② 182. ① 183. ④ 184. ②

185. ADI (anti-detonation injection)에 사용되는 액체는 무엇인가?

① 순수한 물 ② 물과 알코올의 혼합액
③ 물과 가솔린 ④ 에틸렌글리콜

해설 문제 183번 참조

186. 항공기 윤활유의 특성에 속하지 않는 것은?

① 증기 폐쇄(vapor lock) 현상이 커야 한다.
② 저 온도에서 최대의 유동성을 갖추어야 한다.
③ 최대의 냉각능력이 있어야 한다.
④ 작동 부품의 마찰저항을 적게 하는 높은 윤활특성을 갖추어야 한다.

해설 윤활유의 특성
㉠ 유성이 좋을 것 ㉡ 알맞은 점도를 가질 것
㉢ 온도 변화에 의한 점도 변화가 적을 것, 점도 지수가 클 것
㉣ 낮은 온도에서 유동성이 좋을 것 ㉤ 산화 및 탄화 경향이 적을 것
㉥ 부식성이 없을 것

187. 윤활유의 역할 중 맞는 것은?

① 윤활, 기밀, 냉각, 방청 ② 윤활, 기밀, 냉각, 산화
③ 윤활, 산화, 냉각, 청결 ④ 윤활, 청결, 산화, 방청

해설 윤활유의 작용
㉠ 윤활작용 : 작동부간의 마찰을 감소시키는 작용
㉡ 기밀작용 : 가스의 누설을 방지하여 압력 감소를 방지하는 작용
㉢ 냉각작용 : 기관을 순환하면서 마찰이나 기관에서 발생한 열을 흡수하는 작용
㉣ 청결작용 : 기관 내부에서 마멸이나 여러 가지 작동에 의하여 생기는 불순물을 옮겨서 걸러 주는 작용
㉤ 방청작용 : 금속 표면과 공기가 직접 접촉하는 것을 방지하여 녹이 생기는 것을 방지
㉥ 소음 방지작용 : 금속면이 직접 부딪치면서 발생하는 소리를 감소시키는 작용

188. 왕복 기관에서 추운 겨울에 사용하는 오일의 조건은?

① 저인화성 ② 저점성 ③ 고인화점 ④ 고점성

해설 기온이 내려가면 윤활유는 고체상태로 굳어지므로 점도가 낮은 윤활유를 사용하여 윤활이 잘 되도록 한다.

정답 185. ② 186. ① 187. ① 188. ②

189. 오일이 금속면에 접착되는 친화력은 무엇이라 하는가?

① 유성 ② 점성 ③ 유동성 ④ 인화성

해설 유성은 금속 표면에 윤활유가 접착하는 성질을 말한다.

190. 오일 점성을 나타낼 때 고 점도지수란 무엇인가?

① 온도변화에 따라 점도변화가 잘 된다.
② 온도변화에 따라 점도변화가 잘 안된다.
③ 매우 진한 점성을 가지고 있다.
④ 큰 SAE를 가지고 있다.

해설 문제 186번 참조

191. 엔진에서 윤활유의 역할이 아닌 것은?

① 마모작용 ② 윤활작용 ③ 냉각작용 ④ 기밀작용

해설 문제 187번 참조

192. 항공기 왕복 기관에서 윤활방법에 주로 사용하는 방식은?

① 비산식 ② 압송식 ③ 복합식 ④ 압력식

해설 기관의 윤활방법

㉠ 비산식 : 커넥팅 로드 끝에 국자가 달려 있어 크랭크축이 회전할 때마다 원심력으로 뿌려 크랭크축 베어링, 캠, 실린더 등에 공급하는 방식
㉡ 압송식 : 윤활유 펌프로 윤활유에 압력을 가하여 윤활이 필요한 부분까지 윤활유 통로를 통해서 공급하는 방식
㉢ 복합식 : 비산식과 압송식을 절충한 방식으로 일부는 비산식으로 급유하고 다른 부분은 압송식으로 공급한다. 최근의 왕복 기관에는 이 방법이 주로 사용된다.

193. 왕복 기관 윤활계통에서 오일펌프는 주로 어떤 것이 쓰이는가?

① 원심식 펌프 ② 피스톤 펌프 ③ 기어 펌프 ④ 베인 펌프

해설 오일 압력 펌프는 기어형(gear type)과 베인형(vane type)이 있으며 현재 왕복엔진에서는 기어형을 가장 많이 사용하고 있다.

정답 189. ① 190. ② 191. ① 192. ③ 193. ③

194. 윤활유 탱크를 수리한 후 내부 압력검사를 할 때 주입하는 공기압력은 얼마인가?

① 3 psi ② 5 psi ③ 7 psi ④ 9 psi

해설 오일 탱크의 강도는 5 psi의 압력에 견뎌야 하고 작동 중 일어나는 진동과 관성, 유체하중에 손상없이 지지되어야 한다.

195. 고출력 왕복 기관에 사용되는 오일계통의 형식은?

① gravity fed, dry sump
② pressure fed, dry sump
③ gravity fed, wet sump
④ pressure fed, wet sump

해설 고출력 왕복엔진의 윤활계통은 pressure fed, dry sump로 되어 있다.

196. 드라이 섬프(dry sump) 윤활계통에 대한 설명 중 옳은 것은?

① 탱크와 섬프가 따로 분리되어 있다.
② 오일 냉각기(oil cooler)가 필요 없다.
③ 탱크와 섬프가 하나로 되어 있다.
④ 오일 필터(oil filter)가 없다.

해설 윤활계통의 종류

㉠ 건식 윤활계통(dry sump oil system) : 기관 외부에 별도의 윤활유 탱크에 오일을 저장하는 계통으로 비행 자세의 변화, 곡예 비행, 큰 중력 가속도에 의한 운동 등을 해도 정상적으로 윤활할 수 있다.

㉡ 습식 윤활계통(wet sump oil system) : 크랭크 케이스의 밑바닥에 오일을 모으는 가장 간단한 계통으로 별도의 윤활유 탱크가 없으며 대향형 기관에 널리 사용되고 있다.

197. 호퍼 탱크(hopper tank)의 목적은 무엇인가?

① 남는 오일 공급을 유지하기 위해
② 오일을 묽게 하기 위한 필요량 제거
③ 프로펠러 페더링을 위한 오일 공급을 유지하기 위해
④ 오일을 좀더 빨리 데우기 위해

해설 호퍼 탱크(hopper tank)는 엔진 시동 시 유온 상승을 빠르게 하기 위해 마련된 별도의 탱크로 엔진의 난기 운전을 단축시킨다.

198. 윤활유 탱크의 팽창공간은 얼마인가?

① 1.5 % ② 2 % ③ 5 % ④ 10 %

정답 194. ② 195. ② 196. ① 197. ④ 198. ④

해설 윤활유 탱크는 윤활유의 열팽창에 대비하여 탱크 용량의 10 % 의 팽창 공간이 있어야 한다.

199. 다음 중 오일의 압력을 일정하게 유지시키는 부품은?

① 저 오일 압력 경고등 ② 오일 필터
③ 오일 압력 릴리프 밸브 ④ 오일 압력계

해설 릴리프 밸브(relief valve) : 기관으로 들어가는 윤활유의 압력이 과도하게 높을 때 윤활유를 펌프 입구로 되돌려 보내어 일정한 압력을 유지하는 기능을 가지고 있다.

200. 기관 내부로 들어오는 윤활유의 압력이 과도하게 높을 때 펌프 입구로 되돌려보내는 밸브는 어느 것인가?

① bypass valve ② check valve ③ relief valve ④ drain valve

해설 문제 199번 참조

201. 오일 계통에서 바이패스 밸브(bypass valve)란 무엇인가?

① 오일 필터가 막혔을 때 기관 속으로 바로 보내는 역할을 한다.
② 릴리프 밸브와 같은 역할을 한다.
③ 필터와 함께 항상 작동한다.
④ 정답이 없다.

해설 바이패스 밸브(bypass valve) : 윤활유 여과기가 막혔거나 추운 상태에서 시동할 때에 여과기를 거치지 않고 윤활유가 직접 기관으로 공급되도록 하는 역할을 한다.

202. 오일 스크린(oil screen)이 완전히 막혔다면 다음 중 맞는 것은?

① 계통을 통하여 오일이 없다.
② 계통을 통하여 오일이 조금 흐른다.
③ 전 계통을 통하여 75 ~ 80 % 의 오일만 흐른다.
④ 정상적으로 흐른다.

해설 문제 201번 참조

203. 일반적으로 사용되는 배유 펌프(scavenge pump)의 형식은?

① 기어형 ② 베인형 ③ 지로터형 ④ 피스톤형

정답 199. ③ 200. ③ 201. ① 202. ④ 203. ①

해설 오일 배유 펌프(scavenge pump)는 기어 펌프를 주로 사용한다.

204. 오일 압력 릴리프 밸브의 위치는 어디인가?

① 오일 펌프 입구와 출구 사이 ② 오일 펌프 입구와 탱크 사이
③ 오일 펌프 뒤 필터 앞 ④ 배유 펌프와 냉각기 사이

해설 릴리프 밸브(relief valve) : 오일 펌프 출구와 입구 사이에 장착되어 과도한 압력을 펌프 입구로 되돌려 보낸다.

205. 윤활유 압력이 너무 낮은 경우 예상되는 결함이 아닌 것은?

① 윤활유가 부족하다. ② 윤활유 압력계의 고장이다.
③ 릴리프 밸브가 너무 높게 맞춰졌다. ④ 오일 펌프의 결함이다.

해설 오일 압력 릴리프 밸브(relief valve)가 높게 맞춰지면 윤활유 압력이 낮게 지시하지 않고 높게 지시할 것이다.

206. 오일 희석(oil dilution)에 관한 설명으로 옳은 것은?

① 오일을 전부 drain 시키고 비행 전에 다시 채워준다.
② 시동 전 오일과 연료를 섞어준다.
③ 추운날 난기 운전을 도와준다.
④ 엔진 시동 직후에 바로 가솔린을 넣어 오일을 묽게 한다.

해설 오일 희석 장치(oil dilution system) : 차가운 기후에 오일의 점성이 크면 시동이 곤란하므로 필요에 따라 가솔린을 엔진 정지 직전에 오일 탱크에 분사하여 오일 점성을 낮게 함으로써 시동을 용이하게 하는 장치를 말한다.

207. 추운 날 엔진 시동을 돕기 위하여 오일 희석 장치는 엔진 오일을 다음 중 어느 것으로 희석하는가?

① kerosene ② gasoline ③ alcohol ④ propane

해설 문제 206번 참조

208. 엔진 오일에 가솔린은 언제 희석하는가?

① 기관 정지 후 바로 ② 기관 시동 전에
③ 기관을 끄기 직전에 ④ 기관 시동 후 바로

해설 문제 206번 참조

정답 204. ① 205. ③ 206. ③ 207. ② 208. ③

209. 왕복 기관에서 오일 배유 펌프가 압력 펌프보다 용량이 더 큰 이유는 무엇인가?
① 오일 배유 펌프는 쉽게 고장이 나므로
② 윤활유가 고온이 됨에 따라 팽창하므로
③ 압력 펌프보다 압력이 낮으므로
④ 배유가 공기와 혼합하여 체적이 증가하므로

해설 오일 배유 펌프(oil scavenge pump)의 용량이 오일 압력 펌프(oil pressure pump)보다 큰 것은 엔진에서 흘러나오는 오일이 어느 정도 거품이 일게 되어 압력 펌프를 통해 엔진에 들어오는 오일보다 더 많은 체적을 갖기 때문이다.

210. 배유 펌프와 압력 펌프를 비교 설명한 것 중 맞는 것은?
① 배유 펌프가 압력 펌프보다 크다.
② 압력 펌프가 배유 펌프보다 크다.
③ 크기가 같다.
④ 압력이 높을 때는 압력 펌프가 크다.

해설 문제 209번 참조

211. 왕복 기관 시동 후 가장 먼저 확인해야 하는 계기는?
① 오일 압력계
② 연료 압력계
③ 실린더 헤드 온도계
④ 다지관 압력계

해설 왕복엔진은 시동되었을 때 오일 계통이 안전하게 기능을 발휘하고 있는가를 점검하기 위하여 오일 압력 계기를 관찰하여야 한다. 만약 시동 후 30초 이내에 오일 압력을 지시하지 않으면 엔진을 정지하여 결함부분을 수정하여야 한다.

212. 계기에서 읽을 수 있는 오일의 온도는 어디의 온도인가?
① 소기 펌프의 오일 온도
② 기관으로 들어가는 오일 온도
③ 기관에서 나오는 오일 온도
④ 탱크로 들어가는 오일 온도

해설 문제 214번 참조

213. 오일 계통에서 베어링의 마모 및 계통의 마모 여부를 알 수 있는 장치는?
① 오일 필터
② 칩 디텍터(chip detector)
③ 오일 압력 조절 밸브
④ 오일 필터 막힘 경고등

정답 209. ④ 210. ① 211. ① 212. ② 213. ②

해설 칩 디텍터(chip detector) : 엔진 오일의 순환 속에 포함되어 있는 철분 조각을 끌어 모으는 윤활계통의 구성품으로 칩 디텍터(chip detector)를 장탈하여 검사함으로써 구성품의 마모 상태를 알 수 있다.

214. 기관의 오일 온도계는 어디의 온도를 지시하는가?

① 오일 냉각기로 들어오는 오일 ② 오일 저장 탱크 오일
③ 오일 탱크로 귀환한 오일 ④ 기관으로 들어가는 오일

해설 dry sump system에는 오일 온도 감지장치(oil temperature bulb)가 오일 탱크와 엔진 사이의 oil inlet line 어디에나 있을 수 있다. wet sump system은 오일 냉각기를 지난 후 오일의 온도를 감지할 수 있는 곳에 오일 온도 감지장치가 위치한다. 어느 시스템이나 오일이 엔진 고열 부분으로 들어가기 전에 오일 온도를 측정한다.

215. 왕복 기관에서 오일을 주기적으로 교환해 주는 이유는?

① 체적효율을 증가시키기 위해
② 오일이 계속 소모되기 때문
③ 오일 속의 금속 미립자와 탄소 찌꺼기를 제거하기 위하여
④ 많은 수분이 오일을 희석시키기 때문

해설 오일 계통의 각종 부품의 마모로 인한 불순물의 제거를 위하여 엔진 오일을 주기적 교환

216. 항공기용 왕복 기관에서 4행정기관의 6기통 기관의 점화순서는?

① 1－6－3－2－5－4 ② 1－5－3－6－4－2
③ 1－6－4－5－3－2 ④ 1－2－5－3－6－4

해설 점화순서(firing order)

㉠ 6기통 수평 대향형 기관 : 1－6－3－2－5－4 또는 1－4－5－2－3－6
㉡ 9기통 성형기관 : 1－3－5－7－9－2－4－6－8
㉢ 복렬 14기통 성형기관(＋9, －5) : 1－10－5－14－9－4－13－8－3－12－7－2－11－6
㉣ 복렬 18기통 성형기관(＋11, －7) : 1－12－5－16－9－2－13－6－17－10－3－14－7－18－11－4－15－8

217. 9기통 성형기관의 점화순서로 맞는 것은?

① 1－6－3－2－5－4－9－8－7 ② 1－2－3－4－5－6－7－8－9
③ 1－3－5－7－9－2－4－6－8 ④ 9－8－7－6－5－4－3－2－1

해설 문제 216번 참조

정답 214. ④ 215. ③ 216. ① 217. ③

218. 9기통 성형 엔진에서 배전판의 점화순서는?

① 1-5-9-4-8-3-7-2-6 ② 1-4-7-2-6-9-3-8-5
③ 1-2-3-4-5-6-7-8-9 ④ 1-3-5-7-9-2-4-6-8

해설 배전판은 번호 순서대로 점화가 되고 각각의 실린더는 해당 순서에 따라 점화가 된다.

219. 9기통 성형기관에서 distributor rotor finger가 #7 electrode를 지시할 때 몇 번 실린더가 점화되겠는가?

① 3번 ② 4번
③ 5번 ④ 6번

해설 배전기가 7번을 지시할 때 점화순서의 7번째인 4번 실린더에 점화가 일어난다.

220. 9기통 성형기관에서 좌측 마그네토 배전판의 5번 전극은 다음 중 어느 것과 연결되어 있는가?

① 9번 실린더의 후방 점화 플러그
② 5번 실린더의 전방 점화 플러그
③ 5번 실린더의 후방 점화 플러그
④ 9번 실린더의 전방 점화 플러그

해설 점화방식의 종류

(1) 단식 점화방식 : 각 실린더마다 1개의 점화 플러그를 연결하여 사용하는 점화방식
(2) 복식 점화방식 : 각 실린더마다 2개의 점화 플러그를 연결하여 사용하는 점화방식
 ㉠ 안전하고 확실하게 점화된다.
 ㉡ 연소속도가 빨라 디토네이션(detonation) 방지에 효과가 있다.
 ㉢ 한쪽 계통이 고장나도 안전하게 작동한다.
(3) 연결방법
 ㉠ 대향형 기관
 - 우측 마그네토 : 우측 실린더의 상부 점화 플러그와 좌측 실린더의 하부 점화 플러그와 연결되어 있다.
 - 좌측 마그네토 : 좌측 실린더의 상부 점화 플러그와 우측 실린더의 하부 점화 플러그와 연결되어 있다.
 ㉡ 성형기관
 - 우측 마그네토 : 앞쪽 점화 플러그와 연결되어 있다.
 - 좌측 마그네토 : 뒤쪽 점화 플러그와 연결되어 있다.

정답 218. ③ 219. ② 220. ①

221. 수평 대향형 기관에서 우측 마그네토는 어떤 실린더의 어느 쪽의 점화 플러그에 연결되는가?

① 우측 실린더 상부, 좌측 실린더 하부 점화 플러그
② 우측 실린더 상부, 좌측 실린더 상부 점화 플러그
③ 우측 실린더 하부, 좌측 실린더 상부 점화 플러그
④ 우측 실린더 하부, 좌측 실린더 하부 점화 플러그

해설 문제 220번 참조

222. 전기 누설의 가능성이 많은 고공에서 비행하는 항공기에 적합한 점화계통은?

① 고압 점화계통 ② 저압 점화계통 ③ 변압 코일계통 ④ 전압 코일계통

해설 마그네토 점화계통의 종류

㉠ 저압 점화계통(low tension ignition system) : 마그네토의 1차 코일에서 유도된 비교적 낮은 전압을 각 실린더마다 하나씩 설치된 변압기에서 승압시킨 다음 점화 플러그로 전달하는 방법으로 고 고도에서 전기 누설이 없어 고 고도 비행에 적합하다.

㉡ 고압 점화계통(high tension ignition system) : 마그네토의 1차 코일에서 유도된 낮은 전압을 자체에 장착되어 있는 2차 코일에서 고전압으로 승압시킨 다음 마그네토에 부착된 배전기를 통해 점화 플러그에 전달하는 방법으로 고 고도에서 전기 누설이 많다.

223. 저압 점화계통에서 점화 플러그의 점화에 필요한 고전압은 어디에서 공급되는가?

① 마그네토 1차 코일 ② 마그네토 2차 코일
③ 각 실린더 근처에 설치된 변압 코일 ④ 배전기

해설 문제 222번 참조

224. 점화장치에서 마그네토 2차 코일의 전압은 어디에서 얻는가?

① 1차 코일 ② 축전지 ③ 승압 코일 ④ 배전기

해설 문제 222번 참조

225. 마그네토 자체에 있는 변압기에 의해 고압으로 승압시켜 점화 플러그에 전달하는 방법은?

① 고압 마그네토 ② 저압 마그네토 ③ 축전지 마그네토 ④ 중압 마그네토

해설 문제 222번 참조

정답 221. ① 222. ② 223. ③ 224. ① 225. ①

226. 고압 마그네토를 고공에서 사용하였을 경우 일어나는 현상이 아닌 것은?

① 무게 증가
② flash over
③ 코로나 현상
④ arc 현상

해설 고압 점화장치를 고 고도에서 사용할 때 고장의 원인을 보면 다음과 같다.

㉠ 플래시 오버(flash over) : 항공기가 고 고도에서 운용될 때 공기의 밀도가 낮기 때문에 절연이 잘 안되어 배전기 내부에서 고전압이 튄다.

㉡ 커패시턴스(capacitance) : 전자를 저장하는 도체의 능력으로 점화 플러그의 간격을 뛰어 넘을 수 있는 불꽃을 내기에 충분한 전압이 될 때까지 도선에 전하가 저장되는 데 불꽃이 튀어 점화 플러그의 간격에 통로가 형성될 때 전압이 상승하는 동안 도선에 저장된 에너지가 열로서 발산된다. 에너지의 방전이 비교적 낮은 전압과 높은 전류의 형태이기 때문에 전극이 소손되고 점화 플러그가 손상된다.

㉢ 습기(moisture) : 습기가 있는 곳에는 전도율이 증가되어 고압 전기가 새어 나가는 통로가 생긴다.

㉣ 고전압 코로나(high voltage corona) : 고전압이 절연된 도선의 전도체와 도선 근처 금속 물체에 영향을 미칠 때 전기응력이 절연체에 가해진다. 이 응력이 반복해서 작용하면 절연체 손상의 원인이 된다.

227. 왕복 기관에서 마그네토 점화장치의 점화 스위치는 브레이커 포인트(breaker point)와 어떻게 연결되어 있는가?

① 점화 스위치와 브레이크 포인트를 직렬 연결시킨다.
② 점화 스위치와 브레이크 포인트를 병렬 연결시킨다.
③ 점화 스위치와 브레이크 포인트를 직접 연결시킨다.
④ 점화 스위치와 브레이크 포인트를 교류 연결시킨다.

해설 브레이커 포인트(breaker point)

㉠ 브레이커 포인트는 1차 코일에 병렬로 연결되며 E-gap 위치에서 열리도록 되어 있다. 브레이커 포인트가 열리는 순간 2차 코일에 높은 전압이 유도된다.

㉡ 브레이커 포인트는 콘덴서(condenser)와 병렬로 연결되어 있다.

㉢ 백금(platinum)-이리듐(iridium)으로 만들어져 있다.

228. 마그네토 접지선이 끊어지면 일어나는 현상은 무엇인가?

① 후화현상이 발생한다.
② 역화현상이 발생한다.
③ 기관이 꺼지지 않는다.
④ 시동이 걸리지 않는다.

정답 226. ① 227. ② 228. ③

해설 P－lead

㉠ P－lead는 조종석의 점화 스위치와 마그네토의 1차 코일을 연결하는 전선이며 스위치의 기능을 마그네토에 전달하는 역할을 한다.

㉡ P－lead가 open 되면 점화 스위치를 off 해도 엔진이 꺼지지 않고 단락(short) 되면 1차 회로가 접지상태이므로 점화가 되지 않는다.

229. 점화계통에서 콘덴서는 마그네토 회로와 어떻게 연결되는가?

① 1차 코일과 직렬로　② 1차 코일과 병렬로
③ 1차 코일과 교류로　④ 브레이커 포인트와 직렬로

해설 콘덴서(condenser)

㉠ 1차 코일과 콘덴서는 병렬로 연결되어 있다.

㉡ 브레이커 포인트에 생기는 아크(arc)를 흡수하여 브레이커 포인트 접점부분의 불꽃에 의한 마멸을 방지하고 철심에 발생했던 잔류자기를 빨리 없애준다.

㉢ 콘덴서의 용량이 너무 적으면 아크를 발생시켜 접점을 태우고 용량이 너무 크면 전압이 감소되어 불꽃이 약해진다.

230. 브레이커 포인터(breaker point)가 손상되었을 때 교환해야 하는 부품은?

① 1차 코일　② 2차 코일　③ 배전기 접점　④ 콘덴서

해설 문제 229번 참조

231. 마그네토 브레이크 접점(breaker point)이 탔거나 움푹 들어간 것은?

① 1차 콘덴서가 결함이다.　② 부적당한 연료를 사용하였다.
③ 윤활의 결핍이다.　④ 점화 전 리드가 소트(short) 되었다.

해설 문제 229번 참조

232. 마그네토의 브레이커 포인트가 고착되었다면 무엇을 초래하는가?

① 스위치를 off 해도 엔진이 정지하지 않는다.
② 마그네토가 작동하지 않는다.
③ 높은 속도에서 점화되지 않는다.
④ 시동 시 역화를 일으킨다.

해설 마그네토의 브레이커 포인트가 고착되었다면 1차 회로를 끊어주지 못하므로 2차 코일에 고압이 유기되지 못한다.

정답 229. ② 230. ④ 231. ① 232. ②

233. 마그네토에서 사용하는 폴 슈(pole shoe)의 재질은?

① 강철　② 고탄소강　③ 여러 겹의 연철　④ 주철

해설 폴 슈(pole shoe)의 재질은 여러 겹의 연철로 되어 있다.

234. E-gap이란 무엇인가?

① 극 중립 위치에서 브레이커 포인트가 열렸을 때의 각도
② 극 중립 위치에서 브레이커 포인트가 막혔을 때의 각도
③ 자속 회전에서 브레이커 포인트가 열렸을 때의 각도
④ 자속 회전에서 브레이커 포인트가 막혔을 때의 각도

해설 마그네토의 회전 자석이 중립위치를 약간 지나 1차 코일에 자기 응력이 최대가 되는 위치를 E-gap 위치라 하고, 이것은 중립위치로부터 브레이커 포인트가 떨어지려는 순간까지 회전 자석의 회전각도를 크랭크축의 회전각도로 환산하여 표시하는 경우 이 각도를 E-gap이라 하는 데 설계에 따라 다르긴 하나 보통 5~7° 사이이며, 이 때 접점이 떨어져야 마그네토가 가장 큰 전압을 얻을 수 있다.

235. E-gap angle과 가장 관계가 깊은 것은 무엇인가?

① 밸브 오버랩(valve overlap)　② 파워 오버랩(power overlap)
③ 밸브 타이밍(valve timing)　④ 마그네토 타이밍(magneto timing)

해설 문제 234번 참조

236. 수평 대향형 6실린더 기관에 장착되어 있는 2극 마그네토의 회전속도는?

① 크랭크축 속도의 1/4배　② 크랭크축 속도의 1/2배
③ 크랭크축 속도의 1.25배　④ 크랭크축 속도의 1.5배

해설 문제 240번 참조

237. 지상에서 왕복 기관의 시운전 중 마그네토 스위치를 both로부터 left나 right로 돌릴 때 정상적인 지시는?

① rpm에 변화가 없다.　② rpm이 조금 변한다.
③ rpm이 많이 변한다.　④ rpm과는 관계없다.

해설 마그네토 점검

㉠ 점화 스위치를 both 위치에서 left로 돌려서 rpm 낙차를 관찰한 뒤 다시 both로 되돌린다.

정답 233. ③　234. ①　235. ④　236. ④　237. ②

㉡ 점화 스위치를 right 로 돌려서 rpm 낙차를 관찰한 뒤 다시 both 로 돌린다.
㉢ 엔진을 단일 마그네토로 2~3초보다 오래 작동시켜서는 안된다. 왜냐하면, 점화 플러그에타지 않은 탄소가 축적되는 fouling이 잘 일어나기 때문이다.

238. 점화계통에서 임펄스 커플링(impulse coupling)의 역할은?
① 시동 시 고전압을 공급한다.
② 점화시기를 앞당겨 킥 백을 방지한다.
③ 배전기로 고전압을 전달한다.
④ 배터리에서 온 전기를 1차 코일로 직접 공급한다.

해설 임펄스 커플링(impulse coupling)
㉠ 대향형 기관의 시동 보조장치
㉡ 시동할 동안 마그네토의 로터에 순간적으로 고회전속도를 주어 magneto coming in speed 충족
㉢ 일정 각도 동안 점화를 지연시켜 킥 백(kick back)을 방지

239. 점화계통에 사용되는 승압 코일(booster coil)의 목적은 무엇인가?
① 기관 시동 시 고압의 불꽃을 발생한다.
② 자석 발전기의 1차 코일에 맥류를 공급한다.
③ 2차 코일에 맥류를 공급한다.
④ 충격 접속부에 고압 불꽃을 발생한다.

해설 승압 코일(booster coil)
㉠ 초기의 성형기관 시동 보조장치
㉡ 마그네토가 고전압을 발생시킬 수 있는 회전속도에 이를 때까지 점화 플러그에 점화 불꽃을 일으키게 만들어 주는 역할

240. 4사이클 엔진의 마그네토 구동축의 회전속도는?(단, 구동축 회전속도 : γ, 실린더 수 : N, 마그네토의 극 수 : n)

① $\gamma = \frac{N}{2}$ ② $\gamma = \frac{N}{n+1}$ ③ $\gamma = \frac{N}{n \times 2}$ ④ $\gamma = \frac{N+1}{n \times 2}$

해설 4행정기관에서는 크랭크축이 2회전하는 동안 모든 실린더가 한번씩 점화를 해야 하므로 크랭크축이 1회전하는 동안 점화횟수는 기관 실린더 수의 1/2이 된다. 그러므로 크랭크축의 회전속도에 대한 마그네토의 회전속도는 기관 실린더 수를 2로 나눈 다음 회전 자석의 극 수로 나눈 값과 같다.

정답 238. ① 239. ① 240. ③

241. 왕복 기관의 마그네토 배전기 회전자의 회전속도비로 옳은 것은?

① 실린더 수 × 캠 로브 수　② 실린더 수 ÷ 캠 로브 수

③ $\dfrac{\text{실린더 수}}{2 \times \text{캠 로브 수}}$　④ $\dfrac{\text{크랭크축 회전수}}{2}$

해설 배전기 (distributor)

㉠ 배전기는 2차 코일에서 유도된 고전압을 점화순서에 따라 기관의 각 실린더에 전달하는 역할을 하며 회전부분과 고정부분으로 나누어진다.

㉡ 회전부분은 배전기 회전자라 하고, 고정부분은 배전기 블록이라 하며, 배전기 회전자는 회전 영구 자석 구동축에 기어로 연결되어 크랭크축 속도의 1/2로 회전한다.

242. 배전기 회전자의 리타드 핑거 (retard finger)의 역할은 무엇인가?

① 자동 점화를 방지한다.　② 마그네토의 손상을 방지한다.

③ 킥 백 현상을 방지한다.　④ 축전지 손상을 방지한다.

해설 리타드 핑거 (retard finger)의 역할 : 기관의 저속 운전 시 점화 시기가 정상 작동 시와 같이 빠르다면 기관이 거꾸로 회전하는 킥 백 현상이 발생하므로 점화 시기를 늦추어서 킥 백 현상을 방지한다.

243. 점화 플러그의 설명 중 잘못된 것은?

① 점화 플러그는 전극, 세라믹 절연체, 금속 셸로 구성되어 있다.

② hot plug와 cold plug로 분류된다.

③ 고온으로 작동되는 기관에서 hot plug를 사용한다.

④ 고온으로 작동되는 기관에서 cold plug를 사용한다.

해설 점화 플러그 (ignition plug)

㉠ 점화 플러그는 마그네토나 다른 고전압 장치에 의해 만들어진 높은 전기적 에너지를 혼합가스를 점화하는 데 필요한 열에너지로 변환시켜 주는 장치이다.

㉡ 점화 플러그는 전극, 세라믹 절연체, 금속 셸로 이루어진다.

㉢ 열의 전달 특성에 따라 고온 플러그와 일반 플러그, 저온 플러그로 나뉜다.

㉣ 과열되기 쉬운 기관에는 냉각이 잘되는 저온 플러그를 사용하고 냉각이 잘 되도록 만든 기관에는 열이 잘 발산되지 않는 고온 플러그를 사용해야 한다.

㉤ 고온으로 작동하는 기관에 고온 플러그를 사용하면 점화 플러그 끝이 과열되어 조기점화의 원인이 되고 저온으로 작동하는 기관에 저온 플러그를 사용하면 점화 플러그 끝에 타지 않은 탄소가 축적되는 fouling의 원인이 된다.

정답 241. ④　242. ③　243. ③

244. 제동마력이란 무엇인가?

① 엔진에 잠재하는 전 마력 ② 프로펠러 축에 공급되는 마력
③ 감속 기어에 손실된 마력 ④ 마찰을 이기는 데 손실된 마력

해설 기관의 지시마력에서 마찰력을 이기는 데 소비된 마력, 즉 마찰마력을 뺀 마력을 제동마력이라 하는 데 이것은 프로펠러에 전달되는 마력으로 실제로 기관의 마력을 표시한다. 제동마력은 지시마력의 85~90 % 정도이다.

245. 체적효율을 감소시키는 요인이 아닌 것은?

① 연소실의 고온 ② 과도한 회전 ③ 불안전한 배기 ④ 과도한 냉각

해설 체적효율

(1) 같은 압력, 같은 온도 조건에서 실제로 실린더 안으로 흡입된 혼합가스의 체적과 행정 체적과의 비를 말한다.

(2) 체적효율을 감소시키는 원인

㉠ 밸브의 부적당한 타이밍, ㉡ 너무 작은 다기관 지름, ㉢ 너무 많이 구부러진 다기관 ㉣ 고온공기 사용, ㉤ 연소실의 고온, ㉥ 배기행정에서의 불안전한 배기, ㉦ 과도한 속도

246. 기관의 제동마력과 단위시간당 기관이 소비한 연료 에너지의 비를 무엇이라 하는가?

① 제동 열효율 ② 기계 효율 ③ 비연료 소비율 ④ 지시 효율

해설 제동 열효율은 어떤 기관의 제동마력과 단위 시간당 기관이 소비한 연료 에너지의 비

247. 30분 동안 연속 작동해도 아무 무리가 없는 최대 마력은?

① 완속마력 ② 이륙마력 ③ 정격마력 ④ 순항마력

해설 마력

㉠ 이륙마력 (take off horse power) : 항공기가 이륙을 할 때에 기관이 낼 수 있는 최대의 출력을 말하는 데 대형 기관에서는 안전 작동과 최대 마력 보증 및 수명 연장을 위하여 1~5분간의 사용 시간 제한을 두는 것이 보통이다.

㉡ 정격마력 (rated horse power) : 기관을 보통 30분 정도 또는 계속해서 연속 작동을 해도 아무 무리가 없는 최대 마력으로 사용 시간 제한 없이 장시간 연속 작동을 보증할 수 있는 마력을 연속 최대 마력이라 한다.

㉢ 순항마력 (cruising horse power) : 경제마력이라고도 하며 항공기가 순항비행을 할 때에 사용하는 마력으로서 효율이 가장 좋은, 즉 연료 소비율이 가장 적은 상태에서 얻어지는 동력을 말하며 비행 중 가장 오랜 시간 사용하게 되는 마력이다.

정답 244. ② 245. ④ 246. ① 247. ③

항공 발동기

Chapter 02

프로펠러

1. 프로펠러 깃 면(blade face)은 어느 곳인가?

① 프로펠러 깃의 뿌리 끝
② 프로펠러 깃의 평평한 쪽
③ 프로펠러 깃의 캠버로 된 면
④ 프로펠러의 끝 부분

해설 프로펠러 깃 면(blade face)은 깃의 평평한 쪽을 말한다.

2. 프로펠러 깃에서 깃이 캠버(camber)로 된 쪽을 무엇이라 하는가?

① 깃 면(blade face)
② 깃 등(blade back)
③ 시위선(chord line)
④ 앞전(leading edge)

해설 프로펠러 깃 등(blade back)은 깃의 캠버로 된 면을 말한다.

3. 일반적으로 프로펠러 깃의 위치(blade station)는 어디서부터 측정이 되는가?

① 블레이드 생크(blade shank)로부터 블레이드 팁(blade tip)까지 측정한다.
② 허브(hub) 중심에서부터 블레이드 팁(blade tip)까지 측정한다.
③ 블레이드 팁(blade tip)부터 허브(hub) 까지 측정한다.
④ 허브(hub) 부터 생크(shank) 까지 측정한다.

해설 깃의 위치(blade station)는 허브(hub)의 중심으로부터 깃을 따라 위치를 표시한 것으로 일반적으로 허브의 중심에서 6인치 간격으로 깃 끝으로 나누어 표시하며 깃의 성능이나 깃의 결함, 깃 각을 측정할 때에 그 위치를 알기 쉽게 한다.

4. 프로펠러에 작용하는 하중이 아닌 것은?

① 인장력
② 굽힘력
③ 압축력
④ 비틀림

정답 1. ② 2. ② 3. ② 4. ③

해설 프로펠러에 작용하는 힘과 응력

㉠ 추력과 휨 응력 : 추력은 프로펠러가 회전하는 동안 깃의 윗면으로 공기의 힘이 생겨 깃을 앞으로 전진하게 하는 힘을 말하며 이 추력에 의하여 프로펠러 깃은 앞쪽으로 휘어지는 휨 응력을 받는다.

㉡ 원심력에 의한 인장응력 : 원심력은 프로펠러 회전에 의해 일어나고 깃을 허브의 중심에서 밖으로 빠져나가게 하는 힘을 말하며 이 원심력에 의해 프로펠러 깃에는 인장응력이 발생하는 데 프로펠러에 작용하는 힘 중 가장 크다.

㉢ 비틀림과 비틀림 응력 : 비틀림은 깃에 작용하는 공기의 합성속도가 프로펠러 중심축의 방향과 같지 않기 때문에 생기는 힘으로 프로펠러 깃에는 비틀림 응력이 발생한다. 회전하는 프로펠러 깃에는 공기력 비틀림 모멘트와 원심력 비틀림 모멘트가 발생한다. 공기력 비틀림 모멘트는 깃의 피치를 크게 하려는 방향으로 작용하며 원심력 비틀림 모멘트는 깃의 피치를 작게 하려는 경향을 말한다. 비틀림 응력은 회전속도의 제곱에 비례한다.

5. **프로펠러에 가장 큰 응력을 발생하는 것은?**

① 원심력
② 토크에 의한 굽힘
③ 추력에 의한 굽힘
④ 공기력에 의한 비틀림

해설 문제 4번 참조

6. **프로펠러 블레이드에 작용하는 힘 중 가장 큰 힘은?**

① 구심력
② 인장력
③ 비틀림력
④ 원심력

해설 문제 4번 참조

7. **프로펠러의 원심 비틀림 모멘트의 경향은?**

① 깃을 저 피치로 돌리려는 경향이 있다.
② 깃을 고 피치로 돌리려는 경향이 있다.
③ 깃을 뒤로 구부리려는 경향이 있다.
④ 깃을 바깥쪽으로 던지려는 경향이 있다.

해설 문제 4번 참조

8. **프로펠러 회전속도가 증가함에 따라 블레이드에서 원심 비틀림 모멘트는 어떤 경향을 가지는가?**

① 감소한다.
② 증가한다.
③ 일정하다.
④ 최대 회전속도에서는 감소한다.

해설 문제 4번 참조

정답 5. ① 6. ④ 7. ① 8. ②

9. 프로펠러 감속 기어의 이점은 무엇인가?

① 효율 좋은 블레이드 각으로 더 높은 엔진 출력을 사용할 수 있다.
② 엔진은 높은 프로펠러의 원심력으로 더 천천히 운전할 수 있다.
③ 더 짧은 프로펠러를 사용할 수 있으며 따라서 압력을 높인다.
④ 연소실의 온도를 조정한다.

해설 프로펠러 감속 기어(reduction gear) : 감속 기어의 목적은 최대 출력을 내기 위하여 고회전할 때 프로펠러가 엔진 출력을 흡수하여 가장 효율 좋은 속도로 회전하게 하는 것이다. 프로펠러는 깃 끝 속도가 표준 해면상태에서 음속에 가깝거나 음속보다 빠르면 효율적인 작용을 할 수가 없다. 프로펠러는 감속 기어를 사용할 때 항상 엔진보다 느리게 회전한다.

10. 프로펠러 효율과의 관계 중 옳은 것은?

① 회전속도에 비례한다.
② 전진율에 비례한다.
③ 가속에 비례한다.
④ 동력계수에 반비례한다.

해설 프로펠러 효율은 기관으로부터 전달된 축 동력과 프로펠러가 발생한 동력의 비를 말한다.

$$\eta_p = \frac{TV}{P} = \frac{C_t}{C_p} \cdot \frac{V}{nD} = \frac{C_t \rho n^2 D^4 V}{C_p \rho n^3 D^5}$$

여기서, T : 추력, V : 비행속도, P : 동력, D : 프로펠러 지름
n : 프로펠러 회전속도, C_t : 추력계수, C_p : 동력계수

11. 프로펠러가 비행 중 한 바퀴 회전하여 이론적으로 전진한 거리는?

① 기하학적 피치 ② 회전 피치 ③ root 피치 ④ 유효 피치

해설 피치(pitch)

㉠ 기하학적 피치(geometric pitch) : 프로펠러 깃을 한 바퀴 회전시켰을 때 앞으로 전진할 수 있는 이론적 거리를 말한다.
㉡ 유효 피치(effective pitch) : 공기 중에서 프로펠러를 1회전시켰을 때 실제로 전진하는 거리로서 항공기의 진행거리이다.
㉢ 프로펠러 슬립(propeller slip) $= \frac{G.P - E.P}{G.P} \times 100\,\%$

12. 프로펠러가 비행 중 한 바퀴 회전하여 실제적으로 전진한 거리는?

① 기하학적 피치 ② 유효 피치 ③ 슬립(slip) ④ 회전 피치

해설 문제 11번 참조

정답 9. ① 10. ④ 11. ① 12. ②

13. 일반적으로 프로펠러 깃 각은?
① 깃 각은 깃 끝까지 일정하다.
② 깃 뿌리에서는 깃 각이 작고, 깃 끝으로 갈수록 커진다.
③ 깃 뿌리에서는 크고, 깃 끝으로 갈수록 작아진다.
④ 깃의 중앙부분이 가장 크다.

해설 프로펠러의 깃 각(blade angle)
㉠ 깃 각은 프로펠러 회전면과 시위선이 이루는 각을 말한다.
㉡ 깃 각은 전 길이에 걸쳐 일정하지 않고 깃 뿌리(blade root)에서 깃 끝으로 갈수록 작아진다.
㉢ 일반적으로 깃 각을 대표하여 표시할 때는 프로펠러의 허브 중심에서 75% 되는 위치의 깃 각을 말한다.

14. 다음 중 유효피치를 설명한 것 중 맞는 것은?
① 프로펠러를 한 바퀴 회전시켜 실제로 전진한 거리
② 프로펠러를 두 바퀴 회전시켜 전진할 수 있는 이론적인 거리
③ 프로펠러를 두 바퀴 회전시켜 실제로 전진한 거리
④ 프로펠러를 한 바퀴 회전시켜 프로펠러가 앞으로 전진할 수 있는 이론적인 거리

해설 문제 11번 참조

15. 고정피치 프로펠러 설계 시 최대 효율기준은?
① 이륙 시 ② 상승 시
③ 순항 시 ④ 최대 출력 사용 시

해설 고정피치 프로펠러(fixed pitch propeller) : 프로펠러 전체가 한 부분으로 만들어지며 깃 각이 하나로 고정되어 피치 변경이 불가능하다. 그러므로 순항속도에서 프로펠러 효율이 가장 좋도록 깃 각이 결정되며 주로 경비행기에 사용한다.

16. 하나의 속도에서 효율이 가장 좋도록 지상에서 피치각을 조종하는 프로펠러는 다음 중 어느 것인가?
① 고정피치 프로펠러 ② 조정피치 프로펠러
③ 2단 가변피치 프로펠러 ④ 정속 프로펠러

정답 13. ③ 14. ① 15. ③ 16. ②

해설 조정피치 프로펠러(adjustable pitch propeller) : 1개 이상의 비행속도에서 최대의 효율을 얻을 수 있도록 피치의 조정이 가능하다. 지상에서 기관이 작동하지 않을 때 조정나사로 조정하여 비행목적에 따라 피치를 변경한다.

17. 2단 가변피치 프로펠러에서 착륙 시 피치각은?

① 저피치 ② 고피치 ③ 완전 페더링 ④ 중립위치

해설 가변피치 프로펠러(controllable pitch propeller) : 비행목적에 따라 조종사에 의해서 또는 자동으로 피치 변경이 가능한 프로펠러로서 기관이 작동될 동안에 유압이나 전기 또는 기계적 장치에 의해 작동된다.

㉠ 2단 가변피치 프로펠러(2 position controllable pitch propeller)는 조종사가 저피치와 고피치인 2개의 위치만을 선택할 수 있는 프로펠러이다. 저피치는 이·착륙할 때와 같은 저속에서 사용하고, 고피치는 순항 및 강하 비행 시에 사용한다.

㉡ 정속 프로펠러(constant speed propeller)는 조속기(governor)에 의하여 저피치에서 고피치까지 자유롭게 피치를 조정할 수 있어 비행속도나 기관 출력의 변화에 관계없이 항상 일정한 속도를 유지하여 가장 좋은 프로펠러 효율을 가지도록 한다.

18. 정속 프로펠러(constant speed propeller)에 대한 설명 중 옳은 것은?

① 조종사가 피치를 변경하지 않아도 조속기(governor)에 의하여 프로펠러의 회전수가 일정하게 유지된다.
② 조종사가 피치 변경을 할 수 있다.
③ 조종사가 조속기(governor)를 통하여 수동적으로 회전수를 일정하게 유지할 수 있다.
④ 피치를 변경하면 자동적으로 조속기(governor)에 의해 회전수가 일정하게 유지된다.

해설 문제 17번 참조

19. 정속 프로펠러의 피치각을 조절해 주는 것은?

① 공기밀도 ② 조속기 ③ 오일 압력 ④ 평형 스프링

해설 문제 17번 참조

20. 가변피치 프로펠러 중 저피치와 고피치 사이에서 무한한 피치각을 취하는 프로펠러는?

① 2단 가변피치 프로펠러 ② 완전 페더링 프로펠러
③ 정속 프로펠러 ④ 역피치 프로펠러

해설 문제 17번 참조

정답 17. ① 18. ① 19. ② 20. ③

21. 항공기용 프로펠러에 조속기를 장비하여 비행고도, 비행속도, 스로틀 위치에 관계없이 조종사가 선택한 기관 회전수를 항상 일정하게 유지시켜 가장 좋은 효율을 가질 수 있도록 한 프로펠러의 형식은?

① 정속 프로펠러
② 조정피치 프로펠러
③ 페더링 프로펠러
④ 고정피치 프로펠러

해설 문제 17번 참조

22. 이·착륙할 때 정속 프로펠러의 위치는 어디에 놓이는가?

① 고피치, 고 rpm ② 저피치, 저 rpm
③ 고피치, 저 rpm ④ 저피치, 고 rpm

해설 항공기가 이·착륙할 때에는 저피치, 고 rpm에 프로펠러를 위치시킨다.

23. 비행 중 대기속도가 증가할 때 프로펠러 회전을 일정하게 유지하려면 블레이드 피치는?

① 증가시켜야 한다.
② 감소시켜야 한다.
③ 일정하게 유지해야 한다.
④ 대기속도가 증가함에 따라 서서히 증가시켰다가 감소시켜야 한다.

해설 대기속도가 빨라지면 프로펠러 회전속도가 증가하는 데 회전속도를 일정하게 유지하기 위해서 피치를 증가시키면 프로펠러 회전저항이 커지기 때문에 회전속도가 증가하지 못하고 정속 회전상태로 돌아온다.

24. 정속 프로펠러 조작을 정속 범위 내에서 위치시키고 엔진을 순항 범위 내에서 운전할 때는?

① 스로틀(throttle)을 줄이면 블레이드(blade) 각은 증가한다.
② 블레이드(blade) 각은 스로틀(throttle)과 무관하다.
③ 스로틀(throttle) 조작에 따라 rpm이 직접 변한다.
④ 스로틀(throttle)을 열면 블레이드(blade) 각은 증가한다.

해설 스로틀(throttle)을 열면 프로펠러 깃 각(blade angle)과 흡기압(map)이 증가하고 rpm은 변하지 않는다.

정답 21. ① 22. ④ 23. ① 24. ④

25. 정속 프로펠러를 장착한 엔진이 2300rpm으로 조종되어진 상태에서 스로틀 레버를 밀면 rpm은 어떻게 되는가?

① rpm이 감소한다. ② rpm이 증가한다.
③ 피치가 감소한다. ④ rpm에는 변화가 없다

해설 문제 24번 참조

26. 정속 프로펠러는 비행조건에 따라 피치를 변경하는 데 low에서 high 순서로 나열한 것은 어느 것인가?

① 상승, 순항, 하강, 이륙 ② 이륙, 상승, 순항, 강하
③ 이륙, 상승, 강하, 순항 ④ 강하, 순항, 상승, 이륙

해설 비행기가 이륙하거나 상승할 때에는 속도가 느리므로 깃 각을 작게 하고 비행속도가 빨라짐에 따라 깃 각을 크게 하면 비행속도에 따라 프로펠러 효율을 좋게 유지할 수 있다.

27. 프로펠러 블레이드의 받음각이 가장 클 경우는 다음 중 어느 것인가? (단, rpm은 일정하다.)

① low blade angle, high speed ② low blade angle, low speed
③ high blade angle, high speed ④ high blade angle, low speed

28. 정속 프로펠러(constant speed propeller)에서 스피더 스프링(speeder spring)의 장력과 거버너 플라이 웨이트(fly weight)가 중립위치일 때 어떤 상태인가?

① 정속상태 ② 과속상태 ③ 저속상태 ④ 페더상태

해설 정속 프로펠러

㉠ 정속상태(on speed condition) : 스피더 스프링과 플라이 웨이트가 평형을 이루고 파일럿 밸브가 중립위치에 놓여져 가압된 오일이 들어가고 나가는 것을 막는다.

㉡ 저속상태(under speed condition) : 플라이 웨이트 회전이 느려져 안쪽으로 오므라들고 스피더 스프링이 펴지며 파일럿 밸브는 밑으로 내려가 열리는 위치로 밀어 내린다. 가압된 오일은 프로펠러 피치 조절 실린더를 앞으로 밀어내어 저피치가 된다. 프로펠러가 저피치가 되면 회전수가 회복되어 다시 정속상태로 돌아온다.

㉢ 과속상태(over speed condition) : 플라이 웨이트의 회전이 빨라져 밖으로 벌어지게 되어 스피더 스프링을 압축하여 파일럿 밸브는 위로 올라와 프로펠러의 피치 조절은 실린더로부터 오일이 배출되어 고피치가 된다. 고피치가 되면 프로펠러의 회전저항이 커지기 때문에 회전속도가 증가하지 못하고 정속상태로 돌아온다.

정답 25. ④ 26. ② 27. ④ 28. ①

29. 정속 프로펠러에서 프로펠러가 과속상태(over speed)가 되면 플라이 웨이트(fly weight)는 어떤 상태가 되는가?

① 안으로 오므라든다.
② 밖으로 벌어진다.
③ 스피더 스프링(speeder spring)과 플라이 웨이트(fly weight)는 평형을 이룬다.
④ 블레이드 피치 각을 적게 한다.

해설 문제 28번 참조

30. 정속 프로펠러에서 조속기(governor) 플라이 웨이트(fly weight)가 스피더 스프링의 장력을 이기면 프로펠러는 어떤 상태에 있는가?

① 정속상태 ② 과속상태 ③ 저속상태 ④ 페더상태

해설 문제 28번 참조

31. 정속 프로펠러 조속기(governor)의 스피더 스프링의 장력을 완화시키면 프로펠러 피치와 rpm에는 어떤 변화가 있겠는가?

① 피치 감소, rpm 증가 ② 피치 감소, rpm 감소
③ 피치 증가, rpm 증가 ④ 피치 증가, rpm 감소

해설 스피더 스프링의 장력을 완화시키면 플라이 웨이트가 밖으로 벌어지게 되고 파일럿 밸브는 위로 올라와 프로펠러의 피치 조절은 실린더로부터 오일이 배출되어 고피치가 된다. 고피치가 되면 프로펠러의 회전저항이 커지기 때문에 회전속도가 증가하지 못하고 정속상태로 돌아온다.

32. 프로펠러 회전에 따른 기관의 고장 확대를 방지하기 위하여 사용되는 프로펠러는?

① 정속 프로펠러 ② 역 피치 프로펠러
③ 완전 페더링 프로펠러 ④ 2단 가변피치 프로펠러

해설 완전 페더링 프로펠러(feathering propeller)

㉠ 비행 중 기관에 고장이 생겼을 때 정지된 프로펠러에 의한 공기저항을 감소시키고 프로펠러가 풍차 회전에 의하여 기관을 강제로 회전시켜 줌에 따른 기관의 고장 확대를 방지하기 위해서 프로펠러 깃을 진행 방향과 평행이 되도록(거의 90도에 가깝게) 변경시키는 것
㉡ 프로펠러의 정속 기능에 페더링 기능을 가지게 한 것을 완전 페더링 프로펠러라 한다.
㉢ 페더링 방법에는 여러 가지가 있으나 신속한 작동을 위해 유압에서는 페더링 펌프를 사용하고 전기식에는 전압 상승장치를 이용한다.

정답 29. ② 30. ② 31. ④ 32. ③

33. 프로펠러가 저 rpm 위치에서 feather 위치까지 변경될 때 바른 순서는?
① 고피치가 직접 페더 위치까지
② 저피치를 통하여 고피치가 페더 위치까지
③ 저피치가 직접 페더 위치까지
④ 고피치를 통하여 저피치가 페더 위치까지

해설 문제 32번 참조

34. 터보 프롭 엔진의 프로펠러에 ground fine pitch를 두는 데 그 이유는 무엇인가?
① 시동 시 토크를 적게 하기 위해서
② high rpm 시 소비마력을 적게 하기 위하여
③ 지상 시운전 시 엔진 냉각을 돕기 위하여
④ 항력을 감소시키고 원활한 회전을 위하여

해설 ground fine pitch
㉠ 시동 시 토크를 적게 하고 시동을 용이하도록 한다.
㉡ 기관의 동력 손실을 방지한다.
㉢ 착륙 시 블레이드의 전면면적을 넓혀서 착륙거리를 단축시킨다.
㉣ 완속 운전시 프로펠러에 토크가 적다.

35. 터보 프롭 엔진의 프로펠러에 ground fine pitch를 두는 데 그 이유로 틀린 것은 다음 중 어느 것인가?
① 시동 시 토크를 적게 하기 위해서
② idle 운전 시 소비마력을 적게 하기 위하여
③ 지상 시운전 시 엔진 냉각을 돕기 위하여
④ 착륙거리를 줄이기 위하여

해설 문제 34번 참조

정답 33. ① 34. ① 35. ③

Chapter 03 가스 터빈 기관

1. 왕복 기관에 비해 가스 터빈 기관의 장점이 잘못된 것은?

① 추운 날씨에 시동 성능이 우수하며 높은 회전수를 얻을 수 있다.
② 비행속도가 증가할수록 효율이 좋아 초음속 비행이 가능하다.
③ 연료 소비율이 적으며 진동이 심하다.
④ 가격이 싼 연료를 사용한다.

해설 가스 터빈 엔진의 왕복 기관에 대한 특성
㉠ 연소가 연속적이므로 중량당 출력이 크다.
㉡ 왕복운동 부분이 없어 진동이 적고 고 회전이다.
㉢ 한랭 기후에서도 시동이 쉽고 윤활유 소비가 적다.
㉣ 비교적 저급 연료를 사용한다.
㉤ 비행속도가 클수록 효율이 높고 초음속 비행이 가능하다.
㉥ 연료 소모량이 많고 소음이 심하다.

2. 왕복 기관에 비해 가스 터빈 기관의 장점이 아닌 것은?

① 기관 진동이 적다.
② 고속 비행이 가능하다.
③ 추운 기후에서 시동이 용이하다.
④ 연료 소모량이 적다.

해설 문제 1번 참조

3. 가스 터빈 기관의 분류와 관계가 있는 것은?

① 터보 제트 기관, 터보 팬 기관, 터보 프롭 기관, 터보 샤프트 기관
② 터보 제트 기관, 터보 팬 기관, 터보 프롭 기관, 펄스 제트 기관
③ 터보 제트 기관, 터보 팬 기관, 램 제트 기관, 펄스 제트 기관
④ 터보 제트 기관, 터보 팬 기관, 램 제트 기관, 터보 샤프트 기관

정답 1. ③ 2. ④ 3. ①

해설 가스 터빈 기관의 분류

(1) 압축기 형태에 따른 분류

㉠ 원심식 압축기 기관 : 소형 기관이나 지상용 가스 터빈 기관에 많이 사용

㉡ 축류식 압축기 기관 : 대형 고성능 기관에 주로 많이 사용

(2) 출력 형태에 따른 분류

㉠ 제트 기관 : 터보 제트, 터보 팬 기관

㉡ 회전 동력 기관 : 터보 프롭, 터보 샤프트 기관

4. 다음 중 가스 터빈 기관의 종류가 아닌 것은?

① 터보 팬 ② 터보 프롭 ③ 터보 제트 ④ 램 제트

해설 문제 3번 참조

5. 가스 터빈 엔진 중 추진효율이 가장 낮은 것은?

① 터보 팬(turbo fan) ② 터보 제트(turbo jet)
③ 터보 샤프트(turbo shaft) ④ 터보 프롭(turbo prop)

해설 추진효율이란 공기가 기관을 통과하면서 얻은 운동 에너지와 비행기가 얻은 에너지인 추력 동력의 비를 말하는 데 추진효율을 증가시키는 방법을 이용한 기관이 터보 팬 기관이다. 특히 높은 바이패스 비를 가질수록 효율이 높다.

6. 가스 터빈 기관에서 배기소음이 가장 큰 것은?

① 터보 팬 ② 터보 프롭 ③ 터보 샤프트 ④ 터보 제트

해설 배기소음

㉠ 배기소음은 배기노즐로부터 대기 중에 고속으로 분출된 배기가스가 대기와 심하게 부딪쳐 혼합될 때 발생한다. 소음의 크기는 배기가스 속도의 6~8 제곱에 비례하고 배기노즐 지름의 제곱에 비례한다.

㉡ 터보 제트 기관은 배기가스의 분출속도가 터보 팬이나 터보 프롭 기관에 비하여 상당히 빠르므로 배기소음이 특히 심하다.

7. 가스 터빈 엔진 중 고속 비행 중 가장 효율이 좋은 것은 어느 것인가?

① 터보 제트 엔진 ② 터보 팬 엔진
③ 터보 프롭 엔진 ④ 터보 샤프트 엔진

정답 4. ④ 5. ③ 6. ④ 7. ①

해설 터보 제트(turbo jet) 기관

㉠ 저 고도, 저속에서 연료 소모율이 높으나 고속에서는 추진효율이 좋다.
㉡ 전면면적이 좁기 때문에 비행기를 유선형으로 만들 수 있다.
㉢ 천음속에서 초음속 범위에 걸쳐 우수한 성능을 지닌다.
㉣ 이륙거리가 길고 소음이 심하다.
㉤ 후기 연소기를 사용하여 추력을 증대시킬 수 있다.
㉥ 소형이면서 큰 추력이 필요하고 초음속 비행을 하는 전투기에 많이 사용된다.

8. 천음속에서 추력 비연료 소비율이 좋은 것은?

① 터보 제트(turbo jet) ② 터보 팬(turbo fan)
③ 터보 프롭(turbo prop) ④ 왕복엔진

해설 문제 7번 참조

9. 터보 팬(turbo fan) 엔진의 특성이 아닌 것은 무엇인가?

① 추력 증가 ② 이륙거리 증가
③ 무게 경감 ④ 소음 감소

해설 터보 팬(turbo fan) 기관

㉠ 이·착륙거리의 단축 및 추력 증가 ㉡ 무게가 경량이다.
㉢ 경제성 향상 ㉣ 소음이 적다.
㉤ 날씨 변화에 영향이 적다.

10. 분사 추진력을 사용하는 형태는 어느 것인가?

① 터보 프롭 ② 터보 샤프트 ③ 글라이더 ④ 터보 팬

해설 제트 기관은 압축기, 연소실, 터빈으로 이루어져 고온 고압의 연소가스를 배기노즐을 통하여 고속으로 분사하는 반 작용력에 의하여 추력을 얻는 것으로 터보 제트 기관과 터보 팬 기관이 있다.

11. 가스 터빈 기관 중에서 출력 감속 장치를 통해 프로펠러를 구동하고 배기가스에서 약간의 추력을 얻는 엔진은 어느 것인가?

① 터보 제트 기관 ② 터보 팬 기관
③ 터보 프롭 기관 ④ 터보 샤프트 기관

정답 8. ① 9. ② 10. ④ 11. ③

해설 터보 프롭(turbo prop) 기관

㉠ 엔진의 압축기 부에서 축을 내어 감속 기어를 통하여 엔진의 회전수를 감속시켜 프로펠러를 구동하여 추력을 얻는 것으로 추력의 75 %는 프로펠러에서, 나머지 25 %는 배기가스에서 얻는다.

㉡ 저속에서 높은 효율과 큰 추력을 가지는 장점이 있지만 고속에서는 프로펠러 효율 및 추력이 떨어지므로 고속 비행을 할 수 없다.

㉢ 저속에서 단위 추력당 연료 소모율이 가장 적다.

㉣ 감속 기어 등으로 인하여 무게가 무거우나 역추력 발생이 용이하다.

12. 터보 프롭 엔진은 프로펠러에서 추력을 몇 % 내는가?

① 15 ~ 25 % ② 30 % ③ 75 ~ 85 % ④ 100 %

해설 문제 11번 참조

13. 터보 프롭 엔진(turbo prop engine)의 출력은 무엇에 비례하는가?

① 출력 토크 ② 회전수 ③ 압력비 ④ 배기가스 온도

해설 터보 프롭(turbo prop) 기관 : 기관에서 만들어진 토크를 축을 통하여 추력으로 변환시키기 위한 프로펠러를 구동시키는 기관이다.

14. 가스 터빈 기관의 종류 중 헬리콥터 및 지상 동력장치로 사용되는 기관은?

① 터보 제트 기관 ② 터보 팬 기관
③ 터보 샤프트 기관 ④ 터보 프롭 기관

해설 터보 샤프트(turbo shaft) 기관

㉠ 추력의 100 %를 축을 이용하여 얻고 배기가스에 의한 추력은 없다.

㉡ 자유 터빈 사용으로 시동 시 부하가 적다.

㉢ 헬리콥터에 주로 사용한다.

15. 디퓨저, 밸브 망, 연소실 및 분사 노즐로 구성된 제트 기관은?

① 램 제트 ② 펄스 제트 ③ 터보 제트 ④ 터보 팬

해설 펄스 제트와 램 제트 기관

㉠ 펄스 제트(pulse jet) 기관 : 디퓨저, 밸브 망, 연소실, 분사 노즐로 구성되어 있다.

㉡ 램 제트(ram jet) 기관 : 디퓨저, 연소실, 분사 노즐로 구성되어 있다.

정답 12. ③ 13. ① 14. ③ 15. ②

16. 헬리콥터의 이중 회전계(dual tachometer)의 지침은 무엇을 지시하는가?

① 주 로터(main rotor)와 테일 로터(tail rotor)의 rpm
② 엔진(engine)과 테일 로터(tail rotor)의 rpm
③ 엔진(engine)과 트랜스미션(transmission)의 rpm
④ 엔진(engine)과 주 로터(main rotor)의 rpm

해설 헬리콥터의 이중 회전계는 기관의 회전수와 주 로터의 회전수를 지시하는 1차 엔진 계기이다.

17. 제트 엔진의 엔진 마운트(engine mount)는 유연성이 요구된다. 그 이유는 무엇인가?

① 엔진이 열에 의해서 팽창되는 것을 방지
② 엔진의 작동방지
③ 착륙 시 충격흡수
④ 악기류 비행 시 엔진 움직임 방지

해설 엔진 마운트(engine mount) : 엔진에서 발생하는 모든 힘을 기체에 전달하는 역할을 한다. 엔진 마운트는 모두 어느 정도의 가소성(flexibility)을 가지고 있다. 엔진 마운트는 생각할 수 있는 모든 비행조건에서 전해지는 하중에 대항하여 동력장치와 기체구조의 기하학적 관계를 유지할 필요가 있는 데 그러기 위해서는 충분한 강도를 유지해야 하지만 피로나 소음을 발생시키는 힘을 기체에 전할 정도로 강해서는 안 된다.

이 가소성의 정도를 정하는 것은 어려우며 일반적 방법으로는 마운트의 구조를 충분히 강하게 하고 동력장치의 지지점에는 특별 설계한 가소성 부싱(bushing)을 장착하여 마운트에 가소성을 주고 있다.

18. 엔진이 모듈 개념으로 조립되는 이유는 무엇인가?

① 제작이 용이하다.
② 엔진 출력을 증대시킨다.
③ 효율적인 정비가 가능하다.
④ 낮은 rpm에서 높은 출력을 낸다.

해설 모듈 구조(module construction) : 엔진의 정비성을 좋게 하기 위하여 설계하는 단계에서 엔진을 몇 개의 정비 단위, 다시 말해 모듈로 분할할 수 있도록 해 놓고 필요에 따라서 결함이 있는 모듈을 교환하는 것만으로 엔진을 사용가능한 상태로 할 수 있게 하는 구조를 말한다. 그 때문에 모듈은 그 각각이 완전한 호환성을 갖고 교환과 수리가 용이하도록 되어 있다.

19. 1차 공기가 20%일 때 BPR(bypass ratio)은 얼마인가?

① 2 ② 3 ③ 4 ④ 5

정답 16. ④ 17. ① 18. ③ 19. ③

해설 $BPR = \frac{W_S}{W_P}$ 이므로 $BPR = \frac{80}{20} = 4$

20. 터보 팬 기관에서 바이패스 비란 무엇인가?

① 압축기를 통과한 공기 유량과 압축기를 제외한 팬을 통과한 공기 유량과의 비
② 압축기를 통과한 공기 유량과 터빈을 통과한 공기 유량과의 비
③ 팬에 유입된 공기 유량과 팬에서 방출된 공기 유량과의 비
④ 기관에 흡입된 공기 유량과 기관에서 배출된 공기 유량과의 비

해설 바이패스 비 (bypass ratio)

㉠ 터보 팬 기관에서 팬을 지나가는 공기를 2차 공기라 하고 압축기를 지나가는 공기를 1차 공기라 하는 데 1차 공기량과 2차 공기량의 비를 바이패스 비라 한다.

$$BPR = \frac{W_S}{W_P}$$

㉡ 바이패스 비가 클수록 추진효율이 좋아지지만 기관의 지름이 커지는 문제점이 있다.

21. 터보 팬 엔진에서 BPR (bypass ratio)이란 무엇인가?

① 1차 공기 / 2차 공기
② 2차 공기 / 1차 공기
③ 1차 공기 / 전체 공기
④ 2차 공기 / 전체 공기

해설 문제 20번 참조

22. 가스 터빈 엔진 중에서 그 구조가 모듈 구조로 된 것이 있는 데, 그 장점으로 맞는 것은?

① 엔진의 정비성이 좋다.
② 엔진의 수송이 간단하다.
③ 모든 모듈을 엔진이 기체에 장착한 상태에서 교환할 수 있다.
④ 모듈 사이의 결합은 케이싱의 플랜지를 결합하는 것만으로 된다.

해설 문제 18번 참조

23. 가스 터빈 기관의 추진원리는?

① 오일러 법칙
② 관성의 법칙
③ 가속도 법칙
④ 작용과 반작용 법칙

해설 가스 터빈 기관의 작동원리 : 뉴턴의 제 3 법칙인 작용 반작용의 원리 (한 물체가 다른 물체에 힘을 미칠 때는 항상 다른 물체에도 크기가 같고 방향이 반대인 힘이 같은 작용선 상에 미친다. 이 힘을 작용에 대한 반작용이라 한다.)를 이용한 것이다.

정답 20. ① 21. ② 22. ① 23. ④

24. 가스 터빈 기관의 이상적인 사이클은?

① 오토 ② 카르노 ③ 캘빈 ④ 브레이턴

해설 브레이턴 사이클(brayton cycle) : 가스 터빈 기관의 이상적인 사이클로서 브레이턴에 의해 고안된 동력기관의 사이클이다. 가스 터빈 기관은 압축기, 연소실 및 터빈의 주요 부분으로 이루어지며 이것을 가스 발생기라 한다. 가스 터빈 기관의 압축기에서 압축된 공기는 연소실로 들어가 정압 연소(가열) 되어 열을 공급하기 때문에 정압 사이클이라고도 한다.

25. 다음 중 가스 터빈 기관의 사이클(cycle)은?

① 정적 사이클 ② 정압 사이클 ③ 단열 사이클 ④ 오토 사이클

해설 문제 24번 참조

26. 가스 터빈 기관의 기본 연소형식은 어느 것인가?

① 단열가열 ② 등압가열 ③ 등용가열 ④ 단열팽창

해설 문제 24번 참조

27. 브레이턴 사이클(brayton cycle)의 과정은 다음 중 어느 것인가?

① 단열압축, 정적가열, 단열팽창, 정적방열
② 정적가열, 단열압축, 정적방열, 단열팽창
③ 정압수열, 단열압축, 단열팽창, 정압방열
④ 단열압축, 정압가열, 단열팽창, 정압방열

해설 브레이턴 사이클 : 단열압축 → 정압가열 → 단열팽창 → 정압방열

28. 아음속 항공기에 사용되는 엔진의 공기 흡입 덕트는 어떤 형태를 사용해야 하는가?

① 확산형 덕트 ② 수축형 덕트
③ 수축－확산형 덕트 ④ 가변 공기 흡입 덕트

해설 공기 흡입 덕트(air inlet duct) : 가스 터빈 기관이 필요로 하는 공기를 압축기에 공급하는 동시에 고속으로 들어오는 공기의 속도를 감소시키면서 압력을 상승시키기 때문에 가스 터빈 기관의 성능에 직접 영향을 주는 중요한 부분이다. 아음속 항공기에서는 확산형을 초음속 항공기에서는 수축－확산형을 사용한다.

정답 24. ④ 25. ② 26. ② 27. ④ 28. ①

29. 초음속 항공기에 사용되는 공기 흡입구의 형태는?

① 수축형 ② 확산형 ③ 수축-확산형 ④ 확산-수축형

해설 문제 28번 참조

30. 가스 터빈 기관 공기 흡입 부분의 압력 회복점에 대한 설명 중 틀린 것은?

① 압축기 입구의 정압 상승이 도관 안에서 마찰로 인한 압력 강하와 같아지는 항공기속도를 말한다.
② 압축기 입구의 정압이 대기압과 같아지는 항공기 속도를 말한다.
③ 공기 흡입 도관의 성능을 좌우하는 것이다.
④ 압력 회복점은 높을수록 좋은 흡입관이다.

해설 압력 회복점(ram pressure recovery point) : 압축기 입구에서의 정압 상승이 도관 안에서 마찰로 인한 압력 강하와 같아지는 항공기 속도이다. 즉, 압축기 입구의 정압이 대기압과 같아지는 항공기 속도를 말하며 압력 회복점이 낮을수록 좋은 흡입관이다.

31. jet 기관의 열효율을 나타내는 것은 어느 것인가? (단, γ : 압력비, k : 공기 비열비)

① $1-\left(\frac{1}{\gamma}\right)^{\frac{k-1}{k}}$ ② $1-\left(\frac{1}{\gamma}\right)^{\frac{k+1}{k}}$ ③ $1-\left(\frac{1}{\gamma}\right)^{\frac{k}{k-1}}$ ④ $1-\left(\frac{1}{\gamma}\right)^{\frac{k}{k+1}}$

32. 압력비가 5인 브레이턴 사이클의 열효율은? (단, 공기 비열비는 1.4이다.)

① 35.47 % ② 36.86 % ③ 32.86 % ④ 38.26 %

해설 브레이턴 사이클의 열효율

$$\eta = 1-\left(\frac{1}{\gamma}\right)^{\frac{k-1}{k}} = 1-\left(\frac{1}{5}\right)^{\frac{1.4-1}{1.4}} = 0.3686 = 36.86\,\%$$

33. 터보 제트 기관의 주요 3개 부분은 무엇인가?

① 압축기, 터빈, 후기 연소기 ② 압축기, 연소실, 터빈
③ 흡입구, 압축기, 노즐 ④ 압축기, 디퓨저, 터빈

해설 가스 터빈 기관은 압축기, 연소실 및 터빈의 주요 부분으로 이루어지며, 이것을 가스 발생기라 한다.

정답 29. ③ 30. ④ 31. ① 32. ② 33. ②

34. 가스 터빈 기관의 주요 구성품이 아닌 것은?

① 압축기 ② 터빈 ③ 연소실 ④ 배기노즐

해설 문제 33번 참조

35. 가스 터빈 기관을 압축기의 형식에 따라 구분할 때 고성능 가스 터빈 기관에 많이 사용하는 형식은 무엇인가?

① 축류형 ② 원심력형 ③ 축류-원심력형 ④ 겹흡입식

해설 압축기의 종류

㉠ 원심식 압축기 : 제작이 간단하여 초기에 많이 사용하였으나 효율이 낮아 요즘에는 거의 쓰이지 않는다.

㉡ 축류형 압축기 : 현재 사용하고 있는 가스 터빈 엔진은 대부분 사용한다.

㉢ 원심-축류형 압축기 : 소형 항공기 및 헬리콥터 엔진 등에 사용한다.

36. 최근 가장 보편적으로 사용하는 제트 엔진의 두 가지 압축기 형식은 무엇인가?

① 수평식과 방사형 ② 축류식과 방사형
③ 레디얼과 세로형 ④ 축류식과 원심식

해설 문제 35번 참조

37. 원심식 압축기의 장점이 아닌 것은?

① 단당 압력비가 높다. ② 구조가 간단하다.
③ 신뢰성이 있다. ④ 대량 공기를 압축할 수 있다.

해설 원심식 압축기

(1) 임펠러 (impeller), 디퓨저 (diffuser), 매니폴드 (manifold) 로 구성되어 있다.

(2) 장 점

㉠ 단당 압력비가 높다.

㉡ 구조가 간단하고 값이 싸다.

㉢ 구조가 튼튼하고 가볍다.

(3) 단 점

㉠ 압축기 입구와 출구의 압력비가 낮다.

㉡ 효율이 낮으며 많은 양의 공기를 처리할 수 없다.

㉢ 추력에 비하여 기관의 전면면적이 넓기 때문에 항력이 크다.

정답 34. ④ 35. ① 36. ④ 37. ④

38. 원심식 압축기의 장점이 아닌 것은 어느 것인가?

① 경량이다. ② FOD에 대한 저항력이 없다.
③ 구조가 간단하다. ④ 제작비가 저렴하다.

해설 문제 37번 참조

39. 원심식 압축기의 이점은 무엇인가?

① 단당 압력비가 높다.
② 전면면적에 비해 많은 양의 공기를 처리할 수 있다.
③ 다단으로 제작 가능하다.
④ 입구 및 출구 압력비 및 압축기 효율이 높기 때문에 고성능 기관에 사용한다.

해설 문제 37번 참조

40. 원심식 압축기를 구성하고 있는 주요 부분은 무엇인가?

① 로터, 스테이터, 디퓨저 ② 로터, 스테이터, 다지관
③ 로터, 디퓨저, 다지관 ④ 임펠러, 디퓨저, 다지관

해설 문제 37번 참조

41. 가스 터빈 엔진에서 서지(surge) 현상이 일어나는 곳은 어디인가?

① 팬 전방 ② 압축기 ③ 터빈 ④ 배기노즐

해설 축류 압축기에서 압력비를 높이기 위하여 단 수를 늘리면 점차로 안전 작동범위가 좁아져 시동성과 가속성이 떨어지고 마침내 빈번하게 실속 현상을 일으키게 된다. 실속이 발생하면 엔진은 큰 폭발음과 진동을 수반한 순간적인 출력 감소를 일으키고, 또 경우에 따라서는 이상 연소에 의한 터빈 로터와 스테이터의 열에 의한 손상, 압축기 로터의 파손 등의 중대 사고로 발전하는 경우도 있다. 또한, 압축기 전체에 걸쳐 발생하는 심한 압축기 실속을 서지(surge)라고도 한다.

42. 가스 터빈 기관에서 압축기 실속을 방지하는 데 사용되는 방법이 아닌 것은?

① 가변 바이패스 밸브 ② 가변 정익 구조
③ 가변 동익 구조 ④ 블리드 밸브

정답 38. ② 39. ① 40. ④ 41. ② 42. ③

해설 압축기 실속(compressor stall) 방지책
㉠ 가변 안내 베인(variable inlet guide vane) ㉡ 가변 정익 베인(variable stator vane)
㉢ 가변 바이패스 밸브(variable bypass valve) ㉣ 다축식 압축기 사용
㉤ 블리드 밸브(bleed valve) 사용

43. 원심력식 압축기에서 고속의 속도 에너지를 저속의 압력 에너지로 바꾸어 주는 장치는?
① 임펠러 ② 디퓨저 ③ 매니폴드 ④ 배기노즐

해설 임펠러에 의해 증가된 공기의 운동 에너지는 디퓨저(diffuser)에서 속도가 감소되어 압력 에너지로 바꾸면서 압력이 증가한다. 이렇게 압력이 높아진 공기는 압축기 매니폴드에서 뒤쪽으로 방향을 바꾸어 연소실로 들어간다. 즉, 디퓨저는 속도를 감소시키고 압력을 증가시키는 역할을 한다.

44. 축류식 압축기에 대한 설명으로 옳은 것은?
① 전면면적에 비해 많은 양의 공기를 처리할 수 있다.
② 손상에 강하다.
③ 다단으로 제작하기 곤란하다.
④ 구조가 간단하다.

해설 축류식 압축기
(1) 로터(rotor), 스테이터(stator)로 구성되어 있다.
(2) 장 점
㉠ 전면면적에 비해 많은 양의 공기를 처리할 수 있다.
㉡ 압력비 증가를 위해 여러 단으로 제작할 수 있다.
㉢ 입구와 출구와의 압력비 및 압축기 효율이 높기 때문에 고성능 기관에 많이 사용한다.
(3) 단 점
㉠ F.O.D에 의한 손상을 입기 쉽다.
㉡ 제작비가 고가이다.
㉢ 동일 압축비의 원심식 압축기에 비해 무게가 무겁다.
㉣ 높은 시동 파워(starting power)가 필요하다.

45. 축류식 압축기가 원심식 압축기에 비해 장점이 될 수 있는 것은?
① 정비하기가 용이하다. ② 전면면적이 넓다.
③ 가격이 저렴하다. ④ 압력비가 높다.

해설 문제 44번 참조

정답 43. ② 44. ① 45. ④

46. 축류식 압축기의 특징이 아닌 것은 어느 것인가?
① 다단으로 만들어 많은 공기를 처리할 수 있다.
② 압축기 출구압력을 상당히 높일 수 있다.
③ 압축기 실속 위험이 많다.
④ F.O.D에 대한 저항력이 크다.

해설 문제 44번 참조

47. 축류식 압축기를 원심식 압축기와 비교할 때 장점은 무엇인가?
① 시동 파워가 낮다.
② 중량이 가볍다.
③ 압축기 효율이 높다.
④ 단위 면적이 커서 많은 양의 공기를 처리할 수 있다.

해설 문제 44번 참조

48. 축류식 압축기가 원심식 압축기보다 좋은 점은 무엇인가?
① 단당 압력비가 높다.
② 제작이 쉽고 값이 싸다.
③ 전면면적에 비해 많은 양의 공기를 처리할 수 있다.
④ 구조가 튼튼하고 가볍다.

해설 문제 44번 참조

49. 압축기 실속은 다음 어느 경우에 발생하는가?
① 항공기의 속도가 압축기 rpm에 비하여 너무 작을 때
② 항공기의 속도가 압축기 rpm에 비하여 너무 클 때
③ 램 압력이 압축기 압력에 비하여 너무 클 때
④ 램 압력이 없을 때

해설 압축기 실속(compressor stall) 원인
㉠ 압축기 출구압력이 너무 높을 때(C.D.P가 너무 높을 때)
㉡ 압축기 입구온도가 너무 높을 때(C.I.T가 너무 높을 때)
㉢ 기관의 회전속도가 너무 낮아져 압축기 뒤쪽의 공기가 충분히 압축되지 못하기 때문에 공기가 압축기를 빠져나가지 못해 누적되는 choke 현상 발생 시
㉣ 공기 흡입속도가 작을수록, 기관 회전속도가 클수록 발생한다.

정답 46. ④ 47. ③ 48. ③ 49. ①

50. 압축기 실속(compressor stall)은 다음 어느 경우에 발생하는가?

① 유입공기의 절대속도가 늦고 로터의 받음각이 적당할 때
② 항공기의 속도가 압축기 rpm에 비하여 너무 작을 때
③ 압축기 회전수가 설계점에 가깝게 된 때
④ 유입공기의 변화가 일정할 때

해설 문제 49번 참조

51. 압축기 실속(compressor stall)의 원인이 아닌 것은?

① 회전속도 증가
② 배기속도 감소
③ F.O.D
④ 유입 공기속도 감소

해설 문제 49번 참조

52. 압축기 실속이 발생하면 어떤 현상이 발생하는가?

① EGT 감소
② EGT 증가
③ EGT 증가, rpm 감소
④ EGT, rpm 증가

해설 압축기 실속이 발생하면 rpm이 감소하고 배기가스 온도(EGT)가 급상승한다.

53. 압축기 실속이 발생하면 다음과 같은 현상이 일어난다. 옳은 것은?

① EGT가 급상승하며 회전수가 올라간다.
② EGT가 감소한다.
③ 엔진의 소음이 낮아진다.
④ EGT가 급상승하며 회전수가 올라가지 못한다.

해설 문제 52번 참조

54. 압축기 실속이 일어나기 좋은 조건은 어느 것인가?

① 흡입속도가 크고 회전속도가 클 때
② 흡입속도가 작고 회전속도가 클 때
③ 흡입속도가 크고 회전속도가 작을 때
④ 흡입속도가 작고 회전속도가 작을 때

해설 문제 49번 참조

정답 50. ② 51. ② 52. ③ 53. ④ 54. ②

55. 가스 터빈 기관의 압축기 실속을 줄이기 위한 방법이 아닌 것은?
① 압축기 블레이드의 청결을 유지한다.
② 터빈 노즐의 한계값을 유지한다.
③ 터빈 노즐 다이어프램을 냉각시킨다.
④ 가변 정익의 한계값을 유지한다.

해설 압축기 실속을 줄이기 위한 방법
㉠ 압축기 블레이드의 청결 유지 및 파손 수리
㉡ 정확한 블레이드 각 유지 및 조절
㉢ 터빈 노즐의 한계값 유지
㉣ 주 연료장치(fuel control unit)의 연료 스케줄을 한계값 내로 유지
㉤ 가변 정익 베인의 작동 각도를 한계값으로 유지

56. 압축기의 블리드 밸브(bleed valve)가 작동하는 시기는?
① 압축기가 저속으로 작동할 때
② 압축기가 고속으로 작동할 때
③ 회전수가 저속에서 고속으로 급격히 증가할 때
④ 회전수가 고속에서 저속으로 급격히 감소할 때

해설 서지 블리드 밸브(surge bleed valve) : 압축기의 중간단 또는 후방에 블리드 밸브(bleed valve, surge bleed valve)를 장치하여 엔진의 시동 시와 저출력 작동 시에 밸브가 자동으로 열리도록 하여 압축 공기의 일부를 밸브를 통하여 대기 중으로 방출시킨다. 이 블리드에 의해 압축기 전방의 유입 공기량은 방출 공기량만큼 증가되므로 로터에 대한 받음각이 감소하여 실속이 방지된다.

57. 축류 압축기의 압축기 블리드 밸브(bleed valve)가 압축 공기를 배출(bleed)하는 시기는?
① 고회전 시
② 저회전 시
③ 실속 발생 시
④ 이륙 정격 출력 시

해설 문제 56번 참조

58. 가스 터빈 기관에서 서지 블리드 밸브(surge bleed valve)의 주된 역할은 다음 중 무엇인가?
① 압축기 실속을 방지한다.
② 윤활계통의 압력을 조절한다.
③ 분사 연료의 유입을 조절한다.
④ 램 압력을 조절한다.

해설 문제 56번 참조

정답 55. ③ 56. ① 57. ② 58. ①

59. 가스 터빈 기관의 블리드 밸브에 대한 설명 중 틀린 것은?

① 압축기 실속이나 서지를 방지한다.
② 블리드 밸브를 통하여 나온 고온 공기는 방빙 장치에 이용된다.
③ 블리드 공기로 터빈 노즐 베인의 냉각에 사용된다.
④ 오일을 가열하며 터빈 노즐 베인은 냉각하지 못한다.

해설 블리드 공기는 기내 냉방, 난방, 객실 여압, 날개 앞전 방빙, 엔진 나셀 방빙, 엔진 시동, 유압 계통 레저버 가압, 물탱크 가압, 터빈 노즐 베인 냉각 등에 이용된다.

60. 터빈 엔진에서 compressor bleed air를 이용하지 않는 것은?

① turbine disk cooling
② engine intake anti-icing
③ air conditioning system
④ turbine case cooling

해설 turbine case cooling system

㉠ 터빈 케이스 외부에 공기 매니폴드를 설치하고 이 매니폴드를 통하여 냉각공기를 터빈 케이스 외부에 내뿜어서 케이스를 수축시켜 터빈 블레이드 팁 간격을 적정하게 보정함으로써 터빈 효율의 향상에 의한 연비의 개선을 위해 마련되어 있다.
㉡ 초기에는 고압 터빈에만 적용되었으나 나중에 고압과 저압에 적용이 확대되었다.
㉢ 냉각에 사용되는 공기는 외부 공기가 아니라 팬을 통과한 공기를 사용한다.

61. 다음 중 다축식 압축기 구조의 단점이 아닌 것은?

① 베어링 수 증가 ② 연료 소모량 증가 ③ 구조가 복잡 ④ 무게 증가

해설 다축식 압축기

㉠ 압축비를 높이고 실속을 방지하기 위하여 사용한다.
㉡ 터빈과 압축기를 연결하는 축의 수와 베어링 수가 증가하여 구조가 복잡해지며 무게가 무거워진다.
㉢ 저압 압축기는 저압 터빈과 고압 압축기는 고압 터빈과 함께 연결되어 회전을 한다.
㉣ 시동기에 부하가 적게 걸린다.
㉤ N_1 (저압 압축기와 저압 터빈 연결축의 회전속도)은 자체속도를 유지한다.
㉥ N_2 (고압 압축기와 고압 터빈 연결축의 회전속도)는 엔진속도를 제어한다.

62. 2축식 압축기의 장점이 아닌 것은 무엇인가?

① N_2는 엔진속도를 제어한다.
② N_1은 자체속도를 유지한다.
③ 시동 시에 부하가 적게 걸린다.
④ FOD의 저항력이 없다.

정답 59. ④ 60. ④ 61. ② 62. ④

해설 문제 61번 참조

63. 고압 압축기와 회전하는 것은 무엇인가?

① 저압 터빈 ② 팬 ③ 고압 터빈 ④ 저압 압축기

해설 문제 61번 참조

64. 2중 축류식 압축기에서 고압 터빈은 어느 축과 연결되어 있는가?

① N_2 압축기 ② 1단계 압축기 디스크
③ N_1 압축기 ④ 저압 압축기

해설 문제 61번 참조

65. 축류형 2축 압축기 팬(axial flow dual compressor fan engine)에서 팬은 다음 어느 것과 같은 속도로 회전하는가?

① 고압 압축기 ② 저압 압축기
③ 전방 터빈 휠 ④ 충동 터빈

해설 팬(fan)은 터보 팬 기관에 사용되며 축류식 압축기와 같은 원리로 공기를 압축하여 노즐을 통하여 외부로 분출시켜 추력을 얻도록 한 것이다. 일종의 지름이 매우 큰 축류식 압축기 또는 흡입관 안에서 작동하는 프로펠러라고도 할 수 있다. 터보 팬 기관의 추력의 약 78%가 이 팬에서 얻어진다. 팬은 저압 압축기에 연결되어 저압 터빈과 함께 회전한다.

66. 가스 터빈 엔진의 기어 박스(gear box)를 구동하는 것은?

① HPT ② HPC ③ LPT ④ LPC

해설 기관 기어 박스에는 각종 보기 및 장비품 등이 장착되어 있는 데 기어 박스는 이들 보기 및 장비품의 점검과 교환이 용이하도록 엔진 전반 하부 가까이 장착되어 있고 고압 압축기 축의 기어와 수직축을 매개로 구동되는 구조로 되어 있는 것이 많다.

67. 가스 터빈 기관에서 인렛 가이드 베인(inlet guide vane)의 목적은?

① 엔진 속으로 들어오는 공기의 속도를 증가시키며 공기 흐름의 소용돌이를 방지한다.
② 공기의 압력을 증대시키고 공기 흐름의 소용돌이를 방지한다.
③ 압축기 서지나 스톨을 방지한다.
④ 입구 면적을 증대시킨다.

정답 63. ③ 64. ① 65. ② 66. ② 67. ③

해설 인렛 가이드 베인(inlet guide vane)

㉠ 압축기 전방 프레임 내부에 있는 정익으로 공기가 흡입될 때 흐름 방향을 동익이 압축하기 가장 좋은 각도로 안내하여 압축기 실속을 방지하고 효율을 높인다.

㉡ 최근의 인렛 가이드 베인은 가변으로 하여 variable inlet guide vane이라 한다.

68. 축류식 압축기의 스테이터 깃의 역할은?

① 속도 증가, 압력 감소
② 속도 증가, 압력 증가
③ 속도 감소, 압력 감소
④ 속도 감소, 압력 증가

해설 축류식 압축기의 회전자(rotor) 깃과 고정자(stator) 깃은 날개골 모양으로 이들 날개골 사이로 공기가 흐를 때 공기 통로는 입구가 좁고 출구가 넓게 되어 있다. 따라서, 공기는 깃과 깃 사이의 공기 통로를 지나면서 속도가 감소하고 압력이 증가하게 된다.

69. 축류식 압축기에서 단당 압력상승 중 로터 깃이 담당하는 압력상승의 백분율을 무엇이라 하는가?

① 반작용
② 작용
③ 충동도
④ 반동도

해설 반동도(reaction rate)

㉠ 축류식 압축기에서 단당 압력상승 중 회전자 깃이 담당하는 압력상승의 백분율(%)을 반동도라 한다.

㉡ $\text{반동도}(\phi_C) = \dfrac{\text{회전자 깃렬에 의한 압력상승}}{\text{단당 압력상승}} \times 100\,\% = \dfrac{P_2 - P_1}{P_3 - P_1} \times 100\,\%$

여기서, P_1 : 회전자 깃렬의 입구압력

P_2 : 고정자 깃렬의 입구, 즉 회전자 깃렬의 출구압력

P_3 : 고정자 깃렬의 출구압력

70. 축류식 압축기에서 반동도를 구하는 공식은?

① $\text{반동도} = \dfrac{\text{로터 깃에 의한 압력상승}}{\text{단당 압력상승}} \times 100$

② $\text{반동도} = \dfrac{\text{스테이터 깃에 의한 압력상승}}{\text{단당 압력상승}} \times 100$

③ $\text{반동도} = \dfrac{\text{단당 압력상승}}{\text{로터 깃에 의한 압력상승}} \times 100$

④ $\text{반동도} = \dfrac{\text{단당 압력상승}}{\text{스테이터 깃에 의한 압력상승}} \times 100$

해설 문제 69번 참조

정답 68. ④ 69. ④ 70. ①

71. 축류식 압축기에서 반동도를 표시한 것 중 맞는 것은? (단, P_1 : 회전자 깃렬의 입구압력, P_2 : 고정자 깃렬의 입구, 즉 회전자 깃렬의 출구압력, P_3 : 고정자 깃렬의 출구압력)

① $\dfrac{P_2 - P_1}{P_3}$ ② $\dfrac{P_2 - P_1}{P_3 - P_1} \times 100\%$ ③ $\dfrac{P_2 - P_1}{P_2 - P_1} \times 100\%$ ④ $\dfrac{P_3}{P_2 - P_1} \times 100\%$

해설 문제 69번 참조

72. 저압 압축기 압축비 3 : 1, 고압 압축기 압축비 9 : 1일 때 전체 압축비는 얼마인가?

① 6 : 1 ② 12 : 1 ③ 27 : 1 ④ 81 : 1

해설 저압 압축비 3배에 고압 압축비 9배가 증가하였으므로 전체 압축비는 27배가 증가한다.

73. 축류식 압축기에서 압축기 로터의 받음각을 변화시키는 것은?

① 유입 공기속도의 변화 ② 압축기 지름 변화
③ 압력비 증가 ④ 압력비 감소

해설 가변 고정자 깃 (variable stator vane) : 축류식 압축기의 고정자 깃의 붙임각을 변경시킬 수 있도록 하여 공기의 흐름 방향과 속도를 변화시킴으로써 회전속도가 변하는 데 따라 회전자 깃의 받음각을 일정하게 한다.

74. 축류식 압축기에서 1단이란?

① 한 열의 로터 깃을 말한다.
② 한 열의 스테이터 깃을 말한다.
③ 하나의 스풀 (spool) 을 말한다.
④ 한 열의 로터 깃과 한 열의 스테이터 깃을 말한다.

해설 축류식 압축기에서 한 열의 회전자 깃과 한 열의 고정자 깃을 합하여 1단이라 한다.

75 엔진 압력비 (EPR)란 무엇인가?

① $\dfrac{\text{압축기 입구전압}}{\text{터빈 출구전압}}$ ② $\dfrac{\text{터빈 입구전압}}{\text{배기가스 전압}}$

③ $\dfrac{\text{터빈 출구전압}}{\text{압축기 입구전압}}$ ④ $\dfrac{\text{배기가스 전압}}{\text{터빈 입구전압}}$

정답 71. ② 72. ③ 73. ① 74. ④ 75. ③

해설 기관 압력비 (EPR ; engine pressure ratio)는 압축기 입구전압과 터빈 출구전압의 비를 말하며 보통 추력에 직접 비례한다. $\text{EPR} = \dfrac{\text{터빈 출구전압}}{\text{압축기 입구전압}}$ 으로 나타낸다.

76. 축류형 압축기를 장착한 항공기가 있다. 여기에서 압축기의 1단이란 어디를 말하는가?

① 1개의 회전 깃의 두께
② 고정자 깃 1개의 두께
③ 일렬의 로터 블레이드와 여기에 인접한 일렬의 스테이터 블레이드
④ 흡입된 체적의 절반으로 공기가 압축될 때까지의 거리

해설 문제 74번 참조

77. 터빈 엔진 압력비 (engine pressure ratio)의 산출방법으로 맞는 것은?

① 엔진 흡입구 전압×터빈 출구전압
② 터빈 흡입구 전압×엔진 흡입구 전압
③ 터빈 출구전압÷엔진 흡입구 전압
④ 엔진 흡입구 전압÷터빈 출구전압

해설 문제 75번 참조

78. EPR 계기는 어느 두 곳 사이에 설치해야 하는가?

① 압축기 입구와 출구
② 압축기 입구와 터빈 출구
③ 압축기 출구, 터빈 출구
④ 터빈 입구와 터빈 출구

해설 문제 75번 참조

79. 가스 터빈 엔진의 공기 흐름 중에서 최고 압력상승이 일어나는 곳은?

① 터빈 노즐 ② 터빈 로터 ③ 연소실 ④ 디퓨저

해설 압축기의 압력비는 압축기 회전수, 공기 유량, 터빈 노즐의 출구 넓이, 배기노즐의 출구 넓이에 의해 결정되며 최고 압력상승은 압축기 바로 뒤에 있는 확산 통로인 디퓨저 (diffuser)에서 이루어진다.

80. 터보 팬 엔진의 팬 블레이드 (fan blade)의 재질은 다음 중 어느 것인가?

① 알루미늄 합금
② 티타늄 합금
③ 스테인리스강
④ 내열 합금

정답 76. ③ 77. ③ 78. ② 79. ④ 80. ②

해설 팬 블레이드(fan blade)

㉠ 팬 블레이드는 보통의 압축기 블레이드에 비해 크고 가장 길기 때문에 진동이 발생하기 쉽고, 그 억제를 위해 블레이드의 중간에 shroud 또는 snubber 라 부르는 지지대를 1~2곳에 장치한 것이 많다.

㉡ 팬 블레이드를 디스크에 설치하는 방식은 도브 테일(dove tail) 방식이 일반적이다.

㉢ 블레이드의 구조 재료에는 일반적으로 티타늄 합금이 사용되고 있다.

81. 터보 제트 엔진에서 가스의 압력이 가장 높은 곳은?

① 터빈 입구 ② 디퓨저의 출구 ③ 연소실의 출구 ④ 터빈의 출구

해설 문제 79번 참조

82. 다음 중 가스 터빈 기관에서 압력이 가장 높은 곳은 어디인가?

① 터빈 출구 ② 터빈 입구 ③ 압축기 출구 ④ 압축기 입구

해설 문제 79번 참조

83. 디퓨저(diffuser)의 위치는 어디인가?

① 연소실과 터빈 사이 ② 흡입구와 압축기 사이
③ 압축기와 연소실 사이 ④ 압축기 속

해설 디퓨저(diffuser) : 압축기 출구 또는 연소실 입구에 위치하며, 속도를 감소시키고 압력을 증가시키는 역할을 한다.

84. 가스 터빈 엔진에서 디퓨저(diffuser)의 역할은 무엇인가?

① 디퓨저 내의 압력을 같게 한다. ② 위치 에너지를 운동 에너지로 바꾼다.
③ 압력을 감소시키고 속도를 증가시킨다. ④ 압력을 증가시키고 속도를 감소시키다.

해설 문제 83번 참조

85. 디퓨저(diffuser)의 목적은 무엇인가?

① 공기의 압력을 감소시킨다.
② 공기의 속도를 감소시키고 압력은 증가시킨다.
③ 공기의 압력, 속도를 증가시킨다.
④ 공기의 속도를 증가시킨다.

정답 81. ② 82. ③ 83. ③ 84. ④ 85. ②

해설 문제 83번 참조

86. 가스 터빈 기관에서 연료와 공기가 혼합되는 곳은?

① compressor section　② hot section
③ combustion section　④ turbine section

해설 연소실은 압축기에서 압축된 고압공기에 연료를 분사하여 연소시킴으로써 연료의 화학적 에너지를 열 에너지로 변환시키는 장치로서 가스 터빈 기관의 성능과 작동에 매우 큰 영향을 끼친다.

87. 연소실의 성능으로 맞는 것은?

① 연소효율은 고도가 높을수록 좋다.
② 연소실 출구온도 분포는 안지름 쪽이 바깥지름 쪽보다 크다.
③ 입구와 출구의 전압력차가 클수록 좋다.
④ 고공 재시동 가능범위가 넓을수록 좋다.

해설 연소실의 성능은 연소효율, 압력손실, 크기 및 무게 연소의 안정성, 고공 재시동 특성, 출구온도 분포의 균일성, 내구성, 대기 오염 물질의 배출 등에 의하여 결정된다

㉠ 연소효율 : 연소효율이란 공급된 열량과 공기의 실제 증가된 열량의 비를 말하는 데 일반적으로 연소효율은 연소실에 들어오는 공기압력 및 온도가 낮을수록 그리고 공기속도가 빠를수록 낮아진다. 따라서, 고도가 높아질수록 연소효율은 낮아진다. 일반적으로 연소효율은 95 % 이상이어야 한다.

㉡ 압력손실 : 연소실 입구와 출구의 전압의 차를 압력손실이라 하며, 이것은 마찰에 의하여 일어나는 형상손실과 연소에 의한 가열팽창 손실 등을 합쳐서 보통 연소실 입구전압의 5 % 정도이다.

㉢ 출구온도 분포 : 연소실의 출구온도 분포가 불균일하게 되면 터빈 깃이 부분적으로 과열될 염려가 있다. 따라서, 연소실의 출구온도 분포는 균일하거나 바깥지름 쪽이 안쪽보다 약간 높은 것이 좋다. 또, 터빈 고정자 깃의 부분적인 과열을 방지하려면 원주 방향의 온도 분포가 가능한 한 균일해야 한다.

㉣ 재시동 특성 : 비행고도가 높아지면 연소실 입구의 압력 및 온도가 낮아진다. 따라서, 연소효율이 떨어지기 때문에 안정 작동범위가 좁아지고 연소실에서 연소가 정지되었을 때 재시동 특성이 나빠지므로 어느 고도 이상에서는 기관의 연속 작동이 불가능해진다. 따라서, 재시동 가능범위가 넓을수록 안정성이 좋은 연소실이라 할 수 있다.

88. 가스 터빈 기관의 연소용 공기량은 연소실을 통과하는 총 공기량의 몇 %인가?

① 25 %　② 40 %　③ 50 %　④ 75 %

정답 86. ③　87. ④　88. ①

해설 연소실을 통과하는 총 공기 흐름량에 대한 1차 공기 흐름량의 비율은 약 25 % 정도이다.

89. 연소실 (combustion chamber)의 성능과 관계가 먼 것은?

① CDP (compressor discharge pressure) ② CIT (compressor inlet temperature)
③ EGT (exhaust gas temperature) ④ fuel ratio

해설 문제 87번 참조

90. 가스 터빈 기관의 연소효율이란?

① 연소실에 공급된 열량과 공기의 실제 증가된 에너지와의 비
② 연소실에 공급된 열량과 방출된 열량의 비
③ 연소실로 공급된 에너지와 방출된 에너지의 비
④ 연소실로 들어오는 1차 공기와의 비

해설 문제 87번 참조

91. 다음 중 가스 터빈 기관의 연소실의 종류가 아닌 것은?

① 캔형 (can type) ② 애뉼러형 (annular type)
③ 액슬형 (axle type) ④ 캔-애뉼러형 (can-annular type)

해설 연소실의 종류

(1) 캔형 (can type)
㉠ 연소실이 독립되어 있어 설계나 정비가 간단하므로 초기의 기관에 많이 사용한다.
㉡ 고공에서 기압이 낮아지면 연소가 불안정해져서 연소 정지 (flame out) 현상이 생기기 쉽다.
㉢ 기관을 시동할 때에 과열 시동을 일으키기 쉽다.
㉣ 출구온도 분포가 불균일하다.

(2) 애뉼러형 (annular type)
㉠ 연소실의 구조가 간단하고 길이가 짧다.
㉡ 연소실 전면면적이 좁다.
㉢ 연소가 안정되므로 연소 정지 현상이 거의 없다.
㉣ 출구온도 분포가 균일하며 연소효율이 좋다.
㉤ 정비가 불편하다.
㉥ 현재 가스 터빈 기관의 연소실로 많이 사용한다.

(3) 캔-애뉼러형 (can-annular type)
㉠ 구조가 견고하고 길이가 짧다. ㉡ 출구온도 분포가 균일하다.
㉢ 연소 및 냉각 면적이 크다. ㉣ 정비가 불편하다.

정답 89. ③ 90. ① 91. ③

92. 가스 터빈 엔진의 연소효율을 높이기 위한 방법으로 적당하지 않은 것은?
① 압축기 블레이드 세척
② 터빈 블레이드와 케이스의 적절한 간격
③ 주기적인 엔진 오일 교환
④ 압축기 블레이드와 케이스의 적절한 간격

93. 연소실의 구조가 간단하며 전면면적이 좁고 연소가 안정되어 연소 정지 현상이 없고 출구 온도 분포가 균일하며 효율이 좋으나 정비가 불편한 결점이 있는 연소실 형태는?
① 축류형
② 애뉼러형
③ 원심형
④ 캔형

해설 문제 91번 참조

94. 가스 터빈 기관의 연소실 중 애뉼러형 연소실의 특성으로 적당하지 않은 것은?
① 연소실 구조가 복잡하다.
② 연소실 전면면적이 적다.
③ 연소실의 길이가 짧다.
④ 연소효율이 좋다.

해설 문제 91번 참조

95. 캔-애뉼러 연소실의 최대 결점은 무엇인가?
① flame out 이 용이하다.
② 배기온도가 불균일하다.
③ hot start 가 쉽다.
④ 고온부의 정비성이 나쁘다.

해설 문제 91번 참조

96. 가스 터빈 엔진의 연소실 공기 입구부에 있는 선회 깃(swirl guide vane)에 대해 틀린 것은 어느 것인가?
① 연소 노즐 부근의 공기속도를 감소시킨다.
② 일차 공기에 선회운동을 준다.
③ 연소영역을 길게 한다.
④ 연료와 공기가 잘 섞이게 한다.

해설 선회 깃(swirl guide vane) : 연소에 이용되는 1차 공기 흐름에 적당한 소용돌이를 주어 유입 속도를 감소시키면서 공기와 연료가 잘 섞이도록 하여 화염 전파속도가 증가되도록 한다. 따라서, 기관의 운전조건이 변하더라도 항상 안정되고 연속적인 연소가 가능하다.

정답 92. ③ 93. ② 94. ① 95. ④ 96. ③

97. 연소실에서 1차 공기에 와류를 형성시켜 화염 전파속도를 증가시키는 부품은 무엇인가?

① flame tube ② inner liner ③ outer liner ④ swirl guide vane

해설 문제 96번 참조

98. 연소실의 흡입공기에 강한 선회를 주어 적당한 와류를 발생시켜 연소실로 유입되는 속도를 감소시키고 화염 전파속도를 증가시키는 것은?

① compressor dome ② swirl guide vane
③ inner liner ④ flame tube

해설 문제 96번 참조

99. 연소실 부품 중 연소의 효율을 증가시키기 위한 것은?

① swirl guide vane ② flame holder
③ spark plug ④ exciter

해설 문제 96번 참조

100. 가스 터빈 기관의 캔-애뉼러형 연소실을 1차 연소영역과 2차 연소영역으로 구분하는데 1차 연소영역에서 공기-연료의 혼합비는 얼마인가?

① 14 ~ 18 : 1 ② 3 ~ 7 : 1 ③ 60 ~ 130 : 1 ④ 6 ~ 8 : 1

해설 연료의 연소에 필요한 이론적인 연료 공기 혼합비는 약 15 : 1이다. 그러나 실제로 연소실에 들어오는 공기 연료비는 약 60~130 : 1 정도로 공급되기 때문에 공기의 양이 너무 많아 연소가 불가능하다. 따라서, 1차 연소영역에서의 연소에 직접 필요한 최적 공기 연료비인 14~18 : 1이 되도록 공기의 양을 제한한다.

101. 가스 터빈 기관에서 1차 연소영역의 공연비는 얼마인가?

① 8 : 1 ② 15 : 1 ③ 35 : 1 ④ 120 : 1

해설 문제 100번 참조

102. 제트 엔진 연소실의 구비조건이 아닌 것은?

① 신뢰성 ② 양호한 고공 재시동 특성
③ EGT가 커야 함 ④ 가능한 한 소형

정답 97. ④ 98. ② 99. ① 100. ① 101. ② 102. ③

해설 연소실(combustion chamber)의 구비조건

㉠ 가능한 한 작은 크기(길이 및 지름)
㉡ 기관의 작동범위 내에서의 최소의 압력손실
㉢ 연료 공기비, 비행고도, 비행속도 및 출력의 폭넓은 변화에 대하여 안정되고 효율적인 연료의 연소
㉣ 신뢰성
㉤ 양호한 고공 재시동 특성
㉥ 출구온도 분포가 균일해야 한다.

103. 터보 제트 기관의 터빈 형식이 아닌 것은 어느 것인가?

① reserve turbine ② impulse turbine
③ reaction turbine ④ reaction-impulse turbine

해설 터빈(turbine)의 종류

(1) 반지름형 터빈(radial turbine)
㉠ 구조가 간단하고 제작이 간편하다.
㉡ 비교적 효율이 좋다.
㉢ 단마다의 팽창비가 4.0 정도로 높다.
㉣ 단 수를 증가시키면 효율이 낮아지고, 또 구조가 복잡해지므로 보통 소형기관에만 사용한다.

(2) 축류형 터빈(axial turbine)
㉠ 충동 터빈(impulse turbine) : 반동도가 0인 터빈으로서 가스의 팽창은 터빈 고정자에서만 이루어지고 회전자 깃에서는 전혀 팽창이 이루어지지 않는다. 따라서, 회전자 깃의 입구와 출구의 압력 및 상대속도의 크기는 같다. 다만, 회전자 깃에서는 상대속도의 방향 변화로 인한 반작용력으로 터빈이 회전력을 얻는다.
㉡ 반동 터빈(reaction turbine) : 고정자 및 회전자 깃에서 동시에 연소가스가 팽창하여 압력의 감소가 이루어지는 터빈을 말한다. 고정자 및 회전자 깃과 깃 사이의 공기 흐름 통로가 모두 수축 단면이다. 따라서, 이 통로로 연소가스가 지나갈 때에 속도는 증가하고 압력이 떨어지게 된다. 속도가 증가하고 방향이 바뀌어진 만큼의 반작용력이 터빈의 회전자 깃에 작용하여 터빈을 회전시키는 회전력이 발생한다. 반동 터빈의 반동도는 50 %를 넘지 않는다.
㉢ 충동-반동 터빈(impulse-reaction turbine) : 회전자 깃을 비틀어 주어 깃 뿌리에서는 충동 터빈으로 하고 깃 끝으로 갈수록 반동 터빈이 되도록 제작하였다.

104. 가스 터빈 기관에서의 연소실에서 사용하는 2차 공기는?

① 내부 라이너를 냉각시킨다. ② 연료로부터 에너지를 더 많이 확보한다.
③ 연소실 온도를 증가시킨다. ④ 연소실 압력을 증가시킨다.

정답 103. ① 104. ①

해설 연소실 외부로부터 들어오는 상대적으로 차가운 2차 공기 중 일부가 연소실 라이너 벽면에 마련된 수많은 작은 구멍들을 통하여 연소실 라이너 벽면의 안팎을 냉각시킴으로써 연소실을 보호하고 수명이 증가되도록 한다. 2차 공기는 연소실로 유입되는 전체 공기량의 약 75 %에 이른다.

105. 연소실의 냉각에 사용되는 공기량은 얼마나 되는가?

① 25 % ② 40 % ③ 50 % ④ 75 %

해설 문제 104번 참조

106. 제트 엔진에서 연소실의 냉각은 어떻게 이루어지는가?

① 흡입구로부터 블리드(bleed) 되는 공기에 의하여
② 2차 공기 흐름에 의하여
③ 노즐 다이어프램(nozzle diaphragm)에 의하여
④ 압축기에서 블리드(bleed)되는 공기에 의하여

해설 문제 104번 참조

107. 터보 제트 엔진에서 터빈에 대한 설명으로 옳지 않은 것은?

① 터빈은 고속 가스에서 운동 에너지를 축에 전달한다.
② 첫 단의 터빈 깃 냉각에는 오일을 사용한다.
③ 충동 터빈을 지나온 가스 흐름은 압력, 속도는 변하지 않고 방향만 바꾼다.
④ 반동 터빈은 연소가스가 지나갈 때 속도와 압력이 변화한다.

해설 터빈(turbine) : 압축기 및 그 밖의 필요 장비를 구동시키는 데 필요한 동력을 발생하는 부분이며, 연소실에서 연소된 고압, 고온의 연소가스를 팽창시켜 회전동력을 얻는다. 터빈 첫 단계 깃의 냉각에는 고압 압축기의 블리드 공기(bleed air)를 이용하여 냉각한다.

108. 충동, 반동 터빈을 설명한 것 중 틀린 것은?

① 충동 터빈을 통하는 가스의 압력과 속도는 일정하다.
② 반동 터빈은 가스의 압력과 속도는 일정하고 방향만 바꾼다.
③ 충동 터빈은 가스의 압력과 속도는 일정하고 방향만 바꾼다.
④ 반동 터빈은 가스의 압력과 속도가 변하고 방향도 바꾼다.

해설 문제 103번 참조

정답 105. ④ 106. ② 107. ② 108. ②

109. 반지름형 터빈(radial turbine)의 설명 중 틀린 것은?

① 보통 소형 기관에만 사용한다. ② 제작이 간편하고 비교적 효율이 좋다.
③ 단 하나의 팽창비가 4.0 정도로 높다. ④ 단수를 증가시키면 효율이 높다.

해설 문제 103번 참조

110. turbine blade rotor의 형태는 무엇인가?

① root는 충동, tip은 반동 ② root는 반동, tip은 충동
③ root, tip 모두 충동 ④ root, tip 모두 반동

해설 문제 103번 참조

111. 터보 제트 엔진에서 터빈 입구에 있는 노즐 가이드 베인(nozzle guide vane)의 목적은 무엇인가?

① 속도를 감소시키고 압력을 증가시킴 ② 속도와 압력을 감소시킴
③ 속도를 증가시키고 압력을 감소시킴 ④ 속도와 압력을 증가시킴

해설 터빈 스테이터(turbine stator)는 일반적으로 터빈 노즐(turbine nozzle)이라 부르고, 에어포일(airfoil) 단면을 한 노즐 가이드 베인(nozzle guide vane)을 원형으로 배열하였다. 터빈 노즐(터빈 노즐 다이어프램)은 터빈으로 가는 가스의 압력을 감소시키고 속도를 증가시키며 그 외에 가스가 로터에 대해 최적인 각도로 충돌하도록 흐름 방향을 부여하는 작용을 한다.

112. 터빈 기관에서 노즐 다이어프램(nozzle diaphragm)의 목적은?

① 가스 온도 증가 ② 가스 속도 증가 ③ 공기 부피 증가 ④ 가스 체적 증가

해설 문제 111번 참조

113. 노즐 다이어프램(nozzle diaphragm)의 목적은 무엇인가?

① 속도를 증대시키고 공기 흐름 방향을 결정한다.
② 속도를 감소시키고 공기 흐름 방향을 결정한다.
③ 압축기 버킷(bucket)의 코어(core) 속으로 공기를 흐르게 한다.
④ 배기 콘(exhaust cone)의 압력을 감소시킨다.

해설 문제 111번 참조

정답 109. ④ 110. ① 111. ③ 112. ② 113. ①

114. 노즐 다이어프램(nozzle diaphragm)의 사용목적은?

① 고온가스의 압력을 높이려고
② 가스의 흐름 방향을 변화시키며 그 온도를 낮추기 위해서
③ 터빈 버킷(bucket)의 가스의 흐름을 균일하게 하려고
④ 고온 가스의 속도를 증가시키고 터빈 버킷(bucket)에 알맞은 각도로 때리도록 흐름을 조절하려고

해설 문제 111번 참조

115. 가스 터빈 기관의 터빈효율 중 다음 식으로 표시되는 효율은?

$$\eta_t = \frac{\text{실제 팽창일}}{\text{이상적 팽창일}}$$

① 마찰효율 ② 냉각효율 ③ 팽창효율 ④ 단열효율

해설 단열효율은 터빈의 이상적인 일과 실제 터빈 일의 비를 말하며, 터빈효율을 나타내는 척도로 사용한다.

116. 가스 터빈 기관 터빈 깃의 냉각방법 중 내부를 중공으로 제작, 찬 공기를 지나가게 해서 냉각시키는 방법은 무엇인가?

① 충돌 냉각 ② 공기막 냉각 ③ 대류 냉각 ④ 침출 냉각

해설 터빈 깃의 냉각방법

㉠ 대류 냉각은 터빈 깃 내부를 중공으로 만들어 이 공간으로 냉각공기를 통과시켜 냉각하는 방법으로 간단하기 때문에 가장 많이 사용한다.
㉡ 충돌 냉각은 터빈 깃의 내부에 작은 공기 통로를 설치하여 이 통로에서 터빈 깃의 앞전 안쪽 표면에 냉각공기를 충돌시켜 냉각한다.
㉢ 공기막 냉각은 터빈 깃의 안쪽에 공기 통로를 만들고 터빈 깃의 표면에 작은 구멍을 뚫어 이 작은 구멍을 통하여 차가운 공기가 나오게 하여 찬 공기의 얇은 막이 터빈 깃을 둘러싸서 연소가스가 직접 터빈 깃에 닿지 못하게 함으로써 터빈 깃의 가열을 방지하고 냉각도 되게 한다.
㉣ 침출 냉각은 터빈 깃을 다공성 재료로 만들고 깃 내부에 공기 통로를 만들어 차가운 공기가 터빈 깃을 통하여 스며 나오게 하여 냉각한다.

117. 터빈 블레이드의 전연부분 냉각에 사용되는 방식은?

① 대류 냉각 ② 충돌 냉각 ③ 공기막 냉각 ④ 침출 냉각

정답 114. ④ 115. ④ 116. ③ 117. ②

해설 문제 116번 참조

118. 제트 엔진의 냉각방법 중에서 터빈 깃을 다공성 재료로 만들고 깃의 내부는 중공으로 하여 차가운 공기가 터빈 깃을 통하여 스며 나오게 하여 냉각하는 방법은?

① 대류 냉각 ② 공기막 냉각 ③ 충돌 냉각 ④ 침출 냉각

해설 문제 116번 참조

119. 첫 단계 터빈 블레이드의 냉각방법으로 옳은 것은?

① 블리드 공기 ② 수 냉각 ③ 터빈 공기 ④ 연소실 공기

해설 터빈 첫 단계 깃의 냉각에는 고압 압축기의 블리드 공기(bleed air)를 이용하여 냉각한다.

120. 터보 팬 기관에서 터빈 깃의 냉각공기는 어디에서 나오는가?

① 저압 압축기 ② 고압 압축기 ③ 팬에서 나온 공기 ④ 연소 공기

해설 터빈 입구의 노즐 가이드 베인, 터빈 로터, 터빈 로터 디스크 등 고온부의 냉각에는 고압 압축기의 블리드 공기를 이용한다.

121. 제트 엔진에서 최고 온도에 접하는 곳은 어디인가?

① 연소실 입구 ② 터빈 입구 ③ 압축기 출구 ④ 배기관 출구

해설 공기의 온도는 압축기에서 압축되면서 천천히 증가한다. 압축기 출구에서의 온도는 압축기의 압력비와 효율에 따라 결정되는 데 일반적으로 대형 기관에서 압축기 출구에서의 온도는 약 300~400℃ 정도이다. 압축기를 거친 공기가 연소실로 들어가 연료와 함께 연소되면 연소실 중심에서의 온도는 약 2000℃까지 올라가고 연소실을 지나면서 공기의 온도는 점차 감소한다.

122. 가스 터빈 기관에서 가장 고온에 노출되기 쉬운 부분은 어디인가?

① 1단계 터빈 블레이드 ② 점화 플러그
③ 터빈 디스크 ④ 1단계 터빈 노즐 가이드 베인

해설 터빈 노즐 가이드 베인은 항상 고온, 고압에 노출되기 때문에 코발트 합금 또는 니켈 내열 합금으로 정밀 주조하여 특히 1단 및 2단 베인에 공랭 터빈 날개 구조를 채택한 것이 많다.

정답 118. ④ 119. ① 120. ② 121. ② 122. ④

123. 터빈 케이스 냉각계통의 목적은 무엇인가?

① 터빈 케이스 팽창　　② 터빈 케이스 수축
③ 터빈 냉각　　④ 연소실 냉각

해설 터빈 케이스 냉각계통(turbine case cooling system)

㉠ 터빈 케이스 외부에 공기 매니폴드를 설치하고 이 매니폴드를 통하여 냉각공기를 터빈 케이스 외부에 내뿜어서 케이스를 수축시켜 터빈 블레이드 팁 간격을 적정하게 보정함으로써 터빈 효율의 향상에 의한 연비의 개선을 위해 마련되어 있다.
㉡ 초기에는 고압 터빈에만 적용되었으나 나중에 고압과 저압에 적용이 확대되었다.
㉢ 냉각에 사용되는 공기는 외부 공기가 아니라 팬을 통과한 공기를 사용한다.

124. creep 현상의 설명으로 옳은 것은?

① 과열로 인한 표면에 금이 가는 현상
② 과열로 인한 동익이 찌그러지는 결함
③ 부분적인 과열로 표면의 색깔이 변하는 결함
④ 고온하의 원심력에 의해 동익의 길이가 늘어나는 결함

해설 크리프(creep) 현상 : 터빈이 고온가스에 의해 회전하면 원심력이 작용하는 데 그 원심력에 의하여 터빈 블레이드가 저피치로 틀어지는 힘을 받아 길이가 늘어나는 현상을 말한다.

125. 가스 터빈 엔진에서 크리프(creep) 현상이 가장 큰 문제가 되는 것은?

① 터빈 블레이드(turbine blade)　　② 터빈 디스크(turbine disk)
③ 팬 블레이드(fan blade)　　④ 압축기 블레이드(compressor blade)

해설 문제 124번 참조

126. 터빈 엔진의 터빈의 안전함과 모든 작동상태를 탐지하는 데 사용되는 계기는 무엇인가?

① 연료량 계기(fuel flow meter)　　② 오일 온도계(oil temperature indicator)
③ TIT 계기　　④ EPR 계기

127. 티타늄 재질이 많이 사용되는 곳은 어디인가?

① 팬 블레이드　　② 터빈 블레이드　　③ 터빈 케이스　　④ 터빈

해설 팬 블레이드의 구조 재료에는 일반적으로 티타늄 합금이 사용되고 있다.

정답 123. ②　124. ④　125. ①　126. ③　127. ①

128. 터빈 어셈블리 (turbine assembly)를 점검할 때 터빈 블레이드 첫 단에서 전면부의 균열 발견 시 그 원인은?

① air seal 이 망가짐 ② 과온상태 ③ shroud 뒤틀림 ④ 과속

129. 터보 제트 엔진의 고열부분 점검 시 무엇으로 금이나 흠집을 표시하는가?

① chalk ② metallic pencil ③ wax ④ graphite

해설 고온부와 저온부 부품의 수리해야 할 부분을 식별하기 위한 일반적인 표시과정은 특수 레이아웃 (layout) 염색을 사용하거나 상업용 펠트 팁 (felt tip) 기구나 특수 표시 연필로 한다. 고온부 부품에 표시를 할 때 탄소, 구리, 아연, 납 등을 남기는 물질을 사용해서는 안 된다. 금속이 가열될 때, 이런 축적물이 금속 내부로 들어가 입자간 응력을 일으킬 수 있다. 일반적인 흑연 연필은 절대 사용해서는 안 된다.

130. 터빈 축과 압축기 축의 연결방법은 어느 것인가?

① welding ② key ③ bolt ④ spline

해설 압축기 축과 터빈 축은 스플라인 (spline)으로 연결되어 있다.

131. 터빈 디스크에 터빈 블레이드를 장착할 때 어떤 방법을 주로 사용하는가?

① fir tree ② dove tail ③ spline ④ bolt

해설 터빈 블레이드는 root 가 전나무 형 (fir tree)으로 되어 동일 모양의 serration에 끼우고 작동 중에 축 방향으로 빠져나가지 못하도록 리벳으로 고정된다. 이 형상은 지지가 확실하고 열팽창에 대해서도 적당한 여유가 있으며 root에 비틀림 응력의 집중을 막을 수 있기 때문에 널리 사용되고 있다.

132. 다음 중에서 제트 엔진 연료의 구비조건이 아닌 것은?

① 발열량이 클 것 ② 저온에서 동결되지 않을 것
③ 부식성이 없을 것 ④ 휘발성이 높을 것

해설 가스 터빈 기관 연료의 구비조건

㉠ 증기압이 낮을 것 ㉡ 어는점이 낮을 것
㉢ 인화점이 높을 것 ㉣ 대량생산이 가능하고 가격이 저렴할 것
㉤ 단위 중량당 발열량이 크고 부식성이 없을 것
㉥ 점성이 낮고 깨끗하며 균질일 것

정답 128. ② 129. ① 130. ④ 131. ① 132. ④

133. 장탈된 터빈 블레이드를 슬롯에 장착할 때 다음 중 어느 곳에 장착하는 것이 옳은가?

① 180° 지난 곳 ② 시계방향으로 90°
③ 반시계방향으로 90° ④ 원래 장탈한 슬롯

해설 터빈의 평형이 맞지 않으면 엔진 전체에 진동을 주어 위험한 상태에 이르게 되므로 터빈의 평형에 대하여 주의를 하여야 한다.

134. 회전축에 터빈 디스크를 고정시키는 일반적인 방법은?

① keying ② splining ③ welding ④ bolting

해설 터빈 디스크를 회전축에 연결시키는 방법은 일반적으로 bolt 로 연결한다.

135. 다음 중에서 가스 터빈 엔진 연료의 구비조건이 아닌 것은?

① 증기압이 낮아야 한다.
② 빙점이 높아야 한다.
③ 대량 생산이 가능하고 가격이 싸야 한다.
④ 단위 중량당 발열량이 커야 한다.

해설 문제 132번 참조

136. 군용 가스 터빈 연료규격 중 민간 가스 터빈 규격(ASTM) JET－B와 유사한 연료는?

① JP－4 ② JP－5 ③ JP－7 ④ JP－8

해설 연료의 종류

(1) 군용 연료

㉠ JP－4 : JP－3의 증기압 특성을 개량하기 위하여 개발한 것으로 항공 가솔린의 증기압과 비슷한 값을 가지고 있고 등유와 낮은 증기압의 가솔린과의 합성 연료이며, 군용으로 주로 쓰인다.

㉡ JP－5 : 높은 인화점과 낮은 증기압의 등유계 연료로서 인화성이 낮아 폭발 위험성이 거의 없기 때문에 항공 모함의 벙크 탱크에 저장하기 위하여 개발된 연료로 함재기에 많이 사용된다.

㉢ JP－6 : 초음속기의 높은 온도에 적응하기 위하여 개발된 것으로 낮은 증기압 및 JP－4보다 더 높은 인화점을 가지고 있으며 JP－5보다 더 낮은 어는점을 가지고 있다.

(2) 민간용 연료

㉠ JET A 및 A－1형 : JP－5와 비슷하지만 어는점이 약간 높다.

㉡ JET B형 : JP－4와 비슷하지만 어는점이 약간 높다.

정답 133. ④ 134. ④ 135. ② 136. ①

137. 항공용 연료 중에서 가솔린과 비슷한 증기압을 가지며 등유와 낮은 증기압의 가솔린과의 합성이며 군용으로 주로 사용하는 것은?

① JET A ② JET B ③ JP-6 ④ JP-4

해설 문제 136번 참조

138. JET A-1 연료가 사용되는 곳은?

① 고 고도 비행 ② 저 고도 비행 ③ 온도가 낮은 곳 ④ 온도가 높은 곳

해설 문제 136번 참조

139. 제트 연료로서 케로신계가 아닌 것은?

① JET A-1 ② JISK22091호 ③ JET B ④ JP-5

해설 연료의 구분

㉠ 와이드 컷트계 : JET B, JP-4
㉡ 케로신계 : JET A, JET A-1, JP-5

140. 제트 엔진에서 부스터 펌프(booster pump)의 형식은 무엇인가?

① 원심식 ② 베인식 ③ 기어식 ④ 지로터식

해설 승압 펌프(boost pump)

㉠ 압력식 연료계통에서는 주 연료펌프는 기관이 작동하기 전까지는 작동되지 않는다. 따라서 시동할 때나 또는 기관 구동 주 연료펌프가 고장일 때와 같은 비상시에는 수동식 펌프나 전기 구동식 승압 펌프가 연료를 충분하게 공급해 주어야 한다. 또한 이륙, 착륙, 고 고도 시 사용하도록 되어 있다.
㉡ 승압 펌프는 주 연료펌프가 고장일 때도 같은 양의 연료를 공급할 수 있어야 한다. 그리고 이들 승압 펌프는 탱크간에 연료를 이송시키는 데도 사용된다.
㉢ 전기식 승압 펌프의 형식은 대개 원심식이며 연료 탱크 밑에 부착한다.

141. 가스 터빈 기관의 연료계통에서 연료펌프는 보통 어떤 형식을 많이 사용하는가?

① 기어식 ② 베인식 ③ 원심력식 ④ 지로터식

해설 주 연료펌프(main fuel pump) : 원심 펌프, 기어 펌프 및 피스톤 펌프가 있으며, 그 중에서 주로 기어 펌프가 많이 사용된다.

정답 137. ④ 138. ① 139. ③ 140. ① 141. ①

142. 주 연료펌프에서 계통 내의 압력을 일정하게 해주는 밸브는 무엇인가?
① relief valve ② bypass valve ③ check valve ④ bleed valve

해설 릴리프 밸브(relief valve) : 펌프 출구압력이 규정값 이상으로 높아지면 열려서 연료를 펌프 입구로 되돌려 보낸다.

143. 연료펌프 릴리프 밸브(relief valve)의 과도한 압력은 어디로 돌아가는가?
① 탱크 입구 ② 펌프 입구 ③ 외부로 배출 ④ 펌프 출구

해설 문제 142번 참조

144. 가스 터빈 엔진에서 연료여과기로 사용되지 않는 것은?
① 스크린형 ② 카트리지형 ③ 디스크형 ④ 스크린-디스크형

해설 연료여과기
㉠ 연료계통 내의 불순물을 걸러내기 위하여 여러 곳에 사용한다.
㉡ 여과기 필터가 막혀서 연료가 잘 흐르지 못할 때에 기관에 연료를 계속 공급하기 위하여 규정된 압력차에서 열리는 바이패스 밸브가 함께 사용된다.
㉢ 카트리지형, 스크린형, 스크린-디스크형이 있다.

145. 유압-기계식 연료조정장치(FCU ; fuel control unit)의 작동요소로 맞는 것은?
① 엔진 회전수, 압축기 입구압력, 압축기 출구온도, 스로틀 위치
② 엔진 회전수, 압축기 출구압력, 연소실 온도, 스로틀 위치
③ 엔진 회전수, 압축기 입구온도, 압축기 출구압력, 터빈 온도
④ 엔진 회전수, 압축기 입구온도, 압축기 출구압력, 스로틀 위치

해설 연료조정장치(fuel control unit)
(1) 연료조정장치는 모든 기관 작동조건에 대응하여 기관으로 공급되는 연료 유량을 적절하게 제어하는 장치이다.
(2) 연료조정장치는 유압-기계식과 전자식이 있는 데 현재 대부분의 가스 터빈 기관은 유압-기계식 연료조정장치를 사용하고 있으나 새로 개발되는 기관은 전자식 연료조정장치를 사용하는 추세이다.
(3) 연료조정장치는 유량 조절부분과 수감부분으로 나뉜다.
㉠ 유량 조절부분은 수감부분에 의하여 계산된 신호를 받아 기관의 작동한계에 맞도록 연소실에 공급되는 연료량을 조절한다.

정답 142. ① 143. ② 144. ③ 145. ④

㉡ 수감부분은 기관 안팎의 작동조건을 수감하여 유량 조절밸브의 위치를 결정해주는 역할을 한다. 수감부분이 수감하는 기관의 주요 작동변수는 기관의 회전수(rpm), 압축기 출구압력(CDP) 또는 연소실 압력, 압축기 입구온도(CIT) 및 동력 레버의 위치 등이다.

146. 가스 터빈 기관의 연료계통에서 FCU의 수감부분에 해당하지 않는 것은?
① 연소실 온도 ② 압축기 입구온도 ③ 압축기 출구압력 ④ 기관의 rpm

해설 문제 145번 참조

147. 일반적인 가스 터빈 엔진의 연료조정장치의 기본 입력신호가 아닌 것은?
① PLA ② rpm ③ CIT ④ EGT

해설 문제 145번 참조

148. 터빈 엔진의 연료조정장치의 작동에 관계되지 않는 요소는 무엇인가?
① CIT ② 압축기 rpm
③ mixture control의 위치 ④ 스로틀의 위치

해설 문제 145번 참조

149. 제트 기관의 FCU는 기관을 가속시킬 때 가능한 한 많은 양의 연료를 공급하여야 한다. 그러나 실제 연료량의 최대량은 제한되는데, 그 이유가 아닌 것은?
① 압축기 실속 ② 터빈 과열 방지
③ 과농 혼합비에 의한 연소 정지 방지 ④ 급격한 회전수 증가 방지

해설 기관을 가속시키기 위하여 동력 레버를 급격히 앞으로 밀 경우 연료량은 즉시 증가할 수 있지만 기관의 회전수는 압축기 자체의 관성 때문에 즉시 증가하지 않는다. 따라서, 공기량이 적어져 연료-공기 혼합비가 너무 농후하게 되기 때문에 연소 정지 현상이 일어나고 터빈 입구온도가 과도하게 상승하거나 압축기가 실속을 일으키게 되므로 이와 같은 현상이 일어나지 않는 범위까지만 연료량이 증가하도록 통제한다.

150. 가스 터빈 엔진의 연료조정장치에서 연료를 제어하는 데 영향이 가장 큰 것은 다음 중 어느 것인가?
① 기관의 회전수 ② 압축기 출구 압력 ③ 압축기 입구 온도 ④ 대기압

해설 문제 149번 참조

정답 146. ① 147. ④ 148. ③ 149. ④ 150. ①

151. 연료조정장치와 연료 매니폴드 사이에 위치하며 연료 흐름을 1차와 2차로 분리시키고 기관이 정지되었을 때 연료를 외부로 방출하는 역할을 하는 것은?

① 드레인 밸브
② 연료조정장치
③ 매니폴드
④ 여압 및 드레인 밸브

해설 여압 및 드레인 밸브(P & D valve)

㉠ 연료조정장치와 연료 매니폴드 사이에 위치하여 연료의 흐름을 1차 연료와 2차 연료로 분리시킨다.
㉡ 기관이 정지되었을 때 매니폴드나 연료노즐에 남아있는 연료를 외부로 방출하여 다음 시동 시 과열 시동을 방지한다.
㉢ 연료의 압력이 일정 압력 이상이 될 때까지 연료의 흐름을 차단하는 역할을 한다.

152. 다음 연료계통 부품 중에서 1차 연료와 2차 연료를 분배하는 역할을 하는 것은?

① 연료 필터
② 연료 매니폴드
③ 여압 및 드레인 밸브
④ 연료 오일 냉각기

해설 문제 151번 참조

153. 가스 터빈 기관의 P & D valve의 기능은?

① 연료 조절기의 배압을 안정시킨다.
② 연료 노즐의 연료회로를 1차와 2차로 분류한다.
③ 기관 정지 시 연료공급을 신속히 차단한다.
④ 기관 정지 시 연료 조절기의 연료공급을 신속히 차단한다.

해설 문제 151번 참조

154. 1차 연료와 2차 연료를 분류하고 시동 시 과열 시동을 방지하는 것은?

① FCU (fuel control unit)
② P & D valve (pressurizing and dump valve)
③ 연료노즐 (fuel nozzle)
④ 연료 히터 (fuel heater)

해설 문제 151번 참조

155. FCU (fuel control unit)를 지나서 연료를 노즐까지 보내주는 역할을 하는 밸브는?

① P & D valve ② check valve ③ metering valve ④ booster pump

정답 151. ④ 152. ③ 153. ② 154. ② 155. ①

해설 문제 151번 참조

156. 연료 흐름 분할기에서 연료 흐름이 2차 매니폴드로 흐르지 않게 하는 것은 다음 중 어느 것인가?

① 덤프 밸브(pump valve) ② 스프링에 의해 닫히는 필터
③ 스프링 힘을 받는 과압 밸브 ④ 포핏 밸브(poppet valve)

해설 시동 시에는 1차 연료만 흐르고 기관 회전수가 증가하고 연료량이 증가하여 연료압력이 규정압력에 이르면 poppet valve 가 열리고 2차 연료가 흐른다.

157. 연료노즐의 종류 중 맞는 것은?

① 분무식과 분사식 ② 분무식과 증발식 ③ 연소식과 분사식 ④ 압력식과 증발식

해설 연료노즐(fuel nozzle)의 종류

(1) 연료노즐은 여러 가지 조건에서도 빠르고 확실한 연소가 이루어지도록 연소실에 연료를 미세하게 분무하는 장치이다.

(2) 연료노즐의 종류는 분무식과 증발식이 있다.

㉠ 분무식은 분사 노즐을 이용해서 고압으로 연소실에 연료를 분사시키는 것이다.

- 단식 노즐 : 구조가 간단한 장점이 있으나 연료의 압력과 공기 흐름의 변화에 따라 연료를 충분하게 분사시켜 주지 못하여 현재는 거의 사용하지 않는다.
- 복식 노즐 : 분무식 노즐에 주로 사용되는 데 1차 연료가 노즐 중심의 작은 구멍을 통하여 분사되고, 2차 연료는 가장자리의 큰 구멍을 통해 분사되도록 되어 있다. 1차 연료는 시동할 때에 넓은 각도로 이그나이터에 가깝게 분사되고, 2차 연료는 연소실 벽에 직접 연료가 닿지 않고 연소실 안에서 균등하게 연소되도록 비교적 좁은 각도로 멀리 분사되며 완속 회전속도(idle rpm) 이상에서 작동된다.

㉡ 증발식은 연료가 1차 공기와 함께 증발관을 통과하면서 연소열에 의하여 가열, 증발되어 연소실에 혼합가스를 공급하는 것이다.

158. 가스 터빈 기관의 연료노즐에서 복식 노즐의 설명으로 옳은 것은?

① 시동 시 연료 분사각을 작게 해 준다.
② 고속 시에 연료를 멀리 분사되도록 한다.
③ 1차 연료는 완속속도 이상에서 작동한다.
④ 2차 연료는 연소실 벽에 직접 연료와 닿게 한다.

해설 문제 157번 참조

정답 156. ④ 157. ② 158. ②

159. 연료노즐의 분사각도를 옳게 설명한 것은?
① 1차 연료보다 2차 연료의 분사각도가 더 넓게 분사된다.
② 각도는 1차와 2차가 같고 압력은 2차 연료가 더 높다.
③ 1차 연료보다 2차 연료의 분사온도가 높아 균등한 연소를 이룬다.
④ 1차 연료 분사각도는 2차 연료의 분사보다 더 넓게 분사된다.

해설 문제 157번 참조

160. 다음 연료노즐에 대한 설명 중 맞는 것은?
① 2차 연료는 이그나이터(ignitor)에 가깝게 넓은 각도로 분사된다.
② 2차 연료는 기관 작동 시 분사된다.
③ 2차 연료는 노즐 중심부의 작은 구멍이다.
④ 1차 연료는 2차 연료 분사각도보다 비교적 넓은 각도로 분사된다.

해설 문제 157번 참조

161. 복식 노즐(duplex nozzle)의 1차, 2차 연료 분사에 대해 옳은 것은?
① 압력이 낮을 때 1차, 2차 연료가 모두 분사된다.
② 압력이 높을 때 1차, 2차 연료가 모두 분사된다.
③ 압력이 높을 때 1차 연료가 분사된다.
④ 압력이 낮을 때 2차 연료가 분사된다.

해설 문제 157번 참조

162. 순항 시 가스 터빈 기관의 연료 분사각도는?
① 좁은 각도로 분사 ② 넓은 각도로 분사
③ 좁고 넓게 분사 ④ 관계없다.

해설 순항 시에는 1차, 2차 연료가 모두 분사가 되나 1차 연료의 압력에 비하여 2차 연료의 압력이 크므로 1차 연료를 감싸서 연료 분사는 좁게 된다.

163. 가스 터빈 기관의 열점 현상의 원인으로 옳은 것은?
① 연소실의 균열 ② 분사노즐의 각도 불량
③ 연료계통의 막힘 ④ 냉각기관 고장

정답 159. ④ 160. ④ 161. ② 162. ① 163. ②

해설 열점 (hot spot)은 combustion chamber나 turbine blade에서 열로 인하여 검게 그을리거나 재료가 타서 떨어져 나간 형태이다.

㉠ combustion chamber : 연료노즐의 이상으로 연소실 벽에 연료가 직접 닿아서 그을리거나 검게 탄 흔적이 남는다.

㉡ turbine blade : 냉각공기 hole이 막혀서 연소실 내에서 오는 뜨거운 공기가 blade에 직접 닿아서 blade가 타거나 떨어져 나간다.

164. fire handle을 당기면 연료 흐름은 어떻게 되는가?

① 다른 방향으로 흐른다. ② 흐름이 감소한다.
③ 흐름이 역류한다. ④ 차단된다.

해설 화재가 발생하여 기관의 fire handle을 당기면 해당 기관은 연료 흐름이 차단된다.

165. 모든 비행상태에서 조종사 요구에 부응하여 최적의 엔진 조정을 수행하기 위하여 입력 신호를 전산 처리하여 작동 부분품을 일괄 조정하는 것은?

① EEC ② FCU ③ carburetor ④ autopilot

해설 EEC (electronic engine control) : 모든 비행상태에서 조종사 요구에 부응하여 최적의 엔진 조정을 수행하기 위하여 입력신호를 전산 처리하여 작동 부분품을 일괄 조정하는 기능을 한다.

166. 다음은 가스 터빈 기관의 윤활유의 구비조건을 설명한 것이다. 다음 중 틀린 것은 어느 것인가?

① 점성과 유동성은 어느 정도 낮아야 한다.
② 윤활유와 공기의 분리성이 좋아야 한다.
③ 기화성이 높아야 한다.
④ 인화점, 산화 안정성, 열적 안정성이 높아야 한다.

해설 가스 터빈 기관 윤활유의 구비조건

㉠ 점성과 유동점이 어느 정도 낮을 것
㉡ 점도 지수는 어느 정도 높을 것
㉢ 윤활유와 공기의 분리성이 좋을 것
㉣ 산화 안정성 및 열적 안정성이 높을 것
㉤ 인화점이 높을 것
㉥ 기화성이 낮을 것
㉦ 부식성이 없을 것

정답 164. ④ 165. ① 166. ③

167. 가스 터빈 엔진 오일의 특성으로 잘못된 것은?

① 가능한 한 점도가 낮은 것
② 낮은 온도에서 최대의 유동성
③ 높은 산화 안정성
④ 최대 부식 저항성

해설 문제 166번 참조

168. 다음 중 가스 터빈 기관의 윤활유 구비조건이 아닌 것은?

① 점성과 유동성이 높아야 한다.
② 점도지수가 높아야 한다.
③ 인화점이 높아야 한다.
④ 산화 안전성이 높아야 한다.

해설 문제 166번 참조

169. 제트 엔진에서 합성유를 사용하는 이유는 무엇인가?

① 고온에 잘 견디기 때문에
② 낮은 점성율 때문에
③ 특수한 고속 베어링 때문에
④ 보다 낮은 인화점 때문에

해설 합성유

㉠ 일종의 에스테르기(ester base) 윤활유에 여러 가지 첨가물을 넣은 것으로 Ⅰ형과 Ⅱ형이 있다.

㉡ 인화점이 높고 내열성이 뛰어나다.

170. 제트 엔진에 합성 윤활유를 사용하는 이유는 무엇인가?

① 여과기가 필요 없고 가격이 저렴하다.
② 휘발성이 적고 높은 온도에서 coking이 잘 일어나지 않는다.
③ 광물성과 혼합 가능
④ 화학적 안정성

171. 제트 기관에서 오일 펌프의 종류가 아닌 것은?

① 기어식 ② 베인식 ③ 유압식 ④ 지로터식

해설 윤활유 펌프(oil pump)

㉠ 윤활유 펌프에는 기어형(gear type), 베인형(vane type), 지로터형(gerotor type) 등이 사용되는 데 기어형과 지로터형 펌프를 많이 사용한다.

㉡ 윤활유 펌프에는 탱크로부터 기관으로 윤활유를 압송하는 윤활유 압력 펌프와 기관의 각종 부품을 윤활시킨 뒤 섬프에 모인 윤활유를 탱크로 되돌려 보내는 배유 펌프가 있다.

㉢ 윤활유는 기관 내부에서 공기와 혼합되어 체적이 증가하기 때문에 배유 펌프가 압력 펌프보다 용량이 더 커야 한다.

정답 167. ① 168. ① 169. ① 170. ② 171. ③

172. hot tank jet engine의 윤활장치 중 옳은 것은?
① 소기 펌프로부터 오일이 직접 탱크로 들어온다.
② 오일 탱크는 호퍼를 가지고 있다.
③ 더운 블리드 공기가 오일 탱크로 간다.
④ 오일 탱크 내에 열을 발생하는 기구가 있다.

해설 윤활유 탱크(oil tank)
㉠ hot tank : oil cooler가 pressure line에 위치하여 고온의 윤활유가 탱크로 되돌아온다.
㉡ cold tank : oil cooler가 return line에 위치하여 냉각된 윤활유가 탱크로 되돌아온다.

173. 제트 엔진에서 가장 많이 사용하는 오일 펌프의 두 가지 종류는 무엇인가?
① 기어, 지로터 ② 기어, 베인 ③ 베인, 지로터 ④ 베인, 피스톤

해설 문제 171번 참조

174. 가스 터빈 기관의 기어형 윤활유 펌프에 대한 내용 중 맞는 것은?
① 배유펌프가 압력펌프보다 용량이 크다.
② 압력펌프가 배유펌프보다 용량이 크다.
③ 배유펌프와 압력펌프는 동일하다.
④ 배유펌프와 압력펌프는 무관하다.

해설 문제 171번 참조

175. 오일 펌프는 공급량보다 배유량이 많은데 그 이유는 무엇인가?
① 온도에 의해 열팽창되기 때문에 ② 실제로는 같다.
③ 오일에 기포가 섞이기 때문에 ④ 더 큰 압력을 받기 때문에

해설 문제 171번 참조

176. 오일 계통의 과압 시 릴리프 밸브(relief valve)를 지난 오일은 어디로 가는가?
① 탱크로 보내진다. ② 펌프 입구로 보낸다.
③ 펌프 출구로 보낸다. ④ 소기 된다.

해설 압력 펌프에는 일정한 윤활유 압력을 유지하기 위한 릴리프 밸브가 있으며 압력이 높을 때에는 펌프 입구로 윤활유를 되돌려 보낸다.

정답 172. ① 173. ① 174. ① 175. ③ 176. ②

177. 제트 기관의 오일 냉각방식은 무엇인가?

① air-oil cooler
② fuel-oil cooler
③ radiator
④ radiator evaporator cooler

해설 연료-윤활유 냉각기(fuel-oil cooler)

㉠ 가스 터빈 기관에 쓰이는 윤활유는 기관의 온도가 높고 베어링이 고속으로 회전하기 때문에 마찰열이 많이 발생한다. 그리고 윤활유의 양이 적기 때문에 윤활유의 온도가 매우 높아지므로 윤활유를 냉각하기 위해 윤활유 냉각기를 사용한다.

㉡ 과거에는 공기를 이용하여 냉각하였지만 요즘에는 연료를 이용하여 냉각하는 연료-윤활유 냉각기를 많이 사용한다.

㉢ 연료-윤활유 냉각기의 일차적인 목적은 윤활유가 가지고 있는 열을 연료에 전달시켜 윤활유를 냉각시키는 것이고, 이차적인 목적은 연료를 가열하는 것이다.

㉣ 윤활유 온도 조절 밸브는 윤활유의 온도가 규정값보다 낮을 때에는 냉각기를 거치지 않도록 하고 온도가 높을 때에는 냉각기를 통과하여 냉각되도록 한다.

178. 연료-윤활유 냉각기(fuel-oil cooler)의 일차적인 목적은 무엇인가?

① 연료 냉각
② 오일 냉각
③ 오일에서 공기 제거
④ 오일 가열

해설 문제 177번 참조

179. 연료-윤활유 냉각기에 있는 바이패스(bypass) 밸브의 목적은?

① 찬 윤활유는 냉각시키지 않는다.
② 과도한 연료 과열은 방지한다.
③ 고온 윤활유는 곧 탱크로 보낸다.
④ 저온 연료는 많이 가열되도록 조절한다.

해설 문제 177번 참조

180. 연료-윤활유 냉각기(fuel-oil cooler)의 기능은 무엇인가?

① 연료를 태운다.
② 오일을 태운다.
③ 오일을 냉각시키고 연료를 가열한다.
④ 연료를 냉각시키다.

해설 문제 177번 참조

정답 177. ② 178. ② 179. ① 180. ③

181. 윤활유 온도를 적당히 유지하기 위하여 냉각기를 통과시키거나 바이패스(bypass)시키는 장치는 어느 것인가?

① 체크 밸브 ② 여압 및 드레인 밸브
③ 차단 밸브 ④ 오일 온도 조절기

해설 문제 177번 참조

182. 가스 터빈 엔진의 oil cooler에서 오일을 냉각하는 것은?

① 물 ② 공기 ③ 작동유 ④ 연료

해설 문제 177번 참조

183. 연료 - 윤활유 냉각기에서 바이패스 밸브(bypass valve)가 열려 있을 때는?

① 엔진으로부터 나오는 오일이 더울 때
② 엔진으로 가는 오일이 더울 때
③ 엔진으로부터 나오는 오일이 차가울 때
④ 엔진으로 가는 오일이 차가울 때

해설 윤활유 펌프에서 베어링 부로 들어가는 중간에 연료 - 윤활유 냉각기가 장착되어 있으므로 엔진으로 들어가는 윤활유의 온도가 낮을 때 바이패스 밸브를 통하여 들어간다.

184. 연료 - 윤활유 냉각기(fuel-oil cooler)의 내부에 구멍이 나서 연료가 오일과 섞였다면 어떤 현상이 일어나는가?

① 오일의 양이 증가하고 점도가 낮아진다.
② 오일이 연료계통에 흘러들어 연소된다.
③ 연료와 오일이 혼합되어 출력이 저하된다.
④ 배기가스에 그을음이 생긴다.

해설 윤활유에 연료가 들어와 윤활유의 양이 증가하고 묽어져 점도가 낮아진다.

185. 가스 터빈 기관의 주 베어링은 어떤 방식으로 윤활을 하는가?

① 끼얹는다. ② 오일 심지
③ 압력 분사 ④ 오일 속에 부분적으로 잠기게

해설 오일 펌프에 의해 가압된 오일을 oil jet를 통해 분사시켜 베어링을 윤활한다.

정답 181. ④ 182. ④ 183. ④ 184. ① 185. ③

186. 베어링 섬프(bearing sump)를 가압하는 데 사용되는 공기는 무엇인가?

① ram air ② exhaust air
③ fan discharge air ④ compressor bleed air

해설 대부분의 가스 터빈 기관에서는 압축기 블리드 공기를 이용하여 베어링 섬프(bearing sump)를 가압시킴으로써 내부 윤활유 누설을 방지한다.

187. low oil pressure light가 ON되는 시기는 언제인가?

① 오일 압력이 규정값 한계 이상으로 상승했을 경우
② 오일 압력이 규정값 한계 이하로 낮아지는 경우
③ 오일 지시 transmitter가 고장이 났을 경우
④ bypass valve가 open되었을 경우

해설 저 오일 압력 경고등(low oil pressure light)은 오일 압력이 규정값 한계 이하로 낮아졌을 때 들어온다.

188. 가스 터빈 기관에서 초음속기에 사용되는 배기노즐(exhaust nozzle)은 다음 중 어느 것인가?

① 수축형 배기노즐 ② 확산형 배기노즐
③ 수축 확산형 배기노즐 ④ 대류형 배기노즐

해설 배기노즐(exhaust nozzle)의 종류

㉠ 아음속 항공기 : 수축형 배기노즐을 사용하여 배기가스의 속도를 증가시켜 추력을 얻는다.
㉡ 초음속 항공기 : 수축 확산형 배기노즐을 사용하는 데 터빈에서 나온 고압, 저속의 배기가스를 수축 통로를 통하여 팽창, 가속시켜 최소 단면적 부근에서 음속으로 변환시킨 다음 다시 확산 통로를 통과하면서 초음속으로 가속시킨다. 이것은 아음속에서는 확산에 의하여 속도 에너지가 압력 에너지로 변환되지만 반대로 초음속에서는 확산에 의하여 압력 에너지가 속도 에너지로 변하기 때문이다.

189. 수축 및 확산 덕트의 설명 중 틀린 것은?

① 아음속 흐름의 수축 덕트에서 압력 감소, 속도 증가
② 초음속 흐름의 수축 덕트에서 압력 감소, 속도 증가
③ 초음속 흐름의 확산 덕트에서 압력 감소, 속도 증가
④ 초음속 흐름의 수축 덕트에서 압력 증가, 속도 감소

해설 문제 188번 참조

정답 186. ④ 187. ② 188. ③ 189. ②

190. **터빈을 통과한 배기가스를 대기 중으로 방출하는 데 사용하는 배기관의 목적은?**

① 배기가스 정류만 한다. ② 압력 에너지를 속도 에너지로 바꾼다.
③ 속도 에너지를 압력 에너지로 바꾼다. ④ 배기가스의 온도를 조절한다.

해설 배기관(exhaust duct)

㉠ 배기 도관 또는 테일 파이프(tail pipe)라고 한다.
㉡ 터빈을 통과한 배기가스를 대기 중으로 방출하기 위한 통로 역할을 한다.
㉢ 배기관은 터빈을 통과한 배기가스를 정류한다.
㉣ 배기가스의 압력 에너지를 속도 에너지로 바꾸어 추력을 얻도록 하기도 한다.

191. **가스 터빈 기관의 배기소음 방지법에 대한 설명으로 맞는 것은?**

① 배기소음 중의 고주파 음을 저주파 음으로 변환시킨다.
② 노즐의 전체 면적을 증가시킨다.
③ 대기와의 상대속도를 크게 한다.
④ 대기와 혼합되는 면적을 크게 한다.

해설 가스 터빈 기관의 소음 감소장치

㉠ 소음의 크기는 배기가스 속도의 6~8 제곱에 비례하고 배기노즐 지름의 제곱에 비례한다.
㉡ 배기소음 중의 저주파 음을 고주파 음으로 변환시킴으로써 소음 감소 효과를 얻도록 한 것이 배기소음 감소장치이다.
㉢ 일반적으로 배기소음 감소장치는 분출되는 배기가스에 대한 대기의 상대속도를 줄이거나 배기가스가 대기와 혼합되는 면적을 넓게 하여 배기노즐 가까이에서 대기와 혼합되도록 함으로써 저주파 소음의 크기를 감소시킨다.
㉣ 터보 팬 기관에서는 배기노즐에서 나오는 1차 공기와 팬으로부터 나오는 2차 공기와의 상대속도가 작기 때문에 소음이 작아 배기소음 감소장치가 꼭 필요하지는 않다.
㉤ 다수 튜브 제트 노즐형(multiple tube jet nozzle)이나 주름살형(corrugated perimeter type, 꽃 모양형)의 노즐을 사용하거나 소음 흡수 라이너(sound absorbing liners)를 부착한다.

192. **가스 터빈 기관에서 터빈 배기노즐(exhaust nozzle)의 목적은 무엇인가?**

① 가스의 압력을 증가시킨다.
② 가스의 흐름이 일직선이 되게 한다.
③ 가스의 속도를 증가시킨다.
④ 가스의 압력과 속도를 증가시킨다.

해설 배기노즐은 배기가스의 속도를 증가시켜 추력을 얻는 역할을 한다.

정답 190. ② 191. ④ 192. ③

193. 다음 중 가스 터빈 기관에서 배기 콘(exhaust cone)의 목적은?

① 속도를 증가시키기 위해
② 추력을 증가시키기 위해
③ 축 방향으로 가스 흐름을 일직선이 되도록 하기 위해
④ 모두 맞다.

해설 아음속기의 터보 팬이나 터보 프롭 기관에는 배기노즐의 면적이 일정한 수축형 배기노즐이 사용되며 내부에는 정류의 목적을 위하여 원뿔 모양의 테일 콘(tail cone)이 장착되어 있다.

194. 터빈 엔진 배기관은 어떤 기능을 하는가?

① 배기가스 속도 증가
② 배기가스 온도를 감소, 양력 감소
③ 배기가스 온도 증가시켜 속도 증가
④ 배기가스 소용돌이 증가

해설 문제 190번 참조

195. 소음을 줄이기 위해 사용되는 방법이 아닌 것은 무엇인가?

① multiple tube type
② corrugated permeator type
③ single exhaust nozzle
④ sound absorbing liners

해설 문제 191번 참조

196. 제트 엔진의 소음 방지법으로 틀린 것은?

① 고주파를 저주파로 변화시킨다.
② 소음 흡수 라이너를 사용한다.
③ 배기부의 면적을 넓힌다.
④ 터보 팬 엔진은 배기소음 감소장치가 필요 없다.

해설 문제 191번 참조

197. 제트 기관의 배기소음을 줄이는 방법으로 옳은 것은?

① 고주파 음을 저주파 음으로 변화시킨다.
② 대기와 혼합되는 면적을 줄인다.
③ 배기노즐의 면적을 넓혀 가스 속도를 줄인다.
④ 대기와 혼합되는 면적을 넓힌다.

해설 문제 191번 참조

정답 193. ③ 194. ① 195. ③ 196. ① 197. ④

198. 가스 터빈 엔진의 시동기 중에서 가장 가볍고 간단한 형태는?

① 전기식 시동기 ② 공기식 시동기
③ 공기 충돌식 시동기 ④ 가스 터빈 시동기

해설 가스 터빈 기관의 시동계통

(1) 전기식 시동계통

㉠ 전동기식 시동기 : 28 V 직류 직권식 전동기 사용, 소형기에 사용한다.

㉡ 시동－발전기식 시동기 : 항공기의 무게를 감소시킬 목적으로 만들어진 것으로 기관을 시동할 때에는 시동기 역할을 하고 기관이 자립 회전속도에 이르면 발전기 역할을 한다.

(2) 공기식 시동계통

㉠ 공기－터빈식 시동기 : 같은 크기의 회전력이 발생하는 전기식 시동기에 비해 무게가 가볍다. 출력이 크게 요구되는 대형 기관에 적합하고 많은 양의 압축 공기를 필요로 한다.

㉡ 공기 충돌식 시동기 : 구조가 간단하고 가벼워 소형기관에 적합하며 많은 양의 압축공기를 필요로 하는 대형기관에는 사용되지 않는다.

㉢ 가스 터빈 시동기 : 동력 터빈을 가진 독립된 소형 가스 터빈 기관으로 외부의 동력 없이 기관을 시동시킨다. 이 시동기는 기관을 오래 공회전시킬 수 있고 출력이 높은 반면 구조가 복잡하다.

199. 대형 상업용 항공기에 가장 많이 쓰이는 시동기의 종류는?

① electric starter ② starter generator ③ pneumatic starter ④ hydraulic starter

해설 문제 198번 참조

200. 공기 터빈식 시동기의 장점이 아닌 것은?

① 대형 기관에 적합하다. ② 출력이 크게 요구되는 기관에 사용된다.
③ 많은 양의 압축공기를 필요로 한다. ④ 전기식보다 공기식이 더 무겁다.

해설 문제 198번 참조

201. 터보 팬 기관이 터보 제트 기관보다 소음이 적은 이유는?

① 배기속도가 느리다. ② 배기온도가 높다.
③ 배기가스 온도가 낮다. ④ 배기속도가 빠르다.

해설 터보 제트(turbo jet) 기관에서는 배기가스의 분출속도가 터보 팬 기관이나 터보 프롭 기관에 비하여 상당히 빠르므로 배기소음이 특히 심하다.

정답 198. ③ 199. ③ 200. ④ 201. ①

202. 가스 터빈 기관의 각 부에서 발생하는 소음 중 가장 적은 것은?

① 팬 또는 압축기 ② 액세서리 기어 박스
③ 터빈 ④ 배기노즐 후방

203. 터빈 엔진을 시동할 때 시동기(starter)가 분리되는 시기는 언제인가?

① rpm 경고등이 off 되었을 때
② rpm이 idle 상태일 때
③ rpm이 100 % 되는 상태
④ 점화가 끝나고 연료 공급이 시작될 때

해설 가스 터빈 기관의 시동은 먼저 시동기가 압축기를 규정속도로 회전시키고 점화장치가 작동하면 연료가 분사되면서 연소가 시작된다. 기관이 자립 회전속도에 도달하면 시동 스위치를 차단시켜 시동기와 점화장치의 작동을 중지시킨다. 시동기는 시동이 완료된 후 완속 회전속도에 도달하면 기관으로부터 자동으로 분리되도록 되어 있다.

204. 가스 터빈 기관의 교류 전원에 사용되는 전압과 사이클 수는?

① 24 V, 600 cycle ② 24 V, 400 cycle
③ 115 V, 600 cycle ④ 115 V, 400 cycle

해설 항공기에 사용되는 교류 전원은 115 V, 400 Hz 를 사용한다.

205. 가스 터빈 기관의 점화장치 중에서 가장 간단한 점화장치는?

① 직류 유도형 점화장치 ② 교류 유도형 점화장치
③ 직류 유도형 반대 극성 점화장치 ④ 교류 유도형 반대 극성 점화장치

해설 점화계통의 종류

(1) 유도형 점화계통은 초창기 가스 터빈 기관의 점화장치로 사용되었다.
㉠ 직류 유도형 점화장치 : 28 V 직류가 전원으로 사용한다.
㉡ 교류 유도형 점화장치 : 가스 터빈 기관의 가장 간단한 점화장치로 115 V, 400 Hz 의 교류를 전원으로 사용한다.

(2) 용량형 점화계통은 강한 점화불꽃을 얻기 위해 콘덴서에 많은 전하를 저장했다가 짧은 시간에 흐르도록 하는 것으로 대부분의 가스 터빈 기관에 사용되고 있다.
㉠ 직류 고전압 용량형 점화장치
㉡ 교류 고전압 용량형 점화장치

(3) 글로 플러그(glow plug)형 점화계통

정답 202. ② 203. ② 204. ④ 205. ②

206. 대부분의 가스 터빈 기관에 사용하는 점화장치의 형식은 무엇인가?

① battery coil ignition ② magneto ignition
③ glow plug ④ high energy capacitor discharger

해설 문제 205번 참조

207. 제트 엔진의 점화계통은 어떤 형태인가?

① high resistor ② magneto
③ flow tension ④ capacitor discharger

해설 문제 205번 참조

208. 가스 터빈 엔진의 점화계통이 왕복엔진의 점화계통과 다른 점 중 잘못된 것은?

① 타이밍 장치가 필요하다. ② 교류전력을 이용할 수 있다.
③ 시동할 때만 점화가 필요하다. ④ 점화장치의 교환이 빈번하지 않다.

해설 가스 터빈 점화계통의 왕복 기관과의 차이점
㉠ 시동할 때만 점화가 필요하다.
㉡ 점화시기 조절장치가 필요 없기 때문에 구조와 작동이 간편하다.
㉢ 이그나이터(ignitor)의 교환이 빈번하지 않다.
㉣ 이그나이터(ignitor)가 기관 전체에 두 개 정도만 필요하다.
㉤ 교류전력을 이용할 수 있다.

209. 가스 터빈 기관에 사용되고 있는 점화 플러그의 수는?

① 1개 ② 2개 ③ 5개 ④ 연소실마다 1개씩

해설 가스 터빈 기관의 이그나이터는 각각의 기관에 보통 2개씩 장착되어 있다.

210. 가스 터빈 기관의 점화장치는 언제 작동하는가?

① 엔진 시동할 때만 ② 시동 시 및 flame out 방지 시에
③ 엔진 작동 중 연속적으로 사용 ④ 엔진의 고속 운전에만 연속적으로 사용

해설 왕복 기관의 점화장치는 기관이 작동할 동안 계속해서 작동하지만 가스 터빈 기관의 점화장치는 시동 시와 연소정지(flame out)가 우려될 경우에만 작동하도록 되어 있다.

정답 206. ④ 207. ④ 208. ① 209. ② 210. ②

211. 가스 터빈 기관(gas turbine engine)의 점화플러그가 고온 고압에서 작동하여도 왕복 엔진 점화플러그보다 수명이 긴 이유는 무엇인가?

① 좋은 재질의 점화 플러그를 사용해서
② 전압이 높기 때문에
③ 전압이 낮기 때문에
④ 사용시간이 왕복엔진보다 짧으므로

해설 문제 208번 참조

212. 시동 시 pneumatic system으로 사용되지 않는 것은?

① APU
② cross feed system
③ GTC
④ air conditioning system

해설 시동기에 공급되는 압축공기 동력원
㉠ 가스 터빈 압축기(GTC ; gas turbine compressor)
㉡ 보조 동력장치(APU ; auxiliary power unit)
㉢ 다른 기관에서 연결(cross feed)하여 사용

213. 가스 터빈 기관에서 날개 앞전의 방빙장치에 사용되는 것은 무엇인가?

① 이소 프로필 알코올
② 알코올
③ 메탄올
④ 블리드 공기(bleed air)

해설 블리드 공기(bleed air) 사용처 : 블리드 공기는 기내 냉방, 난방, 객실 여압, 날개 앞전 방빙, 엔진 나셀 방빙, 엔진 시동, 유압 계통 레저버 가압, 물탱크 가압, 터빈 노즐 베인 냉각 등에 이용된다.

214. 과열 시동(hot start)이란 무엇을 의미하는가?

① 시동 중 EGT가 최대 한계를 넘은 현상
② 엔진이 냉각되지 않은 채로 시동을 거는 현상
③ 엔진을 비행 중에 시동하는 현상
④ 시동 중 rpm이 최대 한계를 넘은 현상

해설 비정상 시동
(1) 과열 시동(hot start)
㉠ 시동할 때에 배기가스의 온도가 규정된 한계값 이상으로 증가하는 현상을 말한다.

정답 211. ④ 212. ④ 213. ④ 214. ①

㉡ 연료-공기 혼합비를 조정하는 연료조정장치의 고장, 결빙 및 압축기 입구부분에서 공기 흐름의 제한 등에 의하여 발생한다.

(2) 결핍 시동(hung start)

㉠ 시동이 시작된 다음 기관의 회전수가 완속 회전수까지 증가하지 않고 이보다 낮은 회전수에 머물러 있는 현상을 말하며, 이 때 배기가스의 온도가 계속 상승하기 때문에 한계를 초과하기 전에 시동을 중지시킬 준비를 해야 한다.

㉡ 시동기에 공급되는 동력이 충분하지 못하기 때문이다.

(3) 시동 불능(no start)

㉠ 기관이 규정된 시간 안에 시동되지 않는 현상을 말한다. 시동 불능은 기관의 회전수나 배기가스의 온도가 상승하지 않는 것으로 판단할 수 있다.

㉡ 시동기나 점화장치의 불충분한 전력, 연료 흐름의 막힘, 점화계통 및 연료조정장치의 고장 등이다.

215. 다음 중 과열 시동(hot start)은 어느 것인가?

① 배기가스의 온도가 규정값 이상으로 증가하는 현상
② 100 % 의 rpm에 도달했을 때
③ 배기가스의 온도가 서서히 증가하고 rpm의 증가가 없을 때
④ 정상 rpm에 도달하지 않은 상태

해설 문제 214번 참조

216. 제트 엔진에서 점화장치는 언제 작동하는가?

① 시동할 때만
② 시동 시와 flame out이 우려될 때
③ 순항 시
④ 연속해서 사용한다.

해설 문제 210번 참조

217. 터빈 엔진을 시동할 때 결핍 시동(hung start)이 되는 때는 언제인가?

① 배기가스 온도가 정해진 한계를 초과
② 최저 속도가 정해진 운용 한계를 초과
③ idle rpm에 도달하지 못할 때
④ 압력 한계가 정해진 한계를 초과할 때

해설 문제 214번 참조

정답 215. ① 216. ② 217. ③

218. 결핍 시동(hung start)에 대한 설명 중 맞는 것은?
① 연료는 공급되었으나 점화하지 않은 상태
② 점화되었지만 저속 회전까지 상승하지 않은 상태
③ idle rpm에 달하였으나 EGT가 규정값을 초과한 상태
④ 시동기가 엔진 회전을 상승시키지 못하는 상태

해설 문제 214번 참조

219. 다음 중 결핍 시동(hung start)이란 어느 것인가?
① 시동 시 EGT가 규정값 이상 증가하지 않는 현상
② idle rpm 이상으로 증가하지 않고 낮은 rpm에 머물러 있는 현상
③ 규정된 시간 안에 시동이 되지 않는 현상
④ 오일 압력이 늦게 상승하는 현상

해설 문제 214번 참조

220. 터빈 엔진의 방빙계통 작동 시 올바른 작동을 확인하는 데 필요한 점검항목은 무엇인가?
① 배기가스 감소
② EPR 감소
③ 연료 유량의 저하
④ rpm의 저하

해설 기관의 방빙계통 작동점검 시 EPR이 감소되는 것을 확인함으로써 계통이 정상 작동됨을 알 수 있다.

221. 후기 연소기와 물 분사의 목적은 무엇인가?
① 압축기 입구의 결빙 방지
② 추력 증가
③ 시동성 향상
④ 연료의 점화 용이

해설 후기 연소기와 물 분사장치는 기관의 추력을 증가시키기 위한 장치이다.

222. 다음 중 가스 터빈 기관의 추력 증가 장치로 맞는 것은?
① 후기 연소기, 물 분사장치
② 역추력장치, 후기 연소기
③ 물 분사장치, 역추력장치
④ 후기 연소기, 소음 장치

해설 문제 221번 참조

정답 218. ② 219. ② 220. ② 221. ② 222. ①

223. 다음 물 분사장치에 대한 설명에서 사실과 다른 것은?

① 물을 분사시키면 흡입공기의 온도가 낮아지고 공기밀도가 증가한다.
② 이륙 시 10 ~ 30 % 추력이 증가한다.
③ 물 분사에 의한 추력 증가량은 대기온도가 높을 때 효과가 크다.
④ 물과 알코올을 혼합하는 이유는 연소가스 압력을 증가시키기 위함이다.

해설 물 분사장치(water injection system)

㉠ 압축기의 입구와 출구인 디퓨저 부분에 물이나 물-알코올의 혼합물을 분사함으로써 높은 기온일 때 이륙 시 추력을 증가시키기 위한 방법으로 이용된다. 대기의 온도가 높을 때에는 공기의 밀도가 감소하여 추력이 감소되는 데 물을 분사시키면 물이 증발하면서 공기의 열을 흡수하여 흡입 공기의 온도가 낮아지면서 밀도가 증가하여 많은 공기가 흡입된다.

㉡ 물 분사를 하면 이륙할 때에 기온에 따라 10~30 % 정도의 추력 증가를 얻을 수 있다.

㉢ 물 분사장치는 추력을 증가시키는 장점이 있지만 물 분사를 위한 여러 장치가 필요하므로 기관의 무게가 증가하고 구조가 복잡한 단점이 있다.

㉣ 알코올을 사용하는 것은 물이 쉽게 어는 것을 막아주고 또, 물에 의하여 연소가스의 온도가 낮아진 것을 알코올이 연소됨으로써 추가로 연료를 공급하지 않더라도 낮아진 연소가스의 온도를 증가시켜 주기 위한 것이다.

224. 물 분사에 사용되는 액은 보통 무엇인가?

① 순수한 물
② 물과 알코올의 혼합액
③ 물과 가솔린
④ 물과 에틸렌글리콜

해설 문제 223번 참조

225. 제트 엔진을 냉각시킬 목적으로 물을 분사하는 곳은 어디인가?

① 압축기 입구와 디퓨저
② 터빈 입구
③ 연소실
④ 연료조정장치

해설 문제 223번 참조

226. 물을 압축기 입구에 분사하면 나타나는 결과는?

① 공기 밀도 증가 ② 공기 밀도 감소 ③ 물의 밀도 증가 ④ 물의 밀도 감소

해설 문제 223번 참조

정답 223. ④ 224. ② 225. ① 226. ①

227. 가스 터빈 기관의 물 분사장치에서 알코올의 역할은?

① 공기 밀도를 증가시키기 위함이다.
② 연소가스의 온도를 감소시키기 위함이다.
③ 공기의 부피를 증가시키기 위함이다.
④ 물이 어는 것을 방지하기 위함이다.

해설 문제 223번 참조

228. 후기 연소기에서 불꽃이 꺼지는 것을 방지하는 것은 무엇인가?

① slip spring ② fuel ring ③ spray ring ④ flame holder

해설 후기 연소기(after burner)

(1) 기관의 전면면적의 증가나 무게의 큰 증가 없이 추력의 증가를 얻는 방법이다.
(2) 터빈을 통과하여 나온 연소가스 중에는 아직도 연소가능한 산소가 많이 남아 있어서 배기 도관에 연료를 분사시켜 연소시키는 것으로 총 추력의 50 %까지 추력을 증가시킬 수 있다.
(3) 연료의 소모량은 거의 3배가 되기 때문에 경제적으로는 불리하다. 그러나 초음속 비행과 같은 고속 비행 시에는 효율이 좋아진다.
(4) 후기 연소기는 후기 연소기 라이너, 연료 분무대, 불꽃 홀더 및 가변 면적 배기노즐 등으로 구성된다.
㉠ 후기 연소기 라이너 : 후기 연소기가 작동하지 않을 때 기관의 배기관으로 사용된다.
㉡ 연료 분무대 : 확산 통로 안에 장착된다.
㉢ 불꽃 홀더 : 가스의 속도를 감소시키고 와류를 형성시켜 불꽃이 머무르게 함으로써 연소가 계속 유지되어 후기 연소기 안의 불꽃이 꺼지는 것을 방지한다.
㉣ 가변 면적 배기노즐 : 후기 연소기를 장착한 기관에는 반드시 가변 면적 배기노즐을 장착해야 하는 데 후기 연소기가 작동하지 않을 때에는 배기노즐 출구의 넓이가 좁아지고 후기 연소기가 작동할 때에는 배기노즐이 열려 터빈의 과열이나 터빈 뒤쪽 압력이 과도하게 높아지는 것을 방지한다.

229. 후기 연소기를 작동하는 데 있어 가변 면적 배기노즐이 필요한 이유는?

① 추력 증대를 위하여
② 배기가스 증가로 더 큰 면적이 필요해서
③ 아주 농후한 혼합으로부터 일어나는 너무 찬 냉각을 방지하기 위해
④ 제트 추력을 적절한 방향으로 하기 위하여

해설 문제 228번 참조

정답 227. ④ 228. ④ 229. ②

230. 현대 항공기에 사용되는 역추력장치는 어느 것을 역으로 함으로써 작동되는가?

① turbine ② compressor and turbine
③ exhaust gas ④ inlet guide vane

해설 역추력장치(reverser thrust system)

(1) 배기가스를 항공기의 앞쪽 방향으로 분사시킴으로써 항공기에 제동력을 주는 장치로서 착륙 후의 항공기 제동에 사용된다.
(2) 항공기가 착륙 직후 항공기의 속도가 빠를 때에 효과가 크며 항공기의 속도가 너무 느려질 때까지 사용하게 되면 배기가스가 기관 흡입관으로 다시 흡입되어 압축기 실속을 일으키는 수가 있다. 이것을 재흡입 실속이라 한다.
(3) 터보 팬 기관은 터빈을 통과한 배기가스 뿐만 아니라 팬을 통과한 공기도 항공기 반대 방향으로 분출시켜야 한다.
(4) 역추력장치는 항공 역학적 차단방식과 기계적 차단방식이 있다.
㉠ 항공 역학적 차단방식 : 배기 도관 내부에 차단판이 설치되어 있고 역추력이 필요할 때에는 이 판이 배기노즐을 막아주는 동시에 옆의 출구를 열어 주어 배기가스가 항공기 앞쪽으로 분출되도록 한다.
㉡ 기계적 차단방식 : 배기노즐 끝 부분에 역추력용 차단기를 설치하여 역추력이 필요할 때 차단기가 장치대를 따라 뒤쪽으로 움직여 배기가스를 앞쪽의 적당한 각도로 분사되도록 한다.
(5) 역추력장치를 작동시키기 위한 동력은 기관 블리드 공기를 이용하는 공기압식과 유압을 이용하는 유압식이 많이 사용되고 있지만 기관의 회전동력을 직접 이용하는 기계식도 있다.
(6) 역추력장치에 의하여 얻을 수 있는 역추력은 최대 정상추력의 약 40~50 % 정도이다.

231. 역추력장치의 종류로 맞는 것은?

① 로터리 베인 ② 수렴과 발산
③ 기계적, 항공 역학적 차단방식 ④ 모두 맞다.

해설 문제 230번 참조

232. 가스 터빈 기관에서 재흡입 실속이란 무엇인가?

① 이륙 시 앞의 항공기의 배기가스를 흡입하여 발생한다.
② 항공기의 속도가 느릴 때 역추력을 사용하면 배기가스가 기관으로 유입되어 발생한다.
③ 압축기 블리드 밸브에서 배출한 공기를 흡입하여 발생한다.
④ 터보 프롭 기관에서 역 피치로 하였을 때 압축기 입구압력이 낮아져 발생한다.

해설 문제 230번 참조

정답 230. ③ 231. ③ 232. ②

233. 다음 역추력장치의 설명 중 맞는 것은?

① 스로틀이 저속위치가 아니면 작동되지 않는다.
② 어느 속도에서나 필요 시 작동된다.
③ 스로틀이 중속상태에서 작동된다.
④ 스로틀이 고속상태에서 작동되어야 실속 위험이 적다.

해설 역추력장치는 스로틀이 저속위치, 지상에 있을 때가 아니면 작동되지 않도록 안전장치가 마련되어 있다.

234. 현재 사용 중인 대부분의 터보 팬 엔진에서 역추력장치의 설계상 특징은?

① fan reverser와 thrust reverser를 동시에 갖춘 구조 이용
② fan reverser만 갖춘 구조 이용
③ thrust reverser만 갖춘 구조 이용
④ 작동 동력으로 유압식만 사용

해설 현재 사용되고 있는 대부분의 터보 팬 기관은 팬 리버서(fan reverser)만 마련되어 있다.

235. 배기가스 온도(exhaust gas temperature) 측정 시 가장 높은 온도를 측정하는 것은?

① 철－콘스탄탄 ② 구리－콘스탄탄
③ 니켈－카드뮴 ④ 크로멜－알루멜

해설 열전쌍식(thermocouple) 온도계
㉠ 가스 터빈 기관에서 배기가스의 온도를 측정하는 데 사용된다.
㉡ 열전쌍에 사용되는 재료로는 크로멜－알루멜, 철－콘스탄탄, 구리－콘스탄탄 등이 사용되는 데 측정온도 범위가 가장 높은 것은 크로멜－알루멜이다.

236. EGT 감지기는 열전대에서 재질이 다른데 하나는 크로멜, 다른 하나는 무엇인가?

① 알루멜 ② 구리 ③ 은 ④ 니켈

해설 문제 235번 참조

237. 시동 후 배기가스 온도(EGT)가 시동 시 EGT보다 낮게 지시하였을 때는 다음 중 어느 때인가?

① 열전쌍의 선이 끊어졌다. ② 정상이다.
③ 연료압력이 낮다. ④ 점화계통이 차단되었다.

정답 233. ① 234. ② 235. ④ 236. ① 237. ②

해설 시동 후 배기가스 온도가 시동 중보다 낮게 지시하는 것은 정상 지시이다.

238. 가스 터빈 기관 시동 시 가장 먼저 확인해야 하는 계기는?
① 오일 온도계 ② 회전계 ③ 배기가스 온도계 ④ 엔진 진동 계기

해설 가스 터빈 기관 시동 절차(터보 팬 기관)
㉠ 동력 레버 : idle 위치
㉡ 연료 차단 레버 : close 위치(시동 및 점화 스위치를 on 하기 전에 연료 차단 레버를 open하지 말 것)
㉢ 주 스위치 : on
㉣ 연료 승압 펌프 스위치 : on
㉤ 시동 스위치 : on (기관 회전수 및 윤활유 압력이 증가하는지 관찰한다.)
㉥ 점화 스위치 : on (압축기 회전이 시작되어 정규 rpm의 10 % 정도 회전이 될 때까지 점화 스위치를 on 해서는 안된다) → 요즘의 기관에는 시동기 스위치를 on 시키면 점화 스위치를 on 시키지 않아도 점화계통이 먼저 작동하도록 만들어진 것이 대부분이다.
㉦ 연료 차단 레버 : open → 이 때 배기가스 온도의 증가로 기관이 시동되고 있다는 것을 알 수 있다. 기관의 연료계통의 작동 후 약 20초 이내에 시동이 완료되어야 한다. 또, 기관의 회전수가 완속 회전수까지 도달하는 데 2분 이상이 걸려서는 안된다.
㉧ 시동이 완료되면 시동 스위치 및 점화 스위치를 off 한다.

239. engine start 시 성공적으로 되었음을 알 수 있는 것은?
① EGT 증가 ② EGT 감소 ③ 출력 증가 ④ 출력 감소

해설 문제 238번 참조

240. 터빈 발동기의 내부 점검에 사용되는 장비는 무엇인가?
① 적외선 탐지 ② 초음파 탐지
③ 내시경 ④ 형광 투시기와 자외선

해설 내시경(bore scope)
(1) 내시경(bore scope) : 육안 검사의 일종으로 복잡한 구조물을 파괴 또는 분해하지 않고 내부의 결함을 외부에서 직접 육안으로 관찰함으로써 분해 검사에서 오는 번거로움과 시간 및 인건비 등의 제반 비용을 절감하는 효과를 가진다.
(2) 사용목적 : 왕복 기관의 실린더 내부나 가스 터빈 기관의 압축기, 연소실, 터빈 부분의 내부를 관찰하여 결함이 있을 경우에 미리 발견하여 정비함으로써 기관의 수명을 연장하고 사고를 미연에 방지하는 데 있다.

정답 238. ③ 239. ① 240. ③

(3) 보어 스코프의 적용시기
㉠ 기관 작동 중 FOD 현상이 있다고 예상될 때
㉡ 기관을 과열 시동했을 때
㉢ 기관 내부에 부식이 예상될 때
㉣ 기관 내부의 압축기 및 터빈 부분에서 이상음이 들릴 때
㉤ 주기 검사를 할 때
㉥ 기관을 장시간 사용했을 때
㉦ 정비작업을 하기 전에 작업방법을 결정할 때

241. 드라이 모터링(dry motoring) 점검을 할 때 틀린 것은?
① 점화 스위치 off
② 연료 차단 레버 off
③ 연료 부스터 펌프 on
④ 점화 스위치 on

해설 motoring의 목적 및 방법
㉠ dry motoring : ignition off, fuel off 상태에서 starter 만으로 엔진 rotating
㉡ wet motoring : ignition off, fuel on 상태에서 starter 만으로 엔진 rotating
㉢ wet motoring 후에는 반드시 dry motoring 실시하여 잔여 연료 blow out 하여야 한다.
㉣ motoring 은 연료계통 및 오일 계통 작업 시 계통 내에 공기가 차므로 air locking 을 방지하기 위해 엔진을 공회전시켜 공기를 빼내고, 또한 계통에 오일이나 연료가 새는지 여부를 검사하기 위해서이다.

242. 다음 1차 엔진 계기는 어느 것인가?
① tachometer
② air speed indicator
③ altimeter
④ barometric pressure

해설 tachometer 는 기관의 회전수를 지시하는 계기로 압축기의 회전수를 최대 회전수의 백분율(%)로 나타낸다.

243. 엔진의 웨트 모터링(wet motoring) 수행과정 중 작동해서는 안되는 사항은 다음 중 어느 것인가?
① start lever 를 작동시킨다.
② 엔진 rpm이 10 % 상승되었을 때 연료 차단 레버를 on 한다.
③ 연료 흐름이 정상인지를 확인한 후 점화 스위치를 on 한다.
④ 작동을 멈출 때에는 연료 차단 레버를 off 한 다음 30초 이상 dry motoring 한다.

해설 문제 241번 참조

정답 241. ④ 242. ① 243. ③

244. 터빈 엔진의 시동 중 화재 발생 시 조치사항은 무엇인가?

① 연료를 차단하고 계속 cranking 한다.
② 즉시 starter SW를 끊는다.
③ 소화를 위한 시도를 계속한다.
④ power lever 조정으로 연료의 배기를 돕는다.

해설 기관 시동 시 화재가 발생하였을 때에는 즉시 연료를 차단하고 계속 시동기로 기관을 회전시킨다.

245. 기관의 정격추력 중 비연료 소비율이 가장 적은 추력은?

① 이륙추력 ② 물 분사 이륙추력
③ 최대 연속추력 ④ 순항추력

해설 기관의 정격추력

㉠ 물 분사 이륙추력 : 기관이 이륙할 때에 발생할 수 있는 최대 추력으로서 이륙추력에 해당하는 위치에 동력 레버를 놓고 물 분사장치를 사용하여 얻을 수 있는 추력을 말하며, 사용 시간도 1~5분간으로 제한하고 이륙할 때만 사용한다.
㉡ 이륙추력 : 기관이 이륙할 때 물 분사 없이 발생할 수 있는 최대 추력을 말하며, 동력 레버를 이륙추력의 위치에 놓았을 때 발생하며 사용시간을 제한한다.
㉢ 최대 연속추력 : 시간의 제한 없이 작동할 수 있는 최대 추력으로 이륙추력의 90 % 정도이다. 그러나 기관의 수명 및 안전 비행을 위하여 필요한 경우에만 사용한다.
㉣ 최대 상승추력 : 항공기를 상승시킬 때 사용되는 최대 추력으로 어떤 기관에서는 최대 연속 추력과 같을 때가 있다.
㉤ 순항추력 : 순항비행을 하기 위하여 정해진 추력으로서 비연료 소비율이 가장 적은 추력이며 이륙추력의 70~80 % 정도이다.
㉥ 완속추력 : 지상이나 비행 중 기관이 자립 회전할 수 있는 최저 회전상태이다.

246. 시동 시 가스 터빈 기관에 화재가 발생하였다면 이에 대한 대처방법은 다음 중 어느 것인가?

① 연료를 차단하고 시동기를 계속 돌린다.
② 엔진을 끈다.
③ 연료를 계속 공급하면서 기관을 작동시킨다.
④ 소화기로 소화한다.

해설 문제 244번 참조

정답 244. ① 245. ④ 246. ①

247. 시동을 끄기 전에 냉각 운전을 하는 이유는 무엇인가?

① 베어링을 냉각시키기 위해서
② 잔류 연료를 연소시키기 위해서
③ 윤활유를 정상온도로 유지시키기 위해서
④ 터빈 케이스의 냉각을 위해서

해설 기관을 작동한 후에 터빈을 충분히 냉각하지 않고 기관을 정지하면 터빈 케이스가 빨리 냉각되어 블레이드가 케이스를 긁거나 고착되는 현상이 발생한다.

248. 다음 중 FCU (fuel control unit) trim의 목적은 무엇인가?

① 적절한 추력 레벨링(leveling)
② 최대 배기가스 온도를 얻기 위해
③ 최대 배기가스 속도를 얻기 위해
④ idle rpm을 조절하기 위해

해설 기관 조절(engine trimming)

㉠ 제작회사에서 정한 정격에 맞도록 기관을 조절하는 행위를 말하며, 또 다른 정의는 기관의 정해진 rpm에서 정격추력을 내도록 연료조정장치를 조정하는 것으로도 정의된다. 제작회사의 지시에 따라 수행하여야 하며 습도가 없고 무풍일 때가 좋으나 바람이 불 때는 항공기를 정풍이 되도록 한다.

㉡ 트림 시기는 엔진 교환 시, FCU 교환 시, 배기노즐 교환 시이다.

249. 터보 제트 기관의 추진효율을 옳게 나타낸 것은?

① 공기에 공급된 운동 에너지와 추진동력의 비
② 엔진에 공급된 연료 에너지와 추진동력의 비
③ 기관의 추진동력과 공기의 운동 에너지의 비
④ 공급된 연료 에너지와 추력과의 비

해설 추진효율

㉠ 공기가 기관을 통과하면서 얻은 운동 에너지와 비행기가 얻은 에너지인 추력동력의 비를 말한다.

㉡ $\eta_p = \dfrac{2V_a}{V_j + V_a}$

여기서, V_a : 비행속도, V_j : 배기가스 속도

정답 247. ④ 248. ① 249. ①

250. 추진효율을 증가시키는 방법은 어느 것인가?

① 배기가스 속도를 크게 ② 압축기 단열비율을 높게
③ 터빈 단열비율을 높게 ④ 유입 공기속도를 크게

해설 문제 249번 참조

251. 속도 750 mph, 추력 20000 lbs일 때 추력마력으로 환산하면?

① 10000 HP ② 20000 HP
③ 30000 HP ④ 40090 HP

해설 추력마력 $THP = \dfrac{F_n \times V_a}{75\text{kg} \cdot \text{m/s}} = \dfrac{F_n \times V_a}{550\text{lbs} \cdot \text{ft/s}} = \dfrac{1.47 \times 750 \times 20000}{550} = 40090\,\text{HP}$

252. 제트 엔진의 추력비연료소모율로 옳은 것은?

① 단위 추력당 소비하는 연료
② 단위 시간당 소비하는 연료
③ 추력당 시간당 연료 소비율
④ 단위 추력당, 단위 시간당 소비하는 연료

해설 추력비연료소모율

㉠ 1N ($\text{kg} \cdot \text{m/s}^2$)의 추력을 발생하기 위해 1시간 동안 기관이 소비하는 연료의 중량을 말한다.

㉡ $TSFC = \dfrac{g m_f \times 3600}{F_n} \left(\dfrac{\text{kg}}{\text{N} \times \text{h}}, \dfrac{\text{kg}}{\text{kg} \times \text{h}}, \dfrac{\text{lb}}{\text{lb} \times \text{h}} \right)$

여기서, m_f : 연료의 질량 유량, F_n : 진 추력

253. 추력비연료소모율($TSFC$)에 관한 설명 중 옳은 것은?

① 유입되는 단위 공기량이 많을수록 증가한다.
② 진 추력이 클수록 증가한다.
③ 유입되는 단위 연료량이 많을수록 증가한다.
④ 연료량 및 공기량과는 관계가 없다.

해설 문제 252번 참조

정답 250. ④ 251. ④ 252. ④ 253. ③

254. 터보 제트 기관에서 저발열량이 4600kcal/kg인 연료를 1초 동안에 2kg 씩 소모하여 진 추력이 4000kg 일 때 추력비연료소비량은?

① 1.7 kg / kg-h ② 1.8 kg / kg-h ③ 1.9 kg / kg-h ④ 2.0 kg / kg-h

해설 추력비연료소모율

$$TSFC = \frac{W_f \times 3600}{F_n} = \frac{2 \times 3600}{4000} = 1.8 \text{ kg / kg-h}$$

255. 가스 터빈 기관의 추력에 대한 설명 중 틀린 것은?

① 비행속도가 빨라짐에 따라 추력은 감소한다.
② 고도가 높아질수록 추력은 감소한다.
③ 대기온도가 높아질수록 추력은 감소한다.
④ 비행고도가 증가할수록 추력은 감소한다.

해설 추력에 영향을 미치는 요소

㉠ 기관 회전수(rpm) : 추력은 기관의 최고 설계속도에 도달하면 급격히 증가한다.
㉡ 비행속도 : 흡입공기속도가 증가하면 흡입공기속도와 배기가스 속도의 차이가 감소하기 때문에 추력이 감소한다. 그러나 속도가 빨라지면 기관의 흡입구에서 공기의 운동 에너지가 압력 에너지로 변하는 램 효과에 의하여 압력이 증가하게 되므로 공기밀도가 증가하여 추력이 증가하게 된다. 비행속도 증가에 따라 출력은 어느 정도 감소하다가 다시 증가한다.
㉢ 고도 : 고도가 높아짐에 따라 대기압력과 대기온도가 감소한다. 따라서, 대기온도가 감소하면 밀도가 증가하여 추력은 증가하고 대기압력이 감소되면 추력은 감소한다. 그러나 대기온도의 감소에서 받는 영향은 대기압력의 감소에서 받는 영향보다 적기 때문에 결국 고도가 높아짐에 따라 추력은 감소한다.
㉣ 밀도 : 밀도는 온도는 반비례하는 데 대기온도가 증가하면 공기의 밀도가 감소하고 반대로 공기온도가 감소하면 밀도는 증가하여 추력은 증가한다.

256. 제트 항공기에 있어서 엔진 추력을 결정하는 요소는 다음 중 어느 것인가?

① 외기 온도, rpm, 고도, 비행속도
② 고도, 비행속도, 외기 온도, 연료압력
③ 외기 온도, rpm, 연료 온도
④ 고도, 비행속도, 공기압력비, 윤활유 속도

해설 문제 255번 참조

정답 254. ② 255. ① 256. ①

전자 · 전기 · 계기

[예상 문제]

전자·전기·계기

Chapter 01

항공 전기

1. 교류회로의 3가지 저항체가 아닌 것은?

① 전류 ② 콘덴서 ③ 저항 ④ 코일

해설 교류의 전기회로에서 전류가 흐르지 못하게 하는 것에는 저항, 코일과 콘덴서가 있다. 이것을 총칭하여 저항체라 한다.

2. 0.001A는 얼마인가?

① 1 MA ② 1 mA ③ 1 kA ④ 1 GA

해설 1mA = 0.001A

3. 전기저항이 3Ω인 지름이 일정한 도선의 길이를 일정하게 3배로 늘렸다면 그 때 저항은 어떻게 되겠는가?

① 25Ω ② 26Ω ③ 27Ω ④ 28Ω

해설 도선길이에 관한 저항을 구하는 공식

$R=\rho\frac{l}{S}$ (여기서, ρ : 고유저항, l : 도선의 길이, S : 도선의 단면적)에서 길이를 3배로 늘린다면 단면적은 $\frac{1}{3}$로 감소하므로, $R=\rho\frac{3l}{\frac{1}{3}S}=\rho\frac{9l}{S}=9\rho\frac{l}{S}$, 원래의 저항에서 9배 증가하므로 $3\times9=27\Omega$

4. 도체의 저항과 관계가 옳은 것은?

① 도체의 저항은 도체의 길이에 비례하고, 단면적에 비례한다.
② 도체의 저항은 도체의 길이에 반비례하고, 단면적에 비례한다.
③ 도체의 저항은 도체의 길이에 비례하고, 단면적에 반비례한다.
④ 도체의 저항은 도체의 길이에 반비례하고, 단면적에 반비례한다.

정답 1. ① 2. ② 3. ③ 4. ③

해설 문제 3번 참조

5. 도체의 저항을 감소시키는 방법은?

① 길이를 줄이거나 단면적을 증가시킨다. ② 길이를 늘리거나 단면적을 증가시킨다.
③ 길이나 단면적을 줄인다. ④ 길이나 단면적을 늘린다.

해설 문제 3번 참조

6. 전압이 12 V, 전류가 2 A 로 흐를 때 저항은 얼마인가?

① 2Ω ② 4Ω ③ 6Ω ④ 12Ω

해설 $R = \frac{E}{I} = \frac{12}{2} = 6\Omega$

7. 전원이 28V일 때 저항 5Ω, 10Ω, 13Ω을 직렬로 연결 시 전류는 얼마인가?

① 1A ② 2A ③ 3A ④ 4A

해설 직렬로 연결된 저항의 합성저항

$R = R_1 + R_2 + R_3 + \cdots$ 이므로 $R = 28\Omega$, $I = \frac{28}{28} = 1\,\text{A}$

8. 28V의 전기회로에 3개의 직렬 저항만 들어 있고, 이들 저항은 각각 10Ω, 15Ω, 20Ω이다. 이 때 직렬로 삽입한 전류계의 눈금을 읽으면 다음 어느 것인가?

① 0.62A ② 1.26A ③ 6.22A ④ 62A

해설 직렬로 연결된 저항의 합성저항

$R = R_1 + R_2 + R_3 + \cdots$ 이므로 $R = 45\Omega$, $I = \frac{28}{45} = 0.62\,\text{A}$

9. 12Ω짜리 2개, 6Ω짜리 1개가 병렬로 연결된 회로의 총 저항은?

① 12Ω ② 9Ω ③ 3Ω ④ 24Ω

해설 병렬 합성저항을 구하는 공식

$\frac{1}{R} = \frac{1}{R_1} + \frac{1}{R_2} + \frac{1}{R_3} + \cdots$ 이므로 공식에 대입하면

$\frac{1}{R} = \frac{1}{12} + \frac{1}{12} + \frac{1}{6} = \frac{4}{12} = \frac{1}{3}$ 이므로 $R = 3\Omega$

정답 5. ① 6. ③ 7. ① 8. ① 9. ③

10. 200V, 1000W의 전열기가 있다. 이 전열기의 저항은?

① 10Ω ② 20Ω ③ 30Ω ④ 40Ω

해설 $P = EI,\ I = \frac{E}{R},\ E = RI$ 이므로 $P = RI^2 = \frac{E^2}{R}$ 이 된다.

$R = \frac{E^2}{P} = \frac{200^2}{1000} = 40\Omega$

11. 전압이 24V이고, 저항값이 직렬 2Ω, 4Ω, 6Ω일 때 전류의 값은?

① 2A ② 4A ③ 8A ④ 15A

해설 직렬로 연결된 저항의 합성저항

$R = R_1 + R_2 + R_3 + \cdots$ 이므로 $R = 12\Omega$ 이고, $E = RI$ 이므로 $I = \frac{24}{12} = 2$, $\therefore\ I = 2\text{ A}$

12. 15μF인 콘덴서(condenser)를 3개 직렬로 접속한 콘덴서의 용량으로 맞는 것은?

① 5μF ② 4.5μF ③ 45μF ④ 15μF

해설 합성 정전용량

㉠ 직렬연결인 경우 : $\frac{1}{C} = \frac{1}{C_1} + \frac{1}{C_2} + \frac{1}{C_3} + \cdots$

㉡ 병렬연결인 경우 : $C = C_1 + C_2 + C_3 + \cdots$

위의 조건을 식에 대입하면 $\frac{1}{C} = \frac{1}{15} + \frac{1}{15} + \frac{1}{15} = \frac{3}{15} = \frac{1}{5}$

$\therefore\ C = 5\mu\text{F}$

13. 110V, 60Hz의 교류전원에 2μF의 capacitor를 연결하였을 때 이 capacitor의 reactance는 얼마인가?

① 1326Ω ② 132Ω ③ 13Ω ④ 1.3Ω

해설 $X_C = \frac{1}{\omega C} = \frac{1}{2\pi f C}$

여기서, 각속도(ω) : 1초간의 각의 증가, f : 주파수, X_C : 리액턴스, C : 커패시턴스

$X_C = \frac{1}{2\pi \times 60 \times 2 \times 10^{-6}} \fallingdotseq 1326\Omega$

14. 50μF의 capacitor에 200V, 60Hz의 교류전압을 가했을 때 흐르는 전류는?

① 약 7.54 A ② 약 3.77 A ③ 약 5.84 A ④ 약 7.77 A

정답 10. ④ 11. ① 12. ① 13. ① 14. ②

해설 $X_C = \frac{1}{\omega C} = \frac{1}{2\pi f C}$

여기서, 각속도(ω) : 1초간의 각의 증가, f : 주파수, X_C : 리액턴스, C : 커패시턴스

$X_C = \frac{1}{2\pi \times 60 \times 50 \times 10^{-6}} = 53\Omega$ $I = \frac{200}{53} \fallingdotseq 3.77A$

15. 콘덴서(condenser)만의 회로에 대한 설명으로 틀린 것은?

① 전류는 전압보다 π / 2 (rad) 만큼 위상이 앞선다.
② 용량성 리액턴스는 주파수에 반비례한다.
③ 용량성 리액턴스는 콘덴서의 용량에 반비례한다.
④ 용량성 리액턴스가 작으면 전류가 작아진다.

해설 리액턴스(X, reactance) : 90°의 위상차를 갖게 하는 교류저항

㉠ 인덕턴스로 인한 것을 유도성 리액턴스(X_L)라 하고, 전압의 위상을 전류보다 90° 앞서게 한다.

$X_L = \omega L = 2\pi f L$, $I = \frac{V}{X_L}$

㉡ 커패시턴스로 인한 것을 용량성 리액턴스(X_C)라고 하고, 전압의 위상을 전류보다 90° 늦게 한다.

$X_C = \frac{1}{\omega C} = \frac{1}{2\pi f C}$, $I = \frac{V}{|X_C|}$

여기서, 각속도(ω) : 1초간의 각의 증가, f : 주파수, X_C : 리액턴스, C : 커패시턴스

16. 다음 교류회로에 관한 설명 중 틀린 것은?

① 용량성 회로에서는 전압이 전류보다 90° 늦다.
② 유도성 회로에서는 전압이 전류보다 90° 빠르다.
③ 저항만의 회로에서는 전압과 전류가 동상이다.
④ 모든 회로에서 전압과 전류는 동상이다.

해설 문제 15번 참조

17. 릴레이(relay)로 연결된 line을 바꾸어 장착하였다면 가장 옳다고 생각되는 것은 다음 중 어느 것인가?

① 릴레이는 작동하지 않는다. ② 릴레이는 작동한다.
③ ON / OFF 상태가 바뀐다. ④ 릴레이가 고착된다.

정답 15. ④ 16. ④ 17. ③

18. 교류전원에서 전압계는 200V, 전류계는 5A, 역률이 0.8일 때 다음 중 틀린 것은?

① 유효전력은 800 W ② 무효전력은 400 VAR
③ 피상전력은 1000 VA ④ 소비전력은 800 W

해설 피상전력 $= EI = 200 \times 5 = 1000\,\mathrm{VA}$

유효전력 $= EI\cos\theta = 1000 \times 0.8 = 800\,\mathrm{W}$

무효전력 $= EI\sin\theta = EI \times \sqrt{1-\cos\theta^2} = 1000 \times \sqrt{1-0.8^2} = 600\,\mathrm{VAR}$

19. 절연된 두 전기선을 항공기에 배선할 때 두 선을 꼬는 이유는?

① 묶을 수 없게 하기 위하여
② 그것을 더 딱딱하게 하기 위하여
③ 조그마한 구멍을 쉽게 통과하게 하기 위하여
④ 마그네틱 컴퍼스 부근을 통과할 때 영향을 받지 않게 하기 위하여

해설 전선을 꼬아서 사용함으로써 형성되는 자장을 상쇄시켜 계기의 자장에 의한 오차를 최소화하기 위해서이다.

20. 전력의 단위는 무엇인가?

① 볼트(volt) ② 와트(watt) ③ 옴(ohm) ④ 암페어(ampere)

해설 단위

종류	단위	기호
전압	V (volt)	E
전류	A (ampere)	I
저항	Ω (ohm)	R
전력	W (watt)	P

21. 피상전력과 유효전력의 비는 무엇인가?

① 역률 ② 무효전력 ③ 총 출력 ④ 교류전력

해설 피상전력 $= \sqrt{(\text{유효전력})^2 + (\text{무효전력})^2}\,[\mathrm{VA}]$

유효전력 = 피상전력 × 역률(W)

무효전력 = 피상전력 $\times \sqrt{1-(\text{역률})^2}\,[\mathrm{VAR}]$

정답 18. ② 19. ④ 20. ② 21. ①

22. 다음 중 항공기에 사용되는 전기계통에 대한 설명으로 틀린 것은?

① 항공기의 전기계통은 전력계통, 배전 및 부하계통 등으로 나누어진다.
② 배전계통은 인버터와 정류기 등이 있다.
③ 전력계통은 기관에 의해 구동되는 발전기와 축전지로 구성된다.
④ 부하계통은 전동기, 점화계통, 시동계통 및 등화계통 등이다.

해설 배전계통은 도선, 회로 제어장치, 회로 보호장치 등으로 구성이 된다.

23. 최댓값이 200V인 정현파 교류의 실횻값은 얼마인가?

① 129.3 V ② 141.4 V ③ 135.6 V ④ 151.5 V

해설 교류의 크기

㉠ 순싯값 : 교류는 시간에 따라 순간마다 파의 크기가 변하고 있으므로 전류 파형 또는 전압 파형에서 어떤 임의의 순간의 전류 또는 전압의 크기이다.
㉡ 최댓값 : 교류파형의 순싯값 중에서 가장 큰 순싯값이다.
㉢ 평균값 : 교류의 방향이 바뀌지 않은 반주기 동안의 파형을 평균한 값으로 평균값은 최대값의 $\frac{2}{\pi}$배, 즉 0.637배이다.
㉣ 실횻값 : 전기가 하는 일량은 열량으로 환산할 수 있어 일정한 시간동안 교류가 발생는 열량과 직류가 발생하는 열량을 비교한 교류의 크기로 실횻값은 최댓값의 $\frac{1}{\sqrt{2}}$배, 즉 0.707배이다.

24. 115V, 3상, 400Hz에서 400Hz는 무엇인가?

① 초당 사이클 ② 분당 사이클 ③ 시간당 사이클 ④ 회전수당 사이클

해설 주기파에 있어서 어떠한 변화를 거쳐서 처음의 상태로 돌아갈 때까지의 변화를 1사이클(cycle)이라고 하고 1초간에 포함되는 사이클의 수를 주파수라고 한다. 그 단위는 CPS (cycle per second) 또는 Hz (herz)라고 표시한다.

25. 퓨즈는 규정된 수를 예비품으로 보관하여야 하는데 일반적으로 총 사용수의 몇 %를 보관하는가?

① 40 % ② 50 % ③ 60 % ④ 70 %

해설 퓨즈를 교환할 때에는 해당 항공기의 매뉴얼을 참고하여 규정용량과 형식의 것을 사용해야 하며, 항공기 내에는 규정된 수의 50 %에 해당되는 예비 퓨즈를 항상 비치하도록 되어 있다.

정답 22. ② 23. ② 24. ① 25. ②

26. 다음 중 키르히호프 제1법칙을 맞게 설명한 것은?

① 임의의 폐회로를 따라 한 방향으로 일주하면서 취한 전압상승의 대수적 합은 0이다.
② 도선의 임의의 접합점에 유입하는 전류와 나가는 전류의 대수적 합은 0이다.
③ 임의의 폐회로를 따라 한 방향으로 일주하면서 취한 전압상승의 대수적 합은 1이다.
④ 도선의 임의의 접합점에 유입하는 전류와 나가는 전류의 대수적 합은 1이다.

해설 키르히호프의 법칙

㉠ 키르히호프 제1법칙(KCL : 키르히호프의 전류 법칙) : 회로망의 임의의 접속점에서 볼 때, 접속점에 흘러 들어오는 전류의 합은 흘러나가는 전류의 합과 같다는 법칙
㉡ 키르히호프 제2법칙(KVL : 키르히호프의 전압 법칙) : 회로망 중의 임의의 폐회로 내에서 그 폐회로를 따라 한 방향으로 일주하면서 생기는 전압강하의 합은 그 폐회로 내에 포함되어 있는 기전력의 합과 같다는 법칙

27. 다음 중 계전기(relay)의 역할은?

① 전기회로의 전압을 다양하게 사용하기 위함이다.
② 작은 양의 전류로 큰 전류를 제어하는 원격 스위치이다.
③ 전기적 에너지를 기계적 에너지로 전환시켜 주는 장치이다.
④ 전류의 방향전환을 시켜주는 장치이다.

해설 계전기 : 조종석에 설치되어 있는 스위치에 의하여 먼 거리의 많은 전류가 흐르는 회로를 직접 개폐시키는 역할을 하는 일종의 전자기 스위치(electromagnetic switch)라고 할 수 있다.

㉠ 고정철심형 계전기 : 철심이 고정되어 있고, 솔레노이드 코일에서 전류의 흐름에 따라 철편으로 된 전기자를 움직이게 하여 접점을 개폐시킨다.
㉡ 운동철심형 계전기 : 접점을 가진 철심부가 솔레노이드 코일 내부에서 솔레노이드 코일의 전류에 의하여 접점이 연결되고, 귀환스프링에 의하여 접점이 떨어진다.

28. 다음 중 본딩 와이어(bonding wire)의 역할로 틀린 것은?

① 무선 장해의 감소 ② 정전기 축적의 방지
③ 이종 금속간 부식의 방지 ④ 회로 저항의 감소

해설 본딩 와이어는 부재와 부재 간에 전기적 접촉을 확실히 하기 위해 구리선을 넓게 짜서 연결하는 것을 말하며 목적은 다음과 같다.

㉠ 양단간의 전위차를 제거해 줌으로써 정전기 발생을 방지한다.
㉡ 전기회로의 접지회로로서 저 저항을 꾀한다.
㉢ 무선 방해를 감소하고 계기의 지시 오차를 없앤다.
㉣ 화재의 위험성이 있는 항공기 각 부분간의 전위차를 없앤다.

정답 26. ② 27. ② 28. ③

29. 도선의 접속방법 중 장착, 장탈이 쉬운 방법은 어느 것인가?

① 납땜 ② 스플라이스
③ 케이블 터미널 ④ 커넥터

해설 도선의 연결장치

㉠ 케이블 터미널 : 전선의 한쪽에만 접속을 하게끔 되어 있고, 연결 시 전선의 재질과 동일한 것을 사용해야 하며(이질금속간의 부식을 방지) 전선의 규격에 맞는 터미널(보통 2, 3개의 규격을 공통으로 사용)을 사용해야 한다.

㉡ 스플라이스 : 양쪽 모두 전선과 접속시킬 수 있고 스플라이스의 바깥면에 플라스틱과 같은 절연물로 절연되어 있는 금속 튜브로 이것이 전선 다발에 위치할 때에는 전선의 다발에 지름이 변하지 않게 하기 위하여 서로 엇갈리게 장착해야 한다.

㉢ 커넥터 : 항공기 전기회로나 장비 등을 쉽고 빠르게 장·탈착 및 정비하기 위하여 만들어진 것으로, 취급 시 가장 중요한 것은 수분의 응결로 인해 커넥터 내부에 부식이 생기는 것을 방지하는 것이다. 수분의 침투가 우려되는 곳에는 방수용 젤리로 코팅하거나 특수한 방수 처리를 해야 한다.

30. 교류회로에 사용되는 전압은?

① 최댓값 ② 평균값 ③ 실횻값 ④ 최솟값

해설 교류전류나 전압을 표시할 때에는 달리 명시되지 않는 한 항상 실횻값을 의미한다.

31. 전기회로 보호장치 중 규정 용량 이상의 전류가 흐를 때 회로를 차단시키고 스위치 역할을 하며 계속 사용이 가능한 것은?

① 회로 차단기 ② 열 보호장치
③ 퓨즈 ④ 전류 제한기

해설 회로 보호장치

㉠ 퓨즈(fuse) : 규정 이상으로 전류가 흐르면 녹아 끊어짐으로써 회로에 흐르는 전류를 차단시키는 장치

㉡ 전류 제한기(current limiter) : 비교적 높은 전류를 짧은 시간 동안 허용할 수 있게 한 구리로 만든 퓨즈의 일종(퓨즈와 전류 제한기는 한번 끊어지면 재사용이 불가능하다.)

㉢ 회로 차단기(circuit breaker) : 회로 내에 규정 이상의 전류가 흐를 때 회로가 열리게 하여 전류의 흐름을 막는 장치(재사용이 가능하고 스위치 역할도 한다.)

㉣ 열 보호장치(thermal protector) : 열 스위치라고도 하고, 전동기 등과 같이 과부하로 인하여 기기가 과열되면 자동으로 공급전류가 끊어지도록 하는 스위치

정답 29. ④ 30. ③ 31. ①

32. 전기 퓨즈의 결정요소는 무엇인가?

① 전압 ② 흐르는 전류 ③ 전력 ④ 온도

해설 문제 31번 참조

33. 잠깐 동안 과부하전류를 허용하는 것은?

① 퓨즈(fuse) ② 전류 제한기(current limiter)
③ 회로 차단기(circuit breaker) ④ 역 전류 차단기(reverse current cut out relay)

해설 문제 31번 참조

34. 어떤 계기의 소비전력이 220watt라고 할 때 100volt 전원에 연결하면 몇 ampere 회로 차단기를 장착하는가?

① 1.5 A ② 2.0 A ③ 2.5 A ④ 3.0 A

해설 $P=VI$ 에서 $I=\frac{P}{V}=\frac{220}{100}=2.2\text{ A}$
전류가 2.2 A 흐르므로 2.5 A 짜리 회로 차단기를 사용해야 한다.

35. 어떤 회로 차단기에 2A라고 기재되어 있다면 이 의미로 바른 것은?

① 2 A 미만의 전류가 흐르면 회로를 차단한다.
② 2 A 의 전류가 흐르면 즉시 회로를 차단한다.
③ 2 A 를 넘는 전류가 일정 시간 흐르면 회로를 차단한다.
④ 2 A 이외의 전류가 흐르면 회로를 차단한다.

해설 회로 차단기(circuit breaker) : 회로 내에 규정 이상의 전류가 흐를 때 회로가 열리게 하여 전류의 흐름을 막는 장치로 보통 퓨즈 대신에 많이 사용되며 스위치 역할까지 하는 것도 있다. 회로 차단기의 정상 작동을 점검하기 위해서는 규정 용량 이상의 전류를 흘러 보내 접점이 떨어지는지를 확인하고 다시 정상전류가 공급된 상태로 한 다음 푸시 풀(push pull) 버튼을 눌렀을 때 그대로 있는지를 점검해야 한다.

36. 회로 차단기의 장착위치는?

① 전원부에서 먼 곳에 설치하는 것이 좋다.
② 전원부에서 가까운 곳에 설치하는 것이 좋다.
③ 전원부와 부하의 중간에 설치하는 것이 좋다.
④ 회로의 종류에 따라 적당한 곳에 설치하는 것이 좋다.

정답 32. ② 33. ② 34. ③ 35. ③ 36. ②

해설 회로 차단기뿐만 아니라 회로 보호장치들은 전원부에서 가까운 곳에 설치를 하여 회로를 보호한다.

37. 전기 도선의 크기를 선택할 때 고려해야 할 사항은 무엇인가?

① 전압강하와 전류용량
② 길이와 전압강하
③ 길이와 전류용량
④ 양단에 가해질 전압의 크기

해설 도선을 선택할 때의 고려사항

㉠ 도선에서 발생하는 줄열
㉡ 도선 내에 흐르는 전류의 크기
㉢ 도선의 저항에 따른 전압강하

38. 전선을 접속하는 데는 스플라이스(splice)가 있는데, 사용법의 설명으로 맞는 것은?

① 서모커플의 보상 도선의 결합에 사용해도 무방하다.
② 진동이 있는 부분에 사용해도 좋다.
③ 납땜을 한 스플라이스(splice)를 사용해도 좋다.
④ 많은 전선을 결합할 경우는 스태거 접속으로 한다.

해설 전선의 접속 시 원칙

㉠ 진동이 있는 장소는 피하거나 최소로 한다.
㉡ 정기적으로 점검할 수 있는 장소에서 완전히 접속한다.
㉢ 전선 다발로 많은 스플라이스를 이용할 경우에는 스태거(stagger) 접속으로 한다.

39. 현대의 대형 항공기에서 직류 system을 사용하지 않고 교류 system을 채택한 이유는 무엇인가?

① 같은 용량의 직류 기기보다 무게가 가볍다.
② 전압의 승압, 감압이 편리하다.
③ 높은 고도에서 brush를 사용하는 직류 발전기에서 일어날 수 있는 brush arcing 현상이 없다.
④ 이상 다 맞다.

해설 항공기에서 직류를 사용하게 되면 승압, 감압이 어려워 큰 전류가 필요하게 되므로 항공기의 모든 이용부분에 전기를 공급하기 위한 도선이 굵어야 되기 때문에 전기계통이 차지하는 무게가 무거워지게 된다. 이러한 이유로 전압을 높이기 쉬운 교류를 사용하고, 그 중 3상 교류를 많이 사용하게 된다.

정답 37. ① 38. ④ 39. ④

40. 항공기의 주 전원계통으로 교류를 사용할 때 직류에 비해서 장점이 아닌 것은?
① 가는 전선으로 다량의 전력을 전송 가능하다.
② 전압 변경이 용이하다.
③ 병렬운전이 용이하다.
④ 브러시가 없는 영구 자석 발전기를 사용 가능하다.

해설 직류 발전기의 병렬운전은 출력전압만 맞추어 주면 되지만, 교류일 경우는 전압 외에 주파수, 위상차를 규정값 이내로 맞추어 줘야 하기 때문에 병렬운전이 복잡해진다.

41. 직류 발전기의 병렬운전에서 필요조건은 어느 것인가?
① 주파수가 같아야 한다. ② 전압이 같아야 한다.
③ 회전이 같아야 한다. ④ 부하가 같아야 한다.

해설 문제 40번 참조

42. 퓨즈(fuse)와 비교해 볼 때 회로 차단기(circuit breaker)의 이점은 무엇인가?
① 교체할 필요가 없다.
② 과부하(over load)에서 더 빠르게 반응한다.
③ 스위치가 필요 없다.
④ 다시 작동시킬 수 있고 재사용할 수 있다.

해설 회로 보호장치
(1) 퓨즈
㉠ 규정 용량 이상의 전류가 흐를 때 녹아 끊어져 전류를 차단시킨다.
㉡ 한번 끊어지면 재사용을 할 수 없다.
㉢ 항공기 내에는 규정된 수의 50%에 해당되는 예비 퓨즈를 항상 비치해야 한다.
(2) 회로 차단기
㉠ 규정 용량 이상의 전류가 흐를 때 회로를 차단시킨다.
㉡ 스위치 역할도 할 수 있다.
㉢ 재사용이 가능하다.

43. 항공기에 가장 많이 쓰이는 스위치는 무엇인가?
① 토글 스위치 ② 리밋 스위치 ③ 회전 스위치 ④ 버튼 스위치

해설 스위치의 종류
㉠ 토글 스위치(toggle switch) : 가장 많이 쓰인다.

정답 40. ③ 41. ② 42. ④ 43. ①

㉡ 푸시 버튼 스위치(push button switch) : 계기 패널에 많이 사용되며 조종사가 식별하기 쉽도록 되어 있다.
㉢ 마이크로 스위치(micro switch) : 착륙장치와 플랩 등을 작동하는 전동기의 작동을 제한하는 스위치(limit switch)로 사용된다.
㉣ 회전 스위치(rotary switch) : 스위치 손잡이를 돌려 한 회로만 개방하고 다른 회로는 동시에 닫게 하는 역할을 하며 여러 개의 스위치 역할을 한번에 담당하고 있다.

44. 1차 코일 감은 수가 500회, 2차 코일 감은 수가 300회인 변압기의 1차 코일에 200V 전압을 가하면 2차 코일에 유기되는 전압은 얼마인가?

① 120 V ② 220 V ③ 180 V ④ 320 V

해설 변압기의 전압과 권선수와의 관계

$\frac{E_1}{E_2} = \frac{N_1}{N_2}$ 여기서, E_1 : 1차 전압, E_2 : 2차 전압, N_1 : 1차 권선수, N_2 : 2차 권선수

$E_2 = \frac{E_1 \times N_2}{N_1} = \frac{200 \times 300}{500} = 120\,\text{V}$

45. 다음 중 변압기의 권선비와 유도 기전력과의 관계식으로 옳은 것은? (단, E_1 : 1차 전압, E_2 : 2차 전압, N_1 : 1차 권선수, N_2 : 2차 권선수)

① $\frac{E_1}{E_2} = \frac{N_1}{N_2}$ ② $\frac{{E_1}^2}{{E_2}^2} = \frac{N_2}{N_1}$ ③ $\frac{E_2}{E_1} = \frac{N_1}{N_2}$ ④ $\frac{E_1}{E_2} = \frac{{N_2}^2}{{N_1}^2}$

해설 문제 44번 참조

46. 전류계, 전압계를 회로에 연결시킬 때 어떻게 하는가?

① 전류계, 전압계 직렬 ② 전류계 직렬, 전압계 병렬
③ 전류계, 전압계 병렬 ④ 전류계 병렬, 전압계 직렬

해설 멀티미터(multimeter) 사용법
㉠ 전류계는 측정하고자 하는 회로 요소와 직렬로 연결하고 전압계는 병렬로 연결해야 한다.
㉡ 전류계와 전압계를 사용할 때에는 측정 범위를 예상해야 하지만 그렇지 못할 때에는 큰 측정 범위부터 시작하여 적합한 눈금에서 읽게 될 때까지 측정 범위를 낮추어 나간다. 바늘이 눈금판의 중앙부분에 올 때 가장 정확한 값을 읽을 수 있다.
㉢ 저항계는 사용할 때마다 0점 조절을 해야 하며 측정할 요소의 저항값에 알맞은 눈금을 선택해야 한다. 일반적으로 눈금판의 중앙에서 저항이 작은 쪽으로 읽을 수 있도록 해야 한다
㉣ 저항계는 전원이 연결되어 있는 회로에 절대로 사용해서는 안 된다.

정답 44. ① 45. ① 46. ②

47. **병렬회로에 관한 설명 중 맞는 것은?**

① 전체 저항은 가장 작은 저항보다 작다.
② 회로에서 하나의 저항을 제거하면 전체 저항은 감소한다.
③ 전체 전압은 전체 저항과 동일하다.
④ 저항에 관계없이 전류는 동일하다.

해설 병렬회로 : 직렬로 저항을 연결할 때는 전체 저항이 증가하지만 병렬로 저항을 연결하면 전체 저항은 감소한다. 반대로 직렬회로에서는 저항을 제거하면 전체 저항은 감소하고 병렬회로에서는 저항을 제거할 때마다 전체 저항은 증가한다.

48. **전류계(ammeter)에 사용되는 션트(shunt) 저항은 다르송발(d' arsonval) 가동부에 어떻게 연결하는가?**

① 직렬 연결한다.
② 병렬 연결한다.
③ 직, 병렬 연결한다.
④ 션트는 전혀 필요치 않다.

해설 ammeter에서 계기의 감도보다 큰 전류를 측정하려면 션트(shunt) 저항을 병렬로 연결하여 대부분의 전류를 션트로 흐르게 하고, 전류계에는 감도보다 작은 전류가 흐르게 함으로써 전류계의 측정범위를 확대시킨다. 계기의 내부에 여러 개의 서로 다른 션트를 가지고 있는 전류계를 다범위 전류계(multi-range ammeter)라고 한다. (감도 : 눈금 끝까지 바늘이 움직이는 데에 필요한 전류의 세기)

49. **부하와 연결이 틀린 것은 어느 것인가?**

① 전압계는 병렬
② 전류계는 직렬
③ 주파수는 직렬
④ circuit breaker는 직렬

50. **전기회로의 전압과 전류를 측정하기 위해서는 전압계와 외부 shunt형 전류계가 있다. 이 연결은 회로에 대하여 어떻게 하여야 하는가?**

① 전압계는 병렬로, 전류계는 직렬로, 션트는 병렬로 연결한다.
② 전압계는 병렬로, 전류계는 직렬로, 션트는 직렬로 연결한다.
③ 전압계는 병렬로, 전류계와 션트는 병렬로 연결하고 회로와는 직렬로 연결한다.
④ 전압계, 전류계, 션트 모두 직렬로 연결한다.

해설 전압계는 회로에 병렬로 전류계는 회로에 직렬로 션트(shunt) 저항은 전류계에 병렬로 연결하여 대부분의 전류를 션트로 흐르게 하고 전류계에는 감도보다 작은 전류가 흐르게 함으로써 전류계의 측정 범위를 확대시킨다.

정답 47. ① 48. ② 49. ③ 50. ③

51. 회로 내에서 도선의 단선은 무엇으로 측정하는가?

① voltmeter ② ammeter ③ ohmmeter ④ milli ammeter

해설 저항계

㉠ 회로 또는 회로 구성요소의 단선된 곳을 찾아내거나 저항값을 측정할 때 사용한다.

㉡ 큰 저항은 메거(megger) 또는 메그옴 미터(megohm meter)를 사용한다.

52. 전류를 측정하는 데 사용되고, 다용도로 측정하는 계기로서 필요 구성품의 전압, 저항 및 전류를 측정하는 데 이용되는 것은?

① 전류계 ② 전압계 ③ 멀티미터 ④ 저항계

해설 멀티미터(multimeter) : 전류, 전압 및 저항을 하나의 계기로 측정할 수 있는 다용도 측정 기기이고, 제조회사에 따라 형태와 기능의 차이가 있으며, 아날로그 방식과 디지털 방식이 있다.

53. 다음 중에서 무효전력의 단위는 무엇인가?

① VA ② W ③ J ④ VAR

해설 단위

㉠ 피상전력의 단위 : 볼트 암페어(VA) ㉡ 유효전력의 단위 : 와트 (W)

㉢ 무효전력의 단위 : 바 (VAR)

54. 3상 교류에서 Y 결선의 특징 중 틀린 것은?

① 선간전압의 크기는 상전압의 $\sqrt{3}$ 배이다.

② 선간전압의 위상은 상전압보다 30° 만큼 앞선다.

③ 선전류의 크기와 위상은 상전류와 같다.

④ 선전류의 크기는 상전류와 같고 위상은 상전류보다 30° 앞선다.

해설 3상 결선

(1) Y결선의 특징

㉠ 선간전압 $= \sqrt{3} \times$상전압 $\fallingdotseq 1.73 \times$상전압

㉡ 상전압 $= \dfrac{\text{선간전압}}{\sqrt{3}} \fallingdotseq 0.577 \times$선간전압

㉢ 선전류 = 상전류

㉣ 선간전압은 상전압의 위상보다 $\frac{\pi}{6}$[rad] 만큼 위상이 앞선다.

(2) Δ 결선의 특징

㉠ 선간전압 = 상전압

정답 51. ③ 52. ③ 53. ④ 54. ④

㉡ 선전류 $= \sqrt{3} \times$상전류 ≒ $1.73 \times$상전류

㉢ 상전류 $= \dfrac{\text{선전류}}{\sqrt{3}}$ ≒ $0.577 \times$선전류

㉣ 선전류가 상전류보다 $\frac{\pi}{6}$[rad] 만큼 위상이 뒤진다.

55. 표준상태보다 낮은 온도의 고도에서 24V, 40AH 축전지는 192W의 전기 기구를 몇 시간 가동시킬 수 있는가?

① 5시간 이하 ② 5시간 이상 ③ 10시간 이상 ④ 8시간

해설 $P = VI$이므로 $I = \frac{P}{V} = \frac{192}{24} = 8$ A이고, 용량은 AH이므로 40 AH의 용량을 가진 축전지는 8 A의 전류를 5시간 사용할 수 있다. 하지만 자연 방전등을 고려하면 5시간 이하로 사용이 가능하다.

56. 서미스터(thermistor)란 무엇인가?

① 온도 저항계수가 음이며, 온도에 비례한다.
② 온도 저항계수가 음이며, 온도의 제곱에 반비례한다.
③ 온도 저항계수가 음이며, 온도의 제곱에 비례한다.
④ 온도 저항계수가 양이며, 온도에 비례한다.

해설 서미스터는 열적으로 민감한 저항체에서 이름 붙여진 명칭이다. 일반적으로 망간, 니켈, 코발트 등 수종의 금속의 산화물을 혼합하여 비트상 또는 디스크상으로 가공하고, 고온에서 소결하여 만들어진다. 서미스터 온도센서는 온도계수가 음이고 온도의 제곱에 반비례한다. 백금 측 온저항체와 비교하면, 10배의 저항 변화가 있고(고감도), 소형이며(즉응성), 저항값이 큰 특징이 있지만, 측정가능 최고 온도가 낮고, 측정 가능 최저 온도가 높아 호환성이 없는 등의 결점이 있다.

57. 24V 축전지에 연결되는 기상 발전기의 출력전압은 보통 몇 volt를 사용하는가?

① 22 V ② 24 V ③ 26V ④ 28 V

해설 직류 발전기의 출력전압은 12 V인 항공기에서는 14 V이고, 24 V 축전지를 사용하는 발전기의 출력전압은 28 V이다.

58. 항공기에 사용되는 배터리(battery) 용량 표시는 어떻게 하는가?

① Ampere ② Voltage ③ AH(ampere hour) ④ Watt

정답 55. ① 56. ② 57. ④ 58. ③

해설 배터리의 용량은 AH로 나타내는 데, 이것은 배터리가 공급하는 전류값에다 공급할 수 있는 총시간을 곱한 것이다. 예를 들어, 이론적으로 50 AH의 축전지는 50 A의 전류를 1시간 동안 흐르게 할 수 있다.

59. 충전, 방전 시 전해액의 비중에 많은 변화가 있는 건전지는?

① 니켈-카드뮴 배터리
② 납-산 배터리
③ 알칼리 배터리
④ 에디슨 배터리

해설 납-산 배터리는 방전이 시작되면 전류는 음극판에서 양극판으로 흐르게 되고, 전해액 속의 황산의 양이 줄어들면서 물의 양이 증가하기 때문에 전해액의 비중이 낮아지게 되고, 외부 전원을 배터리에 가하게 되면 반대의 과정이 진행되어 황산이 다시 생성되고, 물의 양이 감소되면서 비중이 높아지게 된다.

60. 배터리를 떼어낼 때 순서는?

① 무방하다.
② 동시에 떼어낸다.
③ +극을 먼저 떼어낸다.
④ -극을 먼저 떼어낸다.

해설 장탈 시는 -극을 먼저 떼어내고, 장착 시는 +먼저 장착한다.

61. 납-산 축전지를 완전 충전하면 얼지 않는 이유는 무엇인가?

① 용액 위에 가스가 항상 존재하기 때문에
② 배터리 내의 내부 저항이 증가함으로써 열을 발생시키기 때문에
③ 산이 용액상태이기 때문에
④ 산이 플레이트 내에 들어있기 때문에

62. 다음은 축전지에 대한 설명이다. 틀린 것은?

① 축전지의 전압은 셀의 수로 결정된다.
② 충전한 직후 납-산 축전지의 전압은 셀당 1.2 V이다.
③ 납-산 축전지의 극 판은 납과 안티몬으로 만들어진 격자에 활성 물질을 붙여 놓았다.
④ 납-산 축전지의 전해액은 묽은 황산이다.

해설 축전지(battery)

㉠ 납-산 축전지 : 충전 직후의 셀당 전압은 2.2 V이지만, 사용할 때의 전압은 내부저항에 의한 전압강하 때문에 2V이다.

㉡ 니켈-카드뮴 축전지 : 셀당 전압은 1.2~1.25 V이고, 내부저항을 고려해서 12 V 축전지는 10개의 셀을, 24 V 축전지는 19개의 셀을 직렬로 연결하여 사용한다.

정답 59. ② 60. ④ 61. ③ 62. ②

63. 축전지의 용량이 바뀌면 비중이 변하는 배터리는?

① 니켈-카드뮴 축전지 ② 납-산 축전지
③ 알칼리 축전지 ④ 에디슨 축전지

해설 문제 59번 참조

64. 다음 중 알칼리 축전지의 장점이 아닌 것은?

① 충전시간이 짧다. ② 신뢰성이 높다.
③ 수명이 길다. ④ 부식성이 있다.

해설 알칼리 축전지의 장점
㉠ 유지비가 적게 든다. ㉡ 수명이 길다.
㉢ 재충전 소요시간이 짧다. ㉣ 신뢰성이 높다.
㉤ 큰 전류를 일시에 써도 무리가 없다.

65. 니켈-카드뮴 배터리의 특징이 아닌 것은?

① 비중은 1.240~1.300이며 셀(cell)당 전압은 1.2~1.25 V이다.
② 충전, 방전은 전해액의 농도에 변화를 초래하지 않는다.
③ 충전하면 전해액 면이 올라가고 방전하면 내려간다.
④ 충전 상태는 비중으로 알 수 있다.

해설 니켈-카드뮴 축전지는 전해액의 비중이 변하지 않고 방전 시 전해액을 그 판이 흡수하므로 전해액의 수면이 낮아지고, 충전하면 높아지므로 수면의 높이로 충전상태를 알 수 있지만, 엄격한 기준이 되지 못하기 때문에 정밀한 전압계를 이용하여 셀마다 전압을 측정하여 충전 정도를 판단한다. 그러나 니켈-카드뮴 축전지는 90% 방전할 때까지도 거의 일정하게 유지되기 때문에 전압계로도 충전상태를 판단하는 데 어려움이 있으므로 이 때는 정전압 전원에 연결한 다음 충전 전류를 측정하면 충전상태를 가장 잘 알 수 있다.

66. 니켈-카드뮴 배터리의 충전 시 비중은 어떻게 변화하는가?

① 서서히 증가한다.
② 액면이 높아지므로 감소한다.
③ 물이 증발하지 않는 한 변화하지 않는다.
④ 처음엔 증가했다가 서서히 감소한다.

해설 문제 65번 참조

정답 63. ② 64. ④ 65. ④ 66. ③

67. 완전 충전된 납-산 축전지의 비중은 얼마인가?

① 1.300 ② 1.275~1.300 ③ 1.240~1.275 ④ 1.200~1.240

해설 납-산 축전지의 비중

완전충전 시	고충전 시	중충전 시	저충전 시
1.300	1.300~1.275	1.274~1.240	1.239~1.200

68. 납-산 축전지의 구성품 중 터미널 포스트(terminal post)의 기능은?

① 비행 자세에 의해 가스 배출구로 샐 수 있는 전해액을 막아준다.
② 양극판 및 음극판이 접촉되어 전기적으로 단락되는 것을 막는다.
③ 셀(cell)끼리 직렬로 연결할 때 사용된다.
④ 화학적 에너지를 전기적 에너지로 변환시킨다.

해설 납-산 축전지의 각 셀의 구조

㉠ 극판 : 과산화납으로 된 양극판과 납으로 된 음극판으로 이루어져 있다.
㉡ 격리판 : 양극판과 음극판이 서로 접촉되어 전기적으로 단락되는 것을 방지하기 위하여 극 판 사이에 설치한다.
㉢ 터미널 포스트 : 셀끼리 직렬로 연결할 때 사용한다.
㉣ 캡 : 전해액의 비중을 측정하고 증류수를 보충하며 충전할 때 발생하는 가스를 배출할 수 있도록 배출구가 마련되어 있다.

69. 납-산 축전지의 판의 수를 늘리거나 면적을 넓히면 그 결과는 어떻게 되겠는가?

① 전압과 용량이 증가할 것이다.
② 전압은 증가하나 용량에는 영향을 미치지 않을 것이다.
③ 용량은 증가하나 전압에는 영향을 미치지 않을 것이다.
④ 전압만 상승할 것이다.

해설 축전지의 용량은 총 유효 극판 넓이에 비례한다. 따라서, 극 판의 수를 늘리거나 면적을 넓히면 용량은 증가할 것이다. 그러나 축전지의 용량은 전류(A)와 시간(H)과의 관계이므로 전압에는 아무런 영향을 미치지 않는다.

70. 축전지를 병렬로 연결하면 어떻게 되는가?

① 전압 증가 ② 전압 감소 ③ 저항 증가 ④ 저항 감소

정답 67. ① 68. ③ 69. ③ 70. ④

해설 축전지를 직렬로 연결하면 전압과 저항은 연결한 수와 비례하여 증가하고, 병렬로 연결하면 전압은 같고 저항은 $\frac{1}{\text{축전지 개수}}$배가 된다.

71. 전압이 12V, 용량이 35AH인 battery 2개를 직렬로 연결했을 때 전압과 용량은?

① 24 V, 35 AH ② 12 V, 70 AH ③ 24 V, 70 AH ④ 13 V, 35 AH

해설 축전지를 직렬로 연결하면 전압은 24 V가 되고, 용량은 35 AH로 일정하다. 만약 병렬로 연결하면 전압은 12 V로 일정하고, 용량은 70 AH가 된다.

72. 다음 중 니켈－카드뮴 축전지에 관한 설명으로 틀린 것은?

① 충전이 끝난 후 3~4시간이 지난 후 전해액을 조절한다.
② 전해액을 만들 경우 반드시 물에 수산화칼륨을 조금씩 떨어뜨려야 한다.
③ 충전이 끝난 후 반드시 전해액의 비중을 측정하여야 한다.
④ 각각의 cell은 서로 직렬로 연결되어 있다.

해설 니켈－카드뮴 축전지의 취급

㉠ 납－산 축전지의 전해액(묽은 황산)과 니켈－카드뮴 축전지의 전해액(수산화칼륨)의 화학적 성질은 서로 반대이기 때문에 충전 또는 정비 시 공구와 장치들을 구별해서 사용해야 한다.
㉡ 전해액의 독성이 매우 강하므로 보호장구를 착용하고 세척설비, 중화제를 갖추어야 하며, 납－산 축전지와 마찬가지로 물에 수산화칼륨을 조금씩 떨어뜨려 섞어야 한다.
㉢ 세척 시에는 캡을 반드시 막아야 하고, 산 등의 화학 용액을 절대 사용하면 안 되며, 와이어 브러시 등의 사용을 금해야 한다.
㉣ 완전히 충전된 후 3~4시간이 지나기 전에 물을 첨가해서는 안되며 물의 첨가가 필요할 때에는 광물질이 섞이지 않은 물이나 증류수를 사용해야 한다.
㉤ 축전지가 완전히 방전하게 되면 전위가 0이 되거나 반대 극성이 되는 경우가 있으므로 재충전이 안되고, 이런 경우에는 재충전하기 전에 각각의 셀을 단락시켜 전위가 0이 되도록 각 셀을 평준화시켜야 한다. 니켈－카드뮴 축전지의 셀은 직렬로 연결하여 사용하고, 충·방전 시 전해액은 화학적으로 변화하지 않고 물이 생기거나 흡수현상이 일어나지 않아 전해액의 비중이 변하지 않으므로 반드시 전해액의 비중을 측정할 필요는 없다.

73. 납－산 축전지의 전해액에 대한 설명 중 틀린 것은?

① 완전 충전 시 비중은 약 1.300이다.
② 황산에 물을 부어 전해액을 만든다.
③ 전해액을 만들 때 쓰는 물은 수돗물도 가능하다.
④ 손이나 옷에 묻은 전해액은 가성 소다로 중화시킨다.

정답 71. ① 72. ③ 73. ②

해설 납-산 축전지

㉠ 비중 : 방전이 시작되면 전류는 음극판에서 양극판으로 흐르게 되고, 전해액 속의 황산의 양이 줄어들면서 물의 양이 증가하기 때문에 전해액의 비중이 낮아지게 되고, 외부 전원을 배터리에 가하게 되면 반대의 과정이 진행되어 황산이 다시 생성되고, 물의 양이 감소되면서 비중이 높아지게 된다.

㉡ 전해액을 만들 경우 반드시 물에 증류수를 조금씩 섞어야 한다 (그렇지 않을 경우 폭발 위험성이 있다).

㉢ 전해액은 반드시 증류수를 사용하도록 되어 있지만 부득이한 경우 수돗물 등을 사용할 수 있다.

74. 축전지의 용량을 증가시키려면 어떻게 해야 하는가?

① 축전지를 직렬로 연결한다. ② 축전지를 병렬로 연결한다.
③ 축전지를 절반씩 직렬과 병렬로 연결한다. ④ 방법이 없다.

해설 축전지의 전압을 증가시키려면 직렬로 연결하고, 용량을 증가시키려면 병렬로 연결한다.

75. 배터리의 용량과 온도와의 관계는?

① 온도가 어느 한도 이하가 되면 용량은 가속적으로 증가한다.
② 온도와 용량은 특별한 관계가 없다.
③ 온도가 상승하면 용량은 보통 감소한다.
④ 온도가 상승하면 용량은 보통 증가한다.

해설 축전지의 AH 로 표시된 용량은 방전율에 의해 가감되는 데 방전 전류가 크면 축전지에 열이 발생하고 극판의 황산납화가 촉진되어 내부 저항의 증가율이 커지기 때문에 효율과 AH 용량이 감소한다.

76. 항공기에 사용되는 축전지에는 몇 시간 방전율을 적용하는가?

① 3시간 ② 4시간 ③ 5시간 ④ 6시간

해설 축전지의 용량을 일관성 있게 하려면 방전 시간율을 정할 필요가 있는데, 항공기의 축전지에는 5시간 방전율 (5-hour discharge rate)을 적용하고 있다.

77. 납-산 축전지의 전해액의 비중을 측정하는 것은?

① 전압계(voltmeter) ② 저항계(ohmmeter)
③ 전류계(ammeter) ④ 비중계(hydrometer)

정답 74. ② 75. ③ 76. ③ 77. ④

해설 납-산 축전지의 충전상태는 전해액의 비중으로 나타낼 수 있고, 이것은 비중계로 측정한다.

78. 항공기에서 기계적인 에너지를 전기적인 에너지로 바꿔주는 것은?

① 시동기(starter) ② 발전기(generator)
③ 인버터(inverter) ④ 변압기(transformer)

해설 ㉠ 발전기(generator) : 기계적 에너지 → 전기적 에너지
㉡ 전동기(motor) : 전기적 에너지 → 기계적 에너지

79. 다음 중 정전압 충전법의 사용법이 아닌 것은?

① 일반적으로 항공기에 사용되는 방법이다.
② 충전 소요시간을 알 수가 없다.
③ 축전지를 동시에 충전할 경우에는 용량에 관계없이 병렬로 연결하여 사용한다.
④ 축전지를 동시에 충전할 경우에는 용량에 관계없이 직렬로 연결하여 사용한다.

해설 축전지 충전방법
㉠ 정전압 충전법 : 일반적으로 항공기에 사용하는 방법으로 전동기 구동 발전기를 사용하거나 전압이 일정하게 조절된 전원을 축전지에 공급하는 방법이고, 충전 완료시간을 알 수 없으며, 여러 개의 축전지를 동시에 충전할 경우 용량에 관계없이 병렬로 연결하여 사용한다.
㉡ 정전류 충전법 : 각 축전지의 요구사항에 대하여 충전율을 조절할 수 있으며, 여러 개의 축전지를 충전할 경우 전압에 구애받지 않고 직렬로 연결하여 사용한다. 충전 완료시간을 알 수 있지만 지나치면 과충전될 염려가 있다.

80. 교류 발전기 주파수는 무엇으로 변화시키는가?

① 전압 ② 회전수 ③ 전류 ④ 전력

해설 $주파수(f) = \frac{극수(P) \times 회전수(N)}{120}$ 이므로 주파수는 극수와 회전수에 관계된다.

81. 분당회전수 8000rpm, 주파수 400Hz인 교류발전기에서 115V 전압이 발생하고 있다. 이때 자석의 극수는 얼마인가?

① 4 ② 6 ③ 8 ④ 10

해설 $주파수(f) = \frac{극수(P) \times 회전수(N)}{120}$

$400\,\text{Hz} = \frac{P \times 8000}{120}$, $\therefore P = 6$

정답 78. ② 79. ④ 80. ② 81. ②

82. 8극(pole) 교류 발전기가 115V, 400Hz의 교류를 발생시키려면 회전자(armature)의 축은 분당 몇 회전으로 구동시켜 주어야 하는가?

① 4000 rpm ② 6000 rpm ③ 8000 rpm ④ 10000 rpm

해설 주파수$(f) = \dfrac{\text{극수}(P) \times \text{회전수}(N)}{120}$, $400 = \dfrac{8 \times N}{120}$, $N = \dfrac{48000}{8} = 6000$

83. 8극 짜리 교류 발전기가 900rpm으로 회전할 때 주파수는?

① 400 CPS ② 120 CPS ③ 60 CPS ④ 3600 CPS

해설 주파수$(f) = \dfrac{\text{극수}(P) \times \text{회전수}(N)}{120}$, $f = \dfrac{8 \times 900}{120} = \dfrac{7200}{120} = 60$ CPS (Hz)

84. 다음 중 직류 발전기의 종류가 아닌 것은?

① 복권형 ② 유도형 ③ 직권형 ④ 분권형

해설 직류 발전기의 종류

㉠ 직권형 직류 발전기 : 전기자와 계자 코일이 서로 직렬로 연결된 형식으로 부하도 이들과 직렬이 된다. 그러므로 부하의 변동에 따라 전압이 변하게 되므로 전압 조절이 어렵다. 그래서 부하와 회전수의 변화가 계속되는 항공기의 발전기에는 사용되지 않는다.

㉡ 분권형 직류 발전기 : 전기자와 계자 코일이 서로 병렬로 연결된 형식으로 계자 코일은 부하와 병렬관계에 있다. 그러므로 부하전류는 출력전압에 영향을 끼치지 않는다. 그러나 전기자와 부하는 직렬로 연결되어 있으므로 부하전류가 증가하면 출력전압이 떨어지므로 이와 같은 전압의 변동은 전압 조절기를 사용하여 일정하게 할 수 있다.

㉢ 복권형 직류 발전기 : 직권형과 분권형의 계자를 모두 가지고 있으며 부하전류가 증가할 때 출력전압이 감소하는 복권형 발전기는 분권형의 성질을 조합하는 정도에 따라 과 복권(over compound), 평 복권(flat compound), 부족 복권(under compound)으로 분류한다.

85. 다음 중 직류 발전기의 보조기기가 아닌 것은?

① 셀 컨테이너 ② 전압 조절기 ③ 역 전류 차단기 ④ 과 전압 방지장치

해설 직류 발전기의 보조기기

㉠ 전압 조절기(voltage regulator)

㉡ 역 전류 차단기(reverse current cut-out relay)

㉢ 과 전압 방지장치(overvoltage relay)

㉣ 계자 제어장치(field control relay)

정답 82. ② 83. ③ 84. ② 85. ①

86. 교류 발전기에서 정속 구동장치의 목적은 무엇인가?

① 전압 변동 ② 전류 변동 ③ 전류 일정 ④ 주파수 일정

해설 정속 구동장치(CSD ; constant speed drive)

㉠ 교류 발전기에서 기관의 구동축과 발전기축 사이에 장착되어 기관의 회전수에 상관없이 일정한 주파수를 발생할 수 있도록 한다.

㉡ 교류 발전기를 병렬운전할 때 각 발전기에 부하를 균일하게 분담시켜 주는 역할도 한다.

87. 직류 발전기의 병렬운전에 사용되는 이퀄라이저 코일(equalizer coil)의 목적은?

① 출력전압을 같게 하기 위해
② 회로전류를 같게 하기 위해
③ 회전수가 같게 하기 위해
④ 좌우차가 발생했을 때 높은 쪽을 분리하기 위해

해설 이퀄라이저 회로(equalizer circuit)

㉠ 2대 이상의 발전기가 항공기에 사용될 때에는 서로 병렬로 연결하여 부하에 전력을 공급하는 데 발전기의 공급 전류량은 서로 분담되어야 한다. 어떤 한 발전기의 전압이 다른 것들보다 높을 때에는 전류의 상당한 양을 그 발전기가 부담하게 되어 과전류가 되고 상대적으로 다른 발전기들은 적은 전류만을 부담하므로 부하전류를 고르게 분배하기 위해 사용한다.

㉡ 발전기의 병렬운전 때 1개의 발전기가 고장이 나서 발전을 하지 못할 때에는 다른 정상적인 발전기의 전압을 떨어뜨리는 결과를 가져오기 때문에 고장난 발전기 쪽의 회로는 끊어야 한다.

88. 브러시(brush)가 없는 교류 발전기(A.C generator)의 설명 중 틀린 것은?

① 브러시와 슬립 링(slip ring)이 없으므로 이에 따른 마찰현상이 없다.
② 브러시와 슬립 링 간의 저항 및 전도율의 변화가 없어 출력파형이 변화하지 않는다.
③ 브러시가 없으므로 아크(arc) 현상의 우려가 없다.
④ 전압의 승압, 감압이 용이하지 않다.

해설 브러시리스 교류 발전기의 특징

㉠ 브러시와 슬립 링이 없이 여자 전류를 발생시켜 3상 교류 발전기의 회전 계자를 여자시킨다.

㉡ 슬립 링과 정류자가 없기 때문에 마멸되지 않아 정비 유지비가 적게 든다.

㉢ 슬립 링이나 정류자와 브러시 사이의 저항 및 전도율의 변화가 없으므로 출력파형이 불안정해질 염려가 없다.

㉣ 브러시가 없어 아크가 발생하지 않기 때문에 고공 비행 시 우수한 기능을 발휘할 수 있다.

정답 86. ④ 87. ① 88. ④

89. 항공기에서 3상 교류 발전기를 사용하는 경우 장점이 아닌 것은?
① 구조가 간단하다.
② 정비 및 보수가 쉽다.
③ 효율이 높다.
④ 높은 전력의 수요를 감당하는 데 적합하지 않다.

해설 3상 교류발전기의 장점
㉠ 효율 우수
㉡ 구조 간단
㉢ 보수와 정비 용이
㉣ 높은 전력의 수요를 감당하는 데 적합

90. 교류 발전기에서 기관의 회전수에 관계없이 일정한 출력 주파수를 발생할 수 있도록 발전기 축에 전달하는 장치는?
① 정속 구동장치 ② 전압 조절기 ③ 역전류 차단기 ④ 과전압 방지장치

해설 문제 86번 참조

91. 전압 조절기(voltage regulator)의 발전기 출력이 증가하면?
① 전압 코일(voltage coil) 전류 증가, generator field 전류 감소
② 전압 코일(voltage coil) 전류 감소, generator field 전류 감소
③ 전압 코일(voltage coil) 전류 감소, generator field 전류 증가
④ 전압 코일(voltage coil) 전류 증가, generator field 전류 증가

해설 발전기의 전압 증가 → 전압 코일 전류 증가 → 전자석의 인력 증가 → 탄소판에 작용하는 압력 감소 → 저항 증가 → 계자 전류 감소

92. 발전기의 회전수가 높아지면 카본 파일(carbon file)의 저항은 어떻게 변하는가?
① 저항이 커진다.
② 저항이 감소한다.
③ 저항에는 변화가 없고 전류가 증가한다.
④ 저항에는 변화가 없고 전류가 감소한다.

해설 문제 91번 참조

정답 89. ④ 90. ① 91. ① 92. ①

93. 다음 중 직류 발전기의 기전력(EMF)의 크기를 결정하는 요소가 아닌 것은?

① magnetic field를 지나는 wire의 수 ② 회전방향
③ 자속 ④ 회전속도

해설 기전력을 구하는 식

$E = \frac{1}{120}\epsilon P\phi N[\mathrm{V}]$이므로 기전력의 크기는 코일의 수와 감는 방법, 극수, 자속, 회전수에 비례한다.

여기서, E : 기전력, ε : 코일의 수와 감는 방법, P : 극수, ϕ : 자속, N : 회전수

94. 카본 파일형(carbon file type) 전압 조절기의 탄소판 저항은 발전기의 어디에 넣어져 있는가?

① 발전기 출력축에 직렬로 ② 발전기의 출력축에 병렬로
③ 발전기의 여자회로에 병렬로 ④ 발전기의 여자회로에 직렬로

해설 전압 조절기 : 전기자의 회전수와 부하에 변동이 있을 때에는 출력전압을 일정하게 조절해주는 장치

㉠ 진동형(vibrating type) : 계속적이지 못하고 단속적으로 전압을 조절하기 때문에 일부 소형 항공기에서만 사용한다.

㉡ 카본 파일형 : 스프링의 힘을 이용하여 탄소판에 가해지는 압력을 조절하여 저항을 가감함으로써 출력전압을 조절하고, 발전기의 여자회로에 직렬로 연결되어 있다.

95. 카본 파일은 주로 어떤 기기에 사용되는가?

① 교류 전압기 ② 전압 조절기 ③ 흡입 압력계 ④ 자동 조종장치

해설 문제 94번 참조

96. 직류 발전기의 전압 조절기는 발전기의 무엇을 조절하는가?

① 회로가 과부하가 되었을 때 발전기의 회전을 내린다.
② 전기자 전류가 일정하게 되도록 한다.
③ 이퀄라이저 코일(equalizer coil)의 전류를 조절한다.
④ 계자 전류(field current)를 조절한다.

해설 전기자의 회전수와 부하에 변동이 있을 때에는 출력전압이 변하게 되므로 전압 조절기를 사용하여 코일의 전류를 조절하여 출력전압을 일정하게 한다.

정답 93. ② 94. ④ 95. ② 96. ④

97. brush type DC generator의 내부 구조를 3개로 크게 구분했을 시 맞는 것은?

① 계자(field), 전기자(armature), 브러시(brush)
② 계자(field), 전기자(armature), 요크(yoke)
③ 계자(field), 전기자(armature), 보극(inter pole)
④ 계자(field), 전기자(armature), 보상 권선(compensating winding)

해설 구조는 제작회사마다 약간씩 다르지만 기능과 작동은 거의 같고, 계자, 전기자 및 정류자와 브러시 부분으로 구성되어 있다.

98. 가장 효과적인 분권식 DC generator의 전압 조절방식은?

① 계자 코일(field coil)의 전류를 변화시킨다.
② 부하(load)를 변화시킨다.
③ 전기자 코일(armature coil)의 전류를 변화시킨다.
④ 발전기의 회전수를 변화시킨다.

해설 분권형 직류 발전기에서 계자 코일과 부하는 병렬관계에 있기 때문에 부하전류는 출력전압에 영향을 끼치지 않는다.

99. 직류 발전기에서 발전기의 출력전압이 너무 낮은 경우 그 원인은 무엇인가?

① 전압 조절기의 부정확한 조절, 계자회로의 잘못된 접속 및 전압 조절기의 조절용 저항의 불량이다.
② 전압 조절기가 그 기능을 발휘하지 못하거나 전압계의 고장이다.
③ 측정 전압계의 잘못된 연결이다.
④ 전압 조절기의 불충분한 기능 및 발전기 브러시 마멸이나 브러시 홀더의 역할이 잘못되었다.

해설 직류 발전기의 고장탐구

고장상태	원 인
출력전압이 높다.	① 전압 조절기의 고장 ② 전압계의 고장
출력전압이 낮다.	① 전압 조절기 조절 불량 또는 조절저항의 불량 ② 계자회로의 접속 불량
전압의 변동이 심하다.	① 전압계의 접속 불량 ② 전압 조절기의 불량 ③ 브러시의 마멸 또는 접촉 불량
출력발생이 안된다.	① 발전기 스위치의 작동 불량 ② 극성의 바뀜 ③ 회로의 단선이나 단락

정답 97. ① 98. ④ 99. ①

100. armature reaction과 관련없는 것은?

① 주극 ② 보극 ③ 보상 권선 ④ 아마추어 전류

해설 전기자 반응(armature reaction)은 보극, 전기자 전류, 보상 권선과 관계있다.

101. 발전기에서 잔류자기가 형성되는 곳은?

① 정류자 ② 전기자 ③ 브러시 ④ 계자 코일

해설 발전기가 처음 발전을 시작할 때에는 계자 코일에 남아 있는 잔류자기에 의존한다.

102. 교류 발전기 계자 전류(field current)가 증가하면 어떻게 되는가?

① 출력전류 증가
② 출력전압 증가
③ 주파수 증가
④ 전류, 전압, 주파수 증가

해설 일반적으로 교류 발전기는 기관에 의해 구동되므로 기관의 회전수나 부하의 변화에 따라 출력전압이 변한다. 따라서, 출력전압을 일정하게 하기 위하여 회전 계자의 전류를 조절함으로써 출력전압이 일정하도록 한다. 즉, 계자 전류가 증가하면 출력전압은 증가한다.

103. 다음 중 발전기의 출력을 조절하기 위한 방법으로 맞는 것은?

① 계자 전류를 조절한다.
② 주파수를 조절한다.
③ line의 굵기를 조절한다.
④ battery의 용량을 조절한다.

해설 문제 102번 참조

104. 발전기의 출력쪽과 버스 사이에 장착하여 발전기의 출력전압이 낮을 때에 축전지로부터 발전기로 전류가 역류하는 것을 방지하는 장치는?

① 전압 조절기
② 역전류 차단기
③ 과전압 방지장치
④ 정속 구동장치

해설 발전기는 전압을 버스를 통하여 부하에 전류를 공급하는 동시에 배터리를 충전하게 되는데, 어떠한 이유로 인하여 발전기의 출력전압보다 배터리의 출력전압이 높게 되면 배터리가 불필요하게 방전하게 되고, 발전기가 배터리의 전압으로 전동기 효과에 의하여 회전력을 발생하게 되고 심할 때는 타버리게 되므로 발전기의 출력전압이 낮을 때 배터리로부터 발전기로 전류가 역류하는 것을 방지하는 장치가 역전류 차단기이다.

정답 100. ① 101. ④ 102. ② 103. ① 104. ②

105. 교류 발전장치에서 CSD는 부하 조절기(load controller)로부터 전기 신호를 받아서 발전기의 회전수를 조정한다. 이 부하 조절기의 목적은 무엇인가?

① 병렬운전할 때의 무효전력의 제어 ② 병렬운전할 때의 발생전압의 조정
③ 병렬운전할 때의 유효전력의 조정 ④ 단속운전할 때의 무효전력의 제어

해설 부하 조절기(load controller) : 교류 발전기의 병렬운전 중에 어느 발전기가 자기 몫의 부하를 초과하거나 분담하지 못할 때 부하가 증가한 발전기는 정속 구동장치를 과속 구동상태가 되게 한다. 부하가 감소한 발전기는 정속 구동장치를 저속 구동상태가 되도록 하여 회전수를 일정하게 제어하는 것으로 CSD에 있는 전자 코일에 전류를 보내서 제어한다. 따라서, 부하 조절기는 각각의 발전기의 유효 부하의 제어와 주파수 조절을 동시에 수행한다.

106. 발전기의 계자 플래싱(field flashing) 방법 중 옳은 것은?

① 역 전류 차단기의 배터리와 발전기 단자를 연결한다.
② 역 전류 차단기의 발전기와 전압 조절기 A단자를 연결한다.
③ 전압 조절기의 A와 B 단자를 연결한다.
④ 발전기를 장착한 상태로는 행할 수 없다.

해설 발전기가 처음 발전을 시작할 때에는 남아 있는 계자, 즉 잔류자기(residual magnetism)에 의존하게 되는데, 만약 잔류자기가 전혀 남아 있지 않아 발전을 시작하지 못할 때 외부전원으로부터 계자 코일에 잠시동안 전류를 통해주는 것을 계자 플래싱(field flashing)이라고 한다.

107. 비행 중 전력을 많이 소모하고 있다면 어떤 현상이 일어나겠는가?

① 전압은 감소하고 출력 암페어는 증가한다. ② 전압은 증가하고 출력 암페어는 증가한다.
③ 전압은 일정하고 출력 암페어는 증가한다. ④ 전압은 일정하고 출력 암페어는 감소

108. 역전류 차단기(reserve current relay)의 작용으로 맞는 것은?

① 교류전원 방식에서 배터리 전압이 교류 발전기의 발전전압보다 낮아졌을 때 발전기를 분리하여 배터리를 보호한다.
② 교류전원 방식에서 교류 발전기의 발전전압이 배터리 전압보다 낮아졌을 때 발전기를 분리하여 배터리를 보호한다.
③ 직류전원 방식에서 배터리 전압이 교류 발전기의 발전전압보다 낮아졌을 때 발전기를 분리하여 배터리를 보호한다.
④ 직류전원 방식에서 교류 발전기의 발전전압이 배터리 전압보다 낮아졌을 때 발전기를 분리하여 배터리를 보호한다.

해설 문제 104번 참조

정답 105. ③ 106. ① 107. ③ 108. ④

109. 직류 발전기의 출력전압에 영향이 없는 것은 어느 것인가?

① 발전기 회전수 ② 아마추어 권선수
③ 계자 전류(field current) ④ 전기 부하(electrical load)

해설 직류 발전기의 출력전압은 계자 코일에 흐르는 전류와 전기자의 회전수에 따라 변한다. 실제 발전기에서는 회전수만이 아니라 부하 변동에도 출력전압이 변한다. 작동 중 수시로 변하는 회전수와 부하에 관계없이 전압을 일정하게 유지하려면 전압 조절기가 있어야 한다.

110. 엔진 시동 시 사용되는 직류 전동기로 시동 토크가 가장 큰 것은?

① 유도 전동기 ② 직권식 전동기
③ 분권식 전동기 ④ 복권식 전동기

해설 직류 전동기

㉠ 직권형 전동기 : 계자와 전기자가 직렬로 연결되고, 시동 시 계자에 전류가 많이 흘러 시동 토크가 크다. 부하가 크고 시동 토크가 크게 필요한 기관의 시동용 전동기, 착륙장치, 플랩 등을 움직이는 전동기로 사용한다.

㉡ 분권형 전동기 : 계자와 전기자가 병렬로 연결되고, 회전속도에 따라 계자 전류가 변화하지 않기 때문에 부하 변화에 대한 일정한 속도가 요구되는 곳에 사용된다.

㉢ 복권형 전동기 : 직권형과 분권형의 중간적인 특성을 가지므로, 분권형 전동기보다 시동 토크가 크고, 직권형 전동기와 같이 무부하가 되어도 속도가 빨라지지 않아 위험성이 적다.

111. 직류 전동기의 속도 특성은?

① 출력토크와 속도와의 관계 ② 부하전류와 속도와의 관계
③ 출력토크와 부하전류와의 관계 ④ 부하전류와 토크와의 관계

해설 문제 110번 참조

112. curtis 전기식 프로펠러에 split wound 모터를 사용하는 목적은?

① 페더링(feathering) 조작이 빨리 되도록 인가 전압을 높이기 위하여
② 가역전 모터(reversible motor)가 되기 위하여
③ 작동 토크를 높이기 위하여
④ 블레이드 각(blade angle) 변화율을 증가시키기 위하여

해설 가역 전동기(reversible motor) : 적절한 스위치 조작에 의하여 회전방향을 바꿀 수 있는 전동기를 말하며 분할 전동기를 가장 많이 사용한다.

정답 109. ② 110. ② 111. ② 112. ②

113. 엔진 시동 모터(starter motor)의 특성은 어떤 것이 요구되는가?

① 정격속도가 클 것 ② 효율이 클 것
③ 속도 변화가 클 것 ④ 시동 토크가 클 것

해설 문제 110번 참조

114. 직류전동기의 회전 방향을 전환하려면 어떻게 하는가?

① 전원의 극성을 바꾼다. ② 브러시를 90도 돌려 장착한다.
③ 계자 또는 전기자 연결을 반대로 한다. ④ 계자와 전기자 연결을 반대로 한다.

해설 전동기의 회전 방향을 바꾸려면 전기자(armature) 또는 계자(field)의 극성 중 어느 하나만의 극성으로 바꾸어야 한다. 만약 두 개의 극성을 모두 바꾸게 되면 회전 방향은 바뀌지 않는다.

115. 다음 중 교류 전동기의 종류에 해당하지 않는 것은?

① 만능 전동기 ② 유도 전동기 ③ 복권 전동기 ④ 동기 전동기

해설 교류 전동기의 종류

㉠ 교류 정류자 전동기(universal motor) : 직류 전동기와 모양과 구조가 같고, 교류 및 직류 겸용으로 사용할 수 있기 때문에 만능 전동기라고도 한다.

㉡ 유도 전동기(induction motor) : 교류에 대한 작동 특성이 좋아 시동이나 계자 여자에 있어 특별한 조치가 필요치 않고 부하의 감당범위도 넓으며, 정확한 회전수를 요구하지 않을 때에는 비교적 큰 부하를 감당할 수 있다.

㉢ 동기 전동기(synchronous motor) : 교류 발전기와 동조되는 회전수로 회전하는 전동기로 일정 회전수가 필요한 장치에 사용하는 데 항공기에서는 기관의 회전계에 이용한다.

116. 다음 중 직류와 교류를 겸용할 수 있는 전동기는?

① 교류 정류자 전동기(universal motor) ② 유도 전동기(induction motor)
③ 동기 전동기(synchronous motor) ④ 직권식 전동기(series motor)

해설 문제 115번 참조

117. 항공기용 전동기에 교류 전동기를 사용하는 이유가 아닌 것은?

① 정류자나 브러시가 필요하다. ② 직류 전동기보다 저렴하다.
③ 고장이 적다. ④ 작동에 대한 신뢰도가 높다.

해설 직류전동기에는 정류자나 브러시가 있으며 교류전동기에 비해 구조가 복잡하고 크기도 크며 값도 비싸지만 속도제어가 매우 자유로운 장점이 있다. 반면에 교류전동기의 주종을 이

정답 113. ④ 114. ③ 115. ③ 116. ① 117. ①

루는 유도 전동기는 직류전동기에 비해 구조가 간단하여 내구성이 있고 경제적이지만 속도 제어가 어렵다는 단점이 있다.

118. 직류 전동기(D.C motor)에 관한 설명 중 틀린 것은?

① 분권식은 션트의 저항을 적게 하면 회전속도가 감소한다.
② 직권식은 입력 전원의 극성을 바꾸어도 회전방향은 불변한다.
③ 분권식은 시동 토크가 큰 대신 부하에 따라 회전수가 크게 변한다.
④ 직권식은 역 기전력에 따라 계자 전류가 직접 좌우된다.

해설 문제 110번 참조

119. 직류 전동기에서 전동기가 작동 중 과열되는 경우는?

① 베어링이나 구동축이 심하게 닳았다.
② 브러시의 스프링이 너무 약하다.
③ 전원부분의 접속이 헐겁다.
④ 전동기의 베어링 및 구동부분의 윤활이 좋지 못하다.

해설 직류전동기의 고장탐구

고장상태	원 인
속도가 느리다.	① 공급 전압이 낮다. ② 배선 불량 ③ 윤활 불량
속도가 빠르다.	① 공급 전압이 높다. ② 계자권선의 단락
진동이 심하거나 잡음이 있다.	① 마운트의 파손 또는 풀림
과열이 된다.	① 윤활 불량 ② 공급전압이 높다. ③ 계자권선의 단락 ④ 브러시에 과도한 아크발생
전동기에 전원이 공급되지 않는다.	① 배선 불량 ② 스위치 불량 ③ 계자권선의 단선

120. 항공기 전원장치 중 정류회로의 기능은 무엇인가?

① 직류를 교류로 바꾸어준다.
② 교류를 직류로 바꾸어준다.
③ 직류전압을 필요에 따라 높이거나 낮추어 준다.
④ 교류전압을 필요에 따라 높이거나 낮추어 준다.

해설 정류회로 : 전류 흐름 방향을 한쪽으로만 흐르게 함으로써 교류를 직류로 바꾸는 회로이다.

정답 118. ③ 119. ④ 120. ②

121. **열전대에 관한 설명 중 옳지 않은 것은?**

① 기전력은 두 금속의 종류와 접합점의 온도차에 의해 정해진다.
② 양 금속의 종류와 편방의 온도가 일정하지 않다.
③ 열전대의 재료는 열기전력이 크고 고온상태에서도 안정한 금속으로서 저항이 일정해야 한다.
④ 열전대의 접합점을 분리시켜 제3의 금속을 삽입하여 양끝에 온도차가 없다면 기전력은 변하지 않는다.

해설 열전대(thermocouple, 열전쌍)

㉠ 2개의 다른 물질로 된 금속선의 양끝을 연결하여 접합점에 온도차가 생기게 되면 이들 금속선에는 기전력이 발생하여 전류가 흐르는 데 이 때의 전류를 열전류라 하고, 금속선의 조합을 열전쌍이라 한다. 열전류가 생기게 하는 기전력을 열기전력이라 한다.
㉡ 열기전력은 두 금속의 종류와 접합점의 온도차에 의해 정해진다.
㉢ 선의 굵기나 접합점 이외의 온도 분포에는 영향을 받지 않는다.
㉣ 두 금속의 종류와 한쪽의 접합점 온도가 일정할 때에는 열기전력은 다른 한쪽의 온도에 의해서만 정해진다.
㉤ 열전쌍의 하나의 도선을 끊어 제 3의 금속선을 삽입시킬 경우 제 3 금속선의 양끝에 온도차가 없다면 기전력은 변하지 않는다.
㉥ 일반적으로 왕복기관에서는 실린더 헤드 온도를 측정하는 데 쓰이고, 제트 기관에서는 배기 가스 온도 측정에 사용된다.

122. **교류 발전기가 모두 고장났다. 비상 전원을 얻기 위해 반드시 작동되어야 할 장비는 다음 중 어느 것인가?**

① inverter
② rectifier
③ GCU (generator control unit)
④ BPCU (bus power control unit)

해설 인버터(inverter) : 항공기 내에 다른 교류전원이 없을 때, 즉 교류 발전기가 고장났을 때와 직류를 주 전원으로 하는 항공기에서 교류장비를 작동시키기 위한 전원장치이다.

123. **교류 발전기의 작동이 원활하지 못할 때 GCB를 trip시켜 발전기 line off를 해주는 것은 어느 것인가?**

① inverter
② TR unit
③ GCU
④ transformer

해설 GCU (generator control unit) : 해당되는 발전기가 정상 작동하지 않을 때 GCB를 trip 시켜 발전기를 bus로부터 분리시킨다.

정답 121. ② 122. ① 123. ③

124. 교류를 주 전원으로 하는 항공기에서 직류를 얻기 위해 사용되는 장치는?

① inverter ② rectifier
③ reverse current relay ④ transformer

해설 정류기(rectifier) : 주 전원이 교류인 항공기에서 직류를 얻기 위해 사용된다.

125. 인버터(inverter)의 기능은 무엇인가?

① 교류를 직류로 바꾼다. ② 교류를 승압한다.
③ 직류를 교류로 바꾼다. ④ 직류를 승압한다.

해설 문제 122번 참조

126. 전원장치에서 정류기의 역할은 무엇인가?

① 직류를 교류로 바꾼다. ② 교류를 직류로 바꾼다.
③ 직류를 승압시켜 준다. ④ 교류를 승압시켜 준다.

해설 문제 124번 참조

127. 다이오드(diode)와 같은 작용을 하는 것은?

① rectifier ② C.S.D ③ transformer ④ transmitter

해설 다이오드는 rectifier와 같이 교류를 직류로 변환시키는 역할을 한다.

128. 교류 전압을 승압, 감압하는 장치는 무엇인가?

① inverter ② transformer ③ rectifier ④ dynamotor

해설 transformer는 교류 전압을 승압 또는 감압하는 장치이고, dynamotor는 직류 전압을 승압 또는 감압하는 장치이다.

129. 시동기의 극성을 반대로 한다면 회전방향은 어떻게 되겠는가?

① 회전방향에는 변화가 없을 것이다. ② 반대방향으로 회전할 것이다.
③ 속도가 빨라질 것이다. ④ 회전하지 않을 것이다.

해설 전동기의 회전방향을 바꾸려면 전기자(아마추어) 또는 계자의 극성 중 어느 하나만의 극성으로 바꾸어야 한다. 만약 두 개의 극성을 모두 바꾸게 되면 회전방향은 바뀌지 않는다.

정답 124. ② 125. ③ 126. ② 127. ① 128. ② 129. ①

Chapter 02 항공 계기

1. 다음은 항공기 계기판에 대한 설명이다. 틀린 것은?

① 계기판은 자기 컴퍼스 및 그밖의 계기의 나쁜 영향을 주지 않게 하기 위하여 자성체인 금속을 사용한다.

② 계기판은 일반적으로 기체와의 사이에 고무로 된 완충 마운트(shock mount)를 사용하여 진동으로부터 계기를 보호한다.

③ 계기판의 도장은 유해한 광선 반사가 없도록 해야 한다.

④ 기내 조명으로부터 계기판의 지시를 쉽게 읽을 수 있도록 하기 위하여 무광택의 검은색을 칠한다.

해설 계기판의 구비조건

㉠ 자기 컴퍼스에 의한 자기적인 영향을 받지 않도록 비자성 금속을 사용해야 한다. (보통 알루미늄 합금을 사용한다.)

㉡ 완충 마운트를 사용하여 진동으로부터 계기를 보호할 수 있어야 한다.

㉢ 유해한 반사광선으로 인하여 내용을 잘못 파악되지 않도록 해야 한다. (일반적으로 무광택 검은색 도장을 한다.)

2. 계기의 구비요건 중 가장 적절한 것은?

① 소형일 것　② 경제적이며 내구성이 클 것

③ 신뢰성이 좋을 것　④ 정확성이 있을 것

해설 계기의 구비조건

㉠ 무게와 크기를 작게 하고, 내구성이 높아야 한다.

㉡ 정확성을 확보하고, 외부 조건의 영향을 적게 받도록 한다.

㉢ 누설에 의한 오차를 없애고, 접촉부분의 마찰력을 줄인다.

㉣ 온도의 변화에 따른 오차를 없애고, 진동에 대해 보호되어야 한다.

㉤ 습도에 대한 방습 처리와 염분에 대한 방염 처리를 철저히 해야 한다.

㉥ 곰팡이에 대한 항균 처리를 해야 한다.

정답 1. ① 2. ④

3. shock mount의 역할은?

① 저주파 고진폭 진동 흡수
② 저주파 저진폭 진동 흡수
③ 고주파 고진폭 진동 흡수
④ 고주파 저진폭 진동 흡수

해설 충격 마운트(shock mount) : 비행기의 계기판은 저주파수, 높은 진폭의 충격을 흡수하기 위하여 충격 마운트(shock mount)를 사용하여 고정한다.

4. 다음 계기 중에서 청색 호선(blue arc)의 색 표지를 사용할 수 있는 계기는?

① 대기속도계 ② 기압식 고도계 ③ 흡입 압력계 ④ 산소 압력계

해설 계기의 색표지

㉠ 붉은색 방사선(red radiation) : 최대 및 최소 운용 한계를 나타내며, 붉은색 방사선이 표시된 범위 밖에서는 절대로 운용을 금지해야 함을 나타낸다.

㉡ 녹색 호선(green arc) : 안전 운용 범위, 계속 운전 범위를 나타내는 것으로서 운용 범위를 의미한다.

㉢ 노란색 호선(yellow arc) : 안전 운용 범위에서 초과 금지까지의 경계 또는 경고 범위를 나타낸다.

㉣ 흰색 호선(white arc) : 대기속도계에서 플랩 조작에 따른 항공기의 속도 범위를 나타내는 것으로서 속도계에만 사용이 된다. 최대 착륙 무게에 대한 실속 속도로부터 플랩을 내리더라도 구조 강도상에 무리가 없는 플랩 내림 최대 속도까지를 나타낸다.

㉤ 푸른색 호선(blue arc) : 기화기를 장비한 왕복기관에 관계되는 기관 계기에 표시하는 것으로서, 연료와 공기 혼합비가 오토 린(auto lean)일 때의 상용 안전 운용 범위를 나타낸다.

㉥ 흰색 방사선(white radiation) : 색표지를 계기 앞면의 유리판에 표시하였을 경우에 흰색 방사선은 유리가 미끄러졌는지를 확인하기 위하여 유리판과 계기의 케이스에 걸쳐 표시한다.

5. 백색 호선(white arc)에 대한 설명이 틀린 것은?

① 경고 범위를 나타낸다.
② 속도계에만 있다.
③ 플랩을 내릴 수 있는 속도를 알 수 있다.
④ 최대 착륙 중량 시의 실속속도를 알 수 있다.

해설 문제 4번 참조

6. 계기의 색 표지에서 황색 호선(yellow arc)은 무엇을 나타내는가?

① 위험지역 ② 최저 운용한계 ③ 최대 운용한계 ④ 경계, 경고 범위

해설 문제 4번 참조

정답 3. ① 4. ③ 5. ① 6. ④

7. 제트 항공기의 계기나 계기판에 설치된 바이브레이터(vibrator)와 관련이 있는 것은?
① 북선오차 ② 누설오차 ③ 상온오차 ④ 마찰오차

해설 마찰오차 : 계기의 작동기구가 원활하게 움직이지 못하여 발생하는 오차

8. 전기 계기들은 철재 케이스나 강재 케이스에 대부분 부착되어 있다. 그 이유는?
① 정비 도중의 계기 손상을 방지하기 위해서다.
② 장탈 및 장착을 용이하게 하기 위해서다.
③ 외부 자장의 간섭을 막기 위해서다.
④ 계기 내부에 열이 축적되는 것을 막기 위해서다.

해설 항공 계기의 케이스
㉠ 자성 재료의 케이스 : 항공기의 계기판에는 많은 계기들이 모여 있기 때문에 서로간에 자기적 또는 전기적인 영향을 받을 수 있다. 전기적인 영향을 차단하기 위해서는 알루미늄 합금같은 비자성 금속 재료로서 차단할 수 있지만, 자기적인 영향은 철재 케이스를 이용하여 차단하고, 철재 케이스는 강도면에서도 강하다. 그렇지만 무게가 많이 나가는 단점이 있기 때문에 플라스틱 재료와 금속 재료를 조합하여 케이스 무게를 감소시키기도 한다.
㉡ 비자성 금속제 케이스 : 알루미늄 합금은 가공성, 기계적인 강도, 무게 등에 유리한 점이 있고 전기적인 차단 효과가 있으므로 비자성 금속제 케이스로 가장 많이 사용된다.
㉢ 플라스틱제 케이스 : 케이스의 제작이 용이하고 표면에 페인트를 칠할 필요가 없으며 무광택으로 하여 계기판 전면에서 유해한 빛의 반사를 방지할 수 있는 특징이 있다. 외부와 내부에서 전기적 또는 자기적인 영향을 받지 않는 계기의 케이스로 가장 많이 사용된다.

9. pitot tube를 이용한 계기가 아닌 것은?
① 속도계 ② 고도계 ③ 선회계 ④ 승강계

해설 피토 정압 계기의 종류
㉠ 고도계(altimeter) ㉡ 속도계(air speed indicator)
㉢ 마하계(mach indicator) ㉣ 승강계(vertical speed indicator)

10. 동, 정압 계기가 아닌 것은 어느 것인가?
① 승강계 ② 고도계 ③ 마하계 ④ 연료 유량계

해설 문제 9번 참조

정답 7. ④ 8. ③ 9. ③ 10. ④

11. 공함(collapsible chamber)에 사용되는 재료로는 보통 어떤 것을 사용하는가?
① 알루미늄 ② 니켈 ③ 티탄 ④ 베릴륨-구리 합금

해설 공함(collapsible chamber)
㉠ 공함에 사용되는 재료는 탄성 한계 내에서 외력과 변위가 직선적으로 비례하며, 비례 상수도 커야 한다.
㉡ 제작의 어려움 때문에 인청동을 사용하였으나, 현재에는 베릴륨-구리 합금이 쓰이고 있다.

12. 기체 좌·우에 있는 정압공이 기체 내에서 서로 연결되어 있는 이유는?
① 어느 쪽이 막혔을 때를 대비한 것이다.
② 기장측과 부기장측이 공용으로 사용하기 위해서이다.
③ 빗물이 침입한 경우에 대비한 것이다.
④ 횡풍에 의한 오차를 방지하기 위해서이다.

해설 기체의 모양이나 배관의 상태 또는 피토관의 장착위치와 측풍에 의한 오차를 일으킬 수 있기 때문에 이를 방지하기 위하여 동체 좌·우에 두게 된다.

13. 기압 고도(pressure altitude)에서 기압 수치는 얼마인가?
① 14.7 inHg ② 14.7 psi ③ 29.92 psi ④ 29.92 inHg

해설 고도의 종류
㉠ 진 고도(true altitude) : 해면상에서부터의 고도
㉡ 절대 고도(absolute altitude) : 항공기로부터 그 당시의 지형까지의 고도
㉢ 기압 고도(pressure altitude) : 기압 표준선, 즉 표준 대기압 해면(29.92 inHg)으로부터의 고도

14. 항공기의 해면 고도로부터 어떤 고도까지의 고도를 무엇이라 하는가?
① 진 고도 ② 밀도 고도 ③ 지시 고도 ④ 절대 고도

해설 문제 13번 참조

15. 해발 500m인 비행장 상공에 있는 비행기의 진 고도가 3000m라면 이 비행기의 절대 고도는 얼마인가?
① 500 m ② 2500 m ③ 3000 m ④ 3500 m

정답 11. ④ 12. ④ 13. ④ 14. ① 15. ②

해설 절대고도(absolute altitude) : 항공기로부터 그 당시의 지형까지의 고도이므로
3000－500＝2500 m

16. 고도계 보정 중 QNH를 통보해 주는 곳이 없는 해면 비행이거나 14000ft 이상의 높은 고도를 비행할 때 주로 사용하는 고도계 보정방식은?

① QNE 보정　② QNH 보정　③ QFE 보정　④ QHN 보정

해설 고도계의 보정방법

㉠ QNE 보정 : 해상 비행 등에서 항공기의 고도 간격의 유지를 위하여 고도계의 기압 창구에 해면의 표준 대기압인 29.92 inHg 를 맞추어 표준 기압면으로부터 고도를 지시하게 하는 방법이다. 이 때 지시하는 고도는 기압 고도이다. QNH 를 통보할 지상국이 없는 해상 비행이거나 14000 ft 이상의 높은 고도의 비행일 때에 사용하기 위한 것이다.

㉡ QNH 보정 : 일반적으로 고도계의 보정은 이 방식을 말한다. 4200 m (14000 ft) 미만의 고도에서 사용하는 것으로 활주로에서 고도계가 활주로 표고를 가리키도록 하는 보정이고 진 고도를 지시한다.

㉢ QFE 보정 : 활주로 위에서 고도계가 0을 지시하도록 고도계의 기압 창구에 비행장의 기압을 맞추는 방식이다.

17. 고도계 보정 중 14000ft 미만의 고도에서 사용하는 것으로 활주로에서 고도계가 활주로의 표고를 지시하도록 하는 보정방법은?

① QNE 보정　② QNH 보정　③ QFE 보정　④ QHN 보정

해설 문제 16번 참조

18. 비행 중 기압 고도계를 표준 기압값에 보정하는 고도는 얼마인가?

① 12000 ft　② 14000 ft　③ 16000 ft　④ 18000 ft

해설 문제 16번 참조

19. 고도계에서 진 고도를 알고 싶을 때 어떤 조작을 하는가?

① 기압 보정 눈금을 그 때 고도의 기압에 맞춘다.
② 기압 보정 눈금을 그 때 해면상의 기압에 맞춘다.
③ 기압 보정 눈금을 그 때 해면상 1010 ft 기압에 맞춘다.
④ 기압 보정 눈금을 표준 대기상의 해면상 기압에 맞춘다.

정답 16. ① 17. ② 18. ② 19. ②

해설 진 고도는 해면상의 실제 고도를 말하고, 기압은 항상 변하고 고도 변화에 대한 기압의 변화는 일정하지 않기 때문에 기압 고도계로는 진 고도를 알 수가 없다. 단지 기압 설정 눈금은 압력 지시를 시프트하는 것이고, 해면상의 압력에 맞추는 것에 의해 진 고도에 가까운 값을 얻을 수가 있다.

20. 다음 중 진 고도는 어느 것인가?

① QNH ② QNE ③ QFE ④ QEF

해설 문제 16번 참조

21. 고도계와 정압계의 정압공(static hole)이 막혔을 때 어떻게 지시하는가?

① 모두 증가 ② 모두 감소
③ 고도계 증가, 정압계 감소 ④ 고도계 감소, 정압계 증가

해설 정압공이 막힌다면 정압은 증가하게 되므로 고도계는 낮아지게 된다.

22. 고도계의 오차에 관계되지 않는 것은?

① 온도오차 ② 기계오차 ③ 탄성오차 ④ 북선오차

해설 고도계의 오차

(1) 눈금오차 : 일정한 온도에서 진동을 가하여 기계적 오차를 뺀 계기 특유의 오차이다. 일반적으로 고도계의 오차는 눈금오차를 말하며, 수정이 가능하다.

(2) 온도오차
  ㉠ 온도의 변화에 의하여 고도계의 각 부분이 팽창, 수축하여 생기는 오차
  ㉡ 온도 변화에 의하여 공함, 그밖에 탄성체의 탄성률의 변화에 따른 오차
  ㉢ 대기의 온도 분포가 표준 대기와 다르기 때문에 생기는 오차

(3) 탄성오차 : 히스테리시스(histerisis), 편위(drift), 잔류효과(after effect)와 같이 일정한 온도에서의 탄성체 고유의 오차로서 재료의 특성 때문에 생긴다.

(4) 기계적오차 : 계기 각 부분의 마찰, 기구의 불평형, 가속도와 진동 등에 의하여 바늘이 일정하게 지시하지 못함으로써 생기는 오차이다. 이들은 압력의 변화와 관계가 없으며 수정이 가능하다.

23. 기압식 고도계의 잔류효과(after effect)는 다음의 어느 것에 관계되는가?

① 상온오차 ② 누설오차 ③ 탄성오차 ④ 마찰오차

해설 문제 22번 참조

정답 20. ① 21. ④ 22. ④ 23. ③

24. 다음 고도계의 오차 중 탄성오차란 무엇인가?

① 계기 각 부분의 마찰, 기구의 불평형, 가속도 및 진동 등에 의하여 바늘이 일정하게 지시하지 못함으로써 생기는 오차
② 재료의 특성 때문에 생기는 일정한 온도에서의 탄성체 고유의 오차
③ 일정한 온도에서 진동을 가하여 얻어낸 기계적 오차
④ 온도 변화로 인해 계기 각 부분이 팽창 수축함으로써 생기는 오차

해설 문제 22번 참조

25. 다음 공함(collapsible chamber) 중 고도계에 사용되는 것은?

① 아네로이드(aneroid) ② 다이어프램(diaphragm)
③ 벨로스(bellows) ④ 버든 튜브(burdon tube)

해설 고도계(altimeter)

㉠ 고도계는 일종의 아네로이드 기압계인데, 대기압력을 수감하여 표준 대기압력과 고도와의 관계에서 항공기 고도를 지시하는 계기로서 원리는 진공 공함을 이용한다.
㉡ 공함은 압력을 기계적 변위로 바꾸는 장치이다. 항공기에 사용되는 압력계기 중에는 공함을 응용한 것이 많으며, 이를 사용한 대표적인 계기에는 고도계, 속도계, 승강계가 있다.
㉢ 고도계는 정압을 이용한다.

26. 다음 중 정압만을 필요로 하는 계기는 어느 것인가?

① 고도계 ② 속도계 ③ 선회계 ④ 자이로 계기

해설 문제 25번 참조

27. 여압된 비행기가 정상 비행 중 갑자기 계기 정압 라인이 분리된다면 어떤 현상이 나타나는가?

① 고도계는 높게 속도계는 낮게 지시한다.
② 고도계와 속도계 모두 높게 지시한다.
③ 고도계와 속도계 모두 낮게 지시한다.
④ 고도계는 낮게 속도계는 높게 지시한다.

해설 여압이 되어 있는 항공기 내부에서 정압 라인이 분리되었다면 실제 정압보다 높은 객실 내부의 압력이 작용하여 정압을 이용하는 고도계와 속도계는 모두 낮게 지시할 것이다.

정답 24. ② 25. ① 26. ① 27. ③

28. 정압공에 결빙이 생기면 정상적인 작동을 하지 않는 계기는 어느 것인가?

① 고도계 ② 속도계
③ 승강계 ④ 모두 작동하지 못한다.

해설 고도계, 승강계, 속도계는 모두 정압을 이용하는 계기이므로 정압공에 결빙이 생기면 정상 작동하지 않는다.

29. pitot tube를 이용한 계기가 아닌 것은?

① 속도계 ② 고도계
③ 선회계 ④ 승강계

30. 다음 속도계에 대한 설명 중 옳은 것은 어느 것인가?

① 고도에 따르는 기압차를 이용한 것이다.
② 전압과 정압의 차를 이용한 것이다.
③ 동압과 정압의 차를 이용한 것이다.
④ 전압만을 이용한 것이다.

해설 속도계(air speed indicator)

㉠ 비행기의 대기에 대한 속도를 지시하는 것으로 대기가 정지하고 있을 때에는 지면에 대한 속도와 같다.
㉡ 속도계는 전압과 정압의 차 (동압)을 이용하여 속도로 환산하여 속도를 지시하는 계기이다.

31. 다음 중에서 정압(static pressure) 및 전압(total pressure)을 필요로 하는 계기는?

① 고도계 ② 승강계 ③ 속도계 ④ 자이로 계기

해설 문제 30번 참조

32. 다음 중 속도계(air speed indicator)에 사용되는 것은?

① 아네로이드 ② 버든 튜브
③ 다이어프램 ④ 다이어프램+아네로이드

해설 피토 정압 계기

㉠ 속도계 : 다이어프램(diaphragm) 이용 ㉡ 승강계 : 아네로이드 (aneroid) 이용
㉢ 고도계 : 아네로이드 (aneroid) 이용

정답 28. ④ 29. ③ 30. ② 31. ③ 32. ③

33. 속도계가 고도가 증가함에 따라 진 대기속도를 지시하지 못하는 이유는?
① 공기의 온도가 변하기 때문이다.
② 공기의 밀도가 변하기 때문이다.
③ 대기압이 변하기 때문이다.
④ 고도가 변하여도 올바른 속도를 지시한다.

해설 대기속도
㉠ 지시 대기속도(IAS, indicated air speed) : 속도계의 공함에 동압이 가해지면 동압은 유속의 제곱에 비례하므로, 압력 눈금 대신에 환산된 속도 눈금으로 표시한 속도
㉡ 수정 대기속도(CAS, calibrated air speed) : 지시 대기속도에 피토 정압관의 장착 위치와 계기 자체에 의한 오차를 수정한 속도
㉢ 등가 대기속도(EAS, equivalent air speed) : 수정 대기속도에 공기의 압축성을 고려한 속도
㉣ 진 대기속도(TAS, true air speed) : 등가 대기속도에 고도 변화에 따른 밀도를 수정한 속도

34. 수정 대기속도란 무엇인가?
① 대기압, 온도, 고도를 수정한 속도
② 대기온도와 압축성을 수정한 속도
③ 계기 및 피토관의 위치오차를 수정한 속도
④ 대기온도와의 공기 밀도를 수정한 속도

해설 문제 33번 참조

35. 비행속도, 비행고도, 대기온도에 따라 비행제원이 변하지 않는 것은?
① 지시 대기속도(IAS) ② 수정 대기속도(CAS)
③ 등가 대기속도(EAS) ④ 진 대기속도(TAS)

해설 문제 33번 참조

36. 대기속도계 배관의 누출 점검방법으로 맞는 것은?
① 정압공에 정압, 피토관에 부압을 건다.
② 정압공에 부압, 피토관에 정압을 건다.
③ 정압공 및 피토관에 둘다 부압을 건다.
④ 정압공 및 피토관에 둘다 정압을 건다.

정답 33. ② 34. ③ 35. ① 36. ②

해설 피토 정압계통의 시험 및 작동점검

㉠ 피토 정압계통의 시험 및 작동점검을 위해서는 피토 정압 시험기(MB-1 tester)가 사용되며 피토 정압계통이나 계기 내의 공기 누설을 점검하는 데 주로 이용된다. 이 시험기에 부착된 계기들이 정확할 경우에는 탑재된 속도계와 고도계의 눈금 오차도 동시에 시험할 수 있다. 이밖에도 피토 정압 계기의 마찰 오차시험, 고도계의 오차시험, 승강계의 0점 보정 및 지연시험, 그리고 속도계의 오차시험 등을 실시한다.

㉡ 접속기구를 피토관과 정압공에 연결해서 진공 펌프로 정압계통을 배기하여 가압 펌프로 피토 계통을 가압함으로써 각각의 계통의 누설점검을 한다.

37. 다음 중 속도계의 오차 수정 관계로 옳은 것은?

① IAS → CAS → EAS → TAS ② EAS → CAS → IAS → TAS
③ IAS → TAS → EAS → CAS ④ TAS → EAS → CAS → IAS

해설 속도계의 오차 수정

IAS → CAS → EAS → TAS

- IAS → CAS: 피토관 장착위치 및 계기 자체의 오차 수정
- CAS → EAS: 공기의 압축성 효과를 고려한 수정
- EAS → TAS: 고도 변화에 따른 공기 밀도 수정

38. 다음 중 승강계가 지시하는 단위는?

① m/s ② km/s ③ ft/min ④ ft/s

해설 승강계는 수평 비행을 할 때에는 눈금이 0을 지시하지만, 상승 또는 하강에 의하여 고도가 변하는 경우에는 고도의 변화율을 ft/min 단위로 지시하게 되어 있다.

39. 승강계의 원리로 맞는 것은 다음 중 어느 것인가?

① 공함 내의 정압, 케이스 내는 모세관을 통해 서서히 변화하는 전압을 유도하여 차압을 지시계에 전달한다.
② 공함 내의 정압, 케이스 내는 모세관을 통해 서서히 변화하는 정압을 유도하여 차압을 지시계에 전달한다.
③ 공함 내의 전압, 케이스 내는 모세관을 통해 서서히 변화하는 정압을 유도하여 차압을 지시계에 전달한다.
④ 공함 내의 전압, 케이스 내는 모세관을 통해 서서히 변화하는 전압을 유도하여 차압을 지시계에 전달한다.

정답 37. ① 38. ③ 39. ②

40. 다음은 승강계를 설명한 것이다. 틀린 것은?

① 승강계는 수직 방향의 속도를 ft/min 단위로 지시하는 계기이다.
② 승강계는 압력의 변화로 항공기의 승강률을 나타내는 계기이다.
③ 전압을 이용하여 승강률을 측정한다.
④ 모세관의 구멍이 작은 경우에는 감도는 높아지나 지시 지연시간이 길어진다.

해설 승강계(vertical speed indicator)

(1) 비행고도를 유지하고 예정된 고도의 변화를 알기 위하여 사용하는 계기이다.
(2) 상승 및 하강 비행을 할 경우 항공기의 수직 방향의 속도를 지시한다.
(3) 고도의 변화율을 ft/min 으로 지시한다.
㉠ 아네로이드에 작은 구멍을 뚫은 공함을 이용하여 고도 변화에 따른 기압의 변화율을 측정하여 상승률과 하강률을 나타낸다.
㉡ 모세관의 구멍이 작아지면 예민해지고 지시의 지연시간은 짧아지며, 구멍이 커지면 둔하지만 지연시간이 짧아진다.
㉢ 현재 사용하고 있는 승강계는 지시 지연을 7~12초 정도로 하고 있다.

41. 수평 비행 중 승강계의 모세관이 막히면 어떻게 되는가?

① 계기 지시가 0으로 돌아간다.
② 계기 지시가 0으로 돌아가지 않는다.
③ 상승 중에 발생하면 최대 위치로 간다.
④ 지시기가 흔들린다.

해설 항공기가 일정하게 상승을 하고 있을 경우에는 다이어프램(diaphragm) 내외의 압력 변화의 비율이 일정하고 차압이 변화하지 않기 때문에 승강계의 지침은 어떤 점을 지시하고 있지만, 수평 비행이 되면 대기압이 일정하게 되고 다이어프램 내외의 압력은 균형이 되어 차압이 없어지기 때문에 지침이 0으로 돌아오게 된다. 만약 모세관이 막히게 되면 다이어프램 내외의 압력차는 없어지게 되지만 지침이 0으로 돌아가지 않는다.

42. 승강계의 핀 홀(pin hole)의 크기를 크게 하면 지시는 어떻게 되는가?

① 지시 지연시간은 짧아지고 둔해진다.
② 지시 지연시간은 짧아지고 예민해진다.
③ 지시 지연시간은 길어지고 예민해진다.
④ 지시 지연시간은 길어지고 둔해진다.

해설 공기의 속도, 온도, 밀도가 일정할 때 관속을 통과하는 공기의 저항은 관의 단면적에 반비례하므로 핀 홀이 작으면 감도는 예민해지지만, 지시 지연이 커지고, 핀 홀이 커지면 지연시간이 짧아지고 감도는 둔해진다.

정답 40. ③ 41. ② 42. ①

43. 수평 비행상태로 돌아왔는 데도 승강계가 0을 지시하지 않는다면 그 원인은 무엇인가?

① 동압관에 누설이 있다. ② 정압관에 누설이 있다.
③ 모세관에 막힘이 있다. ④ 공함이 파손되었다.

해설 문제 41번 참조

44. 승강계의 성능에 대한 설명 중 옳은 것은?

① 모세관의 저항이 증가하면 감도는 증가한다.
② 모세관의 저항이 증가하면 지시 지연은 짧아진다.
③ 모세관의 저항이 증가하면 감도는 감소하고 지시 지연은 짧아진다.
④ 모세관의 저항은 항공기 성능과 관계가 없다.

해설 문제 42번 참조

45. 게이지 압력(gauge pressure)이 사용되는 것은?

① 매니폴드 압력계 ② 윤활유 압력계 ③ 연료 압력계 ④ EPR 압력계

해설 압력 계기

㉠ 매니폴드 압력계(흡입 압력계) : 흡입공기의 압력을 측정하는 계기이고, 정속 프로펠러와 과급기를 갖춘 기관에서는 반드시 필요한 필수 계기이며, 낮은 고도에서는 초과 과급을 경고하고 높은 고도를 비행할 때에는 기관의 출력 손실을 알린다.
㉡ 윤활유 압력계 : 윤활유의 압력과 대기 압력의 차인 게이지 압력을 나타내며, 이를 통하여 윤활유의 공급상태를 알 수 있다.
㉢ 연료 압력계 : 비교적 저압을 측정하는 계기이고, 연료 압력계가 지시하는 압력은 기화기나 연료 조정장치로 공급되는 연료의 게이지 압력과 흡입공기 압력과 흡입공기 압력과의 압력차 등 항공기마다 다르다.
㉣ EPR(엔진 압력비, engine pressure ratio) 계기 : 가스 터빈 기관의 흡입공기 압력과 배기가스 압력을 각각 해당 부분에서 수감하여 그 압력비를 지시하는 계기이고, 압력비는 항공기의 이륙 시와 비행 중의 기관 추력을 좌우하는 요소이며, 기관의 출력을 산출하는 데 사용된다.

46. 매니폴드 압력계에서 고도 변화에 따른 오차를 수정하는 것은?

① 아네로이드(aneroid) ② 다이어프램(diaphragm)
③ 벨로스(bellows) ④ 버든 튜브(burdon tube)

해설 흡입 압력계 내부의 아네로이드가 고도 변화에 따른 압력 변화에 대응하여 수축 및 팽창을 하여 항상 일정한 지시를 하도록 한다.

정답 43. ③ 44. ① 45. ② 46. ①

47. 다음 계기 중 다이어프램(diaphragm)을 사용할 수 없는 계기는?

① 객실 압력계 ② 진공 압력계
③ 오일 압력계 ④ 대기속도계

해설 오일 압력계(oil pressure gauge)

㉠ 보통 버든 튜브(bourdon tube)가 사용되고 관의 바깥쪽에는 대기압이, 안쪽에는 윤활유 압력이 작용하여 게이지 압력으로 나타낸다.
㉡ 윤활유 압력계의 지시 범위는 0~200 psi 정도이다.

48. 승강계가 지상에서 1000ft 이상 상승해 있다면 어떻게 조절하는가?

① 조절 스크루로 조절한다.
② 정압공을 조절해서 정압을 상승시킨다.
③ 정압공을 조절해서 정압을 감소시킨다.
④ 승강계를 교환한다.

해설 지상에서 0점이 맞지 않을 때는 계기 자체에 마련되어 있는 0점 조절 스크루(zero adjustment screw)를 이용하여 맞춘다.

49. 다음 중 절대 압력과 게이지 압력과의 관계로 옳은 것은?

① 절대 압력=게이지 압력−대기압 ② 절대 압력=대기압±게이지 압력
③ 절대 압력=게이지 압력÷대기압 ④ 절대 압력=게이지 압력×대기압

해설 압력의 종류

㉠ 절대 압력 : 완전 진공을 기준으로 측정한 압력
㉡ 게이지 압력 : 대기압을 기준으로 측정한 압력
㉢ 압력에 사용되는 단위는 inHg와 psi가 대표적으로 많이 사용된다.

50. 승강계에 가해지는 공기의 온도가 낮아지면 어떤 가능성이 나타날 수 있는가?

① 지시 지연시간은 짧아지고, 지시는 둔해진다.
② 지시 지연시간은 짧아지고, 지시는 예민해진다.
③ 지시 지연시간은 길어지고, 지시는 예민해진다.
④ 지시 지연시간은 길어지고, 지시는 둔해진다.

해설 공기의 온도가 낮아지면 밀도는 높아지므로 지시 지연시간은 길어지고 지시는 예민해진다.

정답 47. ③ 48. ① 49. ② 50. ③

51. 다음 계기 중 아네로이드나 아네로이드식 벨로스(bellows)를 사용할 수 없는 것은?

① 기압식 고도계 ② 연료 압력계
③ 오일 압력계 ④ 흡입 압력계

해설 문제 47번 참조

52. 어떤 오일 압력 계기의 입구를 제한하는 이유는?

① 갑작스런 압력 파동에 의하여 생길 수 있는 버든 튜브의 손상을 방지하기 위하여
② 응결된 오일에 의하여 생길 수 있는 계기 손상을 방지하기 위하여
③ 계기로부터 습기를 배출하기 위하여
④ 배출을 가능하게 하기 위하여

해설 갑작스런 압력 파동으로 인하여 생길 수 있는 버든 튜브(burdon tube)의 손상을 방지하기 위하여 압력 계기의 입구를 제한한다.

53. 연료 압력 게이지가 지시하는 연료압력은?

① 고도상승에 따라 증가한다. ② 고도상승에 따라 감소한다.
③ 고도상승에 따라 변하지 않는다. ④ 비행속도에 따라 증가한다.

해설 연료 압력계

㉠ 연료 압력계는 비교적 저압을 측정하는 계기이므로 다이어프램 또는 두 개의 벨로스로 구성되어 있다.
㉡ 연료 압력계가 지시하는 압력은 기화기나 연료 조정장치로 공급되는 연료의 게이지 압력과 흡입공기 압력과의 압력차 등 항공기마다 다르다.
㉢ 두 개의 벨로스(bellows)로 구성된 연료 압력계는 그 중 하나에 연료의 압력이, 다른 하나에는 공기압이 각각 작용한다. 양 벨로스의 외부 주위에는 계기 케이스에 뚫린 작은 구멍을 통한 계기 주위의 객실 기압이 작용하는 데, 계기 주위의 공기압이 변동하더라도 연료 압력계 지시에는 영향을 끼치지 않는다. 계기 주위의 공기압은 계기 케이스에 마련된 작은 구멍을 통하여 양 벨로스에 똑같이 작용하므로, 공기압 변동에 의한 벨로스의 수축 및 팽창량은 2개의 벨로스가 모두 같기 때문이다.
㉣ 윤활유 압력계와 마찬가지로 대형 항공기에서는 직독식보다 원격 지시식이 이용된다.

54. 왕복 엔진에서 시동 시 가장 먼저 보아야 할 계기는 무엇인가?

① 오일 압력계 ② 흡입 압력계 ③ 실린더 온도계 ④ 연료압 계기

정답 51. ③ 52. ① 53. ③ 54. ①

해설 왕복 엔진은 시동되었을 때 오일 계통이 안전하게 기능을 발휘하고 있는가를 점검하기 위하여 오일 압력 계기를 관찰하여야 한다. 만약 시동 후 30초 이내에 오일 압력을 지시하지 않으면 엔진을 정지하여 결함부분을 수정하여야 한다.

55. **과급기가 설치된 왕복기관 장착 항공기가 기관이 정지된 상태로 지상에 있다면 흡입 압력계의 지시는 어떻게 되는가?**

① 지시가 없다.
② 주변 대기압을 지시
③ 대기압보다 적게 지시
④ 대기압보다 높게 지시

해설 흡입 압력계(manifold pressure indicator)

㉠ 왕복기관에서 흡입공기의 압력을 측정하는 계기가 흡입 압력계로 정속 프로펠러와 과급기를 갖춘 기관에서는 반드시 필요한 필수 계기이다.
㉡ 낮은 고도에서는 초과 과급을 경고하고 높은 고도를 비행할 때에는 기관의 출력 손실을 알린다.
㉢ 흡입 압력계의 지시는 절대 압력(대기압±게이지 압력)으로서 inHg 단위로 표시된다.
㉣ 지상에 정지해 있을 때에는 게이지 압력이 0이므로 그 장소의 대기압을 지시한다.

56. **작동유 압력을 지시하는 계기에 가장 적합한 것은 다음 중 어느 것인가?**

① 아네로이드(aneroid)를 이용한 계기
② 다이어프램(diaphragm)을 이용한 계기
③ 버든 튜브(burdon tube)를 이용한 계기
④ 압력 벨로스(bellows)를 이용한 계기

해설 작동유 압력계

㉠ 작동유의 압력을 지시하는 계기는 보통 버든 튜브(burdon tube)를 이용한다.
㉡ 지시 범위는 0~1000, 0~2000, 0~4000 psi 정도이다.
㉢ 계기에 연결되는 배관은 고압이 작용하기 때문에 강도가 강해야 함과 동시에, 벽면의 두께가 충분한 것이어야 한다.

57. **다음 지시 계기 중 버든 튜브(burdon tube)를 이용할 수 있는 계기는?**

① 속도계 ② 승강계 ③ 고도계 ④ 증기압식 온도계

해설 피토 정압 계기

㉠ 속도계 : 다이어프램(diaphragm) 이용
㉡ 승강계 : 아네로이드(aneroid) 이용
㉢ 고도계 : 아네로이드(aneroid) 이용

정답 55. ② 56. ③ 57. ④

58. 전기 저항식 온도계 측정부의 온도수감 벌브(bulb)의 저항을 증가시키면 그 지시는 정상보다 어떻게 가리키는가?

① 높게 지시한다.
② 낮게 지시한다.
③ 변하지 않는다.
④ 주위조건에 따라 다르다.

해설 전기 저항식 온도계

㉠ 금속은 온도가 증가하면 저항이 증가하는 데 이 저항에 의한 전류를 측정함으로써 온도를 알 수 있다.

㉡ 전기 저항식 온도계는 이러한 원리를 이용한 것으로 외부 대기온도, 기화기의 공기온도, 윤활유 온도, 실린더 헤드 온도 등의 측정에 사용된다.

59. 전기 저항식 온도계 측정부의 온도 수감 벌브(bulb)가 단선되면 지시는 어떻게 되는가?

① "0"을 지시한다.
② 저온측을 지시한다.
③ 고온측을 지시한다.
④ 변하지 않는다.

해설 일반적으로 금속의 저항은 온도와 비례한다. 전기 저항식 온도계는 저항선으로 거의 순 니켈 선을 이용하는 데 단선되게 되면 저항값이 무한대가 되므로 지침의 고온의 최댓값을 지시하며 흔들리게 된다.

60. 서모커플(thermocouple)의 재질은 무엇인가?

① 크로멜-알루멜
② 니켈
③ 니켈+망간 합금
④ 백금

해설 서모커플(thermocouple, 열전쌍)

㉠ 서로 다른 금속의 끝을 연결하여 접합점에 온도차가 생기게 되면 이들 금속선에는 기전력이 발생하여 전류가 흐른다. 이 때의 전류를 열전류라 하고, 금속선의 조합을 열전쌍이라 한다.

㉡ 왕복기관에서는 실린더 헤드 온도를 측정하는 데 쓰이고, 제트 기관에서는 배기가스의 온도를 측정하는 데 쓰인다.

㉢ 재료는 크로멜-알루멜, 철-콘스탄탄, 구리-콘스탄탄이 사용되고 있다.

61. 다음 온도 계기 중 실린더 헤드나 배기가스 온도 등과 같이 높은 온도를 정확하게 나타내는 데 사용되는 계기는?

① 증기압식 온도계
② 전기 저항식 온도계
③ 바이메탈식 온도계
④ 열전쌍식 온도계

해설 문제 60번 참조

정답 58. ① 59. ③ 60. ① 61. ④

62. 열전대식 온도계에서 온도 측정에 사용되고 있는 금속의 조합에서 틀린 것은?

① 크로멜 – 알루멜 ② 동 – 콘스탄탄
③ 동 – 철 ④ 철 – 콘스탄탄

해설 문제 60번 참조

63. 열을 전기적인 signal로 바꾸는 장치는?

① 열 쌍극자 ② 열 스위치 ③ 열전대 ④ 열전쌍

해설 문제 60번 참조

64. 다음 중 전원이 필요 없는 계기는?

① 전기식 회전계 ② 저항식 온도계 ③ 서모커플 ④ EPR

해설 문제 60번 참조

65. 열전쌍식 실린더 온도계를 옳게 설명한 것은?

① 직류 전원을 필요로 한다.
② lead선이 끊어지면 실내 온도를 지시한다.
③ lead선이 short 되면 0 을 지시한다.
④ lead선의 길이를 함부로 변경을 시키지 못하나 저항으로 조정을 할 수 있다.

해설 열전쌍의 열점과 냉점 중 열점은 실린더 헤드의 점화 플러그 와셔에 장착되어 있고 냉점은 계기에 장착되어 있는데 리드 선(lead line)이 끊어지면 열전쌍식 온도계는 실린더 헤드의 온도를 지시하지 못하고 계기가 장착되어 있는 주위 온도를 지시한다.

66. 열전대식 온도계에서 지시부의 온도가 150℃, 조종실 온도가 20℃일 때 선이 끊어졌다면 몇 도를 지시하는가?

① 20℃ ② 85℃ ③ 150℃ ④ 170℃

해설 문제 65번 참조

67. 열전쌍(thermocouple)에 사용되는 재료 중 측정범위가 가장 높은 것은 어느 것인가?

① 크로멜 – 알루멜 ② 철 – 콘스탄탄
③ 구리 – 콘스탄탄 ④ 크로멜 – 니켈

정답 62. ③ 63. ④ 64. ③ 65. ② 66. ① 67. ①

해설 열전쌍 측정 범위

재 질	크로멜－알루멜	철－콘스탄탄	구리－콘스탄탄
사용범위	상용 70～1000℃ 최고 1400℃	상용 －200～250℃ 최고 800℃	상용 －200～250℃ 최고 300℃

68. **배기가스 온도 측정용으로 병렬로 연결되어 있는 벌브(bulb) 중에서 한 개가 끊어졌다면 그 때의 지시값은 어떻게 되겠는가?**

① 약간 감소한다.
② 약간 증가한다.
③ 변화하지 않는다.
④ 0을 지시한다.

해설 서모커플은 평균값을 얻기 위하여 병렬로 연결되어 있으므로 어느 하나가 끊어지게 되면 그 값이 조금 감소하게 된다.

69. **다음 중 액량 계기와 유량 계기의 설명으로 맞는 것은?**

① 액량 계기는 연료탱크에서 기관까지의 흐름량을 지시한다.
② 액량 계기는 흐름량을 지시한다.
③ 유량 계기는 연료 탱크에서 기관으로 흐르는 연료의 유량을 부피 및 무게 단위로 나타낸다.
④ 유량 계기는 연료 탱크 내의 연료의 양을 나타낸다.

해설 액량 계기 및 유량 계기

(1) 액량계 : 일반적으로 액면의 변화를 기준으로 하여 액량을 측정한다.
㉠ 직독식 액량계(sight gauge) : 사이트 글라스를 통하여 액량을 측정하는 방법이고, 표면 장력과 모세관 현상 등으로 오차가 생길 수 있다.
㉡ 부자식 액량계(float gauge) : 액면의 변화에 따라 부자가 상하운동을 함에 따라 계기의 바늘이 움직이도록 하는 방법으로 기계식 액량계와 전기 저항식 액량계가 있다.
㉢ 전기 용량식 액량계(electric capacitance type) : 고공 비행을 하는 제트 항공기에 사용되며 연료의 양을 무게로 나타낸다.

(2) 유량계 : 기관이 1시간 동안 소모하는 연료의 양, 즉 기관에 공급되는 연료의 파이프 내를 흐르는 유량률을 부피의 단위 또는 무게의 단위로 지시한다.
㉠ 차압식 : 액체가 통과하는 튜브의 중간에 오리피스를 설치하여 액체의 흐름이 있을 때에 오리피스의 앞부분과 뒷부분에 발생하는 압력차를 측정하여 유량을 알 수 있다.
㉡ 베인식 : 입구를 통과하여 연료의 흐름이 있을 때에는 베인은 연료의 질량과 속도에 비례하는 동압을 받아 회전하게 되는데 이 때 베인의 각 변위를 전달함으로써 유량을 지시한다.
㉢ 동기 전동기식 : 연료의 유량이 많은 제트기관에 사용되는 질량 유량계로서 연료에 일정한 각속도를 준다. 이 때의 각운동량을 측정하여 연료의 유량을 무게의 단위로 지시할 수 있다.

정답 68. ① 69. ③

70. **연료량을 중량으로 지시하는 방식은 무엇인가?**

① 전기 용량식 ② 전기 저항식 ③ 기계적인 방식 ④ 부자식

해설 문제 69번 참조

71. **전기 용량식 연료량계를 설명한 것 중 옳지 않은 것은?**

① 연료는 공기보다 유전율이 높다.
② 온도나 고도변화에 의한 지시 오차가 없다.
③ 전기 용량은 연료의 무게를 감지할 수 있으므로 연료량을 중량으로 나타내기가 적합하다.
④ 옥탄가 등 연료의 질이 변하더라도 지시 오차가 없다.

해설 전기 용량식(electric capacitance type) 액량계

㉠ 고공 비행하는 제트 항공기에 사용되는 것으로 연료의 양을 무게로 나타낸다.
㉡ 액체의 유전율과 공기의 유전율이 서로 다른 것을 이용하여 연료탱크 내의 축전지의 극 판 사이의 연료의 높이에 따른 전기 용량으로 연료의 부피를 측정하고 여기에 밀도를 곱하여 무게로 지시한다.
㉢ 사용 전원은 115 V, 400 Hz 단상 교류를 사용한다.

72. **연료량을 중량 단위로 나타내는 연료량계에서 실제는 그렇지 않은데 full을 지시한다면 예상되는 결함은 무엇인가?**

① 탱크 유닛(unit)의 단락 ② 탱크 유닛(unit)의 절단
③ 보상 유닛(unit)의 단락 ④ 시험 스위치의 단락

해설 문제 71번 참조

73. **다음은 회전계기에 대한 설명이다. 틀린 것은 어느 것인가?**

① 회전 계기는 기관의 분당 회전수를 지시하는 계기인데 왕복기관에서는 프로펠러의 회전수를 rpm으로 나타낸다.
② 가스 터빈 기관에서는 압축기의 회전수를 최대 회전수의 백분율(%)로 나타낸다.
③ 회전 계기에는 전기식과 계기식이 있으며, 소형기를 제외하고는 모두 전기식이다.
④ 다발 항공기에서 기관들의 회전이 서로 동기되었는가를 알기 위하여 사용하는 계기가 동기계이다.

해설 회전계(tachometer)

㉠ 왕복기관에서는 크랭크축의 회전수를 분당회전수(rpm)로 지시한다.

정답 70. ① 71. ③ 72. ① 73. ④

㉡ 가스 터빈 기관에서는 압축기의 회전수를 최대 출력 회전수의 백분율(%)로 나타낸다.
㉢ 기계식과 전기식이 있으나, 현재는 소형기를 제외하면 모두 전기식이다.

74. fuel flow meter의 단위는 다음 중 어느 것인가?

① psi ② rpm ③ pph ④ mpm

해설 유량계 : 연료 탱크에서 기관으로 흐르는 연료의 유량을 시간당 부피 단위, 즉 gph (gallon per hour : 3.79l / h) 또는 무게 단위 pph (pound per hour : 0.45 kg /h) 로 지시한다.

75. tachometer의 기능이 아닌 것은?

① 크랭크축의 회전을 분당 회전수로 지시 ② 발전기의 회전수를 지시
③ 압축기의 회전수를 지시 ④ 피스톤의 왕복수를 지시

해설 문제 73번 참조

76. 자기 동기 계기에서 회전자(rotor)가 전자석인 것은 다음 중 어느 것인가?

① 직류 데신(desyn) ② 오토신(autosyn)
③ 마그네신(magnesyn) ④ 자이로신(gyrosyn)

해설 원격 지시 계기 : 수감부의 기계적인 각 변위 또는 직선 변위를 전기적인 신호로 바꾸어 멀리 떨어진 지시부에 같은 크기의 변위를 나타내는 계기이고, 각도나 회전력과 같은 정보의 전송을 목적으로 한다. 여기에 사용되는 동기기(synchro)는 전원의 종류와 변위의 전달방식에 따라 나뉘는데 제작사에 따라 독자적인 명칭으로 불린다.

㉠ 오토신(autosyn) : 벤딕스사에서 제작된 동기기 이름으로서 교류로 작동하는 원격 지시 계기의 한 종류이며, 도선의 길이에 의한 전기 저항값은 계기의 측정값 지시에 영향을 주지 않으며 회전자는 각각 같은 모양과 치수의 교류 전자석으로 되어 있다.
㉡ 서보(servo) : 명령을 내리면 명령에 해당하는 변위만큼 작동하는 동기기이다.
㉢ 직류 셀신(DC selsyn) : 120° 간격으로 분할하여 감겨진 정밀 저항 코일로 되어 있는 전달기와 3상 결선의 코일로 감겨진 원형의 연철로 된 코어 안에 영구 자석의 회전자가 들어 있는 지시계로 구성되어 있으며, 착륙장치나 플랩 등의 위치 지시계로 또는 연료의 용량을 측정하는 액량 지시계로 흔히 사용된다.
㉣ 마그네신(magnesyn) : 오토신과 다른 점은 회전자로 영구 자석을 사용하는 것이고, 오토신보다 작고 가볍기는 하지만 토크가 약하고 정밀도가 다소 떨어진다. 마그네신의 코일은 링 형태의 철심 주위에 코일을 감은 것으로 120°로 세 부분으로 나누어져 있고 26 V, 400 Hz의 교류전원이 공급된다.

정답 74. ③ 75. ④ 76. ②

77. 전기식 회전계는 다음 중 어느 것에 의하여 작동되는가?

① 직권 모터 ② 분권 모터 ③ 동기 모터 ④ 자기 모터

해설 전기식 회전계(electrical tachometer)

㉠ 전기식 회전계의 대표적인 것으로 동기 전동기식 회전계가 있다.

㉡ 기관에 의해 구동되는 3상 교류 발전기를 이용하여 기관의 회전속도에 비례하도록 전압을 발생시키고, 이 전압은 전선을 통하여 회전계 지시기로 전달되는 데 지시기 내부에는 3상 동기 전동기가 있고, 그 축은 맴돌이 전류식 회전계와 연결되어 있다.

78. 싱크로 계기에 속하지 않는 것은?

① 직류 셀신(DC selsyn) ② 마그네신(magnesyn)
③ 동기계(synchroscope) ④ 오토신(autosyn)

해설 문제 76번 참조

79. 다음 원격 지시 계기에 대한 설명으로 틀린 것은?

① 직류 셀신(DC selsyn), 오토신(autosyn), 마그네신(magnesyn) 등이 있다.
② 직류 셀신은 착륙장치나 플랩 등의 위치 지시계나 연료의 용량을 측정하는 액량계로 주로 쓰인다.
③ 마그네신은 오토신보다 크고 무겁기는 하나 토크가 크고 정밀도가 높다.
④ 마그네신은 교류 26 V, 400사이클을 전원으로 한다.

해설 문제 76번 참조

80. 단락 시 autosyn과 magnesyn의 특징은?

① 둘 다 그 자리를 지시한다. ② autosyn만 그 자리를 지시한다.
③ magnesyn만 그 자리를 지시한다. ④ 0을 지시한다.

81. 자기 컴퍼스 구조에 대한 설명으로 틀린 것은?

① 컴퍼스 액은 케로신이다.
② 외부의 진동을 줄이기 위한 케이스와 베어링 사이에 피벗이 들어 있다.
③ 컴퍼스 카드에 float 가 설치되어 있다.
④ 자기 컴퍼스는 케이스, 자기 보상장치, 컴퍼스 카드 및 확장실로 구성되어 있다.

정답 77. ③ 78. ③ 79. ③ 80. ① 81. ②

해설 자기 컴퍼스(magnetic compass)

(1) 자기 컴퍼스는 케이스, 자기 보상장치, 컴퍼스 카드 및 확장실로 구성되어 있다.
(2) 자기 컴퍼스의 케이스 안에는 케로신 등의 액체로 채워져 있는데 그 작용은 다음과 같다.
  ㉠ 항공기의 움직임으로 인한 컴퍼스 카드의 움직임을 제동한다.
  ㉡ 부력에 의해 카드의 무게를 경감함으로써 피벗(pivot) 부의 마찰을 감소시킨다.
  ㉢ 외부 진동을 완화시킨다.
(3) 확장실 안에는 다이어프램이 있는데 다이어프램의 작은 구멍은 조종실로 통하게 되어 있으며, 이것은 고도와 온도차에 의한 컴퍼스 액의 수축, 팽창에 따른 압력 증감을 방지한다.
(4) 컴퍼스 케이스의 앞면 윗부분에는 2개의 조정나사가 있는데 이것은 자기 보상장치를 조정하여 자차를 수정한다.
(5) 외부의 진동 및 충격으로부터 컴퍼스를 보호하기 위하여 케이스와 베어링 사이에 방진용 스프링이 들어 있다.
(6) 컴퍼스 카드는 ±18°까지 경사가 지더라도 자유로이 움직일 수 있으나 일반적으로 65° 이상의 고위도에서는 이 한계가 초과되어 사용하지 못한다.

82. 자기 컴퍼스의 케이스 안에 담겨 있는 컴퍼스 액의 목적은 어느 것인가?

① 와류 오차를 적게 한다. ② 북선 오차를 적게 한다.
③ 가속도 오차를 적게 한다. ④ 마찰 오차를 적게 한다.

해설 문제 81번 참조

83. 자기 컴퍼스의 자차 수정 시 컴퍼스 로즈(compass rose)를 설치한다. 건물과 다른 항공기로부터 어느 정도 떨어져야 하는가?

① 100 m, 50 m ② 20 m, 40 m ③ 40 m, 20 m ④ 50 m, 10 m

해설 자차의 수정

(1) 자차 수정 시기
  ㉠ 100시간 주기 검사 때
  ㉡ 엔진 교환 작업 후
  ㉢ 전기기기 교환 작업 후
  ㉣ 동체나 날개의 구조 부분을 대수리 작업 후
  ㉤ 3개월마다
  ㉥ 그 외에 지시에 이상이 있다고 의심이 갈 때
(2) 컴퍼스 로즈(compass rose)를 건물에서 50 m, 타 항공기에서 10 m 떨어진 곳에 설치한다.
(3) 항공기의 자세는 수평, 조종 계통 중립, 모든 기내의 장비는 비행상태로 한다.
(4) 엔진은 가능한 한 작동시킨다.
(5) 자차의 수정은 컴퍼스 로즈(compass rose)의 중심에 항공기를 위치시키고, 항공기를 회전시키면서 컴퍼스 로즈와 자기 컴퍼스 오차를 측정하여 비자성 드라이버로 돌려 수정을 한다.

정답 82. ④ 83. ④

84. gyro에 넣는 컴퍼스 오일(compass oil)을 설명한 것 중 맞는 것은?

① 디젤(diesel) ② JP−4
③ 케로신(kerosine) ④ 솔벤트(solvent)

해설 문제 81번 참조

85. 마그네틱 컴퍼스(magnetic compass)는 무엇을 수정하는가?

① 자차 ② 편차 ③ 북선 오차 ④ 계기 오차

해설 문제 83번 참조

86. 다음 오차 중 자기 컴퍼스의 오차가 아닌 것은?

① 와동 오차 ② 북선 오차 ③ 탄성 오차 ④ 불이차

해설 자기 컴퍼스의 오차

(1) 정적 오차
㉠ 반원차 : 항공기에 사용되고 있는 수평 철재 및 전류에 의해서 생기는 오차
㉡ 사분원차 : 항공기에 사용되고 있는 수평 철재에 의해서 생기는 오차
㉢ 불이차 : 모든 자방위에서 일정한 크기로 나타나는 오차로 컴퍼스 자체의 제작상 오차 또는 장착 잘못에 의한 오차

(2) 동적 오차
㉠ 북선 오차 : 자기 적도 이외의 위도에서 선회할 때 선회각을 주게 되면 컴퍼스 카드면이 지자기의 수직성분과 직각관계가 흐트러져 올바른 방위를 지시하지 못하게 되는데 북진하다가 동서로 선회할 때에 오차가 가장 크기 때문에 북선 오차라고 하고, 선회할 때 나타난다고 하여 선회 오차라고도 한다.
㉡ 가속도 오차 : 컴퍼스의 가동부분의 무게 중심이 지지점보다 아래에 있기 때문에 항공기가 가속 시에는 컴퍼스 카드면은 앞으로 기울고 감속 시에는 뒤로 기울게 되는데 이 때문에 컴퍼스의 카드면이 지자기의 수직성분과 직각관계가 흐트러져 생기는 오차를 가속도 오차라고 한다.
㉢ 와동 오차 : 비행 중에 발생하는 난기류와 그 밖의 원인에 의하여 생기는 캠퍼스의 와동으로 인하여 컴퍼스 카드가 불규칙적으로 움직임으로 인해 생기는 오차이다.

87. 다음 지자기의 3요소에 해당되지 않는 것은?

① 편차 ② 복각 ③ 수평분력 ④ 수직분력

정답 84. ③ 85. ① 86. ③ 87. ④

해설 지자기의 3요소

㉠ 편차 : 지축과 지자기 축이 일치하지 않아 생기는 지구 자오선과 자기 자오선 사이의 오차각

㉡ 복각 : 지자기의 자력선이 지구 표면에 대하여 적도 부근과 양극에서의 기울어지는 각

㉢ 수평분력 : 지자기의 수평 방향의 분력

88. 자기 컴퍼스의 오차 중 불이차를 바르게 설명한 것은?

① 기내의 전선이나 전기 기기에 의한 불이 자기
② 기내의 수직 철재
③ 기내의 수평 부재
④ 컴퍼스의 중심선이 기축과 바르게 평형되지 않았을 때

해설 문제 86번 참조

89. 자기 컴퍼스 (magnetic compass)의 자차에 포함되지 않는 오차는 어느 것인가?

① 부착 부분 불량에 의한 오차
② 지리상 북극과 자북이 일치하지 않기 때문에 생기는 오차
③ 기체 내의 자성체의 영향에 의한 오차
④ 기체 내의 배선에 흐르는 전류에 의한 오차

해설 자차 (deviation)

㉠ 자기 계기 주위에 설치되어 있는 전기 기기와 그것에 연결되어 있는 전선의 영향에 의한 오차이다.

㉡ 기체 구조재 중의 자성체의 영향에 의한 오차이다.

㉢ 자기 계기의 제작과 설치상의 잘못으로 인한 지시 오차이다.

㉣ 조종석에 설치되어 있는 자기 컴퍼스(magnetic compass)에 비교적 크게 나타나며 자기 보상 장치로 어느 정도 수정이 가능하다.

90. 자이로신 컴퍼스 계통 (gyrosyn compass system)의 플럭스 밸브 (flux valve)에 관하여 틀린 것은 다음 중 어느 것인가?

① 지자기의 수직 성분을 검출하여 전기 신호로 바꾼다.
② 400 Hz 의 여자 전류에 의해 2차 코일에 지자기의 강도에 비례한 800 Hz의 교류를 발생한다.
③ 내부는 제동액으로 채워지고 자기 검출기의 진동을 막고 있다.
④ 익단과 미부 등 전기와 자기의 영향이 적은 장소에 설치되어 있다.

정답 88. ④ 89. ② 90. ①

해설 플럭스 밸브(flux valve)

㉠ 지자기의 수평 성분을 검출하여 그 방향을 전기 신호로 바꾸어 원격 전달하는 장치이다.

㉡ 자성체의 영향을 받게 되면 자기의 방향에 영향을 주게 되므로 오차의 원인이 되고, 검출기의 철심도 자기 전도율이 좋은 자성 합금을 사용하고 있기 때문에 자기를 띤 물질이 접근하면 오차의 원인이 된다.

91. **다음 중 편차란 무엇인가?**

① 진 자오선과 자기 자오선과의 차이각을 말한다.
② 진북과 진남을 잇는 선 사이의 차이각을 말한다.
③ 자기 자오선과 비행기와의 차이각을 말한다.
④ 나침반과 진 자오선과의 차이각을 말한다.

해설 문제 87번 참조

92. **자이로(gyro)의 섭동성을 이용한 계기는 무엇인가?**

① 선회계 ② 방향 자이로 지시계
③ 자이로 수평 지시계 ④ 경사계

해설 자이로 계기

㉠ 선회계(turn indicator) : 자이로의 특성 중 섭동성만을 이용한다.

㉡ 방향 자이로 지시계(directional gyro indicator, 정침의) : 자이로의 강직성을 이용한다.

㉢ 자이로 수평 지시계(gyro horizon indicator, 인공 수평의) : 자이로의 강직성과 섭동성을 모두 이용한다.

㉣ 경사계(bank indicator) : 구부러진 유리관 안에 케로신과 강철 볼을 넣은 것으로서, 케로신은 댐핑 역할을 하고, 유리관은 수평 위치에서 가장 낮은 지점에 오도록 구부러져 있다.

㉤ 강직성 : 외부에서의 힘이 가해지지 않는 한 항상 같은 자세를 유지하려는 성질이다.

㉥ 섭동성 : 외부에서 가해진 힘의 방향과 90°어긋난 방향으로 자세가 변하는 성질이다.

93. **자기 컴퍼스(magnetic compass)의 컴퍼스 스윙(compass swing)으로 수정할 수 있는 것은 어느 것인가?**

① 장착 오차 ② 북선 오차 ③ 가속도 오차 ④ 편차

해설 컴퍼스 스윙(compass swing) : 자기 컴퍼스의 자차를 수정하는 방법이지만, 자기 컴퍼스의 장착 오차와 기체 구조의 강 부재의 영구 자화와 배선을 흐르는 직류 전류에 의해서 생기는 반원차를 수정할 수 있다.

정답 91. ① 92. ① 93. ①

94. 플럭스 밸브(flux valve)의 장탈, 장착에 관하여 바른 것은 어느 것인가?

① 장착용 나사는 비자성체인 것을 사용해야 하는데 사용 공구는 보통의 것이 좋다.
② 장착용 나사, 사용 공구 모두 비자성체인 것을 사용해야 한다.
③ 장착용 나사, 사용 공구에 대한 특별한 사용 제한은 없다.
④ 장착용 나사 중 어떤 것은 자기를 띤 것을 사용하는 데 이 때는 그 위치를 조정하여 자차를 보정한다.

해설 문제 90번 참조

95. 자이로의 강직성과 섭동성을 이용한 계기는?

① 인공 수평의 ② 선회계
③ 고도계 ④ 회전 경사계

해설 문제 92번 참조

96. 수직 자이로(vertical gyro)가 사용되는 장비는?

① 자이로 컴퍼스 ② 마그네틱 컴퍼스
③ 선회계 ④ 수평의

해설 수평의는 일반적으로 수직 자이로라고 불리고, 피치(pitch) 축 및 롤(roll) 축에 대한 항공기의 자세를 감지한다.

97. 자이로의 강직성이란 무엇인가?

① 외력을 가하지 않는 한 항상 일정한 자세를 유지하려는 성질
② 외력을 가하면 그 힘의 방향으로 자세가 변하는 성질
③ 외력을 가하면 그 힘과 직각으로 자세가 변하는 성질
④ 외력을 가하면 그 힘과 반대 방향으로 자세가 변하는 성질

해설 자이로의 성질

㉠ 강직성(rigidity) : 자이로에 외력이 가해지지 않는 한 회전자의 축 방향은 우주 공간에 대하여 계속 일정 방향으로 유지하려는 성질로 자이로 회전자의 질량이 클수록 자이로 회전자의 회전이 빠를수록 강하다.
㉡ 섭동성(precession) : 자이로에 외력을 가했을 때 자이로 축의 방향과 외력의 방향에 직각인 방향으로 회전하려는 성질을 말한다.

정답 94. ② 95. ① 96. ④ 97. ①

98. 다음 계기 중 지자기를 수감하여 지구의 자기 자오선의 방향을 탐지한 다음 이것을 기준으로 항공기의 기수 방위와 목적지의 방위를 나타내는 것은?

① 자이로 수평 지시계(gyro horizon indicator)
② 방향 자이로 지시계(directional gyro indicator)
③ 선회 경사계(turn and bank indicator)
④ 자기 컴퍼스(magnetic compass)

해설 자기 컴퍼스 : 지구 자기장의 방향을 알고, 기수 방위가 자북으로부터 몇 도인가를 지시한다.

99. 다음 중 수직 자이로(vertical gyro)를 이용한 계기는?

① 고도계 ② 선회계
③ 인공수평의 ④ 회전 경사계

해설 문제 96번 참조

100. 선회계의 지시는 무엇을 나타내는가?

① 선회각 가속도 ② 선회 각속도 ③ 선회 각도 ④ 선회 속도

해설 선회계의 지시방법

㉠ 2분계(2 min turn) : 바늘이 1바늘 폭만큼 움직였을 때 180°/min의 선회 각속도를 의미하고, 2바늘 폭일 때에는 360°/min의 선회 각속도를 의미한다. 180°/min을 표준율 선회라 한다.
㉡ 4분계(4 min turn) : 가스 터빈 항공기에 사용되는 것으로, 1바늘 폭의 단위가 90°/min이고, 2바늘 폭이 180°/min 선회를 의미한다.

101. 2분계(2min turn) 선회계의 지침이 2 바늘 폭 움직였다면 360° 선회하는 데 소요되는 시간은?

① 3분 ② 2분 ③ 1분 ④ 4분

해설 2분계는 2바늘 폭일 때 선회각속도가 360° / min 이므로 360° 선회하는 데 1분이 소요된다.

102. 방향 자이로(directional gyro)는 보통 15분간에 몇 도 정도 수정을 하는가?

① ±15° ② 0° ③ ±4° ④ ±10°

해설 방향 자이로(directional gyro)

㉠ 자이로의 강직성을 이용하여 항공기의 기수 방위와 선회 비행을 할 때의 정확한 선회

정답 98. ④ 99. ③ 100. ② 101. ③ 102. ③

각을 지시하는 계기로 자기 컴퍼스의 지시 오차 등에 의한 불편을 없애기 위하여 개발된 것이다.

㉡ 방향 자이로는 지자기와는 무관하므로 자기적인 오차인 편차, 북선 오차 등은 없지만 우주에 대해 강직하므로 지구에 대한 방위는 탐지하지 못하므로 수시로 (약 15분 간격) 자기 컴퍼스를 보고 재방향 설정을 해주어야 한다.

㉢ 지구 자전에 따른 오차를 편위(drift)라고 하는데 가장 심하면 24시간 동안 360° (15분간 약 3.75°)의 오차가 생기며 그 외에 가동부 등의 베어링 마찰을 피할 수 없으므로 15분간 최대로 ±4°는 허용되고 있는 실정이다.

103. 기상 전원이 필요 없는 계기는 어느 것인가?

① 기압 고도계, 열전대식 온도계, 바이메탈식 온도계
② 기압 고도계, 열전대식 온도계, 회전계, 전기 저항식 온도계
③ 속도계, 전기 저항식 연료 유량계, 열전대식 온도계
④ 오토신(autosyn) 계기, 자기 컴퍼스, 속도계

해설 기압 고도계, 속도계, 열전대식 온도계, 바이메탈식 온도계, 자기 컴퍼스 등은 기상 전원을 필요로 하지 않는다.

104. EICAS의 설명에 관하여 바른 것은 어느 것인가?

① 엔진 계기와 승무원 경보 시스템의 브라운관 표시장치
② 지형에 따라서 비행기가 그것에 접근할 때의 경보장치
③ 기체의 자세 정보의 영상 표시장치
④ 엔진 출력의 자동 제어 시스템 장치

해설 EICAS (engine indication and crew alerting system) : 기관의 각 성능이나 상태를 지시하거나 항공기 각 계통을 감시하고 기능이나 계통에 이상이 발생하였을 경우에는 경고 전달을 하는 장치이다.

105. INS에 포함되지 않는 것은?

① 가속도계 ② 자이로스코프 ③ 플럭스 게이트 ④ 플랫폼

해설 INS (inertial navigation system, 관성 항법 장치)의 구성

㉠ 가속도계 : 이동에 의해 생기는 동서, 남북, 상하의 가속도 검출
㉡ 자이로 스코프 : 가속도계를 올바른 자세로 유지
㉢ 전자회로 : 가속도의 출력을 적분하여 이동속도를 구하고 다시 한번 적분하여 이동거리 구함
㉣ 플랫폼

정답 103. ① 104. ① 105. ③

전자·전기·계기

Chapter 03

프로펠러

1. 프로펠러 깃 면(blade face)은 어느 곳인가?

① 프로펠러 깃의 뿌리 끝 ② 프로펠러 깃의 평평한 쪽
③ 프로펠러 깃의 캠버로 된 면 ④ 프로펠러의 끝 부분

해설 프로펠러 깃 면(blade face)은 깃의 평평한 쪽을 말한다.

2. 프로펠러 깃에서 깃이 캠버(camber)로 된 쪽을 무엇이라 하는가?

① 깃 면(blade face) ② 깃 등(blade back)
③ 시위선(chord line) ④ 앞전(leading edge)

해설 프로펠러 깃 등(blade back)은 깃이 캠버로 된 면을 말한다.

3. 일반적으로 프로펠러 깃의 위치(blade station)는 어디서부터 측정이 되는가?

① 블레이드 생크(blade shank) 로부터 블레이드 팁(blade tip)까지 측정한다.
② 허브(hub) 중앙에서부터 블레이드 팁(blade tip)까지 측정한다.
③ 블레이드 팁(blade tip)부터 허브(hub) 까지 측정한다.
④ 허브(hub) 부터 생크(shank) 까지 측정한다.

해설 깃의 위치(blade station) : 허브(hub) 의 중심으로부터 깃을 따라 위치를 표시한 것으로 일반적으로 허브의 중심에서 6인치 간격으로 깃 끝으로 나누어 표시하며, 깃의 성능이나 깃의 결함, 깃 각을 측정할 때에 그 위치를 알기 쉽게 한다.

4. 프로펠러에 작용하는 하중이 아닌 것은?

① 인장력 ② 굽힘력 ③ 압축력 ④ 비틀림

해설 프로펠러에 작용하는 힘과 응력
㉠ 추력과 휨 응력 : 추력은 프로펠러가 회전하는 동안 깃의 윗면으로 공기의 힘이 생겨 깃

정답 1. ② 2. ② 3. ② 4. ③

을 앞으로 전진하게 하는 힘을 말하며, 이 추력에 의하여 프로펠러 깃은 앞쪽으로 휘어지는 휨 응력을 받는다.

㉡ 원심력에 의한 인장응력 : 원심력은 프로펠러 회전에 의해 일어나며 깃을 허브의 중심에서 밖으로 빠져나가게 하는 힘을 말하며, 이 원심력에 의해 프로펠러 깃에는 인장응력이 발생하는데 프로펠러에 작용하는 힘 중 가장 크다.

㉢ 비틀림과 비틀림 응력 : 비틀림은 깃에 작용하는 공기의 합성속도가 프로펠러 중심축의 방향과 같지 않기 때문에 생기는 힘으로 프로펠러 깃에는 비틀림 응력이 발생한다. 회전하는 프로펠러 깃에는 공기력 비틀림 모멘트와 원심력 비틀림 모멘트가 발생한다. 공기력 비틀림 모멘트는 깃의 피치를 크게 하려는 방향으로 작용하며, 원심력 비틀림 모멘트는 깃의 피치를 작게 하려는 경향을 말한다. 비틀림 응력은 회전속도의 제곱에 비례한다.

5. 프로펠러에 가장 큰 응력을 발생하는 것은?

① 원심력
② 토크에 의한 굽힘
③ 추력에 의한 굽힘
④ 공기력에 의한 비틀림

해설 문제 4번 참조

6. 프로펠러 블레이드에 작용하는 힘 중 가장 큰 힘은?

① 구심력
② 인장력
③ 비틀림력
④ 원심력

해설 문제 4번 참조

7. 프로펠러의 원심 비틀림 모멘트의 경향은?

① 깃을 저 피치로 돌리려는 경향이 있다.
② 깃을 고 피치로 돌리려는 경향이 있다.
③ 깃을 뒤로 구부리려는 경향이 있다.
④ 깃을 바깥쪽으로 던지려는 경향이 있다.

해설 문제 4번 참조

8. 프로펠러 회전속도가 증가함에 따라 블레이드에서 원심 비틀림 모멘트는 어떤 경향을 가지는가?

① 감소한다.
② 증가한다.
③ 일정하다.
④ 최대 회전속도에서는 감소한다.

해설 문제 4번 참조

정답 5. ① 6. ④ 7. ① 8. ②

9. 프로펠러 감속 기어의 이점은 무엇인가?

① 효율 좋은 블레이드 각으로 더 높은 엔진 출력을 사용할 수 있다.
② 엔진은 높은 프로펠러의 원심력으로 더 천천히 운전할 수 있다.
③ 더 짧은 프로펠러를 사용할 수 있으며 따라서 압력을 높인다.
④ 연소실의 온도를 조정한다.

해설 프로펠러 감속 기어(reduction gear) : 감속 기어의 목적은 최대 출력을 내기 위하여 고회전할 때 프로펠러가 엔진 출력을 흡수하여 가장 효율 좋은 속도로 회전하게 하는 것이다. 프로펠러는 깃 끝 속도가 표준 해면상태에서 음속에 가깝거나 음속보다 빠르면 효율적인 작용을 할 수가 없다. 프로펠러는 감속 기어를 사용할 때 항상 엔진보다 느리게 회전한다.

10. 프로펠러 효율과의 관계 중 옳은 것은?

① 회전속도에 비례한다.　② 전진율에 비례한다.
③ 가속에 비례한다.　④ 동력계수에 반비례한다.

해설 프로펠러 효율은 기관으로부터 전달된 축 동력과 프로펠러가 발생한 동력의 비를 말한다. 프로펠러 효율은 회전속도에 반비례하고, 동력계수에 반비례한다.

$$\eta_p = \frac{TV}{P} = \frac{C_t}{C_p} \cdot \frac{V}{nD} = \frac{C_t \rho n^2 D^4 V}{C_p \rho n^3 D^5}$$

여기서, T : 추력, V : 비행속도, P : 동력, D : 프로펠러 지름
n : 프로펠러 회전속도, C_t : 추력계수, C_p : 동력계수

11. 프로펠러가 비행 중 한 바퀴 회전하여 이론적으로 전진한 거리는?

① 기하학적 피치　② 회전 피치　③ root 피치　④ 유효 피치

해설 피치(pitch)

㉠ 기하학적 피치(geometric pitch) : 프로펠러 깃을 한 바퀴 회전시켰을 때 앞으로 전진할 수 있는 이론적 거리를 말한다
㉡ 유효 피치(effective pitch) : 공기 중에서 프로펠러를 1회전시켰을 때 실제로 전진하는 거리로서 항공기의 진행거리이다.
㉢ 프로펠러 슬립(propeller slip) $= \frac{G.P - E.P}{G.P} \times 100\%$

12. 프로펠러가 비행 중 한 바퀴 회전하여 실제적으로 전진한 거리는?

① 기하학적 피치　② 유효 피치　③ 슬립(slip)　④ 회전 피치

해설 문제 11번 참조

정답 9. ①　10. ④　11. ①　12. ②

13. 일반적으로 프로펠러 깃 각은?

① 깃 각은 깃 끝까지 일정하다.
② 깃 뿌리에서는 깃 각이 작고, 깃 끝으로 갈수록 커진다.
③ 깃 뿌리에서는 크고, 깃 끝으로 갈수록 작아진다.
④ 깃의 중앙부분이 가장 크다.

해설 프로펠러의 깃 각(blade angle)

㉠ 깃 각은 프로펠러 회전면과 시위선이 이루는 각을 말한다.
㉡ 깃 각은 전 길이에 걸쳐 일정하지 않고 깃 뿌리(blade root)에서 깃 끝으로 갈수록 작아진다.
㉢ 일반적으로 깃 각을 대표하여 표시할 때는 프로펠러의 허브 중심에서 75 % 되는 위치의 깃 각을 말한다.

14. 다음 중 유효 피치를 설명한 것으로 맞는 것은?

① 프로펠러를 한 바퀴 회전시켜 실제로 전진한 거리
② 프로펠러를 2바퀴 회전시켜 전진할 수 있는 이론적인 거리
③ 프로펠러를 2바퀴 회전시켜 실제로 전진한 거리
④ 프로펠러를 한 바퀴 회전시켜 프로펠러가 앞으로 전진할 수 있는 이론적인 거리

해설 문제 11번 참조

15. 고정 피치 프로펠러 설계 시 최대 효율기준은?

① 이륙 시 ② 상승 시 ③ 순항 시 ④ 최대 출력 사용 시

해설 고정 피치 프로펠러(fixed pitch propeller) : 프로펠러 전체가 한 부분으로 만들어지며 깃 각이 하나로 고정되어 피치 변경이 불가능하다. 그러므로 순항속도에서 프로펠러 효율이 가장 좋도록 깃 각이 결정되며 주로 경비행기에 사용한다.

16. 하나의 속도에서 효율이 가장 좋도록 지상에서 피치각을 조종하는 프로펠러는?

① 고정 피치 프로펠러 ② 조정 피치 프로펠러
③ 2단 가변 피치 프로펠러 ④ 정속 프로펠러

해설 조정 피치 프로펠러(adjustable pitch propeller) : 1개 이상의 비행속도에서 최대의 효율을 얻을 수 있도록 피치의 조정이 가능하다. 지상에서 기관이 작동하지 않을 때 조정나사로 조정하여 비행목적에 따라 피치를 변경한다.

정답 13. ③ 14. ① 15. ③ 16. ②

17. 2단 가변 피치 프로펠러에서 착륙 시 피치각은?

① 저 피치 ② 고 피치 ③ 완전 페더링 ④ 중립위치

해설 가변 피치 프로펠러(controllable pitch propeller) : 비행 목적에 따라 조종사에 의해서 또는 자동으로 피치 변경이 가능한 프로펠러로서 기관이 작동될 동안에 유압이나 전기 또는 기계적 장치에 의해 작동된다.

㉠ 2단 가변 피치 프로펠러(2 position controllable pitch propeller) : 조종사가 저 피치와 고 피치인 2개의 위치만을 선택할 수 있는 프로펠러이다. 저 피치는 이·착륙할 때와 같은 저속에서 사용하고, 고 피치는 순항 및 강하 비행 시에 사용한다.

㉡ 정속 프로펠러(constant speed propeller) : 조속기(governor)에 의하여 저 피치에서 고 피치까지 자유롭게 피치를 조정할 수 있어 비행속도나 기관 출력의 변화에 관계없이 항상 일정한 속도를 유지하여 가장 좋은 프로펠러 효율을 가지도록 한다.

18. 가변 피치 프로펠러 중 저 피치와 고 피치 사이에서 무한한 피치각을 취하는 프로펠러는 무엇인가?

① 2단 가변 피치 프로펠러 ② 완전 페더링 프로펠러
③ 정속 프로펠러 ④ 역 피치 프로펠러

해설 문제 17번 참조

19. 항공기용 프로펠러에 조속기를 장비하여 비행고도, 비행속도, 스로틀 위치에 관계없이 조종사가 선택한 기관 회전수를 항상 일정하게 유지시켜 가장 좋은 효율을 가질 수 있도록 한 프로펠러의 형식은?

① 정속 프로펠러 ② 조정 피치 프로펠러
③ 페더링 프로펠러 ④ 고정 피치 프로펠러

해설 문제 17번 참조

20. 정속 프로펠러(constant speed propeller)에 대한 설명 중 옳은 것은?

① 조종사가 피치를 변경하지 않아도 조속기(governor)에 의하여 프로펠러의 회전수가 일정하게 유지된다.
② 조종사가 피치 변경을 할 수 있다.
③ 조종사가 조속기(governor)를 통하여 수동적으로 회전수를 일정하게 유지할 수 있다.
④ 피치를 변경하면 자동적으로 조속기(governor)에 의해 회전수가 일정하게 유지된다.

해설 문제 17번 참조

정답 17. ① 18. ③ 19. ① 20. ①

21. 정속 프로펠러의 피치각을 조절해 주는 것은?

① 공기 밀도 ② 조속기
③ 오일 압력 ④ 평형 스프링

해설 문제 17번 참조

22. 이·착륙할 때 정속 프로펠러의 위치는 어디에 놓이는가?

① 고 피치, 고 rpm ② 저 피치, 저 rpm
③ 고 피치, 저 rpm ④ 저 피치, 고 rpm

해설 항공기가 이·착륙할 때에는 저 피치, 고 rpm에 프로펠러를 위치시킨다.

23. 비행 중 대기속도가 증가할 때 프로펠러 회전을 일정하게 유지하려면 블레이드 피치는?

① 증가시켜야 한다.
② 감소시켜야 한다.
③ 일정하게 유지해야 한다.
④ 대기속도가 증가함에 따라 서서히 증가시켰다가 감소시켜야 한다.

해설 대기속도가 빨라지면 프로펠러 회전속도가 증가하는 데 회전속도를 일정하게 유지하기 위해서 피치를 증가시키면 프로펠러 회전저항이 커지기 때문에 회전속도가 증가하지 못하고 정속 회전상태로 돌아온다.

24. 정속 프로펠러는 비행조건에 따라 피치를 변경하는 데 low에서 high 순서로 나열한 것은?

① 상승, 순항, 하강, 이륙 ② 이륙, 상승, 순항, 강하
③ 이륙, 상승, 강하, 순항 ④ 강하, 순항, 상승, 이륙

해설 비행기가 이륙하거나 상승할 때에는 속도가 느리므로 깃 각을 작게 하고, 비행속도가 빨라짐에 따라 깃 각을 크게 하면 비행속도에 따라 프로펠러 효율을 좋게 유지할 수 있다.

25. 프로펠러 블레이드의 받음각이 가장 클 경우는 다음 중 어느 것인가? (단, rpm은 일정하다.)

① low blade angle, high speed ② low blade angle, low speed
③ high blade angle, high speed ④ high blade angle, low speed

정답 21. ② 22. ④ 23. ① 24. ② 25. ④

26. 정속 프로펠러 조작을 정속범위 내에서 위치시키고 엔진을 순항범위 내에서 운전할 때는 어떻게 되는가?

① 스로틀(throttle)을 줄이면 블레이드(blade) 각은 증가한다.
② 블레이드(blade) 각은 스로틀(throttle)과 무관하다.
③ 스로틀(throttle) 조작에 따라 rpm이 직접 변한다.
④ 스로틀(throttle)을 열면 블레이드(blade) 각은 증가한다.

해설 스로틀(throttle)을 열면 프로펠러 깃 각(blade angle)과 흡기압(map)이 증가하고 rpm은 변하지 않는다.

27. 정속 프로펠러(constant speed propeller)에서 스피더 스프링(speeder spring)의 장력과 거버너 플라이 웨이트(fly weight)가 중립 위치일 때 어떤 상태인가?

① 정속상태 ② 과속상태
③ 저속상태 ④ 페더상태

해설 정속 프로펠러

㉠ 정속상태(on speed condition) : 스피더 스프링과 플라이 웨이트가 평형을 이루고 파일럿 밸브가 중립 위치에 놓여져 가압된 오일이 들어가고 나가는 것을 막는다.
㉡ 저속상태(under speed condition) : 플라이 웨이트 회전이 느려져 안쪽으로 오므라들고 스피더 스프링이 펴지며 파일럿 밸브는 밑으로 내려가 열리는 위치로 밀어 내린다. 가압된 오일은 프로펠러 피치 조절 실린더를 앞으로 밀어내어 저 피치가 된다. 프로펠러가 저 피치가 되면 회전수가 회복되어 다시 정속상태로 돌아온다.
㉢ 과속상태(over speed condition) : 플라이 웨이트의 회전이 빨라져 밖으로 벌어지게 되어 스피더 스프링을 압축하여 파일럿 밸브는 위로 올라와 프로펠러의 피치 조절은 실린더로부터 오일이 배출되어 고 피치가 된다. 고 피치가 되면 프로펠러의 회전저항이 커지기 때문에 회전속도가 증가하지 못하고 정속상태로 돌아온다.

28. 정속 프로펠러에서 프로펠러가 과속상태(over speed)가 되면 플라이 웨이트(fly weight)는 어떤 상태가 되는가?

① 안으로 오므라든다.
② 밖으로 벌어진다.
③ 스피더 스프링(speeder spring)과 플라이 웨이트(fly weight)는 평형을 이룬다.
④ 블레이드 피치 각을 적게 한다.

해설 문제 27번 참조

정답 26. ④ 27. ① 28. ②

29. 정속 프로펠러를 장착한 엔진이 2300rpm으로 조종되어진 상태에서 스로틀 레버를 밀면 rpm은 어떻게 되는가?

① rpm 감소
② rpm 증가
③ rpm이 증가하다가 감소한다.
④ rpm에는 변화가 없다.

해설 문제 17번 참조

30. 정속 프로펠러에서 조속기(governor) 플라이 웨이트(fly weight)가 스피더 스프링의 장력을 이기면 프로펠러는 어떤 상태에 있는가?

① 정속상태 ② 과속상태 ③ 저속상태 ④ 페더상태

해설 문제 27번 참조

31. 정속 프로펠러 조속기(governor)의 스피더 스프링의 장력을 완화시키면 프로펠러 피치와 rpm에는 어떤 변화가 있겠는가?

① 피치 감소, rpm 증가
② 피치 감소, rpm 감소
③ 피치 증가, rpm 증가
④ 피치 증가, rpm 감소

해설 스피더 스프링의 장력을 완화시키면 플라이 웨이트가 밖으로 벌어지게 되고 파일럿 밸브는 위로 올라와 프로펠러의 피치 조절은 실린더로부터 오일이 배출되어 고 피치가 된다. 고 피치가 되면 프로펠러의 회전저항이 커지기 때문에 회전속도가 증가하지 못하고 정속상태로 돌아온다.

32. 프로펠러 회전에 따른 기관의 고장 확대를 방지하기 위하여 사용되는 프로펠러는?

① 정속 프로펠러
② 역 피치 프로펠러
③ 완전 페더링 프로펠러
④ 2단 가변 피치 프로펠러

해설 완전 페더링 프로펠러(feathering propeller)

㉠ 비행 중 기관에 고장이 생겼을 때 정지된 프로펠러에 의한 공기 저항을 감소시키고 프로펠러가 풍차 회전에 의하여 기관을 강제로 회전시켜 줌에 따른 기관의 고장 확대를 방지하기 위해서 프로펠러 깃을 진행 방향과 평행이 되도록(거의 90도에 가깝게) 변경시키는 것을 말한다.
㉡ 프로펠러의 정속 기능에 페더링 기능을 가지게 한 것을 완전 페더링 프로펠러라 한다.
㉢ 페더링 방법에는 여러 가지가 있으나 신속한 작동을 위해 유압에서는 페더링 펌프를 사용하고 전기식에는 전압 상승장치를 이용한다.

정답 29. ④ 30. ② 31. ④ 32. ③

33. 프로펠러가 저 rpm 위치에서 feather 위치까지 변경될 때 바른 순서는?
① 고 피치가 직접 페더 위치까지
② 저 피치를 통하여 고 피치가 페더 위치까지
③ 저 피치가 직접 페더 위치까지
④ 고 피치를 통하여 저 피치가 페더 위치까지

해설 문제 32번 참조

34. 터보 프롭 엔진의 프로펠러에 ground fine pitch를 두는데 그 이유는 무엇인가?
① 시동 시 토크를 적게 하기 위해서
② high rpm 시 소비 마력을 적게 하기 위하여
③ 지상 시운전 시 엔진 냉각을 돕기 위하여
④ 항력을 감소시키고 원활한 회전을 위하여

해설 ground fine pitch
㉠ 시동 시 토크를 적게 하고 시동을 용이하도록 한다.
㉡ 기관의 동력 손실을 방지한다.
㉢ 착륙 시 블레이드의 전면 면적을 넓혀서 착륙거리를 단축시킨다.
㉣ 완속 운전 시 프로펠러에 토크가 적다.

35. 터보 프롭 엔진의 프로펠러에 ground fine pitch를 두는데 그 이유로 틀린 것은 다음 중 어느 것인가?
① 시동 시 토크를 적게 하기 위해서
② idle 운전 시 소비 마력을 적게 하기 위하여
③ 지상 시운전 시 엔진 냉각을 돕기 위하여
④ 착륙거리를 줄이기 위하여

해설 문제 34번 참조

정답 33. ① 34. ① 35. ③

Chapter 04

공유압

1. 유압 작동유(hydraulic fluid)의 특성은?
① 비압축성 ② 압축성 ③ 안전성 ④ 유동성

해설 작동유는 압력을 받더라도 부피가 변하지 않는 성질의 비압축성 유체이다.

2. 유압 작동유(hydraulic fluid)의 특성은?
① 온도 특성 ② 점도 특성 ③ 밀도 특성 ④ 체적 특성

해설 문제 1번 참조

3. 유압 작동유의 성질로 맞는 것은?
① 불연성 유체이면 무엇이라도 가능하다.
② 엔진 오일과 같은 것이 좋다.
③ 압축성이 크고 점성이 높은 것이 좋다.
④ 내식성이 크고 작동온도 범위가 크며 윤활성이 높은 것이 좋다.

해설 작동유의 성질
㉠ 윤활성이 우수할 것
㉡ 점도가 낮을 것
㉢ 화학적 안정성이 높을 것
㉣ 인화점이 높을 것
㉤ 발화점이 높을 것
㉥ 부식성이 낮을 것
㉦ 체적계수가 클 것
㉧ 거품성 기포가 잘 발생하지 않을 것
㉨ 독성이 없을 것
㉩ 열전도율이 좋을 것

4. 다음 수식 중 유체에 작용하는 압력을 나타낸 것은?
① 힘 × 단면적 ② 힘 ÷ 단면적 ③ 힘 × 부피 ④ 힘 × 행정길이

해설 압력은 작용하는 힘을 면적으로 나눈 것으로, 즉 단위 면적당 작용하는 힘을 말한다.

정답 1. ① 2. ④ 3. ④ 4. ②

5. 항공기에 사용하는 작동유 종류 중 혼합해서 사용할 수 있는 것은?
① 식물성유과 광물성유가 혼합 가능
② 광물성유와 합성유가 혼합 가능
③ 식물성유와 합성유가 혼합 가능
④ 식물성, 광물성, 합성유 모두 혼합 불가능

해설 작동유의 종류 : 작동유에는 식물성유, 광물성유, 합성유가 있다. 종류에 따라 색깔로 구분되어 있으며 성질과 성분에 따라 규격이 정해져 있다. 작동유는 각각의 구성 성분이 다르기 때문에 서로 섞어 사용할 수 없으며 실(seal)도 다른 종류의 작동유에 사용할 수 없다. 계통에 부적합한 종류의 작동유가 주입되면 즉시 배출시키고 계통을 세척해야 한다. 이 때 실(seal)은 제작자의 지시에 따라 교체하거나 계속 사용한다.

6. 다음 중 압력의 단위는?
① in-lbs ② lbs/in^2 ③ lbs/in^3 ④ lbs

해설 문제 4번 참조

7. 유압 작동유 중 인화점이 높고 내화성이 커 많은 항공기에 주로 사용하는 작동유는 무엇인가?
① 식물성유 ② 광물성유 ③ 동물성유 ④ 합성유

해설 작동유의 종류
㉠ 식물성유는 피마자 기름과 알코올의 혼합물로 구성되어 있으므로 알코올 냄새가 나고 색깔은 파란색이다. 구형 항공기에 사용되었던 것으로 부식성과 산화성이 크기 때문에 잘 사용하지 않는다. 이 작동유에는 천연 고무 실이 사용되므로 알코올로 세척이 가능하며 고온에서는 사용할 수 없다.
㉡ 광물성유는 원유로 제조되며 색깔은 붉은색이다. 광물성유의 사용온도 범위는 −54℃에서 71℃인데 인화점이 낮아 과열되면 화재의 위험이 있다. 현재 항공기의 유압계통에는 사용되지 않으나 착륙장치의 완충기나 소형 항공기의 브레이크 계통에 사용되고 있으며 합성 고무 실을 사용한다.
㉢ 합성유는 여러 종류가 있는데 그 중의 하나가 인산염과 에스테르의 혼합물로서 화학적으로 제조되며 색깔은 자주색이다. 인화점이 높아 내화성이 크므로 대부분의 항공기에 사용되고 사용 온도 범위는 −54℃에서 115℃이다. 합성유는 페인트나 고무 제품과 화학작용을 하여 그것을 손상시킬 수 있다. 또, 독성이 있기 때문에 눈에 들어가거나 피부에 접촉되지 않도록 주의해야 한다.

정답 5. ④ 6. ② 7. ④

8. 유체를 이용한 힘의 전달방식은 어떤 원리를 이용하는가?

① 아르키메데스의 법칙 ② 파스칼의 원리
③ 보일의 법칙 ④ 베르누이의 원리

해설 작동유의 압력 전달은 "밀폐된 용기에 채워져 있는 유체에 가해진 압력은 모든 방향으로 감소됨이 없이 동등하게 전달되고 용기의 벽에 직각으로 작용된다."는 파스칼의 원리에 따른다.

9. 지름이 2in인 도관을 통하여 압력이 8000psi로 전달된다. 단면적이 $10in^2$ 피스톤에 전달되는 압력은 얼마인가?

① 800 psi ② 4000 psi ③ 8000 psi ④ 160000 psi

해설 문제 8번 참조

10. 다음 동력부인 수동 펌프의 피스톤 면적이 작동부의 피스톤 면적이 $4cm^2$이고, 작동부의 플랩 작동부의 피스톤 면적이 $20cm^2$일 때 수동 펌프를 누르는 힘이 50kg이라면 플랩에 작용하는 힘은 얼마인가?

① 10 kg ② 250 kg ③ 100 kg ④ 500 kg

해설 파스칼의 원리에 의해 모든 넓이에 같은 압력이 작용하므로, 즉 압력이 같으므로 $\frac{F_1}{A_1} = \frac{F_2}{A_2}$에서 $F_2 = \frac{A_2}{A_1} \times F_1$이다. $F_1 = 50\,\mathrm{kg}$, $A_1 = 4\,\mathrm{cm}^2$, $A_2 = 20\,\mathrm{cm}^2$을 대입하면

$F_2 = \frac{20}{4} \times 50 = 250\,\mathrm{kg}$

11. 유압 작동유의 이상적인 성질은 무엇인가?

① 인화점이 높고, 화학적인 안정성, 저 점성, 고 인화점
② 인화점이 높고, 화학적인 안정성, 고 점성, 저 인화점
③ 인화점이 낮고, 화학적인 안정성, 저 점성, 저 인화점
④ 인화점이 낮고, 화학적인 안정성, 고 점성, 고 인화점

해설 문제 3번 참조

12. 현대 항공기의 유압계통에 사용되는 작동유는 다음 중 어느 것인가?

① 식물성유 ② 광물성유 ③ 동물성유 ④ 합성유

해설 문제 7번 참조

정답 8. ② 9. ③ 10. ② 11. ① 12. ④

13. 어떤 장비가 천연 고무 실을 사용 시 사용해야 할 작동유는 어느 것인가?
① 식물성유 ② 광물성유 ③ 동물성유 ④ 합성유

해설 문제 7번 참조

14. 유압 작동유 중 합성유의 색깔은?
① 자주색 ② 붉은색 ③ 파란색 ④ 녹색

해설 문제 7번 참조

15. 유압 작동유 중 광물성유의 색깔은?
① 자주색 ② 붉은색 ③ 파란색 ④ 녹색

해설 문제 7번 참조

16. 유압 호스의 저장 기한은 보통 몇 년인가?
① 2년 ② 3년 ③ 4년 ④ 5년

해설 호스(hose)의 저장 기한은 4년이고, 실(seal)의 저장 기한은 5년이다.

17. 가요성 호스(flexible hose)를 허용하는 유압계통에서는 대략 얼마 정도의 느슨함을 주는가?
① 5~8% ② 15~18% ③ 20~23% ④ 최고 30%

해설 호스 장착 시의 주의사항
㉠ 교환하고자 하는 부분과 같은 형태, 크기, 길이의 호스를 사용한다.
㉡ 호스의 직선 띠(linear stripe)를 바르게 장착한다. 비틀린 호스에 압력이 가해지면 결함이 발생하거나 너트가 풀린다.
㉢ 호스 길이의 5~8% 정도의 여유를 두고 장착하여야 한다. (압력이 가해지면 바깥지름이 커지고 호스가 수축하여 길이가 짧아지므로)
㉣ 호스가 길 때는 60 cm마다 클램프(clamp)하여 지지한다.

18. 유압 호스의 크기는 어떻게 표시하는가?
① 안지름 ② 바깥지름 ③ 벽의 두께 ④ 내구 압력

정답 13. ① 14. ① 15. ② 16. ③ 17. ① 18. ①

해설 호스의 크기는 안지름으로 표시하고, 튜브의 크기는 바깥지름 (분수)과 두께(소수)로 나타낸다.

19. 유압계통에서 레저버 (reservoir)를 가압하는 이유는 무엇인가?

① hydraulic pump 의 cavitation 방지
② pump 의 고장 시 계통압을 유지
③ 유압유에 거품이 생기는 것을 방지
④ return hydraulic fluid 의 surging 방지

해설 고공에서 생기는 거품의 발생을 방지하고 작동유가 펌프까지 확실하게 공급되도록 레저버 안을 엔진 압축기의 블리드 (bleed) 공기를 이용하여 가압한다.

20. 유압계통의 레저버 (reservoir)에 있는 스탠드 파이프 (stand pipe)의 목적으로 옳은 것은 어느 것인가?

① 유압 작동유에 혼합되어 있는 금속, 고무류를 분류한다.
② 유압 작동유 내의 공기를 분류하여 저장기에서 저장한다.
③ 유압 작동유 중의 수분을 분류한다.
④ 비상 시 저장기 내의 유압 작동유를 저장하여 둔다.

해설 정상 유압계통이 파손으로 인하여 작동유가 누설되어 정상 유압계통에 공급할 수 있는 작동유가 없더라도 비상 유압계통을 작동시킬 수 있도록 작동유를 저장하는 역할을 한다.

21. 유압계통에서 레저버 (reservoir) 내의 스탠드 파이프 (stand pipe)의 역할은?

① 벤트 (vent) 역할을 한다.
② 비상 시 작동유의 예비 공급 역할을 한다.
③ 탱크 내에 거품이 생기는 것을 방지한다.
④ 계통 내의 압력 유동을 감소시킨다.

해설 문제 20번 참조

22. 레저버 (reservoir) 안에 설치된 배플 (baffle)과 핀 (fin)의 역할은?

① 고공에서 거품이 생기는 것을 방지하고 작동유가 펌프까지 확실하게 공급되도록 레저버 안을 여압한다.
② 레저버 안의 작동유 양을 알 수 있도록 하는 표시이다.
③ 레저버 안에 있는 작동유가 서지 현상이나 거품이 생기는 것을 방지한다.
④ 비상 시 유압계통에 공급할 수 있는 작동유량을 저장하는 장치이다.

정답 19. ① 20. ④ 21. ② 22. ③

해설 레저버(reservoir)의 구조

㉠ 여압구는 레저버 위쪽에 위치하며 고공에서 생기는 거품의 발생을 방지하고 작동유가 펌프까지 확실하게 공급되도록 레저버 안을 여압시키는 압축공기의 연결구이다.
㉡ 여과기(filter)는 작동유를 보급할 때 불순물을 거르는 역할을 한다.
㉢ 사이트 게이지(sight gauge)는 레저버 안의 작동유 양을 확인할 수 있도록 설치되어 있다.
㉣ 배플(baffle)과 핀(fin)은 레저버(reservoir) 내에 있는 작동유가 심하게 흔들리거나 귀환되는 작동유에 의하여 소용돌이치는 불규칙한 진동으로 작동유에 거품이 발생하거나 펌프 안에 공기가 유입되는 것을 방지한다.

23. 레저버(reservoir) 내의 배플(baffle)의 역할은 무엇인가?

① 와동 방지와 surge 방지
② 액면을 일정하게 유지
③ 과도한 압력 배출
④ 응축되는 것을 방지

해설 문제 22번 참조

24. 유압 작동유 탱크에서 fluid의 유동을 방지하기 위한 것이 아닌 것은?

① 배플
② 핀
③ 여압구
④ 작동유 필터

해설 문제 22번 참조

25. 다음은 레저버(reservoir)에 대한 설명이다. 틀린 것은?

① 작동유를 공급하고 귀환하는 저장소인 동시에 공기 및 각종 불순물을 제거하는 장소이다.
② 계통 내에 열팽창에 의한 작동유의 증가량을 축적시키는 역할을 한다.
③ 레저버의 용량은 38℃에서 120%이거나 축압기를 포함한 계통에는 150% 이상이어야 한다.
④ 레저버 안의 배플과 핀은 작동유가 파도치듯이 움직이거나 소용돌이치는 등의 불규칙하게 동요되어 거품이 발생하는 것을 방지한다.

해설 레저버는 작동유를 펌프에 공급하고 계통으로부터 귀환되는 작동유를 저장하는 동시에 공기 및 각종 불순물을 제거하는 장소의 역할도 한다. 또, 계통 내에서 열팽창에 의한 작동유의 증가량을 축적시키는 역할도 한다. 레저버는 착륙장치, 플랩 및 그 밖의 모든 유압 작동장치를 작동시키는 구성 부품에서 유압계통으로 되돌아오는 모든 작동유를 저장할 수 있는 충분한 용량이어야 한다. 레저버의 용량은 온도가 38℃(100°F)에서 150% 이상이거나 축압기를 포함한 모든 계통이 필요로 하는 용량의 120% 이상이어야 한다.

정답 23. ① 24. ④ 25. ③

26. 레저버(reservoir)의 용량은 축압기가 없는 경우 모든 유압계통이 필요로 하는 용량의 몇 % 이상이어야 하는가?

① 38℃에서 125 %
② 38℃에서 150 %
③ 100℃에서 125 %
④ 100℃에서 150 %

해설 문제 25번 참조

27. main hydraulic system으로서는 착륙장치를 접어 올릴 수가 없었으나 hand pump를 사용함으로써 가능하였다. 그 이유는 무엇인가?

① sequence valve가 불량
② reservoir 유면이 낮기 때문
③ 압력 릴리프 밸브가 압력이 낮게 조절
④ 실린더의 압력 라인 누설

해설 main hydraulic system으로 착륙장치를 접어 올릴 수가 없고 hand pump를 사용해서 가능했다면 레저버 내에 정상 유압계통에 공급할 수 있는 충분한 양의 작동유가 없고 스탠드 파이프를 통해서 비상 시에 사용할 수 있는 hand pump에만 공급할 수 있는 양만 남아 있다.

28. 유압 펌프에 사용되는 대표적인 3가지 펌프는 무엇인가?

① 기어 펌프, 지로터 펌프, 베인 펌프
② 기어 펌프, 피스톤 펌프, 지로터 펌프
③ 피스톤 펌프, 베인 펌프, 지로터 펌프
④ 지로터 펌프, 피스톤 펌프, 진공 펌프

해설 유압 펌프의 종류

㉠ 기어형 펌프(gear pump) : 1500 psi 이내의 압력에서는 효율적이나 그 이상의 압력에서는 효율이 떨어지므로 1500 psi 이내로 제한하여 사용한다.
㉡ 지로터형 펌프(gerotor pump)
㉢ 베인형 펌프(vane pump)
㉣ 피스톤형 펌프(piston pump) : 3000 psi 이내의 고압이 필요한 유압계통에 사용한다.
※ 위 펌프 중 기어(gear), 지로터(gerotor), 피스톤(piston) 펌프가 많이 사용된다.

29. 유압계통에서 수동 펌프(hand pump)의 기능은 무엇인가?

① 릴리프 밸브(relief valve)에 이상이 있을 경우 계통을 높은 압력으로부터 보호한다.
② 갑작스런 계통 내의 압력 상승을 방지하고 비상 시 최소한의 작동 실린더를 제한된 횟수만큼 작동시킬 수 있는 작동유를 저장한다.
③ 유압계통에서 동력 펌프가 작동하지 않을 때 보조적인 기능을 한다.
④ 작동유의 압력을 일정하게 유지시키는 기능을 한다.

정답 26. ② 27. ② 28. ② 29. ③

해설 수동 펌프는 재래식 또는 현재 일부 항공기에서 동력 펌프가 고장났을 때 비상용으로 또는 유압계통을 지상에서 점검할 때 사용한다. 현재 일부 항공기에서는 작동유를 보급할 때 가압하여 공급하여야 하므로 수동 펌프가 사용되고 있다.

30. 유압계통에 사용하는 동력펌프 중 고압을 필요로 하는 계통에는 어떤 펌프가 사용되는가?

① 기어형(gear type)　② 베인형(vane type)
③ 지로터형(gerotor type)　④ 피스톤형(piston type)

해설 문제 28번 참조

31. 작동유의 배출량을 조절할 수 있는 펌프는 어느 것인가?

① 기어형 펌프　② 지로터형 펌프　③ 베인형 펌프　④ 피스톤형 펌프

해설 피스톤 펌프는 실린더 내부에서 피스톤의 왕복운동에 의해 펌프 작용을 하며 고속, 고압의 유압장치에 적합하다. 그러나 다른 펌프에 비하여 복잡하고 값이 비싸나 상당히 높은 압력에 견딜 수 있다. 피스톤 펌프에는 고정 체적형과 가변 체적형이 있고, 토출량의 변화 범위도 크며 효율이 좋으므로 널리 사용되고 있다.

32. 다음 유압 펌프 중 용량이 가장 큰 것은?

① 기어형(gear type)　② 피스톤형(piston type)
③ 원심형(centrifugal type)　④ 베인형(vane type)

해설 문제 31번 참조

33. 축압기(accumulator)의 역할이 아닌 것은?

① 윤활유의 저장통이다.　② 서지 현상을 방지한다.
③ 압력조절기의 개폐 빈도를 줄여준다.　④ 충격적인 압력을 흡수한다.

해설 축압기의 기능

㉠ 가압된 작동유를 저장하는 저장통으로서 여러 개의 유압 기기가 동시에 사용될 때 압력 펌프를 돕는다.
㉡ 동력 펌프가 고장났을 때는 저장되었던 작동유를 유압 기기에 공급한다.
㉢ 유압계통의 서지(surge) 현상을 방지한다.
㉣ 유압계통의 충격적인 압력을 흡수한다.
㉤ 압력 조정기의 개폐 빈도를 줄여 펌프나 압력 조정기의 마멸을 적게 한다.
㉥ 비상 시에 최소한의 작동 실린더를 제한된 횟수만큼 작동시킬 수 있는 작동유를 저장한다.

정답 30. ④　31. ④　32. ②　33. ①

34. 다음 중 축압기(accumulator)의 형식이 아닌 것은?

① 다이어프램(diaphragm)형
② 플로트(float)형
③ 피스톤(piston)형
④ 블래더(bladder)형

해설 축압기의 종류
㉠ 다이어프램(diaphragm)형 축압기는 계통의 압력이 1500 psi 이하인 항공기에 사용
㉡ 블래더(bladder)형 축압기는 3000 psi 이상의 계통에 사용
㉢ 피스톤(piston)형 축압기는 공간을 적게 차지하고 구조가 튼튼하기 때문에 오늘날의 항공기에 많이 사용

35. 다음 축압기(accumulator) 중에서 가장 많이 사용되는 것은?

① 다이어프램(diaphragm)형
② 플로트(float)형
③ 피스톤(piston)형
④ 블래더(bladder)형

해설 문제 34번 참조

36. 유압계통에서 shear shaft의 목적은 무엇인가?

① 유압 펌프에 프라이밍(priming)을 넣는 역할을 한다.
② 과부하(overload) 시 절단되어 유압 펌프를 보호한다.
③ 유압계통에 적당한 압력을 유지시킨다.
④ 진동 시 충격을 흡수하여 유압 펌프를 보호한다.

해설 전단축(shear shaft) : 장비에 결함이 생길 때 절단되어 장비를 보호하는 데 쓰이는 축으로 엔진 구동 펌프의 구동축으로 사용되는 데 펌프가 회전하지 않을 때 전단축이 절단되어 엔진을 보호시키고 펌프의 손상을 방지하여 준다.

37. 유압계통에서 축압기(accumulator)의 기능은 무엇인가?

① 릴리프 밸브(relief valve)에 이상이 있을 경우 계통을 높은 압력으로부터 보호한다.
② 갑작스런 계통 내의 압력 상승을 방지하고 비상 시 최소한의 작동 실린더를 제한된 횟수만큼 작동시킬 수 있는 작동유를 저장한다.
③ 유압계통에서 동력 펌프가 작동하지 않을 때 보조적인 기능을 한다.
④ 작동유의 압력을 일정하게 유지시키는 기능을 한다.

해설 문제 33번 참조

정답 34. ② 35. ③ 36. ② 37. ②

38. 축압기(accumulator)의 기능이 아닌 것은 어느 것인가?

① 유체 중의 공기를 제거하는 장소가 된다.
② 동력 펌프 고장 시 소정량의 압축유를 필요한 곳에 공급해 준다.
③ 공급 작동유 압력이 고르지 못할 때 댐퍼(damper) 역할을 한다.
④ 일종의 압력 탱크이다.

해설 문제 33번 참조

39. 축압기(accumulator)의 다이어프램(diaphragm)이 파열되면 다음 중 어떤 현상이 일어나겠는가?

① 무시할 정도이다.
② 유압계통의 작동이 완만해진다.
③ 유압계통의 압력이 정상일 때보다 낮아진다.
④ 유닛(unit)을 작동시킬 때 압력 파동이 일어난다.

40. 다음은 축압기(accumulator)에 대한 설명이다. 틀린 것은?

① 유압계통 내의 서지(surge) 현상을 방지한다.
② 유압계통의 충격적인 압력을 흡수해 주며 압력조절기의 개폐 빈도를 줄여준다.
③ 일종의 가압된 작동유의 저장통으로 여러 개의 유압 기기가 동시에 사용될 때 동력 펌프를 돕는다.
④ 축압기 내에는 압축성 공기로만 채워져 있다.

해설 펌프에서 작동부분까지의 거리가 먼 경우에는 작동부분에 가깝게 축압기를 설치하면 일시적으로 나타날 수 있는 국부적인 압력 감소를 막고 동작을 원활하게 할 수 있다. 축압기의 한쪽에는 압축성인 공기가 작용하고, 다른 한쪽에는 비압축성인 작동유가 작용한다.

41. 유압계통에서 축압기(accumulator)의 위치는 어디인가?

① 레저버(reservoir)와 유압 펌프(hydraulic pump) 중간
② 유압 펌프(hydraulic pump)와 작동기(actuator) 중간
③ 작동기(actuator)와 레저버(reservoir) 중간
④ 선택밸브(selector valve)와 작동기(actuator) 중간

해설 문제 40번 참조

정답 38. ① 39. ④ 40. ④ 41. ②

42. 다이어프램(diaphragm)형 축압기는 어느 정도의 공기압으로 축압기에 공기를 충전시키는가?

① 유압계통의 최대 압력의 1/3에 해당하는 압력으로 충전한다.
② 유압계통의 최대 압력의 1/2에 해당하는 압력으로 충전한다.
③ 유압계통의 최대 압력에 해당하는 압력으로 충전한다.
④ 유압계통의 최대 압력보다도 높은 압력으로 충전한다.

해설 다이어프램형 축압기는 유압계통의 최대 압력의 1/3에 해당되는 압력으로 압축공기(질소)를 충전하며 계통의 압력이 1500 psi 이하인 항공기에 사용한다.

43. 축압기(accumulator) 충전가스의 종류는 무엇인가?

① 질소 ② 아르곤 ③ 산소 ④ 수소

해설 문제 42번 참조

44. 유압계통의 축압기에 500psi로 공기가 충전되어 있다. 계통압력이 2500psi로 올라가면 축압기의 공기압력은 얼마로 되는가?

① 500 psi ② 2000 psi
③ 2500 psi ④ 3000 psi

해설 축압기는 한쪽에는 압축성인 공기가 들어있고, 다른 한쪽에는 비압축성인 작동유가 작용하는 데 가운데는 움직일 수 있는 막으로 나뉘어져 있다. 계통에 압력이 없는 상태에서 축압기에 공기를 충전하면 공기의 압력으로 막이 움직여 작동유를 계통으로 공급되게 함으로써 유압 기기가 작동되도록 한다. 계통의 압력이 충전된 공기의 압력보다 높을 때에는 작동유에 의하여 막이 움직여 공기가 압축되고 작동유가 저장되며 계통압력과 공기압력이 같아져서 평형을 이룬다.

45. 엔진 구동 펌프가 가동 중에 유압계통 압력은 정상이지만, 엔진의 정지 시 남아 있는 압력이 없다면 이는 다음 중의 무엇을 나타내는 것인가?

① 계통 릴리프 밸브가 너무 높게 조정되어 있다.
② 축압기에 공기압이 없다.
③ 압력 조절기가 너무 높게 조정되었다.
④ 계통 내부에 공기가 있다.

해설 문제 44번 참조

정답 42. ① 43. ① 44. ③ 45. ②

46. 축압기(accumulator)를 수리할 때 우선 해야 할 일은?

① 계통에서 작동유를 빼낸다. ② 축압기의 공기압력을 제거한다.
③ 축압기 다이어프램을 제거한다. ④ 브레이크를 분리한다.

해설 축압기에 공기를 보급할 때에는 계통에 압력이 없을 때 실시하며 축압기를 장탈하기 위해서는 먼저 계통의 압력을 제거한 후 공기를 빼낸다.

47. 축압기(accumulator)를 사용하는 유압계통 내에서 커다란 망치 같은 소리가 들리면?

① 공기가 들어갔다. ② 정상 작동이다.
③ 약한 preload ④ 강한 preload

48. 유압계통의 작동 실린더는?

① 유압의 운동에너지를 기계적인 에너지로 바꾼다.
② 유류 흐름을 직선운동으로 바꾼다.
③ 출력 펌프에 의하여 생긴 압력을 흡수한다.
④ 동요하는 유압을 보정한다.

해설 유압 작동기는 가압된 작동유를 받아 기계적인 운동으로 변환시키는 장치로서 운동형태에 따라 직선운동 작동기와 유압 모터를 사용한 회전운동 작동기로 구분한다.

49. 일반적인 유압계통의 선택 밸브(selector valve)는 어느 것인가?

① four way valve ② selective valve
③ three way valve ④ two way valve

해설 선택 밸브(selector valve)는 여러 개의 port를 가지고 있다. port의 수는 valve가 사용되는 데 있어 계통의 특별한 요구에 의하여 결정되는 데 4개의 port를 가진 선택 밸브(selector valve)가 공통적으로 많이 사용된다.

50. 다음 중 선택 밸브(selector valve)의 종류가 아닌 것은?

① 회전형 ② 피스톤형 ③ 포핏형 ④ 체크형

해설 선택 밸브에는 기계적으로 작동되는 밸브와 전기적으로 작동되는 밸브가 있다. 기계적으로 작동되는 밸브에는 회전형(rotary), 포핏형(poppet), 스풀형(spool), 피스톤형(piston)과 플런저형(plunger)이 있다.

정답 46. ② 47. ③ 48. ① 49. ① 50. ④

51. 계통 내의 압력을 일정하게 유지시켜 주는 장치는 무엇인가?

① 압력 펌프 ② 압력 조절기 ③ 축압기 ④ 유량 조절기

해설 압력 조절기(pressure regulator) : 일정 용량식 펌프를 사용하는 유압계통에 필요한 장치로서 불규칙한 배출압력을 규정 범위로 조절하고, 계통에서 압력이 요구되지 않을 때에는 펌프에 부하가 걸리지 않도록 한다.

52. 유압계통에서 압력 조절기(pressure regulator)의 기능은?

① 릴리프 밸브(relief valve)가 이상이 있는 경우 계통을 높은 압력으로부터 보호한다.
② 갑작스런 계통 내의 압력상승을 방지하고 비상시 최소한 작동실린더를 제한된 횟수만큼 작동시킬 수 있는 작동유를 저장한다.
③ 유압계통에서 동력 펌프가 작동되지 않을 때 보조적인 기능을 한다.
④ 작동유의 압력을 일정하게 유지시키는 기능을 한다.

해설 문제 51번 참조

53. 압력 조절기에서 kick-in 상태란 어떤 상태인가?

① 계통의 압력이 규정값보다 높을 때 바이패스 밸브가 열리고 체크 밸브가 닫히는 상태
② 계통의 압력이 규정값보다 낮을 때 바이패스 밸브가 닫히고 체크 밸브가 열리는 상태
③ 계통의 압력이 규정값보다 높을 때 바이패스 밸브가 닫히고 체크 밸브가 열리는 상태
④ 계통의 압력이 규정값보다 낮을 때 바이패스 밸브가 열리고 체크 밸브가 닫히는 상태

해설 압력 조절기의 kick-in, kick-out

㉠ kick-in : 계통의 압력이 규정값보다 낮을 때 계통으로 유압을 보내기 위하여 귀환관에 연결된 바이패스 밸브가 닫히고 체크밸브가 열려 있는 상태이다.
㉡ kick-out : 계통의 압력이 규정값보다 높을 때 펌프에서 배출되는 작동유를 계통으로 들어가지 않고 모두 레저버(reservoir)로 되돌려 보내기 위하여 귀환관에 연결된 바이패스 밸브가 열리고 체크 밸브가 닫히는 과정이다.

54. 압력 조절기에서 kick-out 상태란 어떤 상태인가?

① 계통의 압력이 규정값보다 높을 때 바이패스 밸브가 열리고 체크 밸브가 닫히는 상태
② 계통의 압력이 규정값보다 낮을 때 바이패스 밸브가 닫히고 체크 밸브가 열리는 상태
③ 계통의 압력이 규정값보다 높을 때 바이패스 밸브가 닫히고 체크 밸브가 열리는 상태
④ 계통의 압력이 규정값보다 낮을 때 바이패스 밸브가 열리고 체크 밸브가 닫히는 상태

해설 문제 53번 참조

정답 51. ② 52. ④ 53. ② 54. ①

55. thermal relief valve의 설명 중 맞는 것은?

① 온도 상승으로 인해 공기가 섞여 거품이 생긴 작동유를 출구쪽으로 빠지게 해 공기를 제거
② 계통의 압력보다 낮은 압력이 필요할 때 사용
③ 작동유의 열팽창으로 인한 계통의 초과 압력을 제거
④ 작동 실린더의 유로를 결정

해설 릴리프 밸브(relief valve) : 작동유에 의한 계통 내에 압력을 규정값 이하로 제한하는 데 사용되는 것으로서 과도한 압력으로 인하여 계통 내의 관이나 부품이 파손되는 것을 방지하는 장치이다. 종류에는 계통 릴리프 밸브와 온도 릴리프 밸브가 있다.

㉠ 계통 릴리프 밸브(system relief valve) : 압력 조절기의 고장 등으로 계통 내의 압력이 규정값 이상으로 되는 것을 방지하기 위한 밸브이며 동력 펌프를 가지고 있는 모든 유압 계통에서는 안전 장치로서 필수적이다. 릴리프 밸브는 입구가 계통과 연결되어 계통 내의 압력이 규정값 이상이 될 때에는 작동유의 압력이 스프링의 힘을 이기고 볼을 밀어 올려 작동유를 출구를 거쳐 레저버로 귀환시켜 압력을 감소시킨다. 압력 조절 나사는 스프링의 장력을 조절하여 설정 압력을 조절한다.

㉡ 온도 릴리프 밸브(thermal relief valve) : 온도 증가에 따른 유압계통의 압력 증가를 막는 역할을 한다. 작동유의 온도가 주변 온도의 영향으로 높아지면 작동유는 팽창하여 압력이 상승하기 때문에 계통에 손상을 초래하게 된다. 이것을 방지하기 위하여 온도 릴리프 밸브가 열려 증가된 압력을 낮추게 된다. 온도 릴리프 밸브는 계통 릴리프 밸브보다 높은 압력으로 작동하도록 되어 있다.

56. 다음 밸브 중 열팽창에 대한 안전장치로 사용되는 것은?

① regulator
② thermal relief valve
③ check valve
④ orifice check valve

해설 문제 55번 참조

57. 다음 릴리프 밸브(relief valve)에 대한 설명 중 틀린 것은?

① 시스템 릴리프 밸브(relief valve)와 온도 릴리프 밸브(thermal relief valve)가 있다.
② 시스템 릴리프 밸브(relief valve)는 압력 조절기 및 계통의 고장 등으로 계통 내의 압력이 규정값 이상으로 되는 것을 방지하는 장치이다.
③ 온도 릴리프 밸브(thermal relief valve)는 온도 증가에 따른 유압계통의 압력 증가를 막아주는 장치이다.
④ 릴리프 밸브(relief valve)의 압력이 규정값 이상이 되면 스프링의 힘에 의해 볼을 밀어 올려 작동유의 공급을 막는다.

해설 문제 55번 참조

정답 55. ③ 56. ② 57. ④

58. 유압계통에서 가장 높은 압력을 받는 밸브는 무엇인가?

① thermal relief valve
② relief valve
③ pressure regulator valve
④ main relief valve

해설 문제 55번 참조

59. 유압계통의 작동압력 중 가장 높은 것은?

① 릴리프 밸브의 열림 압력
② 압력 조절기의 열림 압력
③ 압력 조절기의 닫힘 압력
④ 축압기의 공기압

해설 문제 55번 참조

60. 브레이크를 작동할 때 일시적으로 작동유의 공급량을 증가시켜 신속하게 제동이 되도록 해주며 브레이크를 풀어줄 때도 작동유의 귀환을 도와주는 밸브는?

① priority valve
② purge valve
③ pressure reducing valve
④ debooster valve

해설 디부스터 밸브(debooster valve) : 브레이크의 작동을 신속하게 하기 위한 밸브로 브레이크를 작동시킬 때 일시적으로 작동유의 공급량을 증가시켜 신속히 제동되도록 하며, 브레이크를 풀 때도 작동유의 귀환이 신속하게 이루어지도록 한다.

61. 감압 밸브(pressure reducing valve)의 사용목적은?

① 계통 내의 안전 최대 한계 압력을 제한한다.
② 펌프의 고장으로 작동유의 공급이 부족할 때 유압 공급순서를 정한다.
③ 작동유 내의 공기를 제거하는 역할을 한다.
④ 낮은 압력으로 작동하는 계통에 압력을 낮추어 공급하는 역할을 한다.

해설 감압 밸브(pressure reducing valve) : 계통의 압력보다 낮은 압력이 필요한 일부 계통을 위하여 설치하는 것으로 일부 계통의 압력을 요구 수준까지 낮추고 이 계통 내에 갇힌 작동유의 열팽창에 의한 압력 증가를 막는다.

62. 항공기 작동유 내의 공기를 제거하는 밸브는 어느 것인가?

① priority valve
② pressure reducing valve
③ purge valve
④ debooster valve

정답 58. ① 59. ① 60. ④ 61. ④ 62. ③

해설 퍼지 밸브(purge valve) : 항공기 비행 자세의 흔들림이나 온도의 상승으로 인하여 펌프의 공급관과 출구쪽에 거품이 생긴 작동유를 레저버로 배출되게 하여 공기를 제거하는 밸브이다.

63. 브레이크 디부스터(debooster)의 역할은 무엇인가?

① 브레이크 작동기(brake actuator)의 압력을 높이기 위함이다.
② 파킹 브레이크(parking brake)를 사용할 경우에 동력 부스터(power booster)의 압력을 낮춘다.
③ 동력 부스터(power booster)의 압력을 낮추고 브레이크 공급량을 증가시키며 릴리스(release)를 돕는다.
④ lock-out cylinder의 일종으로 브레이크 파열 시 작동유 유출을 제한한다.

해설 문제 61번 참조

64. 유압계통에 작동유의 압력이 규정값 이하로 떨어지면 유로를 차단하는 것은 다음 중 어느 것인가?

① sequence valve ② selector valve
③ priority valve ④ pressure reducing valve

해설 프라이오리티 밸브(priority valve) : 작동유의 압력이 일정 압력 이하로 떨어지면 유로를 막아 작동기구의 중요도에 따라 우선 필요한 계통만을 작동시키는 기능을 가진 밸브이다.

65. 계통의 압력이 정상보다 낮아졌거나 펌프의 고장으로 축압기의 압력을 사용하여 필요한 계통에만 유압을 공급하고 다른 계통의 압력 공급관은 차단하는 밸브는?

① priority valve ② purge valve
③ pressure reducing valve ④ debooster valve

해설 문제 64번 참조

66. 계통 내의 작동유의 흐름을 한쪽 방향으로만 흐르게 하는 밸브는?

① 선택 밸브 ② 체크 밸브
③ 시퀀스 밸브 ④ 셔틀 밸브

해설 체크 밸브(check valve) : 한쪽 방향으로만 작동유의 흐름을 허용하고 반대 방향의 흐름은 제한하는 밸브이다.

정답 63. ③ 64. ③ 65. ① 66. ②

67. 유압계통에 쓰이는 체크 밸브(check valve)는 대개 어떤 용도로 쓰이는가?

① 레저버(reservoir)의 액면의 높이를 일정하게 유지하기 위해서
② 역류를 방지하고 작동유를 원하는 부분에만 흐르도록 하기 위해서
③ 브레이크 계통에 가압한 압력이 새는 것을 방지하려고
④ 계통 내에 동일한 압력이 걸리게 하기 위해서

해설 문제 66번 참조

68. 다음 중 체크 밸브(check valve)를 설치하는 이유는 무엇인가?

① 계통의 역류 방지 ② 흐름 조절
③ 압력 조절 ④ 비상 시의 흐름 차단

해설 문제 66번 참조

69. 오리피스 체크 밸브(orifice check valve)가 flap down line에 쓰이는 이유는?

① 압력을 높이고 플랩이 올라가는 속도를 높여준다.
② 플랩이 up 위치로 너무 빨리 움직이는 것을 방지한다.
③ 플랩이 down 위치로 천천히 움직이도록 한다.
④ 플랩이 빨리 내려지도록 하기 위해서이다.

해설 오리피스 체크 밸브(orifice check valve) : 오리피스와 체크 밸브의 기능을 합한 것인데 한 방향으로는 정상적으로 흐름을 허용하고, 다른 방향으로는 흐름을 제한하는 밸브로 플랩(flap)에 설치하여 up 시에 공기력에 의해 급격히 올라가는 것을 방지하기 위해 장착한다.

70. 한쪽 방향으로는 정상적으로 흐르도록 하고, 다른 방향으로는 제한하여 흐르도록 하는 밸브는 어느 것인가?

① 오리피스 체크 밸브(orifice check valve) ② 체크 밸브(check valve)
③ 유압관 분리 밸브(line disconnect valve) ④ 유압 퓨즈(hydraulic fuse)

해설 문제 69번 참조

71. 오리피스 체크 밸브의 기능과 목적은 같지만 밸브 흐름을 조절할 수 있는 밸브는?

① 미터링 체크 밸브 ② 체크 밸브
③ 셔틀 밸브 ④ 오리피스

정답 67. ② 68. ① 69. ② 70. ① 71. ①

해설 미터링 체크 밸브 (metering check valve) : 오리피스 체크 밸브 (orifice check valve) 와 기능 및 목적은 같지만 오리피스 체크 밸브는 유량을 조절할 수 없는 반면, 미터링 체크 밸브는 유량을 조절할 수 있다.

72. 2개 이상의 작동기를 정해진 순서에 따라 작동이 되도록 유압을 공급하기 위한 밸브는 어느 것인가 ?

① 선택 밸브 (selector valve)
② 체크 밸브 (check valve)
③ 순차 밸브 (sequence valve)
④ 셔틀 밸브 (shuttle valve)

해설 시퀀스 밸브 (sequence valve) : 2개 이상의 작동기를 정해진 순서에 따라 작동되도록 유압을 공급하기 위한 밸브로서 타이밍 밸브라고도 한다. 한 작동기의 작동이 끝난 다음에 다른 작동기가 작동되도록 한다.

73. 타이밍 밸브 (timing valve)라고도 하며 착륙장치나 도어 (door) 등과 같이 2개 이상의 작동기를 정해진 순서에 따라 작동되도록 유압을 공급하기 위한 밸브는 ?

① 선택 밸브 (selector valve)
② 체크 밸브 (check valve)
③ 셔틀 밸브 (shuttle valve)
④ 순차 밸브 (sequence valve)

해설 문제 72번 참조

74. 다음 중 어느 밸브가 적당한 순서로 다른 작동 다음에 일어나게끔 하기 위하여 유압계통에 사용되는가 ?

① 셔틀 밸브 (shuttle valve)
② 무부하 밸브 (unloading valve)
③ 체크 밸브 (check valve)
④ 순차 밸브 (sequence valve)

해설 문제 72번 참조

75. 정상 브레이크 계통을 비상 브레이크 계통으로 바꿔주는 밸브는 ?

① 바이패스 (bypass) 밸브
② 오리피스 (orifice) 밸브
③ 릴리프 (relief) 밸브
④ 셔틀 (shuttle) 밸브

해설 셔틀 밸브 (shuttle valve) : 정상 유압계통에 고장이 생겼을 때 비상계통을 사용할 수 있도록 하는 밸브이다.

정답 72. ③ 73. ④ 74. ④ 75. ④

76. **선택 밸브로부터 공급된 작동유가 2개 이상의 작동기의 작동을 동일하게 하기 위하여 각 작동기에 공급되거나 작동기로부터 귀환되는 작동유의 유량을 같게 하는 것은?**

① 흐름 평형기(flow equalizer)
② 흐름 조절기(flow regulator)
③ 유압관 분리 밸브(line disconnect valve)
④ 유압 퓨즈(hydraulic fuse)

해설 흐름 평형기(flow equalizer) : 2개의 작동기가 동일하게 움직이게 하기 위하여 작동기에 공급되거나 작동기로부터 귀환되는 작동유의 유량을 같게 하는 장치이다.

77. **유압계통의 일부분을 떼어내려고 할 때 예비적으로 해야 할 중요한 사항은?**

① 계통 내에 있는 모든 작동유를 빼낸다.
② 축압기의 압력을 낮춘다.
③ 모든 밸브를 닫는다.
④ 릴리프 밸브의 압력을 낮게 조절한다.

해설 유압계통의 일부분을 장탈할 때에는 가장 먼저 계통의 압력을 제거하고 축압기의 압력을 빼내야 한다.

78. **유압 작동유가 너무 과도하게 흐른다면 무엇이 흐름을 제한하는가?**

① 무부하 밸브(unloading valve)
② 유압 퓨즈(hydraulic fuse)
③ 체크 밸브(check valve)
④ 셔틀 밸브(shuttle valve)

해설 유압 퓨즈(hydraulic fuse) : 유압계통의 관이나 호스가 파손되거나 기기 내의 실(seal)에 손상이 생겼을 때 과도한 누설을 방지하기 위한 장치이다. 계통이 정상적일 때에는 작동유를 흐르게 하지만 누설로 인하여 규정보다 많은 작동유가 통과할 때(양단에 상당한 차압이 발생할 때)에는 퓨즈가 작동되어 흐름을 차단하므로 작동유의 과도한 손실을 막는다.

79. **유압 퓨즈(hydraulic fuse)를 장착하는 이유는 무엇인가?**

① 유량이 증가했을 때 리턴 쪽으로 돌리려고
② 출구쪽에 새는 것이 생기면 대량 유출을 방지하려고
③ 계통의 압력이 높아지면 릴리프(relief) 하려고
④ 작동유의 온도가 상승했을 때 녹아서 흐름을 저지하려고

해설 문제 78번 참조

정답 76. ① 77. ② 78. ② 79. ②

80. 유압계통에 장착된 유압 퓨즈(hydraulic fuse)의 작동을 옳게 설명한 것은?

① 퓨즈 양단에 상당한 차압이 생길 때까지 유체는 흐를 수 있다.
② 퓨즈 양단에 상당한 차압이 생겨야 유체는 흐를 수 있다.
③ 유압 작동유가 과열되었을 때 냉각기를 통하게 하는 역할을 한다.
④ 열팽창 밸브의 일종이다.

해설 문제 78번 참조

81. 유압 펌프나 브레이크와 같은 유압 기기를 장탈할 때 작동유가 외부로 유출되는 것을 최소화하기 위한 장치는?

① 흐름 평형기(flow equalizer)
② 흐름 조절기(flow regulator)
③ 유압관 분리 밸브(line disconnect valve)
④ 유압 퓨즈(hydraulic fuse)

해설 유압관 분리 밸브(quick disconnect valve) : 유압 펌프 및 브레이크 등과 같이 유압 기기를 장탈할 때 작동유가 외부로 유출되는 것을 최소화하기 위하여 유압 기기에 연결된 유압관에 장착한다.

82. 유압계통에 이용되는 유압관 분리 밸브(line disconnect valve)의 역할은?

① 유압계통이 사용되지 않을 때 작동유가 레저버(reservoir)로 배출되는 것을 방지한다.
② 유압 라인을 분리했을 때 작동유가 라인에서 배출되는 것을 방지한다.
③ 온도에 의한 팽창을 막는다.
④ 작동유가 한 방향으로만 흐르도록 한다.

해설 문제 81번 참조

83. 흐름 제어 밸브(flow control valve)라고도 하며 계통의 압력 변화에 관계없이 작동유의 흐름을 일정하게 유지시키는 장치는?

① 흐름 평형기(flow equalizer)
② 흐름 조절기(flow regulator)
③ 유압 퓨즈(hydraulic fuse)
④ 유압관 분리 밸브(line disconnect valve)

정답 80. ① 81. ③ 82. ② 83. ②

해설 흐름 조절기(flow regulator) : 흐름 제어 밸브라고도 하며, 계통의 압력 변화에 관계없이 작동유의 흐름을 일정하게 유지시키는 장치이다.

84. unit 작업을 할 때 작업하기 편한 unit는 다음 중 어느 것인가?

① hydraulic fuse unit
② thermal expansion valve unit
③ quick disconnect unit
④ multi disk unit

해설 문제 81번 참조

85. 엔진 작업 시 작동유 누설을 최소로 하기 위한 것은?

① 유압관 분리 밸브(quick disconnect valve)
② 순차 밸브(sequence valve)
③ 릴리프 밸브(relief valve)
④ 배플 체크 밸브(baffle check valve)

해설 문제 81번 참조

86. 유압계통에서 quick disconnect fitting을 많이 사용하는 곳은 어디인가?

① 유압 펌프(hydraulic pump)
② 축압기(accumulator)
③ 레저버(reservoir)
④ 방화벽(fire wall)

해설 문제 81번 참조

87. 1500psi 이상의 압력으로 작동하는 유압계통에 사용되는 back up ring의 목적은 다음 중 무엇인가?

① O-ring이 압출되는 것을 방지한다.
② 피스톤 축의 노출부분을 깨끗이 하고 윤활한다.
③ 계통 내부에 먼지가 들어가지 못하게 하고 피스톤 축이 긁히는 것을 방지한다.
④ 운동부와 정지 부품 사이의 밀폐 역할을 한다.

해설 1500 psi 이상의 압력을 받는 장치에서는 O-ring의 이탈을 방지하기 위해 back up ring이 사용된다. 작동 실린더와 같이 양측에서 압력을 받는 O-ring이 사용될 때는 2개의 back up ring을 사용해야 한다. O-ring이 한 방향에서만 압력을 받게 되는 때는 일반적으로 back up ring을 한 개만 사용하면 된다. 이러한 경우에는 back up ring은 압력을 받고 있는 O-ring의 반대편에 항상 위치시킨다.

정답 84. ③ 85. ① 86. ① 87. ①

88. O-ring의 설명 중 틀린 것은?

① 가스 누설을 방지한다.
② 장착되는 상태에서 압축되지 않으면 안된다.
③ 10% 작은 것을 사용한다.
④ O-ring의 구분을 위해서 컬러 코드가 있다.

해설 O-ring

㉠ O-ring 실은 작동유, 오일, 연료, 공기 등의 누설을 방지하기 위하여 항공기의 안전상 매우 중요한 역할을 하고 있다.
㉡ O-ring은 압축되지 않으면 누설의 원인이 된다. 보통 O-ring의 두께는 홈의 깊이보다 약 10% 정도 커지지 않으면 안된다. 그러나 너무 크면 마찰이 크게 되고 O-ring이 손상된다.
㉢ O-ring은 식별을 위해 컬러 코드가 붙어 있다. 그러나 컬러 코드는 제작사를 표시하는 점(dot)과 재질을 표시하는 스트라이프(stripe)를 혼동하여 잘못 보는 일이 있으므로 컬러 코드와 외관에 의해 선정하지 말고 부품번호에 의해 선정해야 한다.

89. 고압 유압관에 대한 설명 중 틀린 것은?

① 관의 dent의 허용값은 만곡 부분에서 처음 바깥지름의 75% 보다 작아져서는 안된다.
② 관의 dent의 허용값은 만곡 부분 이외의 기타부분에서 처음 바깥지름의 20% 이하는 허용된다.
③ 관의 손상깊이에서 두께의 10% 이상의 깊이인 긁힌 손상이나 파인 곳은 만곡부의 힐 위에 손상이 없으면 수공구로 갈아 수리할 수 있다.
④ 가요성 호스의 길이는 5~8%의 굴곡여유를 충분히 주어야 한다.

해설 금속 튜브의 검사 및 수리

㉠ 튜브의 긁힘, 찍힘이 두께의 10%가 넘을 때 교환한다.
㉡ 플레어 부분에 균열이나 변형이 발생하였을 때는 교환한다.
㉢ dent가 튜브 직경의 20% 보다 적고 휘어진 부분이 아니라면 수리가 가능하다.
㉣ 굽힘에 있어 미소한 평평해짐은 무시하나 만곡 부분에서 처음 바깥지름의 75% 보다 작아져서는 안 된다.

90. 고무 호스의 외부에 표시되지 않는 것은?

① 제작공장 ② 종류 식별 ③ 저장시간 ④ 제작년월일

해설 선과 문자로 이루어진 식별 표시는 호스에 인쇄되어 있다. 이 표시부호에는 호스 크기, 제조업자, 제조년월일과 압력 및 온도 한계 등이 표시되어 있다. 표시부호는 호스를 같은 규격으로 추천되는 대체 호스와 교환하는 데 유용하다.

정답 88. ③ 89. ③ 90. ③

91. 유연성이 있는 유압 호스에는 흰 선(stripe)이 그어져 있는데 그 이유는 무엇인가?
① 검증표(identification)이다.
② 호스를 설치할 때 뒤틀리지 않게 하려고
③ 설치할 때 호스의 길이를 정하기 위하여
④ 호스에 섬유질이 함유된 여부를 나타내기 위해서

해설 호스를 장착 시에는 직선 띠(line stripe)가 꼬이지 않게 바르게 장착한다. 비틀린 호스에 압력이 가해지면 결함이 발생하거나 너트가 풀린다.

92. 다음은 공기압 계통에 대한 설명이다. 틀린 것은?
① 공기압은 어느 정도 누설이 있더라도 압력에는 큰 영향을 주지 않는다.
② 공기압 계통은 유압계통보다 무겁고 계통이 복잡하다.
③ 대형 항공기에서 공기압은 착륙장치, 비상 작동장치, 비상 브레이크 장치 등에 이용된다.
④ 소형 항공기에서 공기압은 착륙장치나 플랩 작동장치 등을 작동시키는 데 사용한다.

해설 공기압 계통
(1) 특 성
㉠ 공기압 계통은 압력 전달 매체로서 공기를 사용하므로 비압축성 작동유와 달리 어느 정도 계통의 누설을 허용하더라도 압력 전달에는 큰 영향을 주지 않는다.
㉡ 공기압 계통은 무게가 가볍다.
㉢ 사용한 공기를 대기 중으로 배출시키므로 공기가 실린더로 되돌아오는 귀환관이 필요 없어 계통이 간단해질 수 있다.
(2) 사용처
㉠ 소형 항공기에서는 브레이크 장치나 플랩 작동장치 등을 작동시키는 데 사용한다.
㉡ 대형 항공기에서는 착륙장치의 비상 작동장치와 비상 브레이크 장치 및 화물실 도어의 작동 등에 사용된다.

93. 공기압 계통에서 공기 저장통 안에 있는 stack pipe의 기능은?
① 비상 시 최소한의 공기를 저장하기 위한 장치이다.
② 지상에서 항공기관이 작동하지 않을 때 계통에 공기를 공급하는 데 사용된다.
③ 공기 속에 포함된 수분이나 오일을 제거하기 위한 장치이다.
④ 저장통 속에 제거되지 않은 수분이나 윤활유가 계통으로 섞여 나오지 않도록 한다.

해설 공기 저장통 안에는 스택 파이프(stack pipe)가 설치되어 있어 제거되지 않은 수분이나 윤활유가 계통으로 섞여 나가지 않도록 한다.

정답 91. ② 92. ② 93. ④

94. 튜브의 긁힘이나 찍힘이 어느 정도 이내일 때는 사용이 가능한가?

① 관벽 두께의 15 %
② 안지름의 10 %
③ 관벽 두께의 10 %
④ 안지름의 15 %

해설 문제 89번 참조

95. 배관을 구부릴 때 바깥지름이 원래 관의 지름에 비해 다음 중 어느 것보다 적으면 안 되는가?

① 45 %
② 50 %
③ 75 %
④ 90 %

해설 문제 89번 참조

96. 튜브와 호스에 대한 설명 중 틀린 것은?

① 튜브의 바깥지름은 분수로 나타낸다.
② 호스는 안지름으로 나타낸다.
③ 진동이 많은 곳에는 튜브를 사용한다.
④ 움직이는 부분에 호스를 사용한다.

해설 튜브의 호칭 치수는 바깥지름(분수)×두께(소수)로 나타내고 상대운동을 하지 않는 두 지점 사이의 배관에 사용된다. 호스의 호칭 치수는 안지름으로 나타내며, 1 / 16인치 단위의 크기로 나타내고 운동부분이나 진동이 심한 부분에 사용한다.

97. 공기압 계통에 있는 셔틀 밸브(shuttle valve)의 기능은?

① 공기 저장통의 공기 압력을 규정 범위로 유지시키는 역할을 한다.
② 수분 제거기로 제거되지 않은 수분이나 오일 등을 화학적 탈수제로 완전히 제거시키는 장치이다.
③ 지상에서 항공기관이 작동하지 않을 때 계통에 공기를 공급하는 데 사용된다.
④ 유압계통이 고장으로 인해 공급이 되지 않을 때 공기압이 공급될 수 있도록 하는 밸브이다.

해설 셔틀 밸브는 유압계통이 고장 시 공기압을 사용할 수 있도록 마련되어 있다.

정답 94. ③ 95. ③ 96. ③ 97. ④

Chapter 05 각종 계통

1. **보조 동력장치를 시동할 때 사용하는 것은?**

① 유압 모터 ② 시동 전동기
③ 수동식 전동기 ④ 공기 터빈식 전동기

해설 보조 동력장치(auxiliary power unit) : 별도로 마련된 전기 시동기(electric starter)에 의해 시동이 되도록 되어 있고 연료는 항공기 연료 계통에서 공급받는다.

2. **보조 동력장치의 역할은 무엇인가?**

① electric power와 pneumatic power를 공급한다.
② electric power와 hydraulic power를 공급한다.
③ pneumatic power와 hydraulic power를 공급한다.
④ fuel과 pneumatic power를 공급한다.

해설 보조 동력장치(auxiliary power unit)의 역할 : 일반적으로 발전기(generator)로부터 전력을, 압축기(compressor)로부터 압축공기를 각각의 항공기 전기계통과 공압계통에 공급한다. 이들 동력에 의해 항공기 기내의 냉난방, 엔진의 시동 등 모든 장치 및 장치를 작동시키는 것이 가능하다.

3. **pneumatic system의 목적은 무엇인가?**

① 항공기의 비행 중 또는 지상에서 작동하는 동안 전원을 공급한다.
② 항공기의 비행 중 또는 지상에서 작동하는 동안 유압을 공급한다.
③ 항공기의 비행 중 또는 지상에서 작동하는 동안 온도와 압력이 조절된 압축공기를 제공한다.
④ 항공기의 비행 중 또는 지상에서 작동하는 동안 landing gear system을 작동하게 한다.

해설 공압 계통(pneumatic system) : 비행 중 또는 지상에서 온도와 압력이 조절된 압축공기를 제공하여 기내 냉방, 난방, 객실 여압, 날개 앞전 방빙, 엔진 나셀 방빙, 엔진 시동, 유압계통 레저버 가압, 물탱크 가압 등에 이용된다.

정답 1. ② 2. ① 3. ③

4. 공압, 유압계통에서 downstream이란 무엇을 말하는가?

① 어떤 밸브를 기준으로 배출 압력관 쪽 흐름
② 어떤 밸브를 기준으로 입구쪽 흐름
③ 어떤 밸브를 기준으로 하부로 흐르는 흐름
④ 밸브 내부의 흐름

해설 어떤 밸브를 중심으로 입구쪽 흐름을 upstream이라 하고, 출구쪽 흐름을 downstream이라 한다.

5. pneumatic system이 필요로 하는 압축공기의 일반적인 공급원이 아닌 것은?

① 터빈 엔진 블리드 공기
② 항공기 바깥 공기
③ 보조 동력장치의 블리드 공기
④ 지상 공기 압축기에 의한 공기

해설 압축공기의 공급원
㉠ 엔진 압축기 블리드 공기(bleed air)
㉡ 보조 동력장치(auxiliary power unit) 블리드 공기(bleed air)
㉢ 지상 공기 압축기에서 공급되는 공기

6. PRSOV (pressure regulator and shut off valve)의 기능이 아닌 것은?

① on / off control
② temperature control
③ pressure control
④ indication

해설 다기능 밸브의 기능
㉠ 개폐(open and close) 기능
㉡ 압력 조절(pressure regulating) 기능
㉢ 역류 방지 기능
㉣ 온도 조절(temperature control) 기능
㉤ 엔진 시동 시의 역류 방지 기능의 허용

7. bleed air로 engine과 engine 또는 engine과 control valve 사이를 서로 연결시켜주는 구성품은 무엇인가?

① pneumatic wires
② governer
③ hydraulic tube
④ pneumatic manifold

해설 engine과 pneumatic components 사이에는 pneumatic manifold로 연결되어 있다.

정답 4. ③ 5. ② 6. ④ 7. ④

8. 공압 계통의 덕트 온도 스위치(duct temperature switch)와 밸브(valve)의 위치가 일치했을 때 들어오는 등(light)은?

① agreement light ② disagreement light
③ intransit light ④ condition light

해설 밸브 위치(valve position)

㉠ condition light : 작동상태
㉡ intransit light : 스위치의 위치에 관계없이 밸브의 위치가 완전히 열리거나 닫히는 위치 이외에 있을 때
㉢ agreement light : 스위치의 위치와 밸브 위치와 일치했을 때
㉣ disagreement light : 스위치의 위치와 밸브의 위치가 일치하지 않을 때

9. 여압장치가 되어 있는 항공기의 설계 순항고도에서 객실고도는 대략 얼마인가?

① 해면 고도 ② 5000 ft ③ 8000 ft ④ 10000 ft

해설 객실 안의 기압에 해당되는 고도를 객실고도라 하며, 실제로 비행하는 고도를 비행고도라 하는 데 미연방항공국(FAA)의 규정에 의하면 고 고도를 비행하는 항공기는 객실 내의 압력을 8000 ft에 해당하는 기압으로 유지하도록 하고 있다.

10. 인간이 외부의 도움 없이 호흡하고 신체적 장애 없이 활동할 수 있는 고도는?

① 해면 고도로부터 10000 ft ② 해면 고도로부터 15000 ft
③ 해면 고도로부터 20000 ft ④ 해면 고도로부터 25000 ft

해설 인간이 외부의 도움 없이 호흡하고 신체적 장애를 받지 않으며 정상적인 활동을 할 수 있는 고도는 해면상으로부터 약 10000 ft이다.

11. 여압장치의 차압(differential pressure)은 다음의 어느 것 때문에 제한을 받는가?

① 기체의 강도 ② 객실 내의 산소 함유량
③ 가압장치의 능력 ④ 인체의 인내

해설 실제 비행하는 고도의 대기압과 객실 안의 기압이 서로 다른데 실제 비행하는 고도를 비행고도라 하고 객실 안의 기압에 해당되는 기압고도를 객실고도라 한다. 비행고도와 객실고도와의 차이로 인하여 기체 외부와 내부에는 다른 압력이 작용하는데 이 압력차를 차압(differential pressure)이라 하며 비행기 구조가 견딜 수 있는 차압은 설계할 때에 정해지게 된다.

정답 8. ① 9. ③ 10. ① 11. ①

12. 다음 중 객실고도(cabin altitude)란 무엇인가?
① 비행기가 실제로 비행하는 고도 ② 객실 안의 기압에 해당하는 고도
③ 해면상을 기준으로 측정한 고도 ④ 활주로를 기준으로 측정한 고도

해설 문제 11번 참조

13. 다음 중 어느 것과의 차압을 객실 차압이라 하는가?
① 항공기 내부 압력과 외부 대기 압력
② 객실 내부 압력과 해면 기압
③ 대기압과 8000 ft 에서의 압력
④ 해면 기압과 항공기 외부 대기 압력과의 차압

해설 문제 11번 참조

14. 제트 기관에서 객실 여압(cabin pressurization)에 사용되는 공기는?
① engine bleed air ② ram air
③ cowl flap 을 지난 공기 ④ manifold air

해설 객실 여압 공급원
㉠ 왕복기관은 터보 차저(turbo charger)나 슈퍼 차저(super charger)에 의해 압축된 공기로
㉡ 제트 기관은 엔진 압축기 블리드 공기(bleed air)로

15. 여압장치가 되어 있는 항공기에서 객실압력 조절은 어떻게 하는가?
① 객실에 밀어 넣는 공기의 압력을 조절하여서
② 객실공기의 배출량을 조절하여서
③ 객실공기의 온도를 조절하여서
④ 객실공기의 밀도를 조절하여서

해설 객실압력 조절은 아웃플로 밸브(outflow valve)를 통해 빠져나가는 공기의 양을 조절함으로써 가능하다.

16. 항공기가 이륙 후 정상적 여압 상승은 어떻게 되는가?
① 일정한 차압을 유지한다. ② 대기압과 같게 한다.
③ 객실 내부의 압력을 높인다. ④ 대기압보다 낮게 한다.

정답 12. ② 13. ① 14. ① 15. ② 16. ①

해설 여압 계통은 전 비행 구간 동안 항공기 내부 압력과 외부 대기 압력의 차, 즉 차압을 초과하지 않는 범위 내에서 압력을 유지한다. 상승 비행 동안 객실고도는 일정한 비율로 증가하며 순항 비행 동안은 가능한 한 낮은 객실고도로 유지하고, 하강 비행 동안은 일정한 비율로 감소하며 착륙할 때는 객실고도가 대기압과 같아지도록 조절한다.

17. 기내 여압을 일정하게 유지하기 위해서는?

① 기내로 들어오는 압력을 제한한다.
② 기내 밖으로 방출되는 압력을 조절한다.
③ 기내로 들어오는 온도를 제한한다.
④ 엔진 구동을 제한함으로써 압축공기량을 조절한다.

해설 문제 15번 참조

18. 아웃플로 밸브(outflow valve)의 목적은 무엇인가?

① 객실 내의 공기를 배출시켜 일정한 차압을 유지한다.
② 대기압보다 높은 객실의 압력을 대기로 방출한다.
③ 객실의 차압이 설정하고 있던 값에 도달하면 자동적으로 닫힌다.
④ 항공기의 실제 고도보다도 객실 고도 쪽이 높게 되는 것을 방지한다.

해설 아웃플로 밸브(outflow valve) : 동체의 여압되는 부분, 보통은 동체 하부실 내의 아래쪽에 장착되어 날개의 필릿(fillet)이나 동체 외피(skin)에 있는 적절한 구멍을 통해서 객실의 공기를 밖으로 배출시키는 밸브로 소형기에는 1개의 아웃플로 밸브를, 대형기에는 2개의 아웃플로 밸브를 사용하여 필요한 공기의 유출량을 얻기 위해 사용한다.

보통 지상에서 아웃플로 밸브는 착륙장치에 의해 작동되는 스위치에 의해 완전히 열리지만 비행 중에는 고도가 높아짐에 따라서 밸브는 기내 공기의 유출량을 제한하기 위해 서서히 닫혀간다. 객실 내 고도의 상승률 또는 하강률은 아웃플로 밸브의 개폐 속도로 결정된다.

19. 여압이 되고 있는 항공기의 객실고도 상승률이 너무 빠르다면 어떻게 해야 하는가?

① 객실 압축기의 회전수를 높인다.
② 아웃플로 밸브(outflow valve)를 빨리 닫는다.
③ 객실 압축기의 회전수를 낮춘다.
④ 아웃플로 밸브(outflow valve)를 천천히 닫는다.

해설 문제 18번 참조

정답 17. ② 18. ① 19. ②

20. 항공기의 내부 압력보다 외부 압력이 높을 때 열리는 밸브는?

① outflow valve ② cabin pressure relief valve
③ turbine bypass valve ④ negative pressure relief valve

해설 객실 압력 안전 밸브

㉠ 객실 압력 릴리프 밸브(cabin pressure relief valve) : 여압된 항공기에서 아웃플로 밸브에 고장이 생겼거나 다른 원인에 의하여 항공기 외부와 객실 내부의 차압이 규정값보다 클 때 기체의 팽창에 의한 파손을 방지하기 위하여 작동되어 객실 안의 공기를 외부로 배출시킴으로써 규정된 차압을 초과하지 못하도록 한다.

㉡ 부압 릴리프 밸브(negative pressure relief valve) : 항공기가 객실고도보다 더 낮은 고도로 하강할 때나 지상에서 객실 압력과 대기압을 일치시켜 줄 필요가 있을 때 열려서 대기의 공기가 객실 안으로 자유롭게 들어오도록 되어 있는 밸브이다.

㉢ 덤프 밸브(dump valve) : 조종석에서 작동시키는 데 조종석의 스위치를 램 공기 위치에 놓으면 솔레노이드 밸브(solenoid valve)가 열려서 객실공기를 대기로 배출시키도록 하기 때문에 언제든지 승무원의 의사에 따라 객실 안의 기압을 바깥 공기의 대기압과 같게 할 수 있다.

21. ACM에서 온도, 압력을 동시에 낮추는 것은?

① heat exchanger ② turbine bypass valve
③ expansion turbine ④ ram air inlet door

해설 항공기의 pneumatic manifold에서 flow control and shut off valve를 통하여 heat exchanger로 보내지는데 primary core에서 냉각된 공기는 ACM(air cycle machine)의 compressor를 거치면서 pressure가 증가한다. compressor에서 방출된 공기는 heat exchanger의 secondary core를 통과하면서 압축으로 인한 열은 상실된다. 공기는 ACM의 turbine을 통과하면서 팽창되고 온도는 떨어진다. 그러므로 터빈을 통과한 공기는 저온, 저압의 상태이다. 터빈을 지나 냉각된 공기는 수분을 포함하고 있으므로 수분 분리기(water separator)를 지나면서 수분이 제거되고 더운 공기와 혼합되어 객실 내부로 공급된다.

22. air-conditioning cooling system의 구성품인 것은?

① bleed air, heat exchanger, turbine
② ram air, bleed air, compressor
③ heat exchanger, temperature control valve
④ compressor, temperature valve, bleed air

정답 20. ④ 21. ③ 22. ①

해설 공기 순환 냉각방식은 터빈(turbine)과 열 교환기(heat exchanger) 및 공기 흐름량을 조절하는 여러 개의 밸브로 구성되어 있다.

23. 공기 순환 냉각방식(air cycle cooling system)에서 제일 마지막으로 냉각이 되는 곳은 어느 곳인가?

① 압축기 ② 열 교환기 ③ 팽창 터빈 ④ 온도 조절기

해설 문제 21번 참조

24. 대형기 air-conditioning system의 온도 조절은?

① 냉각시킨 공기에 더운 공기를 혼합시킨다.
② 공기 냉각 과정을 조절한다.
③ 공기 가열 과정을 조절한다.
④ 고공의 램 공기(ram air)와 더운 공기를 혼합시킨다.

해설 문제 21번 참조

25. 다음 중 증기 사이클(vapor cycle) 냉각계통에서 증발기를 떠난 시점의 냉각제는 어떤 상태가 되는가?

① 고압 액체 ② 저압 액체 ③ 저압 증기 ④ 고압 증기

해설 증발기(evaporator)로부터 흘러오는 압력이 낮은 기체상태의 냉매는 압축기로 들어와 압축되면서 높은 압력과 높은 온도상태로 바뀐다. 이 고온, 고압의 가스는 응축기(condenser) 안으로 흘러들어가는데 항공기 외부의 공기가 응축기를 통과하게 함으로써 열을 방출하게 하여 냉각시킨다. 즉, 응축기는 냉매의 온도를 떨어뜨리는 역할을 하는 장치이다.

고온, 고압이었던 가스는 응축기 통로를 통과하면서 점차 온도가 감소되어 응축기를 빠져나갈 때에는 액체상태로 바뀌어 건조 저장기(receiver)로 들어가게 된다. 건조 저장기는 냉매의 건조와 여과를 담당하는 일종의 저장 용기(reservoir) 역할을 하는데 위에는 유리로 된 점검 구멍이 있다.

만일 액체상태의 냉매에서 거품이 발생하고 있다면 이 때에는 냉매의 양을 보충해 주거나 재충전시켜야 한다. 건조 저장기를 떠난 고압의 액체 냉매는 팽창 밸브로 들어간다. 팽창 밸브에서 냉매는 압력이 떨어지면서 증발기로 들어가는 데 이곳에서 냉매는 외부의 열을 흡수하여 기체 상태로 바뀐다. 이 과정에서 블로어(blower)에 의해 외부의 따뜻한 공기를 증발기 주위를 통과시키게 되면 증발기 내 냉매는 공기의 열을 흡수하여 기체상태로 바뀌게 되고 반대로 외부 공기는 열을 빼앗겨 찬 공기가 된다. 이 차가워진 공기를 공기 조화 계통으로 공급하게 된다. 증발기를 지난 저압의 기체상태의 냉매는 압축기로 흘러들어가면서 한 사이클이 완료된다.

정답 23. ③ 24. ① 25. ③

26. 공기 조화방식 중에서 증기 사이클(vapor cycle)이란 어떤 것인가?
① 기계적인 냉각방식
② 소극적인 냉각 방식
③ 적극적인 냉각방식
④ 제트 엔진의 블리드 에어(bleed air) 이용방식

해설 냉각계통
㉠ 공기 순환 냉각방식(air cycle cooling) : 터빈(turbine)과 열 교환기(heat exchanger) 및 공기 흐름량을 조절하는 여러 개의 밸브로 구성되어 있는 기계적인 냉각방식
㉡ 증기 순환 냉각방식(vapor cycle cooling) : 프레온 가스를 냉매로 하는 적극적인 냉각방식

27. 증기 사이클(vapor cycle) 냉각계통에서 콘덴서를 떠난 시점의 냉각제 상태는?
① 저압 증기 ② 고압 증기 ③ 저압 액체 ④ 고압 액체

해설 문제 25번 참조

28. 증기 사이클(vapor cycle) 냉각계통 내부에 있는 콘덴서(condenser)의 기능은?
① 프레온 가스로부터 주위 공기로 열을 전달한다.
② 객실공기로부터 물을 제거하여 증발기의 결빙을 막는다.
③ 액체 프레온이 압축기에 흡입되기 전에 가스로 변형시켜 준다.
④ 객실공기로부터 액체 프레온으로 열을 전달한다.

해설 문제 25번 참조

29. vapor cycle 공기 냉각계통에서 freon이 충전되지 않을 때 이상 부분은 어디인가?
① evaporator ② condenser ③ receiver ④ expansion valve

해설 증기 사이클 냉각 계통에서 냉매가 충전이 되지 않을 때에는 팽창 밸브의 결함일 가능성이 가장 많다. 작은 입자의 먼지나 이물질에 의해서도 팽창 밸브에 있는 오리피스(orifice)에서의 냉매의 흐름이 정지되기 때문이다.

30. 일반적으로 착륙장치에 많이 사용되는 완충장치는?
① 탄성식 ② 공기식 ③ 유압식 ④ 올레오식

정답 26. ③ 27. ④ 28. ① 29. ④ 30. ④

해설 완충장치

㉠ 탄성식 완충장치는 완충효율이 50 %이다.

㉡ 공기 압축식 완충장치는 완충효율이 47 %이다.

㉢ 올레오식 완충장치는 완충효율이 75 % 이상이며, 대형 항공기에 많이 사용한다.

31. vapor cycle 계통 점검에서 사이트 게이지(sight gauge)로 공기방울이 계속 지나가는 것을 보았다. 이것은 무엇을 의미하는가?

① 프레온이 약간 과충전되었다. ② 프레온 충전이 너무 많이 되었다.
③ 용기 내에 습기가 모여 부식이 발생한다. ④ 프레온 충전이 낮다.

해설 냉각장치의 작동 중 점검 창에서 관찰해서 프레온 냉각액이 정상적으로 흐르고 있다면 프레온이 충분히 들어가고 있다고 생각해도 좋다. 만약 점검 창에서 거품이 보이면 장치에 냉각액을 보급할 필요가 있다.

32. vapor cycle cooling system에서 sight glass에 기포가 보이면?

① 질소 충전 부족 ② 프레온 충전 부족 ③ 프레온 과충전 ④ 질소 과충전

해설 문제 31번 참조

33. 대형 항공기에서 올레오식 완충장치의 완충효율은?

① 50 % ② 90 % ③ 47 % ④ 75 % 이상

해설 문제 30번 참조

34. 올레오 완충장치는 다음 어느 작용으로 충격을 흡수하는가?

① 오일의 압축에 의해서 충격을 흡수한다.
② 오일과 공기가 혼합할 때의 열에너지로 충격을 흡수한다.
③ 공기의 압축성과 작동유가 오리피스를 통해 이동함으로써 충격을 흡수한다.
④ 공기의 압축성과 오일의 점성에 의해서 충격을 흡수한다.

해설 올레오식 완충장치 : 대부분의 항공기에 사용되며 착륙할 때 실린더의 아래로부터 충격하중이 전달되어 피스톤이 실린더의 위로 움직이게 되면 작동유는 움직이는 미터링 핀에 의해서 형성되는 오리피스를 통하여 위 체임버로 밀려 들어가게 된다. 그러므로 오리피스에서 유체의 마찰에 의해 에너지가 흡수되고, 또 공기실의 부피를 감소시키게 하는 작동유는 공기를 압축시켜 충격 에너지를 흡수한다.

정답 31. ④ 32. ② 33. ④ 34. ③

35. 올레오식 완충장치에서 작동유 흐름을 느리게 하는 것은?

① metering pin ② check valve ③ torsion link ④ air valve

해설 문제 34번 참조

36. 착륙장치에서 완충 스트럿(shock strut)의 역할은 무엇인가?

① 공기의 압축성과 오리피스를 통한 오일의 마찰에 의해 충격을 흡수한다.
② 동체 구조재에 연결시키는 부분으로 착륙장치가 펼쳐지거나 접어 들여진다.
③ 착륙장치를 접어들일 때 스트럿의 행정을 제한하고 스트럿의 축을 중심으로 안쪽 실린더가 회전하지 못하게 한다.
④ 완충 스트럿이 항상 트럭에 대하여 수직이 되도록 하는 장치이다.

해설 문제 34번 참조

37. 완충 스트럿(shock strut)에 사용되는 작동유의 형식을 무엇으로 결정하는가?

① 항공기의 최대 전체 무게
② 미터링 핀에 사용된 금속의 형식
③ 스트럿에 사용된 실(seal)의 재질
④ 항공기가 올라갈 수 있는 고도

해설 완충 스트럿에는 작동유의 누설을 막기 위한 실(seal)이 사용되는 데 다른 종류의 작동유를 사용하게 되면 실(seal)이 손상되어 작동유의 누설이 발생한다.

38. 올레오 스트럿(oleo strut)의 적당한 팽창길이를 알아내는 일반적인 방법은 다음 중 어느 것인가?

① 스트럿의 노출된 부분의 길이를 측정한다.
② 스트럿의 액량을 측정한다.
③ 프로펠러의 팁 간격을 측정한다.
④ 지면과 날개의 끝 부분과의 간격을 측정한다.

해설 완충 버팀대의 팽창길이를 점검하기 위해서는 완충 버팀대 속의 작동유체의 압력을 측정하고 규정 압력에 해당되는 최대 및 최소 팽창길이를 표시해주는 완충 버팀대 팽창 도표를 이용하여 팽창길이가 규정 범위에 들어가는가 확인한다. 팽창길이가 규정값에 들지 않을 때에는 압축공기(질소)를 가감하여 맞춘다.

정답 35. ① 36. ① 37. ③ 38. ①

39. 올레오 스트럿(oleo strut)이 밑바닥에 가라앉았을 때 예상되는 원인은 어느 것인가?

① 공기압이 낮다. ② 공기압이 높기 때문이다.
③ 공기압이 충분하기 때문이다. ④ 작동유가 과도하기 때문이다.

해설 문제 38번 참조

40. 지상 활주 시 정상상태에 있다가 착륙 시 완충장치의 외부 실린더가 내부 실린더의 스커트를 쳤다. 이것은 어떤 상태를 나타내는가?

① 공기와 작동유가 섞였다. ② 피스톤이 마모되었다.
③ 스프링이 주저앉았다. ④ 작동유량이 적다.

해설 착륙할 때 실린더의 아래로부터 충격하중이 전달되어 내부 실린더가 외부 실린더의 위로 움직이게 되면 작동유는 움직이는 미터링 핀에 의해서 형성되는 오리피스를 통하여 위 체임버로 밀려 들어가게 된다. 그러므로 오리피스에서 유체의 마찰에 의해 에너지가 흡수되고, 또 공기실의 부피를 감소시키게 하는 작동유는 공기를 압축시켜 충격 에너지를 흡수하는데 작동유의 양이 적으면 내부 실린더의 하부 끝과 외부 실린더가 밀려서 부딪치는 상태가 된다.

41. 앞착륙장치에서 불안전한 공진현상을 방지하는 장치는 무엇인가?

① 시미 댐퍼(shimmy damper) ② 테일 스키드(tail skid)
③ 안티 스키드(anti skid) ④ 퓨즈 플러그(fuse plug)

해설 착륙장치 계통

㉠ 앞착륙장치 : 지상 활주 중 지면과 타이어 사이의 마찰에 의한 타이어 밑면의 가로축 방향의 변형과 바퀴의 선회축 둘레의 진동과의 합성된 진동이 좌우 방향으로 발생하는 데 이러한 진동을 시미(shimmy)라 하고 이와 같은 시미 현상을 감쇠, 방지하기 위한 장치를 시미 댐퍼(shimmy damper)라 한다.

㉡ 테일 스키드 : 전륜식 착륙장치를 장비한 항공기의 동체 꼬리 하부에 설치한 작은 스키드로 항공기 이륙 시 너무 높은 각도로 회전할 경우 충격을 흡수하며 구조부의 손상을 방지한다.

㉢ 안티 스키드 장치 : 항공기가 착륙, 접지하여 활주 중에 갑자기 브레이크를 밟으면 바퀴에 제동이 걸려 바퀴는 회전하지 않고 지면과 마찰을 일으키면서 타이어가 미끄러진다. 이 현상을 스키드라 하는데, 스키드가 일어나 각 바퀴마다 지상과의 마찰력이 다를 때 타이어는 부분적으로 닳아서 파열되며 타이어가 파열되지 않더라도 바퀴의 제동효율이 떨어진다. 이 스키드 현상을 방지하기 위한 장치가 안티 스키드 장치이다.

㉣ 퓨즈 플러그 : 바퀴에 보통 3~4개가 설치되어 있으며 브레이크를 과도하게 사용했을 때 타이어가 과열되어 타이어 내의 공기 압력 및 온도가 지나치게 높아지게 되면 퓨즈 플러그가 녹아 공기 압력을 빠져나가게 하여 타이어가 터지는 것을 방지해 준다.

정답 39. ① 40. ④ 41. ①

42. L/G shock strut의 fluid level이 낮을 때 보급하기 위해 수행하는 것은 다음 중 어느 것인가?

① L/G operation check ② towing
③ tire의 높이 점검 ④ bleeding

해설 착륙장치의 작동유량이 부족할 때에는 압축공기(질소)를 빼내고 작동유를 보급한 후 다시 압축공기(질소)를 보급한다.

43. 착륙장치에서 토션 링크(torsion link)를 부착하는 이유는?

① 착륙 시 충격을 흡수한다.
② 실린더의 피스톤을 회전시킨다.
③ 실린더의 피스톤이 회전하는 것을 방지한다.
④ 실린더의 위치 조절을 알맞게 한다.

해설 윗부분은 완충 버팀대(실린더)에 아랫부분은 올레오 피스톤과 축으로 연결되어 피스톤이 과도하게 빠지지 못하게 하고, 완충 스트럿(shock strut)을 중심으로 피스톤이 회전하지 못하게 하는 것을 토션 링크(torsion link) 또는 토크 링크(torque link)라 한다.

44. 앞착륙장치에 장착된 센터링 캠(centering cam)의 목적은?

① 이륙 후 착륙장치를 중립으로 맞춘다.
② 착륙 후 착륙장치를 중립으로 맞춘다.
③ 오염물질을 제거하는 데 사용한다.
④ steering 계통 고장 시 중립으로 맞춘다.

해설 앞착륙장치 내부에 설치된 센터링 캠은 착륙장치가 지면으로부터 떨어졌을 때 앞착륙장치(nose gear)를 중심으로 오게 해 올리고 내리고 할 때 landing gear wheel well과 부딪쳐 구조의 손상이나 착륙장치의 손상을 방지하기 위해 마련되어 있다.

45. 착륙장치에서 센터링 실린더(centering cylinder)가 급격히 작동되는 것을 방지하고 지상 활주 시 진동을 감쇠시키기 위한 장치는 무엇인가?

① 스누버(snubber) ② 제동 평형 로드(equalizer rod)
③ 항력 스트럿(drag strut) ④ 사이드 스트럿(side strut)

해설 착륙장치 구성품
㉠ 스누버(snubber) : 센터링 실린더(centering cylinder)가 급격히 작동되는 것을 방지하

정답 42. ④ 43. ③ 44. ① 45. ①

고 지상 활주 시 진동을 감쇠시키기 위해 마련되어 있다.

㉡ 제동 평형 로드(brake equalizer rod) : 제동 시에 트럭의 뒷바퀴를 지면으로 당겨주는 역할을 함으로써 트럭의 앞, 뒤 바퀴가 균일하게 항공기의 하중을 담당할 수 있게 해준다.

㉢ 항력 스트럿(drag strut) : 착륙장치의 전, 후 방향 하중을 담당한다.

㉣ 사이드 스트럿(side strut) : 착륙장치의 좌, 우 방향 하중을 담당한다.

46. 착륙활주 중 바퀴가 전진함에 따라 항공기의 무게가 앞바퀴에 많이 걸리는 것을 뒷바퀴로 옮겨 앞, 뒤 바퀴가 같은 무게를 받도록 하는 장치는?

① 스누버(snubber) ② 제동 평형 로드(equalizer rod)
③ 항력 스트럿(drag strut) ④ 사이드 스트럿(side strut)

해설 문제 45번 참조

47. landing gear를 down 위치로 작동하였더니 gear가 down & lock되었다. 그 때 light의 지시는?

① green light ② red light
③ amber light ④ white light

해설 착륙장치의 위치를 조종사에게 시각적으로 알려주기 위하여 조종실에 계기가 장착되어 있다.

㉠ landing gear up & lock 되면 조종석에는 아무 등도 들어오지 않는다.

㉡ landing gear 가 작동 중일 때는 붉은색 등(red light)이 들어온다.

㉢ landing gear down & lock 되면 초록색 등(green light)이 들어온다.

48. 다음 중 착륙장치가 올라가지도 내려가지도 않은 상태에서의 경고등의 색깔은?

① 노란색 ② 녹색
③ 빨간색 ④ 아무 불도 켜지지 않는다.

해설 문제 47번 참조

49. landing gear를 up 위치로 작동하였더니 gear가 up & lock되었다. 그 때 light의 지시는 어떻게 되는가?

① 노란색 ② 녹색
③ 빨간색 ④ 아무 불도 켜지지 않는다.

해설 문제 47번 참조

정답 46. ② 47. ① 48. ③ 49. ④

50. landing gear up, down시 사용되지 않는 것은?

① steering cylinder ② gear actuator
③ selector valve ④ sequence valve

해설 landing gear control lever를 작동시키면 케이블에 의해 selector valve가 작동되고 selector valve를 통해 sequence valve와 gear actuator에 유압이 공급된다.

51. 유압계통에서 도선(hydraulic line)에 대한 심한 누설이 발견되었다. 주 계통의 누설이라면 어떻게 되겠는가?

① landing gear를 내릴 수 있다.
② landing gear를 접을 수 있다.
③ landing gear를 내릴 수 없다.
④ landing gear를 내릴 수 있으나 완전히 내려져 lock 될 수는 없다.

해설 항공기에는 유압계통이 고장일 때 착륙장치를 내리기 위한 비상장치가 마련되어 있다. 비상장치가 작동하면 up lock이 풀리고 착륙장치는 자체의 무게에 의해 자유롭게 떨어지거나 펴진 후 번지 스프링(bungee spring)에 의해 down lock이 걸린다.

52. 브레이크 장치 중 대형 항공기에 가장 많이 사용하는 방식은 무엇인가?

① 싱글 디스크식 ② 멀티 디스크식 ③ 슈 브레이크식 ④ 팽창 튜브식

해설 브레이크의 분류

(1) 기능에 따른 분류
㉠ 정상 브레이크 : 평상시 사용
㉡ 파킹 브레이크 : 비행기를 장시간 계류시킬 때 사용
㉢ 비상 및 보조 브레이크 : 주 브레이크가 고장났을 때 사용하는 것으로 주 브레이크와 별도로 마련되었다.

(2) 작동과 구조형식에 따른 분류
㉠ 팽창 튜브식 : 소형 항공기에 사용
㉡ 싱글 디스크식(단원판식) : 소형 항공기에 사용
㉢ 멀티플 디스크식(다원판형) : 대형 항공기에 사용
㉣ 시그먼트 로터식 : 대형 항공기에 사용

53. 스펀지(sponge) 브레이크는 주로 무엇의 결과인가?

① 계통 내에 공기가 들어갔다. ② 브레이크의 작동유가 샌다.
③ 브레이크의 내부 고장이다. ④ 브레이크의 외부 고장이다.

정답 50. ① 51. ① 52. ② 53. ①

해설 스펀지(sponge) 현상 : 브레이크 장치 계통에 공기가 작동유가 섞여 있을 때 공기의 압축성 효과로 인하여 브레이크 장치가 작동할 때 푹신푹신하여 제동이 제대로 되지 않는 현상이다. 스펀지 현상이 발생하면 계통에서 공기 빼기(air bleeding)를 해주어야 한다. 공기 빼기는 브레이크 계통에서 작동유를 빼면서 섞여 있는 공기를 제거하는 것으로 공기가 다 빠지게 되면 더 이상 기포가 발생하지 않는다. 공기 빼기를 하고 나면 페달을 밟았을 때 뻣뻣함을 느낀다.

54. 브레이크 계통의 종류가 아닌 것은?

① 동력 부스터식 브레이크 계통
② 독립식 브레이크 계통
③ 독립 2중 기어 펌프식 브레이크 계통
④ 동력 브레이크 제어 계통

해설 브레이크 계통의 종류

㉠ 독립식 브레이크 계통(independent brake system) : 소형 항공기에 주로 사용되며 항공기 유압계통과는 별도로 브레이크 계통 자체에 레저버(reservoir)를 가진다.
㉡ 동력 부스터 브레이크 계통(power booster brake system) : 독립식 브레이크 계통을 사용하기에는 항공기의 착륙속도가 빠르고 비행기가 커서 무거우며 동력 브레이크 계통을 사용하기에는 항공기의 속도가 느리고 무게가 가벼운 항공기에 사용된다.
㉢ 동력 브레이크 제어 계통(power brake control system) : 브레이크를 작동시키는 데 많은 양의 작동유가 요구되는 대형 항공기에 사용된다.

55. 브레이크 페달에 스펀지(sponge) 현상이 나타난다면?

① 계통에 공기가 있다.
② 계통에 물이 있다.
③ 브레이크 라이닝이 마모되었다.
④ 페달 장력이 작아졌다.

해설 문제 53번 참조

56. 브레이크 계통의 스펀지(sponge) 현상을 없애려면 어떻게 하는가?

① 브레이크 슈를 교환한다.
② 브레이크 슈를 알코올로 닦는다.
③ 계통에서 공기를 뺀다.
④ 유압을 높인다.

해설 문제 53번 참조

57. 스펀지 현상이 일어나는 이유는?

① 계통 내에 유출이 있을 때
② 계통 내에 공기가 있을 때
③ 계통 내에 압력이 높을 때
④ 계통 내에 압력이 낮을 때

해설 문제 53번 참조

정답 54. ③ 55. ① 56. ③ 57. ②

58. **브레이크 리턴 스프링이 끊어지면 어떤 현상이 일어나는가?**

① 브레이크가 끌린다. ② 페달이 안 밟힌다.
③ 작동이 느려진다. ④ 브레이크의 움직임이 과도하게 된다.

해설 브레이크 압력이 풀리면 리턴 스프링에 의해 회전판과 고정판 사이에 간격을 만들어 제동상태가 풀어지도록 되어 있는데 리턴 스프링이 끊어지면 간격이 없으므로 제동상태가 유지되어 브레이크가 끌리는 현상이 발생한다.

59. **브레이크 페달을 밟았다 놓으면 브레이크 슈가 드럼에서 떨어진다. 어떤 것이 그 역할을 하는가?**

① 마스터 실린더에 연결된 귀환 스프링 ② 바퀴회전의 기계적인 작동
③ 피스톤 작동 실린더 ④ 슈에 연결된 귀환 스프링

해설 브레이크 페달을 밟으면 슈와 드럼이 접촉되어 마찰로 인하여 제동이 일어나다가 페달을 놓으면 슈에 연결된 리턴 스프링(return spring)에 의해서 드럼으로부터 떨어진다.

60. **항공기가 착륙 후에 지상 활주를 할 때 바퀴의 빠른 회전에 대하여 무리한 제동을 가하면 바퀴가 회전을 멈추기 때문에 지면에 대하여 미끄럼이 생겨 타이어가 심하게 손상되는 것을 방지하는 장치는?**

① 시미 댐퍼(shimmy damper) ② 퓨즈 플러그(fuse plug)
③ 안티 스키드(antiskid) ④ 테일 스키드(tail skid)

해설 안티 스키드 장치 : 항공기가 착륙, 접지하여 활주 중에 갑자기 브레이크를 밟으면 바퀴에 제동이 걸려 바퀴는 회전하지 않고 지면과 마찰을 일으키면서 타이어가 미끄러진다. 이 현상을 스키드라 하는데 스키드가 일어나 각 바퀴마다 지상과의 마찰력이 다를 때 타이어는 부분적으로 닳아서 파열되며 타이어가 파열되지 않더라도 바퀴의 제동효율이 떨어진다. 이 스키드 현상을 방지하기 위한 장치가 안티 스키드 장치이다.

안티 스키드 감지장치의 회전속도와 바퀴의 회전속도의 차이를 감지하여 안티 스키드 제어 밸브로 하여금 브레이크 계통으로 들어가는 작동유의 압력을 감소시킴으로써 제동력의 감소로 인하여 스키드를 방지한다.

61. **타이어의 퓨즈 플러그(fuse plug)의 장착목적은 무엇인가?**

① 튜브(tube)의 마찰에 의한 터짐을 방지한다.
② 타이어의 over pressure를 방지한다.
③ 타이어의 나일론 코드(nylon cord)가 녹는 것을 방지한다.
④ 타이어의 내구성을 증대시킨다.

정답 58. ① 59. ④ 60. ③ 61. ②

해설 퓨즈 플러그 : 바퀴에 보통 3~4개가 설치되어 있으며 브레이크를 과도하게 사용했을 때 타이어가 과열되어 타이어 내의 공기 압력 및 온도가 지나치게 높아지게 되면 퓨즈 플러그가 녹아 공기압력을 빠져나가게 하여 타이어가 터지는 것을 방지해 준다.

62. 다음 중 안티 스키드(anti-skid) 계통의 목적으로 맞는 것은 어느 것인가?

① 제동장치의 과열 방지
② 제동효율의 극대화
③ 비행속도의 조정
④ 항공기의 방향 조정

해설 문제 60번 참조

63. 안티 스키드 장치를 옳게 설명한 것은?

① 지상 활주 중 앞바퀴에 발생하는 불안정한 공진현상을 줄이는 장치이다.
② 바퀴의 마찰력을 균등하게 조절해주는 장치이다.
③ 브레이크 작동유의 유압차를 감지해서 작동한다.
④ 앞바퀴에 부착되어 있다.

해설 문제 60번 참조

64. 브레이크 계통에서 skid detector가 solenoid로 작동하는 밸브에 signal을 주면 어떤 현상이 일어나는가?

① 브레이크에 유압이 전해진다.
② 조종사에게 skid 되는 것을 알려준다.
③ 브레이크로부터 유압을 빼준다.
④ 브레이크가 정상 작동하게 하여 준다.

해설 안티 스키드 감지장치의 회전속도와 바퀴의 회전속도의 차이를 감지하여 안티 스키드 제어 밸브로 하여금 브레이크 계통으로 들어가는 작동유의 압력을 감소시킴으로써 제동력의 감소로 인하여 스키드를 방지한다.

65. 브레이크(brake) 계통에서 안티 스키드(anti-skid)의 목적은 무엇인가?

① wheel이 미끄러지는 것을 방지한다.
② tire의 충격을 흡수하여 wheel 을 보호한다.
③ 항공기가 이륙한 후 tire 가 계속 회전하는 것을 방지한다.
④ brake 가 과열되면 tire에 전달되어 터지게 되는 것을 방지한다.

해설 문제 60번 참조

정답 62. ② 63. ② 64. ③ 65. ①

66. 타이어에 작동유가 흘렀을 때 이를 제거하려 한다. 가장 좋은 방법은?
① 알코올 ② 솔벤트 ③ 휘발유 ④ 비눗물

해설 타이어는 오일, 연료, 유압 작동유 또는 솔벤트 종류와 접촉하지 않게 주의해야 한다. 왜냐하면 이러한 것들은 화학적으로 고무를 손상시키며 타이어 수명을 단축시키기 때문이다. 그러므로 비눗물을 이용하여 세척한다.

67. 고압 산소계통에서 정상 압력은 얼마인가?
① 2000 psi ② 1500 psi ③ 1850 psi ④ 2500 psi

해설 고압 산소 실린더는 파열되지 않도록 강한 재질로 만드는데 고강도이며 열처리된 합금강 실린더나 용기 표면을 강선으로 감은 금속 실린더 및 표면을 케블라로 감은 알루미늄 실린더 등이 있다. 모든 고압 실린더는 녹색으로 표시하며 이들 실린더는 최고 2000 psi 까지 충진할 수 있으나 보통 70°F에서 1800~1850 psi 의 압력까지 채운다.

68. 산소계통 작업 시 주의사항으로 틀린 것은?
① 수동조작 밸브는 천천히 열 것
② 반드시 장갑을 착용할 것
③ 개구 분리된 선은 반드시 마개로 막을 것
④ 순수 산소는 먼지나 그리스 등에 닿으면 화재발생 위험이 있으므로 주의할 것

해설 산소계통 작업 시 주의사항
㉠ 오일이나 그리스를 산소와 접촉하지 말 것. 다른 어떤 아주 적은 양의 인화물질이라 할 지라도 폭발할 우려가 있다. 특히 오일, 연료 등
㉡ 유기 물질을 멀리할 것
㉢ 손이나 공구에 묻은 오일이나 그리스를 깨끗이 닦을 것
㉣ shut off valve 는 천천히 열 것
㉤ 산소계통 근처에서 어떤 것을 작동시키기 전에 shut off valve 를 닫을 것
㉥ 불꽃, 고온 물질을 멀리할 것
㉦ 모든 산소계통 부품을 교환 시는 관을 깨끗이 할 것

69. 다음 중 방빙 및 제빙 장치의 종류가 아닌 것은?
① 전열식 ② 가열 공기식 ③ 제빙 부츠식 ④ 윈드실드 와이퍼식

해설 방빙 및 제빙 계통
㉠ 고온공기를 이용한 가열방식 ㉡ 전기적 열에 의한 가열방법
㉢ 제빙 부츠식 ㉣ 알코올 분출식

정답 66. ④ 67. ③ 68. ② 69. ④

70. 프로펠러의 de-icing system에서 전원을 engine에서 프로펠러의 hub에 전달하는 방법은 어느 것인가?

① slip ring의 segment에 의해서
② slip ring과 brush에 의해서
③ correct ring과 transducer에 의해서
④ slip ring에 의해서

해설 프로펠러의 방빙 및 제빙

㉠ 화학적 방법으로는 이소프로필 알코올과 에틸렌글리콜과 알코올을 섞은 용액을 사용하며 프로펠러의 회전부분에는 슬리거 링(sling ring)을 장착하고 각 블레이드 앞전에는 홈이 있는 슈(shoe)를 붙이고 방빙액이 이것을 따라 흘러 방빙된다.

㉡ 전기적인 방법으로 블레이드 앞전 부분에 전열선을 붙이고 슬립 링(slip ring)과 브러시(brush)를 통하여 블레이드에 전력을 공급하면 블레이드에서 박리된 얼음은 원심력으로 분산된다.

71. 방빙 및 제빙에 알코올을 사용하는 이유는 무엇인가?

① 얼음과 혼합되지 않으므로
② 휘발성이 낮으므로
③ 독성이 강하므로
④ 빙점이 낮으므로

해설 물보다 알코올의 빙점이 낮으므로 결빙을 방지할 수 있어 사용된다.

72. 항공기에 장착되어 있는 공기식 제빙 부츠는 언제 작동하는가?

① 얼음이 형성되었다고 생각될 때
② 이륙 전
③ 계속적으로
④ 얼음이 얼기 시작하기 전

해설 제빙 부츠식은 날개 앞전에 장착된 부츠를 압축공기를 이용해 팽창 및 수축시켜 형성되어진 얼음을 제거하는 방법이다.

73. 제빙(de-icing) 계통에서 distributor의 역할은 무엇인가?

① system 에서 오일을 제거한다.
② 계속적으로 de-icing 을 조절한다.
③ system 내의 온도를 조절한다.
④ system의 압력을 유지한다.

해설 엔진 압축기에 의해 공급된 압축공기가 압력 조절기에 의하여 작동압력까지 감압되어 분배 밸브에 공급되면 분배 밸브에 의해서 압축공기가 부츠의 공기방에 공급되어 부츠는 팽창되고 분배 밸브에 의하여 잠시동안 압력관이 닫혀 있다가 공기 배출관에 연결된 진공관 쪽에 연결되면 부츠는 수축된다. 부츠 안에 흐르는 공기의 압력이 규정치 이하로 되면 다시 분배 밸브의 압력관에 연결된다.

정답 70. ② 71. ④ 72. ① 73. ②

74. 터보 제트 항공기의 날개 앞전의 빙결은 무엇으로 방지하는가?
① 엔진 압축기부의 더운 블리드 공기
② 각 날개에 위치한 연소 히터의 더운 공기
③ 전연부의 합성고무 부츠를 전기적 열로
④ 전연부에 공기로 작동되는 팽창 부츠

해설 대부분의 터보 제트 항공기는 날개 앞전의 내부에 설치된 덕트를 통하여 엔진 압축기에서 일부의 더운 공기를 뽑아서 공급함으로써 날개 앞전 부분을 가열하는 방법을 이용하고 있다.

75. 제우 계통의 종류에 들지 않는 것은?
① 유압식 와이퍼 계통 ② 제트 블라스트 계통
③ 방우제 계통 ④ 전열식 계통

해설 제우(rain removal) 계통
㉠ 전기식 와이퍼 계통 및 유압식 와이퍼 계통
㉡ 제트 블라스트(jet blast) 제우 계통
㉢ 방우제(rain repellent)

76. 다음 중 방우제(rain repellent) 계통에 관한 설명으로 틀린 것은 무엇인가?
① 심한 우천 시 와이퍼와 병용하면 효과가 좋다.
② 표면 장력이 작은 화학 액체를 분사하여 피막을 만든다.
③ 강수량이 적을 때 사용하면 매우 효과적이다.
④ 방우제 고착 시 가능한 한 빨리 중성 세제로 세척해야 한다.

해설 방우제(rain repellent) : 방우제는 비가 오는 동안 윈드실드가 더욱 선명해질 수 있도록 와이퍼 작동과 함께 사용한다. 방우제는 표면 장력이 작은 액체로서 윈드실드 위에 분사하면 피막을 형성하여 빗방울을 아주 작고 둥글게 만들어 윈드실드에 붙지 않고 대기 중으로 빨리 흩어져 날릴 수 있게 한다. 건조한 윈드실드에 사용하면 방우제가 고착되기 때문에 오히려 시야를 방해하므로 강우량이 적을 때 사용해서는 안된다. 또, 방우제가 고착되면 제거하기가 어렵기 때문에 빨리 중성 세제로 닦아내야 한다.

77. 화재 경고장치에서 탐지장치의 수감부로 사용되지 않는 것은?
① 열전쌍(thermocouple) ② 열 스위치(thermal sw)
③ 와전류(eddy current) ④ 광전지(photo cell)

정답 74. ① 75. ④ 76. ③ 77. ③

해설 화재 경고장치

㉠ 열전쌍(thermocouple)식 화재 경고장치
㉡ 열 스위치(thermal switch)식 화재 경고장치
㉢ 저항 루프 (resistance loop)식 화재 경고장치
㉣ 광전지(photo cell)식 화재 경고장치

78. 다음 제우 계통에서 고온, 고압의 공기를 분사하여 빗방울을 불어내는 제우 계통은?

① 유압식 와이퍼 계통
② 제트 블라스트 계통
③ 방우제 계통
④ 전기식 와이퍼 계통

해설 제트 블라스트 (jet blast) 제우 계통 : 제트 기관의 압축공기나 기관 시동용 압축기의 블리드 공기(bleed air)를 이용하여 고온, 고압의 공기를 윈드실드 앞쪽에서 분사하여 빗방울이 윈드실드의 표면에 붙기 전에 날려 버린다.

79. 휴대용 소화기에서 전기 화재에 적합한 것은?

① 물 소화기
② 이산화탄소 소화기
③ 프레온 소화기
④ 분말 소화기

해설 휴대용 소화기의 종류

㉠ 물 소화기 : A급 화재
㉡ 이산화탄소 소화기 : 조종실이나 객실에 설치되어 있으며 A, B, C급 화재에 사용된다.
㉢ 분말 소화기 : A, B, C급 화재에 유효하지만 조종실에 사용해서는 안된다. 그 이유는 시계를 방해하고 주변 기기의 전기 접점에 비전도성의 분말이 부착될 가능성이 있기 때문이다.
㉣ 프레온 소화기 : A, B, C급 화재에 유효하고 소화능력도 강하다.
※ 이중에서 이산화탄소 소화기가 전기 화재에 주로 사용된다.

80. 연료 라인과 전기 배선을 같이 할 경우 다음 중 맞는 것은?

① 연료 라인을 전기 배선 위에 배치한다.
② 전기 배선과 연료 라인은 같은 높이로 같은 위치에 수평으로 배치한다.
③ 연료 라인은 전기 배선 아래에 배치한다.
④ 작업이 용이하도록 배열한다.

해설 연료 라인과 전기 배선은 가능한 한 동일선 상을 지나가지 않도록 해야 하는데 연료 라인과 전기 배선이 동일선 상을 지나가는 경우에는 전기 배선이 연료 라인 위로 지나가도록 배열해야 한다. 만일 반대로 배열을 하게 되면 연료의 누설로 인하여 화재가 발생할 수 있기 때문이다.

정답 78. ② 79. ② 80. ③

전자·전기·계기

Chapter 06

항공 전자

1. 지상파의 종류가 아닌 것은?

① E층 반사파 ② 직접파
③ 대지 반사파 ④ 지표파

해설 지상파의 종류 : 지상파는 직접파(direct wave), 대지 반사파(reflected wave), 지표파(surface wave), 회절파(diffracted wave)로 나눈다.

2. 와이어 안테나는 결빙이 발생하는 것을 최소화하기 위하여 비행 중 최소한 몇 도를 넘지 않도록 설치해야 하는가?

① 20° ② 30° ③ 40° ④ 50°

해설 와이어 안테나는 결빙을 방지하기 위해서 비행 중 20°의 각을 넘지 않도록 설치해야 하며 진동강도가 크므로 기계적 형태가 변형되지 않도록 해야 한다.

3. 항공기에 사용되는 통신장치(HF, VHF)에 대한 설명으로 맞는 것은?

① VHF는 단거리용이며, HF는 원거리용이다.
② VHF 통신장치는 원거리에 사용되며, HF는 단거리에 사용한다.
③ 두 장치 모두 원거리에 사용된다.
④ 두 장치 모두 거리에 관계없이 사용할 수 있다.

해설 통신장치

(1) HF 통신장치
㉠ VHF 통신장치의 2차 통신 수단이며, 주로 국제 항공로 등의 원거리 통신에 사용
㉡ 사용 주파수 범위는 3 ~ 30 MHz

(2) VHF 통신장치
㉠ 국내 항공로 등의 근거리 통신에 사용
㉡ 사용 주파수 범위는 30 ~ 300 MHz이며, 항공 통신 주파수 범위는 118 ~ 136.975 MHz

정답 1. ① 2. ① 3. ①

4. 다음 중 HF의 사용 주파수가 맞는 것은?

① 3~30 MHz ② 3~30 kHz ③ 30~300 MHz ④ 30~300 kHz

해설 문제 3번 참조

5. 항공기의 무선 통신장치 중 장거리 통신에 사용되는 장치는?

① 장파(LF) 통신장치 ② 중파(MF) 통신장치
③ 단파(HF) 통신장치 ④ 초단파(VHF) 통신장치

해설 문제 3번 참조

6. 다음 중 VHF의 사용 주파수가 맞는 것은?

① 3~30 MHz ② 3~30 kHz ③ 30~300 MHz ④ 30~300 kHz

해설 문제 3번 참조

7. VHF 계통 구성품이 아닌 것은?

① 조정 패널 ② 송·수신기 ③ 안테나 ④ 안테나 커플러

해설 VHF 통신장치는 조정 패널, 송·수신기, 안테나로 구성되어 있다.

8. 다음 중 항공기에 사용하는 인터폰이 아닌 것은?

① 조종실 내의 승무원간에 통화 연락하는 flight interphone
② 조종실과 객실 승무원 또는 지상과의 통화 연락을 하는 service interphone
③ 항공기가 지상에 있을 시에 지상 근무자들 간에 연락하는 maintenance interphone
④ 조종실 승무원 또는 객실 승무원 상호간 통화하는 cabin interphone

해설 통화장치의 종류

㉠ 운항 승무원 상호간 통화장치(flight interphone system) : 조종실 내에서 운항 승무원 상호간의 통화 연락을 위해 각종 통신이나 음성 신호를 각 운항 승무원석에 배분한다.

㉡ 승무원 상호간 통화장치(service interphone system) : 비행 중에는 조종실과 객실 승무원석 및 갤리(galley)간의 통화 연락을, 지상에서는 조종실과 정비 및 점검상 필요한 기체 외부와의 통화 연락을 하기 위한 장치이다.

㉢ 객실 통화장치(cabin interphone system) : 조종실과 객실 승무원석 및 각 배치로 나누어진 객실 승무원 상호간의 통화 연락을 하기 위한 장치이다.

정답 4. ① 5. ③ 6. ③ 7. ④ 8. ③

9. 다음 중 통화장치의 종류가 아닌 것은?

① 운항 승무원 통화장치 ② 객실 승무원 통화장치
③ 기내 통화장치 ④ 기내 방송장치

해설 문제 8번 참조

10. flight interphone의 설명으로 맞는 것은?

① 지상과 지상 사이의 유선 통신이다.
② 지상과 조종석과의 무선 통신이다.
③ 비행 중 산소 마스크를 쓰고, 운항 승무원과 운항 승무원 사이의 통신이다.
④ 비행 중 산소 마스크를 쓰고, 조종석과 객실 승무원 사이의 통신이다.

해설 문제 8번 참조

11. 기내 전화장치 중 지상에서 조종실과 정비점검상 필요한 기체 외부와의 통화 연락을 하기 위한 장치는 무엇인가?

① flight interphone system ② service interphone system
③ cabin interphone system ④ passenger address system

해설 문제 8번 참조

12. 항공기 통화장치의 사용목적이 아닌 것은?

① 운항 승무원 상호간 통화를 한다. ② 객실 승무원 상호간 통화를 한다.
③ 비행기 정비 시 필요에 따라 통화한다. ④ 승무원과 승객간 통화를 한다.

해설 문제 8번 참조

13. 항법의 4요소는 무엇인가?

① 위치, 거리, 속도, 자세 ② 위치, 방향, 거리, 도착 예정 시간
③ 속도, 유도, 거리, 방향 ④ 속도, 고도, 자세, 유도

해설 항법장치 : 시각과 청각으로 나타내는 각종 장치 등을 통하여 방위, 거리 등을 측정하고 비행기의 위치를 알아내어 목적지까지의 비행 경로를 구하기 위하여 또는 진입, 선회 등의 경우에 비행기의 정확한 자세를 알아서 올바르게 비행하기 위하여 사용되는 보조 시설이다.

정답 9. ④ 10. ③ 11. ② 12. ④ 13. ②

14. 항공기 기내 방송에는 우선 순위가 있다. 순위가 제일 낮은 것은?

① 조종사의 기내 방송 ② 부조종사의 기내 방송
③ 객실 승무원의 기내 방송 ④ 승객을 위한 음악 방송

해설 기내 방송(passenger address)의 우선 순위
㉠ 운항 승무원(flight crew)의 기내 방송
㉡ 객실 승무원(cabin crew)의 기내 방송
㉢ 재생장치에 의한 음성 방송(auto-announcement)
㉣ 기내음악(boarding music)

15. 기내 방송(passenger address)에 속하지 않는 것은?

① 기내 음악(boarding music)
② 재생장치에 의한 음성 방송(auto-announcement)
③ 좌석음악(seat music)
④ 운항 승무원(flight crew)의 기내 방송

해설 문제 14번 참조

16. 항법 계통에 사용되지 않는 것은?

① 대기속도 ② 기수 방향 ③ 현재 위치 ④ 항공기 자세

해설 문제 13번 참조

17. 인공 위성을 이용한 항법 전자 계통은 무엇인가?

① inertial navigation system ② omega navigation system
③ LORAN navigation system ④ global positioning system

해설 위성 항법 장치
㉠ GPS(global positioning system)
㉡ INMARSAT(international marine satellite organization)
㉢ GLONASS(global navigation satellite system)

18. 항공기가 항법사 없이도 장거리 운항을 할 수 있다. 이 때 꼭 있어야 할 장비는?

① 관성 항법 장치(INS) ② 쌍곡선 항법 장치(LORAN)
③ 항공 교통 응답장치(ATC) ④ 거리 측정 장치(DME)

정답 14. ④ 15. ③ 16. ① 17. ④ 18. ①

해설 관성 항법 장치의 특징

㉠ 완전한 자립 항법 장치로서 지상 보조 시설이 필요 없다.
㉡ 항법 데이터(위치, 방위, 자세, 거리) 등이 연속적으로 얻어진다.
㉢ 조종사가 조작할 수 있으므로 항법사가 필요하지 않다.

19. 관성 항법 장치에서 가속도를 위치 정보로 변환하기 위해 가속도 정보를 처리하여 속도 정보를 얻고 비행거리를 얻는 것은?

① 적분기 ② 미분기 ③ 가속도계 ④ 짐발(gimbal)

해설 적분기는 측정된 가속도를 항공기의 위치 정보로 변환하기 위해서 가속도 정보를 처리해서 속도 정보를 알아내고, 또 속도 정보로부터 비행거리를 얻어내는 장치이다.

20. 자동 방향 탐지기(ADF)의 설명 중 맞는 것은?

① 루프(loop) 안테나만 사용한다.
② 센스(sense) 안테나만 사용한다.
③ 중파를 사용한다.
④ 통신거리 내에서만 통신이 가능하다.

해설 자동 방향 탐지기(automatic direction finder)

㉠ 지상에 설치된 NDB국으로부터 송신되는 전파를 항공기에 장착된 자동 방향 탐지기로 수신하여 전파 도래 방향을 계기에 지시하는 것이다.
㉡ 사용 주파수의 범위는 190～1750 kHz (중파)이며, 190～415 kHz 까지는 NDB 주파수로 이용되고 그 이상의 주파수에서는 방송국 방위 및 방송국 전파를 수신하여 기상 예보도 청취할 수 있다.
㉢ 항공기에는 루프 안테나, 센스 안테나, 수신기, 방향 지시기 및 전원장치로 구성되는 수신 장치가 있다.

21. ADF(automatic direction finder) 안테나 종류에는 무엇이 있는가?

① loop antenna ② rod antenna ③ blade antenna ④ parabola antenna

해설 문제 20번 참조

22. 다음 중 VOR의 원어가 맞는 것은?

① very omni-radio range
② VHF omni-radio range
③ VHF omni-directional range
④ VHF omni-directional range radio beacon

정답 19. ① 20. ③ 21. ① 22. ③

해설 VOR : VHF omni-directional range

23. 항공기의 세로축을 중심으로 지상 station까지의 상대 방위를 나타내는 system은?

① 자동 방향 탐지기(ADF) ② 전방향 표지 시설(VOR)
③ 자기 컴퍼스(magnetic compass) ④ 비행 자세 지시계(ADI)

해설 문제 20번 참조

24. 항공기에서 방향 탐지도 하고 일반 라디오 방송도 수신하는 장비는 어느 것인가?

① INS ② ADF ③ VHF ④ SELCAL

해설 문제 20번 참조

25. 지상 무선국을 중심으로 하여 360° 전 방향에 대해 비행 방향을 지시할 수 있는 기능을 갖춘 항법장치는 어느 것인가?

① 전 방향 표지시설(VOR) ② 마커 비컨(marker beacon)
③ 전파 고도계(LRRA) ④ 위성 항법 장치(GPS)

해설 VOR (VHF omni-directional range)

㉠ 지상 VOR국을 중심으로 360° 전방향에 대해 비행방향을 항공기에 지시한다(절대방위).
㉡ 사용 주파수는 108 ~ 118 MHz (초단파)를 사용하므로 LF / MF대의 ADF보다 정확한 방위를 얻을 수 있다.
㉢ 항공기에서는 무선 자기 지시계(radio magnetic indicator)나 수평상태 지시계(horizontal situation indicator)에 표지국의 방위와 그 국에 가까워졌는지, 멀어지는지 또는 코스의 이탈이 나타난다.

26. VOR에 관하여 옳은 것은 어느 것인가?

① 지상파로 극초단파를 사용한다. ② 지시오차는 ADF보다 작다.
③ 기수가 지상국의 방향을 나타낸다. ④ 기수방위와의 거리를 나타낸다.

해설 문제 25번 참조

27. 전 방향 표지시설(VOR)국에서 항공기를 볼 때의 방위를 무엇이라 하는가?

① 자방위 ② 상대방위 ③ 절대방위 ④ 진방위

정답 23. ① 24. ② 25. ① 26. ② 27. ③

해설 문제 25번 참조

28. 다음 거리 측정장치(DME)의 설명 중 틀린 것은?

① DME는 지상국과의 거리를 측정하는 장치이다.
② 수신된 전파의 도래시간을 측정하여 현재의 위치를 알아낸다.
③ 응답 주파수는 960~1215 MHz이다.
④ 항공기에서 발사된 질문 펄스와 지상국 응답 펄스간의 도래시간을 계산하여 거리를 측정한다.

해설 DME (distance measuring equipment)

㉠ 거리 측정장치로서 VOR station으로부터의 거리의 정보를 항행 중인 항공기에 연속적으로 제공하는 항행 보조 방식 중의 하나로서 통상 VOR과 병설되어 지상에 설치되며 유효거리 내의 항공기는 VOR에 의하여 방위를 DME에 의하여 거리를 파악해서 자기의 위치를 정확히 결정할 수 있다.
㉡ 항공기로부터 송신 주파수 1025~1150 MHz 펄스 전파로 송신하면 지상 station에서는 960~1215 MHz 펄스를 항공기로 보내준다.
㉢ 기상장치는 질문 펄스를 발사한 후 응답 펄스가 수신될 때까지의 시간을 측정하여 거리를 구하여 지시 계기에 나타낸다.

29. 거리 측정시설(DME) 할당 주파수 중 지상에서 공중으로 응답해주는 주파수는?

① 962~1021 MHz ② 1025~1150 MHz
③ 960~1215 MHz ④ 1151~1213 MHz

해설 문제 28번 참조

30. 무선 자기 지시계(RMI)의 기능은 무엇인가?

① 자북 방향에 대해 VOR 신호 방향과의 각도 및 항공기의 방위각 지시
② 기수 방위를 나타내는 컴퍼스 카드와 코스를 지시
③ 항공기의 자세를 표시하는 계기
④ 조종사에게 진로를 지시하는 계기

해설 무선 자기 지시계(radio magnetic indicator)

㉠ 무선 자기 지시계는 자북 방향에 대해 VOR 신호 방향과의 각도 및 항공기의 방위각을 나타내 준다.
㉡ 두 개의 지침을 사용하여 하나는 VOR의 방향을 또 하나는 ADF의 방향을 나타낸다.

정답 28. ② 29. ③ 30. ①

31. RMI (radio magnetic indicator)에 관한 다음 설명 중 틀린 것은?

① 컴퍼스 시스템과 ADF로 구성된 RMI에서는 기수 방위 및 비행 코스와의 관계가 표시된다.
② 컴퍼스 시스템과 VOR로 구성된 RMI에서는 기수 방위와 VOR 무선 방위가 표시된다.
③ 2침식의 RMI는 동축 2침식 구조이다.
④ 2침식의 RMI의 경우에도 각각의 지침은 VOR 또는 ADF로 바꾸어 사용할 수 있다.

해설 문제 30번 참조

32. ADF와 VOR을 지시할 수 있는 계기는 무엇인가?

① ADI ② HSI
③ RMI ④ marker beacon

해설 문제 30번 참조

33. 다음 중 항공 계기 착륙장치(ILS)가 아닌 것은?

① 로컬라이저(localizer)
② 글라이드 슬로프(glide slope) 또는 글라이드 패스(glide path)
③ 마커 비컨(marker beacon)
④ 전방향 표지시설(VOR)

해설 계기 착륙장치(instrument landing system) : 착륙을 위해서는 진행 방향뿐만 아니라 비행 자세 및 활강 제어를 위한 정확한 정보를 제공해야 한다. 항로 비행 중에 사용하는 고도계는 착륙 정보에 필요한 저고도 측정기로는 부적합하다. 시정이 불량한 경우의 착륙을 위해서는 수평 및 수직 제어를 위한 전자적 착륙 시스템의 도움이 필요하다. 이와 같은 기능을 하는 착륙 시스템이 계기 착륙장치이다. ILS는 수평 위치를 알려주는 로컬라이저(localizer)와 활강 경로, 즉 하강 비행각을 표시해주는 글라이드 슬로프(glide slope), 거리를 표시해주는 마커 비컨(marker beacon)으로 구성된다.

34. localizer frequency는?

① 108.10~111.95 MHz odd tenth ② 108.00~135.00 MHz
③ 108.00~120.00 MHz even tenth ④ 108.00~117.95 MHz

해설 주파수는 108.10~111.95 MHz를 50 kHz 간격으로 구분하여 0.1 MHz 단위가 홀수인 것을 사용한다.

정답 31. ① 32. ③ 33. ④ 34. ①

35. 다음 중 계기 착륙장치와 관계가 있는 것은?

① 전파 고도계(LRRA)와 마커 비컨(marker beacon)
② 로컬라이저(localizer)
③ 로컬라이저(localizer), 전방향 표지시설(VOR)
④ 자동 방향 탐지기(ADF), 마커 비컨(marker beacon)

해설 문제 33번 참조

36. 계기 착륙장치에서 localizer의 역할은?

① 활주로의 끝과 항공기 사이의 거리를 알려준다.
② 활주로 중심선과 비행기를 일자로 맞춘다.
③ 활주로와 적당한 접근 각도로 비행기를 맞춘다.
④ 활주로에 접근하는 비행기의 위치를 지시한다.

해설 로컬라이저는 비행장의 활주로 중심선에 대하여 정확한 수평면의 방위를 지시하는 장치이다.

37. 90Hz와 150Hz의 변조파 레벨을 비교 지시하는 것은?

① VOR ② INS ③ localizer ④ ADF

해설 로컬라이저의 수신기에서는 90 Hz와 150 Hz의 변조파 레벨을 비교하여 코스를 구한다.

38. 착륙시설 중 back beam이 있어 반대편 활주로 착륙 시 이용할 수 있는 system은?

① 전방향 표지시설(VOR) ② localizer
③ glide slope ④ marker beacon

해설 반대편 활주로 착륙 시에는 localizer back beam만 이용하여 착륙한다.

39. 항공기가 활주로에 대한 수직면 내의 상하위치의 벗어난 정도를 표시해 주는 설비는 다음 중 어떤 것인가?

① 마커 비컨(marker beacon) ② 로컬라이저(localizer)
③ 글라이드 슬로프(glide slope) ④ 전방향 표지시설(VOR)

해설 글라이드 슬로프는 계기 착륙 조작 중에 활주로에 대하여 적정한 강하각을 유지하기 위해 수직 방향의 유도를 위한 것이다.

정답 35. ② 36. ② 37. ③ 38. ② 39. ③

40. **글라이드 슬로프(glide slope)의 주파수는 어떻게 선택하는가?**

① VOR 주파수 선택 시 자동선택 ② DME 주파수 선택 시 자동선택
③ LOC 주파수 선택 시 자동선택 ④ VHF 주파수 선택 시 자동선택

해설 글라이드 슬로프 수신기 : VHF 항법용 수신장치에서 로컬라이저 주파수를 선택할 때 동시에 글라이드 슬로프 주파수가 선택되도록 되어 있다.

41. **글라이드 슬로프(glide slope)의 착륙각도는?**

① 1.4～1.5도 ② 0.7～1.4도 ③ 2.5～3도 ④ 1.5～4.5도

해설 글라이드 슬로프(glide slope) : 지표면에 대하여 2.5～3°의 각도로 비행 진입 코스를 유도하는 장치이다.

42. **SELCAL system에 대한 설명 중 틀린 것은?**

① SELCAL 은 지상에서 항공기를 호출하는 장치이다.
② 호출음은 퍼스트 톤과 세컨드 톤이 있다.
③ HF, VHF 통신기를 이용한다.
④ 호출은 차임(chime)만 울려서 알린다.

해설 SELCAL system(selective calling system)

㉠ 지상에서 항공기를 호출하기 위한 장치이다.
㉡ HF, VHF 통신장치를 이용한다.
㉢ 어떠한 목적의 항공기에 코드를 송신하면 그것을 수신한 항공기 중에서 지정된 코드와 일치하는 항공기에만 조종실 내에 램프를 점등시킴과 동시에 차임을 작동시켜 조종사에게 지상국에서 호출하고 있다는 것을 알린다.
㉣ 현재 항공기에는 지상을 호출하는 장비는 별도로 장착되어 있지 않다.

43. **요 댐퍼 시스템(yawing damper system)에 대한 설명이다. 틀린 것은?**

① 항공기 비행고도를 급속하게 낮추는 것이다.
② 각 가속도를 탐지하여 전기적인 신호로 바꾼다.
③ 방향타를 적절하게 제어하는 것이다.
④ 더치 롤(dutch roll)을 방지할 목적으로 이용된다.

해설 yaw damper system

㉠ 더치 롤(dutch roll) 방지와 균형 선회(turn coordination)를 위해서 방향타(rudder)를 제어하는 자동 조종장치를 말한다.

정답 40. ③ 41. ③ 42. ④ 43. ①

㉡ 감지기는 레이트 자이로(rate gyro)가 사용되며 편요 가속도(yaw rate)의 전기적 출력을 증폭하여 서보 모터를 동작시켜 기계적인 움직임으로 변환시킨다.

44. 전파 고도계는 보통 항공기에서 저고도용 FM 방식이 이용되고 있다. 거리 측정범위는 얼마인가?

① 0~2500 feet ② 0~5000 feet ③ 0~30000 feet ④ 0~50000 feet

해설 전파 고도계(radio altimeter)

㉠ 항공기에 사용하는 고도계에는 기압 고도계와 전파 고도계가 있는데 전파 고도계는 항공기에서 전파를 대지를 향해 발사하고 이 전파가 대지에 반사되어 돌아오는 신호를 처리함으로써 항공기와 대지 사이의 절대 고도를 측정하는 장치이다.

㉡ 고도가 낮으면 펄스가 겹쳐서 정확한 측정이 곤란하기 때문에 비교적 높은 고도에서는 펄스 고도계가 사용되고 낮은 고도에서는 FM형 고도계가 사용된다.

㉢ 저고도용에는 FM형 절대 고도계가 사용되며 측정범위는 0~2500 ft이다.

45. 전파 고도계로 측정가능한 고도는?

① 진 고도 ② 절대 고도 ③ 기압 고도 ④ 계기 고도

해설 문제 44번 참조

46. 기상 레이더의 안테나 주파수 밴드는?

① X밴드 ② D밴드 ③ C밴드 ④ T밴드

해설 기상 레이더(weather radar) : 민간 항공기에 의무적으로 장착되어 있는 기상 레이더는 조종사에 대해 비행 전방의 기상상태를 지시기(CRT)에 알려주는 장치로서 안전비행을 하기 위한 것이다. 항공기용 기상 레이더는 구름이나 비에 반사되기 쉬운 주파수대인 9375 MHz (X밴드)를 이용한다.

47. 다음 중 비행 자료 기록장치(FDR)는 어떤 것인가?

① 운항 승무원의 통화내용을 기록하는 장치이다.
② 사고 시 비행상태를 규명하는 데 필요한 데이터를 기록하는 장치이다.
③ 운항에 필요한 데이터를 미리 기록해두는 장치이다.
④ 이 장치에 기록된 데이터에 따라 자동 비행되는 장치이다.

정답 44. ① 45. ② 46. ① 47. ②

해설 비행 자료 기록장치(flight data recorder) : 항공기의 상태(기수 방위, 속도, 고도 등)를 기록하는 것이다. 이 장치는 이륙을 위해 활주를 시작한 때부터 착륙해서 활주를 끝날 때까지 항상 작동시켜 놓아야 한다. FDR은 엷은 금속성 테이프를 사용하고 사고 발생 시점부터 거슬러 올라가 25시간 전까지의 기록을 남기도록 하고 있다.

48. 지상 관제사가 공중 감시장치(ATC) 계통을 통해서 얻는 정보가 아닌 것은?

① 위치 및 방향 ② 편명 및 진행 방향
③ 고도 및 속도 ④ 상승률과 하강률

해설 ATC (air traffic control) : ATC는 항공 관제 계통의 항공기 탑재부분의 장치로서 지상 station의 radar antenna 로부터 질문 주파수 1030 MHz의 신호를 받아 이를 자동적으로 응답 주파수 1090 MHz 로 부호화 된 신호로 응답해주어 지상의 radar scope 상에 구별된 목표물로 나타나게 해줌으로써 지상 관제사가 쉽게 식별할 수 있게 하는 장비이다. 또, 항공기 기압고도의 정보를 송신할 수 있어 관제사가 항공기 고도를 동시에 알 수 있게 하고 기종, 편명, 위치, 진행 방향, 속도까지 식별된다.

49. 비행 자료 기록장치(FDR)에 기록되는 데이터가 아닌 것은?

① 고도 ② 대기속도
③ 기수 방위 ④ 비행예정(schedule)

해설 문제 47번 참조

50. 항공기 충돌 회피장치(TCAS)에서 침입하는 항공기의 고도를 알려주는 것은?

① SELCAL ② 레이더 ③ VOR / DME ④ ATC transponder

해설 TACS는 항공기의 접근을 탐지하고 조종사에게 그 항공기의 위치정보나 충돌을 피하기 위한 회피정보를 제공하는 장치이다.

51. 자동 조종계통의 어떤 유닛(unit)이 조종면에 토크(torque)를 가하는가?

① 트랜스미터(transmitter) ② 컨트롤러(controller)
③ 디스크리미네이터(discriminator) ④ 서보 유닛(servo unit)

해설 서보 유닛(servo unit) : 컴퓨터로부터의 조타 신호를 기계 출력으로 변환하는 부분으로 자동 조종 컴퓨터나 빗놀이 댐퍼 컴퓨터에 의해 구동되고 도움날개, 승강키, 방향키와 수평 안정판을 움직인다. 최근의 대형 항공기에서는 유압 서보가 많이 사용되고 있다.

정답 48. ④ 49. ④ 50. ④ 51. ④

52. 다음 중 안테나 커플러(antenna coupler)에 대한 설명으로 옳은 것은 무엇인가?

① 수신기와 안테나 사이를 연결해 준다.
② 안테나 설치 시 일직선으로 고정해 준다.
③ 안테나를 동체에 장탈할 때 필요하다.
④ 안테나를 동체에 장착할 때 필요하다.

해설 안테나 커플러 : 무선 수신기나 송신기에 안테나를 연결시키는 데 쓰이는 특수 변압기이다. 안테나 커플러는 최대의 에너지로 안테나와 수신기 사이 및 송신기와 수신기 사이의 전달을 허용한다.

53. 전자회로의 기본적인 구성은?

① 증폭회로, 정류회로
② 정류회로, 발진회로
③ 증폭회로, 발진회로
④ 정류회로, 발진회로, 증폭회로

54. 반도체의 고유저항 범위는?

① $10^{-2} \sim 10^{-5}\Omega m$
② $10^{2} \sim 10^{5}\Omega m$
③ $10^{5} \sim 10^{8}\Omega m$
④ $10^{-5} \sim 10^{8}\Omega m$

해설 저항률에 의한 물질의 구분

㉠ 도체(conductor) : $10^{-4}\Omega m$ 이하의 물질(은, 구리 등)
㉡ 절연체(insulator) : $10^{7}\Omega m$ 이상의 물질(베이클라이트, 고무, 유리, 운모 등)
㉢ 반도체(semiconductor) : $10^{8} \sim 10^{-5}\Omega m$ 사이의 물질(게르마늄, 실리콘 등)

정답 52. ① 53. ④ 54. ④

항공 법규
[예상 문제]

Chapter 01 국제법

1. 국제민간 항공기구(ICAO)의 소재지는?

① 스위스 제네바 ② 미국 시카고
③ 프랑스 파리 ④ 캐나다 몬트리올

2. 국제항공운송협회(IATA)의 정회원 자격은?

① ICAO 가맹국의 국제항공업무를 담당하는 회사
② ICAO 가맹국의 국내항공업무를 담당하는 회사
③ ICAO 가맹국의 정기항공업무를 담당하는 회사
④ 아무 회사나 다 된다.

해설 국제항공운송협회(International Air Transport Association)는 정기항공회사의 국제 단체로 1919년 헤이그에서 설립된 국제항공수송협회를 계승하여 1945년 4월, 쿠바 아바나에서 조직이 탄생했다.

㉠ 설립연도 : 1945년
㉡ 소재지 : 캐나다 퀘벡주 몬트리올, 스위스 제네바, 싱가포르
㉢ 설립목적 : 항공운송 발전과 제반 문제 연구, 국제항공 운송업자들의 협력
㉣ 주요활동 : 국제항공 운임 결정, 항공기 양식 통일, 연대운임 청산, 일정한 서비스 제공, 국제민간항공기구(International Civil Aviation Organization) 등 관련기관과 협력
㉤ 규모 : 130여 개국, 276개 회원사(2001년)가 있으며 한국은 대한항공이 1989년 1월 정회원, 아시아나항공이 1990년 국제선 운항 때부터 준회원으로 가입

3. 국제항공운송협회(IATA)의 목적이 아닌 것은?

① 항공운송 발전과 제반 문제 연구 ② 국제항공 운임 결정
③ 항공기 양식 통일 ④ 체약국의 권익 보호

해설 문제 2번 참조

정답 1. ④ 2. ① 3. ④

4. 국제항공운송협회(IATA)의 설립 목적과 관계가 없는 것은?

① 안전하고 정기적이며 또한 경제적인 항공운송의 발달 촉진
② 국제항공 운송기술의 증진
③ 국제민간 항공운송에 종사하고 있는 항공기업 간의 협력을 위한 수단 제공
④ 국제민간항공기구 및 기타 국제기구와 협력 도모

해설 문제 2번 참조

5. 다음 감항분류 중에서 비행기 실용(U)에 해당되는 것은?

① 최대 이륙중량 5700 kg 이하의 비행기로서 60° 의 경사를 넘는 선회 및 실속에 적합한 것
② 최대 이륙중량 5700 kg 이하의 비행기로서 보통(N)에 적합한 것
③ 최대 이륙중량 5700 kg 이하의 비행기로서 보통(N)에 적합한 비행 및 제한된 곡기비행에 적합한 것
④ 최대 이륙중량 9000 kg 이하의 비행기로서 보통(N)에 적합한 비행 및 60° 경사를 초과하지 않는 곡기비행에 적합한 것

해설 비행기의 감항유별

㉠ 감항유별 : 곡기, 기호 A(acrobatics)
최대 이륙중량 5700 kg 이하의 비행기로서 보통(N)에 적용되는 비행 및 곡기비행에 적합하다.

㉡ 감항유별 : 실용, 기호 U(utility)
최대 이륙중량 5700 kg 이하의 비행기로서 보통(N)에 적용되는 비행 및 60° 경사를 넘지 않는 선회, 스핀, 레디 에이트, 샨델 등의 곡기비행(급격한 운동 및 배면비행은 제외)에 적합하다.

㉢ 감항유별 : 보통, 기호 N(normal)
최대 이륙중량 5700 kg 이하의 비행기로서 보통의 비행(60° 경사를 넘지 않는 선회 및 실속을 포함)에 적합하다.

㉣ 감항유별 : 수송, 기호 T(transportation)
항공운송 사업에 적합하다.

6. 감항분류 기호 중 비행기 실용(U)의 최대 이륙중량은?

① 2700 kg 이하 ② 5700 kg 이하 ③ 7500 kg 이상 ④ 15000 kg 이상

해설 문제 5번 참조

정답 4. ② 5. ③ 6. ②

7. 비행기의 감항분류 중 해당되지 않는 것은?

① A ② N ③ T ④ X

해설 문제 5번 참조

8. 다음 중 비행기의 감항유별은?

① 실용, 보통, 수송, 특수
② 보통, 특수, 곡기, 수송
③ 곡기, 실용, 보통, 수송
④ 특수, 실용, 수송, 보통

해설 문제 5번 참조

9. 헬리콥터의 감항분류에 속하지 않는 것은?

① N류 ② T_A류 ③ T_B류 ④ U류

해설 헬리콥터 감항유별

㉠ 감항유별 : 보통 N
최대 이륙중량 2700 kg 이하의 헬리콥터

㉡ 감항유별 : 수송 T_A
항공운송사업의 용에 적합한 다발의 헬리콥터로서 임계 발동기가 정지하여도 안전하게 비행할 수 있는 것

㉢ 감항유별 : 수송 T_B
최대 이륙중량 9000 kg 이하의 헬리콥터로서 항공운송사업의 용에 적합할 것

10. 최대 이륙중량 2700 kg 이하의 헬리콥터의 감항분류의 구분은?

① TA ② TB ③ S ④ N

해설 문제 9번 참조

11. 다음 중 임계 발동기란 무엇인가?

① 정상비행 시 가장 성능이 좋은 한 개의 발동기를 말한다.
② 고장 시 비행에 가장 큰 영향을 미치는 한 개의 발동기를 말한다.
③ 고장 시 비행에 아무런 영향을 미치지 않는 한 개의 발동기를 말한다.
④ 위 모두 맞다.

정답 7. ④ 8. ③ 9. ④ 10. ④ 11. ②

해설 임계 발동기 : 발동기가 고장인 경우에 있어서 항공기의 비행성에 가장 불리한 영향을 줄 수 있는 1개 또는 2개 이상의 발동기를 말한다.

12. 다음 설계 단위 중량 중에서 승객과 승무원의 단위 중량은?

① 65 kg /인　② 67 kg /인　③ 75 kg /인　④ 77 kg /인

해설 설계 단위 중량 : 설계 중량이란 항공기(활공기 제외) 구조설계에 있어서 사용되는 단위 중량을 말하며 다음과 같다.

㉠ 연료 : 0.72 kg/L (6 lbs /gal)　㉡ 윤활유 : 0.9 kg/L (7.5 lbs /gal)

㉢ 승무원 및 승객 : 77 kg /인 (170 lbs /인)

13. 우리나라 국적기호를 HL로 정한 것은?

① ICAO가 선정한 것이다.
② 우리나라 국회에서 선정하여 각 체약국에 통보한 것이다.
③ 무선국의 호출부호 중에서 선정한 것이다.
④ 각 국이 선정하여 IATA에 통보한 것이다.

해설 무선 호출 부호 : 우리나라의 국적기호는 HL로 표시하며, 이 HL의 기호는 국제전기통신조약에 의하여 각 국에 할당된 무선국의 호출부호 중에서 선정한 것이다.

14. 세계 각 국이 자국의 영역상공에 있어 완전하고 배타적인 주권을 행사할 수 있는 법적 근거는 무엇인가?

① 국제항공 운송협정　② 시카고 국제민간항공조약
③ 바르샤바 조약　④ 국제항공업무 통과협정

해설 [국제민간항공조약 제1조] : 시카고 국제민간항공조약 제1조에 의하면 "체약국은 각 국이 그 영역상의 공간에 있어 완전하고 배타적인 주권을 갖는 것을 승인한다."라고 규정하고 있다.

15. 국제민간항공조약(시카고조약)에 대한 설명으로 틀린 것은?

① 1947년 발효되었다.
② 완전한 상공의 자유를 확립하였다.
③ 완전하고 배타적인 주권을 인정하고 있다.
④ 국제민간항공조약을 보완하는 협정으로 국제항공업무 통과협정 등이 있다.

정답 12. ④　13. ③　14. ②　15. ②

해설 국제민간항공기구(ICAO)는 세계 항공업계의 정책과 질서를 총괄하는 기구로서 UN 산하 전문기구로 1944년 12월 7일 시카고 국제민간항공회의에서 국제민간항공조약(시카고조약)이 서명되었으며, 이후 잠정적으로 운영되다가 1947년 4월 4일 26개국이 동 협약을 비준함에 따라 정식 발족하였다. 사무국은 캐나다 몬트리올에 있다. 국제민간항공이 안전하고 질서 있게 발전할 수 있도록 도모하며, 국제항공운송업무가 기회균등주의를 기초로 하여 건전하고 경제적으로 운영되도록 하기 위해 설립된 국제민간항공기구(ICAO)의 목적은 다음과 같다.

1. 세계전역을 통하여 국제민간항공의 안전하고 정연한 발전을 보장
2. 평화적 목적을 위한 항공기의 설계와 운송기술을 장려
3. 국제민간항공을 위한 항공로, 공항 및 항공시설 발전 촉진
4. 안전하고 정확하며 능률적이고 경제적인 항공운송에 대한 세계 각 국 국민의 요구에 부응
5. 불합리한 경쟁으로 발생하는 경제적 낭비 방지
6. 체약국의 권리가 충분히 존중되도록 하고 체약국이 모든 국제 항공기업을 운영할 수 있는 공정한 기회를 갖도록 보장
7. 체약국간의 차별대우 금지
8. 국제항공상의 비행의 안전 증진
9. 국제민간항공의 모든 부문의 전반적 발전 촉진

16. 국제민간항공기구(ICAO)에 관한 설명 중 틀린 것은?

① 1944년 시카고 국제민간항공회의 의제로서 국제민간항공기구의 설립이 제안되었다.
② 1946년 국제민간항공에 관한 잠정적 협정에 의거 정식으로 설립되었다.
③ 국제민간항공기구의 소재지는 캐나다 몬트리올이다.
④ 국제민간항공기구는 국제민간항공의 안전 및 건전한 발전의 확보를 목표로 한다.

해설 문제 15번 참조

17. 다음 중에서 옳은 것은?

① ICAO 회원국의 군용기는 무해항공의 자유를 인정한다.
② ICAO 회원국 상호 간에 있어서는 기술착륙의 자유를 인정하고 있다.
③ ICAO 회원국 상호 간에 있어 여객, 화물을 사전 허가 없이 운반하는 자유를 인정한다.
④ ICAO 회원국의 군용기는 특별협정에 의해서만 상대국의 영역 내에 착륙할 수 있다.

해설 [시카고 조약 제3조] : 시카고 조약의 체약국은 ICAO 회원국이며 시카고 조약 제3조에 의하면 회원국의 군용기는 시카고 조약의 적용에서 제외되며, 회원국의 군용기가 다른 체약국의 영역상공을 비행하거나 영역 내에 착륙을 하기 위해서는 반드시 특별협정 또는 사전의 허가를 받고 그 허가조건에 따라야 한다고 규정하고 있다.

정답 16. ② 17. ④

18. 정기국제항공에 있어 체약국의 영역상공을 무착륙으로 횡단하는 자유는?

① 제1의 자유　② 제2의 자유　③ 제3의 자유　④ 제4의 자유

해설 상공의 자유

㉠ 제1의 자유 : 체약국의 상공을 무착륙으로 횡단하는 특권
㉡ 제2의 자유 : 체약국의 영역에 운송 이외의 목적으로 착륙하는 특권
㉢ 제3의 자유 : 자국 내에서 적재한 여객 및 화물을 체약국인 타국에서 하기하는 자유
㉣ 제4의 자유 : 다른 체약국의 영역에서 자국을 향해 여객 및 화물을 적재하는 자유
㉤ 제5의 자유 : 제 3 국의 영역으로 향하는 여객, 화물을 다른 체약국의 영역 내에서 적재하는 자유 또는 제 3 국의 영역으로부터 여객, 화물을 다른 체약국의 영역 내에서 하기하는 자유

19. 기술 착륙의 자유는?

① 제1의 자유　② 제2의 자유　③ 제3의 자유　④ 제4의 자유

해설 문제 18번 참조

20. 정기국제항공에 있어 체약국의 영역에 운송 이외의 목적으로 착륙하는 자유는?

① 제1의 자유　② 제2의 자유　③ 제3의 자유　④ 제4의 자유

해설 문제 18번 참조

21. 국제항공운송에 있어 자국 내에서 적재한 여객 및 화물을 체약국인 타국에서 하기하는 자유는?

① 제1의 자유　② 제2의 자유　③ 제3의 자유　④ 제4의 자유

해설 문제 18번 참조

22. 제 3국의 영역으로 향하는 여객, 화물을 다른 체약국의 영역 내에서 적재하는 자유는?

① 제2의 자유　② 제3의 자유　③ 제4의 자유　④ 제5의 자유

해설 문제 18번 참조

정답 18. ①　19. ②　20. ②　21. ③　22. ④

23. 정기국제 항공업무에 있어 통과권(교통권)이란?
① 자국 내에서 적재한 여객, 화물을 체약국인 타국에서 하기 하는 자유
② 체약국의 영역을 무착륙으로 횡단하는 특권
③ 다른 체약국의 영역에서 자국을 향해 여객 및 화물을 적재하는 자유
④ 제3국의 영역으로 향하는 여객, 화물을 다른 체약국의 영역 내에서 적재하는 자유

해설 통과권 : 제1의 자유 및 제2의 자유를 통과권 또는 교통권이라 하며, 제3의 자유 및 제4의 자유를 상업권 또는 운송권이라 한다.

24. 국제 항공업무 통과협정과 관계 있는 것은?
① 제1의 자유와 제2의 자유
② 제2의 자유와 제3의 자유
③ 제3의 자유와 제4의 자유
④ 제4의 자유와 제5의 자유

해설 문제 23번 참조

25. 다음 중에서 부정기 국제항공의 권리와 관계없는 것은?
① 사전허가를 얻지 않고 체약국의 영역 내를 비행하는 권리
② 당해 체약국의 공역을 무착륙으로 횡단비행을 할 수 있는 권리
③ 당해 체약국의 영역내의 2지점 간에 있어 여객, 화물을 운송하는 권리
④ 당해 체약국의 영역 내에서 운송 이외의 목적으로 착륙하는 권리

해설 [국제민간항공조약 제5조] : 부정기국제항공의 권리는 국제민간항공조약 제5조에 의하면 체약국의 항공기로서 정기국제항공업무에 종사하지 않는 항공기는 당해 체약국의 사전 허가 없이 또한 당해 체약국의 착륙 요구권에 따를 것을 조건으로 그 나라의 영역 내를 비행을 하는 권리, 또는 무착륙으로 횡단비행을 하는 권리, 그리고 운송 이외의 목적으로 착륙을 하는 권리를 갖는다고 규정하고 있다.

26. air cabotage의 금지란?
① 다른 체약국의 영역에서 자국을 향해 여객, 화물을 적재하는 것을 금지하는 것
② 외국 항공기가 자국 내의 지점 간에 있어 여객, 화물의 적재 및 하기를 금지하는 것
③ 제3국의 영역으로 향하는 여객, 화물을 다른 체약국의 영역 내에서 적재하는 것을 금지하는 것
④ 제3국의 영역으로부터 여객, 화물을 다른 체약국의 영역 내에서 하기하는 것을 금지하는 것

정답 23. ② 24. ① 25. ③ 26. ②

해설 air cabotage의 금지 : 체약국인 외국 항공기가 자국의 영역 내의 지점 간에 있어 여객, 화물의 적재 및 하기를 금지하는 것을 air cabotage의 금지라 한다.

27. 다음 중 항공협정을 기초로 하여 운영되는 정기국제 항공업무가 보유하는 특권과 관계가 없는 것은 어느 것인가?

① 상대 체약국의 영역을 무착륙으로 횡단비행하는 특권
② 운수 이외의 목적으로 상대 체약국의 영역에 착륙하는 특권
③ 여객, 화물의 적재 및 하기를 하기 위해 상대 체약국의 영역 내에 착륙하는 특권
④ 상대 체약국의 영역 내에서 2지점 간의 구역을 여객 및 화물의 운송을 하는 특권

해설 정기국제 항공업무가 보유하는 특권 : 정기국제항공은 항공협정을 기초로 하여 운영되는 데 체약국 상호 간에 있어 지정 항공기업이 특정 노선에서 협정업무를 운영하는 기간 중에 다음의 특권을 보유할 것을 인정하고 있다.

1. 상대 체약국의 영역을 무착륙으로 횡단하는 특권
2. 운수 이외의 목적으로 상대 체약국의 영역에 착륙하는 특권
3. 여객, 화물 및 우편물의 적재, 하기를 하기 위해 당해 특권 노선에 관한 부표에서 정하는 상대 체약국의 영역 내의 지점에 착륙하는 특권

28. 다음 중에서 국제항공업무에 종사하는 체약국의 항공기가 공해상공에 있어 준수하여야 할 항공규칙은?

① 항공기 등록국의 규칙을 준수하여야 한다.
② 당해 항공기가 출발한 이륙국의 규칙을 준수하여야 한다.
③ 당해 항공기가 도착할 착륙국의 규칙을 준수하여야 한다.
④ 시카고 조약에 의해 설정된 규칙을 준수하여야 한다.

해설 [국제민간항공조약 제12조] : 각 체약국의 항공기는 당해 체약국의 영역에서 비행을 하고 또는 그 영역 내에서 운항하는 모든 항공기는 당해 영역에서 시행하고 있는 항공규칙을 준수하여야 한다. 국제민간항공조약 제12조에 의하면 공해상공에 있어서 시행되는 규칙은 시카고 조약에 의해 설정된 것이어야 한다고 규정하고 있다.

29. 다음 중에서 다른 체약국의 항공기가 자국의 영역에 출입국하는 경우 적당한 조치는 무엇인가?

① 시카고 조약이 규정하는 출입국의 수수료를 징수한다.
② 운항의 안전을 확보하기 위해 항공기의 검사를 실시한다.
③ 자국의 법령에 따라 출입국을 하는 항공기에 수수료를 부과한다.
④ 당해 항공기가 출입국을 하는 권리에 한하여 수수료를 부과하여서는 안 된다.

정답 27. ④ 28. ④ 29. ④

해설 [국제민간항공조약 제15조] : 국제민간항공조약 제15조에 의하면 각 체약국은 다른 체약국의 항공기가 자국의 영역 상공을 통과하거나 또는 동영역에 입국 또는 출국을 하는 권리에 관하여 수수료, 사용료, 기타의 과징금을 부과하여서는 안 된다고 규정하고 있다.

30. 각 체약국은 자국의 영역 내에서 발생한 다른 체약국의 항공기 사고조사는?

① 당해 체약국이 단독으로 사고조사를 한다.
② 사고발생국의 법률에 따라 ICAO가 권고하는 수속에 따라 사고조사를 한다.
③ 사고조사를 하는 국가는 ICAO에 조사한 사항을 보고하여야 한다.
④ 사고 항공기의 등록국은 사고조사를 사고 발생국에 의뢰한다.

해설 [국제민간항공조약 제26조] : 국제민간항공조약 제26조에 의하면 체약국의 항공기가 다른 체약국의 영역에서 사고를 일으켰을 경우 그 사고가 사망 또는 혹은 중상을 수반할 때 또는 항공기 혹은 항공시설의 중대한 기술적 결함을 제시할 때 그 사고가 야기된 나라는 자국의 법령이 허용하는 한 국제민간항공기구가 권고하는 수속에 따라 사고의 사정을 행하는 것으로 규정하고 있다.

31. 항공기에 사고가 발생했을 경우 사고조사의 책임은?

① 항공기 제작국에 속한다.
② 사고가 발생한 지역을 관할하는 국가에 속한다.
③ 국제민간항공기구에 속한다.
④ 항공기 등록국에 속한다.

해설 문제 30번 참조

32. 다음 중 국제항공에 종사하는 모든 항공기가 휴대하여야 할 서류와 관계없는 것은?

① 항공기의 등록증명서
② 당해 항공기의 형식증명 및 예비부품의 예비품증명
③ 항공일지, 항공기 무선국의 면허장
④ 여객 명단, 출발지 및 목적지의 기록표

해설 [국제민간항공조약 제29조] : 국제민간항공조약 제29조에 의하면 국제항공에 종사하는 체약국의 모든 항공기는 이 조약에서 정하는 요건에 합치되는 다음의 서류를 휴대하여야 한다고 규정하고 있다.

1. 등록증명서
2. 감항증명서

정답 30. ② 31. ② 32. ②

3. 각 승무원의 적당한 면장
4. 항공일지
5. 무선기를 장비할 때에는 항공기국의 면허장
6. 여객을 운송할 때에는 그 성명, 탑승지 및 목적지의 기록표
7. 화물을 운송할 때에는 적재목록 및 화물의 세목신고서

33. 국제항행에 종사하는 체약국의 모든 민간항공기가 휴대하여 할 서류가 아닌 것은 ?
① 등록증명서 ② 감항증명서 ③ 형식증명서 ④ 항공일지

해설 문제 32번 참조

34. 다음 중 항공기 취득에 있어 부적당한 것은 ?
① 국제항공업무에 종사하는 항공기는 ICAO에 등록한다.
② 항공기는 등록국의 국적을 취득한다.
③ 항공기는 이중의 국적을 취득할 수 없다.
④ 항공기의 등록은 등록국의 법령에 따라야 한다.

해설 [국제민간항공조약 제17조, 제18조, 제19조]
① 국제민간항공조약 제17조에 의하면 항공기는 등록을 받은 나라의 국적을 갖는다고 규정하고 있다.
② 국제민간항공조약 제18조에 의하면 항공기의 등록에 있어 2국 이상의 나라에서 유효한 등록을 받을 수 없다고 규정하고 있다.
③ 국제민간항공조약 제19조에 의하면 체약국에 있어 항공기의 등록 또는 등록의 변경은 그 나라의 법령에 의한다고 규정하고 있다.

35. 항공기 사고에 관한 조사, 보고, 통지 등의 통일방식에 관한 기준을 정하고 있는 부속서는 ?
① 부속서 13 ② 부속서 14 ③ 부속서 15 ④ 부속서 16

해설 국제민간항공조약 부속서
부속서 1 : 항공종사자의 기능증명
부속서 2 : 항공교통규칙
부속서 3 : 항공기상의 부호
부속서 4 : 항공지도
부속서 5 : 통신에 사용되는 단위
부속서 6 : 항공기의 운항

정답 33. ③ 34. ① 35. ①

부속서 7 : 항공기의 국적기호 및 등록기호
부속서 8 : 항공기의 감항성
부속서 9 : 출입국의 간소화
부속서 10 : 항공통신
부속서 11 : 항공교통업무
부속서 12 : 수색구조
부속서 13 : 사고조사
부속서 14 : 비행장
부속서 15 : 항공정보업무
부속서 16 : 항공기소음
부속서 17 : 항공보안시설
부속서 18 : 위험물수송
부속서 19 : 안전관리

36. 국제민간항공조약 부속서 중에서 항공기 감항성에 관한 부속서는?
① 부속서 6 ② 부속서 7 ③ 부속서 8 ④ 부속서 9

해설 문제 35번 참조

37. 국제민간항공조약 부속서 중에서 항공종사자에 관한 부속서는?
① 부속서 1 ② 부속서 2 ③ 부속서 3 ④ 부속서 4

해설 문제 35번 참조

38. 항공기의 국적기호 및 식별기호에 관한 기준을 정하는 부속서는?
① 부속서 5 ② 부속서 7 ③ 부속서 9 ④ 부속서 11

해설 문제 35번 참조

39. 다음 중 국제민간항공조약의 부속서로 옳게 연결되지 않은 것은?
① 부속서 1 : 항공종사자 면허 ② 부속서 8 : 항공기 감항성
③ 부속서 14 : 비행장 ④ 부속서 18 : 항공 운임

해설 문제 35번 참조

정답 36. ③ 37. ① 38. ② 39. ④

항공 법규

Chapter 02

항공안전법

1. 다음 중 항공안전법의 구성내용이 아닌 것은?

① 항공기 등록 ② 항공종사자 ③ 항공기의 운항 ④ 항행안전시설

해설 항공안전법은 총칙, 항공기 등록, 항공기기술기준 및 형식증명, 항공종사자, 항공기의 운항, 공역 및 항공교통업무, 항공운송사업자 등에 대한 안전관리, 외국항공기, 경량항공기, 초경량비행장치, 보칙, 벌칙으로 구성되어 있다.

2. 항공안전법에 대한 내용 중 바르지 않은 것은?

① 국제민간항공조약의 규정과 같은 협약의 부속서에서 채택된 표준과 권고되는 방식에 따른다.
② 항공기 항행의 안전하고 효율적인 항행을 위한 방법에 관한 사항을 규정하기 위한 것이다.
③ 시행령과 시행규칙은 국토교통부령으로 제정되었다.
④ 국가, 항공사업자 및 항공종사자 등의 의무 등에 관한 사항을 규정하기 위한 것이다.

해설 [항공안전법 제1조] : 국제민간항공협약 및 같은 협약의 부속서에서 채택된 표준과 권고되는 방식에 따라 항공기, 경량항공기 또는 초경량비행장치의 안전하고 효율적인 항행을 위한 방법과 국가, 항공사업자 및 항공종사자 등의 의무 등에 관한 사항을 규정함을 목적으로 한다. 항공안전법 시행령은 대통령령으로, 시행규칙은 국토교통부령으로 제정되었다.

3. 다음 중 항공안전법에 관한 내용 중 틀린 것은?

① 항공운송사업을 통제한다.
② 항공기 항행의 안전을 도모한다.
③ 항공종사자의 의무에 관한 사항을 규정한다.
④ 국제민간항공협약의 부속서에서 채택된 표준에 따른다.

해설 문제 2번 참조

4. 다음 중 항공안전법에 관한 내용 중 바른 것은?

① 항공회사 설립을 돕는다. ② 항공제작산업의 발전을 도모한다.
③ 항공기 항행의 안전을 도모한다. ④ 항공운송사업을 통제한다.

정답 1. ④ 2. ③ 3. ① 4. ③

해설 문제 2번 참조

5. 항공안전법 시행령의 목적은 무엇인가?
① 항공안전법의 세부사항을 규정한다.
② 항공안전법의 누락된 사항을 표시한다.
③ 대통령의 권한을 명시한다.
④ 항공안전법에서 위임된 사항과 그 시행에 관하여 필요한 사항을 규정한다.

해설 [항공안전법 시행령 제1조] : 시행령은 항공안전법에서 위임된 사항과 그 시행에 관하여 필요한 사항을 규정함을 목적으로 한다.

6. 항공안전법 시행령의 목적은?
① 항공안전법에서 규정한 대통령의 권한을 명시한다.
② 항공안전법의 내용 중 표준 등의 세부사항을 규정한다.
③ 항공안전법의 미비한 사항을 규정한다.
④ 항공안전법에서 위임된 사항과 그 시행에 관하여 필요한 사항을 규정한다.

해설 문제 5번 참조

7. 항공안전법 시행규칙의 목적에 대한 다음 설명 중 맞는 것은?
① 항공안전법에서 위임된 사항과 그 시행에 필요한 사항을 정한다.
② 항공안전법의 목적과 항공 용어의 정의를 규정한다.
③ 항공안전법의 실효성을 확보하기 위해 각종의 벌칙을 규정한다.
④ 항공안전법 및 시행령에서 위임된 사항과 그 시행에 관하여 필요한 사항을 규정한다.

해설 [항공안전법 시행규칙 제1조] : 시행규칙은 항공안전법 및 시행령에서 위임된 사항과 그 시행에 관하여 필요한 사항을 규정함을 목적으로 한다.

8. 항공기의 정의로서 옳게 설명한 것은?
① 민간 항공에 사용되는 대형 항공기를 말한다.
② 비행기, 헬리콥터, 비행선, 활공기와 그 밖에 대통령령으로 정하는 것으로 공기의 반작용으로 뜰 수 있는 기기를 말한다.
③ 민간 항공에 사용하는 비행선과 활공기를 제외한 모든 것을 말한다.
④ 활공기, 헬리콥터, 비행기, 비행선을 말한다.

해설 [항공안전법 제2조 제1호] : 항공기란 공기의 반작용으로 뜰 수 있는 기기로서 최대 이륙중량, 좌석 수 등 국토교통부령으로 정하는 기준에 해당하는 비행기, 헬리콥터, 비행선, 활공기와 그 밖에 대통령령으로 정하는 기기를 말한다.

정답 5. ④ 6. ④ 7. ④ 8. ②

9. **다음 중 항공안전법에서 정한 항공기의 정의를 바르게 설명한 것은?**

① 사람이 탑승 조종하여 민간 항공에 사용하는 비행기, 비행선, 활공기, 헬리콥터 기타 대통령이 정하는 항공기
② 대통령령으로 정하는 것으로서 항공에 사용할 수 있는 기기
③ 사람이 탑승하여 조종하여 항공에 사용할 수 있는 기기
④ 비행기, 헬리콥터, 비행선, 활공기와 그 밖에 대통령령으로 정하는 것으로 공기의 반작용으로 뜰 수 있는 기기

해설 문제 8번 참조

10. **항공안전법에서 규정하고 있는 항공기의 정의를 바르게 설명한 것은?**

① 하늘을 날아다니는 모든 비행기와 기기를 말한다.
② 군에서 사용하는 비행기도 항공안전법에 저촉을 받는다.
③ 비행기, 헬리콥터, 비행선, 활공기와 그 밖에 대통령령으로 정하는 것으로 공기의 반작용으로 뜰 수 있는 기기를 말한다.
④ 활공기, 헬리콥터, 비행기, 비행선을 말한다.

해설 문제 8번 참조

11. **대통령령에 의하여 항공기의 범위에 포함되는 것은?**

① 최대 이륙중량 5700 kg 미만의 활공기
② 지구 대기권 내외를 비행할 수 있는 항공우주선
③ 자체 이륙중량이 225 kg 미만인 2인승 동력비행장치
④ 최대 이륙중량 15000 kg 미만의 헬리콥터

해설 [항공안전법 시행령 제 2 조] : 제 2 조 제 1 호에서 대통령령으로 정하는 것으로서 항공에 사용할 수 있는 기기란 다음 각 호의 것을 말한다.

1. 최대 이륙중량, 좌석 수, 속도 또는 자체중량 등이 국토교통부령으로 정하는 기준을 초과하는 기기
2. 지구 대기권 내외를 비행할 수 있는 항공우주선

12. **항공안전법에서 규정한 항공업무가 아닌 것은?**

① 항공기의 운항관리업무　　② 항공기의 운항업무
③ 항공기의 조종연습　　④ 항공교통관제업무

정답 9. ④ 10. ③ 11. ② 12. ③

해설 [항공안전법 제2조 제5호] : 항공업무란 항공기의 운항(무선설비의 조작을 포함)업무(항공기 조종연습은 제외), 항공교통관제(무선설비의 조작을 포함)업무(항공교통관제연습은 제외), 항공기의 운항관리업무, 정비·수리·개조된 항공기·발동기·프로펠러, 장비품 또는 부품에 대하여 안전하게 운용할 수 있는 성능(감항성)이 있는지를 확인하는 업무 및 경량항공기 또는 그 장비품·부품의 정비사항을 확인하는 업무를 말한다.

13. 항공안전법에서 규정하는 항공업무가 아닌 것은?

① 항공기의 조종연습
② 항공교통관제업무
③ 운항관리 및 무선설비의 조작
④ 정비된 항공기에 감항성이 있는지를 확인하는 업무

해설 문제 12번 참조

14. 다음 중 항공업무에 속하지 않는 것은?

① 항공기에 탑승하여 행하는 항공기 운항
② 항공운송사업 또는 항공기사용사업의 경영
③ 운항관리 및 무선설비의 조작
④ 정비된 항공기에 감항성이 있는지를 확인하는 업무

해설 문제 12번 참조

15. 다음 중 항공안전법에서 규정하는 활공기의 자체중량은?

① 55 kg 초과　② 60 kg 초과　③ 65 kg 초과　④ 70 kg 초과

해설 [항공안전법 시행규칙 제2조 제3호] : 활공기의 자체중량은 70 kg을 초과할 것

16. 다음 중 항공종사자에 대하여 옳게 설명한 것은?

① 정비경력 4년 이상인 자
② 항공사에 근무하는 자
③ 항공안전법 제34조 1항에 의한 자격증명을 받은 자
④ 공항에 근무하는 자

해설 [항공안전법 제2조 제14호] : 항공종사자라 함은 제34조 제1항에 따른 항공종사자 자격증명을 받은 자를 말한다.

정답 13. ① 14. ② 15. ④ 16. ③

17. 항공기의 이륙과 착륙을 위하여 사용되는 것을 무엇이라 하는가?

① 공항 ② 비행장
③ 착륙대 ④ 유도로

해설 [공항시설법 제 2 조 제 2 호] : 비행장이란 항공기·경량항공기·초경량비행장치의 이륙(이수를 포함), 착륙(착수를 포함)을 위하여 사용되는 육지 또는 수면의 일정한 구역으로서 대통령령으로 정하는 것을 말한다.

18. 항공안전법이 정하는 비행장이란?

① 항공기의 이·착륙을 위하여 사용되는 육지 또는 수면
② 항공기를 계류시킬 수 있는 곳
③ 항공기의 이·착륙을 위하여 사용되는 활주로
④ 항공기에 승객을 탑승시킬 수 있는 곳

해설 문제 17번 참조

19. 경량항공기의 기준에 해당되지 않는 것은?

① 최대 실속속도 또는 최소 정상비행속도가 45노트 이상인 비행기
② 최대 이륙중량이 600 kg 이하인 비행기
③ 조종사 좌석을 포함한 탑승 좌석이 2개 이하인 비행기
④ 조종실이 여압이 되지 않는 비행기

해설 [항공안전법 시행규칙 제 4 조] : 법 제2조 제2호에서 최대 이륙중량, 좌석 수 등 국토교통부령으로 정하는 기준에 해당하는 비행기, 헬리콥터, 자이로플레인 및 동력패러슈트 등이란 법 제2조 제3호에 따른 초경량비행장치에 해당하지 아니하는 것으로서 다음 각 호의 기준을 모두 충족하는 비행기, 헬리콥터, 자이로플레인 및 동력패러슈트를 말한다.

1. 최대 이륙중량이 600 kg (수상비행에 사용하는 경우에는 650 kg) 이하일 것
2. 최대 실속속도 또는 최소 정상비행속도가 45노트 이하일 것
3. 조종사 좌석을 포함한 탑승 좌석이 2개 이하일 것
4. 단발 왕복발동기 또는 전기모터를 장착할 것
5. 조종석은 여압이 되지 아니할 것
6. 비행 중에 프로펠러의 각도를 조정할 수 없을 것
7. 고정된 착륙장치가 있을 것. 다만, 수상비행에 사용하는 경우에는 고정된 착륙장치 외에 접을 수 있는 착륙장치를 장착할 수 있다.

정답 17. ② 18. ① 19. ①

20. 사람이 탑승하는 경우 항공기의 범위에 속하는 비행기의 최대 이륙중량은?

① 500 kg을 초과할 것 ② 600 kg을 초과할 것
③ 700 kg을 초과할 것 ④ 800 kg을 초과할 것

해설 [항공안전법 시행규칙 제2조] : 항공기의 기준(비행기 또는 헬리콥터)

1. 사람이 탑승하는 경우 : 다음의 기준을 모두 충족할 것
   가. 최대 이륙중량이 600 kg (수상비행에 사용하는 경우에는 650 kg)을 초과할 것
   나. 조종사 좌석을 포함한 탑승좌석 수가 1개 이상일 것
   다. 동력을 일으키는 기계장치(이하 "발동기"라 한다)가 1개 이상일 것
2. 사람이 탑승하지 아니하고 원격조종 등의 방법으로 비행하는 경우 : 다음의 기준을 모두 충족할 것
   가. 연료의 중량을 제외한 자체중량이 150 kg을 초과할 것
   나. 발동기가 1개 이상일 것

21. 대통령령이 정하는 시설 중 기본시설에 포함되지 않는 것은?

① 활주로와 유도로 ② 소방시설
③ 항행안전시설 ④ 기상관측시설

해설 [공항시설법 시행령 제3조] : 대통령령이 정하는 시설은 기본시설 및 지원시설 등을 말한다.

1. 다음 각 목에서 정하는 기본시설
   가. 활주로, 유도로, 계류장, 착륙대 등 항공기의 이·착륙시설
   나. 여객 터미널, 화물 터미널 등 여객시설 및 화물처리시설
   다. 항행안전시설
   라. 관제소, 송수신소, 통신소 등의 통신시설
   마. 기상관측시설
   바. 공항 이용객 주차시설 및 경비보안시설
   사. 이용객 홍보 및 안내시설
2. 다음 각 목에서 정하는 지원시설
   가. 항공기 및 지상조업장비의 점검, 정비 등을 위한 시설
   나. 운항관리시설, 의료시설, 교육훈련시설, 소방시설 및 기내식 제조·공급 등을 위한 시설
   다. 공항의 운영 및 유지·보수를 위한 공항운영, 관리시설
   라. 공항 이용객 편의시설 및 공항 근무자 후생복지시설
   마. 공항 이용객을 위한 업무, 숙박, 판매, 위락, 운동, 전시 및 관람집회시설
   바. 공항교통시설 및 조경, 방음벽, 공해배출방지시설 등 환경보호시설
   사. 상, 하수도 시설 및 전력, 통신, 냉난방시설

정답 20. ② 21. ②

아. 항공기 급유 및 유류저장, 관리시설
자. 항공화물 보관을 위한 창고시설
차. 공항의 운영, 관리와 항공운송사업 및 이에 관련된 사업에 필요한 건축물에 부속되는 시설
카. 공항과 관련된 신에너지 및 재생에너지 개발·이용·보급 촉진법 제2조 제3호에 따른 신에너지 및 재생에너지 설비

3. 도심공항터미널
4. 헬기장 안에 있는 여객, 화물 처리시설 및 운항지원시설
5. 공항구역 내에 있는 자유무역 지역의 지정 및 운영에 관한 법률 제 4 조의 규정에 의하여 지정된 자유무역 지역에 설치하고자 하는 시설로서 당해 공항의 원활한 운영을 위하여 필요하다고 인정하여 국토교통부장관이 지정, 고시하는 시설
6. 기타 국토교통부장관이 공항의 운영 및 관리에 필요하다고 인정하는 시설

22. 대통령령이 정하는 공항의 시설 중 지원시설이 아닌 것은?

① 의료시설
② 항공기 급유시설
③ 공항근무자 후생복지시설
④ 공항이용객 주차시설, 홍보시설

해설 문제 21번 참조

23. 대통령령이 정하는 공항의 시설 중에서 기본시설인 것은?

① 항공기 및 지상조업장비의 점검, 정비 등을 위한 시설
② 공항이용객 편의시설 및 공항근무자 후생복지시설
③ 공항이용객 주차시설 및 경비보안시설
④ 항공기 급유 및 유류저장, 관련시설

해설 문제 21번 참조

24. 다음 공항시설 중 대통령령이 정하는 기본시설이 아닌 것은?

① 비행장에 있는 활주로 및 유도로
② 항행안전시설
③ 항공기 급유 및 유류저장, 관리시설
④ 기상관측시설

해설 문제 21번 참조

정답 22. ④ 23. ③ 24. ③

25. 다음 공항시설 중 기본시설이 아닌 것은?

① 항공기 정비시설 ② 활주로, 유도로, 계류장
③ 항행안전시설 ④ 기상관측시설

해설 문제 21번 참조

26. 다음 중 착륙대에 대하여 바르게 설명한 것은?

① 항공기의 이·착륙을 위해 설치된 장소를 말한다.
② 특정한 방향을 향해 설치된 비행장 내의 일정구역을 말한다.
③ 항공기가 활주로를 이탈하는 경우 항공기와 탑승자의 피해를 감소시키기 위한 활주로 주변에 설치하는 안전지대를 말한다.
④ 활주로 양끝에서 80 m 까지 연장한 직사각형의 지표면 또는 수면을 말한다.

해설 [공항시설법 제2조 제13호] : 착륙대란 활주로와 항공기가 활주로를 이탈하는 경우 항공기와 탑승자의 피해를 줄이기 위하여 활주로 주변에 설치하는 안전지대로서 국토교통부령으로 정하는 길이와 폭으로 이루어지는 활주로 중심선에 중심을 두는 직사각형의 지표면 또는 수면을 말한다.

27. 항공기의 이륙 및 착륙을 위하여 사용되는 육지 또는 수면의 일정한 구역은?

① 활주로 ② 유도로 ③ 비행장 ④ 착륙대

해설 [공항시설법 제2조 제2호] : 비행장이란 항공기·경량항공기·초경량비행장치의 이륙(이수를 포함), 착륙(착수를 포함)을 위하여 사용되는 육지 또는 수면의 일정한 구역으로서 대통령령으로 정하는 것을 말한다.

28. 항공안전법에서 규정하고 있는 용어의 정의가 옳지 않은 것은?

① 공항이라 함은 공항시설을 갖춘 공공용 비행장으로서 대통령이 그 명칭, 위치 및 구역을 지정 고시한 것을 말한다.
② 항공업무란 항공기의 운항, 항공교통관제, 운항관리 및 정비·수리·개조된 항공기에 대하여 안전하게 운용할 수 있는 성능(감항성)이 있는지를 확인하는 업무를 말한다.
③ 항공로라 함은 국토교통부장관이 항공기, 경량항공기 또는 초경량비행장치의 항행에 적합하다고 지정한 지구의 표면상에 표시한 공간의 길을 말한다.
④ 항공기사용사업이란 타인의 수요에 맞추어 항공기를 사용하여 유상으로 사진촬영등 국토교통부령으로 정하는 항공운송사업 외의 사업을 말한다.

정답 25. ① 26. ③ 27. ③ 28. ①

해설 [항공안전법 제 2 조 제 5 호, 13 호, 공항시설법 제 2 조 제 3 호, 항공사업법 제 2 조 제 15 호]

1. 항공업무란 항공기의 운항 (무선설비의 조작을 포함)업무 (항공기 조종연습은 제외), 항공교통관제 (무선설비의 조작을 포함)업무 (항공교통관제연습은 제외), 항공기의 운항관리업무, 정비·수리·개조된 항공기·발동기·프로펠러, 장비품 또는 부품에 대하여 안전하게 운용할 수 있는 성능(감항성)이 있는지를 확인하는 업무 및 경량항공기 또는 그 장비품·부품의 정비사항을 확인하는 업무를 말한다.
2. 항공로라 함은 국토교통부장관이 항공기, 경량항공기 또는 초경량비행장치의 항행에 적합하다고 지정한 지구의 표면상에 표시한 공간의 길을 말한다.
3. 공항이라 함은 공항시설을 갖춘 공공용 비행장으로서 국토교통부장관이 그 명칭, 위치 및 구역을 지정 고시한 것을 말한다.
4. 항공기사용사업이란 항공운송사업 외의 사업으로서 타인의 수요에 맞추어 항공기를 사용하여 유상으로 농약살포, 건설자재 등의 운반, 사진촬영 또는 항공기를 이용한 비행훈련 등 국토교통부령으로 정하는 업무를 하는 사업을 말한다.

29. 항행안전시설이란 무엇을 말하는가?

① 유선통신, 무선통신, 인공위성, 불빛, 색채 또는 전파를 이용하여 항공기의 항행을 돕기 위한 시설로서 국토교통부령으로 정하는 시설을 말한다.
② 항공기의 이륙, 착륙 및 여객, 화물의 운송을 위한 시설을 말한다.
③ 전파, 불빛, 색채 또는 형상에 의하여 항공기의 수리, 개조를 돕기 위한 시설로서 국토교통부령이 정하는 시설을 말한다.
④ 항공사의 업무상 항공기의 이륙, 착륙 시 승객의 화물을 보관해두는 시설을 말한다.

해설 [공항시설법 제 2 조 제 15 호] : 항행안전시설이란 유선통신, 무선통신, 인공위성, 불빛, 색채 또는 전파를 이용하여 항공기의 항행을 돕기 위한 시설로서 국토교통부령으로 정하는 시설을 말한다.

30. 다음 중 항행안전시설에 포함되지 않는 것은?

① 무지향표지시설 ② 거리측정시설 ③ 레이더시설 ④ 관제탑

해설 [공항시설법 시행규칙 제 5 조] : 항행안전시설은 항공등화, 항행안전무선시설 및 항공정보통신시설을 말한다.

1. 항행안전무선시설 : 전파를 이용하여 항공기의 항행을 돕기 위한 각 목의 시설
   가. 거리측정시설(DME) 나. 계기착륙시설(ILS/MLS/TLS)
   다. 다변측정감시시설(MLAT) 라. 레이더시설(ASR/ARSR/SSR/ARTS/ASDE/PAR)
   마. 무지향표지시설(NDB) 바. 범용접속데이터통신시설(UAT)
   사. 위성항법감시시설(GNSS Monitoring System)
   아. 위성항법시설(GNSS/SBAS/GRAS/GBAS)

정답 29. ① 30. ④

자. 자동종속감시시설(ADS, ADS-B, ADS-C)
차. 전방향표지시설(VOR)
카. 전술항행표지시설(TACAN)

2. 항공등화 : 불빛, 색채 또는 형상을 이용하여 항공기의 항행을 돕기 위한 항행안전시설로서 국토교통부령으로 정하는 시설
3. 항공정보통신시설 : 전기통신을 이용하여 항공교통업무에 필요한 정보를 제공, 교환하기 위한 다음 각 목의 시설
   가. 항공이동통신시설 나. 항공고정통신시설 다. 항공정보방송시설

31. 다음 중 항행안전시설이 아닌 것은?

① 항공등화 ② 항공정보통신시설
③ 항행안전무선시설 ④ 주간장애표지시설

해설 문제 30번 참조

32. 다음 중 항행안전무전시설이 아닌 것은?

① 무지향표지시설(NDB) ② 전방향표지시설(VOR)
③ 자동방향탐지시설(ADF) ④ 계기착륙시설(ILS)

해설 문제 30번 참조

33. 전방향표지시설(VOR)의 방위각 정보의 허용 오차는?

① $\pm 1^\circ$ ② $\pm 2^\circ$ ③ $\pm 3^\circ$ ④ $\pm 4^\circ$

해설 전방향표지시설의 방위각 정보의 허용 오차는 $\pm 2^\circ$이내이어야 한다.

34. 다음 중 항공등화의 종류가 아닌 것은?

① 비행장등대 ② 진입등시스템 ③ 신호항공등대 ④ 비행장식별등대

해설 [공항시설법 시행규칙 제6조] : 법 제2조 제16호에서 국토교통부령으로 정하는 시설은 다음과 같다.

1. 비행장등대 2. 비행장식별등대 3. 진입등시스템
4. 진입각지시등 5. 활주로등 6. 활주로시단등
7. 활주로시단연장등 8. 활주로중심선등 9. 접지구역등
10. 활주로거리등 11. 활주로종단등 12. 활주로시단식별등

정답 31. ④ 32. ③ 33. ② 34. ③

13. 선회등
14. 유도로등
15. 유도로중심선등
16. 활주로유도등
17. 일시정지위치등
18. 정지선등
19. 활주로경계등
20. 풍향등
21. 지향신호등
22. 착륙방향지시등
23. 도로정지위치등
24. 정지로등
25. 금지구역등
26. 활주로회전패드등
27. 항공기주기장식별표지등
28. 항공기주기장안내등
29. 계류장조명등
30. 시각주기유도시스템
31. 유도로안내등
32. 제빙·방빙시설출구등
33. 비상용등화
34. 헬기장등대
35. 헬기장진입등시스템
36. 헬기장진입각지시등
37. 시각정렬안내등
38. 진입구역등
39. 목표지점등
40. 착륙구역등
41. 견인지역조명등
42. 장애물조명등
43. 간이접지구역등
44. 진입금지선등
45. 고속탈출유도로지시등
46. 활주로상태등

35. 항공등화의 종류가 아닌 것은?

① 신호항공등대 ② 활주로경계등 ③ 풍향등 ④ 지향신호등

해설 문제 34번 참조

36. 항행 중의 항공기에 비행장의 위치를 알려주기 위하여 비행장 또는 그 주변에 설치하는 등화는?

① 활주로등 ② 비행장등대 ③ 비행장식별등대 ④ 접지구역등

해설 비행장등대 : 항행 중인 항공기에 공항·비행장의 위치를 알려주기 위해 공항·비행장 또는 그 주변에 설치하는 등화

37. 항공등화의 설명 중 틀린 것은?

① 정지선등 : 지상 주행 중인 항공기에게 일시 정지하여야 하는 위치를 나타내기 위하여 설치하는 등화
② 비행장등대 : 항행 중인 항공기에 공항·비행장의 위치를 알려주기 위해 공항·비행장 또는 그 주변에 설치하는 등화
③ 유도로안내등 : 지상 주행 중인 항공기에 목적지, 경로 및 분기점을 알려주기 위하여 설치하는 등화
④ 진입등시스템 : 착륙하려는 항공기에 진입로를 알려주기 위하여 진입구역에 설치하는 등화

정답 35. ① 36. ② 37. ①

해설 [공항시설법 시행규칙 제 6 조]

① 정지선등 : 유도 정지 위치를 표시하기 위해 유도로의 교차부분 또는 활주로 진입 정지 위치에 설치하는 등화
② 비행장등대 : 항행 중인 항공기에 공항·비행장의 위치를 알려주기 위해 공항·비행장 또는 그 주변에 설치하는 등화
③ 유도로안내등 : 지상 주행 중인 항공기에 목적지, 경로 및 분기점을 알려주기 위해 설치하는 등화
④ 진입등시스템 : 착륙하려는 항공기에 진입로를 알려주기 위해 진입구역에 설치하는 등화

38. 다음 설명 중 틀린 것은?

① 관제권이란 비행장 또는 공항과 그 주변의 공역으로서 항공 교통의 안전을 위하여 국토교통부장관이 지정·공고한 공역을 말한다.
② 항공로란 국토교통부장관이 항공기의 항행에 적합하다고 지정한 지구의 표면상에 표시한 공간의 길을 말한다.
③ 관제구라 함은 지표면 또는 수면으로부터 250 m 이상 높이의 공역으로서 항공 교통의 안전을 위하여 국토교통부장관이 지정한 공역을 말한다.
④ 계기비행이란 항공기의 자세·고도·위치 및 비행방향의 측정을 항공기에 장착된 계기에만 의존하여 비행하는 것을 말한다.

해설 [항공안전법 제 2 조 제13 호, 18 호, 25 호, 26 호]

1. 항공로란 국토교통부장관이 항공기, 경량항공기 또는 초경량비행장치의 항행에 적합하다고 지정한 지구의 표면상에 표시한 공간의 길을 말한다.
2. 계기비행이란 항공기의 자세·고도·위치 및 비행방향의 측정을 항공기에 장착된 계기에만 의존하여 비행하는 것을 말한다.
3. 관제권이란 비행장 또는 공항과 그 주변의 공역으로서 항공 교통의 안전을 위하여 국토교통부장관이 지정·공고한 공역을 말한다.
4. 관제구란 지표면 또는 수면으로부터 200 m 이상 높이의 공역으로서 항공 교통의 안전을 위하여 국토교통부장관이 지정·공고한 공역을 말한다.

39. 항공로 지정은 누가 하는가?

① 국토교통부장관
② 대통령
③ 지방항공청장
④ 국제민간항공기구

해설 문제 38번 참조

정답 38. ③ 39. ①

40. 다음 중 항공로의 설명으로 옳은 것은?

① 국토교통부장관이 항공기의 항행에 적합하다고 지정한 지구의 표면상에 표시한 공간의 길
② 지표면 또는 수면으로부터 200 m 이상 높이의 공역으로서 항공 교통의 안전을 위하여 국토교통부장관이 지정한 공역
③ 비행장 및 그 주변의 공역으로서 항공 교통의 안전을 위하여 국토교통부장관이 지정한 공역
④ 항공기가 항행함에 있어 시정 및 구름의 상황을 고려하여 국토교통부장관이 지정한 공역

해설 문제 38번 참조

41. 항공교통 관제구의 높이로 맞는 것은?

① 항공로의 지표 또는 수면으로부터 200 m 이상의 높이
② 항공로의 지표 또는 수면으로부터 300 m 이상의 높이
③ 항공로의 지표 또는 수면으로부터 400 m 이상의 높이
④ 항공로의 지표 또는 수면으로부터 500 m 이상의 높이

해설 문제 38번 참조

42. 비행장 또는 공항과 그 주변의 공역으로서 항공교통의 안전을 위하여 지정한 공역은?

① 관제구 ② 진입구역 ③ 관제권 ④ 항공로

해설 문제 38번 참조

43. 계기비행에 관한 설명 중 맞는 것은?

① 항공기의 자세, 고도, 위치 및 비행방향의 측정을 항공기에 장착된 계기에 의존하여 비행하는 것을 말한다.
② 관제권 밖에서의 이륙 및 이에 따른 상승비행과 착륙강하비행을 말한다.
③ 국토교통부장관이 지정하는 항공로 또는 제 70 조 1 항의 규정에 의하여 국토교통부장관이 지시하는 비행로에서 행하는 비행을 말한다.
④ 비행계획을 할 때에는 국토교통부장관의 승인을 받아야 한다.

해설 [항공안전법 제 2 조 제 18 호] : 계기비행이라 함은 항공기의 자세, 고도, 위치 및 비행방향의 측정을 항공기에 장착된 계기에 의존하여 비행하는 것을 말한다.

정답 40. ① 41. ① 42. ③ 43. ①

44. 다음 중 경량항공기의 기준으로 적합하지 않은 것은?

① 최대 실속속도 또는 최소 정상비행속도가 45노트 이하일 것
② 최대 이륙중량이 600 kg 이하일 것
③ 조종사 좌석을 포함한 탑승 좌석이 2개 이하일 것
④ 비행 중 프로펠러의 각도를 조정할 수 있을 것

해설 [항공안전법 시행규칙 제4조] : 법 제2조 제2호에서 최대 이륙중량, 좌석 수 등 국토교통부령으로 정하는 기준에 해당하는 비행기, 헬리콥터, 자이로플레인 및 동력패러슈트 등이란 법 제2조 제3호에 따른 초경량비행장치에 해당하지 아니하는 것으로서 다음 각 호의 기준을 모두 충족하는 비행기, 헬리콥터, 자이로플레인 및 동력패러슈트를 말한다.

1. 최대 이륙중량이 600 kg (수상비행에 사용하는 경우에는 650 kg) 이하일 것
2. 최대 실속속도 또는 최소 정상비행속도가 45노트 이하일 것
3. 조종사 좌석을 포함한 탑승 좌석이 2개 이하일 것
4. 단발 왕복발동기 또는 전기모터를 장착할 것
5. 조종석은 여압이 되지 아니할 것
6. 비행 중에 프로펠러의 각도를 조정할 수 없을 것
7. 고정된 착륙장치가 있을 것. 다만, 수상비행에 사용하는 경우에는 고정된 착륙장치 외에 접을 수 있는 착륙장치를 장착할 수 있다.

45. 다음 용어 설명 중 틀린 것은?

① 항공운송사업이란 국내항공운송사업, 국제항공운송사업 및 소형항공운송사업을 말한다.
② 소형항공운송사업이란 타인의 수요에 맞추어 항공기를 사용하여 유상으로 여객이나 화물을 운송하는 사업으로서 국내항공운송사업 및 국제항공운송사업 외의 항공운송사업을 말한다.
③ 항공기사용사업이란 항공운송사업 외의 사업으로서 타인의 수요에 맞추어 항공기를 사용하여 무상으로 농약살포, 건설자재 등의 운반, 사진촬영 또는 항공기를 이용한 비행훈련 등 국토교통부령으로 정하는 업무를 하는 사업을 말한다.
④ 항공기취급업이란 타인의 수요에 맞추어 항공기에 대한 급유, 항공화물 또는 수하물의 하역과 그 밖에 국토교통부령으로 정하는 지상조업을 하는 사업을 말한다.

해설 [항공사업법 제2조 7호, 13호, 15호, 19호]

1. 항공운송사업이란 국내항공운송사업, 국제항공운송사업 및 소형항공운송사업을 말한다.
2. 소형항공운송사업이란 타인의 수요에 맞추어 항공기를 사용하여 유상으로 여객이나 화물을 운송하는 사업으로서 국내항공운송사업 및 국제항공운송사업 외의 항공운송사업을 말한다.
3. 항공기사용사업이란 항공운송사업 외의 사업으로서 타인의 수요에 맞추어 항공기를 사

정답 44. ④ 45. ③

용하여 유상으로 농약살포, 건설자재 등의 운반, 사진촬영 또는 항공기를 이용한 비행훈련 등 국토교통부령으로 정하는 업무를 하는 사업을 말한다.
4. 항공기취급업이란 타인의 수요에 맞추어 항공기에 대한 급유, 항공화물 또는 수하물의 하역과 그 밖에 국토교통부령으로 정하는 지상조업을 하는 사업을 말한다.

46. 항공기의 조종실을 모방하여 실제 항공기와 동일하게 재현할 수 있도록 고안된 장치는?
① 초경량비행장치 ② 무선비행장치 ③ 모의비행장치 ④ 동력활공기

해설 [항공안전법 제 2 조 제 15 호] : 모의비행장치란 항공기의 조종실을 동일 또는 유사하게 모방한 장치로서 국토교통부령으로 정하는 장치를 말한다.

47. 초경량비행장치 범위에 속하는 동력비행장치의 요건이 아닌 것은?
① 탑승자, 연료 및 비상용 장비의 중량을 제외한 해당 장치의 자체중량이 115 kg 이하일 것
② 프로펠러에서 추진력을 얻는 것일 것
③ 동력을 이용하는 고정익 비행장치일 것
④ 좌석이 1개일 것

해설 [항공안전법 시행규칙 제5조] : 초경량비행장치란 항공기와 경량항공기 외에 공기의 반작용으로 뜰 수 있는 장치로서 자체중량, 좌석 수 등 국토교통부령으로 정하는 기준에 해당하는 동력비행장치, 행글라이더, 패러글라이더, 기구류, 무인비행장치, 회전익비행장치, 동력패러글라이더 및 낙하산류 등을 말한다.
1. 동력비행장치 : 동력을 이용하는 것으로서 다음 각 목의 기준을 모두 충족하는 고정익비행장치
   가. 탑승자, 연료 및 비상용 장비의 중량을 제외한 자체중량이 115 kg 이하일 것
   나. 연료의 탑재량이 19리터 이하일 것
   다. 좌석이 1개일 것
2. 행글라이더 : 탑승자 및 비상용 장비의 중량을 제외한 자체중량이 70 kg 이하로서 체중이동, 타면조종 등의 방법으로 조종하는 비행장치
3. 패러글라이더 : 탑승자 및 비상용 장비의 중량을 제외한 자체중량이 70 kg 이하로서 날개에 부착된 줄을 이용하여 조종하는 비행장치
4. 기구류 : 기체의 성질·온도차 등을 이용하는 다음 각 목의 비행장치
   가. 유인자유기구
   나. 무인자유기구(기구 외부에 2킬로그램 이상의 물건을 매달고 비행하는 것만 해당)
   다. 계류식기구
5. 무인비행장치 : 사람이 탑승하지 아니하는 것으로서 다음 각 목의 비행장치
   가. 무인동력비행장치 : 연료의 중량을 제외한 자체중량이 150 kg 이하인 무인비행기,

정답 46. ③ 47. ②

무인헬리콥터 또는 무인멀티콥터

나. 무인비행선 : 연료의 중량을 제외한 자체중량이 180 kg 이하이고 길이가 20 m 이하인 무인비행선

6. 회전익비행장치 : 제1호 각 목의 동력비행장치의 요건을 갖춘 헬리콥터 또는 자이로플레인
7. 동력패러글라이더 : 패러글라이더에 추진력을 얻는 장치를 부착한 다음 각 목의 어느 하나에 해당하는 비행장치

   가. 착륙장치가 없는 비행장치

   나. 착륙장치가 있는 것으로서 제1호 각 목의 동력비행장치의 요건을 갖춘 비행장치
8. 낙하산류 : 항력을 발생시켜 대기 중을 낙하하는 사람 또는 물체의 속도를 느리게 하는 비행장치
9. 그 밖에 국토교통부장관이 종류, 크기, 중량, 용도 등을 고려하여 정하여 고시하는 비행장치

48. 초경량 비행장치 중 좌석이 1인 동력비행장치의 자체중량은?

① 115 kg 이하 ② 150 kg 이하 ③ 225 kg 이하 ④ 250 kg 이하

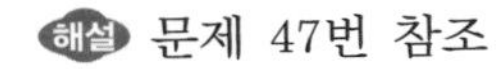
해설 문제 47번 참조

49. 초경량비행장치에 속하지 않는 것은 어느 것인가?

① 연료의 중량을 제외한 자체중량이 180 kg 이하이고 길이가 20 m 이하인 무인비행선

② 기체의 성질, 온도차 등을 이용하는 유인자유기구와 계류식기구

③ 패러글라이더에 추진력을 얻는 장치를 부착한 비행장치

④ 연료의 중량을 제외한 당해 장치의 자체중량이 225 kg 이하인 동력비행장치

해설 문제 47번 참조

50. 국내 및 국제 부정기편 운항이 아닌 것은?

① 관광을 목적으로 한 지점을 이륙하여 중간에 착륙하지 아니하고 정하여진 노선을 따라 출발지점에 착륙하기 위해 운항하는 것

② 농업용이나 산림용으로 일정한 금액을 받고 농약을 살포해 주는 사업

③ 노선을 정하지 아니하고 사업자와 항공기를 독점하여 이용하려는 이용자 간의 1개의 항공운송계약에 따라 운항하는 것

④ 한 지점과 다른 지점 사이에 노선을 정하여 운항하는 것

정답 48. ① 49. ④ 50. ②

해설 [항공사업법 시행규칙 제 3 조] : 국내 및 국제 부정기편 운항은 다음 각 호와 같이 구분한다.

1. 지점 간 운항 : 한 지점과 다른 지점 사이에 노선을 정하여 운항하는 것
2. 관광비행 : 관광을 목적으로 한 지점을 이륙하여 중간에 착륙하지 아니하고 정해진 노선을 따라 출발지점에 착륙하기 위하여 운항하는 것
3. 전세운송 : 노선을 정하지 아니하고 사업자와 항공기를 독점하여 이용하려는 이용자 간의 1개의 항공운송계약에 따라 운항하는 것

51. 다음 중 국내 및 국제 부정기편 운항의 종류가 아닌 것은?

① 전세운송 ② 사진촬영
③ 관광비행 ④ 지점 간 운항

해설 문제 50번 참조

52. 항공기사용사업의 대상이 아닌 것은 어느 것인가?

① 사진촬영 ② 해상측량
③ 비행훈련 ④ 여객 또는 화물의 운송

해설 [항공사업법 시행규칙 제 4 조] : 항공기사용사업은 항공기를 이용하여 다음의 업무를 하는 사업을 말한다.

1. 비료 또는 농약 살포, 씨앗 뿌리기 등 농업 지원
2. 해양오염 방지약제 살포
3. 광고용 현수막 견인 등 공중광고
4. 사진촬영, 육상 및 해상 측량 또는 탐사
5. 산불 등 화재 진압
6. 수색 및 구조(응급구호 및 환자 이송을 포함)
7. 헬리콥터를 이용한 건설자재 등의 운반(헬리콥터 외부에 건설자재 등을 매달고 운반하는 경우만 해당한다)
8. 산림, 관로, 전선 등의 순찰 또는 관측
9. 항공기를 이용한 비행훈련(고등교육법 제2조에 따른 학교가 실시하는 비행훈련의 경우는 제외)
10. 항공기를 이용한 고공낙하
11. 글라이더 견인
12. 그 밖에 특정 목적을 위하여 하는 것으로서 국토교통부장관 또는 지방항공청장이 인정하는 업무

정답 51. ② 52. ④

53. 항공기취급업에 대한 설명 중 옳지 않은 것은?

① 항공기하역업 : 화물이나 수하물을 항공기에 싣거나 항공기로부터 내려서 정리하는 사업을 말한다.

② 항공기급유업 : 항공기에 연료 및 윤활유를 주유하는 사업을 말한다.

③ 지상조업사업 : 항공기 입항 및 출항에 필요한 유도, 항공기 탑재관리 및 동력지원, 항공기 운항정보지원, 승객 및 승무원의 탑승 또는 출입국 관련업무, 장비대여, 항공기의 청소 등을 하는 사업을 말한다.

④ 항공기정비업 : 감항성에 영향을 미치는 작업으로서 그 형식 또는 시방에 대하여 국토교통부장관의 인정을 받은 장비품 또는 부품을 사용하여 정비 또는 수리, 개조를 하는 사업을 말한다.

해설 [항공사업법 시행규칙 제 5 조] : 항공기취급업은 다음과 같이 구분한다.

1. 항공기급유업 : 항공기에 연료 및 윤활유를 주유하는 사업
2. 항공기하역업 : 화물이나 수하물을 항공기에 싣거나 항공기로부터 내려서 정리하는 사업
3. 지상조업사업 : 항공기 입항 및 출항에 필요한 유도, 항공기 탑재관리 및 동력지원, 항공기 운항정보지원, 승객 및 승무원의 탑승 또는 출입국 관련 업무, 장비대여, 항공기의 청소 등을 하는 사업

54. 다음 중 항공기취급업이 아닌 것은?

① 항공기정비업 ② 항공기급유업 ③ 지상조업사업 ④ 항공기하역업

해설 문제 53번 참조

55. 공항 또는 비행장에서 항공기의 급유, 하역 기타 지상조업을 하는 사업은?

① 항공기운송사업 ② 항공기취급업

③ 항공운송주선업 ④ 항공운송총대리점업

해설 문제 53번 참조

56. 항공운송 사업자를 위하여 유상으로 항공기에 의한 여객 또는 화물의 국제운송계약 체결을 대리하는 사업은?

① 항공운송사업 ② 항공기사용사업

③ 항공기취급업 ④ 항공운송총대리점업

정답 53. ④ 54. ① 55. ② 56. ④

해설 [항공사업법 제 2 조 제 7 호, 제 15 호, 제 19 호, 제 30 호]

1. 항공운송사업이란 국내항공운송사업, 국제항공운송사업 및 소형항공운송사업을 말한다.
2. 항공기사용사업이란 항공운송사업 외의 사업으로서 타인의 수요에 맞추어 항공기를 사용하여 유상으로 농약살포, 건설자재 등의 운반, 사진촬영 또는 항공기를 이용한 비행훈련 등 국토교통부령으로 정하는 업무를 하는 사업을 말한다.
3. 항공기취급업이란 타인의 수요에 맞추어 항공기에 대한 급유, 항공화물 또는 수하물의 하역과 그 밖에 국토교통부령으로 정하는 지상조업을 하는 사업을 말한다.
4. 항공운송총대리점업이란 항공운송사업자를 위하여 유상으로 항공기를 이용한 여객 또는 화물의 국제운송계약 체결을 대리하는 사업을 말한다.

57. 도심공항터미널업을 옳게 설명한 것은?

① 공항 구역에서 항공여객 및 항공화물의 수송 및 처리에 관한 편의를 제공하는 사업
② 항공운송사업을 경영하는 자를 위하여 도심에서 여객 또는 화물의 국제운송계약의 체결을 대리하는 사업
③ 공항 구역 외에서 항공여객 및 항공화물의 수송 및 처리에 관한 편의를 제공하기 위하여 이에 필요한 시설을 설치, 운영하는 사업
④ 항공운송사업을 경영하는 자를 위하여 도심에서 시설을 대여해주는 사업

해설 [항공사업법 제 2 조 제 32 호] : 도심공항터미널업이란 공항 구역이 아닌 곳에서 항공여객 및 항공화물의 수송 및 처리에 관한 편의를 제공하기 위하여 이에 필요한 시설을 설치, 운영하는 사업을 말한다.

58. 다음 중 무인비행장치의 범위에 속하는 무인동력비행장치는?

① 연료의 중량을 제외한 자체중량이 180 kg 미만이고, 길이가 20 m 미만인 무인헬리콥터
② 연료의 중량을 제외한 자체중량이 180 kg 미만이고, 길이가 20 m 미만인 무인활공기
③ 연료의 중량을 제외한 자체중량이 150 kg 미만인 무인비행기
④ 연료의 중량을 제외한 자체중량이 150 kg 미만인 무인비행선

해설 [항공안전법 시행규칙 제 5 조] : 무인비행장치는 사람이 탑승하지 아니하는 것으로서 다음 각 목의 비행장치를 말한다.

가. 무인동력비행장치 : 연료의 중량을 제외한 자체중량이 150 kg 이하인 무인비행기, 무인헬리콥터 또는 무인멀티콥터
나. 무인비행선 : 연료의 중량을 제외한 자체중량이 180 kg 이하이고 길이가 20 m 이하인 무인비행선

정답 57. ③ 58. ③

59. 다음 중 등록을 요하는 것은?

① 군 또는 세관에서 사용하는 항공기
② 외국에 임대할 목적으로 도입한 항공기로서 외국 국적을 취득할 항공기
③ 외국인 소유의 항공기를 대한민국 국민이 사용할 수 있는 경우
④ 국내에서 제작한 후 제작자 외의 소유자가 결정되지 않는 비행기

해설 [항공안전법 시행령 제4조] : 대통령령이 정하는 등록을 필요로 하지 않는 항공기는 다음과 같다.
① 군 또는 세관에서 사용하거나 경찰업무에 사용하는 항공기
② 외국에 임대할 목적으로 도입한 항공기로서 외국 국적을 취득할 항공기
③ 국내에서 제작한 항공기로서 제작자 외의 소유자가 결정되지 않는 비행기
④ 외국에 등록된 항공기를 임차하여 법 제5조에 따라 운영하는 경우 그 항공기
⑤ 항공기 제작자나 항공기 관련 연구기관이 연구·개발 중인 항공기

60. 다음 중 등록을 할 수 있는 항공기는?

① 군, 경찰, 세관에서 사용하는 항공기
② 외국에 임대할 목적으로 도입한 항공기로서 외국 국적을 취득할 항공기
③ 국내에서 제작한 항공기로서 제작자 외의 항공기 소유자가 결정되지 아니한 항공기
④ 산림청의 점검용 항공기

해설 문제 59번 참조

61. 등록을 요하지 아니하는 항공기에 해당되지 않는 것은?

① 군 또는 세관에서 사용하거나 경찰업무에 사용하는 항공기
② 외국에 임대할 목적으로 도입한 항공기로서 외국 국적을 취득할 항공기
③ 국토교통부의 점검용 항공기
④ 국내에서 제작한 항공기로서 제작자 외의 소유주가 결정되지 아니한 항공기

해설 문제 59번 참조

62. 다음 중 국가 항공기라 볼 수 없는 것은?

① 세관에서 소유하는 해상 감시용 항공기 ② 군용기
③ 국가 원수가 이용하는 민간 항공기 ④ 경찰업무에 사용하는 항공기

해설 국가 항공기 : 군 또는 세관에서 사용하거나 경찰업무에 사용하는 항공기로 국제민간항공조약에서 규정한다.

정답 59. ③ 60. ④ 61. ③ 62. ③

63. 국제민간항공조약에서 규정한 국가 항공기가 아닌 것은?

① 군 항공기 ② 세관 항공기 ③ 산림청 항공기 ④ 경찰 항공기

해설 문제 62번 참조

64. 항공기 등록의 효력 중 행정적 효력과 관계없는 것은?

① 국적을 취득한다.
② 분쟁발생 시 소유권을 증명한다.
③ 항공에 사용할 수 있다.
④ 감항증명을 받을 수 있다.

해설 [항공안전법 제 8 조] : 등록된 항공기는 대한민국의 국적을 취득하고 이에 따른 권리, 의무를 갖는다. 항공기를 항공의 용에 공하기 위해서는 감항증명을 받아야 하므로 감항증명을 받을 수 있는 요건이 된다. 민사적 효력으로는 항공기의 소유권을 공증한다.

65. 항공기 등록의 행정적 효력과 관계없는 것은?

① 항공의 용에 공한다.
② 감항증명을 받을 수 있다.
③ 소유권 변동에 관한 효력을 갖는다.
④ 등록국의 국적을 취득한다.

해설 문제 64번 참조

66. 항공기를 항공의 용도로 사용하기 위해 필요한 사항은?

① 항공기 설계검사, 항공기 등록
② 항공기 등록, 시험비행, 감항검사
③ 시험비행, 감항검사, 설계검사
④ 항공기 등록, 설계검사, 감항검사

해설 항공기를 항공의 용도로 사용하기 위해서는 감항증명을 받아야 하므로 감항증명을 받기 위해서 항공기를 등록하여야 하며, 감항증명은 항공기 감항검사에 합격하여야 한다. 따라서, 항공기를 항공의 용도로 사용하기 위해서는 먼저 항공기 등록 → 시험비행 → 감항검사의 순서로 행해진다.

67. 항공기의 등록제한에 포함되지 않은 것은?

① 외국정부
② 외국의 공공단체
③ 대한민국 법인이 임차한 항공기
④ 외국의 국적을 가진 항공기

해설 [항공안전법 제 10 조] : 다음의 자가 소유 또는 임차하는 항공기는 등록할 수 없다. 다만, 대한민국의 국민이나 법인이 임차하거나 기타 사용할 수 있는 권리를 가진 항공기는 그러하지 아니하다.

정답 63. ③ 64. ② 65. ③ 66. ② 67. ③

① 대한민국의 국민이 아닌 자
② 외국정부 또는 외국의 공공단체
③ 외국의 법인 또는 단체
④ 제1호부터 제3호까지의 어느 하나에 해당하는 자가 주식이나 지분의 2분의 1 이상을 소유하거나 그 사업을 사실상 지배하고 있는 법인
⑤ 외국인이 대표자이거나 외국인이 임원수의 2분의 1 이상인 법인
⑥ 외국의 국적을 가진 항공기는 이를 등록할 수 없다.

68. 다음 중 항공기를 등록할 수 없는 경우가 아닌 것은?
① 외국인이 대표자이거나 외국인이 임원수의 1/3 이하의 법인
② 대한민국 국민이 아닌 자
③ 외국정부 또는 외국의 공공단체
④ 외국의 법인 또는 단체

해설 문제 67번 참조

69. 항공기 등록원부에 기재하지 않아도 되는 것은?
① 항공기 형식
② 항공기 정치장
③ 등록기호
④ 항공기 제작연월일

해설 [항공안전법 제11조] : 국토교통부장관은 소유자 등이 항공기의 등록을 신청한 경우에는 항공기 등록원부에 다음 사항을 기록하여야 한다.
① 항공기의 형식
② 항공기의 제작자
③ 항공기의 제작번호
④ 항공기의 정치장
⑤ 소유자 또는 임차인, 임대인의 성명 또는 명칭과 주소 및 국적
⑥ 등록연월일
⑦ 등록기호

70. 항공기 등록원부에 기재되는 사항이 아닌 것은?
① 항공기 형식
② 항공기의 정치장
③ 항공기 감항유별
④ 항공기 제작자

해설 문제 69번 참조

정답 68. ① 69. ④ 70. ③

71. 항공기 등록원부의 기재사항이 아닌 것은?

① 항공기 형식　② 항공기의 정치장
③ 항공기 제작자　④ 항공기 구입연월일

해설 문제 69번 참조

72. 다음 중 항공기 등록의 종류가 아닌 것은?

① 임차등록　② 말소등록
③ 변경등록　④ 이전등록

해설 [항공안전법 제13조, 제14조, 제15조] : 항공기의 등록의 종류는 변경등록, 이전등록, 말소등록이 있다.

73. 항공기 등록에 관한 설명 중 틀린 것은?

① 외국 국적을 가진 항공기는 등록할 수 없다.
② 항공기를 등록한 때에는 국토교통부장관이 신청인에게 항공기 등록증명서를 교부한다.
③ 항공기 말소등록 시 소유자 등은 그 사유가 있는 날로부터 15일 이내에 국토교통부장관에게 말소등록을 신청해야 한다.
④ 국토교통부장관에 대하여 항공기 등록원부의 등본이나 초본의 교부, 열람을 청구할 수 있는 사람은 항공기 소유자뿐이다.

해설 [항공안전법 제12조, 제15조, 제16조] : 국토교통부장관은 항공기를 등록한 때에는 등록한 자에게 등록증명서를 교부하여야 한다. 소유자 등은 말소등록의 사유가 발생한 날로부터 15일 이내에 국토교통부장관에게 말소등록을 신청하여야 한다. 누구든지 국토교통부장관에 대하여 등본이나 초본의 교부를 청구하거나 항공기 등록원부의 열람을 청구할 수 있다.

74. 다음 중 변경등록을 해야 할 시기는?

① 항공기 등록기호 변경　② 항공기 정치장의 변경
③ 항공기 형식 변경　④ 항공기 소유권 변경

해설 [항공안전법 제13조] : 소유자 등은 항공기의 정치장 또는 소유자 또는 임차인 · 임대인의 성명 또는 명칭과 주소 및 국적의 등록사항이 변경되었을 때에는 그 변경된 날부터 15일 이내에 대통령령으로 정하는 바에 따라 국토교통부장관에게 변경등록을 신청하여야 한다.

정답 71. ④　72. ①　73. ④　74. ②

75. 등록된 항공기의 소유권 또는 임차권을 양도·양수하려는 자는 국토교통부장관에게 무슨 등록을 하여야 하는가?

① 말소등록 ② 이전등록 ③ 변경등록 ④ 분할등록

해설 [항공안전법 제14조] : 등록된 항공기의 소유권 또는 임차권을 양도·양수하려는 자는 그 사유가 있는 날부터 15일 이내에 대통령령으로 정하는 바에 따라 국토교통부장관에게 이전등록을 신청하여야 한다.

76. 다음 중 변경등록은 며칠 이내에 신청해야 하는가?

① 7일 이내 ② 10일 이내 ③ 15일 이내 ④ 20일 이내

해설 문제 74번 참조

77. 다음 중 변경등록과 말소등록은 그 사유가 있는 날로부터 며칠 이내에 신청해야 하는가?

① 10일 ② 15일 ③ 20일 ④ 25일

해설 문제 74번 참조

78. 다음 중 말소등록에 해당되지 않는 것은?

① 항공기를 보관하기 위하여 해체했을 때
② 항공기가 멸실되었을 때
③ 임차기간 만료로 항공기를 사용할 수 있는 권리가 상실되었을 때
④ 항공기 존재 여부가 2개월 이상 불분명할 때

해설 [항공안전법 제15조] : 소유자 등은 다음의 사유가 있는 날부터 15일 이내에 국토교통부장관에게 말소등록을 신청하여야 한다.

① 항공기가 멸실되었거나 항공기를 해체(정비, 개조, 운송 또는 보관하기 위하여 행하는 해체를 제외)한 경우
② 항공기의 존재 여부를 1개월(항공기 사고인 경우에는 2개월) 이상 확인할 수 없는 경우
③ 등록제한에 해당되는 자에게 항공기를 양도 또는 임대한 경우
④ 임차기간의 만료 등으로 항공기를 사용할 수 있는 권리가 상실된 경우

위 내용의 경우에 소유자 등이 말소등록을 신청하지 아니하는 때에는 국토교통부장관은 7일 이상의 기간을 정하여 말소등록을 할 것을 최고하여야 한다. 최고를 한 후에도 소유자 등이 말소등록을 신청하지 아니하면 국토교통부장관은 직권으로 등록을 말소하고 그 사실을 소유자 등 그 밖의 이해관계인에게 알려야 한다.

정답 75. ② 76. ③ 77. ② 78. ①

79. 다음 중 말소등록을 해야 하는 경우 중 맞는 것은?

① 정비, 개조를 위해 해체한 경우
② 수송, 보관을 위해 해체한 경우
③ 항공기 사고로 존재 여부가 1개월 이상 불분명한 경우
④ 항공기 소유자가 외국 국적을 취득했을 때

해설 문제 78번 참조

80. 다음 중 말소등록을 해야 하는 경우는?

① 감항증명의 유효기간이 만료되고 2월 이상 경과
② 육로수송을 위하여 항공기를 해체
③ 등록된 항공기의 일부에 화재가 발생
④ 항공기 소유자가 외국 국적을 취득

해설 문제 78번 참조

81. 항공기의 소유자가 외국으로 이민가게 되면 해야 하는 등록은?

① 임차등록 ② 이전등록
③ 말소등록 ④ 변경등록

해설 문제 78번 참조

82. 항공기 말소등록을 하지 않을 때 국토교통부장관은 며칠 이상의 기간을 정하여 말소등록을 할 것을 최고하는가?

① 3일 ② 5일 ③ 7일 ④ 10일

해설 문제 78번 참조

83. 소유자 등이 항공기에 등록기호표의 부착시기는 언제인가?

① 항공기 등록 시 ② 감항증명 받을 때
③ 운용한계 지정 시 ④ 항공기 등록 후

해설 [항공안전법 제17조] : 항공기를 등록한 때에는 소유자 등은 당해 항공기의 등록기호표를 국토교통부령이 정하는 형식, 위치 및 방법 등에 따라 붙여야 한다.

정답 79. ④ 80. ④ 81. ③ 82. ③ 83. ④

84. 항공기 등록기호표의 부착에 있어 국토교통부령이 정하는 것과 관계없는 것은?
① 형식, 재질 ② 부착위치 ③ 기호의 색채 ④ 부착방법

해설 문제 83번 참조

85. 등록기호표 부착 시 국토교통부령이 정하는 것이 아닌 것은?
① 크기 및 색상 ② 부착위치
③ 부착방법 ④ 부착형식

해설 문제 83번 참조

86. 등록기호표의 부착에 대한 설명으로 틀린 것은?
① 항공기 출입구 윗부분 안쪽 보기 쉬운 곳에 부착한다.
② 가로 7 cm, 세로 5 cm의 내화금속으로 만든다.
③ 등록기호표는 주날개와 미익면에 부착한다.
④ 국적기호 및 등록기호와 소유자의 명칭을 기재한다.

해설 [항공안전법 시행규칙 제12조] : 항공기를 소유하거나 임차하여 사용할 수 있는 권리가 있는 자는 항공기를 등록한 경우에는 강철 등 내화금속으로 된 등록기호표(가로 7 cm 세로 5 cm의 직사각형)를 항공기에 출입구가 있는 경우는 항공기 주출입구 윗부분의 안쪽 보기 쉬운 곳, 항공기에 출입구가 없는 경우는 항공기 동체의 외부 표면 보기 쉬운 곳에 붙여야 한다. 등록기호표에는 국적기호 및 등록기호와 소유자 등의 명칭을 적어야 한다.

87. 등록기호표에 표시할 사항이 아닌 것은?
① 소유자의 명칭 ② 등록기호
③ 국적기호 ④ 항공기 형식

해설 문제 86번 참조

88. 다음 중 항공기 등록기호표의 부착위치는?
① 조종실 내부 ② 객실 내부
③ 출입구 윗부분 안쪽 ④ 출입구 바깥쪽

해설 문제 86번 참조

정답 84. ③ 85. ① 86. ③ 87. ④ 88. ③

89. **항공기에 사용되는 등록기호표에 기재되는 사항으로 옳은 것은?**

① 국적기호, 등록기호
② 국적기호, 등록기호, 항공기의 명칭
③ 국적기호, 등록기호, 소유자의 성명 또는 명칭
④ 국적기호, 항공기 형식

해설 문제 86번 참조

90. **항공기를 항공의 용에 공하기 위하여 반드시 표시하여야 할 사항과 관계없는 것은?**

① 국적기호
② 등록기호
③ 당해국의 국기
④ 소유자의 성명 또는 명칭

해설 문제 86번 참조

91. **항공기 등록기호표의 크기는?**

① 가로 7 cm, 세로 5 cm
② 가로 5 cm, 세로 7 cm
③ 가로 7 cm, 세로 4 cm
④ 가로 4 cm, 세로 7 cm

해설 문제 86번 참조

92. **감항증명에 대한 설명으로 알맞은 것은?**

① 모든 항공기는 감항증명을 받아야 운항할 수 있다.
② 부정한 방법으로 감항증명을 받았을 때 취소할 수 있다.
③ 감항증명은 예외 없이 대한민국의 국적을 가져야만 받을 수 있다.
④ 운항증명을 받지 않아도 국내선 운항은 가능하다.

해설 [항공안전법 제23조] : 감항증명 및 감항성 유지

① 항공기가 감항성이 있다는 증명(감항증명)을 받으려는 자는 국토교통부령으로 정하는 바에 따라 국토교통부장관에게 감항증명을 신청하여야 한다.

② 감항증명은 대한민국 국적을 가진 항공기가 아니면 받을 수 없다. 다만, 국토교통부령으로 정하는 항공기의 경우에는 그러하지 아니하다.

③ 누구든지 다음 각 호의 어느 하나에 해당하는 감항증명을 받지 아니한 항공기를 운항해서는 아니 된다.

1. 표준감항증명 : 해당 항공기가 형식증명 또는 형식증명승인에 따라 인가된 설계에 일치하게 제작되고 안전하게 운항할 수 있다고 판단되는 경우에 발급하는 증명
2. 특별감항증명 : 해당 항공기가 제한형식증명을 받았거나 항공기의 연구, 개발 등 국토교통부령으로 정하는 경우로서 항공기 제작자 또는 소유자 등이 제시한 운용범위

정답 89. ③ 90. ③ 91. ① 92. ②

를 검토하여 안전하게 운항할 수 있다고 판단되는 경우에 발급하는 증명

④ 감항증명의 유효기간은 1년으로 한다. 다만, 항공기의 형식 및 소유자 등(제32조 제2항에 따른 위탁을 받은 자를 포함한다)의 감항성 유지능력 등을 고려하여 국토교통부령으로 정하는 바에 따라 유효기간을 연장할 수 있다.

⑤ 국토교통부장관은 제3항 각 호의 어느 하나에 해당하는 감항증명을 하는 경우 국토교통부령으로 정하는 바에 따라 해당 항공기의 설계, 제작과정, 완성 후의 상태와 비행성능에 대하여 검사하고 해당 항공기의 운용한계를 지정하여야 한다. 다만, 다음 각 호의 어느 하나에 해당하는 항공기의 경우에는 국토교통부령으로 정하는 바에 따라 검사의 일부를 생략할 수 있다.

1. 형식증명, 제한형식증명 또는 형식증명승인을 받은 항공기
2. 제작증명을 받은 자가 제작한 항공기
3. 항공기를 수출하는 외국정부로부터 감항성이 있다는 승인을 받아 수입하는 항공기

⑥ 국토교통부장관은 다음 각 호의 어느 하나에 해당하는 경우에는 해당 항공기에 대한 감항증명을 취소하거나 6개월 이내의 기간을 정하여 그 효력의 정지를 명할 수 있다. 다만, 제1호에 해당하는 경우에는 감항증명을 취소하여야 한다.

1. 거짓이나 그 밖의 부정한 방법으로 감항증명을 받은 경우
2. 항공기가 감항증명 당시의 항공기기술기준에 적합하지 아니하게 된 경우

⑦ 항공기를 운항하려는 소유자 등은 국토교통부령으로 정하는 바에 따라 그 항공기의 감항성을 유지하여야 한다.

⑧ 국토교통부장관은 제7항에 따라 소유자 등이 해당 항공기의 감항성을 유지하는지를 수시로 검사하여야 하며, 항공기의 감항성 유지를 위하여 소유자 등에게 항공기 등, 장비품 또는 부품에 대한 정비 등에 관한 감항성 개선 또는 그 밖의 검사·정비 등을 명할 수 있다.

⑨ 국토교통부장관은 제5항에 따른 검사 결과 항공기가 감항성이 있다고 판단되는 경우 국토교통부령으로 정하는 바에 따라 감항증명서를 발급하여야 한다.

93. 항공기의 감항증명을 옳게 설명한 것은?

① 항공기가 안전하게 비행할 수 있다는 증명
② 예비품증명을 하기 위한 절차
③ 소음증명을 하기 위한 절차
④ 국제운항에 필요한 절차

해설 문제 92번 참조

94. 다음 중 항공기의 안전성을 확보하기 위한 기본적인 제도는 무엇인가?

① 기능증명 ② 제작자증명 ③ 감항증명 ④ 형식증명

정답 93. ① 94. ③

해설 문제 92번 참조

95. **다음 중 감항성에 대하여 옳게 설명한 것은?**

① 항공기 제작을 위해 필요한 여러 가지 특성
② 항공기에 가하는 모든 행위
③ 항공기에 발생되는 고장을 미리 발견하여 제거하는 것
④ 항공기가 안전하게 비행할 수 있는 성능을 갖는 것

해설 문제 92번 참조

96. **항공기가 안전하게 비행할 수 있다는 것을 증명하는 것은?**

① 수리, 개조 완료증명
② 형식증명
③ 감항증명
④ 제작자증명

해설 문제 92번 참조

97. **국토교통부장관은 항공기 등의 검사를 위하여 일정한 자격이 있는 자를 임명 또는 위촉한다. 다음 중 일정한 자격에 해당되지 않는 것은?**

① 항공기술분야 학사 이상의 자격을 취득한 자로서 3년 이상 항공기의 설계업무에 종사한 자
② 항공기술분야 학사 이상의 자격을 취득한 자로서 3년 이상 항공기의 제작업무에 종사한 자
③ 항공기술분야 학사 이상의 자격을 취득한 자로서 3년 이상 항공기의 품질보증업무에 종사한 자
④ 항공기술분야 학사 이상의 자격을 취득한 자로서 3년 이상 항공기의 수리업무에 종사한 자

해설 [항공안전법 제31조] : 국토교통부장관은 제20조부터 제25조까지, 제27조, 제28조, 제30조 및 제97조에 따른 증명·승인 또는 정비조직인증을 할 때에는 국토교통부장관이 정하는 바에 따라 미리 해당 항공기등 및 장비품을 검사하거나 이를 제작 또는 정비하려는 조직, 시설 및 인력 등을 검사하여야 한다. 국토교통부장관은 검사를 하기 위하여 다음 각 호의 어느 하나에 해당하는 사람 중에서 항공기 등 및 장비품을 검사할 사람(검사관)을 임명 또는 위촉한다.

1. 제35조 제8호의 항공정비사 자격증명을 받은 사람
2. 국가기술자격법에 따른 항공분야의 기사 이상의 자격을 취득한 사람

정답 95. ④ 96. ③ 97. ④

3. 항공기술 관련 분야에서 학사 이상의 학위를 취득한 후 3년 이상 항공기의 설계, 제작, 정비 또는 품질보증 업무에 종사한 경력이 있는 사람
4. 국가기관 등 항공기의 설계, 제작, 정비 또는 품질보증 업무에 5년 이상 종사한 경력이 있는 사람

98. 항공에 사용할 수 있는 항공기는?
① 감항증명을 받지 않았으나 수리, 개조 검사에 합격한 항공기
② 형식증명을 받지 않았으나 감항증명을 받은 항공기
③ 항공우주산업 개발촉진법의 규정에 의해 성능 및 품질검사를 받은 항공기
④ 외국으로부터 형식증명을 받은 후 수입한 항공기

해설 [항공안전법 제23조] : 감항증명을 받지 아니한 항공기는 항공에 사용하여서는 아니 된다.

99. 항공기의 감항검사를 신청할 경우 첨부할 서류와 관계없는 것은?
① 비행교범
② 정비교범
③ 정비방식을 기재한 서류
④ 국토교통부장관이 정하여 고시하는 감항증명의 종류별 신청서류

해설 [항공안전법 시행규칙 제35조] : 감항증명을 받으려는 자는 항공기 표준감항증명 신청서 또는 항공기 특별감항증명 신청서에 다음 각 호의 서류를 첨부하여 국토교통부장관 또는 지방항공청장에게 제출하여야 한다.
1. 비행교범
2. 정비교범
3. 그 밖에 감항증명과 관련하여 국토교통부장관이 필요하다고 인정하여 고시하는 서류

100. 감항증명 신청 시에 첨부하여야 하는 비행교범에 포함되지 않는 것은?
① 항공기의 제원에 관한 사항
② 항공기의 운용한계에 관한 사항
③ 항공기의 성능에 관한 사항
④ 항공기의 정비방식에 관한 사항

해설 [항공안전법 시행규칙 제35조] : 감항증명 시 첨부하는 비행교범에는 다음의 사항이 포함되어야 한다.
① 항공기의 종류·등급·형식 및 제원에 관한 사항
② 항공기 성능 및 운용한계에 관한 사항
③ 항공기 조작방법 등 그 밖에 국토교통부장관이 정하여 고시하는 사항

정답 98. ② 99. ③ 100. ④

101. **예외적으로 감항증명을 받을 수 있는 항공기가 아닌 것은 어느 것인가?**

① 법 제5조에 따른 임대차 항공기의 운영에 대한 권한 및 의무이양의 적용 특례를 적용받는 항공기
② 국내에서 제작되거나 외국으로부터 수입하는 항공기로서 대한민국 국적을 취득하기 전에 감항증명을 위한 검사를 신청한 항공기
③ 국내에서 수리, 개조 또는 제작한 후 수출할 항공기
④ 국내에서 제작 또는 수리 후 시험비행을 하는 항공기

해설 [항공안전법 시행규칙 제36조] : 예외적으로 감항증명을 받을 수 있는 항공기는 다음과 같다.
① 법 제5조에 따른 임대차 항공기의 운영에 대한 권한 및 의무이양의 적용 특례를 적용받는 항공기
② 국내에서 수리, 개조 또는 제작한 후 수출할 항공기
③ 국내에서 제작되거나 외국으로부터 수입하는 항공기로서 대한민국의 국적을 취득하기 전에 감항증명을 위한 검사를 신청한 항공기

102. **예외적으로 감항증명을 받을 수 있는 항공기가 아닌 것은?**

① 외국에서 수리, 개조 후 수입할 항공기
② 국내에서 수리, 개조 또는 제작한 후 수출할 항공기
③ 국내에서 제작하여 대한민국 국적을 취득하기 전에 감항증명을 위한 검사를 신청한 항공기
④ 외국으로부터 수입하여 대한민국의 국적을 취득하기 전에 감항증명을 위한 검사를 신청한 항공기

해설 문제 101번 참조

103. **예외적으로 감항증명을 받을 수 있는 항공기에 속하지 않는 것은 어느 것인가?**

① 외국에서 장기간 임대한 항공기
② 국내에서 수리, 개조 또는 제작한 후 수출할 항공기
③ 법 제5조에 따른 임대차 항공기의 운영에 대한 권한 및 의무이양의 적용 특례를 적용받는 항공기
④ 국내에서 제작되거나 외국으로부터 수입하는 항공기로 대한민국의 국적을 취득하기 전에 감항증명을 위한 검사를 신청한 항공기

해설 문제 101번 참조

정답 101. ④ 102. ① 103. ①

104. 예외적으로 감항증명을 받을 수 있는 항공기 중 국토교통부령이 정하는 항공기는?

① 법 제5조에 따른 임대차 항공기의 운영에 대한 권한 및 의무이양의 적용 특례를 적용 받는 항공기
② 외국에서 수리, 개조 후 수입할 항공기
③ 외국에서 제작된 후 수입할 항공기
④ 국내에서 제작하여 대한민국 국적을 취득한 후 감항증명을 위한 검사를 신청한 항공기

해설 문제 101번 참조

105. 특별감항증명의 대상이 되는 경우는?

① 항공기를 정비 또는 수리, 개조한 후 시험비행을 하는 경우
② 국내에서 수리, 개조 또는 제작한 후 수출할 항공기
③ 외국 항공기의 국내 사용의 규정에 의하여 허가받은 항공기
④ 국적을 취득하기 전에 감항증명을 위한 검사비행

해설 [항공안전법 시행규칙 제37조] : 특별감항증명의 대상으로 법 제23조 제3항 제2호에서 항공기의 연구, 개발 등 국토교통부령으로 정하는 경우란 다음 각 호의 어느 하나에 해당하는 경우를 말한다.

1. 항공기 및 관련 기기의 개발과 관련된 다음 각 목의 어느 하나에 해당하는 경우
   가. 항공기 제작자 및 항공기 관련 연구기관 등이 연구·개발 중인 경우
   나. 판매·홍보·전시·시장조사 등에 활용하는 경우
   다. 조종사 양성을 위하여 조종연습에 사용하는 경우
2. 항공기의 제작·정비·수리·개조 및 수입·수출 등과 관련한 다음 각 목의 어느 하나에 해당하는 경우
   가. 제작·정비·수리 또는 개조 후 시험비행을 하는 경우
   나. 정비·수리 또는 개조를 위한 장소까지 승객·화물을 싣지 아니하고 비행하는 경우
   다. 수입하거나 수출하기 위하여 승객·화물을 싣지 아니하고 비행하는 경우
   라. 설계에 관한 형식증명을 변경하기 위하여 운용한계를 초과하는 시험비행을 하는 경우
3. 무인항공기를 운항하는 경우
4. 제20조 제2항 특정한 업무를 수행하기 위하여 사용되는 경우
   가. 산불 진화 및 예방 업무
   나. 재난·재해 등으로 인한 수색·구조 업무
   다. 응급환자의 수송 등 구조·구급 업무
   라. 씨앗 파종, 농약 살포 또는 어군(魚群)의 탐지 등 농·수산업 업무
   마. 기상관측, 기상조절 실험 등 기상 업무
   바. 건설자재 등을 외부에 매달고 운반하는 업무(헬리콥터만 해당)

정답 104. ① 105. ①

사. 해양오염 관측 및 해양 방제 업무
아. 산림, 관로(管路), 전선(電線) 등의 순찰 또는 관측 업무
5. 제1호부터 제4호까지 외에 공공의 안녕과 질서유지를 위한 업무를 수행하는 경우로서 국토교통부장관이 인정하는 경우

106. 특별감항증명을 받을 수 있는 경우가 아닌 것은?
① 외국에서 항공기를 최초로 도입해서 유상비행을 하는 경우
② 수리, 개조를 위한 장소까지 승객·화물을 싣지 아니하고 비행하는 경우
③ 설계에 관한 형식증명을 변경하기 위하여 운용한계를 초과하는 시험비행을 하는 경우
④ 수입하거나 수출하기 위하여 승객·화물을 싣지 아니하고 비행하는 경우

해설 문제 105번 참조

107. 항공안전법 제23조 제3항에 의하여 특별감항증명의 대상에 해당되지 않는 경우는?
① 응급환자의 수송을 위하여 비행하는 경우
② 항공기의 제작, 정비, 수리 또는 개조 후 시험비행을 하는 경우
③ 항공기의 정비 또는 수리, 개조를 위한 장소까지 유상비행을 하는 경우
④ 항공기의 설계에 관한 형식증명을 변경하기 위하여 운용한계를 초과하는 시험비행을 하는 경우

해설 문제 105번 참조

108. 대한민국 국적을 가진 항공기가 특별감항증명을 받을 수 있는 경우는?
① 국빈대접을 위한 비행을 하는 경우
② 항공기 소유주가 부품의 수리, 개조를 위해 시험비행을 하는 경우
③ 산불의 진화 및 예방에 사용하기 위해 비행하는 경우
④ 외국과의 협의로 시험비행을 하는 경우

해설 문제 105번 참조

109. 다음 중 특별감항증명을 받을 수 있는 경우에 해당되지 않는 것은?
① 외국 항공기의 국내 사용의 규정에 의하여 허가 받은 항공기
② 정비·수리 또는 개조를 위한 장소까지 승객·화물을 싣지 아니하고 비행하는 경우
③ 항공기 개발과 관련된 조종사 양성을 위하여 조종연습에 사용하는 경우
④ 재난·재해 등으로 인한 수색·구조에 사용되는 경우

해설 문제 105번 참조

정답 106. ① 107. ③ 108. ③ 109. ①

110. 특별감항증명을 받을 수 있는 대상이 아닌 것은?

① 산불의 진화 및 예방에 사용하기 위해 비행하는 경우
② 항공기의 설계에 관한 형식증명을 변경하기 위하여 운용한계를 초과하지 않는 시험비행을 하는 경우
③ 항공기의 제작 또는 개조 후 시험비행을 하는 경우
④ 항공기의 정비 또는 개조를 위한 장소까지 승객·화물을 싣지 아니하고 비행하는 경우

해설 문제 105번 참조

111. 다음 중 특별감항증명을 받을 수 있는 경우는?

① 외국으로부터 형식증명을 받은 항공기를 비행
② 현지답사를 위해 항공기를 일시적으로 비행
③ 설계에 관한 형식증명을 변경하기 위하여 운용한계를 초과하지 않는 시험비행을 하는 경우
④ 무인항공기를 이용하는 비행

해설 문제 105번 참조

112. 감항증명의 유효기간을 연장할 수 있는 항공기는?

① 국토교통부장관이 정하여 고시한 방법에 따라 정비하는 항공기
② 국제항공운송사업에 사용하는 항공기
③ 항공기의 종류, 등급을 고려하여 국토교통부장관이 고시한 항공기
④ 항공운송사업용 항공기

해설 [항공안전법 시행규칙 제41조] : 감항증명의 유효기간을 연장할 수 있는 항공기는 항공기의 감항성을 지속적으로 유지하기 위하여 국토교통부장관이 정하여 고시하는 정비방법에 따라 정비 등이 이루어지는 항공기를 말한다.

113. 장비품 또는 부품이 승인 당시의 기술기준 또는 기술표준품의 형식승인기준에 적합하지 않을 때 감항승인 효력정지 기간은?

① 2년 이내　　② 1년 6개월 이내
③ 1년 이내　　④ 6개월 이내

정답 110. ② 111. ④ 112. ① 113. ④

해설 [항공안전법 제24조] : 감항승인

① 우리나라에서 제작, 운항 또는 정비 등을 한 항공기 등, 장비품 또는 부품을 타인에게 제공하려는 자는 국토교통부령으로 정하는 바에 따라 국토교통부장관의 감항승인을 받을 수 있다.

② 국토교통부장관은 제1항에 따른 감항승인을 할 때에는 해당 항공기 등, 장비품 또는 부품이 항공기기술기준 또는 제27조 제1항에 따른 기술표준품의 형식승인기준에 적합하고, 안전하게 운용할 수 있다고 판단하는 경우에는 감항승인을 하여야 한다.

③ 국토교통부장관은 다음 각 호의 어느 하나에 해당하는 경우에는 제2항에 따른 감항승인을 취소하거나 6개월 이내의 기간을 정하여 그 효력의 정지를 명할 수 있다. 다만, 제1호에 해당하는 경우에는 그 감항승인을 취소하여야 한다.

1. 거짓이나 그 밖의 부정한 방법으로 감항승인을 받은 경우
2. 항공기 등, 장비품 또는 부품이 감항승인 당시의 항공기기술기준 또는 제27조 제1항에 따른 기술표준품의 형식승인기준에 적합하지 아니하게 된 경우

114. 항공운송사업에 사용되는 항공기의 감항증명의 유효기간은?

① 1년 ② 1년 6개월 ③ 2년 ④ 3년

해설 [항공안전법 제23조] : 감항증명의 유효기간은 1년으로 한다. 다만, 항공기의 형식 및 소유자 등(제32조 제2항에 따른 위탁을 받은 자를 포함)의 감항성 유지능력 등을 고려하여 국토교통부령으로 정하는 바에 따라 유효기간을 연장할 수 있다.

115. 감항증명의 유효기간은?

① 1년으로 한다. 다만, 항공기의 형식 및 소유자 등의 감항성 유지능력 등을 고려하여 국토교통부령이 정하는 바에 따라 그 기간을 연장할 수 있다.
② 3년 이내에서 국토교통부장관이 정한다.
③ 2년 이내에서 국토교통부장관이 정한다.
④ 6개월에서 1년으로 정한다.

해설 문제 114번 참조

116. 항공기의 안전을 확보하기 위한 국토교통부장관이 고시하는 항공기 기술기준에 포함되는 사항이 아닌 것은?

① 항공기의 정비기준 ② 항공기의 감항기준
③ 항공기, 장비품 및 부품의 인증절차 ④ 항공기의 환경기준

정답 114. ① 115. ① 116. ①

해설 [항공안전법 제19조] : 항공기 기술기준

국토교통부장관은 항공기, 장비품 또는 부품의 안전을 확보하기 위하여 다음 각 호의 사항을 포함한 기술상의 기준(항공기기술기준)을 정하여 고시하여야 한다.

1. 항공기 등의 감항기준
2. 항공기 등의 환경기준(배출가스 배출기준 및 소음기준을 포함)
3. 항공기 등이 감항성을 유지하기 위한 기준
4. 항공기 등, 장비품 또는 부품의 식별 표시 방법
5. 항공기 등, 장비품 또는 부품의 인증절차

117. 형식증명의 검사범위에 속하지 않는 것은?

① 형식의 설계에 대한 검사
② 항공기의 제작과정에 대한 검사
③ 항공기의 비행성능에 대한 검사
④ 품질관리체계에 대한 검사

해설 [항공안전법 제20조, 항공안전법 시행규칙 제20조] : 형식증명, 형식증명 검사범위

① 항공기 등의 설계에 관하여 국토교통부장관의 증명을 받으려는 자는 국토교통부령으로 정하는 바에 따라 국토교통부장관에게 제2항 각 호의 어느 하나에 따른 증명을 신청하여야 한다. 증명받은 사항을 변경할 때에도 또한 같다.

② 국토교통부장관은 제1항에 따른 신청을 받은 경우 해당 항공기 등이 항공기기술기준 등에 적합한지를 검사한 후 다음 각 호의 구분에 따른 증명을 하여야 한다.

1. 해당 항공기 등의 설계가 항공기기술기준에 적합한 경우 : 형식증명
2. 신청인이 다음 각 목의 어느 하나에 해당하는 항공기의 설계가 해당 항공기의 업무와 관련된 항공기기술기준에 적합하고 신청인이 제시한 운용범위에서 안전하게 운항할 수 있음을 입증한 경우 : 제한형식증명

가. 산불진화, 수색구조 등 국토교통부령으로 정하는 특정한 업무에 사용되는 항공기(나목의 항공기를 제외한다.)

나. 군용항공기 비행안전성 인증에 관한 법률 제4조 제5항 제1호에 따른 형식인증을 받아 제작된 항공기로서 산불진화, 수색구조 등 국토교통부령으로 정하는 특정한 업무를 수행하도록 개조된 항공기

③ 국토교통부장관은 제2항 제1호의 형식증명 또는 같은 항 제2호의 제한형식증명을 하는 경우 국토교통부령으로 정하는 바에 따라 형식증명서 또는 제한형식증명서를 발급하여야 한다.

④ 형식증명서 또는 제한형식증명서를 양도·양수하려는 자는 국토교통부령으로 정하는 바에 따라 국토교통부장관에게 양도사실을 보고하고 해당 증명서의 재발급을 신청하여야 한다.

정답 117. ④

⑤ 형식증명, 제한형식증명 또는 제21조에 따른 형식증명승인을 받은 항공기 등의 설계를 변경하기 위하여 부가적인 증명(부가형식증명)을 받으려는 자는 국토교통부령으로 정하는 바에 따라 국토교통부장관에게 부가형식증명을 신청하여야 한다.

⑥ 국토교통부장관은 부가형식증명을 하는 경우 국토교통부령으로 정하는 바에 따라 부가형식증명서를 발급하여야 한다.

⑦ 국토교통부장관은 다음 각 호의 어느 하나에 해당하는 경우 해당 항공기 등에 대한 형식증명, 제한형식증명 또는 부가형식증명을 취소하거나 6개월 이내의 기간을 정하여 그 효력의 정지를 명할 수 있다. 다만, 제1호에 해당하는 경우에는 형식증명, 제한형식증명 또는 부가형식증명을 취소하여야 한다.

1. 거짓이나 그 밖의 부정한 방법으로 형식증명, 제한형식증명 또는 부가형식증명을 받은 경우
2. 항공기 등이 형식증명, 제한형식증명 또는 부가형식증명 당시의 항공기기술기준 등에 적합하지 아니하게 된 경우

⑧ 국토교통부장관은 법 제20조 제2항에 따라 형식증명 또는 제한형식증명을 위한 검사를 하는 경우에는 다음 각 호에 해당하는 사항을 검사하여야 한다. 다만, 형식설계를 변경하는 경우에는 변경하는 사항에 대한 검사만 해당한다.

1. 해당 형식의 설계에 대한 검사
2. 해당 형식의 설계에 따라 제작되는 항공기 등의 제작과정에 대한 검사
3. 항공기 등의 완성 후의 상태 및 비행성능 등에 대한 검사

118. 항공기 소유자에게 발급되는 운용한계지정서에 포함될 사항이 아닌 것은?

① 항공기의 제작일련번호 ② 감항증명번호
③ 항공기의 종류 및 등급 ④ 항공기의 국적 및 등록기호

해설 [항공안전법 시행규칙 제39조] : 운용한계지정서에는 항공기의 형식 및 모델, 항공기의 국적 및 등록기호, 항공기의 제작일련번호, 감항증명번호, 운용한계가 기재된다.

119. 감항증명 시 항공기의 운용한계는 무엇에 의하여 지정하는가?

① 항공기의 사용연수 ② 항공기의 종류, 등급, 형식
③ 감항분류 ④ 항공기의 중량

해설 [항공안전법 시행규칙 제39조] : 국토교통부장관 또는 지방항공청장이 법 제23조 제4항 각 호 외의 부분 본문에 따라 감항증명을 하는 경우에는 항공기기술기준에서 정한 항공기의 감항분류에 따라 운용한계를 지정하여야 한다. 국토교통부장관 또는 지방항공청장은 운용한계를 지정하였을 때에는 별지 제18호 서식의 운용한계지정서를 항공기의 소유자 등에게 발급하여야 한다.

정답 118. ③ 119. ③

120. 감항증명을 하기 위한 검사범위는?

① 설계, 제작과정 및 완성 후의 점검
② 제작과정 및 시험비행
③ 설계, 제작과정 및 완성 후의 상태와 비행성능
④ 운용한계를 초과하는 시험비행

해설 [항공안전법 시행규칙 제38조] : 국토교통부장관 또는 지방항공청장이 법 제23조 제4항 각 호 외의 부분 본문에 따라 감항증명을 위한 검사를 하는 경우에는 해당 항공기의 설계·제작과정 및 완성 후의 상태와 비행성능이 항공기기술기준에 적합하고 안전하게 운항할 수 있는지 여부를 검사하여야 한다.

121. 다음 중 감항증명서는 누가 교부하는가?

① 지방항공청장
② 관할시장 또는 도지사
③ 대통령
④ 공항공단 이사장

해설 [항공안전법 시행규칙 제42조] : 국토교통부장관 또는 지방항공청장은 감항검사 결과 해당 항공기가 항공기기술기준에 적합한 경우에는 표준감항증명서 또는 특별감항증명서를 신청인에게 발급하여야 한다.

122. 다음 중 국토교통부령이 정하는 바에 따라 감항검사의 일부를 생략할 수 있는 경우가 아닌 것은?

① 형식증명승인을 얻은 항공기
② 형식증명을 받은 항공기
③ 국내에서 수리, 개조 또는 제작한 후 수출할 항공기
④ 항공기를 수출하는 외국정부로부터 감항성이 있다는 승인을 받아 수입하는 항공기

해설 [항공안전법 제23조] : 감항검사 시 국토교통부령으로 정하는 바에 따라 항공기기술기준 적합 여부 검사의 일부를 생략할 수 있는 경우는 다음과 같다.

1. 형식증명, 제한형식증명 또는 형식증명승인을 받은 항공기
2. 제작증명을 받은 자가 제작한 항공기
3. 항공기를 수출하는 외국정부로부터 감항성이 있다는 승인을 받아 수입하는 항공기

정답 120. ③ 121. ① 122. ③

123. 소음기준적합증명에 대한 설명 중 틀린 것은?

① 감항증명의 유효기간이 경과될 경우 소음기준적합증명서를 국토교통부장관에게 반납한다.
② 소음기준적합증명서를 교부하는 때에는 항공기의 운용한계를 지정할 수 있다.
③ 감항증명을 받을 때 소음기준적합증명을 받아야 한다.
④ 소음기준적합증명 대상 항공기는 터빈발동기를 장착한 항공기이다.

해설 [항공안전법 시행규칙 제49조, 제50조, 제51조, 제52조, 제53조, 제54조]

① 항공기의 소유자 등은 감항증명을 받는 경우와 수리·개조 등으로 항공기의 소음치가 변동된 경우에는 국토교통부령으로 정하는 바에 따라 그 항공기에 대하여 소음기준적합증명을 받아야 한다. 소음기준적합증명을 받아야 하는 항공기는 터빈발동기를 장착한 항공기 또는 국제선을 운항하는 항공기이다.

② 법 제25조 제1항에 따라 소음기준적합증명을 받으려는 자는 소음기준적합증명 신청서를 국토교통부장관 또는 지방항공청장에게 제출하여야 한다. 소음기준적합증명 신청서에는 다음 각 호의 서류를 첨부하여야 한다.
1. 해당 항공기가 법 제19조 제2호에 따른 소음기준에 적합함을 입증하는 비행교범
2. 해당 항공기가 소음기준에 적합하다는 사실을 입증할 수 있는 서류(해당 항공기를 제작 또는 등록하였던 국가나 항공기 제작기술을 제공한 국가가 소음기준에 적합하다고 증명한 항공기만 해당)
3. 수리·개조 등에 관한 기술사항을 적은 서류(수리·개조 등으로 항공기의 소음치가 변경된 경우에만 해당)

③ 법 제25조 제1항에 따른 소음기준적합증명의 검사기준과 소음의 측정방법 등에 관한 세부적인 사항은 국토교통부장관이 정하여 고시한다. 국토교통부장관 또는 지방항공청장은 제50조 제2항 제2호에 따른 서류를 제출받은 경우 해당 국가의 소음측정방법 및 소음측정값이 제1항에 따른 검사기준과 측정방법에 적합한 것으로 확인되면 서류검사만으로 소음기준적합증명을 할 수 있다.

④ 국토교통부장관 또는 지방항공청장은 해당 항공기가 소음기준에 적합한 경우에는 소음기준적합증명서를 항공기의 소유자 등에게 발급하여야 한다. 항공기의 소유자 등은 제1항에 따라 발급받은 소음기준적합증명서를 잃어버렸거나 소음적합증명서를 못쓰게 되어 재발급받으려면 소음기준적합증명 재발급 신청서를 국토교통부장관 또는 지방항공청장에게 제출해야 한다.

⑤ 소음기준적합증명을 받지 아니하거나 항공기기술기준에 적합하지 아니한 항공기를 운항해서는 아니 된다. 다만, 국토교통부령으로 정하는 바에 따라 국토교통부장관의 운항허가를 받은 경우에는 그러하지 아니하다. 이 경우 국토교통부장관은 제한사항을 정하여 항공기의 운항을 허가할 수 있다.
1. 항공기의 생산업체, 연구기관 또는 제작자 등이 항공기 또는 그 장비품 등의 시험·조사·연구·개발을 위하여 시험비행을 하는 경우

정답 123. ①

2. 항공기의 제작 또는 정비 등을 한 후 시험비행을 하는 경우
3. 항공기의 정비 등을 위한 장소까지 승객·화물을 싣지 아니하고 비행하는 경우
4. 항공기의 설계에 관한 형식증명을 변경하기 위하여 운용한계를 초과하는 시험비행을 하는 경우

법 제25조 제2항 단서에 따른 운항허가를 받으려는 자는 별지 제25호 서식의 시험비행 등의 허가신청서를 국토교통부장관에게 제출하여야 한다.

⑥ 항공기의 소음기준적합증명을 취소하거나 그 효력을 정지시킨 경우에는 지체 없이 항공기의 소유자 등에게 해당 항공기의 소음기준적합증명서의 반납을 명하여야 한다.

124. 소음기준적합증명의 검사기준과 소음의 측정방법은?
① 국토교통부장관이 정하여 고시하는 방법
② 항공기 제작자가 정한 방법
③ 지방항공청장이 정하여 고시하는 방법
④ 국제민간항공조약 부속서 16에 따른 방법

해설 문제 123번 참조

125. 다음 중 소음기준적합증명 대상 항공기는?
① 쌍발 왕복발동기를 장착한 항공기
② 국내선을 운항하는 항공기
③ 터빈발동기를 장착한 항공기
④ 프로펠러 항공기로서 최대 이륙중량 5700 kg을 초과하는 항공기

해설 문제 123번 참조

126. 소음기준적합증명은 언제 받는가?
① 등록증명 받을 때
② 형식증명 받을 때
③ 감항증명 받을 때
④ 항공기 생산 시

해설 문제 123번 참조

127. 다음 중 소음기준적합증명을 받을 때는?
① 운용한계를 지정할 때
② 감항증명을 받을 때
③ 예비품증명을 받을 때
④ 항공기를 등록할 때

해설 문제 123번 참조

정답 124. ① 125. ③ 126. ③ 127. ②

128. **소음기준적합증명 신청 시 첨부되어야 할 서류에 해당하지 않는 것은?**

① 소음기준에 적합하다는 사실을 증명할 수 있는 서류
② 수리, 개조에 관한 기술사항을 기재한 서류
③ 비행교범
④ 정비규정

해설 문제 123번 참조

129. **소음기준적합증명 신청 시 첨부되어야 할 서류에 해당하지 않는 것은?**

① 비행교범
② 수리, 개조에 관한 기술사항을 기재한 서류
③ 정비교범
④ 소음기준에 적합하다는 사실을 증명할 수 있는 서류

해설 문제 123번 참조

130. **소음기준적합증명에 관한 내용 중 맞지 않는 것은?**

① 모든 항공기를 대상으로 소음기준적합증명을 한다.
② 소음기준적합증명이 취소되면 소음기준적합증명서를 반납하여야 한다.
③ 검사기준은 국토교통부장관고시에 따른다.
④ 감항증명을 받을 때 소음기준적합증명을 받는다.

해설 [항공안전법 시행규칙 제49조, 제51조, 제54조]

① 항공기의 소유자 등은 감항증명을 받는 경우와 수리·개조 등으로 항공기의 소음치가 변동된 경우에는 국토교통부령으로 정하는 바에 따라 그 항공기에 대하여 소음기준적합증명을 받아야 한다. 소음기준적합증명을 받아야 하는 항공기는 터빈발동기를 장착한 항공기 또는 국제선을 운항하는 항공기이다.
② 소음기준적합증명의 검사기준과 소음의 측정방법 등에 관한 세부적인 사항은 국토교통부장관이 정하여 고시한다.
③ 항공기의 소음기준적합증명을 취소하거나 그 효력을 정지시킨 경우에는 지체 없이 항공기의 소유자 등에게 해당 항공기의 소음기준적합증명서의 반납을 명하여야 한다.

131. **항공기의 형식증명이란 다음 중 어느 것인가?**

① 항공기의 강도구조 및 성능에 관한 기준을 정하는 증명
② 항공기의 취급 또는 비행특성에 관한 것을 명시하는 증명
③ 항공기의 감항성에 관한 기술을 정하는 증명
④ 항공기 형식의 설계에 관한 감항성을 별도로 하는 증명

정답 128. ④ 129. ③ 130. ① 131. ④

해설 [항공안전법 제20조] : 형식증명

① 항공기 등의 설계에 관하여 국토교통부장관의 증명을 받으려는 자는 국토교통부령으로 정하는 바에 따라 국토교통부장관에게 형식증명 또는 제한형식증명을 신청하여야 한다. 증명받은 사항을 변경할 때에도 또한 같다.

② 국토교통부장관은 제1항에 따른 신청을 받은 경우 해당 항공기 등이 항공기기술기준 등에 적합한지를 검사한 후 다음 각 호의 구분에 따른 증명을 하여야 한다.

1. 해당 항공기 등의 설계가 항공기기술기준에 적합한 경우 : 형식증명
2. 신청인이 다음 각 목의 어느 하나에 해당하는 항공기의 설계가 해당 항공기의 업무와 관련된 항공기기술기준에 적합하고 신청인이 제시한 운용범위에서 안전하게 운항할 수 있음을 입증한 경우 : 제한형식증명
   가. 산불진화, 수색구조 등 국토교통부령으로 정하는 특정한 업무에 사용되는 항공기(나목의 항공기를 제외)
   나. 「군용항공기 비행안전성 인증에 관한 법률」 제4조 제5항 제1호에 따른 형식인증을 받아 제작된 항공기로서 산불진화, 수색구조 등 국토교통부령으로 정하는 특정한 업무를 수행하도록 개조된 항공기

③ 국토교통부장관은 제2항 제1호의 형식증명(이하 "형식증명"이라 한다) 또는 같은 항 제2호의 제한형식증명(이하 "제한형식증명"이라 한다)을 하는 경우 국토교통부령으로 정하는 바에 따라 형식증명서 또는 제한형식증명서를 발급하여야 한다.

④ 형식증명서 또는 제한형식증명서를 양도·양수하려는 자는 국토교통부령으로 정하는 바에 따라 국토교통부장관에게 양도사실을 보고하고 해당 증명서의 재발급을 신청하여야 한다.

⑤ 형식증명, 제한형식증명 또는 제21조에 따른 형식증명승인을 받은 항공기 등의 설계를 변경하기 위하여 부가적인 증명(이하 "부가형식증명"이라 한다)을 받으려는 자는 국토교통부령으로 정하는 바에 따라 국토교통부장관에게 부가형식증명을 신청하여야 한다.

⑥ 국토교통부장관은 부가형식증명을 하는 경우 국토교통부령으로 정하는 바에 따라 부가형식증명서를 발급하여야 한다.

⑦ 국토교통부장관은 다음 각 호의 어느 하나에 해당하는 경우 해당 항공기 등에 대한 형식증명, 제한형식증명 또는 부가형식증명을 취소하거나 6개월 이내의 기간을 정하여 그 효력의 정지를 명할 수 있다. 다만, 제1호에 해당하는 경우에는 형식증명, 제한형식증명 또는 부가형식증명을 취소하여야 한다.

1. 거짓이나 그 밖의 부정한 방법으로 형식증명, 제한형식증명 또는 부가형식증명을 받은 경우
2. 항공기 등이 형식증명, 제한형식증명 또는 부가형식증명 당시의 항공기기술기준 등에 적합하지 아니하게 된 경우

132. 항공기의 항행의 안전을 확보하기 위한 기술상의 기준에 적합한지 여부를 검사하는 종류 중 틀린 것은?

① 항공안전법 제 20 조에 의한 형식증명
② 항공안전법 제 23 조에 의한 감항증명
③ 항공안전법 제 25 조에 의한 소음기준적합증명
④ 항공안전법 제 30 조에 의한 수리, 개조 승인검사

해설 [항공안전법 제20조, 제23조, 제30조]

133. 다음은 항공기의 형식증명에 관한 설명이다. 관계없는 것은?

① 형식증명을 받은 형식의 항공기에 관해서는 당해 설계에 관한 감항검사를 생략한다.
② 항공기 형식의 설계에 관한 감항성을 증명한 것이다.
③ 형식증명은 감항증명을 효과적으로 수행토록 하는 편의 제도이다.
④ 항공기의 형식을 변경할 때에는 산업통산자원부장관의 승인을 얻어야 한다.

해설 [항공안전법 제 20 조, 항공안전법 시행규칙 제 40 조] : 형식증명, 감항증명을 위한 검사의 일부 생략

① 항공기 등의 설계에 관하여 국토교통부장관의 증명을 받으려는 자는 국토교통부령으로 정하는 바에 따라 국토교통부장관에게 제2항 각 호의 어느 하나에 따른 증명을 신청하여야 한다. 증명받은 사항을 변경할 때에도 또한 같다.

② 국토교통부장관은 제1항에 따른 신청을 받은 경우 해당 항공기 등이 항공기기술기준 등에 적합한지를 검사한 후 다음 각 호의 구분에 따른 증명을 하여야 한다.

1. 해당 항공기 등의 설계가 항공기기술기준에 적합한 경우 : 형식증명
2. 신청인이 다음 각 목의 어느 하나에 해당하는 항공기의 설계가 해당 항공기의 업무와 관련된 항공기기술기준에 적합하고 신청인이 제시한 운용범위에서 안전하게 운항할 수 있음을 입증한 경우 : 제한형식증명
   가. 산불진화, 수색구조 등 국토교통부령으로 정하는 특정한 업무에 사용되는 항공기(나목의 항공기를 제외한다.)
   나. 군용항공기 비행안전성 인증에 관한 법률 제4조 제5항 제1호에 따른 형식인증을 받아 제작된 항공기로서 산불진화, 수색구조 등 국토교통부령으로 정하는 특정한 업무를 수행하도록 개조된 항공기

③ 국토교통부장관은 제2항 제1호의 형식증명 또는 같은 항 제2호의 제한형식증명을 하는 경우 국토교통부령으로 정하는 바에 따라 형식증명서 또는 제한형식증명서를 발급하여야 한다.

④ 형식증명서 또는 제한형식증명서를 양도·양수하려는 자는 국토교통부령으로 정하는 바에 따라 국토교통부장관에게 양도사실을 보고하고 해당 증명서의 재발급을 신청하여

정답 132. ③ 133. ④

야 한다.

⑤ 형식증명, 제한형식증명 또는 제21조에 따른 형식증명승인을 받은 항공기 등의 설계를 변경하기 위하여 부가적인 증명(부가형식증명)을 받으려는 자는 국토교통부령으로 정하는 바에 따라 국토교통부장관에게 부가형식증명을 신청하여야 한다.

⑥ 국토교통부장관은 부가형식증명을 하는 경우 국토교통부령으로 정하는 바에 따라 부가형식증명서를 발급하여야 한다.

⑦ 국토교통부장관은 다음 각 호의 어느 하나에 해당하는 경우 해당 항공기 등에 대한 형식증명, 제한형식증명 또는 부가형식증명을 취소하거나 6개월 이내의 기간을 정하여 그 효력의 정지를 명할 수 있다. 다만, 제1호에 해당하는 경우에는 형식증명, 제한형식증명 또는 부가형식증명을 취소하여야 한다.

1. 거짓이나 그 밖의 부정한 방법으로 형식증명, 제한형식증명 또는 부가형식증명을 받은 경우
2. 항공기 등이 형식증명, 제한형식증명 또는 부가형식증명 당시의 항공기기술기준 등에 적합하지 아니하게 된 경우

⑧ 감항증명을 할 때 생략할 수 있는 검사는 다음과 같다.

1. 법 제20조 제2항에 따른 형식증명 또는 제한형식증명을 받은 항공기 : 설계에 대한 검사
2. 법 제21조 제1항에 따른 형식증명승인을 받은 항공기 : 설계에 대한 검사와 제작과정에 대한 검사
3. 법 제22조 제1항에 따른 제작증명을 받은 자가 제작한 항공기 : 제작과정에 대한 검사
4. 법 제23조 제4항 제3호에 따른 수입 항공기(신규로 생산되어 수입하는 완제기만 해당) : 비행성능에 대한 검사

134. 다음 형식증명에 관한 설명 중 틀린 것은?

① 항공기를 제작하고자 하는 자는 항공기의 설계에 관하여 국토교통부장관의 형식증명을 받을 수 있다.

② 국토교통부장관은 형식증명을 함에 있어서 기술기준에 적합한지의 여부를 검사하여 이에 적합하다고 인정되는 경우에는 형식증명을 교부한다.

③ 형식증명은 대한민국의 국적을 가진 항공기가 아니면 이를 받을 수 없다. 다만, 국토교통부령이 정하는 항공기의 경우에는 그러하지 아니하다.

④ 국토교통부장관은 거짓이나 부정한 방법으로 형식증명을 받은 경우 해당 항공기에 대한 형식증명을 취소할 수 있다.

해설 문제 133번 참조

정답 134. ③

135. 항공기의 형식증명을 받고자 할 때 신청서에 첨부할 서류가 아닌 것은?

① 인증계획서
② 항공기 삼면도
③ 발동기의 운용한계에 관한 자료
④ 비행성의 제원표

해설 [항공안전법 시행규칙 제18조] : 항공기 형식증명 또는 제한형식증명을 받으려는 자는 형식증명 또는 제한형식증명 신청서를 국토교통부장관에게 제출하여야 한다. 신청서에는 다음의 서류를 첨부하여야 한다.

1. 인증계획서
2. 항공기 삼면도
3. 발동기의 설계 · 운용 특성 및 운용한계에 관한 자료(발동기에 대하여 형식증명을 신청하는 경우에만 해당)
4. 그 밖에 국토교통부장관이 정하여 고시하는 서류

136. 항공기의 형식증명을 위한 검사 범위에 해당되지 않는 것은?

① 설계에 대한 검사
② 제작과정에 대한 검사
③ 완성 후의 상태 및 비행성능 등에 대한 검사
④ 제작공정에 대한 검사

해설 [항공안전법 시행규칙 제20조] : 국토교통부장관은 형식증명 또는 제한형식증명을 위한 검사를 하는 경우에는 해당 형식의 설계에 대한 검사 및 해당 형식의 설계에 따라 제작되는 항공기 등의 제작과정에 대한 검사와 항공기 등의 완성 후의 상태 및 비행성능 등에 대한 검사를 하여야 한다. 다만, 형식설계를 변경하는 경우에는 변경하는 사항에 대한 검사만 해당한다.

137. 형식증명을 행하기 위한 절차로 바른 것은?

① 당해 형식의 설계가 감항성의 기준에 적합 여부를 검사한다.
② 당해 형식의 항공기 제작 계획서를 검사한다.
③ 당해 형식의 설계에 의한 항공기 제작 계획서를 검사한다.
④ 당해 형식의 설계, 제작과정 및 완성 후의 상태와 비행성능을 검사한다.

해설 문제 136번 참조

138. 형식증명을 하기 위한 검사의 대상이 되지 않는 것은?

① 당해 형식의 설계
② 그 설계에 대한 항공기의 제작과정
③ 제조계획서 시향서
④ 완성 후의 상태

해설 문제 136번 참조

정답 135. ④ 136. ④ 137. ④ 138. ③

139. 다음 중 형식증명 승인을 위한 검사 범위로 맞는 것은?

① 당해 형식의 설계, 제작과정, 완성 후의 상태 및 비행성능에 대한 검사를 하여야 한다.
② 당해 형식의 설계, 제작과정 및 완성 후의 상태에 대한 검사를 하여야 한다.
③ 당해 형식의 설계 및 제작과정에 대한 검사를 하여야 한다.
④ 당해 형식의 설계와 완성 후의 상태에 대한 검사를 하여야 한다.

해설 [항공안전법 시행규칙 제27조] : 국토교통부장관은 형식증명승인을 위한 검사를 하는 경우에는 해당 형식의 설계에 대한 검사 및 해당 형식의 설계에 따라 제작되는 항공기 등의 제작과정에 대한 검사를 하여야 한다.

140. 감항증명의 유효기간 내에 항공기를 수리 또는 개조하였을 경우의 설명으로 맞는 것은 어느 것인가?

① 정비사의 확인을 받아야 한다.
② 국토교통부장관의 승인을 얻어야 한다.
③ 안전에 이상이 있을 경우에만 국토교통부장관에게 보고한다.
④ 무조건 국토교통부장관에게 보고한다.

해설 [항공안전법 제30조] : 수리·개조승인

① 감항증명을 받은 항공기의 소유자 등은 해당 항공기 등, 장비품 또는 부품을 국토교통부령으로 정하는 범위에서 수리하거나 개조하려면 국토교통부령으로 정하는 바에 따라 그 수리·개조가 항공기기술기준에 적합한지에 대하여 국토교통부장관의 승인(수리·개조승인)을 받아야 한다.
② 소유자 등은 수리·개조승인을 받지 아니한 항공기 등, 장비품 또는 부품을 운항 또는 항공기등에 사용해서는 아니 된다.
③ 제1항에도 불구하고 다음 각 호의 어느 하나에 해당하는 경우로서 항공기기술기준에 적합한 경우에는 수리·개조승인을 받은 것으로 본다.
  1. 기술표준품형식승인을 받은 자가 제작한 기술표준품을 그가 수리·개조하는 경우
  2. 부품 등 제작자증명을 받은 자가 제작한 장비품 또는 부품을 그가 수리·개조하는 경우
  3. 제97조 제1항에 따른 정비조직인증을 받은 자가 항공기 등, 장비품 또는 부품을 수리·개조하는 경우

141. 감항증명을 받은 항공기를 수리, 개조하고자 할 때 누구에게 승인을 얻어야 하는가?

① 국토교통부장관 ② 항공정비사 ③ 항공기관사 ④ 항공기사

해설 문제 140번 참조

정답 139. ③ 140. ② 141. ①

142. 감항증명이 있는 항공기에 대한 수리를 하는 경우 국토교통부장관의 수리, 개조검사를 생략할 수 없는 경우는?

① 항공우주산업개발촉진법 제 10 조의 규정에 의하여 성능검사 및 품질검사를 받은 항공기 등 또는 장비품, 부품을 그 검사를 받은 자가 수리, 개조하는 경우
② 기술표준품형식승인을 받은 자가 제작한 기술표준품을 그가 수리·개조하는 경우
③ 부품 등 제작자증명을 받은 자가 제작한 장비품 또는 부품을 그가 수리·개조하는 경우
④ 항공안전법 제97조 제1항에 따른 정비조직인증을 받은 자가 항공기 등, 장비품 또는 부품을 수리·개조하는 경우

해설 문제 140번 참조

143. 다음 중 제작증명을 위한 검사 범위가 아닌 것은?

① 설비 ② 설계 ③ 품질관리체계 ④ 제작과정

해설 [항공안전법 시행규칙 제 33 조] : 국토교통부장관은 제작증명을 위한 검사를 하는 경우에는 해당 항공기 등에 대한 제작기술, 설비, 인력, 품질관리체계, 제작관리체계 및 제작과정을 검사하여야 한다.

144. 다음 중 수리, 개조 승인의 신청은 작업착수 며칠 전 누구에게 하는가?

① 10일 전 지방항공청장 ② 10일 전 국토교통부장관
③ 15일 전 지방항공청장 ④ 15일 전 국토교통부장관

해설 [항공안전법 시행규칙 제 66 조] : 법 제30조 제1항에 따라 항공기 등 또는 부품 등의 수리·개조승인을 받으려는 자는 수리·개조승인 신청서에 수리·개조 신청사유 및 작업 일정, 작업을 수행하려는 인증된 정비조직의 업무범위, 수리·개조에 필요한 인력, 장비, 시설 및 자재 목록, 해당 항공기 등 또는 부품 등의 도면과 도면 목록, 수리·개조 작업지시서가 포함된 수리계획서 또는 개조계획서를 첨부하여 작업을 시작하기 10일 전까지 지방항공청장에게 제출하여야 한다. 다만, 항공기사고 등으로 인하여 긴급한 수리·개조를 하여야 하는 경우에는 작업을 시작하기 전까지 신청서를 제출할 수 있다.

145. 항공기 사고로 인하여 긴급한 수리 또는 개조를 요하는 경우에 수리·개조 승인 신청서를 언제까지 제출하여야 하는가?

① 작업착수 7일 전까지 ② 작업착수 3일 전까지
③ 작업착수 전까지 ④ 작업완료 전까지

해설 문제 144번 참조

정답 142. ① 143. ② 144. ① 145. ③

146. 형식 승인을 받은 것으로 보는 기술표준품이 아닌 것은?

① 형식증명을 받은 항공기에 포함되어 있는 기술표준품
② 소음기준적합증명을 받은 항공기에 포함되어 있는 기술표준품
③ 형식증명승인을 받은 항공기에 포함되어 있는 기술표준품
④ 감항증명을 받은 항공기에 포함되어 있는 기술표준품

해설 [항공안전법 시행규칙 제56조] : 형식승인이 면제되는 기술표준품
법 제27조 제1항 단서에서 "국토교통부령으로 정하는 기술표준품"이란 다음 각 호의 기술표준품을 말한다.
1. 법 제20조에 따라 형식증명 또는 제한형식증명을 받은 항공기에 포함되어 있는 기술표준품
2. 법 제21조에 따라 형식증명승인을 받은 항공기에 포함되어 있는 기술표준품
3. 법 제23조 제1항에 따라 감항증명을 받은 항공기에 포함되어 있는 기술표준품

147. 기술표준품에 대한 형식승인의 검사범위가 아닌 것은?

① 기술표준품이 기술표준품형식승인기준에 적합하게 설계되었는지 여부에 대한 검사
② 기술표준품관리체계에 대한 검사
③ 기술표준품의 설계·제작과정에 적용되는 품질관리체계에 대한 검사
④ 기술표준품이 기술표준품형식승인기준에 적합하게 제작되었는지 여부에 대한 검사

해설 [항공안전법 시행규칙 제57조] : 기술표준품형식승인의 검사범위
① 국토교통부장관은 법 제27조 제2항에 따라 기술표준품형식승인을 위한 검사를 하는 경우에는 다음 각 호의 사항을 검사하여야 한다.
1. 기술표준품이 기술표준품형식승인기준에 적합하게 설계되었는지 여부
2. 기술표준품의 설계·제작과정에 적용되는 품질관리체계
3. 기술표준품관리체계
② 국토교통부장관은 제1항 제1호에 따른 사항을 검사하는 경우에는 기술표준품의 최소성능표준에 대한 적합성과 도면, 규격서, 제작공정 등에 관한 내용을 포함하여 검사하여야 한다.
③ 국토교통부장관은 제1항 제2호에 따른 사항을 검사하는 경우에는 해당 기술표준품을 제작할 수 있는 기술·설비 및 인력 등에 관한 내용을 포함하여 검사하여야 한다.
④ 국토교통부장관은 제1항 제3호에 따른 사항을 검사하는 경우에는 기술표준품의 식별방법 및 기록유지 등에 관한 내용을 포함하여 검사하여야 한다.

148. 기술표준품 형식승인 검사를 할 때 품질관리체계에 포함되는 것이 아닌 것은?

① 기술표준품을 제작할 수 있는 기술 ② 기술표준품을 제작할 수 있는 조직
③ 기술표준품을 제작할 수 있는 설비 ④ 기술표준품을 제작할 수 있는 인력

해설 문제 147번 참조

정답 146. ② 147. ④ 148. ②

149. **국토교통부령이 정하는 경미한 정비란?**

① 복잡한 결합작용을 필요로 하지만 규격장비품 또는 부품의 교환작업
② 복잡하고 특수한 장비를 필요로 하는 작업
③ 간단한 보수를 하는 예방작업으로 긴도 조절(리깅) 또는 간격의 조정작업
④ 법 제22조의 행위를 한 경우

해설 [항공안전법 시행규칙 제68조] : 국토교통부령이 정하는 경미한 정비라 함은 다음의 작업을 말한다.

① 간단한 보수를 하는 예방작업으로서 리깅 또는 간극의 조정작업 등 복잡한 결합작용을 필요로 하지 아니하는 규격장비품 또는 부품의 교환작업
② 감항성에 미치는 영향이 경미한 범위의 수리작업으로서 그 작업의 완료 상태를 확인하는 데에 동력장치의 작동 점검 및 그 외의 복잡한 점검을 필요로 하지 아니하는 작업
③ 그 밖에 윤활유 보충 등 비행전후에 실시하는 단순하고 간단한 점검 작업

150. **다음 중 국외 정비확인자의 자격으로 맞는 것은?**

① 외국정부가 발급한 항공정비사 자격증명을 받은 자
② 외국정부가 인정한 항공기 수리사업자에 소속된 사람으로서 항공정비사와 동등 또는 그 이상의 능력이 있다고 국토교통부장관이 인정한 자
③ 외국정부가 인정한 항공기정비사업자에 소속된 사람으로서 항공정비사와 동등 또는 그 이상의 능력이 있다고 국토교통부장관이 인정한 자
④ 정비조직인증을 받은 외국의 항공기정비업자

해설 [항공안전법 시행규칙 제71조] : 국외 정비확인자는 다음의 어느 하나에 해당하는 사람으로서 국토교통부장관의 인정을 받은 사람을 말한다.

1. 외국정부가 발급한 항공정비사 자격증명을 받은 사람
2. 외국정부가 인정한 항공기정비사업자에 소속된 사람으로서 항공정비사 자격증명을 받은 사람과 동등하거나 그 이상의 능력이 있는 사람

151. **대한민국 외의 지역에서 당해국 정부의 항공기 정비 자격 증서를 가진 자를 항공기 안정성을 확인할 수 있는 자로 인정한 경우 그 유효기간은?**

① 6개월 ② 1년
③ 2년 ④ 국토교통부장관이 지정한 기간

해설 [항공안전법 시행규칙 제73조] : 국토교통부장관은 국외 정비확인자가 항공기의 안전성을 확인할 수 있는 항공기 등 또는 부품 등의 종류·등급 또는 형식을 정하여야 한다. 국외 정비확인자 인정의 유효기간은 1년으로 한다.

정답 149. ③ 150. ③ 151. ②

152. 다음 중 국외 정비확인자의 인정서 유효기간은?

① 6개월 ② 1년
③ 1년 6개월 ④ 2년

해설 문제 151번 참조

153. 신고를 요하지 않는 초경량비행장치 중 대통령령이 정하는 초경량비행장치에 해당 없는 것은 어느 것인가?

① 동력을 이용하지 않는 비행장치
② 회전익비행장치
③ 기구류
④ 낙하산류

해설 [항공안전법 시행령 제24조] : 법 제122조 제1항 단서에서 대통령령으로 정하는 초경량비행장치란 다음 각 호의 어느 하나에 해당하는 것으로서 항공사업법에 따른 항공기대여업·항공레저스포츠사업 또는 초경량비행장치사용사업에 사용되지 아니하는 것을 말한다.

1. 행글라이더, 패러글라이더 등 동력을 이용하지 아니하는 비행장치
2. 기구류(사람이 탑승하는 것은 제외) 및 계류식 무인비행장치
3. 군사목적으로 사용되는 초경량비행장치
4. 낙하산류
5. 무인동력비행장치 중에서 최대이륙중량이 2kg 이하인 것
6. 무인비행선 중에서 연료의 무게를 제외한 자체무게가 12 kg 이하이고, 길이가 7 m 이하인 것
7. 연구기관 등이 시험·조사·연구 또는 개발을 위하여 제작한 초경량비행장치
8. 제작자 등이 판매를 목적으로 제작하였으나 판매되지 아니한 것으로서 비행에 사용되지 아니하는 초경량비행장치

154. 법 제122조 제1항 단서에서 대통령령으로 정하는 초경량비행장치가 아닌 것은?

① 동력을 이용하지 아니하는 비행장치
② 기구류(사람이 탑승하는 것은 제외)
③ 군사목적 외에 사용하는 초경량비행장치
④ 낙하산류

해설 문제 153번 참조

정답 152. ② 153. ② 154. ③

155. 일반 안전밴드는 이것이 착용자에 접촉하는 부분이 얼마 이상의 폭이어야 하는가?

① 3 cm ② 4 cm ③ 5 cm ④ 6 cm

해설 일반 안전밴드는 이것이 착용자에 접촉하는 부분이 5 cm(2인치) 이상의 폭이 있어야 한다. 또 간단하고 신속한 방법으로 편수로 조작하도록 착탈금구를 구비하여야 한다.

156. 비상 탈출구의 게시판 및 그 조작위치는 무슨 색으로 도색하는가?

① 백색 ② 녹색 ③ 황색 ④ 적색

해설 비상 탈출구의 게시판과 조작위치는 적색으로 도색하며 이 경우 게시판은 조작위치의 부근에 게시하고 비상 탈출구의 소재를 명시함과 동시에 그 조작방법을 기재한다.

157. 자격증명 응시자격 연령에 관한 설명 중 맞는 것은?

① 자가용 조종사의 자격은 18세, 다만 자가용 활공기 조종사의 경우에는 16세
② 사업용 조종사, 항공사, 항공기관사 및 항공정비사의 자격은 20세
③ 운송용 조종사, 운항관리사의 자격은 21세
④ 부조종사, 항공교통관제사의 자격은 19세

해설 [항공안전법 제34조] : 항공종사자 자격증명

① 항공업무에 종사하려는 사람은 국토교통부령으로 정하는 바에 따라 국토교통부장관으로부터 항공종사자 자격증명을 받아야 한다. 다만, 항공업무 중 무인항공기의 운항업무인 경우에는 그러하지 아니하다.
② 다음 각 호의 어느 하나에 해당하는 사람은 자격증명을 받을 수 없다.
  1. 다음 각 목의 구분에 따른 나이 미만인 사람
    가. 자가용 조종사 자격 : 17세 (제37조에 따라 자가용 조종사의 자격증명을 활공기에 한정하는 경우에는 16세)
    나. 사업용 조종사, 부조종사, 항공사, 항공기관사, 항공교통관제사 및 항공정비사 자격 : 18세
    다. 운송용 조종사 및 운항관리사 자격 : 21세
  2. 제43조 제1항에 따른 자격증명 취소처분을 받고 그 취소일부터 2년이 지나지 아니한 사람 (취소된 자격증명을 다시 받는 경우에 한정)
③ 제1항 및 제2항에도 불구하고 군사기지 및 군사시설 보호법을 적용받는 항공작전기지에서 항공기를 관제하는 군인은 국방부장관으로부터 자격인정을 받아 항공교통관제업무를 수행할 수 있다.

정답 155. ③ 156. ④ 157. ③

158. 다음 중 항공종사자 자격시험 응시자격에 있어 맞지 않는 것은?
① 자가용 활공기 조종사 : 16세 ② 항공사 : 18세
③ 항공기관사 : 19세 ④ 운항관리사 : 21세

해설 문제 157번 참조

159. 자격증명 응시연령이 21세 이상이어야 되는 것은?
① 항공기관사 ② 항공사 ③ 사업용 조종사 ④ 운항관리사

해설 문제 157번 참조

160. 항공종사자 응시자격에서 17세 이상의 자격을 요하는 항공종사자는?
① 자가용 조종사 ② 항공기관사 ③ 항공정비사 ④ 항공교통관제사

해설 문제 157번 참조

161. 자격증명 취소 처분 후 몇 년 후에 재응시할 수 있는가?
① 2년 ② 3년 ③ 4년 ④ 6년

해설 문제 157번 참조

162. 다음 중 자격종류에 해당되지 않는 것은?
① 사업용 조종사 ② 항공사 ③ 활공기 조종사 ④ 운항관리사

해설 [항공안전법 제35조] : 자격증명의 종류
1. 운송용 조종사 2. 사업용 조종사 3. 자가용 조종사
4. 부조종사 5. 항공사 6. 항공기관사
7. 항공교통관제사 8. 항공정비사 9. 운항관리사

163. 항공종사자의 자격증명과 관계없는 것은?
① 자가용 조종사 ② 운항관리사 ③ 검사주임 ④ 항공사

해설 문제 162번 참조

정답 158. ③ 159. ④ 160. ① 161. ① 162. ③ 163. ③

164. 다음 중 항공정비사의 업무범위를 옳게 설명한 것은?

① 항공운송사업에 사용하는 항공기를 정비하는 자
② 정비 등을 한 항공기에 대하여 제32조 제1항에 따라 감항성을 확인하는 행위를 하는 자
③ 항공기에 탑승하여 발동기 및 기체를 취급하는 행위를 하는 자
④ 항공기에 탑승하여 그 위치 및 항로의 측정과 항공상의 자료를 산출하는 자

해설 [항공안전법 제36조] : 자격증명별 업무범위

자 격	업 무 범 위
운송용 조종사	항공기에 탑승하여 다음 각 호의 행위를 하는 것 1. 사업용 조종사의 자격을 가진 자가 할 수 있는 행위 2. 항공운송사업의 목적을 위하여 사용하는 항공기를 조종하는 행위
사업용 조종사	항공기에 탑승하여 다음 각 호의 행위를 하는 것 1. 자가용 조종사의 자격을 가진 자가 할 수 있는 행위 2. 무상으로 운항하는 항공기를 보수를 받고 조종하는 행위 3. 항공사용사업에 사용되는 항공기를 조종하는 행위 4. 항공운송사업에 사용되는 항공기(1인의 조종사가 필요한 항공기에 한한다)를 조종하는 행위 5. 기장 외의 조종사로서 항공운송사업에 사용되는 항공기를 조종하는 행위
자가용 조종사	무상으로 운항하는 항공기를 보수를 받지 아니하고 조종하는 행위
부조종사	비행기에 탑승하여 다음 각 호의 행위를 하는 것 1. 자가용 조종사의 자격을 가진 자가 할 수 있는 행위 2. 기장 외의 조종사로서 비행기를 조종하는 행위
항공사	항공기에 탑승하여 그 위치 및 항로의 측정과 항공상의 자료를 산출하는 행위
항공기관사	항공기에 탑승하여 발동기 및 기체를 취급하는 행위(조종장치의 조작을 제외한다)
항공교통 관제사	항공기의 안전, 신속 및 질서를 유지하기 위하여 항공교통 관제기관에서 항공기 운항을 관제하는 행위
항공정비사	다음 각 호의 행위를 하는 것 1. 제32조 제1항에 따라 정비 등을 한 항공기 등, 장비품 또는 부품에 대하여 감항성을 확인하는 행위 2. 제108조 제4항에 따라 정비를 한 경량항공기 또는 그 장비품·부품에 대하여 안전하게 운용할 수 있음을 확인하는 행위
운항관리사	항공운송사업에 사용되는 항공기 또는 국외운항항공기의 운항에 필요한 다음 각 호의 사항을 확인하는 행위 1. 비행계획의 작성 및 변경 2. 항공기 연료소비량의 산출 3. 항공기 운항의 통제 및 감시

정답 164. ②

165. 항공정비사가 할 수 있는 사항은 무엇인가?

① 국토교통부령으로 정하는 경미한 보수를 하는 행위
② 항공기의 대수리에 있어 기술상의 기준에 의한 확인을 하는 행위
③ 항공기의 개조에 있어 기술상의 기준에 의한 확인을 하는 행위
④ 정비를 한 항공기에 대하여 항공안전법 제32조 제1항에 의한 감항성을 확인하는 행위

해설 문제 164번 참조

166. 정비를 한 항공기에 대하여 항공안전법 제32조 제1항에 의한 감항성을 확인하는 행위를 하는 자는?

① 항공정비사 ② 운항관리사 ③ 항공사 ④ 항공기관사

해설 문제 164번 참조

167. 다음 중 항공사의 업무범위는?

① 항공기에 탑승하여 발동기 및 기체를 취급하는 행위
② 항공기에 탑승하여 그 위치 및 항로의 측정과 항공상의 자료를 산출하는 행위
③ 비행계획의 작성 및 변경
④ 항공기의 중량배분의 산출

해설 문제 164번 참조

168. 운항관리사의 업무범위가 아닌 것은?

① 비행계획의 작성 및 변경
② 항공기 연료소비량의 산출
③ 항공기 운항의 통제 및 감시
④ 항공교통의 안전 및 질서를 유지하기 위해 항공교통관제기관에서 항공기 운항을 관제하는 행위

해설 문제 164번 참조

169. 항공종사자 중 항공기에 탑승하는 사람으로 맞는 것은?

① 조종사, 항공사, 항공기관사 ② 조종사, 항공기관사, 항공정비사
③ 조종사, 항공기관사, 운항관리사 ④ 조종사, 항공사, 항공정비사

해설 문제 164번 참조

정답 165. ④ 166. ① 167. ② 168. ④ 169. ①

170. 항공종사자 자격증명의 업무범위에 대한 설명 중 해당되지 않는 것은?

① 그가 받은 자격증명의 업무 외에는 종사하지 않는다.
② 업무범위는 시행령에 명시되어 있다.
③ 군인에 대하여 적용하지 않는다.
④ 새로운 종류, 등급, 형식의 항공기 시험비행 시 국토교통부장관의 허가를 받은 때에는 적용하지 않는다.

해설 [항공안전법 제36조]

① 자격증명의 종류에 따른 업무범위는 항공안전법 별표에 명시되어 있다.
② 자격증명을 받은 사람은 그가 받은 자격증명의 종류에 따른 업무범위 외의 업무에 종사해서는 아니 된다.
③ 다음 각 호의 어느 하나에 해당하는 경우에는 제1항 및 제2항을 적용하지 아니한다.
1. 국토교통부령으로 정하는 항공기에 탑승하여 조종(항공기에 탑승하여 그 기체 및 발동기를 다루는 것을 포함)하는 경우
2. 새로운 종류, 등급 또는 형식의 항공기에 탑승하여 시험비행 등을 하는 경우로서 국토교통부령으로 정하는 바에 따라 국토교통부장관의 허가를 받은 경우

171. 다음 중 자격증명을 한정하는 경우에 항공기의 종류, 등급, 형식을 한정할 수 없는 항공종사자는?

① 항공정비사 ② 사업용 조종사 ③ 운송용 조종사 ④ 항공기관사

해설 [항공안전법 제37조] : 자격증명의 한정

① 국토교통부장관은 다음 각 호의 구분에 따라 자격증명에 대한 한정을 할 수 있다.
1. 운송용 조종사, 사업용 조종사, 자가용 조종사, 부조종사 또는 항공기관사 자격의 경우: 항공기의 종류, 등급 또는 형식
2. 항공정비사 자격의 경우: 항공기·경량항공기의 종류 및 정비분야
② 제1항에 따라 자격증명의 한정을 받은 항공종사자는 그 한정된 종류, 등급 또는 형식 외의 항공기·경량항공기나 한정된 정비분야 외의 항공업무에 종사해서는 아니 된다.
③ 제1항에 따른 자격증명의 한정에 필요한 세부사항은 국토교통부령으로 정한다.

172. 항공정비사 자격증명의 한정에 관한 옳은 설명은?

① 항공기의 종류 및 정비 분야에 의한다.
② 항공정비사의 경력과 정비 분야에 의한다.
③ 항공기의 등급 및 정비 분야에 의한다.
④ 항공기의 종류, 등급 및 형식에 의한다.

해설 문제 171번 참조

정답 170. ② 171. ① 172. ①

173. 다음 중 항공기의 형식을 한정하는 것이 아닌 것은?

① 항공정비사 ② 항공기관사
③ 자가용 조종사 ④ 사업용 조종사

해설 문제 171번 참조

174. 항공정비사 자격증명에 대한 한정은?

① 항공기의 종류에 의한다.
② 항공기의 종류 및 정비 분야에 의한다.
③ 항공기의 등급 및 정비 분야에 의한다.
④ 항공기의 종류, 등급 및 형식에 의한다.

해설 문제 171번 참조

175. 다음은 항공기 종류와 등급을 설명한 것이다. 옳지 않은 것은?

① 항공기 종류는 비행기, 비행선, 활공기, 헬리콥터, 항공우주선으로 구분한다.
② 활공기 종류는 특수, 상급, 초급으로 구분한다.
③ 항공기 등급은 육상다발, 육상단발, 수상다발, 수상단발로 구분한다.
④ 활공기 등급은 상급 및 중급으로 구분한다.

해설 [항공안전법 시행규칙 제81조] : 항공기의 종류는 비행기, 비행선, 활공기, 헬리콥터 및 항공우주선으로 한다. 항공기의 등급은 육상기의 경우에는 육상단발 및 육상다발로 수상기의 경우에는 수상단발 및 수상다발로 구분한다. 다만 활공기의 경우에는 상급 (활공기가 특수 또는 상급활공기인 경우) 및 중급 (활공기가 중급 또는 초급활공기인 경우)으로 구분한다.

176. 다음 중 항공기의 등급에 해당되지 않는 것은?

① 육상단발기 ② 수상단발기 ③ 상급활공기 ④ 헬리콥터

해설 문제 175번 참조

177. 다음 중 항공기의 종류에 해당하지 않는 것은?

① 비행선 ② 활공기 ③ 수상기 ④ 비행기

해설 문제 175번 참조

정답 173. ① 174. ② 175. ② 176. ④ 177. ③

178. 다음 중 항공기의 등급을 설명한 것으로 옳은 것은?

① 보통, 실용
② 비행기, 비행선
③ 육상단발, 다발, 수상단발, 다발
④ B747, DC-10

해설 문제 175번 참조

179. 활공기의 등급은?

① 상급 및 중급 활공기
② 초급, 중급 및 상급 활공기
③ 중급, 상급 및 동력 활공기
④ 초급, 중급 및 동력 활공기

해설 문제 175번 참조

180. 항공정비사 자격증명 시험에 응시할 수 없는 자는?

① 자격증명을 받으려는 해당 항공기 종류에 대한 6개월 이상의 정비업무경력을 포함하여 4년 이상의 항공기 정비업무경력이 있는 사람
② 외국정부가 발행한 항공기 종류 한정 자격증명을 받은 사람
③ 국토교통부장관이 지정한 전문교육기관에서 항공기 정비에 필요한 과정을 이수한 사람
④ 교통안전공단에서 지정한 전문교육기관에서 항공기 정비에 필요한 과정을 이수한 사람

해설 [항공안전법 시행규칙 제75조] : 항공정비사 시험에 응시할 수 있는 자격은 다음과 같다.

1. 항공기 종류 한정이 필요한 항공정비사 자격증명을 신청하는 경우에는 다음의 어느 하나에 해당하는 사람
   가. 자격증명을 받으려는 해당 항공기 종류에 대한 6개월 이상의 정비업무경력을 포함하여 4년 이상의 항공기 정비업무경력(자격증명을 받으려는 항공기가 활공기인 경우에는 활공기의 정비와 개조에 대한 경력을 말한다)이 있는 사람
   나. 고등교육법에 따른 대학·전문대학(다른 법령에서 이와 동등한 수준 이상의 학력이 있다고 인정되는 교육기관을 포함한다) 또는 학점인정 등에 관한 법률에 따라 학습하는 곳에서 별표 5 제1호에 따른 항공정비사 학과시험의 범위를 포함하는 각 과목을 모두 이수하고, 자격증명을 받으려는 항공기와 동등한 수준 이상의 것에 대하여 교육과정 이수 후의 정비실무경력이 6개월 이상이거나 교육과정 이수 전의 정비실무경력이 1년 이상인 사람
   다. 국토교통부장관이 지정한 전문교육기관에서 해당 항공기 종류에 필요한 과정을 이수한 사람(외국의 전문교육기관으로서 그 외국정부가 인정한 전문교육기관에서 해당

정답 178. ③ 179. ① 180. ④

항공기 종류에 필요한 과정을 이수한 사람을 포함한다). 이 경우 항공기의 종류인 비행기 또는 헬리콥터 분야의 정비에 필요한 과정을 이수한 사람은 경량항공기의 종류인 경량비행기 또는 경량헬리콥터 분야의 정비에 필요한 과정을 각각 이수한 것으로 본다.

라. 외국정부가 발급한 해당 항공기 종류 한정 자격증명을 받은 사람

2. 정비분야 한정이 필요한 항공정비사 자격증명을 신청하는 경우에는 다음의 어느 하나에 해당하는 사람

가. 항공기 전자·전기·계기 관련 분야에서 4년 이상의 정비실무경력이 있는 사람

나. 국토교통부장관이 지정한 전문교육기관에서 항공기 전자·전기·계기의 정비에 필요한 과정을 이수한 사람으로서 항공기 전자·전기·계기 관련 분야에서 정비실무경력이 2년 이상인 사람

181. **종류한정이 필요한 항공정비사 자격증명을 신청하는 데 필요한 정비 경력은?**

① 4년 ② 3년 ③ 2년 ④ 1년

해설 문제 180번 참조

182. **항공정비사 자격 취득을 위한 경력사항 중 맞는 것은?**

① 3년 이상의 항공기 정비 경험이 있는 자
② 전문대 졸업 후 6개월 실무 경험
③ 이공계 대학을 졸업한 자
④ 외국정부가 발행한 항공기 종류 한정 자격증명을 소지한 사람

해설 문제 180번 참조

183. **자격증명시험 또는 한정심사의 일부과목 또는 전과목에 합격한 자의 유효기간은?**

① 1년 ② 2년 ③ 3년 ④ 4년

해설 [항공안전법 시행규칙 제85조] : 자격증명시험 또는 한정심사의 학과시험의 일부 과목 또는 전 과목에 합격한 사람이 같은 종류의 항공기에 대하여 자격증명시험 또는 한정심사에 응시하는 경우에는 제83조 제1항에 따른 통보가 있는 날(전 과목을 합격한 경우에는 최종 과목의 합격 통보가 있는 날)부터 2년 이내에 실시(자격증명시험 또는 한정심사 접수 마감일을 기준으로 한다)하는 자격증명시험 또는 한정심사에서 그 합격을 유효한 것으로 한다. 이 경우 과목 합격의 유효기간을 산정할 때 제84조 제2항의 공고에 따라 자격증명시험 또는 한정심사가 실시되지 않는 기간은 제외한다.

정답 181. ① 182. ④ 183. ②

184. 항공정비사 자격시험에서 실기시험의 일부가 면제되는 경우는?
① 고등 교육법에 의한 대학 또는 전문대학을 졸업한 사람
② 해당 정비분야 5년 이상의 정비실무경력이 있는 사람
③ 외국정부가 발행한 항공정비사 자격증명을 받은 사람
④ 항공기사 자격을 취득한 후 1년 이상의 정비실무경력이 있는 사람

해설 [항공안전법 시행규칙 제88조] : 실기시험의 일부 면제
① 해당 종류 또는 정비분야와 관련하여 5년 이상의 정비실무경력이 있는 사람
② 국토교통부장관이 지정한 전문교육기관에서 항공기 종류 또는 정비분야의 교육을 이수한 사람

185. 항공정비사 자격시험에서 실기시험이 일부 면제되는 경우는?
① 외국정부가 발행한 항공정비사 자격증명을 소지한 사람
② 항공정비경력이 4년 이상인 사람
③ 국토교통부장관이 지정한 전문교육기관에서 항공정비사에게 필요한 과정을 이수한 사람
④ 항공기관사 자격증명을 받고, 3년의 정비경력이 있는 사람

해설 문제 184번 참조

186. 항공정비사 실기시험을 일부 면제받을 수 있는 사람은?
① 항공기술요원을 양성하는 교육기관의 필요한 과정을 이수한 사람
② 고등 교육법에 의한 대학 또는 전문대학을 졸업한 사람
③ 항공정비에 관한 실무경력이 5년 미만인 자로서, 외국 정부가 발행한 항공정비사 자격증명을 받은 사람
④ 해당 정비분야 5년 이상의 정비실무경력이 있는 사람

해설 문제 184번 참조

187. 항공종사자 자격시험에서 일부 또는 전부를 면제받을 수 있는 경우가 아닌 것은?
① 외국정부의 자격증 소지자
② 교육기관에서 훈련을 받은 자
③ 실무경험이 있는 자
④ 국가기술자격법에 의한 항공기술분야 자격 소지자

해설 [항공안전법 제38조] : 국토교통부장관은 다음 각 호의 어느 하나에 해당하는 사람에게는 국토교통부령으로 정하는 바에 따라 제1항 및 제2항에 따른 시험 및 심사의 전부 또는 일부를 면제할 수 있다.

정답 184. ② 185. ③ 186. ④ 187. ②

1. 외국정부로부터 자격증명을 받은 사람
2. 제48조에 따른 전문교육기관의 교육과정을 이수한 사람
3. 항공기 · 경량항공기 탑승경력 및 정비경력 등 실무경험이 있는 사람
4. 국가기술자격법에 따른 항공기술분야의 자격을 가진 사람
5. 항공기의 제작자가 실시하는 해당 항공기에 관한 교육과정을 이수한 사람

188. **국가기술자격법에 의한 자격을 취득한 자에 대한 시험의 면제에 대한 설명 중 잘못된 것은 어느 것인가?**

① 항공기술사자격을 취득한 자가 항공정비사 종류별 자격시험에 응시하는 경우에는 항공법규 외의 학과시험을 면제한다.
② 항공기사 또는 항공정비기능장 자격을 취득한 자가 항공정비사 종류별 자격시험에 응시하는 경우에는 자격취득 후 항공기 정비업무에 1년 이상 종사한 경력이 있는 경우에 한하여 항공법규 외의 학과시험을 면제한다.
③ 항공산업기사 자격을 취득한 자가 항공정비사 종류별 자격시험에 응시하는 경우에는 자격취득 후 항공기 정비업무에 2년 이상 종사한 경력이 있는 경우에 한하여 항공법규 외의 학과시험을 면제한다.
④ 항공정비기능사 자격을 취득한 자가 항공정비사 종류별 자격시험에 응시하는 경우에는 자격취득 후 항공기 정비업무에 3년 이상 종사한 경력이 있는 경우에 한하여 항공법규 외의 학과시험을 면제한다.

해설 [항공안전법 시행규칙 제88조] : 국가기술자격법에 의한 항공기술사, 항공정비기능장, 항공기사 또는 항공산업기사의 자격을 취득한 자에 대하여는 다음 각 호의 구분에 따라 시험을 면제한다.

1. 항공기술사 자격을 취득한 자가 항공정비사 종류별 자격시험에 응시하는 경우에는 항공법규 외의 학과시험을 면제한다.
2. 항공기사 또는 항공정비기능장 자격을 취득한 자가 항공정비사 종류별 자격시험에 응시하는 경우에는 자격취득 후 항공기 정비업무에 1년 이상 종사한 경력이 있는 경우에 한하여 항공법규 외의 학과시험을 면제한다.
3. 항공산업기사 자격을 취득한 자가 항공정비사 종류별 자격시험에 응시하는 경우에는 자격취득 후 항공기 정비업무에 2년 이상 종사한 경력이 있는 경우에 한하여 항공법규 외의 학과시험을 면제한다.

189. **항공기 정비의 실무경력 없이 항공정비사 종류별 자격시험에 응시하는 경우에 항공법규 외의 학과시험을 면제받을 수 있는 사람은?**

① 항공기술사 ② 기능장 ③ 항공기사 ④ 항공정비기능사

해설 문제 188번 참조

정답 188. ④ 189. ①

190. 항공기 승무원 신체검사의 유효기간을 잘못 표시한 것은?

① 항공기관사 : 12개월
② 만 40세 미만 자가용 조종사 : 12개월
③ 항공사 : 12개월
④ 만 50세 이상 항공교통 관제사 : 12개월

해설 [항공안전법 시행규칙 제92조] : 항공기 승무원 신체검사의 종류 및 그 유효기간은 다음과 같다. 자격증명별 항공신체검사기준에 일부 미달한다고 진단되는 부분이 있는 경우에는 유효기간을 단축하여 항공신체검사증명서를 발급할 수 있다. 다만, 단축되는 유효기간은 유효기간의 2분의 1을 초과할 수 없다.

자격증명의 종류	항공신체검사 증명의 종류	유효기간		
		40세 미만	40세 이상 50세 미만	50세 이상
운송용 조종사, 사업용 조종사(활공기 조종사는 제외한다), 부조종사	제1종	12개월. 다만, 항공운송사업에 종사하는 60세 이상인 자와 1인의 조종사로 승객을 수송하는 항공운송사업에 종사하는 40세 이상인 자는 6개월		
항공기관사, 항공사	제2종	12개월		
자가용 조종사, 사업용 활공기 조종사, 조종연습생, 경량항공기 조종사	제2종 (경량항공기 조종사의 경우에는 제2종 또는 자동차운전면허증)	60개월	24개월	12개월
항공교통관제사, 항공교통관제연습생	제3종	48개월	24개월	12개월

191. 자격증명을 받은 자 중 신체검사 증명이 필요하지 않은 사람은 누구인가?

① 항공기관사 ② 항공사 ③ 운항관리사 ④ 항공교통관제사

해설 문제 190번 참조

192. 항공종사자 자격증명의 취소 또는 효력정지의 사유가 아닌 것은?

① 항공종사자 자격증명을 분실한 후 1년이 경과하도록 분실신고를 하지 않은 경우
② 항공안전법을 위반하여 벌금 이상의 형을 선고받은 경우
③ 고의 또는 중대한 과실로 항공기사고를 일으켜 인명피해를 발생시킨 경우
④ 거짓이나 부정한 방법으로 자격증명을 받은 경우

해설 [항공안전법 제43조] : 국토교통부장관은 항공종사자가 다음 각 호의 어느 하나에 해당하는 경우에는 그 자격증명이나 자격증명의 한정을 취소하거나 1년 이내의 기간을 정하여 자격증명의 효력정지를 명할 수 있다. 다만, 제1호, 제6호의2, 제6호의3, 제15호 또는 제31호에 해당하는

정답 190. ② 191. ③ 192. ①

경우에는 해당 자격증명을 취소하여야 한다.

1. 거짓이나 그 밖의 부정한 방법으로 자격증명을 받은 경우
2. 이 법을 위반하여 벌금 이상의 형을 선고 받은 경우
3. 항공종사자로서 항공업무를 수행할 때 고의 또는 중대한 과실로 항공기사고를 일으켜 인명피해나 재산피해를 발생시킨 경우
4. 제32조 제1항 본문에 따라 정비등을 확인하는 항공종사자가 국토교통부령으로 정하는 방법에 따라 감항성을 확인하지 아니한 경우
5. 제36조 제2항을 위반하여 자격증명의 종류에 따른 업무범위 외의 업무에 종사한 경우
6. 제37조 제2항을 위반하여 자격증명의 한정을 받은 항공종사자가 한정된 종류, 등급 또는 형식 외의 항공기·경량항공기나 한정된 정비분야 외의 항공업무에 종사한 경우

6의2. 제39조의3 제1항을 위반하여 다른 사람에게 자기의 성명을 사용하여 항공업무를 수행하게 하거나 항공종사자 자격증명서를 빌려 준 경우

6의3. 제39조의3 제3항을 위반하여 다음 각 목의 어느 하나에 해당하는 행위를 알선한 경우

가. 다른 사람에게 자기의 성명을 사용하여 항공업무를 수행하게 하거나 항공종사자 자격증명서를 빌려 주는 행위

나. 다른 사람의 성명을 사용하여 항공업무를 수행하거나 다른 사람의 항공종사자 자격증명서를 빌리는 행위

7. 제40조 제1항(제46조 제4항 및 제47조 제4항에서 준용하는 경우를 포함)을 위반하여 항공신체검사증명을 받지 아니하고 항공업무(제46조에 따른 항공기 조종연습 및 제47조에 따른 항공교통관제연습을 포함. 이하 이 항 제8호, 제13호, 제14호 및 제16호에서 같다)에 종사한 경우
8. 제42조를 위반하여 제40조 제2항에 따른 자격증명의 종류별 항공신체검사증명의 기준에 적합하지 아니한 운항승무원 및 항공교통관제사가 항공업무에 종사한 경우

8의2. 제42조 제2항을 위반하여 신체적·정신적 상태의 저하 사실을 신고하지 아니한 경우

8의3. 제42조 제4항을 위반하여 같은 조 제3항에 따른 결과를 통지받기 전에 항공업무를 수행한 경우

9. 제44조 제1항을 위반하여 계기비행증명을 받지 아니하고 계기비행 또는 계기비행방식에 따른 비행을 한 경우
10. 제44조 제2항을 위반하여 조종교육증명을 받지 아니하고 조종교육을 한 경우
11. 제45조 제1항을 위반하여 항공영어구술능력증명을 받지 아니하고 같은 항 각 호의 어느 하나에 해당하는 업무에 종사한 경우
12. 제55조를 위반하여 국토교통부령으로 정하는 비행경험이 없이 같은 조 각 호의 어느 하나에 해당하는 항공기를 운항하거나 계기비행·야간비행 또는 제44조 제2항에 따른 조종교육의 업무에 종사한 경우
13. 제57조 제1항을 위반하여 주류 등의 영향으로 항공업무를 정상적으로 수행할 수 없는 상태에서 항공업무에 종사한 경우

14. 제57조 제2항을 위반하여 항공업무에 종사하는 동안에 같은 조 제1항에 따른 주류 등을 섭취하거나 사용한 경우
15. 제57조 제3항을 위반하여 같은 조 제1항에 따른 주류 등의 섭취 및 사용 여부의 측정 요구에 따르지 아니한 경우
15의2. 제57조의2를 위반하여 항공기 내에서 흡연을 한 경우
16. 항공업무를 수행할 때 고의 또는 중대한 과실로 항공기준사고, 항공안전장애 또는 제61조 제1항에 따른 항공안전위해요인을 발생시킨 경우
17. 제62조 제2항 또는 제4항부터 제6항까지에 따른 기장의 의무를 이행하지 아니한 경우
18. 제63조를 위반하여 조종사가 운항자격의 인정 또는 심사를 받지 아니하고 운항한 경우
19. 제65조 제2항을 위반하여 기장이 운항관리사의 승인을 받지 아니하고 항공기를 출발시키거나 비행계획을 변경한 경우
20. 제66조를 위반하여 이륙·착륙 장소가 아닌 곳에서 이륙하거나 착륙한 경우
21. 제67조 제1항을 위반하여 비행규칙을 따르지 아니하고 비행한 경우
22. 제68조를 위반하여 같은 조 각 호의 어느 하나에 해당하는 비행 또는 행위를 한 경우
23. 제70조 제1항을 위반하여 허가를 받지 아니하고 항공기로 위험물을 운송한 경우
24. 제76조 제2항을 위반하여 항공업무를 수행한 경우
25. 제77조 제2항을 위반하여 같은 조 제1항에 따른 운항기술기준을 준수하지 아니하고 비행을 하거나 업무를 수행한 경우
26. 제79조 제1항을 위반하여 국토교통부장관이 정하여 공고하는 비행의 방식 및 절차에 따르지 아니하고 비관제공역 또는 주의공역에서 비행한 경우
27. 제79조 제2항을 위반하여 허가를 받지 아니하거나 국토교통부장관이 정하는 비행의 방식 및 절차에 따르지 아니하고 통제공역에서 비행한 경우
28. 제84조 제1항을 위반하여 국토교통부장관 또는 항공교통업무증명을 받은 자가 지시하는 이동·이륙·착륙의 순서 및 시기와 비행의 방법에 따르지 아니한 경우
29. 제90조 제4항(제96조 제1항에서 준용하는 경우를 포함)을 위반하여 운영기준을 준수하지 아니하고 비행을 하거나 업무를 수행한 경우
30. 제93조 제7항 후단(제96조 제2항에서 준용하는 경우를 포함)을 위반하여 운항규정 또는 정비규정을 준수하지 아니하고 업무를 수행한 경우
30의2. 제108조 제4항 본문에 따라 경량항공기 또는 그 장비품·부품의 정비사항을 확인하는 항공종사자가 국토교통부령으로 정하는 방법에 따라 확인하지 아니한 경우
31. 이 조에 따른 자격증명의 정지명령을 위반하여 정지기간에 항공업무에 종사한 경우

193. **다음 중 자격증명을 반드시 취소해야 하는 경우가 아닌 것은?**

① 자격증명 정지기간에 항공업무에 종사한 경우
② 자격증명의 종류에 따른 항공업무 외의 항공업무에 종사한 경우
③ 거짓이나 부정한 방법으로 자격증명을 받은 경우
④ 항공종사자 자격증명서를 빌려준 경우

정답 193. ②

해설 문제 192번 참조

194. 계기비행증명 및 조종교육증명에 대한 설명이 바른 것은?

① 사업용 조종사의 자격증을 받은 자가 계기비행을 하고자 할 때에는 지방항공청장으로부터 계기비행증명을 받아야 한다.
② 조종연습을 하는 자에 대하여 조종교육을 하고자 하는 자는 항공기 종류별로 국토교통부장관의 승인을 받아야 한다.
③ 조종교육증명에 관한 필요한 사항은 국토교통부령으로 정한다.
④ 자가용 조종사의 자격증명 소지자는 자유롭게 계기비행을 할 수 있다.

해설 [항공안전법 제44조] : 계기비행증명 및 조종교육증명

① 운송용 조종사(헬리콥터를 조종하는 경우만 해당), 사업용 조종사, 자가용 조종사 또는 부조종사의 자격증명을 받은 사람은 그가 사용할 수 있는 항공기의 종류로 다음 각 호의 비행을 하려면 국토교통부령으로 정하는 바에 따라 국토교통부장관의 계기비행증명을 받아야 한다.
1. 계기비행 2. 계기비행방식에 따른 비행
② 다음 각 호의 조종연습을 하는 사람에 대하여 조종교육을 하려는 사람은 비행시간을 고려하여 그 항공기의 종류별·등급별로 국토교통부령으로 정하는 바에 따라 국토교통부장관의 조종교육증명을 받아야 한다.
1. 제35조 제1호부터 제4호까지의 자격증명을 받지 아니한 사람이 항공기(제36조 제3항에 따라 국토교통부령으로 정하는 항공기는 제외한다)에 탑승하여 하는 조종연습
2. 제35조 제1호부터 제4호까지의 자격증명을 받은 사람이 그 자격증명에 대하여 제37조에 따라 한정을 받은 종류 외의 항공기에 탑승하여 하는 조종연습
③ 제2항에 따른 조종교육증명에 필요한 사항은 국토교통부령으로 정한다.
④ 제1항에 따른 계기비행증명 및 제2항에 따른 조종교육증명의 시험 및 취소 등에 관하여는 제38조 및 제43조 제1항·제4항을 준용한다.

195. 항공안전법에 규정하는 항공기의 조종교육과 관계없는 것은?

① 이륙조작 ② 곡기비행조작 ③ 착륙조작 ④ 공중조작

해설 [항공안전법 시행규칙 제98조] : 법 제44조 제2항에 따라 조종교육증명을 받아야 하는 조종교육은 항공기(초급활공기는 제외)에 대한 이륙조작·착륙조작 또는 공중조작의 실기교육(법 제46조 제1항 각 호에 따른 조종연습을 하는 사람 단독으로 비행하게 하는 경우를 포함)으로 한다.

196. 항공기의 조종연습을 하기 위해서는 어떠한 요건이 필요한가?

① 국토교통부장관의 허가를 받아야 한다. ② 기능증명을 휴대하여야 한다.
③ 승무원 신체검사서를 휴대해야 한다. ④ 조종교육 감독자의 감독 하에 해야 한다.

정답 194. ③ 195. ② 196. ①

해설 [항공안전법 제 46 조] : 국토교통부장관은 항공기의 조종연습 허가의 신청이 있는 경우 신청인이 항공기의 조종연습을 하기에 필요한 능력이 있다고 인정되는 경우에 이를 허가한다. 허가는 신청인에게 항공기 조종연습 허가서를 발급함으로써 행한다.

197. 항공기를 항공에 사용하기 위하여 표시해야 하는 것은?

① 국적, 등록기호
② 국적, 등록기호, 항공기의 명칭
③ 국적, 등록기호, 소유자의 명칭 또는 성명
④ 국적, 등록기호, 소유자의 명칭 또는 성명, 감항분류

해설 [항공안전법 제 18 조] : 국적, 등록기호 및 소유자 등의 성명 또는 명칭을 표시하지 아니한 항공기를 항공에 사용해서는 안 되고, 신규로 제작한 항공기 등 국토교통부령으로 정하는 항공기의 경우에는 그러하지 아니하다.

198. 항공기 등록부호에 대한 설명 중 맞지 않는 것은?

① 국적기호는 로마자의 대문자 HL로 표시한다.
② 등록부호는 지워지지 않도록 선명하게 표시하여야 한다.
③ 등록기호는 4개의 아라비아 숫자로 표시하여야 한다.
④ 국적기호는 등록기호 앞에 표시하여야 한다.

해설 [항공안전법 시행규칙 제 13 조] : 국적 등의 표시

① 국적 등의 표시는 국적기호, 등록기호 순으로 표시하고, 장식체를 사용해서는 아니 되며, 국적기호는 로마자의 대문자 "HL"로 표시하여야 한다.
② 등록기호의 첫 글자가 문자인 경우 국적기호와 등록기호 사이에 붙임표(-)를 삽입하여야 한다.
③ 항공기에 표시하는 등록부호는 지워지지 아니하고 배경과 선명하게 대조되는 색으로 표시하여야 한다.
④ 등록기호의 구성 등에 필요한 세부사항은 국토교통부장관이 정하여 고시한다.
⑤ 등록기호는 항공기 종류, 발동기 장착수량의 구분, 일련번호를 표시하는 로마자 대문자와 숫자를 조합한 4자리로 구성한다.

199. 등록부호의 표시방법에 대한 설명 중 옳은 것은?

① 등록기호의 구성에 필요한 세부사항은 지방항공청장이 정하여 고시한다.
② 국적기호는 등록기호 뒤에 표시하여야 한다.
③ 국적기호는 로마자의 대문자 HL로 표시하여야 한다.
④ 등록기호는 장식체의 4개의 아라비아 숫자로 표시하여야 한다.

정답 197. ③ 198. ③ 199. ③

해설 문제 198번 참조

200. 비행기의 등록기호를 표시할 때 동체에 표시하는 경우로 맞는 것은?
① 주날개와 꼬리날개 사이에 있는 동체의 앞쪽에 표시한다.
② 주날개와 꼬리날개 사이에 있는 동체의 양쪽 면의 수평안정판 바로 앞에 수평 또는 수직으로 표시하여야 한다.
③ 헬리콥터의 경우에는 동체 아랫면에 표시할 때 동체의 최대 종단면 부근에 표시한다.
④ 비행선의 경우에는 각각 선체의 후미 부근과 최대 횡단면 부근의 아랫면에 표시한다.

해설 [항공안전법 시행규칙 제14조] : 등록부호의 표시위치 및 방법은 다음 각 호의 구분에 따른다.

1. 비행기와 활공기의 경우에는 주날개와 꼬리날개 또는 주날개와 동체에 다음 각 목의 구분에 따라 표시하여야 한다.
   가. 주날개에 표시하는 경우에는 오른쪽 날개 윗면과 왼쪽 날개 아랫면에 주날개의 앞끝과 뒤끝에서 같은 거리에 위치하도록 하고 등록부호의 윗부분이 주날개의 앞끝을 향하게 표시하여야 한다. 다만, 각 기호는 보조날개와 플랩에 걸쳐서는 아니 된다.
   나. 꼬리날개에 표시하는 경우에는 수직 꼬리날개의 양쪽 면에 꼬리날개의 앞끝과 뒤끝에서 5 cm 이상 떨어지도록 수평 또는 수직으로 표시하여야 한다.
   다. 동체에 표시하는 경우에는 주날개와 꼬리날개 사이에 있는 동체의 양쪽 면의 수평안정판 바로 앞에 수평 또는 수직으로 표시하여야 한다.
2. 헬리콥터의 경우에는 동체 아랫면과 동체 옆면에 다음 각 목의 구분에 따라 표시하여야 한다.
   가. 동체 아랫면에 표시하는 경우에는 동체의 최대 횡단면 부근에 등록부호의 윗부분이 동체 좌측을 향하게 표시하여야 한다.
   나. 동체 옆면에 표시하는 경우에는 주회전익의 축과 보조회전익의 축 사이의 동체 또는 동력장치가 있는 부근의 양측면에 수평 또는 수직으로 표시하여야 한다.
3. 비행선의 경우에는 선체 또는 수평안정판과 수직안정판에 다음 각 목의 구분에 따라 표시하여야 한다.
   가. 선체에 표시하는 경우에는 대칭축과 직교하는 최대 횡단면 부근의 윗면과 양 옆면에 표시하여야 한다.
   나. 수평안정판에 표시하는 경우에는 오른쪽 윗면과 왼쪽 아랫면에 등록부호의 윗부분이 수평안정판의 앞끝을 향하게 표시하여야 한다.
   다. 수직안정판에 표시하는 경우에는 수직안정판의 양쪽 면 아랫부분에 수평으로 표시하여야 한다.

정답 200. ②

201. 항공기의 등록부호를 표시하는 위치가 아닌 것은?

① 보조날개, 플랩 ② 동체 ③ 주날개 ④ 꼬리날개

해설 문제 200번 참조

202. 비행기의 주익면에 국적기호 및 등록기호의 표시로 틀린 것은?

① 우측익의 상부 및 좌측익의 하면에 표시한다.
② 전연과 후연에서 등거리에 표시한다.
③ 보조익과 플랩에 걸쳐서는 안 된다.
④ 우측익의 하면 및 좌측익의 상부에 표시한다.

해설 문제 200번 참조

203. 항공기 등록부호의 표시장소로 잘못된 것은?

① 비행기와 활공기의 경우 주날개에 표시하는 경우에는 오른쪽 날개 윗면과 왼쪽 날개 아랫면에 표시한다.
② 헬리콥터의 경우 동체 아랫면에 표시하는 경우에는 동체의 최대 횡단면 부근에 등록부호의 윗부분이 동체 좌측을 향하게 표시한다.
③ 비행선의 경우 선체에 표시하는 경우에는 대칭축과 직교하는 최대 횡단면 부근의 윗면과 양 옆면에 표시한다.
④ 비행선의 경우 수직안정판에 표시하는 경우에는 수직안정판의 양쪽 면 아랫부분에 수직으로 표시한다.

해설 문제 200번 참조

204. 비행선에 등록부호를 표시할 때 다음 중 맞는 것은?

① 선체에 표시하는 경우에는 대칭축과 직교하는 최대 횡단면 부근의 윗면과 양 옆면에 표시하여야 한다.
② 수평안정판에 표시하는 경우에는 오른쪽 아랫면과 왼쪽 아랫면에 등록부호의 윗부분이 수평안정판의 앞끝을 향하게 표시하여야 한다.
③ 수직안정판에 표시하는 경우에는 수직안정판의 양쪽 면 윗부분에 수평으로 표시하여야 한다.
④ 동체 아랫면에 표시하는 경우에는 동체의 최대 횡단면 부근에 등록부호의 윗부분이 동체 좌측을 향하게 표시한다.

해설 문제 200번 참조

정답 201. ① 202. ④ 203. ④ 204. ①

205. **등록부호에 사용하는 각 문자와 숫자의 높이로 잘못된 것은?**

① 비행기와 활공기 : 주날개에 표시하는 경우에는 50 cm 이상
② 헬리콥터 : 동체 옆면에 표시하는 경우에는 20 cm 이상
③ 비행선 : 선체에 표시하는 경우에는 50 cm 이상
④ 비행선 : 수평안정판과 수직안정판에 표시하는 경우에는 15 cm 이상

해설 [항공안전법 시행규칙 제15조] : 등록부호에 사용하는 각 문자와 숫자의 높이는 다음과 같다.
① 비행기와 활공기에 표시하는 경우
1. 날개에 표시하는 경우에는 50 cm 이상
2. 수직 꼬리날개 또는 동체에 표시하는 경우에는 30 cm 이상
② 헬리콥터에 표시하는 경우
1. 동체 아랫면에 표시하는 경우에는 50 cm 이상
2. 동체 옆면에 표시하는 경우에는 30 cm 이상
③ 비행선에 표시하는 경우
1. 선체에 표시하는 경우에는 50 cm 이상
2. 수평안정판과 수직안정판에 표시하는 경우에는 15 cm 이상

206. **등록부호의 폭, 선 굵기 및 간격을 설명한 것 중 잘못된 것은?**

① 폭은 문자 및 숫자 높이의 3분의 2
② 선의 굵기는 문자 및 숫자 높이의 6분의 1
③ 간격은 각 기호의 폭의 4분의 1 이상, 2분의 1 이하
④ 아라비아 숫자의 폭은 문자 및 숫자 높이의 3분의 2

해설 [항공안전법 시행규칙 제16조] : 등록부호에 사용하는 각 문자와 숫자의 폭, 선의 굵기 및 간격은 다음 각 호와 같다.
1. 폭과 붙임표(-)의 길이는 문자 및 숫자의 높이의 3분의 2. 다만 영문자 I와 아라비아 숫자 1은 제외한다.
2. 선의 굵기는 문자 및 숫자의 높이의 6분의 1
3. 간격은 문자 및 숫자의 폭의 4분의 1 이상 2분의 1 이하

207. **국내선 항공운송사업에 사용되는 항공기가 계기비행방식에 의한 비행을 하는 경우 설치하지 않아도 되는 무선설비는 무엇인가?**

① 초단파 무선전화 송·수신기
② 계기착륙시설 수신기
③ 거리 측정시설 수신기
④ 기상레이더

정답 205. ② 206. ④ 207. ④

해설 [항공안전법 시행규칙 제107조] : 항공기를 항공에 사용하기 위해 설치, 운용하여야 하는 무선설비는 다음 각 호와 같다. 다만, 항공운송사업에 사용되는 항공기 외의 항공기가 계기비행방식 외의 방식(시계비행방식)에 의한 비행을 하는 경우에는 제3호부터 제6호까지의 무선설비를 설치, 운용하지 아니할 수 있다.

1. 비행 중 항공교통관제기관과 교신할 수 있는 초단파(VHF) 또는 극초단파(UHF) 무선전화 송수신기 각 2대. 이 경우 비행기(국토교통부장관이 정하여 고시하는 기압고도계의 수정을 위한 고도 미만의 고도에서 교신하려는 경우만 해당한다)와 헬리콥터의 운항승무원은 붐 마이크로폰 또는 스롯 마이크로폰을 사용하여 교신하여야 한다.
2. 기압고도에 관한 정보를 제공하는 2차 감시 항공교통관제 레이더용 트랜스폰더 1대
3. 자동방향탐지기(ADF) 1대(무지향표지시설 신호로만 계기접근절차가 구성되어 있는 공항에 운항하는 경우만 해당)
4. 계기착륙시설(ILS) 수신기 1대(최대 이륙중량 5700kg 미만의 항공기와 헬리콥터 및 무인항공기는 제외)
5. 전방향표지시설(VOR) 수신기 1대(무인항공기는 제외)
6. 거리측정시설(DME) 수신기 1대(무인항공기는 제외)
7. 다음 각 목의 구분에 따라 비행 중 뇌우 또는 잠재적인 위험 기상조건을 탐지할 수 있는 기상레이더 또는 악기상 탐지장비
   가. 국제선 항공운송사업에 사용되는 비행기로서 여압장치가 장착된 비행기의 경우 : 기상레이더 1대
   나. 국제선 항공운송사업에 사용되는 헬리콥터의 경우 : 기상레이더 또는 악기상 탐지장비 1대
   다. 가목 외에 국외를 운항하는 비행기로서 여압장치가 장착된 비행기의 경우 : 기상레이더 또는 악기상 탐지장비 1대
8. 비상위치지시용 무선표지설비(ELT)

208. 항공운송사업에 사용되는 항공기 외의 항공기가 시계비행방식으로 비행하는 경우 반드시 설치하지 않아도 되는 의무 무선설비는?

① 2차 감시 레이더용 트랜스폰더 1대　② 자동방향 탐지기 1대
③ 초단파 무선전화 송·수신기 2대　④ 극초단파 무선전화 송·수신기 2대

해설 문제 207번 참조

209. 국제선 항공운송사업에 사용되는 여압장치가 장착된 항공기가 계기비행방식으로 비행하는 경우 갖추어야 할 무선설비가 아닌 것은?

① 초단파 무선전화 송·수신기 2대　② MLS
③ ADF 1대　④ 기상레이더 1대

해설 문제 207번 참조

정답 208. ② 209. ②

210. 다음 중 항공일지의 종류가 아닌 것은?

① 탑재용 항공일지 ② 지상비치용 프로펠러 항공일지
③ 지상비치용 발동기 항공일지 ④ 지상비치용 기체 항공일지

해설 [항공안전법 시행규칙 제108조] : 법 제52조 제2항에 따라 항공기를 운항하려는 자 또는 소유자등은 탑재용 항공일지, 지상비치용 발동기 항공일지 및 지상비치용 프로펠러 항공일지를 갖추어 두어야 한다. 다만, 활공기의 소유자 등은 활공기용 항공일지를, 법 제102조 각 호의 어느 하나에 해당하는 항공기의 소유자 등은 탑재용 항공일지를 갖춰 두어야 한다.

211. 항공에 사용되는 항공기에 비치할 항공일지는?

① 발동기 항공일지 ② 프로펠러 항공일지 ③ 탑재용 항공일지 ④ 기체 항공일지

해설 문제 210번 참조

212. 항공에 사용하기 위하여 항공기에 비치하여야 하는 서류가 아닌 것은?

① 소음기준적합증명서 ② 형식증명서
③ 비행교범 ④ 운용한계지정서

해설 [항공안전법 시행규칙 제 113조] : 법 제52조 제2항에 따라 항공기(활공기 및 법 제23조 제3항 제2호에 따른 특별감항증명을 받은 항공기는 제외)에는 다음 각 호의 서류를 탑재하여야 한다.

1. 항공기등록증명서
2. 감항증명서
3. 탑재용 항공일지
4. 운용한계지정서 및 비행교범
5. 운항규정
6. 항공운송사업의 운항증명서 사본 및 운영기준 사본
7. 소음기준적합증명서
8. 각 운항승무원의 유효한 자격증명서 및 조종사의 비행기록에 관한 자료
9. 무선국 허가증명서
10. 탑승한 여객의 성명, 탑승지 및 목적지가 표시된 명부(항공운송사업용 항공기만 해당)
11. 해당 항공운송사업자가 발행하는 수송화물의 화물목록과 화물 운송장에 명시되어 있는 세부 화물신고서류(항공운송사업용 항공기만 해당)
12. 해당 국가의 항공당국 간에 체결한 항공기 등의 감독 의무에 관한 이전협정서 사본(법 제5조에 따른 임대차 항공기의 경우만 해당)
13. 비행 전 및 각 비행단계에서 운항승무원이 사용해야 할 점검표
14. 그 밖에 국토교통부장관이 정하여 고시하는 서류

정답 210. ④ 211. ③ 212. ②

213. 항공운송사업에 사용하는 항공기에 비치하지 않는 서류는?

① 감항증명서 ② 운항규정

③ 정비교범 ④ 소음기준적합증명서

해설 문제 212번 참조

214. 항공기에 비치해야 할 서류와 관계가 없는 것은?

① 운용한계지정서 ② 감항증명서

③ 예비품증명서 ④ 항공기등록증명서

해설 문제 212번 참조

215. 항공에 사용하는 항공기가 비치해야 할 서류가 아닌 것은?

① 정비교범 ② 감항증명서

③ 운항규정 ④ 탑재용 항공일지

해설 문제 212번 참조

216. 탑재용 항공일지의 기재내용이 아닌 것은?

① 발동기 및 프로펠러 형식 ② 감항분류

③ 오버홀 후 총비행시간 ④ 구급의료 용구 수량과 장착위치

해설 [항공안전법 시행규칙 제108조] : 항공기의 소유자 등은 다음의 사항을 항공일지에 기재하여야 한다.

① 항공기의 등록부호 및 등록연월일
② 항공기의 종류, 형식 및 형식증명서 번호
③ 감항분류 및 감항증명 번호
④ 항공기의 제작자, 제작번호 및 제작연월일
⑤ 발동기 및 프로펠러의 형식
⑥ 비행에 관한 다음의 기록
　1. 비행연월일
　2. 승무원의 성명 및 업무
　3. 비행목적 또는 편명
　4. 출발지 및 출발시간

정답 213. ③ 214. ③ 215. ① 216. ④

5. 도착지 및 도착시간
6. 비행시간
7. 항공기의 비행안전에 영향을 미치는 사항
8. 기장의 서명

⑦ 제작 후의 총비행시간과 오버홀의 한 항공기의 경우 최근의 오버홀 후의 총비행시간

⑧ 발동기 및 프로펠러의 장비교환에 관한 다음의 기록
1. 장비교환의 연월일 및 장소
2. 발동기 및 프로펠러의 부품번호 및 제작일련번호
3. 장비가 교환된 위치 및 이유

⑨ 수리, 개조 또는 정비의 실시에 관한 다음의 기록
1. 실시연월일 및 장소
2. 실시 이유, 수리, 개조 또는 정비의 위치와 교환 부품명
3. 확인연월일 및 확인자의 서명 또는 날인

217. 탑재용 항공일지에 기록하는 수리, 개조 또는 정비의 실시에 관한 기록 중 옳지 않은 것은 다음 중 어느 것인가?

① 실시연월일 및 장소
② 실시 이유, 수리, 개조 또는 정비의 위치
③ 교환 부품명
④ 확인자의 자격증명번호

해설 문제 216번 참조

218. 다음 중 항공기의 소유자가 탑재용 항공일지에 기재해야 하는 사항으로 거리가 먼 것은 어느 것인가?

① 항공기 등록부호 및 등록연월일
② 항공기 종류, 성능 및 형식증명서 번호
③ 감항분류 및 감항증명 번호
④ 발동기 및 프로펠러의 형식

해설 문제 216번 참조

219. 항공기에 갖추어야 할 구급용구로 맞지 않는 것은?

① 불꽃조난신호장비
② 낙하산
③ 구명보트
④ 음성신호발생기

해설 [항공안전법 시행규칙 제110조] : 법 제52조 제2항에 따라 항공기의 소유자는 구명동의, 음성신호발생기, 구명보트, 불꽃조난신호장비, 휴대용 소화기, 도끼, 손확성기(메가폰), 구급의료용품 등을 항공기(무인항공기는 제외)에 갖추어야 한다.

정답 217. ④ 218. ② 219. ②

220. 제1종 또는 제2종 헬리콥터가 육지로부터 순항속도로 10분 거리 이상의 해상을 비행하는 경우 헬리콥터에 비치하여야 하는 것은?

① 헬리콥터 부양장치, 구명동의, 구명보트, 불꽃조난신호장비
② 구명동의, 구명보트, 불꽃조난신호장비
③ 구급용구, 구명동의, 불꽃조난신호장비
④ 구명동의, 구명보트, 항공기용 구명 무선기

해설 [항공안전법 시행규칙 제110조] : 헬리콥터에 비치하여야 하는 구급용구는 다음과 같다.

구 분	품 목
1. 제1종 또는 제2종 헬리콥터가 육지(비상착륙에 적합한 섬을 포함)로부터 순항 속도로 10분 거리 이상의 해상을 비행하는 경우	• 헬리콥터 부양장치, 구명동의 또는 이에 상당하는 개인부양장비, 구명보트, 불꽃조난신호장비
2. 제3종 헬리콥터가 다음의 비행을 하는 경우 가. 비상착륙에 적합한 육지 또는 섬으로부터 자동회전 또는 안전강착거리를 벗어난 해상을 비행하는 경우 나. 비상착륙에 적합한 육지 또는 섬으로부터 자동회전거리를 초과하되 국토교통부장관이 정한 거리 내의 해상을 비행하는 경우 다. 가.에서 정한 지역을 초과하는 해상을 비행하는 경우	• 헬리콥터 부양장치 • 구명동의 또는 이에 상당하는 개인부양장비 • 구명동의 또는 이에 상당하는 개인부양장비
3. 제2종 및 제3종 헬리콥터가 이륙경로나 착륙접근 경로가 수상에 있어 사고 시에 착수가 예상될 때	• 구명보트, 불꽃조난신호장비, 구명동의 또는 이에 상당하는 개인부양장비
4. 앞바다를 비행하거나 국토교통부장관이 정한 수상을 비행할 경우	• 헬리콥터 부양장치
5. 산불진화 등에 사용되는 물을 담기 위해 수면 위로 비행하는 경우	• 구명동의 또는 이에 상당하는 개인부양장비

㉠ 제1종 헬리콥터 : 임계발동기에 고장이 발생한 경우, TDP (Take-off Decision Point : 이륙결심지점) 전 또는 LDP (Landing Decision Point : 착륙결심지점)를 통과한 후에는 이륙을 포기하거나 또는 착륙지점에 착륙해야 하며, 그 외에는 적합한 착륙 장소까지 안전하게 계속 비행이 가능한 헬리콥터
㉡ 제2종 헬리콥터 : 임계발동기에 고장이 발생한 경우, 초기 이륙 조종 단계 또는 최종 착륙 조종 단계에서는 강제 착륙이 요구되며, 이 외에는 적합한 착륙 장소까지 안전하게 계속 비행이 가능한 헬리콥터
㉢ 제3종 헬리콥터 : 비행 중 어느 시점이든 임계발동기에 고장이 발생할 경우 강제 착륙이 요구되는 헬리콥터

정답 220. ①

221. 항공기 사용사업용 수상항공기에 갖추어야 할 구급용구에 대한 설명 중 틀린 것은?
① 일상용 닻 1개 ② 음성신호 발생기 2기
③ 해상용 닻 1개 ④ 구명동의는 탑승자 1인당 1개

해설 [항공안전법 시행규칙 제110조] : 항공기 운송사업 및 사용사업에 사용되는 수상항공기에 장비하여야 할 구급용구는 다음과 같다.
① 구명동의 또는 이에 상당하는 개인부양 장비(탑승자 1인당 1개)
② 음성신호 발생기(1기)
③ 해상용 닻(1개)
④ 일상용 닻(1개)

222. 승객 250명을 탑승시킬 수 있는 항공기에 비치해야 할 소화기 수는?
① 3개 ② 4개 ③ 5개 ④ 6개

해설 [항공안전법 시행규칙 제110조] : 항공기에는 적어도 조종실 및 객실과 분리되어 있는 조종석에 각각 1개 이상의 이동이 간편한 소화기를 비치하여야 한다. 다만, 소화기는 소화액을 방사 시 항공기 내의 공기를 해롭게 오염시키거나 항공기 안전운항에 지장을 주는 것이어서는 아니 된다. 항공기 객실에는 다음 수의 소화기를 비치하여야 한다.

승객 좌석 수	수량	승객 좌석 수	수량	승객 좌석 수	수량
6석부터 30석까지	1	201석부터 300석까지	4	501석부터 600석까지	7
31석부터 60석까지	2	301석부터 400석까지	5	601석 이상	8
61석부터 200석까지	3	401석부터 500석까지	6		

223. 항공기 좌석 수가 65석에 승객이 45명 탑승 시 항공기 객실 내에 비치하여야 하는 소화기의 수는 몇 개인가?
① 1개 ② 2개 ③ 3개 ④ 4개

해설 문제 222번 참조

224. 항공기 객실에 비치하여야 하는 소화기 수가 잘못된 것은?
① 승객 좌석 수 6석부터 30석까지 : 1개
② 승객 좌석 수 401석부터 500석까지 : 6개
③ 승객 좌석 수 201석부터 300석까지 : 4개
④ 승객 좌석 수 601석 이상 : 9개

해설 문제 222번 참조

정답 221. ② 222. ② 223. ③ 224. ④

225. 승객 좌석 수가 280인 항공기 객실에 비치하여야 할 소화기 수량은?

① 3개 ② 4개 ③ 5개 ④ 6개

해설 문제 222번 참조

226. 항공운송사업용 항공기에 비치해야 할 도끼 수는?

① 1개 ② 2개 ③ 3개 ④ 4개

해설 [항공안전법 시행규칙 제110조] : 항공운송사업용 및 항공기사용사업용 항공기에는 사고 시 사용할 도끼 1개를 비치하여야 한다.

227. 승객이 250명일 때 탑재해야 할 손확성기 수는?

① 1개 ② 2개 ③ 3개 ④ 4개

해설 [항공안전법 시행규칙 제110조]

승객 좌석 수	손확성기의 수	승객 좌석 수	손확성기의 수
61석부터 99석까지	1	200석 이상	3
100석부터 199석까지	2		

228. 다음 중 150명이 탑승하는 항공운송사업용 항공기에 비치해야 할 손확성기 수는?

① 5개 ② 4개 ③ 3개 ④ 2개

해설 문제 227번 참조

229. 항공기에 비치하지 않아도 되는 비상장구는? (시험비행은 제외)

① 구명동의 ② 구급의료용품

③ 음성신호발생기 ④ 낙하산, 산소공급장치

해설 [항공안전법 시행규칙 제112조] : 다음의 항공기에는 항공기에 타고 있는 모든 사람이 사용할 수 있는 수의 낙하산을 갖춰 두어야 한다.

1. 특별감항증명을 받은 항공기(제작 후 최초로 시험비행을 하는 항공기 또는 국토교통부 장관이 지정하는 항공기만 해당)
2. 곡예비행을 하는 항공기(헬리콥터는 제외)

정답 225. ② 226. ① 227. ③ 228. ④ 229. ④

230. 항공기에 낙하산을 장비하여야 할 경우는?
① 제작 후 최초로 시험비행을 하는 경우
② 해상비행을 하는 경우
③ 무선설비가 없이 비행하는 경우
④ 항행안전시설이 없는 지역의 상공을 비행하는 경우

해설 문제 229번 참조

231. 다음 중 기압저하경보장치를 갖추어야 할 항공기는?
① 여압장치가 있는 항공기가 기내의 대기압이 376 hPa 미만인 고도로 비행하는 경우
② 여압장치가 있는 항공기가 기내의 대기압이 476 hPa 미만인 고도로 비행하는 경우
③ 여압장치가 있는 항공기가 기내의 대기압이 576 hPa 미만인 고도로 비행하는 경우
④ 여압장치가 있는 항공기가 기내의 대기압이 676 hPa 미만인 고도로 비행하는 경우

해설 [항공안전법 시행규칙 제114조] : 여압장치가 있는 비행기로서 기내의 대기압이 376 헥토파스칼(hPa) 미만인 비행고도로 비행하려는 비행기에는 기내의 압력이 떨어질 때 운항승무원에게 이를 경고할 수 있는 기압저하경보장치 1기를 장착하여야 한다.

232. 항공운송사업용 항공기가 방사선 투과량 계기를 갖추어야 하는 경우는?
① 평균 해면으로부터 15000 m를 초과하는 고도로 비행하는 경우
② 평균 해면으로부터 25000 m를 초과하는 고도로 비행하는 경우
③ 평균 해면으로부터 35000 m를 초과하는 고도로 비행하는 경우
④ 평균 해면으로부터 45000 m를 초과하는 고도로 비행하는 경우

해설 [항공안전법 시행규칙 제116조] : 항공운송사업용 항공기 또는 국외를 운항하는 비행기가 평균 해면으로부터 15000 m (4만9천 피트)를 초과하는 고도로 운항하려는 경우에는 방사선투사량계기 1기를 갖추어야 한다.

233. 항공운송사업용 항공기가 계기비행 시에 장착해야 되는 정밀기압고도계의 숫자는?
① 1개 ② 2개 ③ 3개 ④ 4개

해설 [항공안전법 시행규칙 제117조] : 항공운송사업용 항공기가 계기비행을 할 때 갖추어야 할 항공계기는 다음과 같다.
① 정밀기압고도계 : 2개
② 외기온도계 : 1개
③ 선회 및 경사지시계 : 1개
④ 인공수평 자세지시계 : 1개
⑤ 자이로식 기수방향지시계 : 1개
⑥ 시계(초, 분, 시각 표시) : 1개

정답 230. ① 231. ① 232. ① 233. ②

⑦ 동결방지 장치된 속도계 : 1개 ⑧ 승강계 : 1개 ⑨ 나침반 : 1개

234. 항공운송사업용 항공기가 계기비행방식으로 고고도를 비행할 때 갖추어야 할 계기가 아닌 것은?

① 인공수평 자세지시계 ② 경사지시계
③ 동결방지 장치된 속도계 ④ 정밀기압고도계

해설 문제 233번 참조

235. 시계비행을 하는 항공운송사업용 항공기가 갖추어야 할 항공계기가 아닌 것은?

① 승강계 ② 나침반 ③ 시계 ④ 정밀기압고도계

해설 [항공안전법 시행규칙 제117조] : 시계비행방식에 의한 비행을 하는 항공운송사업용 항공기에는 다음의 계기를 갖추어야 한다.

① 나침반 : 1개 ② 시계 : 1개 ③ 정밀기압고도계 : 1개 ④ 속도계 : 1개

236. 시계비행을 하는 항공운송사업용 항공기에 장착하여야 할 계기로 구성된 것은?

① 나침반, 시계, 정밀기압고도계, 속도계 ② 나침반, 선회계, 정밀기압고도계, 속도계
③ 시계, 선회계, 정밀기압고도계, 속도계 ④ 나침반, 시계, 정밀기압고도계, 선회계

해설 문제 235번 참조

237. 다음 중 비행자료기록장치(FDR)를 갖추어야 하는 항공기는?

① 항공운송사업에 사용되는 모든 항공기
② 항공운송사업에 사용되는 최대 이륙중량 5700 kg 이상의 항공기
③ 항공운송사업에 사용되는 승객 30인을 초과하여 수송할 수 있는 항공기
④ 항공운송사업에 사용되는 터빈발동기를 장착한 항공기

해설 [항공안전법 시행규칙 제109조] : 사고예방장치

① 법 제52조 제2항에 따라 사고예방 및 사고조사를 위하여 항공기에 갖추어야 할 장치는 다음 각 호와 같다. 다만, 국제항공노선을 운항하지 않는 헬리콥터의 경우에는 제2호 및 제3호의 장치를 갖추지 않을 수 있다.

1. 다음 각 목의 어느 하나에 해당하는 비행기에는 국제민간항공조약 부속서 10에서 정한 바에 따라 운용되는 공중충돌경고장치 1기 이상

가. 항공운송사업에 사용되는 모든 비행기. 다만, 소형항공운송사업에 사용되는 최대 이륙중량이 5700 kg 이하인 비행기로서 그 비행기에 적합한 공중충돌경고장치가 개발되지 아니하거나 공중충돌경고장치를 장착하기 위하여 필요한 비행기 개조

정답 234. ② 235. ① 236. ① 237. ④

등의 기술이 그 비행기의 제작자 등에 의하여 개발되지 아니한 경우에는 공중충돌 경고장치를 갖추지 아니 할 수 있다.

나. 2007년 1월 1일 이후에 최초로 감항증명을 받는 비행기로서 최대 이륙중량이 15000 kg을 초과하거나 승객 30명을 초과하여 수송할 수 있는 터빈발동기를 장착한 항공운송사업 외의 용도로 사용되는 모든 비행기

다. 2008년 1월 1일 이후에 최초로 감항증명을 받는 비행기로서 최대 이륙중량이 5700 kg을 초과하거나 승객 19명을 초과하여 수송할 수 있는 터빈발동기를 장착한 항공운송사업 외의 용도로 사용되는 모든 비행기

2. 다음 각 목의 어느 하나에 해당하는 비행기 및 헬리콥터에는 그 비행기 및 헬리콥터가 지표면에 근접하여 잠재적인 위험상태에 있을 경우 적시에 명확한 경고를 운항승무원에게 자동으로 제공하고 전방의 지형지물을 회피할 수 있는 기능을 가진 지상접근경고장치 1기 이상

가. 최대이륙중량이 5700kg을 초과하거나 승객 9명을 초과하여 수송할 수 있는 터빈발동기를 장착한 비행기

나. 최대이륙중량이 5700kg 이하이고 승객 5명 초과 9명 이하를 수송할 수 있는 터빈발동기를 장착한 비행기

다. 최대이륙중량이 5700kg을 초과하거나 승객 9명을 초과하여 수송할 수 있는 왕복발동기를 장착한 모든 비행기

라. 최대이륙중량이 3175kg을 초과하거나 승객 9명을 초과하여 수송할 수 있는 헬리콥터로서 계기비행방식에 따라 운항하는 헬리콥터

3. 다음 각 목의 어느 하나에 해당하는 항공기에는 비행자료 및 조종실 내 음성을 디지털방식으로 자료를 기록할 수 있는 비행자료기록장치 각 1기 이상

가. 항공운송사업에 사용되는 터빈발동기를 장착한 비행기. 이 경우 비행기록장치에는 25시간 이상 비행자료를 기록하고, 2시간 이상 조종실 내 음성을 기록할 수 있는 성능이 있어야 한다.

나. 승객 5명을 초과하여 수송할 수 있고 최대 이륙중량이 5700 kg을 초과하는 비행기 중에서 항공운송사업 외의 용도로 사용되는 터빈발동기를 장착한 비행기. 이 경우 비행기록장치에는 25시간 이상 비행자료를 기록하고, 2시간 이상 조종실 내 음성을 기록할 수 있는 성능이 있어야 한다.

다. 1989년 1월 1일 이후에 제작된 헬리콥터로서 최대 이륙중량이 3180 kg을 초과하는 헬리콥터. 이 경우 비행기록장치에는 10시간 이상 비행자료를 기록하고, 2시간 이상 조종실 내 음성을 기록할 수 있는 성능이 있어야 한다.

라. 그 밖에 항공기의 최대 이륙중량 및 제작 시기 등을 고려하여 국토교통부장관이 필요하다고 인정하여 고시하는 항공기

4. 최대 이륙중량이 5700 kg을 초과하거나 승객 9명을 초과하여 수송할 수 있는 터빈발동기(터보프롭발동기는 제외)를 장착한 항공운송사업에 사용되는 비행기에는 전방돌풍경고장치 1기 이상. 이 경우 돌풍경고장치는 조종사에게 비행기 전방의 돌풍을 시각 및 청각적으로 경고하고, 필요한 경우에는 실패접근, 복행 및 회피기동을 할 수 있는 정보를 제공하는 것이어야 하며, 항공기가 착륙하기 위하여 자동착륙장치를 사

용하여 활주로에 접근할 때 전방의 돌풍으로 인하여 자동착륙장치가 그 운용한계에 도달하고 있는 경우에는 조종사에게 이를 알릴 수 있는 기능을 가진 것이어야 한다.

5. 최대이륙중량 27000kg을 초과하고 승객 19명을 초과하여 수송할 수 있는 항공운송사업에 사용되는 비행기로서 15분 이상 해당 항공교통관제기관의 감시가 곤란한 지역을 비행하는 경우 위치추적 장치 1기 이상

② 제1항 제2호에 따른 지상접근경고장치는 다음 각 호의 구분에 따라 경고를 제공할 수 있는 성능이 있어야 한다.

1. 제1항 제2호 가목에 해당하는 비행기의 경우에는 다음 각 목의 경우에 대한 경고를 제공할 수 있을 것
   가. 과도한 강하율이 발생하는 경우
   나. 지형지물에 대한 과도한 접근율이 발생하는 경우
   다. 이륙 또는 복행 후 과도한 고도의 손실이 있는 경우
   라. 비행기가 다음의 착륙형태를 갖추지 아니한 상태에서 지형지물과의 안전거리를 유지하지 못하는 경우
      • 착륙바퀴가 착륙위치로 고정
      • 플랩의 착륙위치
   마. 계기활공로 아래로의 과도한 강하가 이루어진 경우
2. 제1항 제2호 나목 및 다목에 해당하는 비행기와 제1항 제2호 라목에 해당하는 헬리콥터의 경우에는 다음 각 목의 경우에 대한 경고를 제공할 수 있을 것
   가. 과도한 강하율이 발생되는 경우
   나. 이륙 또는 복행 후에 과도한 고도의 손실이 있는 경우
   다. 지형지물과의 안전거리를 유지하지 못하는 경우

③ 제1항 제2호에 따른 지상접근경고장치를 이용하는 항공기를 운영하려는 자 또는 소유자 등은 지상접근경고장치의 지형지물 정보 현행성 유지를 위한 데이터베이스 관리절차를 수립·시행해야 한다.

④ 제1항 제3호에 따른 비행기록장치의 종류, 성능, 기록하여야 하는 자료, 운영방법, 그 밖에 필요한 사항은 법 제77조에 따라 고시하는 운항기술기준에서 정한다.

⑤ 제1항 제3호에도 불구하고 다음 각 호의 어느 하나에 해당하는 경우에는 비행기록장치를 장착하지 아니할 수 있다.

1. 제3항에 따른 운항기술기준에 적합한 비행기록장치가 개발되지 아니하거나 생산되지 아니하는 경우
2. 해당 항공기에 비행기록장치를 장착하기 위하여 필요한 항공기 개조 등의 기술이 그 항공기의 제작사 등에 의하여 개발되지 아니한 경우

238. 항공기 사고조사 및 예방장치가 아닌 것은?

① 공중충돌경고장치(ACAS)
② 지상접근경고장치(GPWS)
③ 비행자료기록장치(FDR)
④ 프로펠러 작동 기록장치

해설 문제 237번 참조

정답 238. ④

239. 비행자료기록장치(FDR)를 설치해야 하는 항공기는?

① 최대 이륙중량이 5700 kg을 초과하는 비행기
② 최대 이륙중량 15000 kg을 초과하는 비행기
③ 최대 이륙중량 30000 kg을 초과하는 비행기
④ 항공운송사업에 사용되는 터빈발동기를 장착한 항공기

해설 문제 237번 참조

240. 항공운송사업에 사용되는 터빈발동기를 장착한 비행기로서 지상접근경고장치 1기 이상을 장착하지 않아도 되는 경우는?

① 최대 이륙중량이 5700kg을 초과하거나 승객 9명을 초과하여 수송할 수 있는 터빈발동기를 장착한 비행기
② 최대 이륙중량이 5700kg 이하이고 승객 5명 초과 9명 이하를 수송할 수 있는 터빈발동기를 장착한 비행기
③ 최대 이륙중량이 5700kg을 초과하거나 승객 9명을 초과하여 수송할 수 있는 왕복발동기를 장착한 모든 비행기
④ 최대 이륙중량이 3175kg을 초과하거나 승객 5명을 초과하여 수송할 수 있는 헬리콥터로서 계기비행방식에 따라 운항하는 헬리콥터

해설 문제 237번 참조

241. 항공운송사업용과 항공기사용사업용 외의 항공기가 계기비행으로 교체비행장이 요구되는 경우 실어야 할 연료 및 오일의 양으로 맞는 것은?

① 최초의 착륙예정 비행장까지 비행하여 1회의 접근과 실패접근을 하는 데 필요한 양에 최초의 착륙예정 비행장에서 순항고도로 교체비행장까지 비행하는 데 필요한 양
② 최초의 착륙예정 비행장까지 비행에 필요한 양에 다시 순항고도로 45분간 더 비행할 수 있는 양을 더한 양
③ 최초의 착륙예정 비행장까지 비행하여 1회의 접근과 실패접근을 하는 데 필요한 연료의 양에 교체비행장에서 표준기온으로 450 m의 상승에서 30분간 체공하는 데 필요한 양에 그 비행장에 접근하여 착륙하는 데 필요한 양을 더한 양
④ 최초의 착륙예정 비행장까지 비행에 필요한 양에 해당 예정 비행장의 교체비행장 중 연료 및 오일의 소모량이 가장 많은 비행장까지 비행을 마친 후, 다시 순항고도로 45분간 더 비행할 수 있는 양을 더한 양

해설 [항공안전법 시행규칙 제119조] : 항공기운송사업용 및 항공기사용사업용 외의 항공기에 실어야 할 연료 및 오일의 양

정답 239. ④ 240. ④ 241. ②

항공운송사업용 및 항공기사용사업용 외의 비행기	계기비행으로 교체비행장이 요구될 경우	다음 각 호의 양을 더한 양 1. 최초 착륙예정 비행장까지 비행에 필요한 양 2. 그 교체비행장까지 비행을 마친 후 순항고도로 45분간 더 비행할 수 있는 양
	계기비행으로 교체비행장이 요구되지 않을 경우	다음 각 호의 양을 더한 양 1. 제186조 제3항 단서에 따라 교체비행장이 요구되지 않는 경우 최초 착륙예정 비행장까지 비행에 필요한 양 2. 순항고도로 45분간 더 비행할 수 있는 양
	주간에 시계비행을 할 경우	다음 각 호의 양을 더한 양 1. 최초 착륙예정 비행장까지 비행에 필요한 양 2. 순항고도로 30분간 더 비행할 수 있는 양
	야간에 시계비행을 할 경우	다음 각 호의 양을 더한 양 1. 최초 착륙예정 비행장까지 비행에 필요한 양 2. 순항고도로 45분간 더 비행할 수 있는 양

242. **항공운송사업용 및 항공기사용사업용 외의 비행기가 야간에 시계비행을 할 경우 실어야 할 연료의 양은?**

① 45분간 비행할 수 있는 양
② 60분간 비행할 수 있는 양
③ 최초의 착륙예정 비행장까지 비행에 필요한 연료의 양에 다시 순항고도로 45분간 더 비행할 수 있는 연료의 양
④ 최초의 착륙예정 비행장까지 비행에 필요한 연료의 양에 다시 순항고도로 60분간 더 비행할 수 있는 연료의 양

해설 [항공안전법 시행규칙 제119조] : 항공운송사업용 및 항공기사용사업용 외의 비행기가 야간에 시계비행을 할 경우 최초의 착륙예정 비행장까지 비행에 필요한 연료의 양에 순항고도로 45분간 더 비행할 수 있는 연료의 양을 실어야 한다.

243. **항공운송사업용 항공기가 주간에 시계비행을 할 경우 최초 착륙예정 비행장까지 비행에 필요한 연료량에 추가로 실어야 할 연료의 양은?**

① 순항고도로 30분간 더 비행할 수 있는 연료의 양
② 순항고도로 45분간 더 비행할 수 있는 연료의 양
③ 순항고도로 60분간 더 비행할 수 있는 연료의 양
④ 순항고도로 120분간 더 비행할 수 있는 연료의 양

정답 242. ③ 243. ②

해설 [항공안전법 시행규칙 제 119 조] : 항공운송사업용 항공기가 시계비행을 할 경우 최초의 착륙 예정 비행장까지 비행에 필요한 연료의 양에 순항고도로 45분간 더 비행할 수 있는 연료의 양을 실어야 한다.

244. 항공기가 정박하는 데 있어 야간을 뜻하는 것은?

① 해지기 30분 전부터 해뜨기 30분 전까지
② 해지기 1시간 전부터 해뜨기 1시간 전까지
③ 해가 진 뒤부터 해가 뜨기 전까지
④ 해지기 15분 전부터 해뜨기 15분 전까지

해설 [항공안전법 제 54 조] : 항공기를 운항하거나 야간(해가 진 뒤부터 해가 뜨기 전까지를 말한다)에 비행장에 주기 또는 정박시키는 사람은 국토교통부령으로 정하는 바에 따라 등불로 항공기의 위치를 나타내야 한다.

245. 항공기가 야간에 정박해 있을 때 무엇으로 위치를 알리는가?

① 등불 ② 충돌방지등 ③ 무선설비 ④ 수기

해설 문제 244번 참조

246. 항공기가 야간에 공중과 지상을 항행할 때 필요한 등불은?

① 우현등, 좌현등, 회전지시등
② 우현등, 좌현등, 충돌방지등
③ 좌현등, 우현등, 미등
④ 우현등, 좌현등, 미등, 충돌방지등

해설 [항공안전법 시행규칙 제 120 조] : 항공기가 야간에 공중, 지상 또는 수상을 항행하는 경우와 비행장의 이동지역 안에서 이동하거나 엔진이 작동 중인 경우에는 우현등, 좌현등 및 미등과 충돌방지등에 의하여 그 항공기의 위치를 나타내야 한다. 항공기를 야간에 사용되는 비행장에 주기 또는 정박시키는 경우에는 해당 항공기의 항행등을 이용하여 항공기의 위치를 나타내야 한다. 다만, 비행장에 항공기를 조명하는 시설이 있는 경우에는 그러하지 아니하다.

247. 항공기가 야간에 공중 또는 지상을 항행하거나 비행장에 정류하는 항공기의 등불표시는?

① 기수등, 우현등, 좌현등, 충돌방지등
② 기수등, 우현등, 미등, 충돌방지등
③ 기수등, 좌현등, 미등, 충돌방지등
④ 좌현등, 우현등, 미등, 충돌방지등

해설 문제 246번 참조

정답 244. ③ 245. ① 246. ④ 247. ④

248. 다음 중 비행장에 정류하는 항공기의 등불표시는?

① 기수등, 우현등, 좌현등　② 기수등, 우현등, 미등
③ 기수등, 좌현등, 미등　④ 좌현등, 우현등, 미등

해설 문제 246번 참조

249. 항공기가 야간에 공중과 지상을 항행하는 경우 충돌방지등으로서 당해 항공기의 위치를 표시해야 하는 항공기는 어느 것인가?

① 모든 항공기　② 쌍발 이상의 항공기
③ 최대 이륙중량 5700 kg 이상의 항공기　④ 항공운송사업에 사용되는 항공기

해설 문제 246번 참조

250. 다음 중 법에 명시되어 있는 기장의 권한에 대해 틀린 것은?

① 항공기의 운항안전에 대하여 책임을 지는 자로 당해 항공기의 승무원을 지휘, 감독한다.
② 기장은 대통령이 정하는 바에 따라 항공기의 운항에 필요한 준비가 완료된 것을 확인한 후가 아니면 항공기를 출발시켜서는 아니 된다.
③ 기장은 항공기 또는 여객에 위난이 생긴 때 또는 위난이 생길 우려가 있다고 인정되는 때에는 항공기 안에 있는 여객에 대하여 피난방법 기타 안전에 필요한 사항을 명할 수 있다.
④ 기장은 항행 중 그 항공기에 위난이 생긴 때에는 여객의 구조, 지상 또는 수상에 있는 사람이나 물건에 대한 위난의 방지에 필요한 수단을 강구하여야 하며, 여객 기타 항공기 안에 있는 자를 당해 항공기로부터 떠나게 한 후가 아니면 항공기를 떠나서는 안 된다.

해설 [항공안전법 제 62 조] : 기장의 권한

① 항공기의 운항안전에 대하여 책임을 지는 자 (기장)는 그 항공기의 승무원을 지휘, 감독한다.
② 기장은 국토교통부령이 정하는 바에 따라 항공기의 운항에 필요한 준비가 완료된 것을 확인한 후가 아니면 항공기를 출발시켜서는 아니 된다.
③ 기장은 항공기나 여객에 위난 (危難)이 발생하였거나 발생할 우려가 있다고 인정될 때에는 항공기에 있는 여객에게 피난방법과 그 밖에 안전에 관하여 필요한 사항을 명할 수 있다.
④ 기장은 항행 중 그 항공기에 위난이 발생하였을 때에는 여객을 구조하고, 지상 또는 수상에 있는 사람이나 물건에 대한 위난 방지에 필요한 수단을 마련하여야 하며, 여객과 그 밖에 항공기에 있는 사람을 그 항공기에서 나가게 한 후가 아니면 항공기를 떠나서는 아니 된다.
⑤ 기장은 항공기 사고, 항공기 준사고 또는 의무보고 대상 항공안전장애가 발생하였을 때에는 국토교통부령으로 정하는 바에 따라 국토교통부장관에게 그 사실을 보고하여야 한다. 다만, 기장이 보고할 수 없는 경우에는 그 항공기의 소유자 등이 보고를 하여야 한다.

정답 248. ④　249. ①　250. ②

⑥ 기장은 다른 항공기에서 항공기 사고, 항공기 준사고 또는 의무보고 대상 항공안전장애가 발생한 것을 알았을 때에는 국토교통부령으로 정하는 바에 따라 국토교통부장관에게 그 사실을 보고하여야 한다. 다만, 무선설비를 통하여 그 사실을 안 경우에는 그러하지 아니하다.

251. 항공기 운항을 위하여 운항과 정비를 확인하지 않고 출발시켜 사고가 발생했다면 책임은?

① 확인 정비사 ② 정비 확인자 ③ 기장 ④ 항공기 소유자

해설 문제 250번 참조

252. 항공기 사고를 보고해야 할 의무가 있는 자는?

① 기장 ② 항공기 소유자
③ 확인 정비사 ④ 기장 및 항공기의 소유자

해설 문제 250번 참조

253. 항공기 기장의 직무와 권한에 대한 설명 중 틀린 것은?

① 해당 항공기의 승무원을 지휘, 감독한다.
② 항공기에 있는 여객에게 피난방법과 안전에 관하여 필요한 사항을 명할 수 있다.
③ 항공기의 운항에 필요한 준비가 완료된 것을 확인한 후가 아니면 항공기를 출발시켜서는 아니 된다.
④ 항공기 내에서 발생한 범죄에 대하여 사법권을 갖는다.

해설 문제 250번 참조

254. 항공기 출발 전 기장이 확인하여야 할 사항 중 해당 없는 것은?

① 위험물을 포함하는 적재물의 안정성 ② 당해 항행에 필요한 기상정보
③ 당해 항공기에 탑승한 탑승자 명단 ④ 연료 및 오일의 탑재량과 그 품질

해설 [항공안전법 시행규칙 제136조] : 출발 전의 확인

① 법 제62조 제2항에 따라 기장이 확인하여야 할 사항은 다음 각 호와 같다.
1. 해당 항공기의 감항성 및 등록여부와 감항증명서 및 등록증명서의 탑재
2. 해당 항공기의 운항을 고려한 이륙중량, 착륙중량, 중심위치 및 중량분포
3. 예상되는 비행조건을 고려한 의무무선설비 및 항공계기 등의 장착
4. 해당 항공기의 운항에 필요한 기상정보 및 항공정보
5. 연료 및 오일의 탑재량과 그 품질
6. 위험물을 포함한 적재물의 적절한 분배 여부 및 안정성
7. 해당 항공기와 그 장비품의 정비 및 정비 결과

정답 251. ③ 252. ④ 253. ④ 254. ③

8. 그 밖에 항공기의 안전운항을 위하여 국토교통부장관이 필요하다고 인정하여 고시하는 사항

② 기장은 제 1 항 제 7 호의 사항을 확인하는 경우에는 다음 각 호의 점검을 하여야 한다.

1. 항공일지 및 정비에 관한 기록의 점검
2. 항공기의 외부점검
3. 발동기의 지상 시운전 점검
4. 기타 항공기의 작동사항 점검

255. **기장은 출발 전에 다음의 것을 확인한 후가 아니면 항공기를 출발시켜서는 아니 된다. 기장이 확인할 사항이 아닌 것은 무엇인가?**

① 해당 항공기와 그 장비품의 정비
② 이륙중량, 착륙중량, 중심위치 및 중량분포
③ 해당 항공기의 항행에 필요한 기상정보
④ 항공일지, 여객명단

해설 문제 254번 참조

256. **다음 중 항공안전 자율보고에 관하여 틀린 것은?**

① 항공안전위해요인이 발생한 것을 안 사람 또는 항공안전위해요인이 발생될 것이 예상된다고 판단하는 사람은 국토교통부장관에게 그 사실을 보고할 수 있다.
② 국토교통부장관은 항공안전 자율보고를 한 사람의 의사에 반하여 보고자의 신분을 공개하여서는 아니 된다.
③ 항공안전 자율보고에 포함되어야 할 사항, 보고방법 및 절차 등은 대통령령으로 정한다.
④ 항공안전위해요인을 발생시킨 사람이 그 항공안전위해요인이 발생한 날부터 10일 이내에 항공안전 자율보고를 한 경우에는 처분을 하지 아니 할 수 있다.

해설 [항공안전법 제61조] : 항공안전 자율보고

① 누구든지 제59조 제1항에 따른 의무보고 대상 항공안전장애 외의 항공안전장애(자율보고대상 항공안전장애)를 발생시켰거나 발생한 것을 알게 된 경우 또는 항공안전위해요인이 발생한 것을 알게 되거나 발생이 의심되는 경우에는 국토교통부령으로 정하는 바에 따라 그 사실을 국토교통부장관에게 보고할 수 있다.
② 국토교통부장관은 제1항에 따른 보고(항공안전 자율보고)를 통하여 접수한 내용을 이 법에 따른 경우를 제외하고는 제3자에게 제공하거나 일반에게 공개해서는 아니 된다.
③ 누구든지 항공안전 자율보고를 한 사람에 대하여 이를 이유로 해고·전보·징계·부당한 대우 또는 그 밖에 신분이나 처우와 관련하여 불이익한 조치를 해서는 아니 된다.
④ 국토교통부장관은 자율보고대상 항공안전장애 또는 항공안전위해요인을 발생시킨 사람이 그 발생일로부터 10일 이내에 항공안전 자율보고를 한 경우에는 고의 또는 중대한 과실로 발생시킨 경우에 해당하지 않는 한 이 법 및 공항시설법에 따른 처분을 하여서

정답 255. ④ 256. ③

는 아니 된다.

⑤ 제1항부터 제4항까지에서 규정한 사항 외에 항공안전 자율보고에 포함되어야 할 사항, 보고 방법 및 절차 등은 국토교통부령으로 정한다.

257. 위반행위로 항공안전위해요인을 발생시킨 사람이 항공안전위해요인이 발생한 날부터 며칠 이내에 보고한 경우에는 처분을 받지 않을 수 있나?

① 7일 ② 10일 ③ 15일 ④ 30일

해설 문제 256번 참조

258. 항공기사고, 항공기준사고 또는 항공안전장애를 발생시켰거나 발생한 것을 알게 된 경우 국토교통부장관에게 보고해야 할 관계인이 아닌 것은?

① 항공정비사 ② 항공기 소유자 ③ 항공교통관제사 ④ 운항관리사

해설 [항공안전법 시행규칙 제134조] : 항공안전 의무보고의 절차

① 법 제59조 제1항 및 법 제62조 제5항에 따라 다음 각 호의 어느 하나에 해당하는 사람은 항공안전 의무보고서 또는 국토교통부장관이 정하여 고시하는 전자적인 보고방법에 따라 국토교통부장관 또는 지방항공청장에게 보고하여야 한다.

1. 항공기사고를 발생시켰거나 항공기사고가 발생한 것을 알게 된 항공종사자 등 관계인
2. 항공기준사고를 발생시켰거나 항공기준사고가 발생한 것을 알게 된 항공종사자 등 관계인
3. 의무보고 대상 항공안전장애를 발생시켰거나 의무보고 대상 항공안전장애가 발생한 것을 알게 된 항공종사자 등 관계인(법 제33조에 따른 보고 의무자는 제외)

② 법 제59조 제1항에 따른 항공종사자 등 관계인의 범위는 다음 각 호와 같다.

1. 항공기 기장(항공기 기장이 보고할 수 없는 경우에는 그 항공기의 소유자)
2. 항공정비사(항공정비사가 보고할 수 없는 경우에는 그 항공정비사가 소속된 기관·법인 등의 대표자)
3. 항공교통관제사(항공교통관제사가 보고할 수 없는 경우 그 관제사가 소속된 항공교통관제기관의 장)
4. 「공항시설법」에 따라 공항시설을 관리·유지하는 자
5. 「공항시설법」에 따라 항행안전시설을 설치·관리하는 자
6. 법 제70조 제3항에 따른 위험물취급자

③ 제1항에 따른 보고서의 제출 시기는 다음 각 호와 같다.

1. 항공기사고 및 항공기준사고 : 즉시
2. 항공안전장애 :

가. 별표 20의2 제1호부터 제4호까지, 제6호 및 제7호에 해당하는 의무보고 대상 항공안전장애의 경우 다음의 구분에 따른 때부터 72시간 이내(해당 기간에 포함된

토요일 및 법정공휴일에 해당하는 시간은 제외한다). 다만, 제6호 가목, 나목 및 마목에 해당하는 사항은 즉시 보고해야 한다.

1) 의무보고 대상 항공안전장애를 발생시킨 자 : 해당 의무보고 대상 항공안전장애가 발생한 때

2) 의무보고 대상 항공안전장애가 발생한 것을 알게 된 자 : 해당 의무보고 대상 항공안전장애가 발생한 사실을 안 때

나. 별표 20의2 제5호에 해당하는 의무보고 대상 항공안전장애의 경우 다음의 구분에 따른 때부터 96시간 이내. 다만, 해당 기간에 포함된 토요일 및 법정공휴일에 해당하는 시간은 제외한다.

1) 의무보고 대상 항공안전장애를 발생시킨 자 : 해당 의무보고 대상 항공안전장애가 발생한 때

2) 의무보고 대상 항공안전장애가 발생한 것을 알게 된 자 : 해당 의무보고 대상 항공안전장애가 발생한 사실을 안 때

다. 가목 및 나목에도 불구하고, 의무보고 대상 항공안전장애를 발생시켰거나 의무보고 대상 항공안전장애가 발생한 것을 알게 된 자가 부상, 통신 불능, 그 밖의 부득이한 사유로 기한 내 보고를 할 수 없는 경우에는 그 사유가 해소된 시점부터 72시간 이내

259. **항공기사고, 항공기준사고 또는 의무보고 대상 항공안전장애를 발생시켰거나 발생한 것을 알게 된 경우 국토교통부장관에게 보고해야 할 관계인이 아닌 것은?**

① 공항시설을 관리·유지하는 자
② 항공정비사
③ 항행안전시설을 설치·관리하는 자
④ 항공기 부기장

해설 문제 258번 참조

260. **의무보고 대상 항공안전장애를 발생시켰거나 발생한 것을 알게 된 경우 누구에게 보고해야 하는가?**

① 국토교통부장관
② 교통안전공단 이사장
③ 항공사 사장
④ 공항관리공사 사장

해설 문제 258번 참조

261. **항공운송사업에 사용되는 항공기의 출발 및 비행계획을 변경할 경우는?**

① 운항관리사의 승인은 필요치 않다.
② 기장과 운항관리사의 의견이 일치해야 한다.
③ 운항관리사의 승인만 있으면 된다.
④ 기장이 결정한다.

정답 259. ④ 260. ① 261. ③

해설 [항공안전법 제65조] : 운항관리사

① 항공운송사업자와 국외운항항공기 소유자 등은 국토교통부령으로 정하는 바에 따라 운항관리사를 두어야 한다.

② 제1항에 따라 운항관리사를 두어야 하는 자가 운항하는 항공기의 기장은 그 항공기를 출발시키거나 비행계획을 변경하려는 경우에는 운항관리사의 승인을 받아야 한다.

③ 제1항에 따라 운항관리사를 두어야 하는 자는 국토교통부령으로 정하는 바에 따라 운항관리사가 해당 업무를 원활하게 수행하는 데 필요한 지식 및 경험을 갖출 수 있도록 필요한 교육훈련을 하여야 한다.

262. 정기항공운송사업에 사용되는 항공기의 기장은 항공기를 출발시키거나 그 비행계획을 변경하고자 하는 경우 누구의 승인을 얻어야 하는가?

① 국토교통부장관 ② 지방항공청장 ③ 운항관리사 ④ 관제사

해설 문제 261번 참조

263. 항공기의 이·착륙 장소에 대한 설명 중 잘못된 것은?

① 육상에 있어서는 비행장을 말한다.

② 수상에 있어서는 대통령령이 정하는 장소로 한다.

③ 불가피한 사유가 있는 경우는 국토교통부장관의 허가를 받아야 한다.

④ 활공기는 비행장 이외의 장소에서도 이·착륙이 가능하다.

해설 [항공안전법 제66조] : 누구든지 항공기(활공기와 비행선은 제외)를 비행장이 아닌 곳에서 이륙하거나 착륙하여서는 아니 된다. 다만, 안전과 관련한 비상상황 등 불가피한 사유가 있는 경우로서 국토교통부장관의 허가를 받은 경우 또는 제90조 제2항에 따라 국토교통부장관이 발급한 운영기준에 따르는 경우에는 그러하지 아니하다.

264. 다음 중 시계비행방식에 의하여 비행하는 항공기의 최저 비행고도로 맞는 것은?

① 사람 또는 건축물이 밀집한 지역에서는 해당 항공기를 중심으로 수평거리 500 m 범위 안의 지역에 있는 가장 높은 장애물의 상단에서 200 m의 고도

② 사람 또는 건축물이 밀집하지 아니한 지역에서는 지표면, 수면 또는 물건의 상단에서 150 m (500피트)의 고도

③ 산악지역에서는 항공기를 중심으로 반지름 8 km 이내에 위치한 가장 높은 장애물로부터 600 m의 고도

④ 산악지역 외의 지역에서는 항공기를 중심으로 반지름 8 km 이내에 위치한 가장 높은 장애물로부터 300 m의 고도

정답 262. ③ 263. ② 264. ②

해설 [항공안전법 시행규칙 제199조] : 법 제68조 제1호에서 국토교통부령으로 정하는 최저 비행고도는 다음 각 호와 같다.

1. 시계비행방식으로 비행하는 항공기
   가. 사람 또는 건축물이 밀집된 지역의 상공에서는 해당 항공기를 중심으로 수평거리 600 m 범위 안의 지역에 있는 가장 높은 장애물의 상단에서 300 m (1000피트)의 고도
   나. 가목 외의 지역에서는 지표면, 수면 또는 물건의 상단에서 150 m (500피트)의 고도
2. 계기비행방식으로 비행하는 항공기
   가. 산악지역에서는 항공기를 중심으로 반지름 8 km 이내에 위치한 가장 높은 장애물로부터 600 m의 고도
   나. 가목 외의 지역에서는 항공기를 중심으로 반지름 8 km 이내에 위치한 가장 높은 장애물로부터 300 m의 고도

265. 계기비행방식에 의하여 비행하는 항공기의 최저 비행고도는?

① 인구밀집 지역에서는 당해 항공기를 중심으로 수평거리 600 m 범위 안의 지역에 있는 가장 높은 장애물의 상단에서 300 m의 고도
② 사람 또는 건축물이 밀집하지 아니한 지역과 넓은 수면에 있어서는 지상 또는 수상의 사람 또는 물건의 상단에서 150 m의 고도
③ 산악지역이 아닌 곳에서 반지름 8 km 이내에 위치한 가장 높은 장애물로부터 150 m의 고도
④ 산악지역에서는 반지름 8 km 이내에 위치한 가장 높은 장애물로부터 600 m의 고도

해설 문제 264번 참조

266. 시계비행의 경우 사람 또는 건축물이 밀집되어 있는 지역의 상공에 있어 최저 비행고도는?

① 항공기를 중심으로 하여 수평거리 500 m 범위 안의 지역에 있는 가장 높은 장애물의 상단에서 250 m의 고도
② 항공기를 중심으로 하여 수평거리 600 m 범위 안의 지역에 있는 가장 높은 장애물의 상단에서 300 m의 고도
③ 항공기를 중심으로 하여 수평거리 700 m 범위 안의 지역에 있는 가장 높은 장애물의 상단에서 300 m의 고도
④ 항공기를 중심으로 하여 수평거리 800 m 범위 안의 지역에 있는 가장 높은 장애물의 상단에서 350 m의 고도

해설 문제 264번 참조

정답 265. ④ 266. ②

267. 다음 중 긴급하게 운항하는 항공기가 아닌 것은?
① 사고 항공기의 수색을 하는 항공기 ② 응급환자를 수송하는 항공기
③ 자연재해 시 긴급복구를 하는 항공기 ④ 긴급 구호물자를 수송하는 항공기

해설 [항공안전법 시행규칙 제207조] : 국토교통부령으로 정하는 긴급한 업무란 다음의 업무를 말한다.
1. 재난·재해 등으로 인한 수색·구조
2. 응급환자의 수송 등 구조·구급활동
3. 화재의 진화
4. 화재의 예방을 위한 감시활동
5. 응급환자를 위한 장기(臟器) 이송
6. 그 밖에 자연재해 발생 시의 긴급복구

268. 긴급항공기가 아닌 것은 어느 것인가?
① 사고 항공기의 수색 또는 구조를 하는 항공기
② 응급환자를 수송하는 항공기
③ 화재를 진압하는 항공기
④ VIP를 수송하는 항공기

해설 문제 267번 참조

269. 긴급하게 운항하는 항공기에 속하지 않는 것은?
① 사고 항공기의 수색 또는 구조업무에 사용하는 항공기
② 응급환자의 수송에 사용되는 항공기
③ 화재 진압에 사용되는 항공기
④ 범인추적에 사용되는 항공기

해설 문제 267번 참조

270. 긴급항공기 지정 취소처분을 받은 경우는 얼마 이내에 긴급항공기 지정을 받을 수 없나?
① 3개월 ② 6개월 ③ 1년 ④ 2년

해설 [항공안전법 제69조] : 긴급항공기의 지정
① 응급환자의 수송 등 국토교통부령으로 정하는 긴급한 업무에 항공기를 사용하려는 소유자등은 그 항공기에 대하여 국토교통부장관의 지정을 받아야 한다.

정답 267. ④ 268. ④ 269. ④ 270. ④

② 제1항에 따라 국토교통부장관의 지정을 받은 항공기(긴급항공기)를 제1항에 따른 긴급한 업무의 수행을 위하여 운항하는 경우에는 제66조에 따른 항공기 이륙·착륙 장소의 제한규정 및 제68조 제1호·제2호의 최저비행고도 아래에서의 비행 및 물건의 투하 또는 살포 금지행위를 적용하지 아니한다.
③ 긴급항공기의 지정 및 운항절차 등에 필요한 사항은 국토교통부령으로 정한다.
④ 국토교통부장관은 긴급항공기의 소유자 등이 다음 각 호의 어느 하나에 해당하는 경우에는 그 긴급항공기의 지정을 취소할 수 있다. 다만, 제1호에 해당하는 경우에는 그 긴급항공기의 지정을 취소하여야 한다.
1. 거짓이나 그 밖의 부정한 방법으로 긴급항공기로 지정받은 경우
2. 제3항에 따른 운항절차를 준수하지 아니하는 경우
⑤ 제4항에 따라 긴급항공기의 지정 취소처분을 받은 자는 취소처분을 받은 날부터 2년 이내에는 긴급항공기의 지정을 받을 수 없다.

271. 항공기 상호간의 통행의 우선순위 중 가장 빠른 것은?
① 기구류 ② 비행선 ③ 활공기 ④ 헬리콥터

해설 [항공안전법 시행규칙 제166조] : 통행의 우선순위
① 교차하거나 그와 유사하게 접근하는 고도의 항공기 상호간에는 다음 각 호에 따라 진로를 양보하여야 한다.
1. 비행기·헬리콥터는 비행선, 활공기 및 기구류에 진로를 양보할 것
2. 비행기·헬리콥터·비행선은 항공기 또는 그 밖의 물건을 예항하는 다른 항공기에 진로를 양보할 것
3. 비행선은 활공기 및 기구류에 진로를 양보할 것
4. 활공기는 기구류에 진로를 양보할 것
5. 제1호부터 제4호까지의 경우를 제외하고는 다른 항공기를 우측으로 보는 항공기가 진로를 양보할 것
② 비행 중이거나 지상 또는 수상에서 운항 중인 항공기는 착륙 중이거나 착륙하기 위하여 최종접근 중인 항공기에 진로를 양보하여야 한다.
③ 착륙을 위하여 비행장에 접근하는 항공기 상호간에는 높은 고도에 있는 항공기가 낮은 고도에 있는 항공기에 진로를 양보하여야 한다. 이 경우 낮은 고도에 있는 항공기는 최종접근단계에 있는 다른 항공기의 전방에 끼어들거나 그 항공기를 앞지르기해서는 아니 된다.
④ 제3항에도 불구하고 비행기, 헬리콥터 또는 비행선은 활공기에 진로를 양보하여야 한다.
⑤ 비상착륙하는 항공기를 인지한 항공기는 그 항공기에 진로를 양보하여야 한다.
⑥ 비행장 안의 기동지역에서 운항하는 항공기는 이륙 중이거나 이륙하려는 항공기에 진로를 양보하여야 한다.

정답 271. ①

272. 충돌방지를 위하여 교차하거나 접근하는 항공기 상호간의 통행의 우선순위로 맞는 것은?

① 비행선, 활공기, 비행기
② 활공기, 비행선, 비행기
③ 비행선, 비행기, 활공기
④ 활공기, 비행기, 비행선

해설 문제 271번 참조

273. 항공기의 진로권의 우선순위 중 맞는 것은?

A. 착륙을 위하여 비행장에 접근하는 높은 고도에 있는 항공기
B. 착륙을 위하여 최종접근단계에 있는 항공기
C. 착륙의 조작을 행하고 있는 항공기
D. 지상에서 운항 중인 항공기

① D – C – B – A
② B – A – C – D
③ C – B – A – D
④ B – C – A – D

해설 문제 271번 참조

274. 진로의 양보에 대한 설명이다. 틀린 것은?

① 다른 항공기를 우측으로 보는 항공기가 진로를 양보한다.
② 착륙을 위하여 최종접근 중에 있거나 착륙 중인 항공기에 진로를 양보한다.
③ 상호간 비행장에 접근 중일 때는 높은 고도에 있는 항공기에 진로를 양보한다.
④ 발동기의 고장, 연료의 결핍 등 비상상태에 있는 항공기에 대해서는 모든 항공기가 진로를 양보한다.

해설 문제 271번 참조

275. 다음의 내용 중 잘못된 것은?

① 비행기는 항공기 또는 물건을 예항하는 다른 항공기에 진로를 양보하여야 한다.
② 통행의 우선순위는 비행선, 활공기, 비행기 순이다.
③ 동 순위 항공기가 정면으로 접근하는 경우에는 서로 기수를 오른쪽으로 바꾼다.
④ 교차하거나 이와 유사하게 접근하는 동 순위의 항공기 상호간에 있어서는 다른 항공기를 우측으로 보는 항공기가 진로를 양보하여야 한다.

해설 문제 271번 참조

정답 272. ② 273. ③ 274. ③ 275. ②

276. 정면 또는 이에 가까운 각도로 접근비행 중 동 순위의 항공기 상호간에 있어서는 서로 항로를 어떻게 해야 하는가?

① 상방으로 바꾼다. ② 하방으로 바꾼다. ③ 우측으로 바꾼다. ④ 좌측으로 바꾼다.

해설 [항공안전법 시행규칙 제167조] : 진로와 속도

① 통행의 우선순위를 가진 항공기는 그 진로와 속도를 유지하여야 한다.

② 다른 항공기에 진로를 양보하는 항공기는 그 다른 항공기의 상하 또는 전방을 통과해서는 아니 된다. 다만, 충분한 거리 및 항적 난기류의 영향을 고려하여 통과하는 경우에는 그러하지 아니하다.

③ 두 항공기가 충돌할 위험이 있을 정도로 정면 또는 이와 유사하게 접근하는 경우에는 서로 기수를 오른쪽으로 돌려야 한다.

④ 다른 항공기의 후방 좌우 70도 미만의 각도에서 그 항공기를 앞지르기 (상승 또는 강하에 의한 앞지르기를 포함)하려는 항공기는 앞지르기당하는 항공기의 오른쪽을 통과하여야 한다. 이 경우 앞지르기하는 항공기는 앞지르기당하는 항공기와 간격을 유지하며, 앞지르기당하는 항공기의 진로를 방해해서는 아니 된다.

277. 다음 진로양보에 관한 설명 중 잘못된 것은?

① 비행 중이거나 또는 수상에서 운항 중인 항공기는 착륙 중이거나 착륙하기 위하여 최종 접근 중인 항공기에 진로를 양보하여야 한다.

② 비행기는 항공기 기타 물건을 예항하고 있는 다른 항공기에게 진로를 양보하여야 한다.

③ 다른 항공기 후방 좌우 70도 미만의 각도에서 그 항공기를 앞지르기(상승 또는 강하에 의한 앞지르기 포함)하고자 하는 항공기는 앞지르기당하는 항공기의 왼쪽을 통과하여야 한다.

④ 착륙을 위하여 비행장에 접근하고 있는 항공기 상호간에 있어서는 높은 고도에 있는 항공기는 낮은 고도에 있는 항공기에 진로를 양보하여야 한다. 이 경우 낮은 고도에 있는 항공기는 최종단계에 있는 다른 항공기의 전방에 끼어들거나 그 항공기를 앞지르기하여서는 아니 된다.

해설 문제 276번 참조

278. 전방에서 비행 중인 항공기를 다른 항공기가 앞지르기하고자 할 경우 어떻게 하는가?

① 후방의 항공기는 전방의 항공기의 좌측으로 통과한다.

② 후방의 항공기는 전방의 항공기의 상방으로 통과한다.

③ 후방의 항공기는 전방의 항공기의 하방으로 통과한다.

④ 후방의 항공기는 전방의 항공기의 우측으로 통과한다.

정답 276. ③ 277. ③ 278. ④

해설 문제 276번 참조

279. 정면 또는 이에 가까운 각도로 접근비행 중 동 순위의 항공기 상호간에 있어서는 서로 항로를 어떻게 해야 하는가?

① 먼저 본 항공기가 위로 나중 본 항공기가 아래로 항로를 바꾼다.
② 먼저 본 항공기가 아래로 나중 본 항공기가 위로 항로를 바꾼다.
③ 우측으로 바꾼다.
④ 좌측으로 바꾼다.

해설 문제 276번 참조

280. 항공기가 지상에서 이동할 때 유의할 점이 아닌 것은?

① 정면 또는 이와 유사하게 접근하는 항공기 상호간에는 모두 정지하거나 가능한 경우에는 충분한 간격이 유지되도록 각각 오른쪽으로 진로를 바꿀 것
② 교차하거나 이와 유사하게 접근하는 항공기 상호간에는 다른 항공기를 우측으로 보는 항공기가 진로를 양보할 것
③ 앞지르기하는 항공기는 다른 항공기의 통행에 지장을 주지 아니하도록 충분한 분리 간격을 유지할 것
④ 기동지역에서 지상이동하는 항공기는 관제탑의 지시가 없는 경우에는 계속 진행할 것

해설 [항공안전법 시행규칙 제162조] : 비행장 안의 이동지역에서 이동하는 항공기는 충돌예방을 위하여 다음 각 호의 기준에 따라야 한다.

1. 정면 또는 이와 유사하게 접근하는 항공기 상호간에는 모두 정지하거나 가능한 경우에는 충분한 간격이 유지되도록 각각 오른쪽으로 진로를 바꿀 것
2. 교차하거나 이와 유사하게 접근하는 항공기 상호간에는 다른 항공기를 우측으로 보는 항공기가 진로를 양보할 것
3. 앞지르기하는 항공기는 다른 항공기의 통행에 지장을 주지 아니하도록 충분한 분리 간격을 유지할 것
4. 기동지역에서 지상이동하는 항공기는 관제탑의 지시가 없는 경우에는 활주로 진입 전 대기지점에서 정지·대기할 것
5. 기동지역에서 지상이동하는 항공기는 정지선등이 켜져 있는 경우에는 정지·대기하고 정지선등이 꺼질 때에 이동할 것

정답 279. ③ 280. ④

281. 비행장 부근 비행방법으로 잘못된 것은?
① 이륙하고자 하는 항공기는 안전고도 미만의 고도 또는 안전속도 미만의 속도에서 선회하지 말 것
② 당해 비행장의 이륙기상 최저치 미만의 기상 상태에서는 이륙하지 말 것
③ 당해 비행장의 시계비행 착륙기상 최저치 미만의 기상 상태에서는 시계비행방식에 의한 착륙을 시도하지 말 것
④ 다른 항공기 다음에 이륙하고자 하는 항공기는 그 항공기가 이륙을 시작하면 바로 이륙을 위한 활주를 시작할 것

해설 [항공안전법 시행규칙 제163조] : 비행장 또는 그 주변에서의 비행
① 비행장 또는 그 주변을 비행하는 항공기의 조종사는 다음 각 호의 기준에 따라야 한다.
1. 이륙하려는 항공기는 안전고도 미만의 고도 또는 안전속도 미만의 속도에서 선회하지 말 것
2. 해당 비행장의 이륙기상최저치 미만의 기상 상태에서는 이륙하지 말 것
3. 해당 비행장의 시계비행 착륙기상최저치 미만의 기상 상태에서는 시계비행방식으로 착륙을 시도하지 말 것
4. 터빈발동기를 장착한 이륙항공기는 지표 또는 수면으로부터 450 m (1500피트)의 고도까지 가능한 한 신속히 상승할 것. 다만, 소음 감소를 위하여 국토교통부장관이 달리 비행방법을 정한 경우에는 그러하지 아니하다.
5. 해당 비행장을 관할하는 항공교통관제기관과 무선통신을 유지할 것
6. 비행로, 교통장주, 그 밖에 해당 비행장에 대하여 정하여진 비행 방식 및 절차에 따를 것
7. 다른 항공기 다음에 이륙하려는 항공기는 그 다른 항공기가 이륙하여 활주로의 종단을 통과하기 전에는 이륙을 위한 활주를 시작하지 말 것
8. 다른 항공기 다음에 착륙하려는 항공기는 그 다른 항공기가 착륙하여 활주로 밖으로 나가기 전에는 착륙하기 위하여 그 활주로 시단을 통과하지 말 것
9. 이륙하는 다른 항공기 다음에 착륙하려는 항공기는 그 다른 항공기가 이륙하여 활주로의 종단을 통과하기 전에는 착륙하기 위하여 해당 활주로의 시단을 통과하지 말 것
10. 착륙하는 다른 항공기 다음에 이륙하려는 항공기는 그 다른 항공기가 착륙하여 활주로 밖으로 나가기 전에 이륙하기 위한 활주를 시작하지 말 것
11. 기동지역 및 비행장 주변에서 비행하는 항공기를 관찰할 것
12. 다른 항공기가 사용하고 있는 교통장주를 회피하거나 지시에 따라 비행할 것
13. 비행장에 착륙하기 위하여 접근하거나 이륙 중 선회가 필요할 경우에는 달리 지시를 받은 경우를 제외하고는 좌선회 할 것
14. 비행안전, 활주로의 배치 및 항공교통상황 등을 고려하여 필요한 경우를 제외하고는 바람이 불어오는 방향으로 이륙 및 착륙할 것

② 제1항 제6호부터 제14호까지의 규정에도 불구하고 항공교통관제기관으로부터 다른 지시를 받은 경우에는 그 지시에 따라야 한다.

정답 281. ④

282. 항공기에 폭발물 또는 연소성이 높은 물건을 운송할 때 누구의 허가를 받아야 하는가?
① 법무부장관 ② 국토교통부장관 ③ 국방부장관 ④ 행정자치부장관

해설 [항공안전법 제70조, 항공안전법 시행규칙 제209조] : 위험물 운송

① 항공기를 이용하여 폭발성이나 연소성이 높은 물건 등 국토교통부령으로 정하는 위험물을 운송하려는 자는 국토교통부령으로 정하는 바에 따라 국토교통부장관의 허가를 받아야 한다.

② 제90조 제1항에 따른 운항증명을 받은 자가 위험물 탑재 정보의 전달방법 등 국토교통부령으로 정하는 기준을 충족하는 경우에는 제1항에 따른 허가를 받은 것으로 본다.

③ 항공기를 이용하여 운송되는 위험물을 포장·적재·저장·운송 또는 처리(위험물취급)하는 자(위험물취급자)는 항공상의 위험 방지 및 인명의 안전을 위하여 국토교통부장관이 정하여 고시하는 위험물취급의 절차 및 방법에 따라야 한다.

④ 국토교통부령으로 정하는 위험물이란 다음과 같다.

1. 폭발성 물질 2. 가스류 3. 인화성 액체 4. 가연성 물질류
5. 산화성 물질류 6. 독물류 7. 방사성 물질류 8. 부식성 물질류
9. 그 밖에 국토교통부장관이 정하여 고시하는 물질류

⑤ 항공기를 이용하여 위험물을 운송하려는 자는 위험물 항공운송허가 신청서에 다음 각 호의 서류를 첨부하여 국토교통부장관에게 제출하여야 한다.

1. 위험물의 포장방법
2. 위험물의 종류 및 등급
3. UN 매뉴얼에 따른 포장물 및 내용물의 시험성적서(해당하는 경우에만 적용)
4. 그 밖에 국토교통부장관이 정하여 고시하는 서류

⑥ 국토교통부장관은 위험물 항공운송허가 신청이 있는 경우 위험물운송기술기준에 따라 검사한 후 위험물운송기술기준에 적합하다고 판단되는 경우에는 위험물 항공운송허가서를 발급하여야 한다.

⑦ 제5항 및 제6항에도 불구하고 법 제90조에 따른 운항증명을 받은 항공운송사업자가 법 제93조에 따른 운항규정에 다음 각 호의 사항을 정하고 제4항 각 호에 따른 위험물을 운송하는 경우에는 제6항에 따른 허가를 받은 것으로 본다. 다만, 국토교통부 장관이 별도의 허가요건을 정하여 고시한 경우에는 제6항에 따른 허가를 받아야 한다.

1. 위험물과 관련된 비정상사태가 발생할 경우의 조치내용
2. 위험물 탑재정보의 전달방법
3. 승무원 및 위험물취급자에 대한 교육훈련

⑧ 제6항에도 불구하고 국가기관항공기가 업무 수행을 위하여 제4항에 따른 위험물을 운송하는 경우에는 위험물 운송허가를 받은 것으로 본다.

⑨ 제4항 각 호의 구분에 따른 위험물의 세부적인 종류와 종류별 구체적 내용에 관하여는 국토교통부장관이 정하여 고시한다.

정답 282. ②

283. 다음 물품 중에서 항공기가 운송할 수 있는 것은?
① 부식성 물질 ② 독극물, 고압가스 ③ 방사성 물질 ④ 동, 식물

해설 문제 282번 참조

284. 항공기에 의한 수송이 금지되는 물건이 아닌 것은?
① 총포, 도검, 화약류 등 단속법에 의한 화약류
② 국가안보에 영향을 주는 비밀문서 및 불온문서
③ 부식성물질, 인화성액체, 가연성물체, 산화성물질
④ 방사성물질, 고압가스

해설 문제 282번 참조

285. 다음 중 항공기가 활공기를 예항하는 경우 안전상의 기준이 아닌 것은?
① 항공기에는 연락원을 탑승시킬 것
② 예항줄에는 20 m 간격으로 적색과 백색으로 표시할 것
③ 구름 속이나 야간에 예항하지 말 것
④ 지상 연락원을 배치시킬 것

해설 [항공안전법 시행규칙 제171조] : 활공기 등의 예항
① 항공기가 활공기를 예항하는 경우에는 다음 각 호의 기준에 따라야 한다.
1. 항공기에 연락원을 탑승시킬 것(조종자를 포함하여 2명 이상이 탈 수 있는 항공기의 경우만 해당하며, 그 항공기와 활공기 간에 무선통신으로 연락이 가능한 경우는 제외)
2. 예항하기 전에 항공기와 활공기의 탑승자 사이에 다음 각 목에 관하여 상의할 것
가. 출발 및 예항의 방법
나. 예항줄 이탈의 시기, 장소 및 방법
다. 연락신호 및 그 의미
라. 그 밖에 안전을 위하여 필요한 사항
3. 예항줄의 길이는 40 m 이상 80 m 이하로 할 것
4. 지상 연락원을 배치할 것
5. 예항줄 길이의 80 %에 상당하는 고도 이상의 고도에서 예항줄을 이탈시킬 것
6. 구름 속에서나 야간에는 예항을 하지 말 것(지방항공청장의 허가를 받은 경우는 제외)
② 항공기가 활공기 외의 물건을 예항하는 경우에는 다음 각 호의 기준에 따라야 한다.
1. 예항줄에는 20 m 간격으로 붉은색과 흰색의 표지를 번갈아 붙일 것
2. 지상 연락원을 배치할 것

정답 283. ④ 284. ② 285. ②

286. 항공기가 활공기를 예항하는 경우 안전상 기준이 아닌 것은?
① 항공기에 연락원을 탑승시킬 것
② 예항줄의 길이는 80 m 내지 120 m로 할 것
③ 야간에 예항하지 말 것
④ 예항줄 길이의 80 %에 상당하는 고도에서 이탈시킬 것

해설 문제 285번 참조

287. 항공기가 활공기를 예항하는 경우의 안전상 기준에 해당하지 않는 것은?
① 항공기에만 연락원을 탑승시킬 것
② 예항줄의 길이는 40 m 내지 80 m로 할 것
③ 야간에 예항하지 말 것
④ 예항줄 길이의 80 %에 상당하는 고도에서 이탈시킬 것

해설 문제 285번 참조

288. 활공기 예항에서 예항줄을 이탈시키는 고도는?
① 예항줄 길이의 80 %에 상당하는 고도
② 예항줄 길이의 90 %에 상당하는 고도
③ 예항줄 길이에 해당하는 고도
④ 예항줄 길이보다 높은 고도

해설 문제 285번 참조

289. 다음 중 항공기가 활공기 외의 물건을 예항하는 경우의 안전상 기준을 설명한 것은?
① 예항줄에는 20 m 간격으로 적색과 백색의 표지를 번갈아 붙일 것
② 예항줄의 길이는 20 m 내지 80 m로 할 것
③ 예항줄의 이탈은 예항줄 길이의 80 %에 상당하는 고도 이상에서 할 것
④ 항공기에는 연락원을 탑승시킬 것

해설 [항공안전법 시행규칙 제171조] : 항공기가 활공기 외의 물건을 예항하는 경우에는 다음의 기준에 따라야 한다.
① 예항줄에는 20 m 간격으로 붉은색과 흰색의 표지를 번갈아 붙일 것
② 지상 연락원을 배치할 것

정답 286. ② 287. ① 288. ① 289. ①

290. 기상 상태에 관계없이 계기비행방식에 따라 비행하여야 하는 경우는?
① 평균 해면으로부터 4100 m를 초과하는 고도로 비행하는 경우
② 평균 해면으로부터 5100 m를 초과하는 고도로 비행하는 경우
③ 평균 해면으로부터 6100 m를 초과하는 고도로 비행하는 경우
④ 평균 해면으로부터 7100 m를 초과하는 고도로 비행하는 경우

해설 [항공안전법 시행규칙 제172조] : 시계비행의 금지
① 시계비행방식으로 비행하는 항공기는 해당 비행장의 운고가 450 m (1500 피트) 미만 또는 지상시정이 5 km 미만인 경우에는 관제권 안의 비행장에서 이륙 또는 착륙을 하거나 관제권 안으로 진입할 수 없다. 다만, 관할 항공교통관제기관의 허가를 받은 경우에는 그러하지 아니하다.
② 야간에 시계비행방식으로 비행하는 항공기는 지방항공청장 또는 해당 비행장의 운영자가 정하는 바에 따라야 한다.
③ 항공기는 다음 각 호의 어느 하나에 해당되는 경우에는 기상 상태에 관계없이 계기비행방식에 따라 비행하여야 한다. 다만, 관할 항공교통관제기관의 허가를 받은 경우에는 그러하지 아니하다.
1. 평균 해면으로부터 6100 m (2만 피트)를 초과하는 고도로 비행하는 경우
2. 천음속 또는 초음속으로 비행하는 경우
④ 300 m (1천 피트) 수직분리최저치가 적용되는 8850 m (2만 9천 피트) 이상 12500 m (4만 1천 피트) 이하의 수직분리축소공역에서는 시계비행방식으로 운항해서는 아니 된다.
⑤ 시계비행방식으로 비행하는 항공기는 제199조 제1호 각 목에 따른 최저비행고도 미만의 고도로 비행해서는 아니 된다. 다만, 다음 각 호의 어느 하나에 해당하는 경우에는 그러하지 아니하다.
1. 이륙하거나 착륙하는 경우
2. 항공교통업무기관의 허가를 받은 경우
3. 비상상황의 경우로서 지상의 사람이나 재산에 위해를 주지 아니하고 착륙할 수 있는 고도인 경우

291. 다음 중 기상 상태와 관계없이 계기비행을 하여야만 하는 경우가 아닌 것은?
① 평균 해면 6100 m 초과 비행 시
② 최대 이륙중량 5700 kg 이상의 쌍발 항공기
③ 천음속 비행 시
④ 초음속 비행 시

해설 문제 290번 참조

정답 290. ③ 291. ②

292. 다음에서 곡예비행이라 할 수 없는 것은?
① 항공기를 옆으로 세우거나 회전시키며 하는 비행
② 항공기를 뒤집어서 비행
③ 항공기를 등속수평비행
④ 항공기를 급강하 또는 급상승시키는 비행

해설 [항공안전법 시행규칙 제203조] : 법 제68조 제4호에 따른 곡예비행은 다음 각 호와 같다.
1. 항공기를 뒤집어서 하는 비행
2. 항공기를 옆으로 세우거나 회전시키며 하는 비행
3. 항공기를 급강하시키거나 급상승시키는 비행
4. 항공기를 나선형으로 강하시키거나 실속(失速)시켜 하는 비행
5. 그 밖에 항공기의 비행자세, 고도 또는 속도를 비정상적으로 변화시켜 하는 비행

293. 다음 중 곡예비행 금지구역에 속하지 않는 것은?
① 사람 또는 건축물이 밀집한 지역의 상공
② 관제구 및 관제권
③ 지표로부터 450 m 미만의 고도
④ 활공기에 있어서는 당해 활공기를 중심으로 반지름 500 m의 범위 안의 지역에 있는 가장 높은 상단으로부터 500 m 이하의 고도

해설 [항공안전법 시행규칙 제204조] : 법 제68조 제4호에 따른 항공기의 곡예비행 금지구역은 다음과 같다.
1. 사람 또는 건축물이 밀집한 지역의 상공
2. 관제구 및 관제권
3. 지표로부터 450 m (1500 피트) 미만의 고도
4. 해당 항공기를 중심으로 반지름 500 m 범위 안의 지역에 있는 가장 높은 장애물의 상단으로부터 500 m 이하의 고도(활공기의 경우는 제외)
5. 활공기의 경우 해당 활공기를 중심으로 반지름 300 m 범위 안의 지역에 있는 가장 높은 장애물의 상단으로부터 300 m 이하의 고도

294. 다음 중 곡예비행 등을 행할 수 있는 비행시정은?
① 비행고도 3050 m 미만 시 5000 m 이상
② 비행고도 3050 m 이상 시 5000 m 이상
③ 비행고도 3050 m 미만 시 8000 m 이상
④ 비행고도 3050 m 이상 시 8000 m 이하

정답 292. ③ 293. ④ 294. ①

해설 [항공안전법 시행규칙 제197조] : 법 제67조에 따른 곡예비행을 할 수 있는 비행시정은 다음과 같다.

① 비행고도 3050 m (1만 피트) 미만인 구역 : 5000 m 이상

② 비행고도 3050 m (1만 피트) 이상인 구역 : 8000 m 이상

295. 다음 중 곡예비행을 하고자 하는 자가 곡예비행 허가신청서를 지방항공청장에게 제출할 때 그 내용으로 옳지 않은 것은?

① 항공기의 탑승 승객 인원 수
② 항공기의 형식, 등록부호
③ 비행계획의 개요
④ 곡기비행의 내용, 이유, 일시 및 장소

해설 [항공안전법 시행규칙 제 205 조] : 법 제68조 각 호 외의 부분 단서에 따라 곡예비행을 하려는 자는 곡예비행 허가신청서에 항공신체검사 증명서, 비행계획서(공역 내 비행경로를 포함), 조종사 자격증명서 서류를 첨부하여 비행 예정일 7일 전까지 지방항공청장에게 제출해야 한다. 곡예비행 허가신청서에 기록하는 사항은 다음과 같다.

1. 신청인(회사명 또는 성명, 사업자 등록번호 또는 생년월일, 주소, 전화번호, 팩스번호, 휴대전화번호)
2. 항공기(형식, 종별, 등록부호, 제조사명, 제조일, 제조번호, 소유자, 탑재무선설비 개요)
3. 비행계획의 개요(비행의 목적, 이착륙 일시, 비행고도, 비행경로)
4. 곡예비행 개요(곡예비행 내용, 일시, 곡예비행 장소, 곡예비행 이유)
5. 조종사 자격증명서(성명, 생년월일, 종류, 번호)
6. 동승자(성명, 생년월일, 목적)

296. 계기비행방식으로 비행 중인 항공기에서 사용을 제한할 수 있는 전자기기는?

① 휴대폰
② 심장박동기
③ 전기면도기
④ 휴대용 음성녹음기

해설 [항공안전법 제 73 조, 항공안전법 시행규칙 제 214 조] : 전자기기의 사용제한

국토교통부장관은 운항 중인 항공기의 항행 및 통신장비에 대한 전자파 간섭 등의 영향을 방지하기 위하여 국토교통부령이 정하는 바에 따라 여객이 지닌 전자기기의 사용을 제한할 수 있다. 운항 중에 전자기기의 사용을 제한할 수 있는 항공기와 사용이 제한되는 전자기기의 품목은 다음과 같다.

1. 다음 각 목의 어느 하나에 해당하는 항공기
   가. 항공운송사업용으로 비행 중인 항공기
   나. 계기비행방식으로 비행 중인 항공기
2. 다음 각 목 외의 전자기기
   가. 휴대용 음성녹음기
   나. 보청기
   다. 심장박동기

정답 295. ① 296. ①

라. 전기면도기

마. 그 밖에 항공운송사업자 또는 기장이 항공기 제작회사의 권고 등에 따라 해당항공기에 전자파 영향을 주지 아니한다고 인정한 휴대용 전자기기

297. 다음 중 항공교통업무와 관계없는 것은?

① 항공기 성능 향상 도모
② 항공기 간의 충돌 방지
③ 항공기와 장애물 간의 충돌 방지
④ 항공교통흐름의 질서유지 및 촉진

해설 [항공안전법 시행규칙 제228조] : 항공교통업무의 목적

① 법 제83조 제4항에 따른 항공교통업무는 다음 각 호의 사항을 주된 목적으로 한다.

1. 항공기 간의 충돌 방지
2. 기동지역 안에서 항공기와 장애물 간의 충돌 방지
3. 항공교통흐름의 질서유지 및 촉진
4. 항공기의 안전하고 효율적인 운항을 위하여 필요한 조언 및 정보의 제공
5. 수색, 구조를 필요로 하는 항공기에 대한 관계기관에의 정보 제공 및 협조

② 항공교통업무는 다음 각 호와 같이 구분한다.

1. 항공교통관제업무 : 제1항 제1호부터 제3호까지의 목적을 수행하기 위한 다음 각 목의 업무
   가. 접근관제업무 : 관제공역 안에서 이륙이나 착륙으로 연결되는 관제비행을 하는 항공기에 제공하는 항공교통관제업무
   나. 비행장관제업무 : 비행장 안의 이동지역 및 비행장 주위에서 비행하는 항공기에 제공하는 항공교통관제업무로서 접근관제업무 외의 항공교통관제업무(이동지역 내의 계류장에서 항공기에 대한 지상유도를 담당하는 계류장관제업무를 포함)
   다. 지역관제업무 : 관제공역 안에서 관제비행을 하는 항공기에 제공하는 항공교통관제업무로서 접근관제업무 및 비행장관제업무 외의 항공교통관제업무
2. 비행정보업무 : 비행정보구역 안에서 비행하는 항공기에 대하여 제1항 제4호의 목적을 수행하기 위하여 제공하는 업무
3. 경보업무 : 제1항 제5호의 목적을 수행하기 위하여 제공하는 업무

298. 무선통신이 두절된 경우 비행 중인 항공기에 연락방법 중 연속되는 녹색신호는?

① 착륙을 준비할 것
② 착륙하지 말 것
③ 착륙을 허가함
④ 다른 항공기에 진로를 양보할 것

해설 [항공안전법 시행규칙 제194조] : 관제탑과 항공기와의 무선통신이 두절된 경우 관제탑에서 당해 항공기 또는 지상의 차량, 장비, 사람 등에 대하여 사용하는 빛총(라이트 건) 신호의 종류 및 그 의미는 다음과 같다.

정답 297. ① 298. ③

신호의 종류	의 미		
	비행 중인 항공기	지상에 있는 항공기	차량, 장비 및 사람
연속되는 녹색신호	착륙을 허가함	이륙을 허가함	
연속되는 적색신호	다른 항공기에 진로를 양보하고 계속 선회할 것	정지할 것	정지할 것
깜박이는 녹색신호	착륙을 준비할 것	지상이동을 허가함	통과 또는 진행할 것
깜박이는 적색신호	비행장이 불안전하니 착륙하지 말 것	사용 중인 착륙지점으로부터 벗어날 것	활주로 또는 유도로에서 벗어날 것
깜박이는 백색신호	착륙하여 계류장으로 갈 것	비행장 안의 출발지점으로 돌아갈 것	비행장 안의 출발지점으로 돌아갈 것

299. 항공기에 태워야 할 항공종사자는 항공기의 구분에 따라 다르다. 잘못된 것은?

① 여객운송에 사용되는 항공기 : 기장 및 기장 외의 조종사
② 구조상 조종사 단독으로 발동기 및 기체를 완전히 취급할 수 없는 항공기 : 항공기관사
③ 항공안전법 제 51 조의 규정에 의하여 무선설비를 장비하고 비행하는 항공기 : 무선종사자 자격증을 가진 조종사
④ 착륙하지 아니하고 550 km 이상의 구간을 비행하는 항공기 : 항공정비사

해설 [항공안전법 시행규칙 제 218 조] : 항공기에 태워야 할 항공종사자는 항공기의 구분에 따라 다음에서 정하는 항공종사자로 한다.

항공기	탑승시켜야 할 자
비행교범에 따라 항공기 운항을 위하여 2인 이상의 조종사를 요하는 항공기	조종사 (기장 및 기장 외의 조종사)
여객운송에 사용되는 항공기	
인명구조, 산불진화 등 특수임무를 수행하는 쌍발 헬리콥터	
구조상 조종사 단독으로는 발동기 및 기체를 완전히 취급할 수 없는 항공기	조종사 및 항공기관사
법 제 51 조에 따라 무선설비를 갖추고 비행하는 항공기	전파법에 의한 무선설비를 조작할 수 있는 무선종사자 기술자격증을 가진 조종사 1인
착륙하지 아니하고 550 km 이상의 구간을 비행하는 항공기 (비행 중 상시 지상표지 또는 항행안전시설을 이용할 수 있다고 인정되는 관성항법장치 또는 정밀 도플러 레이더 장치를 장비한 것을 제외)	조종사 및 항공사

정답 299. ④

300. 항공기검사기관의 검사규정에 포함하지 않아도 되는 것은?

① 검사기구의 인력
② 검사인원의 교육훈련
③ 기술도서관리
④ 검사원의 자격관리

해설 [항공안전법 시행령 제27조] : 전문검사기관의 검사규정

① 제26조 제3항에 따라 지정·고시된 전문검사기관은 항공기 등, 장비품 또는 부품의 증명 또는 승인을 위한 검사에 필요한 업무규정(검사규정)을 정하여 국토교통부장관의 인가를 받아야 한다. 인가받은 사항을 변경하려는 경우에도 또한 같다.
② 제1항에 따른 검사규정에는 다음 각 호의 사항이 포함되어야 한다.
1. 증명 또는 승인을 위한 검사업무를 수행하는 기구의 조직 및 인력
2. 증명 또는 승인을 위한 검사업무를 사람의 업무 범위 및 책임
3. 증명 또는 승인을 위한 검사업무의 체계 및 절차
4. 각종 증명의 발급 및 대장의 관리
5. 증명 또는 승인을 위한 검사업무를 수행하는 사람에 대한 교육훈련
6. 기술도서 및 자료의 관리·유지
7. 시설 및 장비의 운용·관리
8. 증명 또는 승인을 위한 검사 결과의 보고에 관한 사항

301. 다음 중 항공안전에 관한 전문가로 위촉받을 수 있는 자의 자격이 아닌 것은?

① 항공종사자 자격증명을 가진 자로서 해당분야에서 10년 이상의 실무 경력을 갖춘 자
② 항공종사자 양성 전문교육기관의 해당분야에서 5년 이상 교육훈련업무에 종사한 자
③ 6급 이상의 공무원이었던 자로서 항공분야에서 10년 이상의 실무 경력을 갖춘 자
④ 대학 또는 전문대학에서 해당분야의 전임강사 이상으로 3년 이상 재직 경력이 있는 자

해설 [항공안전법 시행규칙 제314조] : 법 제132조 제2항에 따른 항공안전에 관한 전문가로 위촉받을 수 있는 사람의 자격은 다음과 같다.

① 항공종사자 자격증명을 가진 사람으로서 해당분야에서 10년 이상의 실무경력을 갖춘 사람
② 항공종사자 양성 전문교육기관의 해당분야에서 5년 이상 교육훈련업무에 종사한 사람
③ 5급 이상의 공무원이었던 사람으로서 항공분야에서 5년(6급의 경우 10년) 이상의 실무 경력을 갖춘 사람
④ 대학 또는 전문대학에서 해당분야의 전임강사 이상으로 5년 이상 재직한 경력이 있는 사람

정답 300. ④ 301. ④

302. 정기적인 안전성검사 대상이 아닌 것은?

① 국내항공운송사업자가 사용하는 공항 ② 항공기취급업자가 사용하는 공항
③ 국제항공운송사업자가 사용하는 공항 ④ 소형항공운송사업자가 사용하는 공항

해설 [항공안전법 시행규칙 제 315 조] : 정기안전성검사

① 국토교통부장관 또는 지방항공청장은 법 제132조 제3항에 따라 다음 각 호의 사항에 관하여 항공운송사업자가 취항하는 공항에 대하여 정기적인 안전성검사를 하여야 한다.

1. 항공기 운항·정비 및 지원에 관련된 업무·조직 및 교육훈련
2. 항공기 부품과 예비품의 보관 및 급유시설
3. 비상계획 및 항공보안사항
4. 항공기 운항허가 및 비상지원절차
5. 지상조업과 위험물의 취급 및 처리
6. 공항시설
7. 그 밖에 국토교통부장관이 항공기 안전운항에 필요하다고 인정하는 사항

② 법 제132조 제6항에 따른 공무원의 증표는 별지 제124호 서식의 항공안전감독관증에 따른다.

303. 국토교통부장관은 다음의 권한을 시장·도지사 등에게 위임을 하는데 소속기관 위임사항으로 잘못된 것은?

① 검사에 관한 권한을 대통령령으로 정하는 바에 따라 전문검사기관에 위탁할 수 있다.
② 자격증명시험업무, 자격증명한정심사업무와 자격증명서의 발급을 교통안전공단에 위탁할 수 있다.
③ 계기비행증명업무, 조종교육증명업무와 증명서류 발급을 교통안전공단에 위탁할 수 있다.
④ 등록증명서, 형식증명서의 발급을 교통안전공단에 위탁할 수 있다.

해설 [항공안전법 제 135 조] : 권한의 위임, 위탁

① 이 법에 따른 국토교통부장관의 권한은 그 일부를 대통령령으로 정하는 바에 따라 특별시장·광역시장·특별자치시장·도지사·특별자치도지사 또는 국토교통부장관 소속 기관의 장에게 위임할 수 있다.

② 국토교통부장관은 제20조부터 제25조까지, 제27조, 제28조 및 제30조에 따른 증명, 승인 또는 검사에 관한 업무를 대통령령으로 정하는 바에 따라 전문검사기관을 지정하여 위탁할 수 있다.

③ 국토교통부장관은 제30조에 따른 수리·개조승인에 관한 권한 중 국가기관등항공기의 수리·개조승인에 관한 권한을 대통령령으로 정하는 바에 따라 관계 중앙행정기관의 장에게 위탁할 수 있다.

④ 국토교통부장관은 다음 각 호의 업무를 대통령령으로 정하는 바에 따라 한국교통안전공단법에 따른 한국교통안전공단 또는 항공 관련 기관·단체에 위탁할 수 있다.

정답 302. ② 303. ④

1. 제38조에 따른 자격증명 시험업무 및 자격증명 한정심사업무와 항공종사자 자격증명서의 발급에 관한 업무
2. 제44조에 따른 계기비행증명업무 및 조종교육증명업무와 증명서의 발급에 관한 업무
3. 제45조 제3항에 따른 항공영어구술능력증명서의 발급에 관한 업무
4. 제48조 제9항 및 제10항에 따른 항공교육훈련통합관리시스템에 관한 업무
5. 제61조에 따른 항공안전 자율보고의 접수·분석 및 전파에 관한 업무
6. 제112조에 따른 경량항공기 조종사 자격증명 시험업무 및 자격증명 한정심사업무와 자격증명서의 발급에 관한 업무
7. 제115조 제1항 및 제2항에 따른 경량항공기 조종교육증명업무와 증명서의 발급 및 경량항공기 조종교육증명을 받은 자에 대한 교육에 관한 업무
8. 제122조에 따른 초경량비행장치 신고의 수리 및 신고번호의 발급에 관한 업무
9. 제123조에 따른 초경량비행장치의 변경신고, 말소신고, 말소신고의 최고와 직권말소 및 직권말소의 통보에 관한 업무
10. 제125조 제1항에 따른 초경량비행장치 조종자 증명에 관한 업무
11. 제125조 제3항에 따른 실기시험장, 교육장 등 시설의 지정·구축·운영에 관한 업무
12. 제126조 제1항 및 제5항에 따른 초경량비행장치 전문교육기관의 지정 및 지정조건의 충족·유지 여부 확인에 관한 업무
13. 제126조 제7항에 따른 교육·훈련 등 조종자의 육성에 관한 업무

⑤ 국토교통부장관은 다음 각 호의 업무를 대통령령으로 정하는 바에 따라 항공의학 관련 전문기관 또는 단체에 위탁할 수 있다.

1. 제40조에 따른 항공신체검사증명에 관한 업무

1의2. 제42조 제2항에 따라 항공신체검사증명을 받은 사람의 신체적·정신적 상태의 저하에 관한 신고 접수, 같은 조 제3항에 따른 항공신체검사증명의 기준 적합 여부 확인 및 결과 통지에 관한 업무

2. 제49조 제3항에 따른 항공전문의사의 교육에 관한 업무

⑥ 국토교통부장관은 제45조 제2항에 따른 항공영어구술능력증명시험의 실시에 관한 업무를 대통령령으로 정하는 바에 따라 한국교통안전공단 또는 영어평가 관련 전문기관·단체에 위탁할 수 있다.

⑦ 국토교통부장관은 다음 각 호의 업무를 대통령령으로 정하는 바에 따라 항공안전기술원법에 따른 항공안전기술원 또는 항공 관련 기관·단체에 위탁할 수 있다.

1. 국제민간항공협약 및 같은 협약 부속서에서 채택된 표준과 권고되는 방식에 따라 제19조, 제67조, 제70조 및 제77조에 따른 항공기기술기준, 비행규칙, 위험물취급의 절차·방법 및 운항기술기준을 정하기 위한 연구 업무
2. 제59조에 따른 항공안전 의무보고의 분석 및 전파에 관한 업무
3. 제129조 제5항 후단에 따른 검사에 관한 업무
4. 그 밖에 항공기의 안전한 항행을 위한 연구·분석 업무로서 대통령령으로 정하는 업무

304. 다음 사항 중 청문회를 열지 않아도 되는 것은?

① 항공신체검사증명의 취소　② 정비조직인증의 취소
③ 감항증명의 취소　④ 항공기등록의 취소

해설 [항공안전법 제134조] : 국토교통부장관은 다음 각 호의 어느 하나에 해당하는 처분을 하려면 청문을 하여야 한다.

1. 제20조 제7항에 따른 형식증명 또는 부가형식증명의 취소
2. 제21조 제7항에 따른 형식증명승인 또는 부가형식증명승인의 취소
3. 제22조 제5항에 따른 제작증명의 취소
4. 제23조 제7항에 따른 감항증명의 취소
5. 제24조 제3항에 따른 감항승인의 취소
6. 제25조 제3항에 따른 소음기준적합증명의 취소
7. 제27조 제4항에 따른 기술표준품형식승인의 취소
8. 제28조 제5항에 따른 부품등제작자증명의 취소

8의2. 제39조의2 제5항에 따른 모의비행훈련장치에 대한 지정의 취소 또는 효력정지

9. 제43조 제1항 또는 제2항에 따른 자격증명등 또는 항공신체검사증명의 취소 또는 효력정지
10. 제44조 제4항에서 준용하는 제43조 제1항에 따른 계기비행증명 또는 조종교육증명의 취소
11. 제45조 제6항에서 준용하는 제43조 제1항에 따른 항공영어구술능력증명의 취소

11의2. 제47조의2에 따른 연습허가 또는 항공신체검사증명의 취소 또는 효력정지

12. 제48조의2에 따른 전문교육기관 지정의 취소
13. 제50조 제1항에 따른 항공전문의사 지정의 취소 또는 효력정지
14. 제63조 제3항에 따른 자격인정의 취소
15. 제71조 제5항에 따른 포장·용기검사기관 지정의 취소
16. 제72조 제5항에 따른 위험물전문교육기관 지정의 취소
17. 제86조 제1항에 따른 항공교통업무증명의 취소
18. 제91조 제1항 또는 제95조 제1항에 따른 운항증명의 취소
19. 제98조 제1항에 따른 정비조직인증의 취소
20. 제105조 제1항 단서에 따른 운항증명승인의 취소
21. 제114조 제1항 또는 제2항에 따른 자격증명등 또는 항공신체검사증명의 취소
22. 제115조 제3항에서 준용하는 제114조 제1항에 따른 조종교육증명의 취소
23. 제117조 제4항에 따른 경량항공기 전문교육기관 지정의 취소
24. 제125조 제5항에 따른 초경량비행장치 조종자 증명의 취소
25. 제126조 제4항에 따른 초경량비행장치 전문교육기관 지정의 취소

정답 304. ④

305. 다음 중 처분을 하고자 하는 경우 청문회를 열지 않아도 되는 경우는?

① 항공종사자 자격증명의 취소 ② 소음기준적합증명의 취소
③ 긴급항공기 지정의 취소 ④ 전문교육기관 지정의 취소

해설 문제 304번 참조

306. 항행 중의 항공기를 추락 또는 전복시키거나 파괴한 자에 대한 처벌은?

① 10년 이상의 징역에 처한다.
② 사형, 무기 또는 5년 이상의 징역에 처한다.
③ 5억 원 이하의 벌금에 처한다.
④ 5년 이상의 금고에 처한다.

해설 [항공안전법 제138조] : 항행 중 항공기 위험 발생의 죄

① 사람이 현존하는 항공기, 경량항공기 또는 초경량비행장치를 항행 중에 추락 또는 전복시키거나 파괴한 사람은 사형, 무기징역 또는 5년 이상의 징역에 처한다.
② 비행장, 이착륙장, 공항시설 또는 항행안전시설을 파손하거나 그 밖의 방법으로 항공상의 위험을 발생시켜 사람이 현존하는 항공기, 경량항공기 또는 초경량비행장치를 항행 중에 추락 또는 전복시키거나 파괴한 사람은 사형, 무기징역 또는 5년 이상의 징역에 처한다.

307. 감항증명을 받지 아니하고 항공기를 항공에 사용한 자에 대한 처벌은?

① 2년 이하의 징역 또는 1천만 원 이하의 벌금
② 2년 이하의 징역 또는 2천만 원 이하의 벌금
③ 3년 이하의 징역 또는 3천만 원 이하의 벌금
④ 3년 이하의 징역 또는 5천만 원 이하의 벌금

해설 [항공안전법 제144조] : 다음 각 호의 어느 하나에 해당하는 자는 3년 이하의 징역 또는 5천만 원 이하의 벌금에 처한다.

1. 제23조 또는 제25조를 위반하여 감항증명 또는 소음기준적합증명을 받지 아니하거나 감항증명 또는 소음기준적합증명이 취소 또는 정지된 항공기를 운항한 자
2. 제27조 제3항을 위반하여 기술표준품형식승인을 받지 아니한 기술표준품을 제작·판매하거나 항공기등에 사용한 자
3. 제28조 제3항을 위반하여 부품 등 제작자증명을 받지 아니한 장비품 또는 부품을 제작·판매하거나 항공기 등 또는 장비품에 사용한 자
4. 제30조를 위반하여 수리·개조승인을 받지 아니한 항공기 등, 장비품 또는 부품을 운항

정답 305. ③ 306. ② 307. ④

또는 항공기등에 사용한 자

5. 제32조 제1항을 위반하여 정비 등을 한 항공기 등, 장비품 또는 부품에 대하여 감항성을 확인받지 아니하고 운항 또는 항공기 등에 사용한 자

308. 수리, 개조승인을 얻지 아니한 항공기를 항공에 사용한 자에 대한 벌금은?

① 3년 이하 징역 또는 벌금 5천만 원 이하
② 3년 이하 징역 또는 벌금 3천만 원 이하
③ 2년 이하 징역 또는 벌금 2천만 원 이하
④ 2년 이하 징역 또는 벌금 1천만 원 이하

해설 문제 307번 참조

309. 항공안전법 제23조의 규정에 위반하여 기술기준에 적합하다는 확인을 받지 아니한 항공기를 항공에 사용한 자의 처벌은?

① 3년 이하 징역 5천만 원 이하 벌금
② 2년 이하 징역 5천만 원 이하 벌금
③ 1년 이하 징역 1천만 원 이하 벌금
④ 1년 이하 징역 2천만 원 이하 벌금

해설 문제 307번 참조

310. 3년 이하의 징역 또는 5천만 원 이하의 벌금을 과하지 않는 것은?

① 감항증명 또는 소음기준 적합증명을 받지 아니한 항공기 사용
② 규정에 의한 표시를 하지 않거나 허위로 표시한 경우
③ 수리, 개조승인을 얻지 아니한 항공기를 항공에 사용한 자
④ 기술기준에 적합하다는 확인을 받지 아니한 항공기를 사용

해설 [항공안전법 제150조] : 규정에 따른 표시를 하지 아니하거나 거짓 표시를 한 항공기를 운항한 소유자 등은 1년 이하의 징역 또는 1천만 원 이하의 벌금에 처한다.

311. 항공종사자 무자격자가 업무수행을 했을 때의 처벌은?

① 2년 이하의 징역 또는 1천만 원 이하의 벌금
② 2년 이하의 징역 또는 2천만 원 이하의 벌금
③ 3년 이하의 징역 또는 1천만 원 이하의 벌금
④ 3년 이하의 징역 또는 2천만 원 이하의 벌금

정답 308. ① 309. ① 310. ② 311. ②

해설 [항공안전법 제148조] : 다음 각 호의 어느 하나에 해당하는 사람은 2년 이하의 징역 또는 2천만 원 이하의 벌금에 처한다.

1. 제34조를 위반하여 자격증명을 받지 아니하고 항공업무에 종사한 사람
2. 제36조 제2항을 위반하여 그가 받은 자격증명의 종류에 따른 업무범위 외의 업무에 종사한 사람

2의2. 제39조의3을 위반한 사람으로서 다음 각 목의 어느 하나에 해당하는 사람
   가. 다른 사람에게 자기의 성명을 사용하여 항공업무를 수행하게 하거나 항공종사자 자격증명서를 빌려 준 사람
   나. 다른 사람의 성명을 사용하여 항공업무를 수행하거나 다른 사람의 항공종사자 자격증명서를 빌린 사람
   다. 가목 및 나목의 행위를 알선한 사람

3. 제43조 또는 제47조의2에 따른 효력정지명령을 위반한 사람
4. 제45조를 위반하여 항공영어구술능력증명을 받지 아니하고 같은 조 제1항 각 호의 어느 하나에 해당하는 업무에 종사한 사람

312. 다음 중 양벌규정에 포함되지 않는 것은?

① 기장이 보고의무를 위반한 경우
② 국적 등의 표시를 하지 아니한 항공기를 항공에 사용한 경우
③ 항공승무원을 승무시키지 아니한 경우
④ 감항증명을 받지 아니한 항공기를 항공에 사용한 경우

해설 [항공안전법 제164조] : 법인의 대표자나 법인 또는 개인의 대리인, 사용인, 그 밖의 종업원이 그 법인 또는 개인의 업무에 관하여 제144조(감항증명을 받지 아니한 항공기 사용 등의 죄), 제145조(운항증명 등의 위반에 관한 죄), 제148조(무자격자의 항공업무 종사 등의 죄), 제150조(무표시 등의 죄), 제151조(승무원을 승무시키지 아니한 죄), 제152조(무자격 계기비행 등의 죄), 제153조(무선설비 등의 미설치, 운용의 죄) 제154조(무허가 위험물 운송의 죄), 제156조(항공운송사업자 등의 업무 등에 관한 죄), 제157조(외국인국제항공운송사업자의 업무 등에 관한 죄), 제159조(운항승무원 등의 직무에 관한 죄), 제160조(경량항공기 불법 사용 등의 죄), 제161조(초경량비행장치 불법 사용 등의 죄), 제162조(명령위반의 죄) 제163조(검사 거부 등의 죄)까지의 어느 하나에 해당하는 위반행위를 하면 그 행위자를 벌하는 외에 그 법인 또는 개인에게도 해당 조문의 벌금형을 과한다. 다만, 법인 또는 개인이 그 위반행위를 방지하기 위하여 해당 업무에 관하여 상당한 주의와 감독을 게을리하지 아니한 경우에는 그러하지 아니하다.

정답 312. ①

Chapter 03

공항시설법

1. 비행장의 착륙대 등급분류 기준 중 육상비행장의 A등급 활주로 길이는?

① 4300 m 이상
② 2550 m 이상
③ 2150 m 이상 2550 m 미만
④ 1800 m 이상 2150 m 미만

해설 [공항시설법 시행규칙 제2조] : 착륙대의 등급은 육상비행장의 경우 활주로의 길이에 따라, 수상비행장의 경우 착륙대의 길이에 따라 다음과 같이 구분한다.

비행장의 종류	착륙대의 등급	활주로 또는 착륙대의 길이
육상비행장	A	2550 m 이상
	B	2150 m 이상 2550 m 미만
	C	1800 m 이상 2150 m 미만
	D	1500 m 이상 1800 m 미만
	E	1280 m 이상 1500 m 미만
	F	1080 m 이상 1280 m 미만
	G	900 m 이상 1080 m 미만
	H	500 m 이상 900 m 미만
	J	100 m 이상 500 m 미만
수상비행장	4	1500 m 이상
	3	1200 m 이상 1500 m 미만
	2	800 m 이상 1200 m 미만
	1	800 m 미만

2. 비행장의 착륙대 등급분류 기준 중 육상비행장의 C등급은?

① 2150 m 이상 2550 m 미만
② 2000 m 이상 2150 m 미만
③ 1800 m 이상 2150 m 미만
④ 1600 m 이상 2000 m 미만

해설 문제 1번 참조

정답 1. ② 2. ③

3. 항행안전시설의 설치 허가는 누가 하는가?

① 국토교통부장관 ② 지방항공청장 ③ 무선국 국장 ④ 대통령

해설 [공항시설법 제43조] : 항행안전시설의 설치

① 항행안전시설(제6조에 따른 개발사업으로 설치하는 항행안전시설 외의 것을 말한다)은 국토교통부장관이 설치한다.

② 국토교통부장관 외에 항행안전시설을 설치하려는 자는 국토교통부령으로 정하는 바에 따라 국토교통부장관의 허가를 받아야 한다. 이 경우 국토교통부장관은 항행안전시설의 설치를 허가할 때 해당 시설을 국가에 귀속시킬 것을 조건으로 하거나 그 시설의 설치 및 운영 등에 필요한 조건을 붙일 수 있다.

③ 국토교통부장관은 제2항 전단에 따른 허가의 신청을 받은 날부터 15일 이내에 허가 여부를 신청인에게 통지하여야 한다.

④ 제2항에 따라 국가에 귀속된 항행안전시설의 사용·수익에 관하여는 제22조를 준용한다.

⑤ 제1항 및 제2항에 따른 항행안전시설의 설치기준, 허가기준 등 항행안전시설 설치에 필요한 사항은 국토교통부령으로 정한다.

4. 국토교통부장관의 허가를 받아 설치하는 항행안전시설의 설명으로 틀린 것은 어느 것인가?

① 항공등화는 조종사 및 관제사의 눈이 부시지 않도록 하고 노출된 등화설비에 항공기가 접촉할 때 항공기에 손상을 주지 않고 등화설비가 부서지도록 경구조물로 하며, 매립된 등화설비는 항공기의 바퀴의 접촉으로 인하여 항공기 및 등화설비에 손상이 없도록 제작, 설치할 것

② 항행안전무선시설이 주 장비와 예비 장비를 갖춘 경우 주 장비에 이상이 있으면 예비 장비로 자동교체되고 그 상태를 표시할 수 있을 것

③ 항공정보통신시설 예비전원장치는 별도로 갖추지 않을 것

④ 항행안전무선시설을 신설할 경우에는 가능한 한 이미 설치된 다른 항행안전시설에 영향을 주지 아니할 것

해설 [공항시설법 시행규칙 제36조] : 법 제43조 제4항에 따른 항행안전시설의 설치기준은 다음 각 호와 같다.

1. 항공등화(불빛으로 항공기의 항행을 돕는 시설을 말한다)는 다음 각 목의 기준에 따라 설치할 것

   가. 조종사 및 관제사의 눈이 부시지 아니하도록 하고, 노출된 등화설비(활주로등, 정지로등, 유도로등 등을 말한다)는 항공기와 접촉할 때 항공기에 손상을 주지 아니하고 등화설비가 부서지도록 경구조물로 하며, 매립된 등화설비는 항공기 바퀴와 접촉으로 인하여 항공기 및 등화설비에 손상을 주지 아니하도록 제작, 설치할 것

   나. 항공등화의 활주로등에 대한 광도비는 별표 2의 기준에 적합할 것

   다. 그 밖의 항공등화의 광도 및 색상 등은 별표 3의 기준에 적합할 것

정답 3. ① 4. ③

2. 항행안전무선시설(전파로 항공기의 항행을 돕는 시설을 말한다)은 다음 각 목의 기준에 따라 설치할 것
   가. 새로 설치하는 경우에는 가급적 이미 설치된 다른 항행안전시설에 영향을 주지 아니할 것
   나. 전파가 양호하게 발사될 수 있는 위치에 설치할 것
   다. 감시장치 및 예비전원장치 등을 갖출 것
   라. 주 장비와 예비 장비를 갖춘 경우 주 장비에 이상이 있으면 예비 장비로 자동교체되고 그 상태를 표시할 수 있을 것
   마. 유지보수 등에 필요한 인원, 시험 및 계측장치, 예비부품 등을 갖출 것
3. 항공정보통신시설은 다음 각 목의 기준에 따라 설치할 것
   가. 통신이 원활하게 이루어질 수 있는 위치에 설치할 것
   나. 제어장치 및 예비전원장치 등을 갖출 것
   다. 유지, 보수 등에 필요한 인원, 시험 및 계측장치, 예비 부품 등을 갖출 것

5. 항행안전무선시설 및 항공정보통신시설 중 변경하려는 경우 국토교통부장관에게 허가를 하여야 할 사항이 아닌 것은?

① 송수신장치와 전원설비의 변경
② 등 규격 또는 광도의 변경
③ 송수신장치의 구조 또는 회로의 변경
④ 정격 통달거리 또는 코스의 변경

해설 [공항시설법 제46조, 공항시설법 시행규칙 제39조] : 항행안전시설의 변경

① 법 제43조 제2항에 따른 항행안전시설설치자 및 그 시설을 관리·운영하는 자는 해당 시설에 대하여 국토교통부령으로 정하는 사항을 변경하려는 경우에는 국토교통부령으로 정하는 바에 따라 국토교통부장관의 허가를 받아야 한다.
   1. 항공등화에 관한 다음 각 목의 사항
      가. 등의 규격 또는 광도
      나. 비행장 등화의 배치 및 조합
      다. 운용시간
   2. 항행안전무선시설 또는 항공정보통신시설에 관한 다음 각 목의 사항
      가. 정격 통달거리
      나. 코스
      다. 운용시간
      라. 송수신장치의 구조 또는 회로(주파수, 안테나전력, 식별부호, 그 밖에 항행안전무선시설 또는 항공정보통신시설의 전기적 특성에 영향을 주는 경우만 해당)
      마. 송수신장치와 전원설비

정답 5. ②

② 법 제46조 제1항에 따른 항행안전시설의 변경허가를 받으려는 자는 별지 제33호 서식의 신청서에 다음 각 호의 서류를 첨부하여 지방항공청장(항공로용으로 사용되는 항공정보통신시설 및 항행안전무선시설의 경우에는 항공교통본부장을 말한다)에게 제출하여야 한다.

1. 시설의 변경 내용을 적은 서류
2. 변경되는 시설 관련 도면
3. 변경 사유

③ 제2항에 따라 변경허가 신청을 한 항행안전시설설치자가 해당 시설의 완성검사를 신청하는 경우에는 제38조를 준용한다.

6. 항공등화 중 국토교통부장관에게 변경 통보를 하여야 할 사항이 아닌 것은?

① 등의 규격 또는 광도의 변경　② 전원설비의 증설 또는 변경
③ 비행장 등화의 배치 및 조합의 변경　④ 운용시간의 변경

해설 문제 5번 참조

7. 국토교통부령이 정하는 바에 따라 항공장애 표시등 및 항공장애 주간표지를 설치하여야 하는 구조물 높이는 얼마인가?

① 60 m 이상　② 80 m 이상　③ 100 m 이상　④ 120 m 이상

해설 [공항시설법 제36조] : 장애물 제한표면 밖의 지역에서 지표면이나 수면으로부터 높이가 60 m 이상 되는 구조물을 설치하는 자는 항공장애 표시등 및 항공장애 주간표지의 설치 위치 및 방법 등에 따라 항공장애 표시등 및 항공장애 주간표지를 설치하여야 한다. 다만, 구조물의 높이가 항공장애 표시등이 설치된 구조물과 같거나 낮은 구조물 등 국토교통부령으로 정하는 구조물은 그러하지 아니하다.

8. 다음 중 특별한 사유 없이 출입하여서는 안 되는 곳은?

① 활주로, 유도로, 계류장, 격납고　② 착륙대, 유도로, 격납고, 비행장 표지시설
③ 착륙대, 격납고, 급유시설, 보세구역　④ 착륙대, 계류장, 격납고, 유도로

해설 [공항시설법 제56조] : 금지행위

① 누구든지 국토교통부장관, 사업시행자 등 또는 항행안전시설설치자 등의 허가 없이 착륙대, 유도로, 계류장, 격납고 또는 항행안전시설이 설치된 지역에 출입해서는 아니 된다.
② 누구든지 활주로, 유도로 등 그 밖에 국토교통부령으로 정하는 공항시설·비행장시설 또는 항행안전시설을 파손하거나 이들의 기능을 해칠 우려가 있는 행위를 해서는 아니 된다.
③ 누구든지 항공기, 경량항공기 또는 초경량비행장치를 향하여 물건을 던지거나 그 밖에 항행에 위험을 일으킬 우려가 있는 행위를 해서는 아니 된다. 다만, 다음 각 호의 어느 하나에 해당하는 자는 항공안전법 제127조의 비행승인(같은 조 제2항 단서에 따라 제한된 범위에서 비행하려는 경우를 포함)을 받지 아니한 초경량비행장치가 공항 또는 비행장에

정답 6. ② 7. ① 8. ④

접근하거나 침입한 경우 해당 비행장치를 퇴치·추락·포획하는 등 항공안전에 필요한 조치를 할 수 있다.

1. 국가 또는 지방자치단체
2. 공항운영자
3. 비행장시설을 관리·운영하는 자

④ 누구든지 항행안전시설과 유사한 기능을 가진 시설을 항공기 항행을 지원할 목적으로 설치·운영해서는 아니 된다.

⑤ 항공기와 조류의 충돌을 예방하기 위하여 누구든지 항공기가 이륙·착륙하는 방향의 공항 또는 비행장 주변지역 등 국토교통부령으로 정하는 범위에서 공항 주변에 새들을 유인할 가능성이 있는 오물처리장 등 국토교통부령으로 정하는 환경을 만들거나 시설을 설치해서는 아니 된다.

⑥ 누구든지 국토교통부장관, 사업시행자 등, 항행안전시설설치자 등 또는 이착륙장을 설치·관리하는 자의 승인 없이 해당 시설에서 다음 각 호의 어느 하나에 해당하는 행위를 해서는 아니 된다.

1. 영업행위
2. 시설을 무단으로 점유하는 행위
3. 상품 및 서비스의 구매를 강요하거나 영업을 목적으로 손님을 부르는 행위
4. 그 밖에 제1호부터 제3호까지의 행위에 준하는 행위로서 해당 시설의 이용이나 운영에 현저하게 지장을 주는 대통령령으로 정하는 행위

⑦ 국토교통부장관, 사업시행자등, 항행안전시설설치자등, 이착륙장을 설치·관리하는 자, 경찰공무원(의무경찰을 포함) 또는 자치경찰공무원은 제6항을 위반하는 자의 행위를 제지하거나 퇴거를 명할 수 있다.

9. 공항시설법이 정하는 비행장의 출입금지 구역으로 맞는 것은?

① 착륙대, 유도로, 계류장, 격납고
② 급유시설, 활주로, 격납고, 유도로
③ 운항실, 관제소, 활주로, 계류장
④ 급유시설, 유도로, 격납고, 계류장

해설 문제 8번 참조

10. 다음 중 비행장의 중요시설은?

① 유도로, 관제탑, 항공기 급유시설, 격납고
② 활주로, 유도로, 계류장, 격납고, 항공기 급유시설
③ 착륙대, 계류장, 격납고, 항공기 급유시설, 항공유 저장시설
④ 활주로, 유도로, 격납고, 관제탑, 항공유 저장시설

해설 [공항시설법 시행규칙 제47조] : 금지행위

① 법 제56조 제2항에서 국토교통부령으로 정하는 공항시설·비행장시설 또는 항행안전시설이라 함은 다음 각 호의 시설을 말한다.

정답 9. ① 10. ③

1. 착륙대, 계류장 및 격납고
2. 항공기 급유시설 및 항공유 저장시설

② 법 제56조 제3항에 따른 항행에 위험을 일으킬 우려가 있는 행위는 다음 각 호와 같다.

1. 착륙대, 유도로 또는 계류장에 금속편·직물 또는 그 밖의 물건을 방치하는 행위
2. 착륙대·유도로·계류장·격납고 및 사업시행자 등이 화기 사용 또는 흡연을 금지한 장소에서 화기를 사용하거나 흡연을 하는 행위
3. 운항 중인 항공기에 장애가 되는 방식으로 항공기나 차량 등을 운행하는 행위
4. 지방항공청장의 승인 없이 레이저광선을 방사하는 행위
5. 지방항공청장의 승인 없이 항공안전법 제78조 제1항 제1호에 따른 관제권에서 불꽃 또는 그 밖의 물건(총포·도검·화약류 등의 안전관리에 관한 법률 시행규칙 제4조에 따른 장난감용 꽃불류는 제외)을 발사하는 행위
6. 그 밖에 항행의 위험을 일으킬 우려가 있는 행위

③ 국토교통부장관은 제2항 제4호에 따른 레이저광선의 방사로부터 항공기 항행의 안전을 확보하기 위하여 다음 각 호의 보호공역을 비행장 주위에 설정하여야 한다.

1. 레이저광선 제한공역 2. 레이저광선 위험공역 3. 레이저광선 민감공역

④ 제3항에 따른 보호공역의 설정기준 및 레이저광선의 허용 출력한계는 별표와 같다.

⑤ 제2항 제4호 및 제5호에 따른 승인을 받으려는 자는 다음 각 호의 구분에 따른 신청서와 첨부서류를 지방항공청장에게 제출하여야 한다. 이 경우 담당 공무원은 전자정부법 제36조 제1항에 따른 행정정보의 공동이용을 통하여 법인등기사항증명서(신청인이 법인인 경우만 해당)를 확인하여야 한다.

⑥ 법 제56조 제5항에 따라 다음 각 호의 구분에 따른 지역에서는 해당 호에 따른 환경이나 시설을 만들거나 설치하여서는 아니 된다.

1. 공항 표점에서 3km 이내의 범위의 지역 : 양돈장 및 과수원 등 국토교통부장관이 정하여 고시하는 환경이나 시설
2. 공항 표점에서 8km 이내의 범위의 지역 : 조류보호구역, 사냥금지구역 및 음식물 쓰레기 처리장 등 국토교통부장관이 정하여 고시하는 환경이나 시설

11. 비행장의 중요 시설에 대해 틀린 것은?

① 착륙대 ② 격납고 ③ 정비시설 ④ 급유시설

해설 문제 10번 참조

12. 항공의 위험을 일으킬 우려가 있는 행위가 아닌 것은?

① 착륙대, 유도로 또는 계류장에 금속편, 직물 또는 그 밖의 물건을 방치하는 행위
② 운항 중인 항공기에 장애가 되는 방식으로 항공기나 차량 등을 운행하는 행위
③ 비행장 주변에 레이저광선의 방사
④ 격납고에 금속편, 직물 또는 그 밖의 물건을 방치하는 행위

정답 11. ③ 12. ④

해설 문제 10번 참조

13. 다음 중 공항시설에 속하는 것은?

① 공항구역 및 공항구역 밖에 있는 시설 중 지방항공청장이 지정한 시설
② 공항구역 및 공항구역 밖에 있는 시설 중 항공교통센터장이 지정한 시설
③ 공항구역 및 공항구역 밖에 있는 시설 중 국토교통부장관이 지정한 시설
④ 공항구역 및 공항구역 밖에 있는 시설 중 공항운영자가 지정한 시설

해설 [공항시설법 제2조] : 공항시설이란 공항구역에 있는 시설과 공항구역 밖에 있는 시설 중 대통령령으로 정하는 시설로서 국토교통부장관이 지정한 다음 각 목의 시설을 말한다.
가. 항공기의 이륙·착륙 및 항행을 위한 시설과 그 부대시설 및 지원시설
나. 항공 여객 및 화물의 운송을 위한 시설과 그 부대시설 및 지원시설

14. 공항 내 사진촬영 시 허가를 받지 않아도 가능한 것은?

① 보안지역 외의 지역에서 단순한 기념촬영
② 공항업체가 전시나 업무목적으로 촬영
③ 언론의 보도 프로그램 촬영
④ 공익 목적으로 촬영

15. 보호구역에서 지상조업 중인 차량은 누구에게 등록해야 하는가?

① 지방항공청장　② 국토교통부장관
③ 교통안전공단 이사장　④ 공항운영자

해설 [공항시설법 시행규칙 제19조] : 공항시설·비행장시설의 관리기준
1. 공항(비행장을 포함한다. 이하 같다)을 제16조에 따른 설치기준에 적합하도록 유지할 것
2. 시설의 기능 유지를 위하여 점검·청소 등을 할 것
3. 개수나 그 밖의 공사를 하는 경우에는 필요한 표지의 설치 또는 그 밖의 적절한 조치를 하여 항공기의 항행을 방해하지 않게 할 것
4. 법 제56조 및 항공보안법 제21조 제1항에 따른 금지행위에 관한 홍보안내문을 일반인이 보기 쉬운 곳에 게시할 것
5. 법 제56조 제1항에 따라 출입이 금지되는 지역에 경계를 분명하게 하는 표지 등을 설치하여 해당 구역에 사람·차량 등이 임의로 출입하지 않도록 할 것
6. 항공기의 화재나 그 밖의 사고에 대처하기 위하여 필요한 소방설비와 구난설비를 설치하고, 사고가 발생했을 때에는 지체 없이 필요한 조치를 할 것. 다만, 공항에 대해서는

정답 13. ③ 14. ① 15. ④

다음 각 목의 비상사태에 대처하기 위하여 국제민간항공조약 부속서 14에 따라 공항 비상계획을 수립하고 이에 필요한 조직·인원·시설 및 장비를 갖추어 비상사태가 발생하면 지체 없이 필요한 조치를 할 것
가. 공항 및 공항 주변 항공기사고
나. 항공기의 비행 중 사고와 지상에서의 사고
다. 폭탄위협 및 불법납치사고
라. 공항의 자연재해
마. 응급치료를 필요로 하는 사고

7. 천재지변이나 그 밖의 원인으로 항공기의 이륙·착륙이 저해될 우려가 있는 경우에는 지체 없이 해당 비행장의 사용을 일시 정지하는 등 위해를 예방하기 위하여 필요한 조치를 할 것
8. 관계 행정기관 및 유사시에 지원하기로 협의된 기관과 수시로 연락할 수 있는 설비를 갖출 것
9. 다음 각 목의 사항이 기록된 업무일지를 갖춰 두고 1년간 보존할 것
가. 시설의 현황
나. 시행한 공사내용(공사를 시행하는 경우만 해당)
다. 재해, 사고 등이 발생한 경우에는 그 시각·원인·상황과 이에 대한 조치
라. 관계기관과의 연락사항
마. 그 밖에 공항의 관리에 필요한 사항
10. 공항 및 공항 주변에서의 항공기 운항 시 조류충돌을 예방하게 하기 위하여 국제민간항공조약 부속서 14에서 정한 조류충돌 예방계획(오물처리장 등 새들을 모이게 하는 시설 또는 환경을 만들지 아니하는 것을 포함)을 수립하고 이에 필요한 조직·인원·시설 및 장비를 갖출 것. 이 경우 조류충돌 예방과 관련된 세부 사항은 국토교통부장관이 정하여 고시하는 기준에 따라야 한다.
11. 항공교통업무를 수행하는 시설에는 다음 각 목의 절차를 갖출 것
가. 제16조 제14호에 따른 시설의 관리·운영 절차
나. 관할 공역 내에서의 항공기의 비행절차
다. 항행안전시설에 적합한 항공기의 계기비행방식에 의한 이륙 및 착륙 절차
라. 관할 공역 내의 항공기·차량 및 사람 등에 대한 항공교통관제절차, 지상이동통제절차, 공역관리절차, 소음절감비행통제절차 및 경제운항절차
마. 관할 공역 내의 관련 항공안전정보를 수집 및 가공하여 관련 항공기·차량·시설 및 다른 항공정보통신시설 등에 제공하는 절차
바. 항공교통관제량에 적합한 적정 수의 항공교통관제업무 수행요원의 확보, 교육훈련 및 업무 제한의 절차
사. 그 밖에 항공교통업무 수행에 필요한 사항으로 국토교통부장관이 따로 정하여 고시하는 시설의 관리절차
12. 공항운영자는 국토교통부장관이 고시하는 기준에 따라 대기질·수질·토양 등 환경 및

온실가스관리가 포함된 공항환경관리계획을 매년 수립하고 이에 필요한 조직·인원·시설 및 장비를 갖출 것
13. 격납고 내에 있는 항공기의 무선시설을 조작하지 말 것. 다만, 지방항공청장의 승인을 얻은 경우에는 그렇지 않다.
14. 항공기의 급유 또는 배유를 하는 경우에는 다음 각 호에 따라 시행할 것
  가. 다음의 경우에는 항공기의 급유 또는 배유를 하지 말 것
    ㈎ 발동기가 운전 중이거나 또는 가열상태에 있을 경우
    ㈏ 항공기가 격납고 기타 폐쇄된 장소 내에 있을 경우
    ㈐ 항공기가 격납고 기타의 건물의 외측 15 m 이내에 있을 경우
    ㈑ 필요한 위험예방조치가 강구되었을 경우를 제외하고 여객이 항공기 내에 있을 경우
  나. 급유 또는 배유 중의 항공기의 무선설비, 전기설비를 조작하거나 기타 정전, 화학 방전을 일으킬 우려가 있을 물건을 사용하지 말 것
  다. 급유 또는 배유장치를 항상 안전하고 확실히 유지할 것
  라. 급유 시에는 항공기와 급유장치 간에 전위차를 없애기 위하여 전도체로 연결을 할 것. 다만, 항공기와 지면과의 전기저항 측정치 차이가 1 MΩ 이상인 경우에는 추가로 항공기 또는 급유장치를 접지시킬 것
15. 공항을 관리·운영하는 자는 법 제31조 제1항에 따라 다음 각 호의 사항이 포함된 관리규정을 정하여 관리해야 할 것
  가. 공항의 운용시간
  나. 항공기의 활주로 또는 유도로 사용방법을 특별히 규정하는 경우에는 그 방법
  다. 항공기의 승강장, 화물을 싣거나 내리는 장소, 연료·자재 등의 보급장소, 항공기의 정비나 점검장소, 항공기의 정류장소 및 그 방법을 지정하려는 경우에는 그 장소 및 방법
  라. 법 제32조에 따른 사용료와 그 수수 및 환불에 관한 사항
  마. 공항의 출입을 제한하려는 경우에는 그 제한방법
  바. 공항 안에서의 행위를 제한하려는 경우에는 그 제한 대상 행위
  사. 시계비행 또는 계기비행의 이륙·착륙 절차의 준수에 관한 사항과 통신장비의 설치 및 기상정보의 제공 등 항공기의 안전한 이륙·착륙을 위하여 국토교통부장관이 정하여 고시하는 사항
  아. 그 밖에 공항의 관리에 관하여 중요한 사항
16. 항공보안법 제12조에 따른 보호구역에서 지상조업, 항공기의 견인 등에 사용되는 차량 및 장비는 공항운영자에게 다음 각 호의 서류를 갖추어 등록해야 하며, 등록된 차량 및 장비는 공항관리·운영기관이 정하는 바에 의하여 안전도 등에 관한 검사를 받을 것
  가. 차량 및 장비의 제원과 소유자가 기재된 등록신청서 1부
  나. 소유권 및 제원을 증명할 수 있는 서류
  다. 차량 및 장비의 앞면 및 옆면 사진 각 1매

라. 허가 등을 받았음을 증명할 수 있는 서류의 사본 1부(당해차량 및 장비의 등록이 허가 등의 대상이 되는 사업의 수행을 위하여 필요한 경우에 한정)

17. 공항구역에서 차량 또는 장비의 사용 및 취급에 대하여는 다음 각 호에 따를 것. 다만, 긴급한 경우에는 예외로 한다.

가. 보호구역에서는 공항운영자가 승인한 자(항공보안법 제13조에 따라 차량 등의 출입허가를 받은 자를 포함) 이외의 자는 차량 등을 운전하지 아니할 것

나. 격납고 내에 있어서는 배기에 대한 방화장치가 있는 트랙터를 제외하고는 차량 등을 운전하지 아니할 것

다. 공항에서 차량 등을 주차하는 경우에는 공항운영자가 정한 주차구역 안에서 공항운영자가 정한 규칙에 따라 이를 주차하지 아니할 것

라. 차량 등의 수선 및 청소는 공항운영자가 정하는 장소 이외의 장소에서 행하지 아니할 것

마. 공항구역에 정기로 출입하는 버스 및 택시 등은 공항운영자가 승인한 장소 이외의 장소에서 승객을 승강시키지 아니할 것

16. 공항 안에서 차량의 사용 및 취급에 관한 설명 중 틀린 것은?

① 보호구역 내에서는 공항운영자가 승인한 자 이외의 자는 차량을 운전하여서는 안 된다.
② 격납고 내에 있어서는 배기에 대한 방화장치가 있는 차량을 운전하여서는 안 된다.
③ 공항에서 차량을 주차하는 경우에는 공항운영자가 정한 주차구역 내에서 주차하여야 한다.
④ 차량의 수선 및 청소는 공항운영자가 정하는 장소에서 해야 한다.

해설 문제 15번 참조

17. 공항 안의 보호구역 내에서 차량을 운행하려면 누구의 허락을 받아야 하는가?

① 국토교통부장관 ② 항공교통관제소장 ③ 항공안전본부장 ④ 공항운영자

해설 문제 15번 참조

18. 다음 중 항공기의 급유 또는 배유를 하지 말아야 하는 경우가 아닌 것은?

① 항공기가 격납고 기타 폐쇄된 장소에 있는 경우
② 항공기가 격납고 기타의 건물의 외측 15 m 이내에 있을 경우
③ 여객이 항공기 내에 있고 필요한 위험예방조치가 강구되었을 경우
④ 발동기가 운전 중이거나 또는 가열상태에 있을 경우

해설 문제 15번 참조

정답 16. ② 17. ④ 18. ③

19. 타 항공기나 건물 외부로부터 몇 m 이상 떨어져 급유 및 배유를 하는가?

① 10 m ② 15 m ③ 20 m ④ 25 m

해설 문제 15번 참조

20. 항공기에 설비되어 있는 무선설비의 조작을 금하고 있는 경우란?

① 발동기가 가동 중이거나 가열상태에 있는 경우
② 승객이 객실 내에 있는 경우
③ 당해 항공기가 급유 또는 배유 중이거나 격납고 내에 있는 경우
④ 당해 항공기가 정비 또는 시운전 중에 있는 경우

해설 문제 15번 참조

21. 격납고 내에 있는 항공기의 무선시설을 조작할 경우 누구의 승인을 받아야 하는가?

① 국토교통부장관 ② 지방항공청장
③ 검사주임 ④ 무선설비 자격증이 있는 사람

해설 문제 15번 참조

22. 다음 중 공항에서 금지행위가 아닌 것은?

① 통풍시설이 되어 있는 장소에서 도프도료의 도포 행위
② 휘발성 물질을 이용한 청소 행위
③ 급유 또는 배유작업, 정비 또는 시운전 중의 항공기로부터 30 m 이내의 장소에 들어가는 행위
④ 급유 또는 배유작업 중의 항공기로부터 30 m 이내의 장소에서 담배 피우는 행위

해설 [공항시설법 시행령 제50조] : 금지행위

1. 노숙(露宿)하는 행위
2. 폭언 또는 고성방가 등 소란을 피우는 행위
3. 광고물을 설치·부착하거나 배포하는 행위
4. 기부를 요청하거나 물품을 배부 또는 권유하는 행위
5. 공항의 시설이나 주차장의 차량을 훼손하거나 더럽히는 행위
6. 공항운영자가 지정한 장소 외의 장소에 쓰레기 등의 물건을 버리는 행위
7. 무기, 폭발물 또는 가연성 물질을 휴대하거나 운반하는 행위(공항 내의 사업자 또는 영업자 등이 그 업무 또는 영업을 위하여 하는 경우는 제외)

정답 19. ② 20. ③ 21. ② 22. ①

8. 불을 피우는 행위
9. 내화구조와 소화설비를 갖춘 장소 또는 야외 외의 장소에서 가연성 또는 휘발성 액체를 사용하여 항공기, 발동기, 프로펠러 등을 청소하는 행위
10. 공항운영자가 정한 구역 외의 장소에 가연성 액체가스 등을 보관하거나 저장하는 행위
11. 흡연구역 외의 장소에서 담배를 피우는 행위
12. 기름을 넣거나 배출하는 작업 중인 항공기로부터 30미터 이내의 장소에서 담배를 피우는 행위
13. 기름을 넣거나 배출하는 작업, 정비 또는 시운전 중인 항공기로부터 30미터 이내의 장소에 들어가는 행위(그 작업에 종사하는 사람은 제외)
14. 내화구조와 통풍설비를 갖춘 장소 외의 장소에서 기계칠을 하는 행위
15. 휘발성·가연성 물질을 사용하여 격납고 또는 건물 바닥을 청소하는 행위
16. 기름이 묻은 걸레 등의 폐기물을 해당 폐기물에 의하여 부식되거나 훼손될 수 있는 보관용기에 담거나 버리는 행위
17. 드론 활용의 촉진 및 기반조성에 관한 법률 제2조 제1항 제1호에 따른 드론을 공항이나 비행장에 진입시키는 행위

23. 다음 중 공항에서의 금지행위가 아닌 것은?

① 휘발성 가연물을 사용하여 건물의 마루를 청소하는 것
② 정치된 항공기 옆으로 지나다니는 것
③ 금속성 용기 이외에 기름이 묻은 걸레를 버리는 것
④ 통풍설비가 없는 곳에서 도프도료의 도포작업을 하는 것

해설 문제 22번 참조

24. 급유 또는 배유 중인 항공기로부터 몇 m 이내의 장소에서 흡연을 하여서는 안 되는가?

① 항공기로부터 45 m 이내의 장소
② 항공기로부터 40 m 이내의 장소
③ 항공기로부터 35 m 이내의 장소
④ 항공기로부터 30 m 이내의 장소

해설 문제 22번 참조

정답 23. ② 24. ④

Chapter 04 항공사업법

1. 다음 중 신고만으로 항공운송사업을 할 수 없는 것은?

① 소형항공운송사업 ② 상업서류송달업
③ 도심공항터미널업 ④ 항공운송총대리점업

해설 [항공사업법 제7조, 제10조, 제30조, 제44조, 제52조]

① 국내항공운송사업 또는 국제항공운송사업을 경영하려는 자는 국토교통부장관의 면허를 받아야 한다. 다만, 국제항공운송사업의 면허를 받은 경우에는 국내항공운송사업의 면허를 받은 것으로 본다.
② 소형항공운송사업을 경영하려는 자는 국토교통부령으로 정하는 바에 따라 국토교통부장관에게 등록하여야 한다.
③ 항공기사용사업을 경영하려는 자는 국토교통부장관에게 등록하여야 한다.
④ 항공기취급업을 경영하려는 자는 국토교통부령이 정하는 바에 따라 국토교통부장관에게 등록하여야 한다.
⑤ 상업서류송달업, 항공운송총대리점업, 도심공항터미널업을 경영하려는 자는 국토교통부령이 정하는 바에 따라 국토교통부장관에게 신고하여야 한다.

2. 항공기사용사업을 경영하고자 하는 자는?

① 국토교통부장관 승인 ② 국토교통부장관 면허
③ 국토교통부장관 허가 ④ 국토교통부장관 등록

해설 문제 1번 참조

3. 항공기취급업을 경영하고자 하는 자는 누구에게 등록을 하여야 하는가?

① 국토교통부장관 ② 지방항공청장
③ 산업통산자원부장관 ④ 대통령

해설 문제 1번 참조

정답 1. ① 2. ④ 3. ①

4. 다음 중 신고만으로 항공운송사업을 할 수 있는 것은?

① 부정기 항공운송사업　② 상업서류송달업
③ 항공기취급업　④ 항공기사용사업

해설 문제 1번 참조

5. 국제항공운송사업자의 운항증명을 위한 검사기준 중에서 현장검사기준이 아닌 것은?

① 항공종사자 자격증명 검사　② 훈련프로그램 검사
③ 항공종사자 훈련과목 운영계획　④ 항공기 적합성 검사

해설 [항공안전법 시행규칙 제258조] : 항공운송사업자의 운항증명을 하기 위한 검사는 서류검사와 현장검사로 구분하여 실시하며, 그 검사기준은 별표 33과 같다.

① 서류검사기준

1. 항공사업법 제7조 제4항 또는 제10조 제4항에 따라 제출한 사업계획서 내용의 추진 일정
2. 조직·인력의 구성, 업무분장 및 책임
3. 항공법규 준수의 이행서류와 이를 증명하는 서류
4. 항공기 또는 운항, 정비와 관련된 시설, 장비 등의 구매, 계약 또는 임차서류
5. 종사자 훈련 교과목 운영계획
6. 별표 36에서 정한 내용이 포함되도록 구성된 교범
7. 승객 브리핑카드
8. 급유, 재급유, 배유절차
9. 비상구열 좌석 절차
10. 약물 및 주류 통제절차
11. 운영기준에 포함될 자료
12. 비상탈출시현계획
13. 항공기 운항검사계획
14. 환경영향평가서
15. 훈련계약에 관한 사항
16. 정비규정
17. 그 밖에 국토교통부장관이 정하는 사항

② 현장검사기준

1. 지상의 고정 및 이동 시설, 장비 검사
2. 운항통제조직의 운영
3. 정비검사시스템의 운영
4. 항공종사자 자격증명 검사
5. 훈련프로그램 평가
6. 비상탈출시현
7. 비상착수시현
8. 기록유지·관리검사
9. 항공기 운항검사
10. 객실승무원 직무능력평가
11. 항공기 적합성 검사
12. 주요 간부직원에 대한 직무지식에 관한 인터뷰

정답 4. ② 5. ③

6. 운항규정 및 정비규정은 누가 정하는가?

① 국토교통부장관 ② 항공기 제작사 ③ 항공사 사장 ④ 지방항공청장

해설 [항공안전법 제93조] : 항공운송사업자의 운항규정 및 정비규정

① 항공운송사업자는 운항을 시작하기 전까지 국토교통부령으로 정하는 바에 따라 항공기의 운항에 관한 운항규정 및 정비에 관한 정비규정을 마련하여 국토교통부장관의 인가를 받아야 한다. 다만, 운항규정 및 정비규정을 운항증명에 포함하여 운항증명을 받은 경우에는 그러하지 아니하다.

② 항공운송사업자는 제1항 본문에 따라 인가를 받은 운항규정 또는 정비규정을 변경하려는 경우에는 국토교통부령으로 정하는 바에 따라 국토교통부장관에게 신고하여야 한다. 다만, 최소장비목록, 승무원 훈련프로그램 등 국토교통부령으로 정하는 중요사항을 변경하려는 경우에는 국토교통부장관의 인가를 받아야 한다.

③ 국토교통부장관은 제1항 본문 또는 제2항 단서에 따라 인가하려는 경우에는 제77조 제1항에 따른 운항기술기준에 적합한지를 확인하여야 한다.

④ 국토교통부장관은 제1항 본문 또는 제2항 단서에 따라 인가하는 경우 조건 또는 기한을 붙이거나 조건 또는 기한을 변경할 수 있다. 다만, 그 조건 또는 기한은 공공의 이익 증진이나 인가의 시행에 필요한 최소한도의 것이어야 하며, 해당 항공운송사업자에게 부당한 의무를 부과하는 것이어서는 아니 된다.

⑤ 국토교통부장관은 제2항 본문에 따른 신고를 받은 날부터 10일 이내에 신고수리 여부를 신고인에게 통지하여야 한다.

⑥ 국토교통부장관이 제5항에서 정한 기간 내에 신고수리 여부 또는 민원 처리 관련 법령에 따른 처리기간의 연장을 신고인에게 통지하지 아니하면 그 기간(민원 처리 관련 법령에 따라 처리기간이 연장 또는 재연장된 경우에는 해당 처리기간)이 끝난 날의 다음 날에 신고를 수리한 것으로 본다.

⑦ 항공운송사업자는 제1항 본문 또는 제2항 단서에 따라 국토교통부장관의 인가를 받거나 제2항 본문에 따라 국토교통부장관에게 신고한 운항규정 또는 정비규정을 항공기의 운항 또는 정비에 관한 업무를 수행하는 종사자에게 제공하여야 한다. 이 경우 항공운송사업자와 항공기의 운항 또는 정비에 관한 업무를 수행하는 종사자는 운항규정 또는 정비규정을 준수하여야 한다.

7. 비행기를 이용하여 항공운송사업을 하는 자의 운항규정에 포함될 사항이 아닌 것은?

① 항공기 운항정보 ② 훈련

③ 노선 및 비행장 ④ 중량 및 평형 계측 절차

해설 [항공안전법 시행규칙 제266조] : 비행기를 이용한 항공운송사업자의 운항규정 또는 정비규정에 포함되어야 할 사항

정답 6. ③ 7. ④

① 운항규정에 포함되어야 할 사항
1. 일반사항
2. 항공기 운항정보
3. 지역, 노선 및 비행장
4. 훈련

② 정비규정에 포함되어야 할 사항
1. 일반사항
2. 직무 및 정비조직
3. 항공기의 감항성을 유지하기 위한 정비 프로그램
4. 항공기 검사프로그램
5. 품질관리
6. 기술관리
7. 항공기, 장비품 및 부품의 정비방법 및 절차
8. 계약정비
9. 장비 및 공구관리
10. 정비시설
11. 정비 매뉴얼, 기술도서 및 정비 기록물의 관리방법
12. 정비 훈련 프로그램
13. 자재관리
14. 안전 및 보안에 관한 사항
15. 그밖에 항공운송사업자 또는 항공기 사용사업자가 필요하다고 판단하는 사항

8. 다음 중 정비규정 내용이 아닌 것은?
① 안전 및 보안에 관한 사항
② 항공기의 감항성을 유지하기 위한 정비 프로그램
③ 직무 및 정비조직
④ 정비일지의 종류 및 양식

해설 문제 7번 참조

9. 다음 중 정비규정에 포함되어야 할 사항이 아닌 것은?
① 항공기, 장비품 및 부품의 정비방법 및 절차
② 정비 매뉴얼, 기술문서 및 정비 기록물의 관리방법
③ 정비 훈련 프로그램
④ 항공기의 조작 및 점검방법

정답 8. ④ 9. ④

해설 문제 7번 참조

10. 다음 중 항공기의 감항성을 유지하기 위한 정비 프로그램이 기술된 것은?

① 정비규정 ② 운항규정
③ 운용한계 지정서 ④ 탑재용 항공일지

해설 문제 7번 참조

11. 항공운송사업자의 운항증명을 하기 위한 검사의 구분은?

① 상태검사, 서류검사 ② 현장검사, 서류검사
③ 현장검사 ④ 서류검사

해설 [항공안전법 시행규칙 제258조] : 항공운송사업자의 운항증명을 하기 위한 검사는 서류검사와 현장검사로 구분하여 실시한다.

12. 소형항공운송사업을 등록하고자 할 때 정비사의 인원으로 맞는 것은?

① 1대당 2인 이상 ② 1대당 1인 이상
③ 2대당 1인 이상 ④ 1대당 3인 이상

해설 [항공사업법 시행령 제13조] : 소형항공운송사업 등록 시 필요한 정비사 수는 항공기 1대당 항공안전법에 따른 항공정비사 자격증명을 받은 사람 1명 이상. 다만, 보유 항공기에 대한 정비능력이 있는 항공기정비업자에게 항공기 정비업무 전체를 위탁하는 경우에는 정비사를 두지 않을 수 있다.

13. 외국항공기의 항행 시 국토교통부장관의 허가를 받아야 할 사항이 아닌 것은?

① 영공 밖에서 이륙하여 영공 밖에 착륙하는 항행
② 영공 밖에서 이륙하여 대한민국 안에 착륙하는 항행
③ 대한민국 안에서 이륙하여 영공 밖에 착륙하는 항행
④ 영공 밖에서 이륙하여 대한민국을 통과하여 영공 밖에 착륙하는 항행

해설 [항공안전법 제100조] : 외국항공기의 항행

① 외국 국적을 가진 항공기의 사용자(외국, 외국의 공공단체 또는 이에 준하는 자를 포함)는 다음 각 호의 어느 하나에 해당하는 항행을 하려면 국토교통부장관의 허가를 받아야 한다. 다만, 항공사업법 제54조 및 제55조에 따른 허가를 받은 자는 그러하지 아

정답 10. ① 11. ② 12. ② 13. ①

니하다.

1. 영공 밖에서 이륙하여 대한민국에 착륙하는 항행
2. 대한민국에서 이륙하여 영공 밖에 착륙하는 항행
3. 영공 밖에서 이륙하여 대한민국에 착륙하지 아니하고 영공을 통과하여 영공 밖에 착륙하는 항행

② 외국의 군, 세관 또는 경찰의 업무에 사용되는 항공기는 제1항을 적용할 때에는 해당 국가가 사용하는 항공기로 본다.

③ 제1항 각 호의 어느 하나에 해당하는 항행을 하는 자는 국토교통부장관이 요구하는 경우 지체 없이 국토교통부장관이 지정한 비행장에 착륙하여야 한다.

14. 외국 국적을 가진 항공기를 항공에 사용하고자 하는 자가 외국항공기 항행허가 신청서를 제출할 때 기재할 사항으로 틀린 것은?

① 신청인의 상호, 성명, 국적 및 주소
② 항공기의 등록부호, 형식 및 식별부호
③ 여객의 성명, 국적 및 자격
④ 이륙, 착륙하려는 국내 비행장 등의 명칭, 위치 및 그 일시

해설 [항공안전법 시행규칙 제274조] : 외국항공기를 영공 밖에서 이륙하여 대한민국에 착륙하는 항행 또는 대한민국에서 이륙하여 영공 밖에 착륙하는 항행을 하려는 자는 그 운항 예정일 2일 전까지 다음의 사항을 기록한 외국항공기 항행허가 신청서를 지방항공청장에게 제출하여야 하고, 영공 밖에서 이륙하여 대한민국에 착륙하지 아니하고 영공을 통과하여 영공 밖에 착륙하는 항행을 하려는 자는 별지 제101호 서식의 영공통과 허가신청서를 항공교통본부장에게 제출하여야 한다.

① 신청인의 상호, 성명, 국적 및 주소
② 항공기의 등록부호, 형식 및 식별부호
③ 항행의 경로 및 일시
④ 이륙, 착륙하려는 국내 비행장 등의 명칭, 위치 및 그 일시
⑤ 항행의 목적
⑥ 운항승무원의 성명 및 자격
⑦ 여객의 성명, 국적 및 여행의 목적
⑧ 화물의 명세

15. 외국의 국적을 가진 항공기로 수송해서는 아니 되는 군수품은?

① 군용기의 부품 ② 군용 의약품
③ 병기와 탄약 ④ 전쟁에 사용되는 물품 전체

정답 14. ③ 15. ③

해설 [항공사업법 시행규칙 제58조] : 외국의 국적을 가진 항공기로 수송하여서는 아니 되는 군수품은 병기와 탄약으로 한다.

16. **국토교통부장관이 외국인 국제운송사업자의 허가를 정지 또는 취소할 수 있는 경우는?**

① 거짓이나 부정한 방법으로 허가를 받은 때
② 허가기준에 적합하지 아니하게 운항하거나 사업을 한 경우
③ 사업개선 명령을 이행하지 아니한 경우
④ 대한민국의 안전이나 사회의 안녕질서에 위해를 끼칠 현저한 사유가 있는 경우

해설 [항공사업법 제59조] : 외국인 국제항공운송사업 허가의 취소

① 국토교통부장관은 외국인 국제항공운송사업자가 다음 각 호의 어느 하나에 해당하면 그 허가를 취소하거나 6개월 이내의 기간을 정하여 그 사업의 정지를 명할 수 있다. 다만, 제1호 또는 제22호에 해당하는 경우에는 그 허가를 취소하여야 한다.

1. 거짓이나 그 밖의 부정한 방법으로 허가를 받은 경우
2. 제54조 제2항에 따른 허가기준에 적합하지 아니하게 운항하거나 사업을 한 경우
3. 제57조를 위반하여 신고를 하지 아니하고 휴업한 경우 및 휴업기간에 사업을 하거나 휴업기간이 지난 후에도 사업을 시작하지 아니한 경우
4. 제60조 제2항에서 준용하는 제12조 제1항부터 제3항까지의 규정을 위반하여 사업계획에 따라 사업을 하지 아니한 경우 및 인가를 받지 아니하거나 신고를 하지 아니하고 사업계획을 정하거나 변경한 경우
5. 제60조 제4항에서 준용하는 제14조 제1항을 위반하여 운임 및 요금에 대하여 인가 또는 변경인가를 받지 아니하거나 신고 또는 변경신고를 하지 아니한 경우 및 인가를 받거나 신고한 사항을 이행하지 아니한 경우
6. 제60조 제5항에서 준용하는 제15조를 위반하여 운수협정 또는 제휴협정에 대하여 인가 또는 변경인가를 받지 아니하거나 신고를 하지 아니한 경우 및 인가를 받거나 신고한 사항을 이행하지 아니한 경우
7. 제60조 제8항에서 준용하는 제26조에 따라 부과된 허가 등의 조건 등을 이행하지 아니한 경우
8. 제60조 제9항에서 준용하는 제27조에 따른 사업개선 명령을 이행하지 아니한 경우
9. 제60조 제11항에서 준용하는 제61조의2 제1항을 위반하여 같은 항 각 호의 시간을 초과하여 항공기를 머무르게 한 경우

9의2. 제60조 제12항에서 준용하는 제62조 제4항 및 제5항을 위반하여 운송약관 등 서류의 비치 및 항공운임 등 총액 정보 제공의 의무를 이행하지 아니한 경우

10. 항공안전법 제51조를 위반하여 국토교통부령으로 정하는 무선설비를 설치하지 아니한 항공기 또는 설치한 무선설비가 운용되지 아니하는 항공기를 항공에 사용한 경우

정답 16. ①

11. 항공안전법 제52조를 위반하여 항공기에 항공계기등을 설치하거나 탑재하지 아니하고 항공에 사용하거나 그 운용방법 등을 따르지 아니한 경우
12. 항공안전법 제54조를 위반하여 항공기를 야간에 비행시키거나 비행장에 주기 또는 정박시키는 경우에 국토교통부령으로 정하는 바에 따라 등불로 항공기의 위치를 나타내지 아니한 경우
13. 항공안전법 제66조를 위반하여 이륙·착륙 장소가 아닌 곳에서 이륙하거나 착륙하게 한 경우
14. 항공안전법 제68조를 위반하여 비행 중 금지행위 등을 하게 한 경우
15. 항공안전법 제70조 제1항을 위반하여 허가를 받지 아니하고 항공기를 이용하여 위험물을 운송하거나 같은 조 제3항을 위반하여 국토교통부장관이 고시하는 위험물취급의 절차 및 방법을 따르지 아니하고 위험물을 취급한 경우
16. 항공안전법 제104조 제1항을 위반하여 같은 항 각 호의 서류를 항공기에 싣지 아니하고 운항한 경우
17. 항공안전법 제104조 제2항을 위반하여 같은 조 제1항 제2호의 운영기준을 지키지 아니한 경우
18. 정당한 사유 없이 허가받거나 인가받은 사항을 이행하지 아니한 경우
19. 주식이나 지분의 과반수에 대한 소유권 또는 실질적인 지배권이 제54조 제2항 제1호에 따라 국제항공운송사업자를 지정한 국가 또는 그 국가의 국민에게 속하지 아니하게 된 경우. 다만, 우리나라가 해당 국가(국가연합 또는 경제공동체를 포함한다)와 체결한 항공협정에서 달리 정한 경우에는 그 항공협정에 따른다.
20. 대한민국과 제54조 제2항 제1호에 따라 국제항공운송사업자를 지정한 국가가 항공에 관하여 체결한 협정이 있는 경우 그 협정이 효력을 잃거나 그 해당 국가 또는 외국인 국제항공운송사업자가 그 협정을 위반한 경우
21. 대한민국의 안전이나 사회의 안녕질서에 위해를 끼칠 현저한 사유가 있는 경우
22. 이 조에 따른 사업정지명령을 위반하여 사업정지기간에 사업을 경영한 경우

② 제1항에 따른 사업정지처분을 갈음한 과징금의 부과에 관하여는 제29조를 준용한다.
③ 제1항에 따른 처분의 세부기준과 그 밖에 처분의 절차에 필요한 사항은 국토교통부령으로 정한다.

17. 외국정부가 행한 것을 국토교통부장관이 행한 것으로 보는 것이 아닌 것은?

① 항공기 등록증명　　② 감항증명
③ 항공종사자의 자격증명　　④ 형식증명

해설 [항공안전법 시행규칙 제278조] : 국제민간항공협약의 부속서로서 채택된 표준방식 및 절차를 채용하는 협약 체결국 외국정부가 한 다음 각 호의 증명·면허와 그 밖의 행위는 국토교통부장관이 한 것으로 본다.

정답 17. ④

1. 법 제12조에 따른 항공기 등록증명
2. 법 제23조 제1항에 따른 감항증명
3. 법 제34조 제1항에 따른 항공종사자의 자격증명
4. 법 제40조 제1항에 따른 항공신체검사증명
5. 법 제44조 제1항에 따른 계기비행증명
6. 법 제45조 제1항에 따른 항공영어구술능력증명

18. **국제민간항공조약 부속서로서 채택한 표준방식 및 절차를 채택한 외국정부가 행한 다음의 증명, 면허는 국토교통부장관이 행한 것으로 본다. 이에 해당되지 않는 것은?**

① 감항증명 ② 항공기 등록증명
③ 항공신체검사증명 ④ 정기항공운송사업 면허

해설 문제 17번 참조

19. **국제민간항공조약 부속서로서 채택한 표준방식 및 절차를 채택한 외국정부가 행한 것을 국토교통부장관이 행한 것으로 보는 것이 아닌 것은?**

① 항공기 등록증명 ② 예비품증명
③ 감항증명 ④ 계기비행증명

해설 문제 17번 참조

정답 18. ④ 19. ②

Chapter 05 항공기 등록령

1. 다음 중 항공기 등록의 민사적 효력과 관계없는 것은?

① 항공기의 소유권을 공증한다.
② 항공기를 저당하는 데 있어 기본조건이 된다.
③ 소유권에 관해 제3자에 대한 대항요건이 된다.
④ 항공에 사용할 수 있는 요건이 된다.

해설 [항공기 등록령 제2조] : 등록은 항공기(경량항공기를 포함)의 표시와 소유권, 임차권 또는 저당권의 보존, 이전, 변경, 설정, 처분의 제한 또는 소멸에 대하여 한다.

2. 항공기에 관한 권리 중 등록할 사항이 아닌 것은 다음 중 어느 것인가?

① 소유권 ② 저당권 ③ 임대권 ④ 임차권

해설 문제 1번 참조

3. 다음 중 항공기 등록의 행정적 효력과 관계없는 것은?

① 감항증명을 받을 수 있다. ② 항공에 사용할 수 있는 요건이 된다.
③ 국적을 취득할 수 있다. ④ 분쟁 발생 시 소유권을 증명한다.

해설 문제 1번 참조

4. 항공기 등록서류 중 등록원부 및 등록 신청서의 보존기간은?

① 등록원부는 말소등록한 날로부터 20년 ② 등록원부는 영구 보존
③ 등록신청서는 접수한 다음해부터 20년 ④ 등록신청서는 영구 보존

해설 [항공기 등록령 제8조] : 등록원부 등의 보존

① 등록원부는 영구히 보존한다.
② 등록신청서 및 그 부속서류는 10년간 보존한다.
③ 제2항에 따른 기간은 등록신청이 있은 해의 다음 해부터 기산한다.

정답 1. ④ 2. ③ 3. ④ 4. ②

5. 등록원부의 보존기간 중 신청서 및 부속서류의 보존기간은 신청서 접수일 다음 해부터 몇 년 인가?

① 5년 ② 10년 ③ 15년 ④ 20년

해설 문제 4번 참조

6. 항공기 등록의 종류가 아닌 것은?

① 신규등록 ② 이전등록 ③ 말소등록 ④ 임차등록

해설 [항공기 등록령 제18조, 제19조, 제20조, 제21조]

① 신규등록 : 법 제7조 제1항 본문에 따라 항공기에 대한 소유권 또는 임차권의 등록을 하려는 자는 신청서에 다음 각 호의 서류를 첨부하여야 한다.

1. 소유자·임차인 또는 임대인이 법 제10조 제1항에 따른 등록의 제한 대상에 해당하지 아니함을 증명하는 서류
2. 해당 항공기의 소유권 또는 임차권이 있음을 증명하는 서류
3. 해당 항공기의 안전한 운항을 위해 필요한 정비 인력을 갖추고 있음을 증명하는 서류(법 제90조 제1항에 따른 운항증명을 받은 국내항공운송사업자 또는 국제항공운송사업자가 항공기를 등록하려는 경우에만 해당)

② 변경등록 : 법 제13조에 따라 항공기 정치장의 변경등록을 신청하려는 자는 신청서에 새로운 정치장을 기재하여야 한다. 법 제13조에 따라 소유자·임차인 또는 임대인의 성명 또는 명칭과 주소 및 국적의 변경등록을 신청하려는 자는 신청서에 변경내용 및 사유를 기재하고, 등록원인을 증명하는 서류를 첨부하여야 한다.

③ 이전등록 : 법 제14조에 따라 이전등록을 신청하려는 자는 신청서에 소유권 또는 임차권의 양도·양수자의 성명 및 주소를 기재하고, 제18조 제1호 및 제2호의 서류를 첨부하여야 한다. 항공기를 공매처분한 관공서는 등록권리자의 청구에 의하여 지체 없이 촉탁서에 등록원인을 증명하는 서류를 첨부하여 국토교통부장관에게 이전등록을 촉탁하여야 한다.

④ 말소등록 : 법 제15조 제1항에 따라 말소등록을 신청하려는 자는 신청서에 다음 각 호의 서류를 첨부하여야 한다.

1. 항공기의 소유권 또는 임차권의 소멸을 증명하는 서류(법 제15조 제1항 제1호 또는 제2호에 따른 말소등록의 경우는 제외)
2. 등록상 이해관계 있는 제3자가 있는 경우 : 제3자의 승낙서 또는 그에 대항할 수 있는 판결의 정본 또는 등본

정답 5. ② 6. ④

항공정비사

부록

실전 테스트

실전 테스트 1

★ 본 문제는 기출문제로써 시행처의 비공개 원칙에 따라 시행일을 표기할 수 없음을 밝혀 둡니다.

정비 일반

1. 임계 마하수를 크게 하기 위한 방법은?

① 날개 두께비를 크게
② 캠버를 크게
③ 가로세로비를 작게
④ 후퇴각을 작게

해설 임계 마하수 : 날개 윗면에 충격파가 최초로 생길 때 비행기의 마하수

• 임계 마하수를 증가시키는 방법
㉠ 얇은 날개를 사용한다.
㉡ 뒤젖힘을 준다.
㉢ 가로세로비를 작게 한다.
㉣ 경계층을 제어한다.

2. 동일 고도에서 기온이 같은 경우 습도가 높은 날의 공기 밀도와 건조한 날의 공기 밀도의 관계는?

① 습도가 높아지면 건조한 날의 공기 밀도는 작아진다.
② 습도가 높아지면 건조한 날의 공기 밀도는 높아진다.
③ 습도와 공기 밀도는 비례한다.
④ 상관없다.

해설 습한 공기는 건조한 공기보다 밀도가 낮다. 즉 같은 부피에서 습한 공기가 더 가볍다. 수증기는 결국 물 분자(H_2O, 분자량 18)인데 이것이 공기의 대부분(99%)을 차지하는 질소 분자(N_2, 분자량 28)와 산소 분자(O_2, 분자량 32)보다 가볍기 때문이다.

3. 날개의 유도항력을 줄이기 위한 대책 중 틀린 것은?

① 가로세로비를 크게
② 날개를 타원형으로
③ 날개에 wing let 설치
④ 와류 발생장치 사용

해설 유도항력(induced drag) : down wash로 인하여 유효 받음각이 작아지는데 이로 인하여 날개의 양쪽이 기울어져 발생하는 흐름 방향의 항력을 말한다.

$$D_i = \frac{1}{2}\rho V^2 S C_{Di}$$

여기서, D_i : 유도항력,
ρ : 공기 밀도
V : 비행 속도
S : 날개의 면적
C_{Di} : 유도항력계수

• 유도항력을 줄이기 위한 대책
㉠ 종횡비(가로세로비를 크게)
㉡ 타원형 날개 사용
㉢ 날개에 wing let 설치

4. flap을 내리면 어떻게 되는가?

① 양력 증가, 항력 감소
② 양력, 항력 모두 증가
③ 양력, 항력 모두 감소
④ 양력, 항력 모두 변화가 없다.

해설 날개골의 휘어진 정도를 캠버라 하고, 플랩을 내리면 캠버를 크게 해주는 역할을 하며, 캠버가 커지면 양력과 항력은 증가하고, 실속각은 작아진다.

정답 1. ③ 2. ① 3. ④ 4. ②

5. 실속속도와 비행고도와의 관계가 맞는 것은 어느 것인가?

① 고도가 높아지면 실속속도는 낮아진다.
② 고도가 높아지면 실속속도는 높아진다.
③ 고도가 낮아지면 실속속도는 높아진다.
④ 상관없다.

해설 실속속도(stall velocity) : 양력계수가 가장 클 때의 비행속도이고, 최소속도라고도 한다.

$$V_{min} = V_s = \sqrt{\frac{2W}{\rho \cdot S \cdot C_{L\max}}}$$

여기서, V_{min} : 최소 속도, V_s : 실속속도
W : 항공기 무게, $C_{L\max}$: 최대 양력계수

비행고도가 높아지면 공기 밀도가 감소하게 되므로 실속속도는 커지게 된다.

6. 선회 반지름을 작게 하는 요인으로 맞는 것은 어느 것인가?

① 항력계수를 작게
② 익면적을 작게
③ 항공기 중량을 크게
④ 선회각을 크게

해설 선회 반지름 $R = \frac{V^2}{g \cdot \tan\phi}$

여기서, R : 선회 반지름, V : 속도
g : 중력 가속도, ϕ : 경사각

• 선회 반지름을 작게 하는 방법
㉠ 선회속도를 작게
㉡ 선회각을 크게
㉢ 양력을 크게 : 날개 면적이 증가하면 양력 증가

7. 제작회사에서 제작했다가 항공정비사가 수정·보완하는 것은?

① 항공기 중량과 평형보고서
② 항공기 설계 명세서
③ 항공기 운용한계
④ 항공기 형식증명 자료집

해설 항공기 중량 측정, 자중 무게 중심을 산출하기 위해서는 항공기에 관한 중량과 평형 정보가 기록된 문서를 알아야 한다.

㉠ 항공기 설계 명세서(aircraft specifications) : 장비 목록, 장착 위치, 거리 등이 명기되어 있고, 감항당국에서 인증하는 것으로 첫 번째 항공기에 적용된다.
㉡ 항공기 운용한계(aircraft operating limitations) : 항공기 제작사가 제공한다.
㉢ 항공기 비행 매뉴얼(aircraft flight manual) : 항공기 제작사가 제공한다.
㉣ 항공기 중량과 평형보고서(aircraft weight and balance report) : 초도에는 항공기 제작사에서 측정하여 제공하고, 항공기 사용자(정비사)가 주기적으로 측정하여 발행한다.
㉤ 항공기 형식증명 자료집(aircraft type certificate data sheet) : 항공기에 장착된 장비들의 중량과 거리 등의 목록으로 항공기 제작사 감항당국이 인가한 것이다. 형식증명자료집에서 찾아볼 수 있는 중요한 중량과 평형 정보는 다음과 같은 것들이 있다.

1. 무게 중심 범위(C.G range)
2. 최대 중량(maximum weight)
3. 수평 도구(leveling means)
4. 좌석의 수와 설치 위치(location)
5. 수하물 탑재량(baggage capacity)
6. 연료 탑재량(fuel capacity)
7. 기준선 장소(datum location)
8. 엔진마력(engine horsepower)
9. 오일 용량(oil capacity)
10. 자중에서 연료의 양
11. 자중에서 오일의 양

8. 잉여마력과 관계 있는 것은 무엇인가?

① 선회성 ② 침하율
③ 수평 ④ 상승률

해설 잉여마력(excess horse power) : 잉여마력은 여유마력이라고 하는데 이용마력에서 필요마력을 뺀 값으로 비행기의 상승성능을 결정하는 데 중요한 요소가 된다.

$$R.C = \frac{75(P_a - P_r)}{W}$$

여기서, $R.C$: 상승률, P_a : 이용마력
P_r : 필요마력

정답 5. ② 6. ④ 7. ① 8. ④

9. 날개골의 특성이 아닌 것은 어느 것인가?

① 앞전 반지름이 클수록 실속 특성이 나쁘다.

② 캠버가 클수록 C_L이 커진다.

③ 앞전 반지름이 작을수록 실속 특성이 나쁘다.

④ 날개 두께가 얇을수록 항력계수가 작다.

해설 날개골 모양에 따른 특성

㉠ 두께 : 받음각이 작을 때는 두꺼운 날개보다 얇은 날개가 항력 증가가 작지만, 받음각이 커지면 흐름이 떨어지게 되어 항력이 급증한다.

㉡ 앞전 반지름 : 앞전 반지름이 작은 날개골은 받음각이 작으면 항력이 작아지고, 받음각이 일정한 값 이상 커지면 떨어짐이 생겨 항력이 급증한다.

㉢ 캠버 : 캠버가 클수록 양력과 항력이 증가한다.

㉣ 시위 : 시위가 길어지면 큰 받음각에서도 쉽게 흐름의 떨어짐이 생기지 않는다.

10. 활공거리가 2000 m, 고도가 1000 m일 때 양항비는 얼마인가?

① 1 ② 2 ③ 3 ④ 4

해설 활공비 $= \dfrac{L}{h} =$ 양항비 $= \dfrac{2000}{1000} = 2$

11. 항공기의 날개가 끝으로 갈수록 워시 아웃(wash out)한 이유는 무엇인가?

① 날개 접합부의 실속을 방지하기 위해

② 자전을 일으키기 쉽게 하여 조종성을 좋게 한다.

③ 익단 실속을 방지하기 위해

④ 익단 실속이 빨리 일어나도록 한다.

해설 워시 아웃(wash out) : 날개 끝으로 감에 따라 받음각이 작아지도록 날개에 앞 내림을 줌으로써 실속이 날개 뿌리에서부터 시작하도록 하는 것이며, 이것을 기하학적 비틀림이라고 한다.

12. $\rho = 0.125$, $W = 2500\text{kg}$, $S = 20\text{m}^2$, $C_{L\max} = 1.8$일 경우 실속속도는 얼마인가?

① 33 m/s ② 45 m/s

③ 23 m/s ④ 51 m/s

해설 실속속도

$$V_{\min} = V_s = \sqrt{\frac{2W}{\rho \cdot S \cdot C_{L\max}}}$$

$$= \sqrt{\frac{2 \times 2500}{0.125 \times 20 \times 1.8}} \fallingdotseq 33\text{ m/s}$$

여기서, $V_{\min}$: 최소속도, V_s : 실속속도

W : 무게, ρ : 공기의 밀도

S : 날개의 면적

$C_{L\max}$: 최대 양력계수

13. 더티 도즌(dirty dozen)의 12가지 요인에 속하지 않는 것은?

① 의사소통의 결여 ② 자만심

③ 자기주장의 충만 ④ 관행

해설 1980년대 후반과 1990년대 초반에 대다수의 정비와 관련된 항공사고와 준사고가 집중됨에 따라 캐나다 감항당국(Transport Canada)에서는 효율적이고 안전한 작업수행을 저해하는 정비 오류를 유발할 수 있는 12개의 인적요인들을 밝혀냈다. 더티 다스(dirty dozen)의 12가지 요인은 항공정비 분야의 인적오류를 논함에 있어 항공 산업에서 아주 유용하게 활용할 수 있는 도구이다.

1. 의사소통의 결여(lack of communication)
2. 자만심(complacency)
3. 지식의 결여(lack of knowledge)
4. 주의산만(distraction)
5. 팀워크의 결여(lack of teamwork)
6. 피로(fatigue)
7. 재자원의 부족(lack of resources)
8. 압박(pressure)
9. 자기주장의 결여(lack of assertiveness)
10. 스트레스(stress)
11. 인식의 결여(lack of awareness)
12. 관행(norms)

정답 9. ① 10. ② 11. ③ 12. ① 13. ③

14. **최소 조종속도는 무엇에 의해 결정되는가?**

① 임계 발동기의 고장
② 플랩의 내림속도
③ 장착장치의 내림속도
④ 주익의 효율

해설 최소 조종속도(minimum control speed with the critical engine inoperative) : 감항류별 T인 항공기에서 두 개 이상의 엔진이 있을 경우에 임계 발동기가 고장나면 추력이 비대칭으로 발생되기 때문에 비행기는 임계 엔진 발동기 쪽으로 틀어지게 되므로 이 때에는 빗놀이 모멘트를 발생시켜 평형을 유지해야 하는데 방향키의 최대 변위각에서 평형을 갖도록 하는 비행기의 최소 속도를 임계 엔진 부작동 최소 조종속도라고 한다.

15. **날개의 받음각이 증가하면 날개의 풍압 중심의 이동은?**

① 변화 없다.
② 앞전으로 이동
③ 후방으로 이동
④ 공력 중심으로 이동

해설 풍압 중심은 받음각이 변화하면 이동하게 되는데, 받음각이 클 때는 앞으로 이동(보통 시위의 1/4) 하고 반대로 작을 때는 뒤로 이동(보통 시위의 1/2)한다.

16. **공력 중심의 설명 중 맞는 것은?**

① 평균 날개 코드상의 양력의 중심점
② 날개에 생기는 양력과 항력의 작용점으로 날개 코드선과 교차하는 점
③ 이동하지 않는 고정점으로 앞전에서 25% 날개 코드 길이에 가까이 있다.
④ 피칭 모멘트계수를 구할 수 있는 점

해설 공력 중심(aerodynamic center) : 날개골의 기준이 되는 점으로 받음각이 변하더라도 모멘트 값이 변하지 않는 점이고, 대부분의 날개골에 있어서 이 공력 중심은 앞전에서부터 25% 뒤쪽에 위치한다.

17. **비행기가 하강 비행을 하는 동안 조종간을 당겨 기수를 올릴 때 받음각과 각속도가 특정값을 넘게 되면 예상된 정도 이상으로 기수가 올라가고 이를 회복할 수 없는 현상은?**

① 드래그 슈트 ② 피치 업
③ 딥 실속 ④ 턱 언더

해설 피치 업(pitch up) 현상 : 하강 비행 시 조종간을 당겨 기수를 올리려할 때 받음각과 각속도가 특정값을 넘게 되면 예상한 정도 이상으로 기수가 올라가고 이를 회복할 수 없는 현상이다.

• 피치 업을 일으키는 원인
㉠ 뒤젖힘
㉡ 날개의 날개 끝 실속
㉢ 뒤젖힘 날개의 비틀림
㉣ 날개의 풍압 중심이 앞으로 이동
㉤ 승강키 효율의 감소

18. **선회 시 기체에 걸리는 원심력은?**

① 속도에 비례
② 속도 제곱에 비례
③ 속도에 반비례
④ 속도 제곱에 반비례

해설 원심력 $= \dfrac{WV^2}{gR}$

여기서, W : 무게, V : 선회속도
g : 중력 가속도
R : 선회 경사각

19. **리벳 머리를 보고 알 수 있는 것은?**

① 리벳 지름 ② 재료 종류
③ 머리 모양 ④ 재질의 강도

해설 리벳 머리에는 리벳의 재질을 나타내는 기호가 표시되어 있다.
1100 : 무표시
2117 : 리벳 머리 중심에 오목한 점
2017 : 리벳 머리 중심에 볼록한 점
2024 : 리벳 머리에 돌출된 두 개의 대시(dash)
5056 : 리벳 머리 중심에 돌출된+표시

정답 14. ① 15. ② 16. ③ 17. ② 18. ② 19. ②

20. speed brake와 spoiler에 대한 설명 중 틀린 것은?

① 이·착륙 시 최대 양력을 증가
② 이·착륙 시 최대 항력을 증가
③ 고항력 장치
④ 브레이크의 효과를 준다.

해설 스포일러
㉠ 대형 항공기에서는 날개 안쪽과 바깥쪽에 설치되어 있다.
㉡ 비행 중 도움날개 작동 시 양 날개 바깥쪽의 공중 스포일러의 일부를 좌우 따로 움직여서 도움날개를 보조하거나 같이 움직여서 비행 속도를 감소시킨다.
㉢ 착륙 활주 중 지상 스포일러를 수직에 가깝게 세워 항력을 증가시킴으로써 활주거리를 짧게 하는 브레이크 작용도 하게 된다.

21. 조종면의 움직임과 반대로 움직이는 tab은 어느 것인가?

① servo tab
② trim tab
③ balance tab
④ spring tab

해설 평형 탭(balance tab) : 조종면이 움직이는 반대 방향으로 움직일 수 있도록 연결되어 탭에 작용하는 공기력으로 인하여 조종면이 반대로 움직이게 되어 있다.

22. 다음 중 프로펠러(propeller)에 작용하는 공기력은?

① μSV^2 ② μV^2
③ ρSV^2 ④ $\rho V^2/S$

해설 프로펠러에 작용하는 공기력은 비행기 날개에서 얻어지는 공기의 힘(F)과 같다고 볼 수 있으므로

$$F \propto \rho SV^2$$

여기서, ρ : 공기 밀도
S : 날개 넓이
V : 비행 속도

23. 전기가 원인이 되어 일어나는 화재는 어디에 속하는가?

① A급 화재 ② B급 화재
③ C급 화재 ④ D급 화재

해설 화재의 분류
㉠ A급 화재(class A fires) : 연소 후 재를 남기는 화재로서 나무, 섬유 및 종이 등과 같은 인화성 물질에서 발생하는 화재이다.
㉡ B급 화재(class B fires) : 가연성 액체 또는 인화성 액체인 그리스(grease), 솔벤트(solvent), 페인트(paint) 등의 가연성 석유제품에서 발생하는 화재이다.
㉢ C급 화재(class C fires) : 전기에 의한 화재로서 전선 및 전기장치 등에서 발생하는 화재이다.
㉣ D급 화재(class D fire) : 활성금속에 의한 화재로 정의된다. 일반적으로 D급 화재는 마그네슘(magnesium) 또는 항공기 휠(wheel)과 제동장치에 연루되거나 작업장에서 부적절한 용접작업 등에 의해 발생한다.

24. 초음속 항공기의 공기력 중심의 위치는?

① 날개 앞전에서 $\frac{1}{2}$ ② 날개 앞전에서 $\frac{1}{4}$
③ 날개 앞전에서 $\frac{3}{4}$ ④ 날개골에 따라 다름

해설 대부분의 아음속 날개골에 있어서 공기력 중심은 앞전에서부터 25% 뒤쪽에 위치하고 초음속 날개골에 있어서는 50% 뒤쪽에 위치한다.

25. 항공기 수직 꼬리날개 부피가 커질수록 나타나는 현상 중 맞는 것은 어느 것인가?

① 조종성이 커진다.
② 상승성이 커진다.
③ 안정성이 커진다.
④ 실속성능이 좋아진다.

해설 수직 꼬리날개가 클수록 방향 안정성 및 가로 안정성이 증가한다.

정답 20. ① 21. ③ 22. ③ 23. ③ 24. ① 25. ③

26. 레이놀즈수가 클 경우 실속 받음각은 어떻게 되는가?

① 실속 받음각이 커진다.
② 실속 받음각이 작아진다.
③ 실속 받음각이 커지면서 작아진다.
④ 상관없다.

해설 받음각이 커지게 되면 레이놀즈수에 영향을 받게 되어 레이놀즈수가 커지면 실속 받음각도 커지게 되는데 레이놀즈수가 작을 때에는 비교적 작은 받음각에서 층류 박리가 일어나기 때문이다.

27. 날개의 양력계수가 1.6인 비행기에서 실속속도는 150 km/h이다. 이 비행기가 플랩을 내린 상태에서 실속속도가 120 km/h이었다. 이 때 양력계수는 얼마인가?

① 1.5 ② 2.5 ③ 3.5 ④ 4.5

해설 $\frac{1}{2}\rho V_S^2 SC_L = \frac{1}{2}\rho V_{S1}^2 SC_{L1}$ 에서

$$V_S^2 C_L = V_{S1}^2 C_{L1}$$

$$C_{L1} = \frac{V_S^2 C_L}{V_{S1}^2} = \frac{150^2 \times 1.6}{120^2} = 2.5$$

여기서, C_L : 양력계수(=1.6)
V_S : 양력계수 1.6일 때의 실속속도
C_{L1} : 플랩을 내린 상태에서의 양력계수
V_{S1} : 플랩을 내린 상태에서의 실속속도

28. flap을 down 시 양력이 20% 증가되었을 때의 실속속도는?

① 10 % 감소 ② 20 % 감소
③ 10 % 증가 ④ 20 % 증가

해설 실속속도

$V_{\min} = V_s = \sqrt{\frac{2W}{\rho SC_{L\max}}}$ 에서 다른 값은 일정하고 양력계수만 1.2배로 증가되었으므로

$$V_s = \sqrt{\frac{2W}{\rho S\ 1.2C_{L\max}}}$$

결국 실속속도는 10 % 감소한다.

29. 레이놀즈수의 설명 중 맞는 것은?

① 속도와 길이에 비례
② 속도와 길이에 반비례
③ 점성계수와 비례
④ 받음각이 크다.

해설 레이놀즈수(reynolds number)

$R.N = \frac{\rho VL}{\mu}$ 이므로 V와 L에 비례한다.

여기서, $R.N$: 레이놀즈수, ρ : 공기의 밀도
V : 공기의 속도
L : 시위의 길이(원형 관의 지름)

30. 다음 플랩(flap) 중 양력계수가 최대인 것은 어느 것인가?

① split flap
② slot flap
③ fowler flap
④ double sloted flap

해설 파울러 플랩은 플랩을 내리면 날개 뒷전과 앞전 사이에 틈을 만들면서 밑으로 굽히도록 만들어진 것이다. 이 플랩은 날개 면적을 증가시키고 틈의 효과와 캠버 증가의 효과로 다른 플랩들보다 최대 양력계수값이 가장 크게 증가한다.

31. 프로펠러 항공기에서 최대 항속거리를 얻을 수 있는 조건은?

① 양항비가 최대인 받음각으로 비행
② 유해항력이 유도항력의 1/2로 되는 받음각으로 비행
③ 형상항력이 유도항력의 3배로 되는 받음각으로 비행
④ 형상항력이 유도항력과 같도록 비행

해설 프로펠러 항공기의 항속거리를 크게 하려면

㉠ 프로펠러 효율을 크게 한다.
㉡ 연료 소비율을 작게 한다.
㉢ 양항비가 최대인 받음각으로 비행한다.
㉣ 연료를 많이 실을 수 있어야 한다.

정답 26. ① 27. ② 28. ① 29. ① 30. ③ 31. ①

32. 항공기에 복합재료를 사용하는 주된 이유는?

① 금속보다 저렴하기 때문에
② 박리에 대한 탐지가 쉽기 때문에
③ 금속보다 가볍기 때문에
④ 열에 강하기 때문에

해설 ㉠ 복합재료의 장점

1. 중량당 강도비가 높다.
2. 섬유 간의 응력 전달은 화학결합에 의해 이루어진다.
3. 강성과 밀도비가 강 또는 알루미늄의 3.5~5배이다.
4. 금속보다 수명이 길다.
5. 내식성이 매우 크다.
6. 인장강도는 강 또는 알루미늄의 4~6배이다.
7. 복잡한 형태나 공기역학적 곡률 형태의 제작이 가능하다.
8. 결합용 부품(joint)이나 파스너(fastener)를 사용하지 않아도 되므로 제작이 쉽고 구조가 단순해진다.
9. 손쉽게 수리할 수 있다.

㉡ 복합재료의 단점

1. 박리(delamination, 들뜸 현상)에 대한 탐지와 검사방법이 어렵다.
2. 새로운 제작 방법에 대한 축적된 설계 자료(design database)가 부족하다.
3. 비용(cost)이 비싸다.
4. 공정 설비 구축에 많은 예산이 든다.
5. 제작방법의 표준화된 시스템이 부족하다.
6. 재료, 과정 및 기술이 다양하다.
7. 수리 지식과 경험에 대한 정보가 부족하다.
8. 생산품이 종종 독성(toxic)과 위험성을 가지기도 한다.
9. 제작과 수리에 대한 표준화된 방법이 부족하다.

33. 항공기가 계류 시 바람이 불 때 가능한 작업은?

① lifting　　② jacking
③ leveling　　④ mooring

해설 항공기가 계류 시 갑작스런 강풍으로부터 파손을 방지하기 위하여 로프 등으로 고정시키는 것을 mooring이라 한다.

34. 익단 실속(tip stall)을 방지하기 위한 방법 중 틀린 것은?

① wing taper를 너무 크게 하지 말 것
② wing tip의 받음각이 적도록 미리 비틀림을 주어 제작
③ wing root 부근의 익단면에 실속각이 큰 airfoil 사용
④ slot을 설치한다.

해설 날개 끝 실속 방지방법

㉠ 날개의 테이퍼비를 너무 크게 하지 않는다.
㉡ 기하학적 비틀림 : 날개 끝으로 감에 따라 받음각이 작아지도록(wash-out)하여 실속이 날개 뿌리에서부터 시작하게 한다
㉢ 공력적 비틀림 : 날개 끝부분에 두께비, 앞전 반지름, 캠버 등이 큰 날개골을 사용하여 날개 뿌리보다 실속각을 크게 한다.
㉣ 날개 뿌리 부분에 역 캠버를 사용하기도 한다.
㉤ 날개 뿌리에 실속 스트립(strip)을 붙여 받음각이 클 때 흐름을 강제로 떨어지게 하여 날개 끝보다 먼저 실속이 생기도록 한다.
㉥ 날개 끝부분의 날개 앞전 안쪽에 슬롯(slot)을 설치하여 날개 밑면을 통과하는 흐름을 강제로 윗면으로 흐르도록 유도하여 흐름의 떨어짐을 방지한다.
㉦ 경계층 판(boundary layer fence)을 부착한다.

35. 동일 대기속도로 비행 시 저공과 고공의 마하수는?

① 저공에서는 중력의 가속도가 크므로 마하수가 크다.
② 저공에서는 습도가 높아 저공에서 마하수가 작다.
③ 저공에서는 온도가 높아 저공에서 마하수가 작다.
④ 고공에서는 기압이 낮아 고공에서 마하수가 크다.

정답 32. ③ 33. ④ 34. ③ 35. ③

해설 ㉠ 마하수 : $M_a = \frac{V}{C}$

㉡ 음속 : $C = \sqrt{\lambda RT}$

따라서, 음속은 온도에 가장 큰 영향을 받는다. 동일 속도로 비행을 한다면 저공에서 온도가 높으므로 음속은 증가하게 되고 마하수와 음속은 반비례하므로 감소하게 된다.

36. 비행기에서 양력에 관계하지 않고 비행을 방해하는 모든 항력을 무엇이라 하는가?

① 압력항력　② 유도항력
③ 형상항력　④ 유해항력

해설 비행기의 항력은 다음과 같이 나타낼 수 있다.

D (전체항력)$=D_p$ (유해항력)$+D_i$ (유도항력)

㉠ 유해항력 : 양력을 발생시키지 않고 비행기의 운동을 방해하는 항력을 통틀어 말한다.
㉡ 유도항력 : 유한 날개에서 날개 끝에서 생기는 와류 때문에 발생하는 항력을 일컫는다.

37. 날개 끝 실속이 잘 일어나는 날개형태는?

① 타원형 날개　② 직사각형 날개
③ 뒤젖힘 날개　④ 앞젖힘 날개

해설 뒤젖힘 날개 : 날개 끝 실속이 잘 일어난다.

38. wing let 설치의 목적은 무엇인가?

① 형상항력 감소　② 유도항력 감소
③ 간섭항력 감소　④ 마찰항력 감소

해설 윙 레트(wing let) : 일종의 윙 팁 플레이트(wing tip plate)로서 윙 팁의 압력 차이를 보충해서 업 워시(up wash)를 막아 양력 증가를 돕고, 또한 유도항력을 감소시킬 수 있기 때문에 종횡비를 크게 한 효과가 있다.

39. 뒤젖힘 날개의 특성이 아닌 것은?

① 항력 발산 마하수를 크게 한다.
② 세로 안정성 향상
③ 상반각 효과가 있다.
④ 가로 안정성 향상

해설 후퇴날개의 특성

㉠ 장점
1. 천음속에서 초음속까지 항력이 적다.
2. 충격파 발생이 느려 임계 마하수를 증가시킬 수 있다.
3. 후퇴익 자체에 상반각 효과가 있기 때문에 상반각을 크게 할 필요가 없다.
4. 직사각형 날개에 비해 마하 0.8까지 풍압 중심의 변화가 적다.
5. 비행 중 돌풍에 대한 충격이 적다.
6. 방향 안정 및 가로 안정이 있다.

㉡ 단점
1. 날개 끝 실속이 잘 일어난다.
2. 플랩 효과가 적다.
3. 뿌리 부분에 비틀림 모멘트가 발생한다.
4. 직사각형 날개에 비해 양력 발생이 적다.

40. 원통 모양 부품의 표면에 손상을 주지 않고 돌리기 위하여 사용하는 공구는?

① 스트랩 렌치(strap wrench)
② 조절 렌치(adjustable wrench)
③ 소켓 렌치(socket wrench)
④ 크로우 풋 렌치(crow foot wrench)

해설 튜브, 호스, 피팅, 라운드 또는 불규칙한 모양의 부품들은 가능하면 약하게 조립되고, 기능을 충분하게 유지할 수 있어야 한다. 플라이어 또는 다른 그리핑 공구(gripping tool)는 부품을 쉽게 고장낼 수 있다. 공간 안에서 부품을 잡아주는 그립이 필요하거나 제거를 손쉽게 하기 위해 회전시키는 것이 필요하다면 플라스틱으로 쌓여진 천으로 만들어진 스트랩 렌치를 사용한다.

항공 기체

1. 작업 시 생긴 응력을 제거하기 위해 하는 열처리는 무엇인가?

① 풀림　② 뜨임
③ 담금질　④ 불림

정답 • 36. ④　37. ③　38. ②　39. ②　40. ①　1. ④

해설 불림(normalizing) : 강의 열처리, 성형, 또는 기계 가공으로 생긴 내부응력을 제거하기 위한 열처리이다.

2. 기체 구조 중 전단력을 담당하는 것은?

① 론저론(longeron)
② 스트링거(stringer)
③ 외피(skin)
④ 벌크헤드(bulkhead)

해설 외피는 동체에 작용하는 전단응력을 담당하고 때로는 세로지(stringer)와 함께 인장 및 압축응력을 담당한다.

3. 알루미늄 합금 리벳의 방청제로 맞는 것은 어느 것인가?

① 크롬산 아연 ② 래커
③ 니켈-카드뮴 ④ 가성소다

해설 리벳의 방식 처리법 : 리벳은 표면에 보호막을 입히는데 이 보호막에는 크롬산 아연, 메탈 스프레이, 양극 처리 등이 있다. 리벳의 보호막은 색깔로 구별한다.
㉠ 황색은 크롬산 아연을 칠한 리벳이다.
㉡ 진주빛 회색은 양극 처리한 리벳이다.
㉢ 은빛 회색은 금속 분무한 리벳이다.

4. 리벳(rivet)의 결함을 유발시키는 힘의 종류는 무엇인가?

① 인장력 ② 전단력
③ 압축력 ④ 비틀림력

해설 리벳은 전단력에 대해 충분히 견딜 수 있도록 설계되어 있다.

5. 항공기에 복합소재를 사용하는 주된 이유는 무엇인가?

① 금속보다 저렴하기 때문에
② 금속보다 오래 견디기 때문에
③ 금속보다 가볍기 때문에
④ 열에 강하기 때문에

해설 복합재료는 무게당 강도 비율이 높고 알루미늄을 복합재료로 대체하면 약 30 % 이상의 인장, 압축강도가 증가하고 약 20 % 이상의 무게 경감 효과가 있다.

6. 손으로 돌려도 돌아갈 정도의 free fit의 hardware 등급은?

① 1등급 ② 2등급
③ 3등급 ④ 4등급

해설 나사의 등급
㉠ 1등급(class 1 ; loos fit) : 강도를 필요로 하지 않는 곳에 사용
㉡ 2등급(class 2 ; free fit) : 강도를 필요로 하지 않는 곳에 사용(항공기용 스크루 제작 등)
㉢ 3등급(class 3 ; medium fit) : 강도를 필요로 하는 곳에 사용(항공기용 볼트 등)
㉣ 4등급(class 4 ; close fit) : 너트를 볼트에 끼우기 위해서는 렌치를 사용해야 함

7. 가스 용접 시 산소통의 색깔은?

① 흑색 ② 적색
③ 녹색 ④ 백색

해설 용접에 사용되는 산소 용기는 이음매가 없는 강으로 만들어지며 여러 가지 크기가 있다. 일반적으로 용기는 1800 psi에서 200 ft^3의 산소를 보관하며 산소 용기는 흔히 녹색으로 칠해서 구별한다.

8. 릴리프 구멍(relief hole)의 목적은?

① 금속을 가볍게 한다.
② 팽창을 저지한다.
③ 응력 집중을 완화해주고 금이 가는 것을 막아준다.
④ 강도를 증가시켜 준다.

해설 릴리프 홀(relief hole) : 2개 이상의 굽힘이 교차하는 장소는 안쪽 굽힘접선의 교점에 응력이 집중하여 교점에 균열이 일어난다. 따라서, 굽힘가공에 앞서서 응력집중이 일어나는 교점에 응력 제거 구멍을 뚫는 것을 말한다.

정답 2. ③ 3. ① 4. ② 5. ③ 6. ② 7. ③ 8. ③

9. 계통에 압력이 없을 때 축압기를 1000 psi까지 충전시켰다. 그 뒤 계통에 3000 psi까지 충전되면 축압기는 얼마의 압력이 되겠는가?

① 1000 psi ② 2000 psi
③ 3000 psi ④ 4000 psi

해설 축압기는 한쪽에는 압축성인 공기가 들어 있고, 다른 한쪽에는 비압축성인 작동유가 작용하는데 가운데는 움직일 수 있는 막으로 나뉘어져 있다. 계통에 압력이 없는 상태에서 축압기에 공기를 충전하면 공기의 압력으로 막이 움직여 작동유를 계통으로 공급되게 함으로써 유압 기기가 작동되도록 한다. 계통의 압력이 충전된 공기의 압력보다 높을 때에는 작동유에 의하여 막이 움직여 공기가 압축되고 작동유가 저장되며 계통압력과 공기압력이 같아져서 평형을 이룬다.

10. 진동이 많은 부분에서 움직이는 고정된 부품을 연결시키기 위해 항공기의 배관작업에 사용되는 것은 무엇인가?

① 연성 알루미늄 관
② 내부식성 스틸 튜브
③ 얇은 알루미늄 튜브
④ 연성 호스

해설 연성 호스 : 진동이 많고 움직이는 부분에 사용한다.

11. 항공기 휠에 장착된 thermal fuse의 기능은 무엇인가?

① 휠 어셈블리의 기능을 활성화한다.
② 타이어 홈 분리를 지적해준다.
③ 공기압 검사를 필요 없게 해준다.
④ 특정한 상승온도에서 녹는다.

해설 퓨즈 플러그는 바퀴에 보통 3~4개가 설치되어 있으며 브레이크를 과도하게 사용했을 때 타이어가 과열되어 타이어 내의 공기 압력 및 온도가 지나치게 높아지게 되면 퓨즈 플러그가 녹아 공기압력을 빠져나가게 하여 타이어가 터지는 것을 방지해 준다.

12. 항공기 기본 골격에 결함이 발생하여도 구조적 설계하중의 강도를 유지시킬 수 있는 구조를 무엇이라 하는가?

① safe–life 구조
② fail–safe 구조
③ fatigue–resistance 구조
④ double 구조

해설 페일 세이프 구조 : 한 구조물이 여러 개의 구조 요소로 결합되어 있어 어느 부분이 피로파괴가 일어나거나 일부분이 파괴되어도 나머지 구조가 작용하는 하중을 견딜 수 있게 함으로써 치명적인 파괴나 과도한 변형을 가져오지 않게 함으로써 항공기 구조상 위험이나 파손을 보완할 수 있는 구조를 말한다.

13. 완충 스트럿에 사용되는 유류의 형식을 무엇으로 결정하는가?

① 항공기의 최대 전체 무게
② 메터링 핀에 사용되는 금속의 형식
③ 스트럿에 사용되는 실(seal)의 재질
④ 항공기가 올라갈 수 있는 고도

해설 완충 스트럿에는 작동유의 누설을 막기 위한 실(seal)이 사용되는데 다른 종류의 작동유를 사용하게 되면 실(seal)이 손상되어 작동유의 누설이 발생한다.

14. 다음 중 2차 조종면이 아닌 것은?

① leading edge flap
② rudder
③ spoiler
④ slat

해설 ㉠ 주 조종면은 항공기의 세 가지 운동축에 대한 회전운동을 일으키는 도움날개(aileron), 방향타(rudder), 승강키(elevator)를 말한다.
㉡ 조종면에서 주 조종면을 제외한 보조 조종계통에 속하는 모든 조종면을 부 조종면이라 하며 탭(tab), 플랩(flap), 스포일러(spoiler) 등이 여기에 속한다.

정답 9. ③ 10. ④ 11. ④ 12. ② 13. ③ 14. ②

15. 리브너트(rivnut)를 일반 리벳보다 인치당 더 많은 수를 필요로 하는 이유는?

① 힘든 작업을 좀더 빨리 할 수 있기 때문
② 강도상 안전하게 하기 위하여
③ 시간당 더 많은 양을 장착할 수 없기 때문
④ 더 많이 사용된다면 머리모양이 이음매를 따라 멋있게 보이도록

해설 리브너트 : 블라인드 리벳(blind rivet)의 일종으로 장력이 걸리거나 머리에 gap을 유발시키는 곳, 진동 및 소음 발생 지역, 유체의 기밀을 요하는 곳에는 사용을 금해야 하며, 일반 솔리드 생크 리벳에 비해 강도가 떨어지므로 비구조용으로 쓰인다.

16. 유압계통에서 작동유가 누설되는 것을 방지하기 위하여 방화벽 부근에 많이 사용하는 밸브는 어느 것인가?

① quick disconnect valve
② sequence valve
③ by pass valve
④ check valve

해설 유압 관 분리 밸브(quick disconnect valve) : 유압 펌프 및 브레이크 등과 같이 유압기기를 장탈할 때 작동유가 외부로 유출되는 것을 최소화하기 위하여 유압 기기에 연결된 유압관에 장착한다.

17. 다음 브레이크 장치에서 대형 항공기에 많이 사용하는 브레이크 장치는 ?

① 팽창 튜브식 ② 싱글 디스크식
③ 원심력식 ④ 멀티플 디스크식

해설 브레이크의 분류(작동 및 구조형식)
㉠ 팽창 튜브식 : 소형 항공기에 사용
㉡ 싱글 디스크식(단원판식) : 소형 항공기에 사용
㉢ 멀티플 디스크식(다원판형) : 대형 항공기에 사용
㉣ 시그먼트 로터식 : 대형 항공기에 사용

18. 날개에 걸리는 굽힘력을 담당하는 것은?

① 스파(spar) ② 리브(rib)
③ 외피(skin) ④ 스트링거(stringer)

해설 날개보(spar) : 날개에 걸리는 굽힘하중을 담당하며 날개의 주 구조 부재이다.

19. 유압유가 타이어에 묻었을 때 제거하려면?

① 솔벤트 세척 ② 비눗물 세척
③ 가솔린 세척 ④ 알코올 세척

해설 타이어는 오일, 연료, 유압 작동유, 또는 솔벤트 종류와 접촉하지 않게 주의해야 한다. 왜냐하면 이러한 것들은 화학적으로 고무를 손상시키며 타이어 수명을 단축시키므로 비눗물을 이용하여 세척한다.

20. 조종면의 매스 밸런스(mass balance)의 목적은 무엇인가?

① 조타력의 경감
② 기수 올림 모멘트 방지
③ 키의 성능 향상
④ 조종면의 플러터 방지

해설 조종면의 평형상태가 맞지 않은 상태에서 비행 시 조종면에 발생하는 불규칙한 진동을 플러터라 하는데 과소 평형상태가 주원인이다. 플러터(flutter)를 방지하기 위해서는 날개 및 조종면의 효율을 높이는 것과 평형중량(mass balance)을 설치하는 것이 필요한데 특히 평형중량의 효과가 더 크다.

21. 날개 리브에 있는 중량 경감 구멍의 목적은 무엇인가?

① 중량 경감과 강도 증가를 가져온다.
② 구멍이 있으므로 가볍고 응력이 직선으로 가도록 한다.
③ 구멍이 있으므로 가볍고 응력 집중을 방지한다.
④ 무게 증가와 강도 증가를 가져온다.

정답 15. ② 16. ① 17. ④ 18. ① 19. ② 20. ④ 21. ③

해설 중량 경감 구멍은 중량을 감소시키기 위하여 강도에 영향을 미치지 않고 불필요한 재료를 절단해 내는 구멍을 말한다.

22. 볼트의 사용목적으로 맞는 것은 다음 중 어느 것인가?

① 1차 조종면에 사용한다.
② 자주 장탈, 장착하며 힘을 많이 받는 곳에 사용한다.
③ 2차 조종면에 사용한다.
④ 영구 결합해야 할 곳에 사용한다.

해설 볼트 : 비교적 큰 응력을 받으면서 정비를 하기 위해 분해, 조립을 반복적으로 수행할 필요가 있는 부분에 사용되는 체결 요소이다.

23. FRP (fiber reinforced plastic)에 사용되고 있는 열경화성 수지는?

① 페놀 수지 ② 에폭시 수지
③ 실리콘 수지 ④ 멜라민 수지

해설 에폭시 수지
㉠ 열경화성 수지 중 대표적인 수지이다.
㉡ 성형 후 수축률이 적고 기계적 성질이 우수하다.
㉢ 접착강도를 가지고 있으므로 항공기 구조의 접착제나 도료로 사용된다.
㉣ 전파 투과성이나 내후성이 우수한 특성 때문에 항공기의 레이돔 (radome), 동체 및 날개 등의 구조재용 복합재료의 모재로 사용되고 있다.

24. 기체 수리 기본 원칙이 아닌 것은 어느 것인가?

① 최대 강도 유지 ② 부식 방지
③ 원형 유지 ④ 최소 무게 유지

해설 구조 수리의 기본 원칙
㉠ 원래의 강도 유지
㉡ 원래의 윤곽 유지
㉢ 최소 무게 유지
㉣ 부식에 대한 보호

25. 다음 중 항공기 동체의 구조 2가지 기본형은 어느 것인가?

① pratt & warren truss
② monocoque & semimonocoque
③ truss & semimonocoque
④ cantilever & warren truss

해설 항공기 구조형식
㉠ 하중 담당 정도에 따라
• 1차 구조 • 2차 구조
㉡ 구조 부재의 하중 담당형태에 따라
• 트러스 (truss) 구조
• 세미모노코크 (semimonocoque) 구조 또는 모노코크 (monocoque) 구조

26. 가장 이상적인 복합소재이며 진동이 많은 곳에 쓰이고 노란색을 띠는 섬유는?

① 유리 섬유 ② 탄소 섬유
③ 아라미드 섬유 ④ 보론 섬유

해설 강화재에는 유리 섬유, 탄소 섬유, 아라미드 섬유, 보론 섬유, 세라믹 섬유 등이 있는데 그 중 아라미드 섬유(aramid fiber)는 다른 강화 섬유에 비하여 압축강도나 열적 특성은 나쁘지만 높은 인장강도와 유연성을 가지고 있으며 비중이 작기 때문에 높은 응력과 진동을 받는 항공기의 부품에 가장 이상적이다. 또, 항공기 구조물의 경량화에도 적합한 소재이다. 아라미드 섬유는 노란색 천으로 식별이 가능하다.

27. 브레이크 블리딩 작업 시 어떻게 하는가?

① 유류만 뺀다.
② 공기와 유류를 뺀다.
③ 공기만 뺀다.
④ 아무런 조치를 하지 않는다.

해설 브레이크 계통의 공기를 빼기 위해서는 작동유를 빼면서 섞여 있는 공기를 제거한다.

28. 부식 탐지 방법으로 볼 수 없는 것은?

① 육안 검사 ② 코인 검사
③ 염색 침투 검사 ④ 초음파 검사

정답 22. ② 23. ② 24. ① 25. ③ 26. ③ 27. ② 28. ②

해설 부식 탐지 방법

㉠ 육안 검사 : 부식은 가끔 주의 깊은 육안 검사로 찾아낼 수 있다.

㉡ 염색 침투 검사 : 응력 부식 균열은 상당히 까다로와서 눈으로 식별하기 힘들 때가 있다. 이런 균열은 염색 침투 검사로 발견할 수 있다.

㉢ 초음파 검사 : 최근의 부식 검사에 새로 적용하는 방법이 초음파 에너지를 이용하는 것이다.

㉣ X－ray 검사 : 초음파 검사와 마찬가지로 X－ray 검사도 내부에 손상이 있을 때 구조 외부에서 손상을 확인하는 방법이다.

29. 착륙장치에서 바퀴 개수에 따른 분류 중 맞는 것은?

① 테일형 ② 보기식
③ 앞바퀴형 ④ 뒷바퀴형

해설 착륙장치의 분류(바퀴 개수에 따른 분류)

㉠ 단일식 : 타이어가 1개인 방식으로 소형기에 사용한다.

㉡ 이중식 : 타이어 2개가 1조인 형식으로 앞바퀴에 적용된다.

㉢ 보기식 : 타이어 4개가 1조인 형식으로 주바퀴에 적용된다.

30. 타이어의 손상 방지법 중 맞는 것은?

① 느린 택싱, 최소한의 제동
② 급격한 코너링
③ 오버 인플레이션
④ 언더 인플레이션

해설 항공기 타이어의 가장 심각한 문제는 착륙 시의 강한 충격이 아니고 지상에서 원거리를 운행하는 동안 급격히 타이어 내부 온도가 상승하는 것이다. 항공기 타이어의 과도한 온도 상승을 방지할 수 있는 가장 좋은 방법은 짧은 지상 활주, 느린 택싱 속도, 최소한의 제동, 적절한 타이어 인플레이션(inflation) 등이다. 과도한 제동은 트레드 마찰을 증가시키고 급한 코너링은 트레드 마모를 촉진시킨다.

31. 브레이크 리턴 스프링이 끊어지면 어떤 현상이 일어나는가?

① 브레이크가 끌린다.
② 페달이 안 밟힌다.
③ 작동이 느려진다.
④ 브레이크의 움직임이 과도하게 된다.

해설 브레이크 압력이 풀리면 리턴 스프링에 의해 회전판과 고정판 사이에 간격을 만들어 제동 상태가 풀어지도록 되어 있는데 리턴 스프링이 끊어지면 간격이 없으므로 제동상태가 유지되어 브레이크가 끌리는 현상이 발생한다.

32. 다음 중 리벳 머리를 보고 알 수 있는 것은 무엇인가?

① 리벳 지름
② 재료 종류
③ 머리 모양
④ 재질의 강도

해설 리벳 머리에는 리벳의 재질을 나타내는 기호가 표시되어 있다.

33. 리벳의 최소 간격 결정은 무엇에 의하여 하는가?

① 판의 길이 ② 리벳 지름
③ 리벳 길이 ④ 판의 두께

해설 리벳의 배열

㉠ 리벳 피치(리벳 간격)는 같은 열에 있는 리벳 중심과 리벳 중심간의 거리를 말하고, 최소 $3D$~최대 $12D$로 하며, 일반적으로 6~8 D가 주로 이용된다.

㉡ 열간 간격(횡단 피치)는 열과 열 사이의 거리를 말하며, 일반적으로 리벳 피치의 75 % 정도로서, 최소 열간 간격은 $2.5D$이고, 보통 4.5~$6D$이다.

㉢ 연거리는 판재의 모서리와 인접하는 리벳 중심까지의 거리를 말하고, 최소 연거리는 $2D$이며, 접시 머리 리벳의 최소 연거리는 $2.5D$이고, 최대 연거리는 $4D$를 넘어서는 안 된다.

정답 29. ② 30. ① 31. ① 32. ② 33. ②

34. 수동 조종장치의 장점이 아닌 것은 다음 중 어느 것인가?

① 마찰이 크고 마모가 크다.
② 경량이다.
③ 가격이 싸다.
④ 신뢰성이 높고 기본적인 조종계통에 사용한다.

해설 수동 조종장치의 장점
㉠ 값이 싸고 가공 및 정비가 쉽다.
㉡ 무게가 가벼우므로 동력원이 필요 없다.
㉢ 신뢰성이 높아서 소·중형기에 널리 이용된다

35. 금속 재료 내부에 깊게 발생하는 결함을 발견할 수 있는 검사법은?

① 형광 침투 탐상법
② 초음파 탐상법
③ 자력 탐상법
④ 와전류 탐상법

해설 비파괴 검사에는 육안 검사, 침투 탐상 검사, 자분 탐상 검사, 와전류 검사, 초음파 검사, 방사선 검사 등이 있는데 이 중 초음파 검사는 소모품이 거의 없으므로 검사비가 싸고 균열과 같은 평면적인 결함을 검출하는 데 적합하다. 검사 대상물의 한쪽 면만 노출되면 검사가 가능하다.

36. 볼트 머리의 SPEC의 의미는 무엇인가?

① 정밀 공차 볼트
② 특수 볼트
③ 내식강 볼트
④ 알루미늄 합금 볼트

해설 볼트 머리 기호의 식별
㉠ 알루미늄 합금 볼트 : 쌍 대시(- -)
㉡ 내식강 볼트 : 대시(-)
㉢ 특수 볼트 : SPEC, 또는 S
㉣ 정밀 공차 볼트 : △
㉤ 합금강 볼트 : +, *
㉥ 열처리 볼트 : R

37. 윤활유 냉각에 사용되는 유체는 무엇인가?

① 연료 ② 공기
③ 오일 ④ 작동유

해설 윤활유는 연료를 이용하여 냉각되고 연료를 가열시킨다.

38. 축압기에 충전하는 공기는 무엇인가?

① 질소 ② 수소
③ 이산화탄소 ④ 아르곤

해설 축압기에는 압축성인 건조 공기, 또는 질소를 충전한다.

39. 다음 튜브와 호스에 대한 설명 중 틀린 것은 어느 것인가?

① 튜브의 바깥지름은 분수로 나타낸다.
② 호스는 안지름으로 나타낸다.
③ 진동이 많은 곳에는 튜브를 사용한다.
④ 호스는 움직이는 부분에 사용한다.

해설 튜브의 호칭 치수는 바깥지름(분수)×두께(소수)로 나타내고, 상대운동을 하지 않는 두 지점 사이의 배관에 사용된다. 호스의 호칭 치수는 안지름으로 나타내며, 1/16인치 단위의 크기로 나타내고, 운동부분이나 진동이 심한 부분에 사용한다.

40. 스포일러(spoiler)의 역할 중 잘못 설명한 것은?

① 양력증가
② 항력증가
③ brake 작용
④ 도움날개 보조

해설 스포일러 : 대형 항공기에서는 날개 안쪽과 바깥쪽에 설치되어 있다. 비행 중 도움날개 작동 시 양 날개 바깥쪽의 공중 스포일러의 일부를 좌우 따로 움직여서 도움날개를 보조하거나 같이 움직여서 비행속도를 감소시킨다. 착륙 활주 중 지상 스포일러를 수직에 가깝게 세워 항력을 증가시킴으로써 활주거리를 짧게 하는 브레이크 작용도 하게 된다.

정답 34. ① 35. ② 36. ② 37. ① 38. ① 39. ③ 40. ①

항공 발동기

1. 다음 중 가스 터빈의 종류가 아닌 것은 어느 것인가?

① 터보 팬 ② 터보 프롭
③ 터보 제트 ④ 램 제트

해설 가스 터빈 기관의 분류(출력 형태에 따라)
㉠ 제트 기관 : 터보 제트, 터보 기관
㉡ 회전 동력 기관 : 터보 프롭, 터보 샤프트 기관

2. EGT 측정 시 가장 높은 온도를 측정하는 것은 무엇인가?

① 크로멜－알루멜 ② 철－콘스탄탄
③ 구리－콘스탄탄 ④ 크로멜－니켈

해설 열전쌍 측정 범위

재 질	사용범위
크로멜 － 알루멜	상용 70～1000℃, 최고 1400℃
철 － 콘스탄탄	상용 －200～250℃, 최고 800℃
구리 － 콘스탄탄	상용 －200～250℃, 최고 300℃

3. 기화기에서 공기 블리드를 사용하는 이유는?

① 연료를 더 증가시킨다.
② 공기와 연료가 잘 혼합되게 한다.
③ 연료 압력을 더 크게 한다.
④ 연료 공기 혼합비를 더 농후하게 한다.

해설 연료에 공기가 섞여 들어오게 되면 연료 속에 공기 방울들이 섞여 있게 되어 연료의 무게가 조금이라도 가벼워지게 되므로 작은 압력으로도 연료를 흡입할 수 있고 기화기 벤투리 목 부분의 공기와 혼합이 잘 될 수 있도록 분무가 되게 한 장치를 공기 블리드(air bleed)라 한다.

4. 밸브 시트와 밸브 표면과의 각도는?

① 0.5～1.0° ② 1.0～1.5°
③ 1.5～2.0° ④ 2.0～2.5°

해설 정상 작동 온도에서 밸브 시트와 밸브 페이스의 접촉을 좋게 하기 위해 밸브 페이스는 밸브 시트의 각도보다 $\frac{1}{4}$～1°더 작게 되어 있다.

5. 터빈 엔진을 시동할 때 starter가 분리되는 시기는 언제인가?

① 점화 및 연료계통이 작동된 직후
② rpm이 idle 상태일 때
③ rpm이 100 % 되는 상태
④ 점화가 끝나고 연료 공급이 시작될 때

해설 시동기는 시동이 완료된 후 완속 회전속도에 도달하면 기관으로부터 자동으로 분리되도록 되어 있다.

6. 시동 시 pneumatic system으로 사용되지 않는 것은?

① APU
② cross feed system
③ GTC
④ air conditioning system

해설 시동기에 공급되는 압축 공기 동력원
㉠ 가스 터빈 압축기(gas turbine compressor, GTC)
㉡ 보조 동력 장치(auxiliary power unit, APU)
㉢ 다른 기관에서 연결(cross feed)하여 사용

7. 다음 중 터보 제트 기관의 추진효율을 옳게 나타낸 것은?

① 공기에 공급된 운동 에너지와 추진동력의 비
② 엔진에 공급된 연료 에너지와 추진동력의 비
③ 기관의 추진동력과 공기의 운동 에너지의 비
④ 공급된 연료 에너지와 추력과의 비

해설 추진효율 : 공기가 기관을 통과하면서 얻은 운동 에너지와 비행기가 얻은 에너지인 추진동력의 비를 말한다.

정답 1. ④ 2. ① 3. ② 4. ① 5. ② 6. ④ 7. ①

8. **터빈 디스크에 터빈 블레이드를 장착할 때 어떤 방법을 주로 사용하는가?**

① fir tree ② dove tail
③ spline ④ bolt

해설 터빈 블레이드 : root가 전나무 형(fir tree)으로 되어 동일 모양의 seration에 끼우고 작동 중에 축 방향으로 빠져나가지 못하도록 리벳으로 고정된다. 이 형상은 지지가 확실하고 열팽창에 대해서도 적당한 여유가 있으며 root에 비틀림 응력의 집중을 막을 수 있기 때문에 널리 사용되고 있다.

9. **장탈된 터빈 블레이드를 슬롯에 장착할 때 다음 중 어느 곳에 장착하는 것이 옳은가?**

① 180° 지난 곳
② 시계방향으로 90°
③ 반시계방향으로 90°
④ 원래 장탈한 슬롯

해설 터빈의 평형이 맞지 않으면 엔진 전체에 진동을 주어 위험한 상태에 이르게 되므로 터빈의 평형에 대하여 주의를 하여야 한다.

10. **제트 엔진에서 가장 많이 사용하는 오일 펌프의 두 가지 종류는 무엇인가?**

① 기어, 지로터 ② 기어, 베인
③ 베인, 지로터 ④ 베인, 피스톤

해설 윤활유 펌프에는 기어형(gear type), 베인형(vane type), 지로터형(gerotor type) 등이 사용되는데 기어형과 지로터형 펌프를 많이 사용한다.

11. **왕복기관에서 압축비에 대한 설명 중 맞는 것은?**

① 상사점에서의 체적을 하사점에서의 체적으로 나눈다.
② 상사점에서의 압력을 하사점에서의 압력으로 나눈다.
③ 압축비가 증가하면 연료 소비가 증가한다.
④ 압축비가 큰 엔진에는 옥탄가가 큰 연료를 사용한다.

해설 압축비 : 압축비는 피스톤이 하사점에 있을 때의 실린더 체적과 상사점에 있을 때의 실린더 체적의 비를 말하며, 압축비를 너무 크게 할 경우 노킹 현상이 발생하므로 안티 노크성이 큰 연료를 사용하여 방지한다.

12. **추력 비연료 소비율(TSFC)에 영향을 주는 요소로 옳은 것은?**

① 기압 ② 기온, 기압
③ 기온 ④ 습도

13. **노크 현상을 방지하기 위한 방법은?**

① 착화지연을 짧게 한다.
② 연소속도를 느리게 한다.
③ 제폭성을 낮춘다.
④ 화염 전파속도를 빠르게 한다.

해설 노킹(knocking)

㉠ 노킹 현상은 혼합가스를 연소실 안에서 연소시킬 때에 압축비를 너무 크게 할 경우 점화 플러그에 의해서 점화된 혼합가스가 연소하면서 화염면이 정상적으로 전파되다가 나머지 연소되지 않은 미연소가스가 높은 압력으로 압축됨으로써 높은 압력과 높은 온도 때문에 자연 발화를 일으키면서 갑자기 폭발하는 현상을 말한다.
㉡ 노킹이 발생하면 노킹음이 발생하고 실린더 안의 압력과 온도가 비정상적으로 급격하게 올라가며 기관의 출력과 열효율이 떨어지고 때로는 기관을 파손시키는 경우도 발생하게 된다.
㉢ 노킹은 과급압력이 높거나 흡입공기 온도가 높으면 발생되기 쉬우나 점화시기를 늦추면 발생되지 않는다. 또, 안티 노크성이 큰 연료를 사용하여 방지한다.

14. **가스 터빈기관의 기어 박스를 구동하는 것은?**

① HPT ② HPC
③ LPT ④ LPC

정답 8. ① 9. ④ 10. ① 11. ④ 12. ③ 13. ④ 14. ②

해설 기관 기어 박스(gearbox) : 각종 보기 및 장비품 등이 장착되어 있는데 기어 박스는 이들 보기 및 장비품의 점검과 교환이 용이하도록 엔진 전반 하부 가까이 장착되어 있다. 고압 압축기축의 기어와 수직축을 매개로 구동되는 구조로 되어 있는 것이 많다.

15. 다음 중 승압 펌프(boost pump)의 타입으로 맞는 것은?

① 원심력식 ② 베인식
③ 기어식 ④ 지로터식

해설 전기식 승압 펌프의 형식은 대개 원심력식이며 연료 탱크 밑에 부착한다.

16. 마하 0.4~0.6에서 추진 효율이 가장 좋은 것은?

① 터보 제트 ② 터보 팬
③ 터보 프롭 ④ 왕복기관

해설 터보 프롭(turbo prop) 기관 : 터보 프롭 기관은 느린 비행속도에서 높은 효율과 큰 추력을 가지는 장점이 있지만 속도가 빨라져 비행 마하수가 0.5 이상이 되면 프로펠러 효율 및 추력이 급격히 감소하여 고속 비행을 할 수 없다.

17. 터보 팬 엔진의 추력 비연료 소비율을 감소시키는 방법이 아닌 것은?

① 연소 효율 증가
② 터빈 효율 증가
③ 배기가스 속도 증가
④ 바이패스비 증가

해설 추력 비연료 소비율이 적을수록 기관의 효율이 높고 성능이 우수하며 경제성이 좋다. 기관의 효율을 향상시키기 위해서는 높은 바이패스비의 기관 사용, 압축기 및 터빈의 효율 증대 등이 있다. 그러나 비행 속도에 비해 높은 배기가스 속도는 오히려 효율을 저하시킨다.

18. 오일 계통의 과압 시 릴리프 밸브(relief valve)를 지난 오일은 어디로 가는가?

① 탱크로 보내진다.
② 펌프 입구로 보낸다.
③ 펌프 출구로 보낸다.
④ 소기된다.

해설 릴리프 밸브는 일정한 윤활유 압력을 유지하기 위해 사용하며, 압력이 높을 때에는 펌프 입구로 윤활유를 되돌려 보낸다.

19. 원심식 압축기의 이점은 무엇인가?

① 단당 압력비가 높다.
② 전면 면적에 비해 많은 양의 공기를 처리할 수 있다.
③ 다단으로 제작 가능하다.
④ 입구 및 출구압력비 및 압축기 효율이 높기 때문에 고성능 기관에 사용한다.

해설 원심식 압축기

㉠ 임펠러(impeller), 디퓨저(diffuser), 매니폴드(manifold)로 구성되어 있다.

㉡ 장점
1. 단당 압력비가 높다.
2. 구조가 간단하고 값이 싸다.
3. 구조가 튼튼하고 가볍다.

㉢ 단점
1. 압축기 입구와 출구의 압력비가 낮다.
2. 효율이 낮으며 많은 양의 공기를 처리할 수 없다.
3. 추력에 비하여 기관의 전면 면적이 넓기 때문에 항력이 크다.

20. 왕복 엔진에서 압력이 가장 높을 때는?

① 상사점 전 ② 하사점
③ 상사점 직후 ④ 하사점 후

해설 흡입 및 배기 밸브가 다 같이 닫혀있는 상태에서 압축된 혼합가스가 점화 플러그에 의해 점화되어 폭발하면 크랭크축의 회전 방향이 상사점을 지나 크랭크 각 10° 근처에서 실린더의 압력이 최고가 되면서 피스톤을 하사점으로 미는 큰 힘이 발생한다.

21. 가스 터빈 엔진 오일의 특성이 아닌 것은?

정답 15. ① 16. ③ 17. ③ 18. ② 19. ① 20. ③ 21. ①

① 가능한 한 점도가 낮은 것
② 낮은 온도에서 최대의 유동성
③ 높은 산화 안정성
④ 최대 부식 저항성

해설 가스 터빈 기관 윤활유의 구비조건
㉠ 점성과 유동점이 어느 정도 낮을 것
㉡ 점도 지수는 어느 정도 높을 것
㉢ 윤활유와 공기의 분리성이 좋을 것
㉣ 산화 안정성 및 열적 안정성이 높을 것
㉤ 인화점이 높을 것
㉥ 기화성이 낮을 것
㉦ 부식성이 없을 것

22. 터빈 엔진 시동 중 화재 발생 시 조치사항은?

① 연료를 차단하고 계속 cranking 한다.
② 즉시 starter SW를 끊는다.
③ 소화를 위한 시도를 계속한다.
④ power lever 조정으로 연료의 배기를 돕는다.

해설 기관 시동 시 화재가 발생하였을 때에는 즉시 연료를 차단하고 계속 시동기로 기관을 회전시킨다.

23. 터빈 엔진에서 compressor bleed air를 이용하지 않는 것은?

① turbine disk cooling
② engine intake anti-icing
③ air condition system
④ turbine case cooling

해설 turbine case cooling system
㉠ 초기에는 고압 터빈에만 적용되었으나 나중에 고압과 저압에 적용이 확대되었다.
㉡ 냉각에 사용되는 공기는 외부 공기가 아니라 팬을 통과한 공기를 사용한다.

24. 피스톤 단면적 5 in^2, 행정길이 5 in, 기통수 4개인 엔진의 배기량은 얼마인가?

① 20 ② 25 ③ 50 ④ 100

해설 총 배기량=실린더 안지름의 단면적 × 행정길이 × 실린더 수
∴ 총 배기량 $= 5 \times 5 \times 4 = 100\ \text{in}^3$

25. 엔진 압력비(EPR)란 무엇인가?

① 엔진 흡입구 전압력×터빈 출구 전압력
② 터빈 흡입구 전압력×엔진 흡입구 전압력
③ 터빈 출구 전압력÷엔진 흡입구 전압력
④ 엔진 흡입구 전압력÷터빈 출구 전압력

해설 EPR(engine pressure ratio ; 기관 압력비)는 압축기 입구 전압과 터빈 출구 전압의 비를 말하며 보통 추력에 직접 비례한다.

$$\text{EPR} = \frac{\text{터빈 출구 전압}}{\text{압축기 입구 전압}}$$

26. 군용 가스 터빈 연료규격 중 민간 가스 터빈 규격(ASTM) JET-B와 유사한 연료는?

① JP-4 ② JP-5
③ JP-7 ④ JP-8

해설 군용 연료 중 JP-4는 JP-3의 증기압 특성을 개량하기 위하여 개발한 것으로 항공 가솔린의 증기압과 비슷한 값을 가지고 있으며, 등유와 낮은 증기압의 가솔린과의 합성 연료이고, 군용으로 주로 쓰인다.

27. 가스 터빈 엔진의 연료 제어장치에서 연료를 제어하는 데 영향이 가장 큰 것은?

① 기관의 회전수 ② CDP
③ CIT ④ 대기압

해설 기관을 가속시키기 위하여 동력 레버를 급격히 앞으로 밀 경우 연료량은 즉시 증가할 수 있지만 기관의 회전수는 압축기 자체의 관성 때문에 즉시 증가하지 않는다. 따라서, 공기량이 적어져서 연료-공기 혼합비가 너무 농후하게 되기 때문에 연소 정지 현상과 터빈 입구온도가 과도하게 상승하거나 압축기가 실속을 일으키게 되므로 이와 같은 현상이 일어나지 않는 범위까지만 연료량이 증가하도록 통제한다.

28. 왕복기관의 프로펠러 축에서 추력을 담

정답 22. ① 23. ④ 24. ④ 25. ③ 26. ① 27. ① 28. ①

당하는 베어링은 어느 것인가?

① 볼 베어링 ② 롤러 베어링
③ 평 베어링 ④ 마찰 베어링

해설 볼 베어링(ball bearing) : 다른 형의 베어링보다 마찰이 적다. 대형 성형 엔진과 가스 터빈 엔진의 추력 베어링으로 사용된다.

29. creep 현상의 설명으로 옳은 것은?

① 과열로 인한 표면에 금이 가는 현상
② 과열로 인한 동익이 찌그러지는 결함
③ 부분적인 과열로 표면의 색깔이 변하는 결함
④ 고온하의 원심력에 의해 동익의 길이가 늘어나는 결함

해설 크리프(creep) 현상 : 터빈이 고온가스에 의해 회전하면 원심력이 작용하는데 그 원심력에 의하여 터빈 블레이드가 저 피치로 틀어지는 힘을 받아 길이가 늘어나는 현상을 말한다.

30. 점화 플러그가 너무 뜨거운 경우에 발생하는 현상은 무엇인가?

① 엔진 파손
② 점화 플러그 더러워짐
③ 조기 점화
④ 콘덴서가 탄다.

해설 조기 점화(pre-ignition) : 정상적인 불꽃 점화가 시작되기 전에 비정상적인 원인으로 발생하는 열에 의하여 밸브, 피스톤 또는 점화 플러그와 같은 부분이 과열되어 혼합가스가 점화되는 현상이다.

31. 가스 터빈 엔진에 일반적으로 사용되는 점화장치의 종류는?

① low tension
② high tension
③ capacitor discharge
④ battery

해설 용량형 점화계통은 강한 점화 불꽃을 얻기 위해 콘덴서에 많은 전하를 저장했다가 짧은 시간에 흐르도록 하는 것으로 대부분의 가스 터빈 기관에 사용되고 있다.

32. 다음 중 체적효율을 감소시키는 요인이 아닌 것은?

① 고온의 공기 ② 과도한 회전
③ 불안전한 배기 ④ 과도한 냉각

해설 체적효율을 감소시키는 요인
㉠ 밸브의 부적당한 타이밍
㉡ 너무 작은 다기관 지름
㉢ 너무 많이 구부러진 다기관
㉣ 고온 공기 사용
㉤ 연소실의 고온
㉥ 배기 행정에서의 불안전한 배기
㉦ 과도한 속도

33. 디퓨저(diffuser)의 위치는 어디인가?

① 연소실과 터빈 사이
② 흡입구와 압축기 사이
③ 압축기와 연소실 사이
④ 압축기 속

해설 디퓨저(diffuser) : 압축기 출구 또는 연소실 입구에 위치, 속도를 감소시키고 압력을 증가시킴

34. 물을 압축기 입구에 분사하면 나타나는 결과는?

① 공기밀도 증가 ② 공기밀도 감소
③ 물의 밀도 증가 ④ 물의 밀도 감소

해설 압축기의 입구나 디퓨저 부분에 물이나 물-알코올의 혼합물을 분사함으로써 높은 기온일 때 이륙 시 추력을 증가시키기 위한 방법으로 이용된다. 대기의 온도가 높을 때에는 공기의 밀도가 감소하여 추력이 감소되는데 물을 분사시키면 물이 증발하면서 공기의 열을 흡수하여 흡입공기의 온도가 낮아지면서 밀도가 증가하여 많은 공기가 흡입된다.

35. 가스 터빈 엔진의 oil cooler에서 오일을 냉각하는 것은?

정답 29. ④ 30. ③ 31. ③ 32. ④ 33. ③ 34. ① 35. ④

① 물 ② 공기
③ 작동유 ④ 연료

해설 과거에는 공기를 이용하여 냉각하였지만 요즘에는 연료를 이용하여 냉각하는 연료-윤활유 냉각기를 많이 사용한다.

36. oil screen이 완전히 막혔다면?
① 계통을 통하여 오일이 없다.
② 계통을 통하여 오일이 조금 흐른다.
③ 전 계통을 통하여 75~80 %의 오일만 흐른다.
④ 정상적으로 흐른다.

해설 바이패스 밸브(bypass valve)는 윤활유 여과기가 막혔거나 추운 상태에서 시동할 때에 여과기를 거치지 않고 윤활유가 직접 기관으로 공급되도록 하는 역할을 한다.

37. 압축기 실속(compressor stall)은 다음 중 어느 경우에 발생하는가?
① 유입공기의 절대속도가 늦고 로터의 받음각이 적당할 때
② 항공기의 속도가 압축기 rpm에 비하여 너무 작을 때
③ 압축기 회전수가 설계점에 가깝게 된 때
④ 유입 공기의 변화가 일정할 때

해설 압축기 실속(compressor stall) 원인
㉠ 압축기 출구압력이 너무 높을 때(C.D.P가 너무 높을 때)
㉡ 압축기 입구온도가 너무 높을 때(C.I.T가 너무 높을 때)
㉢ 기관의 회전속도가 너무 낮아져 압축기 뒤쪽의 공기가 충분히 압축되지 못하기 때문에 공기가 압축기를 빠져나가지 못해 누적되는 choke 현상 발생 시
㉣ 공기 흡입속도가 작을수록 기관 회전속도가 클수록 발생한다.

38. 제트 엔진에서 최고 온도에 접하는 곳은?
① 연소실 입구 ② 터빈 입구
③ 압축기 출구 ④ 배기관 출구

해설 공기의 온도는 압축기에서 압축되면서 천천히 증가한다. 압축기 출구에서의 온도는 압축기의 압력비와 효율에 따라 결정되는데 일반적으로 대형 기관에서 압축기 출구에서의 온도는 약 300~400℃ 정도이다. 압축기를 거친 공기가 연소실로 들어가 연료와 함께 연소되면 연소실 중심에서의 온도는 약 2000℃까지 올라가고 연소실을 지나면서 공기의 온도는 점차 감소한다.

39. 결핍 시동(hung start)에 대한 설명 중 맞는 것은?
① 연료는 공급되었으나 점화하지 않은 상태
② 점화되었지만 저속 회전까지 상승하지 않은 상태
③ idle rpm에 달하였으나 EGT가 규정값을 초과한 상태
④ 시동기가 엔진 회전을 상승시키지 못하는 상태

해설 결핍 시동(hung start)
㉠ 시동이 시작된 다음 기관의 회전수가 완속 회전수까지 증가하지 않고 이보다 낮은 회전수에 머물러 있는 현상을 말하며, 이 때 배기가스의 온도가 계속 상승하기 때문에 한계를 초과하기 전에 시동을 중지시킬 준비를 해야 한다.
㉡ 시동기에 공급되는 동력이 충분하지 못하기 때문이다.

40. 가스 터빈 엔진의 연소실 공기 입구부에 있는 선회 깃에 대해 틀린 것은?
① 연소 노즐 부근의 공기속도를 감소시킨다.
② 일차 공기에 선회운동을 준다.
③ 연소 영역을 길게 한다.
④ 연료와 공기가 잘 섞이게 한다.

해설 선회 깃(swirl guide vane) : 연소에 이용되는 1차 공기 흐름에 적당한 소용돌이를 주어 유입속도를 감소시키면서 공기와 연료가 잘 섞이도록 하여 화염 전파속도가 증가되도록 한다. 따라서, 기관의 운전조건이 변하더라도 항상 안정되고 연속적인 연소가 가능하다.

정답 36. ④ 37. ② 38. ② 39. ② 40. ③

전자·전기·계기

1. 유압 계통의 레저버의 설명으로 틀린 것은 어느 것인가?

① 압력을 균일하게 유지한다.
② 액체 저장 탱크
③ 누출에 의해 손실된 액체의 양을 보급
④ 열에 의해 팽창된 액체의 팽창 공간

해설 레저버
㉠ 작동유를 펌프에 공급하고 계통으로부터 귀환되는 작동유를 저장하는 동시에 공기 및 각종 불순물을 제거하는 장소이다.
㉡ 계통 내에서 열팽창에 의한 작동유의 증가량을 축적시킨다.
㉢ 레저버의 용량은 착륙장치, 플랩 및 그 밖의 모든 유압 작동장치를 작동시키는 구성 부품에서 유압 계통으로 되돌아오는 모든 작동유를 저장할 수 있는 충분한 용량이어야 하며, 온도가 38℃(100°F)에서 150 % 이상이거나 축압기를 포함한 모든 계통이 필요로 하는 용량의 120 % 이상이어야 한다.

2. 다음 중 게이지 압력을 지시하는 것은?

① 매니폴드 압력계 ② E.P.R 계기
③ 윤활유 압력계 ④ E.G.T 계기

해설 윤활유 압력계 : 윤활유의 압력과 대기 압력의 차인 게이지 압력을 나타내며, 이를 통하여 윤활유의 공급상태를 알 수 있다.

3. ADF (automatic direction finder : 자동 방향 탐지기)에 사용하는 안테나는?

① 초단파 전방향성 안테나
② 루프 안테나
③ 더블릿 안테나
④ 야기-우다 안테나

해설 항공기에는 루프 안테나, 센스 안테나, 수신기, 방향 지시기 및 전원장치로 구성되는 수신 장치가 있다.

4. 전류를 측정하는 데 사용되고, 다용도로 측정하는 계기로서 필요 구성품의 전압, 저항 및 전류를 측정하는 데 이용되는 것은?

① 전류계 ② 전압계
③ 멀티미터 ④ powermeter

해설 멀티미터(multimeter)
㉠ 전류, 전압 및 저항을 하나의 계기로 측정할 수 있다.
㉡ 제조회사마다 형태와 기능의 차이가 있다.
㉢ 아날로그 방식과 디지털 방식이 있다.

5. 프로펠러에 작용하는 힘 중 가장 큰 힘은 무엇인가?

① 구심력 ② 인장력
③ 비틀림력 ④ 원심력

해설 원심력은 프로펠러 회전에 의해 일어나고 깃을 허브의 중심에서 밖으로 빠져나가게 하는 힘을 말하며, 이 원심력에 의해 프로펠러 깃에는 인장응력이 발생하는데 프로펠러에 작용하는 힘 중 가장 크다.

6. 다음 중 연료 흐름량을 측정하는 계기는 어느 것인가?

① 기압 고도계 ② 윤활유 온도계
③ 연료 유량계 ④ 외기 온도계

해설 연료 유량계 : 연료 탱크에서 기관으로 흐르는 연료의 유량을 시간당 부피 단위, 즉 GPH (gallon per hour : 3.79 L/h), 또는 무게 단위 PPH (pound per hour : 0.45 kg/h) 로 지시한다.

7. 다이어프램형 축압기의 충전압력은 얼마로 하는가?

① 유압계통의 최대 압력의 $\frac{1}{3}$에 해당하는 압력
② 유압계통의 정상 압력의 $\frac{1}{3}$에 해당하는 압력
③ 유압계통의 최대 압력에 해당하는 압력
④ 유압계통의 최대 압력보다도 높은 압력

정답 1. ① 2. ③ 3. ② 4. ③ 5. ④ 6. ③ 7. ①

해설 다이어프램형 축압기 : 유압계통의 최대 압력의 1/3에 해당되는 압력으로 압축공기(질소)를 충전하며 계통의 압력이 1500 psi 이하인 항공기에 사용한다.

8. 0.001 A는 무엇인가?

① 밀리 볼트 ② 밀리 암페어
③ 밀리 볼트 암페어 ④ 밀리 와트

해설 1 mA=0.001 A

9. 다음 중 발전기의 field flashing 방법으로 옳은 것은?

① 역전류 차단기의 배터리와 발전기를 연결
② 역전류 차단기의 발전기와 전압 조절기의 A 단자 연결
③ 전압 조절기의 A, B 단자 연결
④ 발전기를 장착한 상태로는 행할 수 없다.

해설 발전기가 처음 발전을 시작할 때에는 남아 있는 계자, 즉 잔류 자기(residual magnetism)에 의존하게 되는데, 만약 잔류 자기가 전혀 남아 있지 않아 발전을 시작하지 못할 때 외부전원으로부터 계자 코일에 잠시동안 전류를 통해주는 것을 계자 플래싱(field flashing)이라고 한다.

10. 작동유의 특성이 아닌 것은?

① 비압축성 ② 압축성
③ 수축성 ④ 팽창성

해설 작동유의 특성
㉠ 비압축성 : 어떤 유압계통을 작동시키면 지체없이 작동해야 한다.
㉡ 수축성 및 팽창성 : 작동유는 온도에 따라 팽창하고 수축하므로 온도 릴리프 장치가 필수적이다.

11. 계기의 무엇을 사용하여 충격을 흡수하여 진동으로부터 계기를 보호하는가?

① shok mount ② 아네로이드
③ 핀 홀 ④ 벨로스

해설 충격 마운트(shock mount) : 비행기의 계기판은 저주파수, 높은 진폭의 충격을 흡수하기 위하여 충격 마운트(shock mount)를 사용하여 고정한다.

12. 지름이 일정한 도선의 길이를 일정하게 2배로 늘렸다면 그 때 저항은 몇 배가 되겠는가?

① 2배 ② 3배 ③ 4배 ④ 5배

해설 도선길이에 관한 저항을 구하는 공식

$$R = \rho \frac{l}{S}$$

여기서, ρ : 고유저항, l : 도선의 길이
S : 도선의 단면적

길이를 2배로 늘린다면 단면적은 $\frac{1}{2}$로 감소하므로,

$$R = \rho \frac{2l}{\frac{1}{2}R} = \rho \frac{4l}{R} = 4\rho \frac{l}{R}$$

(원래의 저항에서 4배 증가)

13. 교류회로에 사용되는 전압은?

① 최댓값 ② 평균값
③ 실횻값 ④ 파고값

해설 교류 전류나 전압을 표시할 때에는 달리 명시되지 않는 한 항상 실횻값을 의미한다.

14. 다음 휴대용 소화기 중 전기 화재에 적합한 것은?

① 물 소화기 ② 이산화탄소 소화기
③ 프레온 소화기 ④ 분말 소화기

해설 휴대용 소화기의 종류
㉠ 물 소화기 : A급 화재
㉡ 이산화탄소 소화기 : 조종실이나 객실에 설치되어 있으며 A, B, C급 화재에 사용된다.
㉢ 분말 소화기 : A, B, C급 화재에 유효하지만 조종실에 사용해서는 안된다. 그 이유는 시계를 방해하고 주변 기기의 전기 접점에 비전도성의 분말이 부착될 가능성이 있기 때문이다.
㉣ 프레온 소화기 : A, B, C급 화재에 유효하고 소화능력도 강하다.
※ 이중에서 이산화탄소 소화기가 전기 화재에 주로 사용된다.

정답 8. ② 9. ① 10. ② 11. ① 12. ③ 13. ③ 14. ②

15. 완충 스트럿에 사용되는 유류의 형식을 무엇으로 결정하는가?

① 항공기의 최대 전체 무게
② 미터링 핀에 사용되는 금속의 형식
③ 스트럿에 사용되는 실(seal)의 재질
④ 항공기가 올라갈 수 있는 최대 고도

해설 완충 스트럿에는 작동유의 누설을 막기 위한 실(seal)이 사용되는데 다른 종류의 작동유를 사용하게 되면 실(seal)이 손상되어 작동유의 누설이 발생한다.

16. 지름이 2 in인 도관을 통하여 압력이 8000 psi로 전달된다. 단면적이 10 in^2 피스톤에 전달되는 압력은 얼마인가?

① 800 psi ② 4000 psi
③ 8000 psi ④ 160000 psi

해설 작동유의 압력 전달은 "밀폐된 용기에 채워져 있는 유체에 가해진 압력은 모든 방향으로 감소됨이 없이 동등하게 전달되고 용기의 벽에 직각으로 작용된다."는 파스칼의 원리에 따른다.

17. 항공기 전원장치 중 정류회로의 기능은 무엇인가?

① 직류를 교류로 바꾸어준다.
② 교류를 직류로 바꾸어준다.
③ 직류전압을 필요에 따라 높이거나 낮추어 준다.
④ 교류전압을 필요에 따라 높이거나 낮추어 준다.

해설 정류회로는 전류 흐름 방향을 한쪽으로만 흐르게 함으로써 교류를 직류로 바꾸어준다.

18. 항공기 충돌 회피장치(TCAS)에서 침입하는 항공기의 고도를 알려주는 것은?

① SELCAL ② 레이더
③ VOR / DME ④ ATC transponder

해설 TACS : 항공기의 접근을 탐지하고 조종사에게 그 항공기의 위치 정보나 충돌을 피하기 위한 회피 정보를 제공하는 장치이다.

19. 일반적으로 프로펠러 깃 각은?

① 깃 각은 깃 끝까지 일정하다.
② 깃 뿌리에서는 깃 각이 작고, 깃 끝으로 갈수록 커진다.
③ 깃 뿌리에서는 크고, 깃 끝으로 갈수록 작아진다.
④ 깃의 중앙 부분이 가장 크다.

해설 깃 각은 전 길이에 걸쳐 일정하지 않고 깃 뿌리(blade root)에서 깃 끝으로 갈수록 작아진다.

20. 직류 발전기의 출력전압에 영향이 없는 것은?

① 발전기 회전수 ② 아마추어 권선수
③ field current ④ electrical load

해설 직류 발전기의 출력전압은 계자 코일에 흐르는 전류와 전기자의 회전수에 따라 변한다. 실제 발전기에서는 회전수만이 아니라 부하 변동에도 출력전압이 변한다. 작동 중 수시로 변하는 회전수와 부하에 관계없이 전압을 일정하게 유지하려면 전압 조절기가 있어야 한다.

21. 2분계 선회계의 표준 선회 각속도는?

① 2분에 180도 회전 ② 1분에 360도 회전
③ 선회경사각 30도 ④ 1초에 3도

해설 2분계(2 min turn) : 바늘이 1바늘 폭만큼 움직였을 때 180°/min의 선회 각속도를 의미하고, 2바늘 폭일 때에는 360°/min의 선회 각속도를 의미한다. 180°/min 을 표준율 선회라 한다.

22. 항공기에서 3상 교류 발전기를 사용하는 경우 장점이 아닌 것은?

① 구조가 간단하다.
② 정비 및 보수가 쉽다.
③ 효율이 높다.
④ 높은 전압을 사용한다.

해설 3상 교류발전기의 장점
㉠ 효율 우수
㉡ 구조 간단
㉢ 보수와 정비 용이
㉣ 높은 전력의 수요를 감당하는 데 적합

정답 15. ③ 16. ③ 17. ② 18. ④ 19. ③ 20. ② 21. ④ 22. ④

23. 전력의 단위는 무엇인가?

① 볼트(volt) ② 와트(watt)
③ 옴(ohm) ④ 암페어(ampere)

해설 단위

	단위	기호
전압	V (volt)	E
전류	A (ampere)	I
저항	Ω (ohm)	R
전력	W (watt)	P

24. 3상 발전기에서 상간의 phase는?

① 90도 ② 120도
③ 180도 ④ 360도

해설 3상 발전기에서 각 상은 120°씩의 위상차를 갖는다.

25. 제트기관에서 객실 여압(cabin pressurization)에 사용되는 공기는?

① 가압된 블리드 공기로 한다.
② 카울 플랩을 지난 공기로 한다.
③ 매니폴드 공기로 한다.
④ 슈퍼 차저나 터보 차저에 의해 공기를 압축시킨다.

해설 제트기관의 객실 여압에 사용되는 공기는 엔진 압축기 블리드 공기(bleed air)이다.

26. 자이로(gyro)의 섭동성을 이용한 계기는 무엇인가?

① 선회계(turn indicator)
② 방향 자이로 지시계(directional gyro indicator)
③ 자이로 수평 지시계(gyro horizon indicator)
④ 경사계(bank indicator)

해설 선회계(turn indicator) : 자이로의 특성 중 섭동성만을 이용한다.

27. 대형기 air-conditioning system의 온도 조절은?

① 냉각시킨 공기에 더운 공기를 혼합
② 공기 냉각 과정을 조절
③ 공기 가열 과정을 조절
④ 고공의 ram air를 hot air와 혼합시킨다.

해설 항공기의 pneumatic manifold에서 flow control and shut off valve를 통하여 heat exchanger로 보내지는데 primary core에서 냉각된 공기는 ACM (air cycle machine)의 compressor를 거치면서 pressure가 증가한다. compressor에서 방출된 공기는 heat exchanger의 secondary core를 통과하면서 압축으로 인한 열은 상실된다. 공기는 ACM의 turbine을 통과하면서 팽창되고 온도는 떨어진다. 그러므로 터빈을 통과한 공기는 저온, 저압의 상태이다. 터빈을 지나 냉각된 공기는 수분을 포함하고 있으므로 수분 분리기(water separator)를 지나면서 수분이 제거되고 더운 공기와 혼합되어 객실 내부로 공급된다.

28. VOR에 관하여 옳은 것은 다음 중 어느 것인가?

① 지상파로 극초단파를 사용한다.
② 지시 오차는 ADF보다 작다.
③ 기수가 지상국의 방향을 나타낸다.
④ 기수 방위와의 거리를 나타낸다.

해설 VOR (VHF omni-directional range)

㉠ 지상 VOR국을 중심으로 360° 전 방향에 대해 비행 방향을 항공기에 지시한다.(절대방위 제공)
㉡ 사용 주파수는 108~118 MHz (초단파)를 사용하므로 LF/MF대의 ADF보다 정확한 방위를 얻을 수 있다.
㉢ 항공기에서는 무선 자기 지시계(radio magnetic indicator)나 수평상태 지시계(horizontal situation indicator)에 표지국의 방위와 그 국에 가까워졌는지, 멀어지는지 또는 코스의 이탈이 나타난다.

정답 23. ② 24. ② 25. ① 26. ① 27. ① 28. ②

29. 릴레이의 목적은 무엇인가?

① 전압을 높여준다.
② 전류를 높여준다.
③ 교류를 직류로 변환한다.
④ 먼 거리의 큰 전류를 제어한다.

해설 계전기(relay) : 조종석에 설치되어 있는 스위치에 의하여 먼 거리의 많은 전류가 흐르는 회로를 직접 개폐시키는 역할을 하는 일종의 전자기 스위치이다.

30. 레저버(reservoir) 안에 설치된 배플(baffle)과 핀(fin)의 역할은?

① 고공에서 거품이 생기는 것을 방지하고 작동유가 펌프까지 확실하게 공급되도록 레저버 안을 여압한다.
② 레저버 안의 작동유 양을 알 수 있도록 하는 표시이다.
③ 레저버 안에 있는 작동유에 서지 현상이나 거품이 생기는 것을 방지한다.
④ 비상 시 유압 계통에 공급할 수 있는 작동유량을 저장하는 장치이다.

해설 배플(baffle)과 핀(fin) : 레저버(reservoir) 내에 있는 작동유가 심하게 흔들리거나 귀환되는 작동유에 의하여 소용돌이치는 불규칙한 진동으로 작동유에 거품이 발생하거나 펌프 안에 공기가 유입되는 것을 방지한다.

31. 여압된 비행기가 정상비행 중 갑자기 계기 정압 라인이 분리될 때 나타나는 현상은?

① 고도계는 높게 속도계는 낮게 지시한다.
② 고도계와 속도계 모두 높게 지시한다.
③ 고도계와 속도계 모두 낮게 지시한다.
④ 고도계는 낮게 속도계는 높게 지시한다.

해설 여압이 되어 있는 항공기 내부에서 정압 라인이 분리되었다면 실제 정압보다 높은 객실 내부의 압력이 작용하여 정압을 이용하는 고도계와 속도계는 모두 낮게 지시할 것이다.

32. 정압공에 결빙이 생기면 정상적인 작동을 하지 않는 계기는 어느 것인가?

① 고도계
② 속도계
③ 승강계
④ 모두 작동하지 못한다.

해설 고도계, 승강계, 속도계는 모두 정압을 이용하는 계기이므로 정압공에 결빙이 생기면 정상 작동하지 않는다.

33. 다음 중 본딩 와이어(bonding wire)의 역할로 틀린 것은?

① 무선 방해의 감소
② 정전기 축적의 방지
③ 이종 금속간 부식의 방지
④ 회로저항의 감소

해설 본딩 와이어 : 부재와 부재 간에 전기적 접촉을 확실히 하기 위해 구리선을 넓게 짜서 연결하는 것을 말하며, 목적은 다음과 같다.
㉠ 양단간의 전위차를 제거해 줌으로써 정전기 발생을 방지한다.
㉡ 전기회로의 접지회로로서 저 저항을 꾀한다.
㉢ 무선 방해를 감소하고 계기의 지시 오차를 없앤다.
㉣ 화재의 위험성이 있는 항공기 각 부분간의 전위차를 없앤다.

34. 전기 저항식 온도계 측정부의 온도 수감 벌브(bulb)가 단선이 되면 지시는 어떻게 되는가?

① 0을 지시 ② 저온을 지시
③ 고온측 지시 ④ 변하지 않는다.

해설 일반적으로 금속의 저항은 온도와 비례한다. 전기 저항식 온도계는 저항선으로 거의 순 니켈 선을 이용하는데 단선되면 저항값이 무한대가 되므로 지침의 고온의 최댓값을 지시하며 흔들리게 된다.

정답 29. ④ 30. ③ 31. ③ 32. ④ 33. ③ 34. ③

35. 항공기에 사용하는 작동유 종류 중 혼합해서 사용할 수 있는 것은?
① 식물성유과 광물성유가 혼합 가능
② 광물성유와 합성유가 혼합 가능
③ 식물성유와 합성유가 혼합 가능
④ 식물성, 광물성, 합성유 모두 혼합 불가능

해설 작동유는 각각의 구성성분이 다르기 때문에 서로 섞어 사용할 수 없으며 실(seal)도 다른 종류의 작동유에 사용할 수 없다.

36. 유압 작동유가 너무 과도하게 흐른다면 무엇이 흐름을 제한하는가?
① 무부하 밸브(unloading valve)
② 유압 퓨즈(hydraulic fuse)
③ 체크 밸브(check valve)
④ 셔틀 밸브(shuttle valve)

해설 유압 퓨즈(hydraulic fuse) : 유압계통의 관이나 호스가 파손되거나 기기 내의 실(seal)에 손상이 생겼을 때 과도한 누설을 방지하기 위한 장치이다.

37. 전자회로의 기본적인 구성은?
① 증폭회로, 정류회로
② 정류회로, 발진회로
③ 증폭회로, 발진회로
④ 정류회로, 발진회로, 증폭회로

38. 항공기에 사용되는 배터리(battery) 용량 표시는 어떻게 하는가?
① A(ampere)
② V(voltage)
③ AH(ampere hour)
④ W(watt)

해설 배터리의 용량은 AH로 나타내는데, 이것은 배터리가 공급하는 전류값에 공급할 수 있는 총시간을 곱한 것이다.

39. 다음 중 지자기의 3요소에 해당되지 않는 것은 어느 것인가?
① 편차 ② 복각
③ 수평분력 ④ 수직분력

해설 지자기의 3요소
㉠ 편차 : 지축과 지자기 축이 일치하지 않아 생기는 지구 자오선과 자기 자오선 사이의 오차각을 말한다.
㉡ 복각 : 지자기의 자력선이 지구 표면에 대하여 적도 부근과 양극에서의 기울어지는 각을 말한다.
㉢ 수평분력 : 지자기의 수평 방향의 분력을 말한다.

40. 전기회로 보호장치 중 규정 용량 이상의 전류가 흐를 때 회로를 차단시키고 스위치 역할을 하며 계속 사용이 가능한 것은?
① 회로 차단기
② 열보호장치
③ 퓨즈
④ 전류 제한기

해설 회로 차단기(circuit breaker) : 회로 내에 규정 이상의 전류가 흐를 때 회로가 열리게 하여 전류의 흐름을 막는 장치(재사용이 가능하고 스위치 역할도 한다.)

항공 법규

1. 다음 중 항공에 사용하는 항공기에 비치할 항공일지는?
① 발동기 항공일지
② 프로펠러 항공일지
③ 탑재용 항공일지
④ 기체 항공일지

해설 [항공안전법 시행규칙 제113조] : 법 제52조 제2항에 따라 항공기(활공기 및 법 제23조 제3항 제2호에 따른 특별감항증명을 받은 항공기

정답 35. ④ 36. ② 37. ④ 38. ③ 39. ④ 40. ① 1. ③

는 제외)에는 다음 각 호의 서류를 탑재하여야 한다.

1. 항공기등록증명서
2. 감항증명서
3. 탑재용 항공일지
4. 운용한계지정서 및 비행교범
5. 운항규정
6. 항공운송사업의 운항증명서 사본 및 운영기준 사본
7. 소음기준적합증명서
8. 각 운항승무원의 유효한 자격증명서 및 조종사의 비행기록에 관한 자료
9. 무선국 허가증명서
10. 탑승한 여객의 성명, 탑승지 및 목적지가 표시된 명부(항공운송사업용 항공기만 해당)
11. 해당 항공운송사업자가 발행하는 수송화물의 화물목록과 화물운송장에 명시되어 있는 세부 화물신고서류(항공운송사업용 항공기만 해당)
12. 해당 국가의 항공당국 간에 체결한 항공기등의 감독 의무에 관한 이전협정서 사본(법 제5조에 따른 임대차 항공기의 경우만 해당)
13. 비행 전 및 각 비행단계에서 운항승무원이 사용해야 할 점검표
14. 그 밖에 국토교통부장관이 정하여 고시하는 서류

2. 항공에 사용할 수 있는 항공기는?

① 감항증명을 받지 않았으나 수리, 개조 검사에 합격한 항공기
② 형식증명을 받지 않았으나 감항증명을 받은 항공기
③ 형식증명승인을 받은 항공기
④ 외국정부로부터 감항성이 있다는 승인을 받아 수입한 항공기

해설 [항공안전법 제23조] : 감항증명을 받지 아니한 항공기는 항공에 사용하여서는 아니 된다.

3. 항공기의 감항검사를 신청할 경우 첨부할 서류와 관계없는 것은?

① 비행교범
② 정비방식을 기재한 서류
③ 정비교범
④ 국토교통부장관이 정하여 고시하는 서류

해설 [항공안전법 시행규칙 제35조] : 감항증명을 받으려는 자는 항공기 표준감항증명 신청서 또는 항공기 특별감항증명 신청서에 다음 각 호의 서류를 첨부하여 국토교통부장관 또는 지방항공청장에게 제출하여야 한다.

1. 비행교범
2. 정비교범
3. 그 밖에 감항증명과 관련하여 국토교통부장관이 필요하다고 인정하여 고시하는 서류

4. 항공기 항행등의 색깔은?

① 우현등 : 적색, 좌현등 : 녹색, 미등 : 백색
② 우현등 : 백색, 좌현등 : 녹색, 미등 : 적색
③ 우현등 : 적색, 좌현등 : 백색, 미등 : 녹색
④ 우현등 : 녹색, 좌현등 : 적색, 미등 : 백색

5. 국제민간 항공기구(ICAO)의 소재지는?

① 스위스 제네바
② 미국 시카고
③ 프랑스 파리
④ 캐나다 몬트리올

6. 항공종사자 무자격자가 업무수행을 했을 때의 처벌은?

① 2년 이하의 징역 또는 1천만 원 이하의 벌금
② 2년 이하의 징역 또는 2천만 원 이하의 벌금
③ 3년 이하의 징역 또는 1천만 원 이하의 벌금
④ 3년 이하의 징역 또는 2천만 원 이하의 벌금

해설 [항공안전법 제148조] : 항공종사자의 자격이 없는 자가 항공업무에 종사한 때는 2년 이하의 징역 또는 2천만 원 이하의 벌금에 처한다.

정답 2. ② 3. ② 4. ④ 5. ④ 6. ②

7. 다음 중 항공정비사의 업무범위는?

① 정비를 한 항공기에 대해 항공안전법 제32조 제1항에 의한 확인을 하는 행위
② 국토교통부령으로 정하는 경미한 보수를 하는 행위
③ 항공기의 대수리 및 개조에 있어 기술상의 기준에 의한 확인을 하는 행위
④ 정비를 한 경량항공기에 대해 항공안전법 제32조 제1항에 의한 확인을 하는 행위

해설 [항공안전법 제36조] : 항공정비사는 제32조 제1항에 따라 정비 등을 한 항공기 · 장비품 또는 부품에 대하여 감항성을 확인하는 행위, 제108조 제4항에 따라 정비를 한 경량항공기 또는 그 장비품 · 부품에 대하여 안전하게 운용할 수 있음을 확인하는 행위를 한다.

8. 다음 중 항공기의 운용한계 지정이 적용되지 않는 것은?

① 중량 및 무게중심에 관한 사항
② 발동기 운용성능에 관한 사항
③ 항속거리에 관한 사항
④ 속도에 관한 사항

해설 [항공안전법 시행규칙 제39조] : 항공기의 운용한계 지정

① 국토교통부장관 또는 지방항공청장은 감항증명을 하는 경우에는 항공기기술기준에서 정한 항공기의 감항분류에 따라 다음 각 호의 사항에 대하여 항공기의 운용한계를 지정하여야 한다.
1. 속도에 관한 사항
2. 발동기 운용성능에 관한 사항
3. 중량 및 무게중심에 관한 사항
4. 고도에 관한 사항
5. 그 밖에 성능한계에 관한 사항
② 국토교통부장관 또는 지방항공청장은 제1항에 따라 운용한계를 지정하였을 때에는 운용한계지정서를 항공기의 소유자 등에게 발급하여야 한다.

9. 다음 중 항공안전법에서 규정하는 항공기 사고가 아닌 것은?

① 항공기 파손 ② 탑승객 사망
③ 항공기 실종 ④ 탑승객 부상

해설 [항공안전법 제2조] 항공기 사고란 사람이 비행을 목적으로 항공기에 탑승하였을 때부터 탑승한 모든 사람이 항공기에서 내릴 때까지[사람이 탑승하지 아니하고 원격조종 등의 방법으로 비행하는 항공기(무인항공기)의 경우에는 비행을 목적으로 움직이는 순간부터 비행이 종료되어 발동기가 정지되는 순간까지를 말한다] 항공기의 운항과 관련하여 발생한 다음 각 목의 어느 하나에 해당하는 것으로서 국토교통부령으로 정하는 것을 말한다.

가. 사람의 사망, 중상 또는 행방불명
나. 항공기의 파손 또는 구조적 손상
다. 항공기의 위치를 확인할 수 없거나 항공기에 접근이 불가능한 경우

10. 항공에 사용되는 항공기 내에 비치하는 서류가 아닌 것은?

① 소음기준적합증명서
② 정비규정
③ 비행교범
④ 운용한계지정서

해설 [항공안전법 시행규칙 제113조] : 법 제52조 제2항에 따라 항공기(활공기 및 법 제23조 제3항 제2호에 따른 특별감항증명을 받은 항공기는 제외)에는 다음 각 호의 서류를 탑재하여야 한다.

1. 항공기등록증명서
2. 감항증명서
3. 탑재용 항공일지
4. 운용한계지정서 및 비행교범
5. 운항규정
6. 항공운송사업의 운항증명서 사본 및 운영기준 사본
7. 소음기준적합증명서
8. 각 운항승무원의 유효한 자격증명서 및 조종사의 비행기록에 관한 자료
9. 무선국 허가증명서
10. 탑승한 여객의 성명, 탑승지 및 목적지가 표시된 명부(항공운송사업용 항공기만 해당)

정답 7. ① 8. ③ 9. ④ 10. ②

11. 해당 항공운송사업자가 발행하는 수송화물의 화물목록과 화물 운송장에 명시되어 있는 세부 화물신고서류(항공운송사업용 항공기만 해당)
12. 해당 국가의 항공당국 간에 체결한 항공기 등의 감독 의무에 관한 이전협정서 사본(법 제5조에 따른 임대차 항공기의 경우만 해당)
13. 비행 전 및 각 비행단계에서 운항승무원이 사용해야 할 점검표
14. 그 밖에 국토교통부장관이 정하여 고시하는 서류

11. 정면 또는 이에 가까운 각도로 접근비행 중 동 순위의 항공기 상호간에 있어서는 서로 항로를 어떻게 하여야 하는가?

① 먼저 본 항공기가 위로, 나중 본 항공기가 아래로 항로를 바꾼다.
② 먼저 본 항공기가 아래로, 나중 본 항공기가 위로 항로를 바꾼다.
③ 우측으로 바꾼다.
④ 좌측으로 바꾼다.

해설 [항공안전법 시행규칙 제167조] : 두 항공기가 충돌할 위험이 있을 정도로 정면 또는 이와 유사하게 접근하는 경우에는 서로 기수를 오른쪽으로 돌려야 한다.

12. 항공기 등록의 효력 중 행정적 효력과 관계없는 것은?

① 국적을 취득한다.
② 분쟁발생 시 소유권을 증명한다.
③ 항공에 사용할 수 있다.
④ 감항증명을 받을 수 있다.

해설 [항공안전법 제8조, 제9조] : 등록된 항공기는 대한민국의 국적을 취득하고, 이에 따른 권리와 의무를 갖는다. 항공기에 대한 소유권의 취득·상실·변경은 등록하여야 그 효력이 생긴다. 항공기에 대한 임차권은 등록하여야 제3자에 대하여 그 효력이 생긴다.

13. 항공기에 장비하여야 할 구급용구가 아닌 것은? (단, 시험비행은 제외)

① 비상신호등, 방수휴대등
② 구명동의, 구명보트
③ 낙하산, 산소공급장치
④ 음성신호발생기, 불꽃조난 신호장비

해설 [항공안전법 시행규칙 제112조] : 다음의 항공기에는 항공기에 타고 있는 모든 사람이 사용할 수 있는 수의 낙하산을 장비하여야 한다.
① 특별감항증명을 받은 항공기(제작 후 최초로 시험비행을 하는 항공기 또는 국토교통부장관이 지정하는 항공기만 해당)
② 곡예비행을 하는 항공기(헬리콥터 제외)

14. 다음 중 사고조사에 관한 국제민간항공조약 부속서는?

① 부속서 8 ② 부속서 10
③ 부속서 13 ④ 부속서 16

해설 국제민간항공조약 부속서
부속서 1 : 항공종사자의 기능증명
부속서 2 : 항공교통규칙
부속서 3 : 항공기상의 부호
부속서 4 : 항공지도
부속서 5 : 통신에 사용되는 단위
부속서 6 : 항공기의 운항
부속서 7 : 항공기의 국적기호 및 등록기호
부속서 8 : 항공기의 감항성
부속서 9 : 출입국의 간소화
부속서 10 : 항공통신
부속서 11 : 항공교통업무
부속서 12 : 수색구조
부속서 13 : 사고조사
부속서 14 : 비행장
부속서 15 : 항공정보업무
부속서 16 : 항공기소음
부속서 17 : 항공보안시설
부속서 18 : 위험물수송
부속서 19 : 안전관리

15. 항공안전위해요인을 발생시켰거나 발생한 것을 안 자는 며칠 이내에 국토교통부장관에게 그 사실을 보고하여야 하는가?

정답 11. ③ 12. ② 13. ③ 14. ③ 15. ②

① 7일 ② 10일 ③ 15일 ④ 20일

해설 [항공안전법 제61조] : 항공안전 자율보고
① 누구든지 제59조 제1항에 따른 의무보고 대상 항공안전장애 외의 항공안전장애(자율보고대상 항공안전장애)를 발생시켰거나 발생한 것을 알게 된 경우 또는 항공안전위해요인이 발생한 것을 알게 되거나 발생이 의심되는 경우에는 국토교통부령으로 정하는 바에 따라 그 사실을 국토교통부장관에게 보고할 수 있다.
② 국토교통부장관은 제1항에 따른 보고(항공안전 자율보고)를 통하여 접수한 내용을 이 법에 따른 경우를 제외하고는 제3자에게 제공하거나 일반에게 공개해서는 아니 된다.
③ 누구든지 항공안전 자율보고를 한 사람에 대하여 이를 이유로 해고·전보·징계·부당한 대우 또는 그 밖에 신분이나 처우와 관련하여 불이익한 조치를 해서는 아니 된다.
④ 국토교통부장관은 자율보고대상 항공안전장애 또는 항공안전위해요인을 발생시킨 사람이 그 발생일로부터 10일 이내에 항공안전 자율보고를 한 경우에는 고의 또는 중대한 과실로 발생시킨 경우에 해당하지 않는 한 이 법 및 공항시설법에 따른 처분을 하여서는 아니 된다.
⑤ 제1항부터 제4항까지에서 규정한 사항 외에 항공안전 자율보고에 포함되어야 할 사항, 보고 방법 및 절차 등은 국토교통부령으로 정한다.

16. **변경등록과 말소등록은 그 사유가 있는 날로부터 며칠 이내에 신청하여야 하는가?**

① 10일 ② 15일 ③ 20일 ④ 25일

해설 [항공안전법 제13조, 제15조] : 소유자 등은 항공기의 정치장 또는 소유자 또는 임차인·임대인의 성명 또는 명칭과 주소 및 국적의 등록사항이 변경되었을 때에는 그 변경된 날부터 15일 이내에 대통령령으로 정하는 바에 따라 국토교통부장관에게 변경등록을 신청하여야 한다. 소유자 등은 등록된 항공기가 다음 각 호의 어느 하나에 해당하는 경우에는 그 사유가 있는 날부터 15일 이내에 대통령령으로 정하는 바에 따라 국토교통부장관에게 말소등록을 신청하여야 한다.

1. 항공기가 멸실되었거나 항공기를 해체(정비 등, 수송 또는 보관하기 위한 해체는 제외)한 경우
2. 항공기의 존재 여부를 1개월(항공기 사고인 경우에는 2개월) 이상 확인할 수 없는 경우
3. 제10조 제1항 각 호의 어느 하나에 해당하는 자에게 항공기를 양도하거나 임대(외국 국적을 취득하는 경우만 해당)한 경우
4. 임차기간의 만료 등으로 항공기를 사용할 수 있는 권리가 상실된 경우

17. **자격증명 응시자격 연령에 관한 설명 중 맞는 것은?**

① 자가용 조종사의 자격은 18세, 다만 자가용 활공기 조종사의 경우에는 16세
② 사업용 조종사, 항공기관사 및 항공정비사의 자격은 20세
③ 운송용 조종사 및 운항관리사의 자격 21세
④ 경량항공기조종사 18세

해설 [항공안전법 제34조] : 항공업무에 종사하려는 사람은 국토해양부장관으로부터 항공종사자 자격증명을 받아야 한다. 다만, 항공업무 중 무인항공기의 운항업무인 경우에는 그러하지 아니하다. 다음에 해당하는 자는 자격증명을 받을 수 없다.

1. 다음 각 목의 나이 미만인 사람
   가. 자가용 조종사 자격의 경우 : 17세(자가용 활공기 조종사의 경우에는 16세)
   나. 사업용 조종사, 부조종사, 항공사, 항공기관사, 항공교통관제사 및 항공정비사 자격의 경우 : 18세
   다. 운송용 조종사 및 운항관리사 자격의 경우 : 21세
2. 자격증명 취소처분을 받고 그 취소일로부터 2년이 지나지 아니한 자

18. **다음 중 항공안전법에 관한 내용 중 틀린 것은?**

① 항공운송사업을 통제한다.
② 항공기 항행의 안전을 도모한다.
③ 항공종사자의 의무에 관한 사항을 규정한다.

정답 16. ② 17. ③ 18. ①

④ 국제민간항공협약의 부속서에서 채택된 표준에 따른다.

해설 [항공안전법 제1조] : 국제민간항공협약 및 같은 협약의 부속서에서 채택된 표준과 권고되는 방식에 따라 항공기, 경량항공기 또는 초경량비행장치의 안전하고 효율적인 항행을 위한 방법과 국가, 항공사업자 및 항공종사자 등의 의무 등에 관한 사항을 규정함을 목적으로 한다. 항공안전법 시행령은 대통령령으로, 시행규칙은 국토교통부령으로 제정되었다.

19. **소음기준 적합증명 신청 시 첨부되어야 할 서류에 해당하지 않는 것은?**

① 정비규정
② 개조에 관한 기술사항을 기재한 서류
③ 소음기준에 적합함을 입증하는 비행교범
④ 소음기준에 적합하다는 사실을 증명할 수 있는 서류

해설 [항공안전법 시행규칙 제50조] : 소음기준 적합증명 신청
① 법 제25조 제1항에 따라 소음기준적합증명을 받으려는 자는 별지 제23호 서식의 소음기준적합증명 신청서를 국토교통부장관 또는 지방항공청장에게 제출하여야 한다.
② 제1항에 따른 신청서에는 다음 각 호의 서류를 첨부하여야 한다.
1. 해당 항공기가 법 제19조 제2호에 따른 소음기준에 적합함을 입증하는 비행교범
2. 해당 항공기가 소음기준에 적합하다는 사실을 입증할 수 있는 서류(해당 항공기를 제작 또는 등록하였던 국가나 항공기 제작기술을 제공한 국가가 소음기준에 적합하다고 증명한 항공기만 해당)
3. 수리 · 개조 등에 관한 기술사항을 적은 서류(수리 · 개조 등으로 항공기의 소음치가 변경된 경우에만 해당)

20. **항공기의 항행의 안전을 확보하기 위한 기술상의 기준에 적합한지 여부를 검사하는 종류 중 틀린 것은?**

① 법 제20조에 의한 형식증명
② 법 제23조에 의한 감항증명
③ 법 제25조에 의한 소음기준 적합증명
④ 법 제30조에 의한 수리, 개조 검사

해설 [항공안전법 제20조, 제23조, 제30조]

21. **항공기사용사업을 등록할 때 동일기종인 경우 필요한 정비사의 인원으로 맞는 것은?**

① 2대당 1인 이상 ② 1대당 1인 이상
③ 1대당 2인 이상 ④ 1대당 3인 이상

해설 [항공사업법 시행령 제18조] : 항공기사용사업 등록기준에서 정비사는 1대당(같은 기종은 2대당) 항공안전법에 따른 자격증명을 받은 사람 1명 이상 필요. 다만 보유 항공기에 대한 정비능력이 있는 항공기정비업자에게 항공기 정비업무 전체를 위탁하는 경우에는 제외

22. **다음 중 변경등록을 해야 할 시기는 언제인가?**

① 항공기 등록기호 변경이 있는 때
② 항공기 정치장의 변경이 있는 때
③ 항공기 형식 변경이 있는 때
④ 항공기 소유권 변경이 있는 때

해설 [항공안전법 제13조] : 소유자 등은 항공기의 정치장 또는 소유자 또는 임차인 · 임대인의 성명 또는 명칭과 주소 및 국적의 등록사항이 변경되었을 때에는 그 변경된 날부터 15일 이내에 대통령령으로 정하는 바에 따라 국토교통부장관에게 변경등록을 신청하여야 한다.

23. **국내선 항공운송사업에 사용되는 비행기가 계기비행방식에 의한 비행을 하는 경우 설치하지 않아도 되는 무선설비는 무엇인가?**

① 초단파 무선 전화 송·수신기
② 계기착륙시설 수신기
③ 거리측정시설 수신기
④ 기상레이더

해설 [항공안전법 시행규칙 제107조] : 항공기에 의무적으로 설치하여야 하는 무선설비는 다음과 같다. 다만, 항공운송사업에 사용되는 항

정답 19. ① 20. ③ 21. ① 22. ② 23. ④

공기 외의 항공기가 계기비행방식 외의 방식(시계비행)에 의한 비행을 하는 경우에는 ③부터 ⑥까지의 무선설비를 설치, 운용하지 아니할 수 있다.

① 비행 중 항공교통 관제기관과 교신할 수 있는 초단파(VHF), 극초단파(UHF) 무선전화 송·수신기 각 2대,
② 2차 감시 레이더용 트랜스폰더(SSR transponder) 1대
③ 자동방향탐지기(ADF) 1대
④ 계기착륙시설(ILS) 수신기 1대(최대 이륙중량 5700 kg 미만의 항공기와 헬리콥터 및 무인항공기는 제외)
⑤ 전방향표지시설(VOR) 수신기 1대
⑥ 거리측정시설(DME) 수신기 1대
⑦ 다음 각 목의 구분에 따라 비행 중 뇌우 또는 잠재적인 위험 기상조건을 탐지할 수 있는 기상레이더 또는 악기상 탐지장비
  가. 국제선 항공운송사업에 사용되는 비행기로서 여압장치가 장착된 비행기의 경우 : 기상레이더 1대
  나. 국제선 항공운송사업에 사용되는 헬리콥터의 경우 : 기상레이더 또는 악기상 탐지장비 1대
  다. 가목 외에 국외를 운항하는 비행기로서 여압장치가 장착된 비행기의 경우 : 기상레이더 또는 악기상 탐지장비 1대
⑧ 비상위치지시용 무선표지설비(ELT) 1대 이상

24. 타 항공기나 건물 외부로부터 몇 m 이상 떨어져야 급유 및 배유를 하는가?

① 10 m ② 15 m ③ 20 m ④ 25 m

해설 [공항시설법 시행규칙 제19조] : 항공기의 급유 또는 배유에 있어서는 다음의 경우에는 항공기의 급유 및 배유를 하지 말 것

① 발동기가 운전 중이거나 가열상태에 있을 경우
② 항공기가 격납고 기타 폐쇄된 장소에 있을 경우
③ 항공기가 격납고 기타의 건물의 외측 15 m 이내에 있을 경우
④ 필요한 위험 예방조치가 강구되었을 경우를 제외하고 여객이 항공기 내에 있을 경우

25. 긴급항공기의 지정취소처분을 받은 자는 얼마가 지나야 다시 긴급항공기의 지정을 받을 수 있는가?

① 최소 6개월 ② 최소 1년
③ 최소 1년 6개월 ④ 최소 2년

해설 [항공안전법 제69조] : 긴급항공기의 지정

① 응급환자의 수송 등 국토교통부령으로 정하는 긴급한 업무에 항공기를 사용하려는 소유자 등은 그 항공기에 대하여 국토교통부장관의 지정을 받아야 한다.
② 제1항에 따라 국토교통부장관의 지정을 받은 항공기(긴급항공기)를 제1항에 따른 긴급한 업무의 수행을 위하여 운항하는 경우에는 제66조에 따른 항공기 이륙·착륙 장소의 제한규정 및 제68조 제1호·제2호의 최저비행고도 아래에서의 비행 및 물건의 투하 또는 살포 금지행위를 적용하지 아니한다.
③ 긴급항공기의 지정 및 운항절차 등에 필요한 사항은 국토교통부령으로 정한다.
④ 국토교통부장관은 긴급항공기의 소유자 등이 다음 각 호의 어느 하나에 해당하는 경우에는 그 긴급항공기의 지정을 취소할 수 있다. 다만, 제1호에 해당하는 경우에는 그 긴급항공기의 지정을 취소하여야 한다.
  1. 거짓이나 그 밖의 부정한 방법으로 긴급항공기로 지정받은 경우
  2. 제3항에 따른 운항절차를 준수하지 아니하는 경우
⑤ 제4항에 따라 긴급항공기의 지정 취소처분을 받은 자는 취소처분을 받은 날부터 2년 이내에는 긴급항공기의 지정을 받을 수 없다.

26. 다음 중 국외 정비확인자의 자격으로 맞는 것은?

① 외국정부가 발급한 항공정비사 자격증명을 받은 자
② 외국정부가 인정한 항공기 수리사업자에 소속된 사람으로서 항공정비사와 동등 또는 그 이상의 능력이 있다고 국토교통부장관이 인정한 자

정답 24. ② 25. ④ 26. ③

③ 외국정부가 인정한 항공기 정비사업자에 소속된 사람으로서 항공정비사와 동등 또는 그 이상의 능력이 있다고 국토교통부장관이 인정한 자
④ 정비조직인증을 받은 외국의 항공기정비업자

해설 [항공안전법 시행규칙 제71조] : 국외 정비확인자는 다음의 어느 하나에 해당하는 사람으로서 국토교통부장관의 인정을 받은 사람을 말한다.
1. 외국정부가 발급한 항공정비사 자격증명을 받은 사람
2. 외국정부가 인정한 항공기정비사업자에 소속된 사람으로서 항공정비사 자격증명을 받은 사람과 동등하거나 그 이상의 능력이 있는 사람

27. 항공기 등록부호에 대한 설명 중 맞지 않는 것은?
① 국적기호는 로마자의 대문자 HL로 표시한다.
② 등록부호는 지워지지 않도록 선명하게 표시하여야 한다.
③ 등록기호는 4개의 아라비아 숫자로 표시하여야 한다.
④ 국적기호는 등록기호 앞에 표시하여야 한다.

해설 [항공안전법 시행규칙 제13조]
① 국적 등의 표시는 국적기호, 등록기호 순으로 표시하고, 장식체를 사용해서는 아니 되며, 국적기호는 로마자의 대문자 "HL"로 표시하여야 한다.
② 등록기호의 첫 글자가 문자인 경우 국적기호와 등록기호 사이에 붙임표(-)를 삽입하여야 한다.
③ 항공기에 표시하는 등록부호는 지워지지 아니하고 배경과 선명하게 대조되는 색으로 표시하여야 한다.
④ 등록기호의 구성 등에 필요한 세부사항은 국토교통부장관이 정하여 고시한다.

28. 항공기의 정의를 옳게 설명한 것은?
① 민간 항공에 사용되는 대형 항공기를 말한다.
② 비행기, 헬리콥터, 비행선, 활공기와 그 밖에 대통령령으로 정하는 것으로 공기의 반작용으로 뜰 수 있는 기기를 말한다.
③ 민간 항공에 사용하는 비행선과 활공기를 제외한 모든 것을 말한다.
④ 국토교통부령으로 정하는 항공에 사용할 수 있는 기기를 말한다.

해설 [항공안전법 제2조 제1호] : 항공기란 공기의 반작용으로 뜰 수 있는 기기로서 최대 이륙중량, 좌석 수 등 국토교통부령으로 정하는 기준에 해당하는 비행기, 헬리콥터, 비행선, 활공기와 그 밖에 대통령령으로 정하는 기기를 말한다.

29. 다음 중 제작증명을 위한 검사범위가 아닌 것은?
① 설계기술
② 제작관리체계
③ 제작과정
④ 설비, 인력, 품질관리체계

해설 [항공안전법 시행규칙 제33조] : 국토교통부장관은 법 제22조 제2항에 따라 제작증명을 위한 검사를 하는 경우에는 해당 항공기 등에 대한 제작기술, 설비, 인력, 품질관리체계, 제작관리체계 및 제작과정을 검사하여야 한다.

30. 항공정비사 자격증명 시험에 응시할 수 없는 자는?
① 자격증명을 받으려는 해당 항공기 종류에 대한 6개월 이상의 정비업무경력을 포함하여 4년 이상의 항공기 정비업무경력이 있는 사람
② 고등교육법에 의한 대학 또는 전문대학에서 항공정비사에 필요한 과정을 이수하고, 교육과정 이수 전의 정비실무경력이 6개월 이상인 사람
③ 국토교통부장관이 지정한 전문교육기관에서 항공기 정비에 필요한 과정을 이수

정답 27. ③ 28. ② 29. ① 30. ②

한 사람

④ 외국정부가 발급한 해당 항공기 종류 한정 자격증명을 받은 사람

해설 [항공안전법 시행규칙 제75조] : 항공정비사 시험에 응시할 수 있는 자격은 다음과 같다.

1. 항공기 종류 한정이 필요한 항공정비사 자격증명을 신청하는 경우에는 다음의 어느 하나에 해당하는 사람
   가. 자격증명을 받으려는 해당 항공기 종류에 대한 6개월 이상의 정비업무경력을 포함하여 4년 이상의 항공기 정비업무경력(자격증명을 받으려는 항공기가 활공기인 경우에는 활공기의 정비와 개조에 대한 경력을 말한다)이 있는 사람
   나. 고등교육법에 따른 대학·전문대학(다른 법령에서 이와 동등한 수준 이상의 학력이 있다고 인정되는 교육기관을 포함한다) 또는 학점인정 등에 관한 법률에 따라 학습하는 곳에서 별표 5 제1호에 따른 항공정비사 학과시험의 범위를 포함하는 각 과목을 모두 이수하고, 자격증명을 받으려는 항공기와 동등한 수준 이상의 것에 대하여 교육과정 이수 후의 정비실무경력이 6개월 이상이거나 교육과정 이수 전의 정비실무경력이 1년 이상인 사람
   다. 국토교통부장관이 지정한 전문교육기관에서 해당 항공기 종류에 필요한 과정을 이수한 사람(외국의 전문교육기관으로서 그 외국정부가 인정한 전문교육기관에서 해당 항공기 종류에 필요한 과정을 이수한 사람을 포함한다). 이 경우 항공기의 종류인 비행기 또는 헬리콥터 분야의 정비에 필요한 과정을 이수한 사람은 경량항공기의 종류인 경량비행기 또는 경량헬리콥터 분야의 정비에 필요한 과정을 각각 이수한 것으로 본다.
   라. 외국정부가 발급한 해당 항공기 종류 한정 자격증명을 받은 사람
2. 정비분야 한정이 필요한 항공정비사 자격증명을 신청하는 경우에는 다음의 어느 하나에 해당하는 사람
   가. 항공기 전자·전기·계기 관련 분야에서 4년 이상의 정비실무경력이 있는 사람
   나. 국토교통부장관이 지정한 전문교육기관에서 항공기 전자·전기·계기의 정비에 필요한 과정을 이수한 사람으로서 항공기 전자·전기·계기 관련 분야에서 정비실무 경력이 2년 이상인 사람

31. 항공기의 감항증명을 옳게 설명한 것은?

① 항공기가 안전하게 비행할 수 있다는 증명
② 예비품증명을 증명을 하기 위한 절차
③ 소음증명을 하기 위한 절차
④ 국제운항에 필요한 절차

해설 [항공안전법 제23조] : 항공기가 감항성이 있다는 증명(감항증명)을 받으려는 자는 국토교통부령으로 정하는 바에 따라 국토교통부장관에게 감항증명을 신청하여야 한다. 감항증명은 대한민국 국적을 가진 항공기가 아니면 받을 수 없다. 다만, 국토교통부령으로 정하는 항공기의 경우에는 그러하지 아니하다.

32. 항공기의 진로권의 우선 순위는?

A. 착륙을 위하여 비행장에 접근하는 높은 고도에 있는 항공기
B. 착륙을 위하여 최종 접근 단계에 있는 항공기
C. 착륙의 조작을 행하고 있는 항공기
D. 지상에서 운항 중인 항공기

① D−C−A−B ② B−A−C−D
③ C−B−A−D ④ B−C−A−D

해설 [항공안전법 시행규칙 제166조]

① 비행 중이거나 지상 또는 수상에서 운항 중인 항공기는 착륙 중이거나 착륙하기 위하여 최종 접근 중인 항공기에 진로를 양보하여야 한다.
② 착륙을 위하여 비행장에 접근하는 항공기 상호간에는 높은 고도에 있는 항공기가 낮은 고도에 있는 항공기에 진로를 양보하여야 한다. 이 경우 낮은 고도에 있는 항공기는 최종 접근단계에 있는 다른 항공기의 전방에 끼어들거나 그 항공기를 앞지르기해서는 아니 된다.
③ 제2항에도 불구하고 비행기, 헬리콥터 또는 비행선은 활공기에 진로를 양보하여야 한다.
④ 비상착륙하는 항공기를 인지한 항공기는 그 항공기에 진로를 양보하여야 한다.

정답 31. ① 32. ③

⑤ 비행장 안의 기동지역에서 운항하는 항공기는 이륙 중이거나 이륙하려는 항공기에 진로를 양보하여야 한다.

33. 특별감항증명을 받아야 하는 경우가 아닌 것은?

① 항공기를 수입하거나 수출하기 위하여 승객·화물을 싣지 아니하고 비행하는 경우
② 항공기의 설계에 관한 형식증명을 변경하기 위하여 운용한계를 초과하지 않는 시험비행을 하는 경우
③ 항공기의 제작 또는 개조 후 시험비행을 하는 경우
④ 항공기의 정비 또는 개조를 위한 장소까지 승객·화물을 싣지 아니하고 비행하는 경우

해설 [항공안전법 시행규칙 제37조] 특별감항증명의 대상으로 법 제23조 제3항 제2호에서 항공기의 연구, 개발 등 국토교통부령으로 정하는 경우란 다음 각 호의 어느 하나에 해당하는 경우를 말한다.

1. 항공기 및 관련 기기의 개발과 관련된 다음 각 목의 어느 하나에 해당하는 경우
   가. 항공기 제작자 및 항공기 관련 연구기관 등이 연구·개발 중인 경우
   나. 판매·홍보·전시·시장조사 등에 활용하는 경우
   다. 조종사 양성을 위하여 조종연습에 사용하는 경우
2. 항공기의 제작·정비·수리·개조 및 수입·수출 등과 관련한 다음 각 목의 어느 하나에 해당하는 경우
   가. 제작·정비·수리 또는 개조 후 시험비행을 하는 경우
   나. 정비·수리 또는 개조를 위한 장소까지 승객·화물을 싣지 아니하고 비행하는 경우
   다. 수입하거나 수출하기 위하여 승객·화물을 싣지 아니하고 비행하는 경우
   라. 설계에 관한 형식증명을 변경하기 위하여 운용한계를 초과하는 시험비행을 하는 경우
3. 무인항공기를 운항하는 경우
4. 제20조 제2항 특정한 업무를 수행하기 위하여 사용되는 경우
   가. 산불 진화 및 예방 업무
   나. 재난·재해 등으로 인한 수색·구조 업무
   다. 응급환자의 수송 등 구조·구급 업무
   라. 씨앗 파종, 농약 살포 또는 어군(魚群)의 탐지 등 농·수산업 업무
   마. 기상관측, 기상조절 실험 등 기상 업무
   바. 건설자재 등을 외부에 매달고 운반하는 업무(헬리콥터만 해당)
   사. 해양오염 관측 및 해양 방제 업무
   아. 산림, 관로(管路), 전선(電線) 등의 순찰 또는 관측 업무
5. 제1호부터 제4호까지 외에 공공의 안녕과 질서유지를 위한 업무를 수행하는 경우로서 국토교통부장관이 인정하는 경우

34. 최소장비목록(Minimum Equipment List)의 제정권자는?

① 항공기 제작사
② 전문검사기관
③ 국토교통부장관
④ 지방항공청장

해설 최소장비목록(Minimum Equipment List : MEL)은 항공기 제작사가 해당 항공기 형식에 대하여 제정하고 설계국이 인정한 표준최소장비목록(Master Minimum Equipment List : MMEL)에 부합되거나 또는 더 엄격한 기준에 따라 운송사업자가 작성하여 항공안전본부장의 인가를 받은 것을 말한다.

35. 항공교통 관제구의 높이로 맞는 것은?

① 항공로의 지표 또는 수면으로부터 200 m 이상의 높이
② 항공로의 지표 또는 수면으로부터 300 m 이상의 높이
③ 항공로의 지표 또는 수면으로부터 400 m 이상의 높이
④ 항공로의 지표 또는 수면으로부터 500 m 이상의 높이

정답 33. ② 34. ① 35. ①

해설 [항공안전법 제 2 조] : 관제구라 함은 지표면 또는 수면으로부터 200 m 이상 높이의 공역으로서 항공 교통의 안전을 위하여 국토교통부장관이 지정한 공역을 말한다.

36. 항공기가 야간에 공중과 지상을 항행할 때 필요한 등불은 어느 것인가?

① 우현등, 좌현등, 회전지시등
② 우현등, 좌현등, 충돌방지등
③ 좌현등, 우현등, 미등
④ 우현등, 좌현등, 미등, 충돌방지등

해설 [항공안전법 시행규칙 제120조] : 항공기가 야간에 공중, 지상 또는 수상을 항행하는 경우와 비행장의 이동지역 안에서 이동하거나 엔진이 작동 중인 경우에는 우현등, 좌현등 및 미등과 충돌방지등에 의하여 그 항공기의 위치를 나타내야 한다. 항공기를 야간에 사용되는 비행장에 주기 또는 정박시키는 경우에는 해당 항공기의 항행등을 이용하여 항공기의 위치를 나타내야 한다. 다만, 비행장에 항공기를 조명하는 시설이 있는 경우에는 그러하지 아니하다.

37. 국제민간항공조약에서 규정한 국가 항공기가 아닌 것은?

① 군 항공기　② 세관 항공기
③ 산림청 항공기　④ 경찰 항공기

해설 국가 항공기라 함은 군, 경찰 또는 세관에서 사용하는 항공기를 말한다.

38. 비행기를 이용하여 항공운송용 사업을 하려는 자의 운항 규정에 포함되어야 할 사항이 아닌 것은?

① 항공기 운항 정보
② 항공기 제원
③ 지역, 노선 및 비행장
④ 훈련

해설 [항공안전법 시행규칙 제266 조] : 운항 규정에 포함되어야 할 사항
① 일반사항
② 항공기 운항 정보
③ 지역, 노선 및 비행장
④ 훈련

39. 항공기의 소유자가 외국으로 이민가게 되면 해야 하는 등록은?

① 임차등록　② 이전등록
③ 말소등록　④ 변경등록

해설 [항공안전법 제15 조] : 소유자 등은 다음의 사유가 있는 날부터 15일 이내에 국토해양부장관에게 말소등록을 신청하여야 한다.
① 항공기가 멸실되었거나 항공기를 해체(정비, 개조, 운송 또는 보관하기 위하여 행하는 해체를 제외)한 경우
② 항공기의 존재여부가 1개월(항공기사고인 경우에는 2개월) 이상 확인할 수 없는 경우
③ 등록제한에 해당되는 자에게 항공기를 양도 또는 임대한 경우
④ 임대기간의 만료 등으로 항공기를 사용할 수 있는 권리가 상실된 경우
위 내용의 경우에 소유자 등이 말소등록을 신청하지 아니하는 때에는 국토교통부장관은 7일 이상의 기간을 정하여 말소등록을 할 것을 최고하여야 한다.

40. 등록기호표의 부착에 대한 설명으로 틀린 것은?

① 항공기 출입구 윗부분 안쪽 보기 쉬운 곳이어야 한다.
② 가로 7 cm, 세로 5 cm의 내화금속으로 만든다.
③ 등록기호표는 주날개면과 꼬리날개면에 부착한다.
④ 국적기호 및 등록기호와 소유자의 명칭을 기재한다.

해설 [항공안전법 시행규칙 제12조] : 항공기를 소유 또는 임차하여 사용할 수 있는 권리가 있는 자는 강철 등 내화금속으로 된 등록기호표(가로 7 cm, 세로 5 cm의 직사각형)를 항공기 출입구 윗부분의 안쪽 보기 쉬운 곳에 붙여야 한다. 등록기호표에는 국적기호 및 등록기호와 소유자 등의 명칭을 기재하여야 한다.

정답 36. ④　37. ③　38. ②　39. ③　40. ③

실전 테스트 2

★ 본 문제는 기출문제로써 시행처의 비공개 원칙에 따라 시행일을 표기할 수 없음을 밝혀 둡니다.

정비 일반

1. 날개 면적 25 m², 항공기 속도 108 km/h, 양력 계수 0.65로 표준대기 해면상에서 수평 비행 중인 비행기의 중량은 얼마인가?

① 457 kg ② 914 kg
③ 1371 kg ④ 1824 kg

해설 항공기가 수평 비행을 한다면 양력과 중력이 같으므로 $L = W = \frac{1}{2}\rho V^2 S C_L$

$$L = \frac{1}{2} \times 0.125 \times \left(\frac{108}{3.6}\right)^2 \times 25 \times 0.65$$
$$= 914\,\text{kg}$$

여기서, L : 양력, ρ : 공기 밀도
V : 비행속도, S : 날개 면적
C_L : 양력계수

2. 다음 중 활공각과 양항비의 관계를 옳게 설명한 것은?

① $\tan\theta = \frac{C_L}{C_D}$ ② $\tan\theta = \frac{C_D}{C_L}$

③ $\sin\theta = \frac{C_L}{C_D}$ ④ $\sin\theta = \frac{C_D}{C_L}$

해설 활공비 $= \frac{L}{h} = \frac{C_L}{C_D} = \frac{1}{\tan\theta} =$ 양항비

여기서, L : 활공거리
h : 활공고도
C_L : 양력계수
C_D : 항력계수
θ : 활공각

3. 도면의 표제란(title blocks)에 포함되는 내용이 아닌 것은?

① 부품자재
② 도면번호
③ 부품 또는 조립품의 명칭
④ 회사명

해설 도면을 다른 도면과 구별하기 위한 방법이 필요한데, 이 방법으로 표제란이 사용된다. 표제란은 도면번호와 도면에 관련되는 다른 정보, 그리고 그것을 나타내는 목적 등으로 구성된다. 표제란은 눈에 잘 띄는 장소에 나타내며, 보통 도면의 오른쪽 아래에 많이 나타낸다. 때로는 표제란을 도면 하단의 전체에 걸쳐 좁고 긴 형태로 나타내기도 한다.

비록 표제란의 배치는 표준 형식을 따르지 않더라도, 반드시 다음 사항들은 명시되어 있어야 한다.

㉠ 도면을 철할 때 구별하고, 다른 도면과 혼동하는 것을 막기 위한 도면번호
㉡ 부품 또는 조립품의 명칭
㉢ 도면의 축척(scale)
㉣ 제도 날짜
㉤ 회사명
㉥ 제도자, 확인자, 인가자 등의 이름

4. 무게가 5000kg인 항공기가 수평 정상선회 시 경사각이 60°라면 하중배수는 얼마인가?

① 0.5 ② 1
③ 1.5 ④ 2

해설 선회 시 하중배수 $n = \frac{1}{\cos\phi}$ 이므로

$$n = \frac{1}{\cos 60} = \frac{1}{0.5} = 2$$

정답 1. ② 2. ② 3. ① 4. ④

5. 항공기 자세의 변화 없이 속도를 10% 증가 시 양력은 어떻게 변화하는가?

① 10 % 증가　　② 10 % 감소
③ 21 % 증가　　④ 21 % 감소

해설 $L=\frac{1}{2}\times\rho\times V^2\times S\times C_L$에서 다른 조건이 동일하고, 속도가 10 % 증가되면
$L=\frac{1}{2}\times\rho\times(1.1V)^2\times S\times C_L$이 되므로 양력은 속도가 증가하기 전과 비교해서 21 % 증가한다.

6. 항공기의 탭(tab) 중에서 조종사의 조종력을 '0'으로 맞추어 주는 것은?

① 트림 탭(trim tab)
② 밸런스 탭(balance tab)
③ 스프링 탭(spring tab)
④ 서보 탭(servo tab)

해설 탭(tab)의 종류
㉠ 트림 탭(trim tab) : 조종면의 힌지 모멘트를 감소시켜 조종사의 조종력을 '0'으로 조정해 준다. 조종사가 임의로 위치를 조절할 수 있다.
㉡ 평형 탭(balance tab) : 조종면이 움직이는 반대 방향으로 움직일 수 있도록 연결되어 탭에 작용하는 공기력으로 인하여 조종면이 반대로 움직이게 되어 있다.
㉢ 서보 탭(servo tab) : 조종석의 조종장치와 직접 연결되어 탭만 작동시켜 조종면을 움직이도록 되어 있다.
㉣ 스프링 탭(spring tab) : 혼과 조종면 사이에 스프링을 설치하여 탭의 작용를 배가시키도록 한 장치이다. 스프링의 장력으로 조종력을 조절할 수 있다.

7. 정압이 감소하면 공기 밀도는 어떻게 변화하는가?

① 약간 감소하다가 다시 증가한다.
② 증가한다.
③ 영향을 미치지 않는다.
④ 감소한다.

해설 정압(압력)이 감소하면 공기 밀도는 감소한다.

8. 외력이 가해지지 않는 한 움직이고 있는 물체는 움직임을 계속하려는 뉴턴의 운동법칙은 어느 것인가?

① 제1법칙　　② 제2법칙
③ 제3법칙　　④ 제4법칙

해설 뉴턴의 운동법칙
㉠ 제1법칙 : 관성의 법칙으로 이것은 외부에서 힘이 가해지지 않는 한 모든 물체는 자기의 상태를 그대로 유지하려고 하는 것을 말한다. 즉, 정지한 물체는 영원히 정지한 채로 있으려고 하며 운동하던 물체는 일정한 방향으로 등속도 운동을 계속 하려는 성질이 있다.
㉡ 제2법칙 : 가속도의 법칙으로 힘이 가해졌을 때 물체가 얻는 가속도는 가해지는 힘에 비례하고, 물체의 질량에 반비례하는 것이다.
㉢ 제3법칙 : 작용(action)과 반작용(reaction)의 법칙으로 이 법칙은 작용이 있으면 반드시 그와 반대인 반작용이 있음을 말해준다. 즉, 만약 물체에 힘이 가해진다면 이 물체에 가해진 힘과 크기는 똑같고 방향만 반대인 저항이 발생한다.

9. 날개를 설계할 때 항력 발산 마하수를 높게 하기 위한 조건은?

① 두꺼운 날개를 사용하여 표면에서 속도를 증가시킨다.
② 가로세로비가 큰 날개를 사용한다.
③ 날개에 뒤 젖힘각을 준다.
④ 유도항력이 큰 날개골을 사용한다.

해설 항력 발산 마하수를 높게 하기 위한 조건
㉠ 얇은 날개를 사용하여 날개 표면에서의 속도 증가를 줄인다.
㉡ 날개에 뒤 젖힘각을 준다.
㉢ 가로세로비가 작은 날개를 사용한다.
㉣ 경계층을 제어한다.
㉤ 이상의 조건을 잘 조합해서 설계한다.

정답 5. ③　6. ①　7. ④　8. ①　9. ③

10. 항공기의 무게가 7000 kg, 날개 면적이 25 m^2인 제트 항공기가 해면상을 900 km/h로 수평 비행 시 추력은 몇 kg인가?(단, 양항비는 3.8이다.)

① 1780 kg　② 1800 kg
③ 1810 kg　④ 1842 kg

해설 추력(thrust) : 항공기가 수평 비행을 한다면 양력과 중력이 같으므로

$$W = L = \frac{1}{2}\rho V^2 S C_L$$

추력과 항력이 같으므로

$$T = D = \frac{1}{2}\rho V^2 S C_D$$

$T = W\dfrac{C_D}{C_L}$ 이 되므로

$$T = 7000 \times \frac{1}{3.8} \fallingdotseq 1842\,\text{kg}$$

11. 날개의 길이가 11 m, 평균 시위의 길이가 1.8 m인 날개에서 양력계수가 0.8일 때 유도 항력계수는?

① 0.03　② 0.3　③ 0.04　④ 0.4

해설 유도항력계수를 구하기 위해서는 종횡비를 알아야 한다.

$$AR = \frac{b}{c} = \frac{11}{1.8} = 6.11$$

여기서, b : 날개의 길이, c : 시위의 길이

유도항력계수 $C_{Di} = \dfrac{C_L^{\,2}}{\pi AR} = \dfrac{0.8^2}{\pi \times 6.11} = 0.03$

12. 고도 1000 m에서 공기 밀도가 0.1 kg·s^2/m^4이고, 비행기의 속도가 360km/h일 때 피토 정압관 입구에서 작용하는 동압은 얼마인가?

① 500 m/s　② 1000 m/s
③ 1500 m/s　④ 2000 m/s

해설 $q = \dfrac{1}{2}\rho V^2$

$$q = \frac{1}{2} \times 0.1 \times \left(\frac{360}{3.6}\right)^2 = 500\,\text{m/s}$$

13. 실란트(sealant)의 양생에 대한 설명 중 틀린 것은?

① 실란트의 양생(curing)은 온도가 60°F 이하일 때 가장 늦다.
② 실란트 양생을 위한 가장 이상적인 조건은 상대습도가 50%이고 온도는 77°F일 때이다.
③ 실란트의 양생은 온도를 증가시키면 촉진되므로, 가능한 높은 온도로 가열한다.
④ 실란트 양생을 촉진하기 위한 열은 적외선램프나 가열한 공기를 이용해서 가한다.

해설 혼합된 실란트의 작업 가능 시간은 30분부터 4시간까지인데, 실란트의 종류에 따라 다르다. 그러므로 혼합된 실란트는 가능한 빨리 사용해야 하며, 그렇지 않으면 냉동고에 보관한다. 혼합된 실란트의 양생률(curing rate)은 온도와 습도에 따라 변한다. 실란트의 양생(curing)은 온도가 60°F 이하일 때 가장 늦다. 대부분 실란트 양생을 위한 가장 이상적인 조건은 상대습도가 50%이고 온도는 77°F일 때이다. 양생은 온도를 증가시키면 촉진되지만, 그러나 양생하는 동안 언제라도 온도가 120°F을 초과해서는 안 된다. 열은 적외선램프나 가열한 공기를 이용해서 가한다. 만약 가열한 공기를 사용한다면, 공기로부터 습기와 불순물을 여과해서 적절히 제거시켜야 한다.

14. 평균 해면에서의 온도가 20℃일 때 10000m에서의 온도는 얼마인가?

① −40℃　② −45℃
③ −50℃　④ −55℃

해설 고도가 약 11 km 정도인 대류권에서는 고도가 1000 m 증가할수록 6.5℃ 감소하는데 대류권에서 임의의 고도의 온도를 구하는 식은 다음과 같다.

$$T = T_0 - 0.0065h$$
$$= 20 - 65 = -45℃$$

여기서, T : 구하는 고도의 온도
T_0 : 해면의 온도로 표준 해면은 15℃
h : 고도(m)

정답 10. ④　11. ①　12. ①　13. ③　14. ②

15. wing let 설치의 목적은 무엇인가?

① 형상항력 감소
② 유도항력 감소
③ 간섭항력 감소
④ 마찰항력 감소

해설 윙렛(wing let) : 일종의 윙 팁 플레이트(wing tip plate)로서 윙 팁의 압력 차이를 보충해서 업 워시(up wash)를 막고 양력의 증가와 유도항력을 감소시킬 수 있기 때문에 종횡비를 크게 한 효과가 있다.

16. 표준 해면상에서 CAS, EAS, TAS의 관계가 옳은 것은?

① TAS > EAS > CAS
② TAS = EAS = CAS
③ TAS < CAS < EAS
④ TAS < EAS = CAS

해설 대기속도

㉠ 지시 대기속도(IAS) : 항공기에 설치된 대기속도계의 지시에 있어서 표준 해면밀도를 쓴 계기가 지시하는 속도를 말한다.

$$V_i = \sqrt{\frac{2q}{\rho_0}}$$

㉡ 수정 대기속도(CAS) : IAS에서 피토 정압관의 장착위치와 계기 자체의 오차를 수정한 속도를 말한다.

㉢ 등가 대기속도(EAS) : CAS에서 위치오차와 비행고도에 있어 압축성의 영향을 수정한 속도를 말한다.

$$V_e = V_t \sqrt{\frac{\rho}{\rho_0}}$$

㉣ 진 대기속도(TAS) : EAS에서 고도 변화에 따른 공기밀도를 수정한 속도

$$V_t = V_e \sqrt{\frac{\rho_0}{\rho}}$$

참고 표준 대기상태의 해면상에서는 CAS, EAS와 TAS가 일치한다.

여기서, q : 동압
ρ : 임의의 고도에서의 공기 밀도
ρ_0 : 해면상에서의 밀도

17. 받음각이 커지면 풍압 중심은 일반적으로 어떻게 되는가?

① 앞전으로 이동한다.
② 뒷전으로 이동한다.
③ 이동하지 않는다.
④ 뒷전으로 이동하다가 앞전으로 이동한다.

해설 풍압 중심(압력 중심, center of pressure) : 날개 윗면에 발생하는 부압과 아랫면에 발생하는 정압의 차이에 의해 날개를 뜨게 하는 양력이 발생하게 되는데, 이 압력이 작용하는 합력점이고, 받음각에 따라 움직이게 되는데 받음각이 커지면 앞으로, 작아지면 뒤로 움직인다.

18. 날개골의 받음각이 증가하여 흐름의 떨어짐 현상이 발생하면 양력과 항력의 변화는 어떠한가?

① 양력과 항력이 모두 증가한다.
② 양력과 항력 모두 감소한다.
③ 양력은 증가하고 항력은 감소한다.
④ 양력은 감소하고 항력은 증가한다.

해설 경계층 속에서 흐름의 떨어짐이 일어나면 그 곳으로부터 뒤쪽으로 역류현상이 발생하여 후류가 일어나서 와류현상을 나타내고 흐름의 떨어짐으로 인하여 후류가 발생하면 항력과 압력이 높아지고, 운동량의 손실이 크게 발생하여 날개골의 양력은 급격히 감소하게 된다.

19. 다음 중 잉여마력(여유마력)과 가장 관계가 큰 것은?

① 수평 최대 속도 ② 상승률
③ 활공성능 ④ 실속속도

해설 잉여마력(excess horse power) : 잉여마력은 여유마력이라고 하는데 이용마력에서 필요마력을 뺀 값으로 비행기의 상승성능을 결정하는 데 중요한 요소가 된다.

$$R.C = \frac{75(P_a - P_r)}{W}$$

여기서, $R.C$: 상승률, P_a : 이용마력
P_r : 필요마력

정답 15. ② 16. ② 17. ① 18. ④ 19. ②

20. **항공기 수리와 정비를 위해 적절한 대체 금속을 선정할 때 필요조건이 아닌 것은?**

① 원래 강도 유지 ② 원래 외형 유지
③ 원래 무게 유지 ④ 원래 가격 유지

해설 항공기 수리와 정비를 위해 적절한 대체 금속을 찾기 위해서는 구조수리교범을 참조하는 것이 매우 중요하다. 항공기제작사들은 각각의 항공기에 대한 고유의 하중요구조건을 만족시킨다는 전제하에 구조부재를 설계한다. 구조가 거의 비슷하더라도 이들 부재를 수리하는 방법은 다른 항공기와 아주 다를 수 있다. 대체 금속을 선정할 때, 다음 네 가지 필요조건을 명심하여야 한다.

1. 가장 중요한 것으로 구조물의 원래 강도를 유지하는 것
2. 외형 또는 공기역학적인 매끄러움을 유지하는 것
3. 원래의 무게를 유지할 것 또는 가능한 추가되는 무게를 최소로 유지하는 것
4. 금속 원래의 내식성을 유지하는 것

21. **공기의 흐름이 날개에서 떨어지면서 발생되는 후류가 날개나 꼬리날개를 진동시켜 발생되는 현상을 무엇이라고 하는가?**

① stall ② approach
③ roll-out ④ buffet

해설 버핏(buffet) : 일반적으로 비행기의 조종간을 당겨 기수를 들어 실속속도에 접근하게 되면 비행기가 흔들리는 현상인 버핏이 일어난다. 이것은 흐름이 날개에서 떨어지면서 발생되는 후류가 날개나 꼬리날개를 진동시켜 발생되는 현상으로서 이러한 현상이 일어나면 실속이 일어나는 징조이고, 승강키의 효율이 감소하고 조종간에 의해 조종이 불가능해지는 기수 내림(nose down) 현상이 나타난다.

22. **다음 중 고항력 장치가 아닌 것은 어느 것인가?**

① 드래그 슈트 ② 스피드 브레이크
③ 역추력장치 ④ 슬랫

해설 고양력 장치 및 고항력 장치

(1) 고양력 장치 : 날개의 양력을 증가시켜 주는 장치로 다음의 것들이 있다.
 ㉠ 뒷전 플랩
  1. 단순 플랩(plain flap)
  2. 스플릿 플랩(split flap)
  3. 슬롯 플랩(slot flap)
  4. 파울러 플랩(fowler flap)
 ㉡ 앞전 플랩
  1. 슬롯과 슬랫(slat and slot)
  2. 크루거 플랩(kruger flap)
  3. 드루프 앞전(droop nose)
 ㉢ 경계층 제어장치
  1. 빨아들임 방식
  2. 불어날림 방식
(2) 고항력 장치 : 항력만을 증가시켜 비행기의 속도를 감소시키기 위한 장치
 ㉠ 스피드 브레이크
 ㉡ 역추력 장치
 ㉢ 제동 낙하산

23. **속도와 정압의 관계가 바른 것은?**

① 속도가 커지면 정압은 커진다.
② 속도가 작아지면 정압은 커진다.
③ 속도가 일정하면 정압이 커진다.
④ 속도가 일정하면 정압은 작아진다.

해설 베르누이의 정리
정압(P) + 동압 (q) = 전압(P_t) = 일정

$$P+\frac{1}{2}\rho V^2 = P_t = \text{일정}$$

위와 같이 정상 흐름의 경우에 베르누이의 정리는 정압과 동압을 합한 결과가 항상 일정하다는 것을 나타내며, 어느 한 점에서 흐름의 속도가 빨라지면 그곳에서의 정압은 감소함을 나타낸다.

24. **종극하중(극한하중 : ultimate load)은?**

① 제한하중×안전계수
② 제한하중×3초
③ 제한하중+안전계수
④ 제한하중+3초

정답 20. ④ 21. ④ 22. ④ 23. ② 24. ①

해설 종극하중(ultimate load, 극한하중)

㉠ 제한하중 : 비행 중에 생길 수 있는 최대의 하중

㉡ 종극하중 : 제한하중 내에서는 기체의 구조 변형이나 기능 장애를 일으키지 않기 때문에 안전하다고 할 수 있지만 예기치 않은 과도한 하중이 작용할 수 있기 때문에 이러한 과도한 하중에 최소한 3초간은 안전할 수 있도록 설계해야 하는데 이러한 과도한 하중을 종극하중이라 하고, 일반적으로 제한하중에 항공기의 일반적인 안전계수 1.5를 곱한 하중이다.

25. 평형추(ballast)에 관한 설명 중 틀린 것은 어느 것인가?

① 평형추는 평형을 얻기 위하여 항공기에 사용된다.

② 무게 중심 한계 이내로 무게 중심이 위치하도록 최소한의 중량으로 가능한 전방에서 가까운 곳에 둔다.

③ 영구적 평형추는 장비 제거 또는 추가 장착에 대한 보상 중량으로 장착되어 오랜 기간 동안 항공기에 남아있는 평형추다.

④ 임시 평형추 또는 제거가 가능한 평형추는 변화하는 탑재 상태에 부합하기 위해 사용한다.

해설 평형추는 평형을 얻기 위하여 항공기에 사용된다. 보통 무게 중심 한계 이내로 무게 중심이 위치하도록 최소한의 중량으로 가능한 전방에서 먼 곳에 둔다. 영구적 평형추는 장비제거 또는 추가 장착에 대한 보상 중량으로 장착되어 오랜 기간 동안 항공기에 남아있는 평형추다. 그것은 일반적으로 항공기 구조물에 볼트로 체결된 납봉이나 판(lead bar, lead plate)이다. 빨간색으로 "PERMANENT 평형추 – DO NOT REMOVE"라 명기되어 있다. 영구 평형추의 장착은 항공기 자중의 증가를 초래하고, 유용하중을 감소시킨다. 임시 평형추 또는 제거가 가능한 평형추는 변화하는 탑재 상태에 부합하기 위해 사용한다. 일반적으로 납탄주머니, 모래주머니 등이다. 임시 평형추는 "평형추 xx LBS. REMOVE REQUIRES WEIGHT AND BALANCE CHECK."라 명기되어 있고 수하물실에 싣는 것이 보통이다. 평형추는 항상 인가된 장소에 위치하여야 하고, 적정하게 고정되어야 한다. 영구 평형추를 항공기의 구조물에 장착하려면 그 장소가 사전에 승인된 평형추 장착을 위해 설계된 곳이어야 한다. 대개조 사항으로 감항당국의 승인을 받아야 한다. 임시 평형추는 항공기가 난기류나 비정상적 비행 상태에서 쏟아지거나 이동되지 않게 고정한다.

26. NLG = 2500 kg, MLG = 10000 kg, NLG와 MLG의 거리는 5 m일 때 C.G는 어디에 위치하는가?

① NLG로부터 4 m

② NLG로부터 5 m

③ NLG로부터 6 m

④ NLG로부터 7 m

해설 $C.G = \frac{총모멘트}{총무게}$

여기서, 총모멘트 = 힘×거리

기준점이 정해져 있지 않으므로 기준점을 임의로(기준점은 임의로 정해도 무방하므로) NLG 후방 1m 지점으로 정하고, 기준점 전방을 (−)로, 후방을 (+)로 한 후(이것도 반대로 해도 무방하다.) 식에 대입하면

$$C.G = \frac{-(1\times2500)+(4\times10000)}{2500+10000} = 3$$

NLG 1 m 후방을 기준점으로 잡았으므로 무게 중심은 NLG로부터 4 m 후방에 위치한다.

27. 다음 중 턱 언더(tuck under)란 무엇인가?

① 수평 비행 중 속도가 증가하면 자연히 기수가 밑으로 내려가는 현상

② 수평 비행 중 속도가 증가하면 갑자기 한쪽 날개가 내려가는 현상

③ 수평 꼬리날개에 충격파가 발생하고 승강키의 효율이 떨어지는 현상

④ 고속 비행 시 날개가 비틀려져 보조날개의 효율이 떨어지는 현상

정답 25. ② 26. ① 27. ①

해설 턱 언더(tuck under) : 저속 비행 시 수평비행이나 하강비행을 할 때 속도를 증가시키면 기수가 올라가려는 경향이 커지게 되고 음속에 가까운 속도로 비행하게 되면 속도를 증가시킬 때 기수가 오히려 내려가는 경향이 생기게 되는데 이러한 경향을 턱 언더라고 한다. 이러한 현상은 조종사에 의해 수정이 어렵기 때문에 마하 트리머나 피치트림 보상기를 설치하여 자동적으로 턱 언더 현상을 수정할 수 있게 한다.

28. 항공기 날개의 sweepback은 다음 중 어떤 효과가 있는가?

① 임계 마하수를 높여준다.
② 임계 마하수를 낮춰준다.
③ 임계 마하수에 아무런 영향을 주지 않는다.
④ 양력을 증가시켜준다.

해설 후퇴날개의 특성

㉠ 장점
1. 천음속에서 초음속까지 항력이 적다.
2. 충격파 발생이 느려 임계 마하수를 증가시킬 수 있다.
3. 후퇴날개 자체에 상반각 효과가 있기 때문에 상반각을 크게 할 필요가 없다.
4. 직사각형 날개에 비해 마하 0.8까지 풍압중심의 변화가 적다.
5. 비행 중 돌풍에 대한 충격이 적다.
6. 방향 안정 및 가로 안정이 있다.

㉡ 단점
1. 날개 끝 실속이 잘 일어난다.
2. 플랩 효과가 적다.
3. 뿌리부분에 비틀림 모멘트가 발생한다.
4. 직사각형 날개에 비해 양력 발생이 적다.

29. B급 화재에 사용이 바람직하지 못한 소화기는?

① 물 소화기
② 이산화탄소 소화기
③ 할로겐화탄화수소 소화기
④ 분말 소화기

해설 소화기의 종류

㉠ 물 소화기(water extinguisher) : A급 화재에 가장 적합하다. 물은 연소에 필요한 산소를 차단하고, 가연물을 냉각시킨다. 대부분 석유제품은 물에 뜨기 때문에 B급 화재에 물소화기 사용은 바람직하지 않다. 전기적인 화재에 물 소화기를 사용할 경우에는 세심한 주의가 요구된다. D급 화재에 물 소화기를 사용해서는 절대로 안 된다. 금속은 매우 높은 고온에서 연소하므로 물의 냉각효과는 금속의 폭발을 유발할 수 있다.

㉡ 이산화탄소 소화기(CO_2, carbon dioxide, extinguisher) : 가스의 질식작용에 의하여 소화되기 때문에 A급, B급 및 C급 화재에 사용한다. 또한 물 소화기처럼 이산화탄소는 가연물을 냉각시킨다. D급 화재에는 이산화탄소 소화기를 절대로 사용해서는 안 된다. 물 소화기처럼 이산화탄소(CO_2)의 냉각효과는 고온 금속의 폭발을 유발하기 때문이다.

㉢ 할로겐화탄화수소(halogenated hydrocarbon) 소화기 : B급과 C급 화재에 가장 효과적이다. 일부 A급 화재와 D급 화재에도 사용할 수 있지만 효과적이지는 못하다.

㉣ 분말 소화기 : B급 화재와 C급 화재에도 사용 가능하지만 D급 화재에 가장 효과적이다. 중탄산칼륨나트륨, 인산염 등을 화학적으로 특수 처리하여 분말 형태로 소화 용기에 넣어 가압 상태에서 보관되어 있으므로 소화기 사용 후 잔류분말이 민감한 전자 장비 등에 손상을 줄 수 있기 때문에 금속화재를 제외한 항공기 사용에는 권고되지 않는다.

30. 기체의 점성계수와 온도와의 관계는 어떻게 되는가?

① 온도가 올라가면 점성계수가 낮아진다.
② 온도에 관계없이 변화가 없다.
③ 온도가 올라가면 점성계수가 높아진다.
④ 온도와 점성계수는 무관하다.

해설 기체의 점성계수는 온도에 관계되며, 온도가 높을수록 약간 증가하고, 물체의 레이놀즈수는 같은 형태의 물체라면 길이나 크기가 클수록 커진다.

정답 28. ① 29. ① 30. ③

31. 다음 중 캠버(camber)를 바르게 설명한 것은 어느 것인가?

① 시위선에서 평균 캠버선까지의 거리
② 위 캠버와 아래 캠버 사이의 거리
③ 날개의 윗면과 아랫면 사이의 거리
④ 앞전에서 최대 캠버선까지의 거리

해설 날개골(airfoil)의 명칭

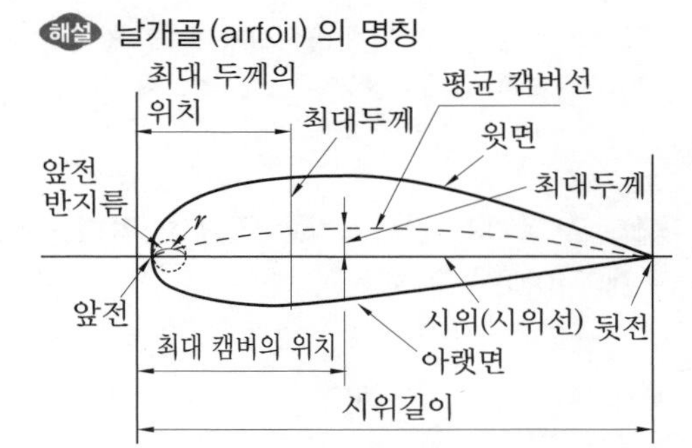

㉠ 앞전(leading edge) : 날개골 앞부분의 끝
㉡ 뒷전(trailing edge) : 날개골 뒷부분의 끝
㉢ 시위(chord) : 앞전과 뒷전을 연결하는 직선
㉣ 두께 : 시위선에서 수직선을 그었을 때 윗면과 아랫면 사이의 수직거리
㉤ 평균 캠버선(mean camber line) : 두께의 2등분 점을 연결한 선
㉥ 캠버(camber) : 시위선에서 평균 캠버선까지의 길이로 시위선과의 비로 나타낸다.
㉦ 앞전 반지름 : 앞전에서 평균 캠버선 상에 중심을 두고 앞전 접선에 내접하도록 그린 원의 반지름
㉧ 윗면과 아랫면 : 날개골의 위쪽과 아래쪽의 곡선
㉨ 최대 두께의 위치 : 앞전에서부터 최대 두께까지의 시위선 상의 거리
㉩ 최대 캠버의 위치 : 앞전에서부터 최대 캠버까지의 시위선 상의 거리를 말하며, 그 거리는 시위선 길이와의 비로 나타낸다.

32. 다음 중 도살 핀(dorsal fin)의 효과는 무엇인가?

① 가로 안정성을 증가시킨다.
② 방향 안정성을 증가시킨다.
③ 세로 안정성을 증가시킨다.
④ 수직 안정성을 증가시킨다.

해설 도살 핀(dorsal fin) : 수직 꼬리날개가 실속하는 큰 옆미끄럼각에서도 방향 안정을 유지하는 강력한 효과를 얻는다. 비행기에 도살 핀을 장착하면 다음의 두 가지 방법으로 큰 옆미끄럼각에서 방향 안정성을 증가시킨다.
㉠ 큰 옆미끄럼각에서의 동체의 안정성의 증가
㉡ 수직 꼬리날개의 유효 가로세로비를 감소시켜 실속각의 증가

33. 알루미늄 튜브의 플레어(flare) 종류 중 이중 플레어(double flare)의 장점은?

① 싱글 플레어보다 밀폐 성능이 나쁘다.
② 전단력으로 인해 손상되기 쉽다.
③ 제작이 쉽다.
④ 전단력으로 인한 손상이 적다.

해설 더블 플레어는 싱글 플레어보다 더 매끈하고 동심이어서 훨씬 밀폐 성능이 좋고 토크의 전단 작용에 대한 저항력이 크다.

34. 유도항력의 원인은 무엇인가?

① 날개 끝 와류 ② 속박 와류
③ 간섭 항력 ④ 충격파

해설 유도항력(induced drag) : 날개가 흐름 속에 있을 때 날개 윗면의 압력은 작고, 아랫면의 압력은 크기 때문에 날개 끝에서 흐름이 날개 아랫면에서 윗면으로 올라가는 와류현상이 생긴다. 이 날개 끝 와류로 인하여 날개에는 내리흐름이 생기게 되고, 이 내리 흐름으로 인하여 유도항력이 발생한다. 비행기 날개와 같이 날개 끝이 있는 것에는 반드시 유도항력이 발생한다.

35. 슬롯(slot)의 주된 역할은 무엇인가?

① 방향 조종을 개선
② 세로안정을 돕는다.
③ 저속 시 요잉을 제거한다.
④ 박리 지연

해설 슬롯(slot)은 날개 앞전의 안쪽 밑면에서 윗면으로 만든 틈으로써 밑면의 흐름을 윗면으로 유도하여 흐름의 떨어짐을 지연시킨다.

정답 31. ① 32. ② 33. ④ 34. ① 35. ④

36. 충격파로 인한 실속 방지법은 무엇인가?

① 가로세로비를 작게 한다.
② 앞전 반지름을 작게 한다.
③ 앞전 반지름을 크게 한다.
④ 후퇴익을 사용한다.

해설 초음속 흐름에서 충격파로 인하여 발생하는 항력을 조파항력(wave drag)이라 하며, 아음속 흐름에서는 존재하지 않는데 조파항력은 날개골의 받음각, 캠버선의 모양, 그리고 길이에 대한 두께의 비에 따라 결정된다. 충격파의 발생으로 인한 조파항력을 최소로 하기 위해서 초음속 날개골의 앞전은 뾰족하게 하고, 두께는 가능한 범위 내에서 얇게 해야 한다.

37. 스트레스 받는 요인이 아닌 것은?

① 새로운 아이디어 개발
② 일상의 골칫거리
③ 심리적 탈진
④ 대인관계 폭력

해설 스트레스 유발 요인

1. 주요 생활사건 : 배우자의 사망, 결혼 혹은 이혼, 실직과 같은 일은 인간의 삶에 큰 영향을 미치는 주요한 생활사건이다.
2. 일상의 골칫거리 : 사람들은 교통체증, 지각, 소지품 분실, 친구나 가족과의 다툼과 같은 일상의 사소한 일에서도 스트레스를 경험한다.
3. 좌절 : 좌절은 어떤 일이 자신의 뜻이나 기대대로 전개되지 않을 때 느끼는 감정으로 스트레스를 유발하는 주요 요인이다.
4. 심리적 탈진(psychological burnout) : 심리적 탈진은 강도 높은 대인관계 서비스업에 종사하는 사람에게서 많이 나타난다.
5. 대인관계 폭력 : 타인에게 신체적 혹은 정신적으로 폭력을 당하면 매우 강한 강도의 스트레스를 경험하게 된다.

38. 날개 끝 실속이 잘 일어나는 날개 형태는 어느 것인가?

① 타원형 날개 ② 직사각형 날개
③ 뒤젖힘 날개 ④ 앞젖힘 날개

해설 날개골의 특성

㉠ 직사각형 날개 : 날개 뿌리 부근에서 먼저 실속이 생긴다.
㉡ 테이퍼 날개 : 테이퍼가 작으면 날개 끝 실속이 생긴다.
㉢ 타원 날개 : 날개 전체에 걸쳐서 실속이 생긴다.
㉣ 뒤젖힘 날개 : 날개 끝 실속이 잘 일어난다.
㉤ 앞젖힘 날개 : 날개 끝 실속이 잘 일어나지 않으며 고속 특성도 좋다.

39. 제트기가 항속거리를 길게 하려면 어떻게 하여야 하는가?

① $\left(\dfrac{C_L^{\frac{2}{3}}}{C_D}\right)_{max}$ 가 되는 받음각으로 비행
② $\left(\dfrac{C_L}{C_D}\right)_{max}$ 가 되는 받음각으로 비행
③ $\left(\dfrac{C_D^{\frac{1}{2}}}{C_L}\right)_{max}$ 가 되는 받음각으로 비행
④ $\left(\dfrac{C_L^{\frac{1}{2}}}{C_D}\right)_{max}$ 가 되는 받음각으로 비행

해설 제트 항공기의 항속거리 및 항속시간

㉠ 제트 항공기가 항속거리를 길게 하려면 $\left(\dfrac{C_L^{\frac{1}{2}}}{C_D}\right)_{max}$ 가 되는 받음각으로 비행하여야 한다.
㉡ 제트 항공기가 항속시간을 길게 하려면 $\left(\dfrac{C_L}{C_D}\right)_{max}$ 가 되는 받음각으로 비행하여야 한다.

40. 최대 양력계수가 큰 항공기일수록 선회 반지름과 착륙속도는 어떻게 되는가?

① 활공속도가 크고, 착륙속도가 작아진다.
② 상승속도가 크고, 착륙속도가 커진다.
③ 선회 반지름이 작고, 착륙속도가 작아진다.
④ 상승속도가 작고, 착륙속도는 커진다.

정답 36. ② 37. ① 38. ③ 39. ④ 40. ③

해설 선회 반지름 $R=\frac{2W}{\rho SC_L}$

속도 $V=\sqrt{\frac{2W}{\rho SC_L}}$

양력계수(C_L)가 커지면 선회 반지름과 이륙 및 착륙속도는 작아지게 된다.

항공 기체

1. 완충장치 중 현재 가장 많이 사용하는 것은 무엇인가?

① 고무 완충장치
② 평판 스프링식 완충장치
③ 공기 압축식 완충장치
④ 올레오식 완충장치

해설 완충장치는 착륙 시 항공기의 수직 속도 성분에 의한 운동 에너지를 흡수함으로써 충격을 완화시켜 주기 위한 장치이다.
㉠ 탄성식 완충장치는 완충효율이 50 % 이다.
㉡ 공기 압축식 완충장치는 완충효율이 47 % 이다.
㉢ 올레오식 완충장치는 완충효율이 75 % 이상이며, 현대 항공기에 가장 많이 사용한다.

2. 다음 중 턴 버클(turn buckle)의 사용목적으로 맞는 것은?

① 케이블의 장력을 온도에 따라 보정하여 장력을 일정하게 한다.
② 조종면을 고정시킨다.
③ 항공기를 지상에 계류시킬 때 사용한다.
④ 조종계통 케이블의 장력을 조절한다.

해설 턴 버클은 조종 케이블의 장력을 조절하는 부품으로써 턴 버클 배럴(barrel)과 터미널 엔드로 구성되어 있다.

3. 가스 용접에서 아세틸렌 호스의 색깔은?

① 백색 ② 녹색
③ 적색 ④ 흑색

해설 산소 호스의 색깔은 녹색이며, 연결부의 나사는 오른나사이고, 아세틸렌 호스의 색깔은 적색이며, 연결부의 나사는 왼나사이다.

4. 여압실 내에서 비틀림 응력에 의한 좌굴현상을 방지하기 위해 동체 앞, 뒤로 1개씩 설치한 구조재는 무엇인가?

① 정형재(former)
② 세로지(stringer)
③ 세로대(longeron)
④ 벌크헤드(bulkhead)

해설 벌크헤드(bulkhead)는 동체 앞, 뒤에 하나씩 있는데 이것은 여압실 동체에서 객실 내의 압력을 유지하기 위하여 밀폐하는 격벽판(pressure bulkhead)으로 이용되기도 한다. 동체 중간의 필요한 부분에 링(ring)과 같은 형식으로 배치하여 날개, 착륙장치 등의 장착부를 마련해주는 역할도 한다. 또, 동체가 비틀림에 의해 변형되는 것을 막아 주며 프레임, 링 등과 함께 집중하중을 받는 부분으로부터 동체의 외피로 확산시키는 일도 한다.

5. 일반적으로 보조 날개는 날개의 끝에 장착되는데 그 이유는?

① 날개의 구조, 강도 때문에
② 익단 실속을 지연시키기 위해
③ 나선 회전을 방지하기 위해
④ 보조 날개의 효과를 높이기 위해

해설 보조날개는 날개에 장착될 때 길이를 길게 할 수 없다. 스파의 높이도 충분하지 않아 경량, 소형 및 강성이 높은 것을 필요로 하므로 같은 조종력으로 큰 옆놀이 모멘트를 얻기 위해서는 날개 끝에 설치하는 것이 유리하다.

6. 릴리프 구멍(relief hole)의 사용목적은?

① 금속을 가볍게 한다.
② 팽창을 저지한다.
③ 응력 집중을 완화해주고 금이 가는 것을 막아준다.
④ 강도를 증가시켜 준다.

정답 1. ④ 2. ④ 3. ③ 4. ④ 5. ④ 6. ③

해설 릴리프 홀(relief hole) : 2개 이상의 굽힘이 교차하는 장소는 안쪽 굽힘접선의 교점에 응력이 집중하여 교점에 균열이 일어난다. 따라서, 굽힘가공에 앞서서 응력집중이 일어나는 교점에 응력 제거 구멍을 뚫는 것을 말한다.

7. **리벳 제거 시 사용되는 드릴의 사이즈는?**

① 리벳 지름보다 두 사이즈 작은 드릴
② 리벳 지름보다 한 사이즈 작은 드릴
③ 리벳 지름과 동일한 사이즈의 드릴
④ 리벳 지름보다 한 사이즈 큰 드릴

해설 항공기 판금작업에 가장 많이 사용되는 리벳의 지름은 3/32~3/8″이다. 리벳 제거 시에는 리벳 지름보다 한 사이즈 작은 크기(1/32″ 작은 드릴)의 드릴로 머리 높이까지 뚫는다.

8. **FRP (fiber reinforced plastic)에 사용되고 있는 열경화성 수지는?**

① 페놀 수지　② 에폭시 수지
③ 실리콘 수지　④ 멜라민 수지

해설 에폭시 수지는 열경화성 수지 중 대표적인 것으로 수축률이 적고, 기계적 성질이 우수하며, 접착강도를 가지고 있으므로 항공기 구조의 접착제나 도료로 사용된다.

9. **올레오 스트럿(oleo strut)의 적당한 팽창길이를 알아내는 일반적인 방법은 다음 항목 중에서 어느 것인가?**

① 스트럿의 노출된 부분의 길이를 측정한다.
② 스트럿의 액량을 측정한다.
③ 프로펠러의 팁 간격을 측정한다.
④ 지면과 날개의 끝부분과의 간격을 측정한다.

해설 완충 버팀대의 팽창길이를 점검하기 위해서는 완충 버팀대 속의 작동유체의 압력을 측정한다. 규정압력에 해당되는 최대 및 최소 팽창길이를 표시해주는 완충 버팀대 팽창도표를 이용하여 팽창길이가 규정범위에 들어가는가 확인한다. 팽창길이가 규정값에 들지 않을 때에는 압축공기(질소)를 가감하여 맞춘다.

10. **리머(reamer) 작업이 끝난 후에 리머는 어떻게 빼내어야 하는가?**

① 절삭 방향으로 돌리면서 부드럽게 빼낸다.
② 절삭 반대 방향으로 돌리면서 부드럽게 빼낸다.
③ 돌리지 말고 곧 바로 부드럽게 뺀다.
④ 절삭유를 친 다음 그대로 뽑아 올린다.

해설 가공 후 리머를 빼낼 때 절단방향으로 손으로 회전시켜 빼내야 한다(그렇지 않다면 cutting edge가 손상될 수 있다).

11. **열처리가 필요 없이 냉간상태에서 그대로 사용할 수 있는 리벳은?**

① 2117－T
② 2017－T
③ 2024－T
④ 2024－T (3 / 16 이상)

해설 알루미늄 합금 2017과 2024는 ice box rivet이기 때문에 사용 전에 열처리를 하여야 한다.

12. **조종간을 앞으로 밀고 오른쪽으로 돌리면 오른쪽 도움날개와 승강키의 방향은?**

① 도움날개는 위로, 승강키는 아래로
② 도움날개는 아래로, 승강키는 위로
③ 도움날개는 위로, 승강키도 위로
④ 도움날개는 아래로, 승강키는 아래로

해설 주 조종면의 작동
㉠ 도움날개(aileron)는 조종간을 오른쪽으로 돌리면 좌측 도움날개는 내려가고 우측 도움날개는 올라가서 항공기가 오른쪽으로 옆놀이 한다.
㉡ 승강키(elevator)는 조종간을 앞으로 밀면 좌, 우가 동시에 내려가 항공기의 기수가 하강한다.
㉢ 방향타(rudder)는 방향타 페달로 작동되며, 좌측 방향타 페달을 앞으로 밀면 방향타는 좌측으로 돌아가 항공기 기수는 좌측으로 돌아간다.

정답 7. ② 8. ② 9. ① 10. ① 11. ① 12. ①

13. 유압계통에서 축압기(accumulator)의 기능은?

① 유압 계통에서 동력펌프가 작동하지 않을 때 보조적인 기능을 한다.
② 작동유의 압력을 일정하게 유지하는 기능을 한다.
③ 릴리프 밸브가 이상이 있을 경우 계통을 높은 압력으로부터 보호를 한다.
④ 갑작스런 계통 내의 압력 상승을 방지하고, 비상 시 최소한 작동 실린더를 제한 횟수만큼 작동시킬 수 있는 작동유를 저장한다.

해설 축압기(accumulator)는 가압된 작동유를 저장하는 저장통으로서 여러 개의 유압 기기가 동시에 사용될 때 동력 펌프를 돕고, 동력 펌프가 고장났을 때에는 최소한의 작동 실린더를 제한된 횟수만큼 작동시킬 수 있는 작동유를 저장한다. 또, 유압 계통의 서지(surge) 현상을 방지하고, 유압계통의 충격적인 압력을 흡수하며, 압력 조절기의 개폐 빈도를 줄여 펌프나 압력 조절기의 마멸을 적게 한다.

14. 다음 중 용접 후 담금질을 하면 발생할 수 있는 것은?

① 금속이 변색한다.
② 금속의 입자 조성이 변한다.
③ 용접한 부분 주위에 균열이 생긴다.
④ 부식이 생긴다.

해설 용접한 후에 금속을 급속히 냉각시키면 취성이 생기고, 금속 내부에 응력이 남게 되어 접합 부분에 균열이 생긴다.

15. 항공기 기체구조를 크게 5부분으로 나누면?

① 동체, 날개, 꼬리날개, 착륙장치, 동력장치
② 동체, 날개, 착륙장치, 동력장치, 장비장치
③ 동체, 날개, 꼬리날개, 착륙장치, 장비장치
④ 동체, 날개, 꼬리날개, 착륙장치, 엔진장착부

해설 항공기 기체구조
㉠ 동체(fuselage)
㉡ 날개(wing)
㉢ 꼬리날개(tail wing, empennage)
㉣ 착륙장치(landing gear)
㉤ 엔진 마운트 및 나셀(engine mount & nacelle)

16. 다음은 착륙장치의 타이어 수에 따른 분류이다. 이에 속하지 않는 것은?

① 단일식 ② 이중식
③ 다발식 ④ 보기식

해설 착륙장치의 분류(타이어 수에 따른 분류)
㉠ 단일식 : 타이어가 1개인 방식으로 소형기에 사용한다.
㉡ 이중식 : 타이어 2개가 1조인 형식으로 앞바퀴에 적용된다.
㉢ 보기식 : 타이어 4개가 1조인 형식으로 주바퀴에 적용된다.

17. 다음 중 가스 절단이 불가능한 것은?

① 알루미늄 ② 고속도강
③ 주철 ④ 합금강

18. 항공기의 설계 시 일반적인 구조물의 안전계수는 얼마인가?

① 1 ② 1.5 ③ 2 ④ 2.5

해설 안전계수
㉠ 일반 구조물 : 1.5
㉡ 주물 : 1.25~2.0 이내
㉢ 결합부 (fitting) : 1.15 이하
㉣ 힌지(hinge) 면압 : 6.67 이하
㉤ 조종계통 힌지(hinge), 로드 (rod) : 3.33 이하

19. 리벳 작업을 위해 연한 재질 판의 드릴작업 방법으로 옳은 것은?

① 90° 드릴 날, 고속작업
② 90° 드릴 날, 저속작업
③ 118° 드릴 날, 고속작업
④ 118° 드릴 날, 저속작업

정답 13. ④ 14. ③ 15. ④ 16. ③ 17. ① 18. ② 19. ①

해설 재질에 따른 드릴 날의 각도
㉠ 경질재료 또는 얇은 판일 경우 : 118°, 저속, 고압 작업
㉡ 연질재료 또는 두꺼운 판의 경우 : 90°, 고속, 저압 작업
㉢ 재질에 따른 드릴 날의 각도(일반 재질 : 118°, 알루미늄 : 90°, 스테인리스강 : 140°)

20. 샌드위치 구조형식에서 2개의 외판 사이에 넣는 부재가 아닌 것은?
① 페일형 ② 파형
③ 거품형 ④ 벌집형

해설 샌드위치(sandwich) 구조 : 두 개의 외판 사이에 가벼운 심(shim)재를 넣어 접착제로 접착시킨 구조로 심재의 종류는 벌집형(honeycomb), 거품형(form), 파형(wave)이 있다.

21. 다음 중 와셔(washer)의 사용목적으로 옳은 것은?
① 볼트나 너트에 의한 작용력이 고르게 분산되도록 하며, 볼트 그립의 길이를 맞추기 위해서 사용되는 부품
② 자신이 나사구멍을 만들 수 있는 약한 재질의 부품이나 주물에 표찰을 고정시킬 때 사용
③ 안전을 위한 보조방법이 필요 없고 구조 전체적으로 고정 역할을 하며, 과도한 진동 하에서 쉽게 풀리지 않는 강도를 요하는 연결부에 사용
④ 볼트의 짝이 되는 암나사로 탄소강, 알루미늄 합금, 카드뮴 도금강, 스테인리스강으로 제작

해설 항공기에 사용되는 와셔는 볼트 머리 및 너트 쪽에 사용되며, 구조물이나 장착 부품의 조이는 힘을 분산, 평준화하고 볼트나 너트 장착 시 코터 핀 구멍 등의 위치 조정용으로 사용된다. 또한, 볼트나 너트를 조일 때에 구조물, 장착 부품을 보호하며 조임면에 대한 부식을 방지한다.

22. 탄소섬유의 비파괴 검사로서 가장 적당한 것은?
① 방사선 검사 ② 와전류 검사
③ 자력 검사 ④ 형광 침투 검사

해설 비파괴 검사 중 방사선 검사(radio graphic inspection)는 기체 구조부에 쉽게 접근할 수 없는 곳이나 결함 가능성이 있는 구조 부분을 검사할 때 사용된다. 그러나 방사선 검사는 검사 비용이 많이 들고, 방사선의 위험 때문에 안전관리에 문제가 있으며, 제품의 형상이 복잡한 경우에는 검사하기 어려운 단점이 있다. 방사선 투과검사는 표면 및 내부의 결함 검사가 가능하다.

23. 다음 중 블라인드 리벳이 아닌 것은?
① 체리 리벳(cherry rivet)
② 헉 리벳(huck rivet)
③ 카운트 싱크 리벳(countersink rivet)
④ 체리 맥스 리벳(cherry max rivet)

해설 블라인드 리벳의 종류
㉠ 팝 리벳(pop rivet)
㉡ 프릭션 로크 리벳(friction lock rivet)
㉢ 메커니컬 로크 리벳(mechanical lock rivet)
1. 헉 리벳(huck lock rivet)
2. 체리 로크 리벳(cherry lock rivet)
3. 올림픽 로크 리벳(olympic lock rivet)
4. 체리 맥스 리벳(cherry max rivet)
㉣ 리브너트(rivnut)
㉤ 폭발 리벳(explosive rivet)

24. 다음 설명 중 바르지 못한 것은?
① 나비 너트는 자주 장탈 및 장착하는 곳에는 사용하지 않는다.
② 평 너트는 인장하중을 받는 곳에 사용한다.
③ 캐슬 너트는 코터 핀을 사용한다.
④ 평 너트 사용 시 lock washer를 사용한다.

해설 나비 너트(wing nut) : 맨손으로 죌 수 있을 정도의 죔이 요구되는 부분에서 빈번하게 장탈·착하는 곳에 사용된다.

정답 20. ① 21. ① 22. ① 23. ③ 24. ①

25. 다음 클레비스(clevis) 볼트는 항공기의 어느 부분에 사용하는가?

① 인장력과 전단력이 작용하는 부분
② 착륙기어 부분
③ 외부 인장력이 작용하는 부분
④ 전단력이 작용하는 부분

해설 클레비스 볼트는 머리가 둥글고 스크루 드라이버를 사용할 수 있도록 머리에 홈이 파여 있다. 전단하중이 걸리고 인장하중이 작용하지 않는 조종계통에 사용한다.

26. 앞착륙장치에 장착된 센터링 캠의 목적은?

① 이륙 후 착륙장치를 중립으로 맞춘다.
② 착륙 후 착륙장치를 중립으로 맞춘다.
③ 오염물질을 제거하는데 사용한다.
④ steering 계통 고장 시 중립으로 맞춘다.

해설 센터링 캠을 앞착륙장치 내부에 장착하는 이유는 착륙장치가 지면으로부터 떨어졌을 때 앞착륙장치(nose gear)를 중심으로 오게 해 올리고 내리고 할 때 landing gear wheel well과 부딪쳐 구조의 손상이나 착륙장치의 손상을 방지하기 위해서이다.

27. 토크 렌치(torque wrench)의 사용방법 중 틀리는 것은?

① 사용 중이던 것을 계속 사용한다.
② 적정 토크의 토크렌치를 사용한다.
③ 사용 중 다른 작업에 사용한다.
④ 정기적으로 교정되는 측정기이므로 사용 시 유효한 것인지 확인한다.

해설 토크 렌치 사용 시 주의사항
㉠ 토크 렌치는 정기적으로 교정되는 측정기이므로 사용할 때는 유효 기간 이내의 것인가를 확인해야 한다.
㉡ 토크값에 적합한 범위의 토크 렌치를 선택한다.
㉢ 용도 이외에 사용해서는 안 된다.
㉣ 떨어뜨리거나 충격을 주지 말아야 한다.
㉤ 다른 토크 렌치와 교환해서 사용해서는 안 된다.

28. 다음 중 동체에 쓰이는 부재가 아닌 것은?

① 벌크헤드(bulkhead)
② 세로지(stringer)
③ 리브(rib)
④ 세로대(longeron)

해설 ㉠ 세로부재(길이방향)
• 세로대(longeron) • 세로지(stringer)
㉡ 수직부재(횡방향)
• 링(ring) • 벌크헤드(bulkhead)
• 뼈대(frame) • 정형재(former)

29. 조종 케이블을 3° 이내에서 방향을 바꾸어 주는 것은 어느 것인가?

① 벨 크랭크(bell crank)
② 케이블 드럼(cable drum)
③ 풀리(pulley)
④ 페어 리드(fair lead)

해설 페어 리드는 조종 케이블의 작동 중 최소의 마찰력으로 케이블과 접촉하여 직선운동을 하며 케이블을 3° 이내에서 방향을 유도한다.

30. 플랩 과하중 밸브(flap overload valve)의 사용목적은 무엇인가?

① 라인이 파손되면 유압유의 완전 손실을 방지하기 위하여
② 플랩이 빠른 속도에서 내려옴으로써 생기는 플랩의 손상을 방지하기 위하여
③ 플랩이 빠른 속도로 내려오게 하기 위하여
④ 플랩이 접히는 속도가 너무 빠른 것을 방지하기 위하여

해설 비행기의 플랩 시스템에 있는 밸브로, 플랩이 구조적 손상을 일으킬 수 있는 대기 속도에서 내려오는 것을 방지한다. 대기 속도가 너무 높을 때 조종사가 플랩을 내리려고 하면 공기 흐름으로 인한 하중이 플랩 과하중 밸브(flap overload valve)를 열고 작동유를 저장소(reservoir)로 되돌려 보낸다.

정답 25. ④ 26. ① 27. ③ 28. ③ 29. ④ 30. ②

31. **푸시 풀 로드 조종계통(push pull rod control system)의 특징으로 맞지 않는 것은?**

① 양방향으로 힘을 전달
② 단선방식
③ 케이블 계통에 비해 경량
④ 느슨함이 생길 수 있음

해설 푸시 풀 로드 조종계통
㉠ 장점
1. 케이블 조종계통에 비해 마찰이 적고 늘어나지 않는다.
2. 온도변화에 의한 팽창 등의 영향을 받지 않는다.
㉡ 단점
1. 케이블 조종계통에 비해 무겁고 관성력이 크다.
2. 느슨함이 생길 수 있고 값이 비싸다.

32. **유압, 연료, 공압 계통에서 누설 방지로 사용되는 것은?**

① 개스킷(gasket) ② O-ring
③ 실런트(sealant) ④ 탭

해설 O-ring 실은 작동유, 오일, 연료, 공기 등의 누설을 방지하기 위하여 항공기의 안전상 매우 중요한 역할을 하고 있다.

33. **완충장치의 실린더와 피스톤이 상대적으로 회전하는 것을 방지하는 것은?**

① torsion link
② strut 내의 유압
③ piston 내의 packing 마찰
④ 실린더 내면의 slot

해설 토션 링크[torsion link ; 토크 링크(torque link)] : 윗부분은 완충 버팀대(실린더)에 아랫부분은 올레오 피스톤과 축으로 연결되어 피스톤이 과도하게 빠지지 못하게 하며, 완충 스트럿(shock strut)을 중심으로 피스톤이 회전하지 못하게 한다.

34. **다음 중 여압실의 단면 형상으로 많이 사용되는 것은?**

① 타원형 ② 원형
③ 이중 거품형 ④ 물방울형

해설 동체의 높이를 증가시키지 않고 넓은 탑재 공간을 마련하기 위해 최근 항공기에는 여압실의 단면 형상을 이중 거품형으로 사용한다.

35. **구조 수리의 기본원칙 중 틀린 것은?**

① 리벳을 많이 장착한다.
② 수리재의 재질은 원래와 같은 것을 사용한다.
③ 수리된 부분은 원래의 윤곽을 유지해야 한다.
④ 금속의 부식 방지를 위해 모든 접촉면에 방식처리를 한다.

해설 구조 수리를 할 때 무게 증가를 최소로 하기 위해서 패치의 치수를 가능한 작게 만들고 필요 이상으로 리벳을 사용하지 않는다.

36. **대형 항공기에서 fuel jettison system을 사용하는 목적은 무엇인가?**

① 착륙중량을 맞추기 위하여
② 기관으로 연료공급을 돕기 위하여
③ 이륙중량을 맞추기 위하여
④ 장거리를 운항하기 위하여

해설 대부분의 대형 항공기는 허용 가능한 최대 중량의 연료를 적재하고 이륙할 수 있다. 그러나 이륙 후 항공기 계통의 이상으로 인하여 출발지로 회항하려 하거나 예비 비행장으로 착륙하려고 할 때 착륙이 가능하도록 항공기의 중량을 낮추어 주어야 하므로 연료를 배출할 수 있는 장치를 갖추어야 한다.

37. **화재에 대비한 방화벽(fire wall)의 위치는?**

① 구조 역학적으로 전혀 힘을 받지 않는다.
② 왕복 기관에서는 기관 앞이다.
③ 엔진 마운트와 기체 중간이다.
④ 제트 기관에서 방화벽은 엔진의 일부이다.

정답 31. ③ 32. ② 33. ① 34. ③ 35. ① 36. ① 37. ③

해설 방화벽은 왕복 기관에서는 기관 마운트 뒤쪽에 위치하고 구조 역학적으로 벌크 헤드의 역할도 한다. 제트 기관에서는 파일론과 기체와의 경계를 이루어 기관에서의 화염이 기체로 옮겨지지 않도록 한다.

38. 오일 캐닝(oil canning)이 발생하는 원인은 무엇인가?

① 너무 얇은 외피의 사용
② 너무 두꺼운 외피의 사용
③ 부적절한 리벳 작업
④ 방식 처리 불량

해설 오일 캐닝 : 금속 외판이 리벳 열 사이의 바깥쪽이 부풀어서 불룩해진 것을 나타내는데 불룩해져 있는 곳을 손가락으로 눌렀다 떼면 오일 캔의 밑과 같이 처음엔 움푹 들어가고, 이어서 튀어나오는 것을 말하며, 오일 캐닝의 원인은 부적절한 리벳 작업 및 장착에 의해 외피에 불균일한 힘이 가해지고 있기 때문이다.

39. 조종사의 조종력 경감 목적으로 사용되는 탭(tab)이 아닌 것은?

① 서보 탭(servo tab)
② 트림 탭(trim tab)
③ 스프링 탭(spring tab)
④ 밸런스 탭(balance tab)

해설 트림(trim) 탭 : 조종면의 힌지 모멘트를 감소시켜 조종사의 조종력을 0으로 조정해 주는 역할을 하며 조종사가 조종석에서 임의로 탭의 위치를 조절할 수 있도록 되어 있다.

40. 방사선 중 가장 파장이 짧은 것은?

① 알파선 ② 베타선
③ 감마선 ④ 중성자선

해설 에너지와 파장은 서로 반비례 관계에 있는데, 감마선이 에너지가 가장 크므로 파장이 가장 짧다.

항공 발동기

1. 엔진 마모가 가장 심한 때는 언제인가?

① 순항비행 ② 상승비행
③ 이륙 시 ④ 착륙 시

해설 이륙추력은 기관이 이륙할 때 발생할 수 있는 최대 추력으로 사용시간도 1~5분 이내로 제한하며 이륙할 때만 사용한다.

2. 선회 깃(swirl guide vane)이 위치한 곳은 어디인가?

① 압축기 ② 디퓨저
③ 터빈 ④ 연소실

해설 선회 깃(swirl guide vane) : 연소에 이용되는 1차 공기 흐름에 적당한 소용돌이를 주어 유입속도를 감소시키면서 공기와 연료가 잘 섞이도록 하여 화염 전파속도가 증가되도록 한다. 따라서, 기관의 운전조건이 변하더라도 항상 안정되고 연속적인 연소가 가능하다.

3. 다음 중 가스 터빈 기관이 아닌 것은?

① 터보 차저 기관 ② 터보 팬 기관
③ 터보 프롭 기관 ④ 터보 제트 기관

해설 가스 터빈 기관의 분류(출력 형태에 따라)
㉠ 제트 기관 : 터보 제트, 터보 기관
㉡ 회전 동력 기관 : 터보 프롭, 터보 샤프트 기관

4. 왕복기관에서 노킹(knocking) 현상을 방지하는 방법은 무엇인가?

① 착화지연을 짧게 한다.
② 연소속도를 느리게 한다.
③ 연료의 제폭성을 낮추어 준다.
④ 화염전파 거리를 짧게 한다.

해설 노킹(knocking)현상의 방지법
㉠ 노킹 현상은 혼합가스를 연소실 안에서 연소시킬 때에 압축비를 너무 크게 할 경우 점화플러그에 의해서 점화된 혼합가스가 연소하면서 화염면이 정상적으로 전파되다가 나머

정답 38. ③ 39. ② 40. ③ 1. ③ 2. ④ 3. ① 4. ④

지 연소되지 않은 미연소가스가 높은 압력으로 압축됨으로써 높은 압력과 높은 온도 때문에 자연 발화를 일으키면서 갑자기 폭발하는 현상을 말한다.
㉡ 노킹이 발생하면 노킹음이 발생하고 실린더 안의 압력과 온도가 비정상적으로 급격하게 올라가며 기관의 출력과 열효율이 떨어지고 때로는 기관을 파손시키는 경우도 발생하게 된다.
㉢ 노킹은 과급압력이 높거나 흡입공기 온도가 높으면 발생되기 쉬우나 점화시기를 늦추면 발생되지 않는다. 또, 안티 노크성이 큰 연료를 사용하여 방지한다.

5. **터빈 엔진이 EGT 한계에 다다르기 직전까지 take off EPR에 도달하지 못한다고 가정한다면 이상상태는 무엇인가?**

① fuel control 을 반드시 교환해야 한다.
② EGT controller 가 조종되지 않았다.
③ 주위 온도가 100℉ 이상이다.
④ 압축기에 불순물이 있거나 손상을 입었다.

해설 배기가스 온도가 한계를 넘을 때
㉠ 배기 노즐 면적이 너무 작은 지를 점검
㉡ 열전쌍을 제트칼(jetcal) 시험기로 점검
㉢ 연소실 내부 연소실 및 트랜지션 라이너의 상태를 점검하고, 터빈 노즐 면적이 너무 크지 않은 지 점검
㉣ 압축기 깃이 부식되었거나 오염되지 않았는지 점검
㉤ 터빈 슈라우드 링(shroud ring) 간격이 적정하지 않은 지 점검
㉥ 연료 공급량이 많지 않은 지 연료 조정장치를 점검
㉦ 연료 노즐의 분사상태를 점검

6. **밸브 오버랩(valve overlap)을 옳게 설명한 것은?**

① 흡기밸브는 상사점 전에 열린다.
② 흡기밸브는 상사점 후에 열린다.
③ 배기밸브는 상사점 전에 열린다.
④ 배기밸브는 상사점 후에 열린다.

해설 밸브 오버랩(valve overlap) : 흡입행정 초기에 흡입 및 배기 밸브가 동시에 열려 있는 각도
㉠ 흡입밸브는 상사점 전에서 열리고, 하사점 후에서 닫힌다.
㉡ 배기밸브는 하사점 전에서 열리고, 상사점 후에 닫힌다.

7. **축류형 압축기의 스테이터 베인(stator vane)의 기능은 무엇인가?**

① 운동 에너지를 압력 에너지로 변환시킨다.
② 운동 에너지를 속도 에너지로 변환시킨다.
③ 공기의 양을 조절하고 온도를 감소시킨다.
④ 공기의 흐름 방향을 조절한다.

해설 정익(stator vane)은 동익(rotor blade)의 뒤에 위치하며, 고속의 공기를 받아 디퓨저(diffuser)의 역할을 함으로써 운동 에너지를 압력 에너지로 바꾼다.

8. **60 cm^2의 물질을 일정한 관에 흘러 보내어 흐르는 시간을 초로 나타낸 것은?**

① 발열량 ② 점도
③ 유동점 ④ 전기 전도율

해설 점도 측정 : SAE (society of automotive engineers)에서 석유계 윤활제의 등급을 매기는 방법은 60 mL (cm^3)의 오일을 어느 기준 온도로 상승시켜 보정된 오리피스 (orifice)에 부은 다음 그 흐르는 시간을 측정해서 결정하게 된다.

9. **보기 부분(accessory section)을 구동시키는 것은 어디인가?**

① LPC ② HPC
③ HPT ④ LPT

해설 기관 기어 박스에는 각종 보기 및 장비품 등이 장착되어 있는데 기어 박스는 이들 보기 및 장비품의 점검과 교환이 용이하도록 엔진 전반 하부 가까이 장착되어 있고 고압 압축기축의 기어와 수직축을 매개로 구동되는 구조로 되어 있는 것이 많다.

정답 5. ④ 6. ① 7. ① 8. ② 9. ②

10. **왕복기관 배유펌프 용량이 압력펌프보다 더 큰 이유는 무엇인가?**

① 오일 배유펌프는 쉽게 고장나므로
② 공기와 혼합되어 체적이 증가하므로
③ 윤활유가 고온이 됨에 따라 팽창하므로
④ 압력펌프보다 압력이 낮으므로

해설 오일 배유펌프 (oil scavenge pump) 의 용량이 오일 압력펌프 (oil pressure pump)보다 큰 것은 엔진에서 흘러나오는 오일이 어느 정도 거품이 일게 되어 압력펌프를 통해 엔진에 들어오는 오일보다 더 많은 체적을 갖기 때문이다.

11. **볼 베어링 점검 시 반드시 검사해야 하는 것은?**

① 적절한 강도 등급
② 금속의 이화작용
③ 베어링의 불균형
④ 레이스의 벗겨짐과 움푹 들어간 것

해설 베어링의 외형 결함

㉠ 떨어짐(fatigue pitting) : 베어링의 표면에 발생하는 것으로 불규칙적이고, 비교적 깊은 홈의 형태를 나타내며, 베어링의 접촉하는 표면이 떨어져 나가서 홈이 생긴다.
㉡ 얼룩짐(staining) : 베어링의 표면이 수분 등과 접촉되었을 때 생기는 것으로 이 부분은 원래의 색깔이 변색된 것과 같은 형태로 나타난다.
㉢ 밴딩(banding) : 베어링의 회전하는 접촉면에서 발생하며, 회전하는 면에 변색된 띠의 무늬가 일정한 방향으로 나 있는 형태를 취하나 원래의 표면이 손상된 것은 아니다.
㉣ 찍힘(nicking) : 베어링의 표면에 날카로운 물체가 부딪쳤을 때 발생하며 날카롭고 명확한 흔적과 색을 띤다.
㉤ 홈(grooving) : 굴곡이 있는 접촉 볼 베어링의 회전하는 접촉면에서 발생하는 것으로 볼의 표면에 균열과 파손이 있을 뿐만 아니라 거친 홈의 형태로 나타난다.
㉥ 밀림(galling) : 베어링이 미끄러지면서 접촉하는 표면의 윤활상태가 좋지 않을 때 생기며, 이러한 현상이 일어나면 표면이 밀려 다른 부분에 층이 지게 남게 된다.
㉦ 궤도 이탈과 불일치(off square and misalignment) : 베어링의 볼이 안쪽과 바깥쪽 레이스의 궤도를 이탈하거나 일치하지 않을 때 볼 리테이너를 밀어내어 파손시키거나 리테이너가 닳아 없어진다. 이러한 결함이 발생하면 리테이너와 볼 사이에 많은 열이 발생하여 금속의 색이 변하는 것으로 나타난다.
㉧ 긁힘(scoring) : 베어링의 표면에 회전하는 물체가 접촉하여 생기는 것으로 그 형태는 물체 표면에 여러 개의 선이나 1개의 깊은 긁힘과 같은 모양을 취한다.

12. **항공기용 성형기관에서 슬러지 체임버(sludge chamber)의 위치는?**

① 기관의 섬프 안에
② 크랭크축의 끝에
③ 크랭크축의 크랭크 핀에
④ 오일 냉각기 안에

해설 크랭크 핀은 무게를 감소시키고 윤활유의 통로 역할을 하며, 불순물의 저장소 역할을 할 수 있도록 가운데 속이 비어 있는 형태의 것으로 만든다.

13. **제트기관의 점화 플러그가 왕복기관 점화 플러그보다 수명이 긴 이유는?**

① 시동 시에 계속 작동하기 때문에
② 저전압을 이용하기 때문에
③ 강도가 크기 때문에
④ 계속 사용하지 않기 때문에

해설 제트기관은 시동 시에만 점화가 필요하며 왕복기관에 비해 수명이 길다.

14. **다음 중 디퓨저(diffuser)의 목적은?**

① 공기의 압력을 감소시킨다.
② 공기의 속도를 감소시키고 압력은 증가시킨다.
③ 공기의 압력, 속도를 증가시킨다.
④ 공기 속도를 증가시킨다.

해설 디퓨저(diffuser) : 압축기 출구 또는 연소실 입구에 위치하며, 속도를 감소시키고 압력을 증가시키는 역할을 한다.

정답 10. ② 11. ④ 12. ③ 13. ④ 14. ②

15. 지상에서 시동 시에 압축기에 서지(surge) 현상을 발견하였다. 이에 따른 조치사항으로 알맞은 것은?

① 스로틀 레버의 위치를 재조정한다.
② 연료를 차단한다.
③ 속도를 증가시킨다.
④ 엔진의 shut down 절차를 밟는다.

해설 압축기 전체에 걸쳐 발생하는 심한 압축기 실속을 서지(surge)라고 하는데 엔진은 큰 폭발음과 진동을 수반한 순간적인 출력 감소를 일으킨다. 또, 경우에 따라서는 이상 연소에 의한 터빈 로터와 스테이터의 열에 의한 손상, 압축기 로터의 파손 등의 중대 사고로 발전하는 경우도 있으므로 즉시 출력을 줄이고 엔진을 정지한다.

16. 기화기에서 공기 블리드를 사용하는 이유는 무엇인가?

① 연료를 더 증가시킨다.
② 공기와 연료가 잘 혼합되게 한다.
③ 연료압력을 더 크게 한다.
④ 연료 공기 혼합비를 더 농후하게 한다.

해설 공기 블리드(air bleed) : 연료에 공기가 섞여 들어오게 되면 연료 속에 공기 방울들이 섞여 있게 되어 연료의 무게가 조금이라도 가벼워지게 되므로 작은 압력으로도 연료를 흡입할 수 있다. 기화기 벤투리 목 부분의 공기와 혼합이 잘 될 수 있도록 분무가 되게 한 장치를 공기 블리드(air bleed)라 한다.

17. 엔진 압력비(EPR)란 무엇인가?

① 압축기 입구와 터빈 출구 전압력비
② 압축기 출구와 터빈 출구 전압력비
③ 연소실 입구와 터빈 출구 전압력비
④ 연소실 입구와 터빈 입구 전압력비

해설 기관 압력비(EPR ; engine pressure ratio) : 압축기 입구전압과 터빈 출구전압의 비를 말하며 보통 추력에 직접 비례한다.

$$\text{EPR} = \frac{\text{터빈 출구전압}}{\text{압축기 입구전압}}$$

18. 터보 팬 엔진의 추력 비연료 소비율을 감소시키는 방법이 아닌 것은?

① 연소효율 증가
② 터빈 효율 증가
③ 배기가스 속도 증가
④ 바이패스비 증가

해설 추력 비연료 소비율이 적을수록 기관의 효율이 높고 성능이 우수하며 경제성이 좋다. 기관의 효율을 향상시키기 위해서는 높은 바이패스비의 기관 사용, 압축기 및 터빈의 효율 증대 등이 있다. 그러나 비행속도에 비해 높은 배기가스 속도는 오히려 효율을 저하시킨다.

19. 실속 방지법이 아닌 것은 다음 중 어느 것인가?

① 디퓨저 ② VSV
③ 블리드 밸브 ④ 다축식 구조

해설 압축기 실속(compressor stall) 방지책
㉠ 가변 안내 베인(variable inlet guide vane)
㉡ 가변 정익 베인(variable stator vane)
㉢ 가변 바이패스 밸브(variable bypass valve)
㉣ 다축식 압축기 사용
㉤ 블리드 밸브(bleed valve) 사용

20. 비행속도가 증가함에 따라 유입공기의 압력, 밀도가 증가되어 추력을 증가시키는 효과를 주는 현상은 무엇인가?

① pressure charging effects
② acceleration effects
③ cascade effects
④ ram effects

해설 램 효과(ram effect) : 비행속도가 증가함에 따라 유입되는 공기의 압력 및 밀도가 증가하여 추력이 증가하는 것을 말한다.

21. 이륙 시 카울 플랩(cowl flap)의 위치는?

① 완전히 열어준다.
② 완전히 닫는다.
③ 반만 닫는다.
④ 사용하지 않는다.

정답 15. ④ 16. ② 17. ① 18. ③ 19. ① 20. ④ 21. ③

해설 카울 플랩(cowl flap) : 실린더의 온도에 따라 열고 닫을 수 있도록 조종석과 기계적 또는 전기적 방법으로 연결되어 있다. 냉각공기의 유량을 조절함으로써 기관의 냉각효과를 조절하는 장치이다. 보다 많은 냉각을 위해 카울 플랩을 펼쳤을 때 카울 플랩은 항력을 발생시키고 공기의 정상적인 흐름을 방해한다. 따라서 이륙 시에는 엔진을 온도 상한선 이하로 유지할 만큼만 카울 플랩을 열어 준다. 지상 작동 시에는 항력이 문제되지 않으므로 냉각이 최대로 되도록 카울 플랩을 완전히 열어 준다.

22. 왕복기관 흡입밸브와 배기밸브가 동시에 열려있는 때는 언제인가?

① 흡입행정 초기
② 압축행정 초기
③ 폭발행정 초기
④ 배기행정 초기

해설 밸브 오버랩(valve overlap) : 흡입행정 초기에 흡입 및 배기 밸브가 동시에 열려 있는 각도

23. 다음 중 가스 터빈 기관의 연소실 내부의 연소상태는?

① 일정 온도　② 일정 압력
③ 일정 속도　④ 일정 체적

해설 브레이턴 사이클(brayton cycle) : 가스 터빈 기관의 이상적인 사이클로서 브레이턴에 의해 고안된 동력기관의 사이클이다.

24. 가스 터빈 기관의 연료조정 장치가 연료 유량을 제어하는 데 관계가 없는 것은?

① 기관 회전수
② 압축기 출구압력
③ 압축기 입구온도
④ 배기가스 온도

해설 수감부분은 기관 안팎의 작동조건을 수감하여 유량 조절밸브의 위치를 결정해주는 역할을 한다. 수감부분이 수감하는 기관의 주요 작동변수는 기관의 회전수(rpm), 압축기 출구압력(CDP) 또는 연소실 압력, 압축기 입구온도(CIT) 및 동력 레버의 위치 등이다.

25. 터빈 엔진에서 power setting program에는 이상이 없는데 오일온도가 높다면 적절한 원인은 무엇인가?

① 배유펌프 오일온도가 비정상
② 베어링의 불량
③ seal 의 누설
④ 계통의 압력이 너무 높음

해설 오일온도가 높을 때의 원인
㉠ 윤활유 공급이 충분하지 않을 때
㉡ 벤트 계통(vent system)이 막혔을 때
㉢ 윤활유 냉각기(oil cooler)가 결함일 때
㉣ 베어링이 과열되었을 때
㉤ 윤활유 온도 계기의 결함일 때

26. 터빈 엔진의 터빈 케이스 냉각계통(turbine case cooling system)에 대한 설명 중 틀린 것은?

① 터빈 케이스를 적정 온도로 유지시켜 케이스 수명을 연장하려는 목적이다.
② 순항 시에 팬 공기를 냉각공기로 사용한다.
③ 터빈 블레이드 팁 간격(tip clearance)을 적절히 조절하는 장치이다.
④ 팁 간격(tip clearance)을 최대 출력 시에 최소가 되게 한다.

해설 터빈 케이스 냉각계통(turbine case cooling system) : 터빈 케이스 외부에 공기 매니폴드를 설치하고, 이 매니폴드를 통하여 냉각공기를 터빈 케이스 외부에 내뿜어서 케이스를 수축시켜 모든 출력에서 터빈 블레이드 팁 간격을 적정하게 보정함으로써 터빈 효율의 향상에 의한 연비의 개선을 위해 마련되어 있으며, 냉각에 사용되는 공기는 외부 공기가 아니라 팬을 통과한 공기를 사용한다.

27. 터보 제트 엔진의 가동한계를 나타내는 것은?

정답 22. ① 23. ② 24. ④ 25. ② 26. ④ 27. ③

① CIT ② EPR
③ TIT ④ 연소실 압력

해설 TIT (turbine inlet temperature)는 터빈 입구온도를 지시하는 것으로 고온부의 온도는 엔진의 모든 파라미터(parameter) 중에서 민감하게 다루어져야 하는데 엔진이 한계값을 불과 수초 동안 벗어났더라도 엔진의 감항성을 잃기 때문이다.

28. **터보 팬 엔진의 fan trim balance란 무엇인가?**

① 팬 블레이드의 weight balance를 맞추어 주는 것
② 엔진의 연소를 잡아주는 것
③ 엔진의 작동상태를 조정하는 것
④ 압축기 효율을 조정하는 것

29. **엔진 정지 후 짧은 시간에 오일을 보급하는 이유는 무엇인가?**

① 오일 공급 과다 방지
② 오일 부족 방지
③ 오일의 오염 방지
④ 오일의 누출 방지

해설 기관 정지 후 짧은 시간 내에 오일 공급을 하여야 하는데 이것은 과도한 보급을 막기 위한 것이다. 과도한 보급은 기관 정지 후 오일이 탱크에서 기관의 낮은 부분으로 새어나가는 일부 기관에서 발생한다.

30. **가스 터빈 기관의 항공기는 장거리 순항 시 다음과 같은 이유로 36000 ft를 최량 고도로 하고 있다. 그 이유는 무엇인가?**

① 36000 ft 이상에서는 기압이 일정해지고, 기온이 강하하기 때문이다.
② 36000 ft 이상에서는 기온이 일정해지고, 기압이 강하하기 때문이다.
③ 36000 ft가 가스 터빈 기관 항공기의 비행에 맞는 기류를 이루고 있기 때문이다.
④ 36000 ft 이상에서는 기압과 기온이 급격히 강하하기 때문이다.

해설 고도가 증가하면 기온은 감소하다가 약 36000 ft 이상에서는 −56.5℃ 정도로 일정하다. 그러나 압력은 계속 감소하는데 항공기 추력은 압력과 비례하여 그 이상의 고도에서는 추력이 감소하므로 36000 ft 이내에서 비행을 한다.

31. **제트 기관에서 날개 앞전 부분의 방빙은 무엇으로 하는가?**

① 알코올 ② 제빙 부츠
③ 배기가스 ④ 블리드 에어

해설 기관 압축기에서 뽑아낸 더운 블리드 공기는 기내 냉방, 난방, 객실 여압, 날개 앞전 방빙, 엔진 나셀 방빙, 엔진 시동, 유압 계통 레저버 가압, 물탱크 가압, 터빈 노즐 베인 냉각 등에 이용된다.

32. **프로펠러에 결빙이 생기면 어떻게 되는가?**

① 추력 증가, 진동 감소
② 추력 감소, 진동 증가
③ 추력 감소, 진동 감소
④ 추력에만 영향을 준다.

해설 프로펠러에 결빙이 생기면 추력이 감소하고 진동이 증가한다.

33. **압축기 실속(compressor stall)은 언제 많이 발생하는가?**

① 대기온도가 높을 때
② 대기온도가 낮을 때
③ 압력이 높을 때
④ 압축기 회전수가 높을 때

해설 압축기 실속(compressor stall) 원인
㉠ 압축기 출구압력이 너무 높을 때(C.D.P가 너무 높을 때)
㉡ 압축기 입구온도가 너무 높을 때(C.I.T가 너무 높을 때)

34. **가스 터빈 기관의 기본 사이클은 무엇인가?**

정답 28. ① 29. ① 30. ② 31. ④ 32. ② 33. ④ 34. ①

① 브레이턴 사이클 ② 카르노 사이클
③ 오토 사이클 ④ 디젤 사이클

해설 브레이턴 사이클(brayton cycle) : 가스 터빈 기관의 이상적인 사이클로서 브레이턴에 의해 고안된 동력기관의 사이클이다.

35. 합성 오일 사용 시 가장 좋은 이유는?
① 높은 온도에서 기화가 적다.
② 낮은 온도에서 유동이 느리다.
③ 높은 온도에서 인화점이 높다.
④ 점도지수가 낮다.

해설 합성유
㉠ 일종의 에스테르기(ester base) 윤활유에 여러 가지 첨가물을 넣은 것으로 Ⅰ형과 Ⅱ형이 있다.
㉡ 인화점이 높고 내열성이 뛰어나다.

36. 결핍 시동(hung start)이란 무엇인가?
① 시동은 되었으나 규정 RPM에 도달하지 못하는 것
② RPM이 완속인 상태
③ 규정된 EGT에 도달하지 못하는 상태
④ 시동이 걸리지 않은 상태

해설 결핍 시동(hung start)
㉠ 시동이 시작된 다음 기관의 회전수가 완속 회전수까지 증가하지 않고 이보다 낮은 회전수에 머물러 있는 현상을 말하며, 이 때 배기 가스의 온도가 계속 상승하기 때문에 한계를 초과하기 전에 시동을 중지시킬 준비를 해야 한다.
㉡ 시동기에 공급되는 동력이 충분하지 못하기 때문이다.

37. 터보 팬 엔진에 주로 사용되는 연소실은?
① 캔-애뉼러형 ② 캔형
③ 애뉼러형 ④ 반구형

해설 애뉼러형(annular type)
㉠ 연소실의 구조가 간단하고 길이가 짧다.
㉡ 연소실 전면면적이 좁다.
㉢ 연소가 안정되므로 연소 정지 현상이 거의 없다.
㉣ 출구온도 분포가 균일하며 연소효율이 좋다.
㉤ 정비가 불편하다.
㉥ 현재 가스 터빈 기관의 연소실로 많이 사용한다.

38. 왕복기관의 마그네토 접지선이 끊어졌을 때는?
① 후화
② 역화
③ 시동이 걸리지 않는다.
④ 시동이 꺼지지 않는다.

해설 P-lead가 open 되면 점화 스위치를 off 해도 엔진이 꺼지지 않고 단락(short) 되면 1차 회로가 접지상태이므로 점화가 되지 않는다.

39. 축류식 압축기를 원심식 압축기와 비교할 때 장점은 무엇인가?
① 시동 파워가 낮다.
② 중량이 가볍다.
③ 압축기 효율이 높다.
④ 단위 면적이 커서 많은 양의 공기를 처리할 수 있다.

해설 축류식 압축기
㉠ 로터(rotor), 스테이터(stator)로 구성되어 있다.
㉡ 장점
1. 전면면적에 비해 많은 양의 공기를 처리할 수 있다.
2. 압력비 증가를 위해 여러 단으로 제작할 수 있다.
3. 입구와 출구와의 압력비 및 압축기 효율이 높기 때문에 고성능 기관에 많이 사용한다.
㉢ 단점
1. F.O.D에 의한 손상을 입기 쉽다.
2. 제작비가 고가이다.
3. 동일 압축비의 원심식 압축기에 비해 무게가 무겁다.
4. 높은 시동 파워(starting power)가 필요하다.

정답 35. ③ 36. ① 37. ③ 38. ④ 39. ③

40. 속도 540 km/h로 비행하는 항공기에 장착된 터보 제트 기관이 300 kg/s인 중량 유량의 공기를 흡입하여 200 m/s로 배기시킨다. 이 때 진 추력은 얼마인가? (단, 중력 가속도는 10 m/s²으로 계산한다.)

① 1000 kg ② 1500 kg
③ 2000 kg ④ 4000 kg

해설 진 추력 $(F_n) = \frac{W_a}{g}(V_j - V_a)$

$$= \frac{300}{10}\left(200 - \frac{540}{3.6}\right) = 1500\,\text{kg}$$

여기서, W_a : 흡입공기 유량, V_a : 비행속도
V_j : 배기가스 속도

전자·전기·계기

1. 유압계통에서 레저버(reservoir)를 가압하는 이유는 무엇인가?

① hydraulic pump의 cavitation을 방지한다.
② pump의 고장 시 계통압을 유지한다.
③ 유압유에 거품이 생기는 것을 방지한다.
④ return hydraulic fluid의 surging을 방지한다.

해설 고공에서 생기는 거품의 발생을 방지하고 작동유가 펌프까지 확실하게 공급되도록 레저버 안을 엔진 압축기의 블리드(bleed) 공기를 이용하여 가압한다.

2. 지상에서 자기 컴퍼스(magnetic compass)의 자차 수정 시 건물과 비행기, 비행기와 비행기간의 거리는 얼마인가?

① 10 m, 20 m ② 100 m, 10 m
③ 50 m, 10 m ④ 300 m, 150 m

해설 자차의 수정
㉠ 자차 수정 시기
1. 100시간 주기 검사 때
2. 엔진 교환작업 후
3. 전기기기 교환 작업 후
4. 동체나 날개의 구조부분을 대수리 작업 후
5. 3개월마다
6. 그 외에 지시에 이상이 있다고 의심이 갈 때
㉡ 컴퍼스 로즈(compass rose)를 건물에서 50 m, 타 항공기에서 10 m 떨어진 곳에 설치한다.
㉢ 항공기의 자세는 수평, 조종 계통 중립, 모든 기내의 장비는 비행상태로 한다.
㉣ 엔진은 가능한 한 작동시킨다.
㉤ 자차의 수정 시 컴퍼스 로즈(compass rose)의 중심에 항공기를 위치시키고, 항공기를 회전시키면서 컴퍼스 로즈와 자기 컴퍼스 오차를 측정하여 비자성 드라이버로 돌려 수정을 한다.

3. 프로펠러에 작용하는 하중이 아닌 것은?

① 인장력 ② 굽힘력
③ 압축력 ④ 비틀림

해설 프로펠러에 작용하는 힘과 응력에는 ㉠ 추력과 휨 응력, ㉡ 원심력에 의한 인장응력, ㉢ 비틀림과 비틀림 응력 등이 있다.

4. 서모커플(thermocouple) 실린더 온도계의 라인에서 단락이 생기면 계기의 온도지시는?

① 조종실 주위 온도를 지시한다.
② 실린더 주위 온도를 지시한다.
③ 대기온도를 지시한다.
④ "0"을 지시한다.

해설 열전쌍(rhermocouple)의 열점과 냉점 중 열점은 실린더 헤드의 점화 플러그 와셔에 장착되어 있고, 냉점은 계기에 장착되어 있는데 리드 선(lead line)이 끊어지거나 단락되면 열전쌍식 온도계는 실린더 헤드의 온도를 지시하지 못하고 계기에 장착되어 있는 주위 온도를 지시한다.

5. pitot tube를 이용한 계기가 아닌 것은 어느 것인가?

① 속도계 ② 고도계

정답 40. ② 1. ① 2. ③ 3. ③ 4. ① 5. ③

③ 선회계 ④ 순간 수직 속도계

해설 피토 정압 계기의 종류
㉠ 고도계(altimeter)
㉡ 속도계(air speed indicator)
㉢ 마하계(mach indicator)
㉣ 승강계(vertical speed indicator)

6. 정상 유압이 작동하지 않을 때 비상 유압으로 전환하는 밸브는 무엇인가?

① 선택 밸브(selector valve)
② 셔틀 밸브(shuttle valve)
③ 순차 밸브(sequence valve)
④ 바이패스 밸브(bypass valve)

해설 셔틀 밸브(shuttle valve) : 정상 유압계통에 고장이 생겼을 때 비상계통을 사용할 수 있도록 하는 밸브이다.

7. 28 V의 전기 회로에 3개의 직렬 저항만 들어 있고, 이들 저항은 각각 10 Ω, 15 Ω 20 Ω이다. 이 때 직렬로 삽입한 전류계의 눈금을 읽으면 다음 중 어느 것인가?

① 0.62 A ② 1.26 A
③ 6.22 A ④ 62 A

해설 직렬로 연결된 저항의 합성저항
$R = R_1 + R_2 + R_3 + \cdots$ 이므로

$$R = 45\,\Omega, \quad I = \frac{28}{45} = 0.62\,\text{A}$$

8. 단락 시 autosyn과 magnesyn의 특징은 무엇인가?

① 둘다 그 자리를 지시한다.
② autosyn만 그 자리를 지시한다.
③ magnesyn만 그 자리를 지시한다.
④ 0을 지시한다.

9. 전압을 필요로 하는 계기는?

① 자이로계기 ② 속도계
③ 승강계 ④ 고도계

해설 속도계(air speed indicator) : 피토압을 측정하여 이것을 베르누이의 정리를 이용하여 속도로 환산하여 항공기의 속도를 지시한다.

10. 다음 중 INS에 포함되지 않는 것은 어느 것인가?

① 가속도계 ② 자이로 스코프
③ 플럭스 게이트 ④ 플랫폼

해설 INS (inertial navigation system, 관성 항법 장치)의 구성
㉠ 가속도계 : 이동에 의해 생기는 동서, 남북, 상하의 가속도 검출
㉡ 자이로 스코프 : 가속도계를 올바른 자세로 유지
㉢ 전자회로 : 가속도의 출력을 적분하여 이동속도를 구하고 다시 한번 적분하여 이동거리 구함
㉣ 플랫폼

11. 프로펠러가 비행 중 한 바퀴 회전하여 실제적으로 전진한 거리는?

① 기하학적 피치 ② 유효 피치
③ 슬립(slip) ④ 회전 피치

해설 피치(pitch)
㉠ 기하학적 피치(geometric pitch) : 프로펠러 깃을 한 바퀴 회전시켰을 때 앞으로 전진할 수 있는 이론적 거리를 말한다.
㉡ 유효 피치(effective pitch) : 공기 중에서 프로펠러를 1회전시켰을 때 실제로 전진하는 거리로서 항공기의 진행거리이다.
㉢ 프로펠러 슬립(propeller slip)

$$\frac{G.P - E.P}{G.P} \times 100\,\%$$

12. 대기 속도계 배관의 누출 점검방법으로 맞는 것은?

① 정압공에 정압, 피토관에 부압을 건다.
② 정압공에 부압, 피토관에 정압을 건다.
③ 정압공 및 피토관에 둘다 부압을 건다.
④ 정압공 및 피토관에 둘다 정압을 건다.

정답 6. ② 7. ① 8. ① 9. ② 10. ③ 11. ② 12. ②

해설 피토 정압계통의 시험 및 작동점검

㉠ 피토 정압계통의 시험 및 작동점검을 위해서는 피토 정압 시험기(MB-1 tester)가 사용되며 피토 정압계통이나 계기 내의 공기 누설을 점검하는 데 주로 이용된다. 이 시험기에 부착된 계기들이 정확할 경우에는 탑재된 속도계와 고도계의 눈금 오차도 동시에 시험할 수 있다. 이밖에도 피토 정압 계기의 마찰 오차시험, 고도계의 오차시험, 승강계의 0점 보정 및 지연시험, 그리고 속도계의 오차시험 등을 실시한다.

㉡ 접속기구를 피토관과 정압공에 연결해서 진공 펌프로 정압계통을 배기하여 가압 펌프로 피토 계통을 가압함으로써 각각의 계통의 누설점검을 한다.

13. 계통 내의 압력을 일정하게 유지시켜 주는 장치는 무엇인가?

① 압력 펌프 ② 압력 조절기
③ 축압기 ④ 유량 조절기

해설 압력 조절기(pressure regulator) : 일정 용량식 펌프를 사용하는 유압계통에 필요한 장치로서 불규칙한 배출압력을 규정 범위로 조절하고, 계통에서 압력이 요구되지 않을 때에는 펌프에 부하가 걸리지 않도록 한다.

14. tachometer의 지시가 아닌 것은?

① 크랭크축의 회전수를 분당 회전수로 지시
② 발전기의 회전수를 지시
③ 압축기의 회전수를 지시
④ 피스톤의 왕복수를 지시

해설 회전계(tachometer)

㉠ 왕복기관에서는 크랭크축의 회전수를 분당 회전수(rpm)로 지시한다.

㉡ 가스 터빈 기관에서는 압축기의 회전수를 최대 출력 회전수의 백분율(%)로 나타낸다.

15. 터빈 엔진에서 정속 구동장치(constant speed drive)의 목적은 무엇인가?

① 전압을 감소시키기 위해서
② 전류량을 유지하기 위해서
③ 일정한 주파수를 유지하기 위해서
④ 일정한 전압을 유지하기 위해서

해설 정속 구동장치(CSD ; constant speed drive)

㉠ 교류 발전기에서 기관의 구동축과 발전기축 사이에 장착되어 기관의 회전수에 상관없이 일정한 주파수를 발생할 수 있도록 한다.

㉡ 교류 발전기를 병렬운전 시 각 발전기에 부하를 균일하게 분담시켜 주는 역할도 한다.

16. 자기 컴퍼스(magnetic compass)의 컴퍼스 스윙(compass swing)으로 수정할 수 있는 것은 어느 것인가?

① 장착 오차 ② 북선 오차
③ 가속도 오차 ④ 편차

해설 컴퍼스 스윙(compass swing) : 자기 컴퍼스의 자차를 수정하는 방법이지만, 자기 컴퍼스의 장착 오차와 기체 구조의 강 부재의 영구 자화와 배선을 흐르는 직류 전류에 의해서 생기는 반원차를 수정할 수 있다.

17. 유압 작동유의 성질로 맞는 것은?

① 불연성 유체이면 무엇이라도 가능하다.
② 엔진 오일과 같은 것이 좋다.
③ 압축성이 크고, 점성이 높은 것이 좋다.
④ 내식성이 크며, 작동온도 범위가 크고 윤활성이 높은 것이 좋다.

해설 작동유의 성질

㉠ 윤활성이 우수할 것
㉡ 점도가 낮을 것
㉢ 화학적 안정성이 높을 것
㉣ 인화점이 높을 것
㉤ 발화점이 높을 것
㉥ 부식성이 낮을 것
㉦ 체적계수가 클 것
㉧ 거품성 기포가 잘 발생하지 않을 것
㉨ 독성이 없을 것
㉩ 열전도율이 좋을 것

18. 규정 용량 이상의 전류가 흐를 때 회로를 차단하고 스위치 역할도 할 수 있으며, 계속

정답 13. ② 14. ④ 15. ③ 16. ① 17. ④ 18. ②

사용이 가능한 회로 보호장치는 무엇인가?
① 퓨즈(fuse)
② 회로 차단기(circuit breaker)
③ 전류 제한기(current limiter)
④ 열 보호장치(thermal protector)

해설 회로 차단기(circuit breaker) : 회로 내에 규정 이상의 전류가 흐를 때 회로가 열리게 하여 전류의 흐름을 막는 장치(재사용이 가능하고 스위치 역할도 한다.)

19. 사람이 영향을 받지 않고 활동하며 인체에 해가 없고 기체강도의 최고 한계를 정하는 고도는?
① 9100 ft ② 10000 ft
③ 33000 ft ④ 39000 ft

해설 인간이 외부의 도움 없이 호흡하고, 신체적 장애를 받지 않으며, 정상적인 활동을 할 수 있는 고도는 해면상으로부터 약 10000 ft이다.

20. 유압계통의 레저버(reservoir)에 있는 배플(baffle)과 핀(fin)의 역할은 무엇인가?
① 액면을 일정하게 한다.
② 오일의 휘발성을 유지하게 해준다.
③ 과도한 거품을 방지하고 와동(surge)을 방지한다.
④ 응축되는 것을 방지한다.

해설 배플(baffle)과 핀(fin) : 레저버(reservoir) 내에 있는 작동유가 심하게 흔들리거나 귀환되는 작동유에 의하여 소용돌이치는 불규칙한 진동으로 작동유에 거품이 발생하거나 펌프 안에 공기가 유입되는 것을 방지한다.

21. vapor cycle 계통 점검에서 사이트 게이지(sight gauge)로 공기방울이 계속 지나가는 것을 보았다. 이것은 무엇을 의미하는가?
① 프레온이 약간 과충전되었다.
② 프레온 충전이 너무 많이 되었다.
③ 용기 내에 습기가 모여 부식이 발생한다.
④ 프레온 충전이 낮다.

해설 냉각장치의 작동 중 점검 창에서 관찰해서 프레온 냉각액이 정상적으로 흐르고 있다면 프레온이 충분히 들어가고 있다고 생각해도 좋다. 만약 점검 창에서 거품이 보이면 장치에 냉각액을 보급할 필요가 있다.

22. 역률(power factor)은 무엇을 말하는가?
① 유효전력과 무상전력의 비를 말한다.
② 유효전력과 피상전력의 비를 말한다.
③ 유상전력과 무상전력의 차를 말한다.
④ 유상전력과 피상전력의 차를 말한다.

해설 역률(power factor)은 유효전력과 피상전력의 비를 말한다.

23. 오일이 항공기의 타이어에 묻었을 경우 다음 중 어느 것으로 세척하는가?
① 알코올 ② 솔벤트
③ 비눗물 ④ 시너

해설 타이어는 오일, 연료, 유압 작동유 또는 솔벤트 종류와 접촉하지 않게 주의해야 한다. 왜냐하면 이러한 것들은 화학적으로 고무를 손상시키며 타이어 수명을 단축시키기 때문이다. 그러므로 비눗물을 이용하여 세척한다.

24. 열전쌍(thermocouple)의 원리 중 맞는 것은?
① 열팽창계수가 다른 2개의 금속으로 온도를 측정
② 가열되면 교류 전류가 흘러 온도를 측정
③ 가열되면 적은 전류가 흘러 온도를 측정
④ 가열되면 전자기 유도효과에 의해 온도를 측정

해설 2개의 다른 물질로 된 금속선의 양끝을 연결하여 접합점에 온도차가 생기게 되면 이들 금속선에는 기전력이 발생하여 전류가 흐르는데 이 때의 전류를 열전류라 하고, 금속선의 조합을 열전쌍이라 한다. 열전류가 생기게 하는 기전력을 열기전력이라 한다.

정답 19. ② 20. ③ 21. ④ 22. ② 23. ③ 24. ③

25. 항공기의 방향탐지와 일반 라디오 방송을 들을 수 있는 계기는 어느 것인가?

① ADF ② VHF
③ INS ④ SELCAL

해설 자동방향탐지기(automatic direction finder)
㉠ 지상에 설치된 NDB국으로부터 송신되는 전파를 항공기에 장착된 자동방향탐지기로 수신하여 전파 도래 방향을 계기에 지시하는 것이다.
㉡ 사용 주파수의 범위는 190~1750 kHz (중파)이며, 190~415 kHz 까지는 NDB 주파수로 이용되고 그 이상의 주파수에서는 방송국 방위 및 방송국 전파를 수신하여 기상 예보도 청취할 수 있다.
㉢ 항공기에는 루프 안테나, 센스 안테나, 수신기, 방향 지시기 및 전원장치로 구성되는 수신 장치가 있다.

26. 직류 발전기의 전압 조절기는 발전기의 무엇을 조절하는가?

① 회로가 과부하가 되었을 때 발전기의 회전을 내린다.
② 전기자 전류를 일정하게 되도록 한다.
③ equalizer coil 의 전류를 조절한다.
④ field current 를 조절한다.

해설 전기자의 회전수와 부하에 변동이 있을 때에는 출력전압이 변하게 되므로 전압 조절기를 사용하여 코일의 전류를 조절하여 출력전압을 일정하게 한다.

27. 항공기의 선회나 충격 시 계기의 진동을 완화해 주는 것은?

① shock mount
② accumulator
③ diaphragm
④ piston

해설 일반적으로 계기판(instrument panel)은 기체와 기관의 진동으로부터 계기를 보호하기 위하여 기체와의 사이에 고무로 된 완충 마운트(shock mount)를 사용한다.

28. 본딩 점퍼(bonding jump)에 관하여 바른 것은 어느 것인가?

① 장착 시 반드시 납땜을 한다.
② 동익에 static discharger 가 붙어 있을 때에는 불필요하다.
③ 마그네슘 부재에 장착될 경우에는 동 도금한 것을 사용한다.
④ 접촉저항은 0.003Ω 이하로 가동부분의 작동을 방해를 해서는 안 된다.

해설 본딩 점퍼(bonding jump)를 장착 시에는 접촉저항이 0.003Ω 이하로 되도록 하고, 가동부분의 작동을 방해하지 않도록 하여야 한다.

29. 항법 계통에 사용되지 않는 것은?

① 대기 속도 ② 기수 방향
③ 현재 위치 ④ 항공기 자세

해설 항법장치 : 시각과 청각으로 나타내는 각종 장치 등을 통하여 방위, 거리 등을 측정하고 비행기의 위치를 알아내어 목적지까지의 비행경로를 구하기 위하여 또는 진입, 선회 등의 경우에 비행기의 정확한 자세를 알아서 올바르게 비행하기 위하여 사용되는 보조 시설이다.

30. 다음 중 니켈 - 카드뮴 축전지에 관한 설명으로 틀린 것은?

① 충전이 끝난 다음 3~4시간이 지난 후 전해액을 조절한다.
② 전해액을 만들 경우는 반드시 물에 수산화칼륨을 조금씩 떨어뜨려야 한다.
③ 충전이 끝난 후 반드시 전해액의 비중을 측정하여야 한다.
④ 각각의 cell 은 서로 직렬로 연결되어 있다.

해설 니켈-카드뮴 축전지의 취급
㉠ 납-산 축전지의 전해액(묽은 황산)과 니켈-카드뮴 축전지의 전해액(수산화칼륨)의 화학적 성질은 서로 반대이기 때문에 충전 또는 정비 시 공구와 장치들을 구별해서 사용해야 한다.
㉡ 전해액의 독성이 매우 강하므로 보호장구의 착용과 세척설비, 중화제를 갖추어야 하고,

정답 25. ① 26. ④ 27. ① 28. ④ 29. ① 30. ③

납-산 축전지와 마찬가지로 물에 수산화칼륨을 조금씩 떨어뜨려 섞어야 한다.

㉢ 세척 시에는 캡을 반드시 막아야 하고, 산 등의 화학 용액을 절대 사용하면 안되며, 와이어 브러시 등의 사용을 금해야 한다.

㉣ 완전히 충전된 후 3~4시간이 지나기 전에 물을 첨가해서는 안되며 물의 첨가가 필요할 때에는 광물질이 섞이지 않은 물이나 증류수를 사용해야 한다.

㉤ 축전지가 완전히 방전하게 되면 전위가 0이 되거나 반대 극성이 되는 경우가 있으므로 재충전이 안되고, 이런 경우에는 재충전하기 전에 각각의 셀을 단락시켜 전위가 0이 되도록 각 셀을 평준화시켜야 한다. 니켈-카드뮴 축전지의 셀은 직렬로 연결하여 사용하고, 충·방전 시 전해액은 화학적으로 변화하지 않고 물이 생기거나 흡수현상이 일어나지 않아 전해액의 비중이 변하지 않으므로 반드시 전해액의 비중을 측정할 필요는 없다.

31. 직류 전동기를 반대로 회전시키려고 한다면 어떻게 하여야 하는가?

① 전원 극성을 반대로 한다.
② 브러시를 90° 돌려 장착한다.
③ 전기자나 계자 전류의 어느 한쪽의 전류 방향을 바꾼다.
④ 전기자나 계자 전류의 양쪽의 전류 방향을 바꾼다.

해설 전동기의 회전방향을 바꾸려면 전기자(아마추어) 또는 계자의 극성 중 어느 하나만의 극성으로 바꾸어야 한다. 만약 두 개의 극성을 모두 바꾸게 되면 회전방향은 바뀌지 않는다.

32. 전기 용량형 유량계기가 실제는 그렇지 않은데 "full"을 지시한다면 가능한 원인은?

① 탱크 유닛의 단락(short)
② 탱크 유닛의 절단(cut)
③ 보상기(compensator)의 단락(short)
④ 보상기(compensator)의 절단(cut)

33. 전자회로의 기본적인 구성품은 무엇인가?

① 정류회로와 발진회로 2개
② 정류회로와 증폭회로 2개
③ 발진회로와 증폭회로 2개
④ 정류회로, 발진회로, 증폭회로 3개

34. 원격 지시 계기에 속하지 않는 것은 어느 것인가?

① 직류 셀신(DC selsyn)
② 오토신(autosyn)
③ 마그네신(magnesyn)
④ 아네로이드(aneroid)

해설 원격 지시 계기의 종류
㉠ 오토신(autosyn)
㉡ 서보(servo)
㉢ 직류 셀신(DC selsyn)
㉣ 마그네신(magnesyn)

35. 낮은 전류를 흘려 높은 전류가 흐르는 회로의 접점을 형성하도록 하여 간접적으로 전류를 제어하는 것은 무엇인가?

① 스위치(switch)
② 릴레이(relay)
③ 회로 차단기(circuit breaker)
④ 인버터(inverter)

해설 릴레이(relay) : 조종석에 설치되어 있는 스위치에 의해 간접적으로 작은 전류를 입력받아 작동하여 다른 전기회로의 큰 전류를 제어하는 전자기 스위치를 말한다.

36. 온도에 의한 밀도를 수정한 속도는 무엇인가?

① IAS ② CAS
③ EAS ④ TAS

해설 진 대기속도(TAS, true air speed) : 등가대기속도에 고도 변화에 따른 밀도를 수정한 속도

37. 전력의 단위는 무엇인가?

① 볼트(volt) ② 와트(watt)

정답 31. ③ 32. ① 33. ④ 34. ④ 35. ② 36. ④ 37. ②

③ 옴(ohm) ④ 암페어(ampere)

해설 단위

종류	단 위	기 호
전압	V (volt)	E
전류	A (ampere)	I
저항	Ω (ohm)	R
전력	W (watt)	P

38. **자이로(gyro)의 섭동성을 이용한 계기는 무엇인가?**

① 선회계(turn indicator)
② 경사계(bank indicator)
③ 자기 컴퍼스(magnetic compass)
④ 속도계(air speed indicator)

해설 자이로 계기

㉠ 선회계(turn indicator) : 자이로의 특성 중 섭동성만을 이용한다.
㉡ 방향 자이로 지시계(directional gyro indicator, 정침의) : 자이로의 강직성을 이용한다.
㉢ 자이로 수평 지시계(gyro horizon indicator, 인공 수평의) : 자이로의 강직성과 섭동성을 모두 이용한다.
㉣ 경사계(bank indicator) : 구부러진 유리관 안에 케로신과 강철 볼을 넣은 것으로서, 케로신은 댐핑 역할을 하고, 유리관은 수평 위치에서 가장 낮은 지점에 오도록 구부러져 있다.
㉤ 강직성 : 외부에서의 힘이 가해지지 않는 한 항상 같은 자세를 유지하려는 성질
㉥ 섭동성 : 외부에서 가해진 힘의 방향과 90° 어긋난 방향으로 자세가 변하는 성질

39. **유압 계통에 사용하는 작동유의 종류를 선택하는 방법은 무엇인가?**

① 정비 지침서와 펌프의 표시를 참고한다.
② 정비 지침서와 작동유 레저버(reservoir)의 표시를 참고한다.
③ 착륙장치(landing gear)의 작동유 표시를 참고한다.
④ 식물성 작동유를 사용한다.

해설 정비 지침서(maintenance manual) 또는 작동유 레저버(reservoir)의 표시를 참고하여 사용한다.

40. **교류 전원에서 전압계는 200 V, 전류계는 5 A, 역률이 0.8일 때 다음 중 틀린 것은?**

① 유효 전력은 800 W
② 무효 전력은 400 VAR
③ 피상 전력은 1000 VA
④ 소비 전력은 800 W

해설 피상 전력 $= EI = 200 \times 5 = 1000\text{ VA}$

유효 전력 $= EI\cos\theta = 1000 \times 0.8 = 800\text{ W}$

무효 전력 $= EI\sin\theta = EI \times \sqrt{1-\cos\theta^2}$

$= 1000 \times \sqrt{1-0.8^2} = 600\text{ VAR}$

항공 법규

1. **항공기의 항행의 안전을 확보하기 위한 기술상의 기준에 적합한 지 여부를 검사하는 종류 중 틀린 것은?**

① 법 제20조에 의한 형식증명
② 법 제23조에 의한 감항증명
③ 법 제25조에 의한 소음기준 적합증명
④ 법 제30조에 의한 수리, 개조 검사

해설 [항공안전법 제20조, 제23조, 제30조]

2. **항공종사자 자격증명의 업무범위에 대한 설명 중 옳은 것은?**

① 업무범위는 시행령에 명시되어 있다.
② 그가 받은 자격증명의 업무 외에는 종사하지 않는다.
③ 군인에 대하여 적용하지 않는다.
④ 새로운 종류, 등급, 형식의 항공기 시험비행 시 지방항공청장의 허가를 받은 때에는 적용하지 않는다.

정답 38. ① 39. ② 40. ② 1. ③ 2. ②

해설 [항공안전법 제36조] : 업무범위

① 자격증명의 종류에 따른 업무범위는 별표와 같다.
② 자격증명을 받은 사람은 그가 받은 자격증명의 종류에 따른 업무범위 외의 업무에 종사해서는 아니 된다.
③ 다음 각 호의 어느 하나에 해당하는 경우에는 제1항 및 제2항을 적용하지 아니한다.
  1. 국토교통부령으로 정하는 항공기에 탑승하여 조종(항공기에 탑승하여 그 기체 및 발동기를 다루는 것을 포함한다)하는 경우
  2. 새로운 종류, 등급 또는 형식의 항공기에 탑승하여 시험비행 등을 하는 경우로서 국토교통부령으로 정하는 바에 따라 국토교통부장관의 허가를 받은 경우

3. 다음 중 항공 업무에 속하지 않는 것은?

① 항공기에 탑승하여 행하는 항공기운항
② 항공운송사업 또는 항공기사용사업의 경영
③ 운항관리 및 무선설비의 조작
④ 정비된 항공기에 감항성이 있는지를 확인하는 업무

해설 [항공안전법 제2조] : 항공업무란 항공기의 운항(무선설비의 조작을 포함, 조종연습은 제외)업무, 항공교통관제(무선설비의 조작을 포함, 항공교통관제연습은 제외)업무, 항공기의 운항관리업무, 정비·수리·개조된 항공기·발동기·프로펠러, 장비품 또는 부품에 대하여 안전하게 운용할 수 있는 성능(감항성)이 있는 지를 확인하는 업무 및 경량항공기 또는 그 장비품·부품의 정비사항을 확인하는 업무를 말한다.

4. 다음 중 국토교통부장관이 고시하는 기술기준에 포함되지 않는 것은?

① 항공기 등의 감항기준
② 항공기 등의 식별 표시 방법
③ 항공기의 중심위치한계
④ 항공기, 장비품 및 부품의 인증절차

해설 [항공안전법 제19조] : 국토교통부장관은 항공기 등, 장비품 또는 부품의 안전을 확보하기 위하여 다음 각 호의 사항을 포함한 기술상의 기준(항공기기술기준)을 정하여 고시하여야 한다.

1. 항공기 등의 감항기준
2. 항공기 등의 환경기준(배출가스 배출기준 및 소음기준을 포함)
3. 항공기 등이 감항성을 유지하기 위한 기준
4. 항공기 등, 장비품 또는 부품의 식별 표시 방법
5. 항공기 등, 장비품 또는 부품의 인증절차

5. 감항증명이 있는 항공기를 정비(법 제30조 1항의 규정에 의한 수리, 개조 제외)하였을 경우는?

① 국토교통부장관의 검사를 받아야 한다.
② 항공정비사가 확인을 하고 그 결과를 국토교통부장관에게 보고하여야 한다.
③ 기술기준에 적합하다는 항공정비사의 확인을 받아야 한다.
④ 항공기의 안전성을 확보하기 위해 시험비행을 해야 한다.

해설 [항공안전법 제32조] : 항공기 등의 정비 등의 확인

① 소유자 등은 항공기 등, 장비품 또는 부품에 대하여 정비 등(국토교통부령으로 정하는 경미한 정비 및 제30조 제1항에 따른 수리·개조는 제외)을 한 경우에는 제35조 제8호의 항공정비사 자격증명을 받은 사람으로서 국토교통부령으로 정하는 자격요건을 갖춘 사람으로부터 그 항공기 등, 장비품 또는 부품에 대하여 국토교통부령으로 정하는 방법에 따라 감항성을 확인받지 아니하면 이를 운항 또는 항공기 등에 사용해서는 아니 된다. 다만, 감항성을 확인받기 곤란한 대한민국 외의 지역에서 항공기 등, 장비품 또는 부품에 대하여 정비 등을 하는 경우로서 국토교통부령으로 정하는 자격요건을 갖춘 자로부터 그 항공기 등, 장비품 또는 부품에 대하여 감항성을 확인받은 경우에는 이를 운항 또는 항공기 등에 사용할 수 있다.
② 소유자 등은 항공기 등, 장비품 또는 부품에 대한 정비 등을 위탁하려는 경우에는 제97조

정답 3. ② 4. ③ 5. ③

제1항에 따른 정비조직인증을 받은 자 또는 그 항공기 등, 장비품 또는 부품을 제작한 자에게 위탁하여야 한다.

6. 다음 중 소음기준 적합증명 대상 항공기는 어느 것인가?

① 쌍발 왕복 발동기를 장착한 항공기
② 국내선을 운항하는 항공기
③ 프로펠러 항공기로서 최대 이륙중량 5700 kg 을 초과하는 항공기
④ 터빈발동기를 장착한 항공기

해설 [항공안전법 시행규칙 제49조] : 소음기준 적합증명을 받아야 하는 항공기는 터빈발동기를 장착한 항공기 또는 국제선을 운항하는 항공기이다.

7. 다음 중 항공정비사의 업무범위를 옳게 설명한 것은?

① 항공운송사업에 사용하는 항공기를 정비하는 자
② 정비한 항공기에 대하여 법 제32조 제1항의 규정에 의한 확인을 하는 자
③ 항공기에 탑승하여 발동기 및 기체를 취급하는 행위를 하는 자
④ 항공기에 탑승하여 그 위치 및 항로의 측정과 항공상의 자료를 산출하는 자

해설 [항공안전법 제36조] : 다음 각 호의 행위를 하는 것

1. 제32조 제1항에 따라 정비 등을 한 항공기 등, 장비품 또는 부품에 대하여 감항성을 확인하는 행위
2. 제108조 제4항에 따라 정비를 한 경량항공기 또는 그 장비품·부품에 대하여 안전하게 운용할 수 있음을 확인하는 행위

8. 다음 중 항공안전법에 관한 내용 중 바른 것은?

① 항공회사 설립을 돕는다.
② 항공제작산업의 발전을 도모한다.
③ 항공기 항행의 안전을 도모한다.
④ 항공운송사업을 통제한다.

해설 [항공안전법 제1조] : 국제민간항공협약 및 같은 협약의 부속서에서 채택된 표준과 권고되는 방식에 따라 항공기, 경량항공기 또는 초경량비행장치의 안전하고 효율적인 항행을 위한 방법과 국가, 항공사업자 및 항공종사자 등의 의무 등에 관한 사항을 규정함을 목적으로 한다. 항공안전법 시행령은 대통령령으로, 시행규칙은 국토교통부령으로 제정되었다.

9. 비행기의 주익면에 국적기호 및 등록기호의 표시로 틀린 것은?

① 우측익의 상부 및 좌측익의 하면에 표시
② 전연과 후연에서 등거리에 표시
③ 보조익과 플랩에 걸쳐서는 안 된다.
④ 우측익의 하면 및 좌측익의 상부에 표시

해설 [항공안전법 시행규칙 제14조]

1. 비행기와 활공기의 경우에는 주날개와 꼬리날개 또는 주날개와 동체에 다음 각 목의 구분에 따라 표시하여야 한다.
   가. 주날개에 표시하는 경우에는 오른쪽 날개 윗면과 왼쪽 날개 아랫면에 주날개의 앞끝과 뒤끝에서 같은 거리에 위치하도록 하고 등록부호의 윗부분이 주날개의 앞끝을 향하게 표시하여야 한다. 다만, 각 기호는 보조날개와 플랩에 걸쳐서는 아니 된다.
   나. 꼬리날개에 표시하는 경우에는 수직 꼬리날개의 양쪽면에 꼬리날개의 앞끝과 뒤끝에서 5 cm 이상 떨어지도록 수평 또는 수직으로 표시하여야 한다.
   다. 동체에 표시하는 경우에는 주날개와 꼬리날개 사이에 있는 동체의 양쪽면의 수평안정판 바로 앞에 수평 또는 수직으로 표시하여야 한다.

10. 다음 중 형식증명의 해당 사항이 아닌 것은 어느 것인가?

① 당해 형식의 설계에 대한 검사권리
② 당해 형식의 제작과정에 대한 검사권리

정답 6. ④ 7. ② 8. ③ 9. ④ 10. ④

③ 당해 형식의 완성 후의 상태와 비행성능을 검사하는 권리
④ 당해 형식의 제조과정에 대한 검사권리

해설 [항공안전법 시행규칙 제20조] : 국토교통부장관은 형식증명 또는 제한형식증명을 위한 검사를 하는 경우에는 해당 형식의 설계에 대한 검사 및 해당 형식의 설계에 따라 제작되는 항공기 등의 제작과정에 대한 검사와 항공기 등의 완성 후의 상태 및 비행성능 등에 대한 검사를 하여야 한다. 다만, 형식설계를 변경하는 경우에는 변경하는 사항에 대한 검사만 해당한다.

11. 토잉 트랙터, 지상발전기(GPU), 엔진시동지원장치(ASU) 및 스텝카 등을 사용하여 수행하는 사업은?

① 지상조업사업 ② 항공기급유업
③ 항공기하역업 ④ 항공기정비업

해설 [항공기사업법 시행령 제21조] 항공기 취급업의 등록요건

1. 항공기 급유업 : 급유 지원차, 급유차, 트랙터, 트레일러 등 급유에 필요한 장비. 다만, 해당 공항의 급유시설 상황에 따라 불필요한 장비는 제외한다.
2. 항공기하역업 : 소형 견인차, 수화물 하역차, 화물 하역장비, 수화물 이동장치, 화물 트레일러, 화물 카트 등 하역에 필요한 장비(수행하려는 업무에 필요한 장비로 한정)
3. 지상조업사업 : 항공기 견인차, 지상발전기(GPU), 엔진시동지원장치(ASU), 탑승 계단차, 오물처리 카트 등 지상조업에 필요한 장비(수행하려는 업무에 필요한 장비로 한정)

12. 다음 중 정비규정에 포함된 사항이 아닌 것은?

① 직무 및 정비조직
② 안전 및 보안에 관한 사항
③ 항공기의 조작 및 점검방법
④ 항공기 검사프로그램

해설 [항공안전법 시행규칙 제266조] : 정비규정에 포함되어야 할 사항은 다음과 같다.

1. 일반사항
2. 직무 및 정비조직
3. 항공기의 감항성을 유지하기 위한 정비 프로그램
4. 항공기 검사프로그램
5. 품질관리
6. 기술관리
7. 항공기, 장비품 및 부품의 정비방법 및 절차
8. 계약정비
9. 장비 및 공구관리
10. 정비시설
11. 정비 매뉴얼, 기술도서 및 정비 기록물의 관리방법
12. 정비 훈련 프로그램
13. 자재관리
14. 안전 및 보안에 관한 사항
15. 그밖에 항공운송사업자 또는 항공기 사용사업자가 필요하다고 판단하는 사항

13. 국제민간항공조약 부속서 중에서 항공기 감항성에 관한 부속서는?

① 부속서 6 ② 부속서 7
③ 부속서 8 ④ 부속서 9

해설 국제민간항공조약 부속서

부속서 1 : 항공종사자의 기능증명
부속서 2 : 항공교통규칙
부속서 3 : 항공기상의 부호
부속서 4 : 항공지도
부속서 5 : 통신에 사용되는 단위
부속서 6 : 항공기의 운항
부속서 7 : 항공기의 국적기호 및 등록기호
부속서 8 : 항공기의 감항성
부속서 9 : 출입국의 간소화
부속서 10 : 항공통신
부속서 11 : 항공교통업무
부속서 12 : 수색구조
부속서 13 : 사고조사
부속서 14 : 비행장
부속서 15 : 항공정보업무
부속서 16 : 항공기소음
부속서 17 : 항공보안시설
부속서 18 : 위험물수송
부속서 19 : 안전관리

정답 11. ① 12. ③ 13. ③

14. **공항의 명칭·위치 및 구역은 누가 지정·고시하는가?**

① 대통령
② 교통안전공단
③ 국토교통부장관
④ 지방항공청장

해설 [공항시설법 제2조] 공항이란 공항시설을 갖춘 공공용 비행장으로서 국토교통부장관이 그 명칭·위치 및 구역을 지정·고시한 것을 말한다.

15. **국제민간항공조약의 부속서로서 채택된 표준방식 및 절차를 채택한 외국 정부가 행한 다음의 증명, 면허는 국토교통부장관이 행한 것으로 본다. 이에 해당되지 않는 것은?**

① 감항증명
② 항공기 등록증명
③ 항공기 승무원 신체검사증명
④ 정기항공운송사업 면허

해설 [항공안전법 시행규칙 제278조] : 국제민간항공조약 부속서로서 채택된 표준방식 및 절차를 채용하는 협약체결국 외국정부가 한 다음 각 호의 증명·면허와 그 밖의 행위는 국토교통부장관이 한 것으로 본다.

1. 항공기 등록증명
2. 감항증명
3. 항공종사자의 자격증명
4. 항공신체검사증명
5. 계기비행증명
6. 항공영어구술능력증명

16. **국제민간항공조약(시카고 조약)에 대한 설명으로 틀린 것은?**

① 1947년 발효되었다.
② 완전한 상공의 자유를 확립하였다.
③ 완전하고 배타적인 주권을 인정하고 있다.
④ 국제민간항공조약을 보완하는 협정으로 국제항공업무 통과협정 등이 있다.

해설 국제민간항공조약 : 1944년 11월 1일 미국의 초청에 의하여 시카고 국제민간항공회의가 개최되었으며 1947년 4월 4일 발효되었고, 제1조에서 체약국은 각 국이 자국의 영역상의 공간에 있어 완전하고, 배타적인 주권을 보유할 것을 인정하고 있다. 이 조약의 보완적 협정으로는 국제항공업무 통과협정, 국제항공 운송협정, 국제민간항공에 관한 협정 및 2개국 간 협정이 있으며, 상공의 국제화를 실현하고자 하는 상공의 자유 확립을 성취하지 못하고 국제민간항공조약의 부속협정인 국제항공 운송협정과 국제항공업무 통과협정에 위임을 하였다.

17. **항공기가 활공기를 예항하는 경우 안전상 기준이 아닌 것은?**

① 항공기에 연락원을 탑승시킬 것
② 예항줄의 길이는 80m 내지 120m로 할 것
③ 야간에 예항하지 말 것
④ 예항줄의 길이의 80%에 상당하는 고도에서 이탈시킬 것

해설 [항공안전법 시행규칙 제171조] : 항공기가 활공기를 예항하는 경우의 안전상의 기준은 다음과 같다.

① 항공기에는 연락원을 탑승시킬 것(조종자를 포함하여 2인 이상이 탈 수 있는 항공기에 한하며 당해 항공기와 활공기간에 무선통신으로 연락이 가능한 경우를 제외)
② 예항하기 전에 항공기와 활공기의 탑승자 사이에 다음에 관하여 상의할 것
1. 출발 및 예항의 방법
2. 예항줄의 이탈의 시기, 장소 및 방법
3. 연락신호 및 그 의미
4. 그 밖에 안전을 위하여 필요한 사항
③ 예항줄의 길이는 40m 이상 80m 이하로 할 것
④ 지상연락원을 배치할 것
⑤ 당해 예항줄 길이의 80%에 상당하는 고도 이상의 고도에서 예항줄을 이탈시킬 것
⑥ 구름 속에서나 야간에 예항하지 말 것(지방항공청장의 허가를 받은 경우 제외)

정답 14. ③ 15. ④ 16. ② 17. ②

18. 다음 중 항행 안전시설이란?

① 항행 안전시설이라 함은 전파, 불빛, 색채를 말한다.

② 항행 안전시설이라 함은 불빛에 의해 항공기의 항행을 돕기 위한 시설을 말한다.

③ 항행 안전시설이라 함은 항공교통의 안전을 위해서 지정한 시설을 말한다.

④ 유선통신, 무선통신, 인공위성, 불빛, 색채 또는 전파를 이용하여 항공기의 항행을 돕기 위한 시설로서 국토교통부령으로 정하는 시설을 말한다.

해설 [공항시설법 제2조 제15호] : 항행안전시설이란 유선통신, 무선통신, 인공위성, 불빛, 색채 또는 전파를 이용하여 항공기의 항행을 돕기 위한 시설로서 국토교통부령으로 정하는 시설을 말한다.

19. 다음 중 활공기의 종류가 아닌 것은?

① 특수 활공기

② 상급 활공기

③ 중급 활공기

④ 보통 활공기

해설 [항공안전법 시행규칙 81조] : 활공기의 종류는 특수 활공기, 상급 활공기, 중급 활공기, 초급 활공기로 구분한다.

20. 다음 중 부정기편 운항의 종류가 아닌 것은?

① 전세운송사업

② 상업서류 송달업

③ 관광비행사업

④ 지점간 운송사업

해설 [항공사업법 시행규칙 제3조] : 국내 및 국제 부정기편 운항은 다음 각 호와 같이 구분한다.

1. 지점 간 운항 : 한 지점과 다른 지점 사이에 노선을 정하여 운항하는 것
2. 관광비행 : 관광을 목적으로 한 지점을 이륙하여 중간에 착륙하지 아니하고 정해진 노선을 따라 출발지점에 착륙하기 위하여 운항하는 것
3. 전세운송 : 노선을 정하지 아니하고 사업자와 항공기를 독점하여 이용하려는 이용자 간의 1개의 항공운송계약에 따라 운항하는 것

21. 기압저하 경고장치를 장착하여야 하는 항공기로 맞는 것은?

① 여압장치가 있는 항공기로 기내의 대기압이 376 헥토파스칼(hPa) 미만인 비행고도로 비행하려는 비행기

② 여압장치가 있는 항공기로 기내의 대기압이 476 헥토파스칼(hPa) 미만인 비행고도로 비행하려는 비행기

③ 여압장치가 있는 항공기로 기내의 대기압이 576 헥토파스칼(hPa) 미만인 비행고도로 비행하려는 비행기

④ 여압장치가 있는 항공기로 기내의 대기압이 676 헥토파스칼(hPa) 미만인 비행고도로 비행하려는 비행기

해설 [항공안전법 시행규칙 제114조] : 여압장치가 있는 비행기로서 기내의 대기압이 376 헥토파스칼(hPa) 미만인 비행고도로 비행하려는 비행기에는 기내의 압력이 떨어질 경우 운항승무원에게 이를 경고할 수 있는 기압저하경보장치 1기를 장착하여야 한다.

22. 항공안전법에서 규정하고 있는 항공기의 정의를 바르게 설명한 것은?

① 하늘을 날아다니는 모든 비행기와 기기를 말한다.

② 군에서 사용하는 비행기도 항공안전법에 저촉을 받는다.

③ 비행기, 헬리콥터, 비행선, 활공기와 그 밖에 대통령령으로 정하는 것으로 공기의 반작용으로 뜰 수 있는 기기를 말한다.

④ 활공기, 헬리콥터, 비행기, 비행선을 말한다.

정답 18. ④ 19. ④ 20. ② 21. ① 22. ③

해설 [항공안전법 제2조 제1호] : 항공기란 공기의 반작용으로 뜰 수 있는 기기로서 최대 이륙중량, 좌석 수 등 국토교통부령으로 정하는 기준에 해당하는 비행기, 헬리콥터, 비행선, 활공기와 그 밖에 대통령령으로 정하는 기기를 말한다.

23. **기상 상태에 관계없이 계기비행 방식에 따라 비행하여야 하는 경우는?**

① 평균 해면으로부터 4100 m를 초과하는 고도로 비행하는 경우
② 평균 해면으로부터 5100 m를 초과하는 고도로 비행하는 경우
③ 평균 해면으로부터 6100 m를 초과하는 고도로 비행하는 경우
④ 평균 해면으로부터 7100 m를 초과하는 고도로 비행하는 경우

해설 [항공안전법 시행규칙 제172조]

① 시계비행방식으로 비행하는 항공기는 해당 비행장의 운고가 450 m (1500 피트) 미만 또는 지상시정이 5 km 미만인 경우에는 관제권 안의 비행장에서 이륙 또는 착륙을 하거나 관제권 안으로 진입할 수 없다. 다만, 관할 항공교통관제기관의 허가를 받은 경우에는 그러하지 아니하다.
② 야간에 시계비행방식으로 비행하는 항공기는 지방항공청장 또는 해당 비행장의 운영자가 정하는 바에 따라야 한다.
③ 항공기는 다음 각 호의 어느 하나에 해당되는 경우에는 기상 상태에 관계없이 계기비행방식에 따라 비행하여야 한다. 다만, 관할 항공교통관제기관의 허가를 받은 경우에는 그러하지 아니하다.
  1. 평균해면으로부터 6100 m (2만 피트)를 초과하는 고도로 비행하는 경우
  2. 천음속 또는 초음속으로 비행하는 경우
④ 300 m (1천 피트) 수직분리최저치가 적용되는 8850 m (2만 9천 피트) 이상 12500 m (4만 1천 피트) 이하의 수직분리축소공역에서는 시계비행방식으로 운항해서는 아니 된다.
⑤ 시계비행방식으로 비행하는 항공기는 제199조 제1호 각 목에 따른 최저비행고도 미만의 고도로 비행해서는 아니 된다. 다만, 다음 각 호의 어느 하나에 해당하는 경우에는 그러하지 아니하다.
  1. 이륙하거나 착륙하는 경우
  2. 항공교통업무기관의 허가를 받은 경우
  3. 비상상황의 경우로서 지상의 사람이나 재산에 위해를 주지 아니하고 착륙할 수 있는 고도인 경우

24. **항공운송사업용 항공기가 시계비행방식으로 비행 시 갖추어야 할 계기는?**

① 정밀기압고도계, 나침반, 속도계, 승강계
② 정밀기압고도계, 나침반, 속도계, 시계
③ 정밀기압고도계, 선회계, 속도계, 시계
④ 외기 온도계, 나침반, 속도계, 시계

해설 [항공안전법 시행규칙 제117조] : 항공운송사업용 항공기가 시계비행방식에 의한 비행을 하는 경우에 다음의 항공계기를 갖추어야 한다.

① 나침반 1개
② 시계 1개 (시, 분, 초의 표시)
③ 정밀기압고도계 1개
④ 속도계 1개

25. **특별감항증명을 받아야 하는 경우가 아닌 것은?**

① 항공기의 설계에 관한 형식증명을 변경하기 위하여 운용한계를 초과하지 않는 시험비행을 하는 경우
② 항공기를 수입하거나 수출하기 위하여 승객·화물을 싣지 아니하고 비행하는 경우
③ 항공기의 제작 또는 개조 후 시험비행을 하는 경우
④ 항공기의 정비 또는 개조를 위한 장소까지 승객·화물을 싣지 아니하고 비행하는 경우

해설 [항공안전법 시행규칙 제37조] : 특별감항

정답 23. ③ 24. ② 25. ①

증명의 대상 항공기의 제작·정비·수리·개조 및 수입·수출 등과 관련한 다음 각 목의 어느 하나에 해당하는 경우
가. 항공기의 제작·정비·수리 또는 개조 후 시험비행을 하는 경우
나. 항공기의 정비·수리 또는 개조를 위한 장소까지 승객·화물을 싣지 아니하고 비행하는 경우
다. 항공기를 수입하거나 수출하기 위하여 승객·화물을 싣지 아니하고 비행하는 경우
라. 항공기의 설계에 관한 형식증명을 변경하기 위하여 운용한계를 초과하는 시험비행을 하는 경우

26. 항공기의 소유자가 서울에서 부산으로 이사를 갔을 경우 해야 하는 등록은?

① 변경등록　② 이전등록
③ 말소등록　④ 임차등록

해설 [항공안전법 제13조] : 소유자 등은 항공기의 정치장 또는 소유자 또는 임차인·임대인의 성명 또는 명칭과 주소 및 국적의 등록사항이 변경되었을 때에는 그 변경된 날부터 15일 이내에 대통령령으로 정하는 바에 따라 국토교통부장관에게 변경등록을 신청하여야 한다.

27. 긴급한 수리·개조를 제외하고 수리·개조승인 신청서는 작업을 시작하기 며칠 전까지 제출하여야 하는가?

① 7일　② 10일
③ 15일　④ 20일

해설 [항공안전법 시행규칙 제66조] : 법 제30조 제1항에 따라 항공기 등 또는 부품 등의 수리·개조승인을 받으려는 자는 수리·개조승인 신청서에 수리·개조 신청사유 및 작업 일정, 작업을 수행하려는 인증된 정비조직의 업무범위, 수리·개조에 필요한 인력, 장비, 시설 및 자재 목록, 해당 항공기 등 또는 부품 등의 도면과 도면 목록, 수리·개조 작업지시서가 포함된 수리계획서 또는 개조계획서를 첨부하여 작업을 시작하기 10일 전까지 지방항공청장에게 제출하여야 한다. 다만, 항공기사고 등으로 인하여 긴급한 수리·개조를 하여야 하는 경우에는 작업을 시작하기 전까지 신청서를 제출할 수 있다.

28. 국제민간항공기구(ICAO)의 소재지는 어디인가?

① 프랑스 파리
② 캐나다 몬트리올
③ 대한민국 서울
④ 이탈리아 로마

29. 항공기 조종실을 모방하여 실제 항공기와 동일하게 재현할 수 있도록 고안된 장치는 무엇인가?

① 무선 비행장치
② 초경량 비행장치
③ 모의 비행장치
④ 인력 활공기

해설 [항공안전법 제2조 제15호] : 모의비행장치란 항공기의 조종실을 동일 또는 유사하게 모방한 장치로서 국토교통부령으로 정하는 장치를 말한다.

30. 비상 탈출구의 게시판 및 그 조작위치는 무슨 색으로 도색하는가?

① 백색　② 녹색
③ 적색　④ 황색

해설 비상 탈출구 : 비상 탈출구의 게시판과 조작위치는 적색으로 하며, 이 경우 게시판은 조작위치의 부근에 게시하고 비상 탈출구의 소재를 명시함과 동시에 그 조작방법을 기재한다.

31. 항공종사자 응시 자격에 관한 설명 중 잘못된 것은?

① 자가용 활공기 조종사는 16세 이상이다.

정답 26. ① 27. ② 28. ② 29. ③ 30. ③ 31. ②

② 운항관리사는 20세 이상이다.
③ 운송용 조종사의 연령은 21세 이상이다.
④ 항공정비사는 18세 이상이다.

해설 [항공안전법 제34조] : 항공업무에 종사하려는 사람은 국토교통부장관으로부터 항공종사자 자격증명을 받아야 한다. 다음에 해당하는 자는 자격증명을 받을 수 없다.
1. 다음 각 목의 나이 미만인 사람
 가. 자가용 조종사 및 경량항공기 자격의 경우 : 17세 (자가용 활공기 조종사의 경우에는 16세)
 나. 사업용 조종사, 부조종사, 항공사, 항공기관사, 항공교통관제사 및 항공정비사 자격의 경우 : 18세
 다. 운송용 조종사 및 운항관리사 자격의 경우 : 21세
2. 자격증명 취소처분을 받고 그 취소일로부터 2년이 지나지 아니한 자

32. **항공안전법 시행규칙의 목적에 대한 다음 설명 중 맞는 것은?**
① 항공안전법에서 위임된 사항과 그 시행에 필요한 사항을 정한다.
② 항공안전법의 목적과 항공용어의 정의를 규정한다.
③ 항공안전법의 실효성을 확보하기 위해 각종의 벌칙을 규정한다.
④ 항공안전법 및 시행령에서 위임된 사항과 그 시행에 필요한 사항을 규정한다.

해설 [항공안전법 시행규칙 제1조] : 시행규칙은 항공안전법 및 같은 법 시행령에서 위임된 사항과 그 시행에 관하여 필요한 사항을 규정함을 목적으로 한다.

33. **다음 중 자격증명을 반드시 취소해야 하는 경우가 아닌 것은?**
① 자격증명의 종류에 따른 항공업무 외의 항공업무에 종사한 경우
② 다른 사람의 항공종사자 자격증명서를 빌리는 행위를 알선한 경우
③ 자격증명 정지기간에 항공업무에 종사한 경우
④ 항공종사자 자격증명서를 빌려준 경우

해설 [항공안전법 제43조] : 국토교통부장관은 항공종사자가 다음 각 호의 어느 하나에 해당하는 경우에는 그 자격증명이나 자격증명의 한정을 취소하거나 1년 이내의 기간을 정하여 자격증명의 효력정지를 명할 수 있다. 다만, 제1호, 제6호의2, 제6호의3, 제15호 또는 제31호에 해당하는 경우에는 해당 자격증명을 취소하여야 한다.
1. 거짓이나 그 밖의 부정한 방법으로 자격증명을 받은 경우
2. 이 법을 위반하여 벌금 이상의 형을 선고 받은 경우
3. 항공종사자로서 항공업무를 수행할 때 고의 또는 중대한 과실로 항공기사고를 일으켜 인명피해나 재산피해를 발생시킨 경우
4. 제32조 제1항 본문에 따라 정비 등을 확인하는 항공종사자가 국토교통부령으로 정하는 방법에 따라 감항성을 확인하지 아니한 경우
5. 제36조 제2항을 위반하여 자격증명의 종류에 따른 업무범위 외의 업무에 종사한 경우
6. 제37조 제2항을 위반하여 자격증명의 한정을 받은 항공종사자가 한정된 종류, 등급 또는 형식 외의 항공기·경량항공기나 한정된 정비분야 외의 항공업무에 종사한 경우
6의2. 제39조의3 제1항을 위반하여 다른 사람에게 자기의 성명을 사용하여 항공업무를 수행하게 하거나 항공종사자 자격증명서를 빌려 준 경우
6의3. 제39조의3 제3항을 위반하여 다음 각 목의 어느 하나에 해당하는 행위를 알선한 경우
 가. 다른 사람에게 자기의 성명을 사용하여 항공업무를 수행하게 하거나 항공종사자 자격증명서를 빌려 주는 행위
 나. 다른 사람의 성명을 사용하여 항공업무를 수행하거나 다른 사람의 항공종사자 자격

정답 32. ④ 33. ①

증명서를 빌리는 행위

7. 제40조 제1항(제46조 제4항 및 제47조 제4항에서 준용하는 경우를 포함)을 위반하여 항공신체검사증명을 받지 아니하고 항공업무(제46조에 따른 항공기 조종연습 및 제47조에 따른 항공교통관제연습을 포함. 이하 이 항 제8호, 제13호, 제14호 및 제16호에서 같다)에 종사한 경우
8. 제42조를 위반하여 제40조 제2항에 따른 자격증명의 종류별 항공신체검사증명의 기준에 적합하지 아니한 운항승무원 및 항공교통관제사가 항공업무에 종사한 경우
8의2. 제42조 제2항을 위반하여 신체적·정신적 상태의 저하 사실을 신고하지 아니한 경우
8의3. 제42조 제4항을 위반하여 같은 조 제3항에 따른 결과를 통지받기 전에 항공업무를 수행한 경우
9. 제44조 제1항을 위반하여 계기비행증명을 받지 아니하고 계기비행 또는 계기비행방식에 따른 비행을 한 경우
10. 제44조 제2항을 위반하여 조종교육증명을 받지 아니하고 조종교육을 한 경우
11. 제45조 제1항을 위반하여 항공영어구술능력증명을 받지 아니하고 같은 항 각 호의 어느 하나에 해당하는 업무에 종사한 경우
12. 제55조를 위반하여 국토교통부령으로 정하는 비행경험이 없이 같은 조 각 호의 어느 하나에 해당하는 항공기를 운항하거나 계기비행·야간비행 또는 제44조 제2항에 따른 조종교육의 업무에 종사한 경우
13. 제57조 제1항을 위반하여 주류 등의 영향으로 항공업무를 정상적으로 수행할 수 없는 상태에서 항공업무에 종사한 경우
14. 제57조 제2항을 위반하여 항공업무에 종사하는 동안에 같은 조 제1항에 따른 주류 등을 섭취하거나 사용한 경우
15. 제57조 제3항을 위반하여 같은 조 제1항에 따른 주류 등의 섭취 및 사용 여부의 측정 요구에 따르지 아니한 경우
15의2. 제57조의2를 위반하여 항공기 내에서 흡연을 한 경우
16. 항공업무를 수행할 때 고의 또는 중대한 과실로 항공기준사고, 항공안전장애 또는 제61조 제1항에 따른 항공안전위해요인을 발생시킨 경우
17. 제62조 제2항 또는 제4항부터 제6항까지에 따른 기장의 의무를 이행하지 아니한 경우
18. 제63조를 위반하여 조종사가 운항자격의 인정 또는 심사를 받지 아니하고 운항한 경우
19. 제65조 제2항을 위반하여 기장이 운항관리사의 승인을 받지 아니하고 항공기를 출발시키거나 비행계획을 변경한 경우
20. 제66조를 위반하여 이륙·착륙 장소가 아닌 곳에서 이륙하거나 착륙한 경우
21. 제67조 제1항을 위반하여 비행규칙을 따르지 아니하고 비행한 경우
22. 제68조를 위반하여 같은 조 각 호의 어느 하나에 해당하는 비행 또는 행위를 한 경우
23. 제70조 제1항을 위반하여 허가를 받지 아니하고 항공기로 위험물을 운송한 경우
24. 제76조 제2항을 위반하여 항공업무를 수행한 경우
25. 제77조 제2항을 위반하여 같은 조 제1항에 따른 운항기술기준을 준수하지 아니하고 비행을 하거나 업무를 수행한 경우
26. 제79조 제1항을 위반하여 국토교통부장관이 정하여 공고하는 비행의 방식 및 절차에 따르지 아니하고 비관제공역 또는 주의공역에서 비행한 경우
27. 제79조 제2항을 위반하여 허가를 받지 아니하거나 국토교통부장관이 정하는 비행의 방식 및 절차에 따르지 아니하고 통제공역에서 비행한 경우
28. 제84조 제1항을 위반하여 국토교통부장관 또는 항공교통업무증명을 받은 자가 지시하는 이동·이륙·착륙의 순서 및 시기와 비행의 방법에 따르지 아니한 경우
29. 제90조 제4항(제96조 제1항에서 준용하는 경우를 포함)을 위반하여 운영기준을 준수하지 아니하고 비행을 하거나 업무를 수행한 경우
30. 제93조 제7항 후단(제96조 제2항에서 준용하는 경우를 포함)을 위반하여 운항규정 또는 정비규정을 준수하지 아니하고 업무를 수행한 경우

30의2. 제108조 제4항 본문에 따라 경량항공기 또는 그 장비품·부품의 정비사항을 확인하는 항공종사자가 국토교통부령으로 정하는 방법에 따라 확인하지 아니한 경우
31. 이 조에 따른 자격증명의 정지명령을 위반하여 정지기간에 항공업무에 종사한 경우

34. 다음 중 긴급하게 운항하는 항공기가 아닌 것은?
① 부정기 항공
② 응급환자 수송
③ 화재 진압
④ 자연 재해 복구

해설 [항공안전법 시행규칙 제207조] : 국토교통부령으로 정하는 긴급한 업무란 다음의 업무를 말한다.
1. 재난·재해 등으로 인한 수색·구조
2. 응급환자의 수송 등 구조·구급활동
3. 화재의 진화
4. 화재의 예방을 위한 감시활동
5. 응급환자를 위한 장기(臟器) 이송
6. 그 밖에 자연재해 발생 시의 긴급복구

35. 항공기의 조종교육과 관계없는 것은?
① 이륙조작
② 곡기비행조작
③ 착륙조작
④ 공중조작

해설 [항공안전법 시행규칙 제98조] : 조종교육 증명을 받아야 할 조종교육은 항공기(초급활공기 제외) 또는 경량항공기에 대한 이륙조작·착륙조작 또는 공중조작의 실기교육(조종연습생 단독으로 비행하게 하는 경우를 포함)으로 한다.

36. 최소장비목록(Minimum Equipment List)의 제정권자는?
① 지방항공청장
② 전문검사기관
③ 국토교통부장관
④ 항공기 제작사

해설 최소장비목록(Minimum Equipment List : MEL)은 항공기 제작사가 해당 항공기 형식에 대하여 제정하고 설계국이 인정한 표준최소장비목록(Master Minimum Equipment List : MMEL)에 부합되거나 또는 더 엄격한 기준에 따라 운송사업자가 작성하여 항공안전본부장의 인가를 받은 것을 말한다.

37. 다음 중 항공협정을 기초로 하여 운영되는 정기국제 항공업무가 보유하는 특권과 관계가 없는 것은?
① 상대 체약국의 영역을 무착륙으로 횡단 비행하는 특권
② 운수 이외의 목적으로 상대 체약국의 영역에 착륙하는 특권
③ 여객, 화물의 적재 및 하기를 하기 위해 상대 체약국의 영역 내에 착륙하는 특권
④ 상대 체약국의 영역 내에서 2지점간의 구역을 여객 및 화물의 운송을 하는 특권

해설 정기국제 항공업무가 보유하는 특권 : 정기국제항공은 항공협정을 기초로 하여 운영되는데 체약국 상호 간에 있어 지정 항공기업이 특정 노선에서 협정업무를 운영하는 기간 중에 다음의 특권을 보유할 것을 인정하고 있다.
① 상대 체약국의 영역을 무착륙으로 횡단하는 특권
② 운수 이외의 목적으로 상대 체약국의 영역에 착륙하는 특권
③ 여객, 화물 및 우편물의 적재, 하기를 하기 위해 당해 특권 노선에 관한 부표에서 정하는 상대 체약국의 영역 내의 지점에 착륙하는 특권

38. 소음기준적합증명에 관한 내용 중 맞지 않는 것은?
① 감항증명을 받을 때 소음기준적합증명을

정답 34. ① 35. ② 36. ④ 37. ④ 38. ④

받는다.

② 소음기준적합증명이 취소되면 소음기준 적합증명서를 반납하여야 한다.

③ 검사기준은 국토교통부장관고시에 따른다.

④ 모든 항공기를 대상으로 소음기준적합증명을 한다.

해설 [항공안전법 제25조, 항공안전법 시행규칙 제49조, 제51조]

① 항공기의 소유자 등은 감항증명을 받는 경우와 수리·개조 등으로 항공기의 소음치가 변동된 경우에는 국토교통부령으로 정하는 바에 따라 그 항공기에 대하여 소음기준적합증명을 받아야 한다. 소음기준적합증명을 받아야 하는 항공기는 터빈발동기를 장착한 항공기 또는 국제선을 운항하는 항공기이다.

② 소음기준적합증명의 검사기준과 소음의 측정방법 등에 관한 세부적인 사항은 국토교통부장관이 정하여 고시한다.

39. **착륙하지 않고 550 km 이상의 구간을 비행하는 항공기에 탑승시켜야 할 사람은?**

① 부조종사

② 항공사

③ 항공기관사

④ 운항관리사

해설 [항공안전법 시행규칙 제218조] : 항공기에 태워야 할 항공종사자는 항공기의 구분에 따라 다음에서 정하는 항공종사자로 한다.

① 조종사 (기장과 기장 외의 조종사)

1. 비행교범에 따라 항공기 운항을 위하여 2인 이상의 조종사를 요하는 항공기
2. 여객운송에 사용되는 항공기
3. 인명구조, 산불진화 등 특수임무를 수행하는 쌍발 헬리콥터

② 조종사 및 항공기관사 : 구조상 단독으로는 발동기 및 기체를 완전히 취급할 수 없는 항공기

③ 전파법에 의한 무선종사자 기술자격증을 가진 조종사 1인 : 법 제 51 조의 규정에 의하여 무선설비를 장비하고 비행하는 항공기

④ 조종사 및 항공사 : 착륙하지 아니하고 550 km 이상의 구간을 비행하는 항공기 (비행 중 상시 지상표지 또는 항행안전시설을 이용할 수 있다고 인정되는 관성항법장치 또는 정밀 도플러 레이더 장치를 장비한 것을 제외)

40. **신고를 요하지 않는 초경량 비행장치 중 대통령령이 정하는 초경량 비행장치에 해당하지 않는 것은 어느 것인가?**

① 행글라이더, 패러글라이더 등 동력을 이용하지 아니하는 비행장치

② 계류식 유인비행장치

③ 군사목적으로 사용되는 초경량비행장치

④ 무인동력비행장치 중에서 최대이륙중량이 2kg 이하인 것

해설 [항공안전법 시행령 제24조] : 법 제122조 제1항 단서에서 신고를 요하지 않는 대통령령으로 정하는 초경량비행장치란 다음 각 호의 어느 하나에 해당하는 것으로서 항공사업법에 따른 항공기대여업·항공레저스포츠사업 또는 초경량비행장치사용사업에 사용되지 아니하는 것을 말한다.

1. 행글라이더, 패러글라이더 등 동력을 이용하지 아니하는 비행장치
2. 기구류(사람이 탑승하는 것은 제외)
3. 계류식 무인비행장치
4. 낙하산류
5. 무인동력비행장치 중에서 최대이륙중량이 2 kg 이하인 것
6. 무인비행선 중에서 연료의 무게를 제외한 자체 무게가 12kg 이하이고, 길이가 7m 이하인 것
7. 연구기관 등이 시험·조사·연구 또는 개발을 위하여 제작한 초경량비행장치
8. 제작자 등이 판매를 목적으로 제작하였으나 판매되지 아니한 것으로서 비행에 사용되지 아니하는 초경량비행장치
9. 군사목적으로 사용되는 초경량비행장치

정답 39. ② 40. ②

실전 테스트 3

★ 본 문제는 기출문제로써 시행처의 비공개 원칙에 따라 시행일을 표기할 수 없음을 밝혀 둡니다.

정비 일반

1. 임계 마하수란 무엇인가?

① 항공기가 음속을 돌파하는 속도이다.
② 항공기에 충격파가 발생하는 속도이다.
③ 공기의 흐름 속도가 음속을 돌파하는 속도이다.
④ 공기 압축성 영향에 의해 항력이 증가하는 마하수이다.

해설 임계 마하수(critical mach number)는 날개 윗면에서 최대 속도 마하수가 1이 될 때 날개 앞쪽 흐름의 마하수이다.

2. 항공기의 총모멘트가 81307499 kg·cm이고, 총무게가 94495 kg일 때 항공기의 무게 중심은 어디에 있는가?

① 560.4 cm ② 660.4 cm
③ 760.4 cm ④ 860.4 cm

해설 무게 중심(c.g) $= \frac{총모멘트}{총무게} = \frac{81307499}{94495} = 860.4\text{cm}$

3. 종횡비를 크게 할 경우 맞는 것은?

① 양항비가 커진다.
② 양항비는 관계없다.
③ 활공속도가 커진다.
④ 착륙거리가 길어진다.

해설 비행기의 전체항력 = 형상항력 + 유도항력

$$C_D = C_{DP} + C_{Di} = C_{DP} + \frac{C_L^2}{\pi AR}$$

여기서, C_D : 전체항력계수
C_{DP} : 형상항력계수
C_{Di} : 유도항력계수
AR : 종횡비

C_L을 양변으로 나누게 되면

$$\frac{C_L}{C_D} = \frac{C_L}{C_{DP} + \frac{C_L^2}{\pi AR}}$$ 가 된다.

위 식으로부터 종횡비(AR)가 커지면 유도항력계수(C_{Di})가 작아진다.

유도항력계수가 작아지면 양항비$\left(\frac{C_L}{C_D}\right)$는 증가한다.

$$활공비 = \frac{활공거리}{활공고도} = \frac{C_L}{C_D} = 양항비$$

양항비가 증가하면 활공거리가 길어진다.

4. 방향 안정성은 무슨 축 운동을 하는가?

① 수직축 ② 가로축
③ 세로축 ④ 횡축

해설 조종면과 3축 운동

축	운동	조종면	안정
세로축, X축, 종축	옆놀이 (rolling)	보조날개 (aileron)	가로 안정
가로축, Y축, 횡축	키놀이 (pitching)	승강키 (elevator)	세로 안정
수직축, Z축	빗놀이 (yawing)	방향타 (rudder)	방향 안정

정답 1. ③ 2. ④ 3. ① 4. ①

5. **방향 안정성에 가장 큰 영향을 미치는 것은?**

① 수평 안정판(horizontal stabilizer)
② 수직 안정판(vertical stabilizer)
③ 도움날개(aileron)
④ 탭(tab)

해설 비행기의 방향 안정에 영향을 끼치는 요소
㉠ 수직 꼬리날개 : 방향 안정 유지
㉡ 동체, 기관 등에 의한 영향 : 방향 안정에 불안정한 영향을 끼치는 가장 큰 요소
㉢ 추력 효과 : 프로펠러 회전면이나 제트 기관 흡입구가 무게 중심의 앞에 위치했을 때 불안정을 유발
㉣ 도살 핀 : 방향 안정 유지

6. **형상 항력(profile drag)이란 무엇인가?**

① 유도 항력+조파 항력
② 조파 항력+압력 항력
③ 압력 항력+마찰 항력
④ 압력 항력+유도 항력

해설 형상 항력(profile drag) : 물체의 모양에 따라서 크기가 달라지는 항력이고, 형상 항력에는 점성 마찰에 의한 마찰 항력과 흐름이 물체 표면에서 떨어져 하류 쪽으로 와류를 발생시키기 때문에 생기는 압력 항력이 있다.
마찰 항력과 압력 항력을 합쳐서 형상 항력이라 한다. 이 형상 항력은 물체의 모양에 따라서 크기가 달라지는 항력이다.

7. **항공기 견인작업 시 틀린 것은?**

① 항공기 제동장치는 긴급한 경우를 제외하고 견인하는 동안에 절대로 작동시키지 말아야 한다.
② 비상시 제동장치 작동을 위한 유자격자를 조종석에 배치한다.
③ 주변이 복잡할 때 양날개 끝에 한명씩 배치한다.
④ 견인작업 완료후 토 바(tow bar)를 제거하고 앞바퀴에 고임목을 설치한다.

해설 견인작업 시 주의사항
㉠ 최소 인원은 5명 이상으로 구성한다(조종실, 날개 감시자 2명, 토잉카 운전자, 토잉 총책임자) (후방감시자는 급회전이 요구되거나 항공기가 후방으로 진행할 경우에 배치).
㉡ 견인차(towing vehicle)는 규정속도를 준수한다.
㉢ 유자격자만이 항공기 견인 팀(towing team)을 지휘한다.
㉣ 견인차(towing vehicle) 운전자는 안전한 방식으로 차량을 운전하고, 감시자의 비상정지 지시에 따라야 한다. 견인 감독자는 날개 감시자(wing walker)를 배치하고, 날개 감시자는 항공기의 경로에 있는 장해물로부터 적절한 여유 공간을 확보할 수 있는 위치에서 각 날개 끝에 배치되어야 한다. 후방 감시자는 급회전이 요구되거나 항공기가 후방으로 진행할 경우에 배치한다.
㉤ 유자격자가 조종실의 좌석에 앉아서 항공기 견인을 감시하고 필요 시 제동장치를 작동한다.
㉥ 항공기에 배치된 사람은 토 바(tow bar)가 항공기에 부착되어 있을 때 앞바퀴를 조향시키거나 돌려서는 안 된다.
㉦ 여하한 일이 있어도 항공기의 앞바퀴와 견인차 사이에서 걷거나 타고 가는 행위는 어느 누구든지 허락해서는 안 될 뿐만 아니라 이동하는 항공기의 외부에 올라타거나 또는 견인차에 타서도 안 된다.
㉧ 견인작업 중에 발생 가능한 사람의 상해와 항공기 손상을 피하기 위해 출입구는 닫아야 하며, 사다리는 접어 넣고, 기어다운 잠금이 장치되어야 한다.
㉨ 안전성을 증가시키기 위해 항공기 제동장치는 긴급한 경우를 제외하고 견인하는 동안에 절대로 작동시키지 말아야 한다.
㉩ 견인작업 완료 후에는 안전을 위해 앞바퀴에 고임목을 하고 토 바(tow bar)를 제거한다.
㉪ 고임목은 반드시 주기된 항공기의 주 착륙장치의 앞쪽과 뒤쪽에 고여야 한다.

8. **비행기가 선회(bank)각 60도로 수평 선회 비행 시 하중배수(n)는?**

정답 5. ② 6. ③ 7. ④ 8. ②

① 1 ② 2 ③ 3 ④ 4

해설 선회 시 하중배수

$$n = \frac{1}{\cos\phi} = \frac{1}{0.5} = 2$$

9. **항공기 무게가 7000kg, 날개 면적이 25m²인 제트 항공기가 표준 해면상을 900km/h의 속도로 수평비행 시 추력은? (단, 양항비 : 3.8)**

① 1843 kg ② 3701 kg
③ 1792 kg ④ 1802 kg

해설 항공기가 수평비행을 한다면 양력과 중력이 같으므로 $T = L = \frac{1}{2}\rho V^2 SC_L$ 이고,
추력과 항력이 같으므로

$$T = D = \frac{1}{2}\rho V^2 SC_D$$

$$= W\frac{C_D}{C_L} = 7000 \times \frac{1}{3.8} \fallingdotseq 1843\,\text{kg}$$

여기서, L : 양력, ρ : 공기 밀도
V : 비행 속도, S : 날개 면적
C_L : 양력계수

10. **기준선으로부터 앞바퀴가 3 m, 앞바퀴와 뒷바퀴의 거리가 5 m, 앞바퀴 무게 500 kg, 뒷바퀴 무게 200 kg일 때 기준선과 무게 중심의 거리는?**

① 4.0 m ② 4.2 m ③ 4.4 m ④ 4.6 m

해설 $\text{C.G} = \frac{\text{총모멘트}}{\text{총무게}}$

여기서, 총모멘트 = 힘×거리

$$\text{C.G} = \frac{(3\times500)+(8\times200)}{500+200} = \frac{3100}{700} = 4.43$$

무게 중심은 기준선으로부터 약 4.4 m 후방에 위치한다.

11. **서보 탭(servo tab)의 기능은?**

① 조종력 경감이다.
② 트림 탭의 역할을 한다.
③ 밸런스 탭과 같은 작동기구이다.
④ 조종면과 연동되어 있다.

해설 서보 탭(servo tab) : 조종석의 조종장치와 직접 연결되어 탭만 작동시켜 조종면을 움직이도록 되어 있다.

12. **다음 중 테이퍼 날개(taper wing)의 목적은 무엇인가?**

① 양력 증가
② 세로 안정성 증대
③ 가로 안정성 증대
④ 유도항력 감소

13. **비행기가 동일 받음각으로 비행할 경우 고도가 높아질 때 필요마력은 해면에서 보다 어떻게 변하는가?**

① 작아진다. ② 커진다.
③ 동일하다. ④ 무관하다.

해설 필요마력 : 비행기가 항력을 이기고 앞으로 움직이기 위해 필요한 마력을 말한다.

$P_r = \frac{DV}{75}$ 이고, $D = \frac{1}{2}\rho V^2 SC_L$ 이므로

$P_r = \frac{DV}{75} = \frac{1}{150}\rho V^3 SC_L$ 이다.

따라서, 고공으로 올라갈수록 공기의 밀도는 감소하고, 필요마력과 공기의 밀도는 비례하므로 필요마력도 따라 감소한다.

14. **다음 중 버핏(buffet)에 대한 설명으로 맞는 것은?**

① 저속에서만 발생한다.
② 고속에서만 발생한다.
③ 흐름의 하단에서 플랩이 진동하는 현상이다.
④ 저속, 고속에서 다 발생한다.

해설 버핏(buffet) : 흐름의 떨어짐의 후류의 영향으로 날개나 꼬리날개가 진동하는 현상
㉠ 저속 버핏 : 저속에서 실속했을 경우 날개가 와류에 의해서 진동하는 현상
㉡ 고속 버핏 : 충격파에 의해서 기체가 진동하는 현상

정답 9. ① 10. ③ 11. ① 12. ③ 13. ① 14. ④

15. 다이얼 게이지로 측정할 수 없는 것은?

① 평면이나 원통의 고른 상태
② 나사의 지름
③ 기어의 흔들림
④ 축의 편심상태

해설 다이얼 게이지 사용의 대표적 예는 축의 굽힘이나 튀어나온 정도를 측정하는 것이다. 만약 굽힘이 의심된다면 그 부품은 기계 가공된 한 쌍의 V-블록 위에 올려져 회전시킬 수 있다. 다이얼 게이지가 테이블 스탠드에 기계적으로 고정되어 있고 게이지의 프로브가 측정물의 표면에 가볍게 접촉하도록 위치시킨다. 다이얼 게이지의 바깥쪽 링을 바늘이 '0'을 가리킬 때까지 회전시켜 zero 세트시킨다. 측정물을 V-블록 위에서 회전시키면서 굽힘 정도나 튀어나온 정도를 다이얼에 있는 바늘의 흔들림으로 확인한다. 흔들림의 정도가 측정물의 튀어나온 정도가 된다. 또 다른 다이얼 게이지의 일반적인 사용법은 브레이크 디스크처럼 회전 부품의 휨을 점검하는 것이다. 경우에 따라 브레이크가 항공기에 장착된 상태에서 구조부의 움직이지 않는 부분에 다이얼 게이지의 베이스를 고정시켜서 수행될 수 있다.

16. 날개의 경사 충격파를 설명한 것 중 틀린 것은?

① 초음속일 때 발생한다.
② 충격파 후방의 속도는 초음속이다.
③ 충격파 후방의 압력, 밀도, 온도는 증가한다.
④ 충격파 후방의 변화는 없다.

해설 충격파(shock wave) : 흐름의 속도가 음속보다 빠르면 공기입자들은 물체에 도달하기 전까지는 물체가 있는 것을 감지하지 못하기 때문에 물체 가까운 곳까지 도달한 후에 흐름의 방향이 급격하게 변하게 되는데 이 변화로 인하여 속도는 감소하고 압력, 밀도, 온도가 불연속적으로 증가하게 되는데, 이 불연속면을 충격파라고 한다.

17. 평형추(ballast)에 관한 설명 중 틀린 것은?

① 평형추는 평형을 얻기 위하여 항공기에 사용된다.
② 무게 중심 한계 이내로 무게 중심이 위치하도록 최소한의 중량으로 가능한 전방에서 가까운 곳에 둔다.
③ 영구적 평형추는 장비 제거 또는 추가 장착에 대한 보상 중량으로 장착되어 오랜 기간 동안 항공기에 남아있는 평형추이다.
④ 임시 평형추 또는 제거가 가능한 평형추는 변화하는 탑재 상태에 부합하기 위해 사용한다.

해설 평형추는 평형을 얻기 위하여 항공기에 사용된다. 보통 무게 중심 한계 이내로 무게 중심이 위치하도록 최소한의 중량으로 가능한 전방에서 먼 곳에 둔다. 영구적 평형추는 장비 제거 또는 추가 장착에 대한 보상 중량으로 장착되어 오랜 기간 동안 항공기에 남아있는 평형추이다. 그것은 일반적으로 항공기 구조물에 볼트로 체결된 납봉이나 판(lead bar, lead plate)이다. 빨간색으로 "PERMANENT 평형추 – DO NOT REMOVE"라 명기되어 있다. 영구 평형추의 장착은 항공기 자중의 증가를 초래하고, 유용하중을 감소시킨다. 임시 평형추 또는 제거가 가능한 평형추는 변화하는 탑재 상태에 부합하기 위해 사용한다. 일반적으로 납탄주머니, 모래주머니 등이다. 임시 평형추는 "평형추 xx LBS. REMOVE REQUIRES WEIGHT AND BALANCE CHECK."라 명기되어 있고 수하물실에 싣는 것이 보통이다. 평형추는 항상 인가된 장소에 위치하여야 하고, 적정하게 고정되어야 한다. 영구 평형추를 항공기의 구조물에 장착하려면 그 장소가 사전에 승인된 평형추 장착을 위해 설계된 곳이어야 한다. 대개조 사항으로 감항당국의 승인을 받아야 한다. 임시 평형추는 항공기가 난기류나 비정상적 비행 상태에서 쏟아지거나 이동되지 않게 고정한다.

정답 15. ② 16. ④ 17. ②

18. 날개 표면에서 경계층이 생기는 이유는?

① 날개 표면이 매끄럽지 못해서이다.
② 공기가 비정상적 흐름이기 때문이다.
③ 공기의 점성에 의한 영향이다.
④ 공기의 흐름 속도가 불연속적이기 때문이다.

해설 경계층(boundary layer) : 물체 표면에서 가까운 곳에서는 점성이 공기 흐름의 속도에 영향을 끼치고 있으며, 자유 흐름 속도 영역에서는 점성의 영향이 거의 없어진다. 이 두 구역을 나누기는 어렵지만 일반적으로 자유 흐름 속도의 99 %에 해당하는 속도에 도달한 곳을 경계로 하여 점성의 영향이 거의 없는 구역과 점성의 영향이 뚜렷한 두 구역으로 구분할 수 있는데, 점성의 영향이 뚜렷한 벽 가까운 구역의 가상적인 층을 경계층이라 한다.

19. SHELL 모델 중 가운데 위치하여 중요한 역할을 하며 인간과 관련된 요소는?

① Hardware ② Software
③ Environment ④ Liveware

해설

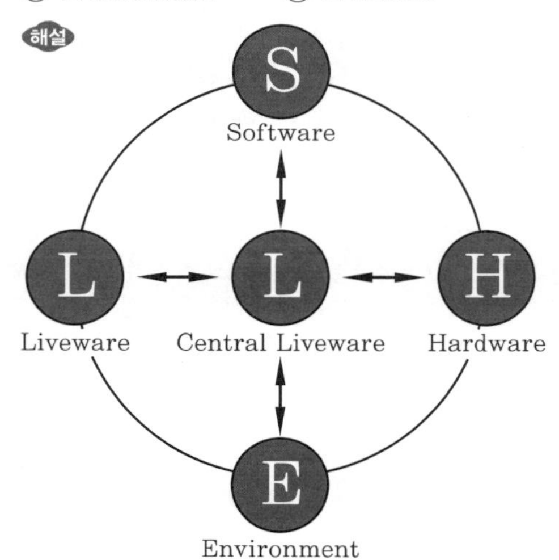

항공 분야를 포함한 여러 산업 분야에서 재해로부터 인명과 재산을 보호하고 업무의 능률과 효율성 극대화를 통한 생산성 향상을 위하여 인적요인 분야의 개발과 활용이 주요 현안으로 대두된 가운데 1972년 미국의 심리학교수인 Elwyn Edward는 승무원과 항공기 기기 사이에 상호작용관계를 종합적이고, 체계적으로 표시하는 도표인 "SHEL" 모델을 고안하였는데 인간의 인체기관 능력 및 한계에 대한 인식과 함께 인간과 기기 시스템 및 주변환경과의 부조화를 해소하는 것이 필수적이라는 점을 주장하였으나 그의 이론은 크게 인정을 받지 못했다. 이어서 1975년 네덜란드 KLM 항공의 조종사 출신인 Frank Hawkins 박사는 Elwyn Edward가 고안한 "SHEL" 모델을 수정하여 새로운 "SHELL" 모델을 사용하였는데 이는 항공기 승무원의 업무와 관련하여 이 모델을 적용해보면 중앙에 있는 "L"은 Liveware의 약자로서 인간, 즉 운항승무원을 뜻하고(관제 부문에서는 항공관제사, 정비 부문에서는 항공정비사 등 각 부문에서 업무를 주도적으로 수행하는 사람을 의미함) 아래 부분의 "L"역시 Liveware의 약자로서 인간을 의미하는데 업무에 직접 관여하면서 업무를 주도적으로 수행하는 인간과의 관계를 나타낸다.

또한 "H"는 Hardware의 약자로서 항공기 운항과 관련하여 승무원이 조작하는 모든 장비 장치류를 나타내는 것이며 "S"는 Software의 약자로서 항공기 운항과 관련한 법규나 비행절차, checklist, 기호, 최근 점차 늘어나는 컴퓨터 프로그램 등이 이에 해당된다. "E"는 Environment의 약자로서 주변 환경과 조종실 내 조명, 습도, 온도, 기압, 산소농도, 소음, 시차 등을 나타내며 이러한 각각의 요소는 직무수행 과정에서 제 기능과 역할을 발휘할 수 있도록 항시 최적의 상태와 조화가 이루어져야 한다. 운항승무원을 중심으로 한 주변의 모든 요소들은 항공기 운항과 직접적인 관련성을 가지고 있으므로 조종실 업무의 능률성과 효율성 및 안전성을 확보하기 위해 승무원은 이러한 요소들을 업무에 적용 시 상호관련성을 최적의 상태로 유지하면서 직무를 수행해야 하는 것이다.

20. 이·착륙 시 플랩(flap)을 내리는 이유는?

① 양력계수 증가, 항력계수 감소
② 양력계수 감소, 항력계수 증가
③ 양력계수 증가, 항력계수 증가
④ 양력계수 감소, 항력계수 감소

정답 18. ③ 19. ④ 20. ③

해설 날개골의 휘어진 정도를 캠버라 하고, 플랩을 내리면 캠버를 크게 해주는 역할을 하며, 캠버가 커지면 양력과 항력은 증가하고, 실속각은 작아진다.

21. 음속에 가장 큰 영향을 주는 요소는?

① 온도 ② 기압
③ 고도 ④ 공기 밀도

해설 음속 $a = \sqrt{\gamma RT}$

여기서, a : 음속
γ : 유체의 비열비
R : 유체의 기체상수
T : 유체의 절대 온도

22. 슬롯(slot)의 역할은?

① 방향 안정성을 개선한다.
② 세로 안정성 돕는다.
③ 박리를 지연시킨다.
④ 저속 시 요잉(yawing)을 제거시킨다.

해설 슬롯(slot) : 날개 앞전의 안쪽 밑면에서 윗면으로 만든 틈으로써 밑면의 흐름을 윗면으로 유도하여 흐름의 떨어짐을 지연시킨다.

23. MAC 25 %에서 MAC는 무엇인가?

① 평균 기하학적 위치
② 공기력 중심
③ 압력 중심
④ 평균 공력 시위

해설 평균 공력 시위(MAC : mean aerodynamic chord) : 주날개의 항공 역학적 특성을 대표하는 부분의 시위를 평균 공력 시위라고 한다. 무게 중심위치가 평균 공력 시위의 25 %라 함은 무게 중심이 MAC의 앞전에서부터 25 %의 위치에 있음을 말한다.

24. 비행 중 항력이 추력보다 크면?

① 가속도 운동 ② 감속도 운동
③ 등속도 운동 ④ 정지한다.

해설 ㉠ 가속도 운동 : $T > D$
㉡ 등속도 운동 : $T = D$
㉢ 감속도 운동 : $T < D$
여기서, T : 추력, D : 항력

25. $V-n$ 선도 설명 중 틀린 것은?

① 안전 운용 범위를 나타낸다.
② 비행기의 양력과 항력의 관계이다.
③ 설계 시 제한 하중과 관련있다.
④ 범위를 초과하면 항공기가 파손된다.

해설 속도-하중배수($V-n$) 선도 : 속도와 하중배수를 직교 좌표축으로 하여 항공기의 속도에 대한 제한 하중배수를 나타내어, 항공기의 안전한 비행 범위를 정해주는 도표이다. 속도-하중배수 선도는 크게 두 가지 목적을 가진다. 그 하나는 하중에 대하여 구조상 안전하게 설계, 제작해야 한다는 내용이고, 다른 하나는 항공기 사용자에 대한 지시로서, 항공기가 구조상 안전하게 운항하기 위하여 비행범위를 제시하는데 있다. 따라서, 속도-하중배수 선도에 지시한 비행범위 내에서는 구조상 안전하며, 이 선도에서 벗어나는 비행상태에서는 구조상 안전을 보장할 수 없음을 뜻한다.

26. 원심력에 대한 설명 중 틀린 것은?

① 속도에 비례한다.
② 속도의 제곱에 비례한다.
③ 경사각에 비례한다.
④ 무게에 비례한다.

해설 $\tan\phi$(선회 경사각) $= \dfrac{V^2}{gR}$

양변에 무게 W를 곱하면

$$W\tan\phi = \frac{WV^2}{gR}$$

$$\frac{WV^2}{gR} = \text{원심력}$$

여기서, W : 중량, V : 비행 속도
g : 중력 가속도, R : 선회 반지름

원심력은 속도의 제곱에 비례하고, 무게에 비례하고, 경사각에 비례하는 것을 알 수 있다.

정답 21. ① 22. ③ 23. ④ 24. ② 25. ② 26. ①

27. **피칭이 "0" 일 때는?**

① $C_a = 0$ ② $C_m = 0$

③ $\dfrac{C_a}{C_m} = 0$ ④ $\dfrac{C_m}{C_a} = 0$

해설 세로 안정에서 평형점이란 키놀이 모멘트 계수(C_m)가 0일 때를 말한다.

28. **매스 밸런스(mass balance)의 역할은?**

① 조타력 경감이다.
② 강도를 증가시킨다.
③ 조종력 경감이다.
④ 플러터(flutter) 방지이다.

해설 조종면의 평형상태가 맞지 않은 상태에서 비행 시 조종면에 발생하는 불규칙한 진동을 플러터라 하는데 과소 평형상태가 주원인이다. 플러터(flutter)를 방지하기 위해서는 날개 및 조종면의 효율을 높이는 것과 평형 중량(mass balance)을 설치하는 것이 필요한데, 특히 평형 중량의 효과가 더 크다.

29. **부품목록(bill of material)에 포함되는 내용이 아닌 것은?**

① 부품의 제작에 사용되는 재료
② 부품 가격
③ 요구되는 수량
④ 부품 또는 재료의 출처

해설 부품목록 : 부분품이나 어떤 시스템을 조립하는 데 필요한 재료 또는 구성품의 목록을 종종 도면에 표시한다. 이 목록은 보통 부품번호, 부품명칭, 부품의 제작에 사용되는 재료, 요구되는 수량, 그리고 부품 또는 재료의 출처 등을 목록으로 만들어 표로 기재한다.

30. **층류형 날개골에 관한 것이 아닌 것은?**

① 앞전 반지름이 크다.
② 최대 양력계수가 작아 실속 속도가 크다.
③ 항력 계수가 크다.
④ 두께가 얇다.

해설 층류 날개골(laminar flow airfoil) : 속도가 빠른 천음속 제트기에 많이 사용되는 날개골로서 속도의 증가에도 항력을 감소시키기 위한 목적으로 만들어졌다. 최대 두께의 위치를 뒤쪽으로 놓아서 앞전 반지름을 작게 함으로써 천이를 늦추어 층류를 오랫동안 유지할 수 있고, 충격파의 발생을 지연시키고 저항을 감소시킬 수 있다.

31. **비행기 무게가 2300 kg인 비행기가 고도 3000 m (공기밀도 0.092 kg · s²/m⁴) 상공을 순항 속도 250 km / h로 비행을 하고 있다. 이때 비행기에 작용하는 항력은? (단, 날개면적 S= 95 m², 항력계수는 0.024이다.)**

① 505.8 kg ② 6555 kg
③ 1010 kg ④ 655.5 kg

해설 항력(drag)

$$D = \frac{1}{2}\rho V^2 S C_D$$

$$D = \frac{1}{2} \times 0.092 \times \left(\frac{250}{3.6}\right)^2 \times 95 \times 0.024$$

$$\fallingdotseq 505.8 \text{ kg}$$

여기서, D : 항력, ρ : 공기 밀도
V : 비행 속도, S : 날개 면적
C_D : 항력 계수

32. **테이퍼비(taper ratio)란 무엇인가?**

① 날개 끝 시위를 날개 뿌리 시위로 나눈 값이다.
② 날개 뿌리 시위와 날개 끝 시위를 곱한 값이다.
③ 날개 끝 시위를 날개 뿌리 시위로 뺀 값이다.
④ 날개 끝 시위를 날개 뿌리 시위로 더한 값이다.

해설 테이퍼비(taper ratio) : 날개 뿌리의 시위(C_r)와 날개 끝 시위(C_t)와의 비를 말한다.

$$\text{테이퍼비}(\lambda) = \frac{C_t}{C_r}$$

정답 27. ② 28. ④ 29. ② 30. ① 31. ① 32. ①

33. 회전날개 헬리콥터가 비행기와 같은 고속도를 낼 수 없는 이유가 아닌 것은?

① 후퇴하는 깃의 날개 끝 실속
② 후퇴하는 깃 뿌리의 역풍 범위
③ 전진하는 깃의 마하수 영향
④ 전진 깃과 후퇴 깃의 깃 각 상이

해설 회전익 항공기에서도 고정익 항공기와 마찬가지로 이용마력과 필요마력이 같을 때 수평 최대속도가 된다. 회전익 항공기에서는 다음의 세 가지 원인에 의해 최대속도 부근에서 필요마력이 급상승하며, 비행기와 같은 빠른 속도를 얻을 수 없고, 대개 300 km / h 정도가 속도의 한계가 된다.

㉠ 후퇴하는 깃의 날개 끝 실속
㉡ 후퇴하는 깃 뿌리의 역풍 범위
㉢ 전진하는 깃 끝의 마하수 영향

34. 변형을 일으켰던 하중을 제거하였을 때, 물체가 원래 형태로 되돌아가게 하는 금속의 성질은?

① 전성 ② 연성
③ 탄성 ④ 인성

해설 항공기 정비에 있어서 일차적으로 고려되는 것은 금속이나 그 합금의 경도, 전성, 연성, 탄성, 인성, 밀도, 취성, 가용성, 전도성, 수축 및 팽창 등과 같은 일반적인 성질들이다.

㉠ 경도(hardness) : 마모, 침투, 절삭, 영구 변형 등에 저항할 수 있는 금속의 능력을 말한다. 금속은 냉간 가공함으로써 경도를 증가시킬 수 있다. 강과 일부 알루미늄 합금의 경우는 열처리함으로써 경도를 증가시킬 수 있다.

㉡ 강도(strength) : 재료의 가장 중요한 성질 중 하나가 강도이다. 강도는 변형에 저항하려는 재료의 능력이다. 또한, 강도는 외력에 대항하여 파괴되지 않고 응력(stress)에 견디는 재료의 성질이다.

㉢ 밀도(density) : 재료의 밀도는 단위 체적당 질량을 의미한다. 항공기 작업에서, 재료의 밀도는 실제 제작하기 전에 부품의 무게를 계산할 수 있기 때문에 유용하게 사용된다.

㉣ 전성(malleability) : 균열이나 절단 또는 다른 어떤 해로운 영향을 남기지 않고 단조, 압연, 압출 등과 같은 가공법으로 판재처럼 넓게 펴는 것이 가능하다면 이 금속은 가연성(전성)이 좋다고 말한다.

㉤ 연성(ductility) : 연성은 끊어지지 않고 영구적으로 잡아 늘리거나 굽히고, 또는 비틀어 꼬는 것이 가능하게 하는 금속의 성질이다. 이것은 철사(wire)나 튜브(tubing)를 만드는데 필요한 금속의 본질적인 성질이다. 연성이 우수한 금속은 가공성과 내충격성 때문에 항공기에서 광범위하게 사용된다.

㉥ 탄성(elasticity) : 변형을 일으켰던 하중을 제거하였을 때, 물체가 원래 형태로 되돌아가게 하는 금속의 성질을 탄성이라고 한다. 가해진 하중이 제거된 후에도 부품이 영구적으로 변형되어 있다면, 대단히 바람직하지 못한 결과를 낳게 되므로 이 성질은 매우 중요하다.

㉦ 인성(toughness) : 인성이 큰 재료는 찢어짐이나 전단에 잘 견디고, 파괴됨 없이 늘리거나 변형시킬 수 있다. 인성은 항공기 금속으로써 갖추어야 할 성질 중 하나이다.

㉧ 취성(brittleness) : 취성은 약간 굽히거나 변형시키면 깨져버리는 금속의 성질이다. 취성이 큰 금속은 형태의 변화 없이 깨지거나 균열이 발생하는 경향이 있다. 구조용 금속은 가끔 충격하중을 받을 수 있기 때문에, 취성이 큰 것은 바람직하지 못하다. 주철, 주조알루미늄, 그리고 초경합금(hard steel)은 깨지기 쉬운 금속에 속한다.

㉨ 가용성(fusibility) : 가용성은 열에 의해 고체에서 액체로 변하는 금속의 성질이다.

㉩ 전도성(conductivity) : 전도성은 금속 열이나 전기를 전달하는 성질이다. 용접에서는 용융에 필요한 열을 적절히 조절해야 하기 때문에 금속의 열전도성이 매우 중요하다. 항공기에서는 전파간섭을 방지하기 위해, 전기전도성을 고려한 본딩(bonding : 전기적인 접합)을 할 것인지 검토하여야 한다.

㉪ 열팽창(thermal expansion) : 열팽창은 가열 또는 냉각에 의해서 금속이 수축하거나 팽창하는 물리적인 크기의 변화를 의미한다.

정답 33. ④ 34. ③

35. 평균 상승률이 5 m / s인 항공기가 고도 2000 m까지 상승하는 데 걸리는 시간은?

① 4분 ② 4분 40초
③ 5분 ④ 6분 40초

해설 $\text{상승시간} = \dfrac{\text{고도변화}}{\text{평균상승률}} = \dfrac{2000}{5}$
$= 400\text{s} = 6\text{분 } 40\text{초}$

36. 다음 중 날개 드롭(wing drop)이 일어나는 경우는?

① 초음속 비행일 때 ② 천음속 비행일 때
③ 아음속 비행일 때 ④ 다 맞다.

해설 날개 드롭(wing drop) : 날개 드롭은 비행기가 수평비행이나 급강하로 속도를 증가하여 천음속 영역에 도달하게 되면, 한쪽 날개가 충격실속을 일으켜서 갑자기 양력을 상실하여 급격한 옆놀이를 일으키는 현상을 말한다. 날개 드롭은 비교적 두꺼운 날개를 사용한 비행기가 천음속으로 비행할 때 발생하며, 얇은 날개를 가지는 초음속 비행기가 천음속으로 비행할 때에는 발생하지 않는다.

37. 알클래드(Alclad) 알루미늄을 올바르게 설명한 것은?

① 아연으로써 알루미늄 합금의 양면을 약 5.5% 정도의 깊이로 입힌 것이다.
② 아연으로써 알루미늄 합금의 양면을 약 3% 정도의 깊이로 입힌 것이다.
③ 순수 알루미늄으로써 알루미늄 합금의 양면을 약 5.5% 정도의 깊이로 입힌 것이다.
④ 순수 알루미늄으로써 알루미늄 합금의 양면을 약 3% 정도의 깊이로 입힌 것이다.

해설 알클래드(alclad) 또는 순수 클래드(pureclad)라는 용어는 코어(core) 알루미늄 합금 판재 양쪽에 약 5.5% 정도 두께로 순수한 알루미늄 피복을 입힌 판재를 가리키는 말이다. 순수한 알루미늄 코팅(coating)은 어떤 부식성 물질의 접촉으로부터 부식을 방지하고 긁힘이나 또 다른 어떤 마모의 원인으로부터 코어 금속을 보호하는 역할을 한다.

38. 다음 중 밀도의 변화에 대한 설명으로 바른 것은?

① 온도 반비례
② 압력 반비례
③ 온도, 압력의 곱에 반비례
④ 온도, 압력의 곱에 비례

해설 밀도는 압력에 비례하고 온도에 반비례한다.

39. 다음 중 선회 반지름을 작게 하기 위한 방법은?

① 항력계수를 크게 한다.
② 날개면적을 크게 한다.
③ 비행기 무게를 크게 한다.
④ 경사각을 작게 한다.

해설 선회 반지름 $R = \dfrac{V^2}{g \tan\phi}$

여기서, R : 선회 반지름
V : 선회속도
ϕ : 선회각
g : 중력 가속도

선회 반지름을 작게 하는 방법은 다음과 같다.

㉠ 선회속도를 작게
㉡ 선회각을 크게
㉢ 양력을 크게 : 날개면적이 증가하면 양력 증가

40. 타원형 날개가 있다. 가로세로비가 8, 양력계수 $C_L = 0.2$ 이고 효율계수 1일 때 유도 항력 계수는?

① 0.0015 ② 0.2
③ 0.00182 ④ 0.03

해설 유도항력계수

$$C_{Di} = \frac{C_L^{\ 2}}{\pi e AR}$$

$$C_{Di} = \frac{0.2^2}{\pi \times 1 \times 8} = 0.0015$$

여기서, C_{Di} : 유도항력계수
C_L : 양력계수
e : 스팬 효율계수
AR : 가로세로비

정답 35. ④ 36. ② 37. ③ 38. ① 39. ② 40. ①

항공 기체

1. 토크 렌치에 대한 설명 중 틀린 것은?

① 볼트의 형식, 재료에 따라 틀리다.
② 일반적으로 토크는 너트 쪽에 건다.
③ 볼트 회전 시는 회전 방향으로 조인다.
④ 토크는 볼트 쪽에 거는 게 정상이다.

해설 토크(torque)는 대개 너트(nut) 쪽에서 건다. 그러나 주위의 구조물이나 여유 공간 때문에 bolt head에 걸 경우가 자주 있다. 이때는 bolt의 shank와 조임부와의 마찰을 고려하여 토크를 크게 해야 하며, 항공기 제작사별로 값이 다르게 적용되고 있으므로 주의해야 한다.

2. two-part sealant 사용 시 맞지 않은 것은?

① 사용 전에 충분히 섞은 후 사용한다.
② working life 이내에서 사용한다.
③ curing time을 줄이기 위해 온도를 120~150°F 까지 올린다.
④ 사용 전에 shelf life를 확인 후 사용한다.

해설 밀폐제(sealant) 사용 시 주의사항
㉠ 사용하기 전에 shelf life를 확인 후 사용한다.
㉡ 충분히 섞이도록 혼합한다.
㉢ working life 이내에 사용한다.
㉣ sealing할 표면은 솔벤트나 기타 이물질이 없어야 하고, 그렇지 않은 경우에는 깨끗이 닦아낸다.
㉤ sealant의 curing은 온도를 높이면 빨리 될 수 있으나 130°F (54℃)를 초과해서는 안 된다.

3. 여압장치가 작동 중인 항공기가 정상적인 등속수평비행에서 동체 상부 표면에 발생하는 하중은 무엇인가?

① 압축력 ② 인장력
③ 전단력 ④ 비틀림력

해설 항공기 무게 중심을 중심으로 해서 항공기 자체의 무게에 의해 동체 상부는 인장력이, 하부는 압축력이 발생한다.

4. 피스톤 링(piston ring)의 측면 간격은 무엇으로 측정하는가?

① 측정할 필요가 없다.
② depth gage
③ thickness gage
④ go-no-gage

해설 피스톤 링의 간격은 끝 간격과 옆 간격을 측정하는데 간격을 측정할 수 있는 thickness gage나 feeler gage를 이용하여 측정한다.

5. 볼트, 너트의 인장력을 분산시키며 그립 길이를 조절하는 기계요소는?

① 스크루(screw)
② 핀(pin)
③ 와셔(washer)
④ 캐슬 전단 너트(castellated shear nut)

해설 와셔(washer)는 볼트나 너트의 작용력이 고르게 분산되도록 하며, 볼트 그립 길이를 맞추기 위해 사용하는 기계요소이다.

6. 알루미늄 합금 표면의 기계적 클리닝 방법은?

① 사포 ② Al wool
③ 나무칼 ④ steel brush

해설 알루미늄 합금의 표면을 클리닝할 때에는 표면 처리의 손상을 방지하기 위하여 Al wool을 사용한다.

7. 날개를 구성하는 구성품으로 옳은 것은?

① skin, spar, rib, longeron
② skin, rib, longeron
③ rib, spar, stringer
④ skin, spar, rib, bulkhead

해설 날개의 구성
㉠ 날개보(spar) ㉡ 리브(rib)
㉢ 세로지(stringer) ㉣ 외피(skin)
㉤ 정형재(former)

정답 1. ④ 2. ③ 3. ② 4. ③ 5. ③ 6. ② 7. ③

8. 항공기 자기무게가 아닌 것은?

① 기체 무게 ② 동력 장치 무게
③ 잔여 연료 무게 ④ 유상 하중

해설 항공기 자기무게에는 항공기 기체구조, 동력장치, 필요 장비의 무게에 사용 불가능한 연료, 배출 불가능한 윤활유, 기관 내의 냉각액의 전부, 유압계통 작동유의 무게가 포함되며 승객, 화물 등의 유상 하중, 사용 가능한 연료, 배출 가능한 윤활유의 무게를 포함하지 않은 상태에서의 무게이다.

9. 열처리를 해야 사용할 수 있는 리벳은?

① AD ② DD ③ A ④ AA

해설 알루미늄 합금 2024 리벳은 ice box rivet이라고 하고, 2017보다 강한 강도가 요구되는 곳에 사용하며 상온에서 너무 강해 리벳 작업을 하면 균열이 발생하므로 열처리 후 사용하는데 냉장고에서 보관하고 상온 노출 후 10~20분 이내에 작업을 하여야 한다.

10. 타이어에 오일이 묻었을 때 세척 방법은?

① 솔벤트 ② 케로신
③ 비눗물 ④ 시너

해설 타이어는 오일, 연료, 유압 작동유 또는 솔벤트 종류와 접촉하지 않게 주의해야 한다. 왜냐하면 이러한 것들은 화학적으로 고무를 손상시키며 타이어 수명을 단축시키기 때문이다. 그러므로 비눗물을 이용하여 세척한다.

11. 턴 버클(turn buckle)에 대한 설명 중 틀린 것은?

① 조종 케이블의 장력을 조절한다.
② 검사 구멍에 핀이 들어가게 한다.
③ 나사산이 3개 이상 보이면 안된다.
④ 턴 버클 양쪽 끝도 안전결선을 한다.

해설 턴 버클이 안전하게 잠겨진 것을 확인하기 위한 검사방법은 나사산이 3개 이상 배럴 밖으로 나와 있으면 안 되며 배럴 검사 구멍에 핀을 꽂아 보아 핀이 들어가면 제대로 체결되지 않은 것이다. 턴 버클 생크 주위로 와이어를 5~6회(최소 4회) 감는다.

12. 지름이 1/2″인 연료 라인(fuel line)을 장착할 때 클램프(clamp)의 간격은?

① 12 in ② 16 in
③ 18 in ④ 24 in

해설 지름이 1/2 in인 라인(line)을 장착할 때에는 매 16 in마다 클램프를 사용하여 지지한다.

13. 다음 중 앞전 플랩의 종류는?

① fowler flap ② split flap
③ slat flap ④ plain flap

해설 앞전 플랩의 종류
㉠ 슬롯과 슬랫(slat and slot)
㉡ 크루거 플랩(kruger flap)
㉢ 드루프 앞전(droop nose)

14. 샌드위치 구조에 대한 설명 중 틀린 것은?

① 샌드위치 구조는 날개와 꼬리날개 등과 같은 일부 구조요소의 스킨에 사용한다.
② 강도 및 강성이 크고 가볍다.
③ 습기에 강하다.
④ 스킨 재료는 합성수지, 금속 등이 이용된다.

해설 샌드위치 구조는 동체 마루판이나 날개, 꼬리날개 또는 조종면의 구조재 사용을 할 수 없는 곳에 사용되며, 재료로는 합성수지 또는 금속이 사용된다. 강도 및 강성이 크고 가벼워서 중량 경감의 효과가 크다.

15. 서보 탭(servo tab)에 대한 설명 중 맞는 것은?

① 조종면과 연동되어 있다.
② 트림 탭(trim tab) 역할을 한다.
③ 밸런스 탭(balance tab)과 같은 작동 기구이다.
④ 조종력 경감이다.

해설 서보(servo) 탭 : 조종석의 조종장치와 직접 연결되어 탭만 작동시켜 조종면을 움직이도록 설계된 것으로 이 탭을 사용하면 조종력이 감소되며 대형 항공기에 주로 사용한다.

정답 8. ④ 9. ② 10. ③ 11. ② 12. ② 13. ③ 14. ③ 15. ④

16. 강화 섬유로서 가장 많이 사용되며, 흰색을 띠는 섬유는?

① 유리 섬유 ② 탄소 섬유
③ 아라미드 섬유 ④ 보론 섬유

해설 강화 섬유의 종류에는 유리 섬유, 탄소 섬유, 아라미드 섬유, 보론 섬유, 세라믹 섬유 등이 있으며 이 중 유리 섬유(glass fiber)는 내열성과 내화학성이 우수하고 값이 저렴하여 강화섬유로서 가장 많이 사용되고 있다. 그러나 다른 강화 섬유보다 기계적 강도가 낮아 일반적으로 레이돔이나 객실 내부 구조물 등과 같은 2차 구조물에 사용한다. 유리 섬유의 형태는 밝은 흰색의 천으로 식별할 수 있고 첨단 복합 소재 중 가장 경제적인 강화재이다.

17. 맨 손으로 자주 장탈, 장착이 가능한 것은?

① 평 너트(plain nut)
② 나비 너트(wing nut)
③ 캐슬 너트(castle nut)
④ 잼 너트(jam nut)

해설 나비 너트(wing nut) : 맨손으로 죌 수 있을 정도의 죔이 요구되는 부분에서 빈번하게 장탈·착하는 곳에 사용된다.

18. 조종 시 기수가 하강(down)하는 경향이 있을 때 elevator trim tab을 어떻게 작동해야 하는가?

① down ② up
③ 중립 ④ 수직

해설 항공기가 비행 시 기수가 하강(down)하는 경향이 있을 때 이를 수정하기 위해서는 승강키를 상승(up)시켜야 한다. 그러나 탭은 조종면과 반대로 움직이기 때문에 승강키 탭을 하강(down)하여야 한다.

19. 마찰력을 감소시키며, 벌크헤드(bulkhead)의 통과부분에 사용되는 것은?

① 풀리(pulley) ② 페어리드(fairlead)
③ 가드(guard) ④ 쿼드런트(quadrant)

해설 페어리드(fairlead)는 조종 케이블의 작동 중 최소의 마찰력으로 케이블과 접촉하여 직선 운동을 하며 케이블을 3° 이내에서 방향을 유도한다. 또한 벌크헤드(bulkhead)의 구멍이나 다른 금속이 지나가는 부분에 사용되며, 페놀수지처럼 비금속재료 또는 부드러운 알루미늄과 같은 금속으로 되어 있다.

20. 1개의 pivot 점에 2개의 로드(rod)가 연결되어 직선운동을 전달하는 것은?

① 풀리(pulley)
② 쿼드런트(quadrant)
③ 벨 크랭크(bell crank)
④ 푸시 풀 로드(push pull rod)

해설 벨 크랭크는 로드와 케이블의 운동 방향을 전환하고자 할 때 사용하며, 회전축에 대하여 2개의 암을 가지고 있어 회전 운동을 직선 운동으로 바꿔 준다.

21. 용접 후 바로 차가운 물에 담그면?

① 용접한 부분에 인성이 증가한다.
② 금속의 색이 바랜다.
③ 용접 부분에 균열이 생긴다.
④ 인성, 취성, 경도가 증가한다.

해설 용접한 후에 금속을 급속히 냉각시키면 취성이 생기고 금속 내부에 응력이 남게 되어 접합 부분에 균열이 생긴다.

22. 다음 중 항공기에 사용되는 구조 재료로 알루미늄 합금을 사용하는 이유는?

① 강(steel)에 비해 연성이 우수하다.
② 내식성이 뛰어나기 때문이다.
③ 무게당의 강도가 steel보다 우수하다.
④ 내마모성이 우수하기 때문이다.

해설 알루미늄 합금이 구조 재료로 많이 사용되는 것은 비강도가 크기 때문이다.

23. 구조 수리의 기본 원칙이 아닌 것은?

① 원래 강도 유지 ② 최대 무게 유지
③ 부식 방지 ④ 원형 유지

정답 16. ① 17. ② 18. ① 19. ② 20. ③ 21. ③ 22. ③ 23. ②

해설 구조 수리의 기본 원칙
㉠ 원래의 강도 유지 ㉡ 원래의 윤곽 유지
㉢ 최소 무게 유지 ㉣ 부식에 대한 보호

24. air conditioning system에서 혼합밸브 (mixing valve)의 기능은?

① 램 에어(ram air)와 블리드 에어(bleed air)의 차를 조절한다.
② 더운 공기를 밖으로 배출한다.
③ 차가운 공기와 더운 공기를 혼합시킨다.
④ 낮은 압력과 높은 압력을 혼합시킨다.

해설 mixing valve는 ACM(air cycle machine)을 통과한 차가운 공기와 더운 공기를 혼합하여 객실 내부로 공급하는 역할을 한다.

25. empty weight 2100 lb, empty weight C.G+ 32.5인 항공기가 다음과 같이 개조되었을 때의 empty weight C.G는 얼마인가?

> ① 위치 +73에 있는 two seats(18 lb / seat)를 장탈
> ② 위치 +95에 radio equipment 장착으로 35 lb 증가
> ③ 위치 +77에 기체 수리 작업으로 17 lb 증가
> ④ 위치 +74.5에 seat와 seat belt 장착으로 25 lb 증가

① +30.44 ② +34.01
③ +33.68 ④ +34.65

해설 무게 중심 (C.G) = $\frac{총모멘트}{총무게}$

여기서, 모멘트=힘×거리

품 목	무게	거리	모멘트
aircraft	2100	32.5	68250
seats(remove)	−36	73	−2628
radio equipment	35	95	3325
기체 수리	17	77	1309
seat와 seat belt	25	74.5	1862.5
total	2141	33.68	72118.5

26. 알루미늄 합금 (aluminum alloy)을 용접할 때에는?

① 용접봉에만 용제를 사용한다.
② 모재와 용접봉에 다같이 용제를 사용한다.
③ 모재에만 용제를 사용한다.
④ 알루미늄 합금에는 용제를 사용해서는 안된다.

해설 알루미늄 합금을 용접할 때에는 모재와 용접봉에 용제를 사용한다.

27. 유압 계통의 레저버 (reservoir)를 가압하는 이유는 무엇인가?

① hydraulic pump의 cavitation을 방지하기 위하여
② pump의 고장 시 계통압을 유지하기 위하여
③ 유압유에 거품이 생기는 것을 방지하기 위하여
④ return hydraulic fluid의 surging을 방지하기 위하여

해설 고공에서 생기는 거품의 발생을 방지하고 작동유가 펌프까지 확실하게 공급되도록 레저버(reservoir) 안을 엔진 압축기의 블리드(bleed) 공기를 이용하여 가압한다.

28. 알클래드 (alclad) 2024−T4의 의미는?

① 표면을 열처리하여 상온 시효를 완료했다.
② 표면을 열처리하여 인공 시효를 완료했다.
③ 순수 알루미늄으로 표면 처리했으며, 열처리 후 상온 시효가 완료된 것이다.
④ 순수 알루미늄으로 표면 처리했으며, 자연 경화 중이다.

해설 ㉠ 2024, 7075 등의 알루미늄 합금은 강도면에서는 매우 강하나 내식성이 나쁘다. 그러므로 강한 합금 재질에 내식성을 개선시킬 목적으로 알루미늄 합금의 양면에 내식성이 우수한 순수 알루미늄을 약 5.5 % 정도의 두께로 붙여 사용하는데 이것을 알클래드라 한다.
㉡ T4 : 담금질한 후 상온 시효가 완료된 것

정답 24. ③ 25. ③ 26. ② 27. ① 28. ③

29. 금속 내부 손상을 발견하기 위한 비파괴 검사는?

① 형광 침투 검사 ② 코인 태핑 검사
③ X-ray 검사 ④ 와류 탐상 검사

해설 비파괴 검사방법 중 내부 결함을 검출할 수 있는 검사방법은 초음파 검사와 방사선 검사가 있다.

30. 장기간 사용 시 풀릴 위험을 방지하기 위한 것이 아닌 것은?

① lock nut ② safety wire
③ cotter pin ④ snap ring

해설 장시간 사용 시 풀릴 위험이 있는 곳에는 lock nut, safety wire, cotter pin, lock washer 등의 고정장치를 이용하여 풀림을 방지한다.

31. 리벳 작업 시 어디에 리벳 머리를 두어야 하는가?

① 두꺼운 판
② 얇은 판
③ 아무 곳이나 상관없다.
④ 답이 없다.

해설 판의 두께가 다른 경우 리벳 머리는 얇은 판 쪽에 두어 얇은 판을 보강해 주어야 한다.

32. 세미-모노코크(semi-monocoque) 구조에 대해 틀린 것은?

① 구조가 간단
② 대형 비행기에 주로 사용
③ 공간 마련이 용이
④ 구조가 복잡

해설 세미-모노코크 구조는 모노코크 구조와 달리 하중의 일부만 외피가 담당하게 하고, 나머지 하중은 뼈대가 담당하게 하여 기체의 무게를 모노코크에 비해 줄일 수 있고 공간 마련이 용이하여 현대 항공기의 대부분이 채택하고 있는 구조 형식이다.

33. 케이블의 점검 방법 중 틀린 것은 어느 것인가?

① 쉽게 닦아 낼 수 있는 녹이나 먼지는 마른 헝겊으로 닦아낸다.
② 케이블 표면을 솔벤트로 닦아낸다.
③ 헝겊에 솔벤트를 너무 묻히면 와이어의 마멸을 일으킨다.
④ 케이블 세척 후 부식에 대한 방지를 한다.

해설 케이블의 세척방법
㉠ 쉽게 닦아낼 수 있는 녹이나 먼지는 마른 헝겊으로 닦는다.
㉡ 케이블 표면에 칠해져 있는 오래된 방부제나 오일로 인한 오물 등은 깨끗한 수건에 케로신을 묻혀서 닦아낸다. 이 경우 케로신이 너무 많으면 케이블 내부의 방부제가 스며 나와 와이어 마모나 부식의 원인이 되어 케이블 수명을 단축시킨다.
㉢ 세척한 케이블은 마른 수건으로 닦은 후 방식 처리를 한다.

34. AN 470 DD 4-7 설명 중 맞는 것은?

① 24 ST 재질로 지름이 4/32″, 길이 7/16″
② 24 ST 재질로 지름이 4/16″, 길이 7/32″
③ 17 ST 재질로 지름이 4/32″, 길이 7/16″
④ 17 ST 재질로 지름이 4/16″, 길이 7/32″

해설 리벳의 식별 기호
• AN 470 : 유니버설 머리 리벳
• DD : 리벳의 재질(알루미늄 합금 2024)
• 4 : 리벳의 지름 4 / 32인치
• 7 : 리벳의 길이 7 / 16인치

35. 다음 판재의 총 길이는?

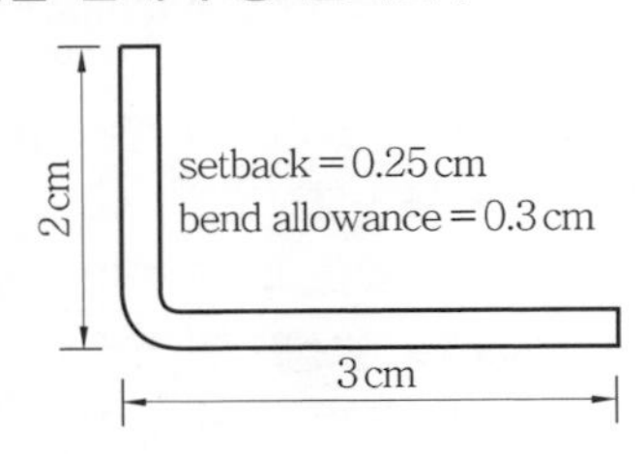

① 4.8 cm ② 4.7 cm
③ 5.3 cm ④ 5.2 cm

정답 29. ③ 30. ④ 31. ② 32. ① 33. ② 34. ① 35. ①

해설 판재를 구부리는데 소요되는 정확한 길이를 구하기 위해서는 양변에서 세트백(setback)을 빼고 굽힘 여유(bend allowance)를 더함으로써 구할 수 있다.

∴ 소요되는 판재의 길이

$(2-0.25)+(3-0.25)+0.3=4.8$ cm

36. 다음 중 리벳 제거 시 사용되는 드릴의 지름은?

① 리벳 생크 지름과 같은 것
② 리벳 생크 지름의 1/32 인치 작은 것
③ 리벳 생크 지름의 1/16 인치 작은 것
④ 리벳 생크 지름의 1/8 인치 작은 것

해설 항공기 판금작업에 가장 많이 사용되는 리벳의 지름은 3/32~3/8″이다. 리벳 제거 시에는 리벳 지름보다 한 사이즈 작은 크기(1/32″ 작은 드릴)의 드릴로 머리 높이까지 뚫는다.

37. 항공기 호스의 규격은 어떻게 나타내는가?

① 외부 지름 ② 단면적
③ 벽면 두께 ④ 내부 지름

해설 튜브의 호칭 치수는 바깥지름(분수)×두께(소수)로 나타내고, 상대운동을 하지 않는 두 지점 사이의 배관에 사용된다. 호스의 호칭치수는 안지름으로 나타내며, 1/16″ 단위의 크기로 나타내고, 운동부분이나 진동이 심한 부분에 사용한다.

38. high pressure oxygen cylinder shut off valve를 open할 때 천천히 여는 이유는 무엇인가?

① 고압의 산소가 들어가서 line이 과열되는 것을 방지한다.
② 고압의 산소가 들어가서 산소공급계통이 작동되는 것을 방지한다.
③ 처음 산소가 흐를 때 50~100 psi pressure surge 발생으로 oxygen mask box door가 열리는 것을 방지한다.
④ oxygen의 역류를 막기 위한 check valve의 손상을 방지한다.

해설 high pressure oxygen cylinder shut off valve를 open하게 되면 산소의 압축으로 인해 열이 발생하게 되는데, 과열을 방지하기 위하여 oxygen cylinder shut off valve를 open 시에는 천천히 open한다. oxygen cylinder coupling 내부에는 지나치게 온도가 상승하는 것을 방지하기 위한 thermal compensator가 장착되어 있다.

39. 항공기 방화벽의 재료로 사용하기에 적당한 재질은?

① 알루미늄 합금판
② 스테인리스강
③ 크롬-몰리브덴 합금강
④ 마그네슘-티타늄 합금강

해설 기관 마운트와 기체 중간에는 기관의 고온과 기관의 화재에 대비하여 기체와 기관을 차단하는 벽이 있는데 이것을 방화벽이라 한다. 방화벽은 왕복 기관에서는 기관 마운트 뒤쪽에 위치하고 구조 역학적으로 벌크 헤드의 역할도 한다. 제트 기관에서는 파일론과 기체와의 경계를 이루어 기관에서의 화염이 기체로 옮겨지지 않도록 한다. 방화벽의 재질은 고온과 부식에 견딜 수 있는 스테인리스강 또는 티탄으로 되어 있다.

40. 금속을 표면 경화하는 이유는 무엇인가?

① 금속의 표면을 매끄럽게 처리하기 위해
② 금속 입자를 균등히 분포시키기 위해
③ 재료의 경도가 높으면 파괴되기 쉬우므로 표면을 단단하게 처리하기 위해
④ 부식을 방지하기 위해

해설 표면경화법 : 철강 부품에서 표면 경도가 보다 큰 것이 필요한 경우 고탄소강을 사용하면 재료의 전체의 경도가 높아지므로 파손되기 쉽다. 이 때 강인한 강재의 표면에 탄화물 또는 질화물 등을 형성시켜 표면을 단단하게 하고 내마멸성을 가지도록 처리하는 것을 말하며 그 종류에는 고주파 담금질법, 화염담금질법, 침탄법, 질화법, 침탄질화법, 금속침투법 등이 있다.

정답 36. ② 37. ④ 38. ① 39. ② 40. ③

항공 발동기

1. jet engine에서 start lever 위치가 아닌 것은?

① cut off ② rich
③ normal ④ idle

해설 jet engine에 사용되는 start lever의 위치는 cut off, idle, rich의 3가지로 되어 있다.

2. jet engine이 idle 같은 low rpm으로 작동하는 동안에 VSV (variable stator vane)은?

① 완전히 닫힌다. ② 완전히 열린다.
③ 반만 닫힌다. ④ 상관없다.

해설 가변 고정자 베인(variable stator vane)은 압축기의 기하학적 형상 (모양 및 면적)을 자동적으로 변화시켜서 압축기 속도와 전방 압축기 단에서의 공기 흐름 사이에 적절한 관계를 유지시켜 준다. 압축기 속도가 낮은 경우에는 가변 고정자 베인이 부분적으로 닫히고, 압축기 속도가 높을 때에는 완전히 열린다.

3. 고정 피치 프로펠러 설계 시 최대 효율 기준은?

① 이륙 시 ② 상승 시
③ 순항 시 ④ 최대 출력 사용 시

해설 고정 피치 프로펠러(fixed pitch propeller) : 프로펠러 전체가 한 부분으로 만들어지며 깃 각이 하나로 고정되어 피치 변경이 불가능하다. 그러므로 순항속도에서 프로펠러 효율이 가장 좋도록 깃 각이 결정되며 주로 경비행기에 사용한다.

4. 프로펠러 블레이드 스테이션(blade station) 측정방법은?

① 허브 중심에서부터
② 블레이드 베이스 생크의 표식으로부터
③ 블레이드 베이스부터
④ 블레이드 베이스 팁으로부터

해설 프로펠러 깃의 위치(blade station)는 허브 (hub)의 중심으로부터 깃(blade)을 따라 표시한 것으로 일정한 간격으로 나누어 정한다.

5. FCU (fuel control unit)의 기본 입력 신호가 아닌 것은?

① PLA(power lever angle)
② rpm
③ CIT(compressor inlet temperature)
④ EGT(exhaust gas temperature)

해설 연료 조정장치의 수감부분은 기관 안팎의 작동조건을 수감하여 유량 조절밸브의 위치를 결정해주는 역할을 한다. 수감부분이 수감하는 기관의 주요 작동변수는 기관의 회전수 (rpm), 압축기 출구압력(CDP) 또는 연소실 압력, 압축기 입구온도 (CIT) 및 동력 레버의 위치 등이다.

6. 가스 터빈 엔진에서 압력이 가장 높은 곳은?

① 터빈 입구 ② 터빈 출구
③ 압축기 출구 ④ 연소실 출구

해설 가스 터빈 엔진의 압력 변화는 압축기 출구까지 점점 증가하며, 최고 압력 상승은 압축기 바로 뒤에 있는 디퓨저(diffuser)에서 이루어진다. 디퓨저를 통과한 공기는 연소실을 지나면서 공기의 마찰 손실 및 연소로 인한 팽창 손실에 의하여 압력 손실이 발생하기 때문에 압력이 약간 감소하고 터빈을 지나면서 급격히 감소한다.

7. 가스 터빈 엔진에서 온도가 제일 높은 곳은?

① 터빈 입구 ② 배기 노즐
③ 연소실 중간 ④ 압축기 출구

해설 공기의 온도는 압축기에서 압축되면서 천천히 증가한다. 압축기 출구에서의 온도는 압축기의 압력비와 효율에 따라 결정되는데 일반적으로 대형 기관에서 압축기 출구에서의 온도는 약 300~400℃ 정도이다. 압축기를 거친 공기가 연소실로 들어가 연료와 함께 연소되면 연소실 중심에서의 온도는 약 2000℃까지 올라가고 연소실을 지나면서 공기의 온도는 점차 감소한다.

정답 1. ③ 2. ③ 3. ③ 4. ① 5. ④ 6. ③ 7. ③

8. 프로펠러 재질에 따른 특성 중 틀린 것은?

① 목재 깃은 가볍고 값이 싸고 제작 공정이 쉽다.
② 금속 깃은 강도가 높으나 가격이 비싸다.
③ 금속 깃은 300마력 이상의 기관에는 사용할 수 없다.
④ 목재 깃은 수명이 길지 못하다.

해설 프로펠러 깃의 사용 재료에 따른 분류
(1) 목재 프로펠러
㉠ 사용 재료로는 서양 물푸레나무, 자작나무, 벚꽃나무, 마호가니, 호두나무, 껍질 흰떡갈나무 등이 사용된다.
㉡ 프로펠러 깃의 강도를 높이기 위해 두께가 6~25 mm 되는 합판을 여러 겹으로 만들며, 습기 보호를 위하여 도프(dope) 용액으로 도장한다.
㉢ 가볍고 값이 싸고 제작 공정이 쉽다는 장점이 있으나, 300마력 이상의 기관에서는 사용할 수 없고 수명이 짧은 단점이 있다.
(2) 금속제 프로펠러
㉠ 사용 재료로는 알루미늄 합금 및 강(steel) 등의 단조물로 하고, 강철인 경우에는 무게와 강도면을 고려해서 안쪽이 비어지도록 만든다.
㉡ 강도가 높고 내구성이 좋으나 제작비가 비싸다.

9. 축류식 압축기의 장점은?

① 시동 파워가 낮다.
② 중량이 가볍다.
③ 압축기 효율이 높다.
④ 단위 면적이 커서 많은 양의 공기를 처리할 수 있다.

해설 축류식 압축기의 장점
㉠ 전면면적에 비해 많은 양의 공기를 처리할 수 있다.
㉡ 압력비 증가를 위해 여러 단으로 제작할 수 있다.
㉢ 입구와 출구와의 압력비 및 압축기 효율이 높기 때문에 고성능 기관에 많이 사용한다.

10. 1단계 터빈은 어디와 회전을 같이 하는가?

① 고압 압축기
② 저압 압축기
③ 1단계 압축기 디스크
④ N_1 압축기

해설 다축식 압축기
㉠ 압축비를 높이고 실속을 방지하기 위하여 사용한다.
㉡ 터빈과 압축기를 연결하는 축의 수와 베어링 수가 증가하여 구조가 복잡해지며 무게가 무거워진다.
㉢ 저압 압축기는 저압 터빈과 고압 압축기는 고압 터빈과 함께 연결되어 회전을 한다.
㉣ 시동기에 부하가 적게 걸린다.
㉤ N_1(저압 압축기와 저압 터빈 연결축의 회전속도)은 자체속도를 유지한다.
㉥ N_2(고압 압축기와 고압 터빈 연결축의 회전속도)는 엔진속도를 제어한다.

11. 기화기 자동 흡기 장치 작동으로 맞는 것은 어느 것인가?

① 입구 압력이 높으면 희박하게
② 입구 압력이 낮으면 농후하게
③ 입구 온도가 높으면 희박하게
④ 입구 온도가 높으면 농후하게

해설 자동 혼합 조종(automatic mixture control, AMC) 장치는 고도가 높아짐에 따라 공기의 밀도가 감소하나, 연료 흐름은 감소되지 않아 혼합비가 농후 혼합비 상태로 되는 것을 막아주는 역할을 한다. 기화기 입구 온도가 높아지면 공기의 밀도가 감소하므로 혼합비를 희박하게 만든다.

12. 터빈 케이스 냉각 공기는 다음 중 어디에서 나오는가?

① 저압 압축기
② 고압 압축기
③ 팬에서 나온 공기
④ 연소 공기

해설 냉각에 사용되는 공기는 외부 공기가 아니라 팬을 통과한 공기를 사용한다.

정답 8. ③ 9. ③ 10. ① 11. ③ 12. ③

13. 증기 폐쇄(vapor lock)에 대한 설명 중 틀린 것은?

① 연료 증기압이 연료 압력보다 낮을 때 잘 일어난다.
② 연료 증기압이 연료 압력보다 높을 때 잘 일어난다.
③ booster pump를 사용한다.
④ 연료 라인의 급격한 휘어짐을 피한다.

해설 증기 폐쇄는 연료관이 배기관 근처에 설치되었거나 연료의 증기압이 연료 압력보다 높을 때 발생한다.

14. 마하 0.4~0.6에서 추진 효율이 가장 좋은 것은?

① 터보 제트 ② 터보 팬
③ 터보 프롭 ④ 왕복기관

해설 터보 프롭(turbo prop) 기관 : 터보 프롭 기관은 느린 비행속도에서 높은 효율과 큰 추력을 가지는 장점이 있지만 속도가 빨라져 비행 마하수가 0.5 이상이 되면 프로펠러 효율 및 추력이 급격히 감소하여 고속 비행을 할 수 없다.

15. 다음 중 어느 경우에 기관 트림(engine trim)을 하여야 하는가?

① 이륙 전에
② 연료 펌프를 교환한 후
③ 장기간 계류한 경우
④ FCU 교환 후

해설 기관 조절(engine trimming)

㉠ 제작회사에서 정한 정격에 맞도록 기관을 조절하는 행위를 말하며, 또 다른 정의는 기관의 정해진 rpm에서 정격추력을 내도록 연료조정장치를 조정하는 것으로도 정의된다. 제작회사의 지시에 따라 수행하여야 하며 습도가 없고 무풍일 때가 좋으나 바람이 불 때는 항공기를 정풍이 되도록 한다.
㉡ 트림 시기는 엔진 교환 시, FCU 교환 시, 배기노즐 교환 시에 수행한다.

16. 가스 터빈 기관에서 압축기 스테이터 베인(stator vane)의 목적은?

① 배기가스의 압력을 증가시킨다.
② 공기 흐름의 속도를 감소시킨다.
③ 배기가스의 속도를 증가시킨다.
④ 공기 흐름의 압력을 감소시킨다.

해설 축류식 압축기의 고정자(stator) 깃은 속도 에너지를 압력 에너지로 변환시키는 기능과 회전자(rotor) 깃으로 공기 흐름 방향을 조절하는 기능을 한다.

17. 제트 엔진의 소음 방지법으로 틀린 것은 어느 것인가?

① 고주파를 저주파로 변화시킨다.
② 소음 흡수 라이너를 사용한다.
③ 배기부의 면적을 넓힌다.
④ 터보 팬 엔진은 배기소음 감소장치가 필요 없다.

해설 가스 터빈 기관의 소음 감소장치

㉠ 소음의 크기는 배기가스 속도의 6~8 제곱에 비례하고 배기노즐 지름의 제곱에 비례한다.
㉡ 배기소음 중의 저주파 음을 고주파 음으로 변환시킴으로써 소음 감소 효과를 얻도록 한 것이 배기소음 감소장치이다.
㉢ 일반적으로 배기소음 감소장치는 분출되는 배기가스에 대한 대기의 상대속도를 줄이거나 배기가스가 대기와 혼합되는 면적을 넓게 하여 배기노즐 가까이에서 대기와 혼합되도록 함으로써 저주파 소음의 크기를 감소시킨다.
㉣ 터보 팬 기관에서는 배기노즐에서 나오는 1차 공기와 팬으로부터 나오는 2차 공기와의 상대속도가 작기 때문에 소음이 작아 배기소음 감소장치가 꼭 필요하지는 않다.
㉤ 다수 튜브 제트 노즐형(multiple tube jet nozzle)
㉥ 주름살형(corrugated perimeater type, 꽃모양형)
㉦ 소음 흡수 라이너(sound absorbing liners) 부착

정답 13. ① 14. ③ 15. ④ 16. ② 17. ①

18. hot start란 무엇을 의미하는가?

① 시동 중 EGT가 최대 한계를 넘은 현상
② 엔진이 냉각되지 않은 채로 시동을 거는 현상
③ 엔진을 비행 중에 시동하는 현상
④ 시동 중 rpm이 최대 한계를 넘은 현상

해설 과열 시동(hot start)
㉠ 시동할 때에 배기가스의 온도가 규정된 한계값 이상으로 증가하는 현상을 말한다.
㉡ 연료-공기 혼합비를 조정하는 연료 조정장치의 고장, 결빙 및 압축기 입구부분에서 공기 흐름의 제한 등에 의하여 발생한다.

19. 다음 중 후기 연소기(after burner)에서 불꽃이 꺼지는 것을 방지하고 와류를 발생시키는 것은 무엇인가?

① slip spring ② fuel ring
③ spray ring ④ flame holder

해설 불꽃 홀더(flame holder) : 가스의 속도를 감소시키고 와류를 형성시켜 불꽃이 머무르게 함으로써 연소가 계속 유지되어 후기 연소기 안의 불꽃이 꺼지는 것을 방지한다.

20. 왕복 기관에서 유압 폐쇄(hydraulic lock)를 방지하기 위한 방법은?

① 오일 제거 링을 거꾸로 끼운다.
② 더 긴 실린더 스커트를 사용한다.
③ 각 실린더에 소기 펌프를 둔다.
④ 여분의 오일 링을 각 피스톤에 끼운다.

해설 유압 폐쇄(hydraulic lock) : 도립형 엔진의 실린더와 성형 엔진의 밑 부분의 실린더에 기관 정지 후 묽어진 오일이나 습기, 응축물 기타의 액체가 중력에 의해 스며 내려와 연소실 내에 갇혀 있다가 다음 시동을 시도할 때 액체의 비압축성으로 피스톤이 멈추고 억지로 시동을 시도하면 엔진에 큰 손상을 일으키는 현상으로 이를 방지하기 위하여 긴 스커트(skirt)로 되어 있는 실린더를 사용하여 유압 폐쇄를 방지하고 오일 소모를 감소시킨다.

21. 터빈 깃의 표면에 작은 구멍을 뚫어 이 구멍을 통하여 찬 공기가 나와서 연소가스가 직접 닿지 못하게 하는 냉각 방법은?

① 대류 냉각
② 충돌 냉각
③ 공기막 냉각
④ 침출 냉각

해설 터빈 깃의 냉각방법
㉠ 대류 냉각은 터빈 깃 내부를 중공으로 만들어 이 공간으로 냉각공기를 통과시켜 냉각하는 방법으로 간단하기 때문에 가장 많이 사용한다.
㉡ 충돌 냉각은 터빈 깃의 내부에 작은 공기 통로를 설치하여 이 통로에서 터빈 깃의 앞전 안쪽 표면에 냉각공기를 충돌시켜 냉각한다.
㉢ 공기막 냉각은 터빈 깃의 안쪽에 공기 통로를 만들고 터빈 깃의 표면에 작은 구멍을 뚫어 이 작은 구멍을 통하여 차가운 공기가 나오게 하여 찬 공기의 얇은 막이 터빈 깃을 둘러싸서 연소가스가 직접 터빈 깃에 닿지 못하게 힘으로써 터빈 깃의 가열을 방지하고 냉각도 되게 한다.
㉣ 침출 냉각은 터빈 깃을 다공성 재료로 만들고 깃 내부에 공기 통로를 만들어 차가운 공기가 터빈 깃을 통하여 스며 나오게 하여 냉각한다.

22. low oil pressure light가 on 되는 시기는 언제인가?

① 오일 압력이 규정값 한계 이상으로 상승했을 경우
② 오일 압력이 규정값 한계 이하로 낮아지는 경우
③ 오일 압력 지시 transmitter가 고장이 났을 경우
④ bypass valve가 open 되었을 경우

해설 저 오일 압력 경고등(low oil pressure light)은 오일 압력이 규정치 한계 이하로 낮아졌을 때 들어온다.

정답 18. ① 19. ④ 20. ② 21. ③ 22. ②

23. 다음 중 유압 폐쇄는 어떤 곳에서 많이 걸리는가?

① 대향형 엔진 우측 실린더
② 대향형 엔진 좌측 실린더
③ 성형 엔진 상부 실린더
④ 성형 엔진 하부 실린더

해설 20번 참조

24. 복식 연료 노즐(duplex fuel nozzle)에서 흐름 분할기(flow divider)의 목적은?

① 기관 정지 시 연료 조절기의 연료 공급을 신속히 차단한다.
② 연료 압력이 높을 때 1차, 2차 연료가 모두 분사되도록 한다.
③ 기관 정지 시 연료 공급을 신속히 차단한다.
④ 연료 압력이 낮을 때 2차 연료가 분사되도록 한다.

해설 복식 연료 노즐(duplex fuel nozzle)에서 연료의 흐름 상태는 시동 시에는 1차 연료만 흐르고, 완속 회전 속도(idle rpm) 이상에서 흐름 분할기의 밸브가 열려 2차 연료가 분사된다.

25. 프로펠러 팁이 손상되거나 장착을 잘못했을 때 생기는 문제는?

① 정적 불평형
② 동적 불평형
③ 상관없다.
④ 답이 없다.

26. 터보 팬 기관의 역 추력장치 중 바이패스(bypass) 되는 공기를 막아 주는 장치는?

① blocker door
② cascade vane
③ pneumatic motor
④ translating sleeve

해설 blocker door는 팬(fan)을 통과한 2차 공기 흐름을 막아 항공기 앞쪽으로 분출되도록 하여 역추력이 발생하도록 한다.

27. 가스 터빈 엔진(gas turbine engine)의 디퓨저(diffuser)의 기능은?

① 압력 감소, 속도 증대
② 압력 증대, 속도 감소
③ 압력을 일정하게 유지
④ 위치에너지를 운동에너지로

해설 디퓨저(diffuser)는 압축기 출구 또는 연소실 입구에 위치하며, 속도를 감소시키고 압력을 증가시키는 역할을 한다.

28. jet engine 점화장치는 언제 작동하는가?

① 시동할 때만
② 시동 시와 flame out이 우려될 때
③ 순항 시
④ 연속해서 사용한다.

해설 왕복기관의 점화장치는 기관이 작동할 동안 계속해서 작동하지만 가스 터빈 기관의 점화장치는 시동 시와 연소정지(flame out)가 우려될 경우에만 작동하도록 되어 있다.

29. 연료 펌프 릴리프 밸브(relief valve)의 과도한 압력은 어디로 돌아가는가?

① 탱크 입구 ② 펌프 입구
③ 외부로 배출 ④ 펌프 출구

해설 릴리프 밸브(relief valve)는 펌프 출구 압력이 규정값 이상으로 높아지면 열려서 연료를 펌프 입구로 되돌려 보낸다.

30. 가스 터빈 엔진이 왕복기관의 점화플러그보다 오래 사용할 수 있는 이유는?

① 시동 시에 계속 작동하기 때문에
② 저전압을 이용하기 때문에
③ 강도가 크기 때문에
④ 시동 시에만 사용하기 때문에

해설 왕복기관의 점화장치는 기관이 작동할 동안 계속해서 작동하지만 가스 터빈 기관의 점화장치는 시동 시와 연소정지(flame out)가 우려될 경우에만 작동하도록 되어 있다.

정답 23. ④ 24. ② 25. ② 26. ① 27. ② 28. ② 29. ② 30. ④

31. 다음 중 oil cooler에 사용하는 냉각제는 무엇인가?

① 연료
② 유압 작동유
③ 공기
④ 물

해설 과거에는 공기를 이용하여 냉각하였지만 요즘에는 연료를 이용하여 냉각하는 연료-윤활유 냉각기를 많이 사용한다.

32. 피스톤의 링(ring) 간격은 어떻게 측정하는가?

① 만일 적당한 링이 장착되어 있으면 측정할 필요가 없다.
② 링이 피스톤에 장착되어 있을 때 depth gage로 측정한다.
③ 링이 실린더 내부에 장착되어 있을 때 thickness gage로 측정한다.
④ 링을 적당하게 장착하고 go-no-go gage로 측정한다.

해설 피스톤 링의 간격은 끝 간격과 옆 간격을 측정하는데 간격을 측정할 수 있는 thickness gauge나 feeler gauge를 이용하여 측정한다.

33. 연소실의 성능으로 맞는 것은?

① 연소효율은 고도가 높을수록 좋다.
② 연소실 출구 온도 분포는 안지름 쪽이 바깥지름 쪽보다 크다.
③ 연소실 입구와 출구의 전압력 차가 클수록 좋다.
④ 고공 재시동 가동범위가 넓을수록 좋다.

해설 재시동 특성 : 비행고도가 높아지면 연소실 입구의 압력 및 온도가 낮아진다. 따라서, 연소효율이 떨어지기 때문에 안정 작동범위가 좁아지고 연소실에서 연소가 정지되었을 때 재시동 특성이 나빠지므로 어느 고도 이상에서는 기관의 연속 작동이 불가능해진다. 따라서, 재시동 가능범위가 넓을수록 안정성이 좋은 연소실이라 할 수 있다.

34. 공기식 시동기(pneumatic starter)의 source로 맞지 않는 것은?

① cross bleed air
② GPU
③ APU
④ airconditioning truck

해설 시동기에 공급되는 압축 공기 동력원
㉠ 가스 터빈 압축기(gas turbine compressor, GTC) : 지상 동력 장치(GPU)의 일종
㉡ 보조동력장치(auxiliary power unit, APU) : 항공기에 장착된 소형 가스 터빈 기관
㉢ 다른 기관에서 연결(cross feed)하여 사용

35. 왕복 기관에서 오일 배유 펌프가 압력 펌프보다 용량이 더 큰 이유는 무엇인가?

① 오일 배유 펌프는 쉽게 고장이 나므로
② 윤활유가 고온이 됨에 따라 팽창하므로
③ 압력 펌프보다 압력이 낮으므로
④ 배유가 공기와 혼합하여 체적이 증가하므로

해설 오일 배유 펌프(oil scavenge pump)의 용량이 오일 압력 펌프(oil pressure pump)보다 큰 것은 엔진에서 흘러나오는 오일이 어느 정도 거품이 일게 되어 압력 펌프를 통해 엔진에 들어오는 오일보다 더 많은 체적을 갖기 때문이다.

36. 가스 터빈 기관에서 배기 콘(exhaust cone)의 목적은?

① 속도를 증가시키기 위해
② 추력을 증가시키기 위해
③ 축 방향으로 가스 흐름을 일직선이 되도록 하기 위해
④ 모두 맞다.

해설 아음속기의 터보 팬이나 터보 프롭 기관에는 배기 노즐의 면적이 일정한 수축형 배기 노즐이 사용되며, 내부에는 정류의 목적을 위하여 원뿔 모양의 테일 콘(tail cone)이 장착되어 있다.

정답 31. ① 32. ③ 33. ④ 34. ④ 35. ④ 36. ③

37. 압축기 실속 발생 시 나타나는 현상은?
① EGT 감소
② EGT 증가
③ EGT 증가, RPM 감소
④ EGT, RPM 증가

해설 압축기 실속이 발생하면 RPM이 감소하고 배기 가스 온도(EGT)가 급상승한다.

38. 윤활유의 역할은 무엇인가?
① 윤활작용 ② 기밀작용
③ 방청작용 ④ 모두 맞다.

해설 윤활유의 역할
㉠ 윤활작용 ㉡ 기밀작용
㉢ 냉각작용 ㉣ 청결작용
㉤ 방청작용 ㉥ 소음 방지작용

39. 제트 엔진에 합성 윤활유를 사용하는 이유는 무엇인가?
① 여과기가 필요 없고 가격이 저렴하다.
② 휘발성이 적고 높은 온도에서 코킹(coking)이 잘 일어나지 않는다.
③ 광물성과 혼합 가능하다.
④ 화학적 안정성이 있다.

해설 합성 윤활유의 특성
㉠ 낮은 휘발성 ㉡ 거품 억제 특성
㉢ 높은 인화점 ㉣ 유막의 강도
㉤ 광범위한 온도 범위 ㉥ 높은 점도 지수
㉦ 적은 래커(lacquer)와 코크스(coke)의 축적물

40. 왕복 기관 시동 후 가장 먼저 확인해야 하는 계기는?
① 오일 압력계 ② 연료 압력계
③ 실린더헤드 온도계④ 다지관 압력계

해설 왕복엔진은 시동되었을 때 오일 계통이 안전하게 기능을 발휘하고 있는가를 점검하기 위하여 오일 압력 계기를 관찰하여야 한다. 만약 시동 후 30초 이내에 오일 압력을 지시하지 않으면 엔진을 정지하여 결함부분을 수정하여야 한다.

전자·전기·계기

1. 정지해 있는 유체의 위치에너지는 무엇과 같은가?
① 정압 ② 동압
③ 등압 ④ 전압

해설 정압(static pressure) : 유체의 노출된 표면에 수직으로 측정한 정지상태에서 유체의 압력

2. 정전기의 설명 중 바른 것은?
① 정전기는 위치에너지이다.
② 정전기는 한 점에서 움직이지 않는다.
③ 정전기는 이동하려는 성질이 있다.
④ 정전기는 전기가 아니다.

해설 정전기(static electricity) : 전기는 전자가 정지상태인지 또는 움직이고 있는 상태인지에 따라 정전기(static electricity)와 동전기(dynamic electricity)로 구분할 수 있다. 즉, 정전기는 전자가 정지되어 있는 상태로 전자의 부족이나 과잉 상태를 나타내며 마찰, 접촉 또는 유도에 의해 발생할 수 있다.

3. 기상 레이더(weather radar)의 기능이 아닌 것은?
① 저기압권 내에서 안전히 비행하게 한다.
② 항공기의 낙뢰, 돌풍으로 인한 손상을 미연에 방지한다.
③ 동요가 적어 승객에게 편안함을 준다.
④ 최단거리로 운항하게 해준다.

해설 기상 레이더(weather radar)의 기능
㉠ 저기압권 내에서도 안전히 비행할 수 있다.
㉡ 돌풍이나 번개에 의한 항공기의 손상 등을 미연에 방지할 수 있다.
㉢ 우회 비행을 최소로 하게 하여 경제적인 비행을 할 수 있다.
㉣ 동요가 적은 안전하고 편안한 비행을 할 수 있다.

정답 37. ③ 38. ④ 39. ② 40. ① 1. ① 2. ② 3. ④

4. ND (navigation display)의 기능이 아닌 것은?

① 비행 경로 표시
② 자동 항법 시스템 표시
③ 비행 위치 표시
④ 비행 예정 코스

해설 ND(navigation display) : 항법에 필요한 여러 자료를 나타내는 CRT로서 기존의 HSI (horizontal situation indicator) 기능을 모두 포함하고 있다. ND는 비행기의 현재 위치, 기수 방위, 비행 방향, 설정 코스에서 얼마나 벗어났는지의 여부뿐만 아니라 비행 예정 코스, 도중 통과 지점까지의 거리 및 방위, 소요시간의 계산과 지시 등을 한다.

5. 활공각을 주어 착륙을 유도하는 장치는?

① 글라이드 슬로프(glide slope)
② 로컬라이저(localizer)
③ 전방향 표지시설(VOR)
④ 자동 방향 탐지기(ADF)

해설 계기 착륙장치(instrument landing system) : 착륙을 위해서는 진행 방향뿐만 아니라 비행 자세 및 활강 제어를 위한 정확한 정보를 제공해야 한다. 항로 비행 중에 사용하는 고도계는 착륙 정보에 필요한 저고도 측정기로는 부적합하다. 시정이 불량한 경우의 착륙을 위해서는 수평 및 수직 제어를 위한 전자적 착륙 시스템의 도움이 필요하다. 이와 같은 기능을 하는 착륙 시스템이 계기 착륙장치이다. ILS는 수평 위치를 알려주는 로컬라이저(localizer)와 활강 경로, 즉 하강 비행각을 표시해주는 글라이더 슬로프(glide slope), 거리를 표시해주는 마커 비컨(marker beacon) 으로 구성된다.

6. 교류 회로에서 저항이 아닌 것은?

① 전류 ② 저항
③ 콘덴서 ④ 코일

해설 교류의 전기 회로에서 전류가 흐르지 못하게 하는 것에는 저항, 코일과 콘덴서가 있다. 이것을 총칭하여 저항체라 한다.

7. 전파고도계가 측정할 수 있는 것은?

① 절대고도 ② 기압고도
③ 진고도 ④ 계기고도

해설 전파고도계(radio altimeter)

㉠ 항공기에 사용하는 고도계에는 기압고도계와 전파고도계가 있는데 전파고도계는 항공기에서 전파를 대지를 향해 발사하고 이 전파가 대지에 반사되어 돌아오는 신호를 처리함으로써 항공기와 대지 사이의 절대 고도를 측정하는 장치이다.

㉡ 고도가 낮으면 펄스가 겹쳐서 정확한 측정이 곤란하기 때문에 비교적 높은 고도에서는 펄스고도계가 사용되고 낮은 고도에서는 FM형 고도계가 사용된다.

㉢ 저고도용에는 FM형 절대 고도계가 사용되며 측정범위는 0~2500 ft이다.

8. 전하의 이동을 말하며 1 s 동안 1쿨롬(coulomb)의 전기량이 통하는 단위는?

① 암페어(ampere) ② 와트(watt)
③ 볼트(volt) ④ 옴(ohm)

해설 1 쿨롬(coulomb)에 해당되는 전하가 회로 내를 1초 동안 흐를 때의 전류를 1 암페어(ampere)라 하며, 단위는 암페어(A : ampere)이고, 기호는 I로 표시한다.

9. 퓨즈(fuse)의 용량 표시는?

① 암페어(ampere) ② 와트(watt)
③ 볼트(volt) ④ 옴(ohm)

해설 퓨즈(fuse) : 규정 이상으로 전류가 흐르면 녹아 끊어짐으로써 회로에 흐르는 전류를 차단시키는 장치로 용량은 암페어(ampere)로 나타낸다.

10. 전파를 이용하여 항법에 사용하는 장치가 아닌 것은?

① 전방향 표지시설(VOR)
② 후방 지향성 표지시설
③ 무지향성 표시시설(NDB)
④ 기상 레이더

정답 4. ② 5. ① 6. ① 7. ① 8. ① 9. ① 10. ②

해설 항공기에 장착되어 있는 항법 장치
㉠ 자동 방향 탐지기(ADF : automatic direction finder)
㉡ 전방향 표지 시설(VOR : VHF omni-directional range)
㉢ 전술 항행 장치(TACAN)
㉣ 거리 측정 시설(DME : distance measuring equipment)
㉤ 로런(LORAN : long range navigation), 전파 고도계(radio altimeter)
㉥ 기상 레이더(weather radar)
㉦ 도플러 레이더(doppler radar) 및 관성 항법 장치(INS : inertial navigation system)
㉧ GPS(global positioning system) 수신기(최근 항공기에 설치)

11. 라디오를 청취할 수 있으며, 기상과 방위도 알 수 있는 것은?
① 단파 통신장치(HF)
② 초단파 통신장치(VHF)
③ 자동 방향 탐지기(ADF)
④ 전방향 표지시설(VOR)

해설 자동 방향 탐지기(automatic direction finder)의 사용 주파수의 범위는 190~1750 kHz (중파)이며, 190~415 kHz 까지는 NDB 주파수로 이용되고 그 이상의 주파수에서는 방송국 방위 및 방송국 전파를 수신하여 기상 예보도 청취할 수 있다.

12. 지상에서 조종실과 정비, 점검 시 필요한 기체 외부와의 통화 연락을 위한 장치는?
① flight interphone system
② service interphone system
③ cabin interphone system
④ passenger interphone system

해설 승무원 상호간 통화장치(service interphone system) : 비행 중에는 조종실과 객실 승무원석 및 갤리(galley)간의 통화 연락을, 지상에서는 조종실과 정비 및 점검상 필요한 기체 외부와의 통화 연락을 하기 위한 장치이다.

13. 국내 항공로의 근거리 통신으로 사용되는 것은?
① 단파 통신장치(HF)
② 초단파 통신장치(VHF)
③ 자동 방향 탐지기(ADF)
④ 전방향 표지시설(VOR)

해설 VHF 통신장치
㉠ 국내 항공로 등의 근거리 통신에 사용
㉡ 사용 주파수 범위는 30~300 MHz이며, 항공 통신 주파수 범위는 118~136.975 MHz

14 INS (inertial navigation system)는 무엇으로부터 항공기의 비행거리를 얻어내는가?
① 항공기 속도 ② 항공기 가속도
③ 항공기 위치 ④ 비행 방향

해설 관성 항법 장치(INS : inertial navigation system) : 가속도를 적분하면 속도가 구해지며, 이것을 다시 한번 더 적분하면 이동한 거리가 나온다는 사실을 이용한 항법 장치이다.

15. 다음 중 수직 자이로(vertical gyro)를 이용한 계기는?
① 고도계 ② 선회계
③ 인공수평의 ④ 회전 경사계

해설 수평의는 일반적으로 수직 자이로라고 불리고, 피치(pitch) 축 및 롤(roll) 축에 대한 항공기의 자세를 감지한다.

16. 올레오 스트럿(oleo strut)의 작동유 선택은?
① 항공기의 최대 전체 무게
② 미터링 핀(metering pin)에 사용되는 금속의 형식
③ 스트럿에 사용되는 실(seal)의 재질
④ 항공기가 올라갈 수 있는 고도

해설 완충 스트럿에는 작동유의 누설을 막기 위한 실(seal)이 사용되는데 다른 종류의 작동유를 사용하게 되면 실(seal)이 손상되어 작동유의 누설이 발생한다.

정답 11. ③ 12. ② 13. ② 14. ① 15. ③ 16. ③

17. ESDS (electrostatic discharge sensitive) caution label이 부착된 장비품 취급 관련 사항 중 틀린 것은?

① ESDS devices를 포함하는 장비품 취급 시 특별 취급 절차 준수가 요구됨
② 취급 시는 approved wrist strap을 착용하고 ESDS 접지점에 연결할 것
③ 장탈 시는 wiring connector pin을 만지지 말 것
④ 장탈된 ESDS 장비품은 nonconductive bag에 넣어서 보관할 것

해설 ESDS(electrostatic discharge sensitive) 장비품 취급 절차
㉠ 정전기에 민감한 장비품과 circuit card는 ESDS label을 붙여 정전기에 민감한 구성품임을 나타낸다.
㉡ ESDS 장비품이나 circuit card를 교환할 때는 특수한 취급 절차를 따라야 한다.
㉢ circuit card를 취급할 동안 반드시 wrist strap을 손목에 착용하고 ESDS 접지점에 연결해야 한다.
㉣ circuit card를 장탈했을 때 반드시 conductive bag에 넣어 보관해야 한다. 이때 conductive bag의 상부를 접어서 정전기 에너지가 circuit card에 전달되지 않게 한다.

18. 제트 항공기 계기판의 발진기 (vibrator)와 관련이 있는 것은?

① 마찰 오차 ② 온도 오차
③ 북선 오차 ④ 계기 오차

해설 마찰 오차 : 계기의 작동 기구가 원활하게 움직이지 못하여 발생하는 오차를 말한다.

19. 코일의 인덕턴스 (inductance)의 크기를 결정하는 것과 관계가 없는 것은?

① 코일의 권수 ② 코일의 지름
③ 철심의 유무 ④ 교류의 주파수

해설 코일의 인덕턴스는 코일의 권수, 코일의 단면적, 코일의 재질 등에 의하여 좌우된다.

20. 항공기에 사용되는 배터리 (battery)의 용량 표시는?

① ampere
② voltage
③ AH (ampere hour)
④ watt

해설 배터리의 용량은 AH로 나타내는데, 이것은 배터리가 공급하는 전류값에 공급할 수 있는 총시간을 곱한 것이다. 예를 들어, 이론적으로 50 AH의 축전지는 50 A의 전류를 1시간 동안 흐르게 할 수 있다.

21. 계기의 색 표지에서 황색 호선 (yellow arc)은 무엇을 나타내는가?

① 위험지역 ② 최저 운용한계
③ 최대 운용한계 ④ 경계, 경고범위

해설 노란색 호선(yellow arc) : 안전 운용 범위에서 초과 금지까지의 경계 또는 경고 범위를 나타낸다.

22. 교류 (AC)를 직류 (DC)로 바꾸는 것은?

① inverter
② transformer rectifier
③ transformer
④ dynamotor

해설 항공기의 많은 장치들은 고전류, 저전압 직류로 작동한다. 교류계통을 주 전원으로 하는 항공기에는 별도로 직류 발전기는 설치하지 않고 변압 정류기(transformer rectifier)에 의해 직류를 공급한다.

23. 8Ω의 저항에 전력이 5000 W일 때 전류는?

① 20 A ② 25 A
③ 30 A ④ 35 A

해설 $P = EI,\ I = \frac{E}{R},\ E = RI$ 이므로

$$P = RI^2$$

$$I^2 = \frac{P}{R} = \frac{5000}{8} = 625 \text{이므로 } I = 25\,\text{A}$$

정답 17. ④ 18. ① 19. ④ 20. ③ 21. ④ 22. ② 23. ②

24. 반도체의 고유 저항 범위는?

① 10^{-2}~10^{-5} Ωm ② 10^{2}~10^{5} Ωm

③ 10^{5}~10^{8} Ωm ④ 10^{-5}~10^{8} Ωm

해설 저항률에 의한 물질의 구분

㉠ 도체(conductor) : 10^{-4} Ωm 이하의 물질(은, 구리 등)

㉡ 절연체(insulator) : 10^{7} Ωm 이상의 물질(베이클라이트, 고무, 유리, 운모 등)

㉢ 반도체(semiconductor) : 10^{8}~10^{-5} Ωm 사이의 물질(게르마늄, 실리콘 등)

25. 열전쌍식(thermocouple) 온도계가 단락됐을 경우 어디의 온도를 지시하는가?

① 계기 주위 온도 지시

② 실린더 온도 지시

③ 0을 지시

④ 변화 없다.

해설 열전쌍(rhermocouple)의 열점과 냉점 중 열점은 실린더 헤드의 점화 플러그 와셔에 장착되어 있고, 냉점은 계기에 장착되어 있는데 리드 선(lead line)이 끊어지거나 단락되면 열전쌍식 온도계는 실린더 헤드의 온도를 지시하지 못하고 계기에 장착되어 있는 주위 온도를 지시한다.

26. 터미널(terminal) 스터드(stud)에 제한되는 전선 수는?

① 2 ② 4

③ 6 ④ 제한 없다.

해설 하나의 터미널 스터드에 연결할 수 있는 전선의 수는 4개로 제한되어 있다.

27. 다음 중 정압공이 얼었을 때 정상 작동하는 것은?

① 승강계 ② 속도계

③ 고도계 ④ HSI

해설 고도계, 승강계, 속도계는 모두 정압을 이용하는 계기이므로 정압공에 결빙이 생기면 정상 작동하지 않는다.

28. 발전기의 출력 전압을 일정하게 조절하는 역할을 하는 것은?

① 계자 전류(field current)를 조절한다.

② 전기자 전류(armature current)를 일정하게 되도록 한다.

③ 이퀄라이저 코일(equalizer coil)의 전류를 조절한다.

④ 회로가 과부하가 되었을 때 발전기의 회전을 내린다.

해설 일반적으로 교류 발전기는 기관에 의해 구동되므로 기관의 회전수나 부하의 변화에 따라 출력 전압이 변한다. 따라서 출력 전압을 일정하게 하기 위하여 회전 계자의 전류를 조절함으로써 출력 전압이 일정하도록 한다.

29. 직류 발전기 탄소 브러시(carbon brush)의 역할은?

① 자력선의 통과를 쉽게 하여 유도 전류를 많이 일으킬 수 있는 역할을 한다.

② 전기자 코일을 지지하는 역할을 한다.

③ 정류자 면에 접촉되어 전기자에 발생한 전류를 외부로 보내는 역할을 한다.

④ 출력 전압이 과도하게 높아졌을 때 계자 코일을 보호하는 역할을 한다.

해설 브러시 및 브러시 홀더 : 정류자 면에 접촉되어 전기자에 발생한 전류를 외부로 보내는 역할을 한다.

30. 대기속도계 배관의 누출 점검방법으로 맞는 것은?

① 정압공에 정압, 피토관에 부압을 건다.

② 정압공에 부압, 피토관에 정압을 건다.

③ 정압공 및 피토관에 둘 다 부압을 건다.

④ 정압공 및 피토관에 둘 다 정압을 건다.

해설 접속기구를 피토관과 정압공에 연결해서 진공 펌프로 정압계통을 배기하여 가압 펌프로 피토 계통을 가압함으로써 각각의 계통의 누설 점검을 한다.

정답 24. ④ 25. ① 26. ② 27. ④ 28. ① 29. ③ 30. ②

31. 지상에서 항공기의 모든 발전기가 작동하지 않을 시 전원 공급장치는?

① APU(auxiliary power unit)
② GPU(ground power unit)
③ GCU(generator control unit)
④ BPCU(bus power control unit)

해설 GPU(ground power unit)는 지상에서 항공기에 교류나 직류를 공급하는 장치이다.

32. 발전기의 출력쪽과 버스 사이에 장착하여 발전기의 출력전압이 낮을 때 축전지로부터 발전기로 전류가 역류하는 것을 방지하는 것은?

① 전압 조절기
② 역전류 차단기
③ 과전압 방지장치
④ 정속 구동장치

해설 발전기는 전압을 버스를 통하여 부하에 전류를 공급하는 동시에 배터리를 충전하게 되는데, 어떠한 이유로 인하여 발전기의 출력전압보다 배터리의 출력전압이 높게 되면 배터리가 불필요하게 방전하게 되고, 발전기가 배터리의 전압으로 전동기 효과에 의하여 회전력을 발생하게 되고 심할 때는 타버리게 되므로 발전기의 출력전압이 낮을 때 배터리로부터 발전기로 전류가 역류하는 것을 방지하는 장치가 역전류 차단기이다.

33. 전류를 측정하는 데 사용되고, 다용도로 측정하는 계기로서 필요 구성품의 전압, 전류 및 저항을 측정하는 데 이용되는 것은 다음 중 어느 것인가?

① multimeter ② ammeter
③ voltmeter ④ megaommeter

해설 멀티미터(multimeter) : 전류, 전압 및 저항을 하나의 계기로 측정할 수 있는 다용도 측정 기기이고, 제조회사 및 그 형태와 기능에 약간의 차이가 있으며, 아날로그 방식과 디지털 방식이 있다.

34. 둘 중 하나라도 입력이 1이면 출력이 1인 논리회로는?

① AND ② NAND
③ OR ④ NOR

해설 논리 회로

㉠ AND gate : 입력의 신호가 모두 1일 때 출력이 1이 되는 회로이다.

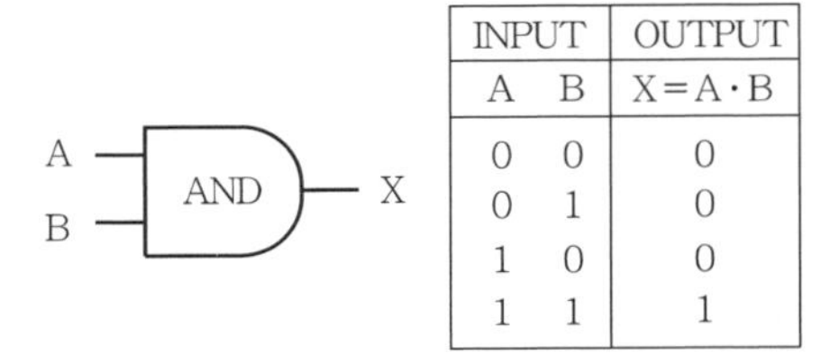

INPUT		OUTPUT
A	B	$X=A \cdot B$
0	0	0
0	1	0
1	0	0
1	1	1

㉡ OR gate : 입력의 신호들 중에서 하나만 1이라도 출력이 1이 되는 회로이다.

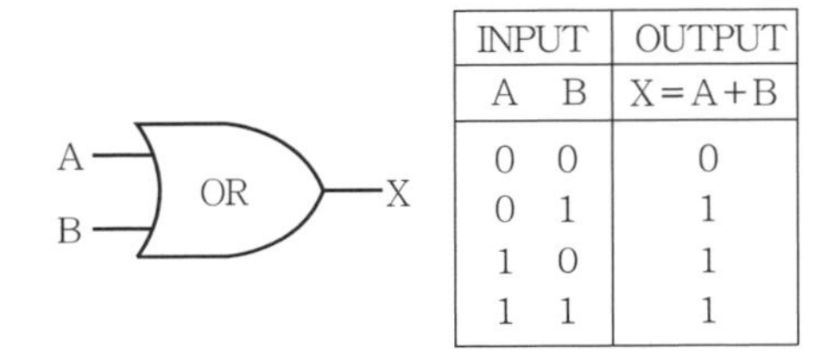

INPUT		OUTPUT
A	B	$X=A+B$
0	0	0
0	1	1
1	0	1
1	1	1

㉢ NAND gate : 입력의 신호가 모두 1일 때 출력이 0이 되는 회로로 AND+NOT으로 구성되었다.

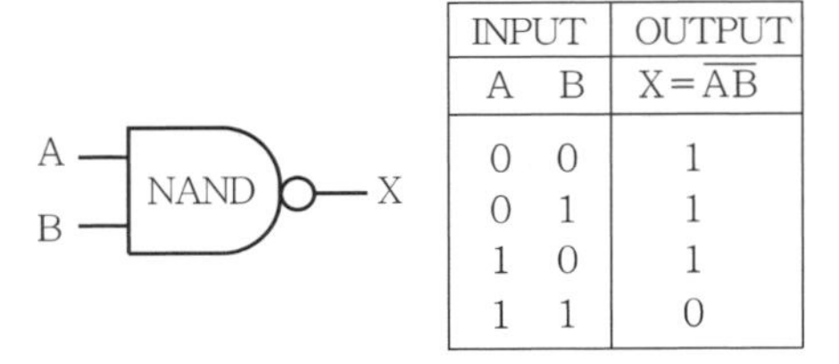

INPUT		OUTPUT
A	B	$X=\overline{AB}$
0	0	1
0	1	1
1	0	1
1	1	0

㉣ NOR gate : 입력의 신호들 중에서 하나만 1이라도 출력이 0이 되는 회로로 OR+NOT으로 구성되었다.

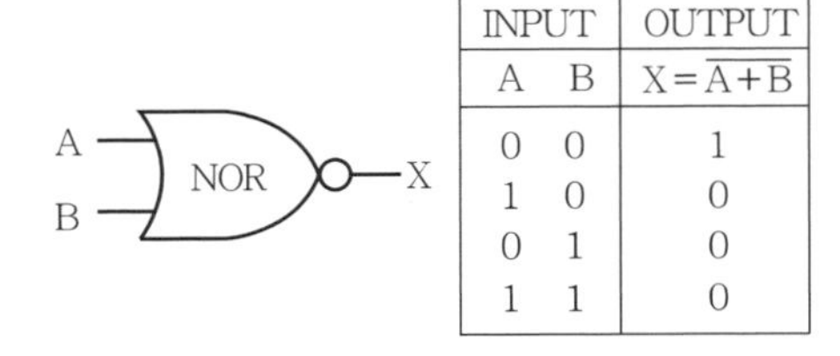

INPUT		OUTPUT
A	B	$X=\overline{A+B}$
0	0	1
1	0	0
0	1	0
1	1	0

정답 31. ② 32. ② 33. ① 34. ③

35. 항공기에서 3상 교류 발전기를 사용하는 경우 장점이 아닌 것은?

① 구조가 간단하다.
② 정비 및 보수가 쉽다.
③ 가격이 저렴하다.
④ 높은 전력의 수요를 감당하는 데 적합하다.

해설 3상 교류발전기의 장점
㉠ 효율 우수
㉡ 구조 간단
㉢ 보수와 정비 용이
㉣ 높은 전력의 수요를 감당하는 데 적합

36. 여압된 항공기의 비행 중 객실 고도계가 지시하는 것으로 맞는 것은?

① 고도에 관계없이 객실 압력
② 객실 내부 압력과 해면 기압과의 차압
③ 대기압과 8000 ft에서의 압력과의 차압
④ 해면 기압과 항공기 외부 대기 압력과의 차압

해설 객실 고도계는 고도에 상관없이 객실 내부의 기압에 해당되는 기압고도를 지시한다.

37. 콘덴서(condenser)의 크기와 관계없는 것은?

① 극판 넓이 ② 극판 간격
③ 유전율 ④ 극판 무게

해설 콘덴서(condenser)는 정전 유도 작용을 이용하여 많은 전기량을 저장하기 위한 장치로서 2개의 금속판 사이에 절연체를 넣어 외부에서 압력을 가했을 때 전기량을 받아들이는 장치로 용량은 판의 면적과 유전율에 비례하고 판 사이의 간격에 반비례한다.

38. 자동 조종계통 서보 모터(servo motor)의 역할은?

① 조종력 경감
② auto pilot control
③ 조종면 작동
④ 상관없다.

해설 서보 유닛(servo unit) : 컴퓨터로부터의 조타 신호를 기계 출력으로 변환하는 부분으로 자동 조종 컴퓨터나 빗놀이 댐퍼 컴퓨터에 의해 구동되고 도움날개, 승강키, 방향키와 수평 안정판을 움직인다. 최근의 대형 항공기에서는 유압 서보가 많이 사용되고 있다.

39. 고도계의 오차에 대한 설명 중 잘못된 것은?

① 눈금오차 : 조종사가 보는 위치에 따른 오차이다.
② 온도오차 : 온도 변화에 따라 생기는 오차이다.
③ 탄성오차 : 일정한 온도에서의 탄성체 고유의 오차로서 재료의 특성 때문에 생긴다.
④ 기계적 오차 : 계기 각 부분의 마찰, 기구의 불평등, 가속도 진동 등에 의하여 바늘이 일정하게 지시하지 못함으로써 생기는 오차이다.

해설 고도계의 오차
(1) 눈금오차 : 일정한 온도에서 진동을 가하여 기계적 오차를 뺀 계기 특유의 오차이다. 일반적으로 고도계의 오차는 눈금오차를 말하며, 수정이 가능하다.
(2) 온도오차
㉠ 온도의 변화에 의하여 고도계의 각 부분이 팽창, 수축하여 생기는 오차
㉡ 온도 변화에 의하여 공함, 그밖에 탄성체의 탄성률의 변화에 따른 오차
㉢ 대기의 온도 분포가 표준 대기와 다르기 때문에 생기는 오차
(3) 탄성오차 : 히스테리시스(histerisis), 편위(drift), 잔류 효과(after effect)와 같이 일정한 온도에서의 탄성체 고유의 오차로서 재료의 특성 때문에 생긴다.
(4) 기계적 오차 : 계기 각 부분의 마찰, 기구의 불평형, 가속도와 진동 등에 의하여 바늘이 일정하게 지시하지 못함으로써 생기는 오차이다. 이들은 압력의 변화와 관계가 없으며 수정이 가능하다.

정답 35. ③ 36. ① 37. ④ 38. ③ 39. ①

40. **여압된 비행기가 정상 비행 중 갑자기 계기 정압 라인이 분리된다면 어떤 현상이 나타나는가?**

① 고도계는 높게 속도계는 낮게 지시한다.
② 고도계와 속도계 모두 높게 지시한다.
③ 고도계와 속도계 모두 낮게 지시한다.
④ 고도계는 낮게 속도계는 높게 지시한다.

해설 여압이 되어 있는 항공기 내부에서 정압 라인이 분리되었다면 실제 정압보다 높은 객실 내부의 압력이 작용하여 정압을 이용하는 고도계와 속도계는 모두 낮게 지시할 것이다.

항공 법규

1. **국토교통부장관이 고시하는 항공기술기준에 포함되어야 할 사항이 아닌 것은?**

① 감항기준
② 부품의 식별표시방법
③ 부품의 인증절차
④ 성능 및 운용한계

해설 [항공안전법 제19조] : 항공기기술기준
국토교통부장관은 항공기등, 장비품 또는 부품의 안전을 확보하기 위하여 다음 각 호의 사항을 포함한 기술상의 기준(항공기기술기준)을 정하여 고시하여야 한다.
1. 항공기등의 감항기준
2. 항공기등의 환경기준(배출가스 배출기준 및 소음기준을 포함)
3. 항공기등이 감항성을 유지하기 위한 기준
4. 항공기등, 장비품 또는 부품의 식별 표시 방법
5. 항공기등, 장비품 또는 부품의 인증절차

2. **항공안전법 시행규칙의 목적에 대한 다음 설명 중 맞는 것은?**

① 항공안전법에서 위임된 사항과 그 시행에 필요한 사항을 정한다.
② 항공안전법의 목적과 항공 용어의 정의를 규정한다.
③ 법조문의 실효성을 확보하기 위해 각종의 벌칙을 규정한다.
④ 항공안전법 및 시행령에서 위임된 사항과 그 시행에 필요한 사항을 규정한다.

해설 [항공안전법 시행규칙 제1조] : 시행규칙은 항공안전법 및 같은 법 시행령에서 위임된 사항과 그 시행에 관하여 필요한 사항을 규정함을 목적으로 한다.

3. **다음 항공안전법에 대한 내용 중 바르지 않는 것은?**

① 국제민간항공조약의 규정과 같은 협약의 부속서에서 채택된 표준과 권고되는 방식에 따른다.
② 항공기 항행의 안전하고 효율적인 항행을 위한 방법에 관한 사항을 규정하기 위한 것이다.
③ 시행령과 시행규칙은 국토교통부령으로 제정되었다.
④ 국가, 항공사업자 및 항공종사자 등의 의무 등에 관한 사항을 규정하기 위한 것이다.

해설 [항공안전법 제1조] : 국제민간항공협약 및 같은 협약의 부속서에서 채택된 표준과 권고되는 방식에 따라 항공기, 경량항공기 또는 초경량비행장치의 안전하고 효율적인 항행을 위한 방법과 국가, 항공사업자 및 항공종사자 등의 의무 등에 관한 사항을 규정함을 목적으로 한다. 항공안전법 시행령은 대통령령으로, 시행규칙은 국토교통부령으로 제정되었다.

4. **항공기의 정의를 옳게 설명한 것은?**

① 민간 항공에 사용되는 대형 항공기를 말한다.
② 비행기, 헬리콥터, 비행선, 활공기와 그 밖에 대통령령으로 정하는 것으로 공기의 반작용으로 뜰 수 있는 기기를 말한다.
③ 민간 항공에 사용하는 비행선과 활공기를 제외한 모든 것을 말한다.

정답 40. ③ 1. ④ 2. ④ 3. ③ 4. ②

④ 국토교통부령으로 정하는 항공에 사용할 수 있는 기기를 말한다.

해설 [항공안전법 제2조 제1호] : 항공기란 공기의 반작용으로 뜰 수 있는 기기로서 최대 이륙중량, 좌석 수 등 국토교통부령으로 정하는 기준에 해당하는 비행기, 헬리콥터, 비행선, 활공기와 그 밖에 대통령령으로 정하는 기기를 말한다.

5. 사고조사에 관한 국제민간항공 부속서는?

① 부속서 8 ② 부속서 10
③ 부속서 13 ④ 부속서 16

해설 국제민간항공조약 부속서

부속서 1 : 항공종사자의 기능증명
부속서 2 : 항공교통규칙
부속서 3 : 항공기상의 부호
부속서 4 : 항공지도
부속서 5 : 통신에 사용되는 단위
부속서 6 : 항공기의 운항
부속서 7 : 항공기의 국적기호 및 등록기호
부속서 8 : 항공기의 감항성
부속서 9 : 출입국의 간소화
부속서 10 : 항공통신
부속서 11 : 항공교통업무
부속서 12 : 수색구조
부속서 13 : 사고조사
부속서 14 : 비행장
부속서 15 : 항공정보업무
부속서 16 : 항공기소음
부속서 17 : 항공보안시설
부속서 18 : 위험물수송
부속서 19 : 안전관리

6. 예외적으로 감항증명을 받을 수 있는 항공기가 아닌 것은 어느 것인가?

① 외국에서 수리, 개조 후 수입할 항공기
② 국내에서 수리, 개조 또는 제작한 후 수출할 항공기
③ 국내에서 제작하여 대한민국 국적을 취득하기 전에 감항증명을 위한 검사를 신청한 항공기
④ 외국으로부터 수입하여 대한민국 국적을 취득하기 전에 감항증명을 위한 검사를 신청한 항공기

해설 [항공안전법 시행규칙 제36조] : 예외적으로 감항증명을 받을 수 있는 항공기는 다음과 같다.

① 법 제5조에 따른 임대차 항공기의 운영에 대한 권한 및 의무이양의 적용 특례를 적용받는 항공기
② 국내에서 수리, 개조 또는 제작한 후 수출할 항공기
③ 국내에서 제작되거나 외국으로부터 수입하는 항공기로서 대한민국의 국적을 취득하기 전에 감항증명을 위한 검사를 신청한 항공기

7. 다음 중 긴급항공기가 아닌 것은?

① 사고항공기의 수색 또는 구조
② 응급환자의 수송
③ 화재진압
④ VIP 수송

해설 [항공안전법 시행규칙 제207조] : 국토교통부령으로 정하는 긴급한 업무란 다음의 업무를 말한다.

1. 재난·재해 등으로 인한 수색·구조
2. 응급환자의 수송 등 구조·구급활동
3. 화재의 진화
4. 화재의 예방을 위한 감시활동
5. 응급환자를 위한 장기(臟器) 이송
6. 그 밖에 자연재해 발생 시의 긴급복구

8. 다음 중 활공기의 종류가 아닌 것은?

① 특수 활공기
② 상급 활공기
③ 중급 활공기
④ 경량 활공기

해설 [항공안전법 시행규칙 제81조] : 활공기의 종류는 특수 활공기, 상급 활공기, 중급 활공기, 초급 활공기로 구분한다.

9. 수리, 개조 승인 신청서 제출에 관한 설명

정답 5. ③ 6. ① 7. ④ 8. ④ 9. ②

으로 맞는 것은?

① 작업을 시작하기 7일 전까지 지방항공청장에게 제출
② 작업을 시작하기 10일 전까지 지방항공청장에게 제출
③ 작업을 시작하기 15일 전까지 지방항공청장에게 제출
④ 작업을 시작하기 30일 전까지 지방항공청장에게 제출

해설 [항공안전법 시행규칙 제66조] : 법 제30조 제1항에 따라 항공기 등 또는 부품 등의 수리·개조승인을 받으려는 자는 수리·개조승인 신청서에 수리·개조 신청사유 및 작업 일정, 작업을 수행하려는 인증된 정비조직의 업무범위, 수리·개조에 필요한 인력, 장비, 시설 및 자재 목록, 해당 항공기 등 또는 부품 등의 도면과 도면목록, 수리·개조 작업지시서가 포함된 수리계획서 또는 개조계획서를 첨부하여 작업을 시작하기 10일 전까지 지방항공청장에게 제출하여야 한다. 다만, 항공기사고 등으로 인하여 긴급한 수리·개조를 하여야 하는 경우에는 작업을 시작하기 전까지 신청서를 제출할 수 있다.

10. 긴급항공기의 지정취소처분을 받은 자는 얼마가 지나야 다시 긴급항공기의 지정을 받을 수 있는가?

① 최소 6개월 ② 최소 1년
③ 최소 1년 6개월 ④ 최소 2년

해설 [항공안전법 제69조] : 긴급항공기의 지정
① 응급환자의 수송 등 국토교통부령으로 정하는 긴급한 업무에 항공기를 사용하려는 소유자 등은 그 항공기에 대하여 국토교통부장관의 지정을 받아야 한다.
② 제1항에 따라 국토교통부장관의 지정을 받은 항공기(긴급항공기)를 제1항에 따른 긴급한 업무의 수행을 위하여 운항하는 경우에는 제66조에 따른 항공기 이륙·착륙 장소의 제한규정 및 제68조제1호·제2호의 최저비행고도 아래에서의 비행 및 물건의 투하 또는 살포 금지행위를 적용하지 아니한다.
③ 긴급항공기의 지정 및 운항절차 등에 필요한 사항은 국토교통부령으로 정한다.
④ 국토교통부장관은 긴급항공기의 소유자 등이 다음 각 호의 어느 하나에 해당하는 경우에는 그 긴급항공기의 지정을 취소할 수 있다. 다만, 제1호에 해당하는 경우에는 그 긴급항공기의 지정을 취소하여야 한다.
 1. 거짓이나 그 밖의 부정한 방법으로 긴급항공기로 지정받은 경우
 2. 제3항에 따른 운항절차를 준수하지 아니하는 경우
⑤ 제4항에 따라 긴급항공기의 지정 취소처분을 받은 자는 취소처분을 받은 날부터 2년 이내에는 긴급항공기의 지정을 받을 수 없다.

11. 항공기정비업의 등록취소 처분을 받고 취소일로부터 몇 년이 경과되지 아니한 자는 항공기정비업의 등록을 할 수 없는가?

① 1년 ② 2년
③ 3년 ④ 4년

해설 [항공기사업법 제42조] : 항공기정비업 등록의 취소처분을 받은 후 2년이 지나지 아니한 자는 항공기정비업을 등록할 수 없다.

12. 보호구역에서 지상조업 중인 차량은 누구에게 등록해야 하는가?

① 지방항공청장
② 국토교통부장관
③ 교통안전공단 이사장
④ 공항운영자

해설 [공항시설법 시행규칙 제19조] : 보호구역에서 지상조업, 항공기의 견인 등에 사용되는 차량 및 장비는 공항운영자에게 등록해야 하며, 등록된 차량 및 장비는 공항관리·운영기관이 정하는 바에 의하여 안전도 등에 관한 검사를 받을 것

13. 소유자 등이 항공기에 등록기호표를 부착하는 시기는 언제인가?

① 항공기 등록 시

정답 10. ④ 11. ② 12. ④ 13. ④

② 감항증명 받을 때
③ 운용한계 지정 시
④ 항공기 등록 후

해설 [항공안전법 시행규칙 제12조] : 항공기를 소유하거나 임차하여 사용할 수 있는 권리가 있는 자가 항공기를 등록한 경우에는 그 항공기의 등록기호표를 국토교통부령이 정하는 형식, 위치, 방법 등에 따라 항공기에 붙여야 한다.

14. **계기비행방식으로 비행 중인 항공기에서 사용제한 할 수 있는 전자기기는?**

① 휴대폰
② 휴대용 음성녹음기
③ 심장박동기
④ 전기면도기

해설 [항공안전법 제73조, 항공안전법 시행규칙 제214조] : 운항 중에 전자기기의 사용을 제한할 수 있는 항공기와 사용이 제한되는 전자기기의 품목은 다음 각 호와 같다.

1. 다음 각 목의 어느 하나에 해당되는 항공기
   가. 항공운송사업용으로 비행 중인 항공기
   나. 계기비행방식으로 비행 중인 항공기
2. 다음 각 목 외의 전자기기
   가. 휴대용 음성녹음기
   나. 보청기
   다. 심장박동기
   라. 전기면도기
   마. 그 밖의 항공운송사업자 또는 기장이 항공기 제작회사의 권고 등에 따라 해당 항공기에 전자파 영향을 주지 아니한다고 인정한 휴대용 전자기기

15. **항공기 안전운항을 확보하기 위하여 운영기준 변경 시 언제부터 적용되는가?**

① 변경 후 즉시
② 국토교통부장관이 고시한 날
③ 30일 후
④ 60일 후

해설 [항공안전법 시행규칙 제261조] : 변경된 운영기준은 안전운항을 위하여 긴급히 요구되거나 운항증명 소지자가 이의를 제기하는 경우가 아니면 발급받은 날부터 30일 이후에 적용된다.

16. **다음 중 양벌규정에 포함되지 않는 것은?**

① 기장이 보고의무를 위반한 경우
② 국적 등의 표시를 하지 아니한 항공기를 항공에 사용한 경우
③ 항공승무원을 승무시키지 아니한 경우
④ 감항증명을 받지 아니한 항공기를 항공에 사용한 경우

해설 [항공안전법 제164조] : 법인의 대표자나 법인 또는 개인의 대리인, 사용인, 그 밖의 종업원이 그 법인 또는 개인의 업무에 관하여 제144조(감항증명을 받지 아니한 항공기 사용 등의 죄), 제145조(운항증명 등의 위반에 관한 죄), 제148조(무자격자의 항공업무 종사 등의 죄), 제150조(무표시 등의 죄), 제151조(승무원을 승무시키지 아니한 죄), 제152조(무자격 계기비행 등의 죄), 제153조(무선설비 등의 미설치, 운용의 죄) 제154조(무허가 위험물 운송의 죄), 제156조(항공운송사업자 등의 업무 등에 관한 죄), 제157조(외국인국제항공운송사업자의 업무 등에 관한 죄), 제159조(운항승무원 등의 직무에 관한 죄), 제160조(경량항공기 불법사용 등의 죄), 제161조(초경량비행장치 불법사용 등의 죄), 제162조(명령위반의 죄) 제163조(검사 거부 등의 죄)까지의 어느 하나에 해당하는 위반행위를 하면 그 행위자를 벌하는 외에 그 법인 또는 개인에게도 해당 조문의 벌금형을 과한다. 다만, 법인 또는 개인이 그 위반행위를 방지하기 위하여 해당 업무에 관하여 상당한 주의와 감독을 게을리하지 아니한 경우에는 그러하지 아니하다.

17. **항공기가 지상에서 이동할 때 틀린 것은 어느 것인가?**

① 기동지역에서 지상 이동하는 항공기는 관제탑의 지시가 없는 경우에는 활주로진입전대기지점에서 정지·대기할 것
② 교차하거나 이와 유사하게 접근하는 항

정답 14. ① 15. ③ 16. ① 17. ④

공기 상호간에는 다른 항공기를 우측으로 보는 항공기가 진로를 양보할 것

③ 추월하는 항공기는 다른 항공기의 통행에 지장을 주지 아니하도록 충분한 분리 간격을 유지할 것

④ 정면 또는 이와 유사하게 접근하는 항공기 상호간에는 모두 정지하거나 가능한 경우에는 충분한 간격이 유지되도록 각각 왼쪽으로 진로를 바꿀 것

해설 [항공안전법 시행규칙 제162조] : 비행장 안의 이동지역에서 이동하는 항공기는 충돌예방을 위하여 다음 각 호의 기준에 따라야 한다.

1. 정면 또는 이와 유사하게 접근하는 항공기 상호간에는 모두 정지하거나 가능한 경우에는 충분한 간격이 유지되도록 각각 오른쪽으로 진로를 바꿀 것
2. 교차하거나 이와 유사하게 접근하는 항공기 상호간에는 다른 항공기를 우측으로 보는 항공기가 진로를 양보할 것
3. 앞지르기하는 항공기는 다른 항공기의 통행에 지장을 주지 아니하도록 충분한 분리 간격을 유지할 것
4. 기동지역에서 지상 이동하는 항공기는 관제탑의 지시가 없는 경우에는 활주로진입 전 대기지점에서 정지·대기할 것
5. 기동지역에서 지상 이동하는 항공기는 정지선등이 켜져 있는 경우에는 정지·대기하고, 정지선등이 꺼질 때에 이동할 것

18. **발동기 프로펠러 등의 중요한 장비품에 대한 안전성의 확보를 위해 사용기간 및 정비방법이 세부적으로 나와 있는 것은?**

① 운항규정 ② 정비규정
③ 정비교범 ④ 비행교범

해설 [항공안전법 시행규칙 제266조] : 정비규정에 포함되어야 할 사항은 다음과 같다.

1. 일반사항
2. 직무 및 정비조직
3. 항공기의 감항성을 유지하기 위한 정비 프로그램
4. 항공기 검사 프로그램
5. 품질관리
6. 기술관리
7. 항공기, 장비품 및 부품의 정비방법 및 절차
8. 계약정비
9. 장비 및 공구관리
10. 정비시설
11. 정비 매뉴얼, 기술도서 및 정비 기록물의 관리방법
12. 정비 훈련 프로그램
13. 자재관리
14. 안전 및 보안에 관한 사항
15. 그밖에 항공운송사업자 또는 항공기 사용사업자가 필요하다고 판단하는 사항

19. **형식증명을 받은 항공기등을 제작하려는 자는 국토교통부장관으로부터 항공기기술기준에 적합하게 항공기등을 제작할 수 있는 ( ), ( ), ( ) 및 ( ) 등을 갖추고 있음을 인증하는 제작증명을 받을 수 있다. 빈칸에 알맞은 말은?**

① 설계, 제작과정, 인력, 제작관리체계
② 설계, 설비, 인력, 제작관리체계
③ 기술, 설비, 인력, 품질관리체계
④ 기술, 제작과정, 인력, 품질관리체계

해설 [항공안전법 제22조] : 형식증명 또는 제한 형식증명에 따라 인가된 설계에 일치하게 항공기등을 제작할 수 있는 기술, 설비, 인력 및 품질관리체계 등을 갖추고 있음을 증명(제작증명) 받으려는 자는 국토교통부령으로 정하는 바에 따라 국토교통부장관에게 제작증명을 신청하여야 한다.

20. **등록기호표에 표시할 사항이 아닌 것은?**

① 소유자의 명칭 ② 등록기호
③ 국적기호 ④ 항공기 형식

해설 [항공안전법 시행규칙 제12조]

① 항공기를 소유하거나 임차하여 사용할 수 있는 권리가 있는 자가 항공기를 등록한 경우에는 강철 등 내화금속으로 된 등록기호표

정답 18. ② 19. ③ 20. ④

(가로 7 cm 세로 5 cm의 직사각형)를 다음 각 호의 구분에 따라 보기 쉬운 곳에 붙여야 한다.
1. 항공기에 출입구가 있는 경우 : 항공기 주(主)출입구 윗부분의 안쪽
2. 항공기에 출입구가 없는 경우 : 항공기 동체의 외부 표면
② 제1항의 등록기호표에는 국적기호 및 등록기호와 소유자 등의 명칭을 적어야 한다.

21. 항공운송사업용 항공기가 시계비행을 할 경우 실어야 할 연료의 양은?
① 45분간 비행할 수 있는 양
② 60분간 비행할 수 있는 양
③ 최초의 착륙예정 비행장까지 비행에 필요한 연료의 양에 다시 순항속도로 45분간 더 비행할 수 있는 연료의 양
④ 최초의 착륙예정 비행장까지 비행에 필요한 연료의 양에 다시 순항속도로 60분간 더 비행할 수 있는 연료의 양

해설 [항공안전법 시행규칙 제119조] : 항공운송사업용 및 항공기사용사업용 비행기가 시계비행을 할 경우 최초의 착륙예정 비행장까지 비행에 필요한 연료의 양에 순항속도로 45분간 더 비행할 수 있는 연료의 양을 실어야 한다.

22. 국제 항공업무 통과협정과 관계 있는 것은 어느 것인가?
① 제1의 자유와 제2의 자유
② 제2의 자유와 제3의 자유
③ 제3의 자유와 제4의 자유
④ 제4의 자유와 제5의 자유

해설 통과권 : 제1의 자유 및 제2의 자유를 통과권 또는 교통권이라 하며, 제3의 자유 및 제4의 자유를 상업권 또는 운송권이라 한다.

23. 무자격 정비사가 정비했을 때의 처벌 규정은?
① 2년 이하의 징역 또는 1천만 원 이하의 벌금
② 2년 이하의 징역 또는 2천만 원 이하의 벌금
③ 3년 이하의 징역 또는 1천만 원 이하의 벌금
④ 3년 이하의 징역 또는 2천만 원 이하의 벌금

해설 [항공안전법 제148조] : 자격증명을 받지 아니하고 항공업무에 종사한 사람은 2년 이하의 징역 또는 2천만 원 이하의 벌금에 처한다.

24. 항공기 준사고가 발생한 것을 알게 된 항공종사자는 누구에게 보고하여야 하는가?
① 교통안전공단 ② 국토교통부장관
③ 지방항공청 ④ 관제탑

해설 [항공안전법 시행규칙 제134조] : 항공안전 의무보고의 절차
① 법 제59조 제1항 및 법 제62조 제5항에 따라 다음 각 호의 어느 하나에 해당하는 사람은 항공안전 의무보고서 또는 국토교통부장관이 정하여 고시하는 전자적인 보고방법에 따라 국토교통부장관 또는 지방항공청장에게 보고하여야 한다.
1. 항공기사고를 발생시켰거나 항공기사고가 발생한 것을 알게 된 항공종사자 등 관계인
2. 항공기준사고를 발생시켰거나 항공기준사고가 발생한 것을 알게 된 항공종사자 등 관계인
3. 의무보고 대상 항공안전장애를 발생시켰거나 의무보고 대상 항공안전장애가 발생한 것을 알게 된 항공종사자 등 관계인(법 제33조에 따른 보고 의무자는 제외)
② 법 제59조 제1항에 따른 항공종사자 등 관계인의 범위는 다음 각 호와 같다.
1. 항공기 기장(항공기 기장이 보고할 수 없는 경우에는 그 항공기의 소유자)
2. 항공정비사(항공정비사가 보고할 수 없는 경우에는 그 항공정비사가 소속된 기관·법인 등의 대표자)
3. 항공교통관제사(항공교통관제사가 보고할 수 없는 경우 그 관제사가 소속된 항공교통

정답 21. ③ 22. ① 23. ② 24. ②

관제기관의 장)
4. 공항시설법에 따라 공항시설을 관리 · 유지하는 자
5. 공항시설법에 따라 항행안전시설을 설치 · 관리하는 자
6. 법 제70조 제3항에 따른 위험물취급자
7. 항공사업법 제2조 제20호에 따른 항공기취급업자 중 다음 각 호의 업무를 수행하는 자
가. 항공기 중량 및 균형관리를 위한 화물 등의 탑재관리, 지상에서 항공기에 대한 동력지원
나. 지상에서 항공기의 안전한 이동을 위한 항공기 유도

25. 항공기의 등급에 해당되지 않는 것은?
① 육상단발기 ② 수상단발기
③ 상급활공기 ④ 헬리콥터

해설 [항공안전법 시행규칙 제81조] : 항공기의 등급은 육상기의 경우에는 육상단발 및 육상다발로 수상기의 경우에는 수상단발 및 수상다발로 구분한다. 다만, 활공기의 경우에는 상급(활공기가 특수 또는 상급활공기인 경우) 및 중급(활공기가 중급 또는 초급활공기인 경우)으로 구분한다.

26. 항공종사자 자격증명에서 항공정비사의 응시 연령은?
① 17세 ② 18세 ③ 19세 ④ 20세

해설 [항공안전법 제34조] : 항공업무에 종사하려는 사람은 국토해양부장관으로부터 항공종사자 자격증명을 받아야 한다. 다만, 항공업무 중 무인항공기의 운항 업무인 경우에는 그러하지 아니하다. 다음에 해당하는 자는 자격증명을 받을 수 없다.
1. 다음 각 목의 나이 미만인 사람
가. 자가용 조종사 자격의 경우 : 17세(자가용 활공기 조종사의 경우에는 16세)
나. 사업용 조종사, 부조종사, 항공사, 항공기관사, 항공교통관제사 및 항공정비사 자격의 경우 : 18세
다. 운송용 조종사 및 운항관리사 자격의 경우 : 21세
2. 자격증명 취소처분을 받고 그 취소일로부터 2년이 지나지 아니한 자

27. 임계 발동기라 함은 무엇을 말하는가?
① 정상비행 시 가장 성능이 좋은 한 개의 발동기
② 고장 시 비행에 가장 큰 영향을 미치는 한 개의 발동기
③ 고장 시 비행에 아무런 영향을 미치지 않는 한 개의 발동기
④ 위 모두 맞다.

해설 임계 발동기 : 발동기가 고장인 경우에 있어서 항공기의 비행성에 가장 불리한 영향을 줄 수 있는 1개 또는 2개 이상의 발동기를 말한다.

28. 항공종사자의 자격증명의 종류에 속하지 않는 것은?
① 화물적재관리사 ② 항공사
③ 항공교통관제사 ④ 항공정비사

해설 [항공안전법 제35조] 자격증명의 종류
1. 운송용 조종사
2. 사업용 조종사
3. 자가용 조종사
4. 부조종사
5. 항공사
6. 항공기관사
7. 항공교통관제사
8. 항공정비사
9. 운항관리사

29. 우리나라의 국적기호는 무엇인가?
① AL ② JL ③ HL ④ UL

해설 [항공안전법 시행규칙 제13조]
① 국적 등의 표시는 국적기호, 등록기호 순으로 표시하고, 장식체를 사용해서는 아니 되며, 국적기호는 로마자의 대문자 "HL"로 표시하여야 한다.
② 등록기호의 첫 글자가 문자인 경우 국적기호와 등록기호 사이에 붙임표(-)를 삽입하여야

정답 25. ④ 26. ② 27. ② 28. ① 29. ③

한다.
③ 항공기에 표시하는 등록부호는 지워지지 아니하고 배경과 선명하게 대조되는 색으로 표시하여야 한다.
④ 등록기호의 구성 등에 필요한 세부사항은 국토교통부장관이 정하여 고시한다.

30. 세계 각 국이 자국의 영역상공에 있어 완전하고 배타적인 주권을 행사할 수 있는 법적근거는 무엇인가?

① 국제항공운송협정
② 시카고 국제민간항공조약
③ 바르샤바 조약
④ 국제항공업무 통과협정

해설 [국제민간항공조약 제1조] : 시카고 국제민간항공조약 제1조에 의하면 "체약국은 각 국이 그 영역상의 공간에 있어 완전하고 배타적인 주권을 갖는 것을 승인한다."라고 규정하고 있다.

31. 최대 이륙중량 5700 kg 이상의 항공기가 야간에 공중 또는 지상을 항행하거나 비행장에 정류하는 항공기의 등불표시는?

① 기수등, 우현등, 좌현등, 충돌방지등
② 기수등, 우현등, 미등, 충돌방지등
③ 기수등, 좌현등, 미등, 충돌방지등
④ 좌현등, 우현등, 미등, 충돌방지등

해설 [항공안전법 시행규칙 제120조] : 항공기가 야간에 공중·지상 또는 수상을 항행하는 경우와 비행장의 이동지역 안에서 이동하거나 엔진이 작동 중인 경우에는 우현등, 좌현등 및 미등(항행등)과 충돌방지등에 의하여 그 항공기의 위치를 나타내야 한다.

32. 소음기준 적합증명서는 언제 받는가?

① 운용한계를 지정할 때
② 감항증명을 받을 때
③ 예비품증명을 받을 때
④ 항공기를 등록할 때

해설 [항공안전법 제25조] : 항공기의 소유자 등은 감항증명을 받는 경우와 수리·개조 등으로 항공기의 소음치가 변동된 경우에는 국토교통부령으로 정하는 바에 따라 그 항공기에 대하여 소음기준적합증명을 받아야 한다. 소음기준적합증명을 받아야 하는 항공기는 터빈발동기를 장착한 항공기 또는 국제선을 운항하는 항공기이다.

33. 승객 250명을 탑승시킬 수 있는 항공기에 비치하여야 할 소화기의 수량은?

① 3개 ② 4개 ③ 5개 ④ 6개

해설 [항공안전법 시행규칙 제110조] : 항공기에는 적어도 조종실 및 객실과 분리되어 있는 조종석에 각각 1개 이상의 이동이 간편한 소화기를 비치하여야 한다. 다만, 소화기는 소화액을 방사 시 항공기 내의 공기를 위해롭게 오염시키거나 항공기 안전운항에 지장을 주는 것이어서는 아니 된다. 항공기 객실에는 다음 수의 소화기를 비치하여야 한다.

승객 좌석 수	수 량
6석부터 30석까지	1
31석부터 60석까지	2
61석부터 200석까지	3
201석부터 300석	4
301석부터 400석까지	5
401석부터 500석까지	6
501석부터 600석까지	7
601석 이상	8

34. 격납고 내에 있는 항공기의 무선시설을 조작할 경우 누구의 승인을 받아야 하는가?

① 국토교통부장관
② 지방항공청장
③ 검사주임
④ 무선설비 자격증이 있는 사람

해설 [공항시설법 시행규칙 제19조] : 격납고 내에 있는 항공기의 무선시설을 조작하지 말 것.

정답 30. ② 31. ④ 32. ② 33. ② 34. ②

다만, 지방항공청장의 승인을 얻은 경우에는 그렇지 않다.

35. **다음 중 항공안전에 관한 전문가로 위촉받을 수 있는 자의 자격이 아닌 것은?**

① 항공종사자 자격증명을 가진 자로서 해당 분야에서 10년 이상의 실무 경력을 갖춘 자
② 항공종사자 양성전문교육기관의 해당 분야에서 5년 이상 교육 훈련 업무에 종사한 자
③ 6급 이상의 공무원이었던 자로서 항공 분야에서 10년 이상의 실무 경력을 갖춘 자
④ 대학 또는 전문대학에서 해당 분야의 전임강사 이상으로 3년 이상 재직 경력이 있는 자

해설 [항공안전법 시행규칙 제314조] : 항공안전에 관한 전문가로 위촉받을 수 있는 자의 자격은 다음과 같다.
① 항공종사자 자격증명을 가진 자로서 해당 분야에서 10년 이상의 실무 경력을 갖춘 자
② 항공종사자 양성전문교육기관의 해당 분야에서 5년 이상 교육 훈련 업무에 종사한 자
③ 5급 이상의 공무원이었던 자로서 항공 분야에서 5년(6급의 경우 10년) 이상의 실무 경력을 갖춘 자
④ 대학 또는 전문대학에서 해당 분야의 전임강사 이상으로 5년 이상 재직 경력이 있는 자

36. **공항 안에서 차량의 사용 및 취급에 관한 설명 중 틀린 것은?**

① 보호구역 내에서는 공항운영자가 승인한 자 이외의 자는 차량을 운전하여서는 안 된다.
② 격납고 내에 있어서는 배기에 대한 방화 장치가 있는 차량을 운전하여서는 안 된다.
③ 공항에서 차량을 주차하는 경우에는 공항운영자가 정한 주차구역 내에서 주차하여야 한다.
④ 차량의 수선 및 청소는 공항운영자가 정하는 장소에서 하여야 한다.

해설 [공항시설법 시행규칙 제19조] : 공항구역에서 차량 또는 장비의 사용 및 취급에 대하여는 다음 각 호에 따를 것. 다만, 긴급한 경우에는 예외로 한다.
가. 보호구역에서는 공항운영자가 승인한 자(항공보안법 제13조에 따라 차량 등의 출입허가를 받은 자를 포함) 이외의 자는 차량 등을 운전하지 아니할 것
나. 격납고 내에 있어서는 배기에 대한 방화 장치가 있는 트랙터를 제외하고는 차량 등을 운전하지 아니할 것
다. 공항에서 차량 등을 주차하는 경우에는 공항운영자가 정한 주차구역 안에서 공항운영자가 정한 규칙에 따라 이를 주차하지 아니할 것
라. 차량 등의 수선 및 청소는 공항운영자가 정하는 장소 이외의 장소에서 행하지 아니할 것
마. 공항구역에 정기로 출입하는 버스 및 택시 등은 공항운영자가 승인한 장소 이외의 장소에서 승객을 승강시키지 아니할 것

37. **다음 중 국제항공운송협회(IATA)의 정회원 자격은?**

① ICAO 가맹국의 국제항공업무를 담당하는 회사
② ICAO 가맹국의 국내항공업무를 담당하는 회사
③ ICAO 가맹국의 정기항공업무를 담당하는 회사
④ 아무 회사나 다 된다.

해설 국제항공운송협회(IATA : international air transport association) : 정기 항공회사의 국제단체이며 주요활동으로는 국제항공운임 결정, 항공기 양식통일, 연대운임 청산, 일정한 서비스 제공, 국제민간항공기구(ICAO : international civil aviation organization) 등 관련기관과 협력 등이 있다.

38. **국토교통부령이 정하는 경미한 정비에 속하지 않는 것은?**

정답 35. ④ 36. ② 37. ① 38. ①

① 감항성에 영향을 미치는 경미한 범위의 개조작업
② 복잡한 결합작용을 필요로 하지 않는 규격장비품 또는 부품의 교환작업
③ 간단한 보수를 하는 예방작업
④ 긴도 조절(리깅) 또는 간극의 조정작업

해설 [항공안전법 시행규칙 제68조] : 국토교통부령이 정하는 경미한 정비라 함은 다음의 작업을 말한다.
① 간단한 보수를 하는 예방작업으로서 리깅(Rigging) 또는 간극의 조정작업 등 복잡한 결합작용을 필요로 하지 아니하는 규격장비품 또는 부품의 교환작업
② 감항성에 미치는 영향이 경미한 범위의 수리작업으로서 그 작업의 완료 상태를 확인하는 데에 동력장치의 작동 점검 및 그 외의 복잡한 점검을 필요로 하지 아니하는 작업
③ 윤활유 보충 등 비행전후에 실시하는 단순하고 간단한 점검 작업

39. 항행 안전 시설이 아닌 것은?

① 항공등화 ② 무지향 표지시설
③ 후방향 표지시설 ④ 전방향 표지시설

해설 [공항시설법 시행규칙 제5조, 제6조, 제7조, 제8조] : 항행안전시설이란 유선통신, 무선통신, 인공위성, 불빛, 색채 또는 전파를 이용하여 항공기의 항행을 돕기 위한 시설로서 항공등화, 항행안전무선시설 및 항공정보통신시설을 말한다.
① 항공등화
② 항행안전무선시설
1. 거리측정시설(DME)
2. 계기착륙시설(ILS/MLS/TLS)
3. 다변측정감시시설(MLAT)
4. 레이더시설(ASR / ARSR / SSR / ARTS / ASDE / PAR)
5. 무지향표지시설(NDB)
6. 범용접속데이터통신시설(UAT)
7. 위성항법감시시설 (GNSS monitoring system)
8. 위성항법시설(GNSS/SBAS/GRAS/GBAS)
9. 자동종속감시시설(ADS, ADS-B, ADS-C)
10. 전방향표지시설(VOR)
11. 전술항행표지시설(TACAN)
③ 항공정보통신시설
1. 항공고정통신시설
가. 항공고정통신시스템(AFTN/MHS)
나. 항공관제정보교환시스템(AIDC)
다. 항공정보처리시스템(AMHS)
라. 항공종합통신시스템(ATN)
2. 항공이동통신시설
가. 관제사 · 조종사간데이터링크 통신시설(CPDLC)
나. 단거리이동통신시설(VHF/UHF Radio)
다. 단파데이터이동통신시설(HFDL)
라. 단파이동통신시설(HF Radio)
마. 모드 S 데이터통신시설
바. 음성통신제어시설(VCCS, 항공직통전화시설 및 녹음시설을 포함)
사. 초단파디지털이동통신시설(VDL, 항공기출발허가시설 및 디지털공항정보방송시설을 포함)
아. 항공이동위성통신시설[AMS(R)S]
자. 공항이동통신시설(AeroMACS)
3. 항공정보방송시설 : 공항정보방송시설(ATIS)

40. 항공안전법에 의한 탑재용 항공일지에 기록하는 수리, 개조 또는 정비의 실시에 관한 기록 중 옳지 않은 것은 어느 것인가?

① 실시연월일 및 장소
② 실시이유, 수리, 개조 또는 정비의 위치
③ 교환부품명
④ 확인자의 자격증명번호

해설 [항공안전법 시행규칙 제108조] : 항공기의 소유자 자가 항공일지에 기재할 사항(수리 개조 정비의 실시에 관한 기록)
① 실시연월일 및 장소
② 실시이유, 수리, 개조 또는 정비의 위치와 교환부품명
③ 확인연월일 및 확인자의 서명 또는 날인
* 확인자의 자격증명번호는 필요하지 않다.

정답 39. ③ 40. ④

실전 테스트 4

★ 본 문제는 기출문제로써 시행처의 비공개 원칙에 따라 시행일을 표기할 수 없음을 밝혀 둡니다.

정비 일반

1. 착륙 시 착륙 거리를 단축시키는 방법은?

① 플랩을 사용하여 실속 속도를 줄인다.
② 받음각을 크게 한다.
③ 지면과의 마찰계수를 작게 한다.
④ 항공기 무게를 무겁게 한다.

해설 착륙 거리를 짧게 하기 위한 조건
㉠ 착륙 무게를 가볍게 한다.
㉡ 고양력 장치 등을 이용하여 수평 비행 시의 실속 속도보다 착륙 시 실속 속도를 더 작게 하여 접지 속도를 최소로 한다.
㉢ 착륙 활주 중에 항력을 크게 한다.
㉣ 착륙 마찰 계수가 커야 한다.
㉤ 정풍으로 착륙한다.
㉥ 익면 하중을 작게 한다.

2. 인간에게 적절한 습도는?

① 20~60%　② 20~90%
③ 30~80%　④ 30~90%

3. 가로세로비(aspect ratio)를 바르게 나타낸 것은?

① $\frac{b^2}{c}$　② $\frac{b^2}{S}$　③ $\frac{b}{S}$　④ $\frac{S}{c^2}$

해설 가로세로비(aspect ratio)

$$AR = \frac{b}{c} = \frac{b^2}{S}$$

여기서, S : 날개 면적, b : 날개 길이(span)
c : 평균 시위 길이

4. 날개에 후퇴각을 주는 이유는 무엇인가?

① 선회 안정성　② 세로 안정성
③ 방향 안정성　④ 가로 안정성

해설 날개의 후퇴각(sweep back)은 정적 가로 안정에 큰 기여를 한다..

5. 도면의 종류 중 서로 다른 부품들 사이의 상호관계를 보여주는 것은?

① 상세도　② 조립도
③ 설치도　④ 단면도

해설 도면의 종류
㉠ 상세도 : 만들고자 하는 단일 부품을 제작할 수 있도록 선, 주석, 기호, 설계명세서 등을 이용하여 그 부품의 크기, 모양, 재료 및 제작방법 등을 상세하게 표시한다. 부품이 비교적 간단하고 소형일 경우에는 여러 개의 상세도를 도면 한 장에 그릴 수도 있다.
㉡ 조립도 : 2개 이상의 부품으로 구성된 물체를 표시한다. 조립도는 보통 물체를 크기와 모양으로 나타낸다. 이 도면의 주목적은 서로 다른 부품들 사이의 상호관계를 보여주는 것이다. 조립도는 일반적으로 여러 부품의 상세도로 이루어지기 때문에 상세도보다 더 복잡하다.
㉢ 설치도(장착도) : 부품들이 항공기에 장착되었을 때의 최종적인 위치에 관한 정보를 나타내는 도면이다. 이 도면은 특정한 부품과 다른 부품과의 상호 위치에 대한 치수나 공장에서 다음 공정에 필요한 기준치수를 표시하고 있다.
㉣ 단면도 : 물체의 한 부분을 절단하고 그 절단면의 모양과 구조를 보여주기 위한 도면이다. 절단 부품이나 부분은 단면선(해칭)을 이용하여 표시한다. 단면도는 물체의 보이지 않는 내부 구조나 모양을 나타낼 때 적합하다.

정답 1. ①　2. ③　3. ②　4. ④　5. ②

6. **항공기가 비행 시 밀도 0.1 kg · s^2 / m^4, 속도 360 km / h일 때 동압은 얼마인가?**

① 300 m/s ② 450 m/s
③ 500 m/s ④ 550 m/s

해설 $q = \frac{1}{2}\rho V^2$

$$q = \frac{1}{2} \times 0.1 \times \left(\frac{360}{3.6}\right)^2$$

$$= 500 \text{ m/s}$$

7. **타원형 날개의 특징으로 올바른 것은?**

① 날개 끝 실속이 없다.
② 보조익이 필요 없다.
③ 고속비행 시 항력이 감소한다.
④ 유도항력은 다른 날개골에 비해 작아진다.

해설 타원형 날개의 특징
㉠ 날개의 길이 방향의 유도속도가 일정하다.
㉡ 유도항력이 최소이다.
㉢ 제작이 어렵고, 빠른 비행기에는 적합하지 않다.
㉣ 실속이 날개길이에 걸쳐서 균일하게 일어난다 (일단 실속에 들어가면 회복이 어렵다).

8. **항공기 중량을 측정하는 이유는?**

① 자중과 무게 중심을 알기 위해서
② 자중과 총무게를 알기 위해서
③ 유상 하중과 총무게를 알기 위해서
④ 유상 하중과 무게 중심을 알기 위해서

해설 항공기의 중량을 측정하는 이유는 자중과 무게 중심을 찾기 위함이다. 기장은 항공기의 적재중량과 무게 중심이 어디에 있는지 알아야 한다. 운항관리사는 자중과 자중 무게 중심을 알아야 유상 하중, 연료량 등을 산출할 수 있다.

9. **날개의 붙임각에 대한 설명 중 맞는 것은?**

① 시위선과 기체의 세로축과의 각도
② 시위선과 기체의 진행방향과의 각도
③ 시위선과 기체의 가로축과의 각도
④ 시위선과 기체의 수직축과의 각도

해설 붙임각 (취부각) : 기체의 세로축과 날개의 시위선이 이루는 각을 붙임각이라 하며, 비행기가 순항비행을 할 때에 기체가 수평이 되도록 날개에 부착시킨다.

10. **비압축성 물체의 특징은 무엇인가?**

① 온도 일정 ② 밀도 일정
③ 속도 일정 ④ 압력 일정

해설 유체의 분류
㉠ 압축성 유체 : 압력의 변화에 대해 밀도가 변화하는 유체
㉡ 비압축성 유체 : 압력의 변화에도 밀도의 변화가 없는 유체

11. **자동 회전(auto rotation)에 필요한 것은?**

① 프리 런 휠 ② 조종간
③ 회전판 ④ 플래핑 힌지와 위밍

해설 자동 회전(auto rotation) : 헬리콥터 엔진이 고장났을 때 엔진과 회전 날개 사이의 프리 휠 장치(free wheel unit)가 회전 날개를 자유롭게 회전하게 하고, 헬리콥터는 하강하면서 회전 날개의 회전수가 감소하기 시작하여 일정한 상태에서 더 이상 회전수가 감소하지 않고 일정한 하강률이 되어 안전하게 착륙하게 된다. 자동 회전이란, 회전 날개 축에 토크가 작용하지 않는 상태에서도 일정한 회전수를 유지하는 것을 말한다.

12. **날개에 워시 아웃 (wash out)을 주는 이유는?**

① 항력을 감소시키기 위하여
② 날개 끝 실속을 방지하기 위하여
③ 뿌리에서의 실속을 방지하기 위하여
④ 강도를 증가시키기 위하여

해설 워시 아웃(wash out ; 기하학적 비틀림) : 날개 끝 실속 방지하기 위한 방법 중 하나로 날개의 끝으로 감에 따라 받음각이 작아지도록 하여 실속이 날개 뿌리에서부터 시작하게 하는 방법을 말한다.

정답 6. ③ 7. ④ 8. ① 9. ① 10. ② 11. ① 12. ②

13. 정비사가 항공기 무게 중심(C.G)을 다시 점검하는 시기는?

① 승객 탑승 후
② 항공기의 대수리 후
③ 타이어 교체 후
④ 화물 탑재 후

해설 항공기의 무게와 평형 조절
㉠ 근본 목적은 안전에 있으며, 이차적인 목적은 가장 효과적인 비행을 수행하는 데 있다.
㉡ 부적절한 하중은 상승 한계, 기동성, 상승률, 속도, 연료 소비율 면에서 항공기의 효율을 저하시키며, 출발에서부터 실패의 요인이 될 수도 있다.
㉢ 항공기 중량에 영향을 미치는 수리, 개조 작업을 했을 경우 매 3년마다 또는 국토교통부에서 필요하다고 인정하는 경우에 실시한다.

14. 와류 플랩(vortex flap)이란 무엇인가?

① 뒤젖힘 날개 뒷전에 사용
② 삼각 날개의 앞전에 사용
③ 뒤젖힘 날개의 고양력 장치
④ 삼각 날개의 뒷전에 사용

해설 와류 플랩(vortex flap)
㉠ 테이퍼형 날개, 타원 날개, 직사각형 날개 등에서는 경계층에서 흐름의 떨어짐이 생기지 않도록 설계하는 것이 원래의 목적이었다.
㉡ 삼각형 날개에서 반대로 흐름의 떨어짐을 적극적으로 이용하게 되었다.
㉢ 큰 와류 발생 시 와류의 내부에는 저압이 형성되기 때문에 큰 양력을 얻을 수 있다.
㉣ 앞전 와류의 효과는 흐름의 떨어짐이 생기지 않을 때 얻을 수 있는 양력보다 상당히 큰 양력 증가를 얻을 수 있다.
㉤ 날개 앞전에 장치를 설치하여 작은 받음각에서도 충분히 흐름의 떨어짐이 일어나도록 하여 높은 양항비를 얻도록 설계하고 있다.

15. 날개에 유도항력이 생기는 이유는 다음 중 무엇인가?

① 간섭항력 ② 캠버
③ 속박와류 ④ 날개 끝 와류

해설 날개가 흐름 속에 있을 때 날개 윗면의 압력은 작고, 아랫면의 압력은 크기 때문에 날개 끝에서 흐름이 날개 아랫면에서 윗면으로 올라가는 와류현상이 생긴다. 이 날개 끝 와류로 인하여 날개에는 내리 흐름이 생기게 되고, 이 내리 흐름으로 인하여 유도항력이 발생한다. 비행기 날개와 같이 날개 끝이 있는 것에는 반드시 유도항력이 발생한다.

16. 와류 발생 장치(vortex generator)의 목적은?

① 난류를 층류로 변화시킨다.
② 항력을 감소시킨다.
③ 층류에서 난류로 변화시킨다.
④ 유도항력을 감소시킨다.

해설 와류 발생 장치(vortex generator) : 흐름의 떨어짐이 난류 경계층보다 층류 경계층에서 쉽게 발생되므로 난류 경계층이 쉽게 발생되도록 하여 흐름의 떨어짐을 지연시킨다.

17. 비행 중 속도가 2배 증가되면 양·항력은 어떻게 되는가?

① 양력과 항력이 각각 4배가 된다.
② 양력과 항력이 각각 6배가 된다.
③ 양력과 항력이 각각 8배가 된다.
④ 양력과 항력이 각각 12배가 된다.

해설 ㉠ 양력 $L=\frac{1}{2}\rho V^2 SC_L$

㉡ 항력 $D=\frac{1}{2}\rho V^2 SC_D$

양력과 항력은 속도의 제곱에 비례하므로 속도가 2배로 증가하면 양력과 항력은 4배로 증가한다.

18. 다음 중 기압 고도(pressure altitude)를 설명한 것은?

① 해면으로부터의 고도
② 표준대기 해면으로부터의 고도
③ 지표면부터의 고도
④ 밀도가 보정된 고도

정답 13. ② 14. ② 15. ④ 16. ③ 17. ① 18. ②

해설 고도의 종류

㉠ 진 고도(true altitude) : 해면상에서부터의 고도
㉡ 절대 고도(absolute altitude) : 항공기로부터 그 당시 지형까지의 고도
㉢ 기압 고도(pressure altitude) : 기압 표준선, 즉 표준 대기압 해면(29.92 in Hg)으로부터의 고도

19. 항공기 기체에 많이 쓰이는 합금의 종류가 아닌 것은?

① 알루미늄 합금 ② 탄소 합금
③ 티타늄 합금 ④ 마그네슘 합금

해설 합금의 종류

㉠ 알루미늄 합금 : 공업용 순수 알루미늄은 전성이 두 번째, 연성은 여섯 번째 등급에 위치하며, 내식성도 우수한 흰색 광택을 띠는 금속이다. 여러 가지 다른 금속을 첨가한 알루미늄 합금은 항공기 구조재로 많이 사용되고 있다.
㉡ 마그네슘 합금 : 마그네슘은 세상에서 가장 가벼운 구조 금속으로 알루미늄의 2/3에 해당하는 무게를 가지며 은(silver)과 같이 흰색을 띤다. 마그네슘은 순수한 상태에서는 구조재로서의 충분한 강도를 가지지 못하지만 아연, 알루미늄, 망간 등을 첨가하여 합금으로 만들면 일반적인 금속 중 중량에 대비하여 가장 높은 강도를 가지는 합금이다. 무게를 감소시키기 위하여 항공기 부품으로 사용되고 있다.
㉢ 티타늄 합금 : 티탄은 비중이 4.5로서 강의 1/2 수준이며 용융 온도는 1668℃이다. 티탄 합금으로 제조하면 합금강과 비슷한 정도의 강도를 가지며 스테인리스강과 같이 내식성이 우수하고 약 500℃ 정도의 고온에서도 충분한 강도를 유지할 수 있다. 티탄 합금은 항공기 재료 중에서 비강도가 우수하므로 항공기 이외에 로켓과 가스 터빈 기관용 재료로 널리 이용하고 있다. 티탄 합금은 인성과 피로 강도가 우수하고 고온 산화에 대한 저항성이 높다. 순수 티탄은 다른 티탄 합금에 비해 강도는 떨어지나 연성과 내식성이 우수하고 용접성이 좋아서 바닥 패널이나 방화벽 등에 사용된다.
㉣ 구리 합금 : 구리는 가장 널리 분포되어 있는 금속 중의 하나이다. 구리는 붉은 갈색을 띤 금속으로서 은(Ag) 다음으로 우수한 전기전도도를 갖는다. 구조재로 사용하기에는 너무 무겁기 때문에 제한되지만, 높은 전기전도도와 열전도성 같은 뛰어난 장점이 있기 때문에 관련분야에서는 우선적으로 사용하고 있다. 항공기에서 구리는 버스 바(bus bar), 접지선(bonding), 전기계통의 안전결선(lock- wire) 등에 주로 사용된다.

20. 항공기 기체 재료로 사용되는 비금속 재료 중 플라스틱에 관한 사항이다. 다음 중 열경화성 수지가 아닌 것은?

① 폴리염화비닐 ② 폴리아미드 수지
③ 에폭시 수지 ④ 페놀 수지

해설 항공기의 조종실 캐노피(canopy), 윈드실드(windshield), 창문, 기타 투명한 곳에는 투명플라스틱 재료가 사용되며, 열에 대한 반응에 따라 다음 두 가지 종류로 구분된다.

㉠ 열가소성 수지(thermoplastic) : 가열하면 연해지고 냉각시키면 딱딱해진다. 이 재료는 유연해질 때까지 가열시킨 다음 원하는 모양으로 성형하고, 다시 냉각시키면 그 모양이 유지된다. 같은 플라스틱 재료를 가지고 재료의 화학적 손상을 일으키지 않고도 여러 차례 성형하는 것이 가능하다. 폴리에틸렌, 폴리스티렌, 폴리염화비닐 등이 여기에 속한다.
㉡ 열경화성 수지(thermosetting) : 열을 가하면 연화되지 않고 경화된다. 이 플라스틱은 완전히 경화된 상태에서 다시 열을 가하더라도 다시 다른 모양으로 성형할 수 없다. 에폭시(epoxy) 수지, 폴리아미드 수지(polyimid resin), 페놀 수지(phenolic resin), 폴리에스테르 수지(polyester resin) 등이 열경화성 수지에 속한다.

21. 도살 핀(dorsal fin)의 역할은?

① 가로 안정성 ② 세로 안정성
③ 방향 안정성 ④ 조종 안정성

정답 19. ② 20. ① 21. ③

해설 도살 핀(dorsal fin) : 수직 꼬리날개가 실속하는 큰 옆미끄럼각에서도 방향 안정을 유지하는 강력한 효과를 얻는다. 비행기에 도살 핀을 장착하면 다음의 두 가지 방법으로 큰 옆미끄럼각에서 방향 안정성을 증가시킨다.
㉠ 큰 옆미끄럼각에서의 동체의 안정성의 증가
㉡ 수직 꼬리날개의 유효 가로세로비를 감소시켜 실속각의 증가

22. 성층권의 특징으로 바른 것은?
① 기온의 변화가 거의 없다.
② 기압이 증가한다.
③ 기온이 낮아진다.
④ 기압이 감소하다 증가한다.

해설 성층권(11~50 km) : 평균적으로 고도 변화에 따라 기온의 변화가 거의 없는 영역이다. (−56.5℃로 일정) 대류권과 성층권의 경계면을 대류권계면이라고 한다.

23. 표준 해면상에서 1000 km / h의 마하수는? (단, 음속은 340 m / s)
① 0.41 ② 0.82
③ 1.22 ④ 2.44

해설 $M.N = \frac{\text{비행 속도}}{\text{음속}} = \frac{V}{a} = \frac{1000}{1224}$
$\fallingdotseq 0.82(340 \text{ m/s} = 1224 \text{ km/h})$

24. 활공비행 시 활공각, 양항비에 대한 설명이다. 맞는 것은?
① 활공각과 양항비는 비례한다.
② 멀리 활공하려면 활공각은 작아야 한다.
③ 멀리 활공하려면 양항비는 작아야 한다.
④ 활공각과 양항비는 관계없다.

해설 활공비 $= \frac{L}{h} = \frac{C_L}{C_D} = \frac{1}{\tan\theta}$ = 양항비
여기서, L : 활공 거리, h : 활공 고도
C_L : 양력 계수, C_D : 항력 계수
θ : 활공각
양항비가 커지면 활공각이 작아져 멀리 활공하게 된다.

25. 고도에 따라 실속 속도는 어떻게 되는가?
① 고도가 올라가면 실속 속도가 커진다.
② 고도가 낮아지면 실속 속도가 커진다.
③ 저 고도에서는 실속 속도가 작다.
④ 고도에 관계없이 일정하다.

해설 실속 속도 $V_s = \sqrt{\frac{2W}{\rho C_{L\max} S}}$ 에서,
고도가 높아지면 공기 밀도가 적어지므로 실속 속도는 커지게 된다.

26. 조종력을 경감시키는 것은?
① 스포일러 ② 밸런스 탭
③ 고정 탭 ④ 트림 탭

해설 밸런스(balance) 탭 : 조종면이 움직이는 방향과 반대의 방향으로 움직일 수 있도록 기계적으로 연결되어 있어 조종사의 조종력을 경감한다.

27. 해발고도가 10000 m일 때 온도는?
① −45℃ ② −50℃
③ −55℃ ④ −60℃

해설 고도가 약 11 km 정도인 대류권에서는 고도가 1000 m 증가할수록 6.5℃ 감소하는데, 대류권에서 임의의 고도의 온도를 구하는 식은 다음과 같다.
$T = T_0 - 0.0065h = 15 - 65 = -50℃$
여기서, T : 구하는 고도의 온도
T_0 : 해면의 온도로 표준 해면은 15℃
h : 고도(m)

28. 상반각 효과로 바른 것은?
① 저항을 작게 한다.
② 선회 성능을 좋게 한다.
③ 익단 실속을 방지한다.
④ 옆 미끄럼을 방지한다.

해설 상반각을 준 항공기는 어떤 이유로 옆 미끄럼을 일으켰을 때 이것을 복원하는 효과가 있다.

정답 22. ① 23. ② 24. ② 25. ① 26. ② 27. ② 28. ④

29. **턴 로크 파스너(turn lock fastener)의 설명 중 틀린 것은?**

① 점검 창을 신속하게 장탈할 수 있다.
② 쥬스 파스너 머리에는 몸체 종류, 머리지름이 표시되어 있다.
③ 종류에는 쥬스 파스너, 캠 로크 파스너, 에어 로크 파스너가 있다.
④ 항공기 날개 상부 표면에 점검 창을 장착한다.

해설 턴 로크 파스너(turn lock fastener)는 정비와 검사를 목적으로 점검 창을 신속하고 용이하게 장탈하거나 장착할 수 있도록 만들어진 부품으로 1/4회전시키면 풀리고 1/4회전시키면 조여지게 되어 있다.

㉠ 쥬스 파스너(dzus fastener) : 스터드(stud), 그로밋(grommet), 리셉터클(receptacle)로 구성되어 있다. 스터드는 세 가지 머리모양이 있는데, 나비형(wing), 플러시형(flush), 타원형(oval) 등이다. 스터드의 머리에 몸통지름, 길이, 머리형을 표시함으로써 식별하거나 구분한다. 지름은 항상 1/16인치 단위로 나타낸다. 스터드의 길이는 1/100인치 단위로 나타내며, 스터드 머리에서부터 스프링구멍 아래까지의 거리이다.

㉡ 캠 로크 파스너(cam lock fastener) : 스터드(stud), 그로밋(grommet), 리셉터클(receptacle)로 구성되어 있다. 캠 로크 파스너는 다양한 모양으로 설계되고 만들어진다. 가장 널리 사용되는 것으로는 일선정비용으로 2600, 2700, 40S51, 4002 계열이고, 중정비용(heavy-duty line)으로 응력 패널형(stressed panel type) 파스너가 있다. 후자는 구조 하중을 받치고 있는 응력 패널에 사용한다. 캠 로크 파스너는 항공기 카울링(cowling)과 페어링(fairing)을 장착할 때 사용한다. 스터드와 그로밋은 장착 위치와 부품의 두께에 따라 평형, 오목형(dimpled), 접시머리형 또는 카운터보어 홀(counter-bored hole) 중 한 가지로 장착한다.

㉢ 에어 로크 파스너(air lock fastener) : 스터드, 크로스 핀(cross pin), 리셉터클로 구성되어 있다. 장착할 스터드의 정확한 길이를 결정하기 위해서는 에어 로크 파스너로 부착시키고자 하는 부품의 전체 두께를 알아야만 한다. 각각의 스터드로 안전하게 부착시킬 수 있는 부품의 전체 두께를 스터드의 머리에 새겨 넣었으며, 0.040, 0.070, 0.190인치 등 1/1000인치 단위로 표시한다. 스터드는 플러시(flush)형, 타원(oval)형, 나비형(wing type)의 세 종류로 제조한다.

30. **항공기가 500 km / h의 속도로 등속 수평 비행할 때 필요 마력이 6000마력이라면 추력은 얼마인가?**

① 450 kg ② 900 kg
③ 1350 kg ④ 1800 kg

해설 필요 마력 : 비행기가 항력을 이기고 앞으로 움직이기 위해 필요한 마력을 말한다.

$P_r = \frac{DV}{75}$ 에서, 등속 수평비행 상태이므로

$T = D$ 가 성립

$P_r = \frac{TV}{75}$, $TV = 75P_r$

$$T = \frac{75P_r}{V} = \frac{6000 \times 75}{500} = 900\,\text{kg}$$

31. **임계 레이놀즈수란 무엇인가?**

① 난류에서 층류로 바뀔 때의 레이놀즈수
② 난류에서 층류로 바뀔 때의 속도
③ 층류에서 난류로 바뀔 때의 레이놀즈수
④ 층류에서 난류로 바뀔 때의 속도

해설 층류에서 난류로 바뀌는 현상을 천이 현상이라고 하며, 천이 현상이 일어나는 레이놀즈수를 임계 레이놀즈수라고 한다.

32. **어떤 비행기의 무게가 3000 kg이고 여유마력이 300마력일 때 상승률은 얼마인가?**

① 75 m/s ② 0.75 m/s
③ 7.5 m/s ④ 15 m/s

해설 상승률($R.C$)

$$= \frac{75 \times \text{여유 마력}}{W} = \frac{75 \times 300}{3000} = 7.5\ \text{m/s}$$

정답 29. ② 30. ② 31. ③ 32. ③

33. 비행기 중량이 1000 kg, 선회각이 30° 이고, 속도가 100 km / h이면 선회비행 시 양력은?

① 1155 kg ② 1509 kg
③ 1532 kg ④ 1259 kg

해설 선회 시의 양력 $L = \dfrac{W}{\cos\theta}$

$$\therefore L = \frac{1000}{\cos 30°} \fallingdotseq 1155$$

34. 초음속 항공기의 공기력 중심의 위치는 어디인가?

① 앞전에서부터 1 / 2
② 앞전에서부터 1 / 4
③ 앞전에서부터 3 / 4
④ 날개골에 따라서 다르다.

해설 공력 중심(aerodynamic center) : 날개골의 기준이 되는 점으로 받음각이 변하더라도 모멘트 값이 변하지 않는 점이고, 대부분의 아음속 날개골에 있어서 이 공력 중심은 앞전에서부터 25 % 뒤쪽에 위치하고 초음속 날개골에 있어서는 50 % 뒤쪽에 위치한다.

35. 동체만 생각할 때 공기력 중심, 압력 중심의 위치는?

① 공력 중심이 압력 중심보다 앞에 있다.
② 공력 중심이 압력 중심보다 뒤에 있다.
③ 공력 중심과 압력 중심이 같다.
④ 상관없다.

36. 날개에 결빙이 형성되었을 경우에 일어나는 현상은?

① 중량 증가로 속도가 감소한다.
② 항력 증가로 속도가 감소한다.
③ 항력 감소로 속도가 증가한다.
④ 양력 감소로 실속의 원인이 될 수 있다.

해설 항공기의 날개에 얼음이나 서리가 형성되면 모든 비행단계에서 양력이 감소되고 항력이 증가되는 결과를 가져온다.

37. 돌풍에 의한 하중배수의 변화는?

① 익면하중이 클수록 크다.
② 익면하중에 관계없이 돌풍 속도의 자승에 비례한다.
③ 비행 속도가 클수록 크다.
④ 돌풍 속도에 반비례하여 증가한다.

해설 돌풍 하중 배수

$$n = 1 \pm \frac{K\rho a u V}{2(W/S)}$$ 이므로,

익면 하중에 반비례하고 비행 속도에 비례한다.

여기서, u : 돌풍 속도
V : 비행 속도
ρ : 공기 밀도
a : 양력 경사
W/S : 익면 하중
K : 보정계수(돌풍은 비정상이기 때문에 보정 계수로 사용한다.)
$+$: 상향의 돌풍
$-$: 하향의 돌풍

38. 부식의 양상에 대한 설명 중 맞는 것은?

① 알루미늄은 검정가루 형태의 부착물로 나타난다.
② 구리는 녹색을 띤 피막 형태로 나타난다.
③ 철 금속에서는 회색가루 형태의 부착물로 나타난다.
④ 마그네슘은 불그스레한 부식의 형태로 나타난다.

해설 부식의 양상은 금속의 종류에 따라 차이가 있다. 알루미늄 합금과 마그네슘의 표면에서는 움푹 팸(pitting), 표면의 긁힘(etching) 형태로 나타나고 가끔 회색 또는 흰색 가루 모양의 파우더 형태의 부착물로 나타난다. 구리와 구리 합금 재료는 녹색을 띤 피막 형태로 나타나며, 철금속에서는 녹처럼 보이는 불그스레한 부식의 형태로 나타난다. 부식의 형태가 나타나는 부분의 부착물들을 제거하면 움푹 패인 형태를 확인할 수 있는데 그 부식의 흔적은 구성품의 취약한 부분으로 남아 있으며 결국 파단의 형태로 진전될 수 있다.

정답 33. ① 34. ① 35. ① 36. ④ 37. ③ 38. ②

39. 초음속 공기의 흐름에서 통로가 좁아질 때 일어나는 현상을 맞게 설명한 것은?

① 속도는 증가하고 압력은 감소한다.
② 속도와 압력이 동시에 감소한다.
③ 속도는 감소하고 압력은 증가한다.
④ 속도와 압력이 동시에 증가한다.

해설 흐름의 성질

흐름의 종류	수축단면	확대단면
아음속 흐름	속도 증가 압력 감소	속도 감소 압력 증가
초음속 흐름	속도 감소 압력 증가	속도 증가 압력 감소

40. 마이크로미터(micrometer)의 종류에 속하지 않는 것은?

① 깊이 측정 마이크로미터(depth micrometer)
② 나사산 마이크로미터(thread micrometer)
③ 외측 마이크로미터(outside micrometer)
④ 다이얼 게이지(dial gage)

해설 마이크로미터(micrometer) : 외측 마이크로미터, 내측 마이크로미터, 깊이 측정 마이크로미터 그리고, 나사산 마이크로미터 등 네 가지 종류의 마이크로미터가 있다. 마이크로미터는 0~1/2inch, 0~1inch, 1~2inch, 2~3inch, 3~4inch, 4~5inch 또는 5~6inch 등 다양한 사이즈 안에서 하나를 선택해서 사용 가능하다. 다이얼게이지 사용의 대표적 예는 축의 굽힘이나 튀어나온 정도를 측정하는 것이다.

항공 기체

1. 동체, 날개에 사용할 수 있는 알루미늄 재료는 무엇인가?

① 2024, 2017
② 2024, 7075
③ 2017, 2117
④ 2017, 7075

해설 고강도 알루미늄 합금(aluminum alloy)

㉠ 2024 : 구리 4.4 %와 마그네슘 1.5 %를 첨가한 합금으로써 초 두랄루민(super duralumin)이라 하며, 파괴에 대한 저항성이 우수하고 피로 강도도 양호하여 인장 하중이 크게 작용하는 대형 항공기 날개 밑면의 외피나 여압을 받는 동체의 외피, 리벳 등에 사용된다.

㉡ 7075 : 아연 5.6 %와 마그네슘 2.5 %를 첨가한 알루미늄-아연-마그네슘계 합금으로써 Al 2024 합금보다 강도가 우수한 합금으로 인장강도가 58 kg/mm^2로서, 알루미늄 합금 중에서 강도가 가장 우수하므로 항공기 주날개의 외피와 날개보, 기체 구조 부분 등에 사용되고 있다.

㉢ 2017 : 알루미늄에 4.0 %의 구리를 첨가한 합금이며, 대표적인 가공용 합금으로써 두랄루민(duralumin)이 있다. 강도는 0.2 %의 탄소가 함유된 탄소강과 비슷하면서도 무게는 1/2 정도 밖에 되지 않아 항공기의 응력 외피로 계속 사용되어 왔지만, 현재는 이것을 개량한 2024가 널리 사용되고, 2017은 리벳으로만 사용되고 있다.

2. 열처리를 해야만 사용할 수 있는 알루미늄 합금 리벳은?

① AD ② DD ③ AA ④ DA

해설 알루미늄 합금 2024 리벳은 ice box rivet이라고 하며, 2017보다 강한 강도가 요구되는 곳에 사용하고, 상온에서 너무 강해 리벳 작업을 하면 균열이 발생하므로 열처리 후 사용하는데 냉장고에서 보관하고 상온 노출 후 10~20분 이내에 작업을 하여야 한다.

3. 두 금속이 접촉하여 발생하는 부식은?

① 프레팅 부식
② 이질금속간의 부식
③ 표면 부식
④ 입자간 부식

해설 프레팅 부식(fretting corrosion) : 서로 밀착된 부품 사이에서 아주 작은 진동이 발생하는 경우에 접촉 표면에 홈이 발생하는 부식이다.

정답 39. ③ 40. ④ 1. ② 2. ② 3. ①

4. 다음 중 탄소 함유량이 가장 많은 것은?

① SAE 1025 ② SAE 2330
③ SAE 6150 ④ SAE 4340

해설 철강 재료의 식별법
SAE 1025
SAE : 미국 자동차기술인협회 규격
1 : 합금강의 종류 (탄소강)
0 : 합금원소의 합금량 (5대 기본 원소 이외의 합금원소가 없음)
25 : 탄소의 평균 함유량 (탄소 0.25 % 함유)

5. 항공기에서 오일 규격을 표시하는 것은?

① decal ② 타각
③ placard ④ marker

해설 오일 탱크 필러 캡(filler cap) 근처의 플래카드 (placard)에 오일 규격이 명시되어 있다.

6. 밀폐제 (sealant)의 기능으로 틀린 것은?

① 연료 누출 방지 ② 부식 방지
③ 객실 여압 방지 ④ 외형 유지

해설 밀폐제 (sealant)의 기능
㉠ 연료 탱크의 기밀 유지
㉡ 객실 압력(cabin pressure) 유지
㉢ 화재 발생 요소 감소
㉣ 습기 침투 방지
㉤ 항공기 표면의 외형 유지
㉥ 부식 방지

7. 가스 용접으로 절단할 수 없는 것은?

① 탄소강 ② 내식강
③ 마그네슘 합금 ④ 알루미늄 합금

8. 허니콤 (honeycomb) 구조의 장점은?

① 손상 발견이 쉽다.
② 고온에 저항력이 있다.
③ 같은 무게상 단일 두께 표피보다 연성이 크다.
④ 동일 강도에 비해 가볍다.

해설 샌드위치 구조의 특성
㉠ 장점
1. 무게에 비해 강도가 크다.
2. 음 진동에 잘 견딘다.
3. 피로와 굽힘하중에 강하다.
4. 보온 방습성이 우수하고 부식 저항이 있다.
5. 진동에 대한 감쇠성이 크다.
6. 항공기의 무게를 감소시킬 수 있다.
㉡ 단점
1. 손상상태를 파악하기 어렵다.
2. 집중하중에 약하다.

9. 리벳 작업 시 리벳 지름의 결정은 어떻게 하는가?

① 얇은 판재 두께의 3배
② 두꺼운 판재 두께의 3배
③ 얇은 판재 두께의 2배
④ 두꺼운 판재 두께의 2배

해설 리벳의 지름은 접합하여야 할 판재 중에서 가장 두꺼운 쪽 판재 두께의 3배 정도가 적당하다.

10. 복합 소재 부품 수리 시 사용되는 최소 진공 압력은?

① 15 in·Hg ② 20 in·Hg
③ 27 in·Hg ④ 22 in·Hg

해설 복합 소재의 수리 시 사용되는 진공 압력은 전체의 경화 기간 동안 22 in·Hg 이상을 유지하여야 한다.

11. 케이블의 점검 방법으로 틀린 것은?

① 증기로 세척한 후 에틸이나 케톤으로 닦아낸다.
② 먼지나 녹은 마른 헝겊으로 닦는다.
③ 케이블의 절단 점검은 헝겊으로 감싸고 움직여 본다.
④ 세척한 케이블은 마른 헝겊으로 닦은 후 방식 처리를 한다.

정답 4. ③ 5. ③ 6. ③ 7. ③ 8. ④ 9. ② 10. ④ 11. ①

해설 케이블의 세척방법

㉠ 쉽게 닦아낼 수 있는 녹이나 먼지는 마른 헝겊으로 닦는다.
㉡ 케이블 표면에 칠해져 있는 오래된 방부제나 오일로 인한 오물 등은 깨끗한 수건에 케로신을 묻혀서 닦아낸다. 이 경우 케로신이 너무 많으면 케이블 내부의 방부제가 스며 나와 와이어 마모나 부식의 원인이 되어 케이블 수명을 단축시킨다.
㉢ 세척한 케이블은 마른 수건으로 닦은 후 방식 처리를 한다.

12. 판금가공 성형점과 굴곡접선과의 거리는?

① 굽힘 여유(bend allowance)
② 세트백(set back)
③ 브레이크 라인(brake line)
④ 범핑(bumping)

해설 세트백(set back)은 구부리는 판재에 있어서 바깥 면의 굽힘 연장선의 교차점(성형점)과 굽힘접선과의 거리이다.

13. 리머(reamer)의 올바른 사용 방법에 대한 다음 설명 중 옳은 것은?

① 리밍 해야 할 구멍은 마지막 크기보다 크게 뚫어야 한다.
② 드릴 작업된 구멍을 바르게 하기 위해 리머의 측면에서 압력을 가해야 한다.
③ 절삭방향으로 돌리다가 절삭방향 반대방향으로 돌리면 더욱 구멍이 바르게 된다.
④ 절삭 방향으로만 돌린다.

해설 리머(reamer) 사용 시 주의사항

㉠ 드릴 작업된 구멍을 바르게 하기 위해 리머의 측면에서 압력을 가해서는 안 된다(보다 큰 치수로 가공될 수 있기 때문이다).
㉡ 리머가 재료를 통과하면 즉시 정지할 것
㉢ 가공 후 리머를 빼낼 때 절단방향으로 손으로 회전시켜 빼낼 것(그렇지 않다면 cutting edge가 손상될 수 있다.)

14. 인티그럴 탱크(integral tank)의 장점으로 맞는 것은?

① 화재 감소
② 급유 및 배유가 용이
③ 연료 누설 감소
④ 중량 감소

해설 인티그럴 연료탱크(integral fuel tank) : 날개의 내부 공간을 연료탱크로 사용하는 것으로 앞 날개보와 뒷 날개보 및 외피로 이루어진 공간을 밀폐제를 이용하여 완전히 밀폐시켜 사용하며 여러 개의 탱크로 제작되었다. 장점으로는 무게가 가볍고 구조가 간단하다.

15. 와셔(washer)의 종류에 따른 사용처로 틀린 것은?

① 평 와셔는 구조부에 쓰이며 힘을 고르게 분산시키고 평준화한다.
② 로크 와셔(lock washer)는 셀프 로킹(self locking) 너트나 코터 핀과 함께 사용한다.
③ 로크 와셔(lock washer)는 셀프 로킹(self locking) 너트나 코터 핀과 함께 사용하지 못한다.
④ 고강도 카운트 성크 와셔는 고장력 하중이 걸리는 곳에 쓰인다.

해설 와셔의 종류 및 사용처

㉠ 평 와셔 : 구조물이나 장착 부품의 조이는 힘을 분산, 평준화하고 볼트나 너트 장착 시 코터 핀 구멍 등의 위치 조정용으로 사용된다. 또한, 볼트나 너트를 조일 때에 구조물, 장착 부품을 보호하며 조임면에 대한 부식을 방지한다.
㉡ 로크 와셔 : 자동 고정 너트나 코터 핀 안전결선을 사용할 수 없는 곳에 볼트, 너트, 스크루의 풀림 방지를 위해 사용한다.
㉢ 고강도 카운트 성크 와셔 : 인터널 렌칭 볼트와 같이 사용되며 볼트 머리와 생크 사이의 큰 라운드에 대해 구조물이나 부품의 파손을 방지함과 동시에 조임면에 대해 평평한 면을 갖게 한다.

정답 12. ② 13. ④ 14. ④ 15. ②

16. **항공기 케이블의 절단방법은?**

① 기계적인 방법으로 절단
② 토치 램프를 사용하여 절단
③ 튜브 절단기로 절단
④ 용접 불꽃으로 절단

해설 항공기에 이용되는 케이블의 재질은 탄소강과 내식강이 있고, 주로 탄소강 케이블이 이용되고 있다. 케이블 절단 시 열을 가하면 기계적 강도와 성질이 변하므로 케이블 커터와 같은 기계적 방법으로 절단한다.

17. **허니콤(honeycomb) 샌드위치 구조의 검사 중 판을 두드려 소리의 차이에 의해 결함 발생을 검사하는 것은?**

① 시각 검사
② X선 검사
③ 코인 태핑(coin tapping) 검사
④ seal 검사

해설 허니콤 샌드위치 구조의 검사방법
㉠ 시각검사 : 층 분리(delamination)를 조사하기 위해 광선을 이용하여 측면에서 본다.
㉡ 촉각에 의한 검사 : 손으로 눌러 층 분리(delamination) 등을 검사한다.
㉢ 습기 검사 : 비금속의 허니콤 패널(panel) 가운데에 수분이 침투되었는가 아닌가를 검사장비를 사용하여 수분이 있는 부분은 전류가 통하므로 미터의 흔들림에 의하여 수분 침투 여부를 검사할 수 있다.
㉣ 실(seal) 검사 : 코너 실이나 캡 실이 나빠지면 수분이 들어가기 쉬우므로 만져 보거나 확대경을 이용하여 나쁜 상황을 검사한다.
㉤ 금속 링(코인) 검사 : 판을 두드려 소리의 차이에 의해 들뜬 부분을 검사한다.
㉥ X선 검사 : 허니콤 패널 속에 수분의 침투 여부를 검사한다. 물이 있는 부분은 X선의 투과가 나빠지므로 사진의 결과로 그 존재를 알 수 있다.
㉦ 초음파 검사 : 내부 손상을 검사할 때 이 방법을 사용한다.

18. **레저버(reservoir) 내에 배플(baffle)을 설치하는 이유는?**

① 비상시 작동유의 예비 공급 역할을 한다.
② 작동유가 휘발성을 유지하게 해 준다.
③ 서지 현상 및 거품 발생을 제거한다.
④ 작동유가 펌프까지 확실하게 공급되도록 한다.

해설 배플(baffle)과 핀(fin) : 레저버(reservoir) 내에 있는 작동유가 심하게 흔들리거나 귀환되는 작동유에 의하여 소용돌이치는 불규칙한 진동으로 작동유에 거품이 발생하거나 펌프 안에 공기가 유입되는 것을 방지한다.

19. **토크 렌치(torque wrench) 사용법 중 틀린 것은?**

① 0점 조정을 하여 사용한다.
② 안전 결선이나 코터 핀 구멍을 맞추기 위해서 더 조이거나 풀면 안된다.
③ 정기적으로 정밀도 검사를 한다.
④ 특별한 지시 사항이 없으면 윤활유가 묻은 상태에서 너트를 채워야 한다.

해설 토크 렌치 사용 시 주의사항
㉠ 토크 렌치는 정기적으로 교정되는 측정기이므로 사용할 때는 유효 기간 이내의 것인가를 확인해야 한다.
㉡ 토크값에 적합한 범위의 토크 렌치를 선택한다.
㉢ 토크 렌치를 용도 이외에 사용해서는 안 된다.
㉣ 떨어뜨리거나 충격을 주지 말아야 한다.
㉤ 토크 렌치를 사용하기 시작했다면 다른 토크 렌치와 교환해서 사용해서는 안 된다.

20. **결빙 방지 목적과 다른 것은?**

① 물 분사　② 고온 공기
③ 전기 히터　④ 제빙 부츠

해설 방빙 및 제빙 계통
㉠ 고온 공기를 이용한 가열 방식
㉡ 전기적 열에 의한 가열 방법
㉢ 제빙 부츠식
㉣ 알코올 분출식

정답 16. ① 17. ③ 18. ③ 19. ④ 20. ①

21. 유압의 압력 부족 시에 순서를 선택해 주는 밸브는?

① 릴리프 밸브(relief valve)
② 선택 밸브(selector valve)
③ 시퀀스 밸브(sequence valve)
④ 프라이오리티 밸브(priority valve)

해설 프라이오리티 밸브(priority valve) : 작동유의 압력이 일정압력 이하로 떨어지면 유도를 막아 작동기구의 중요도에 따라 우선 필요한 계통만을 작동시키는 기능을 가진 밸브이다.

22. 산소계통 작업 시 주의사항으로 틀린 것은 어느 것인가?

① 수동 조작 밸브는 천천히 열 것
② 반드시 장갑을 착용할 것
③ 분리된 관은 반드시 마개를 막을 것
④ 순수 산소는 먼지나 그리스 등에 닿으면 화재 발생 위험이 있으므로 주의할 것

해설 산소계통 작업 시 주의사항
㉠ 오일이나 그리스를 산소와 접촉시키지 말 것(폭발의 위험이 있음)
㉡ 손이나 공구에 묻은 오일이나 그리스를 깨끗이 닦을 것
㉢ shut off valve는 천천히 열 것
㉣ 불꽃, 고온 물질을 멀리 할 것
㉤ 모든 산소계통 장비를 교환 시는 관을 깨끗이 유지할 것
㉥ 먼지, 물, 기타 다른 이물질이 없을 것
㉦ 공병일 경우에는 최소한 50 psi의 산소를 저장시켜 공기와 물이 들어가는 것을 방지할 것

23. 다음 중 비파괴 검사의 특징으로 틀린 것은 어느 것인가?

① 자분 탐상 검사는 자성체에만 가능하다.
② 초음파 검사는 표면 및 내부 결함 검출이 가능하다.
③ 육안 검사는 가장 빠르고 경제적인 비파괴 검사 방법이다.
④ 형광 침투 검사는 내부의 균열을 발견할 수 있다.

해설 ㉠ 육안 검사(visual inspection) : 가장 오래된 비파괴 검사방법으로서 결함이 계속해서 진행되기 전에 빠르고 경제적으로 탐지하는 방법이다.
㉡ 침투 탐상 검사(liquid penetrant inspection) : 육안 검사로 발견할 수 없는 작은 균열이나 검사를 발견하는 것이다. 침투 탐상 검사는 금속, 비금속의 표면결함 검사에 적용되고 검사비용이 적게 든다.
㉢ 자분 탐상 검사(magnetic particle inspection) : 표면이나 표면 바로 아래의 결함을 발견하는 데 사용하고 반드시 자성을 띤 금속 재료에만 사용이 가능하며, 자력선 방향의 수직 방향의 결함을 검출하기가 좋다. 그러나 비자성체에는 적용이 불가하고 자성체에만 적용되는 단점이 있다.
㉣ 와전류 검사(eddy current inspection) : 변화하는 자기장 내에 도체를 놓으면 도체 표면에 와전류가 발생하는데 이 와전류를 이용한 검사방법으로 철 및 비철금속으로 된 부품 등의 결함 검출에 적용된다.
㉤ 초음파 검사(ultrasonic inspection) : 고주파 음속 파장을 이용하여 부품의 불연속 부위를 찾아내는 방법으로 높은 주파수의 파장을 검사하고자 하는 부품을 통해 지나게 하고 역전류 검출판을 통해서 반응 모양의 변화를 조사하여 불연속, 흠집, 튀어나온 상태 등을 검사한다.
㉥ 방사선 검사(radio graphic inspection) : 기체 구조부에 쉽게 접근할 수 없는 곳이나 결함 가능성이 있는 구조 부분을 검사할 때 사용된다. 방사선 투과 검사는 표면 및 내부의 결함 검사가 가능하다.

24. 항공기 날개의 주요 부재가 아닌 것은?

① 스파(spar)
② 리브(rib)
③ 스트링거(stringer)
④ 벌크헤드(bulkhead)

해설 날개는 날개보(spar), 리브(rib), 세로지(stringer), 외피(skin), 정형재(former)로 구성된다.

정답 21. ④ 22. ② 23. ④ 24. ④

25. 케이블 리깅(cable rigging)에 대한 설명 중 옳은 것은?

① 턴 버클 배럴 밖으로 나사산이 4개 이상 나와서는 안된다.

② 턴 배럴의 안전 구멍을 통하여 터미널 엔드의 나사산이 보여야 한다.

③ 터미널 엔드 생크 주위로 최소한 4회 이상 안전 결선이 되어 있어야 한다.

④ 안전 결선은 스테인리스강 와이어만 사용할 수 있다.

해설 턴 버클이 안전하게 잠겨진 것을 확인하기 위한 검사방법은 나사산이 3개 이상 배럴 밖으로 나와 있으면 안되며 배럴 검사 구멍에 핀을 꽂아 보아 핀이 들어가면 제대로 체결되지 않은 것이다. 턴 버클 생크 주위로 와이어를 5~6회(최소 4회) 감는다.

26. 코터 핀(cotter pin) 사용 방법 중 옳은 것은?

① 재사용 가능하다.

② 재사용이 불가능하다.

③ 2번 재사용 가능하다.

④ 3번 재사용 가능하다.

해설 코터 핀(cotter pin)은 캐슬 너트(castle nut)나 볼트(bolt), 핀(pin) 또는 그 밖의 풀림 방지나 빠져 나오는 것을 방지해야 할 필요가 있는 부품에 사용되는데 한번 사용한 것은 재사용할 수 없다.

27. 불림(normalizing)이란 무엇인가?

① 재료의 장력 강도를 좋게 하는 방법

② 담금질하여 알루미늄 재질을 좋게 하는 방법

③ 알루미늄 합금을 열처리하지 않고 강하게 하는 방법

④ 작업 시 생긴 응력을 제거시키는 방법

해설 불림(normalizing) : 강의 열처리, 성형 또는 기계 가공으로 생긴 내부응력을 제거하기 위한 열처리이다.

28. 고유압 계통에서 튜브(tube)의 규격 표시는?

① 바깥지름 ② 지름

③ 원주 ④ 안지름

해설 튜브의 호칭 치수는 바깥지름(분수)×두께(소수)로 나타내고, 상대운동을 하지 않는 두 지점 사이의 배관에 사용된다.

29. 세미-모노코크(semi-monocoque) 구조의 주요 응력을 담당하는 부재로 맞는 것은 어느 것인가?

① 론저론(longeron), 스트링거(stringer), 벌크헤드(bulkhead)

② 스킨(skin), 벌크헤드(bulkhead), 리브(rib)

③ 스파(spar), 스트링거(stringer), 론저론(longeron)

④ 스파(spar), 리브(rib), 스트링거(stringer)

해설 세미-모노코크 구조는 모노코크 구조와 달리 하중의 일부만 외피가 담당하게 한다. 나머지 하중은 뼈대가 담당하게 하여 기체의 무게를 모노코크에 비해 줄일 수 있다. 현대 항공기의 대부분이 채택하고 있는 구조 형식으로 정역학적으로 부정정 구조물이다. 세로부재(길이방향)로 세로대(longeron), 세로지(stringer)가 있으며, 수직부재(횡방향)로는 링(ring), 벌크헤드(bulkhead), 뼈대(frame), 정형재(former)가 있다.

30. 객실 고도가 항공기 고도보다 높으면 어떻게 조절하는가?

① positive pressure relief valve

② cabin pressure relief valve

③ negative pressure relief valve

④ flow control valve

해설 부압 릴리프 밸브(negative pressure relief valve) : 항공기가 객실 고도보다 더 낮은 고도로 하강할 때나 지상에서 객실 압력과 대기압을 일치시켜 줄 필요가 있을 때 열려서 대기의 공기가 객실 안으로 자유롭게 들어오도록 되어 있는 밸브이다.

정답 25. ③ 26. ② 27. ④ 28. ① 29. ① 30. ③

31. 니켈강 합금(nickel steel alloy)에 사용되는 리벳은?

① 2017 ② 2024
③ 5056 ④ 모넬

해설 모넬 리벳은 주로 니켈 합금강이나 니켈강 구조에 사용되며, 내식강 리벳과 호환적으로 사용할 수 있는 리벳으로서 리벳 작업이 내식강 리벳보다 더 용이하다.

32. 다음 수식 중 유체에 작용하는 압력을 옳게 나타낸 것은?

① $\frac{힘}{단면적}$ ② 힘×단면적
③ $\frac{힘}{부피}$ ④ $\frac{힘}{작동거리}$

해설 압력 $= \frac{힘}{면적}$

33. 항공기 타이어를 장기간 보관하는 장소는?

① 서늘하고 건조한 곳
② 축축하고 서늘한 곳
③ 건조하고 더운 곳
④ 축축하고 더운 곳

해설 타이어나 튜브를 보관하는 이상적인 장소는 시원하고 건조하며 상당히 어둡고 공기의 흐름이나 불순물(먼지)로부터 격리된 곳이 좋다. 저온(32°F 이하가 아닐 경우)의 경우는 문제가 아니나 고온(80°F 이상일 경우)은 상당히 해로우므로 피해야 한다.

34. 현재 유압계통에서 사용하지 않는 작동유는 무엇인가?

① 식물성유 ② 동물성유
③ 광물성유 ④ 합성유

해설 작동유의 종류
㉠ 식물성유 ㉡ 광물성유 ㉢ 합성유

35. 도면(drawing)의 종류가 아닌 것은?

① 상세 도면(detail drawing)
② 조립 도면(assembly drawing)
③ 제작 도면(fabrication drawing)
④ 장착 도면(installation drawing)

해설 도면(drawing)의 종류
㉠ 상세 도면(detail drawing)
㉡ 조립 도면(assembly drawing)
㉢ 장착 도면(installation drawing)
㉣ 단면도(sectional drawing)
㉤ 부품 배열도(illustrated parts catalog)
㉥ 블록 다이어그램(block diagram)
㉦ 논리 흐름도(logic flowchart)
㉧ 전기 배선도(wiring diagram)

36. 전자가 빠른 속도로 어떤 물질과 충돌하여 매우 짧은 파장을 가진 전자방사선이 생기는데 이것을 무엇이라 하는가?

① 엑스선 ② 알파선
③ 베타선 ④ 감마선

해설 에너지와 파장은 서로 반비례 관계에 있는데, 감마선이 에너지가 가장 크므로 파장이 가장 짧다.

37. 다음 알루미늄 합금의 특성에 관한 것 중 틀린 것은?

① 합금원소의 합금량이 많아질수록 강도가 커진다.
② 상온에서 기계적 성질이 좋다.
③ 내식성이 좋다.
④ 시효경화성을 갖는다.

해설 알루미늄 합금의 특성
㉠ 전성이 우수하여 성형 가공성이 좋다.
㉡ 상온에서 기계적 성질이 우수하다.
㉢ 합금원소의 조성을 변화시켜 강도와 연신율을 조절할 수 있다.
㉣ 내식성이 양호하다.
㉤ 시효경화성이 있다.

38. 캐슬 전단 너트(castellated shear nut)는 어떠한 하중을 받는 곳에 사용하는가?

① 인장하중 ② 전단하중
③ 굽힘하중 ④ 압축하중

정답 31. ④ 32. ① 33. ① 34. ② 35. ③ 36. ④ 37. ① 38. ②

해설 캐슬 너트(castle nut) : 생크에 구멍이 있는 볼트에 사용하며, 코터 핀으로 고정한다.

39. 항공기의 연료계통 중에서 jettison system(dump system)의 주목적은?

① 착륙하중 이내로 하기 위하여
② 화재 위험범위를 줄이기 위하여
③ 연료의 균형을 맞추기 위하여
④ 항공기 무게 중심을 맞추기 위하여

해설 대부분의 대형 항공기는 허용 가능한 최대 중량의 연료를 적재하고 이륙할 수 있다. 그러나 이륙 후 항공기 계통의 이상으로 인하여 출발지로 회항하려 하거나 예비 비행장으로 착륙하려고 할 때 착륙이 가능하도록 항공기의 중량을 낮추어 주어야 하므로 연료를 배출할 수 있는 장치를 갖추어야 한다.

40. 볼트의 부품번호 AN 3 DD 5를 보고 알 수 없는 것은?

① 볼트의 재질 ② 볼트의 지름
③ 볼트의 길이 ④ 볼트의 무게

해설 볼트의 식별기호
㉠ AN : 규격(미 공군, 해군 규격)
㉡ 3 : 볼트 지름이 3 / 16″
㉢ DD : 볼트의 재질로 2024 알루미늄 합금을 나타낸다.(AD : 2117, D : 2017)
㉣ 5 : 볼트 길이가 5 / 8″

항공 발동기

1. 터보 팬(turbo fan) 엔진의 바이패스 비(bypass ratio)를 증가하였을 때의 장점은?

① 열효율 증가
② 고속성능 증가
③ 추진효율 증가
④ 엔진의 운동 온도 감소

해설 바이패스 비가 클수록 추진효율이 좋아지지만 기관의 지름이 커지는 문제점이 있다.

2. 축류식 압축기(axial flow type compressor)의 장점은?

① 단당 압력비가 높다.
② 열효율이 좋다.
③ 압축기 효율이 높고 압축비가 좋다.
④ 가격이 싸다.

해설 축류식 압축기의 장점
㉠ 전면면적에 비해 많은 양의 공기를 처리할 수 있다.
㉡ 압력비 증가를 위해 여러 단으로 제작할 수 있다.
㉢ 입구와 출구와의 압력비 및 압축기 효율이 높기 때문에 고성능 기관에 많이 사용한다.

3. 프로펠러 감속기어를 사용하는 목적은?

① 효율을 증가시키고 프로펠러 회전속도를 빠르게 한다.
② 효율을 증가시키고 프로펠러 회전속도를 느리게 한다.
③ 효율을 감소시키고 프로펠러 회전속도를 빠르게 한다.
④ 효율을 감소시키고 프로펠러 회전속도를 느리게 한다.

해설 프로펠러 감속기어(reduction gear)
㉠ 고회전할 때 프로펠러가 엔진 출력을 흡수하여 가장 효율 좋은 속도로 회전하게 하는 것이다.
㉡ 프로펠러는 깃 끝 속도가 표준 해면상태에서 음속에 가깝거나 음속보다 빠르면 효율적인 작용을 할 수가 있으므로 감속 기어를 사용할 때 항상 엔진보다 느리게 회전한다.

4. 항공기에서 진 추력을 구하는 공식은?

① $F_n = \frac{W_a}{g}(V_j - V_a)$

② $F_n = \frac{W_p}{g}(V_p - V_a) + \frac{W_s}{g}(V_s - V_a)$

③ $F_n = \frac{W_a}{g}V_j$

④ $F_n = \frac{1}{g}(V_j - V_a)$

정답 39. ① 40. ④ 1. ③ 2. ③ 3. ② 4. ①

5. **제트 기관에서 온도가 가장 높은 곳은?**

① 연소실 입구 ② 터빈 입구
③ 압축기 입구 ④ 배기관 입구

해설 공기의 온도는 압축기에서 압축되면서 천천히 증가한다. 압축기 출구에서의 온도는 압축기의 압력비와 효율에 따라 결정되는데 일반적으로 대형 기관에서 압축기 출구에서의 온도는 약 300~400℃ 정도이다. 압축기를 거친 공기가 연소실로 들어가 연료와 함께 연소되면 연소실 중심에서의 온도는 약 2000℃까지 올라가고 연소실을 지나면서 공기의 온도는 점차 감소한다.

6. **왕복 기관의 과도한 오일 소모 또는 스파크 플러그의 오염원인은?**

① 배유펌프 고장
② 피스톤 링 부서짐
③ 실린더 내 낮은 압력
④ 실린더 내 높은 압력

해설 피스톤에 장착되어 있는 피스톤 링이 마모되거나 손상되면 그 틈새로 오일이 연소실로 들어가 연료와 공기의 혼합 가스와 함께 연소가 되므로 오일의 소모량이 증가하고 점화 플러그를 오염시키는 원인이 된다.

7. **왕복 엔진에서 밸브 오버랩(valve overlap) 시 일어나는 현상이 아닌 것은?**

① 체적 효율 향상
② 냉각 효과 향상
③ 출력 향상
④ 역화 방지

해설 밸브 오버랩(valve overlap) : 흡입행정 초기에 흡입 및 배기 밸브가 동시에 열려 있는 각도

㉠ 체적 효율 향상
㉡ 배기가스 완전 배출
㉢ 냉각 효과 향상
㉣ 저속으로 작동 시는 연소되지 않은 혼합가스의 배출 손실이나 역화를 일으킬 위험이 있다.

8. **초음속 항공기에 사용되는 공기 흡입구의 형태는?**

① 수축형 ② 확산형
③ 수축-확산형 ④ 확산-수축형

해설 공기 흡입 덕트(air inlet duct) : 가스 터빈 기관이 필요로 하는 공기를 압축기에 공급하는 동시에 고속으로 들어오는 공기의 속도를 감소시키면서 압력을 상승시키기 때문에 가스 터빈 기관의 성능에 직접 영향을 주는 중요한 부분이다. 아음속 항공기에서는 확산형을 초음속 항공기에서는 수축-확산형을 사용한다.

9. **가스 터빈 엔진 압축기의 고정 베인(stator vane)의 목적은?**

① 흡입압력 변화를 막는다.
② 압축기의 진동을 막는다.
③ 흡입공기의 속도, 압력, 방향을 조절한다.
④ 흡입공기의 속도를 증가시킨다.

해설 고정 베인(stator vane)은 날개골 모양의 골 사이로 흐르는 공기의 속도 및 압력 조절 그리고 회전자가 최대 블레이드 효율을 얻을 수 있도록 흐름 방향을 조절하는 역할을 한다.

10. **브리더 및 여압(breather and pressurizing) 계통의 목적으로 맞는 것은?**

① 오일의 오염을 막기 위해서이다.
② 오일을 묽게 만들어 준다.
③ 오일 통로에 공기를 분사시켜 오일을 잘 흐르도록 한다.
④ 고열로 인해 오일이 굳는 것을 방지한다.

해설 브리더 및 여압 계통 장치의 목적

㉠ 비행 중 고도 변화 시(대기압이 변화 시)윤활 계통이 기관에 알맞은 윤활유의 양을 공급을 위해
㉡ 배유펌프(scavenge pump)가 기능을 충분히 발휘하도록 하기 위해
㉢ 베어링 부의 압력을 대기압에 대해서 항상 일정한 차압이 되도록 하기 위해
㉣ 압축기에서 블리드(bleed)시킨 압축 공기로 베어링 섬프 부분을 가압시킴으로써 내부 윤활유의 누설을 방지하기 위해

정답 5. ② 6. ② 7. ④ 8. ③ 9. ③ 10. ③

11. **정속 프로펠러 엔진에서 출력을 감소시키기 위한 기본원칙은?**

① 스로틀 감소, RPM 감소 후 혼합비 조정
② 스로틀 증가, RPM 증가 후 혼합비 조정
③ 혼합비 농후, RPM 증가 후 스로틀 조정
④ 혼합비 희박, RPM 감소 후 스로틀 조정

해설 출력을 감소시키기 위해서는 스로틀을 감소시키고, rpm을 감소시키고 나서 그 다음에 혼합비를 조정한다.

12. **터빈 엔진에서 power setting program에는 이상이 없는데 오일 온도가 높다면 적절한 원인은 무엇인가?**

① 배유펌프 오일온도가 비정상
② 베어링의 불량
③ seal의 누설
④ 계통의 압력이 너무 높음

해설 오일 온도가 높을 때의 원인
㉠ 윤활유 공급이 충분하지 않을 때
㉡ 벤트 계통(vent system)이 막혔을 때
㉢ 윤활유 냉각기(oil cooler)가 결함일 때
㉣ 베어링이 과열되었을 때
㉤ 윤활유 온도 계기의 결함일 때

13. **건식 섬프(dry sump)에 관한 설명 중 맞는 것은?**

① 섬프(sump)와 탱크(tank)가 분리되어 있다.
② 오일 냉각기(oil cooler)를 장착할 이유가 없다.
③ 소기 펌프(scavenge pump)를 필요로 하지 않는다.
④ 브리더(breather) 장치를 필요로 하지 않는다.

해설 건식 윤활계통(dry sump oil system) : 기관 외부 별도의 윤활유 탱크에 오일을 저장하는 계통으로 비행 자세의 변화, 곡예 비행, 큰 중력 가속도에 의한 운동 등을 해도 정상적으로 윤활할 수 있다.

14. **항공용 왕복 엔진 중 마그네토 점화 계통(magneto ignition system)에서 마그네토 접지선이 끊어졌을 경우의 현상은?**

① 후화 현상 발생
② 역화 현상 발생
③ 시동이 걸리지 않는다.
④ 엔진이 꺼지지 않는다.

해설 P-lead가 open 되면 점화 스위치를 off 해도 엔진이 꺼지지 않고 단락(short) 되면 1차 회로가 접지상태이므로 점화가 되지 않는다.

15. **항공기용 왕복기관을 아주 추운 날씨에 작동시킬 때 시동을 쉽게 하기 위해 사용하는 방법은?**

① 오일 희석 ② 오일 보급
③ 프로펠러 방빙 ④ 연료 온도 높임

해설 오일 희석장치(oil dilution system) : 차가운 기후에 오일의 점성이 크면 시동이 곤란하므로 필요에 따라 가솔린을 엔진 정지 직전에 오일 탱크에 분사하여 오일 점성을 낮게 함으로써 시동을 용이하게 하는 장치를 말한다.

16. **연소실 내에 흡입 밸브와 배기 밸브가 함께 열릴 때는?**

① 흡입행정 초기 ② 압축 상사점 전
③ 폭발 상사점 전 ④ 배기 상사점 전

해설 밸브 오버랩(valve overlap) : 흡입행정 초기에 흡입 및 배기 밸브가 동시에 열려 있는 각도
㉠ 체적 효율 향상
㉡ 배기가스 완전 배출
㉢ 냉각 효과 향상
㉣ 저속으로 작동 시는 연소되지 않은 혼합가스의 배출 손실이나 역화를 일으킬 위험이 있다.

17. **터보 팬 엔진에 많이 사용하는 연소실의 형태는?**

① 멀티 챔버 ② 캔형
③ 애뉼러형 ④ 캔-애뉼러형

정답 11. ① 12. ② 13. ① 14. ④ 15. ① 16. ① 17. ③

해설 애뉼러형(annular type)
㉠ 연소실의 구조가 간단하고 길이가 짧다.
㉡ 연소실 전면면적이 좁다.
㉢ 연소가 안정되므로 연소 정지 현상이 거의 없다.
㉣ 출구온도 분포가 균일하며 연소효율이 좋다.
㉤ 정비가 불편하다.
㉥ 현재 가스 터빈 기관의 연소실로 많이 사용한다.

18. **엔진 회전수에 상관없이 일정한 속도로 발전기를 구동시키는 것은?**

① constant speed drive
② constant speed shaft
③ engine motor
④ engine drive

해설 정속 구동 장치(CSD : constant speed drive)
㉠ 교류 발전기에서 기관의 구동축과 발전기축 사이에 장착되어 기관의 회전수에 상관없이 일정한 주파수를 발생할 수 있도록 한다.
㉡ 교류 발전기를 병렬 운전할 때 각 발전기에 부하를 균일하게 분담시켜 주는 역할도 한다.

19. **가스 터빈 엔진의 가동 한계 요소는?**

① 터빈 입구 온도(TIT)
② 압축기 출구 압력(CDP)
③ 압축기 입구 온도(CIT)
④ 배기 가스 온도(EGT)

해설 TIT (turbine inlet temperature)는 터빈 입구 온도를 지시하는 것으로 고온부의 온도는 엔진의 모든 파라미터(parameter) 중에서 민감하게 다루어져야 하는데 엔진이 한계값을 불과 수초 동안 벗어났더라도 엔진의 감항성을 잃기 때문이다.

20. **hot tank와 cold tank의 차이점은?**

① 윤활유 탱크 형태와 크기
② 윤활유 펌프의 위치, 윤활유 압력
③ 윤활유 냉각 계통의 구조
④ 배유 펌프 위치와 크기

해설 윤활유 탱크(oil tank)
㉠ hot tank : oil cooler가 pressure line에 위치하여 고온의 윤활유가 탱크로 되돌아온다.
㉡ cold tank : oil cooler가 return line에 위치하여 냉각된 윤활유가 탱크로 되돌아온다.

21. **성형 엔진(radial type engine)의 추력(thrust) 하중을 담당하는 데 사용하는 베어링은?**

① 볼 베어링(ball bearing)
② 마찰 베어링(friction bearing)
③ 롤러 베어링(roller bearing)
④ 평 베어링(plain bearing)

해설 볼 베어링(ball bearing) : 다른 형의 베어링보다 마찰이 적다. 대형 성형 엔진과 가스 터빈 엔진의 추력 베어링으로 사용된다.

22. **과급기(supercharger)의 사용 목적은 무엇인가?**

① 기관 소음 감소
② 이륙 시 출력 감소 방지
③ 매니폴드 압력 감소
④ 매니폴드 압력 증가

해설 과급기(supercharger)의 사용목적
㉠ 흡입 가스를 압축시켜 많은 양의 혼합 가스 또는 공기를 실린더로 밀어 넣어 큰 출력을 내기 위해
㉡ 출력의 감소를 작게 하여 비행고도를 높이기 위해
㉢ 항공기 이륙 때의 짧은 시간(1~5분) 동안 최대 마력을 증가시키기 위해
㉣ 매니폴드 압력 증가에 의한 평균 유효 압력의 증가를 위해

23. **점화 플러그(spark plug)가 뜨거워지면 어떤 현상이 발생하는가?**

① 디토네이션 ② 조기 점화
③ 노킹 ④ 점화 플러그 오염

정답 18. ① 19. ① 20. ③ 21. ① 22. ④ 23. ②

해설 조기 점화(pre-ignition) : 정상적인 불꽃 점화가 시작되기 전에 비정상적인 원인으로 발생하는 열에 의하여 밸브, 피스톤 또는 점화 플러그와 같은 부분이 과열되어 혼합가스가 점화되는 현상이다.

24. 연소실(combustion chamber)에 들어오는 공기의 조건은?

① 속도, 온도, 압력 증가
② 속도, 온도, 압력 감소
③ 속도 감소, 온도와 압력 증가
④ 속도 증가, 온도와 압력 감소

해설 압축기를 지나면서 압축된 고온, 고압의 공기는 확산기(diffuser)를 통과하면서 속도는 감소하고, 온도와 압력은 증가되어 연소실로 들어간다.

25. 마그네토 점화계통(magneto ignition system)에서 실드(shield)의 목적은?

① 마그네토의 접지를 위하여
② 물의 응축을 방지하기 위하여
③ 강도를 증가시키기 위하여
④ 전기의 누설을 방지하기 위하여

해설 마그네토에서 점화 플러그까지의 고압선은 라디오 간섭(radio interference)의 원인이 될 수 있는 고주파 발산을 방지하기 위하여 실드(shield)로 되어 있다.

26. 엔진 압력비(EPR)의 설명으로 옳은 것은?

① 엔진 압축기 입구와 압축기 출구의 전압비
② 엔진 압축기 입구와 연소실 출구의 전압비
③ 엔진 압축기 입구와 터빈 출구의 전압비
④ 연소실 입구와 터빈 출구의 전압비

해설 기관 압력비(EPR ; engine pressure ratio) : 압축기 입구전압과 터빈 출구전압의 비를 말하며 보통 추력에 직접 비례한다.

$$EPR = \frac{\text{터빈 출구전압}}{\text{압축기 입구전압}}$$

27. 디퓨저(diffuser)의 목적은 무엇인가?

① 속도에너지를 압력에너지로 변환시킨다.
② 압력에너지를 속도에너지로 변환시킨다.
③ 속도를 증가시킨다.
④ 열에너지를 속도에너지로 변환시킨다.

해설 디퓨저(diffuser)는 압축기 출구 또는 연소실 입구에 위치하며 속도를 감소시키고 압력을 증가시키는 역할을 한다.

28. 왕복 엔진 시동 시 정상 작동하는가를 알 수 있는 계기가 아닌 것은?

① CHT ② rpm
③ MAP ④ 고도계

해설 왕복 엔진 작동 시 점검해야 할 사항
㉠ 엔진 오일 압력
㉡ 오일 온도
㉢ 실린더 헤드 온도(CHT)
㉣ 엔진 rpm
㉤ 다기관 압력(MAP)
㉥ 단일 마그네토 작동으로 스위치를 돌렸을 때 rpm 강하
㉦ 프로펠러 조종에 대한 엔진 반응(정속 프로펠러 사용 시)
㉧ 배기 가스 온도(EGT)

29. 왕복기관의 지압선도계로 직접 구할 수 있는 마력은?

① 제동 마력 ② 이륙 마력
③ 순항 마력 ④ 지시 마력

해설 지시 마력(indicated horse power) : 지시선도로부터 얻어지는 마력으로 이론상 기관이 낼 수 있는 최대 마력을 말한다.

30. 항공용 가솔린 연료 색깔이 의미하는 것은?

① 연료의 발열량
② 연료의 제폭성
③ 연료의 가격
④ 4에틸 납의 함유량

정답 24. ③ 25. ④ 26. ③ 27. ① 28. ④ 29. ④ 30. ④

해설 항공용 가솔린의 ASTM 규격

등급	색깔	4에틸 납 함유량	(1u.s gal 당) 발열량(kcal / kg)
80/87	적색	0.5 mL	10500
91/98	청색	2.0 mL	10500
100/130	녹색	3.0 mL	10500
108/135	감색	3.0 mL	10528
115/145	자색	4.6 mL	10528

각 등급의 가솔린은 옥탄가 혹은 성능 번호를 가지며, 조종사와 정비사가 연료의 각 등급을 식별할 수 있도록 표준 색깔로 물들여져 있다. 가솔린의 색깔은 안티 노크성(anti knock)에 의해 정해져 있으므로 4에틸 납의 함유량에 관계되며, 4에틸 납이 없는 가솔린의 색깔은 무색이다.

31. 프로펠러 방빙(anti-icing)에 관한 방법 중 틀린 것은?

① 슬링어 링(slinger ring)을 이용한다.
② 이소프로필 알코올을 사용한다.
③ 원심력으로 프로펠러에 뿌려준다.
④ 공급 압력 조절은 릴리프 밸브로 해준다.

해설 프로펠러의 화학적 방빙 계통은 결빙의 우려가 있는 부분에 이소프로필 알코올을 분사하여 빙점을 낮게 하여 결빙을 방지하는 것으로, 계통의 스위치를 작동시키면 전기 모터에 의해 구동되는 펌프가 회전하여 유체 탱크로부터 알코올을 계통에 공급하게 된다. 이때, 유량을 조절하기 위한 펌프의 제어는 가변 저항기(rheostat)에 의해 이루어진다. 이들 각각의 프로펠러에는 슬링어 링이 설치되어 있어 원심력에 의해 알코올을 분사시킨다.

32. 하이브리드(hybrid) 압축기란?

① 원심식과 축류식을 합한 압축기
② 원심식 압축기를 개량한 압축기
③ 축류식 압축기를 개량한 압축기
④ 충동식과 반동식을 합한 압축기

33. 가장 효과적으로 티타늄 합금이 사용되는 곳은?

① 팬 블레이드
② 터빈 블레이드
③ 연소실
④ 터빈 노즐 가이드 베인

해설 팬 블레이드(fan blade)

㉠ 팬 블레이드는 보통의 압축기 블레이드에 비해 크고 가장 길기 때문에 진동이 발생하기 쉽고, 그 억제를 위해 블레이드의 중간에 shround 또는 snubber 라 부르는 지지대를 1~2곳에 장치한 것이 많다.
㉡ 팬 블레이드를 디스크에 설치하는 방식은 도브 테일(dove tail) 방식이 일반적이다.
㉢ 블레이드의 구조 재료에는 일반적으로 티타늄 합금이 사용되고 있다.

34. 속도 720 km/h로 비행하는 항공기에 장착된 터보 제트 기관이 196 kg/s로 공기를 흡입하여 300 m/s로 배기시킨다. 이 때 비추력은 얼마인가?

① 36.73 kg/kg · s ② 10.2 kg/kg · s
③ 102 kg/kg · s ④ 367.3 kg/kg · s

해설 비추력

$$F_s = \frac{V_j - V_a}{g} = \frac{300-200}{9.8} = 10.2\,\text{kg}/\text{kg}\cdot\text{s}$$

여기서, V_a : 비행 속도
V_j : 배기 가스 속도

35. 제트 엔진에서 점화 장치는 언제 작동하는가?

① 시동할 때만
② 시동 시와 flame out이 우려될 때
③ 순항 시
④ 연속해서 사용한다.

해설 왕복기관의 점화장치는 기관이 작동할 동안 계속해서 작동하지만 가스 터빈 기관의 점화장치는 시동 시와 연소정지(flame out)가 우려될 경우에만 작동하도록 되어 있다.

정답 31. ④ 32. ① 33. ① 34. ② 35. ②

36. 주 연료 펌프에서 계통 내의 압력을 일정하게 해주는 밸브는 무엇인가?

① relief valve ② bypass valve
③ check valve ④ bleed valve

해설 릴리프 밸브(relief valve)는 펌프 출구 압력이 규정값 이상으로 높아지면 열려서 연료를 펌프 입구로 되돌려 보낸다.

37. 터보 제트 엔진에서 터빈 입구에 있는 노즐 가이드 베인(nozzle guide vane)의 목적은 무엇인가?

① 속도를 감소시키고 압력을 증가시킴
② 속도와 압력을 감소시킴
③ 속도를 증가시키고 압력을 감소시킴
④ 속도와 압력을 증가시킴

해설 터빈 스테이터(turbine stator)는 일반적으로 터빈 노즐(turbine nozzle)이라 부르고, 에어포일(airfoil) 단면을 한 노즐 가이드 베인(nozzle guide vane)을 원형으로 배열하였다. 터빈 노즐(터빈 노즐 다이어프램)은 터빈으로 가는 가스의 압력을 감소시키고 속도를 증가시키며 그 외에 가스가 로터에 대해 최적인 각도로 충돌하도록 흐름 방향을 부여하는 작용을 한다.

38. 엔진이 모듈 개념으로 조립되는 이유는 무엇인가?

① 제작이 용이하다.
② 엔진 출력을 증대시킨다.
③ 효율적인 정비가 가능하다.
④ 낮은 RPM에서 높은 출력을 낸다.

해설 모듈 구조(module construction)는 엔진의 정비성을 좋게 하기 위하여 설계하는 단계에서 엔진을 몇 개의 정비 단위, 다시 말해 모듈로 분할할 수 있도록 해 놓고 필요에 따라서 결함이 있는 모듈을 교환하는 것만으로 엔진을 사용 가능한 상태로 할 수 있게 하는 구조를 말한다. 그 때문에 모듈은 그 각각이 완전한 호환성을 갖고 교환과 수리가 용이하도록 되어 있다.

39. 항공기용 왕복 기관에서 4행정 기관의 6기통 기관의 점화 순서는?

① 1-6-3-2-5-4
② 1-5-3-6-4-2
③ 1-6-4-5-3-2
④ 1-2-5-3-6-4

해설 6기통 수평 대향형 기관의 점화순서(firing order)은 1-6-3-2-5-4 또는 1-4-5-2-3-6이다.

40. 엔진 시동 시 과도한 프라이밍(priming)을 하면 어떠한 현상이 발생하는가?

① 조기 점화
② 디토네이션
③ 엔진 과열
④ 실린더 벽의 이상 마모

해설 프라이밍 : 시동 시 흡입밸브 입구나 실린더 안에 직접 연료를 분사시켜 시동을 쉽게 하는 장치

㉠ 프라이밍이 부족한 경우에는 발화하지 않고 역화를 일으킨다.
㉡ 프라이밍이 과도한 경우 또는 프라이밍 부족으로 몇 번이나 시동이 반복되면 실린더 내에 액체 연료가 쌓이고, 실린더 벽이나 피스톤 링에서 유막을 제거시켜 실린더 벽 손상과 피스톤 고착 발생의 원인이 된다.

전자·전기·계기

1. 교류 발전기 주파수가 400 Hz이다. 이때 시간단위는?

① 초당 ② 분당
③ 시간당 ④ 회전수당

해설 주기파에 있어서 어떠한 변화를 거쳐서 처음의 상태로 돌아갈 때까지의 변화를 1사이클(cycle)이라고 하고 1초간에 포함되는 사이클의 수를 주파수라고 한다. 그 단위는 CPS(cycle per second) 또는 Hz(herz)라고 표시한다.

정답 36. ① 37. ③ 38. ③ 39. ① 40. ④ 1. ①

2. 다음 중 전기적으로 엔진 속도를 측정하는 것은?

① transformer ② transmotor
③ tachometer ④ servomotor

해설 회전계(tachometer)
㉠ 왕복 기관에서는 크랭크축의 회전수를 분당 회전수(RPM)로 지시한다.
㉡ 가스 터빈 기관에서는 압축기의 회전수를 최대 출력 회전수의 백분율(%)로 나타낸다.
㉢ 기계식과 전기식이 있으나, 현재는 소형기를 제외하면 모두 전기식이다.

3. 전기회로 요소 중 전류가 잘 흐르게 하는 것은 무엇인가?

① 컨덕턴스(conductance)
② 인덕턴스(inductance)
③ 헨리(henry)
④ 패럿(farad)

해설 컨덕턴스(conductance) : 전류가 흐르기 쉬운 정도를 나타낸다. 단위 : 모(℧ : mho)

4. 3상 발전기의 3상(phase) 연결 방법은?

① 직렬 연결 ② 병렬 연결
③ 직·병렬 연결 ④ 독립적으로 연결

5. 사고예방을 위해 조종실 음성 및 음향들을 녹음하는 장치는?

① 조종실 음성 기록 장치(CVR)
② 비행 자료 기록 장치(FDR)
③ 거리 측정 시설(DME)
④ 관성 항법 장치(INS)

해설 조종실 음성 기록 장치(cockpit voice recorder)는 항공기 추락 시 혹은 기타 중대 사고 시 원인 규명을 위하여 조종실 승무원의 통신 내용 및 대담 내용, 그리고 조종실내 제반 경고음 등을 녹음하는 장비이다. 기본적으로 4채널 무종단 레코더이며, 이것은 방호 용기에 넣는다. 장치가 정지된 때에는 항상 최후 30분 동안의 녹음 내용이 남아 있도록 되어 있다.

6. 항공기에서 사용하는 집적계기(integrated instrument)의 설명이 틀린 것은?

① 필요할 때 원하는 정보를 볼 수 있다.
② 조종사가 항공기 운항시 계기판을 보는 각도를 작게 한다.
③ 계기가 고장 시 위치를 서로 바꿀 수 있다.
④ 지도(map)만 나타낼 수 있다.

해설 집적계기(integrated instrument)
㉠ 하나의 화면으로 몇 가지의 정보를 바꾸어 가면서 지시할 수 있다.
㉡ 시야에 표시 내용이 직감적으로 들어오고, 시선을 바꾸는 횟수가 줄어들며, 계기판이 차지하는 면적이 줄어들기 때문에 계기 전체에 미치는 시선의 변화각을 작게 할 수 있다.
㉢ 조종사의 작업 부담을 고려하여 불필요한 정보 표시를 하지 않음으로써 필요한 정보를 필요한 때에 지시할 수 있다.
㉣ 주의를 필요로 하는 정보에 대해서는 지시의 색깔을 변화시키거나 강조 또는 우선 순위를 정하여 지시할 수 있다.
㉤ 지도와 비행 코스, 각 계통의 정보를 도면으로 화면을 통해서 쉽게 표시할 수 있다.
㉥ 계기가 고장 시에는 위치를 바꿀 수 있는 장치가 마련되어 있다.

7. 가스 터빈 엔진의 연료 흐름 계기는?

① gallon per hour
② pound per hour
③ gallon per minute
④ pound per minute

해설 유량계는 기관이 1시간 동안 소모하는 연료의 양, 즉 기관에 공급되는 연료관 내를 흐르는 유량율(rate of flow)을 부피의 단위 또는 무게의 단위로 지시한다. 동기 전동기식 유량계(synchronous motor flowmeter)는 연료의 유량이 많은 가스 터빈 기관에 사용되는 질량 유량계로서 연료에 일정한 각속도를 준다. 이때의 각 운동량을 측정하여 연료의 유량을 무게의 단위 pph(pound per hour)로 지시한다.

정답 2. ③ 3. ① 4. ③ 5. ① 6. ④ 7. ②

8. 지자기의 3요소에 관한 내용 중 틀린 것은?

① 지자기의 3요소는 편차, 복각, 수평 분력이다.
② 편차는 지축과 지자기 축이 서로 일치하지 않아 발생한다.
③ 복각은 자기 계기의 제작과 설치상의 잘못으로 인하여 발생한다.
④ 수평 분력은 지자기의 수평 방향의 분력이다.

해설 지자기의 3요소
㉠ 편차 : 지축과 지자기 축이 일치하지 않아 생기는 지구 자오선과 자기 자오선 사이의 오차각
㉡ 복각 : 지자기의 자력선이 지구 표면에 대하여 적도 부근과 양극에서의 기울어지는 각
㉢ 수평 분력 : 지자기의 수평 방향의 분력

9. 번개로 인하여 항공기 외부가 밝게 비춰져서 조명이 어두운 조종실 내부가 잘 보이지 않을 때 조작하는 스위치는?

① navigation light ② landing light
③ storm light ④ flood light

해설 항공기의 조명
㉠ navigation light : 양쪽 날개(left wing tip : red, right wing tip : green)와 꼬리부분(white)에 장착되어 있으며, 항공기의 위치, 자세 그리고 방향을 지시한다.
㉡ landing light : wing leading edge에 장착되어 이륙과 착륙 동안 활주로를 비춰준다.
㉢ storm light : 조종실이 저시정 상태일 때 스위치를 조작시 조종실 내부를 비춰주는 dome light와 주 계기판을 비춰주는 flood light의 스위치 위치에 관계없이 전원을 공급하여 최대 강도의 조명을 제공한다.
㉣ flood light : 조종사의 주 계기판에 배경 조명을 제공한다.

10. 전파 고도계로 측정 가능한 고도는?

① 절대고도 ② 진고도
③ 기압고도 ④ 객실고도

해설 전파 고도계(radio altimeter) : 항공기에서 전파를 대지를 향해 발사하고 이 전파가 대지에 반사되어 돌아오는 신호를 처리함으로써 항공기와 대지 사이의 절대고도를 측정하는 장치이다.

11. 관성 항법 장치에서 항공기의 이동거리를 측정하여 위치를 알아내는 데 필요한 기본 데이터는 무엇인가?

① 방위 ② 가속도
③ 진북 ④ 자북

해설 가속도를 적분하면 속도가 구해지며, 이것을 다시 한번 더 적분하면 이동한 거리가 나온다는 사실을 이용한 항법 장치를 관성 항법 장치(inertial navigation system)라 한다.

12. 항공기 정비 시 전기 회로의 도통, 전압, 전류, 저항치를 측정하는 기구는 무엇인가?

① multimeter ② voltmeter
③ ammeter ④ wattmeter

해설 멀티미터(multimeter) : 전류, 전압 및 저항을 하나의 계기로 측정할 수 있는 다용도 측정 기기이고, 제조회사 및 그 형태와 기능에 약간의 차이가 있으며, 아날로그 방식과 디지털 방식이 있다.

13. resistance = 100 Ω, inductive reactance = 200 Ω, capacitive reactance = 100 Ω일 때 impedance는?

① 100 Ω ② 200Ω
③ 300 Ω ④ $100\sqrt{2}$ Ω

해설 $Z = \sqrt{R^2 + (X_L - X_C)^2}$

$= \sqrt{100^2 + (200-100)^2} = 100\sqrt{2}\ \Omega$

여기서, R : resistance
X_L : inductive reactance
X_C : capacitive reactance
Z : impedance

정답 8. ③ 9. ③ 10. ① 11. ② 12. ① 13. ④

14. **계기에 정보를 나타내려면 수감부와 지시부 사이에 이 장치를 필요로 하는데 고정자와 회전자로 구성된다. 이 장치는?**

① 전동기(motor) ② 발전기(generator)
③ 동기기(synchro) ④ 서보(servo)

해설 항공기가 대형화, 고성능화 되면서 여러 개의 기관을 장착함에 따라 계기의 수감부와 지시부 사이의 거리가 멀어지게 되어 수감부의 각 변위 또는 직선 변위를 전기적인 신호로 바꾸어 멀리 떨어진 지시부에 같은 크기의 변위를 나타낼 때 사용되는 것이 원격 지시 계기이며, 원격 지시 계기를 구성하는 동기기(synchro)는 전동기나 발전기와 같이 고정자와 회전자로 구성되어 있으며, 각도나 회전력과 같은 정보의 전송을 목적으로 한다.

15. **다이오드(diode)의 단락(short), 단선(open) 검사 방법은?**

① 떼어내서 한다.
② 그대로 검사한다.
③ 전류를 흘려서 한다.
④ 검사가 불가능하다.

해설 다이오드의 단선 및 단락을 검사하기 위해서는 최소한 한 부분을 회로에서 분리한 후 실시한다.

16. **VHF의 변조 방식은?**

① AM ② FM
③ CM ④ 주파수

해설 변조(modulation)의 종류

㉠ 진폭 변조(AM : amplitude modulation) : 반송파의 진폭이 신호파의 세기에 따라 변화하는 변조이다. VHF 송수신기에 사용되는 방식이다.
㉡ 주파수 변조(FM : frequency modulation) : 반송파의 주파수가 신호파의 세기에 따라 변화하는 변조이다.
㉢ 위상 변조(PM : phase modulation) : 위상이 변화하는 변조이다.
㉣ 펄스 변조(PM : pulse modulation)

17. **비행 중인 항공기의 진 대기속도(TAS)가 290m/s일 때, 표준 대기 해면상에서 진 대기속도(TAS)는?**

① $\sqrt{2}$ 배 크다.
② 290 m/s 보다 크다.
③ 똑같다.
④ 290 m/s 보다 작다.

해설 진 대기속도(TAS : true air speed) : 등가 대기속도(EAS : equivalent air speed)에 고도 변화에 따른 밀도를 수정한 속도로 고도가 높아질수록 공기의 밀도가 적어지기 때문에 진 대기속도(TAS)는 커지게 된다.

$$V_t = V_e \sqrt{\frac{\rho_0}{\rho}}$$

여기서, V_e : 등가 대기속도
ρ : 임의의 고도에서의 공기 밀도
ρ_0 : 해면상에서의 밀도

18. **DC generator의 출력전압에 영향을 미치지 않는 것은?**

① field current
② 아마추어의 권선수
③ electrical load
④ generator의 회전수

해설 직류 발전기의 출력전압은 계자 코일에 흐르는 전류와 전기자의 회전수에 따라 변한다. 실제 발전기에서는 회전수만이 아니라 부하 변동에도 출력전압이 변한다. 작동 중 수시로 변하는 회전수와 부하에 관계없이 전압을 일정하게 유지하려면 전압 조절기가 있어야 한다.

19. **본딩 점퍼(bonding jumper)에 대한 설명 중 맞는 것은?**

① 반드시 납땜을 해야 한다.
② 마그네슘 부위에 장착할 경우 구리 도금한 본딩 점퍼(bonding jumper)를 사용하여야 한다.
③ static discharger가 있는 경우 설치하지 않아도 된다.
④ 접촉저항은 0.003 Ω 이하이어야 한다.

정답 14. ③ 15. ① 16. ① 17. ④ 18. ② 19. ④

해설 본딩 점퍼(bonding jump)를 장착 시에는 접촉저항이 0.003Ω 이하로 되도록 하고, 가동 부분의 작동을 방해하지 않도록 하여야 한다.

20. 교류 발전기의 병렬 운전에서 필요 요건 중 틀린 것은?

① 전압이 같아야 한다.
② 위상차가 같아야 한다.
③ 전류가 같아야 한다.
④ 주파수가 같아야 한다.

해설 교류 발전기의 병렬 운전 : 교류 발전기를 2개 이상 운전해야 할 때에는 각 발전기의 부하를 동일하게 분담시킴으로써 어느 한쪽 발전기에 무리가 생기는 것을 피하도록 한다. 그러나 직류 발전기와는 달리 교류 발전기를 병렬 운전시킬 때에는 먼저 각 발전기의 전압, 주파수, 위상 등이 서로 일치하는지를 확인하고, 이들이 모두 이상이 없을 때에만 수동 또는 자동으로 병렬 운전시킨다.

21. generator bearing fault 경고등이 켜졌다. 어떤 결함인가?

① main bearing 윤활유 부족
② main bearing 손상
③ main bearing 과열
④ main bearing과 auxiliary bearing 사이 유격

해설 발전기를 지지하고 있는 주 베어링이 과도하게 마모되었다면 발전기 회전자(rotor)는 고정 winding에 접촉하게 되어 발전기는 상당히 큰 파손이 생기게 된다. 그러므로 주 베어링의 마모를 조기 경고하기 위한 결함 탐지 계통이 동작하게 되며, 이때 보조 베어링이 발전기의 회전자 축을 지지해 준다. 또한 조종실에는 "GEN BRG FAILURE" 경고등이 들어오게 된다.

22. 위험에 있는 의무 항공기국에서 비상용 주파수로 사용되는 것은?

① 120.50 MHz ② 121.50 MHz
③ 122.50 MHz ④ 123.50 MHz

해설 국제적인 비상 주파수는 121.5 MHz이다.

23. 항공기 사고 시 블랙 박스(black box)를 회수하기 위하여 설치된 ULD의 주파수는?

① 1 kHz ② 10 kHz
③ 37.5 kHz ④ 121.5 kHz

해설 ULD(underwater locating device) : ULD는 ultrasonic(초음파) beacon 장비이다. 조종실 음성 기록 장치나 비행 자료 기록 장치가 물 속에 잠겨졌을 때 쉽게 찾을 수 있도록 물 속에서 작동되는 장비로 9.6 volt battery로부터 전원을 공급받아 초당 one pulse의 비율로 37.5 kHz의 청각 pulse tone을 제공한다. 최대 2000 ft 수심까지 견딜 수 있으며 30일간 작동된다.

24. 저항을 가장 줄일 수 있는 방법은?

① 도선의 길이는 길게, 단면적은 좁게
② 도선의 길이는 길게, 단면적은 넓게
③ 도선의 길이는 짧게, 단면적은 넓게
④ 도선의 길이는 짧게, 단면적은 좁게

해설 $R = \rho \frac{l}{S}$

여기서, ρ : 고유저항, l : 도선의 길이
S : 도선의 단면적

도체의 저항은 도체의 길이에 비례하고 단면적에 반비례하므로 길이를 짧게, 단면적을 넓게 하여 도체의 저항을 줄일 수 있다.

25. 릴레이(relay)의 line을 바꾸어 장착하면?

① relay가 작동하지 않는다.
② relay가 작동한다.
③ circuit breaker가 trip된다.
④ on / off가 반대로 된다.

26. 항공기에 많이 사용되는 연료량계는 어느 것인가?

① 전기 저항식 ② 전기 용량식
③ 기계식 ④ 직독식

정답 20. ③ 21. ② 22. ② 23. ③ 24. ③ 25. ④ 26. ②

해설 전기 용량식 액량계(electric capacitance type) : 고공 비행을 하는 제트 항공기에 사용되며 연료의 양을 무게로 나타낸다.

27. 교류 전류에서 역률이란 무엇인가?

① 유효전력과 무효전력의 비
② 유효전력과 피상전력의 비
③ 유효전력과 무효전력의 차
④ 유효전력과 피상전력의 차

해설 ㉠ 피상전력
$= \sqrt{(\text{유효전력})^2 + (\text{무효전력})^2}$ [VA]
㉡ 유효전력 = 피상전력 × 역률 [W]
㉢ 무효전력 = 피상전력 × $\sqrt{1-(\text{역률})^2}$ [VAR]

28. ND (navigation display) 지시기와 관계 없는 것은?

① 비행 방향 ② 비행 예정 코스
③ 자동비행 작동모드 ④ 현재 위치

해설 ND(navigation display)는 항법에 필요한 여러 자료를 나타내는 CRT로서 기존의 HSI 기능을 모두 포함하고 있다. ND는 비행기의 현재 위치, 기수 방위, 비행 방향, 설정 코스에서 얼마나 벗어났는지의 여부뿐만 아니라 비행 예정 코스, 도중 통과 지점까지의 거리 및 방위, 소요 시간의 계산과 지시 등을 한다.

29. 운항 중인 비행기를 지상에서 호출할 때 쓰는 것은?

① VHF ② ATC
③ ADF ④ SELCAL

해설 SELCAL system (selective calling system)
㉠ 지상에서 항공기를 호출하기 위한 장치이다.
㉡ HF, VHF 통신장치를 이용한다.
㉢ 한 목적의 항공기에 코드를 송신하면 그것을 수신한 항공기 중에서 지정된 코드와 일치하는 항공기에만 조종실 내에 램프를 점등시킴과 동시에 차임을 작동시켜 조종사에게 지상국에서 호출하고 있다는 것을 알린다.
㉣ 현재 항공기에는 지상을 호출하는 장비는 별도로 장착되어 있지 않다.

30. 증기 사이클 (vapor cycle) 냉각 계통에서 프레온 (freon)이 충전되지 않을 때 이상 부분은 어느 곳인가?

① evaporator
② condenser
③ receiver
④ expansion valve

해설 증기 사이클 냉각 계통에서 냉매가 충전이 되지 않을 때에는 팽창 밸브의 결함일 가능성이 가장 많다. 작은 입자의 먼지나 이물질에 의해서도 팽창 밸브에 있는 오리피스 (orifice)에서 냉매의 흐름이 정지되기 때문이다.

31. 배기 가스 온도 (EGT) 측정 등에 사용되는 열전쌍의 형식은?

① 크로멜-알루멜 ② 철-콘스탄탄
③ 구리-콘스탄탄 ④ 크로멜-니켈

해설 배기 가스 온도 (EGT)와 같은 높은 온도의 측정에는 열전쌍의 형식 중에서 측정 범위가 가장 높은 크로멜-알루멜이 사용되고 있다.

32. 자이로신 (gyrosyn) compass의 플럭스 밸브 (flux valve)의 설명 중 맞는 것은?

① 지자기의 수직성분을 검출한다.
② 1차 코일과 그 각각에 감긴 4개의 2차 코일로 구성되어 있다.
③ 1차 코일에 400 Hz가 여자되고 2차 코일에 800 Hz의 직류가 발생한다.
④ 제동액으로 채워져서 진동을 방지한다.

해설 플럭스 밸브 (flux valve)
㉠ 지자기의 수평 성분을 검출하여 그 방향을 전기 신호로 바꾸어 원격 전달하는 장치이다.
㉡ 자성체의 영향을 받게 되면 자기의 방향에 영향을 주게 되므로 오차의 원인이 되고, 검출기의 철심도 자기 전도율이 좋은 자성 합금을 사용하고 있기 때문에 자기를 띤 물질이 접근하면 오차의 원인이 된다.
㉢ 플럭스 밸브 (flux valve)는 가동부의 진동을 완충시키기 위하여 컴퍼스 오일(compass oil)로 충진되어 있다.

정답 27. ② 28. ③ 29. ④ 30. ④ 31. ① 32. ④

33. 2분계(2 min turn) 선회계의 지침이 1바늘 폭 움직였다면 360도 선회하는 데 소요되는 시간은?

① 1분 ② 2분
③ 3분 ④ 4분

해설 2분계(2 min turn) : 바늘이 1바늘 폭만큼 움직였을 때 180°/ min의 선회 각속도를 의미하고, 2바늘 폭일 때에는 360°/ min의 선회 각속도를 의미한다.

34. 전기회로에서 전압계, 전류계는 어떻게 연결되는가?

① 전압계를 병렬로 연결시키고, 전류계는 직렬로 연결시킨다.
② 전류계를 병렬로 연결시키고, 전압계는 직렬로 연결시킨다.
③ 모두 직렬로 연결시킨다.
④ 전압계, 전류계 모두 병렬로 연결시킨다.

해설 전류계는 측정하고자 하는 회로 요소와 직렬로 연결하고 전압계는 병렬로 연결해야 한다.

35. 증기 사이클(vapor cycle) 냉각 계통에서 콘덴서를 떠난 시점의 냉각제 상태는?

① 저압 증기 ② 고압 증기
③ 저압 액체 ④ 고압 액체

해설 증발기(evaporator)로부터 흘러오는 압력이 낮은 기체상태의 냉매는 압축기로 들어와 압축되면서 높은 압력과 높은 온도상태로 바뀐다. 이 고온, 고압의 가스는 응축기(condenser) 안으로 흘러들어 가는데 항공기 외부의 공기가 응축기를 통과하게 함으로써 열을 방출하게 하여 냉각시킨다. 즉, 응축기는 냉매의 온도를 떨어뜨리는 역할을 하는 장치이다.

고온, 고압이었던 가스는 응축기 통로를 통과하면서 점차 온도가 감소되어 응축기를 빠져나갈 때에는 액체상태로 바뀌어 건조 저장기(receiver)로 들어가게 된다.

36. 로컬라이저(localizer)의 설명으로 맞는 것은 어느 것인가?

① 활주로와 항공기의 거리를 나타낸다.
② 활주로에서 항공기의 각도를 나타낸다.
③ 활주로에서 항공기의 기수를 나타낸다.
④ 활주로 중심과 기수를 일치시킨다.

해설 로컬라이저는 비행장의 활주로 중심선에 대하여 정확한 수평면의 방위를 지시하는 장치이다.

37. 계기를 계기판에 장착하는 방법은 무엇에 따라 다른가?

① 동체의 설계
② 계기 케이스의 설계
③ 계기판의 설계
④ 계기 제작자

해설 계기를 계기판에 장착하는 방법은 계기 케이스의 설계에 따라 다르다.

38. 속도계의 색표지 중에서 플랩(flap)을 조작하는 것과 관계 있는 것은?

① 녹색 호선 ② 적색 방사선
③ 백색 호선 ④ 황색 호선

해설 흰색 호선(white arc) : 대기속도계에서 플랩 조작에 따른 항공기의 속도 범위를 나타내는 것으로서 속도계에만 사용이 된다. 최대 착륙 무게에 대한 실속 속도로부터 플랩을 내리더라도 구조 강도상에 무리가 없는 플랩 내림 최대 속도까지를 나타낸다.

39. 자차 수정(compass swing)에 관한 설명으로 틀린 것은?

① 기내 장비는 비행 상태로 한다.
② 항공기의 자세는 수평 상태, 조종면은 중립 위치로 한다.
③ 기관은 정지 상태여야 한다.
④ 컴퍼스 로즈(compass rose)는 건물에서 50 m, 타 항공기에서 10 m 이상 유지한다.

정답 33. ② 34. ① 35. ④ 36. ④ 37. ② 38. ③ 39. ③

해설 자차의 수정

㉠ 자차 수정 시기
1. 100시간 주기 검사 때
2. 엔진 교환작업 후
3. 전기기기 교환 작업 후
4. 동체나 날개의 구조부분을 대수리 작업 후
5. 3개월마다
6. 그 외에 지시에 이상이 있다고 의심이 갈 때

㉡ 컴퍼스 로즈(compass rose)를 건물에서 50 m, 타 항공기에서 10 m 떨어진 곳에 설치한다.

㉢ 항공기의 자세는 수평, 조종 계통 중립, 모든 기내의 장비는 비행상태로 한다.

㉣ 엔진은 가능한 한 작동시킨다.

㉤ 자차의 수정은 컴퍼스 로즈(compass rose)의 중심에 항공기를 위치시키고, 항공기를 회전시키면서 컴퍼스 로즈와 자기 컴퍼스 오차를 측정하여 비자성 드라이버로 돌려 수정을 한다.

40. 공압 계통(pneumatic system)에 사용되는 릴리프 밸브(relief valve)는?

① 손상 방지 장치로 사용
② 한 방향으로 흐름 조절하는 데 사용
③ 공기 흐름량을 감소시키는 데 사용
④ 비상 브레이크 조종용으로 사용

해설 공압 계통의 릴리프 밸브는 손상 방지 장치로 compressor power system의 고장 또는 열팽창으로 인한 지나친 압력으로부터 계통을 보호하는 역할을 한다.

항공 법규

1. 국제민간항공조약 부속서(Annex)는 몇 개로 되어 있는가?

① 16개 ② 17개
③ 18개 ④ 19개

해설 국제민간항공조약 부속서

부속서 1 : 항공종사자의 기능증명 부속서
부속서 2 : 항공교통규칙
부속서 3 : 항공기상의 부호 부속서
부속서 4 : 항공지도
부속서 5 : 통신에 사용되는 단위 부속서
부속서 6 : 항공기의 운항
부속서 7 : 항공기의 국적기호 및 등록기호 부속서
부속서 8 : 항공기의 감항성
부속서 9 : 출입국의 간소화 부속서
부속서 10 : 항공통신
부속서 11 : 항공교통업무 부속서
부속서 12 : 수색구조
부속서 13 : 사고조사 부속서
부속서 14 : 비행장
부속서 15 : 항공정보업무 부속서
부속서 16 : 항공기소음
부속서 17 : 항공보안시설 부속서
부속서 18 : 위험물수송
부속서 19 : 안전관리

2. 다음 중 공항에서 사고 발생 시 알릴 곳이 아닌 것은?

① 공항에 근무하는 경찰관
② 공항에 근무하는 공무원
③ 관할 경찰서
④ 공항운영자 소속직원

3. 감항증명에 대한 설명으로 알맞은 것은?

① 감항증명의 유효기간은 2년이나 국토교통부령으로 정하는 바에 따라 유효기간을 연장할 수 있다.
② 표준감항증명 또는 특별감항증명을 받지 아니한 항공기는 운항해서는 안 된다.
③ 감항증명은 예외 없이 대한민국의 국적을 가져야만 받을 수 있다.
④ 감항증명을 받지 않아도 국내선 운항은 가능하다.

해설 [항공안전법 제23조] : 항공기가 감항성이 있다는 증명(감항증명)을 받으려는 자는 국토교통부령으로 정하는 바에 따라 국토교통부장관에게 감항증명을 신청하여야 한다. 감항증명은대

정답 40. ① 1. ④ 2. ③ 3. ②

한민국 국적을 가진 항공기가 아니면 받을 수 없다. 다만, 국토교통부령으로 정하는 항공기의 경우에는 그러하지 아니하다. 표준감항증명 또는 특별감항증명을 받지 아니한 항공기는 운항해서는 아니 된다. 감항증명의 유효기간은 1년으로 한다. 다만, 항공기의 형식 및 소유자 등의 감항성 유지능력 등을 고려하여 국토교통부령으로 정하는 바에 따라 유효기간을 연장할 수 있다. 국토교통부장관은 감항증명을 하는 경우에는 항공기가 항공기기술기준에 적합한지를 검사한 후 국토교통부령으로 정하는 바에 따라 해당 항공기의 운용한계를 지정하여야 한다. 다만, 다음 각 호의 어느 하나에 해당하는 항공기의 경우에는 국토교통부령으로 정하는 바에 따라 검사의 일부를 생략할 수 있다.

1. 형식증명, 제한형식증명 또는 형식증명승인을 받은 항공기
2. 제작증명을 받은 자가 제작한 항공기
3. 항공기를 수출하는 외국정부로부터 감항성이 있다는 승인을 받아 수입하는 항공기

4. 항공기를 이용하여 운송할 때 국토교통부장관의 허가를 받아야 하는 품목이 아닌 것은?

① 산화성 물질　　② 인화성 고체
③ 인화성 액체　　④ 부식성 물질

해설 [항공안전법 제70조, 항공안전법 시행규칙 제209조] : 항공기를 이용하여 폭발성이나 연소성이 높은 물건 등 국토교통부령으로 정하는 위험물을 운송하려는 자는 국토교통부령으로 정하는 바에 따라 국토교통부장관의 허가를 받아야 한다.

1. 폭발성 물질
2. 가스류
3. 인화성 액체
4. 가연성 물질류
5. 산화성 물질류
6. 독물류
7. 방사성 물질류
8. 부식성 물질류
9. 그 밖에 국토교통부장관이 정하여 고시하는 물질류

5. 항공정비사 자격증명시험에서 실기시험의 일부가 면제되는 경우는?

① 고등 교육법에 의한 대학 또는 전문대학을 졸업한 사람
② 해당 종류 또는 정비분야와 관련하여 5년 이상의 정비 실무경력이 있는 사람
③ 외국정부가 발행한 항공정비사 자격증명을 받은 사람
④ 항공기사 자격을 취득한 후 1년 이상의 정비 실무경력이 있는 사람

해설 [항공안전법 시행규칙 제88조] : 항공정비사 자격증명 실기시험의 일부 면제

① 해당 종류 또는 정비분야와 관련하여 5년 이상의 정비 실무경력이 있는 사람
② 국토교통부장관이 지정한 전문교육기관에서 항공기 종류 또는 정비분야의 교육과정을 이수한 사람

6. 등록된 항공기의 소유권 또는 임차권을 양도·양수하려는 자는 국토교통부장관에게 무슨 등록을 신청해야 하는가?

① 말소등록　　② 이전등록
③ 변경등록　　④ 신규등록

해설 [항공안전법 제14조] : 등록된 항공기의 소유권 또는 임차권을 양도·양수하려는 자는 그 사유가 있는 날부터 15일 이내에 대통령령으로 정하는 바에 따라 국토교통부장관에게 이전등록을 신청하여야 한다.

7. 항공안전법 시행령의 목적은 무엇인가?

① 항공안전법의 세부사항을 규정한다.
② 항공안전법의 누락된 사항을 표시한다.
③ 대통령의 권한을 명시한다.
④ 항공안전법에서 위임된 사항과 그 시행에 관하여 필요한 사항을 규정한다.

해설 [항공안전법 시행령 제1조] : 시행령은 항공안전법에서 위임된 사항과 그 시행에 관하여 필요한 사항을 규정함을 목적으로 한다.

정답 4. ② 5. ② 6. ② 7. ④

8. 특별감항증명을 받아야 하는 경우가 아닌 것은 다음 중 어느 것인가?

① 수입하거나 수출하기 위하여 승객·화물을 싣지 아니하고 비행하는 경우
② 정비·수리 또는 개조를 위한 장소까지 승객·화물을 싣지 아니하고 비행하는 경우
③ 설계에 관한 형식증명을 변경하기 위하여 운용한계를 초과하지 않는 시험비행을 하는 경우
④ 기상관측, 기상조절 실험 등에 사용되는 경우

해설 [항공안전법 시행규칙 제37조] : 법 제23조 제3항 제2호에서 항공기의 연구, 개발 등 국토교통부령으로 정하는 경우로 다음 각 호의 어느 하나에 해당하는 경우에는 특별감항증명을 받아야 한다.

1. 항공기 및 관련 기기의 개발과 관련된 다음 각 목의 어느 하나에 해당하는 경우
   가. 항공기 제작자, 연구기관 등에서 연구 및 개발 중인 경우
   나. 판매 등을 위한 전시 또는 시장조사에 활용하는 경우
   다. 조종사 양성을 위하여 조종연습에 사용하는 경우
2. 항공기의 제작·정비·수리·개조 및 수입·수출 등과 관련한 다음 각 목의 어느 하나에 해당하는 경우
   가. 제작·정비·수리 또는 개조 후 시험비행을 하는 경우
   나. 정비·수리 또는 개조를 위한 장소까지 승객·화물을 싣지 아니하고 비행하는 경우
   다. 수입하거나 수출하기 위하여 승객·화물을 싣지 아니하고 비행하는 경우
   라. 설계에 관한 형식증명을 변경하기 위하여 운용한계를 초과하는 시험비행을 하는 경우
3. 무인항공기를 운항하는 경우
4. 제20조 제2항 특정한 업무를 수행하기 위하여 사용되는 경우
   가. 산불 진화 및 예방 업무
   나. 재난·재해 등으로 인한 수색·구조 업무
   다. 응급환자의 수송 등 구조·구급 업무
   라. 씨앗 파종, 농약 살포 또는 어군(魚群)의 탐지 등 농·수산업 업무
   마. 기상관측, 기상조절 실험 등 기상 업무
   바. 건설자재 등을 외부에 매달고 운반하는 업무(헬리콥터만 해당)
   사. 해양오염 관측 및 해양 방제 업무
   아. 산림, 관로(管路), 전선(電線) 등의 순찰 또는 관측 업무
5. 제1호부터 제4호까지 외에 공공의 안녕과 질서유지를 위한 업무를 수행하는 경우로서 국토교통부장관이 인정하는 경우

9. 항공교통의 안전을 위하여 항공기의 비행을 금지하거나 제한할 필요가 있는 공역은?

① 관제공역 ② 비관제공역
③ 통제공역 ④ 주의공역

해설 [항공안전법 제78조] : 공역 등의 지정

① 국토교통부장관은 공역을 체계적이고 효율적으로 관리하기 위하여 필요하다고 인정할 때에는 비행정보구역을 다음 각 호의 공역으로 구분하여 지정·공고할 수 있다.
   1. 관제공역 : 항공교통의 안전을 위하여 항공기의 비행 순서·시기 및 방법 등에 관하여 제84조 제1항에 따라 국토교통부장관 또는 항공교통업무증명을 받은 자의 지시를 받아야 할 필요가 있는 공역으로서 관제권 및 관제구를 포함하는 공역
   2. 비관제공역 : 관제공역 외의 공역으로서 항공기의 조종사에게 비행에 관한 조언·비행정보 등을 제공할 필요가 있는 공역
   3. 통제공역 : 항공교통의 안전을 위하여 항공기의 비행을 금지하거나 제한할 필요가 있는 공역
   4. 주의공역 : 항공기의 조종사가 비행 시 특별한 주의·경계·식별 등이 필요한 공역
② 국토교통부장관은 필요하다고 인정할 때에는 국토교통부령으로 정하는 바에 따라 제1항에 따른 공역을 세분하여 지정·공고할 수 있다.
③ 제1항 및 제2항에 따른 공역의 설정기준 및 지정절차 등 그 밖에 필요한 사항은 국토교통부령으로 정한다.

정답 8. ③ 9. ③

10. **수리, 개조 승인 신청서 제출에 관한 설명으로 맞는 것은?**

① 작업을 시작하기 7일 전까지 지방항공청장에게 제출
② 작업을 시작하기 10일 전까지 지방항공청장에게 제출
③ 작업을 시작하기 15일 전까지 지방항공청장에게 제출
④ 작업을 시작하기 30일 전까지 지방항공청장에게 제출

해설 [항공안전법 시행규칙 제66조] : 법 제30조 제1항에 따라 항공기 등 또는 부품 등의 수리·개조승인을 받으려는 자는 수리·개조승인 신청서에 수리·개조 신청사유 및 작업 일정, 작업을 수행하려는 인증된 정비조직의 업무범위, 수리·개조에 필요한 인력, 장비, 시설 및 자재 목록, 해당 항공기 등 또는 부품 등의 도면과 도면 목록, 수리·개조 작업지시서가 포함된 수리계획서 또는 개조계획서를 첨부하여 작업을 시작하기 10일 전까지 지방항공청장에게 제출하여야 한다. 다만, 항공기사고 등으로 인하여 긴급한 수리·개조를 하여야하는 경우에는 작업을 시작하기 전까지 신청서를 제출할 수 있다.

11. **항공기의 소유자가 서울에서 부산으로 이사를 갔을 경우 해야 하는 등록은?**

① 변경등록 ② 이전등록
③ 말소등록 ④ 임차등록

해설 [항공안전법 제13조] : 소유자 등은 항공기의 정치장 또는 소유자 또는 임차인·임대인의 성명 또는 명칭과 주소 및 국적의 등록사항이 변경되었을 때에는 그 변경된 날부터 15일 이내에 대통령령으로 정하는 바에 따라 국토교통부장관에게 변경등록을 신청하여야 한다.

12. **항공기의 항행 안전을 확보하기 위한 기술상의 기준에 적합한지 여부를 검사하는 종류 중 틀린 것은?**

① 법 제20조에 의한 형식증명
② 법 제23조에 의한 감항증명
③ 법 제25조에 의한 소음기준 적합증명
④ 법 제30조에 의한 수리, 개조검사

해설 [항공안전법 제20조, 제23조, 제30조]

13. **형식증명을 받지 않아도 되는 것은?**

① 항공기 ② 발동기
③ 주요 장비 ④ 프로펠러

해설 [항공안전법 시행규칙 제20조] : 국토교통부장관은 형식증명을 위한 검사를 하는 때에는 당해 형식의 설계에 대한 검사 및 그 설계에 의하여 제작되는 항공기 등의 제작과정에 대한 검사와 완성 후의 상태 및 비행성능에 대한 검사를 하여야 한다.

14. **다음 중 항공정비사가 할 수 있는 행위는?**

① 항공기에 탑승하여 발동기 및 기체를 취급하는 행위
② 항공운송사업에 사용되는 항공기를 정비하는 행위
③ 항공기의 대수리 및 개조에 있어 기술상의 기준에 의한 확인을 하는 행위
④ 정비를 한 항공기에 대해 법 제32조 제1항의 규정에 의한 확인을 하는 행위

해설 [항공안전법 제36조] : 항공정비사의 업무 범위는 제32조 제1항에 따라 정비 등을 한 항공기 등, 장비품 또는 부품에 대하여 감항성을 확인하는 행위 및 제108조 제4항에 따라 정비를 한 경량항공기 또는 그 장비품·부품에 대하여 안전하게 운용할 수 있음을 확인하는 행위이다.

15. **항공기의 등급을 설명한 것 중 옳은 것은?**

① 보통, 실용
② 비행기, 비행선
③ 육상단발, 다발, 수상단발, 다발

정답 10. ② 11. ① 12. ③ 13. ③ 14. ④ 15. ③

④ B 747, DC-10

해설 [항공안전법 시행규칙 제81조] : 항공기의 종류는 비행기, 비행선, 활공기, 헬리콥터 및 항공우주선으로 한다. 항공기의 등급은 육상기의 경우에는 육상단발 및 육상다발로 수상기의 경우에는 수상단발 및 수상다발로 구분한다. 다만 활공기의 경우에는 상급(활공기가 특수 또는 상급활공기인 경우) 및 중급(활공기가 중급 또는 초급활공기인 경우)으로 구분한다.

16. **항공기가 활주로를 이탈하는 경우 항공기와 탑승자의 피해를 줄이기 위하여 활주로 주변에 설치하는 안전지대는 무엇인가?**

① 안전대 ② 착륙대
③ 진입구역 ④ 안전구역

해설 [공항시설법 제2조] : 착륙대란 활주로와 항공기가 활주로를 이탈하는 경우 항공기와 탑승자의 피해를 줄이기 위하여 활주로 주변에 설치하는 안전지대로서 국토교통부령으로 정하는 크기로 이루어지는 활주로 중심선에 중심을 두는 직사각형의 지표면 또는 수면을 말한다.

17. **정비규정에 포함된 사항이 아닌 것은?**

① 항공기의 운용방법 및 한계
② 안전 및 보안에 관한 사항
③ 항공기 검사 프로그램
④ 정비 훈련 프로그램

해설 [항공안전법 시행규칙 제266조] : 정비규정에 포함되어야 할 사항은 다음과 같다.

1. 일반사항
2. 직무 및 정비조직
3. 항공기의 감항성을 유지하기 위한 정비 프로그램
4. 항공기 검사프로그램
5. 품질관리
6. 기술관리
7. 항공기, 장비품 및 부품의 정비방법 및 절차
8. 계약정비
9. 장비 및 공구관리
10. 정비시설
11. 정비 매뉴얼, 기술도서 및 정비 기록물의 관리방법
12. 정비 훈련 프로그램
13. 자재관리
14. 안전 및 보안에 관한 사항
15. 그밖에 항공운송사업자 또는 항공기 사용사업자가 필요하다고 판단하는 사항

18. **항공기 등록부호에 대한 설명 중 맞지 않는 것은?**

① 국적기호는 로마자의 대문자 HL로 표시한다.
② 등록부호는 지워지지 않도록 선명하게 표시하여야 한다.
③ 등록기호는 4개의 아라비아 숫자로 표시하여야 한다.
④ 국적기호는 등록기호 앞에 표시하여야 한다.

해설 [항공안전법 시행규칙 제13조]
① 국적 등의 표시는 국적기호, 등록기호 순으로 표시하고, 장식체를 사용해서는 아니 되며, 국적기호는 로마자의 대문자 "HL"로 표시하여야 한다.
② 등록기호의 첫 글자가 문자인 경우 국적기호와 등록기호 사이에 붙임표(-)를 삽입하여야 한다.
③ 항공기에 표시하는 등록부호는 지워지지 아니하고 배경과 선명하게 대조되는 색으로 표시하여야 한다.
④ 등록기호의 구성 등에 필요한 세부사항은 국토교통부장관이 정하여 고시한다.

19. **항공 · 철도사고조사위원회에 대한 설명 중 틀린 것은?**

① 국토교통부장관은 사고조사에 관여할 수 있다.
② 항공 · 철도사고조사위원회는 국토교통부에 둔다.
③ 국토교통부장관은 일반적인 행정사항에

정답 16. ② 17. ① 18. ③ 19. ①

대하여는 위원회를 지휘 · 감독한다.

④ 항공 · 철도사고 등의 원인규명과 예방을 위한 사고조사를 독립적으로 수행한다.

해설 [항공 · 철도 사고조사에 관한 법률 제4조] : 항공 · 철도사고조사위원회의 설치

① 항공 · 철도사고 등의 원인규명과 예방을 위한 사고조사를 독립적으로 수행하기 위하여 국토교통부에 항공 · 철도사고조사위원회를 둔다.

② 국토교통부장관은 일반적인 행정사항에 대하여는 위원회를 지휘 · 감독하되, 사고조사에 대하여는 관여하지 못한다.

20. 기술 착륙의 자유는?

① 제 1 의 자유 ② 제 2 의 자유
③ 제 3 의 자유 ④ 제 4 의 자유

해설 상공의 자유

㉠ 제 1의 자유 : 체약국의 상공을 무착륙으로 횡단하는 특권

㉡ 제 2의 자유 : 체약국의 영역에 운송 이외의 목적으로 착륙하는 특권

㉢ 제 3의 자유 : 자국 내에서 적재한 여객 및 화물을 체약국인 타국에서 하기하는 자유

㉣ 제 4의 자유 : 다른 체약국의 영역에서 자국을 향해 여객 및 화물을 적재하는 자유

㉤ 제 5의 자유 : 제 3 국의 영역으로 향하는 여객, 화물을 다른 체약국의 영역 내에서 적재하는 자유 또는 제 3 국의 영역으로부터 여객, 화물을 다른 체약국의 영역 내에서 하기 하는 자유

21. 다음 중 특별한 사유 없이 출입하여서는 안 되는 곳은?

① 활주로, 유도로, 계류장, 격납고
② 착륙대, 유도로, 격납고, 비행장 표지시설
③ 착륙대, 계류장, 격납고, 유도로
④ 착륙대, 격납고, 급유시설, 보세구역

해설 [공항시설법 제56조] : 누구든지 국토교통부장관, 사업시행자 등 또는 항행안전시설설치자 등의 허가 없이 착륙대, 유도로, 계류장, 격납고 또는 항행안전시설이 설치된 지역에 출입해서는 아니 된다.

22. 정비조직의 인증을 받고자 하는 경우 제출하여야 할 서류는?

① 정비규정 ② 정비관리교범
③ 정비프로그램 ④ 정비조직절차교범

해설 [항공안전법 시행규칙 제271조] : 정비조직 인증을 받으려는 자는 정비조직인증 신청서에 정비조직절차교범을 첨부하여 지방항공청장에게 제출하여야 한다.

23. 소음기준적합증명에 관한 내용 중 맞지 않는 것은?

① 검사기준은 국토교통부장관고시에 따른다.
② 소음기준적합증명이 취소되면 소음기준적합증명서를 반납하여야 한다.
③ 모든 항공기를 대상으로 소음기준적합증명을 한다.
④ 감항증명을 받을 때 소음기준적합증명을 받는다.

해설 [항공안전법 제25조, 항공안전법 시행규칙 제49조, 제50조, 제51조]

① 항공기의 소유자 등은 감항증명을 받는 경우와 수리 · 개조 등으로 항공기의 소음치가 변동된 경우에는 국토교통부령으로 정하는 바에 따라 그 항공기에 대하여 소음기준적합증명을 받아야 한다. 소음기준적합증명을 받아야 하는 항공기는 터빈발동기를 장착한 항공기 또는 국제선을 운항하는 항공기이다.

② 소음기준적합증명의 검사기준과 소음의 측정방법 등에 관한 세부적인 사항은 국토교통부장관이 정하여 고시한다.

③ 소음기준적합증명을 받으려는 자는 소음기준적합증명 신청서를 국토교통부장관 또는 지방항공청장에게 제출하여야 한다.

④ 신청서에는 다음 각 호의 서류를 첨부하여야 한다.

1. 해당 항공기가 법 제19조 제2호에 따른 소

정답 20. ② 21. ③ 22. ④ 23. ③

음기준에 적합함을 입증하는 비행교범
2. 해당 항공기가 소음기준에 적합하다는 사실을 입증할 수 있는 서류 (해당 항공기를 제작 또는 등록하였던 국가나 항공기 제작기술을 제공한 국가가 소음기준에 적합하다고 증명한 항공기만 해당)
3. 수리·개조 등에 관한 기술사항을 적은 서류 (수리·개조 등으로 항공기의 소음치가 변경된 경우에만 해당)

24. 감항증명을 받지 않은 항공기를 항공에 사용하면 받는 처벌은?

① 1년 이하의 징역 또는 2천만 원 이하의 벌금
② 2년 이하의 징역 또는 5천만 원 이하의 벌금
③ 3년 이하의 징역 또는 5천만 원 이하의 벌금
④ 5년 이하의 징역 또는 1억 원 이하의 벌금

해설 [항공안전법 제144조] : 다음 각 호의 어느 하나에 해당하는 자는 3년 이하의 징역 또는 5천만 원 이하의 벌금에 처한다.
1. 제23조 또는 제25조를 위반하여 감항증명 또는 소음기준적합증명을 받지 아니하거나 감항증명 또는 소음기준적합증명이 취소 또는 정지된 항공기를 운항한 자
2. 제27조 제3항을 위반하여 기술표준품형식승인을 받지 아니한 기술표준품을 제작·판매하거나 항공기 등에 사용한 자
3. 제28조 제3항을 위반하여 부품 등 제작자증명을 받지 아니한 장비품 또는 부품을 제작·판매하거나 항공기 등 또는 장비품에 사용한 자
4. 제30조를 위반하여 수리·개조승인을 받지 아니한 항공기 등, 장비품 또는 부품을 운항 또는 항공기 등에 사용한 자
5. 제32조 제1항을 위반하여 정비 등을 한 항공기 등, 장비품 또는 부품에 대하여 감항성을 확인받지 아니하고 운항 또는 항공기 등에 사용한 자

25. 항공기 사고조사 및 예방장치가 아닌 것은?

① 공중충돌경고장치 (ACAS)
② 지상접근경고장치 (GPWS)
③ 비행자료기록장치 (FDR)
④ 프로펠러작동기록장치

해설 [항공안전법 시행규칙 제109조] : 사고예방 및 사고조사를 위하여 항공기에 갖추어야 할 장치
① 공중충돌경고장치 (ACAS) 1기 이상
② 지상접근경고장치 (GPWS) 1기 이상
③ 비행자료기록장치 (FDR) 및 조종실음성기록장치 (CVR) 1기 이상
④ 전방돌풍경고장치

26. 다음 중 항공기정비업에 해당되지 않는 것은?

① 항공기의 정비 등을 하는 업무
② 장비품 또는 부품의 정비 등을 하는 업무
③ 장비품 또는 부품의 정비 등에 대한 검사관리 등을 지원하는 업무
④ 장비품 또는 부품의 정비 등에 대한 기술관리 및 품질관리 등을 지원하는 업무

해설 [항공사업법 제2조] : 항공기정비업이란 타인의 수요에 맞추어 다음의 어느 하나에 해당하는 업무를 하는 사업을 말한다.
가. 항공기, 발동기, 프로펠러, 장비품 또는 부품을 정비·수리 또는 개조하는 업무
나. 가목의 업무에 대한 기술관리 및 품질관리 등을 지원하는 업무

27. 항공기를 국토교통부령이 정하는 범위에서 수리하거나 개조하려면 누구에게 승인을 받아야 하는가?

① 국토교통부장관
② 검사주임
③ 항공정비사
④ 지방항공청장

해설 [항공안전법 제30조] : 수리·개조승인
① 감항증명을 받은 항공기의 소유자등은 해당

정답 24. ③ 25. ④ 26. ③ 27. ①

항공기, 장비품 또는 부품을 국토교통부령으로 정하는 범위에서 수리하거나 개조하려면 국토교통부령으로 정하는 바에 따라 그 수리·개조가 항공기기술기준에 적합한지에 대하여 국토교통부장관의 승인(수리·개조승인)을 받아야 한다.

② 소유자등은 수리·개조승인을 받지 아니한 항공기등, 장비품 또는 부품을 운항 또는 항공기등에 사용해서는 아니 된다.

③ 제1항에도 불구하고 다음 각 호의 어느 하나에 해당하는 경우로서 항공기기술기준에 적합한 경우에는 수리·개조승인을 받은 것으로 본다.

1. 기술표준품형식승인을 받은 자가 제작한 기술표준품을 그가 수리·개조하는 경우
2. 부품등제작자증명을 받은 자가 제작한 장비품 또는 부품을 그가 수리·개조하는 경우
3. 제97조 제1항에 따른 정비조직인증을 받은 자가 항공기등, 장비품 또는 부품을 수리·개조하는 경우

28. 항공운송사업용 항공기가 시계비행방식으로 비행 시 갖추어야 할 계기는?

① 정밀기압고도계, 나침반, 속도계, 시계
② 정밀기압고도계, 나침반, 속도계, 승강계
③ 정밀기압고도계, 선회계, 속도계, 시계
④ 외기 온도계, 나침반, 속도계, 시계

해설 [항공안전법 시행규칙 제117조] : 항공운송사업용 항공기가 시계비행방식에 의한 비행을 하는 경우에 다음의 항공계기를 갖추어야 한다.
① 나침반 1개
② 시계 1개(시, 분, 초의 표시)
③ 정밀기압고도계 1개
④ 속도계 1개

29. 항공운송사업용 항공기가 시계비행을 할 경우 최초 착륙예정 비행장까지 비행에 필요한 연료량에 추가로 실어야 할 연료량은?

① 순항속도로 30분간 더 비행할 수 있는 연료의 양
② 순항속도로 45분간 더 비행할 수 있는 연료의 양
③ 순항속도로 60분간 더 비행할 수 있는 연료의 양
④ 순항속도로 120분간 더 비행할 수 있는 연료의 양

해설 [항공안전법 시행규칙 제119조] : 항공운송사업용 항공기가 시계비행을 할 경우 최초의 착륙예정 비행장까지 비행에 필요한 연료의 양에 순항속도로 45분간 더 비행할 수 있는 연료의 양을 실어야 한다.

30. 탑재용 항공일지에 수리, 개조 또는 정비 후 기록해야 할 사항이 아닌 것은?

① 실시연월일 및 장소
② 실시 이유, 수리, 개조 또는 정비의 위치
③ 교환부품명
④ 확인연월일, 확인자의 자격번호

해설 [항공안전법 시행규칙 제108조] : 수리, 개조 또는 정비의 실시에 관한 다음의 기록
① 실시연월일 및 장소
② 실시 이유, 수리, 개조 또는 정비의 위치와 교환부품명
③ 확인연월일 및 확인자의 서명 또는 날인

31. 항공기 사용사업용 수상항공기에 갖추어야 할 구급용구에 대한 설명 중 틀린 것은?

① 일상용 닻 1개
② 음성신호 발생기 2기
③ 해상용 닻 1개
④ 구명동의는 탑승자 1인당 1개

해설 [항공안전법 시행규칙 제110조] : 수상비행기가 항공운송사업 및 항공기사용사업에 사용하는 경우 장비하여야 할 구급용구는 다음과 같다.
1. 구명동의 또는 이에 상당하는 개인부양 장비 : 탑승자 한 명당 1개
2. 음성신호발생기 : 1개

정답 28. ① 29. ② 30. ④ 31. ②

3. 해상용 닻 : 1개
4. 일상용 닻 : 1개

32. 항공기의 형식증명이란 다음 중 어느 것인가?

① 항공기 형식의 설계에 관한 감항성을 별도로 하는 증명
② 항공기의 취급 또는 비행특성에 관한 것을 명시하는 증명
③ 항공기의 감항성에 관한 기술을 정하는 증명
④ 항공기의 강도구조 및 성능에 관한 기준을 정하는 증명

해설 [항공안전법 제20조] : 형식증명

① 항공기 등의 설계에 관하여 국토교통부장관의 증명을 받으려는 자는 국토교통부령으로 정하는 바에 따라 국토교통부장관에게 제2항 각 호의 어느 하나에 따른 증명을 신청하여야 한다. 증명받은 사항을 변경할 때에도 또한 같다.
② 국토교통부장관은 제2항 제1호의 형식증명 또는 같은 항 제2호의 제한형식증명을 하는 경우 국토교통부령으로 정하는 바에 따라 형식증명서 또는 제한형식증명서를 발급하여야 한다.
③ 형식증명서 또는 제한형식증명서를 양도·양수하려는 자는 국토교통부령으로 정하는 바에 따라 국토교통부장관에게 양도사실을 보고하고 해당 증명서의 재발급을 신청하여야 한다.

33. 다음 중 활공기의 소유자가 갖추어야 할 서류는?

① 탑재용 항공일지
② 지상비치용 발동기 항공일지
③ 지상비치용 프로펠러 항공일지
④ 활공기용 항공일지

해설 [항공안전법 시행규칙 제108조]

① 법 제52조 제2항에 따라 항공기를 운항하려는 자 또는 소유자등은 탑재용 항공일지, 지상 비치용 발동기 항공일지 및 지상 비치용 프로펠러 항공일지를 갖추어 두어야 한다. 다만, 활공기의 소유자등은 활공기용 항공일지를, 항공안전법 제100조 제1항 각 호의 어느 하나에 해당하는 항행을 하는 외국 국적의 항공기 또는 항공사업법 제54조 및 제55조에 따른 허가를 받은 자가 사용하는 외국 국적의 항공기의 소유자등은 탑재용 항공일지를 갖춰 두어야 한다.

34. 다음 사항 중 청문회를 열지 않아도 되는 것은?

① 항공신체검사증명의 취소
② 정비조직인증의 취소
③ 감항증명의 취소
④ 항공기 등록의 취소

해설 [항공안전법 제134조] : 국토교통부장관은 다음 각 호의 어느 하나에 해당하는 처분을 하려면 청문을 하여야 한다.

1. 제20조 제7항에 따른 형식증명 또는 부가형식증명의 취소
2. 제21조 제7항에 따른 형식증명승인 또는 부가형식증명승인의 취소
3. 제22조 제5항에 따른 제작증명의 취소
4. 제23조 제7항에 따른 감항증명의 취소
5. 제24조 제3항에 따른 감항승인의 취소
6. 제25조 제3항에 따른 소음기준적합증명의 취소
7. 제27조 제4항에 따른 기술표준품형식승인의 취소
8. 제28조 제5항에 따른 부품등제작자증명의 취소

8의2. 제39조의2 제5항에 따른 모의비행훈련장치에 대한 지정의 취소 또는 효력정지

9. 제43조 제1항 또는 제2항에 따른 자격증명 등 또는 항공신체검사증명의 취소 또는 효력정지
10. 제44조 제4항에서 준용하는 제43조 제1항에 따른 계기비행증명 또는 조종교육증명의 취소
11. 제45조 제6항에서 준용하는 제43조 제1항에 따른 항공영어구술능력증명의 취소
12. 제48조의2에 따른 전문교육기관 지정의 취소

정답 32. ① 33. ④ 34. ④

13. 제50조 제1항에 따른 항공전문의사 지정의 취소 또는 효력정지
14. 제63조 제3항에 따른 자격인정의 취소
15. 제71조 제5항에 따른 포장·용기검사기관 지정의 취소
16. 제72조 제5항에 따른 위험물전문교육기관 지정의 취소
17. 제86조 제1항에 따른 항공교통업무증명의 취소
18. 제91조 제1항 또는 제95조 제1항에 따른 운항증명의 취소
19. 제98조 제1항에 따른 정비조직인증의 취소
20. 제105조 제1항 단서에 따른 운항증명승인의 취소
21. 제114조 제1항 또는 제2항에 따른 자격증명등 또는 항공신체검사증명의 취소
22. 제115조 제3항에서 준용하는 제114조 제1항에 따른 조종교육증명의 취소
23. 제117조 제4항에 따른 경량항공기 전문교육기관 지정의 취소
24. 제125조 제5항에 따른 초경량비행장치 조종자 증명의 취소
25. 제126조 제4항에 따른 초경량비행장치 전문교육기관 지정의 취소

35. 다음 중 정비조직인증을 취소하여야 하는 경우는?

① 정비조직인증 기준을 위반한 경우
② 고의 또는 중대한 과실에 의하여 항공기 사고가 발생한 경우
③ 승인을 받지 아니하고 항공안전관리시스템을 운용한 경우
④ 부정한 방법으로 정비조직인증을 받은 경우

해설 [항공안전법 제98조] : 정비조직인증의 취소
① 국토교통부장관은 정비조직인증을 받은 자가 다음 각 호의 어느 하나에 해당하는 경우에는 정비조직인증을 취소하거나 6개월 이내의 기간을 정하여 그 효력의 정지를 명할 수 있다. 다만, 제1호 또는 제5호에 해당하는 경우에는 그 정비조직인증을 취소하여야 한다.
1. 거짓이나 그 밖의 부정한 방법으로 정비조직인증을 받은 경우
2. 제58조 제2항을 위반하여 다음 각 목의 어느 하나에 해당하는 경우
가. 업무를 시작하기 전까지 항공안전관리시스템을 마련하지 아니한 경우
나. 승인을 받지 아니하고 항공안전관리시스템을 운용한 경우
다. 항공안전관리시스템을 승인받은 내용과 다르게 운용한 경우
라. 승인을 받지 아니하고 국토교통부령으로 정하는 중요 사항을 변경한 경우
3. 정당한 사유 없이 정비조직인증기준을 위반한 경우
4. 고의 또는 중대한 과실에 의하거나 항공종사자에 대한 관리·감독에 관하여 상당한 주의의무를 게을리함으로써 항공기사고가 발생한 경우
5. 이 조에 따른 효력정지기간에 업무를 한 경우
② 제1항에 따른 처분의 기준은 국토교통부령으로 정한다.

36. 항공기 사고조사의 업무를 담당하는 곳은?

① 항공사고조사위원회
② 국토교통부
③ 항공안전위원회
④ 항공운항본부

해설 [항공·철도 사고조사에 관한 법률 제4조] : 항공·철도사고조사위원회의 설치
① 항공·철도사고 등의 원인규명과 예방을 위한 사고조사를 독립적으로 수행하기 위하여 국토교통부에 항공·철도사고조사위원회를 둔다.
② 국토교통부장관은 일반적인 행정사항에 대하여는 위원회를 지휘·감독하되, 사고조사에 대하여는 관여하지 못한다.

정답 35. ④ 36. ①

37. **자격증명 응시자격 연령이 21세 이상이어야 되는 것은?**

① 항공기관사
② 항공사
③ 사업용 조종사
④ 운항관리사

해설 [항공안전법 제34조] : 항공종사자 자격증명
① 항공업무에 종사하려는 사람은 국토교통부령으로 정하는 바에 따라 국토교통부장관으로부터 항공종사자 자격증명을 받아야 한다. 다만, 항공업무 중 무인항공기의 운항 업무인 경우에는 그러하지 아니하다.
② 다음 각 호의 어느 하나에 해당하는 사람은 자격증명을 받을 수 없다.
1. 다음 각 목의 구분에 따른 나이 미만인 사람
가. 자가용 조종사 자격 : 17세(제37조에 따라 자가용 조종사의 자격증명을 활공기에 한정하는 경우에는 16세)
나. 사업용 조종사, 부조종사, 항공사, 항공기관사, 항공교통관제사 및 항공정비사 자격 : 18세
다. 운송용 조종사 및 운항관리사 자격 : 21세
2. 자격증명 취소처분을 받고 그 취소일부터 2년이 지나지 아니한 사람

38. **항공운송사업자가 취항하는 공항에 대한 정기안전성검사 항목이 아닌 것은?**

① 항공기 운항 · 정비 및 지원에 관련된 업무·조직 및 교육훈련
② 항공기 정비시설의 유지·관리
③ 비상계획 및 항공보안사항
④ 항공기 운항허가 및 비상지원절차

해설 [항공안전법 시행규칙 제315조] : 국토교통부장관 또는 지방항공청장은 다음 각 호의 사항에 관하여 항공운송사업자가 취항하는 공항에 대하여 정기적인 안전성검사를 하여야 한다.
1. 항공기 운항 · 정비 및 지원에 관련된 업무·조직 및 교육훈련
2. 항공기 부품과 예비품의 보관 및 급유시설
3. 비상계획 및 항공보안사항
4. 항공기 운항허가 및 비상지원절차
5. 지상조업과 위험물의 취급 및 처리
6. 공항시설
7. 그 밖에 국토교통부장관이 항공기 안전운항에 필요하다고 인정하는 사항

39. **항공기 수송물에 있어 위험물에 대한 운송을 기술상으로 제정하는 곳은?**

① 대한민국 ② 국토교통부
③ 국제민간항공기구 ④ 국제 운송협회

40. **국제항공운송협회(IATA)의 목적이 아닌 것은?**

① 항공운송 발전과 제반 연구
② 국제 항공 운임 결정
③ 항공기 양식 통일
④ 체약국의 권익 보호

해설 국제항공운송협회(international air transport association)는 항공운송 발전과 제반 연구, 국제 항공 운송업자들의 협력, 국제 항공 운임 결정 및 항공기 양식의 통일을 목적으로 설립한 정기 항공회사의 국제단체로 1919년 헤이그에서 설립된 국제항공수송협회를 계승하여 1945년 4월, 쿠바 아바나에서 조직이 탄생했다.

정답 37. ④ 38. ② 39. ③ 40. ④

실전 테스트 5

★ 본 문제는 기출문제로써 시행처의 비공개 원칙에 따라 시행일을 표기할 수 없음을 밝혀 둡니다.

정비 일반

1. 양력계수가 최대가 될 때의 받음각은?

① 실속받음각　② 최대받음각
③ 최소받음각　④ 유도받음각

해설 양력계수가 최대일 때의 받음각을 실속받음각(stall angle of attack)이라 한다. 실속받음각을 넘으면 양력계수는 급격히 감소하는데, 이 현상을 실속(stall)이라 한다. 실속이 생기는 이유는, 날개의 받음각이 너무 커지면 공기 흐름이 날개 윗면을 따라서 흐르지 못하고 떨어지게 되며, 결과적으로 날개 윗면에 작용하는 양력 발생 면적이 작아지기 때문이다.

2. 표준대기 상태에서 고도가 10000 m일 때의 온도는?

① −40℃　② −45℃
③ −50℃　④ −55℃

해설 고도가 약 11 km 정도인 대류권에서는 고도가 1000 m 증가할수록 6.5℃ 감소하는데, 대류권에서 임의의 고도에서 온도를 구하는 식은 다음과 같다.

$T = T_0 - 0.0065h = 15 - 65 = -50℃$

여기서, T : 구하는 고도의 온도
T_0 : 해면의 온도(표준 해면은 15℃)
h : 고도(m)

3. 날개 끝 실속이 잘 일어나는 날개 형태는?

① 타원형 날개　② 직사각형 날개
③ 뒤젖힘 날개　④ 테이퍼형 날개

해설 날개골의 특성
㉠ 직사각형 날개 : 날개 뿌리부근에서 먼저 실속이 생긴다.
㉡ 테이퍼 날개 : 테이퍼가 작으면 날개 끝 실속이 생긴다.
㉢ 타원 날개 : 날개 전체에 걸쳐서 실속이 생긴다.
㉣ 뒤젖힘 날개 : 날개 끝 실속이 잘 일어난다.
㉤ 앞젖힘 날개 : 날개 끝 실속이 잘 일어나지 않으며 고속 특성도 좋다.

4. 방향 안정성에 큰 영향을 주는 것은?

① 수평 꼬리날개　② 수직 꼬리날개
③ 방향타　④ 보조날개

해설 비행기의 방향 안정에 영향을 끼치는 요소
㉠ 수직 꼬리날개 : 방향 안정 유지
㉡ 동체, 기관 등에 의한 영향 : 방향 안정에 불안정한 영향을 끼치는 가장 큰 요소
㉢ 추력 효과 : 프로펠러 회전면이나 제트 기관 흡입구가 무게 중심의 앞에 위치했을 때 불안정을 유발
㉣ 도살 핀 : 방향 안정 유지

5. 플랩을 사용하는 목적으로 부적당한 것은 어느 것인가?

① 항력을 증가시켜 착륙 거리를 단축한다.
② 실속 속도를 감소시켜 착륙 거리를 단축한다.
③ 최대 양력계수를 증가시켜 착륙 거리를 단축한다.
④ 양항비를 증가시켜 이륙 거리를 단축한다.

정답 1. ① 2. ③ 3. ③ 4. ② 5. ①

6. **다음 중 SHELL 모델에 대한 설명으로 맞지 않는 것은?**

① KLM 항공사의 기장 출신 Frank Hawkins가 조종사와 항공기 운항 사이에 상호작용하는 요소들의 관계를 표현한 모델이다.
② SHELL 모델은 인간과 제반 관련 요인들 간의 최적화를 강조한다.
③ SHELL 모델은 제반 관련 요인들 간의 관계를 위계적으로 설명하고 있다.
④ SHELL 모델은 미국의 심리학 교수인 Elwyn Edward가 고안한 SHELL 모델에 기반을 두고 있다.

해설

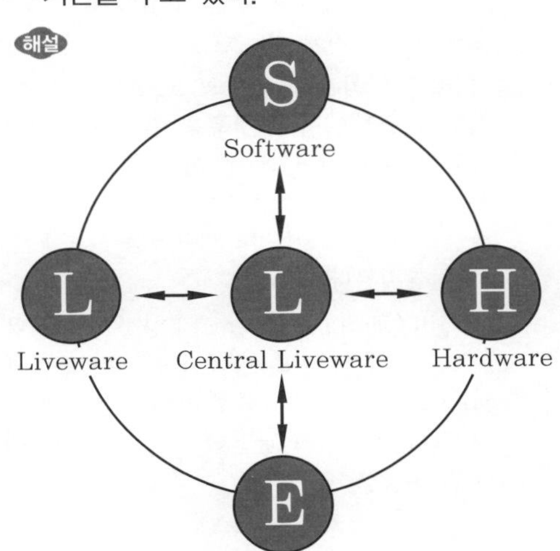

항공 분야를 포함한 여러 산업 분야에서 재해로부터 인명과 재산을 보호하고 업무의 능률과 효율성 극대화를 통한 생산성 향상을 위하여 인적요인 분야의 개발과 활용이 주요 현안으로 대두된 가운데 1972년 미국의 심리학교수인 Elwyn Edward는 승무원과 항공기 기기 사이에 상호작용 관계를 종합적이고 체계적으로 표시하는 도표인 "SHEL" 모델을 고안하였는데 인간의 인체기관 능력 및 한계에 대한 인식과 함께 인간과 기기 시스템 및 주변환경과의 부조화를 해소하는 것이 필수적이라는 점을 주장하였으나, 그의 이론은 크게 인정을 받지 못했다. 이어서 1975년 네덜란드 KLM 항공의 조종사 출신인 Frank Hawkins 박사는 Elwyn Edward가 고안한 "SHEL" 모델을 수정하여 새로운 SHELL 모델을 사용하였는데 이는 항공기 승무원의 업무와 관련하여 이 모델을 적용해 보면 중앙에 있는 "L"은 Liveware의 약자로서 인간, 즉 운항승무원을 뜻하고(관제부문에서는 항공관제사, 정비부문에서는 항공정비사 등 각 부문에서 업무를 주도적으로 수행하는 사람을 의미함) 아래 부분의 "L"역시 Liveware의 약자로서 인간을 의미하는데 업무에 직접 관여하면서 업무를 주도적으로 수행하는 인간과의 관계를 나타낸다.

또한 "H"는 Hardware의 약자로서 항공기 운항과 관련하여 승무원이 조작하는 모든 장비 장치류를 나타내는 것이며 "S"는 Software의 약자로서 항공기 운항과 관련한 법규나 비행절차, checklist, 기호, 최근 점차 늘어나는 컴퓨터 프로그램 등이 이에 해당된다. "E"는 Environment의 약자로서 주변 환경과 조종실 내 조명, 습도, 온도, 기압, 산소 농도, 소음, 시차 등을 나타내며 이러한 각각의 요소는 직무수행과정에서 제 기능과 역할을 발휘할 수 있도록 항시 최적의 상태와 조화가 이루어져야 한다. 운항승무원을 중심으로 한 주변의 모든 요소들은 항공기 운항과 직접적인 관련성을 가지고 있으므로 조종실 업무의 능률성과 효율성 및 안전성을 확보하기 위해 승무원은 이러한 요소들을 업무에 적용 시 상호관련성을 최적의 상태로 유지하면서 직무를 수행해야 하는 것이다.

7. **잉여마력이 최대가 되면 가장 큰 영향을 끼치는 것은?**

① 실속 속도 ② 침하율
③ 활공 성능 ④ 상승률

해설 잉여마력(excess horse power) : 잉여마력은 여유마력이라고 하는데 이용마력에서 필요마력을 뺀 값으로 비행기의 상승 성능을 결정하는 데 중요한 요소가 된다.

$$R.C = \frac{75(P_a - P_r)}{W}$$

여기서, $R.C$: 상승률
P_a : 이용마력
P_r : 필요마력

정답 6. ④ 7. ④

8. 항공기 유도신호 중 비상정지는 어느 것인가?

해설 항공기 유도신호

1. 서행

2. 정지

3. 비상정지

4. 엔진정지

9. 각 구성품에 대한 항공기에서의 위치를 나타내지는 않지만, 계통 내에서의 다른 구성품과 관계되는 상대적인 위치를 표시한 것은?

① 설치도(installation diagrams)
② 블록 다이어그램(block diagrams)
③ 배선도(wiring diagrams)
④ 계통도(schematic diagrams)

해설 다이어그램은 하나의 조립품 또는 시스템에 대하여 여러 가지 부분을 가리키거나 작동원리 또는 방법을 도형으로 나타내는 방법이다. 다이어그램은 여러 가지 유형이 있지만, 항공정비사의 정비작업과 관련된 다이어그램의 종류는 설치도, 계통도, 블록 다이어그램, 배선도 네 가지 유형으로 분류할 수 있다.

㉠ 설치도(installation diagrams) : 시스템을 구성하고 있는 각 구성품을 식별하고, 항공기에서의 위치를 표시한다.

㉡ 계통도(schematic diagrams) : 각 구성품에 대한 항공기에서의 위치를 나타내지는 않지만, 계통 내에서의 다른 구성품과 관계되는 상대적인 위치를 표시한다.

㉢ 블록 다이어그램(block diagrams) : 아주 복잡한 시스템에서 구성품을 간략하게 표현할 때는 블록 다이어그램을 이용한다. 각 구성품은 사각형 블록으로 간략하게 그리며, 계통 작동 시에 접속되는 다른 구성품 블록과는 선으로 연결된다.

㉣ 배선도(wiring diagrams) : 항공기에 사용되는 모든 전기기기와 장치들에 대한 전기배선과 회로 부품을 기호화하여 나타낸 그림이다. 이 그림은 비교적 간단한 회로라고 할지라도 매우 복잡할 수 있다.

10. 고속기에서 옆놀이(rolling)를 도와주는 것은 어느 것인가?

① 승강타(elevator)
② 플랩(flap)
③ 스포일러(spoiler)
④ 수평안정판(horizontal stabilizer)

해설 대형 제트기에 있어서는 날개 윗면에 스포일러(spoiler)가 붙여져 있는데, 이 경우에는 일반적으로 다용도의 기능을 가지는 예가 많다. 즉, 고속 비행 중에 좌우 날개에 대칭적으로 스포일러를 펼치면 에어 브레이크의 기능을 가지게 되고, 보조 날개와 연동해서 좌우 비대칭적인 작동을 시키면 보조 날개의 역할을 보조하는 기능이 된다.

정답 8. ③ 9. ④ 10. ③

11. 형상항력(profile drag)이란 무엇인가?

① 유도항력+조파항력
② 조파항력+압력항력
③ 압력항력+마찰항력
④ 압력항력+유도항력

해설 형상항력(profile drag) : 마찰항력과 압력항력을 합쳐서 형상항력이라 한다. 이 형상항력은 물체의 모양에 따라서 크기가 달라지는 항력이다.

12. 날개 길이가 11 m, 평균 시위의 길이가 1.8 m인 타원형 날개에서 양력계수가 0.8일 때 유도항력계수는 얼마인가? (단, 스팬 효율계수는 1이다.)

① 0.3　② 0.03
③ 0.4　④ 0.04

해설 유도항력계수

$$C_{Di} = \frac{{C_L}^2}{\pi e AR} = \frac{0.8^2}{\pi \times 1 \times \frac{11}{1.8}} \fallingdotseq 0.03$$

여기서, C_{Di} : 유도항력계수
C_L : 양력계수
e : 스팬 효율계수
AR : 가로세로비

13. 다음 중 날개에 상반각을 주는 목적으로 옳은 것은?

① 공기저항을 적게 한다.
② 상승성능을 좋게 한다.
③ 익단실속을 방지한다.
④ 옆 미끄럼을 방지한다.

해설 기체를 수평으로 놓고 앞에서 보았을 때 날개가 수평을 기준으로 올라간 각을 쳐든 각(상반각)이라 하고, 아래로 내려간 각을 쳐진 각이라 한다. 상반각을 주게 되면 옆놀이(rolling) 안정성이 좋아지고, 반대로 쳐진 각을 주면 옆놀이 안정성이 나빠진다. 상반각을 준 항공기는 어떤 이유로 옆 미끄럼을 일으켰을 때 이것을 복원하는 효과가 있다.

14. 항공기의 선회 반지름을 작게 하려면?

① 선회각을 크게 한다.
② 날개의 가로세로비를 작게 한다.
③ 항공기의 무게를 크게 한다.
④ 선회 속도를 증가시킨다.

해설 선회 반지름 $R = \frac{V^2}{g \tan\phi}$

여기서, R : 선회 반지름
V : 선회 속도
ϕ : 선회각
g : 중력 가속도

• 선회 반지름을 작게 하는 방법
㉠ 선회 속도를 작게
㉡ 선회각을 크게
㉢ 양력을 크게 : 날개면적이 증가하면 양력 증가

15. 다음 중 고항력 장치가 아닌 것은?

① 드래그 슈트(drag shute)
② 스피드 브레이크(speed brake)
③ 역추력 장치(thrust reverser)
④ 플랩(flap)

해설 고항력 장치 : 항력만을 증가시켜 비행기의 속도를 감소시키기 위한 장치
㉠ 스피드 브레이크
㉡ 역추력 장치
㉢ 제동 낙하산

16. 중량 측정을 위한 항공기에 사용되는 기준선(datum line)은 누가 정하는가?

① 항공정비사
② 국토부 감독관
③ 인가받은 수리공장
④ 항공기 제작사

해설 항공기 제작사는 기준선(datum line)을 날개의 앞전이나 쉽게 식별할 수 있는 무게 중심에서 특정 거리가 떨어진 곳에 정하기도 하는데, 일반적으로 항공기 전방의 특정한 거리에 정한다.

정답 11. ③ 12. ② 13. ④ 14. ① 15. ④ 16. ④

17. 활공각과 양항비와의 관계에 대한 설명이다. 틀린 것은?

① 활공각과 양항비는 반비례한다.
② 멀리 활공하려면 양항비는 작아야 한다.
③ 멀리 활공하려면 활공각은 작아야 한다.
④ 활공각과 양항비와의 관계식은 $\tan\theta = \frac{C_D}{C_L}$이다.

해설 양항비가 커지면 활공각이 작아져 멀리 활공하게 된다.

18. NACA 2430에서 4가 의미하는 것은?

① 최대 두께가 시위의 4%이다.
② 최대 캠버의 위치가 시위의 40%이다.
③ 최대 캠버의 위치가 시위의 4%이다.
④ 캠버의 크기가 시위의 4%이다.

해설 4자 계열 날개골
NACA 2412
2 : 최대 캠버의 크기가 시위의 2%
4 : 최대 캠버의 위치가 시위의 40%
12 : 최대 두께가 시위 길이의 12%

19. 성층권에 대한 올바른 설명은?

① 고도가 증가하면 온도가 증가
② 고도가 증가하면 온도가 감소
③ 고도 변화에 따라 온도의 변화 없음
④ 고도가 증가하면 온도가 감소하다 증가

해설 성층권 : 평균적으로 고도 변화에 따라 기온 변화가 거의 없는 영역을 성층권이라고 하나 실제로는 많은 관측 자료에 의하여 불규칙한 변화를 하는 것으로 알려져 있다.

20. 프로펠러 감속 기어의 사용 목적은?

① 효율 좋은 블레이드 각으로 더 높은 엔진 출력을 사용할 수 있다.
② 엔진은 높은 프로펠러의 원심력으로 더 천천히 운전할 수 있다.
③ 더 짧은 프로펠러를 사용할 수 있으며 따라서 압력을 높인다.
④ 연소실의 온도를 조정한다.

해설 프로펠러 감속 기어(reduction gear) : 감속 기어의 목적은 최대 출력을 내기 위하여 고회전할 때 프로펠러가 엔진 출력을 흡수하여 가장 효율 좋은 속도로 회전하게 하는 것이다. 프로펠러는 깃 끝 속도가 표준 해면 상태에서 음속에 가깝거나 음속보다 빠르면 효율적인 작용을 할 수가 없다. 프로펠러는 감속 기어를 사용할 때 항상 엔진보다 느리게 회전한다.

21. 날개의 경사충격파 설명 중 틀린 것은?

① 초음속일 때 발생한다.
② 충격파 후방의 속도는 초음속이다.
③ 충격파 후방의 압력, 온도는 증가한다.
④ 충격파 후방의 밀도는 감소한다.

해설 경사충격파는 수직충격파보다 약하지만 여전히 충격파이며 에너지를 소비한다. 공기가 경사충격파를 통과하면 밀도, 압력 및 온도가 모두 상승하며 속도는 감소한다. 경사충격파와 수직충격파의 주요한 차이점은 경사충격파 뒤의 공기는 초음속이지만, 수직충격파 뒤는 아음속보다 저속이라는 점이다.

22. 스태틱 디스차저(static discharger)의 역할은 무엇인가?

① 규정치 이상의 전류가 흘렀을 때 회로를 차단한다.
② 기체 표면에 대전한 정전기를 대기 중으로 방전한다.
③ 항공기에 탑재된 축전지를 충전한다.
④ 직류 발전기 전압이 축전지 전압보다 낮아졌을 때 발전기로 역류되지 않도록 한다.

해설 항공기가 고속으로 비행하면 공기 중의 먼지나 비, 눈, 얼음 등과의 마찰에 의해 기체 표면에 정전기가 생기는데, 이 정전기가 점차 축적되어 결국에는 코로나 방전이 시작된다. 코로나 방전은 매우 짧은 간격의 펄스 형태로 방전하므로 항공기의 무선 통신기에 잡음 방해를 준다. 이러한 유해한 잡음을 없애기 위해 약 10센티미터의 큰 저항체를 가진 스태틱 디스차저를 장치하여 이를 통해 대기 중으로 정전기를 방전시킨다.

정답 17. ② 18. ② 19. ③ 20. ① 21. ④ 22. ②

23. **복합재료에 대한 설명이 아닌 것은?**

① 일반적으로 보강재와 모재로 구성된다.
② 보강재는 모재에 의해 접합되거나 둘러싸여 있으며, 섬유, 휘스커 또는 미립자로 만들어진다.
③ 모재는 액체인 수지(resin)가 일반적이며, 보강재를 접착하고 보호하는 역할을 담당한다.
④ 결합용 부품이나 파스너(fastener)를 사용하지 않아도 되므로 제작이 쉽고 구조가 단순해지나, 수리가 어렵다.

해설 복합재료는 항공용으로 개발되었지만, 지금은 자동차, 운동기구, 선박뿐만 아니라 방위산업을 포함한 다른 많은 산업 분야에서도 사용되고 있다. 복합재료는 일반적으로 보강재(reinforcement)와 모재(matrix)로 구성된다. 보강재는 모재에 의해 접합되거나 둘러싸여 있으며, 섬유(fiber), 휘스커(whisker) 또는 미립자(particle)로 만들어진다. 모재는 액체인 수지(resin)가 일반적이며, 보강재를 접착하고 보호하는 역할을 담당한다.

24. **유도항력을 발생시키는 것은?**

① 날개 끝 와류　② 속박 와류
③ 간섭 항력　④ 충격파

해설 유도항력(induced drag) : 날개가 흐름 속에 있을 때 날개 윗면의 압력은 작고, 아랫면의 압력은 크기 때문에 날개 끝에서 흐름이 날개 아랫면에서 윗면으로 올라가는 와류현상이 생긴다. 이 날개 끝 와류로 인하여 날개에는 내리흐름이 생기게 되고, 이 내리 흐름으로 인하여 유도항력이 발생한다. 비행기 날개와 같이 날개 끝이 있는 것에는 반드시 유도항력이 발생한다.

25. **다음 중 조종간을 왼쪽으로 했을 때 일어나는 현상은?**

① 왼쪽 보조익이 올라간다.
② 오른쪽 보조익이 올라간다.
③ 왼쪽 승강타가 올라간다.
④ 오른쪽 승강타가 올라간다.

해설 조종간을 좌로 돌리면 좌측 보조익은 올라가고 우측 보조익은 내려가서 항공기는 좌측으로 옆놀이를 하고, 조종간을 우측으로 돌리면 반대 현상이 일어난다.

26. **표준 해면에서의 온도가 15℃일 때의 속도가 340 m/s이라면, 온도가 −48℃일 때의 속도는?**

① 250 m/s　② 300 m/s
③ 350 m/s　④ 400 m/s

해설 음속을 구하는 공식

$$a = a_0\sqrt{\frac{273+t}{273}} = 331.2\sqrt{\frac{273-48}{273}} \fallingdotseq 300\,\mathrm{m/s}$$

여기서, a_0 : 0℃인 공기 중에서의 음속
t : 임의의 고도에서의 온도

27. **프로펠러의 트랙(track)이란?**

① 프로펠러의 받음각
② 프로펠러 블레이드 팁의 회전 궤적
③ 프로펠러가 1회전해서 전진하는 거리
④ 기하학적 피치와 유효 피치의 차이

해설 프로펠러의 트랙(track)은 블레이드 팁(tip)의 회전 궤적이고, 각 블레이드 팁의 상대 위치를 나타낸 것이다.

28. **15℃를 화씨로 바꾸면?**

① 32℉　② 47℉　③ 59℉　④ 71℉

해설 $°\mathrm{F} = \left(\frac{9}{5}℃\right) + 32 = \left(\frac{9}{5}\times 15\right) + 32 = 59\,°\mathrm{F}$

29. **합성고무에 대한 설명 중 틀린 것은?**

① 부틸은 가스 침투에 높은 저항력을 갖는 탄화수소 고무이다.
② 부나−S는 열에 대한 저항성은 약하나 유연성이 좋다.
③ 부나−N은 금속과 접촉해서 사용될 때 내마모성과 절단특성이 우수하다.
④ 네오프렌은 오존, 햇빛, 시효에 대한 특별한 저항성을 가지고 있다.

정답 23. ④　24. ①　25. ①　26. ②　27. ②　28. ③　29. ②

해설 합성고무는 여러 종류로 만들어지고 있으며, 각각 요구되는 성질을 부여하기 위하여 여러 가지 재료를 합성해서 만든다. 가장 널리 사용되는 것으로는 부틸(butyl), 부나(Buna), 네오프렌(neoprene) 등이 있다.

㉠ 부틸(butyl) : 가스 침투에 높은 저항력을 갖는 탄화수소 고무이다. 이 고무는 또한 노화에 대한 저항성도 있지만 물리적인 특성은 천연고무보다 상당히 적다. 부틸은 에스테르 유압유(skydrol), 실리콘 유체, 가스 케톤(ketone), 아세톤(acetone) 등과 같은 곳에 사용한다.

㉡ 부나(Buna)-S : 천연고무와 같이 방수특성을 가지며, 어느 정도 우수한 시효특성을 가지고 있다. 열에 대한 저항성은 강하나 유연성은 부족하다. 부나-S는 천연고무의 대용품으로 타이어나 튜브에 일반적으로 사용한다.

㉢ 부나-N : 탄화수소나 다른 솔벤트에 대한 저항력은 우수하지만 낮은 온도의 솔벤트에는 저항력이 약하다. 균열이나 태양광, 오존에 대해 좋은 저항성을 가지고 있다. 또한, 금속과 접촉해서 사용될 때 내마모성과 절단특성이 우수하다. 오일호스(oil hose)나 가솔린 호스(gasoline hose), 탱크내벽(tank lining), 개스킷(gasket) 및 실(seal)에 사용된다.

㉣ 네오프렌(neoprene, 합성고무의 일종) : 천연고무보다 더 거칠게 취급할 수 있고 더 우수한 저온 특성을 가지고 있다. 오일(oil)에 대해 우수한 저항성을 갖는다. 비록 비방향족 가솔린 계통(nonaromatic gasoline system)에는 좋은 재료이지만 방향족 가솔린 계통(aromatic gasoline system)에는 저항력이 약하다. 네오프렌은 주로 기밀용 실, 창문틀(window channel), 완충 패드(bumper pad), 오일 호스, 카뷰레터 다이어프램(carburetor diaphragm)에 주로 사용한다.

30. 비행기의 속도가 360 km / h, 밀도가 0.125 $kg \cdot s^2 / m^4$일 때 동압은?

① 312 m/s ② 625 m/s
③ 937 m/s ④ 1250 m/s

해설 $q = \frac{1}{2}\rho V^2 = \frac{1}{2} \times 0.125 \times \left(\frac{360}{3.6}\right)^2$
$= 625\,m/s$

31. 공기력 중심의 설명 중 맞는 것은?

① 받음각이 증가하면 앞전으로 이동한다.
② 받음각이 변해도 위치가 변하지 않는 곳이다.
③ 공기력이 작용하는 합력점이다.
④ 받음각이 감소하면 뒷전으로 이동한다.

해설 공기력 중심(aerodynamic center) : 받음각이 변하더라도 위치가 변하지 않는 기준점을 말하고 대부분의 날개골에 있어서 이 공기력 중심은 앞전에서부터 25 % 뒤쪽에 위치한다.

32. 날개의 유도항력을 줄이기 위한 방법은?

① 후퇴익을 사용한다.
② 와류 발생장치를 사용한다.
③ 가로세로비를 작게 한다.
④ 날개에 윙 렛(wing let)을 설치한다.

해설 유도항력(induced drag) : down wash로 인하여 유효 받음각이 작아지는데 이로 인하여 날개의 양쪽이 기울어져 발생하는 흐름 방향의 항력을 말한다.

$$D_i = \frac{1}{2}\rho V^2 S C_{Di}$$

여기서, D_i : 유도항력, ρ : 공기 밀도
V : 비행속도, S : 날개의 면적
C_{Di} : 유도항력계수

• 유도항력을 줄이기 위한 대책
㉠ 종횡비(가로세로비를 크게)
㉡ 타원형 날개 사용
㉢ 날개에 wing let 설치

33. 층류형 날개골의 특징 중 맞는 것은?

① 최저 압력의 위치가 가능한 뒤쪽에 있다.
② 최대 두께의 위치가 가능한 앞쪽에 있다.
③ 앞전 반지름이 크다.
④ 최대 양력계수가 커진다.

정답 30. ② 31. ② 32. ④ 33. ①

해설 층류 날개골(laminar flow airfoil)
㉠ 속도가 빠른 천음속 제트기에 많이 사용된다.
㉡ 속도의 증가에도 항력을 감소시키기 위한 목적으로 만들어졌다
㉢ 최대 두께의 위치를 뒤쪽으로 놓고 앞전 반지름을 다소 작게 하여 최저 부압점을 후퇴시켜 천이를 늦추었다.
㉣ 층류 경계층을 오랫동안 유지할 수 있고 저항을 감소시킬 수 있다.
㉤ 충격파의 발생을 지연시키는 효과가 있다.
㉥ 층류 날개의 앞전 반지름을 지나치게 작게 하면 받음각이 큰 경우에 앞전을 지나가는 흐름에 무리가 생겨 최대 양력계수가 작아져서 실속 속도가 커진다.
㉦ 최대 두께의 위치를 지나치게 후퇴시키면 받음각이 그다지 크지 않더라도 일찍이 흐름의 떨어짐이 생겨 진동을 일으킨다.

34. 부식의 형태에서 이질금속 간 부식(galvanic corrosion)을 올바르게 설명한 것은 어느 것인가?

① 인장 응력과 부식이 동시에 작용하여 일어나는 것이다.
② 서로 다른 두 금속이 접촉할 때 습기로 인하여 외부 회로가 생겨서 일어나는 부식이다.
③ 알루미늄 합금이나 마그네슘 합금 그리고 스테인리스강의 표면에 발생하는 보통 부식이다.
④ 세척용 화학용품 등의 화학작용에 의하여 생기는 부식이다.

해설 부식의 종류
㉠ 표면 부식(surface corrosion) : 제품 전체의 표면에서 발생하여 부식 생성물인 침전물을 보이고 홈이 나타나는 부식이다. 또 부식이 표면 피막 밑으로 진행됨으로써 피막과 침전물의 식별이 곤란한 경우도 있는데 이러한 부식은 페인트나 도금층이 벗겨지게 하는 원인이 되기도 한다.
㉡ 이질금속 간 부식(galvanic corrosion) : 서로 다른 두 가지의 금속이 접촉되어 있는 상태에서 발생하는 부식이다. 따라서 이질 금속을 사용할 경우에 금속 사이에 절연 물질을 끼우거나 도장처리를 하여 부식을 방지하도록 해야 한다.

그룹 I	마그네슘과 마그네슘 합금, 알루미늄 합금 1100, 5052, 5056, 6063, 5356, 6061
그룹 II	카드뮴, 아연, 알루미늄과 알루미늄 합금(그룹 I 의 알루미늄 합금을 포함한다.)
그룹 III	철, 납, 주석 이것들의 합금(내식강은 제외)
그룹 IV	크롬, 니켈, 티타늄, 은, 내식강, 그래파이트, 구리와 구리 합금, 텅스텐

같은 그룹 내의 금속끼리는 부식이 잘 일어나지 않는다. 그러나 다른 그룹끼리 접촉 시 부식이 발생한다.

㉢ 입자간 부식(intergranular corrosion) : 금속 재료의 결정 입계에서 합금 성분의 불균일한 분포로 인하여 발생하는 부식으로 알루미늄 합금, 강력 볼트용 강, 스테인리스강 등에서 발생한다. 합금 성분의 불균일성은 응고 과정, 가열과 냉각, 용접 등에 의해서 발생할 수 있다. 재료 내부에서 주로 발생하므로 기계적 성질을 저하시키는 원인이 되며 심한 경우에는 표면에 돌기가 나타나고 파괴까지 진행될 수가 있다.
㉣ 응력 부식(stress corrosion) : 강한 인장 응력과 부식 환경 조건이 재료 내에 복합적으로 작용하여 발생하는 부식이다. 주로 발생하는 금속 재료는 알루미늄 합금, 스테인리스강, 고강도 철강 재료이다.
㉤ 마찰 부식(fretting corrosion) : 서로 밀착된 부품 사이에서 아주 작은 진동이 발생하는 경우에 접촉 표면에 홈이 발생하는 부식이다.

정답 34. ②

35. 프로펠러의 작동 효율이 가장 좋은 것은?

① 완전 페더링 프로펠러(full feathering propeller)
② 역 피치 프로펠러(reverse pitch propeller)
③ 정속 프로펠러(constant speed propeller)
④ 2단 가변 피치 프로펠러(2-position controllable pitch propeller)

해설 정속 프로펠러(constant speed propeller) : 조속기(governor)에 의하여 저 피치에서 고 피치까지 자유롭게 피치를 조정할 수 있어 비행속도나 기관 출력의 변화에 관계없이 항상 일정한 속도를 유지하여 가장 좋은 프로펠러 효율을 가지도록 한다.

36. 케이블이 절단되었는지 확인하는 방법은?

① 현미경으로 자세히 관찰한다.
② 헝겊으로 케이블을 감싸서 닦으며 확인한다.
③ 돋보기를 이용하여 검사한다.
④ 눈으로 케이블을 검사한다.

해설 케이블 검사방법
㉠ 케이블의 와이어에 부식, 마멸, 잘림 등이 없는지 검사한다.
㉡ 와이어의 잘린 선을 검사할 때는 헝겊으로 케이블을 감싸서 다치지 않도록 주의하여 검사한다.
㉢ 풀리나 페어리드와 접촉하는 부분을 세밀히 검사한다.
㉣ 7×19 케이블은 1인치당 6가닥 이상, 7×7 케이블은 1인치당 3가닥 이상이 절단되면 교환한다.

37. 날개의 스팬이 12 m, 날개의 면적이 19.2 m^2이고 시위의 길이가 1.6 m인 항공기의 종횡비는 얼마인가?

① 6.5 ② 7.5
③ 8.5 ④ 9.5

해설 $AR = \frac{b}{c} = \frac{b^2}{S} = \frac{12^2}{19.2} = 7.5$

여기서, AR : 종횡비, b : 스팬
c : 시위의 길이

38. 다음 지면 효과(ground effect)에 대한 설명 중 틀린 것은?

① 회전면 아래의 공기압력이 대기압보다 증가하게 되어 양력의 증가를 가져오는 것
② 회전날개의 반지름 정도의 고도에 있을 때 5~10 %의 추력 증가
③ 회전고도가 회전날개 지름의 2배보다 크면 지면 효과 상실
④ 지면 가까이에서 후류가 소용돌이를 발생시켜 진동 발생

해설 지면 효과(ground effect)
㉠ 헬리콥터도 고정익 항공기와 마찬가지로 이·착륙 시 지면과 거리가 가까워지면 양력이 더욱 커지는 현상이 발생하는데, 이를 지면 효과라 한다. 회전익 항공기가 지면에 가까이 있으면 회전날개를 지난 공기 흐름이 지면에 부딪혀서 회전익 항공기와 지면 사이의 공기를 압축하므로, 회전면과 지면 사이의 공기의 대기압이 증가되어 양력이 증가된다.
㉡ 회전면의 고도가 회전날개의 지름보다 더 크면 지면 효과는 없어지고, 고도가 회전날개의 반지름 정도에 있을 때 추력 증가는 5~10 % 정도이다.
㉢ 지면 가까이에서는 회전날개의 회전면으로부터의 후류가 동체와 지면 사이에서 소용돌이를 발생시켜, 기체의 흔들림이나 추력 변화의 원인이 될 수도 있다.

39. 중량 5000 kg인 항공기가 고도 2000 m에서 활공하였다. 이때 양항비가 10이라면 활공거리는?

① 10000 m ② 20000 m
③ 30000 m ④ 40000 m

정답 35. ③ 36. ② 37. ② 38. ③ 39. ②

해설 활공비 $= \frac{L}{h} = \frac{C_L}{C_D}$ 에서,

활공 거리 = 양항비×활공 고도
= 10×2000 = 20000 m

여기서, L : 활공 거리
h : 활공 고도
C_L : 양력 계수
C_D : 항력 계수

40. 다음 중 부식방지 처리방식에서 양극산화처리(anodizing)를 올바르게 설명한 것은?

① 어떤 고체 재료의 표면상에 용융 금속을 분사하는 방법이다.
② 알루미늄이나 그 합금 재료의 표면상에 산화 피막을 인공적으로 생성시키는 것이다.
③ 알로다인을 사용하여 부식저항을 증가시키는 간단한 화학처리이다.
④ 화학적, 전기적 방식에 의해 금속을 도금하는 것이다.

해설 양극산화처리(anodizing)는 금속 표면에 내식성이 있는 산화 피막을 형성시키는 방법을 말하며 황산, 크롬산 등의 전해액에 담그면 양극에 발생하는 산소에 의해 양극의 금속 표면이 수산화물 또는 산화물로 변화되어 고착되어 부식에 대한 저항성을 증가시킨다. 그리고 알루미늄 합금에 이 처리를 실시하면 페인트칠을 하기 좋은 표면으로 된다.

항공 기체

1. 용어에 대한 정의가 올바르지 않은 것은?

① 트레드는 합성고무로 만들어지며, 마찰 특성을 부여한다.
② 코드 보디는 타이어의 강도를 제공한다.
③ 브레이커는 휠(wheel)의 접촉면 보강재로 휠로부터 전해지는 열을 차단한다.
④ 와이어 비드는 타이어에 작용하는 모든 하중을 지지한다.

해설 타이어의 구조

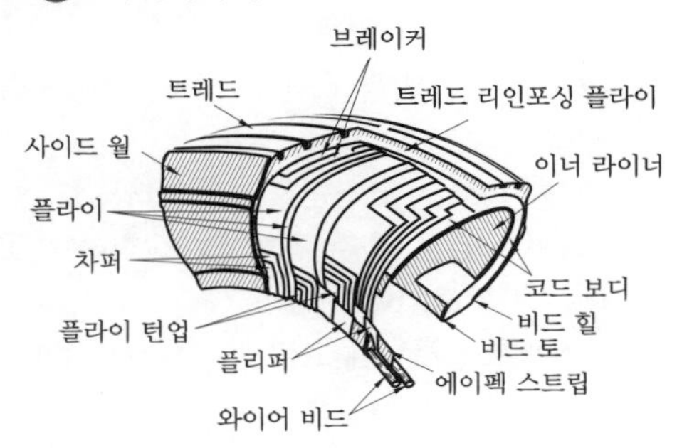

㉠ 비드(bead) : 고무 사이에 끼어 있는 강 와이어(steel wire)로 타이어에 작용하는 모든 하중을 지지한다.
㉡ 코드 보디(cord body) 또는 카커스(carcass) : 고무로 덮인 인견포 층으로 타이어의 강도를 제공한다.
㉢ 트레드(tread) : 내구성과 강인성을 갖도록 하기 위해 합성고무로 만들어지며, 그루브를 통해 활주 시 마찰 특성을 부여한다.
㉣ 차퍼(chafer) : 휠의 접촉면 보강재로 휠로부터 전해지는 열을 차단한다.
㉤ 플리퍼(flipper) : 비드의 외측면 보강재로 타이어의 내구성을 증대시킨다.
㉥ 브레이커(breaker) : 트레드와 카커스의 접착 및 충격에 따른 완충 효과를 증대시킨다.
㉦ 사이드 월(side wall) : 코드가 손상을 받거나 노출되는 것을 방지하기 위해 코드 보디의 측면을 덮는 구실을 한다.

2. 강에서 탄소의 함유량이 2% 이상일 경우 무엇이라 하는가?

① 주철　② 순철
③ 강　④ 강철

해설 주철은 탄소 함유량이 2.0~6.67%인 철과 탄소의 합금으로, 용선로나 전기로에서 제조한다. 용융온도가 낮고 유동성이 좋기 때문에 복잡한 형상이라도 주조하기 쉽고 또 값이 싸기 때문에 공업용 기계 부품을 제조하는 데 많이 사용되어 왔으나, 메짐성이 있고 단련이 되지 않는 결점이 있다.

정답 40. ② 1. ③ 2. ①

3. 비자동 고정 너트(non-self locking nut)의 설명 중 틀린 것은?

① 평 너트는 인장 하중을 받는 곳에 사용한다.
② 캐슬 너트는 코터핀을 사용한다.
③ 나비 너트는 자주 장탈 및 장착하는 곳에는 사용하지 않는다.
④ 평 너트 사용 시 고정 와셔를 사용한다.

해설 비자동 고정 너트
㉠ 캐슬 너트(castle nut) : 생크에 구멍이 있는 볼트에 사용하며, 코터 핀으로 고정한다.
㉡ 캐슬 전단 너트(castellated shear nut) : 캐슬 너트보다 얇고 약하며, 주로 전단응력만 작용하는 곳에 사용한다.
㉢ 평 너트(plain nut) : 큰 인장하중을 받는 곳에 사용하며, 잼 너트나 lock washer 등 보조 풀림 방지 장치가 필요하다.
㉣ 잼 너트(jam nut) : 체크 너트(check nut)라고도 하며, 평 너트나 세트 스크루(set screw) 끝부분의 나사가 난 로드(rod)에 장착하는 너트로 풀림 방지용 너트로 쓰인다.
㉤ 나비 너트(wing nut) : 맨손으로 죌 수 있을 정도의 죔이 요구되는 부분에서 빈번하게 장탈·착하는 곳에 사용된다.

4. 알루미늄 합금 방청제로 사용하는 것은?

① 니켈-크롬 ② 크롬산 아연
③ 니켈-카드뮴 ④ 가성소다

해설 리벳의 방식 처리법으로는 리벳의 표면에 보호막을 사용한다. 이 보호막에는 크롬산 아연, 메탈 스프레이, 양극 처리 등이 있다. 리벳의 보호막은 색깔로 구별한다.
㉠ 황색 : 크롬산 아연 도포
㉡ 진주빛 회색 : 양극 처리
㉢ 은빛 회색 : 금속을 분무

5. 비행 중 경항공기의 주익을 받치고 있는 스트러트(strut)에 작용하는 힘은?

① 인장력 ② 압축력
③ 전단력 ④ 굽힘 모멘트

해설 비행 중 날개의 지주(strut)는 날개에 발생하는 양력과 항공기의 무게에 의해 인장력을 받는다.

6. 조종 계통에서 회전축에 대하여 두 개의 암을 가지고 회전운동을 직선운동으로 바꾸어 주는 장치는?

① 토크 튜브(torque tube)
② 풀리(pulley)
③ 벨 크랭크(bell crank)
④ 페어 리드(fair lead)

해설 케이블 조종 계통에 사용되는 부품의 기능
㉠ 풀리 : 케이블을 유도하고 케이블의 방향을 바꾸는 데 사용
㉡ 턴 버클 : 케이블의 장력을 조절
㉢ 페어 리드 : 조종 케이블의 작동 중 최소의 마찰력으로 케이블과 접촉하여 직선운동을 하며 케이블을 3° 이내에서 방향을 유도
㉣ 벨 크랭크 : 로드와 케이블의 운동방향을 전환하고자 할 때 사용하며 회전축에 있는 2개의 암은 회전운동을 직선운동으로 바꿈

7. 인티그럴 연료탱크를 사용하는 이유는?

① 무게가 가볍다.
② 제작비가 싸다.
③ 공간을 많이 차지한다.
④ 연료를 많이 채울 수 있다.

해설 인티그럴 연료탱크(integral fuel tank)는 날개의 내부 공간을 연료탱크로 사용하는 것으로 앞 날개보와 뒷 날개보 및 외피로 이루어진 공간을 밀폐제를 이용하여 완전히 밀폐시켜 사용하며 여러 개의 탱크로 제작되었다. 장점으로는 무게가 가볍고 구조가 간단하다.

8. 압력의 단위를 맞게 설명한 것은?

① pound per stall inch
② pound four square inch
③ pound per square centimeter
④ pound per square inch

정답 3. ③ 4. ② 5. ① 6. ③ 7. ① 8. ④

9. **기체 구조 형식 중 모노코크(monocoque) 구조란?**

① 강관의 골격에 알루미늄 표피를 씌운 구조
② 금속 외피, 프레임, 스트링거 등의 강도 부재를 접합하여 만든 구조
③ 외피만으로 되어 있는 구조
④ 강관의 골격에 우포를 씌운 구조

해설 모노코크(monocoque) 구조
㉠ 트러스 구조의 단점을 해소할 수 있는 구조이다.
㉡ 구성 부재는 외피, 벌크헤드, 정형재로 되어 있으며 원통형태이다.
㉢ 항공기 동체에서 공간 마련이 매우 용이하고 넓은 공간을 확보할 수 있다.
㉣ 하중을 담당하는 골격이 없으므로 작은 손상에도 구조 전체에 영향을 줄 수 있다.
㉤ 작용하는 하중 전체를 외피가 담당하기 위해서는 두꺼운 외피를 사용해야 하지만 무게가 너무 무거워져 항공기 기체 구조로는 적합하지 못하다.

10. **금속 재료 부식 형태 중 구리 합금에 나타나는 부식 현상은?**

① 녹색의 산화피막이 생긴다.
② 붉은색 녹을 형성한다.
③ 회색의 침전물이 형성된다.
④ 흰색의 침전물이 형성된다.

해설 부식의 형태는 금속에 따라 차이가 있는데, 알루미늄 합금과 마그네슘 합금은 표면에 넓은 부식 자국이 침식된 흔적이 나타나며, 회색 및 흰색의 침전물이 형성된다. 구리 합금은 녹색 산화피막이 생기고, 철강 재료는 붉은색 녹을 형성한다.

11. **공압 계통의 장점 중 틀린 것은?**

① 불연성이며 깨끗하다.
② 저장 탱크, 리턴 라인이 필요 없다.
③ 압력, 온도, 유량 때문에 사용범위가 좁다.
④ 동력원으로 원자재 투자가 필요 없다.

해설 공기압 계통의 장점
㉠ 공기압 계통은 압력 전달 매체로서 공기를 사용하므로 비압축성 작동유와 달리 어느 정도 계통의 누설을 허용하더라도 압력 전달에는 큰 영향을 주지 않는다.
㉡ 공기압 계통은 무게가 가볍다.
㉢ 사용한 공기를 대기 중으로 배출시키므로 공기가 실린더로 되돌아오는 귀환관이 필요 없어 계통이 간단해질 수 있다.

12. **화재 방지 계통(fire protection system)에서 사용하는 squib란?**

① 탱크 내 소화액의 용량을 알기 위한 장치이다.
② 소화액체가 살포될 수 있도록 하는 장치이다.
③ 소화기가 터졌음을 외부에서 알 수 있도록 하는 디스크이다.
④ 화재를 감지하기 위한 일종의 화재 감지기이다.

해설 소화제 용기는 실린더형과 구형이 있으며, 소화제의 분사는 소화제 용기 입구의 실을 전기적으로 발화시키는 소형 폭약(squib)에 의하여 파괴시켜 방출시킨다.

13. **크로스 피드(cross feed) 연료 계통에서 크로스 피드 연료 라인의 목적이 아닌 것은?**

① 한 연료 탱크로부터 다른 연료 탱크로 연료를 옮기기 위하여
② 어느 연료 탱크로부터 하나의 엔진까지 연료를 공급하기 위하여
③ 연료 하중의 평형을 맞추기 위하여
④ 연료 보급 시간을 줄이기 위하여

해설 크로스 피드(cross feed) 연료 계통 : 어떠한 연료 탱크 내에서도 연료를 어느 엔진으로 공급을 가능하게 하는 것으로, 또 항공기의 적절한 무게 중심을 유지하기 위해서나 항공기 무게의 분산 목적을 위하여 어떤 연료 탱크에서 다른 연료 탱크로 연료 이송을 가능하게 한다.

정답 9. ③ 10. ① 11. ③ 12. ② 13. ④

14. **케이블 계통에서 마찰력 감소와 벌크 헤드 등의 통과부분에 사용되는 것은?**

① 풀리(pulley)
② 페어리드(fairlead)
③ 가드(guard)
④ 케이블 드럼(cable drum)

해설 페어리드(fairlead)는 조종 케이블의 작동 중 최소의 마찰력으로 케이블과 접촉하여 직선 운동을 하며 케이블을 3° 이내에서 방향을 유도한다. 또한 벌크헤드(bulkhead)의 구멍이나 다른 금속이 지나가는 부분에 사용되며, 페놀수지처럼 비금속재료 또는 부드러운 알루미늄과 같은 금속으로 되어 있다.

15. **최근 항공기에서 객실 온도 조절은 어떻게 하는가?**

① ACM(air cycle machine)을 통과한 차가운 공기를 이용
② 램 에어(ram air)를 이용
③ 아웃플로 밸브(outflow valve)를 이용
④ ACM(air cycle machine)을 통과한 차가운 공기와 더운 공기를 혼합하여 조절

해설 항공기의 pneumatic manifold에서 flow control and shut off valve를 통하여 heat exchanger로 보내지는데 primary core에서 냉각된 공기는 ACM(air cycle machine)의 compressor를 거치면서 pressure가 증가한다. compressor에서 방출된 공기는 heat exchanger의 secondary core를 통과하면서 압축으로 인한 열은 상실된다. 공기는 ACM의 turbine을 통과하면서 팽창되고 온도는 떨어진다. 그러므로 터빈을 통과한 공기는 저온, 저압의 상태이다. 터빈을 지나 냉각된 공기는 수분을 포함하고 있으므로 수분 분리기(water separator)를 지나면서 수분이 제거되고 더운 공기와 혼합되어 객실 내부로 공급된다.

16. **볼트 머리에 있는 표시 중 삼각형 표시는?**

① 내식강 볼트 ② 정밀 공차 볼트
③ 알루미늄 볼트 ④ 특수 볼트

해설 볼트 머리 기호의 식별
㉠ 알루미늄 합금 볼트 : 쌍 대시(– –)
㉡ 내식강 볼트 : 대시(–)
㉢ 특수 볼트 : SPEC 또는 S
㉣ 정밀 공차 볼트 : △
㉤ 합금강 볼트 : +, *
㉥ 열처리 볼트 : R

17. **세미모노코크(semi-monocoque) 구조의 특징 중 틀린 것은?**

① 구조가 간단하다.
② 구조가 복잡하다.
③ 공간 확보가 용이하다.
④ 골격과 외피가 같이 하중을 담당한다.

해설 세미-모노코크 구조 : 세미-모노코크 구조는 모노코크의 단점을 보완하기 위해 모노코크의 구조에 뼈대를 이용한 구조로서 다음과 같은 특징이 있다.
㉠ 하중의 일부만 외피가 담당하게 한다.
㉡ 나머지 하중은 뼈대가 담당하게 하여 기체의 무게를 모노코크에 비해 줄일 수 있다.
㉢ 현대 항공기의 대부분이 채택하고 있는 구조 형식으로 정역학적으로 부정정 구조물이다
㉣ 구성
(a) 세로부재(길이방향)
• 세로대(longeron) • 세로지(stringer)
(b) 수직부재(횡방향)
• 링(ring) • 벌크헤드(bulkhead)
• 뼈대(frame) • 정형재(former)

18. **비행기를 견인(towing)할 때 설명 중 맞지 않는 것은?**

① 복잡한 곳을 통과 시 양쪽 날개 끝에 한 명씩 배치한다.
② runway나 taxiway 통과 시 관제탑의 지시를 받는다.
③ 운항 승무원이 brake를 밟으면서 속도를 조절한다.
④ towing 시 항공기 뒤쪽에 사람이 서 있으면 안 된다.

정답 14. ② 15. ④ 16. ② 17. ① 18. ③

해설 견인(towing) 시 항공기에 장착되어 있는 브레이크는 비상시에 사용하기 위한 것이다. 항공기 속도를 줄일 목적으로는 사용되지 않는다.

19. 신형 민간 항공기에서 water waste sys-tem에 대한 설명 중 맞는 것은?

① galley에서 사용한 물은 waste tank에 저장
② toilet에서 사용한 물은 drain mast로 기외로 배출
③ galley에서 사용한 물은 drain mast로 기외로 배출
④ galley와 toilet에서 사용한 물은 모두 waste tank로 저장

해설 현대 항공기는 galley에서 사용한 물은 drain mast를 통해 기외로 배출하고, toilet에서 사용한 물은 waste tank에 별도로 저장한다.

20. 복합 소재 수리 시 사용되는 가압 방법이 아닌 것은?

① 숏 백(short bag)
② 필 플라이(peel ply)
③ 프리프레그(prepreg)
④ 진공 백(vacuum bag)

해설 복합 소재 수리 시 경화를 위하여 여러 가지 형태의 공구와 장비가 기계적인 압력을 가하는 데 사용된다.
㉠ 숏 백(short bag)
㉡ 클리코(cleco)
㉢ 스프링 클램프(spring clamp)
㉣ 필 플라이(peel ply)
㉤ 진공 백(vacuum bag)

21. 온도 특성이 강하여 고온 부위의 gasket seal에 사용하는 고무는?

① 실리콘 ② 네오프렌
③ 클로로프렌 ④ 부틸

해설 실리콘 고무 : 고온에서 안정성이 있고 저온에서는 유연하며, 기후에 대한 저항성이 좋다.

22. 다음 중 부품을 확인하는 데 사용되는 도해 목록은?

① AMM ② WDM
③ IPC ④ SRM

해설 부품 배열도(illustrated parts catalog) : 각 부품의 조립 형태를 나타내기 위하여 사용한다.

23. 항공기에 사용하는 복합재료에 대한 설명 중 맞는 것은?

① 두 종류 이상의 재료를 사용하여 합금 처리한 재료
② 두 종류 이상의 재료를 인위적으로 배합하여 각각의 물질보다 뛰어난 성질을 가지도록 한 합금 재료
③ 일반 금속 재료에 비해 가격이 저렴한 금속 재료
④ 가격이 고가인 재료

해설 복합 소재(composite material) : 복합 소재란 두 종류 이상의 물질을 인위적으로 결합하여, 각각의 물질 자체보다 뛰어난 성질이나 아주 새로운 성질을 가지도록 만들어진 재료를 말한다.

24. 다음 중 날개 부재가 아닌 것은?

① 리브(rib)
② 스파(spar)
③ 벌크헤드(bulkhead)
④ 표피(skin)

해설 날개의 구성 : 날개는 날개보(spar), 리브(rib), 세로지(stringer), 외피(skin), 정형재(for-mer)로 구성된다.

25. 휴대용 소화용기의 남은 용량은 어떻게 측정하는가?

① 압력 게이지를 봐서 확인한다.
② 무게를 측정한다.
③ 소화용기를 들어본다.
④ 남은 용량은 잴 수 없다.

정답 19. ③ 20. ③ 21. ① 22. ③ 23. ② 24. ③ 25. ②

해설 소화제 용기의 내용물은 압력계, 압력 스위치, 적색 디스크, 황색 디스크에 의해 비행 전에 확인이 가능하지만, 용량의 검사는 용기에 표시되어 있는 충전 시의 데이터로 용기의 중량을 측정하여 산출한다.

26. 금속과 플라스틱의 표면 및 내부 결함 탐지에 사용되는 비파괴 검사는?

① 와전류 검사 ② 형광 침투 검사
③ 염색 침투 검사 ④ 초음파 검사

해설 초음파 검사(ultrasonic inspection) : 고주파 음속 파장을 이용하여 부품의 불연속 부위를 찾아내는 방법으로 높은 주파수의 파장을 검사하고자 하는 부품을 통해 지나게 하고 역전류 검출판을 통해서 반응 모양의 변화를 조사하여 불연속, 흠집, 튀어나온 상태 등을 검사한다. 초음파 검사는 소모품이 거의 없으므로 검사비가 싸고, 균열과 같은 평면적인 결함을 검출하는 데 적합하다. 검사 대상물의 한쪽 면만 노출되면 검사가 가능하다. 초음파 검사는 표면 결함부터 상당히 깊은 내부의 결함까지 검사가 가능하다.

27. 튜브 절단기로 튜브 절단 시 교환할 튜브보다 굽힐 때 길이 변화를 고려하여 몇 % 더 길게 절단해야 하는가?

① 5 % ② 10 %
③ 15 % ④ 20 %

해설 새 튜브를 자를 때에는 교환할 튜브보다 약 10 % 더 길게 잘라야 한다. 이것은 튜브를 구부릴 때 길이가 변화하기 때문이다.

28. 공압 계통(pneumatic system)에서 릴리프 밸브(relief valve)의 역할은?

① 계통의 압력쪽에서 리턴쪽으로 작동유를 바이패스 시킨다.
② 공기의 흐름 방향을 결정해 준다.
③ 과압에 의해 라인의 파손이나 실(seal)의 손상을 방지한다.
④ 공기를 한쪽 방향으로만 흐르게 한다.

해설 공압 계통의 릴리프 밸브는 손상 방지 장치로 compressor power system의 고장 또는 열팽창으로 인한 지나친 압력으로부터 계통을 보호하는 역할을 한다.

29. 알루미늄 합금에 순수 알루미늄을 피복하는 이유로 맞는 것은?

① 경도를 증가시키기 위해서
② 부식 방지를 위해서
③ 표면을 매끄럽게 하기 위해서
④ 광택을 내서 멋있게 보이려고

해설 2024, 7075 등의 알루미늄 합금은 강도 면에서는 매우 강하나 내식성이 나쁘다. 그러므로 강한 합금 재질에 내식성을 개선시킬 목적으로 알루미늄 합금의 양면에 내식성이 우수한 순수 알루미늄(aluminum)을 약 5.5 % 정도의 두께로 붙여 사용하는데 이것을 알클래드(alclad)라 한다.

30. 다음 중 공압 계통에 사용하는 것은?

① relief valve ② diluter valve
③ freon ④ check valve

해설 공압 계통은 주로 유압 계통에 고장이 생겼을 때 비상 작동 수단으로 사용되며 비상착륙장치계통, 비상브레이크장치계통 및 도어작동계통의 주계통으로 사용된다. 이 비상 계통의 구성품으로는 공기 압축기, 공기 저장통, 지상 충전 밸브, 수분 제거기, 화학 건조기, 압력 조절 밸브, 감압 밸브 및 셔틀 밸브 등이 있다.

31. ECS(environmental control system)의 기능은?

① positive relief valve를 조절한다.
② 압력과 온도를 조절해 준다.
③ 승객 서비스를 위하여 오락 프로그램을 제공한다.
④ 기내의 음악 방송을 제공한다.

해설 ECS(environmental control system) : 기내의 승객에게 안락한 비행을 제공하기 위하여 온도와 압력을 조절하는 계통이다.

정답 26. ④ 27. ② 28. ③ 29. ② 30. ① 31. ②

32. 타이어의 저장 방법 중 맞는 것은?

① 2개를 수평으로 보관
② 타이어 랙(rack)에 보관
③ 서늘한 곳에 세워서 보관
④ 습기가 없는 곳에 세워서 보관

해설 타이어는 가능하면 수직으로 세울 수 있는 타이어 랙(rack)에 규칙적으로 배열하여 보관하는 것이 좋다. 타이어의 무게를 받치는 랙의 면은 편평해야 한다. 가능하다면 타이어에 영구적인 변형이 오지 않도록 하기 위해서 3~4인치 정도 폭이 있는 것이 좋다. 그러나 타이어를 너무 높게 쌓아 두면 타이어에 변형이 생기고, 이 타이어를 사용하였을 때 문제점이 생기는 원인이 된다.

33. 다음 중 2차 조종면이 아닌 것은?

① 스포일러(spolier)
② 탭(tab)
③ 플랩(flap)
④ 방향타(rudder)

해설 조종면은 비행 조종성을 제공하기 위하여 마련된 구조로서 조종면을 움직이면 조종면 주위의 공기흐름을 바꾸어 조종면에 작용하는 힘의 크기와 방향이 바뀌게 되며 이로 인해 항공기의 자세가 변하게 된다. 조종면은 일반적으로 주 조종면과 부 조종면으로 나눌 수 있다.
㉠ 주 조종면은 항공기의 세 가지 운동축에 대한 회전운동을 일으키는 도움날개(aileron), 방향타(rudder), 승강키(elevator)를 말한다.
㉡ 조종면에서 주 조종면을 제외한 보조 조종계통에 속하는 모든 조종면을 부 조종면이라 하며 탭(tab), 플랩(flap), 스포일러(spoiler) 등이 여기에 속한다.

34. 줄 작업 시 당길 때 줄을 들어주는 이유는 다음 중 어느 것인가?

① 줄질을 곱게 하기 위해
② 줄 날의 손상을 방지하기 위해
③ 줄질을 매끈하게 하기 위해
④ 줄 작업 시 소음을 줄이기 위해

35. 항공기에서 제빙 장치나 동결 방지 장치가 필요 없는 부분은?

① 플랩 ② 엔진 공기 흡입구
③ 피토관 ④ 날개 앞전

해설 항공기는 고공을 비행하게 되므로 항공기 주변에 얼음이 얼게 된다. 특히 날개 앞전, 꼬리날개 앞전, 프로펠러 등에 생성된 얼음은 양력을 감소시키고 항력을 증가하게 하여 항공기의 성능을 저하시킨다. 피토관에 형성된 얼음은 지시 계통에 이상이 생길 수도 있다. 또 조종실 유리창에 생기는 얼음은 조종사의 시야를 가리게 된다. 엔진공기 흡입구가 결빙되면 공기역학적 변형, 유효면적의 감소, 결빙 박리에 의한 손상 등이 발생하며 엔진출력이 저하된다. 이러한 얼음이 얼지 못하도록 미리 가열하여 결빙을 방지하는 것을 방빙(anti icing)이라 하고, 생성된 얼음을 깨어 제거하는 것을 제빙(de icing)이라 한다.

36. 항공기용 유압관을 식별하는 방법이 아닌 것은?

① 색깔 ② 모양
③ 그림 ④ 문자

해설 항공기용 작동유 라인은 때때로 색깔 부호, 문자와 기하학적 기호로 구성된 표식으로 식별한다. 또한 작동유 라인에 특정한 기능을 식별 표시하기도 하는데 drain, vent, pressure 혹은 return 등이다.

37. 금속의 열처리 과정에서 기계적 성질을 향상시키기 위해 일정 시간 가열 후 천천히 냉각시키는 열처리 법은?

① 담금질 ② 풀림
③ 불림 ④ 뜨임

해설 풀림(annealing) : 철강재료의 연화, 조직 개선 및 내부응력을 제거하기 위한 처리로서 일정 온도에서 어느 정도의 시간이 경과된 다음 노(furnace)에서 서서히 냉각하는 열처리 방법이다.

정답 32. ② 33. ④ 34. ② 35. ① 36. ② 37. ②

38. 연료 탱크에는 벤트 계통이 있다. 그 목적은 무엇인가?

① 연료 탱크 내의 증기를 배출하여 발화 방지
② 연료 탱크 내의 압력을 감소시켜 연료의 증발을 방지
③ 연료 탱크를 가압하여 송유를 돕는다.
④ 탱크 내외의 압력 차를 적게 하여 탱크 보호와 연료 공급을 돕는다.

해설 벤트 계통은 연료 탱크의 상부 여유 부분을 외기와 통기시켜 탱크 내외의 압력 차가 생기지 않도록 하여 탱크 팽창이나 찌그러짐을 막음과 동시에, 구조 부분에 불필요한 응력의 발생을 막고 연료의 탱크로의 유입 및 탱크로부터의 유출을 쉽게 하여 연료 펌프의 기능을 확보하고 엔진으로의 연료 공급을 확실히 한다.

39. 접개들이식 착륙 장치에서 비상 장치는 어느 것인가?

① 뻗칠 때만 있다.
② 뻗치고 접어 올릴 때 있다.
③ 접어 올릴 때만 있다.
④ 착륙 장치에 비상 장치는 필요 없다.

해설 항공기에는 유압계통이 고장일 때 착륙장치를 내리기 위한 비상장치가 마련되어 있다. 비상장치가 작동하면 up lock이 풀리고 착륙장치는 자체의 무게에 의해 자유롭게 떨어지거나 펴진 후 번지 스프링(bungee spring)에 의해 down lock이 걸린다.

40. 용접 후 용접 부위를 급랭시키면 발생할 수 있는 현상은?

① 부식이 생긴다.
② 금속이 변색한다.
③ 금속의 입자 조성이 변한다.
④ 용접 부분 주위에 균열이 생긴다.

해설 용접한 후에 금속을 급속히 냉각시키면 취성이 생기고, 금속 내부에 응력이 남게 되어 접합 부분에 균열이 생긴다.

항공 발동기

1. 제트 엔진에서 압축기 실속(compressor stall)이 일어날 때 나타나는 현상은?

① EGT가 감소한다.
② 엔진의 소음이 낮아진다.
③ EGT가 급상승하고 rpm은 올라가지 못한다.
④ EGT가 급상승하며 rpm도 올라간다.

해설 압축기 실속이 발생하면 소음과 진동이 발생하고, rpm이 감소하며 배기가스 온도(EGT)가 급상승한다.

2. 주 연료 여과기(main fuel filter)는 어디에 위치하는가?

① 저압 펌프와 고압 펌프 사이
② 고압 펌프와 연료 조정 장치 사이
③ 연료 조정 장치와 연료 노즐 사이
④ 연료 탱크와 저압 펌프 사이

해설 주 연료 여과기(main fuel filter)는 주 연료 펌프의 저압 펌프와 고압 펌프 사이에 위치하여 불순물을 제거하는 역할을 한다. 여과기가 막혀서 연료가 잘 흐르지 못할 때 기관에 연료를 계속 공급하기 위하여 규정된 압력 차에서 열리는 바이패스 밸브가 함께 사용된다.

3. N_1(저압 로터)이란?

① low pressure compressor & low pressure turbine
② low pressure compressor & high pressure turbine
③ high pressure compressor & low pressure turbine
④ high pressure compressor & high pressure turbine

해설 ㉠ N_1(저압 압축기와 저압 터빈 연결축의 회전속도)은 자체속도를 유지한다.
㉡ N_2(고압 압축기와 고압 터빈 연결축의 회전속도)는 엔진속도를 제어한다.

정답 38. ④ 39. ① 40. ④ 1. ③ 2. ① 3. ①

4. 가스 터빈 기관의 연소실 내로 흐르는 공기는 1차 공기와 2차 공기로 나뉜다. 다음 중 2차 공기의 역할이 아닌 것은?

① 연료와 혼합되어 연소에 참여한다.
② 연소실 냉각에 사용한다.
③ 터빈 입구 온도를 낮춘다.
④ 연소가스와 혼합된다.

해설 연소실 외부로부터 들어오는 상대적으로 차가운 2차 공기 중 일부가 연소실 라이너 벽면에 마련된 수많은 작은 구멍들을 통하여 연소실 라이너 벽면의 안팎을 냉각시킴으로써 연소실을 보호하고 수명이 증가되도록 한다. 또한, 연소실 외부를 거쳐 뒤쪽에서 연소실 안으로 들어온 2차 공기는 고온의 연소가스와 혼합되어 연소가스의 온도를 낮추고 터빈에 알맞은 온도로 공급되도록 한다.

5. 공기-오일 냉각기(air-oil cooler)의 air는 어디에서 오는가?

① bleed air ② fan air
③ ram air ④ trim air

해설 공기-오일 냉각기(air-oil cooler)는 fan을 통과한 공기를 사용하여 오일을 냉각한다.

6. 마그네토 접지선이 끊어지면 일어나는 현상은 무엇인가?

① 후화 현상이 발생한다.
② 역화 현상이 발생한다.
③ 기관이 꺼지지 않는다.
④ 시동이 걸리지 않는다.

해설 P-lead가 open되면 점화 스위치를 off해도 엔진이 꺼지지 않고 단락(short)되면 1차 회로가 접지상태이므로 점화가 되지 않는다.

7. 가스 터빈 엔진에서 디퓨저(diffuser)의 역할은 무엇인가?

① 공기의 압력을 감소시킨다.
② 위치 에너지를 운동 에너지로 바꾼다.
③ 압력을 감소시키고 속도를 증가시킨다.
④ 압력을 증가시키고 속도를 감소시킨다.

해설 디퓨저(diffuser) : 압축기 출구 또는 연소실 입구에 위치하며, 속도를 감소시키고 압력을 증가시키는 역할을 한다.

8. 터보 팬(turbo fan) 엔진에 사용되는 연소실의 형태는?

① 멀티 챔버형(multi-chamber type)
② 애뉼러형(annular type)
③ 캔형(can type)
④ 캔-애뉼러형(can-annular type)

해설 애뉼러형(annular type)
㉠ 연소실의 구조가 간단하고 길이가 짧다.
㉡ 연소실 전면면적이 좁다.
㉢ 연소가 안정되므로 연소 정지 현상이 거의 없다.
㉣ 출구온도 분포가 균일하며 연소효율이 좋다.
㉤ 정비가 불편하다.
㉥ 현재 가스 터빈 기관의 연소실로 많이 사용한다.

9. 가스 터빈 엔진의 정비 시 터빈 블레이드를 장탈하였다면 장착할 위치는?

① 180도 지난 곳
② 시계 방향으로 90도 지난 곳
③ 반시계 방향으로 90도 지난 곳
④ 원래 장탈한 곳

해설 터빈의 평형이 맞지 않으면 엔진 전체에 진동을 주어 위험한 상태에 이르게 되므로, 터빈의 평형에 대하여 주의를 하여야 한다.

10. 초크 보어 실린더(choke bore cylinder)를 쓰는 이유는?

① 정상적인 실린더 배럴의 마모를 위해
② 피스톤 링이 고착되는 것을 방지하기 위해
③ 정상 작동 온도에서 실린더 벽을 직선으로 만들기 위해
④ 시동 시 압축 압력을 증가시키기 위해

정답 4. ① 5. ② 6. ③ 7. ④ 8. ② 9. ④ 10. ③

해설 초크 보어 실린더(choke bore cylinder) : 열팽창을 고려하여 실린더 상사점 부근의 내부 지름이 스커트 끝보다 적게 만들어 정상 작동온도에서 올바른 안지름을 유지하는 실린더를 초크 보어 실린더라 한다.

11. 물 분사 장치를 사용하면 나타나는 결과는?

① 공기 밀도 감소 ② 공기 밀도 증가
③ 물의 밀도 감소 ④ 물의 밀도 증가

해설 압축기의 입구나 디퓨저 부분에 물이나 물-알코올의 혼합물을 분사함으로써 높은 기온일 때 이륙 시 추력을 증가시키기 위한 방법으로 이용된다. 대기의 온도가 높을 때에는 공기의 밀도가 감소하여 추력이 감소되는데 물을 분사시키면 물이 증발하면서 공기의 열을 흡수하여 흡입공기의 온도가 낮아지면서 밀도가 증가하여 많은 공기가 흡입된다.

12. 연소실 안으로 돌출된 스파크 플러그는?

① 인덕션 타입(induction type)
② 컨스트레인 갭 타입(constrained gap type)
③ 캔 타입(can type)
④ 애뉼러 갭 타입(annular gap type)

해설 이그나이터(ignitor)의 종류
㉠ 애뉼러 간극형 이그나이터는 점화를 효과적으로 하기 위해 연소실 안쪽으로 돌출되어 있다.
㉡ 컨스트레인 간극형 이그나이터는 중심 전극이 연소실 안쪽으로 돌출되어 있지 않기 때문에 애뉼러 간극형 이그나이터보다 낮은 온도에서 작동된다.

13. 왕복기관의 터보 슈퍼차저(supercharger)에서 터빈 속도를 조절하는 것은?

① waste gate ② compressor
③ throttle ④ carburetor

해설 터보 슈퍼차저의 속도는 터빈을 통과하는 배기가스의 양에 의해서 결정되는데, waste gate는 터빈을 통과하는 배기가스의 양을 결정하는 역할을 한다.

14. 가장 높은 압력을 받는 밸브는 무엇인가?

① thermal relief valve
② selector valve
③ pressure regulator valve
④ main relief valve

해설 온도 릴리프 밸브(thermal relief valve) : 온도 증가에 따른 유압계통의 압력 증가를 막는 역할을 한다. 작동유의 온도가 주변 온도의 영향으로 높아지면 작동유는 팽창하여 압력이 상승하기 때문에 계통에 손상을 초래하게 된다. 이것을 방지하기 위하여 온도 릴리프 밸브가 열려 증가된 압력을 낮추게 된다. 온도 릴리프 밸브는 계통 릴리프 밸브보다 높은 압력으로 작동하도록 되어 있다.

15. 가솔린 연료 색깔이 나타내는 것은?

① 연료의 발열량
② 연료의 제폭성
③ 증기 폐색
④ 4에틸납의 함유량

해설 가솔린의 색깔은 안티 노크성(anti knock)에 의해 정해져 있으므로 4에틸납의 함유량에 관계되며, 4에틸납이 없는 가솔린의 색깔은 무색이다.

16. 왕복 엔진의 주 연료 펌프(main fuel pump)로 주로 사용되는 것은?

① vane type
② gear type
③ centrifugal type
④ piston type

해설 왕복 엔진의 주 연료 펌프로는 베인식 펌프(vane type pump)가 주로 사용된다.

17. 가스 터빈 엔진의 연소 효율을 증가시키는 방법이 아닌 것은?

① 압축기 블레이드 세척
② 터빈 팁 간격 조절
③ 압축기 팁 간격 조절
④ 주기적인 엔진 오일 교환

정답 11. ② 12. ④ 13. ① 14. ① 15. ④ 16. ① 17. ④

18. 부자식 기화기의 이코노마이저(economizer) 장치의 목적은 무엇인가?

① 고출력 시 연료를 절감한다.
② 스로틀이 갑자기 열렸을 때 추가로 연료를 공급한다.
③ 완속 시 혼합가스를 형성한다.
④ 순항 출력 이상에서 농후 혼합비를 만들어준다.

해설 이코노마이저 장치(economizer system)
㉠ 기관의 출력이 순항 출력보다 큰 출력일 때 농후 혼합비를 만들어 주기 위하여 추가적으로 충분한 연료를 공급하는 장치를 말한다.
㉡ 이코노마이저 장치의 종류에는 니들 밸브식, 피스톤식, 매니폴드 압력식 등이 있다.

19. 성형기관의 크랭크축에 사용하는 베어링은?

① 볼 베어링과 평 베어링
② 롤러 베어링과 평 베어링
③ 볼 베어링과 롤러 베어링
④ 볼 베어링, 평 베어링과 롤러 베어링

해설 베어링(bearing)
㉠ 평형 베어링(plain bearing) : 방사상 하중(radial load)을 받도록 설계되어 있으며 저출력 항공기 엔진의 커넥팅 로드, 크랭크축, 캠 축 등에 사용되고 있다.
㉡ 롤러 베어링(roller bearing) : 직선 롤러 베어링은 방사상 하중에만 사용되고 테이퍼 롤러 베어링은 방사상 및 추력하중에 견딜 수 있다. 롤러 베어링은 고출력 항공기 엔진의 크랭크축을 지지하는 데 주 베어링으로 많이 사용된다.
㉢ 볼 베어링(ball bearing) : 다른 형의 베어링보다 마찰이 적다. 대형 성형 엔진과 가스 터빈 엔진의 추력 베어링으로 사용된다.

20. 다음 기관 중 추진효율이 가장 낮은 엔진의 형식은?

① 터보 제트　② 터보 팬
③ 터보 프롭　④ 터보 샤프트

해설 추진효율이란 공기가 기관을 통과하면서 얻은 운동 에너지와 비행기가 얻은 에너지인 추력 동력의 비를 말하는데 추진효율을 증가시키는 방법을 이용한 기관이 터보 팬 기관이다. 특히 높은 바이패스 비를 가질수록 효율이 높다.

21. 다음 여과기 중에서 재사용이 불가능한 것은 무엇인가?

① 카트리지 형
② 스크린 형
③ 스크린 디스크 형
④ 콘벌루트 스크린 형

해설 카트리지 형(cartridge type) : 필터는 종이로 되어 있으며, 보통 연료 펌프의 입구 쪽에 장치한다. 종이 필터가 걸러낼 수 있는 입자의 크기는 50~100μm 정도이며, 주기적으로 교환해 주어야 한다.

22. 윤활유의 역할 중 맞는 것은?

① 윤활, 기밀, 냉각, 방청
② 윤활, 기밀, 냉각, 산화
③ 윤활, 산화, 냉각, 청결
④ 윤활, 청결, 산화, 방청

해설 윤활유의 작용
㉠ 윤활작용　㉡ 기밀작용
㉢ 냉각작용　㉣ 청결작용
㉤ 방청작용　㉥ 소음 방지작용

23. 가스 터빈 기관에 사용되는 연료-오일 냉각기(fuel oil cooler)에서 일어나는 현상 중 맞는 것은?

① 연료와 오일이 모두 냉각된다.
② 연료와 오일이 모두 가열된다.
③ 연료는 가열되고 오일은 냉각된다.
④ 연료는 냉각되고 오일은 가열된다.

해설 연료-윤활유 냉각기의 일차적인 목적은 윤활유가 가지고 있는 열을 연료에 전달시켜 윤활유를 냉각시키는 것이고, 이차적인 목적은 연료를 가열하는 것이다.

정답 18. ④　19. ②　20. ④　21. ①　22. ①　23. ③

24. 대부분의 제트 엔진에서 베어링 부분의 윤활 방법은?

① pressure jet spray
② partially submerged in oil
③ splash
④ wet wick

해설 오일 펌프에 의해 가압된 오일을 oil jet를 통해 분사시켜 베어링을 윤활한다.

25. 4기통 수평 대향형 엔진의 점화 순서는?

① 1-2-3-4 ② 1-4-2-3
③ 1-3-4-2 ④ 1-2-4-3

해설 4기통 수평 대향형 엔진의 점화 순서는 1-4-2-3 또는 1-3-2-4이다.

26. 다음 중 가스 터빈 기관의 흐름 분할기(flow divider)의 기능은?

① 연료 조절기의 배압을 안정시킨다.
② 연료 노즐의 연료 흐름을 1차 연료와 2차 연료로 분류한다.
③ 기관 정지 시 연료 공급을 신속히 차단한다.
④ 기관 정지 시 연료 조절기의 연료 공급을 신속히 차단한다.

해설 흐름 분할기는 여압 및 드레인 밸브의 여압 밸브와 기능이 같으며, 연료의 흐름을 1차 연료와 2차 연료로 분리하는 기능을 한다.

27. 왕복 기관 시동 후 가장 먼저 확인해야 하는 계기는?

① 실린더 헤드 온도계
② 연료 압력계
③ 오일 압력계
④ 다지관 압력계

해설 왕복엔진은 시동되었을 때 오일 계통이 안전하게 기능을 발휘하고 있는가를 점검하기 위하여 오일 압력 계기를 관찰하여야 한다. 만약 시동 후 30초 이내에 오일 압력을 지시하지 않으면 엔진을 정지하여 결함부분을 수정하여야 한다.

28. 다음 중 볼 베어링 점검 시 반드시 검사해야 하는 것은?

① 적절한 강도 등급
② 금속의 이화 작용
③ 베어링의 불균형
④ 레이스의 벗겨짐과 움푹 들어간 것

해설 베어링의 외형 결함

㉠ 떨어짐(fatigue pitting) : 베어링의 표면에 발생하는 것으로 불규칙적이고, 비교적 깊은 홈의 형태를 나타내며, 베어링의 접촉하는 표면이 떨어져 나가서 홈이 생긴다.
㉡ 얼룩짐(staining) : 베어링의 표면이 수분 등과 접촉되었을 때 생기는 것으로 이 부분은 원래의 색깔이 변색된 것과 같은 형태로 나타난다.
㉢ 밴딩(banding) : 베어링의 회전하는 접촉면에서 발생하며, 회전하는 면에 변색된 띠의 무늬가 일정한 방향으로 나 있는 형태를 취하나 원래의 표면이 손상된 것은 아니다.
㉣ 찍힘(nicking) : 베어링의 표면에 날카로운 물체가 부딪쳤을 때 발생하며 날카롭고 명확한 흔적과 색을 띤다.
㉤ 홈(grooving) : 굴곡이 있는 접촉 볼 베어링의 회전하는 접촉면에서 발생하는 것으로 볼의 표면에 균열과 파손이 있을 뿐만 아니라 거친 홈의 형태로 나타난다.
㉥ 밀림(galling) : 베어링이 미끄러지면서 접촉하는 표면의 윤활상태가 좋지 않을 때 생기며, 이러한 현상이 일어나면 표면이 밀려 다른 부분에 층이 지게 남게 된다.
㉦ 궤도 이탈과 불일치(off square and misalignment) : 베어링의 볼이 안쪽과 바깥쪽 레이스의 궤도를 이탈하거나 일치하지 않을 때 볼 리테이너를 밀어내어 파손시키거나 리테이너가 닳아 없어진다. 이러한 결함이 발생하면 리테이너와 볼 사이에 많은 열이 발생하여 금속의 색이 변하는 것으로 나타난다.
㉧ 긁힘(scoring) : 베어링의 표면에 회전하는 물체가 접촉하여 생기는 것으로 그 형태는 물체 표면에 여러 개의 선이나 1개의 깊은 긁힘과 같은 모양을 취한다.

정답 24. ① 25. ② 26. ② 27. ③ 28. ④

29. 다음 중 터보 팬 기관의 역추력 장치에서 바이패스(bypass) 되는 공기 흐름을 반대로 해 주는 것은?

① blocker door
② cascade vane
③ pneumatic motor
④ translating sleeve

해설 blocker door는 팬(fan)을 통과한 2차 공기 흐름을 막아 항공기 앞쪽으로 분출되도록 하여 역추력이 발생하도록 한다.

30. 후화(after fire)를 일으키는 원인은 다음 중 어느 것인가?

① 과희박한 혼합비
② 과농후한 혼합비
③ 연소 속도가 빠를 때
④ 점화 시기가 빠를 때

해설 후화(after fire) : 혼합비가 과농후 상태로 되면 연소속도가 느려져 배기행정이 끝난 다음에도 연소가 진행되어 배기관을 통하여 불꽃이 배출되는 현상을 말한다.

31. 가스 터빈 기관에서 surge bleed valve의 주된 역할은?

① 압축기 실속을 방지한다.
② 윤활 계통의 압력을 조절해 준다.
③ 분사 연료의 유입을 조절해 준다.
④ 램(ram) 압력을 조절하고, 램 효율을 증대시켜 준다.

해설 서지 블리드 밸브(surge bleed valve) : 압축기의 중간단 또는 후방에 블리드 밸브(bleed valve, surge bleed valve)를 장치하여 엔진의 시동 시와 저출력 작동 시에 밸브가 자동으로 열리도록 하여 압축 공기의 일부를 밸브를 통하여 대기 중으로 방출시킨다. 이 블리드에 의해 압축기 전방의 유입 공기량은 방출 공기량만큼 증가되므로 로터에 대한 받음각이 감소하여 실속이 방지된다.

32. 왕복기관 흡입 밸브와 배기 밸브가 동시에 열려있는 때는 언제인가?

① 흡입행정 초기
② 압축행정 초기
③ 폭발행정 초기
④ 배기행정 초기

해설 밸브 오버랩(valve overlap) : 흡입행정 초기에 흡입 및 배기 밸브가 동시에 열려 있는 각도를 말하며 다음과 같은 특징이 있다.
㉠ 체적효율을 향상시킨다.
㉡ 배기가스를 완전히 배출한다.
㉢ 냉각효과가 좋다.
㉣ 저속으로 작동 시는 연소되지 않은 혼합가스의 배출 손실이나 역화를 일으킬 위험이 있다.

33. 다음 중 연료 노즐 뒤에 장착되어 배기가스의 속도를 감소시키고, 와류를 형성시켜 연소가 계속되게 함으로써 불꽃이 꺼지는 것을 방지하는 것은?

① slip spring
② fuel ring
③ flame holder
④ spray ring

해설 불꽃 홀더 : 가스의 속도를 감소시키고 와류를 형성시켜 불꽃이 머무르게 함으로써 연소가 계속 유지되어 후기 연소기 안의 불꽃이 꺼지는 것을 방지한다.

34. 왕복 기관에서 드라이 섬프(dry sump)에 관한 것은?

① 탱크와 기관이 분리되어 있다.
② 오일 냉각기가 필요 없다.
③ 탱크와 기관이 하나로 되어 있다.
④ 오일 필터가 없다.

해설 건식 윤활계통(dry sump oil system) : 기관 외부에 별도의 윤활유 탱크에 오일을 저장하는 계통으로 비행 자세의 변화, 곡예 비행, 큰 중력 가속도에 의한 운동 등을 해도 정상적으로 윤활할 수 있다.

정답 29. ① 30. ② 31. ① 32. ① 33. ③ 34. ①

35. 가스 터빈 엔진에서 EPR이 뜻하는 것은 어느 것인가?

① 압축기 출구와 터빈 출구의 전압력비
② 압축기 입구와 터빈 출구의 전압력비
③ 연소실 입구와 터빈 출구의 전압력비
④ 연소실 입구와 터빈 입구의 전압력비

해설 기관 압력비(EPR ; engine pressure ratio)는 압축기 입구전압과 터빈 출구전압의 비를 말하며 보통 추력에 직접 비례한다.

$\text{EPR} = \dfrac{\text{터빈 출구전압}}{\text{압축기 입구전압}}$ 으로 나타낸다.

36. 축류식 압축기(axial compressor)를 원심식 압축기(centrifugal compressor)와 비교할 때 장점은 무엇인가?

① 시동 파워가 낮다.
② 중량이 가볍다.
③ 압축기 효율이 높다.
④ 단위 면적이 커서 많은 양의 공기를 처리할 수 있다.

해설 축류식 압축기의 장점
㉠ 전면면적에 비해 많은 양의 공기를 처리할 수 있다.
㉡ 압력비 증가를 위해 여러 단으로 제작할 수 있다.
㉢ 입구와 출구와의 압력비 및 압축기 효율이 높기 때문에 고성능 기관에 많이 사용한다.

37. 왕복 기관의 기본 사이클은 무엇인가?

① 오토 사이클
② 카르코 사이클
③ 브레이턴 사이클
④ 디젤 사이클

해설 오토 사이클 : 열 공급이 정적과정에서 이루어지므로 정적 사이클이라고도 하며, 항공기용 왕복기관과 같은 전기 점화식(spark ignition) 내연기관의 기본 사이클이다.

38. 터빈 엔진 배기관(exhaust duct)은 어떤 기능을 하는가?

① 배기가스 소용돌이 증가
② 배기가스 온도 감소와 속도 감소
③ 배기가스 온도 증가와 속도 증가
④ 배기가스를 모아 주고 가스 흐름을 일직선이 되게 하기 위해서

해설 배기관(exhaust duct)
㉠ 배기 도관 또는 테일 파이프(tail pipe)라고 한다.
㉡ 터빈을 통과한 배기가스를 대기 중으로 방출하기 위한 통로 역할을 한다.
㉢ 배기관은 터빈을 통과한 배기가스를 정류한다.
㉣ 배기가스의 압력 에너지를 속도 에너지로 바꾸어 추력을 얻도록 하기도 한다.

39. fire handle을 당기면 연료의 흐름은 어떻게 되는가?

① 다른 방향으로 흐른다.
② 흐름이 감소한다.
③ 흐름이 차단된다.
④ 흐름이 역류한다.

해설 화재가 발생하여 기관의 fire handle을 당기면 해당 기관은 연료 흐름이 차단된다.

40. 가스 터빈 기관의 시동 시 화재가 발생하여 불꽃이 기관 밖으로 치솟고 있다면 이에 대한 대처 방법은?

① 연료를 차단하고 계속 크랭킹(cranking)한다.
② 이산화탄소 소화기를 사용하여 소화한다.
③ 연료를 계속 공급하면서 기관을 가속시킨다.
④ 엔진을 정지(shut down)한다.

해설 기관 시동 시 화재가 발생하였을 때에는 즉시 연료를 차단하고, 시동기로 계속 기관을 회전시킨다.

정답 35. ② 36. ③ 37. ① 38. ④ 39. ③ 40. ①

전자·전기·계기

1. 직류 모터의 회전 방향을 전환하려면 어떻게 하는가?

① 전원의 극성을 바꾼다.
② brush assembly를 90도 돌려 장착한다.
③ 계자나 아마추어 연결을 반대로 한다.
④ 계자와 아마추어 연결을 반대로 한다.

해설 전동기의 회전방향을 바꾸려면 전기자(아마추어) 또는 계자의 극성 중 어느 하나만의 극성으로 바꾸어야 한다. 만약 두 개의 극성을 모두 바꾸게 되면 회전방향은 바뀌지 않는다.

2. 모든 입력이 "1" 일 때의 출력이 "1" 이고, 모든 입력이 "0" 일 때 출력이 "0" 이 될 수 있는 회로는?

① Inverter (NOT) gate
② OR gate
③ NAND gate
④ NOR gate

해설 OR gate : 입력의 신호들 중에서 하나만 1이라도 출력이 1이 되는 회로이다.

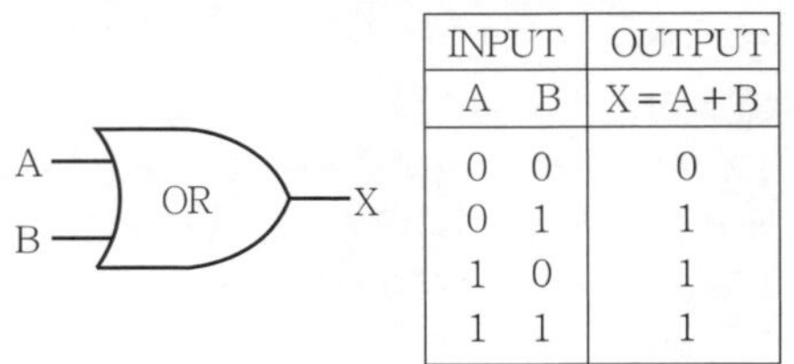

INPUT		OUTPUT
A	B	X=A+B
0	0	0
0	1	1
1	0	1
1	1	1

3. 전파고도계가 지시하는 고도는?

① 진 고도　② 절대 고도
③ 밀도 고도　④ 기압 고도

해설 항공기에 사용하는 고도계에는 기압고도계와 전파고도계가 있는데 전파고도계(radio altimeter)는 항공기에서 전파를 대지를 향해 발사하고 이 전파가 대지에 반사되어 돌아오는 신호를 처리함으로써 항공기와 대지 사이의 절대 고도를 측정하는 장치이다.

4. 교류를 직류로 바꿀 때 사용하는 장치는?

① inverter
② reverse current relay
③ transformer
④ transformer rectifier

해설 항공기의 많은 장치들은 고전류, 저전압 직류로 작동한다. 교류계통을 주 전원으로 하는 항공기에는 별도로 직류 발전기는 설치하지 않고 변압 정류기(transformer rectifier)에 의해 직류를 공급한다.

5. 자이로신 컴퍼스 계통(gyrosyn compass system)의 플럭스 밸브(flux valve)에 관한 설명 중 맞는 것은?

① 자기 컴퍼스에서 지자기 방향을 지시한다.
② 자력선을 만드는 장치이다.
③ 지자기의 방향을 감지하여 전기 신호로 변환하는 장치이다.
④ 지자기를 감지하는 액체를 공급하는 밸브이다.

해설 플럭스 밸브(flux valve)
㉠ 지자기의 수평 성분을 검출하여 그 방향을 전기 신호로 바꾸어 원격 전달하는 장치이다.
㉡ 자성체의 영향을 받게 되면 자기의 방향에 영향을 주게 되므로 오차의 원인이 되고, 검출기의 철심도 자기 전도율이 좋은 자성 합금을 사용하고 있기 때문에 자기를 띤 물질이 접근하면 오차의 원인이 된다.

6. 여러 개의 전구를 동시에 켜고 끌 수 있게 하려면?

① 전구를 직렬, 스위치를 직렬
② 전구를 직렬, 스위치를 병렬
③ 전구를 병렬, 스위치를 직렬
④ 전구를 병렬, 스위치를 병렬

해설 여러 개의 전구를 동시에 작동시키기 위해서는, 전구들은 병렬로 연결하고 스위치는 전구에 대하여 직렬로 연결한다.

정답 1. ③　2. ②　3. ②　4. ④　5. ③　6. ③

7. 전리층을 통과할 수 있는 전파는?

① 장파(LF : low frequency)
② 중파(MF : medium frequency)
③ 단파(HF : high frequency)
④ 초단파(VHF : very high frequency)

해설 초단파(VHF : very high frequency)대 및 그보다 높은 주파수대의 전파는 보통 전리층을 뚫고 나가서 반사되지 않는다.

8. 무선 자기 지시계(RMI)를 사용하는 장치는 어느 것인가?

① 전방향 표지 시설(VOR)
② 거리 측정 장치(DME)
③ 방향 자이로(DG)
④ 관성 항법 장치(INS)

해설 무선 자기 지시계(radio magnetic indicator)
㉠ 무선 자기 지시계는 자북 방향에 대해 VOR 신호 방향과의 각도 및 항공기의 방위각을 나타내 준다.
㉡ 두 개의 지침을 사용하여 하나는 VOR의 방향을 또 하나는 ADF의 방향을 나타낸다.

9. 전기 측정기 중 병렬저항을 필요로 하는 것은?

① 전류계 ② 전압계
③ 저항계 ④ 주파수계

10. GE사에서 개발한 초기의 synchro system으로서 flap, landing gear의 위치를 가리키는 항공지시계기 시스템은?

① autosyn ② DC selsyn
③ pulsemeter ④ tachometer

해설 직류 셀신(DC selsyn) : 120°간격으로 분할하여 감겨진 정밀 저항 코일로 되어 있는 전달기와 3상 결선의 코일로 감겨진 원형의 연철로 된 코어 안에 영구 자석의 회전자가 들어 있는 지시계로 구성되어 있으며, 착륙장치나 플랩 등의 위치 지시계로 또는 연료의 용량을 측정하는 액량 지시계로 흔히 사용된다.

11. 순간 수직 속도계(IVSI)에서 가속 펌프(acceleration pump)를 사용하는 이유는?

① 지시 오차를 없게 한다.
② 지시 감도를 좋게 한다.
③ 지시 지연을 없게 한다.
④ 선회 오차를 없게 한다.

해설 승강계의 지시 지연을 거의 없게 만든 것으로 순간 수직 속도계(instantaneous vertical speed indicator)가 있는데 이것은 공함 내에 정압을 전달하는 통로에 가속 펌프를 설치하여 순간적으로 압력차가 해소되도록 제어함으로써 지시 지연을 없게 한다.

12. 자이로의 섭동성을 이용하는 계기는?

① 수평의 ② 선회계
③ 정침의 ④ 방향 지시계

해설 선회계(turn indicator) : 자이로의 특성 중 섭동성만을 이용한다.

13. 관성 항법 장치에서 가속도를 위치 정보로 변환하기 위해 가속도 정보를 처리하여 속도 정보를 얻고 비행 거리를 얻는 것은?

① 적분기 ② 미분기
③ 가속도계 ④ 자이로 스코프

해설 적분기는 측정된 가속도를 항공기의 위치 정보로 변환하기 위해서 가속도 정보를 처리해서 속도 정보를 알아내고, 또 속도 정보로부터 비행 거리를 얻어내는 장치이다.

14. 교류의 유효전력의 크기는?

① 최대 전력보다 크다.
② 최대 전력보다 크거나 같다.
③ 최대 전력과 같다.
④ 최대 전력보다 항상 작다.

해설 ㉠ 피상전력
$= \sqrt{(유효전력)^2 + (무효전력)^2}$ [VA]
㉡ 유효전력 = 피상전력 × 역률 [W]
㉢ 무효전력 = 피상전력 × $\sqrt{1-(역률)^2}$ [VAR]

정답 7. ④ 8. ① 9. ① 10. ② 11. ③ 12. ② 13. ① 14. ④

15. 자동 조종 계통(auto pilot system)에서 피치 모드(pitch mode)가 조절하는 것이 아닌 것은?

① 고도 ② 기수의 방향
③ 상승률, 하강률 ④ 속도

해설 키놀이 모드(pitch mode) : 승강키를 조종하여 기체의 키놀이 각이 목표 값에 일치하도록 기체를 자동적으로 제어한다. 키놀이 모드로는 V/S, IAS, ALT hold, ILS glide slope 등이 있다.

16. wire 및 terminal 작업 절차에 대한 설명으로 부적합한 것은?

① wire size에 맞는 terminal 사용 시 wire 및 terminal의 재질이 달라도 상관없다.
② clamping 작업 후 terminal과 wire 접속 부위의 장력은 적어도 wire 장력과 같아야 한다.
③ wire striper를 사용하여 wire 피복 제거 시 conductor의 손상은 부식을 발생시킨다.
④ 올바른 clamping 작업은 terminal insul-ation 부위에 나타나는 tool code 및 hush mark로 확인할 수 있다.

17. PA(passenger address) system에서 제일 우선 순위가 높은 것은?

① 객실 승무원의 기내 방송
② 음악
③ 비디오 음성
④ 조종사의 기내 방송

해설 PA(passenger address) system : 조종실 및 객실 승무원석에서 승객에게 필요한 정보를 방송하기 위한 기내 장치이다. 또한 이 장치는 boarding music, video audio 및 passenger sign chime 등을 제공하기도 하는데, 우선 순위는 다음과 같다.
㉠ 조종사의 기내 방송
㉡ 객실 승무원의 기내 방송
㉢ pre-recorded announcement
㉣ boarding music 및 video audio

18. 위험에 있는 항공기에서 비상용 주파수로 사용되는 것은?

① 120.50 MHz ② 121.50 MHz
③ 122.50 MHz ④ 123.50 MHz

해설 국제적인 비상 주파수는 121.5 MHz이다.

19. SCR의 특징과 구성에 대해 잘못 설명한 것은 어느 것인가?

① PN 결합이 3곳이며 단자도 3곳이다.
② 주로 회로의 스위치에 쓰인다.
③ 양극에 역전압을 가하면 어떤 값에서 갑자기 전류가 흐르기 시작한다.
④ SCR을 off 하려면 전압을 "0"으로 하거나, 부하를 크게 하여 유지 전류 이하로 하면 된다.

해설 P형 반도체와 N형 반도체를 접합한 것에 반대 방향의 전압을 가하면, 전압이 작을 때는 전류가 흐르지 않지만 전압을 증가하면 어떤 전압에서 갑자기 전류가 흐르기 시작한다. 이것을 항복 현상(breakdown)이라고 하며, 이때의 전압은 전류의 크기에 관계없는 일정한 전압으로 제너 전압(zener voltage)이라고 부른다. 이러한 것을 이용하여 일정 전압을 얻을 수 있는데, 이와 같은 다이오드를 정전압 다이오드(또는 제너 다이오드)라고 한다.

20. 금속에 오일이 유착되는 성질은?

① 유성 ② 점성
③ 유동성 ④ 인화성

해설 유성은 금속 표면에 윤활유가 접착되는 성질을 말한다.

21. 전해액의 비중으로 충전 상태를 측정하는 것은?

① 니켈-카드뮴 배터리
② 납-산 배터리
③ 알칼리 배터리
④ 에디슨 배터리

정답 15. ② 16. ① 17. ④ 18. ② 19. ③ 20. ① 21. ②

해설 납－산 배터리는 방전이 시작되면 전류는 음극판에서 양극판으로 흐르게 되고, 전해액 속의 황산의 양이 줄어들면서 물의 양이 증가하기 때문에 전해액의 비중이 낮아지게 되고, 외부 전원을 배터리에 가하게 되면 반대의 과정이 진행되어 황산이 다시 생성되고, 물의 양이 감소되면서 비중이 높아지게 된다.

22. 다음 중 플레밍의 왼손법칙으로 알 수 없는 것은?

① 전류의 방향
② 자기장의 방향
③ 전자력의 방향
④ 유도 기전력의 방향

해설 플레밍의 왼손 법칙은 전자기의 법칙에 세 손가락을 이용하는 방법을 고안하여, 자계 속의 도체에 전류를 흐르게 하였을 때 도체에 작용하는 힘의 방향을 가리키는 법칙이다. 왼손의 엄지손가락, 인지 및 가운뎃손가락을 직각이 되게 펴고 인지를 자력선의 방향으로 향하게 한 후 가운뎃손가락의 방향으로 전류를 흐르게 하면, 그 도체는 엄지손가락 방향으로 전자력(힘)이 작용한다는 법칙이다. 따라서 전자력은 전류를 공급받아 힘을 발생시키는 전동기, 전압계, 전류계 등에 이용되고 있다.

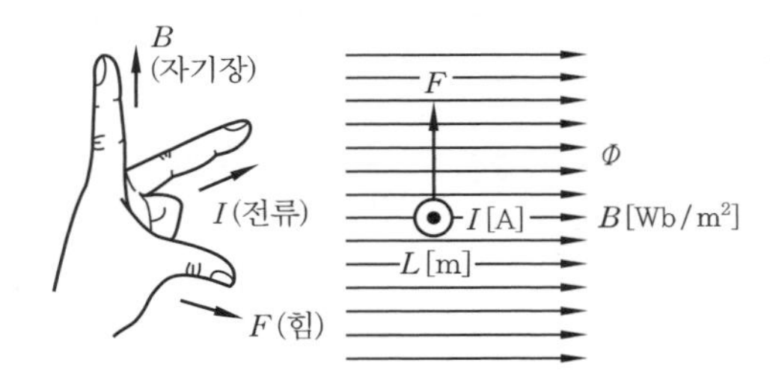

23. 산소 호스가 샌다면 누설 점검은 어떻게 하는가?

① 솔벤트를 이용하여 한다.
② 누설 점검용으로 특수 제작된 비눗물을 사용한다.
③ 다이체크로 표면을 검사한다.
④ 모든 연결부의 균열을 점검한다.

해설 산소 계통의 누설 : 모든 연결부를 누설 점검용으로 제작된 특수 비눗물을 사용하여 점검한다.

24. VHF 계통의 구성품이 아닌 것은?

① 조정 패널
② 송수신기
③ 안테나
④ 안테나 커플러

해설 VHF 통신 장치는 조정 패널, 송수신기, 안테나로 구성되어 있다.

25. fuel flow meter의 단위는?

① psi ② rpm
③ pph ④ mpm

해설 유량계 : 연료 탱크에서 기관으로 흐르는 연료의 유량을 시간당 부피 단위, 즉 gph (gallon per hour : 3.79 L/h) 또는 무게 단위 pph (pound per hour : 0.45 kg/h) 로 지시한다.

26. 전력이 5000 W이고 저항이 8 Ω이라면 전류는?

① 15 A ② 20 A
③ 25 A ④ 30 A

해설 $P=EI,\ I=\dfrac{E}{R},\ E=RI$ 이므로

$P=RI^2=\dfrac{E^2}{R}$ 이 된다.

$I^2=\dfrac{P}{R}=\dfrac{5000}{8}=625,\ I=25\,\text{A}$

27. 소형기에서 VOR 안테나의 장착 위치는 어디가 적당한가?

① 객실 전방 동체 상면
② 동체 뒤쪽 끝부분
③ 동체의 아랫부분
④ 날개 끝

해설 VOR 안테나는 항공기 동체 앞쪽의 위쪽이나 수직 안정판의 위쪽에 장착한다.

정답 22. ④ 23. ② 24. ④ 25. ③ 26. ③ 27. ①

28. 전기식 회전계(electrical tachometer)는 어느 것에 의하여 작동되는가?

① 직권 모터 ② 분권 모터
③ 동기 모터 ④ 자기 모터

해설 전기식 회전계(electrical tachometer)는 기관에 의해 구동되는 3상 교류 발전기를 이용하여 기관의 회전속도에 비례하도록 전압을 발생시키고, 이 전압은 전선을 통하여 회전계 지시기로 전달되는데 지시기 내부에는 3상 동기 전동기가 있고, 그 축은 맴돌이 전류식 회전계와 연결되어 있다.

29. 1차 코일과 2차 코일의 권선비가 1 : 2일 때 전류는 어떻게 되는가?

① 2차 전류는 1차 전류의 2배가 된다.
② 2차 전류는 1차 전류의 $\frac{1}{2}$배가 된다.
③ 2차 전류는 1차 전류의 4배가 된다.
④ 2차 전류는 1차 전류의 $\frac{1}{4}$배가 된다.

해설 전류비 $\frac{I_1}{I_2} = \frac{n_2}{n_1}$

여기서, I_1 : 1차 전류, I_2 : 2차 전류
n_1 : 1차 코일 권수, n_2 : 2차 코일 권수

따라서 권선비가 1 : 2일 때 2차 전류는 1차 전류의 $\frac{1}{2}$배가 된다.

30. 자기 컴퍼스(magnetic compass)의 컴퍼스 스윙(compass swing)의 목적은?

① 자차 수정
② 북선 오차 수정
③ 가속도 오차 수정
④ 편차 수정

해설 컴퍼스 스윙(compass swing) : 자기 컴퍼스의 자차를 수정하는 방법이지만, 자기 컴퍼스의 장착 오차와 기체 구조의 강 부재의 영구 자화와 배선을 흐르는 직류 전류에 의해서 생기는 반원차를 수정할 수 있다.

31. 실린더 헤드 온도를 측정하는 데 사용되는 것은?

① 증기압식 온도계
② 전기 저항식 온도계
③ 바이메탈식 온도계
④ 열전쌍식 온도계

해설 서모커플(thermocouple, 열전쌍)의 재료는 크로멜-알루멜, 철-콘스탄탄, 구리-콘스탄탄 등이며 왕복기관에서는 실린더 헤드 온도를 측정하는 데 쓰이고, 제트 기관에서는 배기가스의 온도를 측정하는 데 사용한다.

32. 2개 이상의 발전기를 병렬 운전하기 위한 조건은?

① 저항과 주파수를 규정값 이내로 맞추어 주어야 한다.
② 전압과 주파수를 규정값 이내로 맞추어 주어야 한다.
③ 전력과 주파수를 규정값 이내로 맞추어 주어야 한다.
④ 전류와 주파수를 규정값 이내로 맞추어 주어야 한다.

해설 직류 발전기의 병렬운전은 출력전압만 맞추어 주면 되지만, 교류일 경우는 전압 외에 주파수, 위상차를 규정값 이내로 맞추어 줘야 하기 때문에 병렬운전이 복잡해진다.

33. 벌크헤드, 리브 등에 전선이 통과할 때 굵힘을 방지하는 방법은?

① 플라스틱 튜브 사용
② varnish 사용
③ 테이프 사용
④ 고무 그로밋 사용

해설 기체의 진동 시에 금속과 전선이 접촉하여 절연 피복이 손상되지 않도록 하기 위하여, 절연 피복보다 부드럽고 절연성 및 내부식성이 있는 고무 그로밋(grommet)을 사용한다.

정답 28. ③ 29. ② 30. ① 31. ④ 32. ② 33. ④

34. **항공기에 장착되어 있는 공기식 제빙 부츠는 언제 작동하는가?**

① 얼음이 형성되었다고 생각될 때
② 이륙 전
③ 계속적으로
④ 얼음이 얼기 시작하기 전

해설 제빙 부츠식은 날개 앞전에 장착된 부츠를 압축공기를 이용해 팽창 및 수축시켜 형성되어진 얼음을 제거하는 방법이다.

35. **전기 발생에 관한 용어 중 잘못된 것은?**

① static-electricity : 두 물체 사이의 마찰에 의해 생성되는 전기
② ezo-electricity : 일부 crystal에 압력을 가해 생성되는 전기
③ electro-magnetic induction : 자기장 내에서 도체가 움직일 때 도체에 생성되는 전기
④ thermo-electricity : 두 개의 동질 금속을 접합시킨 후 열을 가할 때 생성되는 전기

해설 열전대(thermocouple, 열전쌍) : 2개의 다른 물질로 된 금속선의 양끝을 연결하여 접합점에 온도차가 생기게 되면 이들 금속선에는 기전력이 발생하여 전류가 흐르는데 이 때의 전류를 열전류라 하고, 금속선의 조합을 열전쌍이라 한다. 열전류가 생기게 하는 기전력을 열기전력이라 한다.

36. **다음 중 회로 보호장치가 아닌 것은?**

① 정크션 박스(junction box)
② 회로 차단기(circuit breaker)
③ 전류 제한기(current limiter)
④ 퓨즈(fuse)

해설 회로 보호장치
㉠ 퓨즈(fuse)
㉡ 전류 제한기(current limiter)
㉢ 회로 차단기(circuit breaker)
㉣ 열 보호장치(thermal protector)

37. **다이오드의 정류 작용이란 무엇인가?**

① 직류를 교류로 변환시킨다.
② 교류를 직류로 변환시킨다.
③ 역방향 전류를 차단시킨다.
④ 순방향 전류를 차단시킨다.

해설 정류 작용 : 전류를 한쪽으로만 흐르게 함으로써 교류를 직류로 바꾸는 작용이다.

38. **정전기로부터 보호하기 위한 장비로서 부적합한 것은?**

① ionized air blower
② 접지 안 된 table mat
③ ground wrist strap
④ conductive P.C.B edge connector

해설 정전기로부터의 보호장비
㉠ wrist strap
㉡ floor mat
㉢ ionized blower air
㉣ table mat & ground cord
㉤ tote box
㉥ transparent static shielding bag
㉦ P.C.B edge connector polyethylene form
㉧ shoe grounding strap

39. **여압이 된 항공기가 비행 중 정압 라인(static line)이 막히면 고도계와 속도계는 어떻게 지시하는가?**

① 모두 증가
② 모두 감소
③ 고도계는 증가, 속도계는 감소
④ 고도계는 감소, 속도계는 증가

40. **다음 항공기 조명등 중 실내조명은 어느 것인가?**

① navigation ligh
② dome light
③ anti-collision light
④ landing light

정답 34. ① 35. ④ 36. ① 37. ② 38. ② 39. ② 40. ②

해설 exterior light의 종류

㉠ landing light(착륙등) : 날개 앞전에 장착되어 이륙과 착륙 동안 활주로를 비춰준다.

㉡ navigation light(항법등) : 항공기의 3군데에 장착되어 위치, 자세, 방향을 지시한다.

㉢ anti-collision light(충돌방지등) : 항공기의 상부와 하부에 각각 장착되어, 번쩍이며 충돌 방지용으로 사용된다.

㉣ wing illumination light(날개조명등) : 날개 앞전과 엔진 나셀을 비춰준다.

㉤ strobe light(섬광등) : 충돌 방지를 위한 등으로 높은 광도로 번쩍인다.

항공 법규

1. 항공안전법 시행령의 목적은 무엇인가?

① 항공안전법의 세부 사항을 규정한다.

② 항공안전법의 누락된 사항을 표시한다.

③ 대통령의 권한을 명시한다.

④ 항공안전법에서 위임된 사항과 그 시행에 관하여 필요한 사항을 규정한다.

해설 [항공안전법 시행령 제1조] : 시행령은 항공안전법에서 위임된 사항과 그 시행에 관하여 필요한 사항을 규정함을 목적으로 한다.

2. 국토교통부장관은 다음의 권한을 시장·도지사 등에게 위임을 하는데 소속기관 위임사항으로 잘못된 것은?

① 검사에 관한 권한을 대통령령으로 정하는 전문검사기관에 위탁할 수 있다.

② 자격증명시험업무, 자격증명한정심사업무와 자격증명서의 교부를 교통안전공단에 위탁한다.

③ 계기비행증명업무, 조종교육증명업무와 증명서류 교부를 교통안전공단에 위탁한다.

④ 등록증명서, 형식증명서의 발행을 교통안전공단에 위탁한다.

해설 [항공안전법 제135조] : 권한의 위임, 위탁

① 이 법에 따른 국토교통부장관의 권한은 그 일부를 대통령령으로 정하는 바에 따라 특별시장·광역시장·특별자치시장·도지사·특별자치도지사 또는 국토교통부장관 소속 기관의 장에게 위임할 수 있다.

② 국토교통부장관은 제20조부터 제25조까지, 제27조, 제28조 및 제30조에 따른 증명, 승인 또는 검사에 관한 업무를 대통령령으로 정하는 바에 따라 전문검사기관을 지정하여 위탁할 수 있다.

③ 국토교통부장관은 제30조에 따른 수리·개조승인에 관한 권한 중 국가기관등항공기의 수리·개조승인에 관한 권한을 대통령령으로 정하는 바에 따라 관계 중앙행정기관의 장에게 위탁할 수 있다.

④ 국토교통부장관은 다음 각 호의 업무를 대통령령으로 정하는 바에 따라 한국교통안전공단법에 따른 한국교통안전공단 또는 항공 관련 기관·단체에 위탁할 수 있다.

1. 제38조에 따른 자격증명 시험업무 및 자격증명 한정심사업무와 자격증명서의 발급에 관한 업무
2. 제44조에 따른 계기비행증명업무 및 조종교육증명업무와 증명서의 발급에 관한 업무
3. 제45조 제3항에 따른 항공영어구술능력증명서의 발급에 관한 업무
4. 제48조 제9항 및 제10항에 따른 항공교육훈련통합관리시스템에 관한 업무
5. 제61조에 따른 항공안전 자율보고의 접수·분석 및 전파에 관한 업무
6. 제112조에 따른 경량항공기 조종사 자격증명 시험업무 및 자격증명 한정심사업무와 자격증명서의 발급에 관한 업무
7. 제115조 제1항 및 제2항에 따른 경량항공기 조종교육증명업무와 증명서의 발급 및 경량항공기 조종교육증명을 받은 자에 대한 교육에 관한 업무
8. 제122조에 따른 초경량비행장치 신고의 수리 및 신고번호의 발급에 관한 업무
9. 제123조에 따른 초경량비행장치의 변경신고, 말소신고, 말소신고의 최고와 직권 말

정답 1. ④ 2. ④

소 및 직권말소의 통보에 관한 업무
10. 제125조 제1항에 따른 초경량비행장치 조종자 증명에 관한 업무
11. 제125조 제6항에 따른 실기시험장, 교육장 등 시설의 지정·구축·운영에 관한 업무
12. 제126조 제1항 및 제5항에 따른 초경량비행장치 전문교육기관의 지정 및 지정조건의 충족·유지 여부 확인에 관한 업무
13. 제126조 제7항에 따른 교육·훈련 등 조종자의 육성에 관한 업무
13의2. 제130조에 따른 초경량비행장치사용사업자에 대한 안전개선명령 업무
13의3. 제132조 제1항에 따른 항공안전 활동에 관한 업무(초경량비행장치사용사업자에 한정)
14. 제133조의2 제1항에 따른 안전투자의 공시에 관한 업무

⑤ 국토교통부장관은 다음 각 호의 업무를 대통령령으로 정하는 바에 따라 항공의학 관련 전문기관 또는 단체에 위탁할 수 있다.
1. 제40조에 따른 항공신체검사증명에 관한 업무
1의2. 제42조 제2항에 따라 항공신체검사증명을 받은 사람의 신체적·정신적 상태의 저하에 관한 신고 접수, 같은 조 제3항에 따른 항공신체검사증명의 기준 적합 여부 확인 및 결과 통지에 관한 업무
2. 제49조 제3항에 따른 항공전문의사의 교육에 관한 업무

⑥ 국토교통부장관은 제45조 제2항에 따른 항공영어구술능력증명시험의 실시에 관한 업무를 대통령령으로 정하는 바에 따라 한국교통안전공단 또는 영어평가 관련 전문기관·단체에 위탁할 수 있다.

⑦ 국토교통부장관은 다음 각 호의 업무를 대통령령으로 정하는 바에 따라 항공안전기술원법에 따른 항공안전기술원 또는 항공 관련 기관·단체에 위탁할 수 있다.
1. 국제민간항공협약 및 같은 협약 부속서에서 채택된 표준과 권고되는 방식에 따라 제19조, 제67조, 제70조 및 제77조에 따른 항공기기술기준, 비행규칙, 위험물취급의 절차·방법 및 운항기술기준을 정하기 위한 연구 업무
2. 제59조에 따른 항공안전 의무보고의 분석 및 전파에 관한 업무
3. 제129조 제5항 후단에 따른 검사에 관한 업무
4. 그 밖에 항공기의 안전한 항행을 위한 연구·분석 업무로서 대통령령으로 정하는 업무

3. 대통령령이 정하는 공항의 시설 중 지원시설이 아닌 것은?

① 의료시설
② 항공기 급유시설
③ 공항근무자 후생복지시설
④ 공항이용객 주차시설, 홍보시설

해설 [공항시설법 시행령 제3조] : 대통령령이 정하는 기본시설 및 지원시설

1. 기본시설
가. 활주로, 유도로, 계류장, 착륙대 등 항공기의 이·착륙시설
나. 여객 터미널, 화물 터미널 등 여객 및 화물처리시설
다. 항행안전시설
라. 관제소, 송·수신소, 통신소 등의 통신시설
마. 기상관측시설
바. 공항 이용객 주차시설 및 경비보안시설
사. 이용객 홍보 및 안내시설
2. 다음 각 목에서 정하는 지원시설
가. 항공기 및 지상조업장비의 점검, 정비 등을 위한 시설
나. 운항관리, 의료, 교육훈련, 소방시설 및 기내식 제조공급 등을 위한 시설
다. 공항의 운영 및 유지보수를 위한 공항운영, 관리시설
라. 공항 이용객 편의시설 및 공항근무자 후생복지시설
마. 공항 이용객을 위한 업무, 숙박, 판매, 위락, 운동, 전시 및 관람집회시설
바. 공항교통시설 및 조경, 방음벽, 공해배출 방지시설 등 환경보호시설

정답 3. ④

사. 상·하수도 시설 및 전력, 통신, 냉난방 시설
아. 항공기 급유 및 유류저장, 관리시설
자. 항공화물 보관을 위한 창고시설
차. 공항의 운영, 관리와 항공운송사업 및 이에 관련된 사업에 필요한 건축물에 부속되는 시설
카. 공항과 관련된 신에너지 및 재생에너지 개발·이용·보급 촉진법 제2조 제3호에 따른 신에너지 및 재생에너지 설비

4. 음주측정을 거부한 항공종사자에 해당하는 처벌은 무엇인가?

① 1년 이하의 징역 또는 1천만 원 이하의 벌금
② 2년 이하의 징역 또는 2천만 원 이하의 벌금
③ 3년 이하의 징역 또는 3천만 원 이하의 벌금
④ 5년 이하의 징역 또는 5천만 원 이하의 벌금

해설 [항공안전법 제146조] : 다음 각 호의 어느 하나에 해당하는 사람은 3년 이하의 징역 또는 3천만 원 이하의 벌금에 처한다.

1. 제57조 제1항(제106조 제1항에 따라 준용되는 경우를 포함)을 위반하여 주류 등의 영향으로 항공업무(제46조에 따른 항공기 조종연습 및 제47조에 따른 항공교통관제연습을 포함) 또는 객실승무원의 업무를 정상적으로 수행할 수 없는 상태에서 그 업무에 종사한 항공종사자(제46조에 따른 항공기 조종연습 및 제47조에 따른 항공교통관제연습을 하는 사람을 포함) 또는 객실승무원
2. 제57조 제2항(제106조 제1항에 따라 준용되는 경우를 포함)을 위반하여 주류 등을 섭취하거나 사용한 항공종사자 또는 객실승무원
3. 제57조 제3항(제106조 제1항에 따라 준용되는 경우를 포함)을 위반하여 국토교통부장관의 측정에 따르지 아니한 항공종사자 또는 객실승무원

5. 보호구역에서 지상조업 중인 차량은 누구에게 등록해야 하는가?

① 지방항공청장
② 국토교통부장관
③ 교통안전공단 이사장
④ 공항운영자

해설 [공항시설법 시행규칙 제19조] : 보호구역에서 지상조업, 항공기의 견인 등에 사용되는 차량 및 장비는 공항운영자에게 등록해야 하며, 등록된 차량 및 장비는 공항관리·운영기관이 정하는 바에 의하여 안전도 등에 관한 검사를 받을 것

6. 수리, 개조 승인 신청서 제출에 관한 설명으로 맞는 것은?

① 작업을 시작하기 7일 전까지 지방항공청장에게 제출
② 작업을 시작하기 10일 전까지 지방항공청장에게 제출
③ 작업을 시작하기 15일 전까지 지방항공청장에게 제출
④ 작업을 시작하기 30일 전까지 지방항공청장에게 제출

해설 [항공안전법 시행규칙 제66조] : 법 제30조 제1항에 따라 항공기 등 또는 부품 등의 수리·개조승인을 받으려는 자는 수리·개조승인 신청서에 수리·개조 신청사유 및 작업 일정, 작업을 수행하려는 인증된 정비조직의 업무범위, 수리·개조에 필요한 인력, 장비, 시설 및 자재 목록, 해당 항공기 등 또는 부품 등의 도면과 도면목록, 수리·개조 작업지시서가 포함된 수리계획서 또는 개조계획서를 첨부하여 작업을 시작하기 10일 전까지 지방항공청장에게 제출하여야 한다. 다만, 항공기사고 등으로 인하여 긴급한 수리·개조를 하여야 하는 경우에는 작업을 시작하기 전까지 신청서를 제출할 수 있다.

7. 항공기를 주기장에 정류할 때 필요한 항공기의 등불은?

① 기수등, 우현등, 좌현등

정답 4. ③ 5. ④ 6. ② 7. ④

② 기수등, 우현등, 미등
③ 기수등, 좌현등, 미등
④ 좌현등, 우현등, 미등

해설 [항공안전법 시행규칙 제120조] : 항공기가 야간에 공중·지상 또는 수상을 항행하는 경우와 비행장의 이동지역 안에서 이동하거나 엔진이 작동 중인 경우에는 우현등, 좌현등 및 미등(항행등)과 충돌방지등에 의하여 그 항공기의 위치를 나타내야 한다. 항공기를 야간에 사용되는 비행장에 주기 또는 정박시키는 경우에는 해당 항공기의 항행등을 이용하여 항공기의 위치를 나타내야 한다. 다만, 비행장에 항공기를 조명하는 시설이 있는 경우에는 그러하지 아니하다.

8. 다음 중 국외 정비 확인자의 인정서 유효기간은?

① 6개월 ② 1년
③ 1년 6개월 ④ 2년

해설 [항공안전법 시행규칙 제73조] : 국토교통부장관은 국외 정비 확인자가 항공기의 안전성을 확인할 수 있는 항공기등 또는 부품등의 종류·등급 또는 형식을 정하여야 한다. 국외 정비 확인자 인정의 유효기간은 1년으로 한다.

9. 항공기를 항공에 사용하기 위하여 표시해야 하는 것은?

① 국적, 등록기호
② 국적, 등록기호, 항공기의 명칭
③ 국적, 등록기호, 소유자의 명칭 또는 성명
④ 국적, 등록기호, 소유자의 명칭 또는 성명, 감항 분류

해설 [항공안전법 제18조] : 누구든지 국적, 등록기호 및 소유자 등의 성명 또는 명칭을 표시하지 아니한 항공기를 운항해서는 아니 된다. 다만, 신규로 제작한 항공기 등 국토교통부령으로 정하는 항공기의 경우에는 그러하지 아니하다.

10. 항공기에 비치하지 않아도 되는 구급용구는? (단, 시험비행은 제외)

① 구명동의 ② 방수 휴대등
③ 음성신호 발생기 ④ 낙하산

해설 [항공안전법 시행규칙 제112조] : 다음의 항공기에는 항공기에 타고 있는 모든 사람이 사용할 수 있는 수의 낙하산을 갖춰 두어야 한다.
1. 특별감항증명을 받은 항공기(제작 후 최초로 시험비행을 하는 항공기 또는 국토교통부장관이 지정하는 항공기만 해당)
2. 곡예비행을 하는 항공기(헬리콥터는 제외)

11. 항공운송사업용 항공기가 시계비행을 할 경우 최초 착륙 예정 비행장까지 비행에 필요한 연료량에 추가로 실어야 할 연료의 양은?

① 순항속도로 30분간 더 비행할 수 있는 연료의 양
② 순항속도로 45분간 더 비행할 수 있는 연료의 양
③ 순항속도로 60분간 더 비행할 수 있는 연료의 양
④ 순항속도로 120분간 더 비행할 수 있는 연료의 양

해설 [항공안전법 시행규칙 제119조] : 항공운송사업용 항공기가 시계비행을 할 경우 최초의 착륙예정 비행장까지 비행에 필요한 연료의 양에 순항속도로 45분간 더 비행할 수 있는 연료의 양을 싣는다.

12. 사고조사위원회의 목적이 아닌 것은?

① 사고원인의 규명
② 항공사고의 재발방지
③ 항공기 항행의 안전확보
④ 사고항공기에 대한 고장탐구

해설 [항공·철도 사고조사에 관한 법률 제1조] : 항공·철도사고조사위원회를 설치하여 항공사고 및 철도사고 등에 대한 독립적이고 공정한 조사를 통하여 사고 원인을 정확하게 규명함으로써 항공사고 및 철도사고 등의 예방과 안전 확보에 이바지함을 목적으로 한다.

정답 8. ② 9. ③ 10. ④ 11. ② 12. ④

13. **항공기 사고조사에 관한 기준을 정하고 있는 부속서는?**

① 부속서 8 ② 부속서 10
③ 부속서 13 ④ 부속서 16

해설 국제민간항공조약 부속서

부속서 1 : 항공종사자의 기능증명
부속서 2 : 항공교통규칙
부속서 3 : 항공기상의 부호
부속서 4 : 항공지도
부속서 5 : 통신에 사용되는 단위
부속서 6 : 항공기의 운항
부속서 7 : 항공기의 국적기호 및 등록기호
부속서 8 : 항공기의 감항성
부속서 9 : 출입국의 간소화
부속서 10 : 항공통신
부속서 11 : 항공교통업무
부속서 12 : 수색구조
부속서 13 : 사고조사
부속서 14 : 비행장
부속서 15 : 항공정보업무
부속서 16 : 항공기소음
부속서 17 : 항공보안시설
부속서 18 : 위험물수송
부속서 19 : 안전관리

14. **항공종사자 무자격자가 업무수행을 했을 때의 처벌은?**

① 2년 이하의 징역 또는 1천만 원 이하의 벌금
② 2년 이하의 징역 또는 2천만 원 이하의 벌금
③ 3년 이하의 징역 또는 1천만 원 이하의 벌금
④ 3년 이하의 징역 또는 2천만 원 이하의 벌금

해설 [항공안전법 제148조] : 다음 각 호의 어느 하나에 해당하는 사람은 2년 이하의 징역 또는 2천만 원 이하의 벌금에 처한다.

1. 제34조를 위반하여 자격증명을 받지 아니하고 항공업무에 종사한 사람
2. 제36조 제2항을 위반하여 그가 받은 자격증명의 종류에 따른 업무범위 외의 업무에 종사한 사람

2의2. 제39조의3을 위반한 사람으로서 다음 각 목의 어느 하나에 해당하는 사람
가. 다른 사람에게 자기의 성명을 사용하여 항공업무를 수행하게 하거나 항공종사자 자격증명서를 빌려 준 사람
나. 다른 사람의 성명을 사용하여 항공업무를 수행하거나 다른 사람의 항공종사자 자격증명서를 빌린 사람
다. 가목 및 나목의 행위를 알선한 사람

3. 제43조(제46조 제4항 및 제47조 제4항에서 준용하는 경우를 포함)에 따른 효력정지명령을 위반한 사람
4. 제45조를 위반하여 항공영어구술능력증명을 받지 아니하고 같은 조 제1항 각 호의 어느 하나에 해당하는 업무에 종사한 사람

15. **항공, 철도 사고조사위원회의 업무가 아닌 것은?**

① 규정에 의한 안전권고
② 사고조사에 필요한 조사, 연구
③ 규정에 의한 사고조사 결과의 교육
④ 규정에 의한 사고조사보고서의 작성, 의결 및 공표

해설 [항공 · 철도 사고조사에 관한 법률 제5조] : 위원회는 다음 각 호의 업무를 수행한다.

1. 사고조사
2. 제25조의 규정에 의한 사고조사보고서의 작성 · 의결 및 공표
3. 제26조의 규정에 의한 안전권고 등
4. 사고조사에 필요한 조사 · 연구
5. 사고조사 관련 연구 · 교육기관의 지정
6. 그 밖에 항공사고조사에 관하여 규정하고 있는 국제민간항공조약 및 동 조약 부속서에서 정한 사항

16. **긴급하게 운항하는 항공기가 아닌 것은?**

① 사고 항공기의 수색 또는 구조
② 응급환자의 수송

정답 13. ③ 14. ② 15. ③ 16. ④

③ 화재의 진화, 화재의 예방을 위한 감시 활동
④ VIP 수송

해설 [항공안전법 시행규칙 제207조] : 국토교통부령으로 정하는 긴급한 업무란 다음의 업무를 말한다.
1. 재난·재해 등으로 인한 수색·구조
2. 응급환자의 수송 등 구조·구급활동
3. 화재의 진화
4. 화재의 예방을 위한 감시활동
5. 응급환자를 위한 장기(臟器) 이송
6. 그 밖에 자연재해 발생 시의 긴급복구

17. 다음 중 소음기준적합증명을 받을 때는?
① 운용한계를 지정할 때
② 감항증명을 받을 때
③ 예비품증명을 받을 때
④ 항공기를 등록할 때

해설 [항공안전법 제25조, 항공안전법 시행규칙 제49조] : 항공기의 소유자 등은 감항증명을 받는 경우와 수리·개조 등으로 항공기의 소음치가 변동된 경우에는 국토교통부령으로 정하는 바에 따라 그 항공기에 대하여 소음기준적합증명을 받아야 한다. 소음기준적합증명을 받아야 하는 항공기는 터빈발동기를 장착한 항공기 또는 국제선을 운항하는 항공기이다.

18. 항공기 사고조사 및 예방 장치가 아닌 것은?
① 공중충돌경고장치
② 프로펠러자동기록장치
③ 비행자료기록장치
④ 지상접근경고장치

해설 [항공안전법 시행규칙 109조] : 사고예방 및 조사를 위하여 항공기에 갖추어야 할 장치
① 공중충돌경고장치 (ACAS) 1기 이상
② 지상접근경고장치 (GPWS) 1기 이상
③ 비행자료기록장치 (FDR) 및 조종실음성기록장치 (CVR) 1기 이상
④ 전방돌풍경고장치

19. 격납고 건물의 외측으로부터 몇 미터 이상 떨어져야 연료 급·배유를 하는가?
① 10 m ② 15 m
③ 20 m ④ 25 m

해설 [공항시설법 시행규칙 제19조] : 항공기의 급유 또는 배유를 하지 말아야 하는 경우
1. 발동기가 운전 중이거나 또는 가열상태에 있을 경우
2. 항공기가 격납고 기타 폐쇄된 장소 내에 있을 경우
3. 항공기가 격납고 기타의 건물의 외측 15 m 이내에 있을 경우
4. 필요한 위험예방조치가 강구되었을 경우를 제외하고 여객이 항공기내에 있을 경우

20. 항공종사자의 자격증명과 관계없는 것은 어느 것인가?
① 자가용조종사 ② 운항관리사
③ 검사주임 ④ 항공사

해설 [항공안전법 제34조] : 항공종사자 자격증명
① 항공업무에 종사하려는 사람은 국토교통부령으로 정하는 바에 따라 국토교통부장관으로부터 항공종사자 자격증명을 받아야 한다. 다만, 항공업무 중 무인항공기의 운항 업무인 경우에는 그러하지 아니하다.
② 다음 각 호의 어느 하나에 해당하는 사람은 자격증명을 받을 수 없다.
1. 다음 각 목의 구분에 따른 나이 미만인 사람
가. 자가용 조종사 자격 : 17세(제37조에 따라 자가용 조종사의 자격증명을 활공기에 한정하는 경우에는 16세)
나. 사업용 조종사, 부조종사, 항공사, 항공기관사, 항공교통관제사 및 항공정비사 자격 : 18세
다. 운송용 조종사 및 운항관리사 자격 : 21세
2. 제43조 제1항에 따른 자격증명 취소처분을 받고 그 취소일부터 2년이 지나지 아니한 사람(취소된 자격증명을 다시 받는 경우에 한정)

정답 17. ② 18. ② 19. ② 20. ③

21. **항공기 등록기호표의 부착 위치는 어디인가?**

① 조종실 내부
② 객실 내부
③ 출입구 윗부분 안쪽
④ 출입구 바깥쪽

해설 [항공안전법 시행규칙 제12조]

① 항공기를 소유하거나 임차하여 사용할 수 있는 권리가 있는 자가 항공기를 등록한 경우에는 강철 등 내화금속으로 된 등록기호표(가로 7 cm 세로 5 cm의 직사각형)를 다음 각 호의 구분에 따라 보기 쉬운 곳에 붙여야 한다.
1. 항공기에 출입구가 있는 경우 : 항공기 주(主)출입구 윗부분의 안쪽
2. 항공기에 출입구가 없는 경우 : 항공기 동체의 외부 표면

② 제1항의 등록기호표에는 국적기호 및 등록기호와 소유자등의 명칭을 적어야 한다.

22. **다음 중 반드시 자격증명을 취소해야 하는 경우는?**

① 고의 또는 중대한 과실을 범했을 때
② 부정한 방법으로 자격증명을 받은 경우
③ 자격증명의 종류에 따른 업무범위 외의 업무에 종사한 경우
④ 항공종사자가 국토교통부령으로 정하는 방법에 따라 감항성을 확인하지 아니한 경우

해설 [항공안전법 제43조] : 국토교통부장관은 항공종사자가 다음 각 호의 어느 하나에 해당하는 경우에는 그 자격증명이나 자격증명의 한정을 취소하거나 1년 이내의 기간을 정하여 자격증명의 효력정지를 명할 수 있다. 다만, 제1호, 제6호의2, 제6호의3, 제15호 또는 제31호에 해당하는 경우에는 해당 자격증명을 취소하여야 한다.

1. 거짓이나 그 밖의 부정한 방법으로 자격증명을 받은 경우
2. 이 법을 위반하여 벌금 이상의 형을 선고 받은 경우
3. 항공종사자로서 항공업무를 수행할 때 고의 또는 중대한 과실로 항공기사고를 일으켜 인명피해나 재산피해를 발생시킨 경우
4. 제32조 제1항 본문에 따라 정비 등을 확인하는 항공종사자가 국토교통부령으로 정하는 방법에 따라 감항성을 확인하지 아니한 경우
5. 제36조 제2항을 위반하여 자격증명의 종류에 따른 업무범위 외의 업무에 종사한 경우
6. 제37조 제2항을 위반하여 자격증명의 한정을 받은 항공종사자가 한정된 종류, 등급 또는 형식 외의 항공기·경량항공기나 한정된 정비분야 외의 항공업무에 종사한 경우

6의2. 제39조의3 제1항을 위반하여 다른 사람에게 자기의 성명을 사용하여 항공업무를 수행하게 하거나 항공종사자 자격증명서를 빌려 준 경우

6의3. 제39조의3 제3항을 위반하여 다음 각 목의 어느 하나에 해당하는 행위를 알선한 경우
가. 다른 사람에게 자기의 성명을 사용하여 항공업무를 수행하게 하거나 항공종사자 자격증명서를 빌려 주는 행위
나. 다른 사람의 성명을 사용하여 항공업무를 수행하거나 다른 사람의 항공종사자 자격증명서를 빌리는 행위

7. 제40조 제1항(제46조 제4항 및 제47조 제4항에서 준용하는 경우를 포함)을 위반하여 항공신체검사증명을 받지 아니하고 항공업무(제46조에 따른 항공기 조종연습 및 제47조에 따른 항공교통관제연습을 포함. 이하 이 항 제8호, 제13호, 제14호 및 제16호에서 같다)에 종사한 경우
8. 제42조를 위반하여 제40조 제2항에 따른 자격증명의 종류별 항공신체검사증명의 기준에 적합하지 아니한 운항승무원 및 항공교통관제사가 항공업무에 종사한 경우

8의2. 제42조 제2항을 위반하여 신체적·정신적 상태의 저하 사실을 신고하지 아니한 경우

8의3. 제42조 제4항을 위반하여 같은 조 제3항에 따른 결과를 통지받기 전에 항공업무를 수행한 경우

9. 제44조 제1항을 위반하여 계기비행증명을 받지 아니하고 계기비행 또는 계기비행방식에 따른 비행을 한 경우
10. 제44조 제2항을 위반하여 조종교육증명을

정답 21. ③ 22. ②

받지 아니하고 조종교육을 한 경우
11. 제45조 제1항을 위반하여 항공영어구술능력증명을 받지 아니하고 같은 항 각 호의 어느 하나에 해당하는 업무에 종사한 경우
12. 제55조를 위반하여 국토교통부령으로 정하는 비행경험이 없이 같은 조 각 호의 어느 하나에 해당하는 항공기를 운항하거나 계기비행·야간비행 또는 제44조 제2항에 따른 조종교육의 업무에 종사한 경우
13. 제57조 제1항을 위반하여 주류 등의 영향으로 항공업무를 정상적으로 수행할 수 없는 상태에서 항공업무에 종사한 경우
14. 제57조 제2항을 위반하여 항공업무에 종사하는 동안에 같은 조 제1항에 따른 주류 등을 섭취하거나 사용한 경우
15. 제57조 제3항을 위반하여 같은 조 제1항에 따른 주류 등의 섭취 및 사용 여부의 측정 요구에 따르지 아니한 경우
15의2. 제57조의2를 위반하여 항공기 내에서 흡연을 한 경우
16. 항공업무를 수행할 때 고의 또는 중대한 과실로 항공기준사고, 항공안전장애 또는 제61조 제1항에 따른 항공안전위해요인을 발생시킨 경우
17. 제62조 제2항 또는 제4항부터 제6항까지에 따른 기장의 의무를 이행하지 아니한 경우
18. 제63조를 위반하여 조종사가 운항자격의 인정 또는 심사를 받지 아니하고 운항한 경우
19. 제65조 제2항을 위반하여 기장이 운항관리사의 승인을 받지 아니하고 항공기를 출발시키거나 비행계획을 변경한 경우
20. 제66조를 위반하여 이륙·착륙 장소가 아닌 곳에서 이륙하거나 착륙한 경우
21. 제67조 제1항을 위반하여 비행규칙을 따르지 아니하고 비행한 경우
22. 제68조를 위반하여 같은 조 각 호의 어느 하나에 해당하는 비행 또는 행위를 한 경우
23. 제70조 제1항을 위반하여 허가를 받지 아니하고 항공기로 위험물을 운송한 경우
24. 제76조 제2항을 위반하여 항공업무를 수행한 경우
25. 제77조 제2항을 위반하여 같은 조 제1항에 따른 운항기술기준을 준수하지 아니하고 비행을 하거나 업무를 수행한 경우
26. 제79조 제1항을 위반하여 국토교통부장관이 정하여 공고하는 비행의 방식 및 절차에 따르지 아니하고 비관제공역 또는 주의공역에서 비행한 경우
27. 제79조 제2항을 위반하여 허가를 받지 아니하거나 국토교통부장관이 정하는 비행의 방식 및 절차에 따르지 아니하고 통제공역에서 비행한 경우
28. 제84조 제1항을 위반하여 국토교통부장관 또는 항공교통업무증명을 받은 자가 지시하는 이동·이륙·착륙의 순서 및 시기와 비행의 방법에 따르지 아니한 경우
29. 제90조 제4항(제96조 제1항에서 준용하는 경우를 포함)을 위반하여 운영기준을 준수하지 아니하고 비행을 하거나 업무를 수행한 경우
30. 제93조 제7항 후단(제96조 제2항에서 준용하는 경우를 포함)을 위반하여 운항규정 또는 정비규정을 준수하지 아니하고 업무를 수행한 경우
30의2. 제108조 제4항 본문에 따라 경량항공기 또는 그 장비품·부품의 정비사항을 확인하는 항공종사자가 국토교통부령으로 정하는 방법에 따라 확인하지 아니한 경우
31. 이 조에 따른 자격증명의 정지명령을 위반하여 정지기간에 항공업무에 종사한 경우

23. 자격증명한정 중 항공기 등급에 대하여 옳게 설명한 것은?

① 육상단발, 육상다발
② 활공기, 비행기
③ B747, A340
④ 헬리콥터

해설 [항공안전법 시행규칙 제81조] : 항공기의 등급은 육상기의 경우에는 육상단발 및 육상다발로 수상기의 경우에는 수상단발 및 수상다발로 구분한다. 다만 활공기의 경우에는 상급(활공기가 특수 또는 상급활공기인 경우) 및 중급(활공기가 중급 또는 초급활공기인 경우)으로 구분한다.

정답 23. ①

24. 운항증명을 위한 검사기준 중에서 현장 검사 기준이 아닌 것은?

① 항공종사자 자격증명 검사
② 훈련프로그램 평가
③ 항공종사자 훈련과목 운영계획
④ 항공기 적합성 검사

해설 [항공안전법 시행규칙 제258조] 운항증명의 현장검사기준

1. 지상의 고정 및 이동시설·장비 검사
2. 운항통제조직의 운영
3. 정비검사시스템의 운영
4. 항공종사자 자격증명 검사
5. 훈련프로그램 평가
6. 비상탈출 시현
7. 비상착수 시현
8. 기록 유지·관리 검사
9. 항공기 운항검사
10. 객실승무원 직무능력 평가
11. 항공기 적합성 검사
12. 주요 간부직원에 대한 직무지식에 관한 인터뷰

25. 다음 중 항공안전법에서 규정하는 항공기사고가 아닌 것은?

① 항공기 파손　　② 탑승객 사망
③ 항공기 실종　　④ 탑승객 부상

해설 [항공안전법 제2조] 항공기사고란 사람이 비행을 목적으로 항공기에 탑승하였을 때부터 탑승한 모든 사람이 항공기에서 내릴 때까지[사람이 탑승하지 아니하고 원격조종 등의 방법으로 비행하는 항공기(무인항공기)의 경우에는 비행을 목적으로 움직이는 순간부터 비행이 종료되어 발동기가 정지되는 순간까지를 말한다] 항공기의 운항과 관련하여 발생한 다음 각 목의 어느 하나에 해당하는 것으로서 국토교통부령으로 정하는 것을 말한다.

가. 사람의 사망, 중상 또는 행방불명
나. 항공기의 파손 또는 구조적 손상
다. 항공기의 위치를 확인할 수 없거나 항공기에 접근이 불가능한 경우

26. 소음기준적합증명에 관한 내용 중 맞지 않는 것은?

① 모든 항공기를 대상으로 소음기준적합증명을 한다.
② 소음기준적합증명이 취소되면 소음기준적합증명서를 반납하여야 한다.
③ 검사기준은 국토교통부장관고시에 따른다.
④ 감항증명을 받을 때 소음기준적합증명을 받는다.

해설 [항공안전법 제25조, 항공안전법 시행규칙 제49조, 제50조, 제51조, 제54조]

① 항공기의 소유자 등은 감항증명을 받는 경우와 수리·개조 등으로 항공기의 소음치가 변동된 경우에는 국토교통부령으로 정하는 바에 따라 그 항공기에 대하여 소음기준적합증명을 받아야 한다. 소음기준적합증명을 받아야 하는 항공기는 터빈발동기를 장착한 항공기 또는 국제선을 운항하는 항공기이다.
② 법 제25조 제1항에 따른 소음기준적합증명의 검사기준과 소음의 측정방법 등에 관한 세부적인 사항은 국토교통부장관이 정하여 고시한다. 국토교통부장관 또는 지방항공청장은 제50조 제2항 제2호에 따른 서류를 제출받은 경우 해당 국가의 소음측정방법 및 소음측정값이 제1항에 따른 검사기준과 측정방법에 적합한 것으로 확인되면 서류검사만으로 소음기준적합증명을 할 수 있다.
③ 소음기준적합증명을 받으려는 자는 소음기준적합증명 신청서를 국토교통부장관 또는 지방항공청장에게 제출하여야 한다.
④ 신청서에는 다음 각 호의 서류를 첨부하여야 한다.
  1. 해당 항공기가 법 제19조 제2호에 따른 소음기준에 적합함을 입증하는 비행교범
  2. 해당 항공기가 소음기준에 적합하다는 사실을 입증할 수 있는 서류(해당 항공기를 제작 또는 등록하였던 국가나 항공기 제작기술을 제공한 국가가 소음기준에 적합하다고 증명한 항공기만 해당)

정답 24. ③　25. ④　26. ①

3. 수리·개조 등에 관한 기술사항을 적은 서류(수리·개조 등으로 항공기의 소음치가 변경된 경우에만 해당)

⑤ 법 제25조 제3항에 따라 항공기의 소음기준적합증명을 취소하거나 그 효력을 정지시킨 경우에는 지체 없이 항공기의 소유자 등에게 해당 항공기의 소음기준적합증명서의 반납을 명하여야 한다.

27. 등록된 항공기의 소유권 또는 임차권을 양도·양수하려는 자는 국토교통부장관에게 무슨 등록을 신청해야 하는가?

① 말소등록 ② 이전등록
③ 변경등록 ④ 신규등록

해설 [항공안전법 제14조] : 등록된 항공기의 소유권 또는 임차권을 양도·양수하려는 자는 그 사유가 있는 날부터 15일 이내에 대통령령으로 정하는 바에 따라 국토교통부장관에게 이전등록을 신청하여야 한다.

28. 항공에 사용하는 항공기에 비치하지 않는 서류는?

① 감항증명서
② 운항규정
③ 정비교범
④ 소음기준적합증명서

해설 [항공안전법 시행규칙 제113조] : 법 제52조 제2항에 따라 항공기(활공기 및 법 제23조 제3항 제2호에 따른 특별감항증명을 받은 항공기는 제외)에는 다음 각 호의 서류를 탑재하여야 한다.

1. 항공기등록증명서
2. 감항증명서
3. 탑재용 항공일지
4. 운용한계지정서 및 비행교범
5. 운항규정
6. 항공운송사업의 운항증명서 사본 및 운영기준 사본
7. 소음기준적합증명서
8. 각 운항승무원의 유효한 자격증명서 및 조종사의 비행기록에 관한 자료
9. 무선국 허가증명서
10. 탑승한 여객의 성명, 탑승지 및 목적지가 표시된 명부(항공운송사업용 항공기만 해당)
11. 해당 항공운송사업자가 발행하는 수송화물의 화물목록과 화물 운송장에 명시되어 있는 세부 화물신고서류(항공운송사업용 항공기만 해당)
12. 해당 국가의 항공당국 간에 체결한 항공기 등의 감독 의무에 관한 이전협정서 사본(법 제5조에 따른 임대차 항공기의 경우만 해당)
13. 비행 전 및 각 비행단계에서 운항승무원이 사용해야 할 점검표
14. 그 밖에 국토교통부장관이 정하여 고시하는 서류

29. 다음 중 항공일지의 종류가 아닌 것은?

① 탑재용 항공일지
② 지상비치용 프로펠러 항공일지
③ 지상비치용 발동기 항공일지
④ 지상비치용 기체 항공일지

해설 [항공안전법 시행규칙 제108조] : 법 제52조제2항에 따라 항공기를 운항하려는 자 또는 소유자 등은 탑재용 항공일지, 지상비치용 발동기 항공일지 및 지상비치용 프로펠러 항공일지를 갖추어 두어야 한다. 다만, 활공기의 소유자 등은 활공기용 항공일지를, 법 제102조 각 호의 어느 하나에 해당하는 항공기의 소유자 등은 탑재용 항공일지를 갖춰 두어야 한다.

30. 정비규정에 포함된 사항이 아닌 것은?

① 항공기의 품질관리 절차
② 항공기의 기술관리 절차
③ 정비사의 직무 능력평가
④ 정비에 종사하는 자의 훈련방법

해설 [항공안전법 시행규칙 제266조] : 정비 규정에 포함되어야 할 사항은 다음과 같다.

1. 일반사항
2. 직무 및 정비조직
3. 항공기의 감항성을 유지하기 위한 정비 프로그램
4. 항공기 검사프로그램
5. 품질관리

정답 27. ② 28. ③ 29. ④ 30. ③

6. 기술관리
7. 항공기, 장비품 및 부품의 정비방법 및 절차
8. 계약정비
9. 장비 및 공구관리
10. 정비시설
11. 정비 매뉴얼, 기술도서 및 정비 기록물의 관리방법
12. 정비 훈련 프로그램
13. 자재관리
14. 안전 및 보안에 관한 사항
15. 그밖에 항공운송사업자 또는 항공기 사용사업자가 필요하다고 판단하는 사항

31. 승객 250명을 탑승시킬 수 있는 항공기에 비치해야 할 소화기 수는?

① 3개 ② 4개 ③ 5개 ④ 6개

해설 [항공안전법 시행규칙 제110조] : 항공기에는 적어도 조종실 및 객실과 분리되어 있는 조종석에 각각 1개 이상의 이동이 간편한 소화기를 비치하여야 한다. 다만, 소화기는 소화액을 방사 시 항공기 내의 공기를 위해롭게 오염시키거나 항공기 안전운항에 지장을 주는 것이어서는 아니 된다. 항공기 객실에는 다음 수의 소화기를 비치하여야 한다.

승객 좌석 수	수량
6석부터 30석까지	1
31석부터 60석까지	2
61석부터 200석까지	3
201석부터 300석까지	4
301석부터 400석까지	5
401석부터 500석까지	6
501석부터 600석까지	7
601석 이상	8

32. 항공기사고에 따른 사망 또는 중상에 대한 적용기준이 아닌 것은?

① 항공기에 탑승한 사람이 사망하거나 중상을 입은 경우
② 항공기 발동기의 후류로 인하여 사망하거나 중상을 입은 경우
③ 자기 자신이나 타인에 의하여 사망하거나 중상을 입은 경우
④ 항공기로부터 이탈된 부품으로 인하여 사망하거나 중상을 입은 경우

해설 [항공안전법 시행규칙 제6조] : 사망·중상 등의 적용기준

① 항공기사고에 관련한 사람의 사망 또는 중상에 대한 적용기준은 다음 각 호와 같다.
1. 항공기에 탑승한 사람이 사망하거나 중상을 입은 경우. 다만, 자연적인 원인 또는 자기 자신이나 타인에 의하여 발생된 경우와 승객 및 승무원이 정상적으로 접근할 수 없는 장소에 숨어있는 밀항자 등에게 발생한 경우는 제외한다.
2. 항공기로부터 이탈된 부품이나 그 항공기와의 직접적인 접촉 등으로 인하여 사망하거나 중상을 입은 경우
3. 항공기 발동기의 흡입 또는 후류(後流)로 인하여 사망하거나 중상을 입은 경우

② 항공기사고, 경량항공기사고, 초경량비행장치사고에 관련한 행방불명은 항공기, 경량항공기 또는 초경량비행장치 안에 있던 사람이 항공기사고, 경량항공기사고 또는 초경량비행장치사고로 1년간 생사가 분명하지 아니한 경우에 적용한다.

③ 경량항공기사고, 초경량비행장치사고에 관련한 사람의 사망 또는 중상에 대한 적용기준은 다음 각 호와 같다.
1. 경량항공기 및 초경량비행장치에 탑승한 사람이 사망하거나 중상을 입은 경우. 다만, 자연적인 원인 또는 자기 자신이나 타인에 의하여 발생된 경우는 제외한다.
2. 비행 중이거나 비행을 준비 중인 경량항공기 또는 초경량비행장치로부터 이탈된 부품이나 그 경량항공기 또는 초경량비행장치와의 직접적인 접촉 등으로 인하여 사망하거나 중상을 입은 경우

33. 다음 중 공항시설에 속하지 않는 것은 어느 것인가?

① 항공기의 이륙·착륙을 위한 시설과 부대

정답 31. ② 32. ③ 33. ③

시설
② 항공기의 항행을 위한 시설과 부대시설
③ 항공기의 정비를 위한 시설과 부대시설
④ 항공 여객의 운송을 위한 시설과 부대시설

해설 [공항시설법 제2조] : 공항시설이란 공항구역에 있는 시설과 공항구역 밖에 있는 시설 중 대통령령으로 정하는 시설로서 국토교통부장관이 지정한 다음 각 목의 시설을 말한다.
가. 항공기의 이륙·착륙 및 항행을 위한 시설과 그 부대시설 및 지원시설
나. 항공 여객 및 화물의 운송을 위한 시설과 그 부대시설 및 지원시설

34. 국토교통부장관이 감항증명의 취소 처분을 하기 전에 실시하여야 하는 절차는?
① 의견청취 ② 통보
③ 청문 ④ 공청회

해설 [항공안전법 제134조] : 감항증명의 취소를 하려면 청문을 실시하여야 한다.

35. 다음 중 항공안전법에서 정한 항공기의 정의를 바르게 설명한 것은?
① 사람이 탑승 조종하여 민간 항공에 사용하는 비행기, 비행선, 활공기, 헬리콥터 기타 대통령이 정하는 항공기
② 대통령령으로 정하는 것으로서 항공에 사용할 수 있는 기기
③ 사람이 탑승하여 조종하여 항공에 사용할 수 있는 기기
④ 비행기, 헬리콥터, 비행선, 활공기와 그 밖에 대통령령으로 정하는 것으로 공기의 반작용으로 뜰 수 있는 기기

해설 [항공안전법 제2조 제1호] : 항공기란 공기의 반작용으로 뜰 수 있는 기기로서 최대 이륙중량, 좌석 수 등 국토교통부령으로 정하는 기준에 해당하는 비행기, 헬리콥터, 비행선, 활공기와 그 밖에 대통령령으로 정하는 기기를 말한다.

36. 특별감항증명을 받아야 하는 경우가 아닌 것은?
① 수입하거나 수출하기 위하여 승객·화물을 싣지 아니하고 비행하는 경우
② 정비·수리 또는 개조를 위한 장소까지 승객·화물을 싣지 아니하고 비행하는 경우
③ 설계에 관한 형식증명을 변경하기 위하여 운용한계를 초과하지 않는 시험비행을 하는 경우
④ 제작·정비·수리 또는 개조 후 시험비행을 하는 경우

해설 [항공안전법 시행규칙 제37조] : 특별감항증명의 대상으로 법 제23조 제3항 제2호에서 항공기의 연구, 개발 등 국토교통부령으로 정하는 경우란 다음 각 호의 어느 하나에 해당하는 경우를 말한다.
1. 항공기 및 관련 기기의 개발과 관련된 다음 각 목의 어느 하나에 해당하는 경우
가. 항공기 제작자 및 항공기 관련 연구기관 등이 연구·개발 중인 경우
나. 판매·홍보·전시·시장조사 등에 활용하는 경우
다. 조종사 양성을 위하여 조종연습에 사용하는 경우
2. 항공기의 제작·정비·수리·개조 및 수입·수출 등과 관련한 다음 각 목의 어느 하나에 해당하는 경우
가. 제작·정비·수리 또는 개조 후 시험비행을 하는 경우
나. 정비·수리 또는 개조를 위한 장소까지 승객·화물을 싣지 아니하고 비행하는 경우
다. 수입하거나 수출하기 위하여 승객·화물을 싣지 아니하고 비행하는 경우
라. 설계에 관한 형식증명을 변경하기 위하여 운용한계를 초과하는 시험비행을 하는 경우
3. 무인항공기를 운항하는 경우
4. 제20조 제2항 특정한 업무를 수행하기 위하여 사용되는 경우
가. 산불 진화 및 예방 업무
나. 재난·재해 등으로 인한 수색·구조 업무
다. 응급환자의 수송 등 구조·구급 업무
라. 씨앗 파종, 농약 살포 또는 어군(魚群)의 탐지 등 농·수산업 업무

정답 34. ③ 35. ④ 36. ③

마. 기상관측, 기상조절 실험 등 기상 업무
바. 건설자재 등을 외부에 매달고 운반하는 업무(헬리콥터만 해당)
사. 해양오염 관측 및 해양 방제 업무
아. 산림, 관로(管路), 전선(電線) 등의 순찰 또는 관측 업무
5. 제1호부터 제4호까지 외에 공공의 안녕과 질서유지를 위한 업무를 수행하는 경우로서 국토교통부장관이 인정하는 경우

37. **항공기가 출발 전에 확인을 하지 않아 사고가 났을 경우 책임을 져야 하는 사람은?**

① 국토교통부장관 ② 기장
③ 검사주임 ④ 항공정비사

해설 [항공안전법 시행규칙 제136조] : 법 제62조제2항에 따라 기장이 확인하여야 할 사항은 다음 각 호와 같다.

1. 해당 항공기의 감항성 및 등록 여부와 감항증명서 및 등록증명서의 탑재
2. 해당 항공기의 운항을 고려한 이륙중량, 착륙중량, 중심위치 및 중량분포
3. 예상되는 비행조건을 고려한 의무무선설비 및 항공계기 등의 장착
4. 해당 항공기의 운항에 필요한 기상정보 및 항공정보
5. 연료 및 오일의 탑재량과 그 품질
6. 위험물을 포함한 적재물의 적절한 분배 여부 및 안정성
7. 해당 항공기와 그 장비품의 정비 및 정비 결과
8. 그 밖에 항공기의 안전 운항을 위하여 국토교통부장관이 필요하다고 인정하여 고시하는 사항

38. **다음 중 조종실 음성기록장치(CVR) 및 비행자료 기록장치(FDR)를 갖추어야 하는 항공기는?**

① 항공운송사업에 사용되는 터빈발동기를 장착한 항공기
② 항공운송사업에 사용되는 최대 이륙중량 5700 kg 이상의 항공기
③ 항공운송사업에 사용되는 승객 30인을 초과하여 수송할 수 있는 항공기
④ 항공운송사업에 사용되는 모든 항공기

해설 [항공안전법 시행규칙 제109조] : 사고예방장치

법 제52조 제2항에 따라 사고예방 및 사고조사를 위하여 항공기에 갖추어야 할 장치는 다음 각 호와 같다. 다만, 국제항공노선을 운항하지 아니하는 헬리콥터의 경우에는 제2호 및 제3호의 장치를 갖추지 아니할 수 있다.

1. 다음 각 목의 어느 하나에 해당하는 비행기에는 국제민간항공협약 부속서 10에서 정한 바에 따라 운용되는 공중충돌경고장치(ACAS II) 1기 이상
   가. 항공운송사업에 사용되는 모든 비행기. 다만, 소형항공운송사업에 사용되는 최대 이륙중량이 5700 kg 이하인 비행기로서 그 비행기에 적합한 공중충돌경고장치가 개발되지 아니하거나 공중충돌경고장치를 장착하기 위하여 필요한 비행기 개조 등의 기술이 그 비행기의 제작자 등에 의하여 개발되지 아니한 경우에는 공중충돌경고장치를 갖추지 아니 할 수 있다.
   나. 2007년 1월 1일 이후에 최초로 감항증명을 받는 비행기로서 최대 이륙중량이 15000 kg을 초과하거나 승객 30명을 초과하여 수송할 수 있는 터빈발동기를 장착한 항공운송사업 외의 용도로 사용되는 모든 비행기
   다. 2008년 1월 1일 이후에 최초로 감항증명을 받는 비행기로서 최대 이륙중량이 5700 kg을 초과하거나 승객 19명을 초과하여 수송할 수 있는 터빈발동기를 장착한 항공운송사업 외의 용도로 사용되는 모든 비행기
2. 다음 각 목의 어느 하나에 해당하는 비행기 및 헬리콥터에는 그 비행기 및 헬리콥터가 지표면에 근접하여 잠재적인 위험상태에 있을 경우 적시에 명확한 경고를 운항승무원에게 자동으로 제공하고 전방의 지형지물을 회피할 수 있는 기능을 가진 지상접근경고장치(GPWS) 1기 이상
   가. 최대 이륙중량이 5700 kg을 초과하거나 승객 9명을 초과하여 수송할 수 있는 터빈

발동기를 장착한 비행기
나. 최대 이륙중량이 5700 kg 이하이고 승객 5명 초과 9명 이하를 수송할 수 있는 터빈 발동기를 장착한 비행기
다. 최대 이륙중량이 5700 kg을 초과하거나 승객 9명을 초과하여 수송할 수 있는 왕복 발동기를 장착한 모든 비행기
라. 최대 이륙중량이 3175 kg을 초과하거나 승객 9명을 초과하여 수송할 수 있는 헬리콥터로서 계기비행방식에 따라 운항하는 헬리콥터

3. 다음 각 목의 어느 하나에 해당하는 항공기에는 비행자료 및 조종실 내 음성을 디지털 방식으로 기록할 수 있는 비행기록장치 각 1기 이상
가. 항공운송사업에 사용되는 터빈발동기를 장착한 비행기. 이 경우 비행기록장치에는 25시간 이상 비행자료를 기록하고, 2시간 이상 조종실 내 음성을 기록할 수 있는 성능이 있어야 한다.
나. 승객 5명을 초과하여 수송할 수 있고 최대 이륙중량이 5700 kg을 초과하는 비행기 중에서 항공운송사업 외의 용도로 사용되는 터빈발동기를 장착한 비행기. 이 경우 비행기록장치에는 25시간 이상 비행자료를 기록하고, 2시간 이상 조종실 내 음성을 기록할 수 있는 성능이 있어야 한다.
다. 1989년 1월 1일 이후에 제작된 헬리콥터로서 최대 이륙중량이 3180 kg을 초과하는 헬리콥터. 이 경우 비행기록장치에는 10시간 이상 비행자료를 기록하고, 2시간 이상 조종실 내 음성을 기록할 수 있는 성능이 있어야 한다.
라. 그 밖에 항공기의 최대 이륙중량 및 제작시기 등을 고려하여 국토교통부장관이 필요하다고 인정하여 고시하는 항공기

4. 최대 이륙중량이 5700 kg을 초과하거나 승객 9명을 초과하여 수송할 수 있는 터빈발동기(터보프롭발동기는 제외)를 장착한 항공운송사업에 사용되는 비행기에는 전방돌풍경고장치 1기 이상. 이 경우 돌풍경고장치는 조종사에게 비행기 전방의 돌풍을 시각 및 청각적으로 경고하고, 필요한 경우에는 실패접근, 복행 및 회피기동을 할 수 있는 정보를 제공하는 것이어야 하며, 항공기가 착륙하기 위하여 자동착륙장치를 사용하여 활주로에 접근할 때 전방의 돌풍으로 인하여 자동착륙장치가 그 운용한계에 도달하고 있는 경우에는 조종사에게 이를 알릴 수 있는 기능을 가진 것이어야 한다.

5. 최대이륙중량 27000kg을 초과하고 승객 19명을 초과하여 수송할 수 있는 항공운송사업에 사용되는 비행기로서 15분 이상 해당 항공교통관제기관의 감시가 곤란한 지역을 비행하는 경우 위치추적 장치 1기 이상

39. 항공기를 이용하여 운송할 때 국토교통부장관의 허가를 받아야 하는 것이 아닌 것은?

① 인화성 액체 ② 동·식물
③ 부식성 물질 ④ 산화성 물질

해설 [항공안전법 제70조, 항공안전법 시행규칙 제209조] : 항공기를 이용하여 폭발성이나 연소성이 높은 물건 등 국토교통부령으로 정하는 위험물을 운송하려는 자는 국토교통부령으로 정하는 바에 따라 국토교통부장관의 허가를 받아야 한다.

1. 폭발성 물질
2. 가스류
3. 인화성 액체
4. 가연성 물질류
5. 산화성 물질류
6. 독물류
7. 방사성 물질류
8. 부식성 물질류
9. 그 밖에 국토교통부장관이 정하여 고시하는 물질류

40. 다음 중 국토교통부장관에게 업무보고를 해야 하는 사람이 아닌 것은?

① 항공정비사
② 항행안전시설 관리직원
③ 공항출입사무소 관리소장
④ 소형항공운송사업자

정답 39. ② 40. ③

해설 [항공안전법 제132조] 항공안전 활동

① 국토교통부장관은 항공안전의 확보를 위하여 다음 각 호의 어느 하나에 해당하는 자에게 그 업무에 관한 보고를 하게 하거나 서류를 제출하게 할 수 있다.

1. 항공기등, 장비품 또는 부품의 제작 또는 정비등을 하는 자
2. 비행장, 이착륙장, 공항, 공항시설 또는 항행안전시설의 설치자 및 관리자
3. 항공종사자, 경량항공기 조종사 및 초경량비행장치 조종자
4. 항공교통업무증명을 받은 자
5. 항공운송사업자(외국인국제항공운송사업자 및 외국항공기로 유상운송을 하는 자를 포함), 항공기사용사업자, 항공기정비업자, 초경량비행장치사용사업자, 항공사업법 제2조 제22호에 따른 항공기대여업자, 항공사업법 제2조 제27호에 따른 항공레저스포츠사업자, 경량항공기 소유자등 및 초경량비행장치 소유자등
6. 제48조에 따른 전문교육기관, 제72조에 따른 위험물전문교육기관, 제117조에 따른 경량항공기 전문교육기관, 제126조에 따른 초경량비행장치 전문교육기관의 설치자 및 관리자

6의2. 항공전문의사

7. 그 밖에 항공기, 경량항공기 또는 초경량비행장치를 계속하여 사용하는 자

② 국토교통부장관은 이 법을 시행하기 위하여 특히 필요한 경우에는 소속 공무원으로 하여금 제1항 각 호의 어느 하나에 해당하는 자의 다음 각 호의 어느 하나의 장소에 출입하여 항공기, 경량항공기 또는 초경량비행장치, 항행안전시설, 장부, 서류, 그 밖의 물건을 검사하거나 관계인에게 질문하게 할 수 있다. 이 경우 국토교통부장관은 검사 등의 업무를 효율적으로 수행하기 위하여 특히 필요하다고 인정하면 국토교통부령으로 정하는 자격을 갖춘 항공안전에 관한 전문가를 위촉하여 검사 등의 업무에 관한 자문에 응하게 할 수 있다.

1. 사무소, 공장이나 그 밖의 사업장
2. 비행장, 이착륙장, 공항, 공항시설, 항행안전시설 또는 그 시설의 공사장
3. 항공기 또는 경량항공기의 정치장
4. 항공기, 경량항공기 또는 초경량비행장치

③ 국토교통부장관은 항공운송사업자가 취항하는 공항에 대하여 국토교통부령으로 정하는 바에 따라 정기적인 안전성검사를 하여야 한다.

④ 제2항 및 제3항에 따른 검사 또는 질문을 하려면 검사 또는 질문을 하기 7일 전까지 검사 또는 질문의 일시, 사유 및 내용 등의 계획을 피검사자 또는 피질문자에게 알려야 한다. 다만, 긴급한 경우이거나 사전에 알리면 증거인멸 등으로 검사 또는 질문의 목적을 달성할 수 없다고 인정하는 경우에는 그러하지 아니하다.

⑤ 제2항 및 제3항에 따른 검사 또는 질문을 하는 공무원은 그 권한을 표시하는 증표를 지니고, 이를 관계인에게 보여주어야 한다.

⑥ 제5항에 따른 증표에 관하여 필요한 사항은 국토교통부령으로 정한다.

⑦ 제2항 및 제3항에 따른 검사 또는 질문을 한 경우에는 그 결과를 피검사자 또는 피질문자에게 서면으로 알려야 한다.

⑧ 국토교통부장관은 제2항 또는 제3항에 따른 검사를 하는 중에 긴급히 조치하지 아니할 경우 항공기, 경량항공기 또는 초경량비행장치의 안전운항에 중대한 위험을 초래할 수 있는 사항이 발견되었을 때에는 국토교통부령으로 정하는 바에 따라 항공기, 경량항공기 또는 초경량비행장치의 운항 또는 항행안전시설의 운용을 일시 정지하게 하거나 항공종사자, 초경량비행장치 조종자 또는 항행안전시설을 관리하는 자의 업무를 일시 정지하게 할 수 있다.

⑨ 국토교통부장관은 제2항 또는 제3항에 따른 검사 결과 항공기, 경량항공기 또는 초경량비행장치의 안전운항에 위험을 초래할 수 있는 사항을 발견한 경우에는 그 검사를 받은 자에게 시정조치 등을 명할 수 있다.

항공정비사 문제/해설

2001년 3월 10일 1판1쇄
2018년 1월 10일 9판1쇄
2019년 6월 25일 10판1쇄
2022년 2월 25일 11판1쇄
2023년 3월 10일 12판1쇄 (개정판)

저 자 : 박재홍
펴낸이 : 이정일

펴낸곳 : 도서출판 **일진사**
www.iljinsa.com
(우) 04317 서울시 용산구 효창원로 64길 6
전 화 : 704-1616 / 팩스 : 715-3536
이메일 : webmaster@iljinsa.com
등 록 : 제1979-000009호 (1979.4.2)

값 45,000 원

ISBN : 978-89-429-1768-6